大规模开放性在线课程（MOOC）“机器人控制的实际应用”教材

MODERN ROBOT CONTROL
THEORY METHOD AND TECHNOLOGY

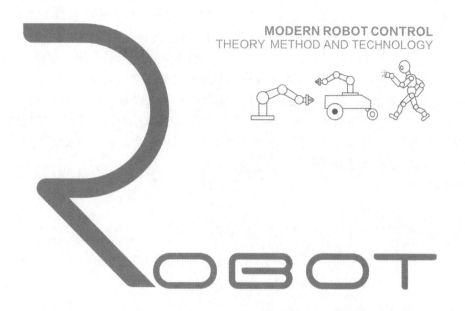

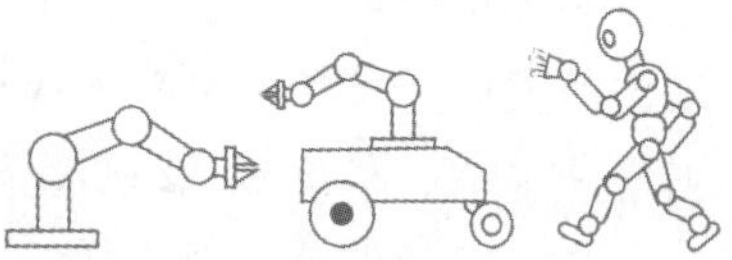

ROBOT

现代机器人控制

理论、方法与技术

吴伟国◎著

U0313996

化学工业出版社
·北京·

内 容 简 介

本书面向工科高年级本科生、研究生和研发人员，针对操作臂、腿足式机器人、轮式机器人，分12章全面讲述基于模型的机器人控制，包括现代机器人系统与控制问题、机构学基础、参数识别、位置/轨迹追踪控制、力控制、鲁棒控制与自适应控制、柔性臂控制、最优控制等单台机器人控制理论、方法与技术，以其为基础的多机器人协调、主从机器人控制理论与方法，以轮式机器人线性控制及非完整约束系统控制、载臂轮式机器人失稳恢复及稳定移动控制、双足稳定步行控制、腿足式机器人全域自稳定器收篇。

本书内容丰富、图文并茂、深入浅出，融入作者多年机器人控制的研究生教学经验与科研成果，多从被控对象实际出发阐述控制问题的思路和独到见解，思考题与习题可引领读者深度思考与应用。

图书在版编目（CIP）数据

现代机器人控制理论、方法与技术 / 吴伟国著.
北京 ：化学工业出版社，2025. 3. -- ISBN 978-7-122
-47348-6

Ⅰ. TP24

中国国家版本馆 CIP 数据核字第 2025RH1418 号

责任编辑：王　烨　　装帧设计：王晓宇
责任校对：李露洁

出版发行：化学工业出版社
（北京市东城区青年湖南街13号　邮政编码100011）
印　　装：北京云浩印刷有限责任公司
787mm×1092mm　1/16　印张 28¾　字数 765 千字
2025年5月北京第1版第1次印刷

购书咨询：010-64518888　　售后服务：010-64518899
网　　址：http://www.cip.com.cn
凡购买本书，如有缺损质量问题，本社销售中心负责调换。

定　　价：128.00 元

版权所有　违者必究

前言

PREFACE

时光荏苒，自1990年3月在北京王府井新华书店购得第一本机器人学入门的经典教科书，即由杨静宇等译、中国科学技术出版社1989年10月出版的《机器人学：控制·传感技术·视觉·智能》一书，先后开启了自己的机器人学习、研究、研究生教学之旅，至今已经33年有余。从1988年最初跟随导师王永洁教授攻读硕士学位，从事PUMA机器人设计智能CAD技术研究、机器人机构仿真软件研发，到1992年跟随著名机器人专家蔡鹤皋教授攻读博士学位，从事七自由度仿人手臂系统研制、轻型工业机器人设计与研发，一路边学习、边研究机器人，再经蔡先生推荐，1999年赴日本名古屋大学福田敏男教授研究室作博士后，从事类人及类人猿型机器人设计与研发，后归国回哈尔滨工业大学继续任教已是2001年。除了前述这本机器人学，所幸读了古田胜久的日文版《机械系统控制》、立命馆大学有本卓教授的日文版《机器人控制》、1997年日本计测自动控制学会的日文版《机器人控制实际》、由Chae H. An，Christopher G. Atkesin，John M. Hollerbach等共著1988年MIT出版的英文版《基于模型的机器人操作臂的控制》等多本机器人控制方面的专业书籍，深感专家学者们深厚的控制理论、技术以及数学功底深厚和研究贡献之多之大。随着自己在机器人及其运动控制方面研究的被控对象愈加复杂化，深感被控对象的实际控制问题与控制理论的差异性，在一边研究机器人及其控制，一边思考如何去更多地帮助研究生们从被控对象实际问题的角度出发去学习、看待和理解控制理论、方法的过程中，逐渐产生了为研究生开设“机器人控制”课程的想法，并先后于2005年、2007年为哈尔滨工业大学机械工程学科研究生自编讲义，分别开设了非基于模型的“仿生机器人及其智能运动控制”和基于模型的“机器人控制的实际应用”，并不断结合自己的科研方向与研究成果更新内容。

研究生课程教学与指导研究生科研中，讲机器人控制理论，直接给出用矢量与矩阵表示的动力学方程，学生一时难以接受，才发现大学理论力学课程中标量方程直接上升到研究生阶段的矢量与矩阵表示的n维广义坐标、广义力的动力学方程，在教学上有“断层”，机器人控制相关教材与其他书籍中控制系统框图中控制器输出直接给被控对象，而功率放大器等伺服驱动与控制单元等技术性内容被“隐含”掉了，如果老师不交代，则学生即便学过伺服驱动与控制技术也不能立即领悟，机器人被控对象机械系统与力学的实际问题不去交代或交代不充分，则依然停留在控制系统原理框图上。机器人机构奇异到底意味着控制上将会出现什么样的问题？机器人力-位混合控制中力控制与位置控制的辩证关系是什么？机器人参数识别实验设计应该怎样考虑实际问题？机器人力控制怎样做才有安全且尽可能宽的适用范围？力控制器的控制参数实际控制时怎样才能整定？怎样才能从物理上讲清楚机器人以及多机器人协调时的内力？PID控制律根本的数学依据是什么？反馈控制中传感器应用的细节问题、腿足式机器人力反射控制中力传感器的实际问题、机器人机械本体机构与机械结构设计时如何考虑控制问题而不是等到控制需要时再考虑？等等。这些问题并非都是需要研究才能搞清楚的，有些只是在教科书中没有去涉及。现有基于模型的机器人控制方面教材更多地从现代控制理论与方法的角度去讲控制器设计的理论与系统特性分析，而对于被控对象本身的实际问题讲解得不够或单纯以理论解释理论，最后，学生读者可能仍然不得要领。在机器人控制方面，首先从被控对象所属学科专业的角度去充分地认知和理解是必要且首要的，然后才是与现代控制理论、方法与技术的融合与融会贯通，才会有应有的学习与应用效果。再者，各类机器人控制理论、方法、技术在发展过程中代表性的知识点、历程也需要相应地加以适当的铺垫，比如，1971 年，英国牛津大学研制的采用液压驱动的世界上第一台双足动步行机器人“Witt”的步行控制方法及控制系统结构，尽管当时的技术条件远远无法比拟现代，但可谓“先见之明”，即便在当今也仍然具有重要的指导意义。

鉴于以上种种研究教学与科研上的考虑，在本人 2007 年为哈尔滨工业大学硕士研究生、博士研究生开设并自编讲义授课至今的“机器人控制的实际应用”课程（2018 年被评为哈尔滨工业大学研究生精品课程，2019 年至现在更名为“机器人控制理论与实际应用”），以及 2014 年为哈工大继续教育学院开设并编著的“机器人创新设计——轮式移动机器人创新设计基础”课程讲义等教学和不断完善、增补新内容的基础上，同时融入本人在工业机器人操作臂、仿人手臂、多移动方式机器人、仿生仿人机器人、非连续介质间摆荡渡越移动机器人、攀爬桁架机器人研制与控制方面相关科研成果，逐渐写成了以机器人操作臂、轮式移动机器人、腿足式移动机器人为被控对象，以“移动”+“操作”为特征的现代机器人的控制理论、方法与技术一书。本书旨在促使学生读者从臂、腿、轮式以及载臂轮式、多移动方式等机器人作为被控对象的机械系统实际出发，更有针对性地学习、理解并掌握现代机器人控制理论、方法与技术。同时，也为本人主讲并于 2019 年 12 月底在“学堂在线”上线的“机器人控制的实际应用”MOOC 课程的学员提供一本附一定数量的思考题与习题的教材，所拟定的这些思考题与习题多数能够引领读者进一步深度思考、实际应用机器人控制的系统性知识，并且在附录中给出了 MOOC 课程中各知识点与本书各章节的对应关系表，以便 MOOC 课程学员们更好地使用本书。限于篇幅，加之水平有限，如有未尽或不妥之处，还望同行、读者们多提宝贵意见。

谨以此书献给我的两位导师——中国机器人奠基者之一、中国工程院院士、哈尔滨工业大学蔡鹤皋教授和中国科学院院士（现）、日本名古屋大学（前）福田敏男教授。又适逢恩师蔡先生 2024 年九十华诞，两位德高望重的先生成就斐然、桃李满天下，谨此拙著，诚表敬贺！

本书中源自科研成果中的内容分别出自本书作者所负责完成并持续研究的国家自然科学基金项目（项目号：50275032，具有多种移动方式的类人猿型机器人研究）、国家 863 计划目标导向课题（课题编号：2006AA04Z201，有表情智能的仿人全身机器人系统集成化设计与基础技术验证）、国家重点研发项目课题（课题编号：2018YFB1304502，仿灵长类机动机器人机构与仿生单元）以及主要参与完成的国家 863 计划课题（课题编号：863-512-0?，组合式多节齿轮柔性臂机构研究）、国家 863 计划重点课题（课题编号 863-512-0?：轻型机器人样机设计与开发）等，在此一并致以衷心感谢。

吴伟国

2023 年 9 月 21 日于哈尔滨工业大学机械楼 1046 室

仿生仿人机器人及其智能运动控制研究室

目录

CONTENTS

第1章

绪论—机器人控制概论

工业机器人自 20 世纪 60 年代发展至今，随着其在汽车制造、机械加工、自动检测、航空航天、电子技术等诸多领域取得广泛应用，已经成为工业自动化程度的重要标志性产物。机器人学与机器人技术涉及的学科、专业领域较多，为机械工程、控制工程、电机与电气工程、计算机与人工智能、电子技术、通信等多学科交叉领域的综合性科学与技术。因此，作为绪论，首先粗线条地从机器人概念、分类、机械本体、力学与控制等方面论述机器人的控制方法与技术，并阐述从事机器人学研究与机器人技术研发所需的知识结构、对机器人的客观认知与机器人控制方面学习方法等内容。

1.1 机器人的概念及其分类

1.1.1 机器人的定义

1921 年，剧作家卡雷尔·恰佩克在他的剧本 *Rossum' s Universal Robots*《罗莎姆万能机器人公司》中首次引入了“Robot”一词，为服役于人类的“奴仆”之意；1947 年美国橡树岭和阿尔贡国家实验室为了处理核废料，开始实施工业机器人研究计划，研制了主从机械手；1954 年美国 Derubo 公司拥有了第一个机器人专利。此后，工业机器人得到长足发展，并且有专门制造商生产销售工业机器人。

有机器人含义的英文词汇有 Android、Automation、Robot、Manipulator，常用的为 Robot 和 Manipulator。其中 Robot 泛指各类机器人，而 Manipulator 则指机器人操作臂。严格地讲，早期工业机器人（Industry Robot）以及现在机器人制造商大量生产销售、在工业生产中广泛使用的机器人，更准确地说，应该为工业机器人操作臂，即 Manipulator。

国际标准化组织（International Organization for Standardization，ISO）给出的定义为：机器人是一种自动的、位置可控的、具有编程能力的多功能机械手，这种机械手具有几个轴，能够借助于可编程操作处理各种材料、零件、工具和专用装置，以执行各种任务。ISO 定义的机器人实际上是工业机器人操作臂，即 Manipulator。但是，机器人发展到今天，这个概念已经不能将各种类型的机器人涵盖进来了。

国际机器人联合会（International Federation of Robotics，IFR）于 2013 年 6 月 9 日给出的机器人定义为：机器人是一种半自动或全自主工作的机器，它能完成有益于人类的工作，应用于生产过程称为工业机器人；应用于特殊环境称为专用机器人（特种机器人）；应用于家庭或直接服务于人的则称为家政机器人或服务机器人。该定义较 ISO 的机器人定义从不同用途的角度扩大了机器人概念的外延，但仍然无法从机器人自身及其内涵和外延两方面意义上给出完整的定义。

中南大学蔡自兴教授所写的《机器人学》一书中给出的机器人定义有三方面的含义：机器人①像人或人的上肢，并能模仿人的动作；②具有智力或感觉与识别能力；③是人造的机器或机械装置。

上述定义限定了机器人在智力、感觉以及人造的机器三个方面的内涵，并以人或人的上肢类比了机器人操作臂或现在的仿人机器人，并将人工自动控制动物器官或身体的那部分边缘研究排除在外。

目前而言，对机器人的定义都不能将已有的各种类型机器人涵盖进去。显然，机器人的定义是随其技术进步和发展而需要重新定义的，但是，由于其种类多，各自有其各自的特征，很难从概念的内涵和外延两方面给出完整的严密的定义。

随着机器人尤其是人工智能高度发达后的机器人的发展，可以预言，未来的机器人应该是从仿人机器人以及仿生（动物）机器人角度来加以重新定义。

1.1.2 机器人的分类

机器人可谓种类繁多，可从机器人本体机构特征、驱动方式、仿形或运动形态、刚柔、是否移动以及移动方式、应用环境等多种特征方面加以归类。

按机构特征不同可分为：串联杆件机器人、并联机构机器人、串并联混合式机器人等；

按驱动方式不同可分为：电驱动机器人、气动机器人、液压驱动机器人、静电驱动机器人等；

按应用环境不同可分为：工业机器人、特种机器人、地面机器人、空间机器人、水中/水下机器人、飞行机器人；

按移动方式不同可分为：轮式机器人、履带式机器人、球形滚动式机器人、连杆式机器人、腿式机器人、足式移动机器人等；

按足（腿）数不同可分为：单腿跳跃移动机器人，双足、三足、四足、六足、八足等多足步行移动机器人等；

按机器人运动所处介质环境不同可分为：地面机器人、空间机器人、水下机器人、空中飞行机器人、非连续介质移动机器人等；

按是否仿生可分为：工业机器人、仿生机器人等；

按本体刚柔不同可分为：刚性机器人、柔性机器人、软体机器人等；

按宏微不同可分为：机器人、微小机器人、纳米机器人等；

按自由度数与独立主驱动数是否相等又可分为完整约束机器人、非完整约束机器人，完整约束机器人又可分为冗余自由度机器人、非冗余自由度机器人；

按作业或用途不同可分为：喷漆机器人、焊接机器人、搬运机器人、装配机器人、感知与测量机器人、反恐机器人、救援机器人、医疗机器人、服务机器人等。

如图 1-1、图 1-2 分别为本书作者给出的机器人操作臂分类图，以及按着机器人移动和操作两大主题概念及其运动所处介质环境不同进行分类的总体归类图。

自 1947 年诞生工业机器人（industry robot）即早期的工业机器人，其主要是以代替人进行自动化操作作业为目标的，因此，英文中又称作 manipulator（操作臂）。机器人操作臂就是由各自带有主驱动（或被动驱动）的一系列的关节带动与各个关节依次相连的各个杆件协调运动，从而带动末端杆件上的末端操作器运动或末端操作器运动同时输出操作动作和操作力（力矩）的自动控制下的机械装置。

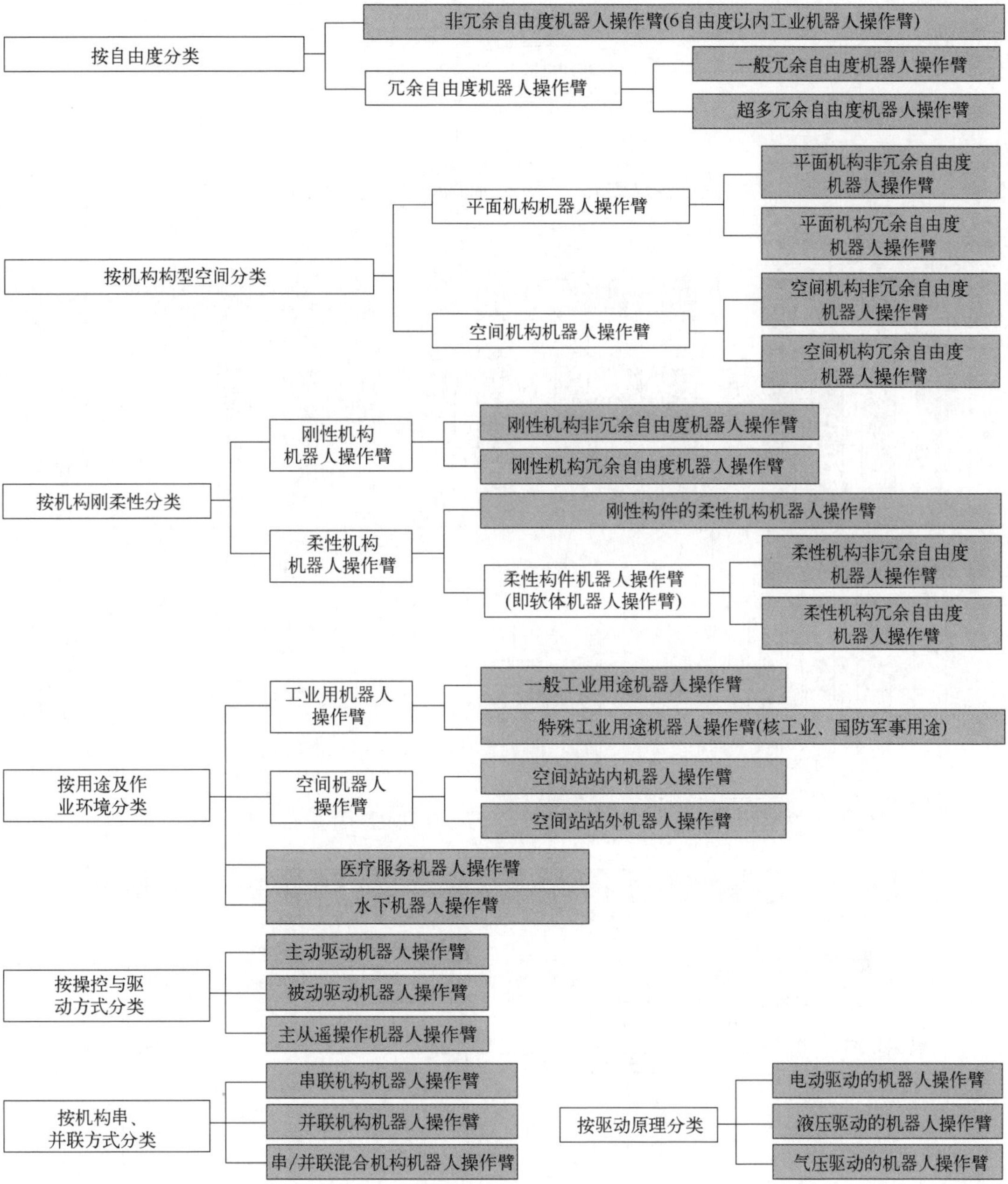

图 1-1　机器人操作臂的分类图

1.1.3　如何认识各类机器人的控制问题

由前述的机器人分类可知，按着操作和移动两大功能的不同，机器人机构可以分为移动机构、操作机构、兼有移动机构和操作机构的机构。而且，单纯的操作机构、移动机构本身也分别构成了操作机器人机构（即机器人操作臂和末端操作器）、移动机器人机构。而两者兼有而有之的机构则是带有操作机构的移动机器人机构。相应地，就有操作类机器人的操作运动控制和移动类机器人的移动运动控制问题，以及两者兼而有之的“移动＋操作”综合运动控制问题。用于操作的机器人的运动控制问题按末端操作器（或操作臂）与作业对象物或

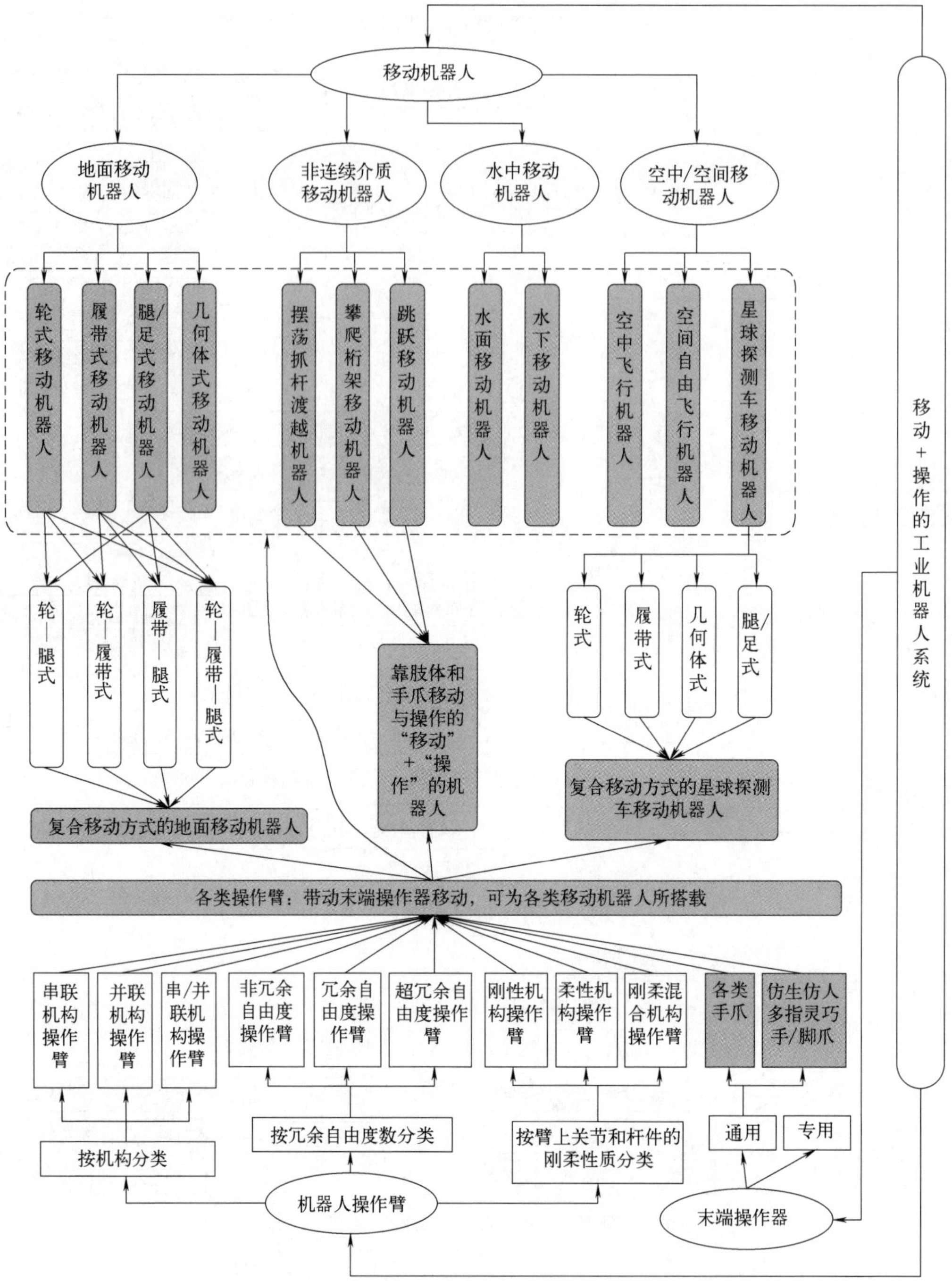

图 1-2 移动和操作两大主题概念下的机器人归类图

作业环境之间是否相互作用（即是否兼有位置约束和力约束），又可分为自由空间内作业的机器人和约束空间内作业的机器人两大类。

（1）自由空间内无作业约束的机器人操作臂运动控制问题

是以类似于人类手臂操作对象物的作业为目标的操作类机器人的运动控制问题。除非末端操作器为多自由度多指手爪或仿生仿人多指灵巧手脚爪之类，否则，这类机器人控制的主要问题和工作集中在机器人操作臂的控制上。粗略地讲，如图 1-1 中给出的各类机器人操作臂系统的运动控制的主要问题大体类似，都可以从宏观上归结为：如同人类手臂的臂部机构构形变化的运动控制（即臂部末端的位置控制）＋如同人类手腕部的姿态控制（即腕部末端操作器姿态控制），用轨迹追踪控制法即可实现控制目的。这类作业的工业机器人操作臂多为用于喷漆、焊接、搬运等用途的机器人。这类作业的特点是机器人操作臂末端安装的末端操作器多为喷枪、焊枪或焊钳等专用作业工具或通用的手爪，作业过程中末端操作器与作业环境或被作业对象物没有物理接触或接触力可以忽略不计，因而被称为自由空间内的机器人作业。自由空间内机器人操作臂作业又可以分为点位（point to point，PTP）作业和连续轨迹（continue path，CP）作业两类。

① 点位（PTP）作业与点位控制：机器人操作臂将一个物体 m 从当前位置 A 点搬运到目标位置 B 点的搬运作业。如果机器人搬运物体时，从 A 点搬运物体到 B 点的过程中，机器人与物体 m 的周围没有任何障碍物，并且对于从 A 点到 B 点的搬运路径除了起始与终了点上抓取和放置物体 m 的位姿要求外没有任何给定运动轨迹要求，则类似搬运这种从一点运动到另一点而对两点间路径（运动轨迹）没有给定要求的机器人作业即为点位作业。点位作业机器人的运动控制可以采用最简单的点位控制法。

② 连续轨迹作业与轨迹控制：连续轨迹作业是指机器人操作臂末端安装的末端操作器的运动轨迹需要与作业任务要求的轨迹一致，并且末端操作器的位姿精度符合作业任务中的精度要求的作业。例如，用于喷漆、焊接作业的工业机器人操作臂末端安装的喷枪喷嘴或焊枪的运动轨迹与姿态必须满足被喷漆、焊接对象物上得到的喷漆、焊接效果的作业要求。为了使被喷漆表面上得到漆厚、漆分布均匀的技术指标和效果，为了使焊缝尽可能光滑、均匀、美观，需要预先标定、规划光滑的喷漆路径和喷枪喷嘴的姿态或焊缝焊接路径和焊枪焊条位姿，然后用程序控制机器人实现预先规划好的路径和姿态。连续轨迹作业下的机器人作业轨迹控制即为轨迹追踪控制。与前述的点位作业及点位控制相比，连续轨迹作业与轨迹控制不仅要求起始点、终了点位姿要满足作业要求，起始点与终了点之间所经历的“所有点”都应满足实际作业轨迹要求。因此，连续轨迹作业下的机器人控制通常为轨迹追踪控制。

（2）约束空间内作业的机器人操作臂控制问题

约束空间内作业是指机器人操作臂、末端操作器、被操作对象物或者作业场所环境之间不仅存在运动约束，还存在接触或非接触式的力学约束的作业。约束空间内作业也称为受限空间内作业。例如，零件加工、打磨、装配等机器人作业的情况下，机器人操作臂末端操作器夹持销轴类工件，进行被装配件的孔轴装配作业，或机器人末端操作器夹持刀具或者磨具加工、打磨被加工件轮廓的作业，如此等等，既需要控制机器人操作臂末端操作器或工具的运动轨迹，同时还要控制其与对方工件或环境的作用力或力矩的大小与方向。因此，这类控制问题为既含有位置轨迹追踪控制又含有操作力控制的力/位混合控制问题，而且这种力/位混合控制问题在工程实际的技术解决上是将机器人操作臂作业系统的位置精度和力控制精度对立统一在机器人操作臂系统重复定位精度这一技术性能指标上。

（3）移动机器人的移动作业控制问题

如图 1-2 中所示，按着移动机器人所借助的移动介质或移动表面的不同可分为地面移动机器人、非连续介质移动机器人、水中移动机器人、空中/空间移动机器人等类型。地面移动机器人是指在地面上以诸如腿足式步行、轮式行走、履带式行走、几何体式移动等移动方式的机器人。这类移动机器人移动控制研究主要是解决移动稳定性、高速移动控制以及凸凹不平整地面环境适应性和控制的鲁棒性等问题。其中，基于模型的控制系统设计方法主要是以机器人机构运动学、动力学以及地面环境的力学为基础，采用轨迹追踪控制、自适应控制、鲁棒控制等方法，并借助于重力加速度计、陀螺仪、位置/速度传感器、力传感器等多传感器感知机能和导航系统实现移动机器人的自主移动控制。地面移动机器人上与地面直接接触的腿足、履带或驱动轮与地面所构成的摩擦副上作用的摩擦因数并不是一个确定的值，而是在移动范围内变化的，这就使得机器人与地面构成了非完整约束系统。因此，要获得像工业机器人末端操作器那样精确的位置精度是很难的！地面移动机器人基于模型的移动控制可用高增益位置/速度反馈控制与力反馈控制相结合的方法来实现。

1.1.4　对基于模型的机器人控制问题的总体认识

实际机器人系统与其作业环境或作业对象物是现实物理世界（自动化工厂、野外作业区、空间站等）中的实体系统。首先需要涉及由现实物理世界中作为被控对象的机器人系统与环境到机器人与环境理论模型的抽象和映射，而且这种从物理实体到理论模型的映射的目的是实现基于模型控制的目标所需的计算和运动学、动力学量的输入与输出。这种映射归根结底为机构学、数学和力学理论，具体为机器人运动学、动力学以及根据它们所做的控制器设计方法。也就是本书所要讲授的主要内容。对于基于模型的机器人控制问题的总体认识可以用本书作者所给出的图 1-3 来完整地表达出来。

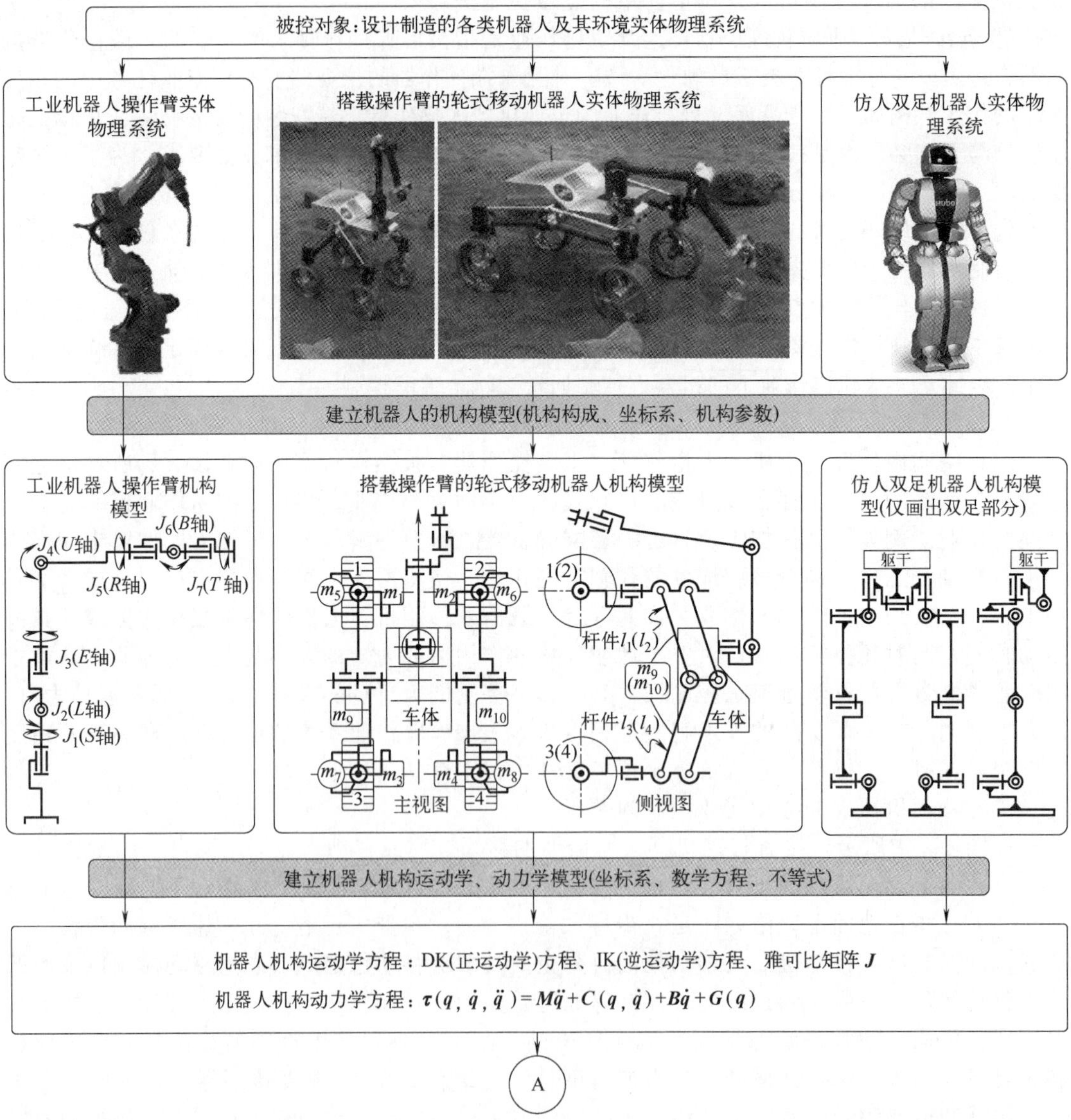

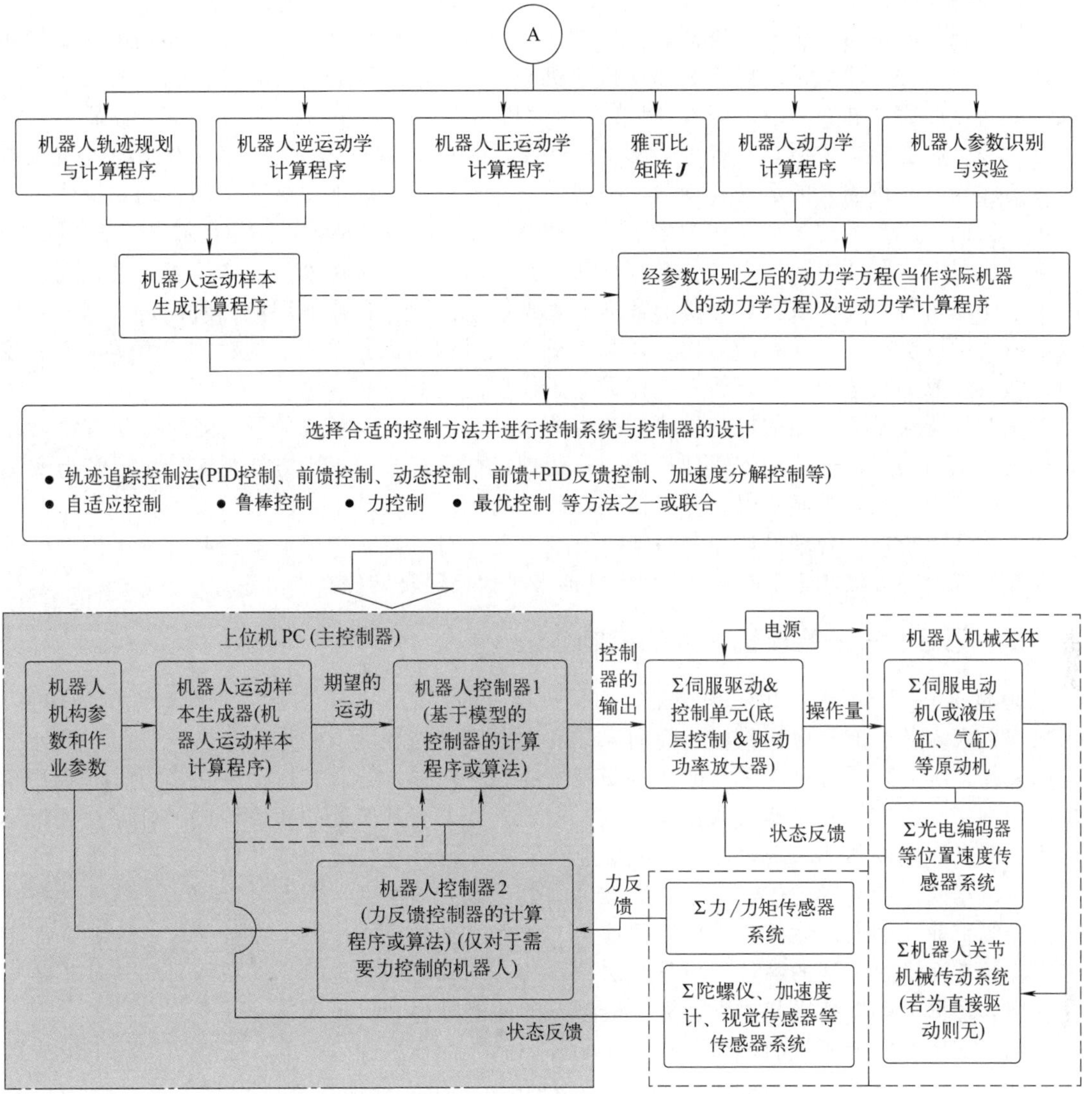

图 1-3　基于模型的单台机器人控制问题的总体认知图

由图 1-3 可以看出，基于运动学、动力学模型的机器人控制的实际技术是以机器人机构设计、机械设计、机械传动、机构运动学、动力学、控制理论、传感器技术、电动机伺服驱动与控制、计算机原理、计算机程序设计等方面专业理论与技术知识为基础，并进行综合运用和实践性很强的控制技术活动工作。

1.2　机器人控制方法

1.2.1　第 1 代～第 2 代——机器人的控制方法

20 世纪 60～90 年代中期的工业机器人主要用于工厂、车间等相对固定的作业环境，由机器人操作人员编程实现规定的运动和动作，如工业机器人操作臂典型工作任务为：

① 点位操作运动（PTP）：如搬运作业；

② 连续轨迹运动（CP）：如喷漆、焊接作业；

③ 装配作业（assembled task，AT）：典型作业为将轴类零件装配到孔中。

按着现有的机器人定义，机器人首先是一个人造的机器或机械装置。机器是由有质量和惯性的机构构件、原动机组成的。原动机为机构构件提供运动和动力，并且执行机构输出完成作业所需的运动和力（或力矩）。机器人作为机器、机构，是一个动力学系统。显然，当机器人设计制造出来之后，其各个零部件的质量、惯性参数已经“存在”，当原动机向机器人关节输入驱动机器人的运动和动力，一般而言，该机器人就能得到确定的运动和操作力或力矩，因此，机器人的运动遵从力学原理，可以用拉格朗日方程或牛顿-欧拉方程表示原动机驱动机器人的驱动力或力矩与各零部件实体物理参数及机构运动参数之间的关系；而机构的运动学可用解析几何或矢量分析的数学原理得解。因此，在作业环境相对固定、作业可用数学或力学方法描述和计算的前提下，基于机器人机构、机器人作业的数学或力学模型的控制方法自然成为首选的主要方法，统称为基于模型的控制方法。

工业机器人基于模型的控制方法的基本原理是：运用几何学或矢量、矩阵分析理论，建立机器人机构的运动学、动力学理论模型；运用机械系统参数识别方法与实验手段获得实际机器人的物理参数，进而获得实际机器人准确（精确）的运动学、动力学方程；根据作业要求和作业性能指标，合理设计控制系统以及控制器，对机器人进行运动控制。基于模型的机器人控制理论与方法基本上在第1、2代机器人时代已经奠定完毕。

1.2.2 第3代——智能机器人的控制方法

20世纪90年代至21世纪现在是第3代机器人即智能机器人时代，具代表性的为仿生、仿人机器人。其研究与应用目标是面向未知的、不确定的环境下的作业。这类机器人设计制造成实体系统后，尽管可以用与前述基于模型的方法一样，建立其运动学、动力学模型并经参数识别实验确定实际机器人的物理参数，但是机器人与其所处的环境构成不可分割且相互作用、相互影响的整体系统，而前述的工业机器人作业环境相对固定并且可以模型化，可以对工厂、车间作业环境与作业对象建立准确的数学或力学模型，因而可以用基于模型的控制方法控制工业机器人。然而，人们期待仿生、仿人一类的智能机器人在各种作业环境下都能完成作业，而这里所谓的各种环境是无法预知的、不确定的，是时变的系统。尤其是非结构化的野外环境，难以建立其数学、力学模型，即使能够建立，也无法预知下一个任务、下一个时刻、下一个时期所处的环境是什么样的，如同人都会遇到陌生的、未经历过的事情或环境一样！因此，靠基于模型的方法很难为这种仿生、仿人智能机器人设计一劳永逸的控制器。因此，非基于模型的控制方法或者基于模型和非基于模型混合的方法适合于智能机器人控制。目前，智能学习运动控制是仿生、仿人机器人控制的研究主题，常采用基于软计算、强化学习、深度学习等的智能控制方法。

1.3 基于模型的机器人控制方法与本书内容安排

1.3.1 机器人学基础

机器人学是以机构学、数学、力学、电磁学与电机学、计算机科学、电气科学、人工智能等科学知识为理论基础，主要研究机器人机构学、机器人控制科学、机器人系统设计方法、机器人智能、机器人仿生学等内容的科学。机器人学是一门多学科交叉的综合性科学问题。机器人学为机器人技术研究提供概念、思想、理论和方法等科学基础。机器人技术则是机械设计制造及其自动化、控制工程与技术、计算机技术、传感器技术、电动机驱动与控制技术、液压传动与控制技术、气压传动与控制技术、电子技术、计算机辅助设计与分析技术等多种技术的综合应用技术。

机器人学基础知识主要包括机器人的机构设计、机构运动学、机构动力学以及机器人控制理论与方法、传感原理与机器智能等。本书第 2、3 章分别讲述了机器人系统的组成、机器人机构与运动学、机器人动力学理论内容，并归纳给出了这些理论知识在机器人控制中的作用和实际应用。为更有效地使用机器人动力学方程进行基于模型的控制，为了获得与现实物理世界中的存在于实际机器人物理实体上的“实际动力学”方程更加精确一致并可用来进行“逆动力学计算”的机器人动力学方程，本书第 4 章讲授机器人参数识别的原理与方法、算法。第 1 章～第 4 章是学好、用好第 5 章～第 11 章的基于模型的机器人控制理论与方法的重要理论基础。

1.3.2 机器人最基本的控制方法（运动学控制法和位置轨迹追踪控制法）

（1）运动学控制法

运动学控制法是一种只用机器人机构运动学而不考虑机器人动力学的控制方法，也即通过机器人机构运动的几何学、矢量或矩阵分析理论建立运动学数学模型并求解原动机（或关节）运动与作业运动之间关系的控制方法。这种方法适合于：①机器人系统机械惯量较小；②移动副关节较多，各关节间运动、力相互耦合较小；③作动器功率较大、动作快速的机器人。

机器人工作速度不高、作业精度要求较低时可采用运动学控制法。这种控制方法的控制系统结构简单、易于实现实时控制。一些重量轻、惯性小、原动机驱动能力相对机器人本体负载较大的玩具机器人或者作业质量及速度要求较低的机器人采用此法，成本也相对较低。

（2）经典控制方法

对机器人操作臂各个关节用经典控制方法设计线性反馈控制器，加上前馈计算补偿，使系统达到要求的控制性能。其基本原理是建立各关节机械传动系统模型与原动机驱动原理模型，如直流伺服电机驱动单个关节控制系统设计所需要的机械系统模型、电气回路与机械耦合模型。根据此模型可以分别得到机械传动系统、电气回路的基本方程，然后得到系统传递函数，设计控制系统。单个关节控制系统的机械传动部分的模型、直流伺服电动机驱动部分电气回路模型分别如图 1-4 和图 1-5 所示。

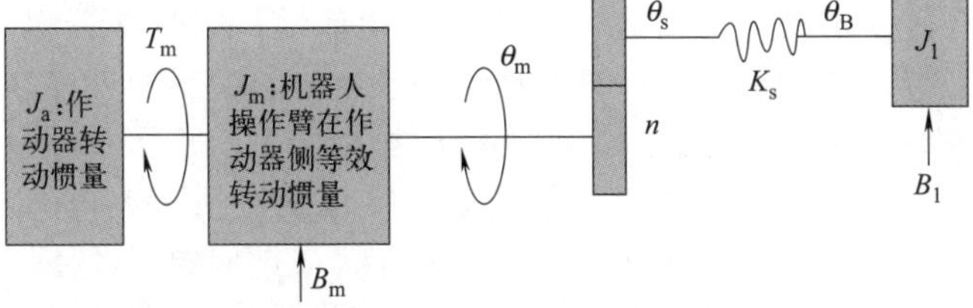

图 1-4　单个关节控制系统的机械传动部分的模型

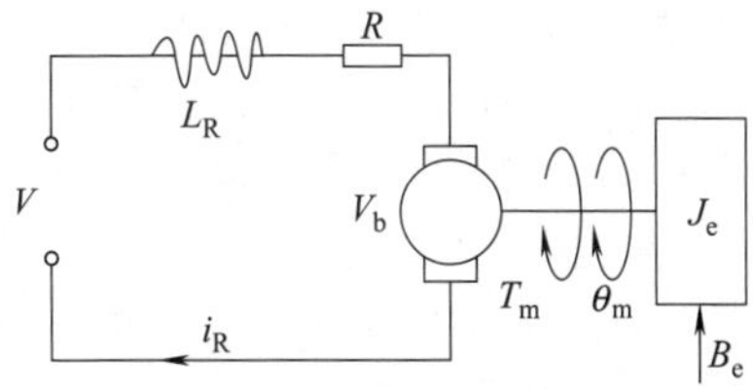

图 1-5　直流伺服电动机驱动电气回路部分的模型

（3）示教法

示教法是由机器人操纵者通过示教盒上的各类运动功能控制键向机器人各个轴发送指令，让机器人动作同时目测机器人末端操作器或者机器人本身的动作是否向着期望的位置和方向运动，如此依次发送一系列指令形成机器人运动并到达期望的目标位置和姿态的“有教师”教给机器人动作的方法。可进行示教的工具不仅示教盒一种，也可以在控制机器人的主控计算机显示屏上设计示教软件界面，界面上有机器人各个轴（关节）的正向、反向转动、转动步距角、运动曲线等指令和参数设置项，如此同样可以进行示教。不论何种示教工具，在示教过程中，机器人各关节的运动轨迹（关节位置、电动机转角位置）都会被记录下来，示教成功后，可将这些按时间序列排列的关节位置（或驱动关节的电动机转角位置）数据集用样条曲线拟合而成光滑的关节（或电动机）轨迹曲线，作为示教成功后的机器人作业运动控制的期望的关节轨迹曲线（或样条函数）或电动机转角位置曲线。还有更高级的示教方法来教会机器人如何完成期望的作业运动。如采用光学运动捕捉系统设备捕捉末端操作器作业轨迹，然后输入给机器人运动样本生成器，运动样本生成器中的逆运动学计算程序自动计算出各个关节的运动轨迹用于控制机器人的各个关节运动。如果是各个关节驱动部的传动系统带有离合器，并且机器人操作臂质轻且惯性小，还可以由机器人操纵者牵引各个关节在离合器脱开状态下的机器人操作臂的末端，由操纵者牵引机器人运动来完成示教的方法。在牵引示教的过程中，测量各个关节位置的光电编码器应处于上电正常工作状态以“测量”、“记忆”各个关节运动位置数据。如果电动机为非永磁类电动机且机械传动系统减速比较小，则可以不采用离合器或者离合器不脱开，但电动机处于断电的自由状态而电动机输出轴上的编码器处于上电工作状态（用来在线“记忆”示教位置轨迹）。以上讲的是位置示教，容易实现，还有一种示教是力、力矩的示教。但力、力矩的示教在机器人在线示教上不容易实现，示教技术与成本较位置示教都高。

（4）轨迹追踪控制方法

对机器人操作臂各个关节用经典控制方法设计线性反馈控制器，加上前馈计算补偿，使系统达到控制目标和要求。轨迹追踪控制法是工业机器人运动控制中最为常用的方法，有PID 反馈控制、前馈控制、前馈＋PD 反馈控制、逆动力学计算法、加速度分解法等位置轨迹追踪控制法。这些控制法将在本书的第 5 章讲授。这些控制方法可以适用于自由空间内作业的一般工业机器人操作臂的位置轨迹追踪控制目标要求。因为基于动力学模型（或者说基于逆动力学方程和计算）的轨迹追踪控制法需要与实际被控对象机器人本体上存在的物理参数（存在但不可能误差为零地得到）尽可能精确一致的逆动力学计算用方程，所以需要用第 4 章参数识别实验和算法尽可能精确地获得物理参数或其组合参数下的逆动力学方程。

1.3.3 考虑不确定量的控制法（自适应控制和鲁棒控制）

（1）理想的控制就是无需控制

现实物理世界中的实际机器人系统、被操作对象物、作业环境等真实物理参数、运动参数、动力参数都误差为零地绝对精确地存在于它们自身之上，或者换句话说，用数学方程、不等式等所描述的机器人、被操作对象物、作业环境的所有运动学关系、力学关系的方程以及约束条件都误差为零地客观存在于它们自身或它们所构成的系统之内。假如可以通过测量、参数识别等办法将所有的物理参数、运动参数、动力参数误差为零地绝对精确地得到，则用数学理论描述的实际机器人运动学方程、动力学方程以及约束条件、被操作物以及环境的运动、力学模型可以误差为零地等同存在于实际机器人系统、被操作对象物、作业环境等物理实体系统上，真实存在的（但实际上无法误差为零地精确获得）那些隐含在实体上的“方程”。如此，这些方程就是实际机器人、被操作对象物以及环境的理想的运动学、动力学方程。既然这些理想的（所有各类误差皆为零）方程与实际物理系统的运动学、动力学关系完全等同，那么，严格按着实际系统运动学、动力学关系计算实际系统运动所需的驱动力、力矩并且使原动机以及传动系统输出同样的驱动力、力矩即可得到预期的运动和操作。因此，可以说理想的控制就是无需控制或者说不必控制！但这只不过是一种前述的完全理想化的假设，实际上根本无法得到理想化的误差为零的系统模型及其各类参数。基于模型的控制首先需要两个必备的条件：一是能够根据物理原理建立被控对象系统的数学模型；二是想办法获得实际被控对象物理系统足够的用于应用数学模型进行计算的物理参数及其他参数。既然误差为零的系统模型和参数无法得到，我们只能退而求其次，采用适当简化的系统模型和参数，尽可能准确地获得系统各类物理参数或组合参数。自然，在系统建模、参数选择与获取上产生了误差，但是简化了控制系统设计问题。这种简化的尺度取决于控制系统执行时得到的控制效果是否能够满足工程实际作业需要。这只是从建模与物理参数是否能精确地获得的角度来看待基于模型的控制问题。下面从机器人及环境的实际情况来看待不确定性问题。

（2）机器人以及环境的不确定性问题

基于模型的控制系统设计都是在给定系统和环境工作条件、约束条件下的可用数学函数关系描述的确定的模型，但这仍然是一种理想化的建模处理方法。实际上，机械系统中相对运动的构件之间存在着摩擦，齿轮传动中会因轮齿啮合的侧隙在正反转时产生空回（也称回差，即因存在啮合侧隙在正反转时产生空行程导致齿轮传动输出转角的误差）（如果设计制造时不按精度设计留有齿侧间隙，则齿轮高速运转时可能发生齿轮润滑不良或卡死等），机器人杆件或其他构件不是绝对刚体可能在带载工作时引起刚度变化进而产生振动等。总之，摩擦、回差、轴系支撑刚度、杆件刚度、机器人工作在不同作业情况下的负载、构件材质的均匀性、外部扰动等都可能产生变化的、不确定的量，这将导致用于描述机器人系统与环境的运动学、动力学方程、参数与存在于现实物理世界中实际机器人系统与环境内部的“运动学”“动力学方程”以及绝对精确地存在但不可能误差为零地由外部得到的物理参数之间存在误差，以及不确定量对系统运动特性的影响。为了得到即使被控对象系统模型存在不确定量或者是受外部环境的扰动的情况下，也能实现期望的控制目标的有效控制结果，在控制方法中已有鲁棒控制和自适应两种代表性的控制方法。本书第 7 章将分别详细讲述这两种控制理论与方法。

1.3.4　力控制与力位混合控制法

约束空间内的机器人控制除了进行位置轨迹追踪控制外，还需要进行末端操作器操作对象物或者是机器人操作臂与周围环境接触（或虽非接触但假设虚拟接触）情况下的操作力或接触力控制。这里所说的力泛指力和力矩的总称。在诸如采用机器人的零部件装配、零件打磨、零件加工、研磨等作业的控制中，有关位置轨迹追踪控制部分的理论与方法仍采用前述 1.3.2 节中的方法，即在第 5 章中所讲的内容。本书第 6 章首先讲述机器人力控制系统的构成、力传感器原理与应用，作为该章的基础知识，然后讲述基于位置控制的力控制、基于力矩控制的力控制、力/位混合控制的原理、方法与实验。

1.3.5　机器人运动最优化与最优控制

含有回转副的机器人是各个关节运动耦合的强非线性系统，一般给定目标运动的前提下，即便是非冗余自由度的机器人也会存在不只唯一一组逆运动学解（对于串联杆件的机器人而言，如是并联机构的机器人，则是指正运动学解），而且机器人的控制和性能与其机构起始构形有关。机器人运动性能和附加作业性能（如能量消耗、驱动力矩大小、操作能力即机器人运动或作业输出端操作能力大小、奇异构形回避、关节极限回避、障碍物回避能力大小、灵活性高低等）的优化显然具有重要的理论意义与实际应用价值。尤其是需要自治、自律运动的机器人，这一点特别重要。通常用于工厂车间的喷漆、焊接、搬运等用途的工业机器人操作臂一般动作相对简单，前述的某些附加作业性能要求一般可有可无，因为只要事先通过虚拟仿真得到的运动学、动力学参数计算结果处于所用机器人产品技术性能指标范围之内即可正常工作。除非在控制程序设计、仿真中没有考虑到诸如奇异构形、关节位置/速度/驱动力矩等极限约束问题。

机器人操作性能的优化可以通过两种不同的方法：一种是利用冗余自由度机器人的冗余自由度和定义作业性能优化指标评价函数，从逆运动学无穷多解中求得作业性能最优的逆运动学解，作为基于模型的控制器的参考输入；另一种方法则是基于变分法和最优控制理论基础的机器人最优控制方法，是由被控对象系统的非线性系统方程、最优性能指标评价函数和数值计算方法为理论基础寻求最优控制输入的解的控制方法。因此，本书第 8 章将讲授机器人运动优化理论与最优控制两方面内容。从控制理论与方法的角度来看，机器人运动最优化与机器人最优控制两者没有控制上的联系，两者的最优解求解的理论、算法也各不相同，本章只是从两者都需要机器人作业性能评价指标函数定义和最优化问题求解的角度将它们放在同一章中。

1.3.6 柔性机器人操作臂建模与控制

第 2 章～第 8 章所讲述的各种控制方法都是针对由一系列刚性构件通过一系列关节连接而成的多刚体系统结构机器人系统的控制的，而柔性机器人操作臂则是其机构构件中含有弹性杆件或者柔性关节的机器人机构。柔性机器人操作臂从其机构构成上可以分为三类：一类是其柔性机构是由一系列刚性关节将一系列的弹性（也称挠性）杆件连接在一起的机构，即含有柔性材料构件的柔性机构；另一类则是没有挠性（弹性）构件，完全是靠多自由度或者冗余、超冗余自由度从运动灵活性上获得柔性的刚性构件机构，如同由多节可以相对转动的链节组成的套筒滚子链条一样，由多节刚性构件间的相对转动来获得链条的柔性，即多节刚性构件柔性机构；第三类是由刚性机构和柔性机构混合而成的刚柔混合机构。多节刚性构件柔性机构本质上属于刚性的机器人或冗余自由度、超冗余自由度机器人机构，其运动学、动力学以及控制问题的理论基础仍然是本书第 2 章～第 8 章中所讲授的知识。由弹性材料、弹性机构分别作为杆件或者关节机构的柔性机器人操作臂属于本质上的柔性机器人。这种靠关节刚性传动和杆件弹性变形来实现臂构形的变化和操作的柔性机器人，可以避免刚性机构的机器人操作臂与作业对象物或者环境的硬碰硬的“强力”接触甚至于物体的损伤，也可以产生柔性操作，也可以在一定程度上适应被操作对象物或者环境（具有一定的被动柔顺性），还可以减缓冲击。但是，含有柔性材料构件的柔性机器人操作臂的运动学、动力学模型十分复杂，因非线性很强而很难获得解析解，控制器难以设计。作为研究基础，本书第 9 章讲述了柔性机器人操作臂的建模与振动抑制控制方法。同样的机构构成形式和自由度数情况下，含有柔性材料构件的柔性机器人操作臂的控制系统的设计与实现较刚性机器人操作臂要困难得多。一般而言，有弹性变形的柔性机器人操作臂多适用于低速、低频运动与低载荷的作业要求场合，中高速、中高频运动、大负载要求情况下则难于进行快速稳定定位与轨迹控制，主要问题是中高频运动时振动的抑制与快速响应方面的控制有效性。

1.3.7 多机器人的协调控制

如同多名作业人员协作完成一项工作一样，多台机器人协作完成一项操作具有提高作业效率和作业能力、扩大作业范围等诸多优点，能够完成一台机器人无法完成的作业。因此，多机器人作业的协调控制问题是前述的单台机器人各种控制方法所不能单独解决的。多机器人协调控制涉及多台相同规格机器人间的协调、不同规格同类机器人间的协调、不同类型机器人间的协调的控制问题。多台机器人通过共同完成的作业任务联合在一起形成多机器人系统。多机器人系统的协调控制涉及到运动协调、操作力或负载在各个机器人上的分配与相互之间的协调，从多机器人系统的角度来看待运动与操作力的协调，首先涉及到对构成多机器人系统的各个机器人的性能评价以及整个多机器人系统综合性能的评价问题。运动协调、力或负载的分配与协调控制是多机器人协调控制的实质性问题和研究内容，解决了这个问题之后，剩下的就是选择利用第 2 章～第 9 章所讲授的相应控制方法控制单台机器人即可。因此，基于模型的单台机器人的各种控制方法是多机器人协调控制的重要基础。多机器人协调控制仍然是以机器人机构设计、运动学、力学、控制理论为基础，分析并合理分配操作力或负载给每一台机器人并设计协调控制器是多机器人协调控制的核心内容，也即本书第 10 章的内容。被分配的操作力（或负载）和被协调好的运动被作为相应机器人期望的操作力（或负载）和期望的运动，然后实施单台机器人的运动控制或力/位混合控制。因此，第 2 章～第 9 章内容也是第 10 章的基础。

1.3.8　主从机器人控制

如 1.1.1 节所述，主从机器人是与 1947 年最早研发的核废料处理用的工业机器人同期诞生的概念，原型为主从机械手。主从机器人系统是由操纵人员操纵或自动控制远离作业现场的主机器人运动，同时主机器人的动作将作为指令通过有线或无线传输到作业现场的从机器人并控制从机器人完成作业现场的作业任务的机器人系统。主从机器人系统由主机器人系统、从机器人系统、负责主从机器人系统之间信号传输的通信系统、操纵主机器人的操纵人员（如果主机器人为自治机器人则无需操纵人员）组成。主从机器人系统在空间站、核工业现场、极寒或高温高压、有毒等极限环境和高危环境下具有特别重要的实际应用价值。此外，在医疗行业，外科手术机器人也采用主从机器人技术，由不在手术现场的外科医生操纵主机器人（也称主手）通过有线或无线通信来遥控手术现场的从机器人（也称从手）完成手术操作。无论是主机器人还是从机器人，单台机器人系统研发的理论与技术基础仍然是本书第 2 章～第 8 章所讲内容。对于单台机器人而言，其自身的机构设计与控制器的设计仍然需要第 2 章、第 3 章所讲的机器人机构学（机构设计、运动学、动力学）、第 4 章的参数识别、第 5 章的位置轨迹追踪控制、第 6 章的力控制、第 7 章的鲁棒控制与自适应控制等基于模型的控制理论方法与技术基础知识。因此，第 11 章讲授的主从机器人控制一章中不再强调指出和具体讲解主从机器人系统中单台机器人自身所用的位置轨迹追踪控制器、力控制器或者力位混合控制器具体是何种类，也不明确是鲁棒控制器还是自适应控制器。第 11 章主要讲述主从机器人系统的主从控制系统结构以及主机器人与从机器人之间的位移传递与力传递问题。

1.3.9　移动/操作机器人控制

第 12 章主要讲述包括腿足式、轮式移动机器人在内的基于模型的稳定步行控制、轮式移动机器人的完整约束控制、非完整约束下的非线性控制基本理论、载臂移动机器人失稳恢复与稳定移动控制等。其中包括实现机器人控制技术所需的传感器的基本原理概述、具体使用注意事项以及六维力-力矩传感器检测到的六维力-力矩的换算方法与计算公式等。至此，本书基本上将面向“移动”＋“操作”的基于模型的机器人控制基本理论、方法与技术较为全面、完整地交代清楚了。同时也为机械类本科高年级生、研究生以及机器人技术相关人员提供了机器人控制学习与研究较为全面的基础知识。

1.4　如何学好用好基于模型的机器人控制理论、方法与技术

1.4.1　打好工科先修课基础

机器人学与机器人技术属于集机械工程、电气工程、电子技术与信号处理、控制科学与工程、计算机科学与技术等学科专业相关基础知识于一体的综合性交叉学科专业门类，具体涉及：

①应用数学：线性代数、矢量分析与矩阵理论、概率与统计、计算方法、最优化方法、数值分析、微分几何等工程数学、模糊理论等；②力学：理论力学、弹性力学、材料力学等力学基础课，多刚体系统动力学等；③机械：画法几何与机械制图、互换性与测试技术、精

度设计、机构学（以平面机构为主的机械原理、机构运动学、机构动力学、机构的误差分析、机构综合等）、机构设计、机械设计、机械优化设计、机械制造、机械结构设计与加工工艺、机械传动与减速器、金属材料及热处理、金属工艺学、工装夹具设计、工艺设计、精密机械设计、传感器与测试技术、流体力学与液压传动、气动、有限元分析与方法、计算机辅助设计（CAD）与制造（CAM）、数控技术、现代计算机数控系统、机械设计与制造实验等；④电气电子：电路、电工学、电子技术（模拟电子技术、数字电子技术）、电机学、电动机驱动与控制技术、电源技术、直流/交流伺服系统与技术、信号处理、电子电路实验；⑤控制：自动控制原理、现代控制系统、数字控制、计算机控制、系统参数辨识、基于模型的反馈控制理论、PID 控制与应用、实验等；⑥计算机：计算机原理与应用、单片机、PC 计算机应用技术、计算机接口技术、计算机操作系统导论、计算机网络、数据结构、程序设计语言、数字信号处理、知识工程、专家系统、人工智能原理、人工神经网络、算法等等；⑦精密仪器与传感：传感器与应用技术、传感器设计与制造技术、精密传动技术、机器视觉与图像处理、电子技术与器件、语音识别与信号处理等；⑧其他：现代生物力学、仿生原理与仿生机械，等等。

本书将上述本科课程或研究生课程以及相关知识与机器人系统的关系绘制成如图 1-6 所示的知识结构图供读者参考。

1.4.2 客观看待作为被控对象的机器人并努力提高专业认知水平

在极尽可能全面、扎实地掌握和拥有相关基础知识与技术能力的基础上客观看待和充分认识作为被控对象本身的机器人。这一点决定了一名学完机械类专业的本科生、研究生在毕业后的工程实际专业技术业务中能具体做什么？做多少？做到什么程度？等等。

（1）严格按着机械设计制造及自动化专业水准设计、制造、装配、调试并认清作为被控对象的机械系统

没有过硬的大概念下（即广义上）的机械设计（不仅仅是本科一门专业基础课“机械设计”，而是涵盖了机构、机械结构、公差与互换性、精度设计、加工工艺和装配工艺、检验与测量、调试、实验或试验等所有的设计内容）能力就不可能设计出从机械本体上保证和达到高性能指标要求的被控对象机械系统，没有好的机械设计，即便控制系统再好也难以甚至于根本无法弥补机械系统性能的不足和缺陷。如果做不到广义机械设计概念下的设计和制造，机械、控制与力学又不能融会贯通，那么就很难对被控对象和性能有更深刻的、本质上的全面认知，自然就很难将工程实际中机器人产品的控制系统、控制器设计到位，尤其是被广为应用的工业机器人。

（2）越是高端的机器人，尤其是中、高端的工业机器人或操作臂，设计、制造起来越难，也越难于控制

末端重复定位精度以及轨迹精度是机器人技术性能中最具代表性的指标之一。精度的高低是相对而言的，比如对于末端负载几千克到几十千克的机器人而言，±0.05mm 的重复定位精度为中等精度，但对于末端负载几百千克的机器人而言则属于高精度。另外，末端重复定位精度还与臂展长度有关；机器人的精度又是经过精密程度至少更高一个量级的测量仪器测量和标定出来的，仅此末端重复定位（即在三维作业空间中的位置和姿态）精度要求一项技术性能指标就足以称得上关键技术指标。工业机器人操作臂产品的技术性能指标（末端有效负载、速度、定位精度等）应是在其产品使用寿命期限内各项性能稳定的指标，是产品经过充分的性能测试实验得到的。此处，仅举一个简单的、初中生都会计算的平面解析几何例子：假设只有一个自由度的回转关节带动一个 0.5m 长的刚性杆件，世界上公开的最精密的减速器的回差最小为 23″，假设控制精度为理想控制下误差为 0，则该 1 自由度机械臂末端的重复

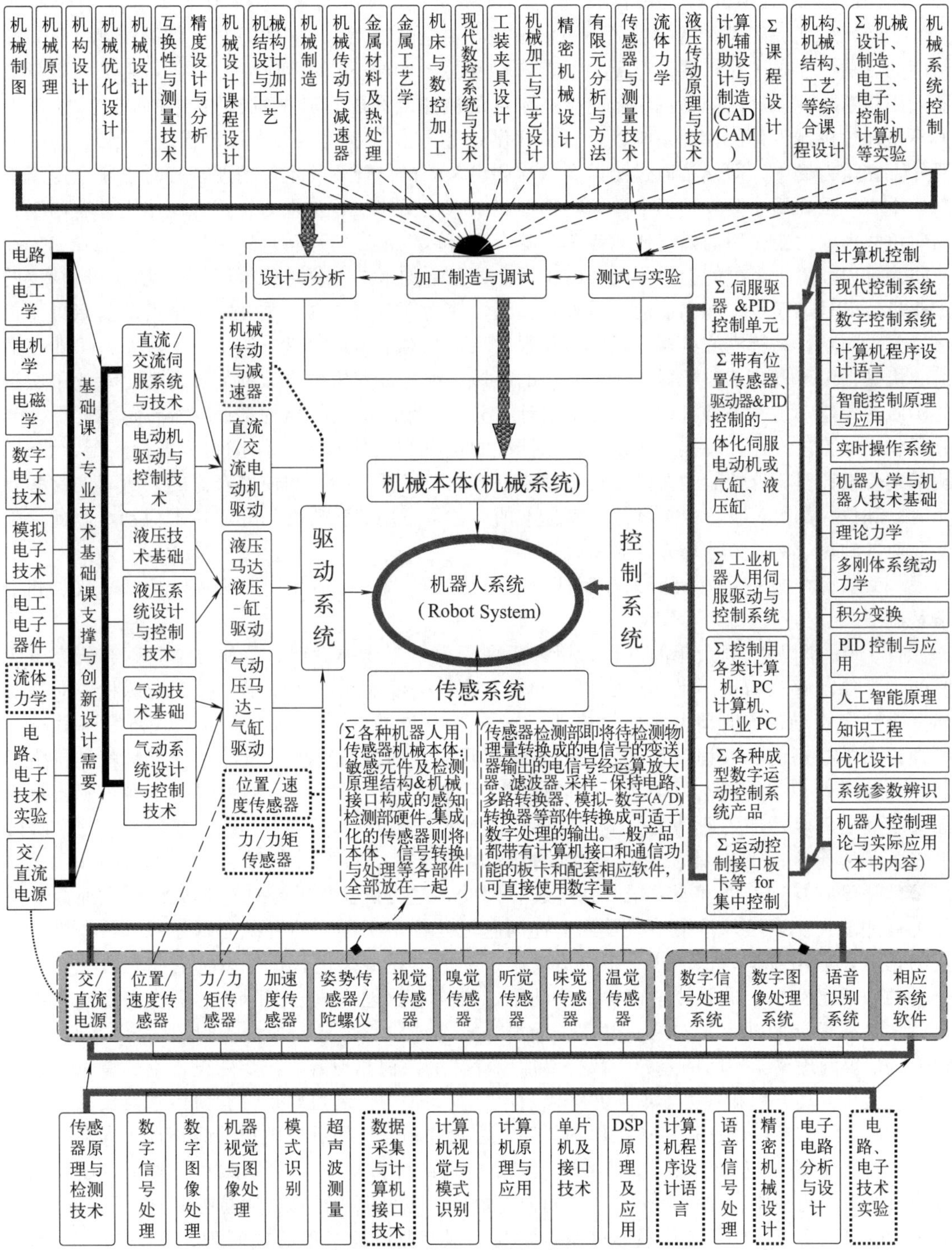

图 1-6　机器人系统的构成与机器人学、机器人技术以及机械、控制、电工电子、计算机等学科专业基础理论与技术之间综合性交叉关系知识结构图

定位误差仅由减速器回差来决定，则可以算出在原动机完全制动状态下杆件末端因减速器回差（也即关节回差）产生的晃动量（即位移量为末端位置误差范围）为：弧长＝弧对应的以弧度为单位的角度值×臂杆杆长＝500×23/3600/57.03＝0.0560134（mm），按此最高精度 $23''$ 回差减速器传动单轴 0.5m 长臂杆的定位精度最高±0.056013/2＝±0.02800665（mm）计算并设计

普遍应用的 6 轴工业机器人操作臂（假设臂展长度 0.5m），要想得到末端重复定位精度±0.02800665 已是不可能的事情了，更何况还有轴系同轴度、臂杆变形以及控制精度等对末端精度的影响！但是工业机器人产品中不乏末端精度±0.02mm 的操作臂，应该是用从大批量机器人用精密减速器产品中精选出来的更高精度的减速器和配作其他机械零部件而制造出来的，但不是通过机械设计、控制系统设计、精度设计等通常工业机器人设计流程设计制造出来的；另外，在重力场中，即便是通过测试实验检测出来的操作臂重复定位精度，有时也是在速度不高、重力和重力矩主要作用下“单向”精度测试（正反向回差被重力、重力矩作用甚至高于正反向负载力、力矩作用而始终使轮齿单侧啮合没有产生正反向运转）的结果，也就是说如果在空间无重力环境下，可能会得到真实的正反向回差下的末端重复定位精度。因此，中高精度的工业机器人是难于设计和制造的，另外，在正常使用寿命期限内，重复定位精度的稳定可靠也会是个大问题，高精度的机器人技术问题很复杂，绝对不是一个简单的事情。注意：工业产品级的机械系统不管是工业机器人还是其他的机械，都是按着机械设计制造及自动化专业中所学的实质性专业知识来进行机械系统方案设计与分析、精细的机械结构设计与分析、精度设计与分析、加工工艺设计，装配工艺设计，用标准的量具和仪器对设计件检测后进行装配、调试、测试实验设计、充分性能测试试验得到稳定的产品技术性能指标和使用寿命的，所有的这些专业活动和技术都是符合行业标准或国家标准的，才是正规的实质性的专业技术活动，因此，强化专业基础对于专业人才培养特别重要。

（3）要想学好、用好机器人控制理论、方法与技术，离不开扎实的本科机械、数学和力学基础

自 1991 年以来 30 余年的本科、研究生课程教学工作中发现，本科力学基础与研究生阶段的力学要求存在衔接不上的教学缺失问题。理论力学是工科大学本科必修的课程，而且必须上升到多质点系统的动力学即拉格朗日法、牛顿-欧拉法，有的本科生升入研究生后言本科理论力学拉格朗日方程没怎么要求或根本就没讲，而到研究生阶段的课程上来就是拉格朗日方程。再者，本科理论力学主要是以标量方程来表达力学方程，而到研究生课程则直接给出矢量和矩阵表示的力学方程，这一直是一个数学表示上缺乏前后衔接的教学问题，实际上，关于 n 维空间的矢量、矩阵表示的数学知识已在本科线性代数或工程数学中讲过了，但是就是没有与理论力学课程结合在一起。因此，学习机器人控制理论相关课程之前需要弥补上这些缺失。当然，本书中涉及到上述问题之处都做了详细的解说加以弥补。站在机械专业的角度，运用数学知识，建立系统运动学、动力学模型是进行机械系统的控制系统设计与分析的必然之路！机械系统中机构的运动副，机构参数理论值与实际值，机构构型或者机构运动，机械设计的轴系、轴承、摩擦、润滑、零部件质心位置与惯性参数，啮合传动，材料物理特性等的理论与实际的差异，都需要加以深刻的认识和理解，需要从设计上、调试上、控制上去认知运动方程和各力学项，并加以引申。例如，力控制可以是带有力传感器反馈的真实的力控制系统，也可以通过将被操作物与环境之间的相互作用看作虚拟的而非真实存在的弹簧与阻尼器的弹簧-阻尼力学模型，然后通过设定合适的弹簧刚度-阻尼系数和位置、速度反馈进行等效的阻抗力控制以减小系统成本，同样的道理，也可以用虚拟的阻抗控制进行回避障碍物的运动控制，等等。学习、讲授非控制科学与工程专业被控对象的控制理论、方法与技术课程，如果不从被控对象专业领域角度去认知，去结合现代控制理论，只是局限于单纯的控制科学与工程学科专业理论课程的程度，则失去了所讲专业领域被控对象控制理论、方法与技术的特色和课程的专业特质以及学习、教学的意义。因此，控制律、控制方法、控制系统构成、系统参数等的学习、理解和掌握都需要上升到被控对象物理意义的层次。

（4）从“机构-结构-控制”的三位一体视角考虑被控对象的设计与分析问题，互相取长补短

被控对象的设计需要从机构、机械结构、控制等方面综合考虑进行一体化设计才能得到良好的综合性能，尤其对于机器人更是如此。例如，平面四连杆机构具有将单向转动转换成周期性往复摆动运动，如果将平面四连杆机构用于快速步行的双足、四足乃至多足步行机器人，则可以弥补靠原动机正反向转动驱动步行机器人存在的转向换向控制时需要加减速时间、快速响应性等现实问题对提升快速步行速度以及跳跃运动的影响；再如，本书中作为被控对象实例的装配用机器人SCARA，在机构设计上考虑了如何越过重力场中重力、重力矩对装配力的直接影响而采用了各回转关节轴线平行于重力加速度方向的、臂末端在不考虑垂向移动副的情况下在水平面内运动的机构构型，这两个现实的例子都是通过机构设计来减少、解决需要控制系统、控制器设计上考虑和解决的问题。本书特别用最后一章来阐述“机构-结构-控制”三位一体设计机器人的问题。终其一点就是在机器人系统设计上尤其是系统总体方案设计时不要把机械设计问题和控制系统设计问题割裂开来单独设计，尤其不要单纯地按着先进行机械设计和制造，然后才考虑控制系统设计方案、具体控制律、控制系统设计。最好采用“机构、机械结构优化设计与控制系统优化设计、设计结果综合评价、再设计、再评价”设计方式以及虚拟样机设计与控制系统的联合仿真，以得到无论从机械性能还是控制性能（如最优控制）上都是“最优”的设计结果。深入细致地站在系统的高度上看待和处理问题是提高技术工作质量的一种有效方法。但前提是系统所涉及的各方面基础要打牢！

1.5 关于“控制论”“控制理论”与“控制工程”

1.5.1 关于维纳的控制论及“控制”

现代机械系统的自动化与智能化已经离不开控制。有关“控制”的英文词汇有：Cybernetics；Control；regular。但是，Cybernetics是控制论之意，原本是航海操舵术的意思，也即掌舵的方法和技术；Control是通常所说的控制工程、控制理论与控制技术的“控制”；Regular也有控制之意，但其本意是调节器的意思。

① Cybernetics即控制论（有专家学者认为译成控制学更合适），与现代控制理论是两个概念。Cybernetics所涉及的范畴比Control theory更大，它涉及动物（包括人）、神经科学、通信、企业管理、机器、社会、政治以及经济等各个领域里的信息传递以及控制等各方面为达到期望目标的广义数学问题，其本质是自然科学、社会科学中的数学哲学问题。它是研究动物（包括人类）和机器内部的控制与通信的一般规律的学科，着重于研究过程中的数学关系。它也是综合研究各类系统的控制、信息交换、反馈调节的科学，是跨及人类工程学、控制工程学、通信工程学、计算机工程学、一般生理学、神经生理学、心理学、数学、逻辑学、社会学等众多学科的交叉学科。1948年出版的维纳著作*Cybernetics*定义控制论为：“设有两个状态变量，其中一个是能由我们进行调节的，而另一个则不能控制。这时我们面临的问题是如何根据那个不可控制变量从过去到现在的信息来适当地确定可以调节的变量的最优值，以实现对于我们最为合适、最有利的状态。”

② 控制论中“控制”的定义是：为了“改善”某个或某些被控对象的功能或发展，需要获得并使用信息，以这种信息为基础而选出的、于该对象上的作用，就叫作控制。由此可见，控制的基础是信息，一切信息传递都是为了控制，进而任何控制又都有赖于信息反馈来实现。信息反馈是控制论的一个极其重要的概念。通俗地说，信息反馈就是指由控制系统把信息输送出去，又把其作用结果返送回来，并对信息的再输出发生影响，起到制约的作用，以达到预定的目的。

1.5.2 控制理论与控制工程

前述的控制论中对“控制”的定义是个很大的概念，它包括了非自动控制的控制（如人工控制、机械控制等）和自动控制在内的所有控制，如前所述，它所涉及的被控对象动物（包括人）、神经科学、通信、企业管理、机器、社会、政治以及经济等各个领域里的信息传递以及控制等各方面为达到期望目标的广义数学问题。而在工学学科专业领域中所言的“控制”，无论是控制理论、控制工程都只是控制论中“控制”的一部分而已。在美国，控制工程既不是一个独立的工程学科，也不从属于某个工程学科，而是一个跨学科的综合性工程学科；而在中国，控制科学与工程则是一个独立的一级学科。控制工程的终极目标是实现对工程实际系统的控制目的。

控制工程的经典控制方法：主要包括 Laplace 变换和传递函数；根轨迹设计法；Routh-Hurwitz 稳定性分析；Bode、Nyquist、Nichols 方法的频域响应法；标准测试信号下的稳态跟踪误差；二阶系统近似；相角裕度、增益裕度和带宽等内容。

现代控制工程：主要包括系统状态空间模型；能控性和能观性；系统灵敏度；鲁棒控制；全状态反馈设计方法；计算机数字控制系统等。

现代控制工程实践包括为改进生产过程而引入控制论的思想，进行为达到预期目标的控制系统设计和实现。控制工程以反馈控制理论和线性系统理论为基础，并综合运用了网络理论、通信理论的有关基础知识，来解决工程实际问题。

若要分清控制理论、控制工程以及现代控制与经典控制的概念和区别，有必要简要回顾控制的发展历程：

20 世纪以前，自动控制系统主要是以机械方法和力学原理相结合进行设计和实现的，为提高控制精度，为解决瞬态振荡以及系统稳定性问题，自动控制理论得到了发展。如 1868 年 J. C. Maxwell 用微分方程为一类蒸汽机的调节器建立了数学模型，发展了与控制理论相关的数学理论；I. A. Vyshnegradskii 建立了调节器的数学理论。

第二次世界大战之前，美国 Bode、Nyquist、Black 等人在贝尔实验室开展对电话系统和电子反馈放大器的研究工作，1927 年，H. W. Bode 采用带宽等频域变量的频域方法描述、分析了反馈放大器；1932 年，H. Nyquist 研究出了系统稳定性分析方法等，这些科学家的研究促进了反馈控制系统的应用发展。与此相反，苏联一些著名的数学家和应用力学家以微分方程描述系统的时域方法发展和主导着控制理论。

第二次世界大战期间，自动控制理论与应用得到了巨大发展，反馈控制方法被用于飞机自动驾驶仪、火炮定位系统、雷达天线控制系统以及其他军用装配系统。

直至 20 世纪 40 年代，随着数学和分析方法在控制系统设计与实现的大量应用，控制工程也发展成为一门工程科学。随着 Laplace 变换和频域复平面的广泛应用，尤其在 1945 年之后，频域方法在控制领域占据主导地位。20 世纪 50 年代，控制工程理论的重点是发展和应用 s 平面法（特别是根轨迹法），1952 年，MIT 对机床实施轴向运动控制，开发出数控（NC）方法；1954 年，George Devol 开发出“程序控制物体转运器”；1960 年，美国 Unimate 在 Devol 程控设计基础上，研制出第一台工业机器人。20 世纪 80 年代，随着计算机应用的普及其运算速度和精度的不断提高，以计算机为核心的数字控制理论与技术得到飞速发展。

近 40 年来，由 Liapunov、Minorsky 等人提出的时域方法受到极大的关注。由苏联 L. S. Pontryagin 和美国 R. Bellman 提出的最优控制理论，以及鲁棒控制理论的研究和发展，使得同时考虑时域和频域两种方法的控制系统设计与分析成为控制工程研究与应用的主流。

控制工程是以面向目标（Goal-oriented）的系统分析与设计为策略和目的的。这种面向目标的策略产生了不同层次的面向目标的控制系统。20 世纪 90 年代以来，现代控制理论的研究和发展格外关注具有自组织、自学习、自适应、鲁棒性和最优等特征的控制系统，从而使智能控制蓬勃发展起来。智能控制的兴起、发展和应用的根源仍然是现代数学，诸如 1960 年以后产生、发展起来的模糊数学、人工神经网络与神经计算、遗传算法、演化计算等等为解决大规模复杂、不确定性系统问题提供了数学理论基础，同时也为控制工程中控制系统设计的“自动化”、“智能化”提供了学习方法，智能运动控制成为现代控制工程中的新途径。

有了上述的认知，就不难分清控制理论、控制工程的概念以及区别了。

数学模型（methematical models）：即是利用数学工具和方法对系统行为进行的描述和表达。

控制理论（control theory）：是以控制论的思想为基础，借助于数学的方法描述控制系统以及被控对象，并从数学理论和方法上寻求控制系统分析与设计的理论与方法。控制理论是随着数学的发展而发展的。其发展重在科学性，即学术思想与理论创新性，尤其是原创性。控制理论的发展应是直接从控制论和数学中汲取营养的，始于从自然和社会科学发展过程中存在的现象和问题中抽取蕴含着的科学问题，致力于应用的延伸及其数学问题建模与求解。

控制工程（control engineering）：以控制论思想为基础，综合运用控制理论（即数学）、力学、电磁学、热力学、光学等各学科基础科学原理建立工程系统数学模型，分析、设计控制系统，并应用计算机软硬件技术、电子技术、传感技术以及传动与驱动技术等工程技术作为技术手段与工具，实现面向目标的控制系统设计以及工程自动化任务。控制工程则是随着控制理论、工程技术发展而发展的。显然，控制论、控制理论担负的是抽取科学问题和普适性的原理，建立、论证、求解控制系统的数学模型和问题；而控制工程则担负的是在控制理论基础上，运用工程系统的科学原理、工程技术方法、手段分析、设计工程控制系统，实现面向目标的自动控制。

之所以在本章最后来简谈控制论、控制、控制理论、控制工程等概念与区别，就如同机器人学、机器人技术的概念与区别一样，如果类似这些实质性问题分得不是很清，则有关学习、从事的相关学科专业工作中涉及的学术性、技术性工作同样也会分不清，进而学习、研究的目标，尤其是创新研究方向则更分不清楚，甚至失之交臂！重则关乎人才培养类型的失衡！分清什么是学术，什么是技术；一项研究成果是属于学术创新还是属于技术创新。有了这些必备的认知能力，然后才有客观、准确的科研成果评价能力；也关乎热心于科学技术研究的学生们结合自己的兴趣、科学研究逻辑思维能力以及实际专业技术能力等具体情况去决定自己的重点科研方向和努力目标。再者，寓学科专业教育于教学、于科研、于诸如本书之中方为一举两得、一举多得之好事！唯愿读者辨识辩清后明智前行！

最后，现代机器人控制理论、方法与技术中，在理论、思想、方法以及基于模型的控制律、控制器设计所需的理论公式推导基础上，将依赖于计算机程序设计、算法并由编制的计算机控制程序完成相应计算，需要读者自行进行理论计算的工作已经甚少！为检验读者对本书内容的掌握情况，各章之后皆提供了思考题、习题。这些题目有些答案可从本书内容中直接找到，但更多的则需要读者在理解、掌握基本理论、方法与技术后综合运用这些基础知识去进一步思考才能具体地解决好那些问题，希望读者能够结合本书所学以及被控对象所属专业特点，独立思考、融会贯通，则基于模型的机器人控制理论、方法与技术的实际灵活应用能力可望达成矣！

【思考题与习题】

1.1　什么是机器人学？什么是机器人技术？如何看待机器人学与机器人技术的联系与区别？

1.2　你所学本科机械类专业课程中哪些课程能为机器人系统的设计提供何种支撑？哪些课程能够为机器人的控制理论与方法提供支撑？哪些课程能够为机器人制造技术、机器人控制技术提供支撑？请仔细、认真尽可能做深度思考和思索，定会有意想不到的收获。

1.3　你是怎样看待现代工厂自动化生产线上的工业机器人应用技术的？局限性又在哪里？请从自动化生产线的设计、运行以及技术改造等方面来思考。

1.4　现实生活、生产、工作中，你会遇到包括百货商店、网上购物网点等销售的娱乐、益智玩具、生产线上工业机器人操作臂、酒店送餐服务机器人、家庭扫地机器人等在内的各种各样的机器人，你认为这些机器人在设计、制造、控制方法与技术上各有什么特点和区别。

1.5　世界上第一台高精度的数控机床是怎么设计、制造出来的？请注意：在这台数控机床之前不可能有比它更高精度的机床。

1.6　如果你已经拥有了工业机器人技术基础知识，并能运用，请你了解一下世界上最高精度的减速器产品的机械传动精度是多少？然后请你估算一下在设计上最大可能实现的1轴～6轴、臂展长度0.5～1.5m的工业机器人操作臂当且仅当能够设计出来的最高定位精度可能是多少？然后请在网上检索在前述数据范围内已被制造出来的工业机器人产品定位精度最高可达多少？是否有等于或超过前述你所估算出来的产品？如有，它是怎样被设计、制造出来的？这是一个很耐人寻味的问题。

1.7　你是如何认识控制论、控制科学、控制工程、控制理论和控制技术等概念的？它们的区别与联系是什么？

1.8　用机械专业中纯粹的机构实现的控制和现代控制技术实现的控制各有何优缺点？它们各适用于什么应用场合？它们各自的理论基础都是什么？

1.9　你能用中学所学的数学、物理知识以及机械常识，利用电池、简易电动机、闸刀开关等控制一台两个回转关节串联两根杆件的机械手在平面上画直线、圆、三角形等简单几何图形吗？我想完全可以的，可以一试，给出完整、具体的答案；然后，用大学本科专业基础知识、专业知识再重新设计一下；然后再继续考虑将前述基本几何图形的定位精度、轨迹精度提高到0.05～0.10mm，又该如何设计与分析？又该如何制造？如何控制？尽你所能而为之！同样会有意想不到的所思与所得。

1.10　维纳的控制论无处不在！本章最后一个问题：你认为在学习中如何进行学习质量控制？试用维纳控制论的思想来看待学习、管理、技术上的目标控制问题。如何用数学语言描述这些控制问题？反馈控制无处不在！

【提示】请在读完、学完本书之后再回过头来看待上述这些问题，再做一次思考回答，前后两次再做一次对比，来深度思考这些控制问题，进行自我评价、自我反馈控制。

第2章

被控对象——机器人系统的组成与控制问题

本书中所讲的机器人首先是一套具有完整构成的物理实体系统，是能够代替人来完成作业任务的自动化或智能化的机器。这种特殊机器的实现是以机器人学和机器人技术发展过程中取得的理论与技术成果为基础的，机器人学与机器人技术是集机械设计与制造、驱动与控制、传感、精密测量、电力电子、计算机、人工智能、力学、数学乃至神经科学、心理与行为科学、仿生学等多学科交叉的综合性学问与技术。为使读者能够更加深入地认识和理解作为被控对象的机器人物理实体系统，本章详细地讲授机器人系统的物理组成、应用，进而结合其组成与应用引出机器人的控制问题并概括性地讲解其控制理论、方法与技术。假设读者已具备本科机械类专业基础知识，这也是阅读本章内容的必备基础。

2.1 机器人系统总体构成

2.1.1 人类处理核废料的作业问题与机器人概念简介

如第 1 章中所述，工业机器人的诞生源自 20 世纪 40 年代美国核工业发展对新技术的迫切需求。众所周知，核工业生产中工作人员手工处理核废料是一件危险作业，如何设计研发一种能够代替工作人员并且能够模仿工作人员进行核废料处理作业动作的自动化装置？这自然成为推动机器人技术诞生的最原始的创意。为了实现这个创意，需要从分析人类手臂的运动构成和诸如人类手臂搬运核废料等作业动作开始入手，即便是现在，要想深入理解机器人、工业机器人、机器人操作臂等概念，甚至于设计、研究仿人手臂式的工业机器人操作臂，仍然需要从人类手臂及其作业运动入手。人类手臂的肌肉、骨骼构成系统如图 2-1 所示。

图 2-1 中给出了小臂骨骼、大臂骨骼以及肩、肘、腕部关节结构，并以分布在大臂上的肱二头肌、肱三头肌驱动肘关节带动小臂运动为例图示说明了人体上肢肌肉驱动上肢骨骼运动的原理。人类手臂的总体运动构成如图 2-2 所示。人类手臂由肩、肘、腕三个关节分别连接上体与大臂、大臂与小臂、小臂与手部。肩部可以看作是具有俯仰（pitch）-偏摆（yaw）-滚动（roll）三自由度关节，也可以看作是具有俯仰-偏摆的两自由度关节，此时把原来三自由度关节中的滚动运动自由度归结到肘关节，则原来单自由度俯仰运动的肘关节就成为了具有滚动-俯仰运动的两自由度肘关节；腕部可以看作是具有滚动-俯仰-偏摆的三自由度关节。因此，按着机构学中机构的概念把人类手臂运动构成进行机构化，即把肩、肘、腕关节分别看作绕肩部中心定点运动的两自由度或三自由度关节、绕人臂肘关节中心做定点运动的单自由度或两自由度关节、绕人臂腕部中心点做定点运动的三自由度或两自由度关节，同时，把人臂肩关节中心点与人类肘关节中心点连线而成的杆件看作大臂杆，把人臂肘关节与人臂腕

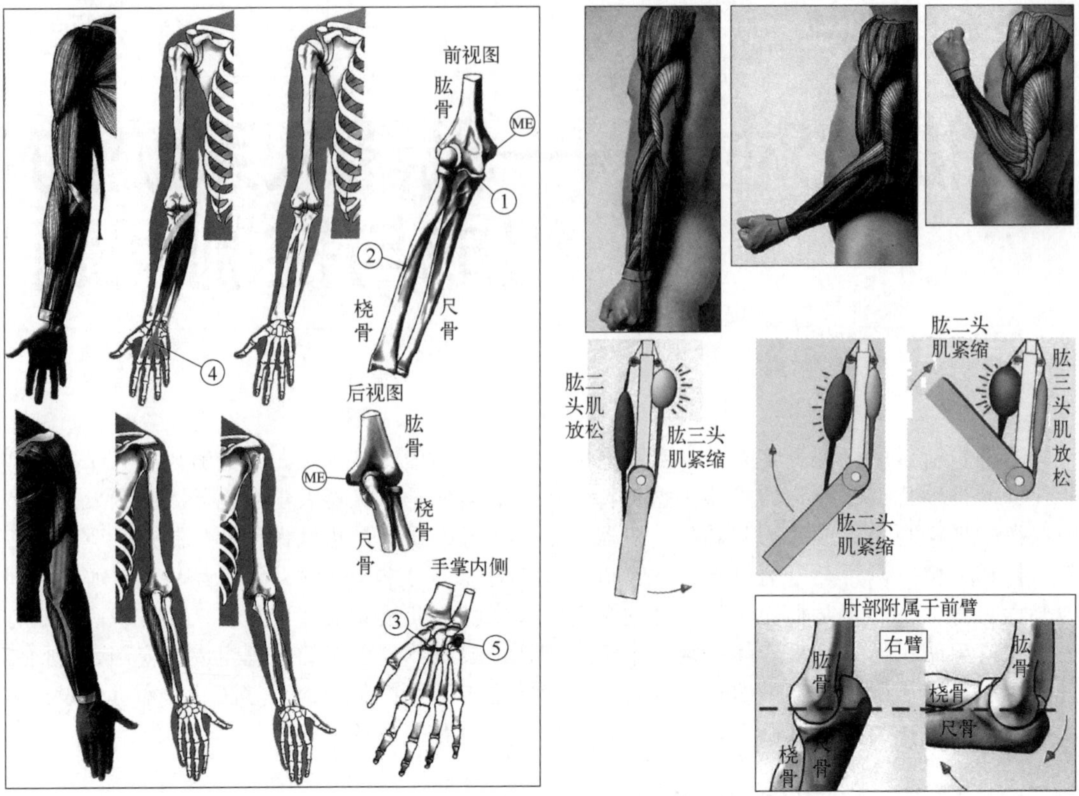

图 2-1 人体上肢的肌肉、骨骼与关节及肘关节驱动小臂运动的原理图

关节中心点连线而成的杆件看作小臂（人类小臂实际上是由尺骨和桡骨两根杆件由关节并联连接而成），则可以由肩、肘、腕三个关节连接大臂杆、小臂杆而成如图 2-2 所示的人类手臂机构化模型，并有运动等效的如下多种自由度组合形式：

肩关节 pitch-yaw-roll 三自由度-肘关节 pitch 单自由度-腕关节 roll-pitch-yaw 三自由度；

肩关节 pitch-yaw 两自由度-肘关节 roll-pitch 两自由度-腕关节 roll-pitch-yaw 三自由度；

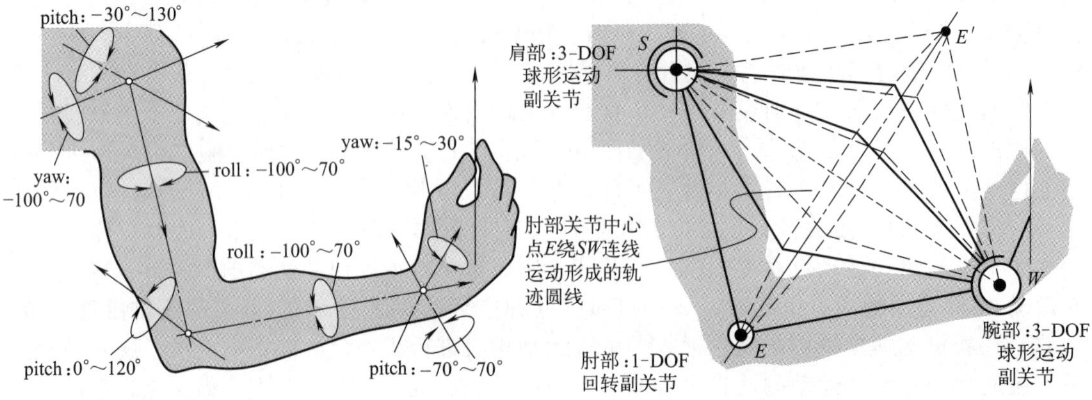

(a) 人类手臂机构化运动构成与各关节运动范围　　(b) 人类手臂机构化(即仿人手臂机构)自运动特性

图 2-2 人类手臂的冗余自由度及其自运动特性[1]

肩关节 pitch-yaw 两自由度-肘关节 roll-pitch-roll 三自由度-腕关节 pitch-yaw 两自由度。

图 2-2 中给出了人臂各个关节的一般运动范围。人臂的作用是通过不同部位的肌肉群牵拉大臂、小臂以及腕部分别绕肩、肘、腕各关节中心或轴线转动，这些运动合成在一起带动臂末端的手部运动，使手到达预定的位置和姿态，或者是手臂按照预定的位姿轨迹实现期望的运动和作业。因此，仿照人类手臂的运动与操作功能及其机构化的运动构成，工业机器人操作臂在机构构成上必然是由关节、杆件以及驱动关节和杆件运动的驱动部组成，所有的驱动部以及关节、杆件的运动，最终都归结为大家一起协调运动从而带动臂末端的操作器按照预期的位姿或轨迹运动并完成操作作业任务。人类上肢主要包括手臂和手两部分，一般情况下，手臂的作用是通过臂部的运动带着手部到达预定的位置和姿态，手部进行具体的操作作业。因此，工业机器人操作臂就相当于人类手臂，其作用也是带着安装在其腕部末端机械接口上的末端操作器到达预定的作业位置和姿态，末端操作器则相当于人类的手部且完成具体的作业任务。在现实物理世界的三维空间中，要想确定任意一个物体在三维空间中的位置和姿态，通常需要在三维直角坐标系 o-xyz 中用 x、y、z 3 个位置坐标分量和 α、β、γ 3 个姿态角分量总计 6 个变量来表示，也可以用 6×1 的列向量 $[x \quad y \quad z \quad \alpha \quad \beta \quad \gamma]^{\mathrm{T}}$ 来表示。因此，通用的工业机器人操作臂一般至少具有 6 个自由度以满足三维空间内各种作业对其末端操作器 6 个位姿分量的要求。当然，通用的 6 自由度机器人操作臂也可以用于末端操作器作业任务对自由度数要求少于 6 个的作业中，一般是通过末端操作器作业分析和机器人机构运动分析来选择确定其中某一个或某几个自由度处于锁定状态即可。前述图 2-2 (a) 所示的人类手臂机构化运动构成中具有 7 个自由度，这意味着人类手臂或机构可以以图 2-2 (b) 所示无穷多构形（在此也可称为臂形）带动末端操作器到达同一位姿，也即后面章节中所谓的无穷多组臂形解。因此，7 自由度仿人手臂在执行末端操作器作业任务（可以称为主作业任务）同时，可以通过臂形变化来改善臂的运动学、动力学特性，还可以回避障碍或进行最优控制等，从而在不影响主作业任务完成的同时实现各种附加作业任务。

如前所述，工业机器人操作臂是模仿人类手臂带动腕部末端的手部运动的功能和手臂运动构成而被研发出来的，因此，可以这样说：工业机器人乃至机器人从其诞生之日起便具有仿生仿人和主从操作的内涵，而且无论是机器人，还是工业机器人，它们的概念都是随着机器人学和机器人技术的发展与应用而相对变化的。通常所说的工业机器人泛指工业机器人操作臂，但是随着轮式、履带式移动机器人技术的成熟和产品在产业界不断取得应用，轮式车、履带式车（含 AGV）等移动机器人也归结到工业机器人一类。因此，诞生于 20 世纪 40 年代、代替人类手工操作并以实现自动化“操作”为目的的机器人（工业机器人操作臂）概念，随着 AGV 等轮式或履带式移动机器人在工业生产中的不断应用，1990 年代又被赋予了以“移动”为目的的工业机器人含义；1990 年代末，当“操作”、“移动”两大功能主题的机器人技术被实现并且取得产业应用的背景下，兼有“移动”和“操作”两大主题功能的机器人已成为现代工业机器人或现代机器人的概念和内涵，更进一步地，“移动”、“操作”、“人工智能”三位一体则是现代工业机器人区别于传统工业机器人的本质特征。

本书在第 1 章绪论中分别介绍了 ISO、国际机器人联合会、日本机器人学会等机构所给出的机器人概念，但是这些概念都无法完全反映出从 1940 年代发展到现在的机器人概念的内涵。

本书也正是在这样一种基调下来全面归纳、详细论述机器人控制理论、方法与技术的。下面介绍工业机器人操作臂、足式机器人、轮式移动机器人、履带式移动机器人的系统组成。

2.1.2 机器人系统的一般组成

本书第 1 章从概念、用途、机构、功能等方面分别对机器人进行了分类，并给出了图 1-1 所示的以操作为目的的机器人操作臂分类和图 1-2 所示的兼有“移动”“操作”能力的机器人归类图。尽管一些机器人技术方面的书籍中给出了机器人系统的组成，但多限于传统工业机器人系统组成的狭义程度，也可以称之为机器人系统的基本组成，即是由机器人的机械系统（即机械本体部分）、驱动系统和控制系统这三大部分组成。但是，作为驱动机器人的动力源，可以分为电动（原动机为电动机）、液压驱动（原动机为液压泵站和液压缸）、气动（原动机为气泵和气缸）、超声波驱动（原动机为超声电动机）、形状记忆合金驱动（原动机为形状记忆合金及其驱动器）等多种能量供给和驱动方式，而电动驱动又可以分为直流伺服电动机驱动、交流伺服电动机驱动、静电驱动等三种方式。

2.1.2.1 电动驱动的机器人系统组成

电动驱动的机器人系统的一般化组成如图 2-3 所示，主要由机器人机械系统、驱动系统、控制系统、传感系统、电源及其管理系统五个部分组成。图 2-3 中表达了非集成化的机器人系统、集成化的自治机器人系统的一般化组成，两者的区别是：前者是机器人控制系统、驱动器（或驱动器和控制器）以及传感系统、作为动力源的电源等不一定都安装在机械系统之上（或之内），而后者则是所有构成机器人系统的部件均搭载在机器人机械系统之上（或之内）。另外，传感系统又分为机器人系统内部状态检测的传感系统和机器人外部及其周围环境状态检测的传感系统。图 2-3 所表达的是机器人系统的硬件组成以及各组成部分之间的联系，并且是把各种可能的驱动方式、控制方式放在一张图中，并不是表示机器人系统中都会采用这些驱动方式或控制方式，因此，其中用了“或”（“or”）表示。对于某一具体的机器人系统可能采用的只是“机器人驱动系统”中所列写的某一种或某几种驱动方式；控制系统也是类似。对于非集成化、非全自立的机器人系统（如工业机器人操作臂系统），作为动力源的电源可能是工业用交流电源或开关电源，而对于集成化、全自立、自治的机器人系

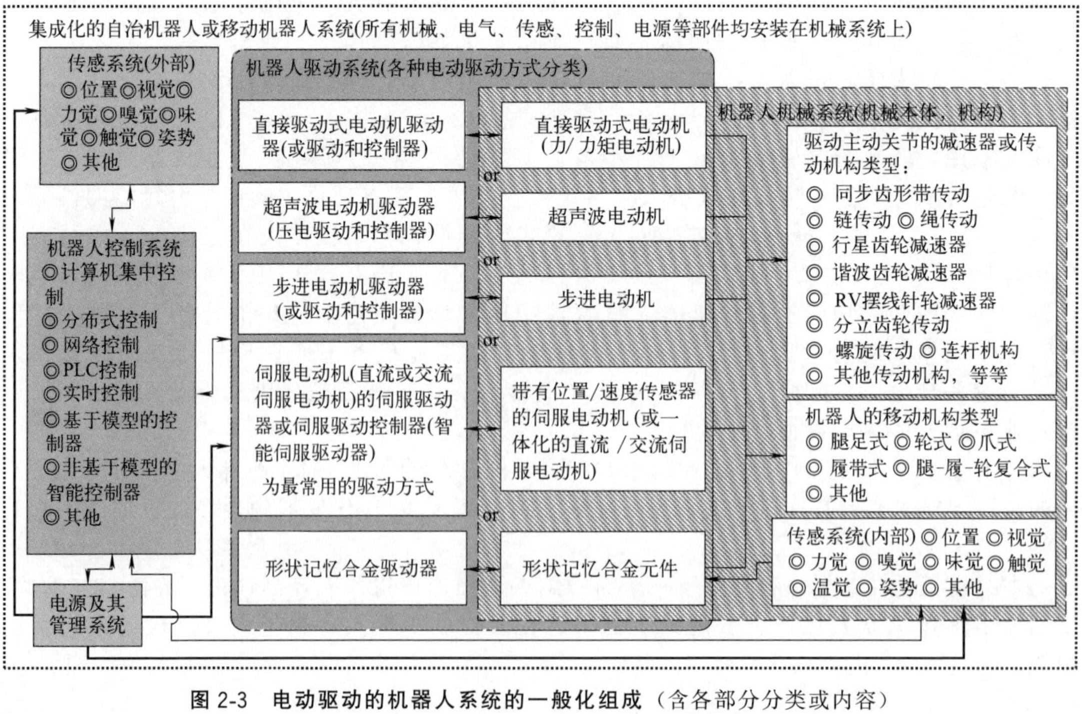

图 2-3 电动驱动的机器人系统的一般化组成（含各部分分类或内容）

统（如轮式、履带式、腿式自治全方位移动机器人系统），作为动力源的电源为电池或电池组并且搭载在机器人机械系统本体上随机器人一起移动。另外，机器人控制系统一般为计算机控制系统，其中包含了通信、接口以及信号处理系统。机器人驱动系统中的驱动器或驱动器和控制器是指将来自上位控制器（用于作复杂计算和任务规划与决策的主控计算机系统）的控制信号经“驱动器和控制器”进行伺服系统控制和功率放大后用来驱动作为原动机的电动机的驱动器，“驱动器和控制器”中的控制器是直接对电动机进行伺服控制的底层控制器，一般为位置、速度、转矩控制方式且采用 PID 控制器，或者是多个 PID 控制器的联合，如位置 P、速度 PI、转矩 PD 等反馈控制的联合。有关图 2-3 中的驱动系统、控制系统、机械系统、电源及其管理系统中各部件的原理、性能、技术参数、选用等内容在后续章节中详细介绍。

2.1.2.2　液压伺服驱动的机器人系统组成

（1）液压伺服系统的基本组成

主要由液压源、驱动器、伺服阀、位移传感器、控制器组成。液压源（泵）负责将具有一定压力的液压油通过伺服阀控制液压力和流量并通过液压回路管线供给液压缸，使液压缸动作；传感器检测液压缸的实际位置后与期望的位置指令进行比较，位置差值量被放大后得到的电气信号输入给伺服阀驱动液压驱动器（液压缸）动作，直至位置偏差变为零为止，也即位置传感器检测到的实际位置与位置指令差值为零时液压驱动器及其负载停止运动；伺服阀是液压系统中必不可少的元件，其作用是将电气信号变换为液压驱动器的驱动力。一般要求伺服阀响应速度快、适用于负载大的液压驱动机器人中。若机器人速度与作业或运动精度要求不高，也可选用控制性能较差的廉价电磁比例伺服阀。伺服阀按其原理可分为：射流管式、喷嘴挡板阀式、滑阀式等类型；液压伺服马达把控制阀和液压驱动器组合起来；现代液压伺服系统用计算机作为控制器，对伺服阀位移进行计算和控制。电液伺服系统的组成如图 2-4 所示。

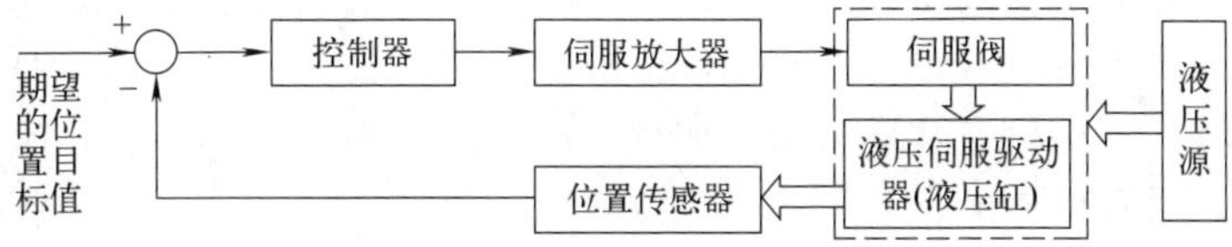

图 2-4　电液伺服系统组成

（2）液压传动（也称液压驱动）特点

① 转矩（或推拉力）与惯性比大，液压驱动器单位质量的输出功率高，适用于重载下要求高速运动和快速响应，体积小、重量轻的场合；

② 液压驱动不需要其他动力或传动形式即可连续输出动力；

③ 液压传动需要液压源驱动液压缸，可以直接由液压缸实现直线移动或定向换向移动，因此，从驱动机构系统来看，液压驱动较电动机驱动下的传动系统相对简单且直接。因此，液压驱动方式适合用于重载作业情况下的机器人操作臂或腿式足式移动机器人。

④ 与电动机驱动方式相比，液压系统具有高刚度、保持力可靠、体积小、重量轻、转矩（或推拉力）惯性比大、不需要电动机驱动下的减速器而直接由液压缸驱动等优点。但液压驱动系统需要有电液伺服系统，而电动机驱动则是电气伺服系统。电气系统具有维护简单方便、控制方法和技术先进、位置/速度反馈相对电液伺服系统容易实现等优点。

⑤ 液压系统的缺点是：易漏油，必须配置液压源；全自立移动设备需要自带发电机给电液伺服系统供电；伺服阀等液压元件的非线性、混有空气的液压油的压缩性等都会影响电液伺服系统的伺服精度和驱动性能。相对液压驱动而言，电动机的电气系统缺点是：电动机

驱动系统单位质量的输出功率比液压驱动的小得多；常用的回转电动机不直接产生直线移动，转速高但输出力矩小，需要用减速器减速同时放大转矩；除非永磁电动机，否则掉电不具有保持力或力矩，为此，工程实际中通常需要配备电磁制动器或者带有自锁性能的减速器来实现掉电保护。

液压驱动在工业机器人、仿生机器人中的应用：由于液压驱动系统需要整套相对体积庞大且笨重的油箱、液压泵站、液压回路以及阀控系统，移动作业需要由搭载液压泵站的移动车为机器人液压驱动器供压力油，并且维护起来相对复杂，所以液压驱动器曾被广泛应用于固定作业场所的工业机器人中。现在逐渐被电动驱动的工业机器人所取代。但在 0.5t 以上重载作业的自动化行业，液压驱动工业机器人仍然无法为电动驱动所替代而独有用武之地。液压驱动系统的微、小型化和耐高压、内部高压油管路的 3D 打印是关键技术，如同波士顿动力公司研发的高性能 BigDog、Atlas 等仿生四足、仿人双足机器人，其关键技术在于微型泵、微小型阀、肢体内部液压管路的 3D 打印以及活动关节处过高压油的耐高压密封等技术，才使得液压驱动在仿生仿人机器人上充分发挥出液压驱动高功率密度、高转矩密度的绝对优势。

（3）工业机器人液压驱动系统的组成与工作原理

液压回路的组成：工业机器人各个关节由液压缸活塞杆驱动关节回转或移动，而活塞杆则是由其左右液压腔内的压力油驱动的。因此，液压驱动的工业机器人中的液压系统与一般液压机械系统中的液压系统基本相同，主要由驱动部件、执行部件、控制元部件以及液压回路组成。

液压驱动部件是指液压泵，它一般是将作为原动机的电动机输出的机械能转换成液压油的压力能，是液压系统中的能量源。

液压泵按其工作原理可以分为齿轮泵、叶片泵、柱塞泵、螺旋泵等类型，而在工业机器人中应用较多的是齿轮泵和叶片泵。液压泵选择的主要参数依据是液压系统正常工作所需要的液压泵工作压力和流量。液压泵的工作压力是指液压系统最大工作压力和液压油从液压泵被泵送到液压缸期间油路中总共损失的压力和，一般由管路损失系数（取值范围 1.05～1.15）乘以系统最大工作压力计算出来；而液压缸的推力则是由缸内压力油作用在活塞有效作用面积上的力，也可计算出来。

液压控制元部件是指液压系统中用来控制或调解液压油流向、压力和流量的各类液压阀，这些控制元部件对于液压系统工作的可靠性、平稳性以及液压缸之间动作的协调性起着至关重要的作用。液压控制元部件主要有：压力控制阀、流量控制阀、方向控制阀和辅助元部件装置等。

① 压力控制阀：即是用来控制液压油压力的液压阀，这类阀利用阀芯上的液压作用力和弹簧力保持平衡，通过阀口开启大小也即开度来实现压力控制，主要有：溢流阀、减压阀、顺序阀、压力继电器等。

② 流量控制阀：是通过改变阀口流通面积或者流过通道的长度来改变液阻，从而控制通过阀的流量来调节执行元部件的速度，常用的有：普通节流阀、各类调速阀以及由两者组合而成的组合阀、分流集流阀。

③ 方向控制阀：是指用来控制液压系统中液压油流动方向和流经通道，以改变执行元部件运动方向和工作顺序的液压阀，主要有：单向阀和换向阀两类方向控制阀。单向阀只能让液压油在一个方向上流通而不能反向流通，相当于“单向导通，反向截止”。滑阀式换向阀是靠阀芯在阀体内移动来改变液流方向的方向控制阀。滑阀式换向阀的结构原理是：阀体上开有不同方向的通道和通道油口，阀芯在阀体内移动到不同的位置时可以使某些通道口连通或堵死，从而实现液流方向的改变。因此，将阀体上与液压系统中油路相同的油口称为

“通道”的“通”，而将阀芯相对于阀体移动的不同位置数称为“位置”的“位”。于是为了方便起见，方向控制阀就有了通常所说的“二位二通阀”“三位四通阀”“三位五通阀”等简单明了的称谓。

④ 辅助元部件（装置）：包括油箱（也称油池）、滤油器（也称过滤器）、蓄能器、空气滤清器、管系元件等。油箱的作用是储存和供应液压油，并且使液压油中空气析出放掉，沉淀油液中的杂质，以及散热；滤油器可以过滤掉循环使用的液压油；空气滤清器主要是对进入油箱中空气进行过滤。蓄能器是储存和释放液体压力能的装置，在液压系统中用来维持系统的压力，作为应急油源和吸收冲击或脉动的压力。蓄能器主要有重力式、弹簧式和气体加载式三类。气体加载式又分为气瓶式、活塞式和气囊式等多种形式。

（4）液压系统的控制回路

机器人液压系统是根据机器人自由度数以及运动要求来设计的，如同电动机驱动的多自由度机器人的伺服驱动系统由基本原理和组成相同的多路伺服电动机驱动系统构成一样，类似的，整台机器人液压驱动系统总体上也是由驱动机器人各个关节（自由度）的多路基本原理与构成基本相同的液压缸驱动和控制系统构成。每一路都是由一些基本的回路构成的，这些基本的液压回路有：调速回路、压力控制回路、方向控制回路等。

1）调速回路：调速回路是实现液压驱动机器人运动速度要求的关键回路，是机器人液压系统的核心回路，其他回路都是围绕着调速回路而配置的。

① 单向节流调速回路　机器人液压系统中的调速回路是由定量泵、流量控制阀、溢流阀和执行元部件等组成。通过改变流量控制阀阀口的开度来调节和控制流入或流出执行元部件（液压缸）的流量，并起到调节执行元部件运动速度的作用。单向节流调速的回路构成及原理如图 2-5 所示。

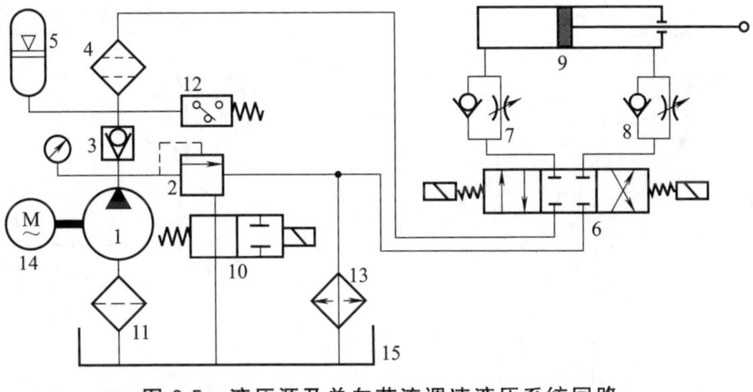

图 2-5　液压源及单向节流调速液压系统回路

1—定量泵；2—溢流阀；3—单向阀；4—精过滤器；5—蓄能器；6—三位四通换向阀；7，8—单向节流阀；9—液压缸；10—二位二通阀；11—粗过滤器；12—压力继电器；13—冷却器；14—交流电动机；15—油箱

调速原理：交流电动机 14 上电运转带动定量泵 1 回转并向液压系统回路泵送压力油，泵排油出口附近的溢流阀 2 调定供油压力后，一部分压力油经单向阀 3 和精过滤器过滤后到三位四通换向阀 6，当换向阀 6 左边的电磁铁通电时，阀芯右移，压力油经换向阀 6 的左边通道（[↑↓]的↑）和单向节流阀 7 进入液压缸 9 的活塞左侧腔室，并且推动活塞杆向右移动。液压缸 9 的右腔室的液压油经单向节流阀 8 回油节流后，通过三位四通换向阀 6 的左侧通道的右通道（[↑↓]的↓）回流至油箱。调节节流阀 7、8 的通流面积，即可调节进入液压缸的流量，从而控制机器人关节运动的速度。

液压系统保持一定压力的压力保持原理：液压缸除了靠压力油推动实现伸缩运动之外，

还需要保证足够的压力来平衡机器人操作作业时所受到的外部载荷。这个需保持的压力的调定是由溢流阀 2 实现的。液压泵 1 输出的压力油除一部分通过单向阀 3 外，还有一部分通过溢流阀 2 这一个支路，当液压油压力增大到一定程度时，压力油就通过溢流阀 2 和二位二通阀 10 回到油箱。粗过滤器 11 用于过滤油箱中杂质，以保证进入到液压泵的油液清洁；压力继电器 12 的作用是过压时向电控系统发送过压信号，电控系统根据此信号控制二位二通阀 10 动作，使液压泵卸荷；单向阀 3 起到单向过流和系统保压作用；蓄能器 5 可以补充液压系统各处的泄漏，以保证系统压力稳定。

② 并联调速同步控制回路　液压驱动的机器人的运动往往是由多个液压缸驱动来实现的，由于每个液压缸所分担的载荷不同，摩擦阻力也不同，加之液压缸在缸径制造上存在误差和泄漏等因素，会造成各液压缸动作的位移、速度不同步。为解决这一问题，实现同步动作，需要设有同步控制回路。同步回路的结构与工作原理如图 2-6 所示。

并联调速同步控制原理：液压缸 5、6 并联在液压系统回路中，分别由调速阀 2、3 调节两个活塞杆的运动速度。当要求两个液压缸同步运动时，通过调速阀 2 和 3 的流量要调节到相同值才能保证两个液压缸同步运动。当三位四通换向阀 7 的右侧电磁铁通电时，压力油通过换向阀右侧的通道（↑↓）的左侧阀口即↑，则压力油同时进入液压缸 5、6 的活塞左侧腔室并推动活塞同步外伸；当三位四通阀 7 的左侧电磁铁通电时，换向阀 7 的左侧通道（X）的两个阀口导通，压力油分别通过单向阀 1 和 4 进入两个液压缸的活塞右侧腔室并推动两个液压缸的活塞快速同步退回。这种并联调速同步控制回路的特点是方法简单，同步精度易受液压油油温变化、调速阀的精度、液压油泄漏等因素影响。为此，调速阀尽可能设置在距离液压缸较近的位置，以期得到同步精度的提高。

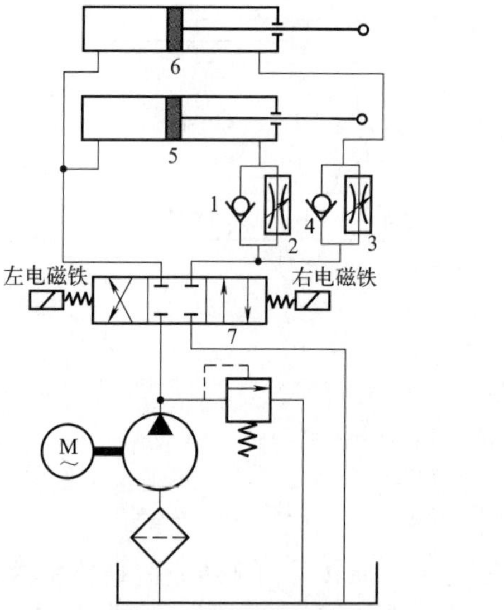

图 2-6　并联调速同步控制液压系统回路

1,4—单向阀；2,3—调速阀；5,6—液压缸；7—三位四通换向阀

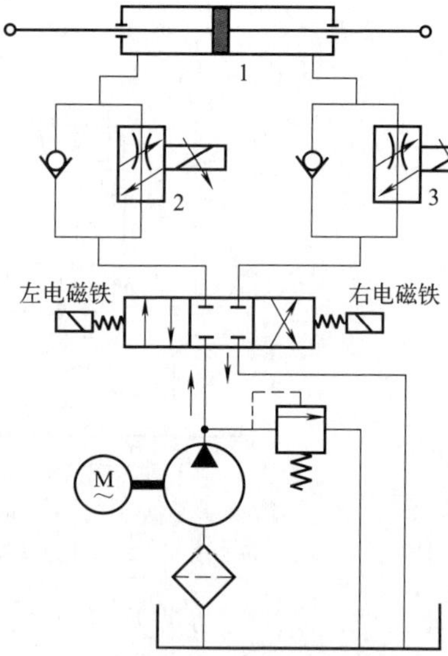

图 2-7　采用单向比例调速阀的调速回路

1—液压缸；2,3—比例调速阀

③ 单向比例调速阀的调速回路　在有回转关节的机器人运动时，各个回转关节的运动必然会有加减速运动要求，即便末端操作器匀速运动，各个关节也不会匀速回转，而是频繁往复地加减速运动。因此，通过比例调速阀可按给定运动要求实现速度控制。单向比例调速阀的调速回路如图 2-7 所示。

单向比例调速阀调速原理：如图 2-7 中所示，比例调速阀 2、3 分别检测电气控制装置发出的控制信号，然后调节阀的开度，来控制双活塞杆液压缸 1 的活塞左右运动的速度。

2）压力控制回路：主要有调压回路、卸荷回路、顺序控制回路、平衡与锁紧回路。

① 调压回路　机器人工作时液压系统提供给液压缸的压力与该液压缸所分担的载荷在力学上是平衡关系。而机器人末端操作器受到来自作业对象物的载荷（力和力矩）是变化的（即便载荷不变），经机器人机构转换到驱动各关节运动的液压缸上也是变动的。因此，相应于载荷的变化，液压回路提供给液压缸的压力也应该是相应于载荷变化而变化的。因此，液压系统中需要有根据负载变化调节压力变化的调压回路。对于采用定量泵的液压系统，为控制液压系统的最大工作压力，一般通过在油泵出口附近设置溢流阀的办法来调节系统压力，并将多余的液压油溢流回到油箱。此外，采用溢流阀还能起到过载保护安全阀作用。

单个溢流阀调压回路：如图 2-8 所示，在油泵排油出口附近与油箱之间设置一个溢流阀，通过这个旁路溢流阀来将油泵排出流量分流并通过调节阀口开度来调节流量大小，从而实现调压功能。

采用多个溢流阀的多级调压回路：为使机器人液压系统局部压力降低和稳定，可以采用多个溢流阀分级调节以获得不同的压力。相当于在被调节压力的节点和油箱之间将多个溢流阀并联在一起，通过调节分支回路流量来调节通往液压执行元部件主回路的压力。图 2-9 为采用两个溢流阀的二级调压回路。在泵 1 的排油出口附近设置了两个溢流阀 2、3，由一个二位二通阀 4 来调控压力。这个二位二通阀可以有两个安装位置，其一是可以设置在溢流阀 3 与油箱之间，这种情况下，溢流阀 3 的出口被二位二通阀 4 开闭，泵 1 的最大工作压力取决于溢流阀 2 的调节压力；当二位二通阀 4 阀芯移位至导通状态时，溢流阀 3 的出油口与油箱接通，此时泵 1 的最大工作压力就取决于溢流阀 3 的调节压力了。但溢流阀 3 的调节压力应小于溢流阀 2 的调节压力，否则溢流阀 3 将起不到压力调节作用，二位二通阀 4 的另一种安置位置是在溢流阀 2、3 之间，工作原理与前者没有区别，只是安放位置不同而已，如图 2-9 中的虚线部分即是这种安装位置。

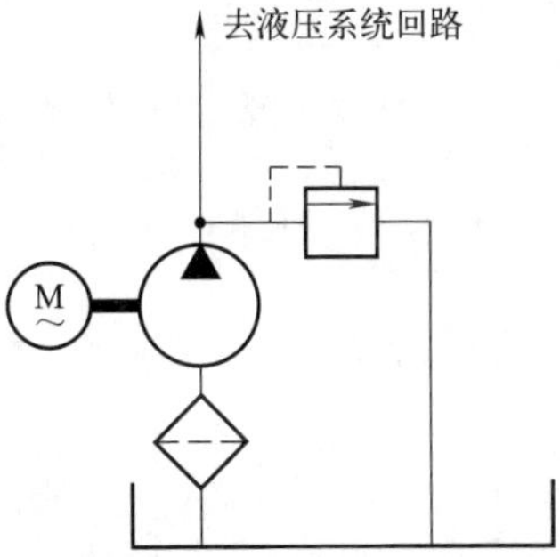
去液压系统回路
M

图 2-8　单个溢流阀调压回路

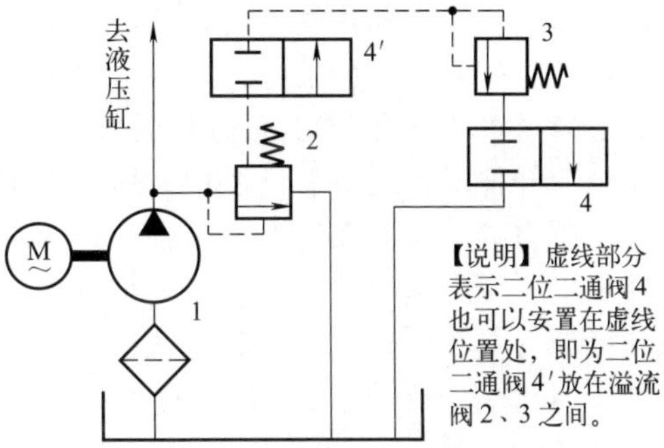
去液压缸
4′
3
2
4
M
1
【说明】虚线部分表示二位二通阀4也可以安置在虚线位置处，即为二位二通阀4′放在溢流阀2、3之间。

图 2-9　双溢流阀式二级调压回路

1—泵；2，3—溢流阀；4，4′—二位二通阀

② 卸荷回路　当工业机器人保持在某一构形不动时，液压缸停止动作并保持在一定的位置，而带动油泵的电动机在不停止工作、继续运转的状态下，为减少油泵的功率损耗和系统发热，让油泵在低负荷下工作，需要采用卸荷回路，如图 2-10 所示。

卸荷回路的卸荷原理：卸荷回路中，图（a）采用 H 型三位四通阀卸荷，当该换向阀处于中位时，油泵通过电磁阀直接连通油箱，实现卸荷；图（b）则是在油泵 1 的出口并联一个二位二通阀 2 的二位二通阀卸荷回路。若二位二通阀 2 的电磁铁为通电状态（图示中），则切断了油泵出口通向油箱的通道，液压系统为正常工作状态；若液压缸等执行元部件停止工作，则二位二通阀 2 的电磁铁断电，油泵出口与油箱之间的通路被二位二通阀 2 开通，油泵泵送出的液压油直接经二位二通阀 2 回流油箱。这种卸荷回路的卸荷效果良好，一般常用

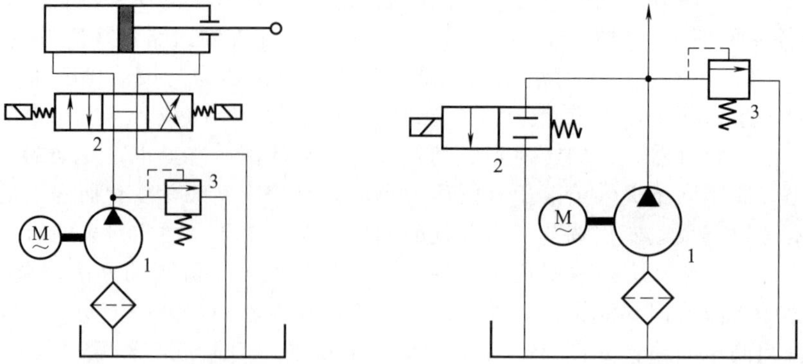

(a) H型三位四通阀卸荷回路

1—泵；2—三位四通阀；3—溢流阀

(b) 二位二通阀卸荷回路

1—泵；2—二位二通阀；3—溢流阀

图 2-10　液压系统的卸荷回路

于排量小于 63L/min 的泵。

③ 顺序控制回路　不仅在电动驱动的机器人中可以采用顺序控制（sequence control），液压驱动的机器人也可以采用液压系统的顺序控制回路，来保证机器人上液压驱动器（液压缸）动作的先后顺序，实现液压驱动的顺序控制。如图 2-11 所示，为采用两个顺序阀的顺序控制回路。

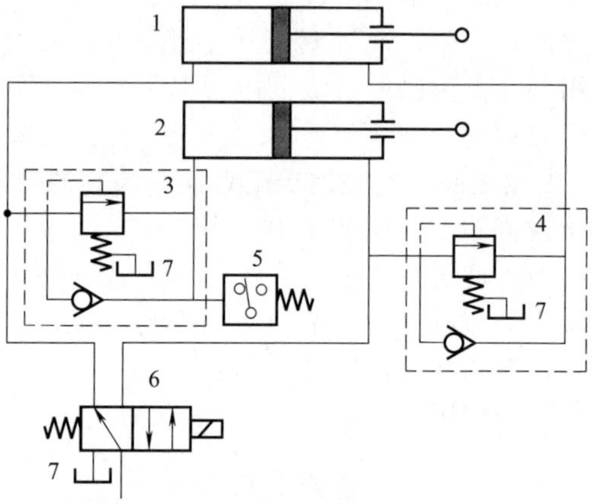

图 2-11　液压系统的顺序控制回路

1，2—液压缸；3，4—顺序阀；5—压力继电器；6—换向阀；7—油箱

对双液压缸进行顺序控制的原理：当压力油经换向阀 6 进入液压缸 1 则实现液压缸 1 活塞杆外伸动作，该动作结束后，系统压力继续升高，顺序阀 3 被压力油打开，压力油流经顺序阀 3 通道进入液压缸 2 推动其活塞杆外伸，液压缸 2 外伸动作结束后，系统油压压力继续升高，压力继电器 5 在压力升高到预调值时动作并发出一个电脉冲信号，机器人将进入下一个动作顺序控制循环。多液压缸的顺序控制回路和原理与双液压缸顺序控制依次类推。

④ 平衡与锁紧回路　平衡的必要性：工业机器人操作臂一般为大臂、小臂相对于固定的基座呈外伸的悬臂结构形式，外伸越长，速度变化越大，则需要由液压缸、电动机等驱动部件输出的与重力、重力矩、由机器人本身质量引起的惯性力、惯性力矩等相平衡的驱动力或驱动力矩部分所占总驱动能力的比例就越大，由于电动机、液压缸等输出的最大的驱动力是有限的（即有界的），克服重力矩或惯性力矩越大，末端所带外载能力就越小。因此，在驱动系统设计上，应尽可能减小由重力不平衡、质量引起的惯性力或力矩等驱动能力的消耗，从而相对扩大所带外载荷能力。为此，处于悬臂梁结构状态的外伸臂需要在驱动设计、结构设计和质量或内力的分配等方面考虑机械本体各部分的静平衡或动平衡设计问题。

锁紧的必要性：电动机驱动的机器人当供电系统掉电时，如果电动机＋机械传动系统的摩擦阻力或阻力矩大于机器人相应部分的重力或重力矩、惯性力或力矩，则该部分关节不会反转，但是如果有外部扰动力或力矩作用后，有可能超出机械传动系统的摩擦阻力或阻力矩，此时仍然会反转，有可能导致机器人机械本体“坍塌”。还有一种情况就是机器人关节看似未被动驱动反转，但实际上有可能是非常缓慢地被动反转。为此，工业机器人操作臂产品一般在电动机输出轴上都会设有制动器（如电磁制动器）用来防止突然掉电关节被动驱动反转现象，另外，还有保持位置功能。如果各关节机械传动系统设计上选择具有自锁功能的机械传动形式，如蜗轮蜗杆传动（减速器），则可以不用制动器，但这种传动精度相对较差。对于液压驱动的工业机器人操作臂而言，同样，在失压状态下，为了避免机器人因自重导致臂绕关节被动驱动下的滑落，为了防止因外力作用而发生位置偏移，以及为保证机器人动作后准确地停止在指定的位置，所有这些考虑，需要锁紧机构。

采用顺序阀的平衡与锁紧回路：如图 2-12（a）所示，为采用顺序阀作为平衡阀实现任意位置锁紧的回路。当液压缸 1 的活塞杆带动负载力 F（重物或外力）在某一上升位置停止时，换向阀 2 的电磁铁线圈断电，由于顺序阀 3 的调整压力大于外载荷力 F，液压缸 1 的下腔油液被封死，因而活塞杆不会因外载荷 F 作用而下滑，呈被锁紧状态。

采用单向阀的平衡与锁紧回路：如图 2-12（b）所示，为采用单向阀实现的任意位置平衡与锁紧回路。当液压缸 1 的活塞杆带动重物或外部载荷 F 停止在某一上升位置停止时，在运动部件自身重力或外部载荷 F 作用下，液压缸 1 的下腔的液压油产生背压可以平衡重力或外部载荷 F。工作时，利用液压缸的上腔的压力油打开液控单向阀 2，使下腔的液压油流回油箱。

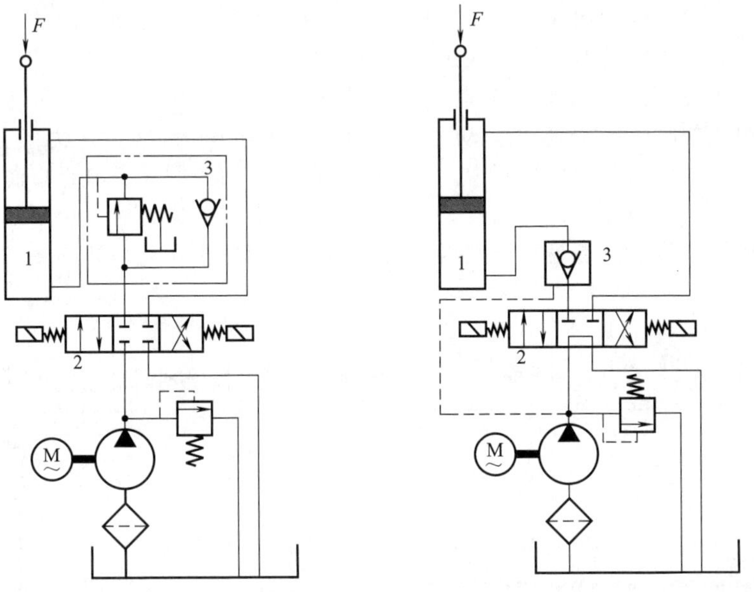

(a) 采用顺序阀的平衡与锁紧回路
1—液压缸；2—换向阀；3—顺序阀

(b) 采用单向阀的平衡与锁紧回路
1—液压缸；2—换向阀；3—单向阀

图 2-12　液压系统的平衡与锁紧控制回路

3）方向控制回路：驱动机器人各关节运动的液压缸活塞杆的伸缩运动、为整个液压系统提供压力油的液压马达运动（直线移动或回转）都需要进行方向控制。一般采用各种电磁换向阀、电/液动换向阀。电磁换向阀按电源不同又可分为直流换向阀和交流换向阀两类。由电控系统根据所需控制的压力油的流向相应发出电信号，控制电磁铁操纵阀芯移动并实现换向，从而改变压力油的流入、流出方向，实现执行元部件的正向、反向运动。

2.1.2.3　气动驱动的机器人系统组成

（1）气动驱动特点、系统组成与工作原理

① 气压驱动器的特点：气压传动（或称气压驱动）作为靠流体介质传动方式的一种，

是借助于气体在封闭腔室内的压力来推进执行机构动作的传动方式，简称气动。一般以空气为介质，空气的可压缩性决定了气动的优点，同时也暴露了其缺点。

气动优点为：能量储蓄简单易行，可短时间内获得高速动作；可以进行细微和柔性的力控制；夹紧时无能量消耗且不发热；柔软且安全性高；体积小、重量轻、输出/质量比高；维护简便，成本低。

气动缺点是：空气的可压缩性带来了操作的柔软性和安全性，但也降低了驱动系统的刚度和定位精度，不易实现高精度、快速响应性的位置与速度控制，且控制性能易受摩擦和载荷的影响。因此，使用气动驱动时应充分利用其优点而避开缺点或减少其弱点的影响。

② 气压驱动器分类：气压驱动器是指靠调节压缩空气的给气、排气来实现驱动的驱动器，按机构原理大致可分为两大类：一类是像气缸那样靠缸体内压缩空气推动活塞、活塞杆来实现驱动的驱动器，这种驱动器本体一端和活塞杆外露端分别连接在需要相对运动的两个构件上；一类是靠密闭腔室内调节压缩空气进气、排气来使驱动器本体伸缩、弯曲、扭拧变形来实现运动和驱动的驱动器，这种驱动器本体的两端分别连接在需要相对运动的两个构件上。按构成气体容腔的壳体的软硬可以分为通常的气缸和软体驱动器；按着气压驱动器运动输出的形式可以分为直线移动的气缸和转动型驱动器。常用的气压驱动器可分为气缸、气动马达、摆动缸和橡胶气压驱动器。其中，在通常的工业机器人中经常使用的是气动马达、气缸或摆动缸等气压驱动器；而在仿生仿人机器人及其功能部件中常使用软体气压驱动器，最为普遍的便是橡胶气压驱动器，气动人工肌肉便是其中最具代表性产品之一。

③ 气动系统的组成与气压驱动控制：气压系统为主要由动力源、驱动部、检测部、控制部四大部分组成的电子-气压系统。动力源包括气泵（空气压缩机或压力气瓶）、空气净化装置和电源；驱动部包括分别控制压力、流量、流向的压力控制阀、流量控制阀、方向控制阀以及气压驱动器；检测部包括各种开关、限位阀、光电管、传感器；控制部包括控制（运算）电路、操控器、显示设备等。详细组成与各部分之间的相互关系如图 2-13 所示。

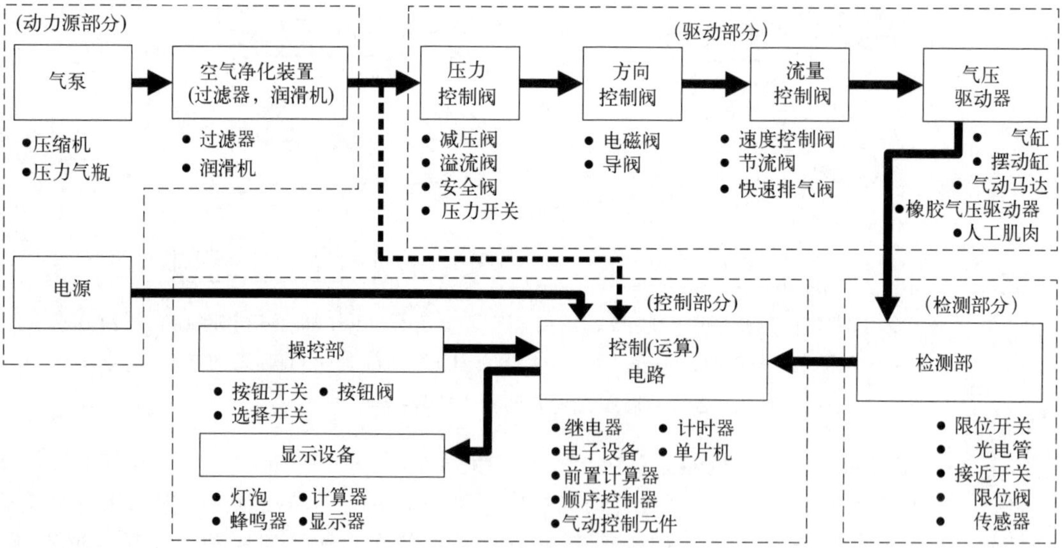

图 2-13 气动系统的组成

与靠流体传动的液压驱动系统类似，气动系统的控制元件也包括方向控制阀、流量控制阀、压力控制阀。常用的方向控制阀（也即换向阀）有二位三通阀、二位四通阀、三位四通阀、二位五通阀和三位五通阀，通流面积一般为 2.5～14mm^2，开/关响应时间为 10～16ms/22～70ms。在要求防止掉电引起气缸骤然动作场合，可采用配备两块电磁铁的双电控电磁阀（即双电磁铁直动式电磁阀），这种电磁阀在电信号被切断后，仍能保持在切换位置；常用的流量控制阀为单向阀与节流阀并联组合而成的单向节流阀。单向节流阀是通过调整对执行元部件的供气量或排气量来控制运动速度；压力控制阀多采用带有溢流阀的调压阀。

（2）气动驱动系统的回路

气动系统是根据不同的基本气动目的，选择不同的基本回路进行组合而成的气动回路。下面介绍气动机器人常用的基本回路。

① 常用于搬运、冲压作业机器人的双作用气缸往复动作基本回路：通常的伸缩式气缸主要是由需要密封的缸体、活塞和活塞杆组成的。活塞的两侧是密闭的气腔。为使气缸活塞伸缩移动，其气动基本回路的作用就是通过单向节流阀、二位四通阀等控制压力气体的流向、流量来控制气缸的伸缩动作和运动速度。如图 2-14 所示，为双作用气缸的往复回路。所谓的双作用就是外伸与缩回两个方向的动作都是由气动控制元件主动驱动与控制实现的，即外伸、缩回两个方向都可带载工作。当二位四通阀一端的电磁铁通电将阀切换时，即使线圈断电，阀仍然保持切换位置。当左端的电磁铁线圈通电时，压力气体经[↓↑]的右侧通路（↑）进入气缸活塞右侧气腔，并向左推动活塞及活塞杆，气缸活塞左侧气腔内的气体经[↓↑]的左侧通路（↓）回流；当右端的电磁铁线圈通电时，压力气体经[↖↘]的左侧通路（↖）进入气缸活塞左侧气腔，并向右推动活塞及活塞杆，气缸活塞右侧气腔内的气体经[↖↘]的右侧通路（↘）回流。这种基本回路常用于搬运、冲压等作业用途的气动机器人中。

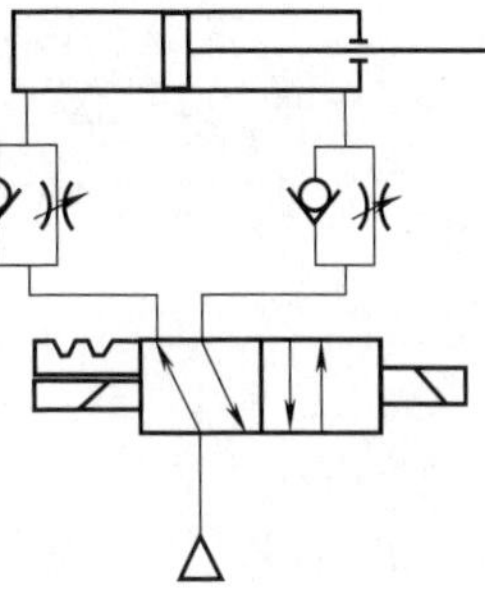

图 2-14　双作用气缸的基本回路

② 中途位置停止回路：为什么需要中途位置停止回路？当靠电磁力动作的换向阀上的电磁铁线圈突然断电失电的情况下，希望气动机器人的各个关节能够保持在中途停止的位置，并且具有足够的位置停止与保持精度，以便在电磁铁用电恢复时，能够从精确的中途停止位置继续工作，以保证气动机器人继续作业的位置精度。为此，需要在气动机器人的气动回路里设有中途位置停止回路。

使用三位五通阀的中途位置停止回路：用中位封闭式三位五通阀实现中途位置停止的回路如图 2-15（a）所示。三位五通阀两端的电磁铁线圈交替通、断电可以实现气缸的左右往复移动。但是，当左侧、右侧的两个电磁铁线圈都断电时，电磁阀靠弹簧回复力作用使阀芯返回到中位，所有的阀口都被封闭，气缸靠左右侧的推力差移动并在推力差为零（或推力差与摩擦力平衡）时活塞停止；对于活塞杆上无外部负载的情况下，由于气缸活塞杆一侧活塞受力面积较无活塞杆一侧小，所以，活塞一般会向活塞杆一侧移动，如果气缸、气路无气体泄漏，停止后活塞将保持此停止位置；但如果气体有一定泄漏，气缸活塞将会缓慢移动。由于气体的可压缩性的影响，对这种中途位置停止回路不能期望有较高的停止位置精度。

使用中位排气式三位五通阀的中途位置停止回路：如图 2-15（b）所示，该回路与图 2-14 所示的回路基本相同，代替中位封闭式三位五通阀，采用的是中位排气式三位五通阀。当三位五通阀左右两端的电磁铁线圈都断电时，电磁阀靠弹簧回复力使得阀芯返回中位，并将气缸活塞左右两侧腔室分别与 R_1、R_2 口连通，即向气缸左右两侧排气，从左右两侧向活塞加压。靠调节阀设定压力可以得到包括外部负载在内的推力平衡，从而可以中途停止。如果电磁铁线圈通电，可以将气缸内的空气通过单向阀调整流量，并从 P 口排气。这种回路可以使气缸活塞两侧的推力平衡，中途停止位置比较稳定。由于中途停止过程中活塞两侧均匀加压，因此，在线圈恢复通电瞬间不会发生飞缸现象。

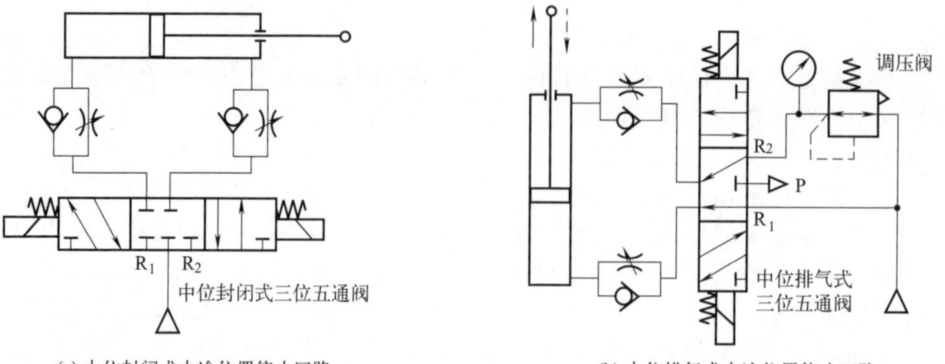

(a) 中位封闭式中途位置停止回路　　(b) 中位排气式中途位置停止回路

图 2-15　采用三位五通阀的中途位置停止回路

③ 快速排气回路。若使气缸活塞杆外伸动作，应靠电磁阀动作使压力气体进入非活塞杆侧气腔并推动活塞杆外伸，并通过单向节流阀调节外伸速度，进行速度控制。若使气缸活塞杆后退缩回，则不通过电磁阀，即将原来的单向节流阀替换成快速排气阀，气缸活塞后退时非活塞杆侧腔室内的气体通过快速排气阀直接迅速地排出到外部空气当中。如此，提高了气缸活塞杆快速抽回的速度。这种快速排气回路常用于要求气缸高速运动或者希望缩短气缸往复移动循环时间的情况下。

快速排气阀的原理：如图 2-16 左图所示，它由 P、A、T 三个阀口，P 口接气源；A 口接执行元部件；T 口通大气。当 P 口有压缩空气（或压力气体）输入时，推动阀芯右移，则 P、A 两口接通，给执行元部件供压力气体；当 P 口无压缩空气或压力气体输入时，执行元部件中的气体通过 A 口使阀芯左移，堵住 P、A 口通道，同时打开 A、T 通道，将执行元部件（如气缸）中的气体快速排出到外部空气当中。快速排气阀常用在换向阀与气缸之间，使气缸排气不通过换向阀而直接快速排气到外部空气当中，加快了气缸往复运动速度，缩短了气缸工作周期。

④ 两级变速控制回路。根据实际工作需要，有时需要气缸快速运动，有时需要气缸慢速运动。因此，需要快速运动与慢速运动之间进行有效的速度切换，也就需要设计、配置速度可变的气动切换回路。如图 2-17 所示，为两级速度切换控制回路，由于第 2 级速度控制阀开口可以调得比第 1 级速度控制阀 1 大，因此，可以得到慢速进给。若电磁阀 2 电磁铁线圈处于断电状态，则图 2-17 所示的两级变速回路工作在由第 1 级速度控制阀 1 的单级变速回

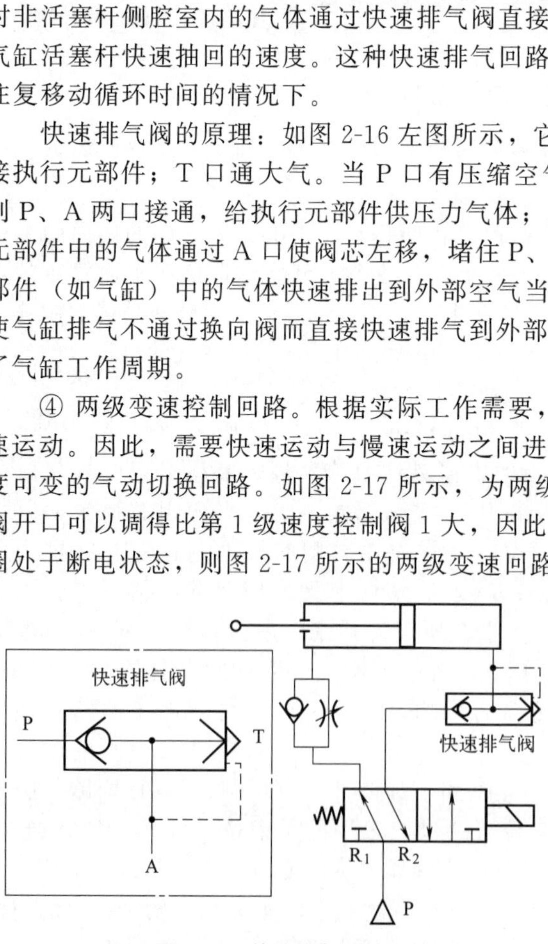

图 2-16　快速排气回路

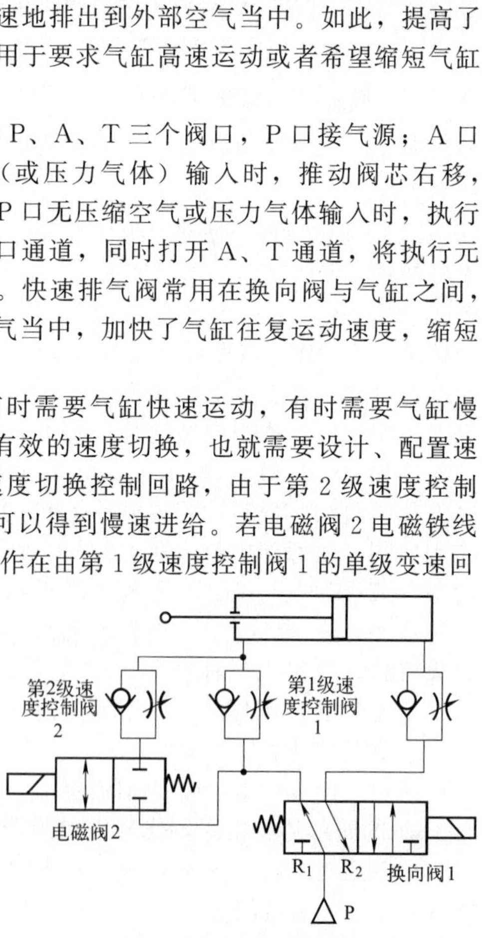

图 2-17　两级变速回路

路状态，也即等同于单级变速回路，气缸活塞杆前进时由第 1 级速度控制阀控制速度；当第 2 级速度控制阀（单向节流阀 2，起速度控制作用）电磁铁线圈通电，则第 2 级速度控制回路被开启，由此单向节流阀 2 控制速度，转为快速进给。与此相反，如果先将电磁阀 2 通电，而在活塞运动过程中再使其断电，则此时气缸由快速进给转变为慢速进给。

⑤ 精确定位控制回路。同电动驱动机器人相比，尽管气动机器人末端执行机构的定位精度较低，但仍然可以通过气动精确定位控制回路的设计来提高定位精度。提高气动定位精度的常用办法有：采用带制动器气缸的精确定位回路和同时采用带制动器气缸与两级变速回路的精确定位回路等等。

采用带制动器气缸的精确定位回路：如图 2-18 所示即为采用带制动器的精确定位回路的原理图。

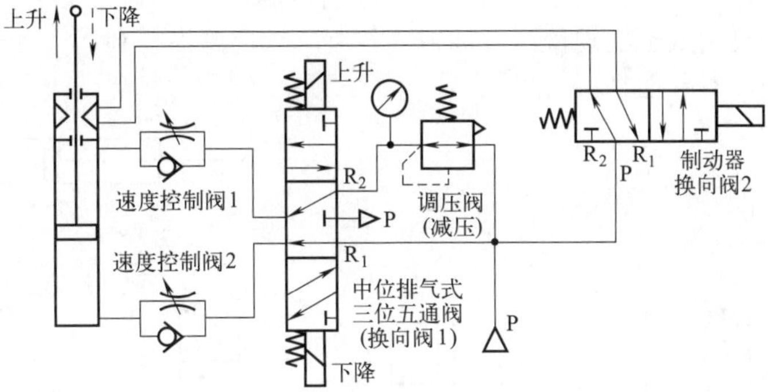

图 2-18　带制动器的精确定位回路

驱动带制动器气缸伸缩运动的电磁阀（换向阀 1）为中位排气式三位五通阀，调节减压阀使气缸平衡，借助电磁换向阀 1 实现中途停止。制动时通过制动器电磁换向阀 2 断电使气缸的制动机构动作，使气缸活塞杆的位置被制动器固定。

采用带制动器气缸和两级变速回路的精确定位控制回路：如图 2-19 所示，为进一步提高带制动器气缸的精确定位回路控制下活塞停止位置精度，可以同时采用图 2-18 所示的气缸带制动器的精确定位回路、两级变速回路，以降低气缸停止前的速度。这种联合使用的精确定位回路在气动机器人系统中经常采用。

⑥ 气/液变换器与低速控制气/液回路。气动的最大缺点是气体介质的可压缩性，气缸本身就好似气体弹簧一样，因此，其定位精度与速度不好精确控制，尤其是低速运动较难实现精确和光滑的变速运动控制，而靠液体介质传力的液压缸可以弥补这一点。采用液压回路和气动回路相结合是一种实现气/液低速控制的简便易行的方法。其基本的原理是采用气缸和液压缸组合而成的气/液变换器来实现低速控制。

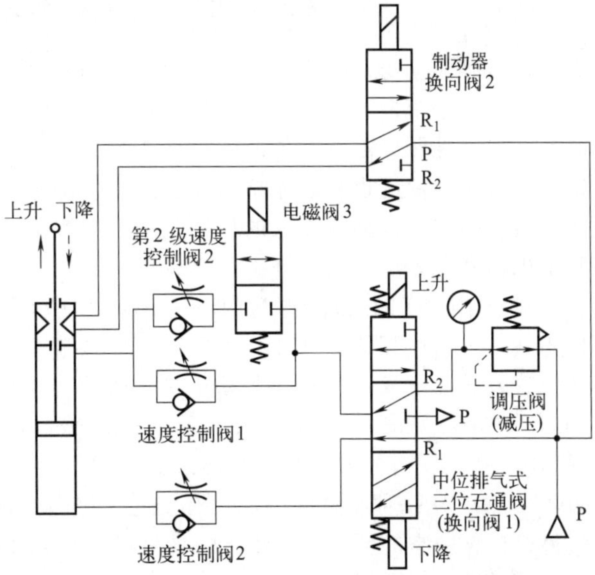

图 2-19　制动器气缸与两级变速联合使用的精确定位回路

所谓的气/液变换器（或称气/液变换缸），就是没有活塞杆的活塞缸，活塞缸活塞的一侧是气缸，另一侧是液压缸，当然，两侧分别有压力气体入口和压力油出口，其作用是把气动转换为液动。气/液变换器的结构原理很简单，如图 2-20（a）所示。当气/液变换器的气腔被气源提供压力气体后，会推动活塞向油腔一侧移动，油腔一侧受到来自气腔一侧的压力后将气压转换为液压并排出压力油，即将气压转换为液压。要想得到良好的压力变换效果，前提条件是油腔必须处于充满油液状态，而且与排油口连接的油管、液压缸油腔也必须是充满油液且无泄漏的状态。

基于气/液变换器的低速控制气/液回路：有了气/液变换器，就容易设计以气源为动力的低速控制气/液回路了。如图 2-20（b）所示，该回路的前半部分是通过电磁阀（两位四通换向阀）用压力气体介质分别为两个气/液变换器之一提供压力气体，另一个则是开通气体回流通路；后半部分则是由两个单向节流阀分别控制两个气/液变换器供给液压缸压力油和回油的流量，即可精确地实现液压缸的速度控制。该回路综合利用了气动回路结构简单和液压系统回路控制相对性能良好的优点。

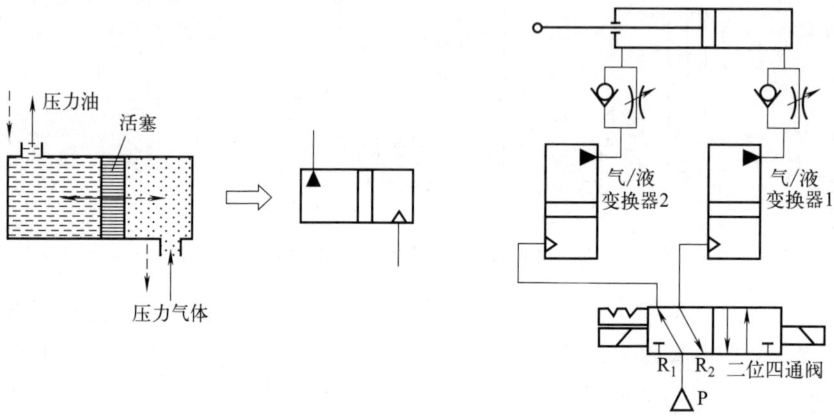

(a) 气/液变换器　　(b) 低速控制气/液回路

图 2-20　基于气/液变换器的低速控制气/液回路

（3）精确驱动与定位用新型气缸及其应用实例

气动驱动系统最大的缺点就是气体具有很大的可压缩性，难以实现像电动驱动系统那样的高精度位置控制。前述的传统的气动系统只能靠机械定位装置的调定位置来实现可靠的定位，并且其运动速度也只能靠单向节流阀单一调定，往往无法满足自动化设备中的自动控制要求，从而限制了气动机器人的使用范围。为解决这一问题，研究者们研发了带有精确、精密测量机构和位置反馈的气缸。

① 缸内内置 LED 及光电管的新型气缸（气动驱动器）：1994 年，东京理科大学原文雄教授研制出表情机器人“AHI”，驱动其面部能够产生喜、怒、哀、厌、恐、惊六种表情，原文雄等人设计研发出了气动驱动机构、带有光电管位移传感器的新型气动驱动器 ACDIS（actuator for the face robot including displacement sensor）以及驱动 ACDIS 的控制系统，分别如图 2-21（a）、（b）和（c）所示。这里简要介绍一下 ACDIS 驱动器。如图 2-21（b）所示，ACDIS 是一种气缸内缸底设有发光二极管、活塞无活塞杆的一侧设有 LED、缸内套为塑料材料、中空的活塞杆内引入电源线给 LED 的新型气缸结构，它的测量原理是：通过 LED 灯发光照射到缸底上的光电二极管，该光电二极管受光后产生电信号，根据电信号及其强弱来测量活塞的位移。该新型气动驱动器用于表情机器人“AHI”的面部器官及皮肤驱动的驱动和控制系统，如图 2-21（c）所示，其中气动驱动与控制部分采用了两个二位二通

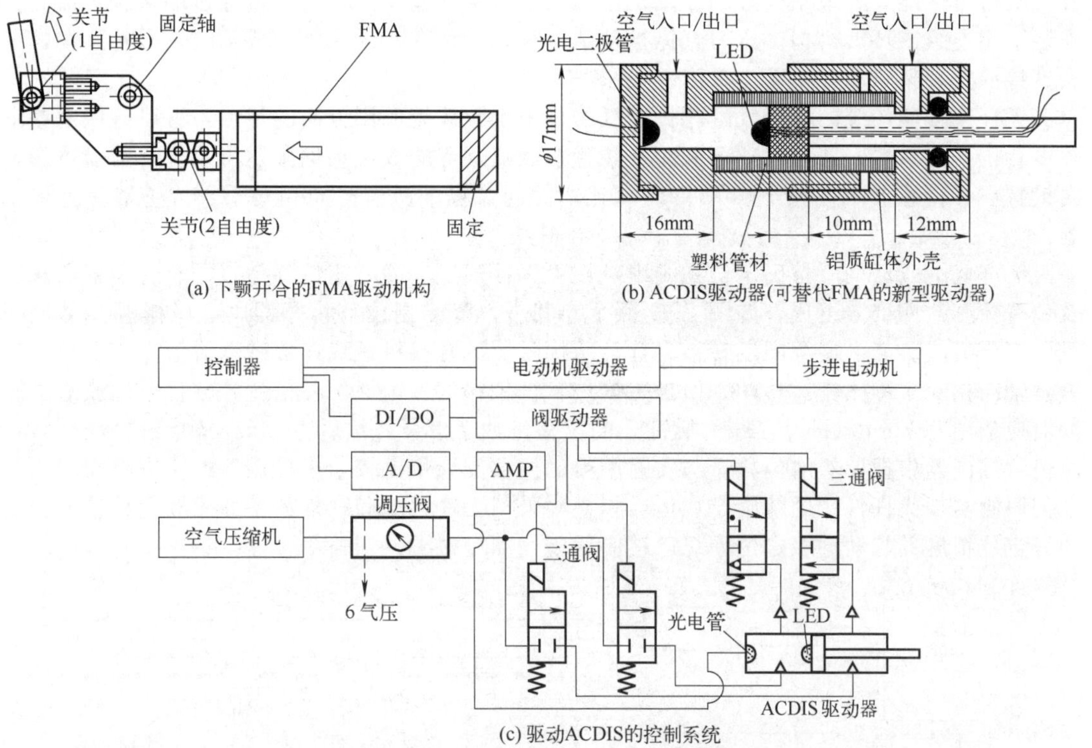

图 2-21　“AHI”的面部器官的 FMA 驱动及其运动机构以及带有传感器的 ACDIS 新型驱动器

阀、两个二位三通阀来驱动一个 ACDIS 驱动器。

② 缸外带有位移传感器的无杆气缸及其气动伺服定位系统。

无杆气缸（rodless cylinder）：是由德国 Origa 气动设备有限公司提出无杆气缸概念并最早研发出来的。无杆气缸是指利用没有活塞杆的活塞直接或间接地与缸外的执行机构连接来实现往复运动的气缸。通常分为磁力耦合式无杆气缸和机械式无杆气缸两大类。无活塞杆的无杆气缸与传统的有活塞杆的有杆气缸从气动原理上看没有本质区别。但从行程方向上气缸整体所占空间来看，无杆气缸为设备节省了有杆气缸上一根活塞杆长度空间。

磁力耦合式无杆气缸（也称磁性气缸）及其工作原理：作为气缸工作的原理自不必说。磁力耦合是指缸内的无杆空心活塞内永久磁铁通过磁力吸引带动缸外另一个磁体做同步移动。具体的工作原理是：在活塞内安设一组高强磁性永久磁环，磁力线通过薄壁缸筒与缸外的另一组磁性相反的磁环相互作用，产生很强的吸引力。当无杆活塞在气力气体推动下产生移动，则缸外的磁环件在强磁吸引力的作用下，与缸内的活塞一起移动。但这是有条件的，即：内部、外部磁环产生的吸引力与无杆气缸上的外载荷平衡时，活塞与被耦合的外部执行元部件同步运动；若缸内气压过高或外部负载过重，会导致活塞推力过大或不足，则内外磁环的耦合会脱开（术语为“脱靶”），导致无杆气缸工作不正常。正常工作情况下，磁力耦合无杆气缸在活塞速度 250mm/s 时的定位精度可达±1.0mm。

机械式无杆气缸及其工作原理：机械式无杆气缸又可分为机械接触式无杆气缸和缆索气缸。机械接触式无杆气缸是指在气缸缸体上沿着轴向开有一条形窄槽，缸内的活塞与缸外的滑块用穿过窄槽的机械连接件连接在一起，从而在气体推动活塞时，推动与活塞连接的滑块一起移动。显然，刚体上的轴向条形窄槽以及穿过窄槽并且连接活塞与滑块的连接件都必须用密封件或密封结构密封，否则，压力气体会从缸内向缸外泄漏，缸外的灰尘也会进入缸内。但实际上这样相对而言较大面积和距离的良好密封实现起来是很困难的。因此，这种无杆气缸密封性能差。缆索气缸的原理是：缆索一端与活塞相连，另一端穿过端盖绕过滑轮与安装架相连组成环形机构。压力气体推动活塞移动，活塞牵动缆索，缆索绕过滑轮运动，缆索连接的安装架移动并将动力输出。

无杆气缸同传统的有杆气缸相比在气动伺服定位系统应用方面的优点：可以方便地在缸外设置位移传感器，并与气动伺服阀、位置控制器一起构成气动伺服定位系统。与前述的缸内设置位移传感器的有杆气缸 ACDIS 相比，相同行程下所占空间相对小，传感器外置便于维护。

无杆气缸气动伺服精确定位系统组成：由无杆气缸、静磁栅位移传感器、气动伺服阀以及位置控制器四部分组成，如图 2-22 所示。其中，静磁栅位移传感器由静磁栅源和静磁栅尺两部分组成。静磁栅源固定在被无杆活塞用磁力耦合或机械式连接的滑块上，与滑块一起沿着轴向相对于静磁栅尺移动，由静磁栅尺获得位移信号，该位移信号经转化后生成每个脉冲对应最小 0.1mm（即 0.1mm/脉冲）的位移量数字信号，然后直接被反馈给位置控制器，由位置控制器根据期望的位移量与实际测得的位移反馈量比较生成控制器的输出量，控制气动伺服阀实现无杆气缸的精确定位运动。这种采用无杆气缸和缸外装备静磁栅位移传感器的中等定位精度的气动伺服定位系统已被应用于气动机械手。

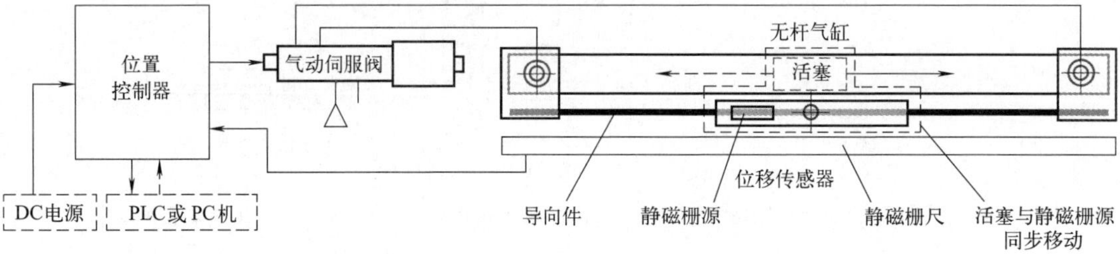

图 2-22　基于静磁栅位移传感器测量原理的无杆气缸气动伺服定位系统原理图

2.1.3　机器人系统一般组成的实例说明

工业机器人操作臂的组成一般分为三大部分，包括机械系统（即机械本体）、控制系统和驱动系统，如图 2-23 所示是辛辛那提公司（Cincinnati Milacron Company）的 T^3 型机器人操作臂组成。机械系统按控制系统发出的指令进行运动，驱动机械系统各个关节运转的驱动力由驱动系统提供。

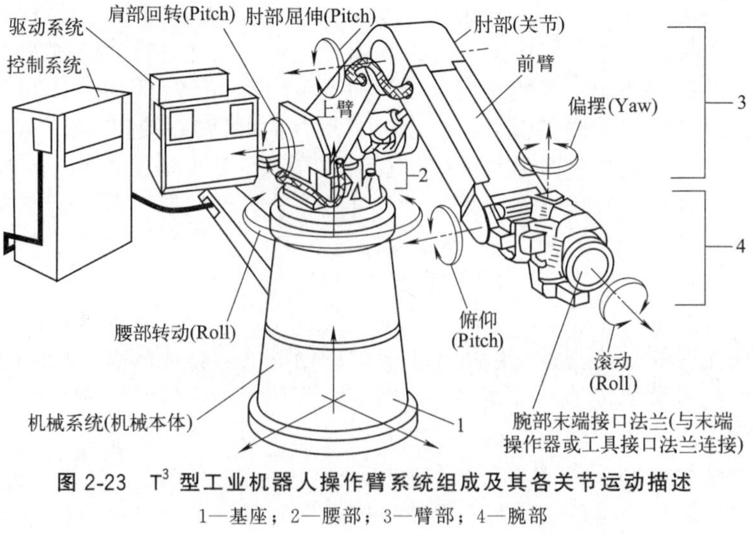

图 2-23　T^3 型工业机器人操作臂系统组成及其各关节运动描述

1—基座；2—腰部；3—臂部；4—腕部

（1）机械系统

即通常所说的机械本体可分为基座、腰部、肩部（即肩关节）、上臂（即大臂）、肘部（即肘关节）、前臂（即小臂）、腕部（即腕关节）和腕部机械接口部（即末端操作器机械接口部）。其中，基座、腕部的机械接口分别与安装机器人操作臂本体在其他设备上的接口和末端操作器接口相连接。由于工业机器人操作臂作业即使是作业对象要求精度不高的情况下也需要在设计时保证一定的操作重复定位精度，而且各杆件（即臂杆）是经过各关节串联在一起的开链机构，因此，在设计机械系统时必须考虑和保证从基座与基础机械接口开始至各个关节与臂杆逐次串联连接，一直到腕部末端操作器机械接口之间所有串联环节的连接与定位精度。这是与通常的一般机械系统不同之处，而且对于机器人操作臂而言，从基座开始至腕部末端操作器机械接口之间的精度设计链要做好精度设计的分配，否则将难以保证机器人操作臂的作业精度，不同的是作业不同，精度要求高低不同而已（注：此为结构设计时务必考虑的要点）。而且杆件与杆件之间、杆件与关节之间机械连接设计需要至少从轴向、径向、周向等三个方向上去考虑定位精度设计问题。

（2）控制系统的基本原理

① 在给定机器人操作臂机构构型情况下，推导出末端操作器在现实物理世界三维几何空间中的运动与各关节运动之间的数学关系，并通过编写其计算机程序控制末端操作器运动下的各关节运动轨迹（即各关节角度、角速度、角加速度随时间的变化）。

② 通过各关节机械传动系统传动比将各关节换算成各驱动元件和各关节驱动电机转角随时间变化量，并将其作为参考指令通过电动机控制器（单片机或上位计算机）变成数字信号传给伺服驱动器（如电动机伺服驱动器）进行功率放大，变换成控制驱动电动机的电压或电流量以控制电动机的转角位置、转速或输出力矩。

③ 通过各关节驱动元件（如电动机）输出轴上安装的位置传感器（或安装在各关节上的位置传感器）检测驱动元件运动位置信号，反馈给电动机控制器以及伺服驱动器以构成 PID 控制方式。

以上是机器人操作臂最基本的关节轨迹追踪控制原理。高速高精度机器人操作臂的控制系统设计还需考虑逆动力学、鲁棒控制以及自适应控制、力控制等更深入的控制理论与方法，此处不再赘述！一般工业机器人操作臂制造商在出厂时都已配置好操作臂的控制系统软硬件系统，用户只要按着用户手册使用和编程即可。

（3）驱动系统

包括驱动元部件系统（如电动机等原动机及其伺服驱动器）、传动机构。原动机在控制系统控制下驱动关节传动系统和臂杆运转。一般工业机器人操作臂采用电驱动的较多，当然也有液压、气动、静电等驱动方式和原理的操作臂。这里，主要介绍电动机驱动的操作臂。用于机器人操作臂关节驱动的电动机与通常机械设备（如带式运输机）驱动用电动机不同，为控制电动机。电动机驱动的工业机器人操作臂常用的电动机包括直流伺服电动机、交流伺服电动机以及步进电动机、力矩电动机、小功率同步电动机等，它们特点是精度高、可靠性好、能以较宽的调速范围适应机器人关节运动速度需要，而且工业用电易于使用和变换；液压驱动输出功率大、惯量小、压力和流量容易控制，通常用于负载较大或需要防爆场合下；气动驱动成本较低，污染小，常用于较为简单、负载较轻和定位精度要求不太高的场合下。

上述三个组成部分是工业机器人操作臂最基本的组成，但是，随着智能机器人技术的发展，工业机器人操作臂同样也在智能化对象范畴之内，为此，作为智能机器人操作臂，还应包括感知系统和决策系统两部分，此处不再详述。

2.2 工业机器人操作臂机械系统、机构与机械结构

2.2.1 工业机器人操作臂系统 PUMA262/562

PUMA 机器人是美国 UNIMATION 公司生产的机器人操作臂，是一款自 20 世纪 80 年代以后广泛被用于大学、研究院所、机器人实验室等研究机器人操作臂技术使用的多型号规格产品，已成为机器人操作臂作业运动学、动力学、运动控制、力/位混合控制、装配作业、多机器人操作臂协调、远程控制、遥操作等的实验研究机型，其外观与机构原理简图如图 2-24 所示。

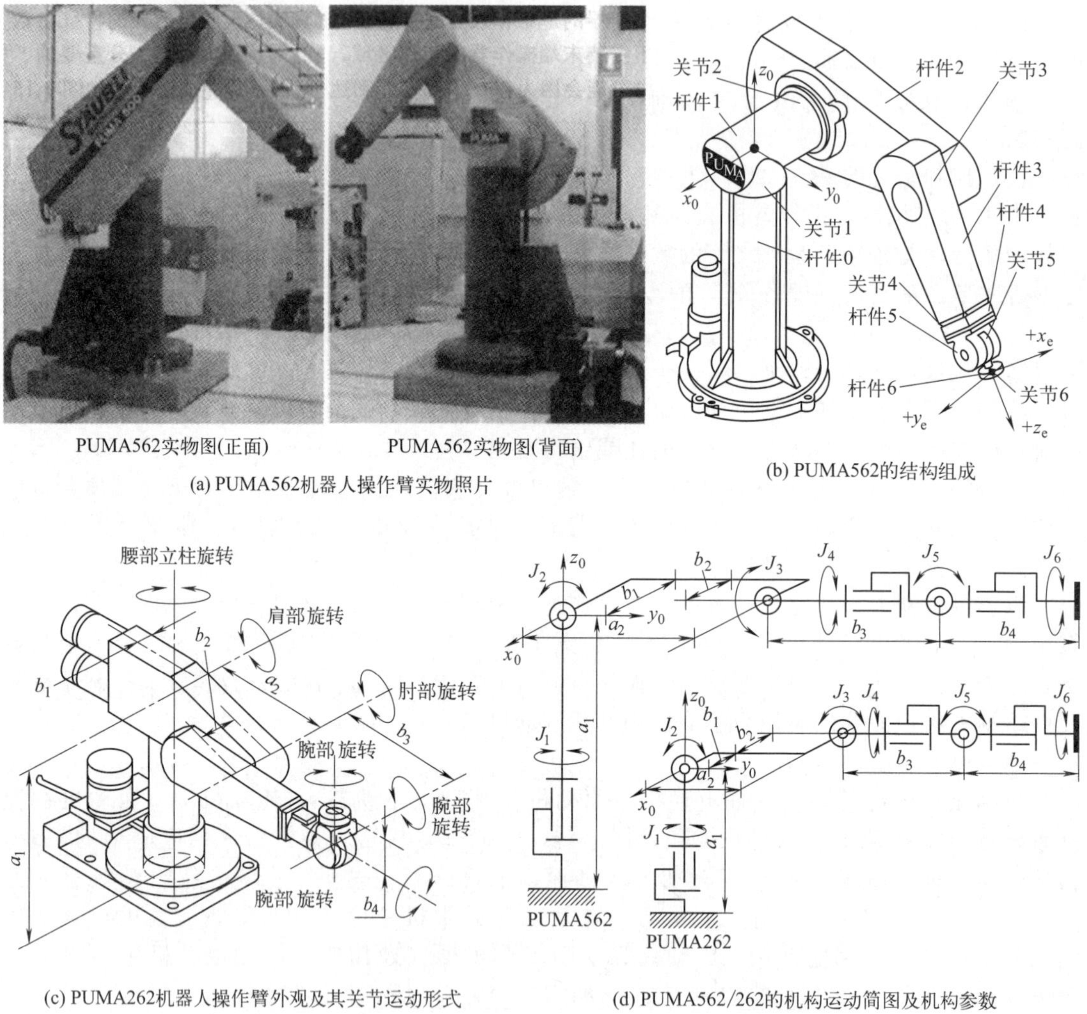

图 2-24 PUMA562/262 机器人操作臂外观结构及其机构原理

（1）PUMA 机器人操作臂的机构原理

① 腰转关节 J_1 的驱动　如图 2-25 所示，腰转关节 J_1 的驱动方式为伺服电动机（也可为带减速器及编码器的一体化伺服电动机）2 驱动两级直齿圆柱齿轮传动驱动立柱 6 实现腰转，机构运动简图如图 2-25（b）所示，转动范围 308°。

② 肩部关节 J_2 的驱动　如图 2-25 所示，肩部关节 J_2 的驱动方式为肩部关节伺服电动机（也可为带减速器及编码器的一体化伺服电动机）输出轴通过一柔性联轴器与一圆锥小齿

轮相连接，依次驱动该级圆锥齿轮传动、与大锥齿轮同轴的圆柱小齿轮、圆柱大齿轮，以及与圆柱大齿轮同轴的第二级圆柱齿轮传动的小齿轮、大齿轮，从而实现肩关节转动，机构运动简图如图 2-25（c）所示，转动范围 314°。

③ 肘部关节 J_3 的驱动　如图 2-25 所示，肘部关节 J_3 的驱动方式为肘部关节伺服电动机（也可用带减速器及编码器的一体化伺服电动机）输出轴通过一柔性联轴器远距离传动到与另一柔性联轴器相连的圆锥小齿轮，依次驱动该级圆锥齿轮传动、与大锥齿轮同轴的圆柱

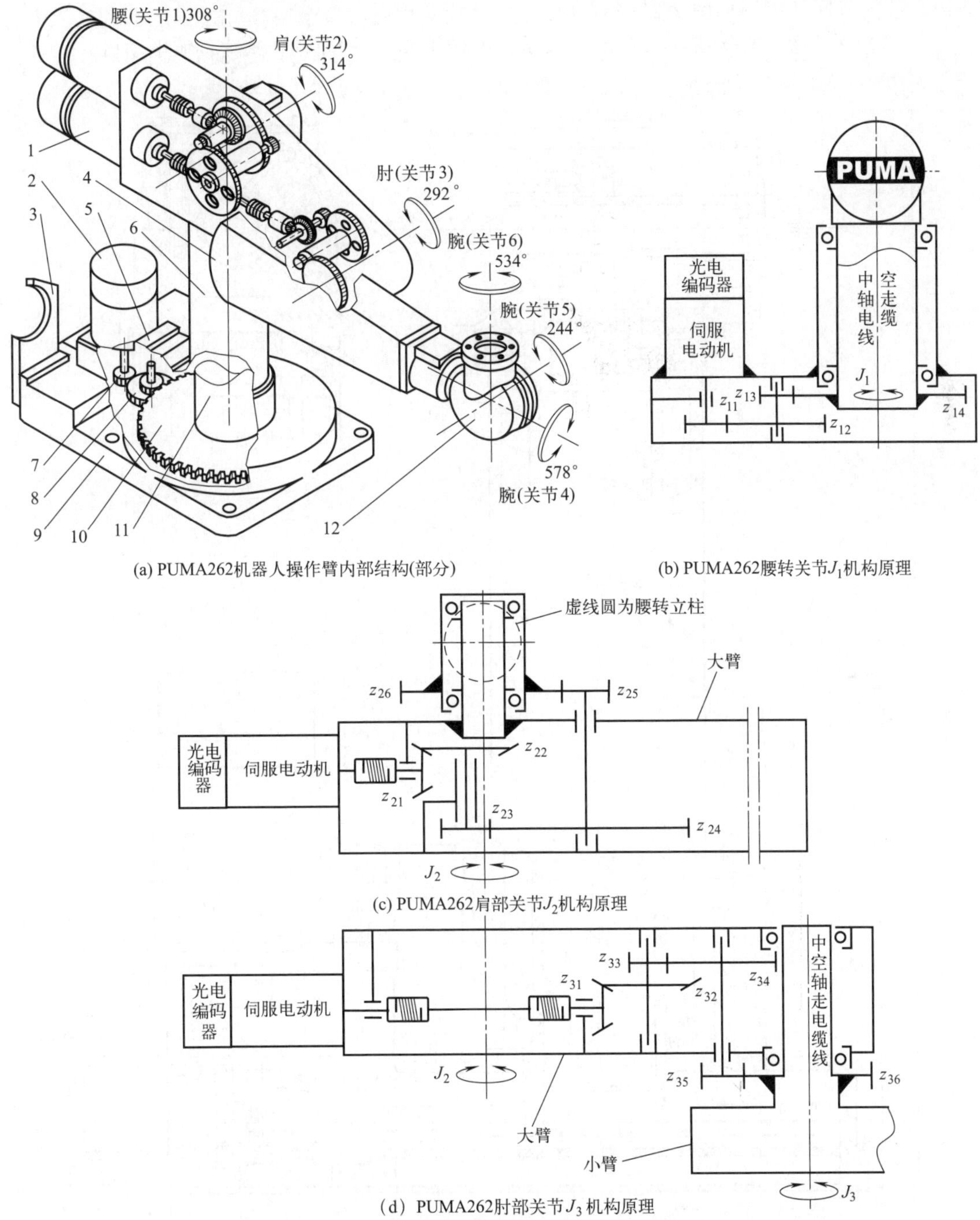

(a) PUMA262机器人操作臂内部结构(部分)

(b) PUMA262腰转关节J_1机构原理

(c) PUMA262肩部关节J_2机构原理

(d) PUMA262肘部关节J_3机构原理

图 2-25　PUMA 机器人操作臂结构及其腰、肩、肘三个关节驱动系统原理图（即机构运动简图）

1—大臂；2—关节 1 电机；3—小臂定位夹板；4—小臂；5—气动阀；6—立柱；7—直齿轮；8—中间齿轮；9—机座；10—主齿轮；11—管形连接轴；12—手腕

小齿轮、圆柱大齿轮，以及与圆柱大齿轮同轴的第二级圆柱齿轮传动的小齿轮、大齿轮，从而实现肘关节转动。机构运动简图如图 2-25（d）所示，转动范围 292°。

（2）PUMA 系列机器人操作臂机械结构

PUMA 机器人操作臂有 6 个自由度，分别定义为腰转、大臂俯仰（肩关节）、小臂俯仰（肘关节）、腕部回转 R 轴、腕部摆动 P 轴、手部回转 R 轴等 6 个回转关节，在如图 2-24（d）所示的机构运动简图上分别对应关节编号 $J_1 \sim J_6$。PUMA262 型机器人操作臂的三维结构及各关节回转范围如图 2-25（a）所示。

① 腰转关节 J_1 的驱动　如图 2-26 所示，腰转关节 J_1 的驱动方式为伺服电动机（也可为

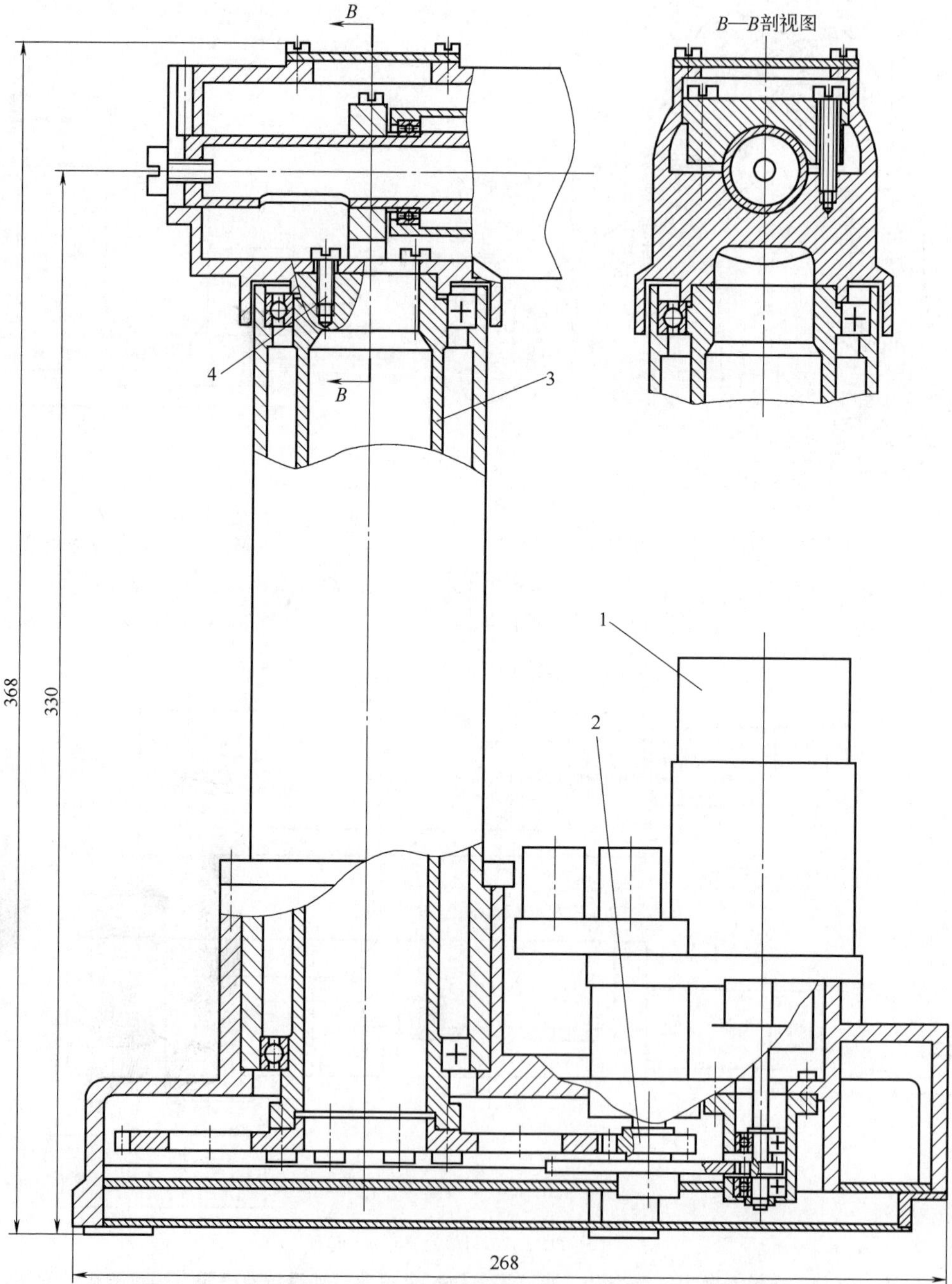

图 2-26　PUMA262、562 型机器人操作臂基座及腰部关节机械结构

1—腰转关节伺服电动机；2—齿轮；3—腰转空心轴（立柱）；4—立柱与肩部连接螺钉

带行星齿轮减速器及编码器的一体化伺服电动机）1 驱动两级直齿圆柱齿轮传动驱动立柱 3 实现腰转，机构运动简图如图 2-25（b）所示，转动范围 308°。

② 肩部关节 J_2 的驱动　如图 2-26 所示，肩部关节 J_2 的驱动方式为肩部关节伺服电动机（也可为带行星齿轮减速器及编码器的一体化伺服电动机）输出轴通过一柔性联轴器与一圆锥小齿轮相连接，依次驱动该级圆锥齿轮传动、与大锥齿轮同轴的圆柱小齿轮、圆柱大齿轮，以及与圆柱大齿轮同轴的第二级圆柱齿轮传动的小齿轮、大齿轮，从而实现肩关节转动，机构运动简图如图 2-25（c）所示，转动范围 314°。

③ 肘部关节 J_3 的驱动　如图 2-27 所示，肘部关节 J_3 的驱动方式为肘部关节伺服电动

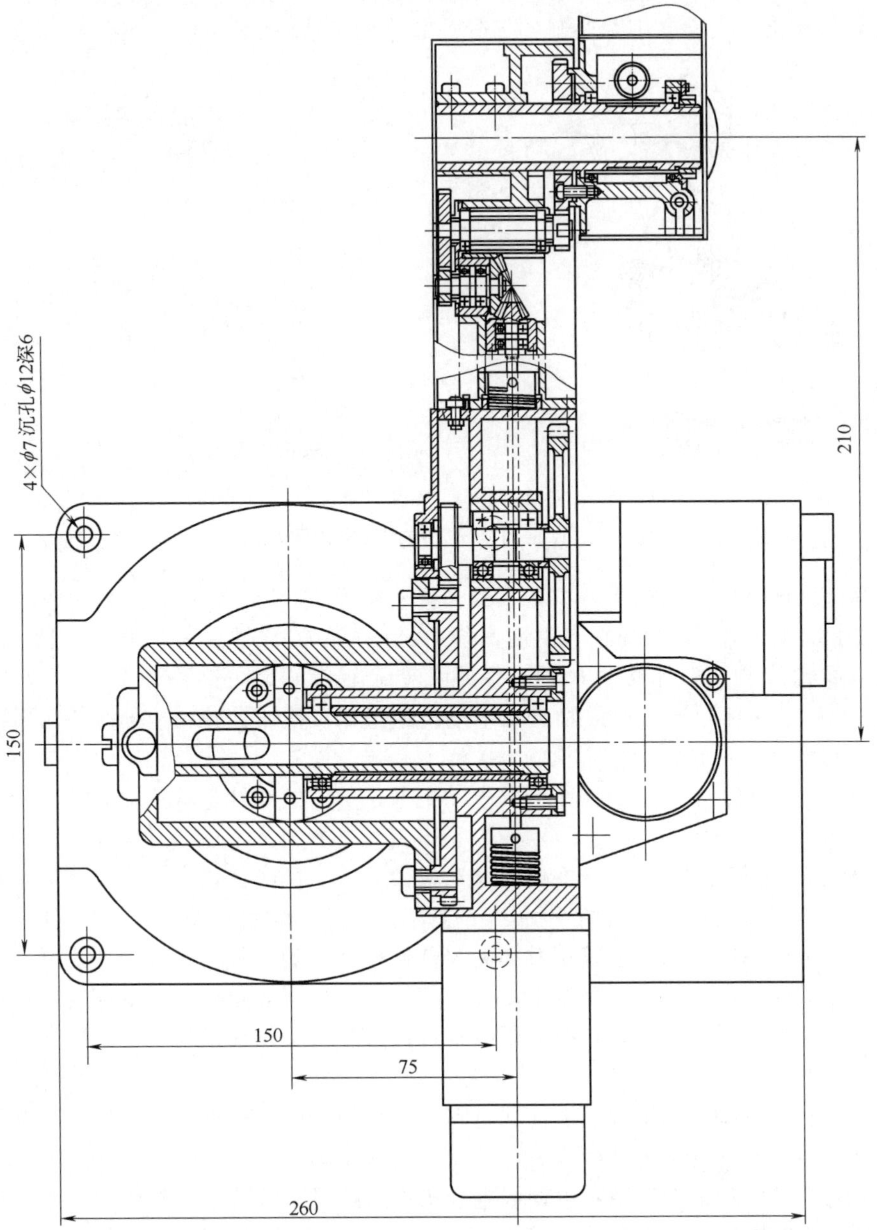

图 2-27　PUMA262、562 型机器人操作臂关节 J_2（肩关节）、J_3（肘关节）及大臂机械结构

机（也可为带行星齿轮减速器及编码器的一体化伺服电动机）输出轴通过一柔性联轴器远距离传动到与另一柔性联轴器相连的圆锥小齿轮，依次驱动该级圆锥齿轮传动、与大锥齿轮同轴的圆柱小齿轮、圆柱大齿轮，以及与圆柱大齿轮同轴的第二级圆柱齿轮传动的小齿轮、大齿轮，从而实现肘关节转动，机构运动简图如图 2-25（d）所示，转动范围 292°。

2.2.2 MOTOMAN K 系列工业机器人操作臂

MOTOMAN K 系列工业机器人操作臂的机构运动简图如图 2-28（b）所示，有 6 个自由度，其制造商将其分别定义为腰转 S 轴、大臂俯仰 L 轴、小臂俯仰 U 轴、腕部回转 R 轴、腕部摆动 B 轴、手部回转 T 轴等 6 个回转关节，在机构运动简图上分别对应关节编号 $J_1 \sim J_6$。

主要包括腰部、大臂、小臂及其各部分关节等机械结构设计。

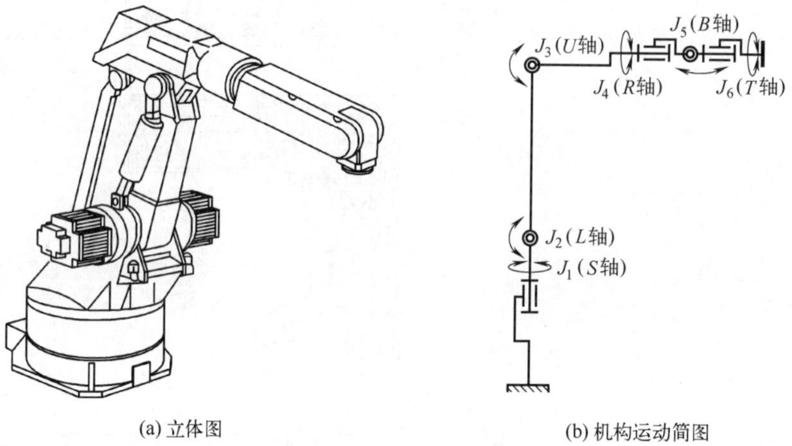

图 2-28　MOTOMAN K 系列机器人操作臂立体图及其机构运动简图

（1）MOTOMAN K 系列工业机器人操作臂机构原理

如图 2-28（b）所示，有 6 个自由度，分别定义为腰转 S 轴、大臂俯仰 L 轴、小臂俯仰 U 轴、腕部回转 R 轴、腕部摆动 B 轴、手部回转 T 轴等 6 个回转关节。

① 关节 J_1—腰部回转 S 轴：由伺服电动机通过 RV 摆线针轮减速器减速后带动腰部及以上大臂一起绕垂直轴旋转；

② 关节 J_2—大臂俯仰 L 轴：由伺服电动机通过 RV 摆线针轮减速器减速后带动大臂绕 L 轴做俯仰运动；

③ 关节 J_3—小臂俯仰 U 轴：由伺服电动机通过 RV 摆线针轮减速器减速后带动平行四连杆机构的主动杆曲柄转动，曲柄牵引拉杆拉动小臂绕 U 轴做俯仰运动；平行四连杆机构的曲柄延长线上还可以施加配重以相对提高肩部俯仰运动的关节的驱动能力。其道理在于通过配重对肩关节回转中心的力矩可以平衡掉一部分由大小臂自重对肩关节回转中心的力矩。

④ 关节 J_4—腕部回转 R 轴：由伺服电动机通过杯形柔轮谐波齿轮传动减速后带动小臂前端绕 R 轴回转；

⑤ 关节 J_5—腕部摆动 B 轴：由伺服电动机先后通过一级圆锥齿轮传动、一级同步齿形带传动、环形柔轮谐波齿轮传动减速后驱动腕部壳体绕 B 轴做俯仰摆动运动；

⑥ 关节 J_6—手部回转 T 轴：由伺服电动机先后通过一级圆锥齿轮传动、一级同步齿形带传动、又一级圆锥齿轮传动换向、环形柔轮谐波齿轮传动减速后驱动手部接口法兰绕 T 轴做回转运动。

以上 6 个关节运动传递的详细机构运动简图如图 2-29（a）～(f）所示。

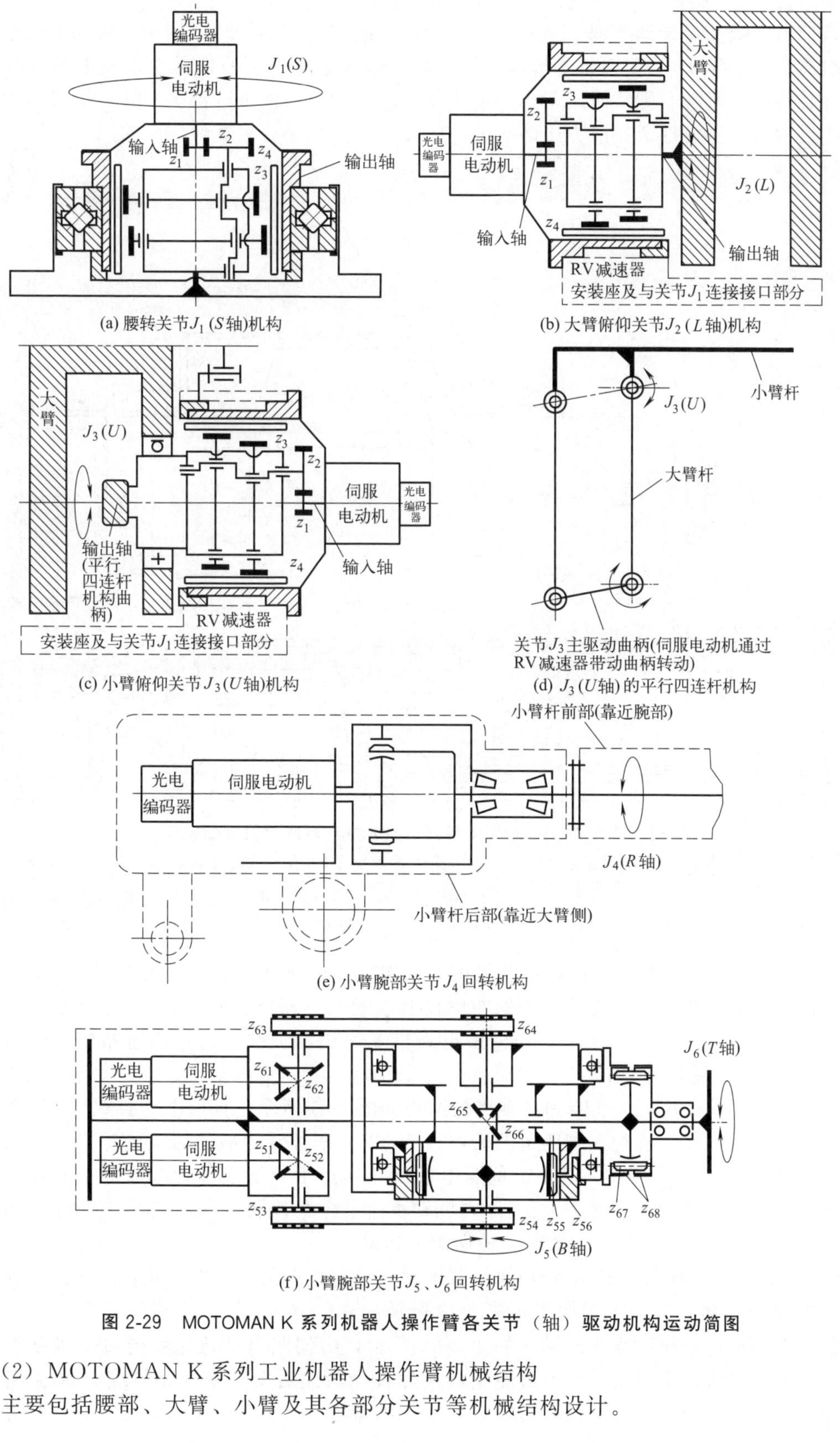

(a) 腰转关节J_1 (S轴)机构

(b) 大臂俯仰关节J_2 (L轴)机构

(c) 小臂俯仰关节J_3 (U轴)机构

(d) J_3 (U轴) 的平行四连杆机构

(e) 小臂腕部关节J_4 回转机构

(f) 小臂腕部关节J_5、J_6 回转机构

图 2-29　MOTOMAN K 系列机器人操作臂各关节（轴）驱动机构运动简图

（2）MOTOMAN K 系列工业机器人操作臂机械结构

主要包括腰部、大臂、小臂及其各部分关节等机械结构设计。

① 关节 J_1—腰部回转 S 轴：其机械结构如图 2-30 所示，由伺服电动机 1 通过 RV 摆线针轮减速器 2 减速后带动腰部 3 及腰部以上大臂一起绕垂直轴旋转。图中，腰部主轴承采用十字交叉滚子轴承 4；5 为电机电缆线，设计时必须按着腰部关节回转范围及电缆缠绕半径计算好总的缠绕圈数及配线时预留出电缆线缠绕总长度，以保证腰部关节转到最大角度位置时电缆线不致受到硬性牵拉的力，防止电缆线发生故障乃至受损断线。

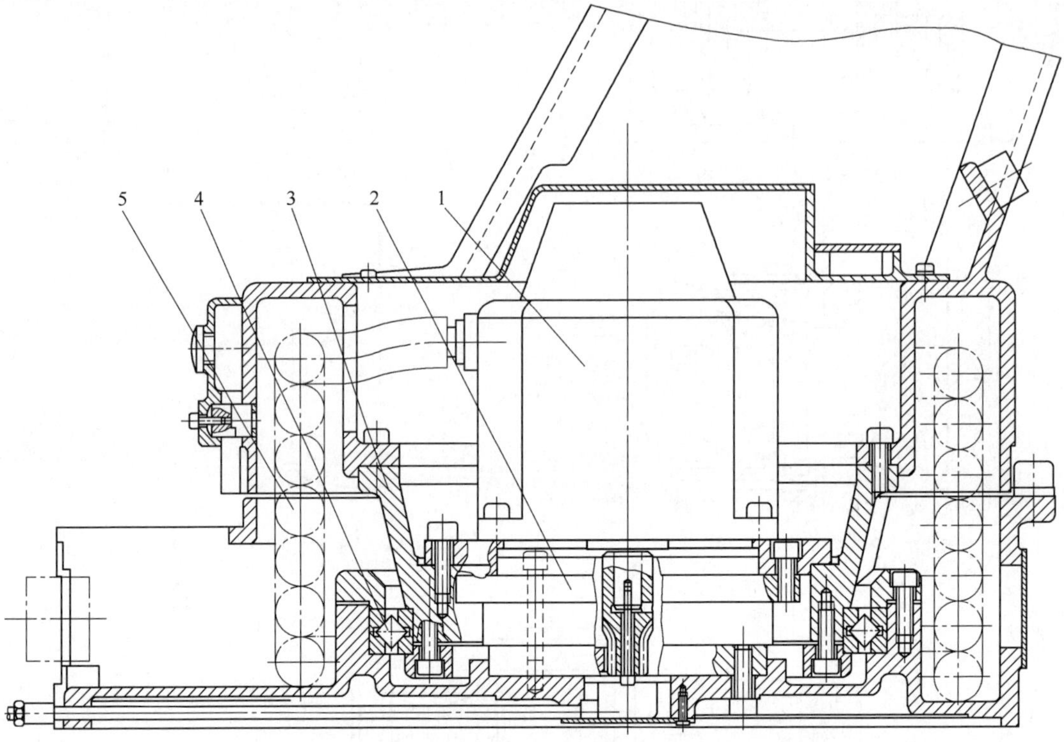

图 2-30 MOTOMAN K 系列机器人操作臂腰部机械结构

1—关节 J_1（S 轴）带光电编码器伺服电动机；2—关节 J_1（S 轴）的 RV 摆线针轮减速器；3—关节 J_1（S 轴）伺服电动机及 RV 摆线针轮减速器的安装座壳体；4—关节 J_1（S 轴）的十字交叉滚子轴承；5—关节 J_1（S 轴）的伺服电动机和光电编码器的电缆线束（随着腰转运动在被结构限定的环形空间内绕壳体中心轴线呈螺旋线状缠绕、收放）

② 关节 J_2——大臂俯仰 L 轴：其机械结构如图 2-31 所示，伺服电动机 2 与 RV 摆线针轮减速器 3 一起连接、装配在腰座 1 的左侧板上，RV 摆线针轮减速器 3 的输出法兰与大臂 10 的左侧法兰配合、连接在一起，由伺服电动机 3 通过 RV 摆线针轮减速器 2 减速后带动大臂 10 绕 L 轴做俯仰运动；

③ 关节 J_3——小臂俯仰 U 轴：其机械结构如图 2-31 所示，伺服电动机 6 与 RV 摆线针轮减速器 7 一起连接、装配在腰座 1 的右侧板上，RV 摆线针轮减速器 7 的输出法兰与大臂 10 的左侧法兰配合、连接在一起，由伺服电动机 6 通过 RV 摆线针轮减速器 7 减速后，驱动由十字交叉滚子轴承 9 支撑在大臂 10 右侧轴承座孔上的平行四连杆机构主动杆曲柄 5 转动，曲柄 5 牵引拉杆 11 拉动小臂绕 U 轴做俯仰运动；

④ 关节 J_4——腕部回转 R 轴：由伺服电动机通过杯形柔轮谐波齿轮传动减速后带动小臂前端绕 R 轴回转；其装配结构图如图 2-32 所示。

⑤ 关节 J_5——腕部摆动 B 轴：如图 2-33 所示，由伺服电动机先后通过一级圆锥齿轮传动、一级同步齿形带传动、环形柔轮谐波齿轮传动减速后驱动腕部壳体绕 B 轴做俯仰摆动运动；

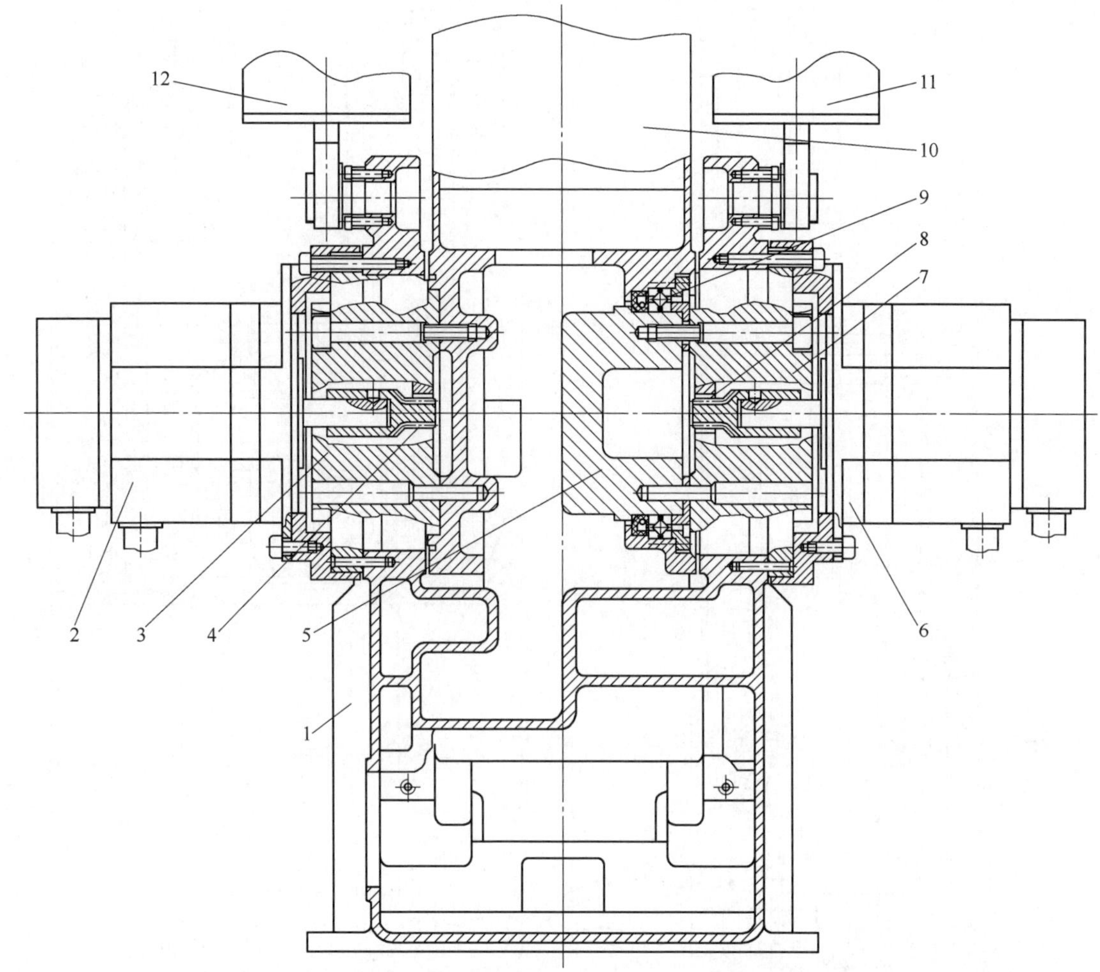

图 2-31　MOTOMAN K 系列机器人操作大臂俯仰关节（L 轴）及小臂俯仰关节（U 轴）的机械结构

1—腰座；2—大臂俯仰运动驱动电动机；3,7—RV 摆线针轮减速器；4,8—电动机轴上的小齿轮；5—曲柄；6—小臂俯仰运动驱动电动机；9—四点接触球轴承或十字交叉滚子轴承；10—大臂；11,12—小臂两侧平行四杆机构拉杆

⑥ 关节 J_6——腕部回转 T 轴：如图 2-33 所示，由伺服电动机先后通过一级圆锥齿轮传动、一级同步齿形带传动、又一级圆锥齿轮传动换向、环形柔轮谐波齿轮传动减速后驱动手部接口法兰绕 T 轴做回转运动。B 轴和 T 轴的机械结构局部放大图如图 2-34 所示。

图 2-33、图 2-34 中的编号零部件的名称、功能：1—小臂前端壳体；2—小臂前端壳体侧盖；3—关节 J_5（腕部摆动 B 轴）的带光电编码器的伺服电动机；4—关节 J_5（腕部摆动 B 轴）的一级等速换向圆锥齿轮传动装置壳体；5—电动机输出轴上的主动圆锥齿轮；6—一级等速换向圆锥齿轮传动的从动圆锥齿轮；7——级等速换向圆锥齿轮传动的输出轴；8—同步齿形带传动（等速）的主动带轮；9—同步齿形带；10—同步齿形带传动张紧机构（拧螺钉张紧或放松）；11—腕部后端壳体；12—关节 J_5（腕部摆动 B 轴）的大端盖兼环形谐波齿轮减速器壳体（刚轮安装座）；13—关节 J_5（腕部摆动 B 轴）的环形谐波齿轮减速器的波发生器；14—同步齿形带传动（等速）的从动带轮；15—关节 J_5（腕部摆动 B 轴）的环形谐波齿轮减速器的输入轴（同步齿形带传动输出轴即从动带轮轴）；16—关节 J_5（腕部摆动 B 轴）的环形谐波齿轮减速器的环形柔轮；17—关节 J_5（腕部摆动 B 轴）的环形谐波齿轮减速器的刚轮；18—关节 J_5（腕部摆动 B 轴）的环形谐波齿轮减速器运动输出刚轮；

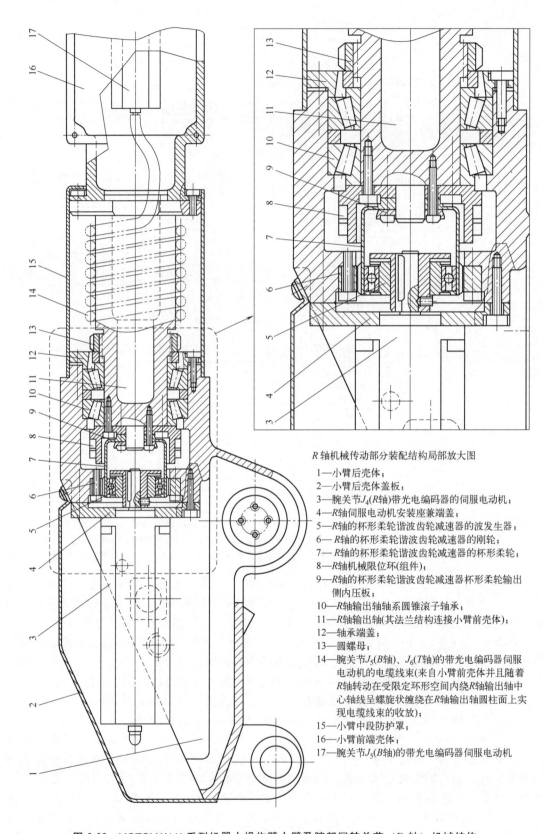

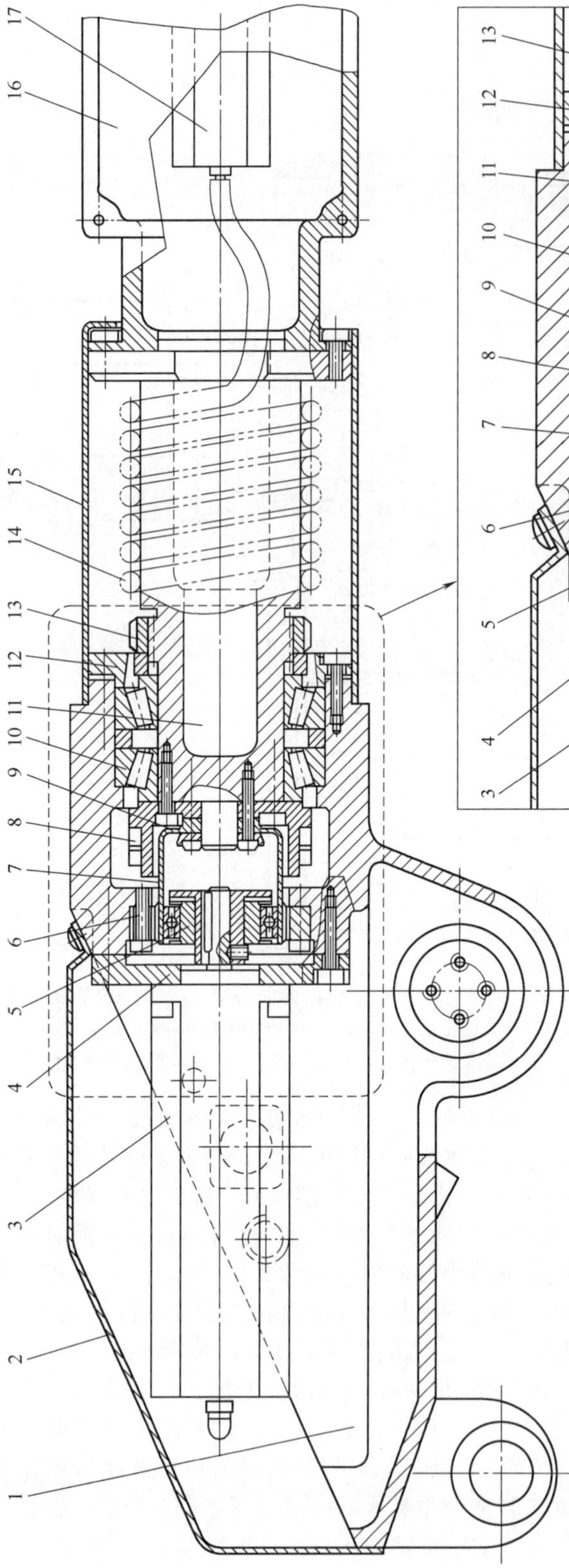

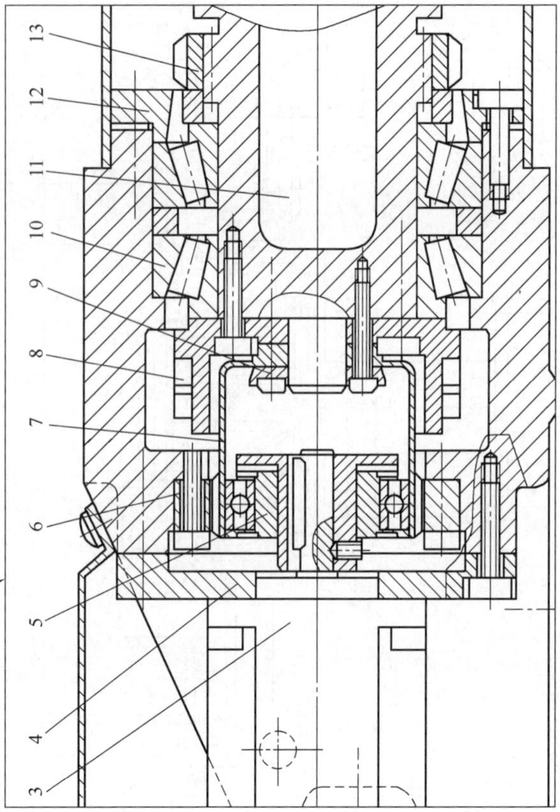

R 轴机械传动部分装配结构局部放大图

1—小臂后壳体；
2—小臂后壳体盖板；
3—腕关节J_4(*R*轴)带光电编码器的伺服电动机；
4—*R*轴伺服电动机安装座兼端盖；
5—*R*轴的杯形柔轮谐波齿轮减速器的波发生器；
6— *R*轴的杯形柔轮谐波齿轮减速器的刚轮；
7— *R*轴的杯形柔轮谐波齿轮减速器的杯形柔轮；
8—*R*轴机械限位环(组件)；
9—*R*轴的杯形柔轮谐波齿轮减速器杯形柔轮输出侧内压板；
10—*R*轴输出轴轴系圆锥滚子轴承；
11—*R*轴输出轴(其法兰结构连接小臂前壳体)；
12—轴承端盖；
13—圆螺母；
14—腕关节J_5(*B*轴)、J_6(*T*轴)的带光电编码器伺服电动机的电缆线束(来自小臂前壳体并且随着*R*轴转动在受限定环形空间内绕*R*轴输出轴中心轴线呈螺旋状缠绕在*R*轴输出轴圆柱面上实现电缆线束的收放)；
15—小臂中段防护罩；
16—小臂前端壳体；
17—腕关节J_5(*B*轴)的带光电编码器伺服电动机

图 2-32　MOTOMAN K 系列机器人操作臂小臂及腕部回转关节（*R* 轴）机械结构

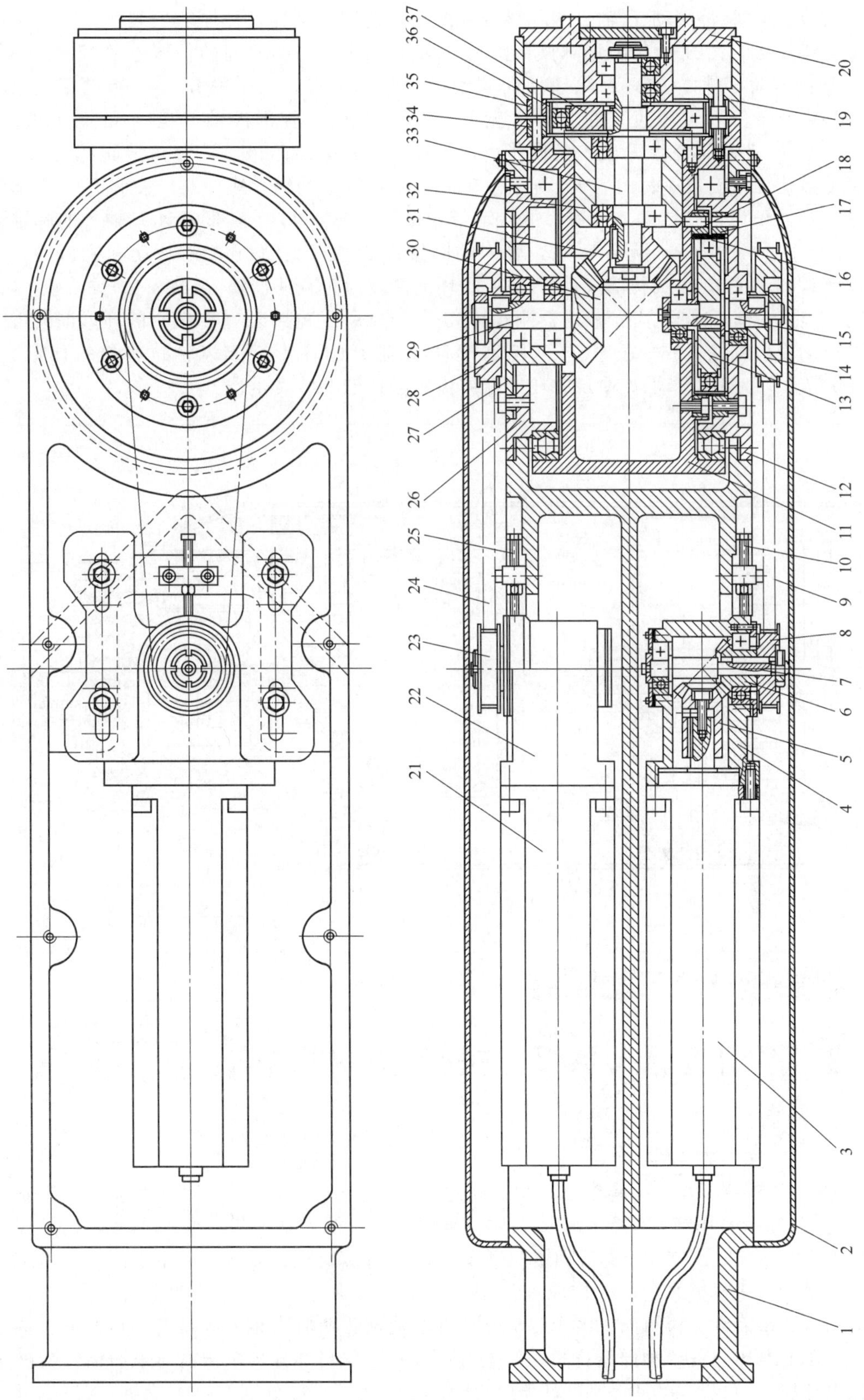

图 2-33　MOTOMAN K 系列机器人操作臂小臂前部及腕部回转关节（B 轴和 T 轴）机械结构

19—关节 J_6（腕部滚动 T 轴）的环形谐波齿轮减速器运动输出侧刚轮安装座；20—腕部末端机械接口法兰；21—关节 J_6（腕部滚动 T 轴）的带光电编码器的伺服电动机；22—关节 J_6（腕部滚动 T 轴）的一级等速换向圆锥齿轮传动装置；23—关节 J_6（腕部滚动 T 轴）的同步齿形带传动（等速）的主动带轮；24—关节 J_6（腕部滚动 T 轴）的同步齿形带；25—关节 J_6（腕部滚动 T 轴）的同步齿形带传动张紧机构；26—关节 J_6（腕部滚动 T 轴）的大端盖兼轴承安装座；27—关节 J_6（腕部滚动 T 轴）的轴承座；28—关节 J_6（腕部滚动 T 轴）的同步齿形带传动（等速）的从动带轮；29—关节 J_6（腕部滚动 T 轴）的圆锥齿轮轴；29，30—关节 J_6（腕部滚动 T 轴）的圆锥齿轮轴（主动）；31—从动圆锥齿轮；32—轴承座；33—关节 J_6（腕部滚动 T 轴）的环形谐波齿轮减速器输入轴；34—关节 J_6（腕部滚动 T 轴）的环形谐波齿轮减速器刚轮；35—关节 J_6（腕部滚动 T 轴）的环形谐波齿轮减速器运动输出刚轮；36—关节 J_6（腕部滚动 T 轴）的环形谐波齿轮减速器的环形柔轮；37—关节 J_6（腕部滚动 T 轴）的环形谐波齿轮减速器的波发生器。

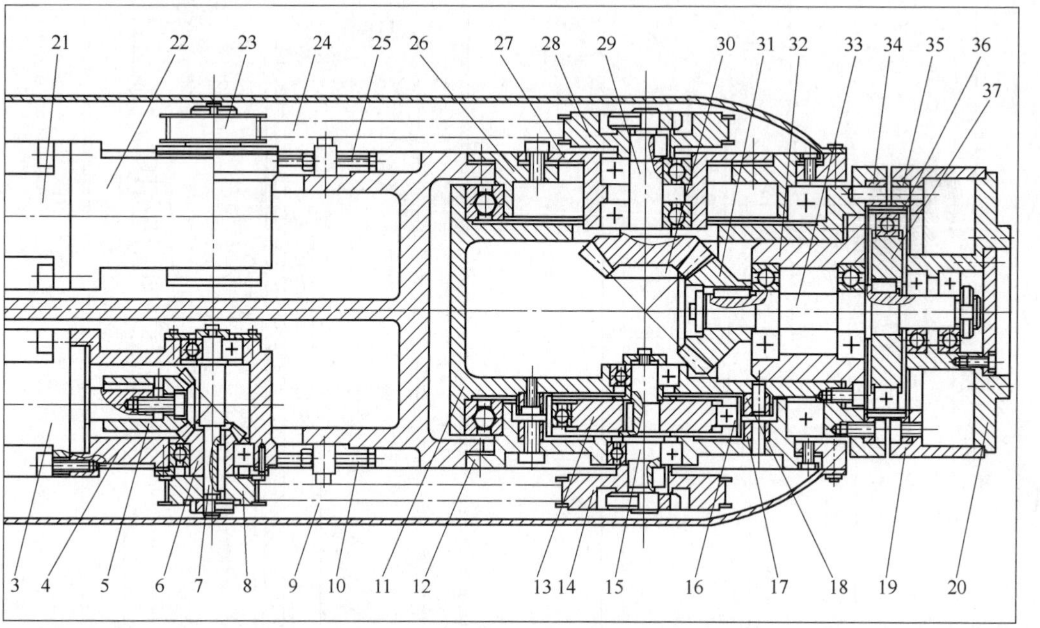

图 2-34　MOTOMAN K 系列机器人操作臂小臂腕部回转关节（B 轴和 T 轴）**机械结构**（局部放大图）

2.3　移动机器人系统、机构与机械结构

2.3.1　足式移动机器人系统及双足机器人机构与结构

如图 2-35 所示为足式移动机器人系统构成图和其中作为足式移动机器人典型代表之一的 2×6-DOF（自由度）双足机器人三维示意图。按机器人系统基本组成分为：1. 足式移动机器人机械系统；2. 交流/直流伺服驱动系统；3. 计算机控制系统；4. 传感（器）系统。

双足机器人机械系统的机构原理如图 2-36 所示，图 2-37 为双足机器人结构实物照片，为本书作者于 2003 年设计、2004 年 6 月研制而成的集成化模块化组合式类人及类人猿型机器人 “GOROBOT-II” 型原型样机系统的 2×6-DOF 双足部分，机械本体采用铝合金材料轻量化设计加工而成。GOROBOT-II 于 2004 年～2005 年先后分别实现了双足/四足步行、双足直立（四足着地）到四足着地（双足直立）的起立至双足直立（趴下至四足着地）步行方

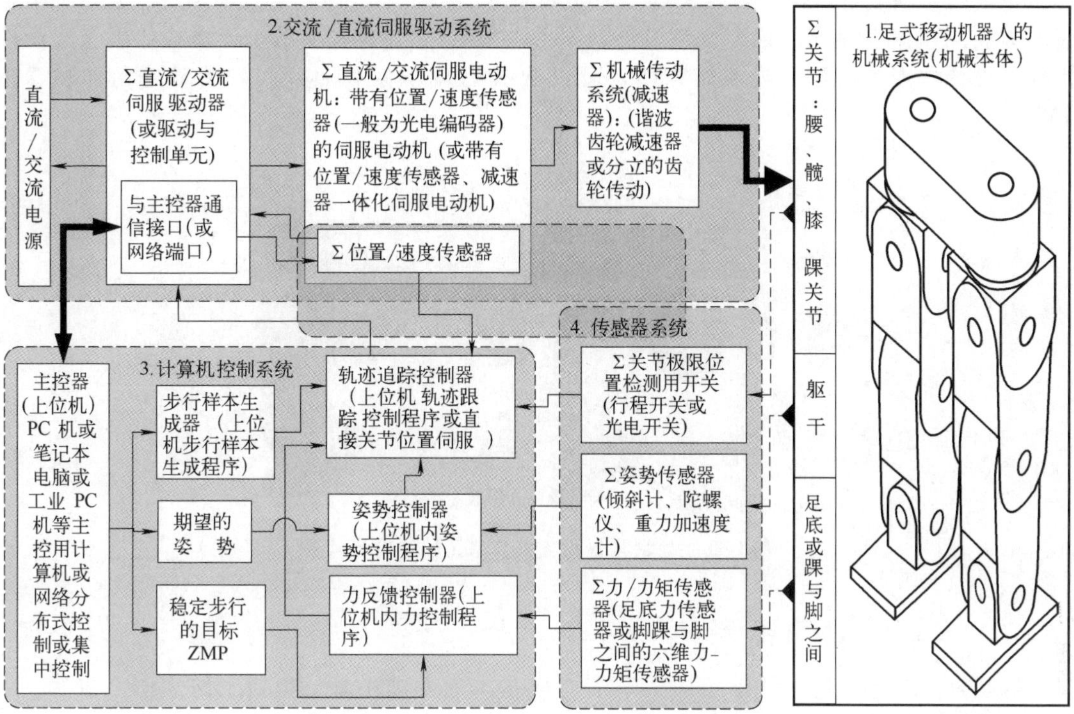

图 2-35　足式移动机器人系统基本构成

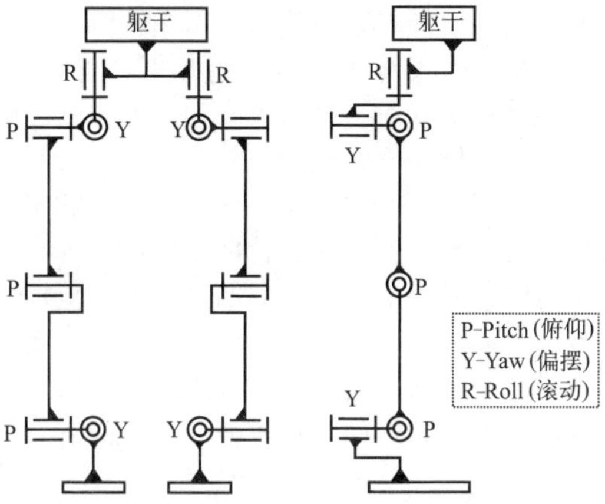

图 2-36　2×6-DOF 双足步行机器人机构运动简图

图 2-37　双足步行机器人结构实物照片

（左：正面，右：背面）

式转换、脚用轮式移动机构驱动的轮式移动等运动实验。

双足机器人设计的基本原则是：

① 机构构型应便于运动分析和控制，为此，一般双足机器人腿部机构设计都采用图 2-36 中的构型，即单腿机构构型中回转运动副的配置从髋关节向脚部开始依次为：RYP-P-PY 的串联杆件机构构型；

② 为提高迈腿速度，腿部尽可能轻质、低惯性，且腿部质心越靠近髋关节一侧越好；

③ 腿部机构各关节尽可能有大的运动范围，以适应台阶、越障等地面环境和快速步行要求。

图 2-37 所示的双足部分各关节的模块化组合设计方法是：伺服电动机为按额定功率、

转矩不同的系列化选型设计，减速器也为与伺服电动机系列相匹配的短筒柔轮、超短杯柔轮谐波齿轮减速器三元部件系列选型设计，图 2-38 给出了为实现关节单元模块化组合式设计目标而设计的减速器单元模块结构图，可以从图 2-37 的实物照片中各关节处的外观看得出来。

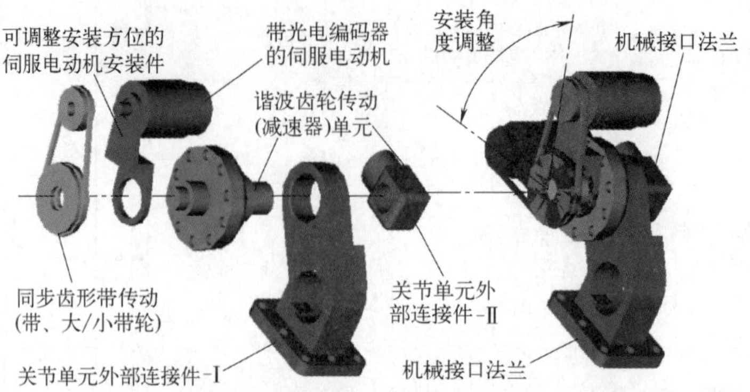

图 2-38　模块化系列化关节单元的结构示意图

2.3.2　四足机器人机构与机械结构

四足及更多足的足式移动机器人系统构成基本上大同小异，类似于前述图 2-35 所示，若机器人为非电动驱动的驱动系统，则只要将图中交流/直流伺服驱动系统换成相应的驱动方式，如液压伺服驱动系统或气动伺服驱动系统以及驱动系统下的泵、阀控伺服回路，过压保护回路，液压缸或气缸等即可，可参照本章 2.1.2.2 液压伺服驱动的机器人系统组成一节和 2.1.2.3 气动驱动的机器人系统组成一节。有关双足、多足移动机器人设计的基本原则也类似于前述 2.3.1 节中的双足机器人，尤其是在腿部设计上，为了追求更高的步行速度，同样需要腿部轻质、惯性小、关节运动范围大。但仿人双足机器人的腿部与仿生四足动物的四足机器人呈受电弓形的腿部的差别如同人腿足与四足动物的腿足的本质差别一样，诸如猎豹、老虎、狮子、猎狗等奔跑速度飞快的四足动物的腿足与人类的腿足骨骼、肌肉系统有着本质的区别。因此，按着步态和移动速度侧重点不同，这里分别对典型的四足机器人机构和结构加以论述。按着构成四足步行腿部最简机构运动构成中各关节所属运动副种类（一般为回转副、移动副或螺旋副）可将其分为伸缩腿式、回转关节型两大类，前者为腿部机构中含有移动副或螺旋副，但并不排除机构中同时也含有回转副；后者则为构成腿部机构的所有运动副皆为回转副的四足步行机构。

（1）回转关节型四足步行机器人 TITAN-IV 的机构与机械结构

如图 2-39（a）所示，为回转关节型四足步行机器人类型中一例三维结构示意图，其最简机构运动简图和单腿最简机构运动简图分别如图 2-39（b）（c）所示。要实现这种最简机构原理的腿部机构设计，方案有很多种，可以采用如前述 2.3.1 节中双足机器人那样通过伺服电动机和减速器单元驱动各关节的机构设计方式（此时这样设计的四足步行机构的机构运动简图就是如图 2-39（b）（c）所示的最简机构运动简图），其中日本东京工业大学与三菱重工在 1985 年设计并研制了如图 2-40（a）所示腿部机构的四足步行机器人 TITAN-IV（图 2-40（c）所示实物照片），其 3-DOF 的腿部机构原理是用三台伺服电动机、三套精密滚珠丝杠传动和腿部平行四连杆机构分别实现了腿部最简机构运动简图中的一个横滚（roll）、两个侧向偏摆（yaw）总共 3 个回转自由度运动。该 3-DOF 腿部机构的机构原理参见本书作者根据图 2-40（a）所绘制的图 2-40（b）所示的腿部机构运动简图。

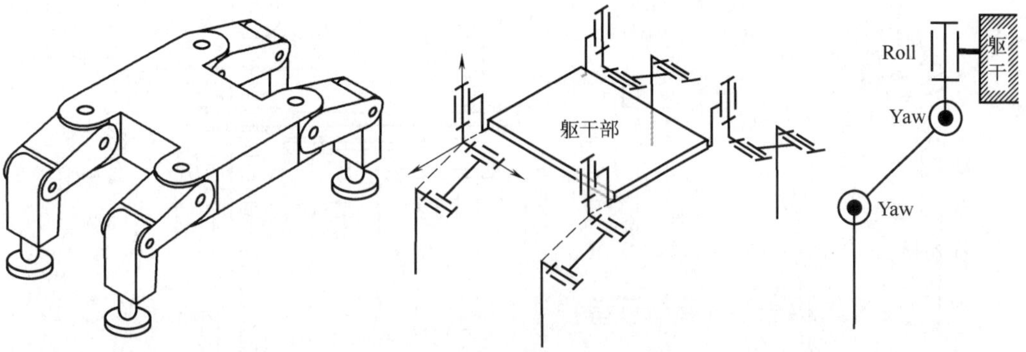

(a) 总体结构三维示意图　(b) 机器人机构运动简图　(c) 3-DOF腿部最简机构运动简图

图 2-39　回转关节型四足步行机器人总体结构与机构图

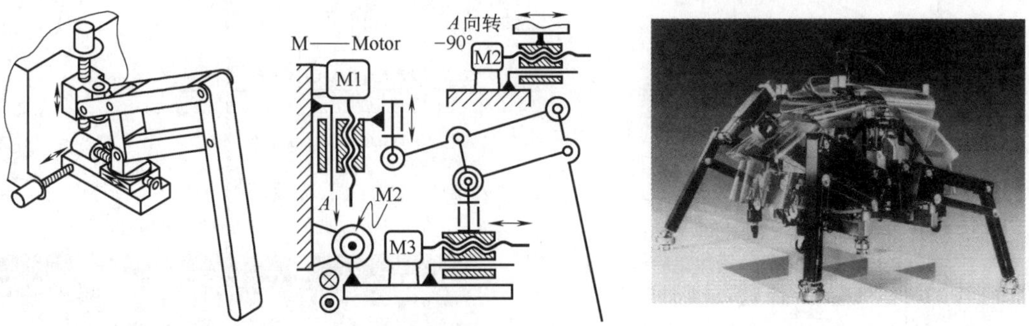

(a) 3-DOF腿部结构三维示意图　(b) 3-DOF腿部机构运动简图　(c) 四足步行机器人TITAN-Ⅳ实物照片

图 2-40　回转关节型四足步行机器人 TITAN-IV 腿部机构与实物照片

（2）伸缩腿式四足步行机器人 TITAN-VI

TITAN-VI 是日本东京工业大学广赖茂男研究室于 1994 年研制出的四足步行机器人，并进行了爬楼梯实验。其在设计上的特点是采用了 EVANS 机构作为腿部侧向偏摆运动的驱动机构，并且用两套伺服驱动系统分别实现腿部在摆动腿的遊脚期运动和脚着地的支撑期运动，如此设计的目的是将腿在空中迈腿运动的遊脚期负载小而在支撑期负载大的两种不同负载情况用不同驱动能力的伺服系统驱动。其腿部的三维结构示意图如图 2-41（a）所示，主要有：EVANS，绳-绳轮-滑轮驱动的比例放大伸缩机构，由平行四连杆机构和弹簧、LED 和光电二极管传感器等构成的脚部姿势矫正机构（脚姿势被动柔顺机构）三部分组成；其腿部的机构运动简图如图 2-41（b）所示（为本书作者根据文献及图 2-41（a）进行机构与机械结构分析后所绘制，机构原理表达直观且更易于理解，为平面展开图），其中，伺服电动机 M1 通过同步齿形带传动直接驱动花键轴实现腿部绕垂直轴转动；两台伺服电动机 M2 皆通过同步齿形带传动、滚珠丝杠-螺母机构驱动 EVANS 机构，其中下部的伺服电动机 M2-1 驱动的同步齿形带传动的大带轮与滚珠丝杠之间增设了电磁离合器用以实现遊脚期与着地支撑期之间的运动切换，并且当开始进入着地支撑期时，电磁离合器闭合，大带轮与电磁离合器输出端“接合”并一起转动；腿部比例放大伸缩机构是由电动机、钢带传动、绳传动、两组定滑轮传动分别驱动伸缩缸实现腿部两级伸缩运动的。TITAN-VI 的总体设计外观图及爬楼梯实验照片分别如图 2-41（c）（d）所示。1995 年相关文献中实验研究结果表明：TITAN-VI 的平地四足全方位步行速度至少 1m/s。

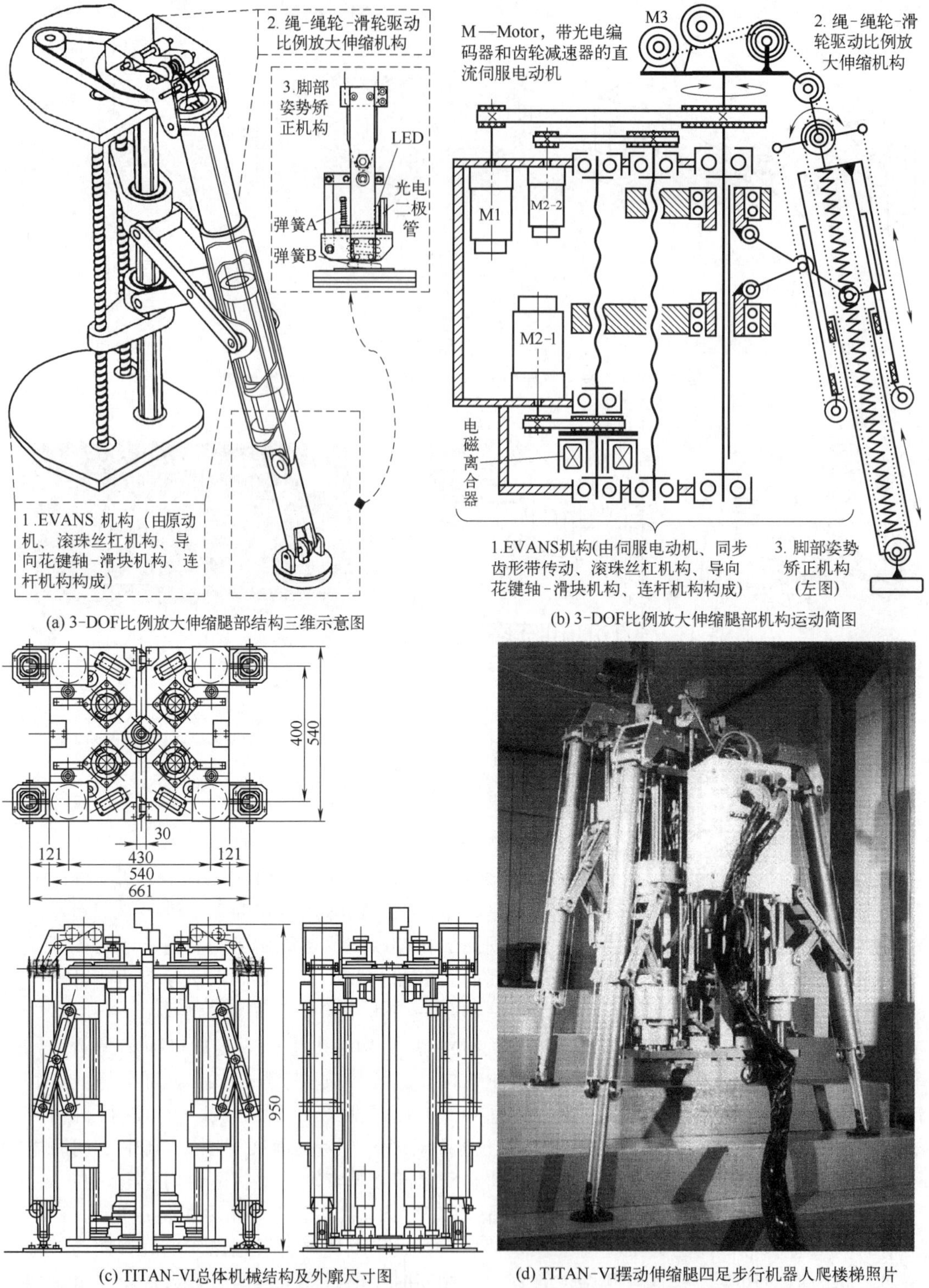

(a) 3-DOF比例放大伸缩腿部结构三维示意图　(b) 3-DOF比例放大伸缩腿部机构运动简图

(c) TITAN-VI总体机械结构及外廓尺寸图　(d) TITAN-VI摆动伸缩腿四足步行机器人爬楼梯照片

图 2-41　伸缩腿式四足步行机器人 TITAN-VI 腿部机构、结构与实物照片

（3）MIT 的仿生猎豹高速腿与“猎豹”机器人（MIT cheetah robot）机构与结构

2012 年 MIT 机械工程系的 Sangok Seok、Albert Wang、David Otten 和 Sangbae Kim 等人在 DARPA M3 Program 的资助下，在对驱动器（actuator）进行转矩密度最大化（maximizing torque density）和传动装置“传动系统透明度”（transmisson“transparency”）因次分析（dimensional analysis，量纲分析）基础上，基于分析结果开发了一个不用力传感器而直接本体感知力控制的前腿原型样机，并用材料测试设备对垂向刚度控制的原型腿进行了测试，用来校准该原型腿的机械阻抗。测试结果表明所研制的该原型腿在高速运动中力的预测控制是可行的。MIT 猎豹机器人前腿设计的实体模型及机构运动简图分别如图 2-42（a）、（b）所示（其中图（b）为笔者根据 Sangbae Kim 等人的文献及图（a）进行机构与机械结构分析后所绘制，机构原理表达直观且更易于理解），该腿设计目的是最大限度地提高可驾驭性和产生透明度。通过所有驱动部件设置在“肩（shoulder）”部，使腿转动惯量最小化；腿的质心位于“肩”关节回转中心下方 30mm 处。值得一提的是：早在 1999 年前后，面向快速步行的双足步行机器人设计原则中，已有专家给出了重量轻、转动惯量小的腿部机构有利于快速步行的结论，不管双足、四足还是多足步行机器人，在这一点上都是共通的。对于承受大冲击的高速腿的设计，重要原则之一是腿质量越轻越好、腿的总的质心离大腿根部的髋关节越近越好，这样的腿转动惯量小，有利于快速向前蹬腿和迈腿。

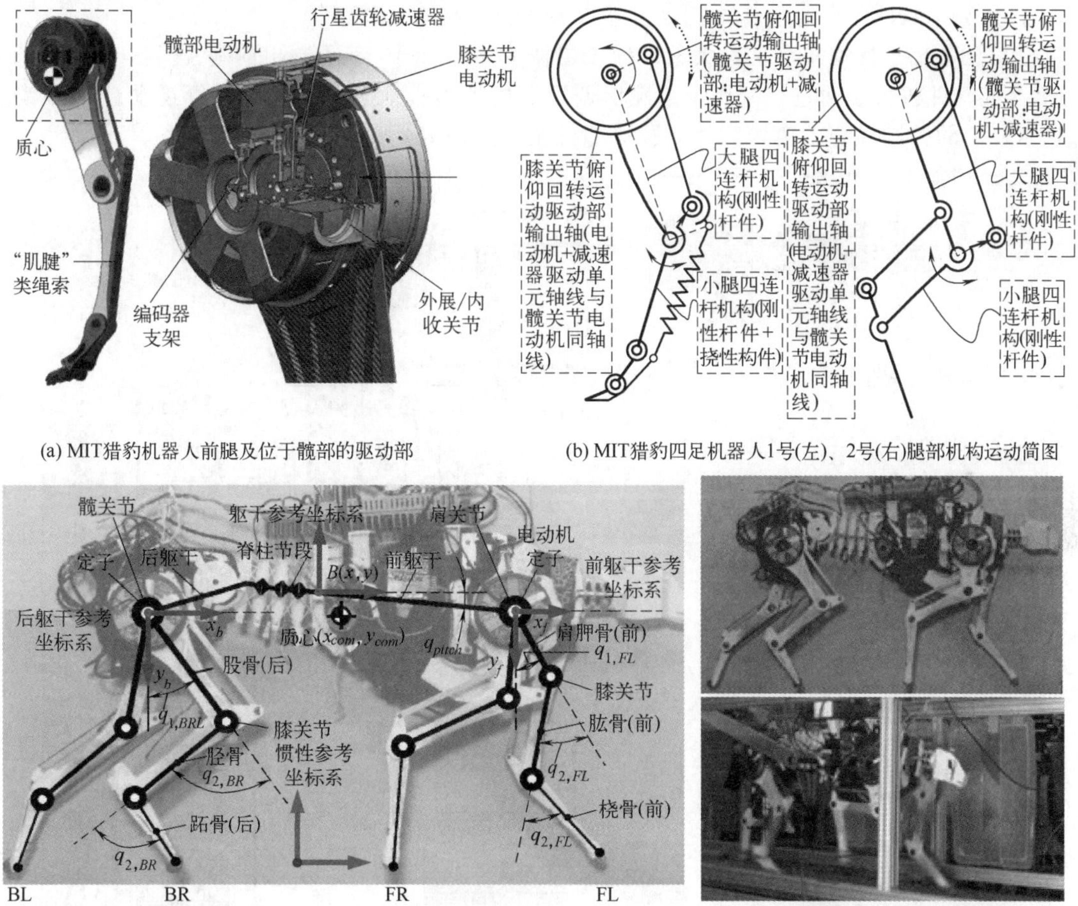

(a) MIT猎豹机器人前腿及位于髋部的驱动部

(b) MIT猎豹四足机器人1号(左)、2号(右)腿部机构运动简图

(c) MIT猎豹四足机器人机构构成及各部分名称

(d) MIT猎豹四足机器人原型样机及在跑步机上小跑实验

图 2-42　MIT 猎豹机器人高速腿机构、结构、原型样机实物照片及其在跑步机上小跑实验场景照片

图 2-42（a）给出的猎豹腿的髋关节机构中，两个驱动器以及齿轮传动分别同轴位于髋关节处，膝关节由膝关节电动机输出轴处连接的刚性连杆驱动。这种设计使得腿部机构转动惯量最小化，同时也有助于减轻电动机框架的质量。每台电动机都连接一个用 4 个行星轮来均分载荷的一级行星齿轮减速器。腿的结构也采用质量和惯量最小化设计，肱骨和桡骨由泡沫-

型芯复合塑料材料（foam-core composite plastic）制作而成，脚部通过模压嵌入织网结构，可使径向应力最小化且可提供柔顺性的带状肌腱；分配拉力给肌腱的腿部结构设计使得弯曲应力最小化。这种设计方法既可以显著降低腿部惯性，同时又不影响腿部力量的发挥。该腿臀部（髋关节）模块包括电动机、齿轮减速器以及框架在内总重 4.2kg；肱骨重 160g；包括足部质量在内，下肢重 300g；整个腿笔直伸展成一条直线的状态下绕髋关节回转中心的惯性矩为 0.058kg·m^2。按此猎豹腿机构于 2014 年研制的 12-DOF 猎豹四足机器人的机构、原型样机及其在跑步机上的小跑实验分别如图 2-42（c）（d）所示，跑步机最大速度为 6m/s。

2.3.3 多移动方式的足式机器人系统、机构与机械结构

多移动方式足式机器人是指以足式步行为主兼有履带式、轮式或其它移动方式的一机多能的多种移动方式机器人。目前已经研究出来多种多移动方式机器人，如腿-履复合式、轮-履复合式、轮-腿复合式、轮-履-腿（足）复合式多移动方式机器人、兼有二足步行-四足步行-攀爬-摆荡渡越功能的仿灵长类多移动方式机器人、水陆两栖仿生机器人等等。

（1）TITAN-X 腿-履复合式四足机器人系统、机构与机械结构

TITAN-X 是日本东京工业大学广赖茂男研究室于 2010 年研制出的腿-履复合式四足步行机器人，并进行了通过控制履带与腿协调配合模拟不整地越障、爬楼梯等运动控制实验。TITAN-X 的控制系统、实物照片以及腿部机械结构如图 2-43 所示。

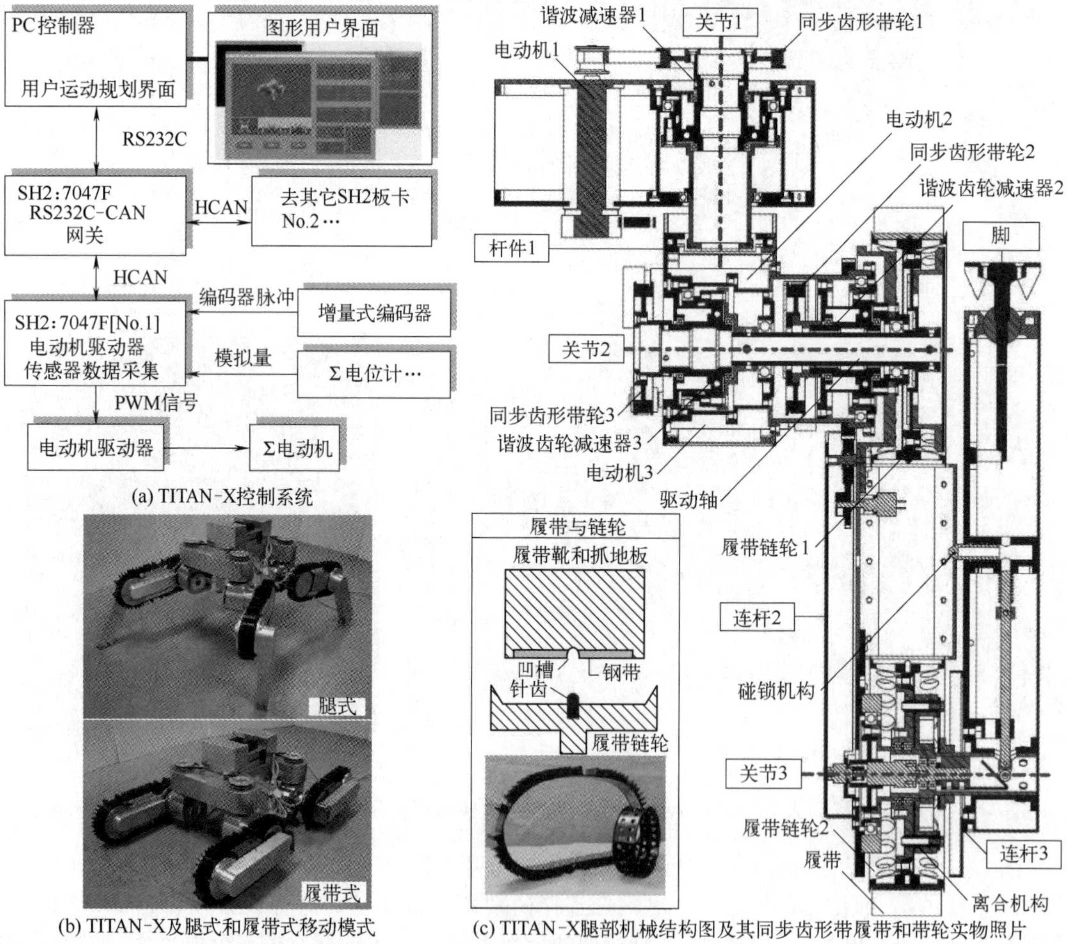

图 2-43　腿-履复合式四足机器人 TITAN-X 及其控制系统与腿部机械结构

TITAN-X 的计算机控制系统构成如图 2-43（a）所示，是以 PC 作为主控计算机，以日立制作所生产的 H2 系列 7047F 高档单片机作为 RS232C-CAN、HCAN 等 PC 与外部设备通信接口、伺服电动机驱动器用 PWM 控制信号生成与发送、诸如增量式光电编码器输出的脉冲信号、电位计输出的模拟信号等传感器请求以及信号处理等使用的下位机，伺服电动机驱动器接受来自 7047F 的 PWM 信号驱动伺服电动机转动；TITAN-X 的腿部机械结构如图 2-43（c）所示，每条腿均由绕垂直轴线转动的髋关节（joint 1，关节 1），俯仰运动的股关节（joint 2，关节 2），大腿、俯仰运动的膝关节（joint 3，关节 3）和小腿以及脚组成，其中大腿同时也是履带式移动模式下的履带支撑架，关节 2、关节 3 的轴线分别为履带轮的回转轴线，驱动关节 2、关节 3 的伺服电动机均在膝关节附近部位。关节 1～关节 3 均采用带有光电编码器的伺服电动机、同步齿形带传动、谐波齿轮减速器构成驱动系统，但关节 3 的运动是通过兼作履带（带外齿）的同步齿形带（橡胶履带内表面覆以钢带，整周钢带上均布有齿槽“孔”）传动（带轮圆周上均布装有“销”齿，为“销”“孔”齿“啮合”的同步齿形带传动）；膝关节（关节 3）输出端与小腿之间设有电磁离合器，当需要由四足步行模式切换到履带式移动方式时，关节 3 驱动小腿转动到与大腿平齐（即收回小腿）时大腿上的锁紧机构将小腿锁定在大腿侧面，控制系统控制电磁离合器脱开与小腿的“接合”，驱动关节 3 的伺服电动机经同步齿形带传动、谐波齿轮传动驱动履带轮主动轮，如此完成腿式移动到履带式移动的转换并实现履带式移动。用与前述相反的过程可以实现由履带式移动模式到腿式步行移动方式的转换。

（2）多移动方式类人及类人猿型机器人系统、机构与机械结构

具有多移动方式的类人及类人猿型机器人（即仿灵长类机器人）的概念和总体构想是 1999 年笔者在日本名古屋大学微系统工学福田研究室作博士后研究期间与福田教授一起提出的，并于 2000 年研制出了第一台具有 20-DOF 的类人猿型机器人 Gorilla Robot Ⅰ型（如图 2-44 所示），其计算机控制系统构成如图 2-45 所示。Gorilla Robot Ⅰ型的各臂（含联动两指节爪指）、腿足皆为 5-DOF 串联机构，单自由度联动爪指设计成有自锁功能，以防在伺服电动机掉电情况下抓杆爪指失去动力而导致在机器人自身重力、重力矩作用下被动反转松手致使机器人从支撑杆上掉落。所选用的伺服电动机皆为带有光电编码器和谐波齿轮减速器的一体化直流伺服电动机，驱动爪指和脚踝关节的伺服电动机均设置在躯干骨架上，均为远距离传动，所以采用了可由张紧机构调整张紧的钢丝绳传动。驱动臂、腿上各个关节自由度的伺服电动机为顺着臂长、腿长方向设置且为置于臂、腿框架“外骨骼”结构中，所以，均采用了换向用的圆锥齿轮传动。臂长、腿长以及躯干、肩宽、臀宽等尺寸均按日本爱知县“Monkey Park”的类人猿骨骼标本实际测量尺寸按比例设计，臂较腿长；计算机控制系统采用 Wind River 公司的 VxWorks 实时操作系统和面向 PC 的 Windows 终端的 Tornado 系统，20-DOF 的 Gorilla Robot I 型机器人系统的实时运动控制周期为 2ms；传感系统包括 20 台伺服电动机各一套位置/速度反馈用光电编码器系统、双臂腕部和双腿脚踝处各安装一套 JR3 六维力/力矩传感器系统；计算机控制系统生成运动控制指令经 PCI 总线上的 D/A 转换器（PCI-D/A converter）转换成模拟量给直流伺服驱动器（DC-motor driver，即功率放大器）用以驱动伺服电动机运转，其转角和转速物理量经光电编码器转换成 A、$\overline{A}$、B、$\overline{B}$ 等数字脉冲信号后被传送给 PCI 总线上的计数器（PCI-counter）计数后由 PC 机编程的运动控制程序软件计算电动机（或关节）实际位置（转角）和角速度值，作为关节轨迹追踪控制的状态反馈量与期望的目标值比较对机器人进行位置/速度反馈控制，上述过程按着实时控制周期周而复始进行下去直至期望的机器人运动完成；腕、踝关节处的六维力/力矩传感器内十字梁结构上的应变片检测到腕部、脚踝处受力、力矩作用产生的弹性变形并产生相应的电信号后，通过多路 A/D 转换器转变成数字量发送给 PC 机，再由传感器出厂前已标定好的

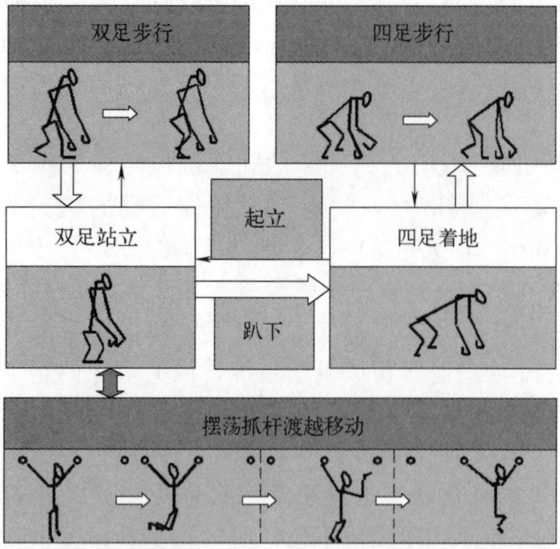

(a) 多移动方式类人及类人猿型机器人概念及总体构想

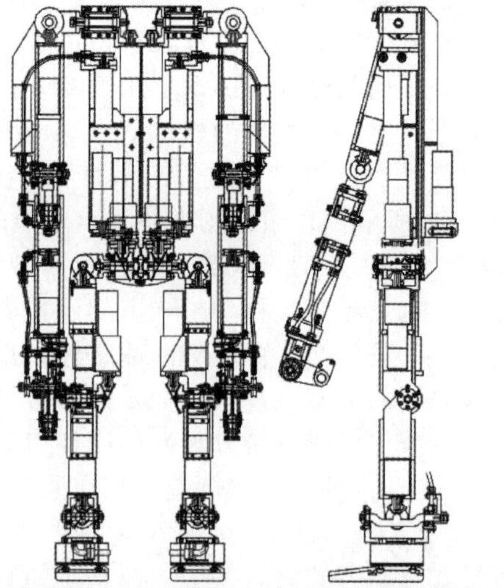

(b) 20-DOF Gorilla Robot I号原型样机机械结构设计图

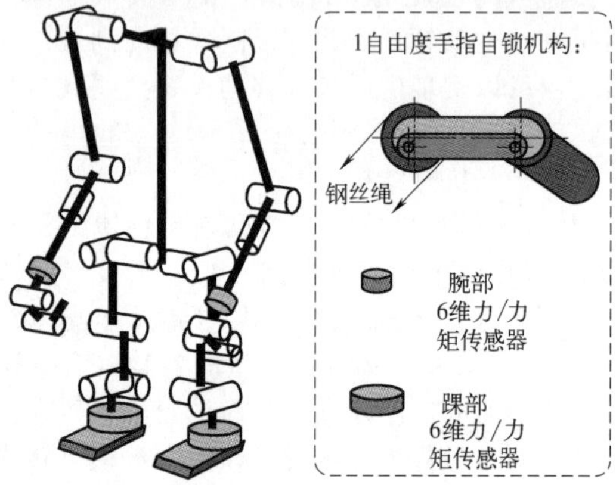

(c) 20-DOF类人及类人猿型机器人机构示意图

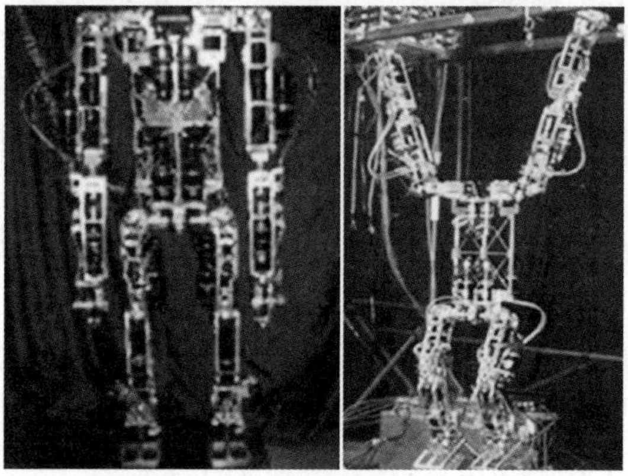

(d) 20-DOF Gorilla Robot I号原型样机实物照片

图 2-44 多移动方式类人及类人猿型机器人概念及 Gorilla Robot I 号机器人机构、结构与原型样机实物照片

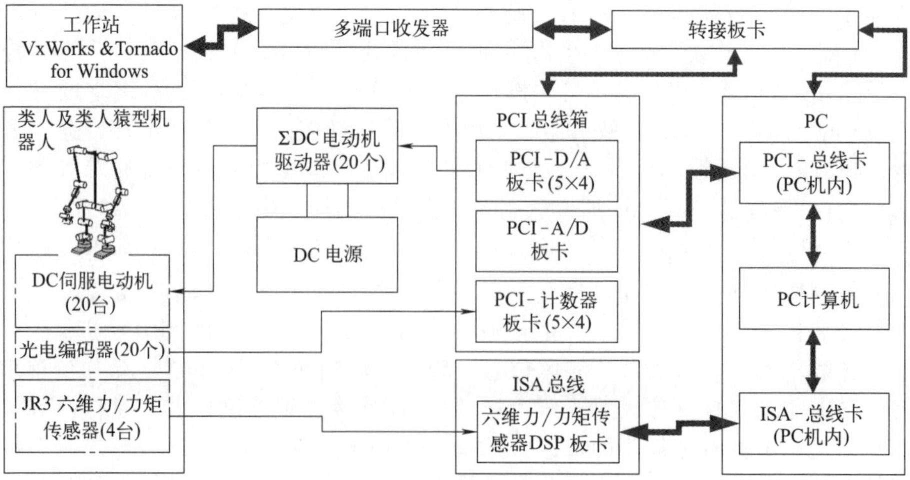

图 2-45 Gorilla Robot I 型多移动方式类人及类人猿机器人计算机控制系统

按着受力变形计算公式和各力、力矩、分力矩计算程序（应用软件）计算出数值后，再由用户根据实际受力的作用位置及所在的坐标系对六维力/力矩传感器本体坐标系（出厂前已经标定给出）内检测出的力、力矩值进行坐标变换和力、力矩的变换，如此间接地得到爪指、脚踝与地面或其它环境物之间的作用力、力矩值，并且反馈给机器人的力控制器进行力控制，并按运动控制或力控制周期实时地进行。

（3）GOBOT-II 型多移动方式的类人及类人猿型机器人

这是在本书作者于 1999 年在日本名古屋大学作博士后研究员期间提出的 Gorilla Robot-I 型机器人多移动方式概念、思想（图 2-44（a）所示）的基础上，在 2003 年国家自然科学基金资助下进一步提出的如图 2-46 所示的更新版概念和思想下研制出来的。25-DOF 的

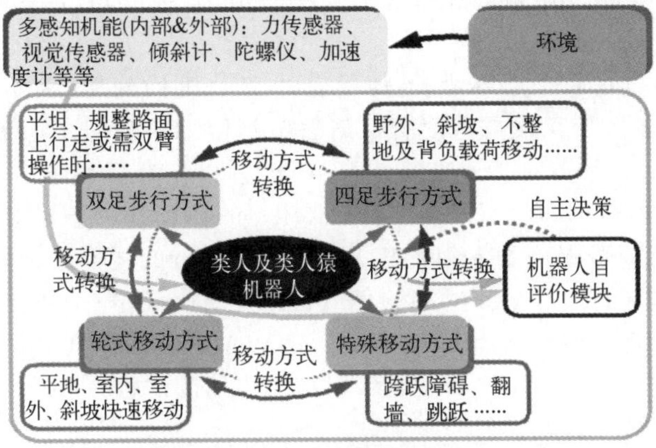

(a) 多移动方式类人及类人猿型自主移动机器人(IEEE IROS'2005, by Prof.Wu Weiguo) [12]

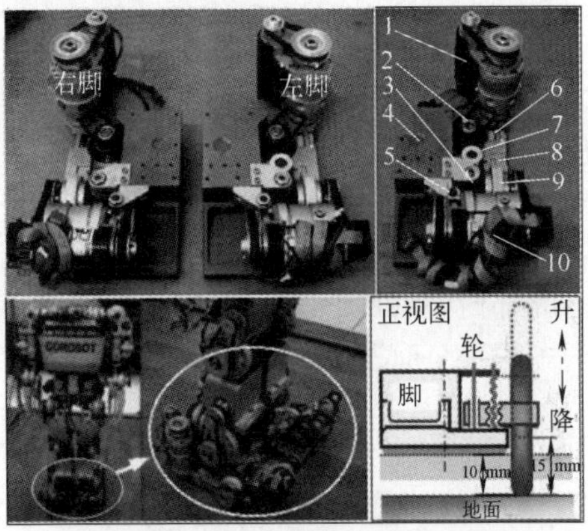

(b) GoRoBoT-Ⅱ及其脚用轮式移动机构(2004)[11]

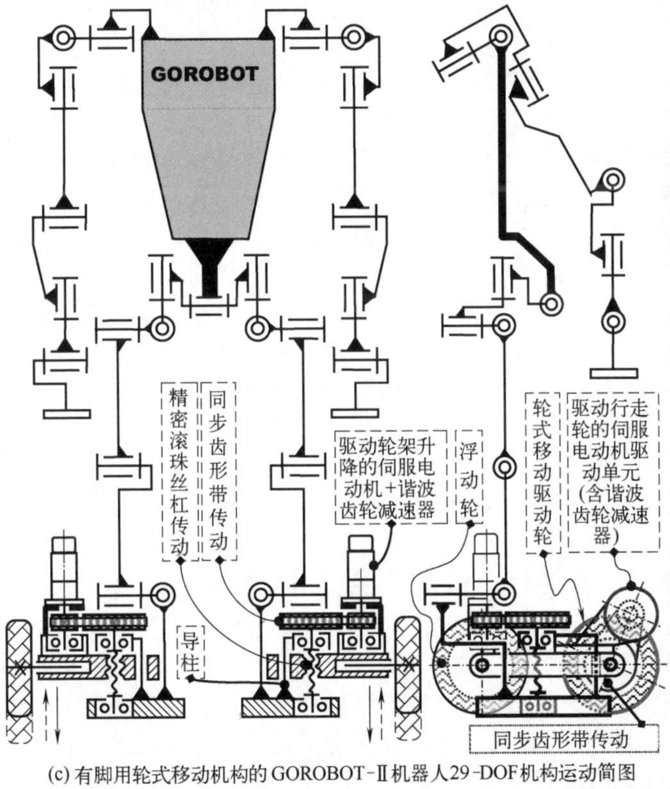

(c) 有脚用轮式移动机构的 GOROBOT-Ⅱ机器人29-DOF机构运动简图

(d) GOROBOT-Ⅱ 机器人原型样机实物照片（右下图照片为加装脚用轮式移动机构之后的 GOROBOT-Ⅱ）

图 2-46　多移动方式类人及类人猿自主移动机器人概念（2005 版）**及 GOROBOT-II 号机**[11,12]

GOBOT-II 型机器人的双足步行、四足步行以及作为步行方式切换的起立、趴下、脚用轮式移动机构驱动的轮式移动等运动控制实验视频截图如图 2-47 所示，相关技术已取得发明专利授权。GOBOT-II 的机械本体是以图 2-38 所示的系列化、模块化关节单元为基础设计并研制出来的。其基本思想和目标是为了模仿人类、动物从出生到成年“以一个进化的大脑神经系统控制经年日久变化着的身体”这一进化现象背后的科学技术问题，即如何让一台机器人控制系统与其所控制的机器人身体随着时间的推移，身体发生物理变化同时控制系统随之不断进化并且有效可控的科学技术问题。为此，前述的 GOROBOT-II 型机器人采用模块化组合设计方法可以通过改变系列化的不同长短的腿部、臂部零件模块形成变机构参数下的机器人并且研究其控制系统的进化问题，这一思想在本书作者于 IEEE ROBIO′2004 即仿生学与机器人学国际会议上发表的英文论文“*Development of Modular Combinational Gorilla Robot System*”引言部分提出过。

① GOROBOT-II 型机器人机构自由度的配置：未加装脚用轮式移动机构的 GOROBOT-II 有 25 个自由度，双臂为 2×6-DOF，为冗余自由度臂，肩关节为俯仰（Pitch0、侧摆（Yaw）、拧转大臂（Roll）3-DOF，肘关节为 Pitch 的 1-DOF，腕关节为拧转腕部（Roll）、俯仰腕部（Pitch）和腕前端机械接口部即腕部末端拧转（Roll）的 3-DOF；躯干上有腰部俯仰（Pitch）1-DOF 且为非零偏置；双腿为 2×6-DOF，为全方位步行的腿部机构，其中髋关节有拧转腿/脚朝向（Roll）、大腿侧摆（Yaw）和俯仰（Pitch）的 3-DOF；膝关节为小腿俯仰（Pitch）1-DOF，脚踝关节有脚俯仰（Pitch）、侧摆（Yaw）2-DOF。直立状态下机构高度为 0.89m，总重约 35kg；加装 2×2-DOF 的左右脚用轮式移动机构后的 GOROBOT-II 有 29 个自由度。

② GOROBOT-II 型机器人脚用轮式移动机构原理：研制的脚用轮式移动机构原理参见图 2-46（b）中左右脚用轮式移动机构实物照片和图 2-46（c）带有该机构的多移动方式类人及类人猿型机器人机构运动简图（图中踝关节以上为 25-DOF 类人及类人猿机器人最简机构运动简图，踝关节以下为脚用轮式移动机构的详细机构运动简图）。双脚上的脚用轮式移动机构是构成完全相同的左右对称结构，各由两套伺服电动机＋谐波齿轮减速器＋同步齿形带（重载时可用分立的齿轮传动或钢丝绳传动）分别驱动由精密滚珠丝杠传动和导柱导向兼支撑以及轮架组成的足式与轮式间移动方式转换机构、由行走轮（前轮）和浮动支撑轮（后轮）与轴系组成的轮式移动机构。当采用轮式移动时，左右脚用轮式移动机构上的伺服驱动系统同时驱动各自的滚珠丝杠转动，则抬离地面的行走轮和浮动轮与轮架随着轮架上的螺母一起下降，左右两对轮子着地后滚珠丝杠继续转动将双脚与整个机器人顶起一定的高度，四轮着地双脚完全抬离地面，伺服电机处于保持力矩状态，另一套伺服驱动系统驱动行走轮运转，完成由足式步行到轮式移动的移动方式转换并进行轮式移动，转向靠左右驱动轮即行走轮的差速实现；由轮式移动到足式步行的转换过程则与上述过程相反。无论足式步行、轮式移动都需要进行稳定移动控制。

③ GOROBOT-II 型机器人脚用轮式移动方式的优点：在平整地面下，用左右脚用轮式移动机构总共四台伺服电动机驱动系统（其中两台只是移动方式转换时运转，属于间歇性工作）即可实现与双足步行速度相同的移动效果，而双足步行模式下需要至少 10 台（全方位步行则 12 台）伺服电动机驱动系统连续协调运转方能完成同样的步行效果，前者在平整地面的优势显而易见，相对简单、容易控制且省能。进一步地，为了减少移动方式转换机构伺服驱动系统保持力矩状态下的能量消耗（因为采用的滚珠丝杠传动无自锁性，伺服电动机工作在零电流的自由状态下，滚珠丝杠机构将会在机器人重力作用下反转，导致轮架带着轮回升，脚着地），为脚用轮式移动机构设计并采用了有自锁滑动螺旋的丝杠螺母传动机构。如此，即便突然掉电也不会造成轮式移动方式下轮被动回升脚着地的可恢复性失效，安全可

靠；采用精密滚珠丝杠的脚用轮式移动机构需要带有或为其配置制动器的伺服电动机。

④ GOROBOT-II 型机器人的实验：如图 2-47（a）～（d）所示的实验视频的系列截图是用 GOROBOT-II 型机器人系统于 2004 年 4 月～2005 年 7 月期间分别进行平地双足步行、双足步行→双足直立→趴下（用时 3s）→四足着地→站起（用时 3s）→双足直立的连续运动与步行方式转换、脚用轮式移动驱动的以下蹲姿势轮式移动、四足步行等运动控制的实验结果。此后，继续使用该机器人先后进行了新型四足步态及运动控制、利用三维运动捕捉系统捕捉人体行走运动下该机器人学习捕捉的运动并跟随人的步行实验，以及基于并联机构训练平台的足式机器人全域自稳定器获得方法理论研究的训练学习与该双足机器人在训练平台上自稳定的运动控制实验等创新性以及原创性研究，在此不赘述。

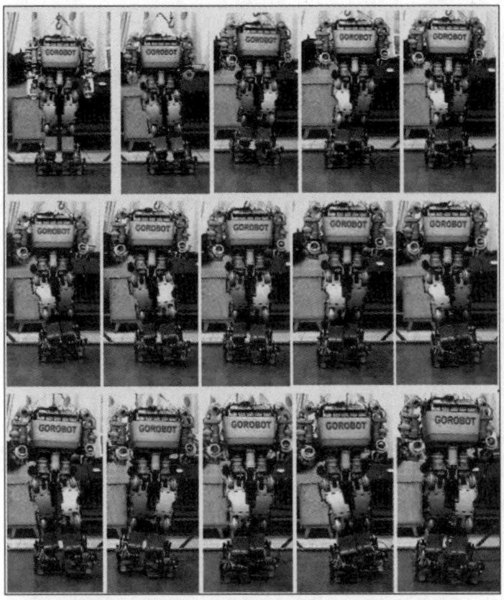

(a) 带装脚用轮式移动机构下连续双足步行

(b) 双足步行→趴下,四足着地→起身双足直立步行方式转换连续运动

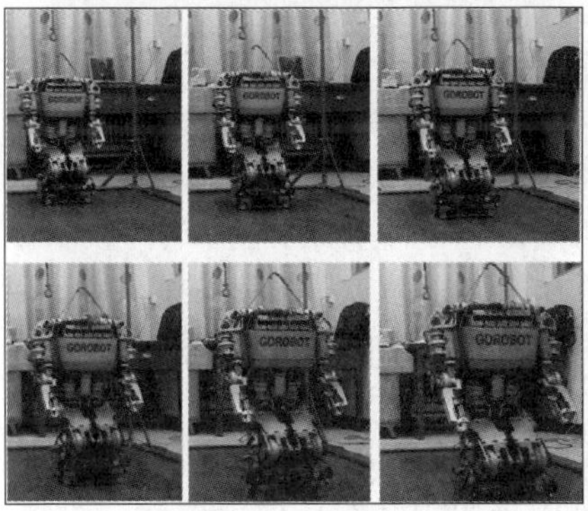

(c) 脚用轮式移动机构驱动的连续轮式移动

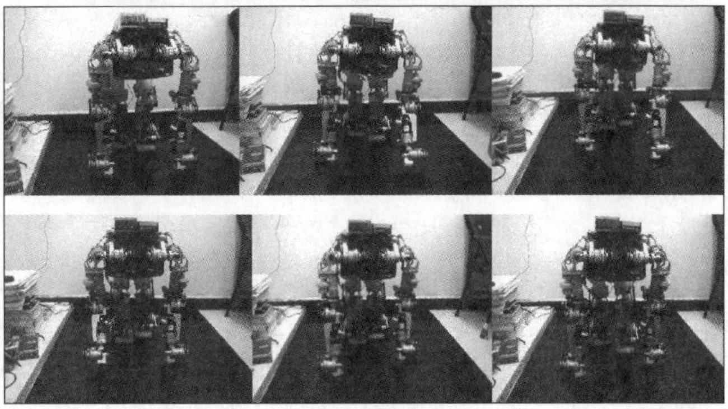

(d) 四足步行

图 2-47　多移动方式类人及类人猿型机器人 GOROBOT-II 型运动控制实验视频（2004 年 4 月、2005 年 7 月）截图

2.3.4　多移动方式仿猿双臂手机器人系统、机构与机械结构

（1）具有多移动方式的双臂手及多臂手移动和操作机器人概念的提出与总体构想

兼有攀爬桁架类结构、地面步行移动以及轮式移动等多种移动方式的双臂手/多臂手移动/操作机器人概念（如图 2-48 所示是本书作者于 2007 年提出，并研制了第一台原型样机进行实验研究，2008 年申请并同年取得国家知识产权局发明专利授权；其后继续研究，分

别于 2011、2014 年研究了仿猿摆荡抓杆及摆荡渡越移动的仿猿双臂手机器人及其运动控制，并取得实验的成功和发明专利授权。攀爬、摆荡渡越、轮式移动等多移动方式的仿猿双臂手机器人与工业机器人的末端操作器手爪或多指手最大的不同就是它必须以手/手爪去抓取目标物，并作为脚使用行走和支撑其所负重的整台双臂手机器人，甚至还包括机器人上的外部负载等，假设把现有工业机器人操作臂产品的本体基座与末端机械接口或其上的末端操作器手爪（或多指手）对调使用，结果是无法想象的。因此，这样的多移动方式双臂手机器人甚至仿猿双臂手机器人的手爪/多指手的设计既要达到肩负整台机器人负载的驱动与带载能力又要小巧灵活（便于抓取、抓握操作要求下的结构异常紧凑）是一项极具实际意义的富有挑战性课题，也是作者目前面向大负载、上下肢兼用的多移动方式仿灵长类肢体研究中的课题。

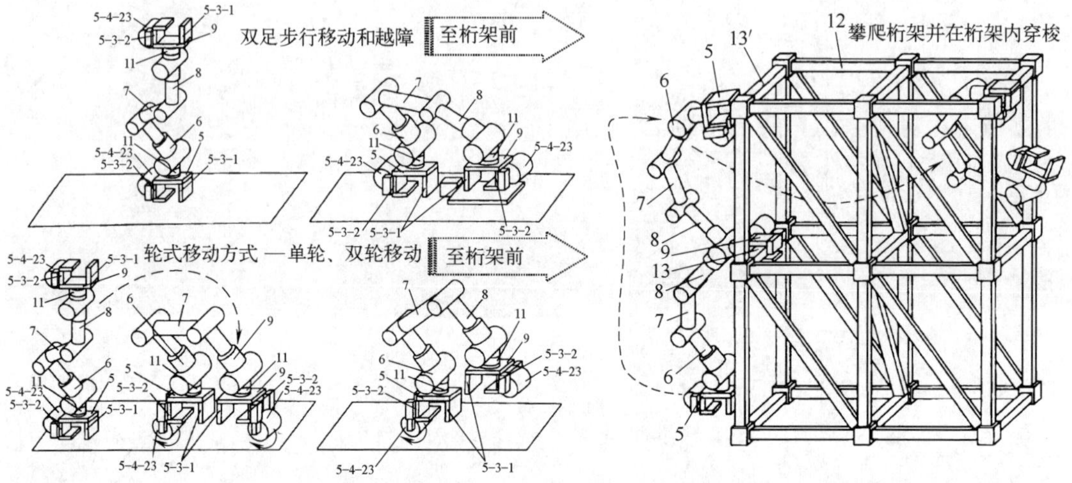

图 2-48　多移动方式双臂手机器人及其足式、轮式与攀爬移动方式概念图（2008 年发明专利授权）

关于单臂手、双臂手以及以其为基本单位模块化组合式的四臂手、六臂手乃至 $2N$（或 $2N+1$）臂手、手爪的组合设计如图 2-49（a）所示，N 臂手机器人的公共平台（作为机械本体主干的躯干）上搭载着动力系统、主控计算机系统、多传感系统、伺服驱动系统、有线或无线通信系统等设备以及它们的软件系统；公共平台四周设有与各单臂手、双臂手的机械连接接口，组装而成的多臂手就像蜘蛛、千足虫、章鱼一样既可以进行多臂手操作，也可以臂手作为腿足步行移动，还可以部分臂手作操作用、其余臂手作为腿足式或轮式亦或轮-腿式、多轮-多腿-多臂式的各种可变身移动机器人。如图 2-49（b）所示，开合手爪合爪后内表面为方形，可抓握方钢、角钢、角铁、工字钢等型材以及断面为方形或 L 形、工字形的桁架杆，动爪、静爪的方形内表面以燕尾榫槽结构可嵌合内表面为半圆柱面结构件，如此，动、静爪合爪可抓握各种管材以及断面为圆截面或圆环面的桁架杆；手爪上还设有由伺服电动机驱动系统和丝杠-螺母螺旋传动驱动的、可相对手爪端面移动的行走轮升降机构和另外一套带有光电编码器、行星齿轮减速器的一体化伺服电动机驱动、同步齿形带传动的轮式移动机构，以及手爪抓握住圆柱杆退转角位移/速度检测的传感器等。本书作者利用前述的 GOROBOT-II 型类人猿型机器人的双臂硬件资源和设计研制用于攀爬桁架的开合手爪，于 2007 年制作了双臂手移动机器人 BARDAH 原型样机及初步的移动与抓桁架杆、摆荡等实验，如图 2-50 所示。

图 2-50 中的双臂手机器人 BARDH 的双足步行、抓端面为矩形的桁架杆、抓握圆管杆摆荡运动控制分别是在地板革地面、端面方形铝型材、表面喷漆钢管外包橡胶的实验条件下

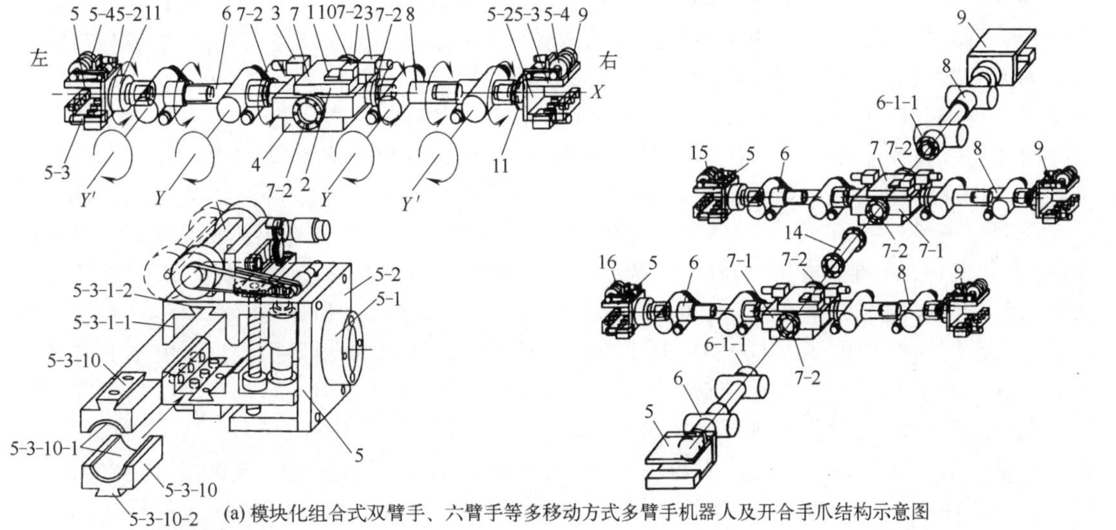

(a) 模块化组合式双臂手、六臂手等多移动方式多臂手机器人及开合手爪结构示意图

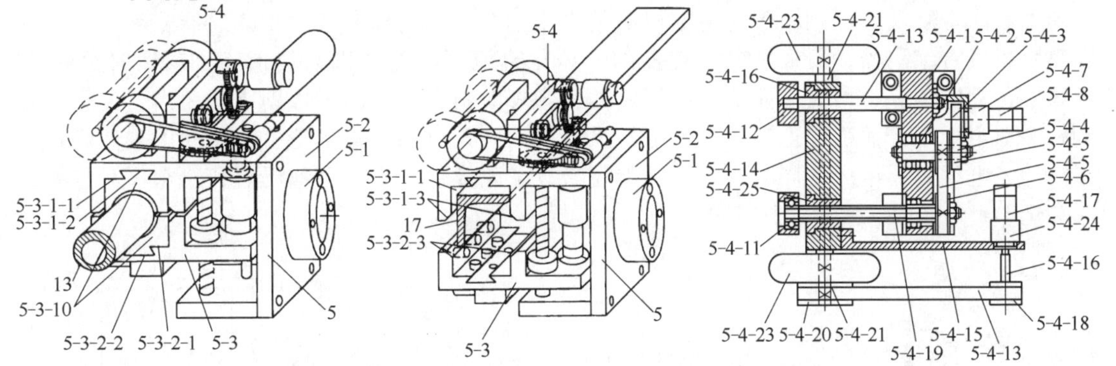

(b) 开合手爪抓握圆管、角钢示意图以及轮式移动机构的结构原理示意图

图 2-49　多移动方式双臂手/多臂手机器人的组合式结构和手爪与其上轮式移动结构的示意图（2008 年发明专利授权）

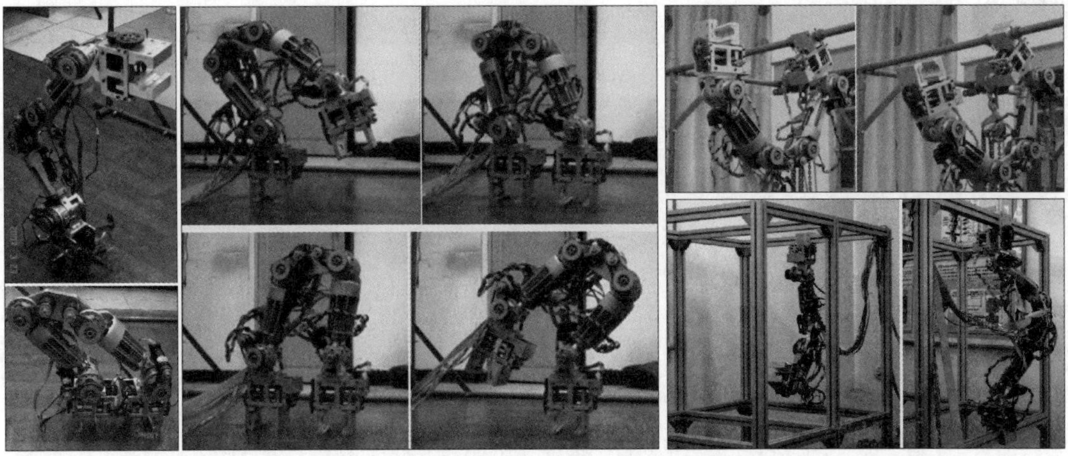

图 2-50　双臂手移动机器人 BARDAH 原型样机本体及双足步行、抓桁架杆以及摆荡实验照片（2007 年）

进行的，作为脚使用的手爪着地面为铝合金面；手爪抓握外包橡胶圆钢管的情况下，手爪内凹方形面内嵌带燕尾且抓握面为内凹圆弧面的硬铝合金件，抓握时与橡胶形成硬铝-橡胶摩

擦副的大阻尼欠驱动“关节”。这些实验为后来的双臂手移动机器人 BARDAH-I 型可靠摆荡抓杆、可靠摆荡渡越移动的大阻尼欠驱动退转反馈理论研究与运动控制实验的成功奠定了重要的实验基础并提出了新的研究课题和目标。

（2）仿猿双臂手移动机器人 BARDAH-I 型系统及多移动方式实验

前述的双臂手 BARDAH 机器人是在利用 2004 年研制出的多移动方式类人及类人猿型机器人 GOROBOT-II 的双臂部分以及驱动与控制系统等软硬件资源搭建的基础上，进一步设计研制适于抓握方钢、管材等型材以及在桁架内外移动场合的开合手爪而成的。在 BARDAH 机器人运动控制实验的基础上，为了进一步研究和解决国际上摆荡抓杆移动机器人靠如同荡秋千一样的励振摆荡存在不能可靠抓握目标杆的问题，2011 年至 2013 年重新设计研制了仿猿双臂手移动机器人 BARDAH-I 型系统并不断改进手爪设计；2013 年由本书作者吴伟国与其研究生提出了大阻尼欠驱动的概念和大阻尼退转反馈控制策略，研究了仿猿双臂手机器人摆荡抓杆的欠驱动控制问题。如图 2-51 所示是所设计的 BARDAH-I 型仿猿双臂手机器人原型样机的实物照片、机器人与手爪的机构运动简图、实物照片，该机器人包含两个在肘关节处相连的手臂，每个手臂有一个单自由度回转腕关节和一个直线夹持手爪机构，肘关节和左右两个腕关节分别由带光电编码器的直流伺服电动机和谐波齿轮减速器驱动；手爪开合仍由集成有编码器、行星齿轮减速器的一体化直流伺服电动机驱动带有自锁性的丝杠-螺母螺旋传动实现，但增设了能测量抓握断面为圆杆时由于抓握面摩擦副（即相当于欠驱动关节）摩擦力矩不足而引起退转运动的退转反馈机构，该机构由摩擦轮、齿轮和用柔性联轴器连接的光电编码器组成，同时，在手爪上还增设了陀螺仪，由光电编码器和陀螺仪双重测量退转运动。

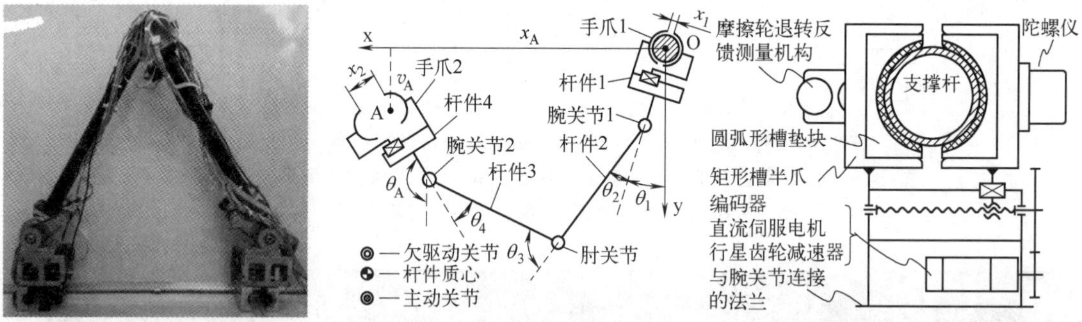

(a) 机器人本体实物照片 (b) 机器人机构运动简图 (c) 机器人手爪机构简图

(d) 摩擦轮退转反馈测量机构的实物照片 (e) 机器人手爪的实物照片

图 2-51 BARDAH-I 型仿猿双臂手机器人原型样机本体实物及其机构运动简图

BARDAH-I 型仿猿双臂手机器人各关节直流伺服电动机所用驱动器为 Maxon 公司生产的 EPOS2-50/5 型直流伺服驱动器，兼具有位置伺服控制器的功能，该机器人的控制系统硬件组成框图如图 2-52 所示。PC 计算机作为上位机主控器，根据主动关节和欠驱动关节的位置、速度反馈计算机器人系统的当前状态（s，$\dot{s}$），而后判断当前所处的运动阶段并激活该阶段的关节运动在线规划器（包括运动阶段的划分、切换条件、各阶段的运动规划算法），将规划得到的下一控制周期内各主动关节的运动通过 USB 传输给主节点驱动器，主节点驱动器通过 CAN 总线与其它驱动器通信，各驱动器根据收到的运动指令进行插补，完成各主动关节伺服电机的位置伺服控制。其中 USB 与 CAN 总线的波特率均为 1Mb/s，上位机的控制周期为 40ms，驱动器的位置伺服控制周期为 1ms。

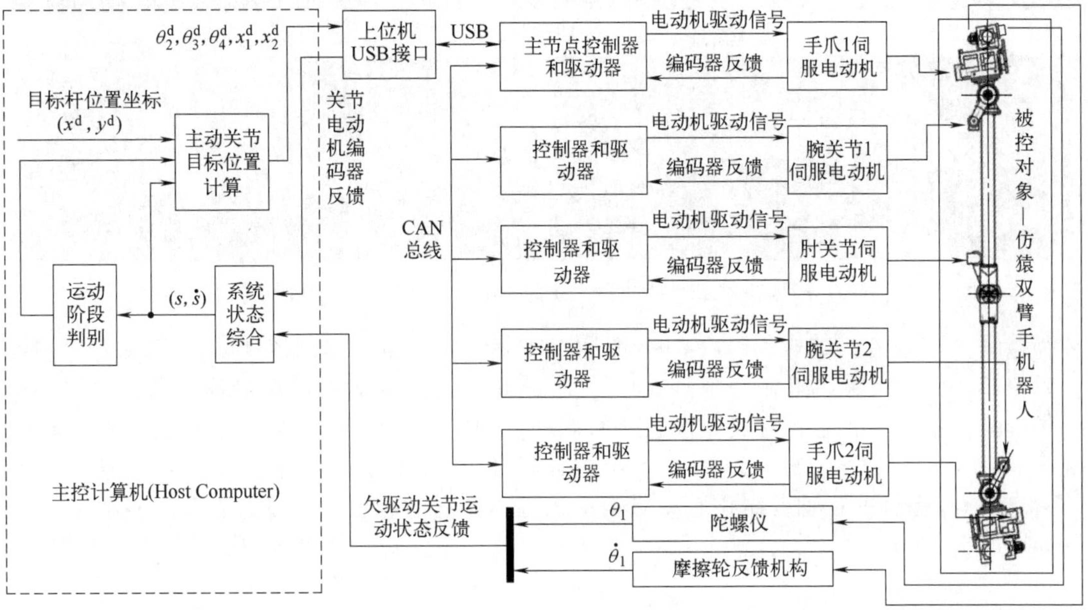

图 2-52 BARDAH-I 型双臂手机器人控制系统硬件组成框图

① 摆荡抓握目标杆及连续摆荡渡越运动控制实验（2014 年～2018 年）：2014 年成功进行了仿猿双臂手机器人由悬垂状态下自由摆荡励振增大摆幅到大阻尼欠驱动抓握目标杆的运动控制实验；2017 年至 2018 年继续进行了由手爪和桁架杆构成不同材料摩擦副的自由摆荡和大阻尼实验及抓握目标杆运动控制实验，目标杆为直径 27mm 的圆杆，铝-不锈钢和橡胶-不锈钢两种摩擦副材料对应的支撑杆直径分别为 34mm 和 27mm。分析了欠驱动关节摩擦对励振阶段和大阻尼阶段的影响，并计算得到了不同摩擦副在励振阶段的平均阻尼系数和在大阻尼阶段的平均摩擦系数。而后对不同距离的目标杆进行了重复抓握实验，测试了所提出的基于大阻尼欠驱动控制的抓杆控制方法的成功率；对不同距离的目标杆进行了基于大阻尼欠驱动控制的抓杆实验，目标杆距离的范围为 0.4～1m（机器人机构伸展长度的 28.5%～69.4%），在此范围内每隔 0.1m 选定一个目标杆距离（共 7 个不同目标杆距离），各进行 5 次重复试验。随着目标杆距离的增加，欠驱动关节角 θ_1 在大阻尼阶段的退转也大体呈增加趋势，但依靠双臂手机器人的三个主驱动关节进行补偿，能在 0.4～1m 的距离范围内使仅靠一次抓握运动握住目标杆的成功率达到 100%。由此证明由作者提出的基于大阻尼欠驱动控制的 Brachiation 运动抓杆控制方法能够实现对目标杆的稳定抓握。限于篇幅，仅给出可靠成功抓握距离为 1m 目标杆时按时间序列的实验视频截图，如图 2-53 所示。

② 连续摆荡渡越移动运动控制实验（2018 年～2019 年）：仿猿双臂手机器人摆荡抓杆前向连续移动周期如图 2-54 所示，仿猿双臂手控制目标为实现机器人在非连续介质（如桁架）上的连续移动。连续移动的一个周期为前后两臂交替移动各完成 1 次抓杆后，两臂的前后位置顺序得以恢复的过程，如图 2-53 所示。将仿猿双臂手机器人的 1 次抓杆运动

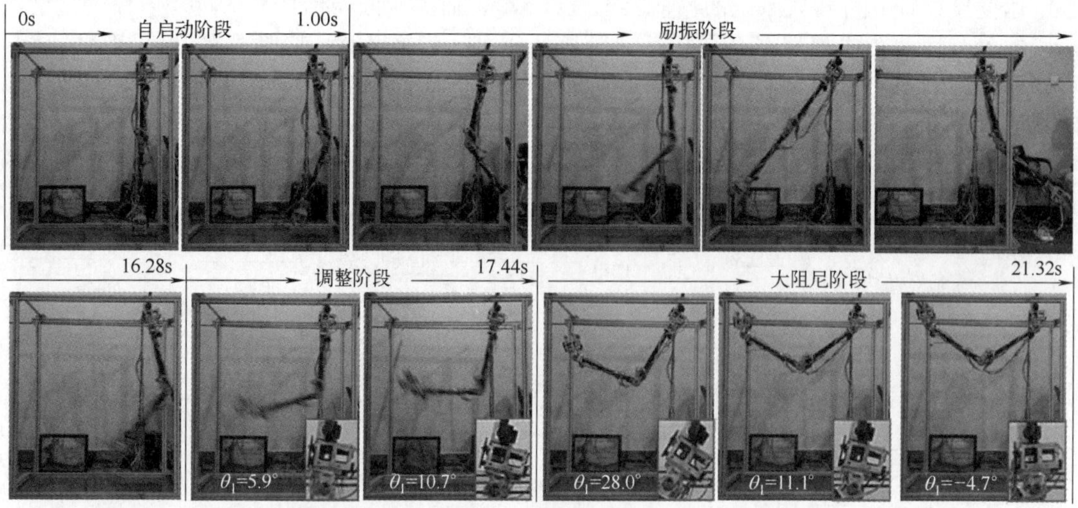

图 2-53　BARDAH-I 型仿猿双臂手机器人摆荡抓握距离为 1m 目标杆时的实验视频截图

分为以下几个阶段：调整阶段（$a \to b$），松杆阶段（$b \to c$），摆荡阶段（$c \to d \to e$），切换大阻尼阶段（e），大阻尼抓杆阶段（$e \to f$）。当机器人游爪成功抓握目标杆后，双臂手两手爪都呈抓在杆上状态，完成一次完整的抓杆运动。若连续移动抓杆，则进入调整阶段，继续向前移动（$f \to g \to h$）。图 2-54 中右侧的上下两图分别为抓握距离中间杆 0.5m、0.8m 时的目标杆的运动控制仿真结果运动轨迹图，它们相应的运动控制实验视频截图分别如图 2-55 所示。

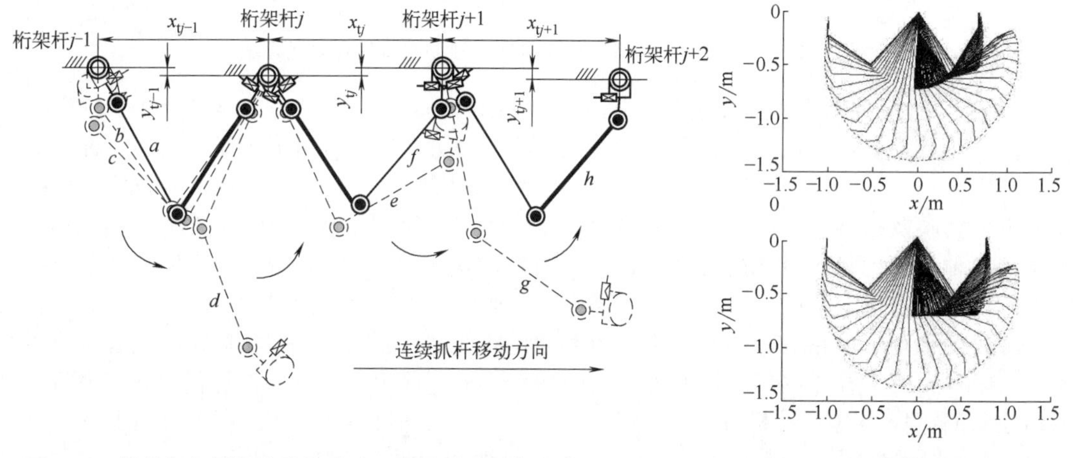

图 2-54　摆荡抓杆周期性连续移动示意图及目标杆距离分别为 0.5m、0.8m 时的运动控制仿真结果图

③ 仿猿双臂手移动机器人 BARDAH 及其改进 I 型爬梯子和越障的实验（2019 年～2022 年）：仿猿双臂手移动机器人 BARDAH-I 是在 BARDAH 初型的机械本体基础上改造成的。为了继续研究仿猿双臂手的多移动方式之爬梯子、越障，将初型的左右臂沿肘关节轴线错开一段距离，用一根杆件和连接件重新连接，并加装了模拟躯干、下肢，但模拟部件不参与 BARDAH-I 型机器人的运动，只提供一定的负载。驱动系统及控制系统硬件构成基本不变，设计并新增了尺蠖式足式移动方式的上爬梯子、下梯子以及翻墙越障等运动控制程序，进行了垂直向上 2m 爬程的爬梯子、从 2m 爬程高处下爬的下梯子、翻越高度 0.8m 越障墙等运动控制实验，实验场景及视频截图如图 2-56～图 2-58 所示。

图 2-55　摆荡抓握目标杆距离分别为 0.5m（上）、0.8m（下）时的连续移动运动控制实验视频截图

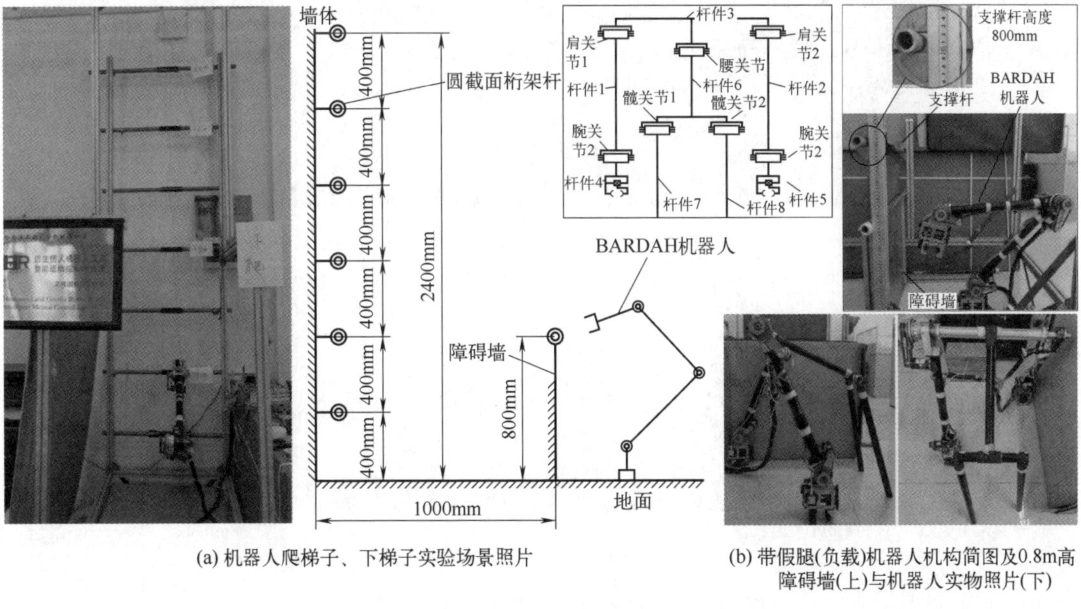

(a) 机器人爬梯子、下梯子实验场景照片

(b) 带假腿(负载)机器人机构简图及0.8m高障碍墙(上)与机器人实物照片(下)

图 2-56　爬梯子、翻墙越障实验场景及改进型带假腿双臂手机器人机构简图与实物照片

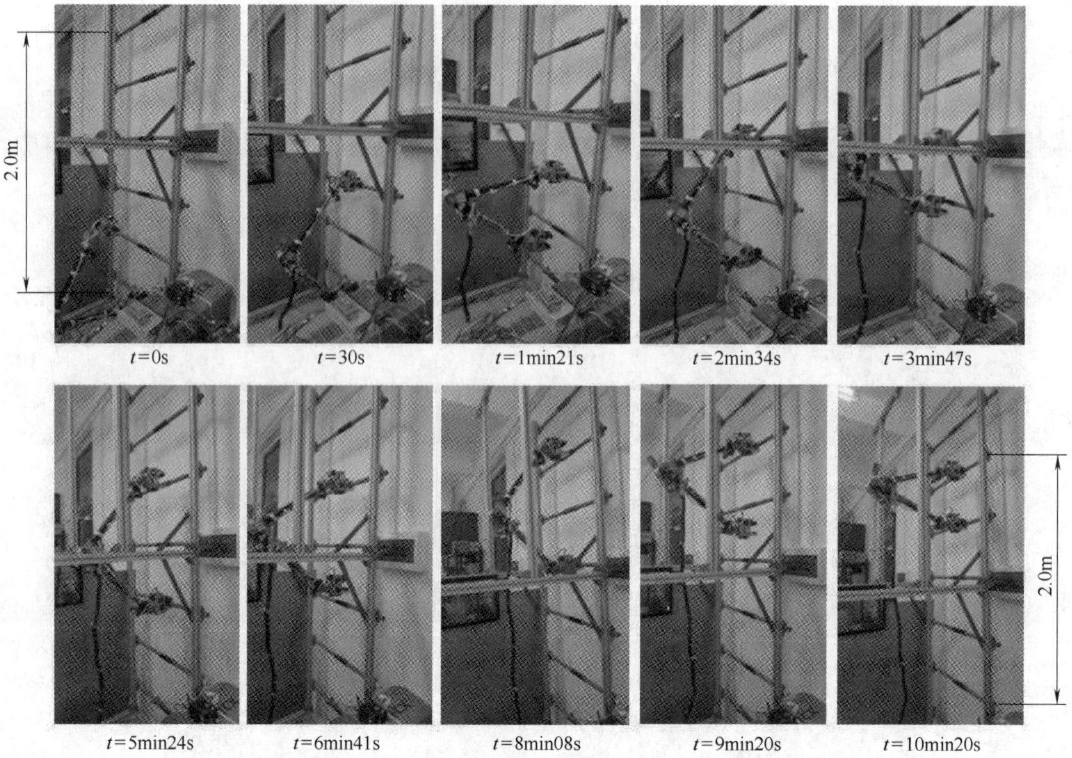

(a) 双臂手机器人垂直向上爬梯子(爬程为2.0m)运动控制实验视频截图

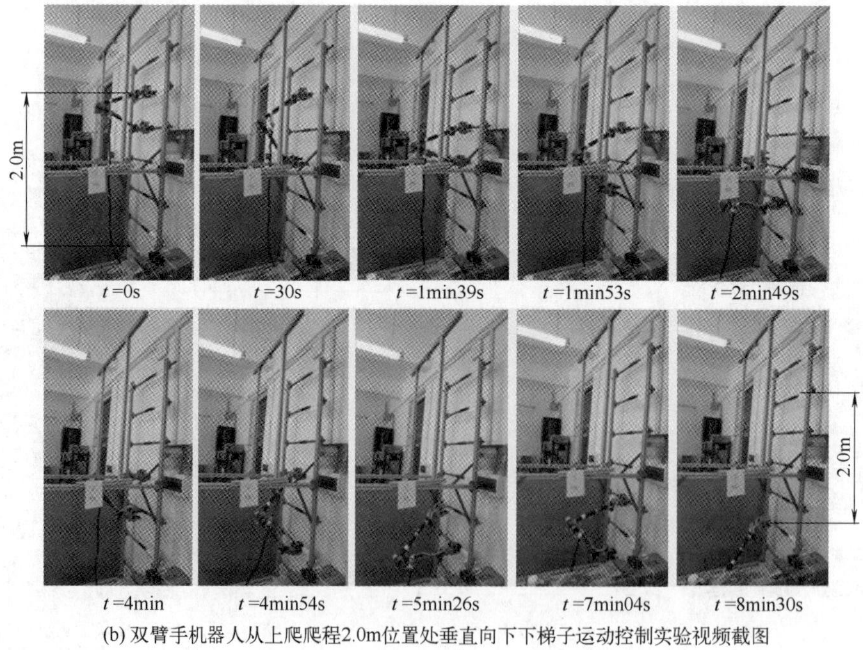

(b) 双臂手机器人从上爬爬程2.0m位置处垂直向下下梯子运动控制实验视频截图

图 2-57 双臂手机器人爬梯子、下梯子实验

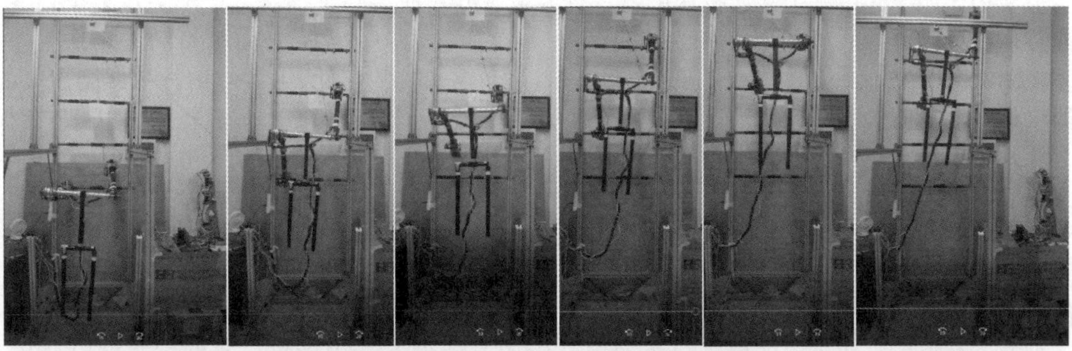

(a) 向上攀爬2.0m竖梯运动控制实验视频截图(梯子横杆为外敷橡胶ϕ24mm钢管，梯子标有1m、2m高标识)

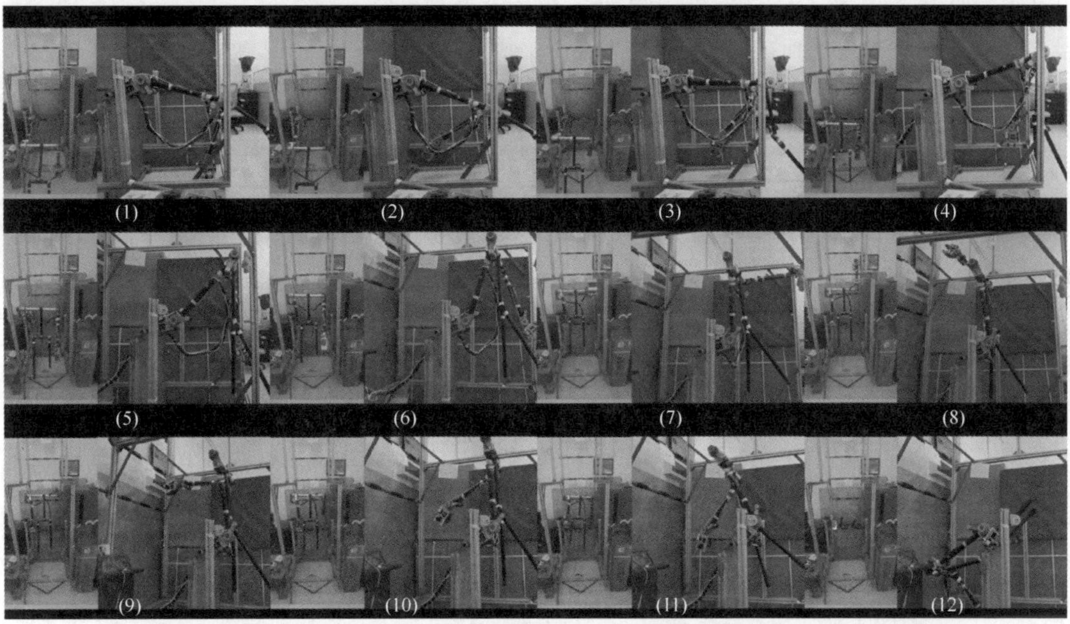

(b) 翻越0.8m高垂直竖墙运动控制实验视频截图(黄色米尺为0.8m高横杆中心高标记，墙为5mm厚钢板)

图 2-58 带躯干与假腿的简易仿生机器人爬梯子、翻越 0.8m 高障碍墙的运动控制实验视频截图

上述只是对本书作者自 1999 年提出多移动方式类人及类人猿机器人、2004 年提出 2005 年发表的多移动方式类人及类人猿型自主移动机器人、2006 年进一步提出的攀爬桁架类非连续介质多移动方式机器人等基本概念、总体构想开展的一些基础性研究，其中包括 2019 年～2022 年负责完成的国家重点研发项目课题“仿灵长类高机动机器人仿生机构单元”中的仿灵长类仿猿双臂手摆荡渡越、爬梯子、下梯子、翻墙等基础性实验研究。本节仅就机器人系统、机构、结构、实验结果进行了简介，有关机构学、控制的理论、方法与技术以及实验设计与结果分析等更具体深入的内容将另做专门论述。

2.3.5 轮式移动机器人的系统、机构与机械结构

（1）1971 年 Apollo15 号月球探测车

Apollo15 号月球探测车（lunar roving vehicle，LRV）如图 2-59（a）所示，它工作在月面－173～117℃的环境下，带载 4800N，每个车轮单独由电动机驱动，以 9～13km/h 的速度在月面科学探测行走了 27.9km，其动力来自于两块非充电的锌银蓄电池。该月球车前后配置了两个 Ackeman 转向机构［图（d)］，这意味着转弯时里侧轮转弯半径比外侧轮转弯

半径要小。如果其中一个转向机构失效，可以被脱开，而另一个仍然有效地完成剩余任务。该月球车可以由宇航员使用T形手柄手动控制车的转向和速度。转向机构的最大行程为：外轮角22°，内轮角53°。车轮如图（b）所示，铝合金轮毂外围为由镀锌钢琴丝编制而成的网状结构“轮胎”，钛合金V形条以铆接的方式固定在钢丝网状编织轮胎的外圆周上，钛合金缓冲止动块被用来提供刚性负载能力，以适应大冲击载荷。这样的胎面可以覆盖土壤接触面的50%，每个轮重为53.3N。每个轮都配有由异形杯形柔轮谐波齿轮减速器单元、装有制动器的驱动电动机以及每转一周拾取并发送9个脉冲给导航通信系统的里程表组成的独立牵引驱动系统［图（c）］。谐波齿轮减速器的减速比为80：1。每个车轮都可以从驱动它的传动系统中脱开而成为自由转动轮（轴承独立于驱动系统），也可以恢复被驱动状态，是一个可逆的过程。驱动车轮的电动机为额定电压36V直流有刷电动机，速度控制采用PWM技术，热监测系统通过热敏电阻测量定子磁场将温度返显在控制台上，此外，还有一个热开关量，当电动机温度增加到204℃时发出警示信号给报警系统。该月球车底盘采用2219铝合金管焊接在结构连接点上。底盘由各个车轮通过连接在底盘和各牵引驱动装置之间的一对并联的三角形悬架臂形成悬架结构。负载通过扭力杆从悬架臂传递给底盘。悬架系统可以向内侧旋转135°折叠成紧缩包装结构以便于装入登月舱段和运输。

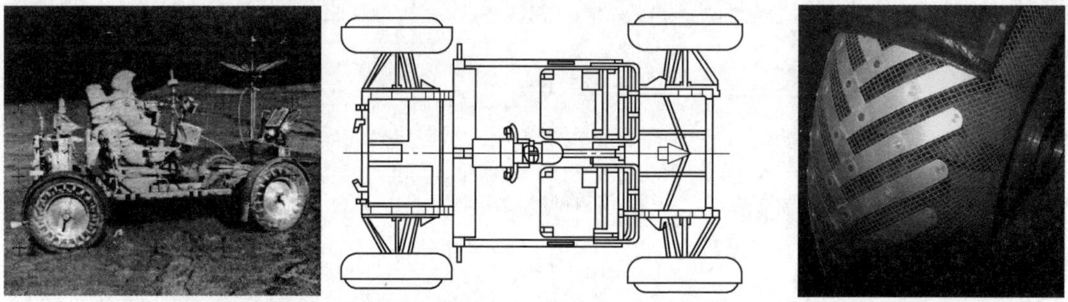

(a) Apollo15号月球探测车照片及其车体悬架结构　(b) 钢丝网轮胎及其上钛合金V形条

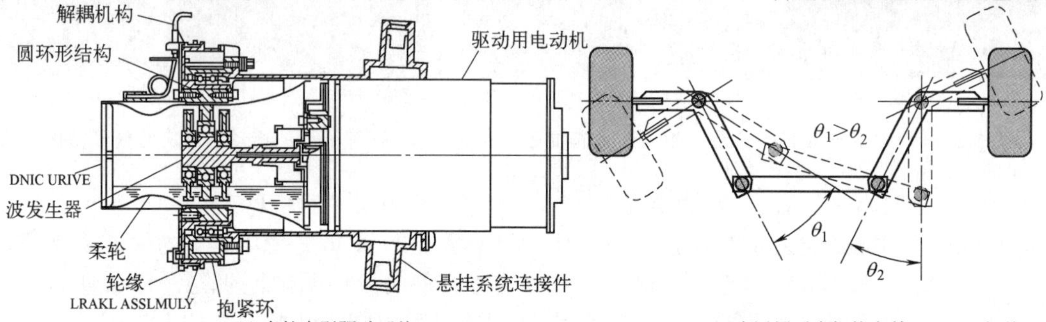

(c) 车轮牵引驱动系统　(d) 广泛用于车辆换向的Ackeman机构

图2-59　1971年Apollo15号月球探测车及其钢丝网轮胎车轮与驱动系统[30][31]

（2）搭载操作臂的双侧摇臂四驱轮式移动机器人（MIT，1999）

美国MIT与喷气推进实验室（JPL，Jet Propulsuon Laboratory）于1999年为在崎岖地形实现轮式移动而提出的一种双侧摇臂四驱轮式移动机构，并研制了如图2-60所示（由本书作者根据MIT文献绘制此机构原理运动简图）机构原理的SRR月面采样探测车，也即搭载用于月面采样用4-DOF操作臂的四轮驱动轮式移动机器人。其车身两侧遵循平行四连杆机构原理的摇臂可以以不同的前后轮臂臂杆相对转动调整前后轮的相对位置，如此可以适应崎岖路面或岩石、断差路面；前后轮臂皆采用平行四连杆机构，可以保持前后轮臂臂杆竖直且互相平行；轮式移动平台（即车体）上搭载的机械臂有四个自由度，机构构型为RPPR，其中 R 为滚动（roll），P 为俯仰（pitch）。该操作臂用于星球表面土壤采样操作。由于星球表面土壤松散，在某种程度上土壤松散颗粒可在安装在操作臂末端的采样筒外力作用下适应采样作业所需的位置与姿态，所以，该操作臂腕部仅用 1 个滚动自由度 R（Roll）关节即可满足采样作业姿态需要；车轮可用星球探测车轮。

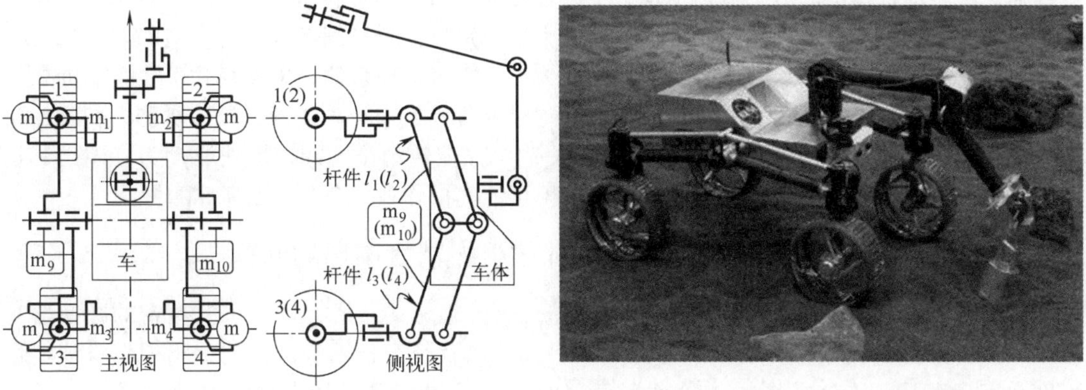

图 2-60　美国 MIT 与 JPL 于 1999 年研制的搭载 4-DOF 的 SRR 月面采样四轮探测车

1,2,3,4—主动轮，星球探测车轮；m_1～m_4—各主动轮行走原动机驱动 & 传动系统；m_5～m_8—各主动轮转向原动机驱动和传动系统；m_9～m_{10}—车身两侧前后轮轮臂臂杆 $l_1(l_2)$、$l_3(l_4)$ 间相对转动原动机驱动 & 传动系统

2.3.6　小结

本章给出各种机器人系统实例的目的只有一点，就是促使读者对工业机器人操作臂、腿足式移动机器人、多移动方式机器人等被控对象有一个充分的感性认识，从本学科专业角度对被控对象本身的认知是作为非控制科学与工程学科专业的其它工科学科专业的本科生、研究生以及工程技术人员是否能学好、用好机器人控制理论、方法与技术的重要决定性条件之一。似乎看似简单的问题，但在高校和科研院所实验室实验或试验验证、工程技术研发实验、应用实践等实际过程中却未必一定简单，甚至会异常地复杂。以相对不变或没有与时俱进地加以更新、创新的理论、方法和技术去应对不同的、不断变化的甚至未知的、未确定的应用目标与环境，始终是机器人学与机器人技术领域要解决的问题以及向前发展的原动力之一。下面将针对 2.2 节、2.3 节给出的这些机器人实例进一步讨论如何看待机器人的应用与控制的问题。

2.4　关于机器人控制的实际问题

2.4.1　机器人控制上的有界性与自身机构约束和奇异问题

任何类型的机器人在设计和使用上都是有总体技术性能指标要求和限定的，如关节位置、速度、驱动力或力矩、整机作业空间等都是有界的。不仅如此，机器人机构还在理论上存在必须被回避的机构奇异构形的问题，具体举例如：现在被广泛使用的工业机器人操作臂，当任意的两个或两个以上的关节存在轴线共线或平行时则为速度奇异构形；当由一个或多个单自由度轮驱动的轮式移动机器人中有一个以上的单自由度主动轮轴线与要行进的速度方向平行（或存在与主动轮轴平行的行进速度分量）时也存在速度奇异构形；当机器人操作臂末端操作器输出的操作力或力矩的矢量与实际需要的操作力、力矩矢量方向垂直时为力或力矩奇异构形等。因此，在实际控制机器人时，在运动样本生成之前必须施加回避关节位置极限、关节速度极限、奇异构形等约束条件，在硬件上也至少需要关节极限位置行程开关量或关节位置/速度传感器、力传感器等输出的状态反馈量以绝对防止运动“越界”造成机械、电气损伤。另外，减速器等传动系统也是有正常使用要求的，即诸如谐波齿轮减速器、其它任何齿轮传动装置等都不允许在驱动系统中被动驱动使用，即把负载侧负载作为主动力施加给驱动系统，更严禁原动机输出的力、力矩不足以平衡负载力、力矩时过载使用，因此，对于重要用途的机器人需要力、力矩传感器将作业过程中的力、力矩反馈给控制系统。奇异意味着机器人关节或原动机需要输出理论上为无穷大的速度或力、力矩才能使机器人末端操作器、主驱动轮运动，但这是绝对不可能的，因为机器人作业时，只要机构处于奇异或近奇异（机器人所处的机构构形在奇异构形附近），就意味着原动机或关节中存在转动位置或速度或驱动力已超出其运动或驱动能力的，只要存在一个则该机器人就不可能完成作业任务甚至会带来事故。

2.4.2 机器人精度以及从控制上能否补偿机械精度不足的问题

中高精度的工业机器人操作臂设计与制造是一件很难的技术，需要极其精密的减速器与机械本体零部件、极其精密的检测方法和测量仪器以及装配技术等方能制造出末端重复定位精度在零点零几～千分之几 mm 的高精度工业机器人操作臂机械本体。在此前提下，还需要同精度量级甚至更高的伺服系统驱动与控制精度才能实现满足零点零几～千分之几 mm 的高重复精度的工业机器人操作臂产品。值得注意的是：稳定可靠的机械本体的精度（即机械精度）的提高是无法通过控制理论、方法和技术来弥补的。一台机器人成品的精度是指机械本体的机械精度、传感器系统检测精度、伺服驱动与控制系统的控制精度等综合起作用，而且是在使用寿命期限内能够保持稳定可靠的最重要的技术性能指标之一。如果不是首先单纯从机械本体精密测量得到机械精度、从传感器系统精密标定和测量得到传感器系统精度、控制系统控制精度的话，是很难分清机器人精度中三者“谁是谁非”的问题的。影响机械精度高低的因素主要有机械本体零部件以及整体的设计、加工、检测、装配以及最后的测量方法与仪器手段的高低等因素以及在工作过程中使用条件、摩擦磨损、振动等因素。这里有一个在理论计算上简单，但设计实现起来有多么难的简单例子：如图 2-61 所示为只有一个回转关节上固连一个杆件的单自由度机械臂及其机构参数。显然，这是一个非常简单的初中解析几何计算问题：$S=L\times\Psi=500\times23/3600/57.03=0.056013$（mm）。这个例子从理论计算与关键工业基础元部件的实际上说明，要想通过机械设计而设计出看似最简单的单回转关节机械臂但臂末端精度要求在±0.028mm 以内的单自由度工业机器人操作臂是无法实现的。更别说两轴以上，甚至通常的六轴工业机器人以及再考虑控制上的精度问题了！伺服驱动与控制系统的控制精度主要影响因素为伺服驱动器死区、位置/速度传感器的测量精度、控制系统的响应特性、上位机控制算法的计算时间成本、底层计算机控制系统的实时控制周期等等。高精度的机械本体、高精度的伺服驱动与控制系统、高精度的上位控制计算机控制程序

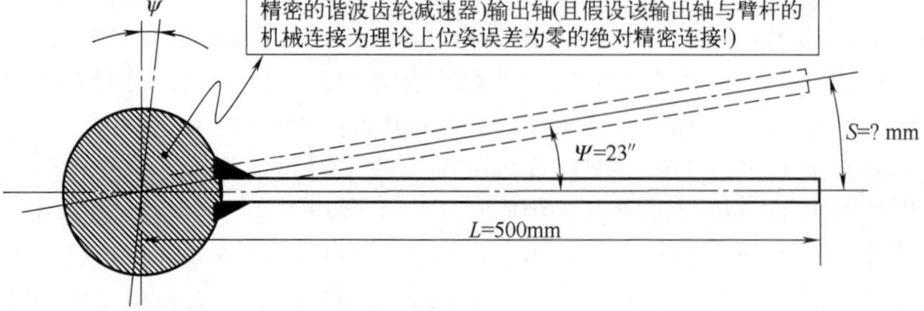

图 2-61 单回转关节机械臂的末端机械精度分析

与算法这三高是成就高精度工业机器人产品的必备前提条件。正因为机械系统臂杆的刚度、机械传动系统的回差与轴系支撑刚度以及由轴系间隙、回差、刚度等因素引起的机械振动、摩擦磨损等因素的不确定性，才导致被控对象的机械精度难以甚至根本无法通过基于模型的控制理论、方法与技术加以补偿以获得高于机械系统精度的精度，而且控制系统本身精度就是一个问题。

值得注意的另一个问题是：按上述计算示例很难设计和制造出比这个计算精度更高的工业机器人产品。但实际上已有达到甚至高于这个计算精度的工业机器人产品在使用。另外，同样一台成熟的工业机器人产品，工作在地球地面环境和工作在太空环境很可能会得到不同的末端操作器位姿重复精度，因为，有时重力场中机器人自重或负载的单向性会“帮忙”。这好比齿轮传动的回差，如果始终保持啮合齿轮的各对轮齿齿面单向接触而不是正反转情况下改变啮合齿侧，则齿轮传动系统在保持单向运转的情况下传动回差会大大减小。

综上所述，除非由传感系统从机械本体、机械传动的各个方面完全将机械系统的状态量实时检测出来，并且控制系统也具有极高的高频快速响应等特性，否则是难以通过控制来弥补机械精度的；相反，如果机械精度高，则会简化控制系统问题，控制精度会得以提高。如果没有机械精度高的机械本体，要想得到高的控制精度几乎近于妄想。

2.4.3　关于机器人轨迹控制与力控制的实际问题

自由空间内运行的机器人操作臂没有与作业对象物或环境之间的力、力矩约束，靠机器人末端操作器在机器人控制系统控制下的整个机器人系统自身的重复定位精度，以及建立工业机器人操作臂作业系统时所进行的机器人基座与安装基础、安装基础与作业对象物或环境之间的在线或离线相对位姿标定的标定系统或实际测量的精确性来保证满足作业任务要求的实际作业轨迹跟踪精度或定位精度要求，而作业系统本身没有来自外载荷产生的机器人系统内力问题，通常进行关节空间或末端操作器作业空间内轨迹追踪控制而无须进行力控制，但是虚拟的力控制可以应用在需要回避障碍时的附加作业，即在机器人操作臂与作业环境或作业对象物之间假设有虚拟的弹簧、阻尼器，换言之就是假设以弹簧、阻尼的力学效果来假借虚拟力控制律和方法来通过关节位置/速度控制即以运动原理而非真实的力学原理实现避障的，对于定位或轨迹追踪精度要求不高的低精度作业任务要求而言，则对于整个机器人与作业对象物构成的系统的标定则要求也相对较低。

对于上一节所述的抓握桁架杆、攀爬桁架移动的非连续介质间双臂手、多臂手移动机器人而言，作业对象物和环境往往是以结构力学和钢铁型材件为主而设计、建造的桁架结构的桥梁、体育场馆、输电线塔架等建筑结构设施，通常这类建筑结构是将型材构件通过焊接、铆接、螺栓或销钉连接而成，构件及构件间的结合形状和尺寸精度相对要求不高，投入使用后会受到风力作用变形、雨雪侵蚀锈蚀与表面剥离、高低温影响而变形，误差可能会在 0.5mm 至几 mm 乃至十几 mm 之间不等，因此，面向实际应用的攀爬移动机器人不仅需要轨迹追踪控制，而且建筑结构误差的在线检测和移动目标轨迹在线修正以及为了避免建筑结构误差导致双臂或多臂手移动机器人内力过大而引起机器人变形乃至受损的抓握力反馈的力控制、借助于实际弹簧和阻尼器的柔顺装置是必不可少的。值得注意的是：往往工业机器人用六维力/力矩传感器会因零点几 mm 乃至零点零几 mm 的作业位置误差使力传感器受力激增甚至超量程（具体容许误差与量程取决于力传感器产品技术指标），需要预先清楚和确定力传感器的许用变形量和作业对象物的结构形状与尺寸的最大误差之间的误差分析、换算关系并留有余量，实际应用时使用工业用的大量程且力测量精度合适的接触力传感器更安全些；为了降低成本，在被操作对象物或作业环境状态参数稳定的前提下，可以通过实验或试验测量作为对象物或作业环境的力学特性参数，然后采用根据这些参数和可靠而充分的实验、试验结果以正确、合理地设计 RCC 柔顺机构或虚拟的阻抗控制器来实现虚拟的力控制。一般而言，对于作业时与作业对象物或作业环境形成内部、外部各个构成环节的整个力、力矩传递链封闭即力封闭的力学结构时，往往都需要进行力控制或柔顺控制（通过柔顺机构或弹簧-阻尼模型的阻抗控制），否则，力封闭系统的刚性构件间会产生除了正常负载作用于系统的“内力”之外的更大内力甚至因“内力”过大且交变会与内部间隙耦合而形成振动和噪声乃至构件失效、损坏。

位置/速度轨迹追踪控制所需的机器人操作臂末端操作器、腿足式机器人支撑腿、迈腿轨迹或关节轨迹（即按着机器人机构构型和机构参数进行机构运动学和轨迹规划理论推导得到的、作为运动样本轨迹生成计算公式以及编写的计算机程序，用该程序运行得到关节轨迹或三维作业空间内的轨迹）生成依据的机构参数应该是被控对象经测量或参数识别之后的实际机器人的机构参数值，而不是简单地使用机器人设计时的理论值。另外，如果只针对设计之后建立的虚拟样机物理模型而进行运动控制仿真，则只能用于验证机器人设计和理论上的控制有效性，如果把没有经过实际测量或参数识别而得到的机器人机构参数（包括机构运动构成的实际几何参数和实际的物理参数）用于仿真模型当中，则仿真依然是理论上的。

2.4.4 腿式、轮式移动机器人控制的实际问题

对于腿式、轮式、履带式之类的移动机器人而言，如果只是按照机构运动学理论、轨迹规划理论和实际机器人参数生成的参考轨迹进行轨迹追踪控制，是未必能够保证机器人正常移动起来的，往往还需要能够在重力场中进行持续而稳定移动的力反射控制或姿势稳定控制，即应该保证这类移动机器人不至于倾覆或者即便有倾覆的趋势也能及时地在控制系统控制下返回到稳定移动状态。因此，这类移动机器人的稳定移动控制是首要问题和正常移动的先决条件。但问题是：腿式机器人的脚、轮式移动机器人的驱动轮以及履带式移动机器人的履带等直接与地面或支撑面间形成的约束是非完整约束，也即它们之间形成的摩擦副是随着接触状态、材料的力学特性以及表面形貌、环境温度等物理因素的不同而变化的，不确定的。摩擦又可分为静摩擦和动摩擦，如果静摩擦条件被破坏，则由完整约束跃迁到非完整约束，通常有关摩擦力的计算公式是对典型摩擦副在有局限性的条件下实验后统计得到的平均值，不是在任何状态下的瞬时稳定值。因此，作为非完整约束系统，腿式、轮式、履带式移动机器人基于理论模型的稳定移动控制一般都是有局限性的，通常在实验室条件下能够稳定移动的机器人在更换场所或路面条件的情况下会失去稳定移动能力，难以保证在不同的各种路面状况下正常稳定行走。尤其是在类似野外不整地、沙滩、碎石、土质松软地面等更是难以正常行走、移动甚至瘫痪。此时，要求移动机器人需要具有更强劲的驱动系统，以足够的惯性驱动力和力矩来应对不稳定性问题，以及针对前述城市街道、实验室平整路面的特殊机构和机制来解决。这通常是难以基于模型的控制理论、方法和技术来解决的。因此，才会用非完整约束系统的智能学习运动控制来解决基于模型控制所依存的边界条件变化（即系统约束变量性质、类别变化而不只是边界条件变量类别不变下的单纯参数值的变化）情况下的控制系统鲁棒性问题。但是，基于模型的控制理论、方法与技术可以为智能学习运动控制的实现提供在一定边界条件约束下、各种不同的边界条件下的各自可行的有效的移动样本作为学习训练的样本，从而使得智能学习控制系统能够启动并且减少学习次数和收敛时间，提高学习效率。

2.5 本章小结

综上所述，本章从机器人系统的粗线条介绍到具体的双臂手、腿足式、轮式、多移动方

式机器人等具体实例，阐述了机器人系统构成、机构与机械结构、控制系统构成等内容，为的是使读者能够加深对作为被控对象的机器人系统尤其是机械系统的感性认识，然后在这一感性认识基础上去看待、认识机器人控制问题。并且特别突出了机器人机构、机械结构等内容的讲解，旨在为机械工程学科专业的读者指明：本学科专业的机构与机械结构、设计与制造、测量、力学等是学习各类机器人控制理论与技术的重要基础，理由很充分：要控制的是机械系统，不对机械系统有足够的认知是难以学好、用好控制理论、方法与技术的。最后，结合实际的不同类型的被控对象论述了控制的实际问题，旨在为从第 3 章开始的机器人机构学基础理论以及各种控制理论、方法与技术的学习概括性和较具体地提出和阐明问题，有的放矢，加深理解。并建议读完后面的章节内容之后再回头看一下第 1、2 两章以进一步地从被控对象看待控制问题。

【思考题与习题】

2.1. 对于电动、液压、气动等驱动方式的工业机器人，如何看待实际驱动过程中存在的时延问题？它会对工业机器人控制产生什么样的影响？

2.2. 通过大学本科先修课的专业基础课、专业课的学习，或者查阅相关产品的样本，试归纳整理或思考回答：直流伺服电动机、交流伺服电动机、液压驱动系统、气动驱动系统各自的主要技术性能指标有哪些？在其各自的控制系统设计上要使用的技术性能指标有哪些？各自的控制输入、操作量、状态量都有哪些？

2.3. 直流/交流伺服电动机本身工作的原理是什么？驱动直流/交流伺服电动机的驱动器原理又是什么？如何构建直流/交流伺服电动机的驱动与底层控制系统？控制器常用的控制方式有哪些？原理是什么？

2.4. 流体传动的特点是什么？用于控制液压驱动系统、气动驱动系统的阀类各有哪些？各自原理是什么？如何用计算机实现对流体传动系统的驱动与控制？

2.5. 试问如何在未知是何种类的阀时判定伺服系统的阀属于几位几通阀？并能根据判别方法画出阀部件原理图示。

2.6. 美国波士顿动力公司研发的液压驱动 BigDog 四足步行机器人、Atlas 双足机器人的运动技能已经远远超越了电动机驱动的相应同类机器人的能力，尝试根据流体传动原理的液压驱动、电磁学原理的电动机驱动以及力学原理分析其根源所在。你又如何看待电动机驱动的腿足式机器人所面临的挑战？

2.7. 你认为液压驱动的集成化全自立自治机器人在机械本体设计、制造上应该主要解决哪些设计问题？按照传统的液压驱动工程机械的设计方法能够设计出集成化全自立自治的机器人系统吗？为什么？

2.8. 什么是机器人机械系统？什么是机器人机构？本科机械原理课程中的机构运动简图的用途或作用是什么？

2.9. 机械系统中都有哪些因素或环节在影响着工业机器人操作臂的末端定位精度、重复定位精度？如何消除机械传动系统的回差？

2.10. 本章给出了一些代表性的机器人机械系统并阐述了双足、四足、六足腿足式步行机器人以及高速腿的机构原理、控制问题，试结合这些机构实例的特点来论述一下机械系统机构与控制两者的相互关系，以及如何从机械、控制两个方面兼顾融合来考虑腿足式机器人系统的设计问题。

2.11. 试分析现有如 MOTOMAN、KUKA 等工业机器人产品在其工作空间内存在的机构构型上固有的问题，及其对控制系统设计的影响与解决办法。

2.12. 一台工业机器人系统产品除了主要组成部分之外，从实际应用的角度考虑还应包括哪些辅助性的组成部分，以便用户进行使用和维护。

2.13. 试述谐波齿轮传动的原理与传动件结构特点、完整的谐波齿轮减速器的机械结构组成，以及在机器人操作臂中的具体应用。

2.14. 试述 RV 摆线针轮传动的原理与传动件结构特点、完整的 RV 摆线针轮减速器的机械结构组成，以及在机器人操作臂中的具体应用。

2.15. 试述传统的分立传动元件实现关节机械传动的工业机器人操作臂与现代的集成化高精度减速器实现关节机械传动的工业机器人操作臂两者的特点、区别与应用场合。

2.16. 试述带有位置/速度传感器的伺服电动机驱动与控制系统的基本原理。

2.17. 什么是机器人的开环控制、半闭环控制、全闭环控制？各用于什么情况下？所采用的电动机类型有什么区别？

2.18. 试以本章中 MOTOMAN 机器人操作臂的各部分机械装配结构图为例，结合其机构运动简图中影响腕部末端定位精度的各个环节来说明如何进行机器人操作臂的机械精度设计？请绘制尺寸链以及各部分精度分配的尺寸偏差链和调节链。另外，在设计时如何考虑装配制造的尺寸测量基准的问题？

2.19. 试从 18 题中选择出影响机器人末端定位精度的大臂、小臂或腕部壳体，考虑如何进行零件工作图设计、精度设计以及零件从材料、毛坯料到机械加工等的具体工艺问题。

2.20. 试述工业机器人操作臂机械本体的设计过程。

2.21. 试述机器人系统的设计过程与制造、装配或搭建各子系统的过程。

2.22. 试述如何进行机器人系统的初始位姿、构形的标定或校准？各有什么样的方法？具体方案是什么？

【提示】上述问题请读者结合自己本科所学的专业来选择回答，但对于机械类高年级本科、研究生不存在选择性回答的问题。

第 3 章

机器人运动控制的机构学基础

引言——为什么要研究机器人机构运动学与动力学

第 2 章介绍机器人这一物理系统作为被控对象时所必须认识和掌握的系统构成基础。有了第 2 章对机器人实际物理系统的深刻认识，才能从根本上理解和掌握被控对象物理构成和特点，这是学习和研究机器人控制理论、方法与技术的首要问题。现代控制理论和方法上有基于模型和非基于模型两大方法，这里所谓的模型就是把现实物理世界中被设计制造出来的机器、机器人进行机器运动构成在理论上的抽象，使抽象出来的几何模型与原实体物理系统的运动构成在理论上是完全相同的，然后运用数学、力学等理论对该模型进行运动学、动力学分析，获得机器人系统中运动输入与运动输出、动力输入与动力输出或外部载荷之间的数学、力学关系（即函数或方程），若已知输入（或输出）量，则根据该数学、力学关系可以计算出输出（或输入）量，如此，便可以作为评估所设计机器人是否有足够的驱动能力的依据，或者作为控制机器人所需要的控制器的输入或者控制器设计的控制律等。因此，机器人机构运动学、动力学是机器人基于模型控制所必须的理论基础。本章将对机器人的机构构成、运动学基础理论进行彻底解说，主要包括机器人机构、位置与姿态表示、坐标系、矢量与矩阵、坐标系平移与回转变换、位置与姿态角度的微小变化量、静力与力矩等机器人机构与运动学基本表示与定义，以及机器人控制中将会遇到的特殊问题、机器人机构动力学、步行移动机器人、轮式移动机器人的机构、运动学与力学等基础理论知识以及部分延伸内容。无论是机器人机构运动学问题，还是机器人机构动力学问题，本质上都属于机械机构几何模型表示下的解析几何、矢量和矩阵分析、理论力学或多刚体动力学的理论范畴，而且最终都归结为数学问题。因此，机器人机构、运动学、动力学等内容总称为机器人机构学，属于机器人学的内容，并成为机器人学在机器人技术应用中的基础理论。本章将对机器人操作臂、腿足式机器人、轮式机器人机构运动学、动力学加以全面讲解。

3.1 机器人机构与位置、姿态表示

3.1.1 何谓机器人机构以及机器人机构的分类

机械类本科专业基础课《机械原理》教材中给出的机构定义是：由原动件、运动副、构件构成的且具有确定运动的运动链。但是，在机器人的机构中，既有具有确定运动的机构，也有部分关节为没有原动件驱动（自由运动，或称被动驱动）的欠驱动机构，这种既含有主

动驱动关节又含有被动驱动关节的机构可以在控制系统控制下实现确定的运动。因此，机器人机构的定义已经超出了机械类本科《机械原理》教材中机构概念所定义的范畴。或者换言之，大学本科《机械原理》中定义的机构是有局限性的。

机器人机构是指将现实物理世界中的机器人按照其运动构成的原理抽象成以运动副表示的一系列关节有序连接一系列杆件而成的有确定运动或者在控制系统控制下有确定运动的机械系统运动链。机器人机构仍然是由原动件、关节（运动副）、构件和执行机构组成的，并由各个关节将各个构件、执行机构有序连接在一起。原动机有电动机、液压泵和液压缸、气泵和气缸等多种形式，因而按原动机类型的不同也就分为电动驱动机器人、液压驱动机器人、气动驱动机器人等主流形式。在机构运动构成上有确定运动的机器人机构是指各个关节（或主驱动的运动副）均由各自的原动机驱动的机器人；在原动机驱动和控制系统控制下有确定运动的机器人是指部分关节由各自原动机驱动（这些关节为主动关节），部分无原动机驱动的关节（即被动关节）的运动是在控制系统控制主动关节的情况下使被动关节及其连接的杆件获得惯性来控制无主驱动的被动关节从而实现机器人预定运动目标的机器人，也称为欠驱动机器人，或被动驱动的机器人。

机器人机构按其构件和关节是否为刚性或弹性（柔性、挠性）又可分为刚性机构、柔性机构和两者兼而有之的刚柔混合机构；按运动副连接杆件的形式是串联还是并联，又可分为串联机构、并联机构和串并联混合机构；串联机构属于开链机构，并联机构属于首尾相连的闭链机构；按自由度数目多少可分为非冗余自由度机器人机构和冗余自由度机器人机构，前者是指机器人执行机构所需的自由度数与机器人原动机个数相同的机构，而冗余自由度机器人机构则是指机器人上原动机数多于机器人执行机构所需自由度数的机构；按机构的构成和运动是否能够投影且等效到一个平面上，可将机器人机构分为平面机构和空间机构；按移动和操作两大功能主题可将机器人机构分为操作机构和移动机构，操作机构可分为机器人操作臂机构和末端操作器机构；移动机构则可按移动方式分为腿足式、轮式、履带式等机构形式以及兼而有之的轮-腿式、履-腿式、轮-履式、轮-履-腿足式等混合式移动机构；按机、电、磁、超声波、流体等原理的驱动方式可分为电动驱动的机构、流体驱动机构（液压驱动机构、气动驱动机构）、超声波驱动机构、静电驱动机构等；按运动的宏微尺度，又可分为宏动机构和微动机构，等等，种类繁多。有关机构的自由度和自由度数在 3.1.2 节中给出定义和解释。

机构是以机构运动简图的几何图形的形式表达出来的，为反映机器人机构的运动构成原理和便于读者认识和理解机器人机构，图 3-1～图 3-9 分别给出了表达平面机构、空间机构、机器人操作臂、柔性机械臂、冗余/超冗余自由度机器人机构、轮式移动机器人机构、串联机构、并联机构、履带式移动机器人机构、仿人机器人双足步行移动机构等示例的机构运动简图以及部分实物照片。

图 3-1 为多个回转关节依次串联各杆件而成平面冗余自由度操作臂机构及其特有的自运动特性。

图 3-2 是由多节 3 自由度 VGT（可变几何形状桁架并联机构）单元串联而成的超多自由度串并联混合机构。该机构用于模拟空间技术领域包围抓取回收卫星的试验研究。

图 3-3 中分别为 6-DOF（自由度）、7-DOF 的工业机器人操作臂产品实物照片及其机构运动简图。

图 3-4 为气动人工肌肉驱动器的结构原理及实物照片、气动人工肌肉驱动的柔性臂机器人实物照片。

图 3-5 为微小型气动人工肌肉驱动器单元机构原理及其 2 节构成的柔性臂实物照片。

图 3-6 为 6-DOF 的并联机构原理及实物照片。并联机构在应用上也称并联机床（用于

切削加工)、并联机器人或并联机构平台。它是由上平台、下平台和并联在两者之间的多路串联分支机构构成的。

图 3-7 为 6 轮移动机器人，是美国 1996 年 12 月发送的探路者号搭载 6 轮火星探测车(Mars pathfinder rover)上所用的带有摇臂和转向悬架系统的 6 轮移动机构（机构简图由本书作者对其文献分析而绘制）。

图 3-8 为二、四、六履带式移动装置（移动机器人）的机构运动简图。

图 3-9 为仿人步行机器人 ASIMO 的实物照片及其双足步行移动机构运动简图。

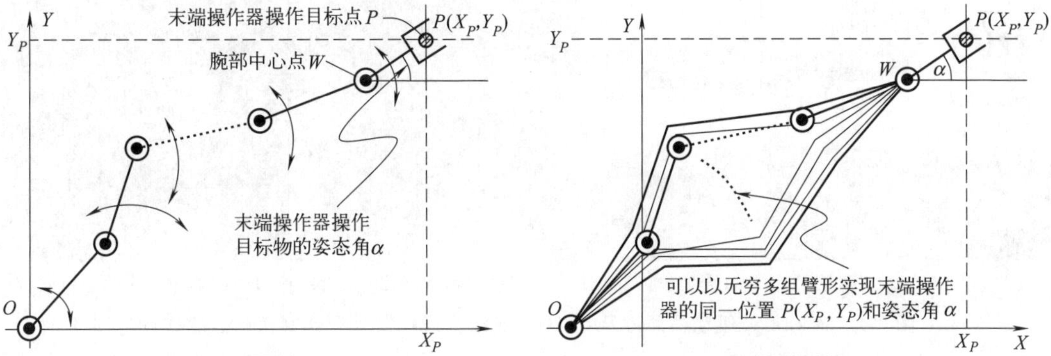

(a) 机构运动简图　　(b) 自运动特性

图 3-1　平面冗余自由度机器人操作臂及其自运动特性

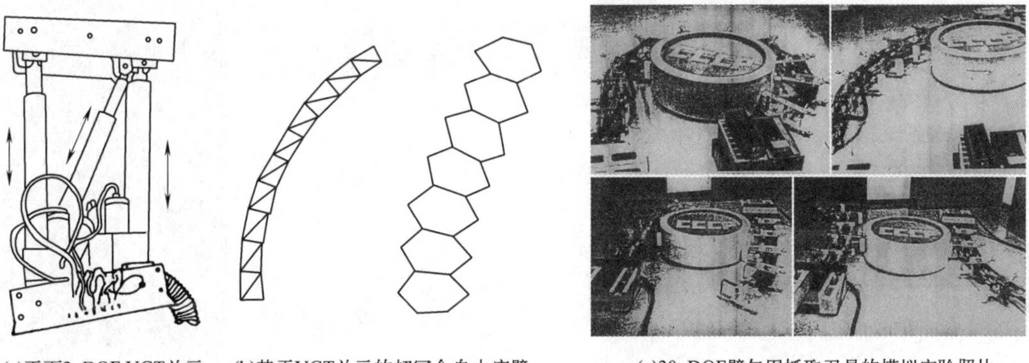

(a)平面3-DOF VGT单元　(b)基于VGT单元的超冗余自由度臂　(c)30-DOF臂包围抓取卫星的模拟实验照片

图 3-2　约翰·霍普金大学研发的基于可变几何桁架原理的超冗余自由度臂机构及 30-DOF 臂包围抓取实验

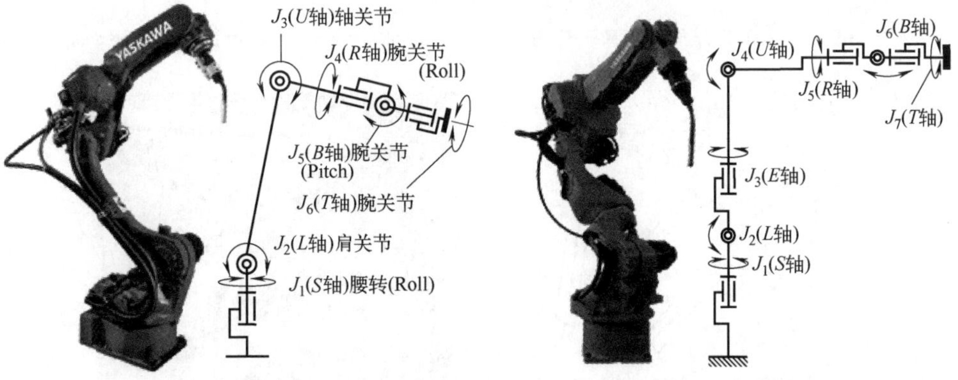

(a) 6轴MOTOMAN AR1400及其机构简图　(b) 7轴MOTOMAN VA1400 Ⅱ 及其机构简图

图 3-3　6-DOF（6 轴）、7-DOF（7 轴）MOTOMAN 弧焊/搬运/激光焊接用工业机器人操作臂及其机构简图

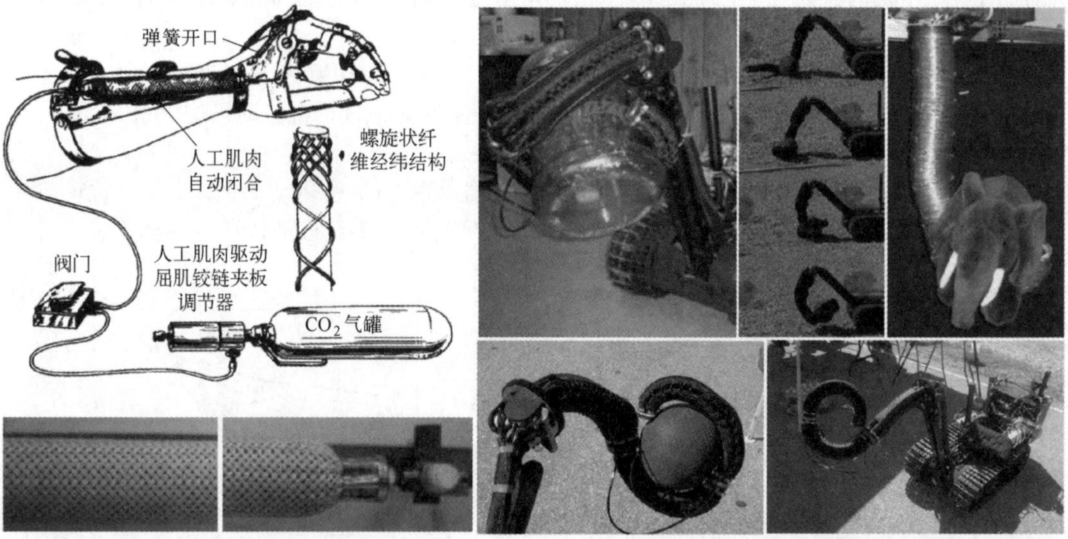

(a) Mckibben 气动人工肌肉驱动器原理 (b) 3节OctArm V 连续介质臂包围抓取及Foster Miller TALON系统

图 3-4 Mckibben 驱动器原理及 OctArm 连续介质机器人操作臂包围抓取作业

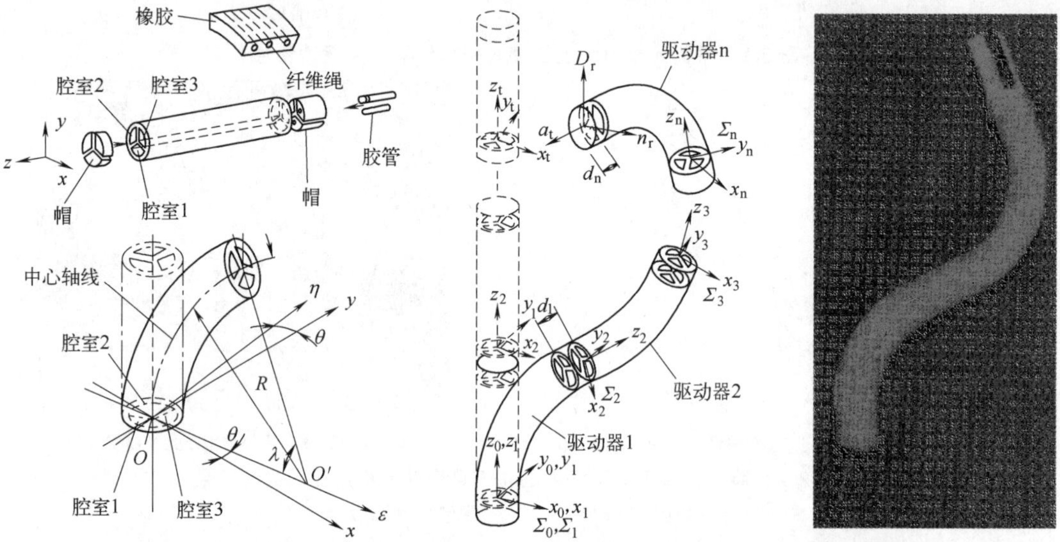

图 3-5 日本东芝公司铃森康一研发的 FMA（flexible microactuator）微小型驱动器

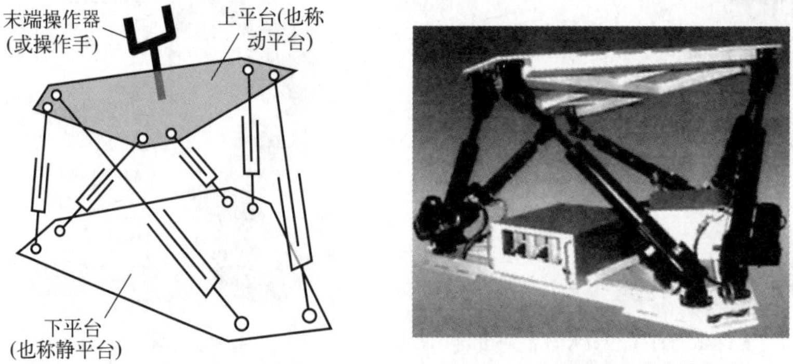

(a) 6-DOF并联机构简图 (b) 6-DOF并联机构实物照片

图 3-6 6-DOF（自由度）并联机器人（并联机构）机构简图与实物照片

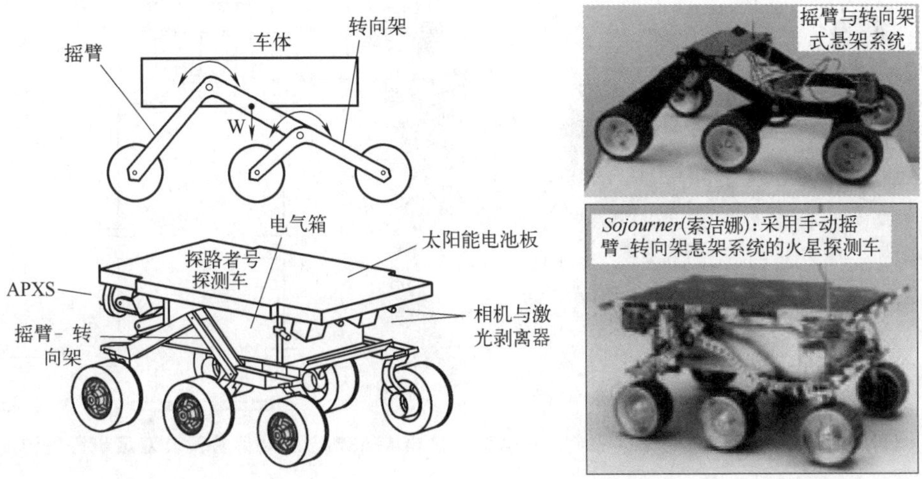

图 3-7　带有摇臂-转向悬架系统的 6 轮移动机器人机构与实物照片（美国，1995～1997）

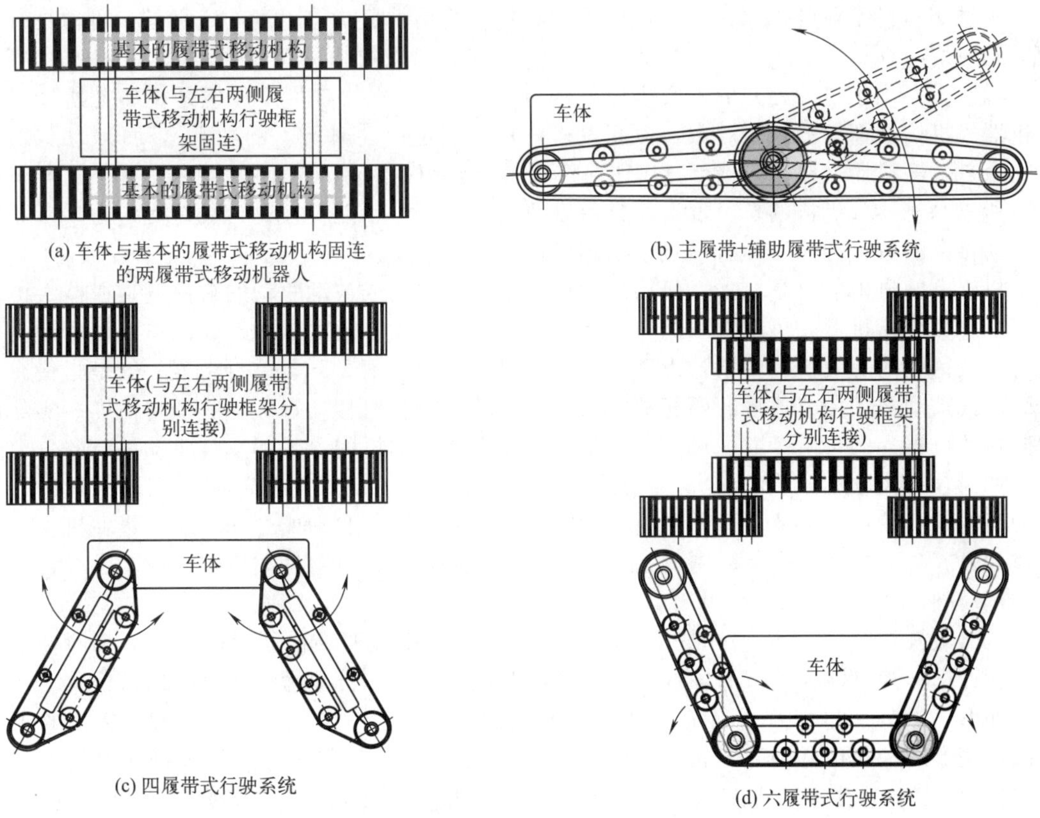

图 3-8　各种履带式移动机器人的机构简图

综上所述可知，机器人机构是现实物理世界中存在的机器人或机器人与环境的运动构成和原理的几何抽象，是进一步研究机构运动学的数学、力学理论问题和机器人控制方法与技术的机械学基础。

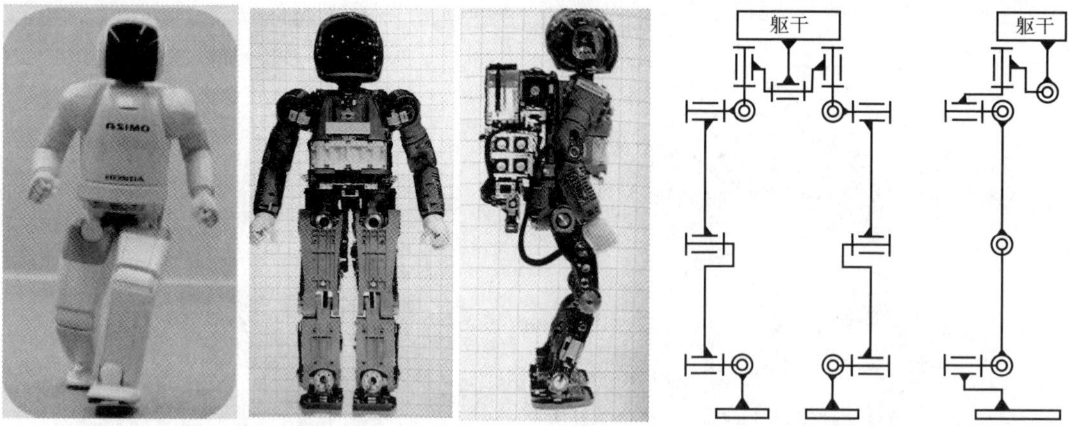

图 3-9 日本本田技研 2000 年研发出的全自立型仿人机器人 ASIMO 实物照片及其双足步行机构运动简图

3.1.2 机器人的自由度与关节

3.1.2.1 机器人的自由度

机械类本科专业基础课程《机械原理》教材中给出的机构自由度的定义是：机构具有确定运动时所必须给定的独立运动参数的数目［亦即为了使机构的位置和姿态（或机构构形）得以确定，必须给定的独立的广义坐标的数目］，称为机构的自由度。但是，如前所述，有些机器人机构所拥有的自由度数可以超过机构具有确定运动时所需的独立运动参数的数目，即冗余自由度机器人机构，或者未在控制系统控制下机构运动是不确定的欠驱动机器人机构，所以，机器人机构的自由度以及自由度数的定义已经不能仅按是否具有确定运动所需独立运动参数的数目和是否具有确定运动的机构条件来定义。

机器人的自由度就是机器人机构运动构成中主动驱动或被动驱动的自由度，机器人机构的自由度数是指机器人机构中所拥有的所有主驱动或被动驱动关节的运动以单自由度运动副进行等效得到的等效机构中单自由度运动副的总数。通常情况下，单自由度一般是指任意主动驱动或被动驱动关节连接的两相邻杆件的相对转动或相对移动，即为一个自由度。实际设计制造的机器人的自由度数一般等于驱动该机器人的原动机的台数加上欠驱动关节的自由度数（如果含有欠驱动关节的话）。需要注意的是：这里所说的被动驱动或欠驱动不是通常机构中所说的从动运动，从动运动是由主动驱动决定的，而欠驱动或被动驱动是指在机构运动构成中具有独立自由度的运动副，是没有主动驱动也与其它自由度在机构构成上没有关联关系的运动副。

机器人操作臂（robot manipulator）的自由度数一般按照一台原动机驱动一个回转轴或移动轴计算，为机器人关节的轴数，如六轴工业机器人操作臂即为六自由度的操作臂。

如图 3-3（a）和（b）所示的机器人操作臂机构的自由度数分别为 6 和 7，它们的主驱动回转关节的轴数也分别为 6 和 7，没有被动驱动关节。通常将工业机器人操作臂的关节分为腰转关节（roll 滚动自由度）、肩关节（pitch 俯仰自由度）、肘关节（pitch 自由度）、腕关节（roll-pitch-roll 三自由度），其中的腕关节不是单自由度关节，为三自由度即三轴关节，可以看作由 Roll、Pitch、Roll 这三个单自由度关节构成，也可以说是由图中的 R 轴、B 轴、T 轴三轴构成的三自由度腕关节。当然，有的机器人操作臂的腕关节是由 pitch（俯仰）-yaw（偏摆）-roll（滚动）三个自由度构成的三自由度关节。

如图 3-5 左图所示的微小型柔性驱动单元有三个在圆周方向断面呈扇形均布的纵向气腔为主驱动气腔，因此，该柔性驱动单元的自由度数为 3，三个气腔分别在增压、减压的协调控制和运动下实现任意弯曲。

如图 3-6（a）所示，六自由度的并联机构平台是由 6 个电动驱动的伸缩缸（主驱动移动副）或带有螺旋传动机构的直线电动机驱动的。6 个单自由度直线伸缩移动驱动机构与上下平台之间的铰接（球面副）是从动的。

如图 3-7 左图所示的搭载 4-DOF 操作臂的四轮驱动轮式移动机器人（月球探测车）机构运动简图可以看出，不管是前述的串联机构的工业机器人操作臂，还是并联机构平台、轮式移动机器人，刚性机器人机构都是由一些单自由度的回转副、直线移动副、两自由度铰接的运动副、三自由度球面副等基本运动副连接构件而成。这些运动副中有的是主驱动下的运动副，有的是只起连接作用的从动运动副。对于含有欠驱动的机构，欠驱动关节中的运动副不仅起连接作用，还需要在控制系统控制下由其它主动驱动关节运动提供的惯性力、阻尼力或力矩来被动驱动以达到预期的运动或带载操作的控制目标。欠驱动机器人的自由度不仅是从其自身机构运动构成上给出定义的，如图 3-10 所示的经过简化的仿灵长类摆荡抓杆移动与攀爬移动机器人机构，当这种机器人的末端手爪抓握支撑杆时，手爪与杆之间还构成了机器人与环境之间运动过程中形成的欠驱动运动副作为欠驱动自由度关节，当手爪松开所抓握的支撑杆时此欠驱动自由度关节消失。

(a) 猴子荡树枝抓杆连续移动方式及其简化机构在垂直面上的两种基本移动模式

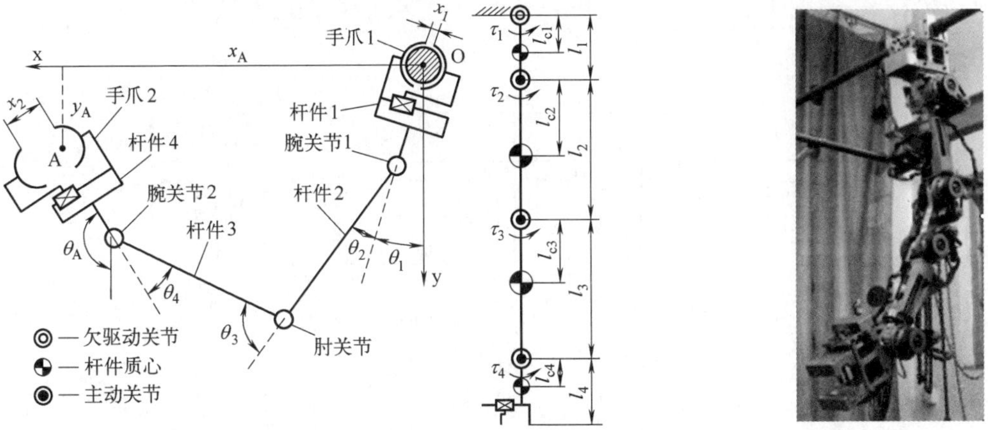

(b) 仿生灵长类动物摆荡抓杆移动的双臂手移动机器人机构(左、中图)及机器人原型样机照片

图 3-10　灵长类摆荡渡越移动及仿生双臂手移动机器人机构与原型样机

3.1.2.2　机器人的关节（robot’s joint）

如前所述，机器人机构的基本构成包括一系列的杆件（构件）、一系列的关节和操作器（对于工业机器人则是最末端杆件的末端安置的末端操作器）。一般情况下，机器人机构是由刚性的杆件经关节连接而成的。连接相邻杆件且使此相邻杆件产生相对运动的部分即为关节。机构上的关节一般是由原动机经传动转置将运动和动力传递到关节作为关节的运动和关节的驱动力或力矩。直线移动的关节运动为线位移，关节的驱动力为力，而回转关节的运动

为角位移，关节的驱动力为转矩。按关节所具有的自由度数的不同，可以将关节分为单自由度关节和两自由度及以上的多自由度关节；按关节运动形式的不同可将关节分为回转关节和移动关节。

（1）单自由度关节机构

是多自由度关节构成的基本单位。常用的单自由度关节类型如图 3-11 所示。

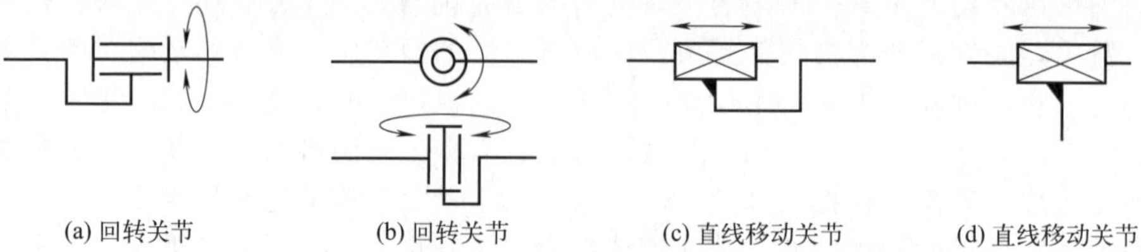

图 3-11　机器人机构中常用的单自由度关节类型及其机构简图

图 3-11 只是常用单自由度关节机构的最简机构简图表达形式，如果要反映关节机构的主动驱动、机械运动的原理，则需要给出关节的详细机构运动简图，即关节机构的机械传动系统图。作为示例，如图 3-12 所示，分别为带有光电编码器的伺服电动机和谐波齿轮传动驱动的 Roll 回转关节机构（a 图）、带有光电编码器、减速器的一体化伺服电动机驱动的 Roll 回转关节机构（b 图）、带有光电编码器的伺服电动机＋圆锥齿轮传动（换向）＋一级同步齿形带传动＋谐波齿轮传动的 Pitch 关节机构（c 图、d 图，分别采用的是环形柔轮谐波齿轮传动和杯形柔轮谐波齿轮传动）。

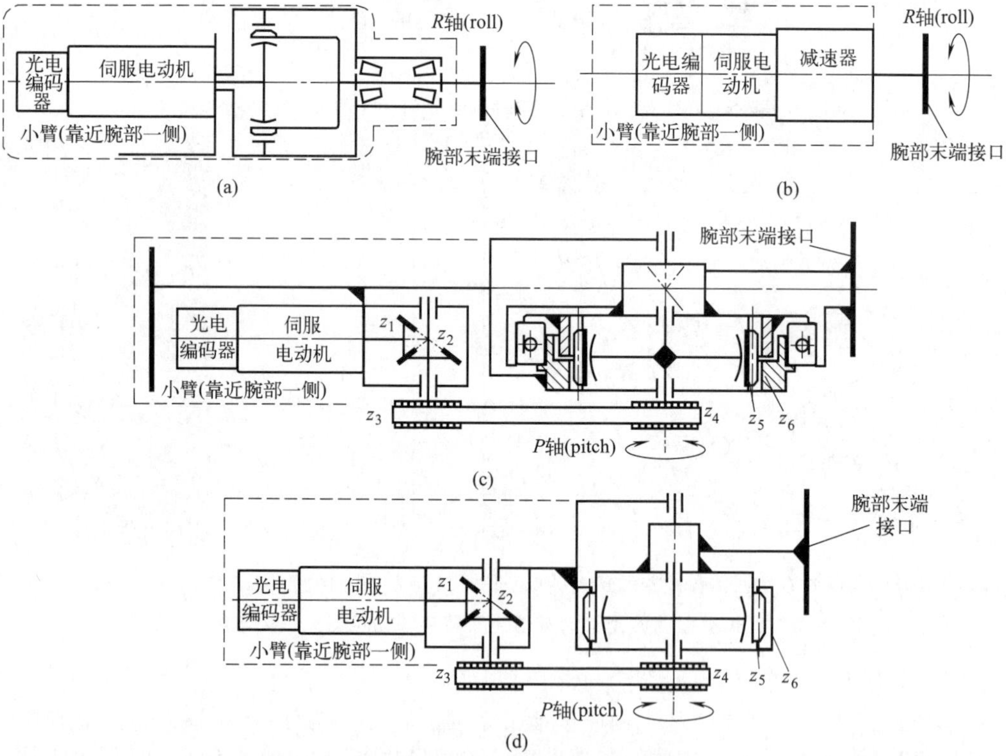

图 3-12　单自由度手腕关节机构的机构设计方案

（2）两自由度关节机构

一般有 roll-pitch 式、roll-yaw 式、pitch-roll 式、pitch-yaw 式四种，如图 3-13 所示，

为两自由度关节机构的最简机构运动简图。所谓的最简是指只反映由各自由度表达的关节主要运动构成的原理，但并没有反映由原动机到关节输出运动之间的详细机械传动的原理和详细机构构成。图中所示为两自由度腕关节机构。但不仅限于腕关节，尤其可以作为模块化组合式机器人的关节单元模块的两自由度关节机构。两自由度关节机构单元的详细机构运动简图如图 3-14 所示，而其最简机构运动简图如图 3-13 中的（c）图。

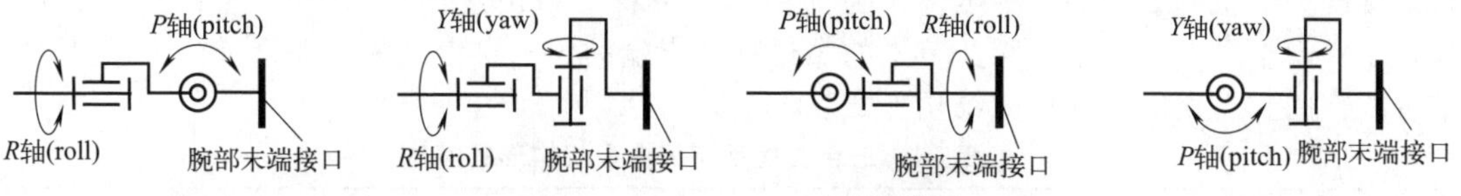

(a) R-P构型　(b) R-Y构型　(c) P-R构型　(d) P-Y构型

图 3-13　四种双自由度手腕机构运动简图

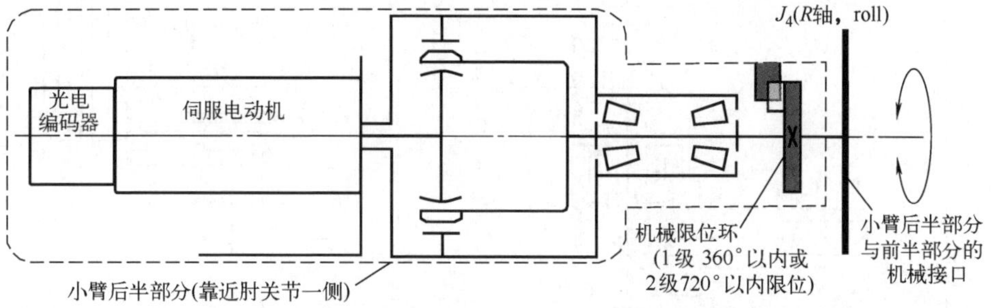

(a) MOTOMAN K系列机器人操作臂小臂腕部关节J_4回转机构的详细机构运动简图

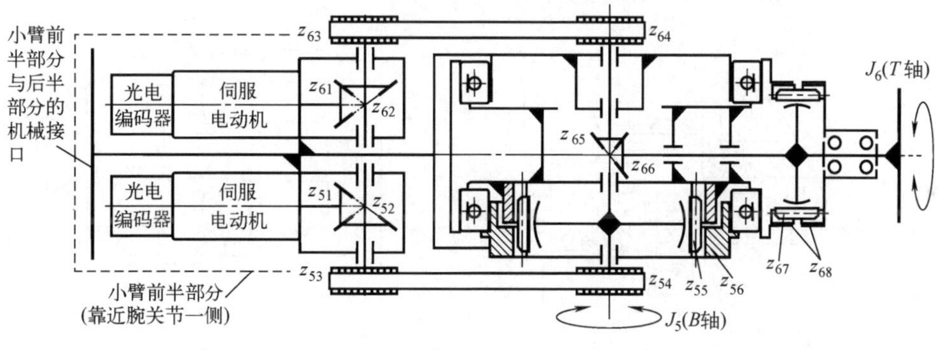

(b) MOTOMAN K系列机器人操作臂小臂前半部分与腕部关节J_5、J_6回转机构的详细机构运动简图

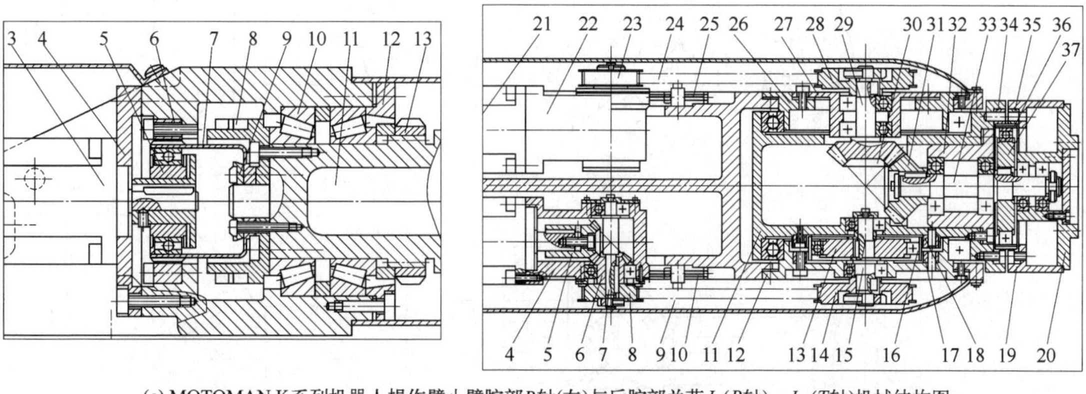

(c) MOTOMAN K系列机器人操作臂小臂腕部R轴(左)与后腕部关节J_5(B轴)、J_6 (T轴)机械结构图

图 3-14　MOTOMAN K 系列机器人操作臂小臂腕部关节详细机构与机械结构图

（3）三自由度关节机构

两自由度以上的多自由度关节往往设计成可以独立设计制作与安装的部件，如工业机器人操作臂的腕部、模块化组合式机器人的关节单元模块或带有关节单元的单元臂等。模块化集成化的机器人关节单元则被设计成将驱动、控制、传感完全集成在关节机构之内的一体化关节单元，如自治自重构自装配的机器人便是如此。现有工业机器人操作臂产品中常用的三自由度腕关节机构如表 3-1 所示。作为部件，通常将三自由度腕关节机构与小臂设计在一起，小臂内至少有三自由度腕关节中的靠近腕部末端的 2 个自由度的驱动系统，可以设计成带有腕部的三自由度单元臂的结构形式。

表 3-1 三自由度手腕的典型机构形式

类型	机构简图	应用实例
1-偏交型	Roll-Pitch- Roll(偏置)三自由度关节机构 (简称 R-P-R 偏交型关节机构) 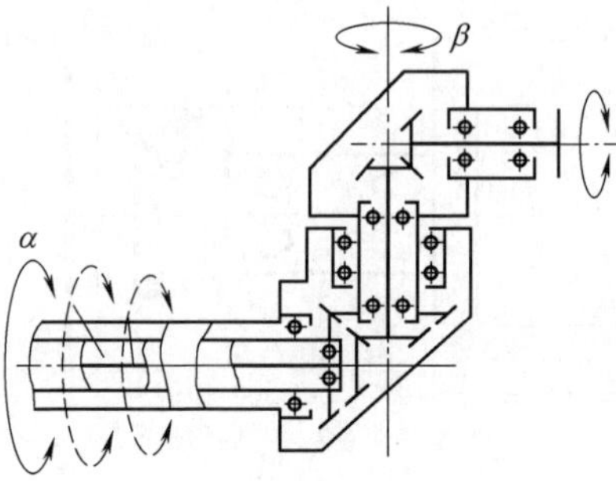	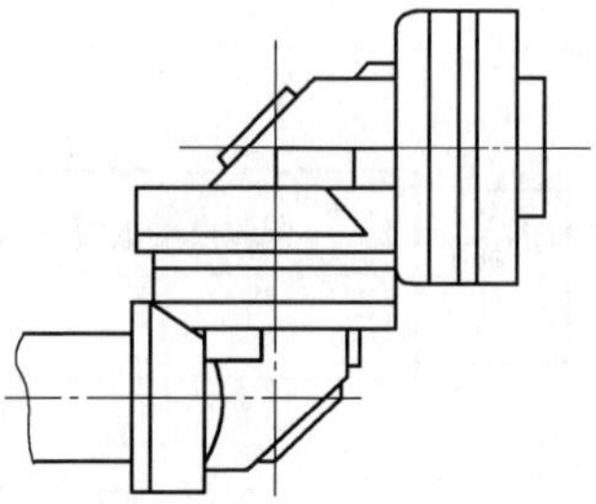
2-汇交型	roll-pitch-roll 三自由度关节机构 (简称 R-P-R 汇交型关节机构) 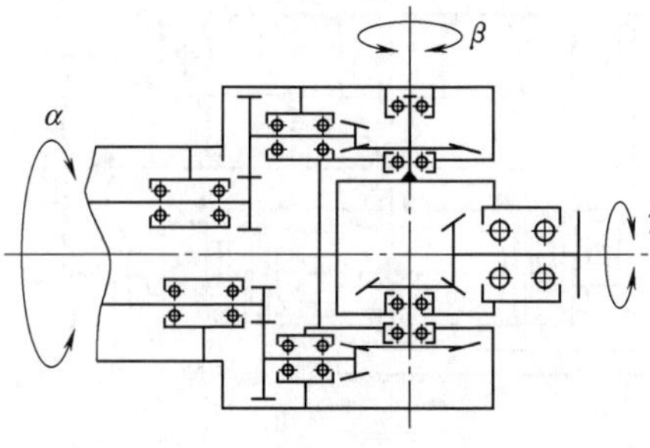	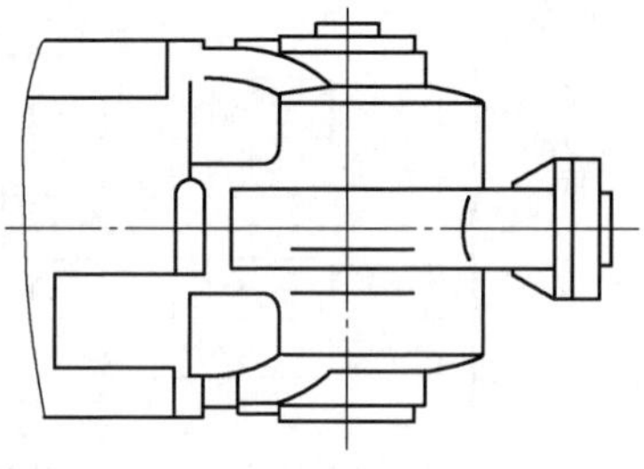
3-球形汇交型	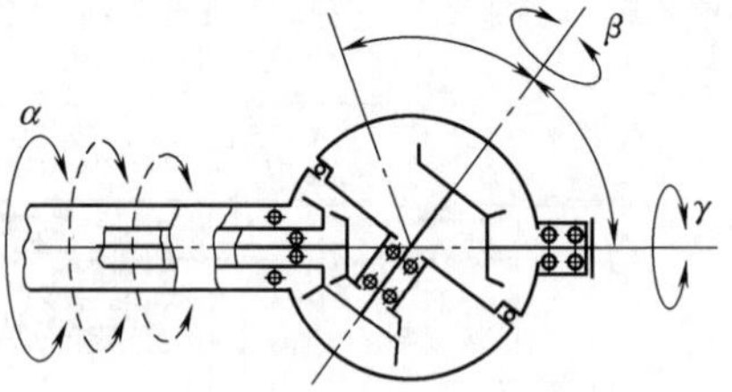	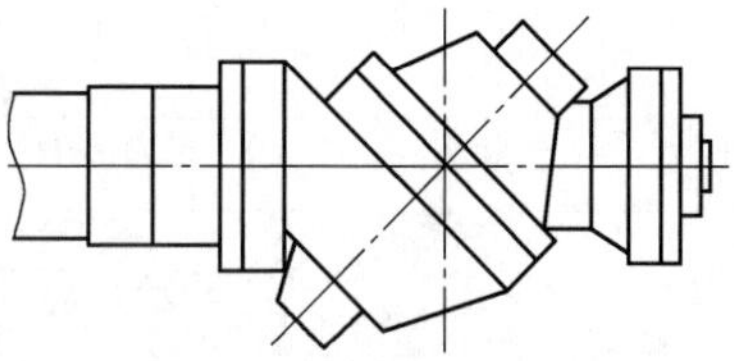
4-中空偏交型	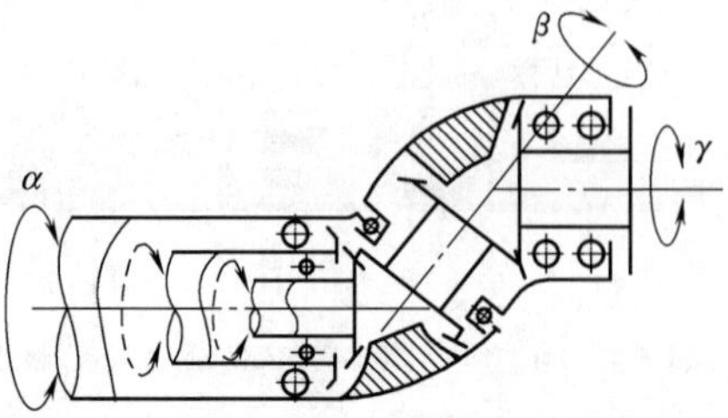	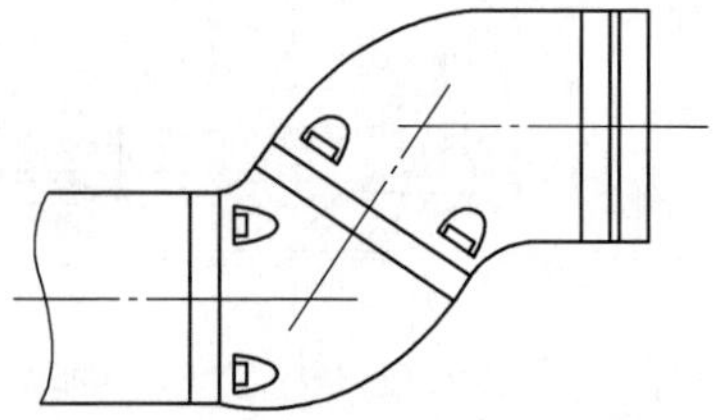

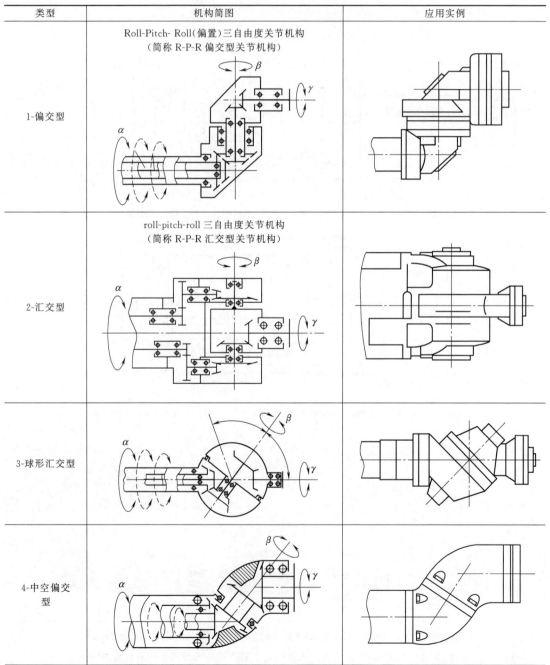

续表

类型	机构简图	应用实例
5-回形偏交型	pitch-roll-pitch 回形偏交型三自由度关节机构 （简称 P-R-P 回形偏交型关节机构） 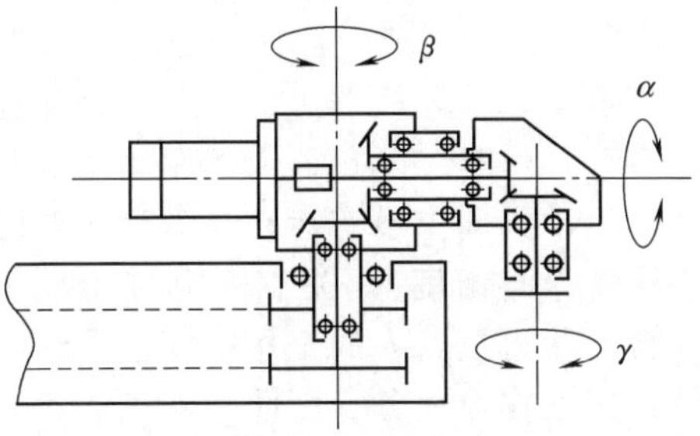	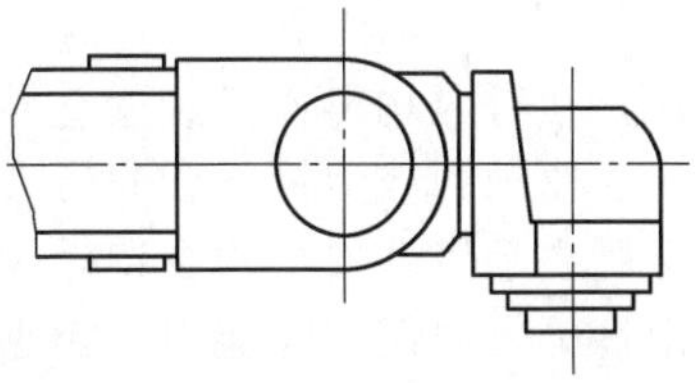

图 3-14 的 MOTOMAN K 系列机器人操作臂的 3 自由度腕部关节机构即相当于表 3-1 中的 2-汇交型三自由度腕机构及其机械结构设计的实现。

（4）关节机构的奇异问题及奇异构形

前述的两自由度 R-P、R-Y 构型关节机构，三自由度的 R-P-R、P-R-P 构型关节机构均存在如图 3-15（c）所示的机构奇异构形问题，即当 R-P 或 R-P-R 型关节机构伸展或收回成一条直线时将失去侧偏的运动能力（实质上是由 roll 和 pitch 协调运动产生的侧向偏摆能力）。

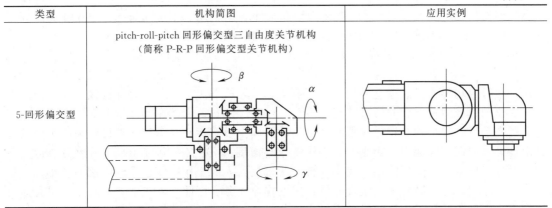

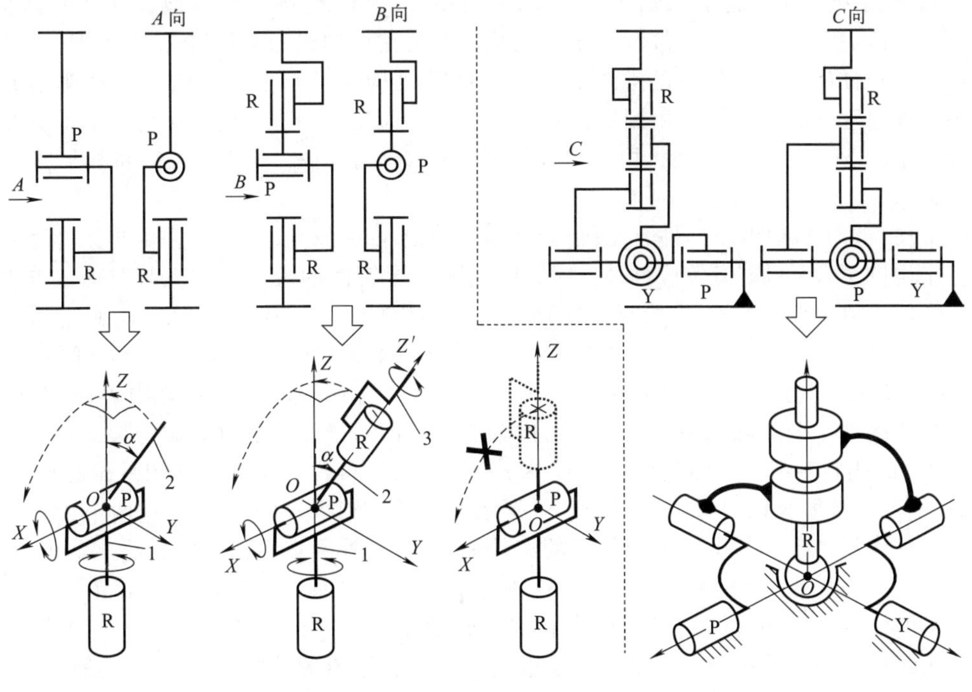

(a) R-P 型构型　(b) R-P-R 型构型　(c) R-P/R-P-R 的奇异构形　(d) 无奇异的 P-Y-R构型

图 3-15　R-P/R-P-R 构型的奇异构形与 P-Y-R 构型的无奇异性

图 3-15（a）（b）给出的是工业机器人操作臂、仿人手臂中肩部（此处将腰转、肩部大臂俯仰 2 个自由度皆看作是肩关节自由度）、腕部常用的 R（roll）-P（pitch）型、R-P-R 型关节机构构型。显然，当图（a）、（b）所示的构型伸展开至图（c）所示即杆件 1 与杆件 2

共线时，杆件 2 根本无法绕 Y 轴旋转形成偏摆运动，此时机构构形处于丧失一个自由度的状态，即机构构形奇异；图（c）奇异构形状态下，只能通过杆件 1 前的 R 自由度做旋转 90°运动，杆件 2 才能向侧向“俯仰”（实际上是侧向偏摆运动）。

单独的 R-Y 构型关节机构与 R-P 型的没有本质区别，两者放在同一绝对坐标系中时相差绕 Z 轴的 90°转角，R-Y 构型关节机构在关节伸展或收回成一条直线状态时无法进行俯仰运动。在奇异构形或者接近奇异构形的情况下，实际机器人的关节在奇异运动方向上的运动速度、驱动力或力矩将会非常大甚至无穷大，这是实际机器人的驱动系统所无法实现的，理论上则表示机器人机构在奇异构形时奇异运动方向上没有运动自由度或者已经失去了由其他自由度等效协调运动能力（相当于失去了 1 个自由度）。关节机构的奇异将导致关节运动范围（关节工作空间）受到限制而变小，自然使得机器人的工作空间也受到限制而变小。不仅如此，在远程实时控制时无法实现光滑连续的作业任务。因此，专家学者们着眼于研究无奇异的多自由度关节和无奇异的机器人机构。

（5）三自由度四自由度全方位关节机构

为解决前述两自由度、三自由度关节机构存在的机构奇异构形和近奇异的实质性问题，本书作者于 1995 年提出了如图 3-15（d）所示的基于双环解耦原理的 P-Y-R 型三自由度全方位无奇异关节机构。图 3-15（d）为 P-Y-R 构型关节机构的最简机构运动简图，P-Y-R 构型全方位机构可以在任何构形下实现俯仰、偏摆转动，即无机构奇异构形。当用前述的产品 R-P、R-P-R 机构构型作为手腕关节机构时，不适于有喷漆、焊接、远程遥控等对手腕有“拐直角”实时控制要求的作业，而 P-Y-R 型全方位腕适用于这些作业。本书作者于 1993 年、1995 年分别设计研制了如图 3-16 所示的新型 3-DOF 的 P-Y-R 构型、4-DOF P-Y-R-R 无奇异全方位关节机构、全方位肩、全方位腕以及由它们构成的 7-DOF 仿人手臂。

在直齿圆柱齿轮传动构成的等轴交角双万向节机构原理和 Pitch/Yaw 运动驱动并联机构双环解耦原理基础上，提出由圆锥齿轮传动＋圆锥齿轮转动导向约束装置构成的并联分支机构分别驱动 Pitch/Yaw 并联机构的俯仰与偏摆运动，如图 3-16 所示，其机构原理与结构具体介绍如下。

① pitch 运动驱动串联杆件分支机构与结构原理：如图 3-16 所示，作为机架的手腕（关节）基座构件 1、小圆锥齿轮构件 2、两侧内表面带导轨面的大圆锥齿轮构件 3、作为销轴的连杆构件 4 以及双圆向心-推力复合球轴承 5 外环构件 5-1、滚动体 5-2、与圆形座筒 6 固连的内环构件 5-3 以及两两之间用单自由度的回转副或齿轮副串联而成的空间机构，为 *Pitch* 分支机构。为保证该分支自由度数为 1，大圆锥齿轮构件 3 的两侧内表面带导轨面，固连在基座构件 1 上的轴承座 7 上径向对准轴心线（即对准图中通过俯仰与偏摆运动轴线的交点“***O***”的固定轴线 Y，即基坐标系 O-XYZ 的 Y 轴）伸出两根轴线互相平行的轴 7-1、7-2，每根轴上安装着径向位置相互错开的一个滚动轴承（轴承 7-3、7-4），这两个轴承外圈最外侧所在母线间的距离与主轴上套装着的滚动轴承 8、9 外圈直径相等，如此，轴承 7-3、7-4 与轴承 8、9 的外圈最外侧为大圆锥齿轮 3 提供了绕固定轴线回转的导向约束，大圆锥齿轮 3 的两侧内表面作为导轨面紧紧压在相应的轴承 7-3、7-4、8、9 外圈上，各个轴承相对于导轨面做纯滚动以减小摩擦；如果为了获得尺寸小、紧凑的结构，不以传动精度和支撑刚度为主且忽略摩擦大小的情况下，这些滚动轴承也可以改用滑动轴承。

② yaw 运动驱动串联杆件分支机构：如图 3-16 所示，作为机架的手腕（关节）基座构件 1、小圆锥齿轮构件 10、两侧内表面带导轨面的大圆锥齿轮构件 11、作为销轴的连杆构件 13 以及双圆向心-推力复合球轴承 5 的外环构件 5-3、滚动体 5-4、与圆形座筒 6 固连的内环构件 5-3 以及两两之间用单自由度的回转副或齿轮副串联而成的空间机构，为 Pitch 分支机构。为保证该分支自由度数为 1，大圆锥齿轮构件 11 的两侧内表面带导轨面，固连在基

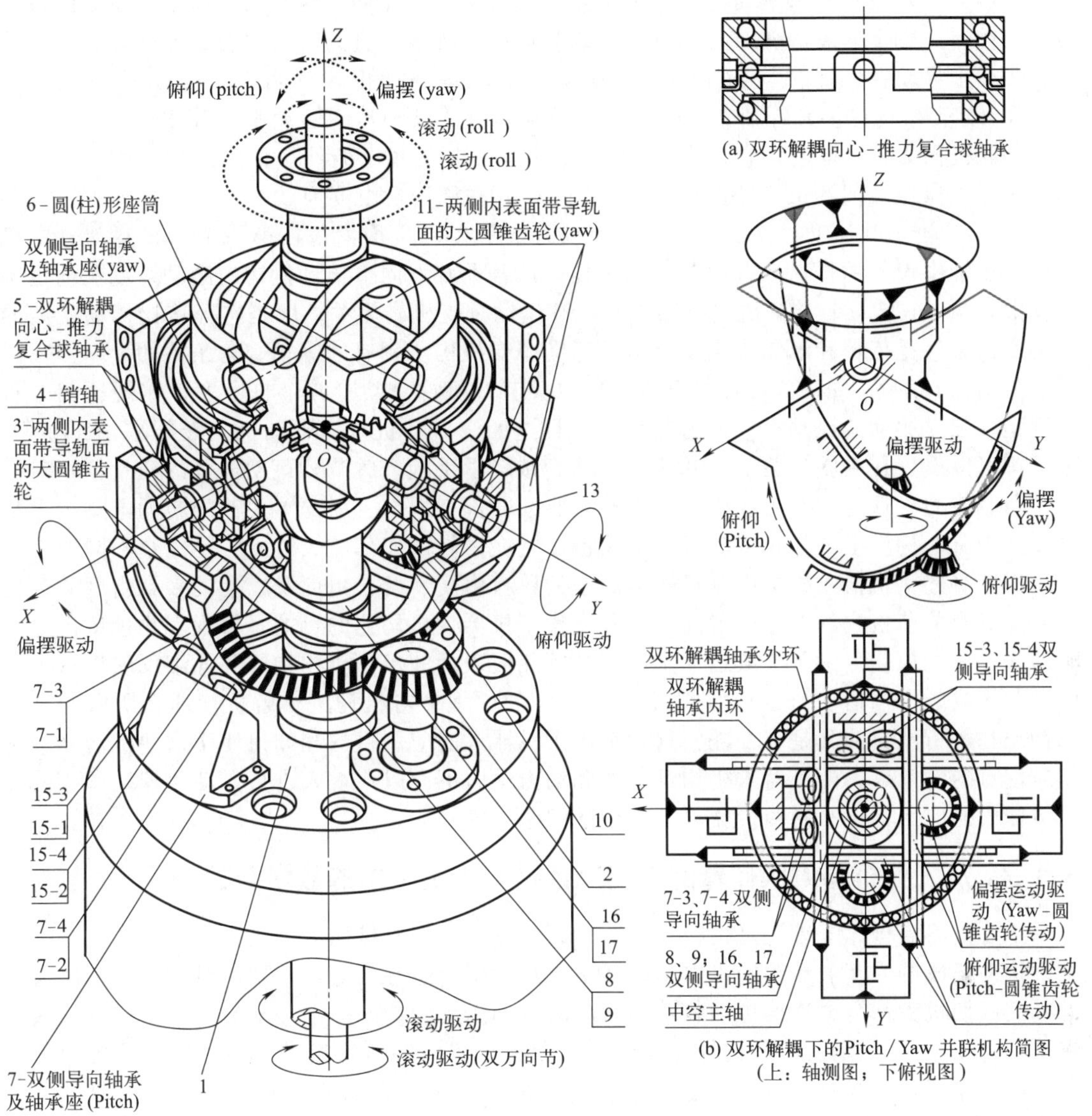

图 3-16　基于双环解耦原理和圆锥齿轮传动的 P-Y-R-R 构型 4-DOF 无奇异全方位关节机构与结构

座构件 1 上的轴承座 14 上径向对准轴心线（即对准图中通过俯仰与偏摆运动轴线的交点“***O***”的固定轴线 *X*，即基坐标系 *O-XYZ* 的 *X* 轴）伸出两根轴线互相平行的轴 15-1、15-2，每根轴上安装着径向位置错开的一个滚动轴承（轴承 15-3、15-4），这两个轴承外圈最外侧所在母线间的距离与主轴上套装着的滚动轴承 16、17 外圈直径相等，如此，轴承 15-3、15-4 与轴承 16、17 的外圈最外侧为大圆锥齿轮 11 提供了绕固定轴线回转的导向约束，大圆锥齿轮 11 的两侧内表面作为导轨面紧紧压在相应的轴承 15-3、15-4、16、17 外圈上，各个轴承相对于导轨面作纯滚动以减小摩擦；如果为了获得尺寸小、紧凑的结构，不以传动精度和支撑刚度为主且忽略摩擦大小的情况下，这些滚动轴承也可以改用滑动轴承。

③ 第一个 roll 运动分支机构——双节齿轮式双万向节传动机构：是从 pitch/yaw 并联机构中“穿出”的双万向节传动机构。它由分别被用销轴连接在圆形座筒上、两侧内表面带导轨面、传动比为 1∶1 的直齿圆柱齿轮传动，分别被用销轴连接在圆形座筒和中空主轴之间的另一对传动比为 1∶1 的直齿圆柱齿轮传动，以及输入端中空主轴、输出端中空主轴组成。

其中，两对儿齿轮在圆形座筒上呈互相垂直布置，中心距相同。两侧内表面带导轨面的齿轮传动由中空主轴上套装的一对儿轴承提供绕与该齿轮轴线垂直的轴线回转的导向，因此，两侧内表面上导轨面间距离应与中空主轴上套装的轴承外径相等。pitch/yaw 并联机构为该 roll 运动分支机构提供其等轴交角的驱动，而其本身的滚动运动驱动则是独立的，与 pitch/yaw 并联机构无关；同时，它也为 pitch/yaw 并联机构提供了俯仰、偏摆运动绕固定点转动的“球心支点”几何约束，即保证了 pitch/yaw 并联机构自由度为 2。

④ 第二个 roll 运动分支机构——普通双万向节传动机构：是在第一个 roll 运动分支机构中空主轴中设置的普通双万向节传动机构。该普通双万向节传动机构的滚动运动驱动也是独立的，与 pitch/yaw 并联机构、第 1 个 roll 运动分支机构无关；但是它等速比传动所需的等轴交角条件是依赖和继承于第 1 个 roll 运动分支机构所具有的等轴交角条件的。

如图 3-16 所示的 P-Y-R-R 型全方位腕（关节）机构总共有四个自由度，实现这四个自由度运动独立驱动的原动机数也为四个，而且这四个原动机（如电动机、液压缸、气缸等）全部都可以设置在手腕（关节）基座内，从而减轻了手腕（关节）运动部分的质量，相对提高了负载能力。这与现有工业机器人操作臂驱动腰部、肩部、肘部单关节回转的电动机大都放在运动着的构件上（如将电动机、减速器放置在回转的肩部、大臂上）是完全不同的。

以上讲述了机器人机构以及机构构成中的单自由度、两自由度及以上的多自由度关节机构原理以及关节机构的奇异构形问题，并交代了机器人机构化的目的是将现实物理世界中的机器人实体抽象化（由关节或运动副、杆件等几何表示的最简机构构成和详细反映机械传动原理与构成的机构运动简图），并用数学、力学的原理来对机构进行解析。那么所做的这一切抽象和解析的目的又是什么呢？这就引出了机器人的应用目的和如何使用这些机器人来达到应用目的的问题，即机器人机构运动学和动力学。下面以代替人进行自动化焊接作业的焊接机器人的应用为例来阐明机器人的机构学问题。

3.1.3 从工业机器人操作臂的应用来谈机器人机构中的数学问题

工业机器人操作臂首先是机械本体，也即机器，按照机械原理，机构是由原动机、运动副、构件组成的，其中运动副可以是回转副、移动副、螺旋副等运动副。对一般的机器人而言，其原动机大都需要连接传动装置，而后向主动运动副输送运动和动力（有一些机器人具有被动运动副），运动副将各构件相连同时也限制相邻构件间的相对运动，最末端的构件一般连接操作器，完成机器人的既定任务。如图 3-17 所示，是将现实物理世界的工业机器人操作臂弧焊被焊工件 1、2 作业系统抽象成三维欧式空间内 6 自由度机器人机构的例子。下面就此例把工业机器人设计与制造、运动控制以及末端操作器作业实现问题从理论到实际进行论述。

3.1.3.1 工业机器人操作臂与作业对象构成的首尾相接的“闭链”系统

（1）机器人及其作业对象物的安装基础

如图 3-17 所示，现实物理世界中的工业机器人操作臂机械本体与作业对象物分别被固定（或有确定的相对运动关系的固定）在各自的安装基础（或基座）上，两者安装基础（或基座）上的安装面相对于公共基准平面（地面或公共平台面）在机器人、作业对象物安装之前即需要经设计制造而保持一定的位置姿势精度，并且需要校准或标定给出实际相对于公共基准平面的位置姿势及精度。之后可以得到机器人机座连接法兰与末端操作器作业对象物安装机座（或夹具）之间精确的相对位置与姿势实际值。这只有两个途径：要么用设计、制造加工、检测的精度保证位置及姿势精确；要么安装基础设计制造不精确，但精确检测后能够得到两安装基础安装面之间精确的相对位置及姿势，两者必居其一才能供机器人与操作对象物安装使用。

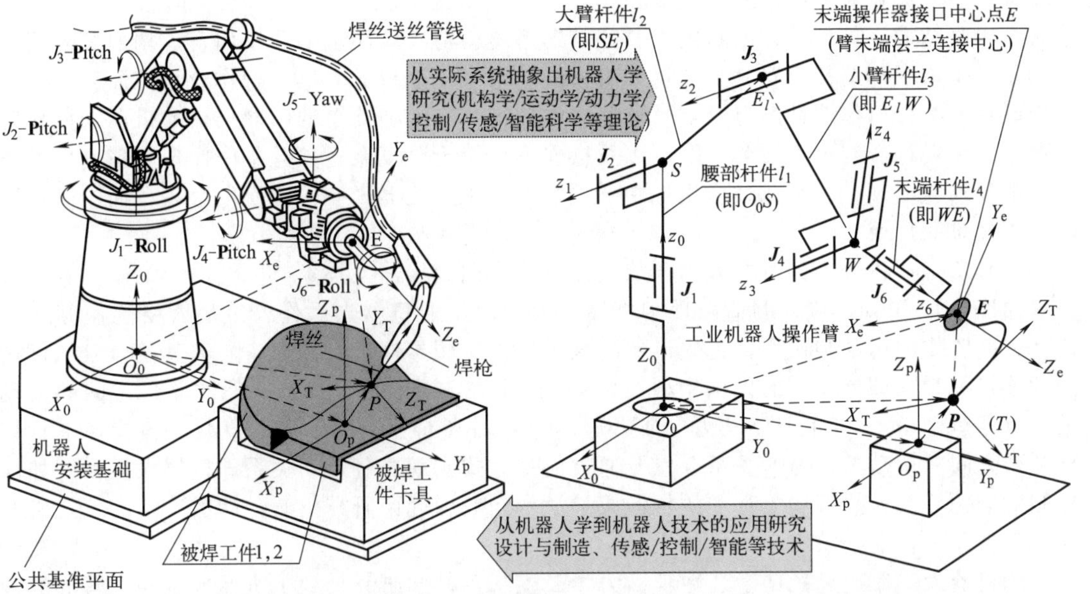

图 3-17　从现实物理世界中的机器人操作臂到机构学与作业控制理论之间的双向映射关系

（2）末端操作器及作业对象物

通常的工业机器人作业有喷漆、焊接、搬运、涂覆、装配等等，作业精度有高有低，但都有位置及姿势精度要求。如第 2 章所述，末端操作器因作业种类不同而不同，焊接需要焊枪（点焊焊钳、弧焊焊枪）、喷漆需要喷枪、搬运需要手爪或大型抓手机构、装配需要装配用器具以及工具换接器等末端操作器。无论何种末端操作器，都必须有与工业机器人操作臂末端机械接口法兰相配合的接口且必须保证有足够的接口配合轴向与周向定位精度；末端操作器本身与机器人的接口法兰与末端操作器作业端之间也必须经设计制造和检测而得到精确的位置姿势及其精度。作业对象物上需作业的点、线、面与其安装基础之间也必须经设计制造和安装检测而得到具有足够精度的相对位置与姿势精确值。

（3）工业机器人操作臂

一般较常用的工业机器人操作臂都是开链的串联结构，即为机座杆件-关节-杆件-关节-杆件-……-关节-杆件的串联连接结构形式。只有并联机构机器人是末端动平台与机座之间为并联结构。现实物理世界的工业机器人操作臂是由诸多零件、部件装配在一起的，零件、部件的加工制造、连接、装配等都会产生误差，而不是像机器人机构那样关节与关节之间只是抽象的一根杆件作为构件，但所有的零部件装配在一起后，关节轴线与关节轴线之间、关节与臂杆之间都不会像理想的轴线、杆件那样误差为零地连接、装配在一起。现实物理世界中设计制造和调试好的工业机器人操作臂机械本体本身理想的毫无误差的杆件长度、各关节轴线之间相对位置与姿势、各构件质心位置、转动惯量等物理参数都存在于其机械实体之上，问题是人类目前无法通过任何测量手段或工具将其误差为零地检测出来。也即工业机器人操作臂机械本体本身必须具有足够的设计、制造加工、装配、检测精度。这些精度要求最终集中体现在其末端机械接口法兰相对于其机座接口法兰之间的位置姿态精度。不仅如此，若想使工业机器人操作臂能够进行正常作业，必须在控制系统控制和传感系统感知共同作用下使其机械本体输出末端运动和动力，因此，还要具有足够的控制系统控制精度和传感器的位置、姿势检测精度。

（4）工业机器人操作臂作业的“闭链”系统

综上所述，如图 3-17 所示，工业机器人操作臂安装基座、工业机器人操作臂机械本体、末端操作器、作业对象物以及作业对象物安装基座（或夹具）、公共基准平面之间已经形成了一个串联结构、首尾相连的封闭式“闭链”系统。对于“闭链”系统而言，构成其封闭系统的每一个串联环节都会对其“闭链”有影响，对于工业机器人操作臂作业系统而言，每一个串联环节都会对作业精度有影响。这些影响使得本来看似简单的串联结构的机器人操作臂作业系统在设计、制造、检测、控制以及操作上变得十分复杂，并且集中体现在精度以及作业性能要求与实现上。因此，会出现中低档性能的工业机器人操作臂研发容易，而中高档性能的则较难的局面。

（5）从工业机器人到机器人学与从机器人学再回到机器人技术

由图 3-17 可知，设计制造出现实物理世界中的工业机器人操作臂之后，要想使其实现代替人类劳作的运动和操作，首先需要将该机器人机械本体进行抽象，研究其关节、杆件之间的连接关系（即操作臂的机构构型）、各关节运动与臂末端（或末端操作器）之间的运动关系（即运动学）、各关节驱动力（或力矩）与末端（或末端操作器）负载、各构件本身物理参数之间的运动学、力学关系，以及通过何种方式实现这些运动关系即机器人操作臂如何控制的问题等，这些都属于基本的机器人学学术问题和理论研究范畴，即由实际的工业机器人操作臂及其作业抽象出来的机器人科学问题。

当机器人学家通过机构学、数学、力学、控制等科学研究找到了机器人学问题解决的理论、方法后，又需要重新回头面对现实物理世界中实实在在存在的工业机器人操作臂本身，需要针对其各部分物理参数无法误差为零地精确获得以及不确定量的存在、精度问题、刚度问题以及位置姿势反馈量获得、控制方法实现等等诸多技术实现问题，即从机器人学回到机器人技术及其应用的研究范畴。因此，机器人技术是以针对机器人本身以及机器人实际应用问题解决以及实现过程中所包含的一切技术。

3.1.3.2 工业机器人操作臂作业“闭链”系统的数学与力学描述问题

将工业机器人操作臂作业系统抽象为图 3-17 所示的“闭链”机构系统之后，我们就可以从机构学、数学和力学的角度描述机器人末端操作器运动与各关节运动之间的关系、各关节运动驱动力与末端操作器输出的力或力矩之间的关系，以及机器人安装基础与被操作对象物之间、末端操作器与作业对象物之间的关系。即可以用解析几何或矢量分析与矩阵变换等数学知识、理论力学或多刚体系统动力学等力学理论去解决机器人机构运动学、动力学的数学与力学问题。为机器人作业的运动控制提供机构学、数学与力学理论基础。

显然，用图 3-17 中机器人安装基础、被焊工件夹具、机器人末端接口、被焊接工件上焊缝任意位置（也即末端操作器焊枪焊条末端）上分别建立的三维空间直角坐标系即可得到两两坐标系之间的相对位置和姿势，并进一步可以得到相对运动的速度、加速度矢量。从而可以描述任意作业位置和姿势下的机器人操作臂的运动以及驱动力或驱动力矩。

3.1.4 何谓机器人运动学？

如图 3-18 所示的多关节型构型的 n-DOF（degree of freedom）工业机器人操作臂，由 n 个关节变量组成的关节角矢量设为 $\boldsymbol{\theta}=(\theta_1 \quad \theta_2 \quad \theta_3 \cdots \theta_n)^{\mathrm{T}}$，末端操作器的位置和姿势矢量用 $\boldsymbol{X}=(x \quad y \quad z \quad \alpha \quad \beta \quad \gamma)^{\mathrm{T}}$。则机构运动学的定义就是在给定工业机器人操作臂机构构型的前提下，研究末端操作器的运动与各关节运动之间关系的学问。机构的构型是指构成工业机器人操作臂的各个关节、各个杆件之间以确定的相互连接关系及相对位置所构成的机构形式，它涉及到各个关节类型在机构中的配置以及先后顺序。在机器人机构构型确定的情况下，这台机器人机构构成也就唯一地确定下来，也就构成了这种机构的机器人，无论机器人怎样运动，其机构构成都不变。机构的构形（configuration）则是指当机构构型给定情况下，机构运动所形成的形态。机构“构型”与机构“构形”这两个词词义有着本质区别！

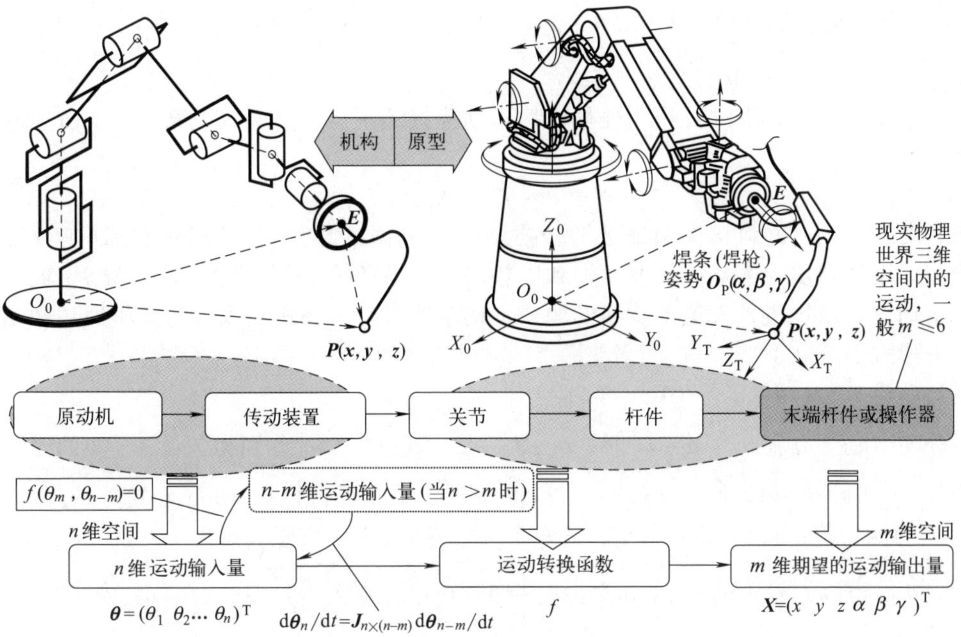

图 3-18 工业机器人操作臂运动的数学描述

由机械原理、机械设计的知识可知，构成机器人的每一个关节都是由原动机（电动机或气缸、液压缸等）驱动的，对于电动机驱动的关节，除力矩电机等直接驱动以外，都需要传动装置进行减速同时增大驱动转矩，因此，我们可以把原动机与传动装置看作机器人各关节的运动输入量即关节角矢量 $\boldsymbol{\theta}=[\theta_1 \quad \theta_2 \quad \theta_3 \cdots \theta_n]^T$，而把末端操作器（或末端杆件）可以看作机器人操作臂的运动输出量即其位置和姿势矢量 $\boldsymbol{X}=[x \quad y \quad z \quad \alpha \quad \beta \quad \gamma]^T$，进一步地，可把由各个关节将各个杆件和构件有序连接组成的机器人机构构型看作运动转换函数 f，即机构将运动输入量转换成末端操作器的期望输出量。如此，机器人运动学也可以表述为在给定运动转换函数 f 即机器人机构构型的前提下，研究关节角矢量即各关节运动输入量 $\boldsymbol{\theta}$ 与末端操作器位置和姿势即期望运动输出量 $\boldsymbol{X}$ 之间关系的学问。

我们知道：现实物理世界当中，任何物体所在的位置和保持的姿势（或称姿态）都是相对的，任何对物体位置和姿势的数学描述离开了所参照的对象物体或系统是毫无意义的。而对物体的位置和姿势的定义和描述是研究机构学、机器人运动控制最为基础的知识。因此，机器人的理论研究首先是从参照系、参照物体、参考坐标系开始的。

3.1.4.1 何谓机器人正运动学?

显然，机器人机构的运动转换功能可以完全用数学上的函数描述出来，即有下式作为任何机构运动描述的函数关系：

$$\boldsymbol{X}=f(\boldsymbol{\theta})$$

已知机构构型即运动转换函数 f 和关节角矢量 $\boldsymbol{\theta}$，求末端操作器运动输出量即其位置和姿势矢量 $\boldsymbol{X}$，此即为机器人正运动学，也称机器人运动学正问题或运动学正解，机器人正运动学通用数学方程描述如下。

机器人的正运动学可以表达成以下形式：

0 阶正运动学方程：$\boldsymbol{X}=f(\boldsymbol{\theta})$；

1 阶微分正运动学方程：$\dot{\boldsymbol{X}}=\dfrac{df(\boldsymbol{\theta})}{dt}=\boldsymbol{J}\dot{\boldsymbol{\theta}}$，其中：$\boldsymbol{J}=\boldsymbol{J}(\boldsymbol{\theta})$；

2 阶微分正运动学方程：$\ddot{\boldsymbol{X}}=\dot{\boldsymbol{J}}\dot{\boldsymbol{\theta}}+\boldsymbol{J}\ddot{\boldsymbol{\theta}}$，其中：$\dot{\boldsymbol{J}}=\dfrac{\mathrm{d}\boldsymbol{J}(\boldsymbol{\theta})}{\mathrm{d}\boldsymbol{\theta}}\dot{\boldsymbol{\theta}}$。

3.1.4.2 何谓机器人逆运动学？

相对于正运动学，下式可作为任何机构运动描述的正运动学函数关系 $\boldsymbol{X}=f(\boldsymbol{\theta})$ 的反函数关系：

$$\boldsymbol{\theta}=f^{-1}(\boldsymbol{X})$$

该反函数关系表示已知机构构型即运动转换函数 f 和末端操作器运动输出量即其位置和姿势矢量 $\boldsymbol{X}$，求能够实现末端操作器位置和姿势 $\boldsymbol{X}$ 的关节角矢量也即运动输入量 $\boldsymbol{\theta}$。此即为机器人逆运动学，也称机器人运动学逆问题或运动学逆解。可将机器人逆运动学通用数学方程描述如下形式。

逆运动学方程：$\boldsymbol{\theta}=f^{-1}(\boldsymbol{X})$。

微分逆运动学方程：当 $n=m$ 时，$\dot{\boldsymbol{\theta}}=\boldsymbol{J}^{-1}\dot{\boldsymbol{X}}$，其中 n、m 分别为矢量 $\boldsymbol{X}$、$\boldsymbol{\theta}$ 的维数；

当 $n>m$ 时，$\dot{\boldsymbol{\theta}}=\boldsymbol{J}^{+}\dot{\boldsymbol{X}}-k(\boldsymbol{I}-\boldsymbol{J}^{+}\boldsymbol{J})\boldsymbol{Z}$，其中：$\boldsymbol{J}$ 为雅可比（Jacbin）矩阵；$\boldsymbol{J}^{+}$ 为雅可比矩阵 $\boldsymbol{J}$ 的伪逆阵；$\boldsymbol{I}$ 为 $n\times n$ 的单位阵；$\boldsymbol{Z}$ 为任意 $n\times1$ 维矢量；k 为一比例系数。且当 $n>m$ 时，$\dot{\boldsymbol{\theta}}_n=\boldsymbol{J}_{n\times(n-m)}\dot{\boldsymbol{\theta}}_{n-m}$，其中：$\dot{\boldsymbol{\theta}}_n=\dot{\boldsymbol{\theta}}$；$\dot{\boldsymbol{\theta}}_{n-m}=[\dot{\theta}_{m+1}\quad\dot{\theta}_{m+2}\quad\cdots\quad\dot{\theta}_n]^{\mathrm{T}}$。

3.1.5 机器人操作臂的坐标系表示与常用的臂部机构构型

【问题讨论】 一般情况下，机器人操作臂的控制都需要首先研究安装在其末端杆件上的末端操作器的位置和姿态。但是因作业不同，末端操作器往往需要更换，并不是机器人操作臂上固有的。那么如何解决在某一机构构型机器人操作臂的末端安装不同机构参数和功能的末端操作器时其运动学问题？是只要有一种末端操作器就需要对安装该末端操作器的机器人操作臂进行一次运动学分析，还是即使末端操作器不同但仍能采用统一的机器人操作臂运动学分析？当然，后者是最好的解决方案。

【讨论结果】 把末端操作器的中心设在其根部的安装位置处，该位置被称为机器人操作臂与末端操作器的“机械接口（mechanical interface）”，因为末端操作器被连接在根部的前端，所以该处的位置和姿态比较易于处理同一操作臂不同作业情况下的运动学解析问题。如图 3-19 所示的机器人操作臂安装有六维力/力矩传感器和仿人多指灵巧手作为末端操作器的实例，其操作臂的末端机械接口位于臂末端且与六维力/力矩传感器的机器人侧机械接口法兰装配在一起。在对机器人操作臂进行机构运动学分析时，为得到操作臂通用的运动学解，将其末端操作器中心设在操作臂的末端机械接口中心点处。但是需要注意的是：当控制机器人操作臂带动其末端安装的六维力/力矩传感器及仿人多指灵巧手进行实际作业时，作业前

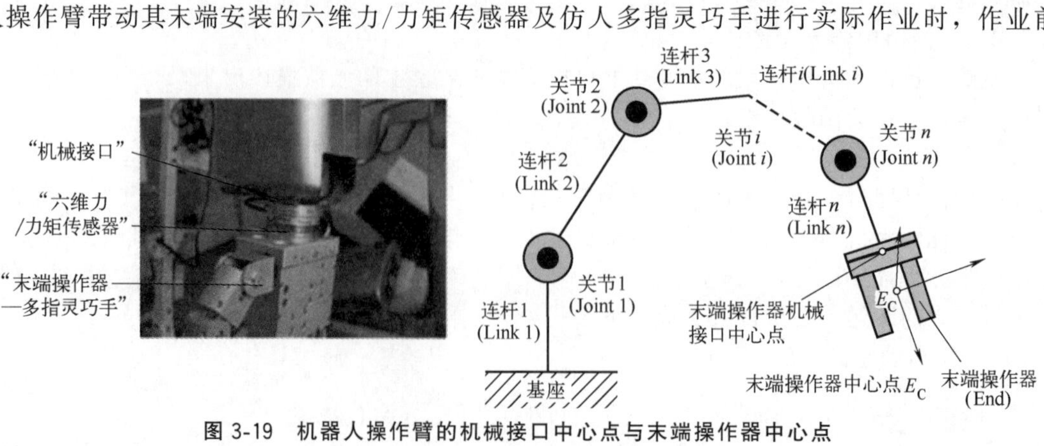

图 3-19 机器人操作臂的机械接口中心点与末端操作器中心点

在控制程序编制上必须将理论上的末端操作器机械接口中心点还原回实际的末端操作器的中心点才能得到正确的运动结果，这两点之间在机构运动学上只是相差一个由六维力/力矩传感器、作为末端操作器的仿人多指灵巧手的机械结构参数确定的位姿矩阵常数而已。

如前所述，为便于机构运动学分析和控制的通用性，取机器人操作臂末端操作器的“机械接口（mechanical interface)”作为末端操作器中心，且：

- 在空间上存在一点，位置坐标用（X，Y，Z）表示；
- 在空间中的姿态或称方向角矢量用（α，β，γ）表示；

则：其位置和姿态组合在一起表示末端操作器位姿（pose)；机器人实际抓握部分成为距离末端操作器中心一定距离的点。

适用于工业机器人的坐标系形式如下。

① 直角坐标系（cartesian coordinates system)：只有移动关节的机器人操作臂，直接构成 x、y、z 坐标轴，如图 3-20（a）所示；

② 极坐标系［polar（spherical）coordinates system］：伸缩式机器人操作臂，在伸缩式关节运动上附加上下回转和整体回转运动，如图 3-20（b）所示；

③ 圆柱坐标系（cylindrical coordinates system)：伸缩和上下运动的机器人操作臂，在伸缩和上下运动上附加整体回转运动，如图 3-20（c）所示；

④ 关节坐标系［articulated（multi-joint）type］：多关节型机器人操作臂，又可分为垂直多关节型和水平多关节型两类，如图 3-20（d）、(e）所示。

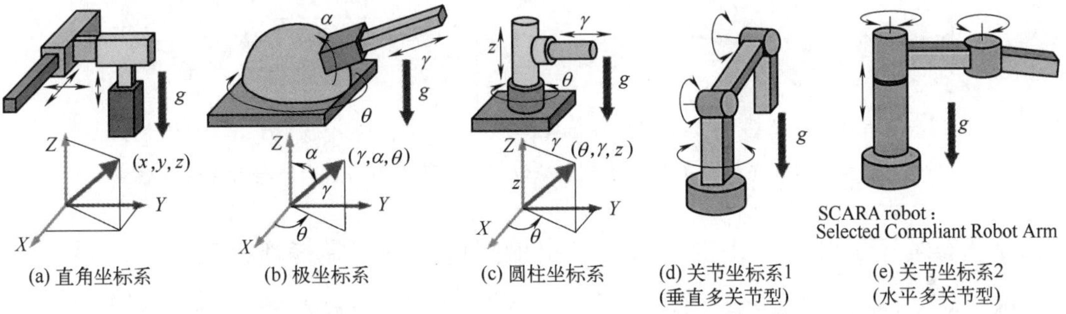

注：图中 g 及垂直向下的箭头表示重力加速度及方向。

图 3-20　工业机器人操作臂的坐标系形式

上述四类常用的操作臂坐标系形式下相应的 3 自由度机构可以作为 6 自由度工业机器人操作臂的前三个自由度不带腕部的操作臂（用来确定带有腕部操作臂腕部关节中心处的位置)，在该操作臂末端杆件上加上带有三个自由度的腕关节就构成 6 自由度操作臂。

3.1.6　作为工业机器人操作臂构形比较基准的初始构形（机构的初始位姿）

机器人操作臂机构初始构形一般选择在各关节轴线间相互平行、重合或垂直的情况下，使得各杆件位于一条直线或者相互垂直的状态，如图 3-21（a）(b）(c）所示，给出了三种不同的初始构形：完全伸展开的初始构形 1；肩部伸展开，大臂、小臂呈垂直，腕部完成 90°的初始构形 2 以及腕部完全伸展开的初始构形 3。这三种构形都可作为该机器人操作臂关节位置与末端位姿相对基准的初始构形，初始构形也即相当于机器人操作臂构形的零位，在工作中机器人操作臂各关节的位置都是相对初始构形下相应各关节位置而言的。工作中机器人操作臂关节角位置相对于初始构形下相应关节角位置的转动或移动关节移动量即为关节位移量（角位移量或线位移量)。初始构形作为机器人工作过程中构形比较基准，也可以被称为零构形；零构形的定义不是唯一的，但必须精确，并需要校准。

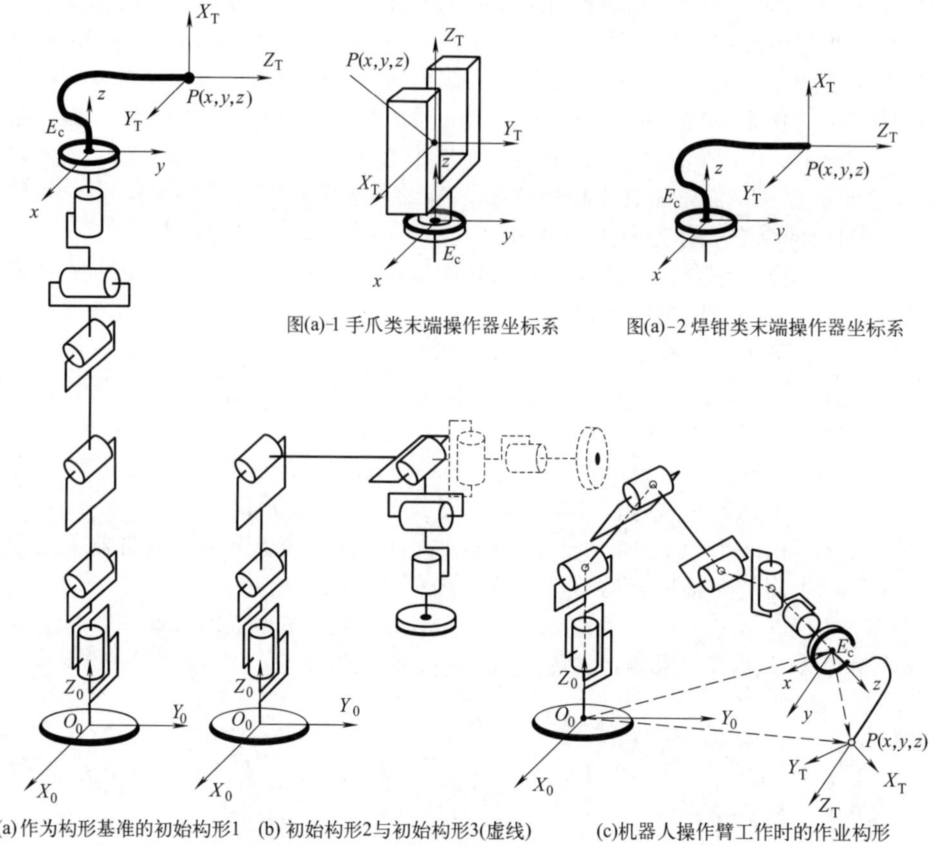

(a)作为构形基准的初始构形1 (b)初始构形2与初始构形3(虚线) (c)机器人操作臂工作时的作业构形

图 3-21　作为机器人操作臂关节位置与末端位姿相对基准的初始构形与末端操作器姿势

3.1.7　安装在工业机器人操作臂末端机械接口处的末端操作器的姿态表示

机器人工作中，其末端操作器在基坐标系 O_0-$X_0Y_0Z_0$ 中是动态变化的。如图 3-22（a）所示，在机器人基坐标系 O_0-$X_0Y_0Z_0$ 中，以末端操作器机械接口法兰的中心点 E_c 为原点，建立与末端操作器固连的直角坐标系 E_c-xyz（简称为 xyz），其中，x、y、z 轴分别取为末端操作器横向、法向、纵向三个方向上的单位矢量（有的书上记为 $\boldsymbol{o}$、$\boldsymbol{s}$、$\boldsymbol{a}$）。则末端操作器的姿态可用三个回转角度表示。机器人操作臂初始构形下末端操作器上固连的坐标系 xyz 在机器人基坐标系 O_0-$X_0Y_0Z_0$ 中的姿态为基准姿态，即如图 3-22（a）所示零姿态，则机器人在工作中如图 3-22（b）所示的末端操作器作业姿态即为该时刻末端操作器上固连的坐标系 xyz 相对其在初始构形下末端操作器坐标系（即零姿态坐标系）的姿态。后面会讲到：末端操作器姿态可以用 9 个元素构成 3×3 的姿态矩阵来表示，这 9 个元素实际上是末端操作器坐标系 xyz 的三个坐标轴单位矢量分别在基坐标系坐标轴上投影分量。但三维现实物理世界空间中末端操作器姿态用三个姿态角即可以表达出来。而且，末端操作器姿态一般是由如图 3-22（c）、（d）所示的机器人操作臂腕部的三个自由度来实现的。

这里介绍两种末端操作器的姿态表示方法：

（1）欧拉（Euler）角表示法

如图 3-23（a）所示，以 Euler（φ，θ，η）对末端操作器的姿态进行表示，绕坐标系轴线的旋转顺序为 $\mathbf{Rot}(\boldsymbol{z},\ \varphi)\rightarrow x'y'z\rightarrow \mathbf{Rot}(\boldsymbol{y}',\ \theta)\rightarrow x''y'z'\rightarrow \mathbf{Rot}(\boldsymbol{z}',\ \eta)\rightarrow x'''y''z'$。则末端

操作器上固连的坐标系 xyz 此时与 $x'''y''z'$ 完全重合，则

我们可以这样理解用欧拉角表示末端操作器姿态：假设末端操作器上固连的坐标系 xyz 与机器人初始构形下末端操作器初始姿态时的坐标系完全重合，则将该初始姿态下的坐标系 xyz 分别按如图 3-23（a）所示的 $\mathbf{Rot}(\boldsymbol{z},\varphi)\rightarrow x'y'z\rightarrow \mathbf{Rot}(\boldsymbol{y}',\theta)\rightarrow x''y'z'\rightarrow \mathbf{Rot}(\boldsymbol{z}',\eta)\rightarrow x'''y''z'$ 变换顺序得到坐标系 $x'''y''z'$，若机器人在工作状态下，末端操作器上固连的坐标系 xyz 与 $x'''y''z'$ 完全重合或平行（即末端操作器坐标系的 $\boldsymbol{x}$、$\boldsymbol{y}$、$\boldsymbol{z}$ 轴分别与 $x'''y''z'$ 坐标系的 $\boldsymbol{x}'''$、$\boldsymbol{y}''$、$\boldsymbol{z}'$ 坐标轴对应重合）或平行，则我们将欧拉角 φ、θ、η 称为末端操作器相对于其初始姿态（即零姿态）的姿态角，并以 φ、θ、η 三个姿态角表示末端操作器姿态。

（2）roll-pitch-yaw 表示法

如图 3-23（b）所示，以（θ_r，θ_p，θ_y）对末端操作器的姿态进行表示，绕坐标系轴线的旋转顺序为 $\mathbf{Rot}(\boldsymbol{z},\theta_r)\rightarrow \mathbf{Rot}(\boldsymbol{y},\theta_p)\rightarrow \mathbf{Rot}(\boldsymbol{x},\theta_y)$。

同样，类似于欧拉角表示法，我们也可以这样理解末端操作器姿态的 roll-pitch-yaw 表示法：假设末端操作器上固连的坐标系 xyz 与机器人初始构形下末端操作器初始姿态时的坐标系完全重合，则将该初始姿态下的坐标系 xyz 分别按如图 3-23（b）所示的 $\mathbf{Rot}(z,\theta_r)\rightarrow \mathbf{Rot}(y,\theta_p)\rightarrow \mathbf{Rot}(x,\theta_y)$ 变换顺序分别先后得到坐标系 $x'y'z'$、$x''y''z''$、$x'''y'''z'''$，若机器人在工作状态下，末端操作器上固连的坐标系 xyz 与 $x'''y'''z'''$ 完全重合或平行（即末端操作器坐标系的 $\boldsymbol{x}$、$\boldsymbol{y}$、$\boldsymbol{z}$ 轴分别与 $x'''y'''z'''$ 坐标系的 $\boldsymbol{x}'''$、$\boldsymbol{y}'''$、$\boldsymbol{z}'''$ 坐标轴对应重合）或平行，则我们将 θ_r、θ_p、θ_y 称为末端操作器相对于其初始姿态（即零姿态）的姿态角，并以 θ_r、θ_p、θ_y 三个姿态角表示末端操作器姿态。

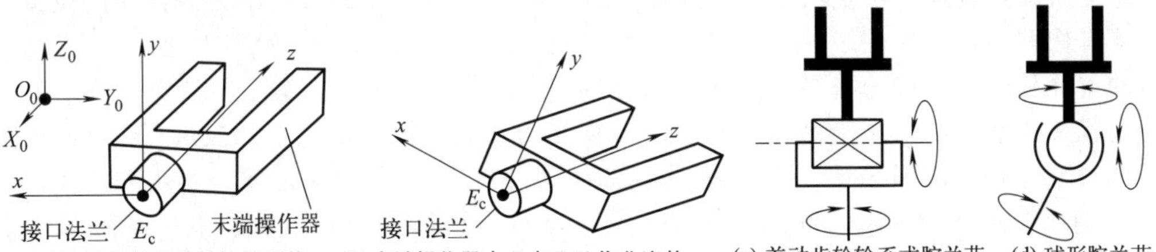

(a) 作为姿势基准的初始姿势　(b) 末端操作器中心点 E_c 及作业姿势　(c) 差动齿轮轮系式腕关节　(d) 球形腕关节

图 3-22　末端操作器姿势与自由度构成

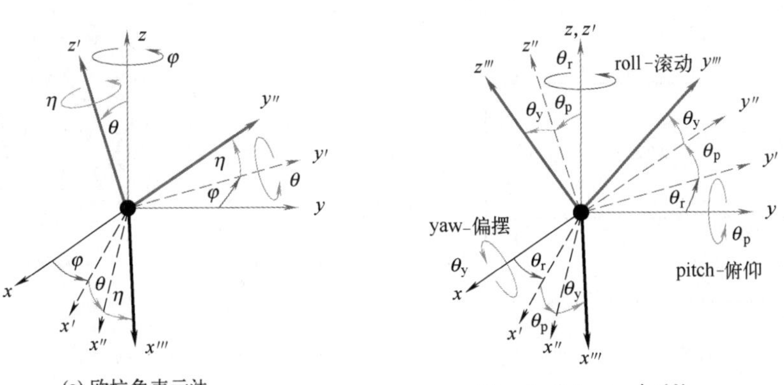

(a) 欧拉角表示法　(b) roll-pitch-yaw表示法

图 3-23　两种末端操作器的姿态表示方法

综上所述，无论是操作臂，还是腿足式机器人的腿与足，它们的机构运动学问题都归结为两类问题：臂部机构、腿部机构的最前端和末端两个构件之间的相对位置和姿态分别与机构运动输入量之间的数学关系的求解；机构中任意两构件之间的相对位置与姿态分别与机构

相关运动输入量之间的数学关系的求解。而且相对运动的数学表达和运动输入与输出关系的求解方法归根结底还是基于通常的解析几何、矢量分析、矩阵分析等理论，而且首先需要从坐标系的建立与坐标变换开始入手。至于解析几何的方法则属于平面解析几何、空间解析几何（即立体解析几何）在机器人机构学中的应用。

3.2 坐标系与坐标变换

3.2.1 物体和坐标系

为了用数学方法描述一个物体或者一个系统在现实物理世界中的位置、姿态或者运动情况，首先需要确定其所在的物理环境中作为测量、表征其他物体或系统在该物理环境中的基准位置和姿态，这就需要在物理环境中选定一个能够作为公共比较的基准点，并且定义从该基准点出发的基准方向。这就是我们通常所说的由坐标原点（系统绝对基准点）和该原点处的三个互相垂直又称正交的坐标轴组成的直角坐标系，并且作为所讨论的系统的绝对坐标系，在该系统中的其他物体或其他系统（该系统的子系统）的位置和姿态都是以此绝对坐标系作为测量或位置、姿态定义的基准。因此，一个所讨论的系统的绝对坐标系就是该系统的零位和零姿态。

3.2.1.1 参考坐标系的建立与参考坐标系的绝对性和相对性的解说

要确定一个物体在三维空间内的位姿，必须选择一个参照物或参照系，离开了参照物或参照系无从确定物体的位置与姿态，也即只有从物体相对所在的参照系去谈物体的位置与姿态，才有物理意义。如图 3-24（a）所示，若要描述现实物理世界三维空间中一个房间内各物体的位置和姿态，首先需要选择参考位置与姿态，也即确定零位置、零姿态，而后其他物体的位置和姿态都是以零位置、零姿态作为基准而量化，图（a）中，选择了离门最近的墙角点作为原点 O，以墙角的三个互相垂直的棱边作为三个坐标轴，建立了参考坐标系 O-XYZ，当然，参考坐标系的选择不是唯一的，也可以选择其他几个墙角点中的任意一点建立参考坐标系，一般来讲，实际情况下，可以便于“测量”和选择空间内绝大多数物体的公共基准为原则，选择、建立参考坐标系 O-XYZ。

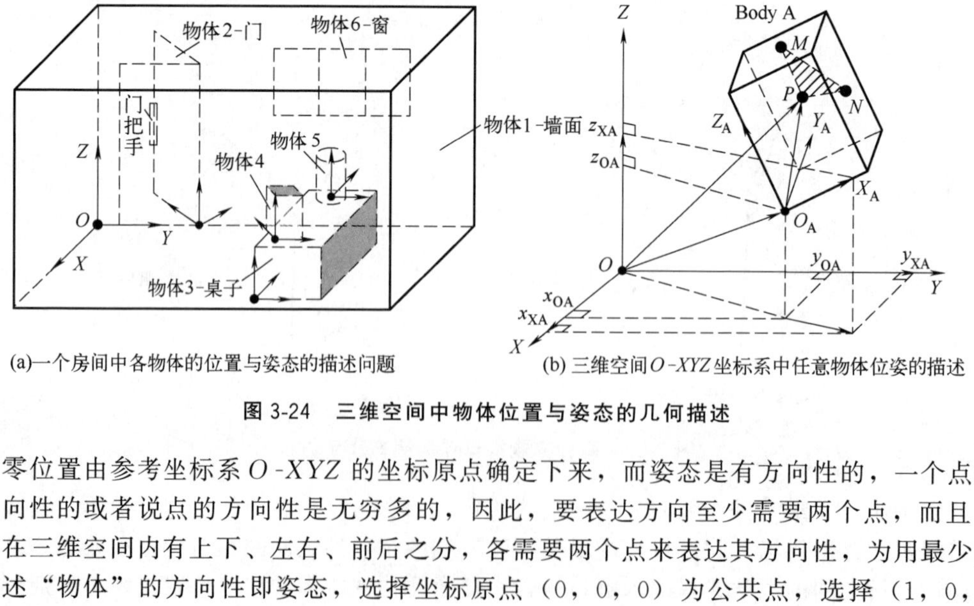

(a)一个房间中各物体的位置与姿态的描述问题　　(b) 三维空间 O-XYZ 坐标系中任意物体位姿的描述

图 3-24　三维空间中物体位置与姿态的几何描述

零位置由参考坐标系 O-XYZ 的坐标原点确定下来，而姿态是有方向性的，一个点是没有方向性的或者说点的方向性是无穷多的，因此，要表达方向至少需要两个点，而且“物体”在三维空间内有上下、左右、前后之分，各需要两个点来表达其方向性，为用最少的点来描述“物体”的方向性即姿态，选择坐标原点（0，0，0）为公共点，选择（1，0，0）、

(0，1，0)、(0，0，1) 三个点作为方向基准点，则零姿态可由三个单位矢量分别作为坐标轴 OX、OY、OZ 轴（简记为 X、Y、Z，分别为 $[1\ 0\ 0]^T$、$[0\ 1\ 0]^T$、$[0\ 0\ 1]^T$ 单位长度矢量）。零位置与零姿态合成在一起即构成了三维空间内任意物体的位置和姿态表达所需的基准位置与姿态 O-XYZ 坐标系，有了参考坐标系，由该坐标系表达的三维空间内任意物体位置和姿态都能够确切地表达出来。这就是用三维空间正交坐标系 O-XYZ 来作为物体参考坐标系的自然原理。

当我们所讨论问题的范围仅限于图 3-24 (a) 所示的这个房间之内时，则建立在该房间一角处的参考坐标系 O-XYZ 就成了我们所讨论问题范围之内的绝对坐标系了。如果我们所讨论的问题是除了这个房间之外，还包括同楼但不同楼层的其他房间，则其他房间也需要建立用来作为各自房间物体位置和姿态确定的基准坐标系（是各自房间范围内的绝对坐标系，当然也是参考坐标系）。显然，要讨论各个房间之间各自物体相对于其他房间物体的位置和姿态乃至运动情况下的位移时，各个房间自己的参考坐标系之间互为参考坐标系，因此是位置和姿态的相对关系。当然，各个房间的参考坐标系的定义既不是唯一的也不是不可替换的，取决于问题讨论者的定义。但在一个系统中必须有统一的规则，这已经在数学中给出了普遍遵守的右手定则，即坐标系 X、Y、Z 轴的定义符合右手定则，也即右手拇指指向为 Z 轴则右手四指握住 Z 轴且四指转向由 X 轴转向 Y 轴。

3.2.1.2　物体坐标系的建立及物体在其参考坐标系中位置和姿态的矩阵表示

建立了参考坐标系 O-XYZ 之后，要描述物体上（或物体内、外）任意点、线、面的位置和线、面的方向（姿势），还需要在物体上建立与物体固连的物体坐标系。如图 3-24 (a) 所示，要描述物体 1-墙面、物体 2-门、物体 3-桌子、物体 4-长方体、物体 5-圆柱体、物体 6-墙上的窗等各物体在三维空间 O-XYZ 内的位置、姿态，需要在各物体上建立各物体坐标系。物体坐标系与物体固连在一起，物体位置、姿态变化了，则该物体坐标系与物体位置、姿态作完全一样的变化，就好像将物体坐标系永久性地“焊接”在物体上一样。物体坐标系的建立也不是唯一的，物体坐标系的坐标原点可以作为该物体的基准点，物体坐标系的三个互相正交的坐标轴则表达了该物体的姿势，则物体上（或物体内、外）任意一点、线、面、体即可在物体坐标系表达其位置和姿态（点无姿态要表达，以下不再加以特别说明），也可以在参考坐标系内表达其位置和姿态；而且，物体坐标系还可以有多个参考坐标系，当然也可在这多个参考坐标系内分别表达其位置和姿态。也即一个物体坐标系可能是该物体上其他物体的参考坐标系。当一个参考坐标系是该坐标系表达空间中所有物体的参考坐标系，也即是其空间内所有物体的公共基准时，该参考坐标系则称为基坐标系或世界坐标系，如重力场内所有物体的参考坐标系即为世界坐标系；当参考坐标系只是世界坐标系中部分关联物体所成系统的公共基准时，则称为局部坐标系。

如图 3-24 (a) 所示，物体 3-桌子上建立的物体坐标系是以 O-XYZ 为参考坐标系的，而物体 3-桌子上的物体 4-长方体、物体 5-圆柱体又是以物体 3-桌子上固连的物体坐标系为参考坐标系的。显然，物体坐标系与物体坐标系、物体坐标系与参考坐标系之间存在着两种相互转换关系：一种是坐标系相对平移、另一种则是坐标系之间的相对回转变换关系。如，物体 2-门上固连的物体坐标系可以这样看待：物体坐标系初始时位置（坐标原点）与姿态（三正交坐标轴）分别与参考坐标系 O-XYZ 的原点与坐标轴完全重合，然后将物体坐标系沿着 O-XYZ 坐标系的 Y 轴平移至门轴处，将平移后的物体坐标系与闭合的门固连，则称为物体 2-门上固连的物体坐标系，门绕门轴（即平移后的 Z 轴）回转即门开启至任意位置，该固连在门上的物体坐标系位置与姿态即表示了门的位置与姿态。图 (a) 中其他物体的物体坐标系也可以类似地由初始的参考坐标系 O-XYZ 经一系列的沿着 X、Y、Z 轴的平移变换以及绕着每次变换后坐标轴的回转变换得到。因此，坐标系沿着坐标轴的平移变换和绕坐标轴的回转变换为坐标变换的两种基本形式。

经过上述分析，可以得到如图 3-24（b）所示三维空间内任意物体以及该物体上（或该物体内、外）任意点的位置描述问题。现实物理世界三维空间 O-XYZ 中的任一刚体物体 A 的位置和姿态都可用六个坐标分量 X_A、Y_A、Z_A、α、β、γ 来表示。但实际上，一般不用 α、β、γ 角度来表示姿态，而是用与物体 A 固连的物体坐标系 O_A-$X_AY_AZ_A$ 的 X_A、Y_A、Z_A 坐标轴矢量分别在参考坐标系 O-XYZ 中 X、Y、Z 轴上的投影矢量所构成的矩阵来表示，如图 3-24（b）所示。物体 A 上物体坐标系的 X_A 轴单位矢量在其物体坐标系中为 $[1\ 0\ 0]^T$，而其在参考坐标系 O-XYZ 中 X、Y、Z 轴上的投影矢量分别为 $[x_{XA}-x_{OA}\quad 0\quad 0]^T$、$[0\quad y_{XA}-y_{OA}\quad 0]^T$、$[0\quad 0\quad z_{XA}-z_{OA}]^T$，则物体 A 上物体坐标系的 X_A 轴在参考坐标系 O-XYZ 中的矢量表示为 $[x_{XA}-x_{OA}\quad y_{XA}-y_{OA}\quad z_{XA}-z_{OA}]^T$；同理，物体 A 上物体坐标系的 Y_A 轴、Z_A 在参考坐标系 O-XYZ 中的矢量表示分别为 $[x_{YA}-x_{OA}\quad y_{YA}-y_{OA}\quad z_{YA}-z_{OA}]^T$、$[x_{ZA}-x_{OA}\quad y_{ZA}-y_{OA}\quad z_{ZA}-z_{OA}]^T$，$x_{XA}$、$y_{XA}$、$z_{XA}$、$x_{YA}$、$y_{YA}$、$z_{YA}$、$x_{ZA}$、$y_{ZA}$、$z_{ZA}$ 均分别为物体坐标系 X_A、Y_A、Z_A 坐标轴单位矢量箭头端点在参考坐标系 O-XYZ 中的坐标分量，为图中表达清晰，图 3-24（b）中未给出 x_{YA}、y_{YA}、z_{YA}、x_{ZA}、y_{ZA}、z_{ZA}。则，物体坐标系 O_A-$X_AY_AZ_A$ 在参考坐标系 O-XYZ 中的姿态矩阵 ${}^O\boldsymbol{R}_{OA}$ 可用如下矩阵表示：

$${}^O\boldsymbol{R}_{OA}=\begin{bmatrix} x_{XA}-x_{OA} & x_{YA}-x_{OA} & x_{ZA}-x_{OA} \\ y_{XA}-y_{OA} & y_{YA}-y_{OA} & y_{ZA}-y_{OA} \\ z_{XA}-z_{OA} & z_{YA}-z_{OA} & z_{ZA}-z_{OA} \end{bmatrix}$$

其中，姿态矩阵 ${}^O\boldsymbol{R}_{OA}$ 的右下标 OA 和左上标 O 表示物体坐标系 O_A-$X_AY_AZ_A$ 相对于参考坐标系 O-XYZ 的姿势，也表达物体 A 在参考坐标系 O-XYZ 中的姿势。

物体 A 上固连的物体坐标系 O_A-$X_AY_AZ_A$ 的坐标原点 O_A 在其自身物体坐标系中的位置坐标为（0，0，0），坐标原点 O_A 在其自身物体坐标系中的矢量也为 $[0\ 0\ 0]^T$；但是，坐标原点 O_A 在其参考坐标系中的位置及矢量表示分别为（x_{OA}，y_{OA}，z_{OA}）、$[x_{OA}\quad y_{OA}\quad z_{OA}]^T$。

为了将物体（或者物体坐标系）在参考坐标系中的位置和姿态一起表达出来，引入如下式形式的齐次矩阵 ${}^O\boldsymbol{A}_{OA}$ 表示，即将 3×3 的姿态矩阵 ${}^O\boldsymbol{R}_{OA}$ 向下向右增加一行一列变成 4×4 的位置和姿态齐次矩阵：

$${}^O\boldsymbol{A}_{OA}=\begin{bmatrix} x_{XA}-x_{OA} & x_{YA}-x_{OA} & x_{ZA}-x_{OA} & x_{OA} \\ y_{XA}-y_{OA} & y_{YA}-y_{OA} & y_{ZA}-y_{OA} & y_{OA} \\ z_{XA}-z_{OA} & z_{YA}-z_{OA} & z_{ZA}-z_{OA} & z_{OA} \\ 0 & 0 & 0 & 1 \end{bmatrix}$$

需要注意的是：上述表达式均是在物体坐标系 O_A-$X_AY_AZ_A$ 的各坐标轴均为单位矢量的前提条件下才成立的。即 $[x_{XA}-x_{OA}\quad y_{XA}-y_{OA}\quad z_{XA}-z_{OA}]^T$、$[x_{YA}-x_{OA}\quad y_{YA}-y_{OA}\quad z_{YA}-z_{OA}]^T$、$[x_{ZA}-x_{OA}\quad y_{ZA}-y_{OA}\quad z_{ZA}-z_{OA}]^T$，也均为单位矢量。

若物体坐标系各坐标轴为非单位矢量，则姿态矩阵各列向量需归一化处理，才能表示姿态矩阵。即为下列公式：

$$
{}^{O}\boldsymbol{R}_{OA}=\begin{bmatrix}
\dfrac{x_{XA}-x_{OA}}{l_x} & \dfrac{x_{YA}-x_{OA}}{l_y} & \dfrac{x_{ZA}-x_{OA}}{l_z}\\
\dfrac{y_{XA}-y_{OA}}{l_x} & \dfrac{y_{YA}-y_{OA}}{l_y} & \dfrac{y_{ZA}-y_{OA}}{l_z}\\
\dfrac{z_{XA}-z_{OA}}{l_x} & \dfrac{z_{YA}-z_{OA}}{l_y} & \dfrac{z_{ZA}-z_{OA}}{l_z}
\end{bmatrix}
$$

$$
{}^{O}\boldsymbol{A}_{OA}=\begin{bmatrix}
\dfrac{x_{XA}-x_{OA}}{l_x} & \dfrac{x_{YA}-x_{OA}}{l_y} & \dfrac{x_{ZA}-x_{OA}}{l_z} & x_{OA}\\
\dfrac{y_{XA}-y_{OA}}{l_x} & \dfrac{y_{YA}-y_{OA}}{l_y} & \dfrac{y_{ZA}-y_{OA}}{l_z} & y_{OA}\\
\dfrac{z_{XA}-z_{OA}}{l_x} & \dfrac{z_{YA}-z_{OA}}{l_y} & \dfrac{z_{ZA}-z_{OA}}{l_z} & z_{OA}\\
0 & 0 & 0 & 1
\end{bmatrix}
$$

式中　$l_x=\sqrt{(x_{XA}-x_{OA})^2+(y_{XA}-y_{OA})^2+(z_{XA}-z_{OA})^2}$；

$l_y=\sqrt{(x_{YA}-x_{OA})^2+(y_{YA}-y_{OA})^2+(z_{YA}-z_{OA})^2}$；

$l_z=\sqrt{(x_{ZA}-x_{OA})^2+(y_{ZA}-y_{OA})^2+(z_{ZA}-z_{OA})^2}$。

物体 A 在其自身物体坐标系 O_A-$X_AY_AZ_A$ 中的位置和姿态齐次矩阵为单位阵 $\boldsymbol{I}$，即：

$$
{}^{OA}\boldsymbol{R}_{OA}=\boldsymbol{I}_{3\times3}=\begin{bmatrix}1&0&0\\0&1&0\\0&0&1\end{bmatrix};\quad {}^{OA}\boldsymbol{A}_{OA}=\boldsymbol{I}_{4\times4}=\begin{bmatrix}1&0&0&0\\0&1&0&0\\0&0&1&0\\0&0&0&1\end{bmatrix}
$$

以上用几何投影的方法给出了物体坐标系或者物体的位置及姿态在参考坐标系中的齐次矩阵表示，这个齐次矩阵也是将物体坐标系内（即物体上或物体内外）任意点在物体坐标系内的位置坐标变换到参考坐标系、基坐标系、局部坐标系或世界坐标系内的位置坐标的变换矩阵。如图 3-24（b）所示，物体 A 上（或物体内外）有一点 P，P 点在物体坐标系中的位置坐标为 $P(X_{AP}, Y_{AP}, Z_{AP})$，那么，点 P 在参考坐标系 O-XYZ 中的位置坐标以位置矢量 $\boldsymbol{P}$ 表示，则 $\boldsymbol{P}$ 为：

$$
\boldsymbol{P}={}^{O}\boldsymbol{P}_{OA}=\begin{bmatrix}x_{OP}\\y_{OP}\\z_{OP}\\1\end{bmatrix}={}^{O}\boldsymbol{A}_{OA}\begin{bmatrix}X_{AP}\\Y_{AP}\\Z_{AP}\\1\end{bmatrix}
$$

值得指出的是：

① 参考坐标系被作为一个多物体系统的基坐标系或世界坐标系时，与参考坐标系固连的物体一般被定义为“地”或“基础”，有无几何形状皆可。

② 多数情况下，${}^{O}\boldsymbol{R}_{OA}$、${}^{O}\boldsymbol{A}_{OA}$ 分别是物体间相对回转角度、相对移动位移等自变量的函数。对于两个或两个以上有相对运动的物体而言，物体坐标系原点坐标及其各坐标轴在参考坐标系各坐标轴上的投影矢量都不是定值，因此，前述矩阵 ${}^{O}\boldsymbol{R}_{OA}$、${}^{O}\boldsymbol{A}_{OA}$ 一般无法直接写出矩阵值。在机构运动分析中，通常都是一个物体（或构件）与另一个物体之间或绕某轴线相对回转或者沿着某坐标轴相对平移。

③ ${}^{O}\boldsymbol{R}_{OA}$、${}^{O}\boldsymbol{A}_{OA}$ 可以把物体坐标系中构成线、面、体等几何要素的所有点的位置坐标变换到参考坐标系中的位置坐标，即可以完成线、面、体的坐标变换。以如图 3-24（b）所

示的 ΔPMN 为例加以说明，物体 A 上的三点 P、M、N 在物体坐标系 O_A-$X_AY_AZ_A$ 中的坐标分别为 $P(X_{AP}, Y_{AP}, Z_{AP})$、$M(X_{AM}, Y_{AM}, Z_{AM})$、$N(X_{AN}, Y_{AN}, Z_{AN})$，则 PMN 三个角点在参考坐标系 O-XYZ 中位置矢量 $\boldsymbol{P}$、$\boldsymbol{M}$、$\boldsymbol{N}$ 为：

$$\boldsymbol{P}={}^{O}\boldsymbol{P}_{OA}=\begin{bmatrix}x_{OP}\\y_{OP}\\z_{OP}\\1\end{bmatrix}={}^{O}\boldsymbol{A}_{OA}\begin{bmatrix}X_{AP}\\Y_{AP}\\Z_{AP}\\1\end{bmatrix};\ \boldsymbol{M}={}^{O}\boldsymbol{M}_{OA}=\begin{bmatrix}x_{OM}\\y_{OM}\\z_{OM}\\1\end{bmatrix}={}^{O}\boldsymbol{A}_{OA}\begin{bmatrix}X_{AM}\\Y_{AM}\\Z_{AM}\\1\end{bmatrix};$$

$$\boldsymbol{N}={}^{O}\boldsymbol{N}_{OA}=\begin{bmatrix}x_{ON}\\y_{ON}\\z_{ON}\\1\end{bmatrix}={}^{O}\boldsymbol{A}_{OA}\begin{bmatrix}X_{AN}\\Y_{AN}\\Z_{AN}\\1\end{bmatrix}$$

将以上三式合在一起可写出将物体坐标系中的三角形 ΔPMN 变换到参考坐标系中的坐标变换方程为：

$$[\boldsymbol{P}\quad\boldsymbol{M}\quad\boldsymbol{N}]=\begin{bmatrix}x_{OP}&x_{OM}&x_{ON}\\y_{OP}&y_{OM}&y_{ON}\\z_{OP}&z_{OM}&z_{ON}\\1&1&1\end{bmatrix}={}^{O}\boldsymbol{A}_{OA}\begin{bmatrix}X_{AP}&X_{AM}&X_{AN}\\Y_{AP}&Y_{AM}&X_{AN}\\Z_{AP}&Z_{AM}&X_{AN}\\1&1&1\end{bmatrix}$$

显然，矩阵［$\boldsymbol{PMN}$］即显式和隐式地表达了在参考坐标系 O-XYZ 中的 ΔPMN 所有的几何信息。所谓隐式信息是指可以从此矩阵中进一步推得该三角形的几何形心、面积、周长、边长等数据。

3.2.2 物体间相对运动坐标变换的解析几何分析与齐次坐标变换矩阵

3.2.2.1 齐次坐标变换矩阵

如果把“地”“基础”看作是有无几何形状皆可的“根”物体，由“根”物体开始形成树形结构一样多物体系统结构，每个物体上都有物体坐标系，每个物体都有其被参照物体上的参考坐标系。只要物体与被参照物体之间有确定的相对运动关系，参考坐标系与物体坐标系之间就有确定的坐标变换关系，而且物体也可能成为被参照物体，则其物体坐标系即成为其上连接着的物体的参考坐标系，如此，“树形”结构的多物体系统中，物体与物体之间的相对运动形成的坐标变换关系可由回转变换、平移变换两类基本坐标变换依次按照物体间相对回转、相对平移运动复合而成。因此，需要推导出最基本的回转变换、平移变换关系。

（1）物体坐标系相对参考坐标系回转的坐标变换关系

① 绕 X 轴回转 θ 角的坐标变换矩阵 $\boldsymbol{Rot}(\boldsymbol{X}, \theta)$。

如图 3-25 所示，假设回转变换前物体 A 上固连的物体坐标系 O_A-$X_AY_AZ_A$ 与参考坐标系 O-XYZ 完全重合，物体与其所固连的物体坐标系一起绕参考坐标系的 X 轴（也即 X_A 轴）回转 θ 角，则由图 3-25 中所示的解析几何关系可得回转 θ 角后，物体 A 上一点 P 在参考坐标系中的坐标 $P(X, Y, Z)$ 为：

$$X=X_A=1\times X_A+0\times Y_A+0\times Z_A=[1\quad 0\quad 0]\,[X_A\quad Y_A\quad Z_A]^{T}$$

$$Y=Y_A\cos\theta-Z_A\sin\theta=0\times X_A+\cos\theta\times Y_A-\sin\theta\times Z_A=[0\quad \cos\theta\quad -\sin\theta]\,[X_A\quad Y_A\quad Z_A]^{T}$$

$$Z=Y_A\sin\theta+Z_A\cos\theta=0\times X_A+\sin\theta\times Y_A+\cos\theta\times Z_A=[0\quad \sin\theta\quad \cos\theta]\,[X_A\quad Y_A\quad Z_A]^{T}$$

则将上述解析几何关系式写成矢量与矩阵的形式有：

$$^{O}\boldsymbol{P}_{OA}=\begin{bmatrix}X\\Y\\Z\end{bmatrix}=\begin{bmatrix}1&0&0\\0&\cos\theta&-\sin\theta\\0&\sin\theta&\cos\theta\end{bmatrix}\begin{bmatrix}X_A\\Y_A\\Z_A\end{bmatrix}=\boldsymbol{Rot}(X,\theta)\cdot{}^{OA}\boldsymbol{P}_{OA}$$

其中，绕 X 轴回转 θ 角的坐标变换矩阵 $\boldsymbol{Rot}(X,\theta)=\begin{bmatrix}1&0&0\\0&\cos\theta&-\sin\theta\\0&\sin\theta&\cos\theta\end{bmatrix}$

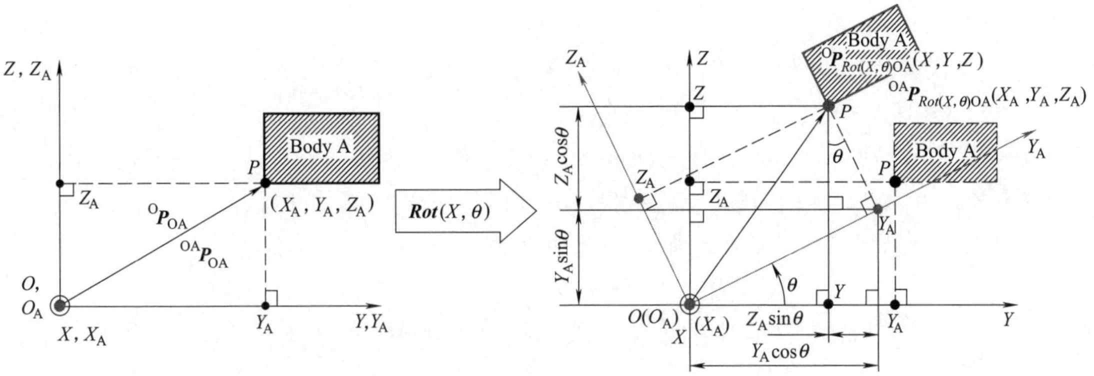

图 3-25　物体 A 固连的物体坐标系与参考坐标系之间绕 X 轴回转 θ 角的回转坐标变换

② 绕 Y 轴回转 θ 角的坐标变换矩阵 $\boldsymbol{Rot}(\boldsymbol{Y},\theta)$。

如图 3-26 所示，假设回转变换前物体 A 上固连的物体坐标系 O_A-$X_AY_AZ_A$ 与参考坐标系 O-XYZ 完全重合，物体与其所固连的物体坐标系一起绕参考坐标系的 $\boldsymbol{Y}$ 轴（也即 $\boldsymbol{Y}_A$ 轴）回转 θ 角，则由图 3-26 中所示的解析几何关系可得回转 θ 角后，物体 A 上一点 P 在参考坐标系中的坐标 $P(X,Y,Z)$ 为：

$X=X_A\cos\theta+Z_A\sin\theta=\cos\theta\times X_A+0\times Y_A+\sin\theta\times Z_A=[\cos\theta\quad 0\quad \sin\theta][X_A\quad Y_A\quad Z_A]^T$

$Y=Y_A=0\times X_A+1\times Y_A+0\times Z_A=[0\quad 1\quad 0][X_A\quad Y_A\quad Z_A]^T$；

$Z=-X_A\sin\theta+Z_A\cos\theta=-\sin\theta\times X_A+0\times Y_A+\cos\theta\times Z_A$

$\quad=[-\sin\theta\quad 0\quad \cos\theta][X_A\quad Y_A\quad Z_A]^T$

则将上述解析几何关系式写成矢量与矩阵的形式有：

$$^{O}\boldsymbol{P}_{OA}=\begin{bmatrix}X\\Y\\Z\end{bmatrix}=\begin{bmatrix}\cos\theta&0&\sin\theta\\0&1&0\\-\sin\theta&0&\cos\theta\end{bmatrix}\begin{bmatrix}X_A\\Y_A\\Z_A\end{bmatrix}=\boldsymbol{Rot}(Y,\theta)\cdot{}^{OA}\boldsymbol{P}_{OA}$$

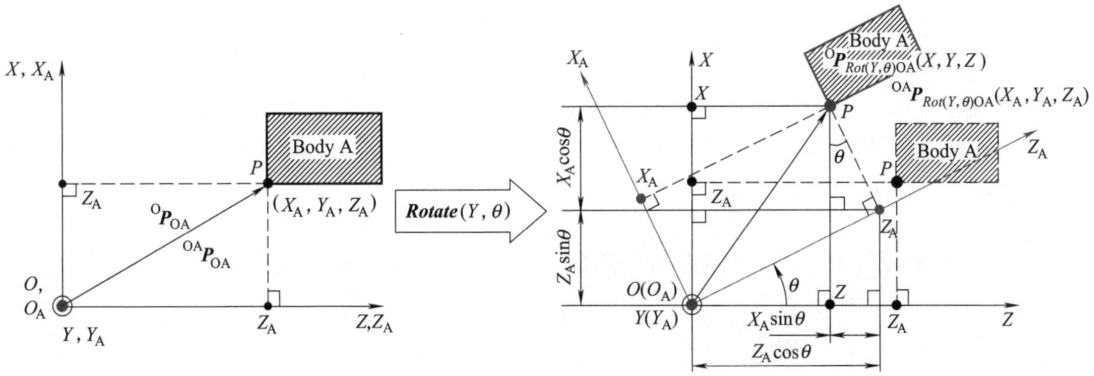

图 3-26　物体 A 固连的物体坐标系与参考坐标系之间绕 Y 轴回转 θ 角的回转坐标变换

其中，绕 $\boldsymbol{Y}$ 轴回转 θ 角的坐标变换矩阵 $\boldsymbol{Rot}(Y,\theta)=\begin{bmatrix}\cos\theta & 0 & \sin\theta\\ 0 & 1 & 0\\ -\sin\theta & 0 & \cos\theta\end{bmatrix}$

③ 绕 $\boldsymbol{Z}$ 轴回转 θ 角的坐标变换矩阵 $Rot(\boldsymbol{Z},\theta)$。

如图 3-27 所示，假设回转变换前物体 A 上固连的物体坐标系 O_A-$X_AY_AZ_A$ 与参考坐标系 O-XYZ 完全重合，物体与其所固连的物体坐标系一起绕参考坐标系的 Z 轴（也即 Z_A 轴）回转 θ 角，则由图 3-27 中所示的解析几何关系可得回转 θ 角后，物体 A 上一点 P 在参考坐标系中的坐标 $P(X,Y,Z)$ 为：

$$X=X_A\cos\theta-Y_A\sin\theta=\cos\theta\times X_A-\sin\theta\times Y_A+0\times Z_A$$
$$=[\cos\theta\quad -\sin\theta\quad 0]\,[X_A\quad Y_A\quad Z_A]^T$$
$$Y=X_A\sin\theta+Y_A\cos\theta=\sin\theta\times X_A+\cos\theta\times Y_A+0\times Z_A=[\sin\theta\quad \cos\theta\quad 0]\,[X_A\quad Y_A\quad Z_A]^T$$
$$Z=Z_A=0\times X_A+0\times Y_A+1\times Z_A=[0\quad 0\quad 1]\,[X_A\quad Y_A\quad Z_A]^T$$

则，将上述解析几何关系式写成矢量与矩阵的形式有：

$$^{O}\boldsymbol{P}_{OA}=\begin{bmatrix}X\\Y\\Z\end{bmatrix}=\begin{bmatrix}\cos\theta & -\sin\theta & 0\\ \sin\theta & \cos\theta & 0\\ 0 & 0 & 1\end{bmatrix}\begin{bmatrix}X_A\\Y_A\\Z_A\end{bmatrix}=\boldsymbol{Rot}(Z,\theta)\cdot{}^{OA}\boldsymbol{P}_{OA}$$

其中，绕 $\boldsymbol{Z}$ 轴回转 θ 角的坐标变换矩阵 $\boldsymbol{Rot}(Z,\theta)=\begin{bmatrix}\cos\theta & -\sin\theta & 0\\ \sin\theta & \cos\theta & 0\\ 0 & 0 & 1\end{bmatrix}$

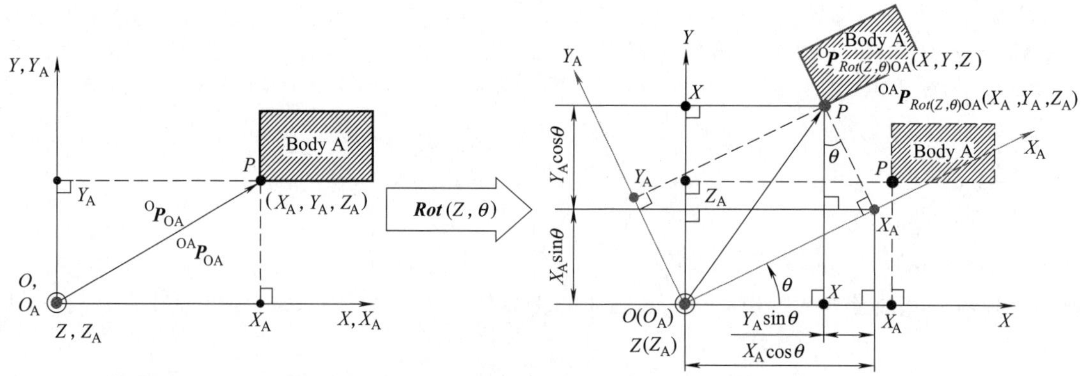

图 3-27　物体 A 固连的物体坐标系与参考坐标系之间绕 Z 轴回转 θ 角的回转坐标变换

（2）物体坐标系相对参考坐标系平移的坐标变换关系

① 沿着 $\boldsymbol{X}$ 轴平移 P_x 的坐标变换矩阵 $\boldsymbol{Trans}(\boldsymbol{X},P_x)$。

如图 3-28 所示，假设平移变换前物体 A 上固连的物体坐标系 O_A-$X_AY_AZ_A$ 与参考坐标系 O-XYZ 完全重合，物体与其所固连的物体坐标系一起只沿着参考坐标系的 X 轴（也即 X_A 轴）平移 P_x，则由图 3-28 中所示的解析几何关系可得平移 P_x 后，物体 A 上一点 P 在参考坐标系中的坐标 $P(X,Y,Z)$ 为：

$$X=X_A+P_X;\ Y=Y_A;\ Z=Z_A$$

则，将上述解析几何关系式写成矢量与矩阵的形式有：

$$^{O}\boldsymbol{P}_{OA}=\begin{bmatrix}X\\Y\\Z\end{bmatrix}=\begin{bmatrix}X_A\\Y_A\\Z_A\end{bmatrix}+\begin{bmatrix}P_x\\0\\0\end{bmatrix}={}^{OA}\boldsymbol{P}_{OA}+{}^{O}\boldsymbol{P}_{xO}$$

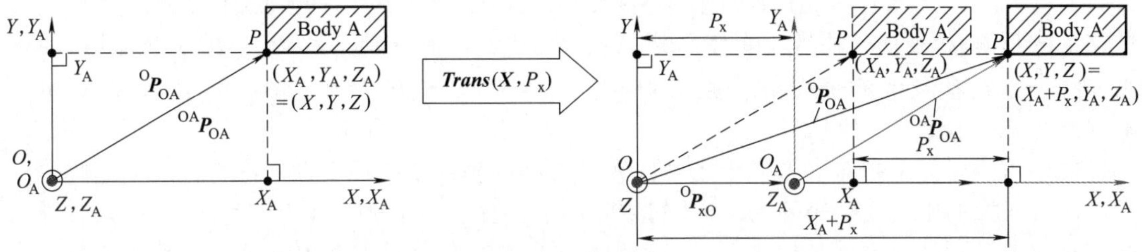

图 3-28　物体 A 固连的物体坐标系与参考坐标系之间只沿 X 轴平移 P_x 距离时的平移坐标变换

其中，沿着 **X** 轴平移 P_x 距离的坐标变换矩阵（3×1 矢量）***Trans***$(X, P_x)=[P_x \quad 0 \quad 0]^T$。

② 沿着 **Y** 轴平移 P_y 的坐标变换矩阵 ***Trans***$(\boldsymbol{Y}, P_y)$。

同前述①理，沿 **Y** 轴平移 P_y 距离的坐标变换矩阵（3×1 矢量）***Trans***$(\boldsymbol{Y}, P_y)$ 为：

$$\boldsymbol{Trans}(Y,P_y)=\begin{bmatrix}0\\P_y\\0\end{bmatrix}$$

③ 沿着 **Z** 轴平移 P_z 的坐标变换矩阵 ***Trans***$(\boldsymbol{Z}, P_z)$。

同前述①理，沿 **Z** 轴平移 P_z 距离的坐标变换矩阵（3×1 矢量）***Trans***$(\boldsymbol{Z}, P_z)$ 为：

$$\boldsymbol{Trans}(Z,P_z)=\begin{bmatrix}0\\0\\P_z\end{bmatrix}$$

④ 沿着 **X**、**Y**、**Z** 轴分别平移 P_x、P_y、P_z 的坐标变换矩阵 ***Trans***$(X/Y/Z, P_x/P_y/P_z)$。

与前述①同理并如图 3-29 所示，沿着 **X**、**Y**、**Z** 轴分别平移 P_x、P_y、P_z 距离的坐标变换矩阵（3×1 矢量）*Trans*（$\boldsymbol{X}/\boldsymbol{Y}/\boldsymbol{Z}$，$P_x/P_y/P_z$）为：

$$\boldsymbol{Trans}(X/Y/Z,P_x/P_y/P_z)=\boldsymbol{Trans}(X,P_x)+\boldsymbol{Trans}(Y,P_y)+\boldsymbol{Trans}(Z,P_z)=\begin{bmatrix}P_x\\P_y\\P_z\end{bmatrix}$$

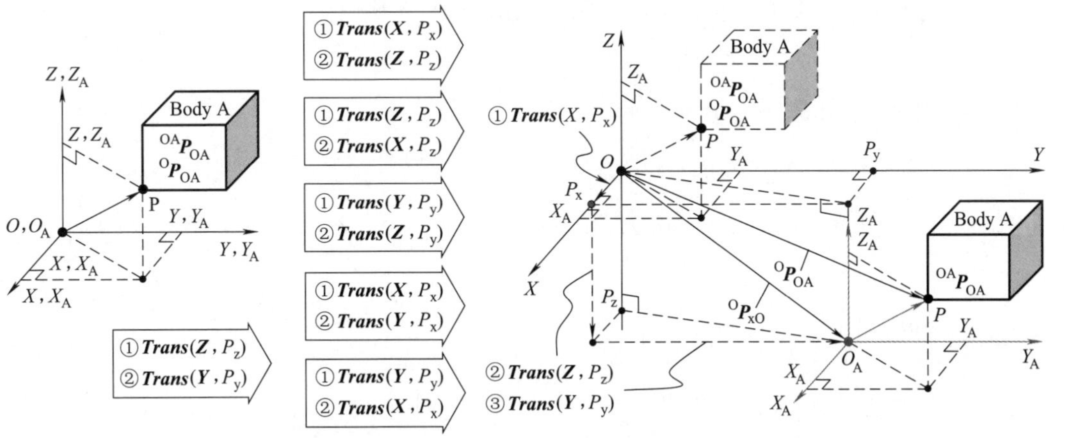

图 3-29　物体 A 固连的物体坐标系与参考坐标系之间分别沿着 X、Y、Z 轴平移 P_x、P_y、P_z 距离时的平移坐标变换

由上式可知：沿着 **X**、**Y**、**Z** 轴分别平移 P_x、P_y、P_z 距离的坐标变换矩阵为沿 **X** 轴平移 P_x 距离的坐标变换矩阵 ***Trans***$(\boldsymbol{X}, P_x)$、沿 **Y** 轴平移 P_y 距离的坐标变换矩阵 ***Trans***

(**Y**，P_y)、沿 **Z** 轴平移 P_z 距离的坐标变换矩阵 ***Trans***(**Z**，P_z) 三者的代数和，且与它们平移的先后顺序无关。显然，物体坐标系沿 **X**、**Y**、**Z** 轴分别平移 $\boldsymbol{P}_x$、$\boldsymbol{P}_y$、$\boldsymbol{P}_z$ 距离的坐标变换即是在参考坐标系中沿着原点 **O**(**0**，**0**，**0**) 至 **P**($\boldsymbol{P}_x$、$\boldsymbol{P}_y$、$\boldsymbol{P}_z$) 点连线矢量 ${}^{O}\boldsymbol{P}_{OA}$ 平移的坐标变换。

(3) 物体坐标系相对参考坐标系既回转又平移的坐标变换关系即齐次坐标变换矩阵

回转变换的坐标变换矩阵为 3×3 的方阵，平移变换的坐标变换矩阵为 3×1 的矩阵即为列矢量，现在考察：物体坐标系相对参考坐标系既有回转变换又有平移变换情况下，坐标变换的解析几何关系。如图 3-30 所示，物体 A 上固连的物体坐标系 O_A-$X_AY_AZ_A$ 相对参考坐标系 O-XYZ 做绕 Z 轴回转 θ 角的回转运动，然后再沿 **X**、**Y**、**Z** 轴分别平移 P_x、P_y、P_z 距离的相对运动。根据图 3-30 所示的解析几何关系（图中 $P_z=0$，即沿 **Z** 轴平移距离为 0 也即无平移），有点 $P(X，Y，Z)$ 在参考坐标系 O-XYZ 中的坐标方程为：

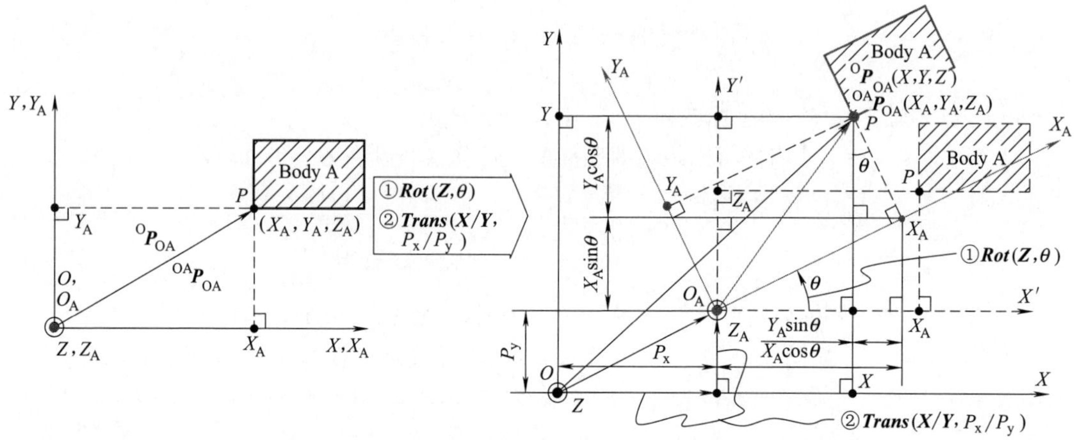

图 3-30 物体 A 固连的物体坐标系与参考坐标系之间绕 Z 轴回转 θ 角再沿 X、Y 轴平移 P_x、P_y 距离的坐标变换 [说明：图中 $Trans(X/Y，P_x/P_y)$ 中的“/”不表示除法运算符]

$$X=X_A\cos\theta-Y_A\sin\theta+P_x=\cos\theta\times X_A-\sin\theta\times Y_A+0\times Z_A+P_x$$

$$=\begin{bmatrix}\cos\theta & -\sin\theta & 0 & P_x\end{bmatrix}\begin{bmatrix}X_A\\Y_A\\Z_A\\1\end{bmatrix}$$

$$Y=X_A\sin\theta+Y_A\cos\theta+P_y=\sin\theta\times X_A+\cos\theta\times Y_A+0\times Z_A+P_y$$

$$=\begin{bmatrix}\sin\theta & \cos\theta & 0 & P_y\end{bmatrix}\begin{bmatrix}X_A\\Y_A\\Z_A\\1\end{bmatrix}$$

$$Z=Z_A=0\times X_A+0\times Y_A+1\times Z_A+P_z=\begin{bmatrix}0 & 0 & 1 & P_z\end{bmatrix}\begin{bmatrix}X_A\\Y_A\\Z_A\\1\end{bmatrix}$$

则，将上述解析几何关系式写成矢量与矩阵的形式有：

$$^{O}\boldsymbol{P}_{OA}=\begin{bmatrix}X\\Y\\Z\\1\end{bmatrix}=\begin{bmatrix}\cos\theta & -\sin\theta & 0 & P_x\\ \sin\theta & \cos\theta & 0 & P_y\\ 0 & 0 & 1 & P_z\\ 0 & 0 & 0 & 1\end{bmatrix}\begin{bmatrix}X_A\\Y_A\\Z_A\\1\end{bmatrix}=\boldsymbol{Rot}(Z,\theta)\cdot{}^{OA}\boldsymbol{P}_{OA}+\boldsymbol{Trans}(X/Y/Z,P_x/P_x/P_x)$$

$$={}^{O}\boldsymbol{A}_{OA}[X_A\quad Y_A\quad Z_A\quad 1]^T$$

其中，绕 $\boldsymbol{Z}$ 轴回转 θ 角的齐次坐标变换矩阵 $\boldsymbol{Rot}(\boldsymbol{Z},\ \theta)=\begin{bmatrix}\cos\theta & -\sin\theta & 0 & 0\\ \sin\theta & \cos\theta & 0 & 0\\ 0 & 0 & 1 & 0\\ 0 & 0 & 0 & 1\end{bmatrix}$

沿 $\boldsymbol{X}$、$\boldsymbol{Y}$、$\boldsymbol{Z}$ 轴分别平移 P_x、P_y、P_z 距离的平移变换矩阵为：

$$\boldsymbol{Trans}(X/Y/Z,P_x/P_x/P_x)=[P_x\quad P_y\quad P_z\quad 1]^T$$

将绕 $\boldsymbol{Z}$ 轴回转 θ 角的回转变换与沿 $\boldsymbol{X}$、$\boldsymbol{Y}$、$\boldsymbol{Z}$ 轴分别平移 P_x、P_y、P_z 距离的平移变换复合在一起的齐次坐标变换矩阵 $^{O}\boldsymbol{A}_{OA}$ 为：

$$^{O}\boldsymbol{A}_{OA}=\begin{bmatrix}\cos\theta & -\sin\theta & 0 & P_x\\ \sin\theta & \cos\theta & 0 & P_y\\ 0 & 0 & 1 & P_z\\ 0 & 0 & 0 & 1\end{bmatrix}$$

P 点在物体坐标系 O_A-$X_AY_AZ_A$ 中的齐次坐标为（X_A，Y_A，Z_A，1）；P 点在物体坐标系 O_A-$X_AY_AZ_A$ 中的矢量表示为：$^{OA}\boldsymbol{P}_{OA}=[X_A，Y_A，Z_A，1]^T$；

P 点在参考坐标系 O-XYZ 中的齐次坐标为（X，Y，Z，1）；P 点在参考坐标系 O-XYZ 中的矢量表示为：$^{O}\boldsymbol{P}_{OA}=[X，Y，Z，1]^T$。

之所以将（X_A，Y_A，Z_A，1）、（X，Y，Z，1）之类的坐标表示称为齐次坐标，是因为：原本在三维空间中任意点的位置坐标用三个正交分量即可确定点的位置，即其坐标为（X，Y，Z）或（X_A，Y_A，Z_A）之类的表示，但是，由于含有位置和姿态的矩阵与位置坐标进行四则运算时，需要增加坐标值为常数 1 的第四维才能进行正确物理意义上的四则运算，使得原本三维正交坐标系三个坐标轴上三个坐标分量足以定位的坐标在名义和形式上增加了常数 1 表示的第四维假想维，故将（X_A，Y_A，Z_A，1）、（X，Y，Z，1）之类的坐标表示称为齐次坐标。常数 1 表示的第四维只是为了矩阵与矢量的正确计算而存在，它没有任何的实际物理意义。只是当第四维的 1 或任意常数用在几何透视原理时才具有透视几何学上的意义。

同理，绕 $\boldsymbol{X}$ 轴回转 θ 角的齐次坐标变换矩阵 $\boldsymbol{Rot}$（X，θ）$=\begin{bmatrix}1 & 0 & 0 & 0\\ 0 & \cos\theta & -\sin\theta & 0\\ 0 & \sin\theta & \cos\theta & 0\\ 0 & 0 & 0 & 1\end{bmatrix}$；

绕 $\boldsymbol{Y}$ 轴回转 θ 角的齐次坐标变换矩阵 $\boldsymbol{Rot}$（Y，θ）$=\begin{bmatrix}\cos\theta & 0 & \sin\theta & 0\\ 0 & 1 & 0 & 0\\ -\sin\theta & 0 & \cos\theta & 0\\ 0 & 0 & 0 & 1\end{bmatrix}$。

将绕 $\boldsymbol{X}$ 轴回转 θ 角的回转变换与沿 $\boldsymbol{X}$、$\boldsymbol{Y}$、$\boldsymbol{Z}$ 轴分别平移 P_x、P_y、P_z 距离的平移变换复合在一起的齐次坐标变换矩阵 $^{O}\boldsymbol{A}_{OA}$ 为：

$$
{}^{O}\boldsymbol{A}_{OA}=\begin{bmatrix}1 & 0 & 0 & P_x\\ 0 & \cos\theta & -\sin\theta & P_y\\ 0 & \sin\theta & \cos\theta & P_z\\ 0 & 0 & 0 & 1\end{bmatrix}
$$

将绕 $\boldsymbol{Y}$ 轴回转 θ 角的回转变换与沿 $\boldsymbol{X}$、$\boldsymbol{Y}$、$\boldsymbol{Z}$ 轴分别平移 P_x、P_y、P_z 距离的平移变换复合在一起的齐次坐标变换矩阵 ${}^{O}\boldsymbol{A}_{OA}$ 为：

$$
{}^{O}\boldsymbol{A}_{OA}=\begin{bmatrix}\cos\theta & 0 & \sin\theta & P_x\\ 0 & 1 & 0 & P_y\\ -\sin\theta & 0 & \cos\theta & P_z\\ 0 & 0 & 0 & 1\end{bmatrix}
$$

3.2.2.2 物体坐标系相对参考坐标系的多次齐次坐标变换及左乘法则

前述论述了 $\boldsymbol{Rot}(\boldsymbol{X}, \theta)$、$\boldsymbol{Rot}(\boldsymbol{Y}, \theta)$、$\boldsymbol{Rot}(\boldsymbol{Z}, \theta)$ 等单次回转变换的齐次变换矩阵，下面讨论绕不同的坐标轴回转的齐次坐标变换关系问题。如图 3-31 所示，物体 A 上固连的物体坐标系 O_A-$X_AY_AZ_A$ 绕参考坐标系 O-XYZ 的 $\boldsymbol{Z}$ 轴回转 θ 角，然后再绕 $\boldsymbol{X}$ 轴回转 φ 角。物体 A 上点 P 在物体坐标系 O_A-$X_AY_AZ_A$ 中的坐标为 $P(X_A, Y_A, Z_A)$，其齐次坐标为 $P(X_A, Y_A, Z_A, 1)$。现在寻求：P 点随着物体 A 上固连的物体坐标系相对参考坐标系做前述两次回转变换运动后，在参考坐标系 O-XYZ 中的坐标 $P(X, Y, Z)$ [其齐次坐标为 $(X, Y, Z, 1)$]。

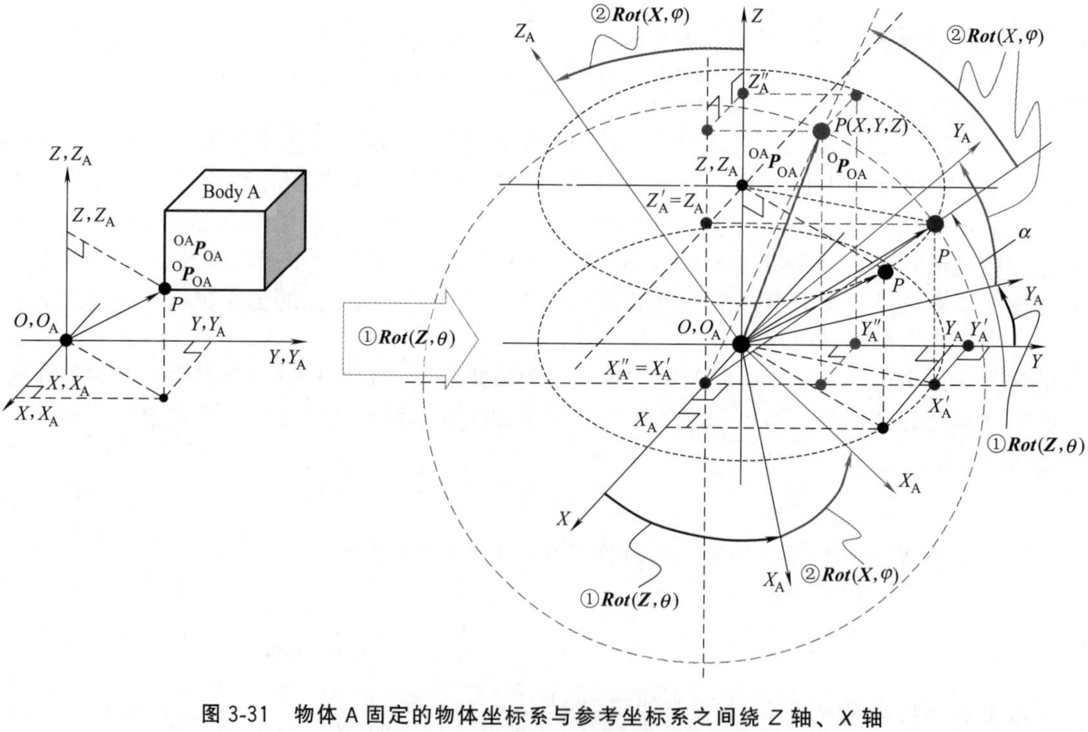

图 3-31 物体 A 固定的物体坐标系与参考坐标系之间绕 Z 轴、X 轴分别回转 θ、φ 角的坐标变换解析几何关系

由图 3-31 所示的解析几何关系可得两次回转变换之后 P 点在参考坐标系中位置坐标 $P(X, Y, Z)$ 为：

$$X=X'_A=X_A\cos\theta-Y_A\sin\theta=[\cos\theta \quad -\sin\theta \quad 0 \quad 0]\begin{bmatrix}X_A\\Y_A\\Z_A\\1\end{bmatrix}$$

$$Y'_A=X_A\sin\theta+Y_A\cos\theta=[\sin\theta \quad \cos\theta \quad 0 \quad 0]\begin{bmatrix}X_A\\Y_A\\Z_A\\1\end{bmatrix}$$

$$\tan\alpha=Z_A/Y'_A$$

$$Y=Y''_A=\frac{Z_A}{\sin\alpha}\times\cos(\varphi+\alpha)=Z_A\cos\varphi/\tan\alpha-Z_A\sin\varphi=Z_A\cos\varphi\times Y'_A/Z_A-Z_A\sin\varphi$$

$$=X_A\sin\theta\cos\varphi+Y_A\cos\theta\cos\varphi-Z_A\sin\varphi=[\sin\theta\cos\varphi \quad \cos\theta\cos\varphi \quad -\sin\varphi \quad 0]\begin{bmatrix}X_A\\Y_A\\Z_A\\1\end{bmatrix}$$

$$Z=Z''_A=\frac{Z_A}{\sin\alpha}\times\sin(\varphi+\alpha)=Z_A\sin\varphi/\tan\alpha+Z_A\cos\varphi=Z_A\sin\varphi\times Y'_A/Z_A+Z_A\cos\varphi$$

$$=X_A\sin\theta\sin\varphi+Y_A\cos\theta\sin\varphi+Z_A\cos\varphi=[\sin\theta\sin\varphi \quad \cos\theta\sin\varphi \quad \cos\varphi \quad 0]\begin{bmatrix}X_A\\Y_A\\Z_A\\1\end{bmatrix}$$

整理得：

$$\begin{bmatrix}X\\Y\\Z\\1\end{bmatrix}=\begin{bmatrix}\cos\theta & -\sin\theta & 0 & 0\\ \sin\theta\cos\varphi & \cos\theta\cos\varphi & -\sin\varphi & 0\\ \sin\theta\sin\varphi & \cos\theta\sin\varphi & \cos\varphi & 0\\ 0 & 0 & 0 & 1\end{bmatrix}\begin{bmatrix}X_A\\Y_A\\Z_A\\1\end{bmatrix}$$

令绕 Z 轴回转 φ 角之后再绕 X 轴回转 θ 角，这两次回转变换得到的总的齐次坐标回转变换矩阵为 $\boldsymbol{Rot}(Z/X,\theta/\varphi)$，则有：

$$\begin{bmatrix}X\\Y\\Z\\1\end{bmatrix}=\begin{bmatrix}\cos\theta & -\sin\theta & 0 & 0\\ \sin\theta\cos\varphi & \cos\theta\cos\varphi & -\sin\varphi & 0\\ \sin\theta\sin\varphi & \cos\theta\sin\varphi & \cos\varphi & 0\\ 0 & 0 & 0 & 1\end{bmatrix}\begin{bmatrix}X_A\\Y_A\\Z_A\\1\end{bmatrix}=\boldsymbol{Rot}(Z/X,\theta/\varphi)\begin{bmatrix}X_A\\Y_A\\Z_A\\1\end{bmatrix}$$

其中：

$$\boldsymbol{Rot}(Z/X,\theta/\varphi)=\begin{bmatrix}\cos\theta & -\sin\theta & 0 & 0\\ \sin\theta\cos\varphi & \cos\theta\cos\varphi & -\sin\varphi & 0\\ \sin\theta\sin\varphi & \cos\theta\sin\varphi & \cos\varphi & 0\\ 0 & 0 & 0 & 1\end{bmatrix}$$

而由：$\boldsymbol{Rot}(X,\varphi)=\begin{bmatrix}1 & 0 & 0 & 0\\ 0 & \cos\varphi & -\sin\varphi & 0\\ 0 & \sin\varphi & \cos\varphi & 0\\ 0 & 0 & 0 & 1\end{bmatrix}$；$\boldsymbol{Rot}(Z,\theta)=\begin{bmatrix}\cos\theta & -\sin\theta & 0 & 0\\ \sin\theta & \cos\theta & 0 & 0\\ 0 & 0 & 1 & 0\\ 0 & 0 & 0 & 1\end{bmatrix}$

可得：$\boldsymbol{Rot}(X,\varphi)\boldsymbol{Rot}(Z,\theta)=\begin{bmatrix}\cos\theta & -\sin\theta & 0 & 0\\ \sin\theta\cos\varphi & \cos\theta\cos\varphi & -\sin\varphi & 0\\ \sin\theta\sin\varphi & \cos\theta\sin\varphi & \cos\varphi & 0\\ 0 & 0 & 0 & 1\end{bmatrix}=\boldsymbol{Rot}(Z/X,\theta/\varphi)$

进一步地，可以验证得出：

$$\boldsymbol{Rot}(Z/X,\theta/\varphi)\neq\boldsymbol{Rot}(Z,\theta)\boldsymbol{Rot}(X,\varphi)=\begin{bmatrix}\cos\theta & -\sin\theta\cos\varphi & \sin\theta\sin\varphi & 0\\ \sin\theta & \cos\theta\cos\varphi & -\cos\theta\sin\varphi & 0\\ 0 & \sin\varphi & \cos\varphi & 0\\ 0 & 0 & 0 & 1\end{bmatrix}$$

所以由上述两次回转变换的解析几何分析与回转变换矩阵乘积结果完全一致可得出如下具有普适性的重要结论：

【多次进行坐标变换的齐次坐标变换矩阵左乘法则】物体 A 上固连的物体坐标系 O_A-$X_AY_AZ_A$ 绕参考坐标系 O-XYZ 的各坐标轴（X、Y、Z 任选）按先后顺序作多次回转变换得到的总的回转变换矩阵等于按绕参考坐标系各坐标轴回转先后顺序依次左乘各回转变换矩阵，即后转的回转变换矩阵依次左乘先回转的坐标变换矩阵。而对于平移变换则可不按先后顺序，即先按哪个坐标轴平移都不改变总的平移变换矩阵的值。即有如下示例：

$\boldsymbol{Rot}(Z/X/Y/Z/\cdots,\ \theta/\varphi/\alpha/\beta/\cdots)$ 为物体 A 上固连的物体坐标系 $\boldsymbol{O}_A$-$\boldsymbol{X}_A\boldsymbol{Y}_A\boldsymbol{Z}_A$ 按照先后顺序分别绕参考坐标系 $\boldsymbol{O}$-$\boldsymbol{XYZ}$ 的坐标轴 $\boldsymbol{Z}$、$\boldsymbol{X}$、$\boldsymbol{Y}$、$\boldsymbol{Z}\cdots$回转 θ、φ、α、β、$\cdots$角度后得到的总的齐次变换矩阵，则按左乘法则有下式成立：

$$\boldsymbol{Rot}(Z/X/Y/Z/\cdots,\theta/\varphi/\alpha/\beta/\cdots)=\boldsymbol{Rot}(\cdot,\cdot)\cdots\boldsymbol{Rot}(Z,\beta)\boldsymbol{Rot}(Y,\alpha)\boldsymbol{Rot}(X,\varphi)\boldsymbol{Rot}(Z,\theta)$$

同理，对于物体坐标系相对参考坐标系各坐标轴既回转又平移的多次齐次变换而言，总的齐次变换矩阵也相应于先后回转顺序各齐次坐标变换矩阵按序左乘。

3.2.2.3 物体坐标系相对每次回转变换之后物体坐标系坐标轴回转的多次齐次坐标变换及右乘法则

前述论述了物体坐标系相对参考坐标系各坐标轴进行 $\boldsymbol{Rot}(\boldsymbol{X},\theta)$、$\boldsymbol{Rot}(\boldsymbol{Y},\theta)$、$\boldsymbol{Rot}(\boldsymbol{Z},\theta)$ 等多次回转变换及平移变换的齐次变换矩阵及矩阵左乘法则，下面讨论物体坐标系即动坐标系绕回转变换之后物体坐标系坐标轴回转的多次齐次坐标变换关系问题。如图 3-32 所

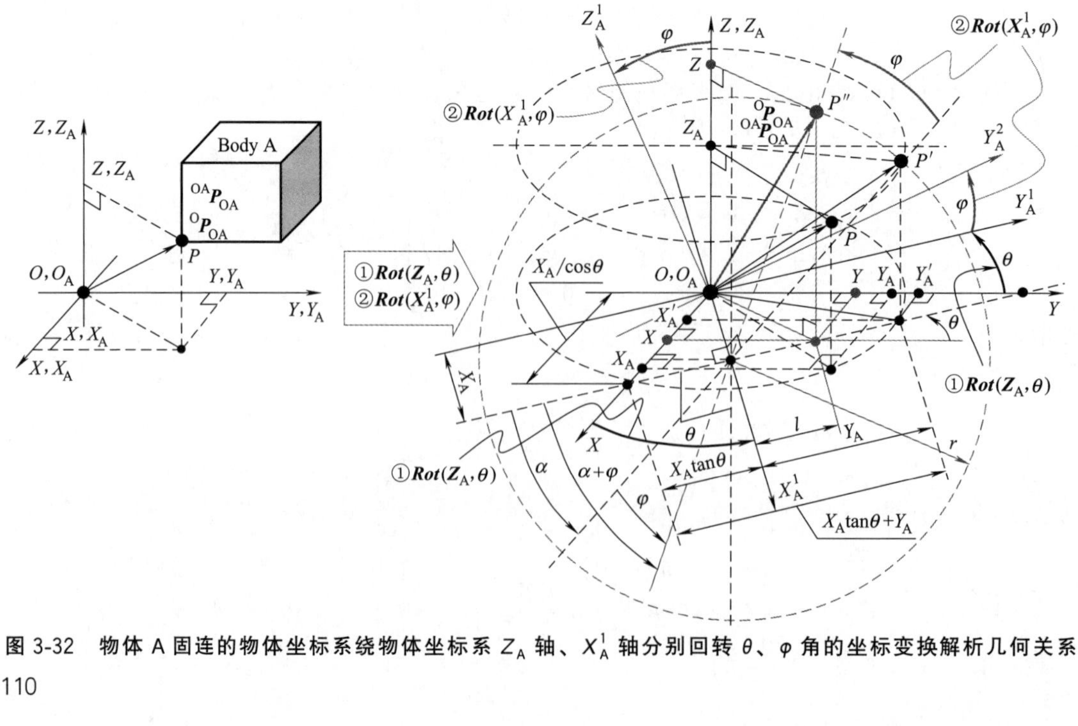

图 3-32 物体 A 固连的物体坐标系绕物体坐标系 Z_A 轴、X_A^1 轴分别回转 θ、φ 角的坐标变换解析几何关系

示，初始时，物体 A 上固连的物体坐标系 $\boldsymbol{O}_{\mathrm{A}}\text{-}\boldsymbol{X}_{\mathrm{A}}\boldsymbol{Y}_{\mathrm{A}}\boldsymbol{Z}_{\mathrm{A}}$ 与参考坐标系 $\boldsymbol{O}\text{-}\boldsymbol{XYZ}$ 完全重合，物体坐标系绕参考坐标系的 $\boldsymbol{Z}$ 轴（也即物体坐标系的 $\boldsymbol{Z}_{\mathrm{A}}$）回转 θ 角后得到新的物体坐标系 $O_{\mathrm{A}}\text{-}\boldsymbol{X}_{\mathrm{A}}^{1}\boldsymbol{Y}_{\mathrm{A}}^{1}\boldsymbol{Z}_{\mathrm{A}}$，然后物体坐标 $O_{\mathrm{A}}\text{-}\boldsymbol{X}_{\mathrm{A}}^{1}\boldsymbol{Y}_{\mathrm{A}}^{1}\boldsymbol{Z}_{\mathrm{A}}$ 再绕其 $\boldsymbol{X}_{\mathrm{A}}^{1}$ 轴继续回转 φ 角得更新的物体坐标系 $O_{\mathrm{A}}\text{-}\boldsymbol{X}_{\mathrm{A}}^{1}\boldsymbol{Y}_{\mathrm{A}}^{2}\boldsymbol{Z}_{\mathrm{A}}^{1}$。物体 A 上点 P 在物体坐标系 $\boldsymbol{O}_{\mathrm{A}}\text{-}\boldsymbol{X}_{\mathrm{A}}\boldsymbol{Y}_{\mathrm{A}}\boldsymbol{Z}_{\mathrm{A}}$ 中的坐标为 $P(X_{\mathrm{A}}, Y_{\mathrm{A}}, Z_{\mathrm{A}})$。现在寻求：$P$ 点随着物体 A 上固连的物体坐标系做前述两次回转变换运动后，在参考坐标系 $\boldsymbol{O}\text{-}\boldsymbol{XYZ}$ 中坐标 $P(X, Y, Z)$。

由图 3-32 所示的解析几何关系，前述两次回转变换过程中，物体 A 上点 P 在参考坐标系 $\boldsymbol{O}\text{-}\boldsymbol{XYZ}$ 中的坐标 $P'(X'_{\mathrm{A}}, Y'_{\mathrm{A}}, Z_{\mathrm{A}})$、$P''(X, Y, Z)$ 的坐标分量可以根据如下解析几何关系式得到。

$$X'_{\mathrm{A}}=X_{\mathrm{A}}\cos\theta-Y_{\mathrm{A}}\sin\theta=\begin{bmatrix}\cos\theta & -\sin\theta & 0 & 0\end{bmatrix}\begin{bmatrix}X_{\mathrm{A}}\\Y_{\mathrm{A}}\\Z_{\mathrm{A}}\\1\end{bmatrix}$$

$$Y'_{\mathrm{A}}=X_{\mathrm{A}}\sin\theta+Y_{\mathrm{A}}\cos\theta=\begin{bmatrix}\sin\theta & \cos\theta & 0 & 0\end{bmatrix}\begin{bmatrix}X_{\mathrm{A}}\\Y_{\mathrm{A}}\\Z_{\mathrm{A}}\\1\end{bmatrix}$$

$$\tan\alpha=Z_{\mathrm{A}}/Y_{\mathrm{A}}$$

$$r=Z_{\mathrm{A}}/\sin\alpha$$

$$Z=r\sin(\alpha+\varphi)=Z_{\mathrm{A}}\sin(\alpha+\varphi)/\sin\alpha=Y_{\mathrm{A}}\sin\varphi+Z_{\mathrm{A}}\cos\varphi=\begin{bmatrix}0 & \sin\varphi & \cos\varphi & 0\end{bmatrix}\begin{bmatrix}X_{\mathrm{A}}\\Y_{\mathrm{A}}\\Z_{\mathrm{A}}\\1\end{bmatrix}$$

$$l=Z_{\mathrm{A}}\cos(\alpha+\varphi)/\sin\alpha=Z_{\mathrm{A}}\cos\varphi/\tan\alpha-Z_{\mathrm{A}}\sin\varphi=Y_{\mathrm{A}}\cos\varphi-Z_{\mathrm{A}}\sin\varphi$$

$$\begin{aligned}Y&=(X_{\mathrm{A}}\tan\theta+l)\cos\theta=X_{\mathrm{A}}\sin\theta+Y_{\mathrm{A}}\cos\theta\cos\varphi-Z_{\mathrm{A}}\cos\theta\sin\varphi\\&=\begin{bmatrix}\sin\theta & \cos\theta\cos\varphi & -\cos\theta\sin\varphi & 0\end{bmatrix}\begin{bmatrix}X_{\mathrm{A}}\\Y_{\mathrm{A}}\\Z_{\mathrm{A}}\\1\end{bmatrix}\end{aligned}$$

$$\begin{aligned}X&=X_{\mathrm{A}}/\cos\theta-(X_{\mathrm{A}}\tan\theta+l)\sin\theta=X_{\mathrm{A}}\cos\theta-(Y_{\mathrm{A}}\cos\varphi-Z_{\mathrm{A}}\sin\varphi)\sin\theta\\&=\begin{bmatrix}\cos\theta & -\sin\theta\cos\varphi & \sin\theta\sin\varphi & 0\end{bmatrix}\begin{bmatrix}X_{\mathrm{A}}\\Y_{\mathrm{A}}\\Z_{\mathrm{A}}\\1\end{bmatrix}\end{aligned}$$

整理得，物体 A 上点 P 在参考坐标系 $\boldsymbol{O}\text{-}\boldsymbol{XYZ}$ 中的齐次坐标 $P''(X, Y, Z, 1)$ 为：

$$\begin{bmatrix}X\\Y\\Z\\1\end{bmatrix}=\begin{bmatrix}\cos\theta & -\sin\theta\cos\varphi & \sin\theta\sin\varphi & 0\\\sin\theta & \cos\theta\cos\varphi & -\cos\theta\sin\varphi & 0\\0 & \sin\varphi & \cos\varphi & 0\\0 & 0 & 0 & 1\end{bmatrix}\begin{bmatrix}X_{\mathrm{A}}\\Y_{\mathrm{A}}\\Z_{\mathrm{A}}\\1\end{bmatrix}=\boldsymbol{Rot}(Z_{\mathrm{A}}/X_{\mathrm{A}}^{1},\theta/\varphi)\begin{bmatrix}X_{\mathrm{A}}\\Y_{\mathrm{A}}\\Z_{\mathrm{A}}\\1\end{bmatrix}$$

而由：$\boldsymbol{Rot}(Z_A,\theta)=\begin{bmatrix}\cos\theta & -\sin\theta & 0 & 0\\ \sin\theta & \cos\theta & 0 & 0\\ 0 & 0 & 1 & 0\\ 0 & 0 & 0 & 1\end{bmatrix}$；$\boldsymbol{Rot}(X_A^1,\varphi)=\begin{bmatrix}1 & 0 & 0 & 0\\ 0 & \cos\varphi & -\sin\varphi & 0\\ 0 & \sin\varphi & \cos\varphi & 0\\ 0 & 0 & 0 & 1\end{bmatrix}$

可得：$\boldsymbol{Rot}(Z_A,\theta)\boldsymbol{Rot}(X_A^1,\varphi)=\begin{bmatrix}\cos\theta & -\sin\theta\cos\varphi & \sin\theta\sin\varphi & 0\\ \sin\theta & \cos\theta\cos\varphi & -\cos\theta\sin\varphi & 0\\ 0 & \sin\varphi & \cos\varphi & 0\\ 0 & 0 & 0 & 1\end{bmatrix}=\boldsymbol{Rot}(Z_A/X_A^1,\theta/\varphi)$

所以由上述两次回转变换的解析几何分析与回转变换矩阵乘积结果完全一致可得出如下具有普适性的重要结论：

【多次进行坐标变换的齐次坐标变换矩阵右乘法则】物体 A 上固连的物体坐标系 $\boldsymbol{O}_A$-$\boldsymbol{X}_A\boldsymbol{Y}_A\boldsymbol{Z}_A$ 与参考坐标系 $\boldsymbol{O}$-$\boldsymbol{XYZ}$ 初始时完全重合，物体坐标系 $\boldsymbol{O}_A$-$\boldsymbol{X}_A\boldsymbol{Y}_A\boldsymbol{Z}_A$ 为动坐标系。物体坐标系绕其自身坐标轴之一（$\boldsymbol{X}_A$、$\boldsymbol{Y}_A$、$\boldsymbol{Z}_A$ 任选，首次时也即为 $\boldsymbol{X}$、$\boldsymbol{Y}$、$\boldsymbol{Z}$ 轴之一）回转得到新的物体坐标系，新的物体坐标系绕其自身坐标轴之一（$\boldsymbol{X}_A^1$、$\boldsymbol{Y}_A^1$、$\boldsymbol{Z}_A^1$ 任选）回转得到更新的物体坐标系 $\boldsymbol{O}_A$-$\boldsymbol{X}_A^1\boldsymbol{Y}_A^1\boldsymbol{Z}_A^1$，该坐标系继续绕 $\boldsymbol{X}_A^1$、$\boldsymbol{Y}_A^1$、$\boldsymbol{Z}_A^1$ 坐标轴之一继续回转变换下去……则按先后顺序作如前所述多次绕动坐标系坐标轴回转变换得到的总的回转变换矩阵等于每次绕动坐标系坐标轴回转变换的齐次变换矩阵按回转的先后顺序依次右乘各回转变换矩阵，即后转的回转变换矩阵依次右乘先回转的回转变换矩阵。而对于平移变换则可不按先后顺序，即先按哪个坐标轴平移都不改变总的平移变换矩阵的值。即有如下示例：

$\boldsymbol{Rot}(\boldsymbol{Z}_A/\boldsymbol{X}_A^1/\boldsymbol{Y}_A^2/\boldsymbol{Z}_A^3/\cdots\theta/\varphi/\alpha/\beta/\cdots)$ 为物体 A 上固连的物体坐标系 $\boldsymbol{O}_A$-$\boldsymbol{X}_A\boldsymbol{Y}_A\boldsymbol{Z}_A$ 按着先后顺序分别绕动参考坐标系坐标轴 $\boldsymbol{Z}_A$、$\boldsymbol{X}_A^1$、$\boldsymbol{Y}_A^2$、$\boldsymbol{Z}_A^3$…回转 θ、φ、α、β、…角度后得到的总的齐次变换矩阵，则按右乘法有下式成立：

$$\boldsymbol{Rot}(Z_A/X_A^1/Y_A^2/Z_A^3/\cdots,\theta/\varphi/\alpha/\beta/\cdots)=\boldsymbol{Rot}(Z_A,\theta)\boldsymbol{Rot}(X_A^1,\varphi)$$
$$\boldsymbol{Rot}(Y_A^2,\alpha)\boldsymbol{Rot}(Z_A^3,\beta)\cdots\boldsymbol{Rot}(\cdot,\cdot)$$

同理，对于物体坐标系相对参考坐标系各坐标轴既回转又平移的多次齐次变换而言，总的齐次变换矩阵也相应于先后回转顺序各齐次坐标变换矩阵按序右乘。

3.2.2.4 关于物体间相对运动的坐标变换的说明

① 物体坐标系绕参考坐标系坐标轴多次回转的总的齐次坐标变换矩阵等于按回转先后顺序依次左乘各绕参考坐标系单个坐标轴回转的齐次坐标变换矩阵。

② 物体坐标系绕物体坐标系（动坐标系）坐标轴回转多次的总的齐次坐标变换矩阵等于按回转先后顺序依次右乘各绕动坐标系单个坐标轴回转的齐次坐标变换矩阵。

③ 任意含有回转、平移变换的齐次坐标变换都可以分解为纯粹的回转变换与纯粹的平移变换，然后将两者合成为总的齐次坐标变换。总的齐次坐标变换矩阵中的平移变换部分（即总的齐次坐标变换 4×4 矩阵中第 4 列）与平移的分先后顺序无关，为物体坐标系坐标原点相对参考坐标系的坐标原点连线的总位移矢量，等于每次平移变换坐标原点间位移矢量的代数和。

④ 本节根据朴素的解析几何原理，从根本上分析、推导了物体间相对运动的齐次坐标变换矩阵，并总结给出了齐次坐标变换矩阵的左乘、右乘法则。有了物体间相对运动的齐次坐标变换矩阵及其左、右乘法则，可以用坐标变换方法描述多物体间相对运动，得到各物体及系统各部分的位置、姿态、位移、速度、加速度等的运动方程，从而解决多物体系统的运动学、微分运动学、位置或运动的误差分析等等理论问题。因而，坐标变换方法及原理成为机械系统机构设计与分析、机构运动学、动力学研究必备的重要数学理论基础之一。

⑤ 本节内容为机构仿真软件设计与研发所需定义的关节要素、各种约束要素（驱动要素、接触要素、力要素等）中物体间相对运动关系的数学描述与建模、物体位置与姿态、物体相对运动速度与加速度的计算与分析等提供了重要的数学理论基础。显然，各物体上的 Triad 坐标架即相当于物体坐标系，两物体之间的相对位置与姿态或者相对运动都可以用物体上 Triad 坐标架之间的坐标变换来描述，用坐标变换矩阵来表达和求解。

⑥ 齐次坐标变换矩阵中的物理意义。

物体上固连的物体坐标系 $\boldsymbol{O}_{\mathrm{A}}$-$\boldsymbol{X}_{\mathrm{A}}\boldsymbol{Y}_{\mathrm{A}}\boldsymbol{Z}_{\mathrm{A}}$ 相对参考坐标系 $\boldsymbol{O}$-$\boldsymbol{XYZ}$ 或物体坐标系的动坐标系（仍然是物体坐标系但是运动后位姿变化了的物体坐标系）运动后，运动终了的物体坐标系在参考坐标系 $\boldsymbol{O}$-$\boldsymbol{XYZ}$ 中的位置和姿态。这是齐次坐标变换矩阵最基本的物理意义。不仅如此，该矩阵中的各个元素、每一行每一列以及它们的组合、运算等都有其各自的物理意义。加深对齐次坐标变换矩阵整体、各个部分、各个元素以及它们的某种组合、运算等的认识，对于更好地利用齐次坐标变换矩阵具有重要的理论与实际意义。如图 3-33 所示，在参考坐标系 $\boldsymbol{O}$-$\boldsymbol{XYZ}$ 中，任意回转、平移运动后的物体 A 上固连的坐标系 $\boldsymbol{O}_{\mathrm{A}}$-$\boldsymbol{X}_{\mathrm{A}}\boldsymbol{Y}_{\mathrm{A}}\boldsymbol{Z}_{\mathrm{A}}$ 在参考坐标系中的齐次坐标变换矩阵为 ${}^{\mathrm{O}}\boldsymbol{A}_{\mathrm{OA}}$，可以写成如下矩阵形式并将 16 个元素分成四个区：

$$
{}^{\mathrm{O}}\boldsymbol{A}_{\mathrm{OA}}=\begin{bmatrix} a_{11} & a_{12} & a_{13} & a_{14} \\ a_{21} & a_{22} & a_{23} & a_{24} \\ a_{31} & a_{32} & a_{33} & a_{34} \\ 0 & 0 & 0 & 1 \end{bmatrix}=\left[\begin{array}{c:c} {}^{\mathrm{O}}\boldsymbol{R}_{\mathrm{OA}(3\times3)} & {}^{\mathrm{O}}\boldsymbol{P}_{\mathrm{OA}(3\times1)} \\ \hdashline 0\quad 0\quad 0 & 1 \end{array}\right]
$$

其中，0 0 0、1 两个区是为齐次坐标而引入的，无任何物理意义，但 1 或此位置上为其他正数时在透视几何学上有透视上的几何意义；左上角元素 $a_{11}\sim a_{33}$ 组成的 3×3 子矩阵 ${}^{\mathrm{O}}\boldsymbol{R}_{\mathrm{OA}}$ 为物体坐标系 $\boldsymbol{O}_{\mathrm{A}}$-$\boldsymbol{X}_{\mathrm{A}}\boldsymbol{Y}_{\mathrm{A}}\boldsymbol{Z}_{\mathrm{A}}$ 相对参考坐标系 $\boldsymbol{O}$-$\boldsymbol{XYZ}$ 的姿态矩阵；右侧 $a_{14}\sim a_{34}$ 元素组成的 3×1 子矩阵（即列矢量）${}^{\mathrm{O}}\boldsymbol{P}_{\mathrm{OA}}$ 为物体坐标系 $\boldsymbol{O}_{\mathrm{A}}$-$\boldsymbol{X}_{\mathrm{A}}\boldsymbol{Y}_{\mathrm{A}}\boldsymbol{Z}_{\mathrm{A}}$ 的坐标原点 O_{A} 在参考坐标系 $\boldsymbol{O}$-$\boldsymbol{XYZ}$ 中的位置矢量（即 O_{A} 与 O 两原点连线并指向 O_{A} 的矢量）。则：

$$
{}^{\mathrm{O}}\boldsymbol{R}_{\mathrm{OA}}=\begin{bmatrix} a_{11} & a_{12} & a_{13} \\ a_{21} & a_{22} & a_{23} \\ a_{31} & a_{32} & a_{33} \end{bmatrix};\ {}^{\mathrm{O}}\boldsymbol{P}_{\mathrm{OA}}=\begin{bmatrix} p_{11} \\ p_{12} \\ p_{13} \end{bmatrix}=\begin{bmatrix} p_{\mathrm{x}} \\ p_{\mathrm{y}} \\ p_{\mathrm{z}} \end{bmatrix}
$$

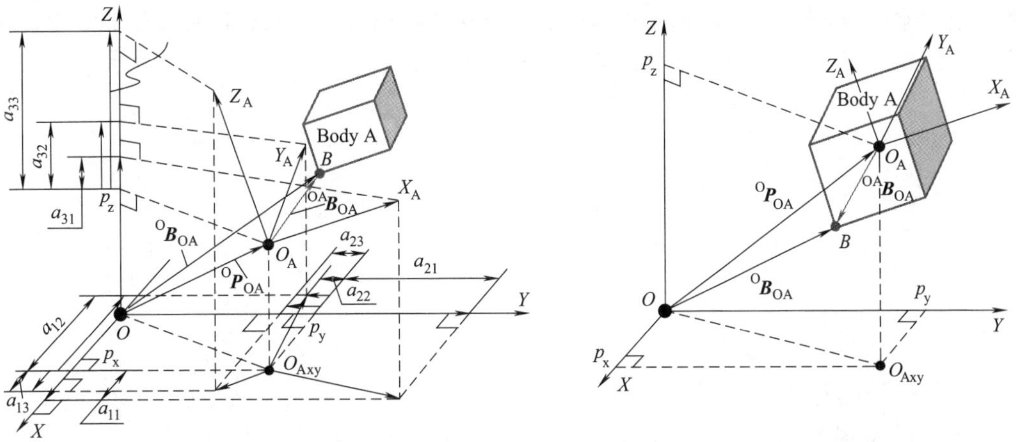

(a) 物体坐标系建立在物体之外　　　　(b) 物体坐标系建立在物体上(或物体内)

图 3-33　物体 A 固连的物体坐标系 O_{A}-$H_{\mathrm{A}}Y_{\mathrm{A}}Z_{\mathrm{A}}$ 在参考坐标系 O-XYZ 中的位置与姿态

［说明］a_{33} 为坐标轴 Z_{A}（单位矢量）在 Z 轴上的投影矢量，应在 Z 轴上，但为清晰起见，画在了 Z 轴旁边，Z_{A}、Y_{A} 等在 X、Y、Z 轴投影亦然。

如图 3-33 所示，物体坐标系 $\boldsymbol{O}_{\mathrm{A}}$-$\boldsymbol{X}_{\mathrm{A}}\boldsymbol{Y}_{\mathrm{A}}\boldsymbol{Z}_{\mathrm{A}}$ 的三个坐标轴 $\boldsymbol{X}_{\mathrm{A}}$、$\boldsymbol{Y}_{\mathrm{A}}$、$\boldsymbol{Z}_{\mathrm{A}}$（皆为长度为 1

的单位矢量）在参考坐标系 $\boldsymbol{O}$-$\boldsymbol{XYZ}$ 的三个坐标轴 $\boldsymbol{X}$、$\boldsymbol{Y}$、$\boldsymbol{Z}$ 上的投影矢量长度分别为 a_{11}、a_{21}、a_{31}；a_{12}、a_{22}、a_{32}；a_{13}、a_{23}、a_{33}。$a_{11}\sim a_{33}$ 的正负号则表示投影矢量方向，“+”号表示与投影轴（即 $\boldsymbol{O}$-$\boldsymbol{XYZ}$ 坐标轴 $\boldsymbol{X}$、$\boldsymbol{Y}$、$\boldsymbol{Z}$ 之一）正向一致；“−”号表示与投影轴正向相反。物体坐标系姿态矩阵 ${}^{O}\boldsymbol{R}_{OA}$ 也即是物体坐标系所固连着的物体的姿态矩阵。

物体坐标系 $\boldsymbol{O}_A$-$\boldsymbol{X}_A\boldsymbol{Y}_A\boldsymbol{Z}_A$ 的三个坐标轴 $\boldsymbol{X}_A$、$\boldsymbol{Y}_A$、$\boldsymbol{Z}_A$ 在参考坐标系 $\boldsymbol{O}$-$\boldsymbol{XYZ}$ 中的投影矢量分别为 $[a_{11}\ a_{21}\ \ a_{31}]^T$、$[a_{12}\ \ a_{22}\ \ a_{32}]^T$、$[a_{13}\ \ a_{23}\ \ a_{33}]^T$ 列矢量，即物体坐标系姿态矩阵 ${}^{O}\boldsymbol{R}_{OA}$ 的第 1、2、3 列元素分别构成的三个列矢量分别为物体坐标系 $\boldsymbol{O}_A$-$\boldsymbol{X}_A\boldsymbol{Y}_A\boldsymbol{Z}_A$ 的三个坐标轴 $\boldsymbol{X}_A$、$\boldsymbol{Y}_A$、$\boldsymbol{Z}_A$ 在参考坐标系 $\boldsymbol{O}$-$\boldsymbol{XYZ}$ 中的投影矢量。

⑦ 与物体 A 固连的物体坐标系 $\boldsymbol{O}_A$-$\boldsymbol{X}_A\boldsymbol{Y}_A\boldsymbol{Z}_A$ 既可以建立在物体 A 表面或内部，也可以建立在物体 A 之外（即物体坐标系不在物体上），如图 3-33（a）和（b）所示。不管物体坐标系建立在物体表面或内部，还是物体之外，物体坐标系与物体都是“刚性固连”的关系，可以理解为将物体坐标系“焊接”在物体上或物体之外，两者之间没有任何相对运动。

⑧ 矢量运算与齐次坐标变换矩阵相结合求物体坐标系上任意一点的位置矢量。

如图 3-33（a）所示，已知物体 A 上有一点 B，B 点在物体坐标系 $\boldsymbol{O}_A$-$\boldsymbol{X}_A\boldsymbol{Y}_A\boldsymbol{Z}_A$ 中的位置矢量 ${}^{OA}\boldsymbol{B}_{OA}$ 为：${}^{OA}\boldsymbol{B}_{OA}=[b_{Ax}\ \ b_{Ay}\ \ b_{Az}]^T$，物体 A 之外固连的物体坐标系 $\boldsymbol{O}_A$-$\boldsymbol{X}_A\boldsymbol{Y}_A\boldsymbol{Z}_A$ 在参考坐标系 $\boldsymbol{O}$-$\boldsymbol{XYZ}$ 中的姿态矩阵为 ${}^{O}\boldsymbol{R}_{OA}$，则 B 点在参考坐标系 $\boldsymbol{O}$-$\boldsymbol{XYZ}$ 中的位置矢量 ${}^{O}\boldsymbol{B}_{OA}$ 为：${}^{O}\boldsymbol{B}_{OA}={}^{O}\boldsymbol{P}_{OA}+{}^{O}\boldsymbol{B}_{OA}={}^{O}\boldsymbol{P}_{OA}+{}^{O}\boldsymbol{R}_{OA}\,{}^{OA}\boldsymbol{B}_{OA}$，或者写成齐次坐标变换矩阵与矢量相乘的形式为：

$$
{}^{O}\boldsymbol{B}_{OA}={}^{O}\boldsymbol{A}_{OA}\begin{bmatrix} b_{Ax} \\ b_{Ay} \\ b_{Az} \\ 1 \end{bmatrix}
$$

但需注意：上式中，${}^{O}\boldsymbol{B}_{OA}$ 为齐次坐标下的矢量形式，即 ${}^{O}\boldsymbol{B}_{OA}=[b_x\ \ b_y\ \ b_z\ \ 1]^T$。

⑨ 绕参考坐标系内任意方向矢量回转的坐标变换矩阵。

前述所讲内容都是物体坐标系绕参考坐标系或物体坐标系的坐标轴进行回转以及沿着参考坐标系或物体坐标系的坐标轴平移下的齐次坐标变换问题。那么，绕参考坐标系中任意矢量回转的坐标变换又该如何求得回转变换矩阵呢？

如图 3-34 所示，参考坐标系 $\boldsymbol{O}$-$\boldsymbol{XYZ}$ 中任意矢量 $\boldsymbol{P}$ 的单位矢量为 $\boldsymbol{p}=[p_x\ \ p_y\ \ p_z]^T$，

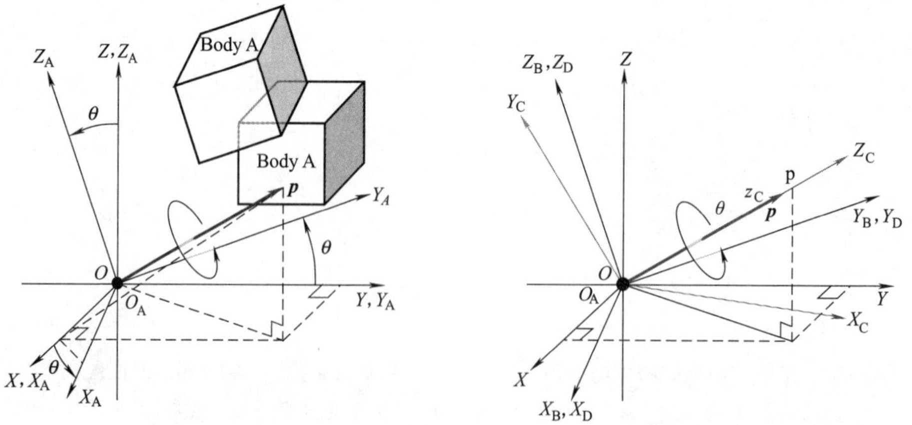

(a) 绕任意矢量$\boldsymbol{P}$回转θ角后的物体坐标系O_A-$X_AY_AZ_A$　　(b) 为求${}^{O}\boldsymbol{R}_{OA}(\boldsymbol{P},\theta)$所作的坐标变换

图 3-34　物体 A 固连的物体坐标系 O_A-$X_AY_AZ_A$ 绕参考坐标系 O-XYZ 内任意矢量 P 回转 θ 角的坐标变换

回转变换之前，物体坐标系 $\boldsymbol{O}_{\mathrm{A}}\text{-}\boldsymbol{X}_{\mathrm{A}}\boldsymbol{Y}_{\mathrm{A}}\boldsymbol{Z}_{\mathrm{A}}$ 与参考坐标系 $\boldsymbol{O}\text{-}\boldsymbol{XYZ}$ 完全重合，要求：求出物体坐标系 $\boldsymbol{O}_{\mathrm{A}}\text{-}\boldsymbol{X}_{\mathrm{A}}\boldsymbol{Y}_{\mathrm{A}}\boldsymbol{Z}_{\mathrm{A}}$ 绕参考坐标系 $\boldsymbol{O}\text{-}\boldsymbol{XYZ}$ 中矢量 $\boldsymbol{P}$ 回转 θ 角的回转变换矩阵 ${}^{\mathrm{O}}\boldsymbol{R}_{\mathrm{OA}}(\boldsymbol{P},\theta)=?$

在参考坐标系 $\boldsymbol{O}\text{-}\boldsymbol{XYZ}$ 内进行回转变换 ${}^{\mathrm{O}}\boldsymbol{R}_{\mathrm{OB}}$ 得坐标系 $\boldsymbol{O}\text{-}\boldsymbol{X}_{\mathrm{B}}\boldsymbol{Y}_{\mathrm{B}}\boldsymbol{Z}_{\mathrm{B}}$；再在参考坐标系 $\boldsymbol{O}\text{-}\boldsymbol{XYZ}$ 内进行回转变换 ${}^{\mathrm{O}}\boldsymbol{R}_{\mathrm{OC}}$ 得坐标系 $\boldsymbol{O}\text{-}\boldsymbol{X}_{\mathrm{C}}\boldsymbol{Y}_{\mathrm{C}}\boldsymbol{Z}_{\mathrm{C}}$，在坐标系 $\boldsymbol{O}\text{-}\boldsymbol{X}_{\mathrm{C}}\boldsymbol{Y}_{\mathrm{C}}\boldsymbol{Z}_{\mathrm{C}}$ 中经回转变换 ${}^{\mathrm{C}}\boldsymbol{R}_{\mathrm{OD}}$ 得坐标系 $\boldsymbol{O}\text{-}\boldsymbol{X}_{\mathrm{D}}\boldsymbol{Y}_{\mathrm{D}}\boldsymbol{Z}_{\mathrm{D}}$。令坐标系 $\boldsymbol{O}\text{-}\boldsymbol{X}_{\mathrm{B}}\boldsymbol{Y}_{\mathrm{B}}\boldsymbol{Z}_{\mathrm{B}}=$ 坐标系 $\boldsymbol{O}\text{-}\boldsymbol{X}_{\mathrm{D}}\boldsymbol{Y}_{\mathrm{D}}\boldsymbol{Z}_{\mathrm{D}}$，即两者在参考坐标系 $\boldsymbol{O}\text{-}\boldsymbol{XYZ}$ 中完全重合；且令 $\boldsymbol{Z}_{\mathrm{C}}$ 的单位矢量 $\boldsymbol{z}_{\mathrm{C}}=\boldsymbol{p}$，则有：

$$
{}^{\mathrm{O}}\boldsymbol{R}_{\mathrm{OB}}={}^{\mathrm{O}}\boldsymbol{R}_{\mathrm{OC}}\cdot{}^{\mathrm{OC}}\boldsymbol{R}_{\mathrm{OD}};\quad {}^{\mathrm{OC}}\boldsymbol{R}_{\mathrm{OD}}={}^{\mathrm{O}}\boldsymbol{R}_{\mathrm{OC}}^{-1}\cdot{}^{\mathrm{O}}\boldsymbol{R}_{\mathrm{OB}}
$$

坐标系 $\boldsymbol{O}\text{-}\boldsymbol{X}_{\mathrm{B}}\boldsymbol{Y}_{\mathrm{B}}\boldsymbol{Z}_{\mathrm{B}}$ 绕 $\boldsymbol{p}$ 轴旋转 θ 角等效于坐标系 $\boldsymbol{O}\text{-}\boldsymbol{X}_{\mathrm{D}}\boldsymbol{Y}_{\mathrm{D}}\boldsymbol{Z}_{\mathrm{D}}$ 绕 $\boldsymbol{z}_{\mathrm{C}}$ 轴旋转 θ 角。则坐标系 $\boldsymbol{O}\text{-}\boldsymbol{X}_{\mathrm{B}}\boldsymbol{Y}_{\mathrm{B}}\boldsymbol{Z}_{\mathrm{B}}$ 绕 $\boldsymbol{z}_{\mathrm{C}}$ 轴（即 $\boldsymbol{p}$）旋转 θ 角得到的坐标系 $\boldsymbol{O}\text{-}\boldsymbol{X}_{\mathrm{L}}\boldsymbol{Y}_{\mathrm{L}}\boldsymbol{Z}_{\mathrm{L}}$ 即为所要求的在参考坐标系 $\boldsymbol{O}\text{-}\boldsymbol{XYZ}$ 中的新坐标系；坐标系 $\boldsymbol{O}\text{-}\boldsymbol{X}_{\mathrm{D}}\boldsymbol{Y}_{\mathrm{D}}\boldsymbol{Z}_{\mathrm{D}}$ 绕 $\boldsymbol{z}_{\mathrm{C}}$ 轴（即 $\boldsymbol{p}$）旋转 θ 角得新的坐标系 $\boldsymbol{O}\text{-}\boldsymbol{X}_{\mathrm{R}}\boldsymbol{Y}_{\mathrm{R}}\boldsymbol{Z}_{\mathrm{R}}$，该坐标系在坐标系 $\boldsymbol{O}\text{-}\boldsymbol{X}_{\mathrm{C}}\boldsymbol{Y}_{\mathrm{C}}\boldsymbol{Z}_{\mathrm{C}}$ 中。此时，坐标系 $\boldsymbol{O}\text{-}\boldsymbol{X}_{\mathrm{C}}\boldsymbol{Y}_{\mathrm{C}}\boldsymbol{Z}_{\mathrm{C}}$ 是坐标系 $\boldsymbol{O}\text{-}\boldsymbol{X}_{\mathrm{D}}\boldsymbol{Y}_{\mathrm{D}}\boldsymbol{Z}_{\mathrm{D}}$、坐标系 $\boldsymbol{O}\text{-}\boldsymbol{X}_{\mathrm{R}}\boldsymbol{Y}_{\mathrm{R}}\boldsymbol{Z}_{\mathrm{R}}$ 的参考坐标系。为把坐标系 $\boldsymbol{O}\text{-}\boldsymbol{X}_{\mathrm{R}}\boldsymbol{Y}_{\mathrm{R}}\boldsymbol{Z}_{\mathrm{R}}$ 转换成与坐标系 $\boldsymbol{O}\text{-}\boldsymbol{X}_{\mathrm{L}}\boldsymbol{Y}_{\mathrm{L}}\boldsymbol{Z}_{\mathrm{L}}$ 相同的参考坐标系 $\boldsymbol{O}\text{-}\boldsymbol{XYZ}$，需要再左乘 ${}^{\mathrm{O}}\boldsymbol{R}_{\mathrm{OC}}$ 得：

$$
\boldsymbol{Rot}(\boldsymbol{p},\theta)\,{}^{\mathrm{O}}\boldsymbol{R}_{\mathrm{OB}}={}^{\mathrm{O}}\boldsymbol{R}_{\mathrm{OC}}\cdot\boldsymbol{Rot}(\boldsymbol{z}_{\mathrm{C}},\theta)\cdot{}^{\mathrm{OC}}\boldsymbol{R}_{\mathrm{OD}}
$$

将 ${}^{\mathrm{OC}}\boldsymbol{R}_{\mathrm{OD}}={}^{\mathrm{O}}\boldsymbol{R}_{\mathrm{OC}}^{-1}\cdot{}^{\mathrm{O}}\boldsymbol{R}_{\mathrm{OB}}$ 代入上式有：$\boldsymbol{Rot}(\boldsymbol{p},\theta)\,{}^{\mathrm{O}}\boldsymbol{R}_{\mathrm{OB}}={}^{\mathrm{O}}\boldsymbol{R}_{\mathrm{OC}}\cdot\boldsymbol{Rot}(\boldsymbol{z}_{\mathrm{C}},\theta)\cdot{}^{\mathrm{O}}\boldsymbol{R}_{\mathrm{OC}}^{-1}\cdot{}^{\mathrm{O}}\boldsymbol{R}_{\mathrm{OB}}$。等式两侧同时右乘 ${}^{\mathrm{O}}\boldsymbol{R}_{\mathrm{OB}}^{-1}$ 得：

$$
\boldsymbol{Rot}(\boldsymbol{p},\theta)={}^{\mathrm{O}}\boldsymbol{R}_{\mathrm{OC}}\cdot\boldsymbol{Rot}(\boldsymbol{z}_{\mathrm{C}},\theta)\cdot{}^{\mathrm{O}}\boldsymbol{R}_{\mathrm{OC}}^{-1}
$$

令 ${}^{\mathrm{O}}\boldsymbol{R}_{\mathrm{OC}}=\begin{bmatrix}{}^{\mathrm{O}}\boldsymbol{n}_{\mathrm{OC}} & {}^{\mathrm{O}}\boldsymbol{o}_{\mathrm{OC}} & {}^{\mathrm{O}}\boldsymbol{a}_{\mathrm{OC}}\end{bmatrix}=\begin{bmatrix}n_{\mathrm{x}} & o_{\mathrm{x}} & a_{\mathrm{x}}\\ n_{\mathrm{y}} & o_{\mathrm{y}} & a_{\mathrm{y}}\\ n_{\mathrm{z}} & o_{\mathrm{z}} & a_{\mathrm{z}}\end{bmatrix}$；$\boldsymbol{p}={}^{\mathrm{O}}\boldsymbol{p}_{\mathrm{OC}}=\begin{bmatrix}p_{\mathrm{x}}\\ p_{\mathrm{y}}\\ p_{\mathrm{z}}\end{bmatrix}$，则：

$$
\boldsymbol{Rot}(\boldsymbol{p},\theta)=\begin{bmatrix}n_{\mathrm{x}} & o_{\mathrm{x}} & a_{\mathrm{x}}\\ n_{\mathrm{y}} & o_{\mathrm{y}} & a_{\mathrm{y}}\\ n_{\mathrm{z}} & o_{\mathrm{z}} & a_{\mathrm{z}}\end{bmatrix}\begin{bmatrix}\cos\theta & -\sin\theta & 0\\ \sin\theta & \cos\theta & 0\\ 0 & 0 & 1\end{bmatrix}\begin{bmatrix}n_{\mathrm{x}} & n_{\mathrm{y}} & n_{\mathrm{z}}\\ o_{\mathrm{x}} & o_{\mathrm{y}} & o_{\mathrm{z}}\\ a_{\mathrm{x}} & a_{\mathrm{y}} & a_{\mathrm{z}}\end{bmatrix}
$$

$$
=\begin{bmatrix}
n_{\mathrm{x}}n_{\mathrm{x}}\mathrm{c}\theta-n_{\mathrm{x}}o_{\mathrm{x}}\mathrm{s}\theta+n_{\mathrm{x}}o_{\mathrm{x}}\mathrm{s}\theta+o_{\mathrm{x}}o_{\mathrm{x}}\mathrm{c}\theta+a_{\mathrm{x}}a_{\mathrm{x}} & n_{\mathrm{x}}n_{\mathrm{y}}\mathrm{c}\theta-n_{\mathrm{x}}o_{\mathrm{y}}\mathrm{s}\theta+n_{\mathrm{y}}o_{\mathrm{x}}\mathrm{s}\theta+o_{\mathrm{y}}o_{\mathrm{x}}\mathrm{c}\theta+a_{\mathrm{x}}a_{\mathrm{y}} & n_{\mathrm{x}}n_{\mathrm{z}}\mathrm{c}\theta-n_{\mathrm{x}}o_{\mathrm{z}}\mathrm{s}\theta+n_{\mathrm{z}}o_{\mathrm{x}}\mathrm{s}\theta+o_{\mathrm{z}}o_{\mathrm{x}}\mathrm{c}\theta+a_{\mathrm{x}}a_{\mathrm{z}}\\
n_{\mathrm{y}}n_{\mathrm{x}}\mathrm{c}\theta-n_{\mathrm{y}}o_{\mathrm{x}}\mathrm{s}\theta+n_{\mathrm{x}}o_{\mathrm{y}}\mathrm{s}\theta+o_{\mathrm{y}}o_{\mathrm{x}}\mathrm{c}\theta+a_{\mathrm{y}}a_{\mathrm{x}} & n_{\mathrm{y}}n_{\mathrm{y}}\mathrm{c}\theta-n_{\mathrm{y}}o_{\mathrm{y}}\mathrm{s}\theta+n_{\mathrm{y}}o_{\mathrm{y}}\mathrm{s}\theta+o_{\mathrm{y}}o_{\mathrm{y}}\mathrm{c}\theta+a_{\mathrm{y}}a_{\mathrm{y}} & n_{\mathrm{y}}n_{\mathrm{z}}\mathrm{c}\theta-n_{\mathrm{y}}o_{\mathrm{z}}\mathrm{s}\theta+n_{\mathrm{z}}o_{\mathrm{y}}\mathrm{s}\theta+o_{\mathrm{z}}o_{\mathrm{y}}\mathrm{c}\theta+a_{\mathrm{y}}a_{\mathrm{z}}\\
n_{\mathrm{z}}n_{\mathrm{x}}\mathrm{c}\theta-n_{\mathrm{z}}o_{\mathrm{x}}\mathrm{s}\theta+n_{\mathrm{x}}o_{\mathrm{z}}\mathrm{s}\theta+o_{\mathrm{z}}o_{\mathrm{x}}\mathrm{c}\theta+a_{\mathrm{z}}a_{\mathrm{x}} & n_{\mathrm{z}}n_{\mathrm{y}}\mathrm{c}\theta-n_{\mathrm{z}}o_{\mathrm{y}}\mathrm{s}\theta+n_{\mathrm{y}}o_{\mathrm{z}}\mathrm{s}\theta+o_{\mathrm{y}}o_{\mathrm{z}}\mathrm{c}\theta+a_{\mathrm{z}}a_{\mathrm{y}} & n_{\mathrm{z}}n_{\mathrm{z}}\mathrm{c}\theta-n_{\mathrm{z}}o_{\mathrm{z}}\mathrm{s}\theta+n_{\mathrm{z}}o_{\mathrm{z}}\mathrm{s}\theta+o_{\mathrm{z}}o_{\mathrm{z}}\mathrm{c}\theta+a_{\mathrm{z}}a_{\mathrm{z}}
\end{bmatrix}
$$

其中：$\mathrm{c}\theta=\cos\theta$；$\mathrm{s}\theta=\sin\theta$。

又因为：$\boldsymbol{z}_{\mathrm{C}}=\boldsymbol{p}$，即：$\boldsymbol{z}_{\mathrm{C}}={}^{\mathrm{O}}\boldsymbol{z}_{\mathrm{OC}}=\begin{bmatrix}a_{\mathrm{x}}\\ a_{\mathrm{y}}\\ a_{\mathrm{z}}\end{bmatrix}=\boldsymbol{p}={}^{\mathrm{O}}\boldsymbol{p}_{\mathrm{OC}}=\begin{bmatrix}p_{\mathrm{x}}\\ p_{\mathrm{y}}\\ p_{\mathrm{z}}\end{bmatrix}$。则有：$a_{\mathrm{x}}=p_{\mathrm{x}}$；$a_{\mathrm{y}}=p_{\mathrm{y}}$；$a_{\mathrm{z}}=p_{\mathrm{z}}$。

又：$\boldsymbol{a}={}^{\mathrm{O}}\boldsymbol{a}_{\mathrm{OC}}=\begin{bmatrix}a_{\mathrm{x}}\\ a_{\mathrm{y}}\\ a_{\mathrm{z}}\end{bmatrix}=\boldsymbol{n}\times\boldsymbol{o}={}^{\mathrm{O}}\boldsymbol{n}_{\mathrm{OC}}\times{}^{\mathrm{O}}\boldsymbol{o}_{\mathrm{OC}}=\begin{bmatrix}n_{\mathrm{x}}\\ n_{\mathrm{y}}\\ n_{\mathrm{z}}\end{bmatrix}\times\begin{bmatrix}o_{\mathrm{x}}\\ o_{\mathrm{y}}\\ o_{\mathrm{z}}\end{bmatrix}=\begin{bmatrix}i & j & k\\ n_{\mathrm{x}} & n_{\mathrm{y}} & n_{\mathrm{z}}\\ o_{\mathrm{x}} & o_{\mathrm{y}} & o_{\mathrm{z}}\end{bmatrix}=\begin{bmatrix}n_{\mathrm{y}}o_{\mathrm{z}}-n_{\mathrm{z}}o_{\mathrm{y}}\\ n_{\mathrm{z}}o_{\mathrm{x}}-n_{\mathrm{x}}o_{\mathrm{z}}\\ n_{\mathrm{x}}o_{\mathrm{y}}-n_{\mathrm{y}}o_{\mathrm{x}}\end{bmatrix}$

经推导并化简得：

$$^{O}\boldsymbol{R}_{OA}(\boldsymbol{P},\theta)=\boldsymbol{Rot}(\boldsymbol{p},\theta)=\begin{bmatrix} p_x p_x \mathrm{vers}\theta+\cos\theta & p_y p_x \mathrm{vers}\theta+p_z\cos\theta & p_z p_x \mathrm{vers}\theta+p_y\sin\theta \\ p_x p_y \mathrm{vers}\theta+p_z\sin\theta & p_y p_y \mathrm{vers}\theta+\cos\theta & p_z p_y \mathrm{vers}\theta-p_x\sin\theta \\ p_x p_z \mathrm{vers}\theta-p_y\sin\theta & p_y p_z \mathrm{vers}\theta+p_x\sin\theta & p_z p_x \mathrm{vers}\theta+\cos\theta \end{bmatrix}$$

其中，$\mathrm{vers}\theta=1-\cos\theta$，称为正矢。

3.3 机器人机构正运动学解法及其解的用途

3.3.1 机器人机构的坐标系建立

前述的3.1.4节给出了关于机器人机构与运动转换的函数关系以及机构正运动学、逆运动的概念，以及微分运动学的数学公式。其目的是对机构及其数学抽象进行总体认识。现在，有了3.2节有关物体的位置、姿态、坐标系以及坐标变换的概念和数学基础，本节将从机器人机构的坐标系建立、机构杆件与关节的DH参数表示法、正运动学求解方法以及示例等方面来讲述正运动学求解问题。

如前所述，机器人机构的正运动学是指已知机器人机构构型、各关节位置（移动关节为移动量，回转关节为关节角），求末端操作器的位置和姿态的运动学问题。为描述机器人机构中各个构件以及关节的位置和姿态，首先需要建立各个坐标系，主要包括：作为整个机器人系统位置和姿态参考基准的基坐标系、关节坐标系、臂末端机械接口中心点上的坐标系、末端操作器坐标系。首先以机器人操作臂的机构为例来说明坐标系的建立方法。

① 建立基坐标系Σ_0：选取机器人操作臂的基座上的机械接口法兰中心点为坐标原点，取垂直于基座机械接口法兰所在平面的垂线方向作为Z轴方向，并以右手定则确定X、Y轴，建立机器人的基坐标系Σ_0。

② 建立关节坐标系：从离基座最近的关节开始对各关节坐标系编号i并将坐标系固定在连杆上：$i=0$，2，…，n，下标n为自然数且为机器人的自由度数。依次由基座向臂末端建立各个关节坐标系Σ_0，Σ_1，Σ_2，…，Σ_n。

③ 末端操作器坐标系：如为6自由度操作臂，则$n=6$，末端操作器的坐标系为Σ_6。

图3-35给出了以6自由度机器人操作臂为例的坐标系建立。从图中可以看出机器人的第i关节坐标系Σ_i位于杆件i的远离基座一端，且其Z_i轴为第$i+1$关节的回转轴线，X_i轴与Y_i轴应符合右手定则，且第i关节的坐标系Σ_i是绕关节$i-1$坐标系的Z_{i-1}轴转动的。因此，关节i的回转运动（对于移动关节则为直线移动）就是杆件i上固连的坐标系Σ_i相对于杆件$i-1$上固连的坐标系Σ_{i-1}绕Z_{i-1}轴的转动（或移动）。当然，关节坐标系的建立方法不是唯一的，可分为前置和后置两种方法，其差别只在于将关节坐标系前移或后移，但不影响机器人机构的运动学求解方法和结果的正确性。

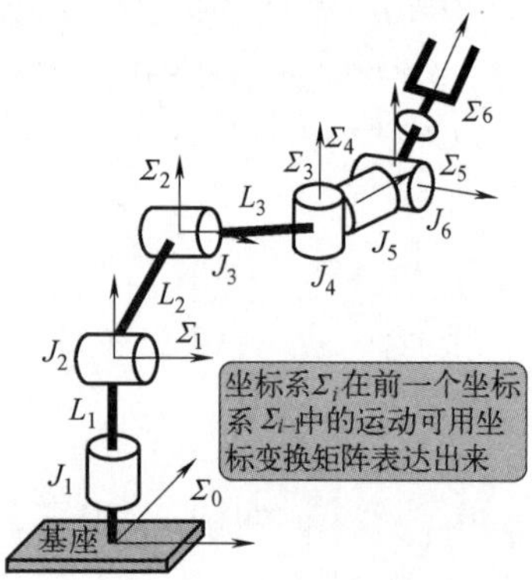

图 3-35 机器人操作臂机构的基坐标系、关节坐标系以及末端操作器坐标系的建立

设第i坐标系相对于第$i-1$坐标系的坐标变换矩阵为$^{i-1}A_i$；机器人操作臂末端坐标系矢量变换成第$i-1$坐标系矢量的变换矩阵为$^{i}T_n$，则有：

$$^{i}\boldsymbol{T}_n={}^{i}\boldsymbol{A}_{i+1}\cdot{}^{i+1}\boldsymbol{A}_{i+2}\cdot\cdots\cdot{}^{n-1}\boldsymbol{A}_n$$

将第6轴-机器人末端即末端操作器的坐标在基坐标系中表示出来的坐标变换为$^{0}\boldsymbol{T}_6$：

$$^{0}\boldsymbol{T}_6=\boldsymbol{A}_1\cdot\boldsymbol{A}_2\cdot\cdots\cdot\boldsymbol{A}_6 \tag{3-1}$$

（省略左肩上的上标数字，将${}^{i-1}\boldsymbol{A}_i$简写为$\boldsymbol{A}_i$）。

3.3.2 机器人机构的杆件及关节的 D-H 参数表示法

到目前为止，由关节连在一起的两杆件 $i-1$、i 间的运动学关系可由坐标变换矩阵${}^{i-1}\boldsymbol{A}_i$来求得。为求得任意关节与杆件之间连接几何关系下的通用矩阵${}^{i-1}\boldsymbol{A}_i$，首先需要建立反映任意连接关系的通用几何模型并定义通用的几何参数。

3.3.2.1 如何表达相邻关节与相邻杆件之间的几何模型与参数的问题

要具体地求出第 i 坐标系相对于第 $i-1$ 坐标系的坐标变换矩阵${}^{i-1}\boldsymbol{A}_i$，杆件及关节在三维空间中的参数如何表示呢？首先，假设相邻关节与杆件之间的连接关系已经确定，则对于一个单自由度的关节，两杆件间相对运动（转动或移动）的变量只有一个，即相对回转的关节角或相对移动时的位移量。反映三维空间内任意两个关节以及所连接杆件之间几何关系的几何模型有如图 3-36 所示的两种情况，其一是 i 关节 J_i 和 $i+1$ 关节 J_{i+1} 两回转关节连接 $i-1$ 杆件 L_{i-1} 和 i 杆件 L_i 的几何模型［图（a）所示］；其二是 $i-1$ 关节 J_{i-1} 和 $i+1$ 关节 J_{i+1} 两回转关节之间含有 i 移动副关节 J_i 情况下连接 $i-1$ 杆件 L_{i-1} 和 i 杆件 L_i 的几何模型［图（b）所示］。有了这两种通用的几何模型，接下来是如何找出表征几何模型构成的独立的几何参数问题。

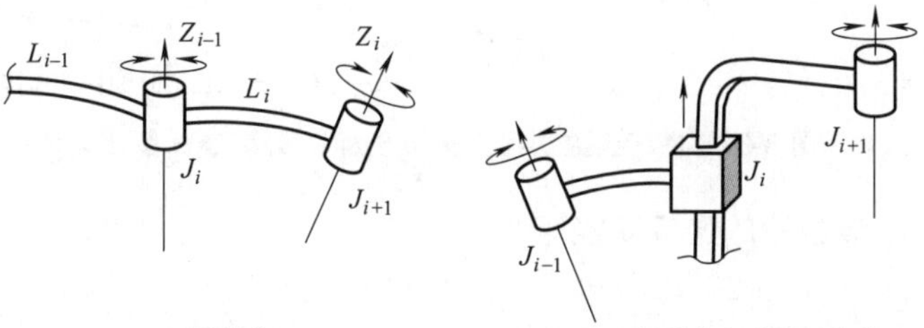

图 3-36　机器人操作臂机构中相邻关节与所连接杆件之间的几何模型

3.3.2.2 D-H 参数法（Denavir-Hartenbeg 定义法）

对于一个自由度的关节，两杆件间相对运动（转动或移动）的变量只有一个，即相对回转的关节角或相对移动时的位移量。由关节连在一起的两杆件间的运动学关系可由坐标变换矩阵 $\boldsymbol{A}$ 来求得。要具体地求出坐标变换矩阵 $\boldsymbol{A}$，杆件及关节在三维空间中的参数如何表示呢？1955 年，由 Denavir 和 Hartenbeg 提出了一种为关节链中的每一个杆件建立附体坐标系的矩阵方法，即为被广为流行和使用的 D-H 参数法（Denavir-Hartenbeg 定义法，也称 D-H 模型）。D-H 参数法是机器人机构学研究中最为常用的通用表示法。具体方法如下：

（1）建立基坐标系

把机器人原点设定基座或第一关节轴上任意一点，并建立基坐标系Σ_0，该基坐标系的 z_0 轴作为关节 1 的回转轴。

（2）考虑第 $i-1$ 杆件与第 i 杆件间的关系

① 如图 3-37（a）所示，连接第 i 关节 J_i 的杆件 L_{i-1} 和 L_i。按照前一杆件 L_{i-1} 设为 x 方向、关节轴设为 z 方向，按照 x、z 方向和右手定则确定 y 轴方向建立第 $i-1$ 坐标系。

② 作关节 J_i 和 J_{i+1} 的回转轴的公垂线，将两垂足间的距离设为杆件 L_i 的长度 a_i，将两回转轴线间的角度设为杆件 L_i 的拧角 α_i。

③ 关节 J_{i-1} 和关节 J_i 的回转轴线公垂线与关节 J_i 和关节 J_{i+1} 的回转轴线公垂线间在 z_{i-1} 轴上的距离设为杆件 L_{i-1} 与杆件 L_i 的偏移量 d_i。在垂直于 z_{i-1} 轴线平面内逆时针回转测得的这两条公垂线间的夹角 θ_i，设为杆件 i 的回转角度。在回转关节的情况下，该

角度 θ_i 即为关节 J_i 的关节角变量。

(3) 考虑关节 J_i 为如图 3-37 (b) 所示的移动关节情况下

① 第 i 关节的下一个关节即第 $i+1$ 关节轴线公垂线是轴 $i-1$ 与轴 $i+1$ 两轴之间的公垂线。此时，关节变量为 d_i，并且坐标系设立在第 $i-1$ 回转关节处。

② 移动关节的情况下，杆件长度参数 a_i 没有意义，应设为 0。

(4) $a_i(a_{i-1})$，d_i，α_i，θ_i 四个参数称为杆件参数 (link parameters)，这四个参数能够表达以下四个运动

① 绕 z_{i-1} 轴回转 θ_i 角。

② 沿 z_{i-1} 轴移动 d_i。

③ 回转后的 x_{i-1} 轴，即沿 x_i 轴移动 a_i。

④ 绕 x_i 轴拧转 α_i 角。

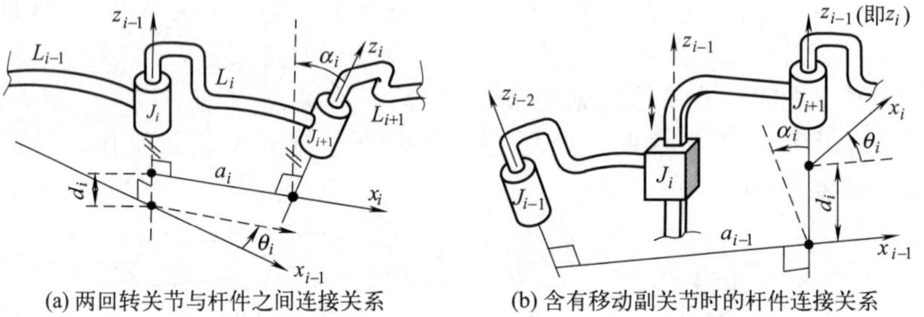

图 3-37 D-H 参数法建立关节坐标系及其 D-H 参数

3.3.2.3 基于 D-H 参数法的坐标变换矩阵 $\mathbf{A}_i$

根据 4 个 D-H 参数所表达的运动功能，按照齐次变换矩阵的构成形式依次写出坐标变换矩阵，依次相乘可求得由第 $i-1$ 坐标系到第 i 坐标系的坐标变换矩阵 $\mathbf{A}_i$，如式 (3-2) 所示：

$$
{}^{i-1}\mathbf{A}_i=\mathbf{A}_i=\mathbf{Rot}(z,\theta_i)\cdot\mathbf{Trans}(0,0.d_i)\cdot\mathbf{Trans}(a_i,0,0)\cdot\mathbf{Rot}(x,\alpha_i)
$$

$$
=\begin{bmatrix}\cos\theta_i & -\sin\theta_i & 0 & 0\\ \sin\theta_i & \cos\theta_i & 0 & 0\\ 0 & 0 & 1 & 0\\ 0 & 0 & 0 & 1\end{bmatrix}\cdot\begin{bmatrix}1 & 0 & 0 & 0\\ 0 & 1 & 0 & 0\\ 0 & 0 & 1 & d_i\\ 0 & 0 & 0 & 1\end{bmatrix}\cdot
$$

$$
\begin{bmatrix}1 & 0 & 0 & a_i\\ 0 & 1 & 0 & 0\\ 0 & 0 & 1 & 0\\ 0 & 0 & 0 & 1\end{bmatrix}\cdot\begin{bmatrix}1 & 0 & 0 & 0\\ 0 & \cos\alpha_i & -\sin\alpha_i & 0\\ 0 & \sin\alpha_i & \cos\alpha_i & 0\\ 0 & 0 & 0 & 1\end{bmatrix}
$$

$$
\mathbf{A}_i=\begin{bmatrix}\cos\theta_i & -\sin\theta_i\cos\alpha_i & \sin\theta_i\sin\alpha_i & a_i\cos\theta_i\\ \sin\theta_i & \cos\theta_i\cos\alpha_i & -\cos\theta_i\sin\alpha_i & a_i\sin\theta_i\\ 0 & \sin\alpha_i & \cos\alpha_i & d_i\\ 0 & 0 & 0 & 1\end{bmatrix}\quad (i=1,2,3,\cdots,n,n\text{ 为自由度数}) \tag{3-2}
$$

3.3.2.4 D-H 参数法的不足之处

如图 3-37 所示，当 $\boldsymbol{z}_i$ 与 $\boldsymbol{z}_{i-1}$ 轴平行、$\boldsymbol{x}_i$ 与 $\boldsymbol{x}_{i-1}$ 轴平行时，即 $\boldsymbol{z}_{i-1}$ 绕 $\boldsymbol{x}_{i-1}$ 轴转到 $\boldsymbol{z}_i$ 轴的角度 $\alpha_i=0$，d_i 为∞。当矩阵中某一个或某些元素趋近于∞时，会在计算与分析中导致坐标变换矩阵“病态”(称为病态矩阵)，这种病态会导致误差分析失真。为解决或避开 D-

H 参数表示法的坐标变换矩阵在 $\alpha_i=0$ 时变成病态矩阵的问题，许多研究者提出了修正的 D-H 模型，即 MDH 模型（Modified Denavit-Hartenberg Model）。MDH 参数模型主要有 4 个、5 个、6 个或更多个参数的模型。

3.3.2.5　对 D-H 参数模型进行修正的 MDH 模型

（1）四参数 MDH 模型

Hayati、Judd&Knasindki 等人分别于 1983、1987 年提出了如图 3-38 所示的四参数 MDH 模型。该模型为：①垂直于 $\boldsymbol{z}_{i-1}$ 轴的平面与 $\boldsymbol{z}_i$ 轴的交点是第 i 坐标系的原点 o_i；②绕 $\boldsymbol{z}_{i-1}$ 轴旋转 $i-1$ 坐标系，使 $\boldsymbol{x}_{i-1}$ 轴与 o_io_{i-1} 平行，得到 o_{i-1}-$\boldsymbol{x}'_{i-1}\boldsymbol{y}'_{i-1}\boldsymbol{z}_{i-1}$；③将旋转后的 $i-1$ 坐标系 o_{i-1}-$\boldsymbol{x}'_{i-1}\boldsymbol{y}'_{i-1}\boldsymbol{z}'_{i-1}$ 平移到 o_i 处得到 o_i-$\boldsymbol{x}''_{i-1}\ \boldsymbol{y}''_{i-1}\boldsymbol{z}''_{i-1}$；④再继续绕 $\boldsymbol{x}''_{i-1}$ 转 α 角得 o_i-$\boldsymbol{x}''_{i-1}\boldsymbol{y}'''_{i-1}\boldsymbol{z}'''_{i-1}$；⑤再继续绕 $\boldsymbol{y}'''_{i-1}$ 转 β 角使 $\boldsymbol{z}'''_{i-1}$ 轴与关节 $i+1$ 的 $\boldsymbol{z}_i$ 轴一致。但是该 $\{\theta_i,\ d_i,\ \alpha_i,\ \beta_i\}$ 四参数 MDH 模型在两关节轴线垂直时与 D-H 参数法在两关节轴线平行时的情况有同样类似的缺点。

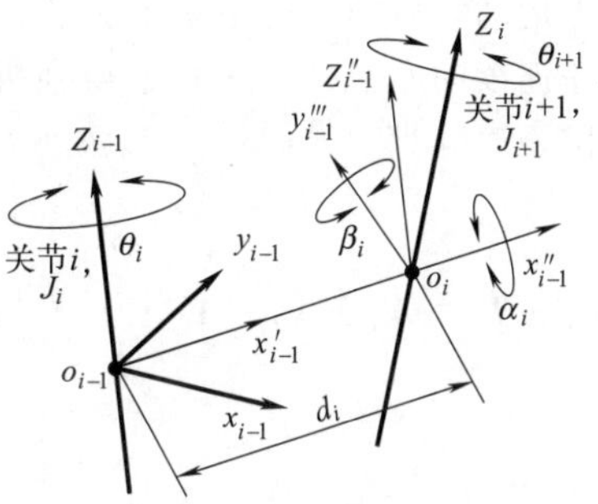

图 3-38　Hayati 等人的四参数 MDH 模型

（2）五参数 MDH 模型

Okada T. 与 Mohri S.、Veitscheff（gg）er 与 Wu 等人分别于 1985、1987 年在 D-H 参数法的几何模型（图 3-37）基础上继续增加了一项绕 $\boldsymbol{y}$ 轴旋转 β 角的回转变换。将原来 $\{\theta_i,\ a_i,\ d_i,\ \alpha_i\}$ 四个 D-H 参数的模型扩展为 $\{\theta_i,\ a_i,\ d_i,\ \alpha_i,\ \beta_i\}$ 五参数 MDH 模型，则关节 i 的齐次变换矩阵 A_i 也就是在原来的 D-H 参数模型的齐次变换矩阵之后再乘以绕 $\boldsymbol{y}$ 轴回转 β 角的齐次变换矩阵即可。当相邻两关节轴线公称平行时，由于制造或装配误差等原因而偏离平行时，$\beta_i\neq0$，$d_i=0$；当相邻两关节轴线公称不平行时，$\beta_i=0$，$d_i\neq0$。

如前所述，由于 D-H 参数法在 $\boldsymbol{z}_i$ 与 $\boldsymbol{z}_{i-1}$ 轴平行、$\boldsymbol{x}_i$ 与 $\boldsymbol{x}_{i-1}$ 轴平行时，即 $\boldsymbol{z}_{i-1}$ 绕 $\boldsymbol{x}_{i-1}$ 轴转到 $\boldsymbol{z}_i$ 轴的角度 $\alpha_i=0$，d_i 为 ∞，会产生病态矩阵的问题。所以这里选用对四参数的 D-H 模型进行修正的 $\{\theta_i,\ a_i,\ d_i,\ \alpha_i,\ \beta_i\}$ 五参数 MDH 模型进行机构的误差分析。五参数 MDH 模型下，杆件 i 相对于 $i-1$ 的齐次坐标变换矩阵 ${}^{i-1}\boldsymbol{A}_i$ 为在原始 D-H 参数法 $\{\theta_i,\ a_i,\ d_i,\ \alpha_i\}$ 四参数齐次坐标变换矩阵 ${}^{i-1}\boldsymbol{A}_i$ 的基础上右乘 $\boldsymbol{Rot}(\boldsymbol{z},\ \beta)$（4×4 的回转齐次坐标变换矩阵），得新的 $\{\theta_i,\ a_i,\ d_i,\ \alpha_i,\ \beta_i\}$ 五参数 MDH 模型下的齐次坐标变换矩阵 ${}^{i-1}\boldsymbol{A}_i$ 为：

$$ {}^{i-1}\boldsymbol{A}_i=\boldsymbol{Rot}(z_{i-1},\theta_i)\boldsymbol{Trans}(z_{i-1},d_i)\boldsymbol{Trans}(x_{i-1},a_i)\boldsymbol{Rot}(x_{i-1},\alpha_i)\boldsymbol{Rot}(y_i,\beta_i) \tag{3-3}$$

其中，β_i 为相邻两关节轴线 $\boldsymbol{z}_{i-1}$ 与 $\boldsymbol{z}_i$ 在平行于 $\boldsymbol{x}_i$ 和 $\boldsymbol{z}_i$ 所在平面上的夹角。其他四个参数 $\{\theta_i,\ a_i,\ d_i,\ \alpha_i\}$ 的定义与 D-H 参数法定义完全一致。则由（3-3）式可得：

$$ {}^{i-1}\boldsymbol{A}_i=\begin{bmatrix} C\theta_iC\beta_i-S\theta_iS\alpha_iS\beta_i & -S\theta_iC\alpha_i & C\theta_iS\beta_i+S\theta_iS\alpha_iC\beta_i & a_iC\theta_i \\ S\theta_iC\beta_i-C\theta_iS\alpha_iS\beta_i & C\theta_iC\alpha_i & S\theta_iS\beta_i-C\theta_iS\alpha_iC\beta_i & a_iS\theta_i \\ -C\alpha_iS\beta_i & S\alpha_i & C\alpha_iC\beta_i & d_i \\ 0 & 0 & 0 & 1 \end{bmatrix} \tag{3-4}$$

其中，$C=\cos$，$S=\sin$。

3.3.3　机器人机构的正运动学求解方法与示例

机器人机构运动学的求解方法可分为解析几何法、矢量分析法、矩阵齐次变换法以及四元数法等方法，其中最为常用的是解析几何法、矢量分析法和矩阵齐次变换法或将两者结合起来的混合方法。本节主要讲述解析几何法和矩阵齐次变换法。

3.3.3.1 正运动学求解的矩阵齐次变换法

对于串联机构的正运动学求解问题采用矩阵齐次变换法是很简单的，只要按照前述的坐标系建立方法以及 D-H 参数法即可得到以各关节运动参数 θ_i（$i=1$，2，3，…，n）为输入运动变量的、第 $i-1$ 坐标系到第 i 坐标系的 4×4 坐标变换矩阵 ${}^{i-1}\boldsymbol{A}_i$，并且所有的 D-H 参数在机构构型和机构参数确定的情况下相当于已知参数。则串联杆件的 n 自由度机器人机构正运动学解 ${}^0\boldsymbol{T}_n$ 可由 n 个关节各自的齐次变换矩阵 A_i 从 $i=1$ 开始按 $i=1$，2，…，n 的顺序连续向右点乘（·）来得到机构正运动学解方程。即末端操作器在基坐标系 O-XYZ 中的位姿矩阵 ${}^0\boldsymbol{T}_n$ 为：

$$
{}^0\boldsymbol{T}_n=\boldsymbol{T}_n=\boldsymbol{A}_1\cdot\boldsymbol{A}_2\cdot\boldsymbol{A}_3\cdot\cdots\cdot\boldsymbol{A}_i\cdot\cdots\cdot\boldsymbol{A}_{n-1}\cdot\boldsymbol{A}_n=\begin{bmatrix}\boldsymbol{n} & \boldsymbol{o} & \boldsymbol{a} & \boldsymbol{p}\\ 0 & 0 & 0 & 1\end{bmatrix}=\begin{bmatrix}n_x & o_x & a_x & p_x\\ n_y & o_y & a_y & p_y\\ n_z & o_z & a_z & p_z\\ 0 & 0 & 0 & 1\end{bmatrix} \tag{3-5}
$$

其中，$\boldsymbol{p}$ 表示末端操作器接口中心点 P 在基坐标系 O-XYZ 中的位置矢量，$\boldsymbol{p}=[p_x \quad p_y \quad p_z]^{\mathrm{T}}$；$\boldsymbol{n}$、$\boldsymbol{o}$、$\boldsymbol{a}$ 分别表示末端操作器接口中心上固连的坐标系 o_n-$x_ny_nz_n$ 的三个坐标轴 x_n、y_n、z_n 在基坐标系 O-XYZ 中的矢量表示。$[\boldsymbol{n} \quad \boldsymbol{o} \quad \boldsymbol{a}]$ 构成的 3×3 矩阵即为末端操作器在基坐标系中的姿态矩阵。

3.3.3.2 平面内运动的两自由度机器人操作臂的机构正运动学求解方法

平面内运动的两自由度机器人操作臂的机构示意图如图 3-39 所示。已知：杆件 1、2 的杆长分别为 L_1、L_2，关节 1、关节 2 的转角分别为 θ_1、θ_2。操作臂的基坐标系坐标原点建立在关节 1 的轴线上且其 z 轴与关节 1 轴线同轴。

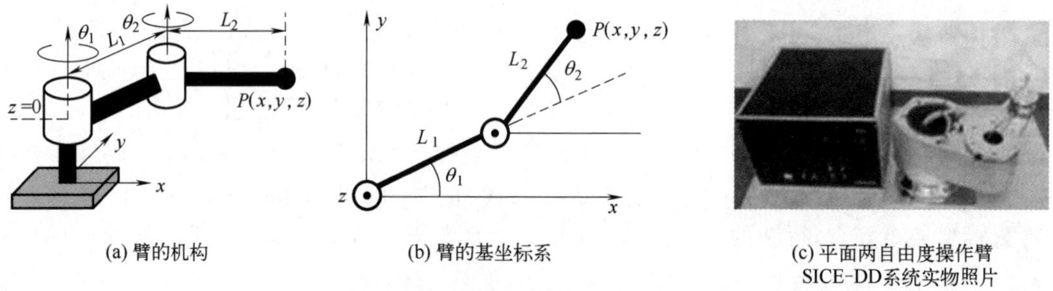

图 3-39 两自由度机器人操作臂的机构、坐标系以及实物照片

求解末端点 P 在基坐标系中的位置和末端杆件的姿态角的平面解析几何法是十分简单的，可由图 3-39（b）直接列写出如下正运动学方程：

$$
\begin{cases}x=L_1\cos\theta_1+L_2\cos(\theta_1+\theta_2)\\ y=L_1\sin\theta_1+L_2\sin(\theta_1+\theta_2)\\ z=0\ \text{或常数}\end{cases} \tag{3-6}
$$

若由 D-H 参数法求解，则首先建立关节 1、关节 2 的坐标系，且坐标系 z 轴分别与关节轴线重合，并建立如表 3-2 所示的 D-H 参数表。

表 3-2 平面两自由度机器人操作臂机构的 D-H 参数表

下标 i	θ_i	d_i	a_i	α_i
1	θ_1	0	L_1	0
2	θ_2	0	L_2	0

则由 D-H 参数和各关节绕 z 轴旋转的坐标变换矩阵求得：

$$\boldsymbol{A}_1=\boldsymbol{Rot}(z,\theta_1)\cdot\boldsymbol{Trans}(L_1,0,0)=\begin{bmatrix}C_1 & -C_1 & 0 & L_1C_1\\ S_1 & C_1 & 0 & L_1S_1\\ 0 & 0 & 1 & 0\\ 0 & 0 & 0 & 1\end{bmatrix}$$

$$\boldsymbol{A}_2=\boldsymbol{Rot}(z,\theta_2)\cdot\boldsymbol{Trans}(L_2,0,0)=\begin{bmatrix}C_2 & -C_2 & 0 & L_2C_2\\ S_2 & C_2 & 0 & L_2S_2\\ 0 & 0 & 1 & 0\\ 0 & 0 & 0 & 1\end{bmatrix}$$

式中：$S_i=\sin\theta_i$，$C_i=\cos\theta_i$，$i=1$，2。

$$^0\boldsymbol{T}_2=\boldsymbol{A}_1\cdot\boldsymbol{A}_2=\begin{bmatrix}C_1C_2-S_1S_2 & -C_1S_2-S_1C_2 & 0 & L_1C_1+L_2C_1C_2-L_2S_1S_2\\ S_1C_2+C_1S_2 & -S_1S_2+C_1C_2 & 0 & L_1S_1+L_2S_1C_2+L_2C_1S_2\\ 0 & 0 & 1 & 0\\ 0 & 0 & 0 & 1\end{bmatrix}=\begin{bmatrix}\boldsymbol{n} & \boldsymbol{o} & \boldsymbol{a} & \boldsymbol{P}\\ 0 & 0 & 0 & 1\end{bmatrix} \tag{3-7}$$

则臂末端即末端操作器中心点的位置 $\boldsymbol{P}(p_x, p_y, p_z)$ 可求得，为 $\boldsymbol{P}={}^0\boldsymbol{T}_2\cdot[0\ \ 0\ \ 0\ \ 1]^{\mathrm{T}}$，则有：

$$\begin{cases}p_x=L_1C_1+L_2C_1C_2-L_2S_1S_2=L_1\cos\theta_1+L_2\cos(\theta_1+\theta_2)\\ p_y=L_1S_1+L_2S_1C_2+L_2C_1S_2=L_1\sin\theta_1+L_2\sin(\theta_1+\theta_2)\\ p_z=0\text{ 或常数}\end{cases} \tag{3-8}$$

即前述的式（3-7）中 $^0\boldsymbol{T}_2$ 矩阵的第 3 列。显然，正运动学中的位置解式（3-8）与式（3-6）是相同的。如果杆件 2 的伸展方向就是手腕的方向，则式（3-7）中的［$\boldsymbol{n}$，$\boldsymbol{o}$，$\boldsymbol{a}$］就是末端操作器的姿态。

3.3.3.3　PUMA 机器人操作臂的正运动学

根据 D-H 参数法建立 PUMA 机器人机构中各个关节坐标系，得到的 PUMA 机器人机构运动简图及其机构参数、坐标系定义如图 3-40 所示，D-H 参数表如表 3-3 所示。

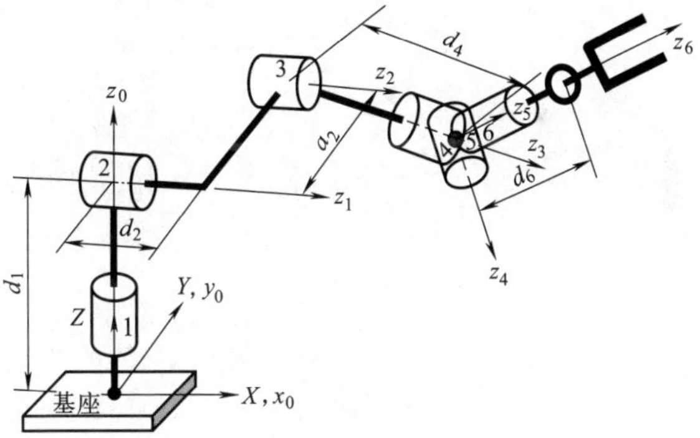

图 3-40　PUMA 机器人操作臂机构参数及其关节坐标系定义

表 3-3　PUMA 机器人 D-H 参数表

L	θ_i	d_i	a_i	α_i
1	θ_1	d_1	0	90°
2	θ_2	d_2	a_2	0°
3	θ_3	0	0	90°
4	θ_4	d_4	0	−90°
5	θ_5	0	0	90°
6	θ_6	d_6	0	0°

对于 PUMA 机器人操作臂，将其 D-H 表中参数分别代入到由式（3-2）表达的各关节

齐次坐标变换矩阵 $\boldsymbol{A}_i$（$i=1, 2, \cdots, 6$）中有：

$$\boldsymbol{A}_1=\begin{bmatrix} c_1 & 0 & s_1 & 0 \\ s_1 & 0 & -c_1 & 0 \\ 0 & 1 & 0 & d_1 \\ 0 & 0 & 0 & 1 \end{bmatrix};\ \boldsymbol{A}_2=\begin{bmatrix} c_2 & -s_2 & 0 & a_2c_2 \\ s_2 & c_2 & 0 & a_2s_2 \\ 0 & 1 & 1 & d_2 \\ 0 & 0 & 0 & 1 \end{bmatrix};\ \boldsymbol{A}_3=\begin{bmatrix} c_3 & 0 & s_3 & 0 \\ s_3 & 0 & -c_3 & 0 \\ 0 & 1 & 0 & 0 \\ 0 & 0 & 0 & 1 \end{bmatrix};$$

$$\boldsymbol{A}_4=\begin{bmatrix} c_4 & 0 & -s_4 & 0 \\ s_4 & 0 & c_4 & 0 \\ 0 & 1 & 0 & d_4 \\ 0 & 0 & 0 & 1 \end{bmatrix};\ \boldsymbol{A}_5=\begin{bmatrix} c_5 & 0 & s_5 & 0 \\ s_5 & 0 & -c_5 & 0 \\ 0 & 1 & 0 & 0 \\ 0 & 0 & 0 & 1 \end{bmatrix};\ \boldsymbol{A}_6=\begin{bmatrix} c_6 & -s_6 & 0 & 0 \\ s_6 & c_6 & 0 & 0 \\ 0 & 1 & 1 & d_6 \\ 0 & 0 & 0 & 1 \end{bmatrix}$$

其中：s、c 分别为 sin、cos 的略写标记，且 $s_i=\sin\theta_i$，$c_i=\cos\theta_i$，且下标 $i=1, 2, 3, 4, 5, 6$。

若已知各关节转角 θ_1、θ_2、θ_3、θ_4、θ_5、θ_6，则末端操作器接口中心点 P 处的位姿矩阵 ${}^0\boldsymbol{T}_6$ 为：

$$ {}^0\boldsymbol{T}_6=\boldsymbol{T}_6=\boldsymbol{A}_1\cdot\boldsymbol{A}_2\cdot\boldsymbol{A}_3\cdot\boldsymbol{A}_4\cdot\boldsymbol{A}_5\cdot\boldsymbol{A}_6=\begin{bmatrix} \boldsymbol{n} & \boldsymbol{o} & \boldsymbol{a} & \boldsymbol{p} \\ 0 & 0 & 0 & 1 \end{bmatrix}=\begin{bmatrix} n_x & o_x & a_x & p_x \\ n_y & o_y & a_y & p_y \\ n_z & o_z & a_z & p_z \\ 0 & 0 & 0 & 1 \end{bmatrix} \tag{3-9}$$

其中：

$$\begin{aligned}
n_x&=c_1\{c_{23}(c_4c_5c_6-s_4s_6)-s_{23}s_5c_6\}+s_1(s_4c_5c_6+c_4s_6)\\
n_y&=s_1\{c_{23}(c_4c_5c_6-s_4s_6)-s_{23}c_5c_6\}-c_1(s_4c_5c_6+c_4s_6)\\
n_z&=s_{23}(c_4c_5c_6-s_4s_6)+c_{23}s_5s_6\\
o_x&=-c_1\{c_{23}(c_4c_5s_6+s_4c_6)-s_{23}s_5s_6\}-s_1(s_4c_5s_6-c_4c_6)\\
o_y&=-s_1\{c_{23}(c_4c_5s_6+s_4c_6)-s_{23}s_5s_6\}+c_1(s_4c_5s_6-c_4c_6)\\
o_z&=-s_{23}(c_4c_5s_6+s_4c_6)-c_{23}s_5s_6\\
a_x&=c_1(c_{23}c_4s_5+s_{23}c_5)+s_1s_4s_5\\
a_y&=s_1(c_{23}c_4s_5+s_{23}c_5)-c_1s_4s_5\\
a_z&=s_{23}c_4s_5-c_{23}c_5\\
p_x&=d_4c_1s_{23}+a_2c_1c_2+d_2s_1\\
p_y&=d_4s_1s_{23}+a_2s_1c_2-d_2c_1\\
p_z&=-d_4c_{23}+a_2s_2+d_1 \quad (\text{仅当 } d_6=0 \text{ 时})
\end{aligned} \tag{3-10}$$

其中：$s_{23}=\sin(\theta_2+\theta_3)$；$c_{23}=\cos(\theta_2+\theta_3)$；$s_i=\sin\theta_i$，$c_i=\cos\theta_i$，且下标 $i=1, 2, 3, 4, 5, 6$。

3.3.4 机器人机构的正运动学求解方法与解的用途

串联机构的机器人操作臂的正运动学求解公式和解主要用于以下几个方面：

① 在编写用于机器人运动样本（即关节轨迹）生成的程序时，用正运动学求解程序去验证逆运动学求解程序和解的正确性。在保证正运动学求解公式和求解程序正确的情况下，将用于运动样本生成的逆运动学求解程序生成的逆运动学解代入到正运动学求解程序中计算末端操作器（或某一杆件）的位置和姿态，如果求得的末端操作器（或某一杆件，或末端杆件）位姿矩阵与预期作业的目标位姿矩阵相同。则说明逆运动学求解程序以及逆运动学计算

公式是正确的。

② 正运动学求解公式和计算程序将被用于在机器人作业空间中控制机器人的情况下，此时给控制器输入的将是末端操作器之类执行机构作业空间内的位移、姿态角等输入量，以及有末端操作器作业空间内位姿、速度反馈的位置速度反馈控制。正运动学求解方法和计算程序可以把机器人在关节空间内的运动转换成末端操作器之类的执行机构在机器人作业空间内的运动，并且在有视觉、触觉等传感器检测机器人在作业空间内的位姿轨迹的情况下，可以进行机器人作业空间内位置速度反馈控制。因此，正运动学求解方法与解主要应用于主从机器人控制、末端操作器作业空间内的轨迹追踪控制（如加速度分解控制法）、力控制等机器人控制技术中。其应用将在本书后面章节具体涉及时再做详细讲解。

③ 正运动学求解公式和计算程序还被用于机器人作业空间内的工作空间的生成。已设计研发的机器人各个关节的运动范围是已知的，这些关节的运动范围构成了机器人关节空间内的运动空间，依次将各个关节角在其运动范围（最小关节角～最大关节角）有序取值并带入到正运动学计算程序中依次计算求得末端操作器在其作业空间内的一系列位置和姿态，最后可包络出末端操作器的工作空间。

④ 机器人正运动学求解方法和解的计算程序还用于求解杆件质心、总的质心的位置、速度以及加速度等物理参数，并可用于牛顿-欧拉法推导的机器人杆件的受力分析和计算。因此，正运动学理论也将被用于机器人机构的动力学分析或计算当中。

需要注意的是：串联机构机器人的正运动学求解的不仅是机器人操作臂的末端机械接口或末端操作器的位姿矩阵，各个杆件质心、各关节或杆件物理实体上的任意一点（或某一组成部分）在基坐标系中的位置（或姿态）的求解也属于正运动学的求解范畴。

3.4　机器人机构的逆运动学求解方法

3.4.1　逆运动学问题的一般解法

逆运动学是已知机器人机构构型、末端操作器位置和姿态，求各关节位置（移动关节为移动量，回转关节为关节角）的问题。逆运动学解求解方法有解析几何法、基于齐次矩阵变换的矩阵运算法。本节以 2-DOF 平面连杆机器人操作臂和 6 自由度 PUMA 机器人操作臂为例讲述逆运动学问题。

根据机器人操作臂的作业需要，将按作业要求给定位置和姿态的位姿矩阵设为机器人操作臂末端接口中心处位姿矩阵 ${}^0\boldsymbol{T}_6$。即有：

$$\begin{bmatrix} \boldsymbol{n} & \boldsymbol{o} & \boldsymbol{a} & \boldsymbol{p} \\ 0 & 0 & 0 & 1 \end{bmatrix} = {}^0\boldsymbol{T}_6 \tag{3-11}$$

$${}^0\boldsymbol{T}_6 = {}^0\boldsymbol{A}_1 \cdot {}^1\boldsymbol{A}_2 \cdot {}^2\boldsymbol{A}_3 \cdot {}^3\boldsymbol{A}_4 \cdot {}^4\boldsymbol{A}_5 \cdot {}^5\boldsymbol{A}_6 \tag{3-12}$$

$$\begin{bmatrix} \boldsymbol{n} & \boldsymbol{o} & \boldsymbol{a} & \boldsymbol{p} \\ 0 & 0 & 0 & 1 \end{bmatrix} = {}^0\boldsymbol{T}_6 = {}^0\boldsymbol{A}_1 \cdot {}^1\boldsymbol{A}_2 \cdot {}^2\boldsymbol{A}_3 \cdot {}^3\boldsymbol{A}_4 \cdot {}^4\boldsymbol{A}_5 \cdot {}^5\boldsymbol{A}_6 \tag{3-13}$$

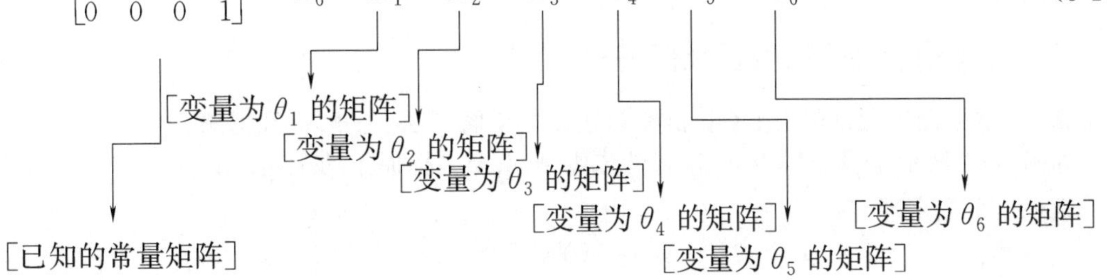

式（3-13）两边同时左乘${}^{0}\boldsymbol{A}_{1}$的逆矩阵${}^{0}\boldsymbol{A}_{1}^{-1}$：

$$
{}^{0}\boldsymbol{A}_{1}^{-1}\cdot\begin{bmatrix}\boldsymbol{n} & \boldsymbol{o} & \boldsymbol{a} & \boldsymbol{p}\\ 0 & 0 & 0 & 1\end{bmatrix}={}^{0}\boldsymbol{A}_{1}^{-1}\,{}^{0}\boldsymbol{T}_{6}={}^{1}\boldsymbol{A}_{2}\cdot{}^{2}\boldsymbol{A}_{3}\cdot{}^{3}\boldsymbol{A}_{4}\cdot{}^{4}\boldsymbol{A}_{5}\cdot{}^{5}\boldsymbol{A}_{6}={}^{1}\boldsymbol{T}_{6} \tag{3-14}
$$

［只含θ_1的矩阵］ → ［对应元素相等可列出只含θ_1的方程式，得到θ_1的计算公式］ ← ［含常数元素和用变量表示元素的矩阵］

从式（3-14）等号左边乘得的矩阵中找出与式（3-14）等号右边${}^{1}\boldsymbol{T}_{6}$中常数元素对应的含θ_1变量的元素，即可列出只含θ_1变量的方程式，从而推导出θ_1的计算公式。

同理式（3-14）两边同时左乘${}^{1}\boldsymbol{A}_{2}$的逆矩阵${}^{1}\boldsymbol{A}_{2}^{-1}$有：

$$
{}^{1}\boldsymbol{A}_{2}^{-1}\cdot{}^{0}\boldsymbol{A}_{1}^{-1}\cdot\begin{bmatrix}\boldsymbol{n} & \boldsymbol{o} & \boldsymbol{a} & \boldsymbol{p}\\ 0 & 0 & 0 & 1\end{bmatrix}={}^{2}\boldsymbol{A}_{3}\cdot{}^{3}\boldsymbol{A}_{4}\cdot{}^{4}\boldsymbol{A}_{5}\cdot{}^{5}\boldsymbol{A}_{6}={}^{2}\boldsymbol{T}_{6}
$$

从上式等号左边乘得的矩阵中找出与等号右边${}^{2}\boldsymbol{T}_{6}$中常数元素对应的含θ_2变量的元素，即可列出只含θ_2变量的方程式，从而推导出θ_2的计算公式。在此过程中，θ_1可当作已知量看待。

类推下去，有：

$$
{}^{i-1}\boldsymbol{A}_{i}^{-1}\cdot\cdots\cdot{}^{1}\boldsymbol{A}_{2}^{-1}\cdot{}^{0}\boldsymbol{A}_{1}^{-1}\cdot\begin{bmatrix}\boldsymbol{n} & \boldsymbol{o} & \boldsymbol{a} & \boldsymbol{p}\\ 0 & 0 & 0 & 1\end{bmatrix}={}^{i}\boldsymbol{A}_{i+1}\cdot\cdots\cdot{}^{n-1}\boldsymbol{A}_{n}={}^{i}\boldsymbol{T}_{n} \tag{3-15}
$$

当$n=6$时，${}^{i-1}\boldsymbol{A}_{i}^{-1}\cdot\cdots\cdot{}^{1}\boldsymbol{A}_{2}^{-1}\cdot{}^{0}\boldsymbol{A}_{1}^{-1}\cdot\begin{bmatrix}\boldsymbol{n} & \boldsymbol{o} & \boldsymbol{a} & \boldsymbol{p}\\ 0 & 0 & 0 & 1\end{bmatrix}={}^{i}\boldsymbol{T}_{6}$。

按与θ_1的计算公式相同的方法依次推导出各关节角的计算公式。

对于6自由度以内的工作机器人操作臂总可以按照上述方法推导出其在三维空间内作业的逆运动学解析解计算公式作为通解，也有有限的几组解的多解情况。但是，对于多于6自由度的机器人操作臂，其三维空间内作业的逆运动学解有无穷多组解可以实现给定的作业。因此，多于6自由度的n自由度机器人操作臂即冗余自由度机器人操作臂，虽然能够按照上述方法推导出逆运动学解析解的计算公式，但不可能得到所有关节的逆运动学问题的最终解析解计算公式，得到的是以某些关节变量为另一部分关节变量的函数的解析方程式。因此，要想推导得到所有关节变量的解析计算公式（即解的显式形式）将会随着冗余自由度数的增加而变成几乎是不可能的事情。机器人运动学的解析解无论从计算机程序设计、计算量、解的分析、计算精确性以及在运动控制实时性等方面所拥有的优越性来看，都是从事机器人控制技术者所最希望得到的。但是冗余自由度机器人、超多冗余自由度机器人的逆运动学问题的解析解是难以求解的，而且需要构造附加约束条件式，多半是用解析与数值计算方法融合求解得到数值解。

3.4.2 逆运动学问题的解析几何解法

3.4.2.1 水平面内运动的2-DOF机械臂运动学求解方法——解析几何法

如图3-41所示，设2-DOF机械臂的末端P点至坐标原点的距离为L_0。

则根据余弦定理有：

$$
L_0^2=L_1^2+L_2^2-2L_1L_2\cos(180^\circ-\theta_2)=L_1^2+L_2^2+2L_1L_2\cos\theta_2
$$

设P的坐标为（p_x，p_y，p_z），则：${L_0}^2=x^2+y^2$，有：

$$\cos\theta_2=-\frac{p_x^2+p_y^2-(L_1^2+L_2^2)}{2L_1L_2} \tag{3-16}$$

虽然可由 arccos 算出 θ_2，但遗憾的是：由 arccos、arcsin 计算的结果在 0°、90°、180°处误差变大。而且 arccos 只能算 0～180°、arcsin 只能算 －90～＋90°的结果。为此，采用：$\theta=\arctan(\sin\theta/\cos\theta)$，并且在计算机算法语言中使用象限角计算函数"ATAN2（a，b）"，且 $a=\sin\theta$，$b=\cos\theta$。则有：

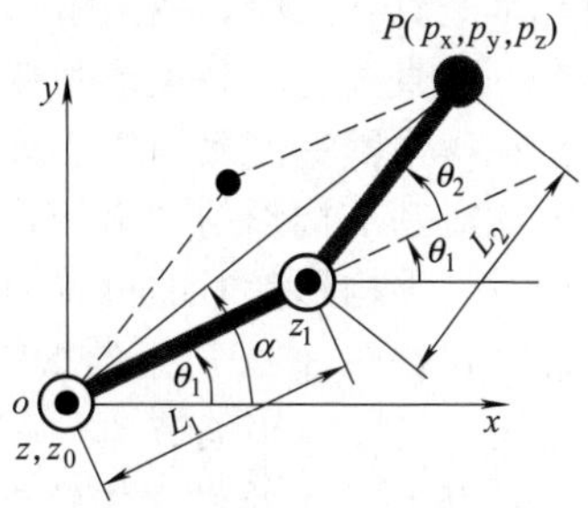

图 3-41　2-DOF 机械臂逆运动学的解析几何解法

$$\sin\theta_2=\pm\frac{\sqrt{(2L_1L_2)^2-[p_x^2+p_y^2-(L_1^2+L_2^2)]^2}}{2L_1L_2} \tag{3-17}$$

则有：

$$\theta_2=\mathrm{ATAN2}\left\{\pm\frac{\sqrt{(2L_1L_2)^2-[p_x^2+p_y^2-(L_1^2+L_2^2)]^2}}{2L_1L_2},-\frac{p_x^2+p_y^2-(L_1^2+L_2^2)}{2L_1L_2}\right\}$$

这里，$\sin\theta_2$ 有±值，则 $-\theta_2$ 也是解，对应图 3-41 中虚线所示的构型。末端有两种可能的姿态。下面求 θ_1：

$$\begin{cases}p_x=L_1\cos\theta_1+L_2\cos(\theta_1+\theta_2)=k_c\cos\theta_1-k_s\sin\theta_1\\ p_y=L_1\sin\theta_1+L_2\sin(\theta_1+\theta_2)=k_s\cos\theta_1+k_c\sin\theta_1\\ p_z=0\end{cases} \tag{3-18}$$

其中：

$$\begin{cases}k_c=L_1+L_2\cos\theta_2\\ k_s=L_2\sin\theta_2\end{cases} \tag{3-19}$$

则由式（3-18）得：

$$\begin{cases}\cos\theta_1=\dfrac{k_cp_x+k_sp_y}{k_c^2+k_s^2}\\ \sin\theta_1=\dfrac{-k_sp_x+k_cp_y}{k_c^2+k_s^2}\end{cases}$$

综上所述，可得平面 2-DOF 机器人操作臂逆运动学的解析解为：

$$\theta_1=\arctan\frac{\sin\theta_1}{\cos\theta_1}=\mathrm{ATAN2}\left(\frac{-k_sp_x+k_cp_y}{k_c^2+k_s^2},\frac{k_cp_x+k_sp_y}{k_c^2+k_s^2}\right) \tag{3-20}$$

$$\theta_2=\mathrm{ATAN2}\left\{\pm\frac{\sqrt{(2L_1L_2)^2-[p_x^2+p_y^2-(L_1^2+L_2^2)]^2}}{2L_1L_2},-\frac{p_x^2+p_y^2-(L_1^2+L_2^2)}{2L_1L_2}\right\} \tag{3-21}$$

【问题讨论】　逆解公式中的±号如何处理？

式（3-20）和式（3-21）中的±号对应着如图 3-42 所示机器人操作臂末端在给定位置下的两个不同构形，即末端操作器接口点到达同一位置有两种不同的构形，从解方程的角度意味着方程有两个解。但±号下的这两组解不能同时使用，也不能混用，即用"＋"号公式解算机器人逆运动学解并控制机器人操作臂时自始至终都应用"＋"号下的公式，反之，用"－"号时自始至终也都应该用"－"号下的公式计算逆解。

3.4.2.2　RPP 无偏置型 3 自由度机器人操作臂臂部机构运动学分析的解析几何法

RPP 无偏置型 3 自由度操作臂臂部机构运动简图如图 3-42 所示。当大臂、小臂完全伸展开呈竖直状态时，各关节回转中心、各相邻关节回转中心两两连线（即臂杆构件）理论上都在一条直线上。各关节角变量、各杆件长度等机构参量及其符号定义如图 3-42 所示。

在操作臂基座底面中心处建立基坐标系 $O\text{-}XYZ$，图示的整臂竖直伸展成一直线状态为作为绝对基准构形的“零构形”，即各关节位置为“0”位时的 0°，关节角位移即关节角都是相对“零构形”时的位置而定义的，如图所示的 θ_1、θ_2、θ_3，且逆时针转为正、顺时针为负。根据图 3-42 所示的 RPP 三自由度操作臂臂部机构各关节、杆件间的无偏置式关系和机构运动简图，当关节 1、关节 2、关节 3 各自从臂“零构形”开始独立转动至图示的 θ_1、θ_2、θ_3 角时，不难做立体解析几何分析：由于关节 1 轴线垂直于基座底面平面，关节 2 轴线、关节 3 轴线互相平行，且皆平行于基座底面基准面，同时又都垂直且相交于关节 1 轴线，所以，各关节由“零构形”位置转动 θ_1、θ_2、θ_3 后，臂杆 AB_1、B_1P 在基座底面即 $O\text{-}XY$ 平面上的垂直投影分别为 OA_o、A_oP_o，即点 A、B_1、P、P_{B1}、P_A、O、A_o、B_o、P_o 都在同一平面上，且该平面垂直于 $O\text{-}XY$ 平面且相交于 OP_o 所在的直线 OX'。

（1）正运动学解

已知如图 3-42 所示的机构构型和机构参数，求给定各关节的关节角 θ_1、θ_2、θ_3 的情况下，在基坐标系 $O\text{-}XYZ$ 中，求臂末端点 P 的位置坐标（x，y，z）和末端杆件 3 的姿态。由图中几何关系可得：$\overline{AP_A}=\overline{OP_o}=l_2\sin\theta_2+l_3\sin(\theta_2+\theta_3)$；$z=\overline{P_oP}=l_1+l_2\cos\theta_2+l_3\cos(\theta_2+\theta_3)$。则可得末端点 P 在基坐标系 $O\text{-}XYZ$ 中的位置坐标分量计算公式：

$$\begin{cases}x=\overline{OP_o}\cos\theta_1=[l_2\sin\theta_2+l_3\sin(\theta_2+\theta_3)]\cos\theta_1\\ y=\overline{OP_o}\sin\theta_1=[l_2\sin\theta_2+l_3\sin(\theta_2+\theta_3)]\sin\theta_1\\ z=\overline{P_oP}=l_1+l_2\cos\theta_2+l_3\cos(\theta_2+\theta_3)\end{cases}\tag{3-22}$$

末端杆件 3 在基坐标系 $O\text{-}XYZ$ 中的姿态用由 B_1 点指向 P 点的矢量来表示。B_1 点、P 点在基坐标系中的位置坐标分别为 $B_1(x_B，y_B，z_B)$ 和 $P(x，y，z)$ 表示。其中：B_1 点坐标分量分别为：

$$\begin{cases}x_B=l_2\sin\theta_2\cos\theta_1\\ y_B=l_2\sin\theta_2\sin\theta_1\\ z_B=l_2\cos\theta_2+l_1\end{cases}\tag{3-23}$$

则 $\boldsymbol{B_1P}=[x-x_B\quad y-y_B\quad z-z_B]^{\mathrm{T}}$，作为臂末端杆件 3 在基坐标系中的方向矢量归

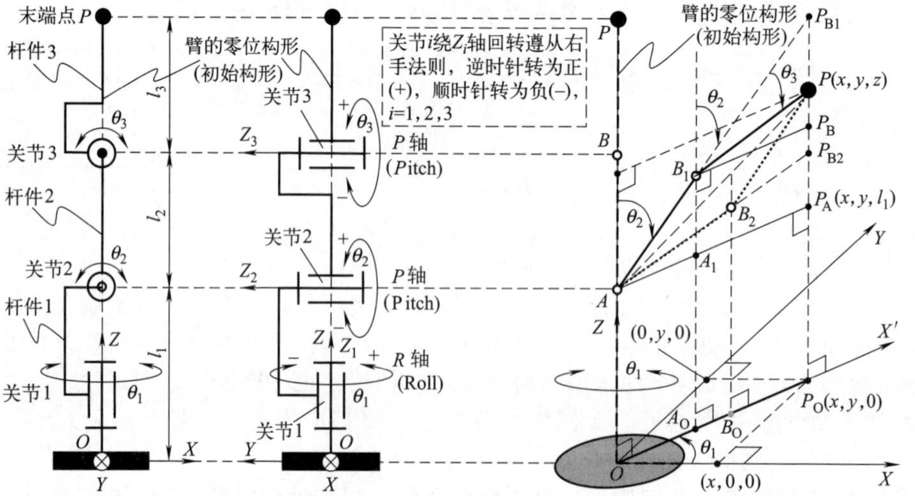

图 3-42　机器人操作臂 3 自由度 RPP 无偏置型臂部机构运动学分析的立体解析几何法

一化为单位长度的方向矢量 $\boldsymbol{e}_3$ 为：

$$\boldsymbol{e}_3=\boldsymbol{B}_1\boldsymbol{P}/\|\boldsymbol{B}_1\boldsymbol{P}\|=[x-x_{\mathrm{B}}\quad y-y_{\mathrm{B}}\quad z-z_{\mathrm{B}}]^{\mathrm{T}}/\sqrt{(x-x_{\mathrm{B}})^2+(y-y_{\mathrm{B}})^2+(z-z_{\mathrm{B}})^2} \tag{3-24}$$

则，末端杆件 3 在基坐标系中的姿态可用式（3-24）计算出的方向矢量 $\boldsymbol{e}_3$ 来表示。将式（3-22）和式（3-23）代入到式（3-24）中即可计算出末端杆件 3 的方向矢量 $\boldsymbol{e}_3$。

对操作臂机构做解析几何分析的逆运动学目的：根据末端点 P 在基坐标系 $O\text{-}XYZ$ 中的位置坐标 $P(x，y，z)$ 及机构参数，求对应于 $P(x，y，z)$ 位置的各关节角位置，即关节角 θ_1、θ_2、θ_3。也即用操作臂机构的末端杆件的末端点 P 的位置坐标 x、y、z 和杆件长度参数 l_1、l_2、l_3 来表示 θ_1、θ_2、θ_3 的解方程。

（2）逆运动学解

① 关节角 θ_1 计算公式推导：

根据如前所述内容和图 3-42 中右图所示的几何关系，可得：$\tan\theta_1=y/x$，则有：$\theta_1=\arctan(y/x)$，由于 $\theta_1=\arctan(y/x)$ 存在多解，因此，用程序设计语言中的象限角函数 ATAN2（,）的形式计算 θ_1，即：

$$\theta_1=\arctan(y,x)=\mathrm{ATAN2}(y,x) \tag{3-25}$$

② 关节角 θ_3 计算公式推导：

在$\triangle AB_1P$ 中，由余弦定理可得如下关系式：

$$\overline{AP}^2=x^2+y^2+(z-l_1)^2=l_2^2+l_3^2-2l_2l_3\cos(\pi-\theta_3)=l_2^2+l_3^2+2l_2l_3\cos\theta_3 \tag{3-26}$$

继而有：$\cos\theta_3=\dfrac{x^2+y^2+(z-l_1)^2-l_2^2-l_3^2}{2l_2l_3}$，$\theta_3=\arccos\dfrac{x^2+y^2+(z-l_1)^2-l_2^2-l_3^2}{2l_2l_3}$。显然，由 arccos 函数求解 θ_3，有无穷多解而且可呈周期性变化。因此，仍然采用象限角函数来求 θ_3。由 $\cos^2\theta_3+\sin^2\theta_3=1$ 可得：

$$\begin{aligned}\sin\theta_3&=\pm\sqrt{1-\cos^2\theta_3}\\&=\pm\frac{\sqrt{\{(l_2+l_3)^2-[x^2+y^2+(z-l_1)^2]\}\{-(l_2-l_3)^2+[x^2+y^2+(z-l_1)^2]\}}}{2l_2l_3}\end{aligned}$$

$$\cos\theta_3=\frac{x^2+y^2+(z-l_1)^2-l_2^2-l_3^2}{2l_2l_3} \tag{3-27}$$

$$\theta_3=\arctan(\sin\theta_3,\cos\theta_3)=\mathrm{ATAN2}(\sin\theta_3,\cos\theta_3) \tag{3-28}$$

需要注意的是：显然由式（3-28）利用公式（3-27）求解出的关节角 θ_3 有±号两组解，这两组解分别对应图 3-42 右图中都能够实现臂末端点 P 处于同一位置坐标下的 AB_1P 和 AB_2P 两个臂形构形。

③ 关节角 θ_2 计算公式推导：

令$\triangle AB_1P$ 中$\angle B_1AP=\alpha$，在$\triangle AP_{\mathrm{A}}P$ 中有：

$$\angle PAP_{\mathrm{A}}=\arctan(z-l_1,\sqrt{x^2+y^2})=\mathrm{ATAN2}(z-l_1,\sqrt{x^2+y^2})$$

且 $\alpha=\angle B_1AP=\pi/2-\theta_2-\angle PAP_{\mathrm{A}}$，所以有：

$$\alpha=\pi/2-\theta_2-\mathrm{ATAN2}(z-l_1,\sqrt{x^2+y^2}) \tag{3-29}$$

则在$\triangle AB_1P$ 中，同样根据余弦定理有：

$$l_3^2=l_2^2+\overline{AP}^2-2l_2\overline{AP}\cos\angle B_1AP=l_2^2+x^2+y^2+(z-l_1)^2-2l_2\sqrt{x^2+y^2+(z-l_1)^2}\cos\alpha$$

$$\cos\alpha=\frac{l_2^2+x^2+y^2+(z-l_1)^2-l_3^2}{2l_2\sqrt{x^2+y^2+(z-l_1)^2}} \tag{3-30}$$

由 $\sin\alpha=\pm\sqrt{1-\cos^2\alpha}$ 得：

$$\sin\alpha=\pm\frac{\sqrt{4l_2^2[x^2+y^2+(z-l_1)^2]-[l_2^2+x^2+y^2+(z-l_1)^2-l_3^2]^2}}{2l_2\sqrt{x^2+y^2+(z-l_1)^2}} \tag{3-31}$$

由象限角计算公式得：

$$\alpha=\arctan(\sin\alpha,\cos\alpha)=\mathrm{ATAN2}(\sin\alpha,\cos\alpha) \tag{3-32}$$

则由式（3-29）和式（3-32）推导出：

$$\theta_2=\pi/2-\alpha-\mathrm{ATAN2}(z-l_1,\sqrt{x^2+y^2})=\pi/2-\mathrm{ATAN2}(\sin\alpha,\cos\alpha)-\mathrm{ATAN2}(z-l_1,\sqrt{x^2+y^2})$$

$$\theta_2=\pi/2-\mathrm{ATAN2}\left\{\pm\frac{\sqrt{4l_2^2[x^2+y^2+(z-l_1)^2]-[l_2^2+x^2+y^2+(z-l_1)^2-l_3^2]^2}}{2l_2\sqrt{x^2+y^2+(z-l_1)^2}},\frac{l_2^2+x^2+y^2+(z-l_1)^2-l_3^2}{2l_2\sqrt{x^2+y^2+(z-l_1)^2}}\right\}-\mathrm{ATAN2}(z-l_1,\sqrt{x^2+y^2}) \tag{3-33}$$

需要注意的是：关节角 θ_2、θ_3 都是各有±号两组解，两两组合可有四组不同的组合结果，但实际上由图 3-42 可知，事实上只有对应图 3-42 右图中都能够实现臂末端点 P 处于同一位置坐标下的 AB_1P 和 AB_2P 两个臂形构形下的两组组合解有实际意义。因此，定义臂形标志 k，当 $k=1$ 时为高臂形即 AB_1P 臂形，$k=-1$ 时为低臂形即 AB_2P 臂形。

若 $\mathrm{sign}(\theta_2)\mathrm{sign}(\theta_3)=1$ 时为高臂形，即 $k=1$；

若 $\mathrm{sign}(\theta_2)\mathrm{sign}(\theta_3)=-1$ 时为低臂形，即 $k=-1$。

则式（3-25）、式（3-27）与式（3-28）、式（3-33）分别为用解析几何方法推导出的关节角 θ_1、θ_2、θ_3 的解析解计算公式。有了这些计算公式，即可用程序设计语言（如 Matlab、C、C++、VC、VB 等）编写对于该机器人操作臂机构通用的逆运动学求解计算程序。在实际使用时需要根据臂形标志和保证各关节连续运动条件下分别对公式中的±号加以组合。除非在大小臂臂形处于一直线上，否则绝对不允许出现由高臂形一下子“突然”跳到低臂形的运动不连续情况发生。

④ 末端点 P 走连续轨迹（路径）时的逆运动学求解方法

以上求解的只是在末端杆件的末端点 P 到达基坐标系内的某一位置坐标（x，y，z）时对应的各关节角位置，也即操作臂处于某一构形下的逆运动学解。当末端点 P 在基坐标系内按作业要求给定的连续轨迹路径运动时，需要将给定的连续轨迹按照时间间隔和顺序离散成 n 个离散位置点 P_i（下标 $i=1$，2，3，…，n），n 越大即离散点数越多，求得的关节轨迹越光滑。设连续运动轨迹上的第 i 个位置点 P_i（在基坐标系 O-XYZ 中的位置坐标为 P_i（x_i，y_i，z_i），则按照前述的解析几何方法推导得到的逆运动学解求解公式（3-25）、式（3-27）与式（3-28）、式（3-33）即可分别计算出对应点 P_i（x_i，y_i，z_i）位置坐标的关节角 θ_{1i}、θ_{2i}、θ_{3i}（$i=1$，2，3，…，n），从而计算出各关节角曲线上按时间顺序给出的一系列关节角位置值，即求得了关节轨迹数据曲线。将求解得到的这些关节轨迹数据按照仿真软件对外部数据文件输入的数据格式要求存储在数据文件中，然后作为运动输入数据导入到仿真软件中用于运动仿真。

3.4.2.3 RPP 有偏置型 3 自由度机器人操作臂臂部机构（即 PUMA 臂部机构）运动学分析的解析几何法

偏置型的 3 自由度 RPP 机器人操作臂机构是指前后相邻的两个杆件之间根本不存在共线情况的机构，如图 3-43 所示。非偏置型的 3 自由度 RPP 机器人操作臂机构由于存在臂杆共线的情况，因此，某些关节因相邻臂杆之间会有关节的机械极限位置而减小了关节运动范围，导致工作空间减小。因此，为了扩大关节运动范围和工作空间，多数工业机器人机构采用了如图 3-43 所示含有臂杆之间相互错开的偏置型机构。工业机器人中较早的 PUMA 机器人臂部机构就是这种偏置型 RPP 三自由度机构，大臂与小臂沿着肩、轴关节轴线方向是相互错开配置的，大臂同时沿肩关节轴线偏置于腰转轴线一侧，使得臂部机构中大、小臂杆件（构件）所构成的平面（为垂直于基座底面水平面的垂直面）与关节 1（腰转关节）轴线平行且距离为 h。根据图 3-43 所示的操作臂臂部机构原理和各关节回转运动，用立体解析几何分析方法绘出图 3-43 右侧的几何关系图。

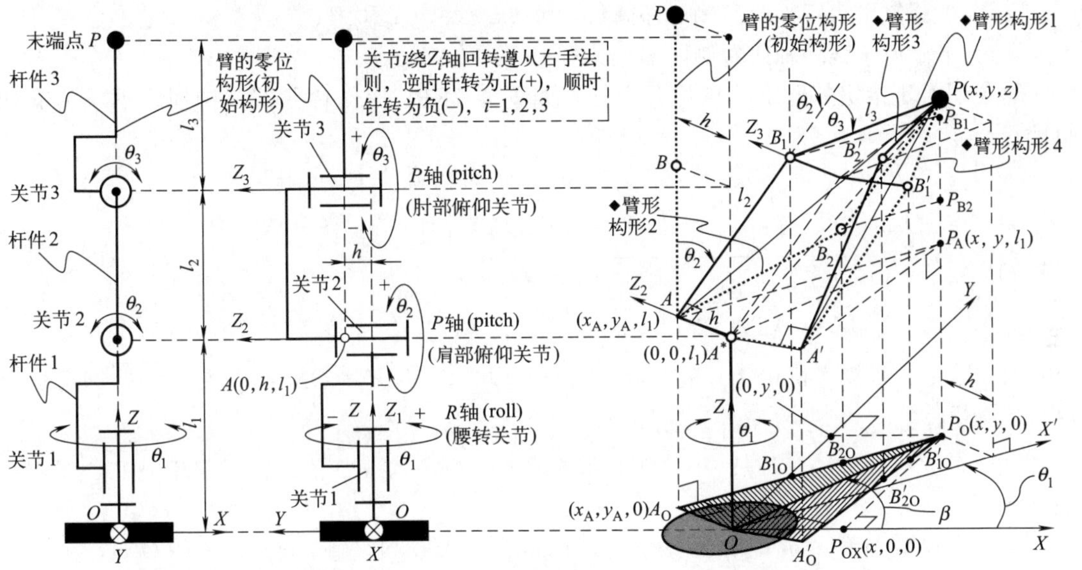

图 3-43　机器人操作臂 3 自由度 RPP 偏置型臂部机构运动学分析的立体解析几何法

（1）正运动学解

已知如图 3-43 所示的机构构型和机构参数，求给定各关节的关节角 θ_1、θ_2、θ_3 的情况下，在基坐标系 $O\text{-}XYZ$ 中，求臂末端点 P 的位置坐标（x，y，z）和末端杆件 3 的姿态。由图中几何关系可得：$\overline{AP_A}=\overline{A_oP_o}=l_2\sin\theta_2+l_3\sin(\theta_2+\theta_3)$；$z=\overline{P_oP}=l_1+l_2\cos\theta_2+l_3\cos(\theta_2+\theta_3)$。则在直角 $\triangle P_oA_oO$ 中，有：$\overline{OP_o}=\sqrt{\overline{A_oP_o}^2+\overline{OA_o}^2}=\sqrt{[l_2\sin\theta_2+l_3\sin(\theta_2+\theta_3)]^2+h^2}$。另外，$\angle P_oOX'$ 可由下式求出：$\angle P_oOX'=\arcsin(h/\overline{OP_o})=\arcsin(h/\sqrt{[l_2\sin\theta_2+l_3\sin(\theta_2+\theta_3)]^2+h^2})$，且对于给定的机器人机构，一般在可共用空间内，取 $0\leqslant\angle P_oOX'\leqslant\pi/2$ 值。则：P_o 点的坐标分量也即臂杆 3 末端点 P 的坐标分量 x、y 分别为：$x=\overline{OP_o}\cdot\cos(\theta_1+\angle P_oOX')$，$y=\overline{OP_o}\cdot\sin(\theta_1+\angle P_oOX')$。则臂杆 3 末端点 P 在基坐标系 $O\text{-}XYZ$ 中的位置坐标分量 x、y、z 分别为：

$$\begin{cases}x=\overline{OP_o}\cdot\cos(\theta_1+\angle P_oOX')\\y=\overline{OP_o}\cdot\sin(\theta_1+\angle P_oOX')\\z=l_1+l_2\cos\theta_2+l_3\cos(\theta_2+\theta_3)\end{cases}\tag{3-34}$$

其中：$\overline{OP_o}=\sqrt{[l_2\sin\theta_2+l_3\sin(\theta_2+\theta_3)]^2+h^2}$；$\angle P_oOX'=\arcsin(h/\overline{OP_o})$ 且 $0\leqslant\angle P_oOX'\leqslant\pi/2$。

求臂杆 3 在基坐标系中的姿态方法与前述的非偏置型操作臂机构末端杆件 3 的方向矢量

方法相同，用解析几何法求 B 点在基坐标系中的坐标分量 x_B、y_B、z_B，然后求由 B 点的坐标（x_B，y_B，z_B）和式（3-34）求得的 P 点坐标（x，y，z）求由 B 指向 P 点的矢量 $\boldsymbol{BP}$，并归一化求得 $\boldsymbol{BP}$ 的方向矢量 $\boldsymbol{e}_3$ 即可。此处从略。

（2）逆运动学解

对于在基坐标系 O-XYZ 中给定的末端点位置坐标 $P(x，y，z)$，偏置型的 RPP 三自由度臂部机构有四种构形可以使臂末端到达同一点 P，这四种构形分别是：

① 大小臂位于腰转轴线左侧肘部高位臂形——OA^*AB_1P；

② 大小臂位于腰转轴线左侧肘部低位臂形——OA^*AB_2P；

③ 大小臂位于腰转轴线右侧肘部高位臂形——$OA^*A'B_2'P$；

④ 大小臂位于腰转轴线右侧肘部低位臂形——$OA^*A'B_1'P$。

这说明对于给定的臂末端点位置坐标，偏置型 3RPP 操作臂臂部机构逆运动学解有四组解。

① 求关节角 θ_1　图 3-43 中，$\angle P_oOX=\beta$，则在$\triangle P_oP_{ox}O$ 中，有：$\beta=\text{ATAN2}(y，x)$。在$\triangle P_oOA_o$ 中，有：$\angle A_oP_oO=\angle P_oOX'$。且 $\sin\angle P_oOX'=h/\sqrt{x^2+y^2}$；$\cos\angle P_oOX'=\pm\sqrt{(x^2+y^2-h^2)\ /\ (x^2+y^2)}$。则有：

$$\angle P_oOX'=\text{ATAN2}\{h/\sqrt{x^2+y^2}，\pm\sqrt{(x^2+y^2-h^2)/(x^2+y^2)}\}$$

对于给定的机器人机构，一般在可共用空间内，用 $\sin\angle P_oOX'=h/\sqrt{x^2+y^2}$ 即可解出角$\angle P_oOX'$：

$\angle P_oOX'=\arcsin（h/\sqrt{x^2+y^2}）$且取 $0\leqslant\angle P_oOX'\leqslant\pi/2$ 值。而无需用 ATAN2 函数来求解。

由$\angle P_oOX'+\theta_1=\beta$ 可得：$\theta_1=\beta-\angle P_oOX'=\text{ATAN2}（y，x）-\angle P_oOX'$。

$$\theta_1=\text{ATAN2}(y,x)-\arcsin(h/\sqrt{x^2+y^2}) \tag{3-35}$$

② 求关节角 θ_2 和 θ_3 的解析几何法　由图 3-43 可知，P 点在基坐标系的位置坐标已知为 $P(x，y，z)$，臂形构形 1 的情况下，$\triangle AB_1P$ 所在的平面永远垂直于基座底面 O-XY，A^* 点在基坐标系中的位置坐标为 $A^*（0，0，l_1）$，设 A 点的位置坐标为 $A（x_A，y_A，l_1）$，其中 x_A、y_A 待求，如果能求出 A 点的坐标分量 x_A、y_A，则就可以用与前述非零偏置 RPP 三自由度臂部机构中用余弦定理和象限角函数 atan2 求解关节角 θ_2 和 θ_3 的方法来求出偏置型 RPP 机构的关节角 θ_2 和 θ_3。因此，不再赘述。下面用解析法求 x_A、y_A。两段线段构成的平面直角折线 OA_oP_o 是大臂、小臂在 O-XY 平面上的投影，所以，A 点坐标分量 x_A、y_A 就是 A_o 点的相应坐标分量。因此，可在 O-XY 平面内将 A_o 点坐标（x_A，y_A，0）中的未知分量 x_A、y_A 求出来。

在直角$\triangle OA_oP_o$ 中，有如下方程组：

$$\begin{cases}x_A^2+y_A^2=h^2\\x^2+y^2=h^2+(x-x_A)^2+(y-y_A)^2\end{cases} \tag{3-36}$$

整理得：$h^2-xx_A-yy_A=0$。则有：

$$x_A=(h^2-yy_A)/x \tag{3-37}$$

显然，当 $x=0$ 或 $x\approx0$ 或很小时，x_A 分别为 $x_A=\infty$或趋近于∞或很大。一般情况下，不可能这样使用机器人操作臂的。需要注意的是：如图 3-42 中机器人操作臂的零位构形只是用来作为关节转动位置（角位移）的比较基准。若初始构形为机构奇异构形，在机器人实际作业时为各关节协调连续运动时需要回避的奇异机构构形，但是可以让各个关节以 Point-

T-Point 这种点位控制方式单独运动到实际作业的非奇异起始构形，然后利用逆运动学计算程序计算各关节协调运动的关节轨迹，并用于进行轨迹追踪的运动控制；或者也可以采用远离如图 3-42 所示的杆件两两相互垂直状态作为初始构形。

将式（3-37）代入到式（3-36）的第 1 个方程中并整理得一元二次方程：

$$y_A^2-2yy_A+h^2-x^2=0 \tag{3-38}$$

解此一元二次方程，得解：

$$y_A=y\pm\sqrt{x^2+y^2-h^2} \tag{3-39}$$

最后得 A 点坐标分量 x_A、y_A、z_A 计算公式如下：

$$\begin{cases} x_A=(h^2-y\cdot y_A)/x \\ y_A=y\pm\sqrt{x^2+y^2-h^2} \\ z_A=l_1 \end{cases} \tag{3-40}$$

其中："±"分别对应前述四种臂形构形中的肩关节在腰转关节轴线左侧、右侧两种情况。即图 3-43 中正号"+"对应臂形构形 1、2；负号"−"对应臂形构形 3、4。这里所说的左右侧是以 O-XYZ 坐标系的 X 轴正向为前向，或者假设将偏置型机器人操作臂看作人的左臂则按人体定义的前后左右方向。或者换句话说：当机器人臂形处于①大小臂位于腰转轴线左侧肘部高位臂形——OA^*AB_1P 或者②大小臂位于腰转轴线左侧肘部低位臂形——OA^*AB_2P 时，公式（3-39）取"+"号；当机器人臂形处于③大小臂位于腰转轴线右侧肘部高位臂形——$OA^*A'B_2'P$ 或者④大小臂位于腰转轴线右侧肘部低位臂形——$OA^*A'B_1'P$ 时，公式（3-40）取"−"号。

至此，求解偏置型机器人操作臂关节角 θ_2 和 θ_3 的问题归结为如图 3-44 所示的已知三

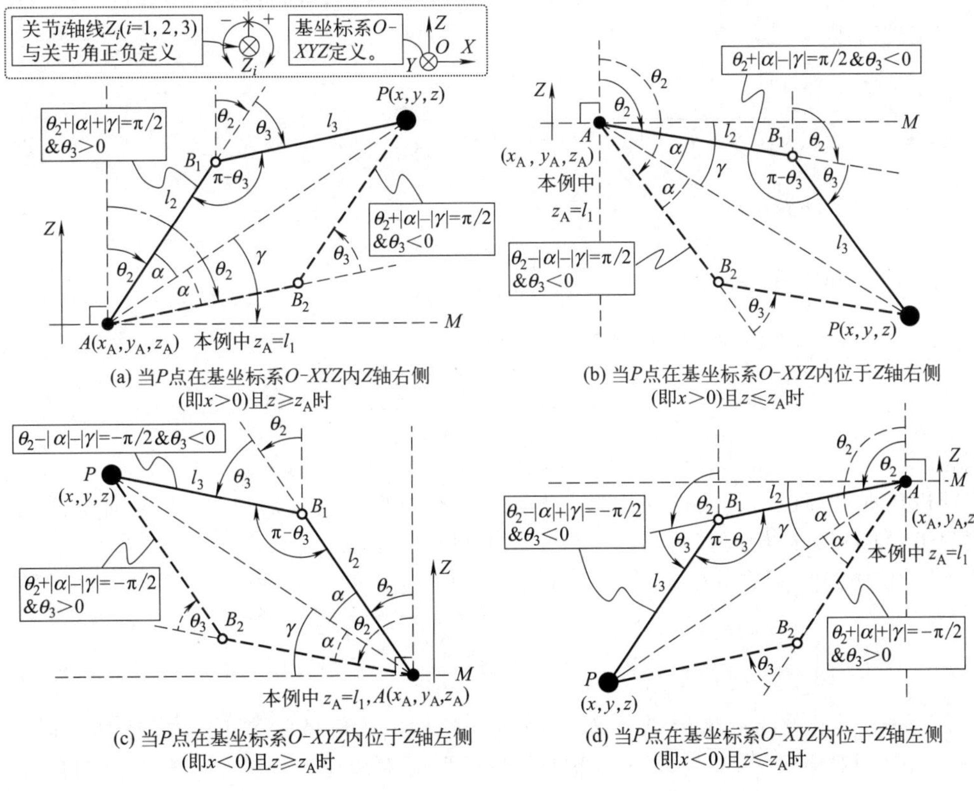

(a) 当P点在基坐标系O-XYZ内Z轴右侧(即x>0)且z≥z_A时
(b) 当P点在基坐标系O-XYZ内位于Z轴右侧(即x>0)且z≤z_A时
(c) 当P点在基坐标系O-XYZ内位于Z轴左侧(即x<0)且z≥z_A时
(d) 当P点在基坐标系O-XYZ内位于Z轴左侧(即x<0)且z≤z_A时

图 3-44　求解臂部机构关节 2、关节 3 关节角的三角形

角形的两个顶点的坐标及两个边长，求其内角、外角的问题。

根据余弦定理有：$\overline{AP}^2=(x-x_A)^2+(y-y_A)^2+(z-z_A)^2=l_2^2+l_3^2-2l_2l_3\cos(\pi-\theta_3)$，则有：

$$\cos\theta_3=\frac{(x-x_A)^2+(y-y_A)^2+(z-z_A)^2-l_2^2-l_3^2}{2l_2l_3} \tag{3-41}$$

由 $\cos^2\theta_3+\sin^2\theta_3=1$ 可得：
$$\begin{cases}\sin\theta_3=\pm\sqrt{1-\cos^2\theta_3}\\ \cos\theta_3=\dfrac{(x-x_A)^2+(y-y_A)^2+(z-z_A)^2-l_2^2-l_3^2}{2l_2l_3}\end{cases}$$

则 $\theta_3=\arctan(\sin\theta_3,\ \cos\theta_3)=\text{ATAN2}(\sin\theta_3,\ \cos\theta_3)$，得解。公式中正负号“±”分别对应机器人操作臂机构肘部高位肘、低位肘构形。“+”号对应高位肘臂形；“−”号对应低位肘臂形。

关节 3 的关节角计算公式为：

$$\begin{cases}\theta_3=\arctan(\sin\theta_3,\cos\theta_3)=\text{ATAN2}(\pm\sqrt{1-\cos^2\theta_3},\cos\theta_3)\\ \text{其中}:\cos\theta_3=\dfrac{(x-x_A)^2+(y-y_A)^2+(z-z_A)^2-l_2^2-l_3^2}{2l_2l_3};\\ x_A=(h^2-yy_A)/x;\\ y_A=y\pm\sqrt{x^2+y^2-h^2};\\ z_A=l_1\end{cases} \tag{3-42}$$

下面接着求 θ_2。由图 3-44 所示的几何关系可知：$\theta_2+\angle B_1AP+\angle PAM=\theta_2+\alpha+\gamma=90°=\pi/2$。只有求出 α、γ 关于 x、y、z 和 l_2、l_3 的表达式，即可解得 θ_2。在$\triangle B_1AP$ 中，应用余弦定理可得：

$$\begin{aligned}&\overline{B_1P}^2=l_3^2=(x-x_A)^2+(y-y_A)^2+(z-z_A)^2+l_2^2-2l_2\\&\sqrt{(x-x_A)^2+(y-y_A)^2+(z-z_A)^2}\cos\alpha\\&\cos\alpha=\frac{(x-x_A)^2+(y-y_A)^2+(z-z_A)^2+l_2^2-l_3^2}{2l_2\sqrt{(x-x_A)^2+(y-y_A)^2+(z-z_A)^2}}\end{aligned} \tag{3-43}$$

由 $\cos^2\alpha+\sin^2\alpha=1$ 可得：

$$\begin{cases}\sin\alpha=\pm\sqrt{1-\cos^2\alpha}\\ \cos\alpha=\dfrac{(x-x_A)^2+(y-y_A)^2+(z-z_A)^2+l_2^2-l_3^2}{2l_2\sqrt{(x-x_A)^2+(y-y_A)^2+(z-z_A)^2}}\end{cases}$$

则 $\alpha=\arctan(\sin\alpha,\ \cos\alpha)=\text{ATAN2}(\sin\alpha,\ \cos\alpha)$。公式中正负号“±”分别对应机器人操作臂机构肘部高位肘、低位肘构形。“+”号对应高位肘臂形；“−”号对应低位肘臂形。因为由臂杆和 AP 构成三角形，所以实际上只取$-\pi<\alpha<\pi$。

由图 3-44 中的几何关系和 $\cos^2\gamma+\sin^2\gamma=1$ 可得：

$$\begin{cases}\sin\gamma=(z-z_A)/\sqrt{(x-x_A)^2+(y-y_A)^2+(z-z_A)^2}\\ \cos\gamma=\sqrt{1-\sin^2\gamma}\end{cases}$$

则 $\gamma=\arctan(\sin\gamma,\ \cos\gamma)=\text{ATAN2}(\sin\gamma,\ \cos\gamma)$。$\gamma$ 角只取第 1、4 象限角，即$-\pi/2<\gamma<\pi/2$，分别对应于 z 与 z_A 的比较情况。“+”号对应于 $z>z_A$；“−”号对应于 $z<z_A$；当 $z=z_A$ 时 $\gamma=0$。

3.5 机器人机构的雅可比矩阵

3.5.1 微小位移与雅可比矩阵

机器人操作臂在某一姿态下，关节的微小变化与末端操作器的位置和姿态的微小变化之间的关系可用雅可比矩阵来线性化表示；关节角速度与末端操作器速度及其姿态变化也可以用雅可比矩阵来表示。

一般地，设 n 维矢量 $\boldsymbol{y}$ 与 m 维矢量 $\boldsymbol{x}$ 有如下函数关系：

$$\boldsymbol{y}=f(\boldsymbol{x}) \tag{3-44}$$

则求矢量 $\boldsymbol{y}$ 对矢量 $\boldsymbol{x}$ 的偏微分得 $n\times m$ 矩阵 $\boldsymbol{J}(\boldsymbol{x})$：

$$\boldsymbol{J}(\boldsymbol{x})=\frac{\partial \boldsymbol{y}}{\partial \boldsymbol{x}} \tag{3-45}$$

则称矩阵 $\boldsymbol{J}(\boldsymbol{x})$ 为雅可比（Jacobian）矩阵。

设 6 自由度机器人操作臂各关节变量的微小变化量构成的矢量 d$\boldsymbol{q}$ 为：

$$\mathrm{d}\boldsymbol{q}=[\mathrm{d}q_1 \quad \mathrm{d}q_2 \quad \mathrm{d}q_3 \quad \mathrm{d}q_4 \quad \mathrm{d}q_5 \quad \mathrm{d}q_6]^{\mathrm{T}}$$

相应地，末端操作器在绝对坐标系中的位置变化量矢量 d$\boldsymbol{P}$ 为：

$$\mathrm{d}\boldsymbol{P}=[\mathrm{d}p_x \quad \mathrm{d}p_y \quad \mathrm{d}p_z]^{\mathrm{T}}$$

Jacobian 矩阵 $\boldsymbol{J}$ 以其各列向量为元素表示为：

$$\boldsymbol{J}=[J_1 \quad J_2 \quad J_3 \quad J_4 \quad J_5 \quad J_6]$$

关节为移动关节的情况下，$\boldsymbol{q}$ 表示关节位移矢量 $\boldsymbol{d}$，关节为回转关节时，$\boldsymbol{q}$ 表示关节角矢量 $\boldsymbol{\theta}$。则，有：

$$\mathrm{d}\boldsymbol{P}=\boldsymbol{J}\cdot \mathrm{d}\boldsymbol{q} \tag{3-46}$$

$$\begin{bmatrix}\mathrm{d}p_x\\ \mathrm{d}p_y\\ \mathrm{d}p_z\end{bmatrix}=[J_1 \quad J_2 \quad J_3 \quad J_4 \quad J_5 \quad J_6]\begin{bmatrix}\mathrm{d}p_1\\ \mathrm{d}p_2\\ \mathrm{d}p_3\\ \mathrm{d}p_4\\ \mathrm{d}p_5\\ \mathrm{d}p_6\end{bmatrix} \tag{3-47}$$

坐标变换用 ${}^0\boldsymbol{T}_i=[\boldsymbol{n} \quad \boldsymbol{o} \quad \boldsymbol{a} \quad \boldsymbol{P}]$ 表示的机器人操作臂第 i 关节变量为 $\boldsymbol{q}_i$ 时，雅可比矩阵各行的 $\boldsymbol{J}_i$ 可用式（3-48）表示：

$$\boldsymbol{J}_i=\frac{\partial \boldsymbol{P}}{\partial q_i} \tag{3-48}$$

【问题讨论】 雅可比矩阵中各行、各列、各元素的物理意义是什么？

$$\boldsymbol{J}=\begin{bmatrix}J_{11} & J_{12} & J_{13} & J_{14} & J_{15} & J_{16}\\ J_{21} & J_{22} & J_{23} & J_{24} & J_{25} & J_{26}\\ J_{31} & J_{32} & J_{33} & J_{34} & J_{35} & J_{36}\\ J_{41} & J_{42} & J_{43} & J_{44} & J_{45} & J_{46}\\ J_{51} & J_{52} & J_{53} & J_{54} & J_{55} & J_{56}\\ J_{61} & J_{62} & J_{63} & J_{64} & J_{65} & J_{66}\end{bmatrix}$$

类似地，自然可以写出在 m 维作业空间内运动的 n 自由度机器人操作臂雅可比矩阵

$\boldsymbol{J}_{m\times n}$。设 m 维作业空间内末端操作器位姿矢量为 $m\times1$ 矢量 $\boldsymbol{y}=[\boldsymbol{y}_1 \quad \boldsymbol{y}_2 \quad \boldsymbol{y}_3 \quad \boldsymbol{y}_4 \quad \cdots \quad \boldsymbol{y}_i \quad \cdots \quad \boldsymbol{y}_m]^{\mathrm{T}}$，关节空间内的关节位置矢量用 $n\times1$ 矢量 $\boldsymbol{x}=[\boldsymbol{x}_1 \quad \boldsymbol{x}_2 \quad \boldsymbol{x}_3 \quad \boldsymbol{x}_4 \quad \cdots \quad \boldsymbol{x}_i \quad \cdots \quad \boldsymbol{x}_n]^{\mathrm{T}}$，由机器人机构决定的将关节空间内的运动转换成末端操作器作业空间内末端操作器的运动函数为 $\boldsymbol{f}$，则 n 自由度机器人操作臂的运动学方程为：

$$\boldsymbol{y}=f(\boldsymbol{x})$$

则 n 自由度机器人操作臂雅可比矩阵 $\boldsymbol{J}_{m\times n}$ 为：

$$\boldsymbol{J}_{m\times n}=\frac{\partial \boldsymbol{y}}{\partial \boldsymbol{x}}=\begin{bmatrix} \partial y_1/\partial x_1 & \partial y_1/\partial x_2 & \cdots\cdots & \partial y_1/\partial x_i & \cdots\cdots & \partial y_1/\partial x_{n-1} & \partial y_1/\partial x_n \\ \partial y_2/\partial x_1 & \partial y_2/\partial x_2 & \cdots\cdots & \partial y_2/\partial x_i & \cdots\cdots & \partial y_2/\partial x_{n-1} & \partial y_2/\partial x_n \\ \vdots & \vdots & \vdots & \vdots & \vdots & \vdots & \vdots \\ \partial y_j/\partial x_1 & \partial y_j/\partial x_2 & \cdots\cdots & \partial y_j/\partial x_i & \cdots\cdots & \partial y_j/\partial x_{n-1} & \partial y_j/\partial x_n \\ \vdots & \vdots & \vdots & \vdots & \vdots & \vdots & \vdots \\ \partial y_m/\partial x_1 & \partial y_m/\partial x_2 & \cdots\cdots & \partial y_m/\partial x_i & \cdots\cdots & \partial y_m/\partial x_{n-1} & \partial y_m/\partial x_n \end{bmatrix}_{m\times n}$$

上式可写成：

$$\boldsymbol{J}_{m\times n}=\begin{bmatrix} J_{11} & J_{12} & \cdots\cdots & J_{1i} & \cdots\cdots & J_{1(n-1)} & J_{1n} \\ J_{21} & J_{22} & \cdots\cdots & J_{2i} & \cdots\cdots & J_{2(n-1)} & J_{2n} \\ \vdots & \vdots & \vdots & \vdots & \vdots & \vdots & \vdots \\ J_{j1} & J_{j2} & \cdots\cdots & J_{ji} & \cdots\cdots & J_{j(n-1)} & J_{jn} \\ \vdots & \vdots & \vdots & \vdots & \vdots & \vdots & \vdots \\ J_{m1} & J_{m2} & \cdots\cdots & J_{mi} & \cdots\cdots & J_{m(n-1)} & J_{mn} \end{bmatrix}_{m\times n}$$

其中，$J_{ji}=\partial y_j/\partial x_i$，下标 $i=1$，2，3，…，m；下标 $j=1$，2，3，…，n。m、n 皆为自然数。

雅可比矩阵在运动学上的物理意义：上述雅可比矩阵表示只是关于任意机器人机构的雅可比矩阵在数学上的统一表示。

雅可比矩阵第 j 行第 i 列的元素 J_{ji} 的物理意义是：关节矢量 $\boldsymbol{x}$ 中的第 i 个关节的运动速度（或微小位移量）对末端操作器在作业空间中位姿矢量 $\boldsymbol{y}$ 第 j 个分量的贡献大小。也可以这样认为：当关节矢量 $\boldsymbol{x}$ 中只有第 i 个关节运动，其他关节皆不动时在末端操作器位姿矢量 $\boldsymbol{y}$ 中产生的第 j 个分量（速度或微位移量）的大小。

雅可比矩阵中第 i 列的物理意义是：关节矢量 $\boldsymbol{x}$ 中的第 i 个关节的运动速度（或微小位移量）对末端操作器在作业空间中位姿矢量 $\boldsymbol{y}$ 的贡献大小。也可以这样认为：当关节矢量 $\boldsymbol{x}$ 中只有第 i 个关节运动，其他关节皆不动时末端操作器产生的位姿变化量（速度或微位移量）的大小。

雅可比矩阵中第 j 行的物理意义是：关节矢量 $\boldsymbol{x}$ 中的所有关节的运动速度（或微小位移量）对末端操作器在作业空间内位姿矢量 $\boldsymbol{y}$ 的第 j 个分量（速度或微位移量）的贡献大小。也可以这样认为：当关节矢量 $\boldsymbol{x}$ 中所有关节运动时末端操作器产生的位姿变化量（速度或微位移量）的大小。

从雅可比矩阵看待机构运动学奇异问题：当雅可比矩阵中的某两行或某两列线性相关（或者近似于线性相关时）时，则意味着机器人机构此时丧失了一个自由度或者对某关节运动速度要求过高已经超过其关节速度极限而无法实现，这种现象称为奇异或近奇异。

以上是雅可比矩阵在机器人机构运动学意义上的物理意义。此外，雅可比矩阵在机器人机构静力学上分析还具有静力变换的力学物理意义，将在后面的 3.5.4 节讲述。

3.5.2　水平面内运动的 2-DOF 机械臂的雅可比矩阵

考虑该 2-DOF 机器人操作臂各关节微小转动时，末端操作器在绝对坐标系中如何变化的问题。

设在某一姿态 θ_1、θ_2 下的微小转动量分别为 $\mathrm{d}\theta_1$、$\mathrm{d}\theta_2$，相应的机器人臂末端在绝对坐标系中的微小位移为 $\mathrm{d}x$、$\mathrm{d}y$，则有：

$$\begin{bmatrix}\mathrm{d}x\\ \mathrm{d}y\end{bmatrix}=\begin{bmatrix}\dfrac{\partial x}{\partial\theta_1} & \dfrac{\partial x}{\partial\theta_2}\\ \dfrac{\partial y}{\partial\theta_1} & \dfrac{\partial y}{\partial\theta_2}\end{bmatrix}\cdot\begin{bmatrix}\mathrm{d}\theta_1\\ \mathrm{d}\theta_2\end{bmatrix} \tag{3-49}$$

$$\begin{aligned}p_x&=L_1\cos\theta_1+L_2\cos(\theta_1+\theta_2)\\ p_y&=L_1\sin\theta_1+L_2\sin(\theta_1+\theta_2)\end{aligned} \tag{3-50}$$

求式 (3-50) 对 θ_1、θ_2 设的偏微分方程得：

$$\begin{cases}\dfrac{\partial p_x}{\partial\theta_1}=-L_1\sin\theta_1-L_2\sin(\theta_1+\theta_2)\\ \dfrac{\partial p_x}{\partial\theta_2}=-L_2\sin(\theta_1+\theta_2)\end{cases} \tag{3-51}$$

$$\begin{cases}\dfrac{\partial p_y}{\partial\theta_1}=L_1\cos\theta_1+L_2\cos(\theta_1+\theta_2)\\ \dfrac{\partial p_y}{\partial\theta_2}=L_2\cos(\theta_1+\theta_2)\end{cases} \tag{3-52}$$

将式 (3-51) 和式 (3-52) 合写成矩阵的形式有：

$$\boldsymbol{J}_{\mathrm{s}}=\begin{bmatrix}-L_1\sin\theta_1-L_2\sin(\theta_1+\theta_2) & -L_2\sin(\theta_1+\theta_2)\\ L_1\cos\theta_1+L_2\cos(\theta_1+\theta_2) & L_2\cos(\theta_1+\theta_2)\end{bmatrix} \tag{3-53}$$

3.5.3　通用的雅可比矩阵表示

前述是关于机器人操作臂末端位置的雅可比矩阵；那么关于姿态的那部分呢？

下面讨论关于机器人操作臂末端位置及姿态下的雅可比矩阵——即通用的雅可比矩阵。

为表示包括姿态在内的雅可比矩阵，定义末端操作器角速度矢量为 $\boldsymbol{\omega}_{\mathrm{e}}$，求关节速度与末端操作器的速度及角速度的关系。矢量 $\boldsymbol{\omega}_{\mathrm{e}}$ 的方向为其回转轴的方向，矢量长度表示角速度的大小。

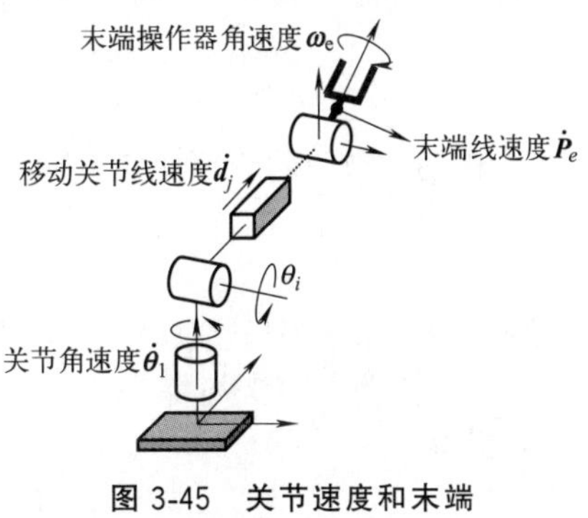

图 3-45　关节速度和末端操作器速度的关系

将末端操作器的 6×1 维速度矢量 $\boldsymbol{v}_e$，用图 3-45 所示的移动速度矢量 $\dot{\boldsymbol{P}}_e$ 和角速度矢量 $\boldsymbol{\omega}_e$ 表示如下：

$$\boldsymbol{v}_e=\begin{bmatrix}\dot{\boldsymbol{P}}_e\\ \boldsymbol{\omega}_e\end{bmatrix} \tag{3-54}$$

设关节速度为 $\dot{\boldsymbol{q}}$，$\boldsymbol{J}_v$ 为 6×6 的速度雅可比矩阵，则：

$$\boldsymbol{v}_e=\boldsymbol{J}_v\cdot\dot{\boldsymbol{q}}$$

上式表示了末端操作器中心的位置与姿态的变化速度与关节速度之间的关系。

将雅克比矩阵表示成列向量元素的形式为：$\boldsymbol{J}_v=[\boldsymbol{J}_{v1}\quad \boldsymbol{J}_{v2}\quad \boldsymbol{J}_{v3}\quad \boldsymbol{J}_{v4}\quad \boldsymbol{J}_{v5}\quad \boldsymbol{J}_{v6}]$ 且：$\dot{\boldsymbol{P}}_e=\dfrac{\mathrm{d}\boldsymbol{P}_e}{\mathrm{d}t}$，$\dot{\boldsymbol{q}}=\dfrac{\mathrm{d}\boldsymbol{q}}{\mathrm{d}t}$。则，如图 3-46 所示，回转关节 i 到末端操作器中心的矢量 ${}^0\boldsymbol{P}_{ei}$ 为：${}^0\boldsymbol{P}_{ei}={}^0\boldsymbol{P}_e-{}^0\boldsymbol{P}_i$。

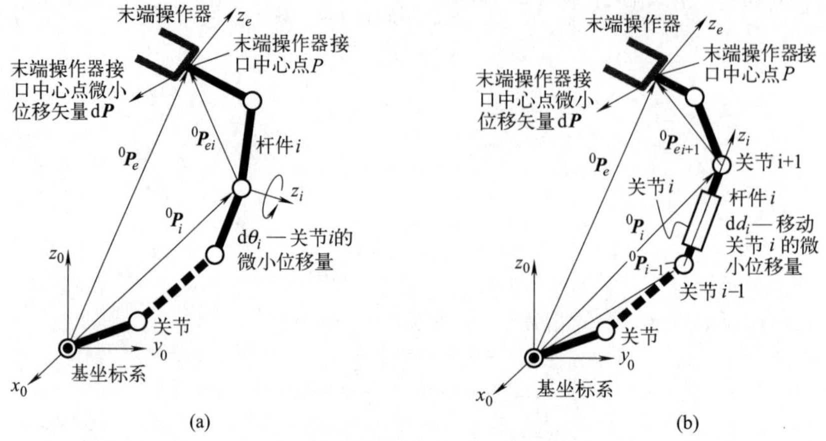

图 3-46 雅可比矩阵的矢量表示

① 关节 i 的雅可比矩阵——只关节 i 运动其他关节不动时该自由度下的雅可比矩阵（即完整雅可比矩阵的第 i 列向量）。

a. 回转关节 i 转动速度对末端操作器速度的贡献为：

$$\begin{cases}\dot{\boldsymbol{P}}_e=(\boldsymbol{z}_i\times{}^0\boldsymbol{P}_{ei})\cdot\dot{\boldsymbol{\theta}}_i\\ \boldsymbol{\omega}_e=\boldsymbol{z}_i\cdot\dot{\boldsymbol{\theta}}_i\end{cases}\tag{3-55}$$

b. 直线移动关节 i 移动速度对末端操作器速度的贡献为：

$$\begin{cases}\dot{\boldsymbol{P}}_e=\boldsymbol{z}_i\cdot\dot{\boldsymbol{d}}_i\\ \boldsymbol{\omega}_e=\boldsymbol{0}\cdot\dot{\boldsymbol{d}}_i\end{cases}\tag{3-56}$$

分别将式（3-55）、式（3-56）写成矩阵形式得关节雅可比矩阵表示。

② 关节 i 的雅可比矩阵表示：

a. 回转关节 i 的雅可比矩阵：

$$\boldsymbol{J}_{ri}=\begin{bmatrix}\boldsymbol{z}_i\times{}^0\boldsymbol{P}_{ei}\\ \boldsymbol{z}_i\end{bmatrix}\tag{3-57}$$

b. 移动关节 i 的雅可比矩阵：

$$\boldsymbol{J}_{si}=\begin{bmatrix}\boldsymbol{z}_i\\ \boldsymbol{0}\end{bmatrix}\tag{3-58}$$

【例题】 基于矢量法求解水平面内运动的 2-DOF 机器人操作臂第 1、2 关节的雅可比矩阵。

解：为使公式写法简练，令 $C_1=\cos\theta_1$、$S_1=\sin\theta_1$、$C_2=\cos\theta_2$、$S_2=\sin\theta_2$，则由正运动学分析得：

$${}^0\boldsymbol{A}_1=\begin{bmatrix}C_1 & -C_1 & 0 & L_1C_1\\ S_1 & C_1 & 0 & L_1S_1\\ 0 & 0 & 1 & 0\\ 0 & 0 & 0 & 1\end{bmatrix},\ {}^1\boldsymbol{A}_2=\begin{bmatrix}C_2 & -C_2 & 0 & L_2C_2\\ S_2 & C_2 & 0 & L_2S_2\\ 0 & 0 & 1 & 0\\ 0 & 0 & 0 & 1\end{bmatrix};$$

则关节 2 中心点在基坐标系中的位置矢量$^0\boldsymbol{P}_2=\begin{bmatrix} L_1C_1 \\ L_1S_1 \\ 0 \end{bmatrix}$，且有正运动学方程：

$$^0\boldsymbol{T}_2={}^0\boldsymbol{A}_1\cdot{}^1\boldsymbol{A}_2=\begin{bmatrix} C_1C_2-S_1S_2 & -C_1S_2-S_1C_2 & 0 & L_1C_1+L_2C_1C_2-L_2S_1S_2 \\ S_1C_2+C_1S_2 & -S_1S_2+C_1C_2 & 0 & L_1S_1+L_2S_1C_2+L_2C_1S_2 \\ 0 & 0 & 1 & 0 \\ 0 & 0 & 0 & 1 \end{bmatrix}$$

则末端操作器接口中心点即 2-DOF 操作臂杆件 2 的末端点在基坐标系中的位置矢量$^0\boldsymbol{P}_e$为：

$$^0\boldsymbol{P}_e=\begin{bmatrix} L_1C_1+L_2C_1C_2-L_2S_1S_2 \\ L_1S_1+L_2S_1C_2+L_2C_1S_2 \\ 0 \end{bmatrix}$$

则由$^0\boldsymbol{P}_{ei}={}^0\boldsymbol{P}_e-{}^0\boldsymbol{P}_i$ 可得：由关节 2 中心点至杆件 2 末端点 P 之间连线在基坐标系中的矢量$^0\boldsymbol{P}_{e2}$ 为：

$$^0\boldsymbol{P}_{e2}={}^0\boldsymbol{P}_e-{}^0\boldsymbol{P}_i=\begin{bmatrix} L_2C_1C_2-L_2S_1S_2 \\ L_2S_1C_2+L_2C_1S_2 \\ 0 \end{bmatrix}=\begin{bmatrix} L_2\cos(\theta_1+\theta_2) \\ L_2\sin(\theta_1+\theta_2) \\ 0 \end{bmatrix}=\begin{bmatrix} L_2C_{12} \\ L_2S_{12} \\ 0 \end{bmatrix}$$

又关节 2 回转轴线的单位矢量为：$\boldsymbol{z}_2=[0\quad 0\quad 1]^{\mathrm{T}}$，则有：

$$\boldsymbol{z}_2\times{}^0\boldsymbol{P}_{e2}=\begin{vmatrix} \boldsymbol{i} & \boldsymbol{j} & \boldsymbol{k} \\ 0 & 0 & 1 \\ L_2C_{12} & L_2S_{12} & 0 \end{vmatrix}=\begin{bmatrix} -L_2S_{12} \\ L_2C_{12} \\ 0 \end{bmatrix}$$

$$\boldsymbol{J}_{v2}=\begin{bmatrix} \boldsymbol{z}_2\times{}^0\boldsymbol{P}_{e2} \\ \boldsymbol{z}_2 \end{bmatrix}=\begin{bmatrix} -L_2S_{12} \\ L_2C_{12} \\ 0 \\ 0 \\ 0 \\ 1 \end{bmatrix}$$

又关节 1 回转轴线的单位矢量为：$\boldsymbol{z}_1=[0\quad 0\quad 1]^{\mathrm{T}}$，则有：

由$^0\boldsymbol{P}_{ei}={}^0\boldsymbol{P}_e-{}^0\boldsymbol{P}_i$ 可得：由关节 1 中心点至杆件 2 末端点 P 之间连线在基坐标系中的矢量$^0\boldsymbol{P}_{e1}$ 为：

$$^0\boldsymbol{P}_{e1}={}^0\boldsymbol{P}_e=\begin{bmatrix} L_2C_1+L_2C_{12} \\ L_1S_1+L_2S_{12} \\ 0 \end{bmatrix}$$

则有：

$$\boldsymbol{z}_1\times{}^0\boldsymbol{P}_{e1}=\begin{vmatrix} \boldsymbol{i} & \boldsymbol{j} & \boldsymbol{k} \\ 0 & 0 & 1 \\ L_1C_1+L_2C_{12} & L_1S_1+L_2S_{12} & 0 \end{vmatrix}=\begin{bmatrix} -(L_1S_1+L_2S_{12}) \\ L_1C_1+L_2C_{12} \\ 0 \end{bmatrix}$$

$$\boldsymbol{J}_{v1}=\begin{bmatrix}\boldsymbol{z}_1\times{}^0\boldsymbol{P}_{e1}\\ \boldsymbol{z}_1\end{bmatrix}=\begin{bmatrix}-(L_1S_1+L_2S_{12})\\ L_1C_1+L_2C_{12}\\ 0\\ 0\\ 0\\ 1\end{bmatrix}$$

而 $\boldsymbol{J}=[\boldsymbol{J}_{v1}\quad \boldsymbol{J}_{v2}\quad \boldsymbol{J}_{v3}\quad \boldsymbol{J}_{v4}\quad \boldsymbol{J}_{v5}\quad \boldsymbol{J}_{v6}]$；且对于平面 2-DOF 操作臂，$\boldsymbol{J}_{v3}\sim\boldsymbol{J}_{v6}$ 皆为 6×1 的 $\boldsymbol{0}$ 向量，可得平面 2-DOF 操作臂的雅可比矩阵 $\boldsymbol{J}$ 为：

$$\boldsymbol{J}=[\boldsymbol{J}_{v1}\quad \boldsymbol{J}_{v2}\quad \boldsymbol{0}\quad \boldsymbol{0}\quad \boldsymbol{0}\quad \boldsymbol{0}]=\begin{bmatrix}-(L_1S_1+L_2S_{12}) & -L_2S_{12} & 0 & 0 & 0 & 0\\ L_1C_1+L_2C_{12} & L_2C_{12} & 0 & 0 & 0 & 0\\ 0 & 0 & 0 & 0 & 0 & 0\\ 0 & 0 & 0 & 0 & 0 & 0\\ 0 & 0 & 0 & 0 & 0 & 0\\ 1 & 1 & 0 & 0 & 0 & 0\end{bmatrix}$$

3.5.4 力与关节力矩间的关系

① 作用在末端操作器上的力与各关节力矩间的关系也可用雅可比矩阵表示。

② 表示末端操作器操作力与关节力矩间关系的雅可比矩阵。

如图 3-47 所示，设机器人操作臂末端所受的外力矢量 $\boldsymbol{F}$、微小位移矢量 $\mathrm{d}\boldsymbol{x}$ 分别为：

$$\boldsymbol{F}=[f_x\quad f_y\quad f_z\quad M_x\quad M_y\quad M_z]^{\mathrm{T}}$$

$$\mathrm{d}\boldsymbol{x}=[\mathrm{d}x\quad \mathrm{d}y\quad \mathrm{d}z\quad \mathrm{d}\alpha\quad \mathrm{d}\beta\quad \mathrm{d}\gamma]^{\mathrm{T}}$$

则该微小位移 $\mathrm{d}\boldsymbol{x}$ 下外力 $\boldsymbol{F}$ 所作的功 δW 为：

$$\delta W=\boldsymbol{F}^{\mathrm{T}}\cdot\mathrm{d}\boldsymbol{x} \tag{3-59}$$

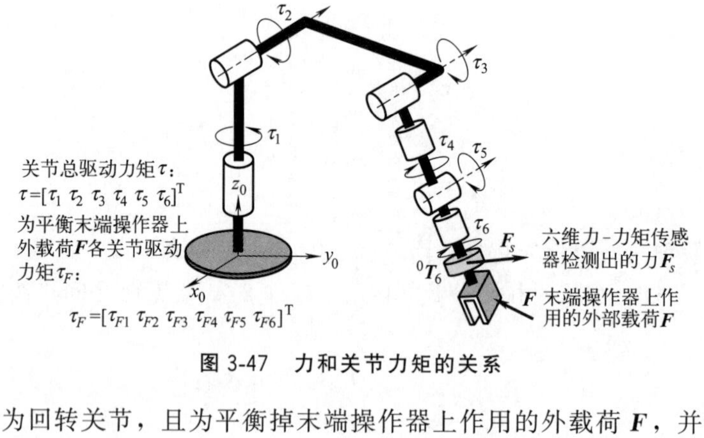

图 3-47 力和关节力矩的关系

设各关节均为回转关节，且为平衡掉末端操作器上作用的外载荷 $\boldsymbol{F}$，并使末端操作器产生微小位移 $\mathrm{d}\boldsymbol{x}$，各关节需输出力矩 $\boldsymbol{\tau}_F$ 和各关节的微小转角 $\mathrm{d}\boldsymbol{q}$ 分别为：

$$\boldsymbol{\tau}_F=[\tau_{F1}\quad \tau_{F2}\quad \tau_{F3}\quad \tau_{F4}\quad \tau_{F5}\quad \tau_{F6}]^{\mathrm{T}}$$

$$\mathrm{d}\boldsymbol{q}=[\mathrm{d}q_1\quad \mathrm{d}q_2\quad \mathrm{d}q_3\quad \mathrm{d}q_4\quad \mathrm{d}q_5\quad \mathrm{d}q_6]^{\mathrm{T}}$$

为平衡外载荷 $\boldsymbol{F}$，并产生微小位移 $\mathrm{d}\boldsymbol{x}$，各关节驱动部件（如电动机＋传动装置或直接驱动的力矩电动机）驱动关节所作的功与外力所作的功应相等，即有：$\delta W=\boldsymbol{F}^{\mathrm{T}}\cdot\mathrm{d}\boldsymbol{x}$；$\delta W=\boldsymbol{\tau}_F^{\mathrm{T}}\cdot\mathrm{d}\boldsymbol{q}$。则有：

$$\boldsymbol{F}^{\mathrm{T}} \cdot \mathrm{d}\boldsymbol{x}=\boldsymbol{\tau}_F^{\mathrm{T}} \cdot \mathrm{d}\boldsymbol{q}$$

进一步地，有 $\boldsymbol{\tau}_F^{\mathrm{T}}=\boldsymbol{F}^{\mathrm{T}} \cdot \mathrm{d}\boldsymbol{x}/\mathrm{d}\boldsymbol{q}$。又 $\mathrm{d}\boldsymbol{x}/\mathrm{d}\boldsymbol{q}=\boldsymbol{J}$。则有 $\boldsymbol{\tau}_F^{\mathrm{T}}=\boldsymbol{F}^{\mathrm{T}} \cdot \boldsymbol{J}$。进而得：

$$\boldsymbol{\tau}_F=\boldsymbol{J}^{\mathrm{T}} \cdot \boldsymbol{F} \tag{3-60}$$

【结论】 用雅可比矩阵可表示末端操作器部分的力与关节力矩间的变换关系。为平衡末端操作器上作用的外载荷 $\boldsymbol{F}$，机器人操作臂各关节需要付出的驱动力矩 $\boldsymbol{\tau}_F$ 为机器人操作臂的雅可比 $\boldsymbol{J}$ 的转置乘以末端操作器上作用的外载荷 $\boldsymbol{F}$。

需要说明和注意的是：这里所说的“为平衡末端操作器上作用的外载荷 $\boldsymbol{F}$，机器人操作臂各关节需要付出的驱动力矩 $\boldsymbol{\tau}_F$”不包括机器人操作臂各关节为平衡机器人操作臂在重力场中所受到的自身质量引起的重力矩以及惯性力、科氏力、离心力以及摩擦力等机器人自身系统产生的力矩，只是用来平衡外载荷 $\boldsymbol{F}$ 各关节所需要付出的驱动力矩。

【例题】 如图 3-48 所示，水平面内运动的 2-DOF 直接驱动式机器人操作臂机构构形为 $\theta_1=30°$、$\theta_2=30°$时，为使操作臂在末端操作器处产生 $\boldsymbol{F}=[F_x \quad F_y]^{\mathrm{T}}=[2 \quad 1]^{\mathrm{T}}$（N）的力，用雅可比矩阵求电动机的驱动力矩 τ_1、τ_2。

【解】 由公式（3-60）可知：

$$\begin{bmatrix}\tau_1\\ \tau_2\end{bmatrix}=\boldsymbol{J}^{\mathrm{T}} \cdot \boldsymbol{F}=\boldsymbol{J}^{\mathrm{T}} \cdot \begin{bmatrix}F_x\\ F_y\end{bmatrix}$$

由水平面内运动的 2-DOF 操作臂的雅可比矩阵计算公式（3-53）及代入 $\theta_1=30°$、$\theta_2=30°$、$L_1=L_2=0.2\mathrm{m}$ 可得：

$$\boldsymbol{J}=\begin{bmatrix}-L_1\sin\theta_1-L_2\sin(\theta_1+\theta_2) & -L_2\sin(\theta_1+\theta_2)\\ L_1\cos\theta_1+L_2\cos(\theta_1+\theta_2) & L_2\cos(\theta_1+\theta_2)\end{bmatrix}=\begin{bmatrix}-0.273 & -0.173\\ 0.273 & 0.1\end{bmatrix}$$

$$\begin{bmatrix}\tau_1\\ \tau_2\end{bmatrix}=\boldsymbol{J}^{\mathrm{T}} \cdot \boldsymbol{F}=\boldsymbol{J}^{\mathrm{T}} \cdot \begin{bmatrix}F_x\\ F_y\end{bmatrix}=\begin{bmatrix}-0.273 & 0.273\\ -0.173 & 0.1\end{bmatrix}\begin{bmatrix}2\\ 1\end{bmatrix}=\begin{bmatrix}-0.273\\ -0.246\end{bmatrix}(\mathrm{N}\cdot\mathrm{m})$$

解得：为使操作臂末端产生 $\boldsymbol{F}=[F_x \quad F_y]^{\mathrm{T}}=[2 \quad 1]^{\mathrm{T}}$ 的力，关节 1、关节 2 分别需输出大小为 0.273（N · m）、0.246N · m 的驱动力矩，且各力矩为顺时针作用方向。各关节驱动力矩数值中的“−”号即表示与图 3-48 中所示的逆时针为正的力矩方向相反。

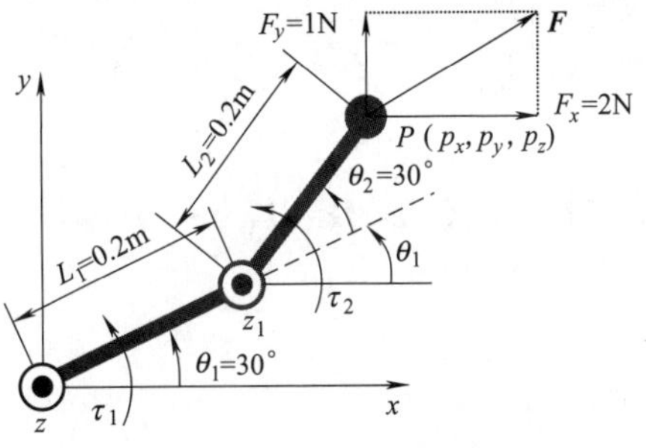

图 3-48　水平面内运动的两自由度机器人操作臂的力和关节力矩变换

3.5.5 力的坐标变换关系

雅可比矩阵可表示在不同坐标系间微小移动和微小转动的情况下力的坐标变换。

雅可比矩阵也可表示末端操作器操作力与关节力/力矩间的坐标变换关系。

基坐标系和某一动坐标系间的变换关系可由变换矩阵 **A** 求得。

$$\mathbf{A}=\begin{bmatrix}\boldsymbol{n} & \boldsymbol{o} & \boldsymbol{a} & \boldsymbol{p}\\ 0 & 0 & 0 & 1\end{bmatrix}=\begin{bmatrix}n_x & o_x & a_x & p_x\\ n_y & o_y & a_y & p_y\\ n_z & o_z & a_z & p_z\\ 0 & 0 & 0 & 1\end{bmatrix}$$

在基坐标系中，$\boldsymbol{d}=[\mathrm{d}x,\ \mathrm{d}y,\ \mathrm{d}z]^{\mathrm{T}}$ 和 $\boldsymbol{\delta}=[\delta x,\ \delta y,\ \delta z]^{\mathrm{T}}$ 都是微小变化量；在 **A** 坐标系的变化量 ${}^{\mathrm{A}}\boldsymbol{d}$ 和 ${}^{\mathrm{A}}\boldsymbol{\delta}$ 用矢量关系可表示为如下形式：

$$\begin{cases} {}^{\mathbf{A}}\mathrm{d}x=\boldsymbol{\delta}\cdot(\boldsymbol{p}\times\boldsymbol{n})+\boldsymbol{d}\cdot\boldsymbol{n} \\ {}^{\mathbf{A}}\mathrm{d}y=\boldsymbol{\delta}\cdot(\boldsymbol{p}\times\boldsymbol{o})+\boldsymbol{d}\cdot\boldsymbol{o} \\ {}^{\mathbf{A}}\mathrm{d}z=\boldsymbol{\delta}\cdot(\boldsymbol{p}\times\boldsymbol{a})+\boldsymbol{d}\cdot\boldsymbol{a} \\ {}^{\mathbf{A}}\delta x=\boldsymbol{\delta}\cdot\boldsymbol{n} \\ {}^{\mathbf{A}}\delta y=\boldsymbol{\delta}\cdot\boldsymbol{o} \\ {}^{\mathbf{A}}\delta z=\boldsymbol{\delta}\cdot\boldsymbol{a} \end{cases} \tag{3-61}$$

将其用矩阵表示为：

$${}^{\mathbf{A}}\boldsymbol{D}=\begin{bmatrix} n_x & n_y & n_z & (\boldsymbol{p}\times\boldsymbol{n})_x & (\boldsymbol{p}\times\boldsymbol{n})_y & (\boldsymbol{p}\times\boldsymbol{n})_z \\ o_x & o_y & o_z & (\boldsymbol{p}\times\boldsymbol{o})_x & (\boldsymbol{p}\times\boldsymbol{o})_y & (\boldsymbol{p}\times\boldsymbol{o})_z \\ a_x & a_y & a_z & (\boldsymbol{p}\times\boldsymbol{a})_x & (\boldsymbol{p}\times\boldsymbol{a})_y & (\boldsymbol{p}\times\boldsymbol{a})_z \\ 0 & 0 & 0 & n_x & n_y & n_z \\ 0 & 0 & 0 & o_x & o_y & o_z \\ 0 & 0 & 0 & a_x & a_y & a_z \end{bmatrix}\cdot\boldsymbol{D} \tag{3-62}$$

其中：${}^{\mathbf{A}}\boldsymbol{D}=\begin{bmatrix} {}^{\mathbf{A}}\boldsymbol{d} \\ {}^{\mathbf{A}}\boldsymbol{\delta} \end{bmatrix}$；$\boldsymbol{D}=\begin{bmatrix} \boldsymbol{d} \\ \boldsymbol{\delta} \end{bmatrix}$。

令：

$$\boldsymbol{J}_W=\begin{bmatrix} n_x & n_y & n_z & (\boldsymbol{p}\times\boldsymbol{n})_x & (\boldsymbol{p}\times\boldsymbol{n})_y & (\boldsymbol{p}\times\boldsymbol{n})_z \\ o_x & o_y & o_z & (\boldsymbol{p}\times\boldsymbol{o})_x & (\boldsymbol{p}\times\boldsymbol{o})_y & (\boldsymbol{p}\times\boldsymbol{o})_z \\ a_x & a_y & a_z & (\boldsymbol{p}\times\boldsymbol{a})_x & (\boldsymbol{p}\times\boldsymbol{a})_y & (\boldsymbol{p}\times\boldsymbol{a})_z \\ 0 & 0 & 0 & n_x & n_y & n_z \\ 0 & 0 & 0 & o_x & o_y & o_z \\ 0 & 0 & 0 & a_x & a_y & a_z \end{bmatrix}$$

则：

$${}^{\mathbf{A}}\boldsymbol{D}=\boldsymbol{J}_W\cdot\boldsymbol{D};\boldsymbol{D}=\boldsymbol{J}_W^{-1}\cdot{}^{\mathbf{A}}\boldsymbol{D};\boldsymbol{J}_W^{-1}=\begin{bmatrix} n_x & o_x & a_x & (\boldsymbol{p}\times\boldsymbol{n})_x & (\boldsymbol{p}\times\boldsymbol{o})_x & (\boldsymbol{p}\times\boldsymbol{a})_x \\ n_y & o_y & a_y & (\boldsymbol{p}\times\boldsymbol{n})_y & (\boldsymbol{p}\times\boldsymbol{o})_y & (\boldsymbol{p}\times\boldsymbol{a})_y \\ n_z & o_y & a_z & (\boldsymbol{p}\times\boldsymbol{n})_z & (\boldsymbol{p}\times\boldsymbol{o})_z & (\boldsymbol{p}\times\boldsymbol{a})_z \\ 0 & 0 & 0 & n_x & o_x & a_x \\ 0 & 0 & 0 & n_y & o_y & a_y \\ 0 & 0 & 0 & n_z & o_z & a_z \end{bmatrix} \tag{3-63}$$

在某一动坐标系上施加的力 ${}^{\mathrm{A}}\boldsymbol{F}$ 和基坐标系中力的关系可由虚功原理求得：

$$\delta W={}^{\mathbf{A}}\boldsymbol{F}^{\mathrm{T}}\cdot{}^{\mathbf{A}}\boldsymbol{D}=\boldsymbol{F}^{\mathrm{T}}\cdot\boldsymbol{D}$$

$$\boldsymbol{F}=\boldsymbol{J}_W^{\mathrm{T}}\cdot{}^{\mathbf{A}}\boldsymbol{F} \tag{3-64}$$

$${}^{\mathbf{A}}\boldsymbol{F}=(\boldsymbol{J}_W^{\mathrm{T}})^{-1}\cdot\boldsymbol{F} \tag{3-65}$$

如图 3-49 所示，如果将六维力传感器安装在第 5 关节与第 6 关节之间，需要根据六维力传感器测得的力求作用在该 PUMA 机器人操作臂的手部所施加的力和力矩 ${}^{\mathrm{E}}\boldsymbol{F}$ 时，用第 5 坐标系到末端操作器的变换矩阵 ${}^{5}\boldsymbol{J}_W$，可变换出检测出的力和力矩值：

$${}^{\mathbf{E}}\boldsymbol{F}={}^{5}\boldsymbol{J}_W^{\mathrm{T}}\cdot\boldsymbol{F}_s \tag{3-66}$$

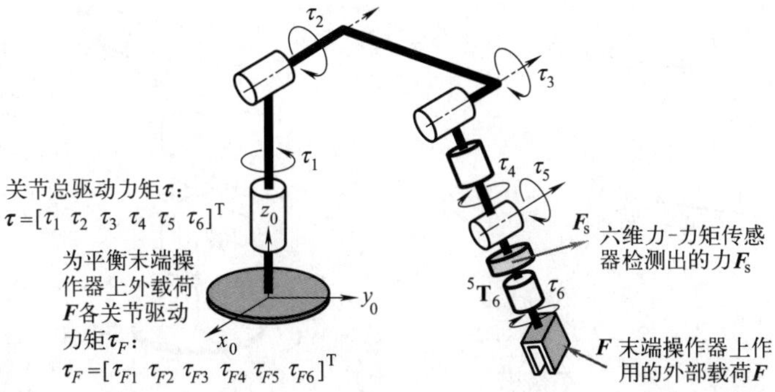

图 3-49　传感器检测出的力-力矩与末端操作器上外载荷 F 的关系

3.6　机器人机构的动力学

3.6.1　机器人机构的运动学与动力学问题的数学描述

如图 3-50 所示，这里分别以图 3-50（a）所示的二维空间 ***O-XY*** 内平面四连杆机构和图（b）所示的三维空间 ***O-XYZ*** 内 6 自由度工业机器人操作臂串联杆件空间机构为例来说明机构的运动学、动力学问题的数学描述。笔者在图 3-50（c）中将原动机与传动机构（或传动装置)、运动副与构件组成的机构、直接用来完成主作业的执行机构或构件分别抽象为：机构运动/动力输入量、运动/动力转换函数（实际上称为机械系统“运动/力的传递函数”更为贴切，但“传递函数”是在控制理论中已被使用的术语)、期望的运动/力（力矩）输出量。

按照图 3-50（c）对机械系统机构功能的数学抽象，可以分别给出易于理解的机构运动学、动力学如下定义。

① 机构运动学：当机构构型已知，研究机构运动输入量 $\boldsymbol{\theta}$ 与期望的运动输出量 $\boldsymbol{X}$ 之间数学关系的学问，即是机构运动学。而且，$\boldsymbol{\theta}$ 与 $\boldsymbol{X}$ 之间的函数关系在理论上是可逆的：已知 $\boldsymbol{\theta}$，求 $\boldsymbol{X}$，为运动学正问题或正运动学，$\boldsymbol{X}=f(\boldsymbol{\theta})$ 为正运动学表达式；已知 $\boldsymbol{X}$，求 $\boldsymbol{\theta}$，为运动学逆问题或逆运动学，$\boldsymbol{\theta}=f^{-1}(\boldsymbol{X})$ 为逆运动学表达式。显然，机构逆运动学是机构运动控制必备理论基础之一；在某些控制方法中，机构的正运动学也成为这些控制方法的理论基础之一。

② 机构动力学：当机构构型已知，在机构运动学基础上，研究机构运动输入量 $\boldsymbol{\theta}$、驱动力输入量 $\boldsymbol{\tau}$、期望的运动输出量 $\boldsymbol{X}$、期望的主作业操作力/力矩 $\boldsymbol{F}/\boldsymbol{T}$ 之间数学关系的学问，即是机构动力学。而且，$\boldsymbol{\tau}$ 与 $\boldsymbol{\theta}$、$\mathrm{d}\boldsymbol{\theta}/\mathrm{d}t$、$\mathrm{d}^2\boldsymbol{\theta}/\mathrm{d}t^2$、$\boldsymbol{F}/\boldsymbol{T}$ 之间的函数关系在理论上是可逆的：已知 $\boldsymbol{\theta}$、$\mathrm{d}\boldsymbol{\theta}/\mathrm{d}t$、$\mathrm{d}^2\boldsymbol{\theta}/\mathrm{d}t^2$、$\boldsymbol{F}/\boldsymbol{T}$，求 $\boldsymbol{\tau}$，为动力学逆问题或逆动力学，$\boldsymbol{\tau}=g^{-1}(\boldsymbol{\theta},\boldsymbol{F}/\boldsymbol{T})$ 为逆动力学表达式；已知 $\boldsymbol{\tau}$，求 $\boldsymbol{\theta}$、$\mathrm{d}\boldsymbol{\theta}/\mathrm{d}t$、$\mathrm{d}^2\boldsymbol{\theta}/\mathrm{d}t^2$、$\boldsymbol{F}/\boldsymbol{T}$，为动力学正问题或正动力学，$[\boldsymbol{\theta},\boldsymbol{F}/\boldsymbol{T}]^{\mathrm{T}}=\boldsymbol{g}(\boldsymbol{\tau})$ 为正动力学表达式。显然，机构逆动力学是机构运动控制必备理论基础之一；在某些控制方法中，机构的正动力学也成为这些控制方法的理论基础之一。

③ 广义坐标：理论力学中，将描述质点系在空间中位置的独立参数称为广义坐标。这种定义仅将广义坐标局限于物体或质点系在空间中的位置并不合适！此处，笔者将广义坐标定义为在三维空间中描述任意物体或质点系位置与姿态所需要的独立参数称为广义坐标。对于完整约束系统，广义坐标的数目与系统的自由度数相等；广义坐标的定义也不是唯一的。

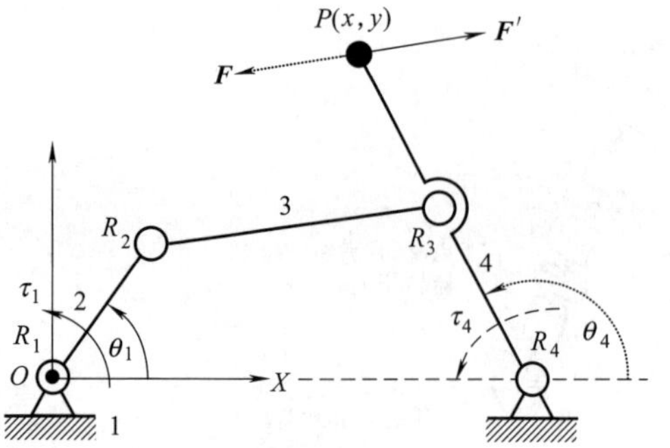

(a) 平面四连杆机构

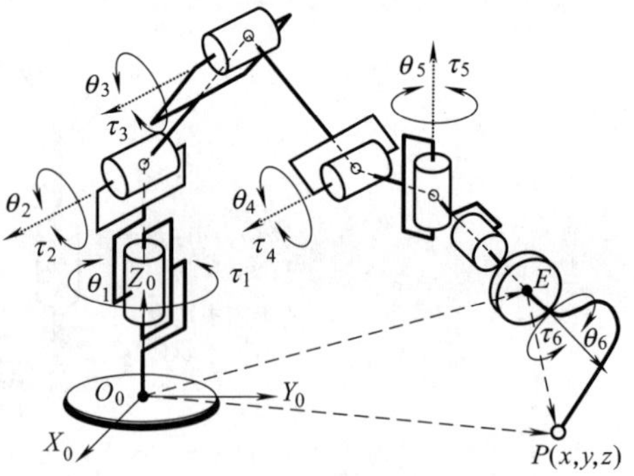

(b) 机器人操作臂机构

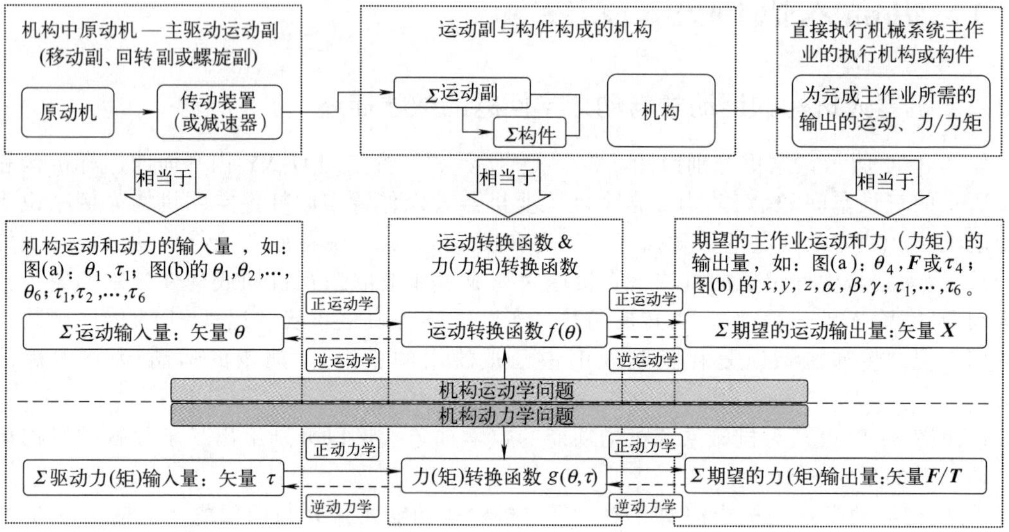

(c) 运动学动力学问题的数学抽象描述

图 3-50　机构及其运动学、动力学问题的数学描述

对于机械系统而言，一般来讲，是按照机械系统机构中独立的主驱动运动来定义的。如图3-50（a）所示，显然，原动机驱动的杆件2的转角 θ_1 以及驱动力矩 τ_1 分别决定与工作机侧相连的杆件4转角 θ_4 以及输出力 F 或输出转矩 τ_4，因此，θ_1、τ_1 分别是该平面四连杆机构的广义坐标及广义力（广义力矩）；如图3-50（b）所示，该6自由度机器人操作臂的主动关节1～6的关节角 θ_1，θ_2，…，θ_6 及各关节相应的驱动力矩 τ_1，τ_2，…，τ_6 分别决定了末端操作器在三维空间中的位置和姿态、末端操作器的操作力和力矩。因此，θ_1，θ_2，…，θ_6 及 τ_1，τ_2，…，τ_6 分别是该机器人操作臂机构的广义坐标、广义力，而且通常将广义坐标、广义力分别写成矢量形式，即广义坐标为 $\boldsymbol{\theta}=[\theta_1 \quad \theta_2 \quad \cdots \quad \theta_6]^{\mathrm{T}}$；广义力为 $\boldsymbol{\tau}=[\tau_1 \quad \tau_2 \quad \cdots \quad \tau_6]^{\mathrm{T}}$。

3.6.2　矢量分析与矩阵变换在刚体或质点系运动学中的应用

大学本科理论力学课程中用解析几何、矢量分析的方法来描述、表达刚体、质点系的运动学、静力学以及动力学方程的标量、矢量形式，这种表达形式对于相对简单的质点系或质点系中刚体的运动和力的分析较容易，如具有1自由度的定轴转动系统、2自由度的刚体系统，用解析几何、矢量运算、力学定理就可以推导出相对简单的、易于理解的标量或矢量形式的方程。但是，对于复杂的质点系而言，刚体以及连接刚体的运动副（或约束）达到十数个乃至成百上千的复杂质点系及其刚体运动学、力学分析而言，用解析几何、矢量分析的方法推导出复杂质点系及其刚体的标量、矢量形式的方程则并不容易。而采用矢量分析与矩阵变换相结合的方法则使得复杂质点系及其系统内刚体的运动学、静力学、动力学方程的推导变得相对容易。根据本书作者多年来机械工程学科硕士研究生课程一线教学以及对实际情况了解，尽管大学本科工程数学（或线性代数）课程中已经学习了矢量分析与矩阵内容，并且理论力学中已经运用了矢量分析方法，但是到了研究生阶段直接用矢量和矩阵表达刚体、多刚体系统（质点系）运动学、动力学方程时，硕士生平均水平而言对这些方程难以理解和接受。这足以说明：因为缺少矢量、矩阵基础理论知识学习之后在力学方面的应用教学环节所致。因此，此处，对如何将矢量、矩阵理论应用到拉格朗日方程、牛顿-欧拉运动方程以解决复杂多刚体系统（质点系）的运动学、动力学问题进行解说。力求使本科生、硕士研究生能够将数学基础知识在机械工程学科和专业进行融会贯通。

另外，多刚体物体构成的机械系统的动力学方程（即微分运动方程）中相关的运动量（运动参数）、刚体物体物理量（物理参数）以及两者耦合在一起的复合物理量（复合物理参数）已在本节开头给出。显然，为获得复杂多刚体物体构成的机械系统动力学方程，需要用矢量分析与矩阵变换相结合的方法先后推导出这些运动量、物理量以及复合物理量，然后按照理论力学中的拉格朗日法、牛顿-欧拉法代入相应的方程中，最后得到机械系统的动力学方程。

（1）参考坐标系内多个相对运动坐标系中矢量运算规则

为对多自由度的机械系统进行运动学、动力学分析，一般要建立作为机械系统上所有运动物体公共参考基准的参考坐标系（或称基坐标系），然后按着机械系统上相对运动物体的连接顺序和连接所用的约束类型（即运动副的种类）分别在各运动副中心上建立与所连接物体固连的运动坐标系（也称物体坐标系）。同一位置、力、力矩矢量在不同坐标系中自然不同，因此，矢量运算需注意以下规则（否则会导致运算结果错误）：

① 不在同一个坐标系内的矢量之间不能直接作矢量运算；也即若要使不同坐标系内表示的矢量做矢量运算，必须将参加运算的矢量统一变换到同一个坐标系之后，才能进行矢量运算，运算后得到的矢量也是在该坐标系内表示的矢量。这里的矢量对于机械系统或质点系统而言，具体包括位置矢量、姿态矢量（或矩阵）、力矢量、力矩矢量。

② 表示物体刚体姿态的矢量与姿态矢量所在的位置无关，只要姿态矢量在同一坐标系中，就可直接作姿态矢量运算；同理，表示姿态变化快慢的角速度矢量也与该类矢量的位置无关，可以直接做矢量运算，得到的运算结果仍为只表示姿态随时间变化快慢的角速度矢量；角加速度矢量亦然。

③ 在同一坐标系内标量力矩是按着力与力臂乘积计算的，但是在坐标系中力矩（具体为转矩、扭矩、弯矩）矢量是按着该坐标系内力矢量与力矩中心点到力作用点矢量的矢量叉乘运算（×）得到的；这个计算并没有直接表明力与力臂的乘积，而是隐含在矢量与矢量叉乘之中，但得到的力矩矢量的模即力矩矢量的大小仍是力与力臂的乘积。即：力矩值是力矢量大小与力矩中心点到力作用点连线而成的矢量在力矩中心点到力矢量线的垂线方向上投影（即力臂大小）的乘积。

④ 标量的平方运算是标量本身的平方，而矢量的平方运算是矢量与其自身的转置矢量点乘（·）得到的；矩阵的平方也是矩阵与其自身的转置矩阵点乘（·）得到的。

⑤ 运动是相对的，任意两个坐标系（包括运动坐标系、参考坐标系在内的坐标系）间的齐次坐标变换矩阵可以将一个坐标系中的矢量变换为另一坐标系中的矢量表示；可以将一

个坐标系中的位置矢量、姿态矩阵（或矢量）、力矢量、力矩矢量变换为另一个坐标系中的位置矢量、姿态矩阵（或矢量）、力矢量、力矩矢量表示。

（2）多自由度机构中坐标系建立与齐次坐标变换矩阵 D-H（Denavir-Hartenbeg）参数法

参见 3.3.2 节。

（3）用矢量与矩阵相结合方法求多刚体系统内任一物体的位置/姿态/速度/加速度

本章 3.3.2 节、3.3.3 节内容已经准备好了刚体物体与其上固连的物体坐标系在其参考坐标系内运动的位姿变换的齐次坐标变换矩阵方法，而且讲解了这种方法在机构运动仿真中的应用。下面讨论多自由度机械系统（多刚体系统、质点系统）内任意刚体运动学分析的矢量与矩阵相结合的方法。

如图 3-51 所示为由回转副连接的 n 自由度多刚体系统（多自由度机构），按照前述的基坐标系、物体上固连的运动坐标系以及 D-H 参数法等方法建立该多刚体系统的坐标系，第 $i+1$ 回转副上建立的、与物体 i（即杆件 i 或称构件 i）固连的运动坐标系 i 为 $\boldsymbol{o}_i$-$\boldsymbol{x}_i\boldsymbol{y}_i\boldsymbol{z}_i$，其中：下标 i 取 0，1，2，3，…，$n-1$；n 为多刚体系统的自由度数，也即多自由度机构的自由度数。图中各坐标系的 $\boldsymbol{z}$ 轴未画出，$\boldsymbol{z}$ 轴可由给出的 $\boldsymbol{x}$、$\boldsymbol{y}$ 轴按右手定则确定，且一般而言，将回转副回转轴线确定为 $\boldsymbol{z}$ 轴。需注意：杆件 L_i 的两端分别由回转副 J_i 和回转副 J_{i+1} 与杆件 L_{i-1}、杆件 L_{i+1} 相连；回转副 J_i 和回转副 J_{i+1} 的回转中心上分别建立了坐标系 $\boldsymbol{o}_{i-1}$-$\boldsymbol{x}_{i-1}\boldsymbol{y}_{i-1}\boldsymbol{z}_{i-1}$ 与坐标系 $\boldsymbol{o}_i$-$\boldsymbol{x}_i\boldsymbol{y}_i\boldsymbol{z}_i$，其中：$\boldsymbol{o}_{i-1}$-$\boldsymbol{x}_{i-1}\boldsymbol{y}_{i-1}\boldsymbol{z}_{i-1}$ 为与杆件$i-1$ 固连的运动坐标系；$\boldsymbol{o}_i$-$\boldsymbol{x}_i\boldsymbol{y}_i\boldsymbol{z}_i$ 为与杆件 i 固连的运动坐标系，即杆件 i 与回转副 $i+1$ 处的坐标系 $\boldsymbol{o}_i$-$\boldsymbol{x}_i\boldsymbol{y}_i\boldsymbol{z}_i$ 是没有相对运动的。这里所说的运动坐标系的“运动”二字都有在基坐标系 $\boldsymbol{O}_0$-$\boldsymbol{X}_0\boldsymbol{Y}_0\boldsymbol{Z}_0$ 所表示的三维空间中是运动的意思，同时也有相对于固连在其他杆件上的坐标系（也是运动坐标系）是相对运动的运动之意。$P_{\mathrm{CoM}-i}$、P_i、o_{i-1}、o_i 分别为杆件i 质心点、杆件 i 上任意点（或杆件外与杆件 i 固连的任意点）、杆件 i 端点（坐标系 $\boldsymbol{o}_{i-1}$-$\boldsymbol{x}_{i-1}\boldsymbol{y}_{i-1}\boldsymbol{z}_{i-1}$ 坐标原点）、杆件 i 另一端点（坐标系 $\boldsymbol{o}_i$-$\boldsymbol{x}_i\boldsymbol{y}_i\boldsymbol{z}_i$ 坐标原点）。则：可用矢量分析与矩阵变换相结合的方法来推导杆件 i 上这些点在基坐标系中的位置、速度、加速度矢量计算公式。

$$
{}^{0}\boldsymbol{P}_{\mathrm{CoM}i}=[x_{\mathrm{CoM}i}\quad y_{\mathrm{CoM}i}\quad z_{\mathrm{CoM}i}]^{\mathrm{T}}={}^{0}\boldsymbol{A}_i\cdot{}^{i}\boldsymbol{P}_{\mathrm{CoM}-i}={}^{0}\boldsymbol{A}_i\cdot\boldsymbol{P}_{\mathrm{CoM}\text{-}i}
$$

$$
{}^{0}\boldsymbol{P}_i=[x_{\mathrm{P}i}\quad y_{\mathrm{P}i}\quad z_{\mathrm{P}i}]^{\mathrm{T}}={}^{0}\boldsymbol{A}_i\cdot{}^{i}\boldsymbol{P}_i={}^{0}\boldsymbol{A}_i\cdot\boldsymbol{P}_i
$$

$$
{}^{0}\boldsymbol{P}_{\mathrm{o}i}=[x_{\mathrm{Po}i}\quad y_{\mathrm{Po}i}\quad z_{\mathrm{Po}i}]^{\mathrm{T}}={}^{0}\boldsymbol{A}_i\cdot{}^{i}\boldsymbol{P}_{\mathrm{CoM}-i}={}^{0}\boldsymbol{A}_i\cdot\boldsymbol{P}_{\mathrm{CoM}-i}
$$

其中：${}^{0}\boldsymbol{A}_i={}^{0}\boldsymbol{A}_1\cdot{}^{1}\boldsymbol{A}_2\cdot\cdots\cdot{}^{i-2}\boldsymbol{A}_{i-1}\cdot{}^{i-1}\boldsymbol{A}_i$。

则，杆件 i 质心点 $P_{\mathrm{CoM}-i}$、杆件 i 上任一点 P_i 的速度、加速度矢量分别为：

$$
\begin{aligned}
{}^{0}\dot{\boldsymbol{P}}_{\mathrm{CoM}i}&=[\dot{x}_{\mathrm{CoM}i}\quad \dot{y}_{\mathrm{CoM}i}\quad \dot{z}_{\mathrm{CoM}i}]^{\mathrm{T}}=\frac{\mathrm{d}({}^{0}\boldsymbol{A}_i\cdot\boldsymbol{P}_{\mathrm{CoM}-i})}{\mathrm{d}t}=\frac{\mathrm{d}({}^{0}\boldsymbol{A}_1\cdot{}^{1}\boldsymbol{A}_2\cdot\cdots\cdot{}^{i-1}\boldsymbol{A}_i\cdot\boldsymbol{P}_{\mathrm{CoM}-i})}{\mathrm{d}t}\\
&={}^{0}\dot{\boldsymbol{A}}_1\cdot{}^{1}\boldsymbol{A}_2\cdot\cdots\cdot{}^{i-2}\boldsymbol{A}_{i-1}\cdot{}^{i-1}\boldsymbol{A}_i\cdot\boldsymbol{P}_{\mathrm{CoM}-i}+{}^{0}\boldsymbol{A}_1\cdot{}^{1}\dot{\boldsymbol{A}}_2\cdot\cdots\cdot{}^{i-1}\boldsymbol{A}_i\cdot\boldsymbol{P}_{\mathrm{CoM}-i}+\cdots\\
&\quad+{}^{0}\boldsymbol{A}_1\cdot{}^{1}\boldsymbol{A}_2\cdot\cdots\cdot{}^{i-2}\dot{\boldsymbol{A}}_{i-1}\cdot{}^{i-1}\boldsymbol{A}_i\cdot\boldsymbol{P}_{\mathrm{CoM}-i}+{}^{0}\dot{\boldsymbol{A}}_1\cdot{}^{1}\boldsymbol{A}_2\cdot\cdots\cdots\cdot\\
&\quad{}^{i-2}\boldsymbol{A}_{i-1}\cdot{}^{i-1}\dot{\boldsymbol{A}}_i\cdot\boldsymbol{P}_{\mathrm{CoM}-i}+{}^{0}\boldsymbol{A}_i\cdot\dot{\boldsymbol{P}}_{\mathrm{CoM}-i}\\
&=\left[\sum_{j=1}^{i}\left(\frac{\partial{}^{0}\boldsymbol{A}_i}{\partial\theta_j}\cdot\dot{\theta}_j\right)\right]\cdot\boldsymbol{P}_{\mathrm{CoM}-i}
\end{aligned}
$$

$$
\begin{aligned}
{}^0\dot{\boldsymbol{P}}_i &= [\dot{x}_i \quad \dot{y}_i \quad \dot{z}_i]^{\mathrm{T}} = \frac{\mathrm{d}({}^0\boldsymbol{A}_i \cdot \boldsymbol{P}_i)}{\mathrm{d}t} = \frac{\mathrm{d}({}^0\boldsymbol{A}_1 \cdot {}^1\boldsymbol{A}_2 \cdot \cdots \cdot {}^{i-1}\boldsymbol{A}_i \cdot \boldsymbol{P}_i)}{\mathrm{d}t} \\
&= {}^0\dot{\boldsymbol{A}}_1 \cdot {}^1\boldsymbol{A}_2 \cdot \cdots \cdot {}^{i-2}\boldsymbol{A}_{i-1} \cdot {}^{i-1}\boldsymbol{A}_i \cdot \boldsymbol{P}_i + {}^0\boldsymbol{A}_1 \cdot {}^1\dot{\boldsymbol{A}}_2 \cdot \cdots \cdot {}^{i-1}\boldsymbol{A}_i \cdot \boldsymbol{P}_i + \cdots \\
&\quad + {}^0\boldsymbol{A}_1 \cdot {}^1\boldsymbol{A}_2 \cdot \cdots \cdot {}^{i-2}\dot{\boldsymbol{A}}_{i-1} \cdot {}^{i-1}\boldsymbol{A}_i \cdot \boldsymbol{P}_i + {}^0\dot{\boldsymbol{A}}_1 \cdot {}^1\boldsymbol{A}_2 \cdot \cdots \\
&\quad \cdot {}^{i-2}\boldsymbol{A}_{i-1} \cdot {}^{i-1}\dot{\boldsymbol{A}}_i \cdot \boldsymbol{P}_i + {}^0\boldsymbol{A}_i \cdot \dot{\boldsymbol{P}}_i \\
&= \left[\sum_{j=1}^{i}\left(\frac{\partial {}^0\boldsymbol{A}_i}{\partial \theta_j} \cdot \dot{\theta}_j\right)\right] \cdot \boldsymbol{P}_i
\end{aligned}
$$

其中：$j=1, 2, \cdots, i$；$\dot{\boldsymbol{\theta}}_i = [\dot{\theta}_1 \quad \dot{\theta}_2 \quad \cdots \quad \dot{\theta}_{i-1} \quad \dot{\theta}_i]^{\mathrm{T}}{}_{i\times1}$；$\boldsymbol{P}_i = [{}^i x_{\mathrm{P}i} \quad {}^i y_{\mathrm{P}i} \quad {}^i z_{\mathrm{P}i}]^{\mathrm{T}}{}_{3\times1}$，与各运动副运动无关，$\dot{\boldsymbol{P}}_i = \boldsymbol{0}_{3\times1}$；$\boldsymbol{P}_{\mathrm{CoM}-i} = [{}^i x_{\mathrm{CoM}i} \quad {}^i y_{\mathrm{CoM}i} \quad {}^i z_{\mathrm{CoM}i}]^{\mathrm{T}}{}_{3\times1}$，且与前同理：$\dot{\boldsymbol{P}}_{\mathrm{CoM}-i} = \boldsymbol{0}_{3\times1}$。

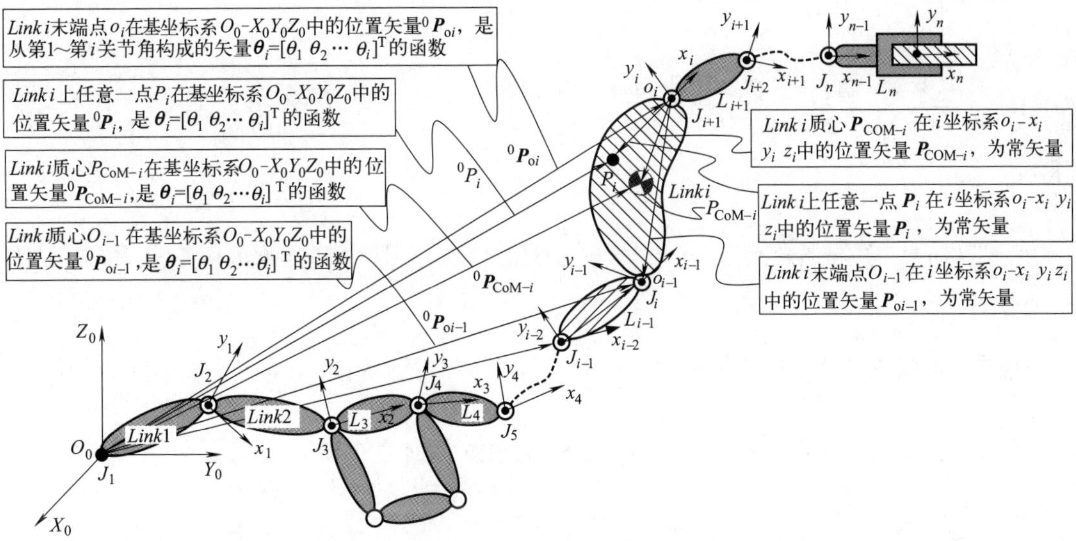

图 3-51　多刚体系统（多自由度机构）中任意物体上任一点及质心/的位置矢量分析

$$
{}^{j-1}\boldsymbol{A}_j = \begin{bmatrix} \cos\theta_j & -\sin\theta_j\cos\alpha_j & \sin\theta_j\sin\alpha_j & a_j\cos\theta_j \\ \sin\theta_j & \cos\theta_j\cos\alpha_j & -\cos\theta_j\sin\alpha_j & a_i\sin\theta_j \\ 0 & \sin\alpha_j & \cos\alpha_j & d_j \\ 0 & 0 & 0 & 1 \end{bmatrix}
$$

$$
\begin{aligned}
\frac{\partial {}^{j-1}\boldsymbol{A}_j}{\partial \theta_j} &= \begin{bmatrix} -\sin\theta_j & -\cos\theta_j\cos\alpha_j & \cos\theta_j\sin\alpha_j & -a_j\sin\theta_j \\ \cos\theta_j & -\sin\theta_j\cos\alpha_j & \sin\theta_j\sin\alpha_j & a_i\cos\theta_j \\ 0 & 0 & 0 & 0 \\ 0 & 0 & 0 & 1 \end{bmatrix} \\
&= \begin{bmatrix} 0 & -1 & 0 & 0 \\ 1 & 0 & 0 & 0 \\ 0 & 0 & 0 & 0 \\ 0 & 0 & 0 & 0 \end{bmatrix} \cdot \begin{bmatrix} \cos\theta_j & -\sin\theta_j\cos\alpha_j & \sin\theta_j\sin\alpha_j & a_j\cos\theta_j \\ \sin\theta_j & \cos\theta_j\cos\alpha_j & -\cos\theta_j\sin\alpha_j & a_i\sin\theta_j \\ 0 & \sin\alpha_j & \cos\alpha_j & d_j \\ 0 & 0 & 0 & 1 \end{bmatrix} \\
&= \boldsymbol{Q}_j \cdot {}^{j-1}\boldsymbol{A}_j
\end{aligned}
$$

$\frac{\partial^{j-1}\boldsymbol{A}_j}{\partial\theta_j}=\boldsymbol{Q}_j\cdot{}^{j-1}\boldsymbol{A}_j$。其中：$j=1,2,\cdots,i$。当 $j>i$ 时，$\frac{\partial^{j-1}\boldsymbol{A}_j}{\partial\theta_j}=\boldsymbol{0}$。则有：

$$\frac{\partial^0\boldsymbol{A}_i}{\partial\theta_j}=\begin{cases}{}^0\boldsymbol{A}_1\cdot{}^1\boldsymbol{A}_2\cdot\cdots\cdot{}^{j-2}\boldsymbol{A}_{j-1}\cdot\boldsymbol{Q}_j\cdot{}^{j-1}\boldsymbol{A}_j\cdot\cdots\cdot{}^{i-1}\boldsymbol{A}_i, & j\leqslant i\\ 0, & j>i\end{cases}$$

$$\frac{\partial^0\boldsymbol{A}_i}{\partial\theta_j}=\begin{cases}{}^0\boldsymbol{A}_{j-1}\cdot\boldsymbol{Q}_j\cdot{}^{j-1}\boldsymbol{A}_i, & j\leqslant i\\ 0, & j>i\end{cases}$$

其中，当运动副为棱柱形移动副时：$\boldsymbol{Q}_j=\begin{bmatrix}0&0&0&0\\0&0&0&0\\0&0&0&1\\0&0&0&0\end{bmatrix}$；当运动副为回转副时：

$$\boldsymbol{Q}_j=\begin{bmatrix}0&-1&0&0\\1&0&0&0\\0&0&0&0\\0&0&0&0\end{bmatrix}。$$

令：$\boldsymbol{U}_{ij}=\frac{\partial^0\boldsymbol{A}_i}{\partial\theta_j}=\begin{cases}{}^0\boldsymbol{A}_{j-1}\cdot\boldsymbol{Q}_j\cdot{}^{j-1}\boldsymbol{A}_i, & j\leqslant i\\ 0, & j>i\end{cases}$

则有：

$${}^0\dot{\boldsymbol{P}}_i=\left[\sum_{j=1}^{i}\left(\frac{\partial^0\boldsymbol{A}_i}{\partial\theta_j}\cdot\dot{\theta}_j\right)\right]\cdot\boldsymbol{P}_i=\left[\sum_{j=1}^{i}(\boldsymbol{U}_{ij}\cdot\dot{\theta}_j)\right]\cdot\boldsymbol{P}_i=\left[\sum_{j=1}^{i}(\boldsymbol{U}_{ij}\cdot\dot{\theta}_j)\right]\cdot{}^i\boldsymbol{P}_i$$

$${}^0\dot{\boldsymbol{P}}_{\mathrm{CoM}i}=\left[\sum_{j=1}^{i}\left(\frac{\partial^0\boldsymbol{A}_i}{\partial\theta_j}\cdot\dot{\theta}_j\right)\right]\cdot\boldsymbol{P}_{\mathrm{CoM}-i}=\left[\sum_{j=1}^{i}(\boldsymbol{U}_{ij}\cdot\dot{\theta}_j)\right]\cdot\boldsymbol{P}_{\mathrm{CoM}-i}=\left[\sum_{j=1}^{i}(\boldsymbol{U}_{ij}\cdot\dot{\theta}_j)\right]\cdot{}^i\boldsymbol{P}_{\mathrm{CoM}-i}$$

进一步求杆件 i 上任一点在基坐标系 $\boldsymbol{O}_0\text{-}\boldsymbol{X}_0\boldsymbol{Y}_0\boldsymbol{Z}_0$ 中的加速度矢量 ${}^0\ddot{\boldsymbol{P}}_i$：

$$\begin{aligned}{}^0\ddot{\boldsymbol{P}}_i&=\frac{\mathrm{d}^0\dot{\boldsymbol{P}}_i}{\mathrm{d}t}=\mathrm{d}\left\{\left[\sum_{j=1}^{i}\left(\frac{\partial^0\boldsymbol{A}_i}{\partial\theta_j}\cdot\dot{\theta}_j\right)\right]\cdot\boldsymbol{P}_i\right\}/\mathrm{d}t=\mathrm{d}\left\{\left[\sum_{j=1}^{i}(\boldsymbol{U}_{ij}\cdot\dot{\theta}_j)\right]\cdot\boldsymbol{P}_i\right\}/\mathrm{d}t\\
&=\frac{\partial\left\{\left[\sum_{j=1}^{i}(\boldsymbol{U}_{ij}\cdot\dot{\theta}_j)\right]\cdot\boldsymbol{P}_i\right\}}{\partial\theta_1}\cdot\dot{\theta}_1+\frac{\partial\left\{\left[\sum_{j=1}^{i}(\boldsymbol{U}_{ij}\cdot\dot{\theta}_j)\right]\cdot\boldsymbol{P}_i\right\}}{\partial\theta_2}\cdot\dot{\theta}_2+\cdots\\
&\quad+\frac{\partial\left\{\left[\sum_{j=1}^{i}(\boldsymbol{U}_{ij}\cdot\dot{\theta}_j)\right]\cdot\boldsymbol{P}_i\right\}}{\partial\theta_k}\cdot\dot{\theta}_k+\cdots+\frac{\partial\left\{\left[\sum_{j=1}^{i}(\boldsymbol{U}_{ij}\cdot\dot{\theta}_j)\right]\cdot\boldsymbol{P}_i\right\}}{\partial\theta_i}\cdot\dot{\theta}_i\\
&=\left\{\left[\sum_{j=1}^{i}\left(\frac{\partial\boldsymbol{U}_{ij}}{\partial\theta_1}\cdot\dot{\theta}_j\right)\right]\cdot\boldsymbol{P}_i\right\}\cdot\dot{\theta}_1+\left\{\left[\sum_{j=1}^{i}\left(\frac{\partial\boldsymbol{U}_{ij}}{\partial\theta_2}\cdot\dot{\theta}_j\right)\right]\cdot\boldsymbol{P}_i\right\}\cdot\dot{\theta}_2+\cdots\\
&\quad+\left\{\left[\sum_{j=1}^{i}\left(\frac{\partial\boldsymbol{U}_{ij}}{\partial\theta_k}\cdot\dot{\theta}_j\right)\right]\cdot\boldsymbol{P}_i\right\}\cdot\dot{\theta}_k+\cdots+\left\{\left[\sum_{j=1}^{i}\left(\frac{\partial\boldsymbol{U}_{ij}}{\partial\theta_i}\cdot\dot{\theta}_j\right)\right]\cdot\boldsymbol{P}_i\right\}\cdot\dot{\theta}_i\end{aligned}$$

同理，可得杆件 i 的质心在基坐标系 $\boldsymbol{O}_0\text{-}\boldsymbol{X}_0\boldsymbol{Y}_0\boldsymbol{Z}_0$ 中的加速度矢量 ${}^0\ddot{\boldsymbol{P}}_{\mathrm{CoM}i}$：

$$
\begin{aligned}
{}^0\ddot{\boldsymbol{P}}_{\mathrm{CoM}i} &= \left\{\left[\sum_{j=1}^{i}\left(\frac{\partial \boldsymbol{U}_{ij}}{\partial \theta_1}\cdot\dot{\theta}_j\right)\right]\cdot\boldsymbol{P}_{\mathrm{CoM}-i}\right\}\cdot\dot{\theta}_1+\left\{\left[\sum_{j=1}^{i}\left(\frac{\partial \boldsymbol{U}_{ij}}{\partial \theta_2}\cdot\dot{\theta}_j\right)\right]\cdot\boldsymbol{P}_{\mathrm{CoM}-i}\right\}\cdot\dot{\theta}_2+\cdots \\
&+\left\{\left[\sum_{j=1}^{i}\left(\frac{\partial \boldsymbol{U}_{ij}}{\partial \theta_k}\cdot\dot{\theta}_j\right)\right]\cdot\boldsymbol{P}_{\mathrm{CoM}-i}\right\}\cdot\dot{\theta}_k+\cdots+\left\{\left[\sum_{j=1}^{i}\left(\frac{\partial \boldsymbol{U}_{ij}}{\partial \theta_i}\cdot\dot{\theta}_j\right)\right]\cdot\boldsymbol{P}_{\mathrm{CoM}-i}\right\}\cdot\dot{\theta}_i
\end{aligned}
$$

上两式皆需进一步求各关节间相互作用，即$\partial \boldsymbol{U}_{ij}/\partial\theta_k$：

$$
\frac{\partial \boldsymbol{U}_{ij}}{\partial \theta_k}=\partial\left(\frac{\partial\,{}^0\boldsymbol{A}_i}{\partial\theta_j}\right)/\partial\theta_k=\begin{cases}{}^0\boldsymbol{A}_{j-1}\cdot\boldsymbol{Q}_j\cdot{}^{j-1}\boldsymbol{A}_{k-1}\cdot\boldsymbol{Q}_k\cdot{}^{k-1}\boldsymbol{A}_i, & j\leqslant k\leqslant i\\ {}^0\boldsymbol{A}_{k-1}\cdot\boldsymbol{Q}_k\cdot{}^{k-1}\boldsymbol{A}_{j-1}\cdot\boldsymbol{Q}_j\cdot{}^{j-1}\boldsymbol{A}_i, & k\leqslant j\leqslant i\\ 0, & j>i\text{ 或 }k>i\end{cases}
$$

则$\dfrac{\partial \boldsymbol{U}_{ij}}{\partial\theta_k}$表示关节 j 和关节 k 运动对杆件 i 的影响；且令：$\boldsymbol{U}_{ijk}=\dfrac{\partial \boldsymbol{U}_{ij}}{\partial\theta_k}$。

以上推得的矢量和矩阵形式表示的杆件 i 上任一点 P_i 以及杆件 i 质心点 $P_{\mathrm{CoM}-i}$ 的位置、速度、加速度计算公式以及杆件间相互影响的矩阵表达式，也为多刚体系统（多自由度机构）的运动方程奠定了运动学、微分运动学等数学基础。

3.6.3 从矢量表示的拉格朗日方程到用矩阵表示的拉格朗日方程

大学本科理论力学中用拉格朗日法能够较容易地从标量和矢量形式上推导出自由度数较少（一两个自由度或者运动副数）或者刚体构件数较少的刚体系统的运动方程。但是，对于自由度数多或者运动副数与构件数多的多刚体系统来说，靠标量、矢量的形式来推导系统运动方程，则单从运动副之间运动相互影响的角度来讲就已经不是容易的事情了。因此，借助于矩阵分析的方法则省去了很多麻烦。

3.6.3.1 何谓“拉格朗日法（Lagrange Formulation）”

将如图 3-52 所示的 n 关节串联杆件机构系统作为一个整体，动力输入只有各关节的驱动力矩 τ_i，而无外力 $\boldsymbol{F}$。分别取杆件 i、$i+1$ 作为分离体时分别会受到相邻杆件的力 $\boldsymbol{F}_{i+1'}$、$\boldsymbol{F}_{i+1}$。显然，如果从系统整体的受力分析而言，输入给系统的力只有各个关节的驱动力矩即广义力矩，而各相邻杆件之间的作用力相互抵消变为系统内力，对于多刚体系统而言理论上可以不考虑内力对系统的影响。将一个个杆件作为分离体求解各广义驱动力矩的话，必然涉及各杆件受相邻杆件的作用力。而求广义驱动力矩与各关节运动即广义坐标及其广义速度、加速度的关系，并未涉及到各个杆件自身的受力（即各杆件间内力）。因此，将系统作为一个整体来求动力学方程会避开单个杆件的受力分析问题。拉格朗日法恰好避开了单个杆件的受力分析问题。

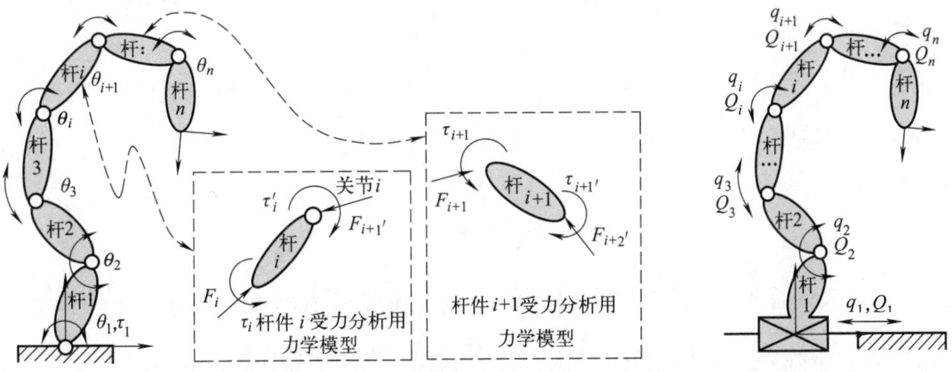

图 3-52　机器人操作臂的力学模型及杆件、多刚体机构系统受力分析（左图）及广义坐标与广义力下的力学模型（右图）

如图 3-52 所示的 n 个回转关节连杆机构。定义广义坐标 $\boldsymbol{\theta}$ 以及相应于广义坐标 $\boldsymbol{\theta}$ 的广义力 $\boldsymbol{\tau}$ 分别为：

$\boldsymbol{\theta}=[\theta_1 \quad \theta_2 \quad \cdots \quad \theta_i \quad \cdots \quad \theta_n]^{\mathrm{T}}$；$\boldsymbol{\tau}=[\tau_1 \quad \tau_2 \quad \cdots \quad \tau_i \quad \cdots \quad \tau_n]^{\mathrm{T}}$。则机器人机构的动力学问题为已知机构构型和各关节运动即广义坐标 $\boldsymbol{\theta}$，求为实现给定的广义坐标 $\boldsymbol{\theta}$ 下的运动所需的广义驱动力 $\boldsymbol{\tau}$ 的数学问题，即：$\boldsymbol{\tau}=g(\boldsymbol{\theta})=?$，其中 g 表示广义力 $\boldsymbol{\tau}$ 是广义坐标的函数关系。

为一般化，考虑兼有回转关节和移动关节的机构，定义广义坐标 $\boldsymbol{q}$ 以及相应于广义坐标 $\boldsymbol{q}$ 的广义力 $\boldsymbol{Q}$ 分别为：$\boldsymbol{q}=[q_1 \quad q_2 \quad \cdots \quad q_i \quad \cdots \quad q_n]^{\mathrm{T}}$；$\boldsymbol{Q}=[Q_1 \quad Q_2 \quad \cdots \quad Q_i \quad \cdots \quad Q_n]^{\mathrm{T}}$。则由理论力学可知，机器人机构中关节 i 的拉格朗日方程为：

$$\frac{\mathrm{d}}{\mathrm{d}t}\left(\frac{\partial L}{\partial \dot{q}_i}\right)-\frac{\partial L}{\partial q_i}=Q_i$$

其中 $i=1，2，3，\cdots，n$；L 为广义坐标 q_i、广义力 Q_i 下的关节 i 所驱动的刚体系统总动能 T 与总势能 U 的和，即 $L=T-U$。

将各关节的拉格朗日方程合写成矢量与矩阵的形式为：

$$\frac{\mathrm{d}}{\mathrm{d}t}\left(\frac{\partial L}{\partial \dot{\boldsymbol{q}}}\right)-\frac{\partial L}{\partial \boldsymbol{q}}=\boldsymbol{Q}$$

由拉格朗日方程继续推导可以得出的机器人运动方程的形式为：

$$\boldsymbol{M}(\boldsymbol{q})\ddot{\boldsymbol{q}}+\boldsymbol{C}(\boldsymbol{q},\dot{\boldsymbol{q}})+\boldsymbol{B}(\dot{\boldsymbol{q}})+\boldsymbol{G}(\boldsymbol{q})=\boldsymbol{Q}$$

或连续运动时广义坐标矢量 $\boldsymbol{q}$ 随时间 t 变化的如下形式：

$$\boldsymbol{M}(\boldsymbol{q}(t)\ddot{\boldsymbol{q}}(t))+\boldsymbol{C}(\boldsymbol{q}(t),\dot{\boldsymbol{q}}(t))+\boldsymbol{B}(\dot{\boldsymbol{q}}(t))+\boldsymbol{G}(\boldsymbol{q}(t))=\boldsymbol{Q}(t)$$

需要注意的是：从开始讲拉格朗日法到此为止，所提及的广义坐标 q_i、广义力 Q_i 皆是由各关节及其关节驱动力（力矩）定义的，并未涉及到其他方面的广义坐标、广义力，也并不意味着只能这样定义。实际上还需考虑到实际情况，如除关节驱动力作为广义力外，还需考虑到末端负载力、机器人机械本体是否还受到来自作业环境的外力或其他外力矩等，这些也应纳入到相应的广义力中。但这些外力不是独立的广义力矢量分量，也即广义力矢量的维数不变，因为这些外力是需要由相应的各关节驱动力矩来平衡的。

3.6.3.2 应用拉格朗日法推导多刚体质点系统动力学方程（系统运动方程推导）

（1）杆件 i 的动能 $\boldsymbol{K}_i$ 及系统总的动能 $\boldsymbol{K}$

设用 K_i 来表示杆件 i（$i=1，2，\cdots，n$）在基坐标系 $\boldsymbol{O}_0$-$\boldsymbol{X}_0\boldsymbol{Y}_0\boldsymbol{Z}_0$ 中的动能，而用 $\mathrm{d}K_i$ 来表示杆件 i 上任意微元体质量 $\mathrm{d}m$ 在基坐标系 $\boldsymbol{O}_0$-$\boldsymbol{X}_0\boldsymbol{Y}_0\boldsymbol{Z}_0$ 中的动能。则：按前述得到的杆件 i 上任意一点 P_i 在基坐标系（也即多刚体系统的参考坐标系）$\boldsymbol{O}_0$-$\boldsymbol{X}_0\boldsymbol{Y}_0\boldsymbol{Z}_0$ 中的位置、速度矢量计算公式以及动能定义可得：

$$\mathrm{d}K_i=\frac{1}{2}(\dot{x}_i^2+\dot{y}_i^2+\dot{z}_i^2)\mathrm{d}m=\frac{1}{2}\mathrm{trace}({}^0\dot{\boldsymbol{P}}_i \cdot {}^0\dot{\boldsymbol{P}}_i^{\mathrm{T}})\mathrm{d}m=\frac{1}{2}\mathrm{Tr}({}^0\dot{\boldsymbol{P}}_i \cdot {}^0\dot{\boldsymbol{P}}_i^{\mathrm{T}})\mathrm{d}m$$

其中，Tr 表示对矩阵主对角线上元素求和，即求矩阵的迹。如：矩阵 $\boldsymbol{A}=\{a_{ij}\}$（$i，j=1，2，\cdots，n$），则：

$$\mathrm{Tr}\,\boldsymbol{A}=\sum_{i=1}^{n}a_{ii}$$

用求迹算子 Tr 来代替矢量点乘，以构成一个张量，由张量表示可求得杆件 i 的惯性张量矩阵（也称为惯量矩阵）$\boldsymbol{J}_i$。将前述的 ${}^0\dot{\boldsymbol{P}}_i=\left[\sum_{j=1}^{i}(\boldsymbol{U}_{ij}\cdot\dot{\theta}_j)\right]\cdot{}^i\boldsymbol{P}_i$ 代入到 $\mathrm{d}K_i=\frac{1}{2}\mathrm{Tr}({}^0\dot{\boldsymbol{P}}_i \cdot {}^0\dot{\boldsymbol{P}}_i^{\mathrm{T}})\mathrm{d}m$ 方程中，可得：

$$\begin{aligned} dK_i &= \frac{1}{2}\mathrm{Tr}\left\{\left[\sum_{p=1}^{i}(\boldsymbol{U}_{ip}\cdot\dot{\theta}_p)\right]\cdot{}^i\boldsymbol{P}_i\cdot\left\langle\left[\sum_{r=1}^{i}(\boldsymbol{U}_{ir}\cdot\dot{\theta}_r)\right]\cdot{}^i\boldsymbol{P}_i\right\rangle^{\mathrm{T}}\right\}dm \\ &= \frac{1}{2}\mathrm{Tr}\left[\sum_{p=1}^{i}\sum_{r=1}^{i}\boldsymbol{U}_{ip}\cdot{}^i\boldsymbol{P}_i\cdot{}^i\boldsymbol{P}_i^{\mathrm{T}}\cdot\boldsymbol{U}_{ir}^{\mathrm{T}}\cdot\dot{\theta}_p\cdot\dot{\theta}_r\right]dm \\ &= \frac{1}{2}\mathrm{Tr}\left[\sum_{p=1}^{i}\sum_{r=1}^{i}\boldsymbol{U}_{ip}\cdot({}^i\boldsymbol{P}_i\cdot dm\cdot{}^i\boldsymbol{P}_i^{\mathrm{T}})\cdot\boldsymbol{U}_{ir}^{\mathrm{T}}\cdot\dot{\theta}_p\cdot\dot{\theta}_r\right] \end{aligned}$$

则杆件 i 在基坐标系中的动能 K_i 可通过对 dK_i 积分得到，且由于矩阵 $\boldsymbol{U}_{ij}$ 与杆件 i 的质量分布无关，则有：

$$K_i=\int dK_i=\frac{1}{2}\mathrm{Tr}\left[\sum_{p=1}^{i}\sum_{r=1}^{i}\boldsymbol{U}_{ip}\cdot\left(\int{}^i\boldsymbol{P}_i\cdot{}^i\boldsymbol{P}_i^{\mathrm{T}}dm\right)\cdot\boldsymbol{U}_{ir}^{\mathrm{T}}\cdot\dot{\theta}_p\cdot\dot{\theta}_r\right]$$

其中，积分项 $\int({}^i\boldsymbol{P}_i\cdot{}^i\boldsymbol{P}_i^{\mathrm{T}})dm$ 为杆件 i 上各点的惯量，且如前述定义：${}^i\boldsymbol{P}_i=\boldsymbol{P}_i=[{}^ix_{\mathrm{P}i}\quad{}^iy_{\mathrm{P}i}\quad{}^iz_{\mathrm{P}i}]^{\mathrm{T}}$，即杆件 i 上任意点 P_i 在与杆件 i 固连的第 i 坐标系 $\boldsymbol{o}_i$-$\boldsymbol{x}_i\boldsymbol{y}_i\boldsymbol{z}_i$ 中的位置坐标构成的位置矢量。则有：

$$\boldsymbol{J}_i=\int({}^i\boldsymbol{P}_i\cdot{}^i\boldsymbol{P}_i^{\mathrm{T}})dm=\begin{bmatrix}\int{}^ix_{\mathrm{P}i}{}^2dm & \int{}^ix_{\mathrm{P}i}\cdot{}^iy_{\mathrm{P}i}dm & \int{}^ix_{\mathrm{P}i}\cdot{}^iz_{\mathrm{P}i}dm & \int{}^ix_{\mathrm{P}i}dm \\ \int{}^ix_{\mathrm{P}i}\cdot{}^iy_{\mathrm{P}i}dm & \int{}^iy_{\mathrm{P}i}{}^2dm & \int{}^iy_{\mathrm{P}i}\cdot{}^iz_{\mathrm{P}i}dm & \int{}^iy_{\mathrm{P}i}dm \\ \int{}^ix_{\mathrm{P}i}\cdot{}^iz_{\mathrm{P}i}dm & \int{}^iy_{\mathrm{P}i}\cdot{}^iz_{\mathrm{P}i}dm & \int{}^iz_{\mathrm{P}i}{}^2dm & \int{}^iz_{\mathrm{P}i}dm \\ \int{}^ix_{\mathrm{P}i}dm & \int{}^iy_{\mathrm{P}i}dm & \int{}^iz_{\mathrm{P}i}dm & \int dm\end{bmatrix}$$

将惯性张量 I_{ij} 定义为：

$$I_{ij}=\int\left[\delta_{ij}\cdot\left(\sum_k{}^ix_{\mathrm{P}k}{}^2\right)-{}^ix_{\mathrm{P}i}\cdot{}^ix_{\mathrm{P}j}\right]dm$$

上式中：下标 i，j，k 分别表示第 i 杆件坐标系的三根主轴，上标 i 则表示第 i 杆件以及第 i 坐标系，而 δ_{ij} 则是所谓的 Kronecker delta 算子，则 $\boldsymbol{J}_i$ 可用惯性张量表示为：

$$\boldsymbol{J}_i=\begin{bmatrix}(-I_{xx}+I_{yy}+I_{zz})/2 & -I_{xy} & -I_{xz} & m_i\cdot{}^ix_{\mathrm{CoM}i} \\ -I_{xy} & (I_{xx}-I_{yy}+I_{zz})/2 & -I_{yz} & m_i\cdot{}^iy_{\mathrm{CoM}i} \\ -I_{xz} & -I_{yz} & (I_{xx}+I_{yy}-I_{zz})/2 & m_i\cdot{}^iz_{\mathrm{CoM}i} \\ m_i\cdot{}^ix_{\mathrm{CoM}i} & m_i\cdot{}^iy_{\mathrm{CoM}i} & m_i\cdot{}^iz_{\mathrm{CoM}i} & m_i\end{bmatrix}$$

式中，m_i 为杆件 i 的质量；如前述定义的 $\boldsymbol{P}_{\mathrm{CoM}-i}=[{}^ix_{\mathrm{CoM}i}\quad{}^iy_{\mathrm{CoM}i}\quad{}^iz_{\mathrm{CoM}i}]^{\mathrm{T}}$ 为杆件 i 质心点 $\mathrm{P}_{\mathrm{CoM}-i}$ 在第 i 坐标系 $\boldsymbol{o}_i$-$\boldsymbol{x}_i\boldsymbol{y}_i\boldsymbol{z}_i$ 中的位置矢量，则 ${}^ix_{\mathrm{CoM}i}$、${}^iy_{\mathrm{CoM}i}$、${}^iz_{\mathrm{CoM}i}$ 分别为杆件 i 质心点 $P_{\mathrm{CoM}-i}$ 在第 i 坐标系 $\boldsymbol{o}_i$-$\boldsymbol{x}_i\boldsymbol{y}_i\boldsymbol{z}_i$ 中的位置坐标分量。

也可以用刚体杆件 i（质量 m_i）在第 i 坐标系中的回转半径表示 $\boldsymbol{J}_i$ 为：

$$\boldsymbol{J}_i=m_i\cdot\begin{bmatrix}(-k_{i11}^2+k_{i22}^2+k_{i33}^2)/2 & k_{i12}^2 & k_{i13}^2 & {}^ix_{\mathrm{CoM}i} \\ k_{i12}^2 & (k_{i11}^2-k_{i22}^2+k_{i33}^2)/2 & k_{i23}^2 & {}^iy_{\mathrm{CoM}i} \\ k_{i13}^2 & k_{i23}^2 & (k_{i11}^2+k_{i22}^2-k_{i33}^2)/2 & {}^iz_{\mathrm{CoM}i} \\ {}^ix_{\mathrm{CoM}i} & {}^iy_{\mathrm{CoM}i} & {}^iz_{\mathrm{CoM}i} & 1\end{bmatrix}$$

其中，k_{i12}、k_{i23} 分别是杆件 i 绕 xy、yz 轴的回转半径。

则 n 自由度机构这一多刚体系统的总的动能 K 为：

$$K=\sum_{i=1}^{n}K_i=\frac{1}{2}\sum_{i=1}^{n}\mathrm{Tr}\left[\sum_{p=1}^{i}\sum_{r=1}^{i}\boldsymbol{U}_{ip}\cdot\boldsymbol{J}_i\cdot\boldsymbol{U}_{ir}^{\mathrm{T}}\cdot\dot{\theta}_p\cdot\dot{\theta}_r\right]$$

$$=\frac{1}{2}\sum_{i=1}^{n}\sum_{p=1}^{i}\sum_{r=1}^{i}\left[\mathrm{Tr}(\boldsymbol{U}_{ip}\cdot\boldsymbol{J}_i\cdot\boldsymbol{U}_{ir}^{\mathrm{T}})\cdot\dot{\theta}_p\cdot\dot{\theta}_r\right]$$

(2) 杆件 i 的势能 U_i 及系统总的势能 U

设用 U_i 来表示杆件 i（$i=1，2，\cdots，n$）在基坐标系 $O_0\text{-}X_0Y_0Z_0$ 中的势能，则由杆件 i 质心 $P_{\mathrm{CoM}-i}$ 在基坐标系中的位置矢量 ${}^0\boldsymbol{P}_{\mathrm{CoM}i}=[x_{\mathrm{CoM}i}\quad y_{\mathrm{CoM}i}\quad z_{\mathrm{CoM}i}]^{\mathrm{T}}={}^0\boldsymbol{A}_i\cdot{}^i\boldsymbol{P}_{\mathrm{CoM}-i}={}^0\boldsymbol{A}_i\cdot\boldsymbol{P}_{\mathrm{CoM}-i}$ 可得 U_i 为：

$$U_i=-m_i\boldsymbol{g}\cdot{}^0\boldsymbol{P}_{\mathrm{CoM}i}=-m_i\boldsymbol{g}^{\mathrm{T}}\cdot({}^0\boldsymbol{A}_i\cdot{}^i\boldsymbol{P}_{\mathrm{CoM}-i}),i=1,2,\cdots,n$$

则对各个杆件势能求和，可得系统总的势能 U 为：

$$U=\sum_{i=1}^{n}U_i=\sum_{i=1}^{n}\left[-m_i\boldsymbol{g}^{\mathrm{T}}\cdot({}^0\boldsymbol{A}_i\cdot{}^i\boldsymbol{P}_{\mathrm{CoM}-i})\right]$$

其中：$\boldsymbol{g}=[g_x\quad g_y\quad g_z\quad 0]^{\mathrm{T}}$ 为基坐标系表示的重力矢量；对于基坐标系 $O_0\text{-}X_0Y_0Z_0$ 的 $\boldsymbol{Z}_0$ 轴与重力矢量 $\boldsymbol{g}$ 平行的情况下，$\boldsymbol{g}=[0\quad 0\quad -|g|\quad 0]^{\mathrm{T}}$，$g$ 为重力加速度，$g=9.8062\mathrm{m/s^2}$。对于空间机器人则为微重力环境中的微重力加速度或为 0 矢量。

(3) 用拉格朗日法推导系统的运动方程

由前述的系统总动能 K、系统总势能 U 计算公式，可得拉格朗日函数 $L=K-U$ 为：

$$L=K-U=\frac{1}{2}\sum_{i=1}^{n}\sum_{p=1}^{i}\sum_{r=1}^{i}\left[\mathrm{Tr}(\boldsymbol{U}_{ip}\cdot\boldsymbol{J}_i\cdot\boldsymbol{U}_{ir}^{\mathrm{T}})\cdot\dot{\theta}_p\cdot\dot{\theta}_r\right]+\sum_{i=1}^{n}\left[m_i\boldsymbol{g}^{\mathrm{T}}\cdot({}^0\boldsymbol{A}_i\cdot{}^i\boldsymbol{P}_{\mathrm{CoM}-i})\right]$$

将拉格朗日-欧拉方法用于多刚体系统的拉格朗日函数可得各回转副广义驱动力矩，则第 i 个回转副的广义驱动力矩 τ_i 为：

$$\tau_i=\frac{\mathrm{d}}{\mathrm{d}t}\left(\frac{\partial L}{\partial\dot{\theta}_i}\right)-\frac{\partial L}{\partial\theta_i}$$

$$=\sum_{j=i}^{n}\sum_{k=1}^{j}\mathrm{Tr}(\boldsymbol{U}_{jk}\cdot\boldsymbol{J}_j\cdot\boldsymbol{U}_{ji}^{\mathrm{T}})\ddot{\theta}_k+\sum_{j=i}^{n}\sum_{k=1}^{j}\sum_{m=1}^{j}\mathrm{Tr}(\boldsymbol{U}_{jkm}\cdot\boldsymbol{J}_j\cdot\boldsymbol{U}_{ji}^{\mathrm{T}})\dot{\theta}_k\dot{\theta}_m-\sum_{j=i}^{n}m_j\boldsymbol{g}^{\mathrm{T}}\cdot\boldsymbol{U}_{ji}\cdot{}^j\boldsymbol{P}_{\mathrm{CoM}-j}$$

其中：$i=1，2，\cdots，n$。

令：$D_{ik}=\sum_{j=\max(i,k)}^{n}\mathrm{Tr}(\boldsymbol{U}_{jk}\cdot\boldsymbol{J}_j\cdot\boldsymbol{U}_{ji}^{\mathrm{T}}),i,k=1,2,\cdots,n$；$h_{ikm}=\sum_{j=\max(i,k,m)}^{j}\mathrm{Tr}(\boldsymbol{U}_{jkm}\cdot\boldsymbol{J}_j\cdot\boldsymbol{U}_{ji}^{\mathrm{T}}),i,k,m=1,2,\cdots,n$；

$$h_i=\sum_{k=1}^{n}\sum_{m=1}^{n}h_{ikm}\dot{\theta}_k\dot{\theta}_m,i=1,2,\cdots,n;c_i=\sum_{j=i}^{n}(-m_j\cdot\boldsymbol{g}^{\mathrm{T}}\cdot\boldsymbol{U}_{ji}\cdot{}^j\boldsymbol{P}_{\mathrm{CoM}-j}),i=1,2,\cdots,n。$$

则可有：

$$\tau_i=\sum_{k=1}^{n}D_{ik}\cdot\ddot{\theta}_k+\sum_{k=1}^{n}\sum_{m=1}^{n}h_{ikm}\cdot\dot{\theta}_k\dot{\theta}_m+c_i,i=1,2,\cdots,n 。$$

将上式表示的第 i 个回转副广义驱动力矩 τ_i 方程分别用于 $i=1，2，\cdots，n$ 时，可得到对应于所有广义坐标 θ_1、θ_2、$\cdots$、θ_n 的 n 个广义力矩 τ_1、τ_2、$\cdots$、τ_n 的方程，将这 n 个广义驱动力矩方程以广义力矩矢量 $\boldsymbol{\tau}$ 和广义坐标矢量 $\boldsymbol{\theta}$ 以及系数矩阵的形式合写在一起为：

$$\boldsymbol{\tau}=\boldsymbol{D}(\boldsymbol{\theta})\ddot{\boldsymbol{\theta}}+\boldsymbol{h}(\boldsymbol{\theta},\dot{\boldsymbol{\theta}})+\boldsymbol{c}(\boldsymbol{\theta})$$

在多刚体系统运动的动力学分析中，广义坐标 $\boldsymbol{\theta}$、广义速度 $\dot{\boldsymbol{\theta}}$、广义力（或广义驱动力矩）$\boldsymbol{\tau}$ 都是时间 t 的函数，因此，通常将系统运动方程写为：

$$\boldsymbol{\tau}(t)=\boldsymbol{D}(\boldsymbol{\theta}(t))\ddot{\boldsymbol{\theta}}(t)+\boldsymbol{h}(\boldsymbol{\theta}(t),\dot{\boldsymbol{\theta}}(t))+\boldsymbol{c}(\boldsymbol{\theta}(t))$$

式中　$\boldsymbol{\tau}(t)$ ——各回转副驱动力矩构成的 $n\times1$ 广义驱动力矩矢量，$\boldsymbol{\tau}(t)=[\tau_1(t)\quad\tau_2(t)\quad\cdots\quad\tau_n(t)]^{\mathrm{T}}$；

$\boldsymbol{\theta}(t)$ ——各回转副回转角构成的 $n\times1$ 广义坐标矢量，$\boldsymbol{\theta}(t)=[\theta_1(t)\quad\theta_2(t)\quad\cdots\quad\theta_n(t)]^{\mathrm{T}}$；

$\dot{\boldsymbol{\theta}}(t)$——各回转副角速度构成的 $n\times1$ 广义速度矢量，$\dot{\boldsymbol{\theta}}(t)=[\dot{\theta}_1(t)\quad\dot{\theta}_2(t)\quad\cdots\quad\dot{\theta}_n(t)]^{\mathrm{T}}$；

$\ddot{\boldsymbol{\theta}}(t)$ ——各回转副角加速度构成的 $n\times1$ 广义坐标矢量，$\ddot{\boldsymbol{\theta}}(t)=[\ddot{\theta}_1(t)\quad\ddot{\theta}_2(t)\quad\cdots\quad\ddot{\theta}_n(t)]^{\mathrm{T}}$；

$\boldsymbol{D}(\boldsymbol{\theta}(t))$ ——$n\times n$ 的惯性系数矩阵，为对称矩阵，矩阵的元素为 D_{ik}：

$$D_{ik}=\sum_{j=\max(i,k)}^{n}\mathrm{Tr}(\boldsymbol{U}_{jk}\cdot\boldsymbol{J}_j\cdot\boldsymbol{U}_{ji}^{\mathrm{T}}),i,k=1,2,\cdots,n$$

$\boldsymbol{h}(\boldsymbol{\theta}(t)、\dot{\boldsymbol{\theta}}(t))$——$n\times1$ 的非线性科氏力和离心力（力矩）矢量，其元素为 $h_i(\boldsymbol{\theta}(t)、\dot{\boldsymbol{\theta}}(t))$，则：

$$\boldsymbol{h}(\boldsymbol{\theta}(t),\dot{\boldsymbol{\theta}}(t))=[h_1(\boldsymbol{\theta}(t),\dot{\boldsymbol{\theta}}(t))\quad h_2(\boldsymbol{\theta}(t),\dot{\boldsymbol{\theta}}(t))\quad\cdots\quad h_n(\boldsymbol{\theta}(t),\dot{\boldsymbol{\theta}}(t))]^{\mathrm{T}}$$

其中，$h_i(\boldsymbol{\theta}(t),\ \dot{\boldsymbol{\theta}}(t))=\sum_{k=1}^{n}\sum_{m=1}^{n}h_{ikm}\dot{\theta}_k\dot{\theta}_m$，$i=1,\ 2,\ \cdots,\ n$；

$$h_{ikm}(\boldsymbol{\theta}(t))=\sum_{j=\max(i,k,m)}^{j}\mathrm{Tr}(\boldsymbol{U}_{jkm}\cdot\boldsymbol{J}_j\cdot\boldsymbol{U}_{ji}^{\mathrm{T}}),i,k,m=1,2,\cdots,n。$$

$\boldsymbol{c}(\boldsymbol{\theta}(t))$ 为 $n\times1$ 的重力（力矩）矢量项，其元素为 $c_i(\boldsymbol{\theta}(t))$，则：

$$\boldsymbol{c}(\boldsymbol{\theta}(t))=[c_1(\boldsymbol{\theta}(t))\quad c_2(\boldsymbol{\theta}(t))\quad\cdots\quad c_n(\boldsymbol{\theta}(t))]^{\mathrm{T}}$$

其中，$c_i(\boldsymbol{\theta}(t))=\sum_{j=i}^{n}(-m_j\cdot\boldsymbol{g}^{\mathrm{T}}\cdot\boldsymbol{U}_{ji}\cdot{}^{j}\boldsymbol{P}_{\mathrm{CoM}-j}),i=1,2,\cdots,n$。

显然，拉格朗日方程方法推导运动方程的特点是 —— 把多自由度机构作为一个整体从能量的角度利用拉格朗日函数推导出运动方程式，不涉及相邻的杆件与杆件之间的作用力、力矩关系。

拉格朗日法推导机器人运动方程的流程如图 3-53 所示。

3.6.4　牛顿-欧拉法多刚体系统运动方程

按照达朗贝尔原理考虑 n 自由度机构系统中每一个杆件的运动与受力情况，达朗贝尔原理可以应用于任一瞬时，则任何物体上外加力与其运动的阻力在任何方向上的代数和为零。据此分析 n 自由度机构系统中任意杆件 i 的受力情况。注意：此处采用的杆件 i 上固连的坐标系 $\boldsymbol{o}_i$-$\boldsymbol{x}_i\boldsymbol{y}_i\boldsymbol{z}_i$ 的建立方法（坐标系前置）与图 3-51 所示的杆件 i 上固连的坐标系 $\boldsymbol{o}_i$-$\boldsymbol{x}_i\boldsymbol{y}_i\boldsymbol{z}_i$ 的建立方法（坐标系后置）不同。

（1）何谓“牛顿-欧拉”法

牛顿-欧拉法——是采用关于平动的牛顿运动方程式和关于回转运动的欧拉运动方程式，描述构成多自由度机构的一个个杆件的运动。这种方法涉及相邻杆件之间互相作用的力和力

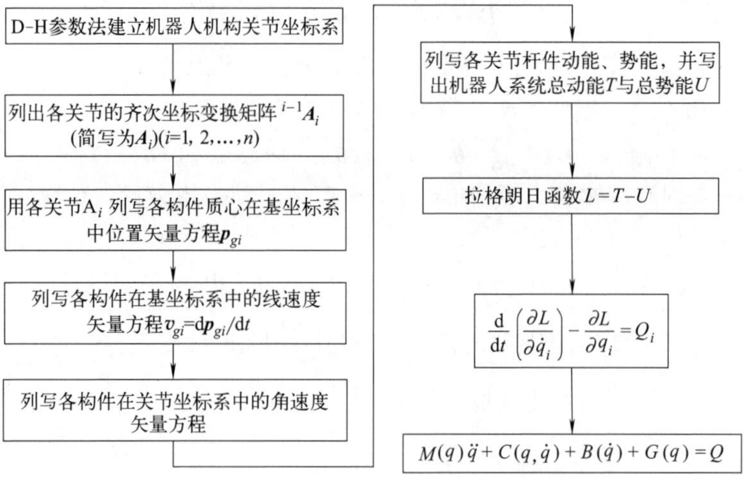

图 3-53 拉格朗日法推导机器人操作臂运动方程流程

矩的关系。

牛顿-欧拉法的具体的方法——是从基坐标系开始向机构末端杆件，依次由给定的各回转副运动计算各杆件的运动，相反，由机构末端杆件侧向基坐标系，依次计算产生回转副运动所需要的、作用在各个杆件上的力和力矩。各杆件运动计算和力与力矩的计算的过程如图 3-54 所示。计算过程中需要前一次计算的杆件运动所需的力和力矩。

显然，与拉格朗日法相比，使用牛顿-欧拉法推导出的运动方程式计算逆动力学可以提高计算效率。

（2）关于“牛顿-欧拉”方法的解释

① 牛顿-欧拉法是矩阵变换与矢量分析相结合方法——矩阵变换获得位姿矢量、矢量运算获得杆件运动（位置矢量、速度矢量、加速度矢量），推导获得各杆件的运动。

② 牛顿-欧拉法中，由基坐标系向末端杆件侧依次计算机构中各杆件运动。

③ 牛顿-欧拉法中，由机构的末端杆件侧向基坐标系依次计算各杆件的力和力矩。

④ 牛顿-欧拉法中，对于构成多自由度机构的任何一根杆件，都使用相同的力学模型和力、力矩平衡方程公式进行计算。

建立如图 3-55 所示的第 i 杆件的力学模型，其中：第 i 回转副回转中心上建立 $\boldsymbol{o}_i$-$\boldsymbol{x}_i\boldsymbol{y}_i\boldsymbol{z}_i$ 坐标系与杆件 i 固连。这与前述图 3-51 所示的运动副 i（回转副）上建立的 $\boldsymbol{o}_i$-$\boldsymbol{x}_i\boldsymbol{y}_i\boldsymbol{z}_i$ 坐标系与杆件 i 固连虽然相同，但回转副 i 的位置不同。图 3-51 所示的杆件 i 是绕运动副 $i-1$ 上的坐标系 $\boldsymbol{o}_{i-1}$-$\boldsymbol{x}_{i-1}\boldsymbol{y}_{i-1}\boldsymbol{z}_{i-1}$ 的 $\boldsymbol{z}_{i-1}$ 轴回转；而图 3-55 所示的杆件 i 是绕运动副 i 上的坐标系 $\boldsymbol{o}_i$-$\boldsymbol{x}_i\boldsymbol{y}_i\boldsymbol{z}_i$ 的 $\boldsymbol{z}_i$ 轴回转。显然，在图 3-55 中，杆件 i 上的驱动力矩 $\boldsymbol{n}_i$、杆件 $i-1$ 给杆件 i 的作用力 $\boldsymbol{f}_i$ 都是加在坐标系 $\boldsymbol{o}_i$-$\boldsymbol{x}_i\boldsymbol{y}_i\boldsymbol{z}_i$ 中表示杆件 i 上的驱动力矩矢量和作用力矢量。同理，图 3-55 所示的杆件 $i+1$ 是绕运动副 $i+1$ 上的坐标系 $\boldsymbol{o}_{i+1}$-$\boldsymbol{x}_{i+1}\boldsymbol{y}_{i+1}\boldsymbol{z}_{i+1}$ 的 $\boldsymbol{z}_{i+1}$ 轴回转；在图 3-55 中，杆件 $i+1$ 上的驱动力矩 $\boldsymbol{n}'_{i+1}$、杆件 i 给杆件 $i+1$ 的作用力 $\boldsymbol{f}'_{i+1}$ 都是加在坐标系 $\boldsymbol{o}_{i+1}$-$\boldsymbol{x}_{i+1}\boldsymbol{y}_{i+1}\boldsymbol{z}_{i+1}$ 中表示杆件 $i+1$ 上的驱动力矩矢量和作用力矢量。处于不同坐标系中的位置矢量、力/力矩矢量是不能直接拿来进行矢量四则运算的，必须转换到同一坐标系中才能进行矢量运算。因此，分析杆件 i 的受力情况和列写力、力矩平衡方程时，必须在杆件 i 所固连的坐标系 $\boldsymbol{o}_i$-$\boldsymbol{x}_i\boldsymbol{y}_i\boldsymbol{z}_i$ 中进行。如此需要将杆件 $i+1$ 反作用给杆件 i 的力 $\boldsymbol{f}_{i+1}$、力矩 $\boldsymbol{n}_{i+1}$ 转换到杆件 i 所固连的坐标系 $\boldsymbol{o}_i$-$\boldsymbol{x}_i\boldsymbol{y}_i\boldsymbol{z}_i$ 中，才能列写力/力矩平衡方程。

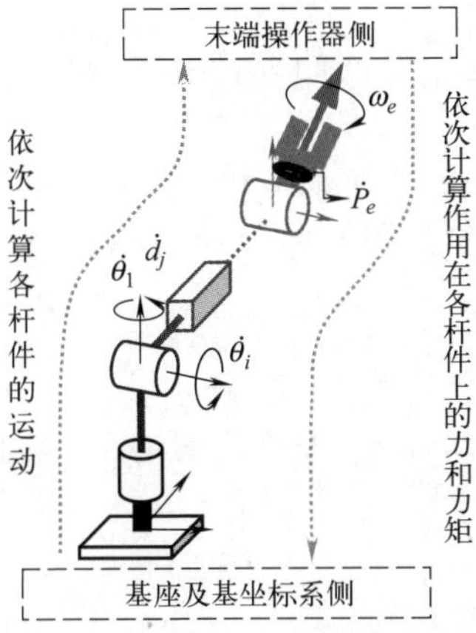

图 3-54　牛顿-欧拉法推导机器人运动方程的正反两个过程

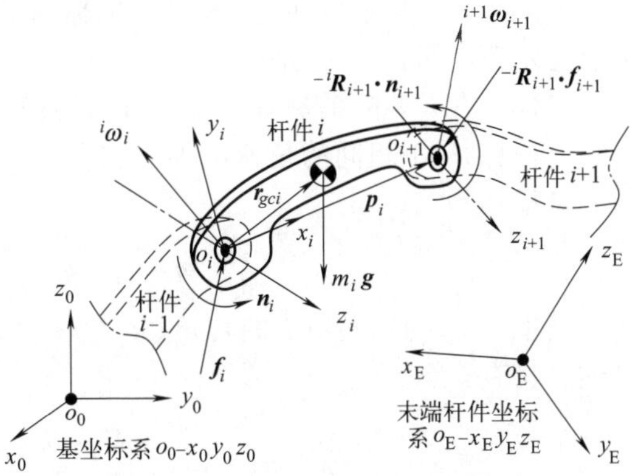

图 3-55　机构第 i 杆件的力学模型

列写第 i 杆件的力、力矩平衡方程式如下：

杆件 i 的力平衡方程式：

$$\boldsymbol{f}_i - {}^i\boldsymbol{R}_{i+1} \cdot \boldsymbol{f}_{i+1} + m_i \boldsymbol{g}_i = m_i \boldsymbol{a}_i \tag{3-67}$$

杆件 i 的力矩平衡方程式（绕质心回转）：

$$\boldsymbol{n}_i - {}^i\boldsymbol{R}_{i+1} \cdot \boldsymbol{n}_{i+1} + \boldsymbol{f}_i \times \boldsymbol{r}_{gci} - ({}^i\boldsymbol{R}_{i+1} \cdot \boldsymbol{f}_{i+1}) \times (\boldsymbol{r}_{gci} - \boldsymbol{p}_i) = \boldsymbol{I}_i \cdot \boldsymbol{\varepsilon}_i + \boldsymbol{\omega}_i \times (\boldsymbol{I}_i \cdot \boldsymbol{\omega}_i) \tag{3-68}$$

其中：m_i、$\boldsymbol{I}_i$、$\boldsymbol{r}_{gci}$ 分别为杆件 i 的质量、绕其质心的惯性参数矩阵、质心位置矢量；$\boldsymbol{f}_i$、$\boldsymbol{f}_{i+1}$ 分别为杆件 $i-1$、杆件 $i+1$ 给杆件 i 的力矢量；$\boldsymbol{n}_i$、$\boldsymbol{n}_{i+1}$ 分别为杆件 $i-1$、杆件 $i+1$ 给杆件 i 的力矩矢量；${}^i\boldsymbol{R}_{i+1}$ 为将第 $i+1$ 关节坐标系中表示力 $\boldsymbol{f}_{i+1}$、力矩 $\boldsymbol{n}_{i+1}$ 分别转换为第 i 关节坐标系中力和力矩的变换矩阵；$\boldsymbol{\omega}_i$、$\boldsymbol{a}_i$、$\boldsymbol{\varepsilon}_i$ 分别为杆件 i 的角速度矢量、质心线加速度矢量和角加速度矢量；$\boldsymbol{g}_i$ 为重力加速度矢量。

显然，图 3-55 所示的杆件 i 的力学模型以及式（3-67）、式（3-68）适用于机构中的任何一个杆件，只是不同杆件的物理参数值和运动参数值不同而已。利用计算机程序设计只需按式（3-67）、式（3-68）编写一个参数化的计算程序，并由末端杆件侧向基坐标系侧重复使用该参数化计算程序依次计算各杆件的力和力矩即可。这就是使用牛顿-欧拉法推导出运动方程式计算逆动力学可以提高计算效率的原因。

在前述内容（3.6.2 节）中分别得到了杆件 i 上任意一点 P_i、杆件 i 质心 $P_{\text{CoM}-i}$ 在基坐标系 $\boldsymbol{o}_0$-$\boldsymbol{x}_0\boldsymbol{y}_0\boldsymbol{z}_0$ 中的位置、速度、加速度矢量。其中，杆件 i 质心 $P_{\text{CoM}-i}$ 在基坐标系 $\boldsymbol{o}_0$-$\boldsymbol{x}_0\boldsymbol{y}_0\boldsymbol{z}_0$ 中的位置、线速度、线加速度矢量分别为 ${}^0\boldsymbol{P}_{\text{CoM}i}$，${}^0\dot{\boldsymbol{P}}_{\text{CoM}i}$，${}^0\ddot{\boldsymbol{P}}_{\text{CoM}i}$，且：

$${}^0\boldsymbol{P}_{\text{CoM}i} = [x_{\text{CoM}i} \quad y_{\text{CoM}i} \quad z_{\text{CoM}i}]^{\text{T}} = {}^0\boldsymbol{A}_i \cdot {}^i\boldsymbol{P}_{\text{CoM}-i} = {}^0\boldsymbol{A}_i \cdot \boldsymbol{P}_{\text{CoM}-i}$$

$${}^0\dot{\boldsymbol{P}}_{\text{CoM}i} = \left[\sum_{j=1}^{i}\left(\frac{\partial {}^0\boldsymbol{A}_i}{\partial\theta_j} \cdot \dot{\theta}_j\right)\right] \cdot \boldsymbol{P}_{\text{CoM}-i} = \left[\sum_{j=1}^{i}(\boldsymbol{U}_{ij} \cdot \dot{\theta}_j)\right] \cdot \boldsymbol{P}_{\text{CoM}-i} = \left[\sum_{j=1}^{i}(\boldsymbol{U}_{ij} \cdot \dot{\theta}_j)\right] \cdot {}^i\boldsymbol{P}_{\text{CoM}-i}$$

$$\begin{aligned} {}^0\ddot{\boldsymbol{P}}_{\text{CoM}i} = &\left\{\left[\sum_{j=1}^{i}\left(\frac{\partial \boldsymbol{U}_{ij}}{\partial\theta_1} \cdot \dot{\theta}_j\right)\right] \cdot \boldsymbol{P}_{\text{CoM}-i}\right\} \cdot \dot{\theta}_1 + \left\{\left[\sum_{j=1}^{i}\left(\frac{\partial \boldsymbol{U}_{ij}}{\partial\theta_2} \cdot \dot{\theta}_j\right)\right] \cdot \boldsymbol{P}_{\text{CoM}-i}\right\} \cdot \dot{\theta}_2 + \cdots \\ &+ \left\{\left[\sum_{j=1}^{i}\left(\frac{\partial \boldsymbol{U}_{ij}}{\partial\theta_k} \cdot \dot{\theta}_j\right)\right] \cdot \boldsymbol{P}_{\text{CoM}-i}\right\} \cdot \dot{\theta}_k + \cdots + \left\{\left[\sum_{j=1}^{i}\left(\frac{\partial \boldsymbol{U}_{ij}}{\partial\theta_i} \cdot \dot{\theta}_j\right)\right] \cdot \boldsymbol{P}_{\text{CoM}-i}\right\} \cdot \dot{\theta}_i \end{aligned}$$

$\boldsymbol{r}_{gci} = {}^i\boldsymbol{r}_{gci}$ 为杆件 i 质心点在 i 坐标系中的位置矢量，对于给定机构构型和机构参数下

为定值矢量。

i 坐标系的坐标原点 $\boldsymbol{o}_i$ 和 $i+1$ 坐标系的坐标原点 $\boldsymbol{o}_{i+1}$ 之间的矢量 $\boldsymbol{p}_i={}^i\boldsymbol{p}_i$ 在 i 坐标系中也为定值矢量。

杆件 i 在 i 坐标系 $\boldsymbol{o}_i$-$\boldsymbol{x}_i\boldsymbol{y}_i\boldsymbol{z}_i$ 中的角速度、角加速度分别为 ${}^i\boldsymbol{\omega}_i$、${}^i\boldsymbol{\varepsilon}_i$，杆件 i 的角速度等于它与杆件 $i-1$ 相同的角速度加上它在关节 i 处旋转速度所引起的分量，在 $i-1$ 坐标系中的矢量描述为：

$$ {}^{i-1}\boldsymbol{\omega}_i={}^{i-1}\boldsymbol{\omega}_{i-1}+{}^{i-1}\boldsymbol{R}_i\cdot(\dot{\theta}_i\cdot{}^i\boldsymbol{z}_i) $$

其中，$\dot{\theta}_i$ 为回转副 i 的转角；${}^i\boldsymbol{z}_i$ 为 i 坐标系 $\boldsymbol{o}_i$-$\boldsymbol{x}_i\boldsymbol{y}_i\boldsymbol{z}_i$ 的 $\boldsymbol{z}_i$ 轴单位矢量在 i 坐标系中的描述，且有：

$$ \dot{\theta}_i\cdot{}^i\boldsymbol{z}_i=\begin{bmatrix}0\\0\\\dot{\theta}_i\end{bmatrix} $$

将方程 ${}^{i-1}\boldsymbol{\omega}_i={}^{i-1}\boldsymbol{\omega}_{i-1}+{}^{i-1}\boldsymbol{R}_i\cdot(\dot{\theta}_i\cdot{}^i\boldsymbol{z}_i)$ 等号两端同时左乘以一个矩阵 ${}^i\boldsymbol{R}_{i-1}$，将杆件 i 的角速度在 $i-1$ 坐标系中的描述矢量 ${}^{i-1}\boldsymbol{\omega}_i$ 变换回 i 坐标系中，且 ${}^i\boldsymbol{R}_{i-1}\cdot{}^{i-1}\boldsymbol{R}_i=\boldsymbol{I}$ 为同阶数的单位阵，则有：

${}^i\boldsymbol{R}_{i-1}\cdot{}^{i-1}\boldsymbol{\omega}_i={}^i\boldsymbol{R}_{i-1}\cdot{}^{i-1}\boldsymbol{\omega}_{i-1}+{}^i\boldsymbol{R}_{i-1}\cdot{}^{i-1}\boldsymbol{R}_i\cdot(\dot{\theta}_i\cdot{}^i\boldsymbol{z}_i)\Rightarrow{}^i\boldsymbol{\omega}_i={}^i\boldsymbol{R}_{i-1}\cdot{}^{i-1}\boldsymbol{\omega}_{i-1}+\dot{\theta}_i\cdot{}^i\boldsymbol{z}_i$，即得杆件 i 在 i 坐标系中的角速度矢量描述 ${}^i\boldsymbol{\omega}_i$ 为：

$$ {}^i\boldsymbol{\omega}_i={}^i\boldsymbol{R}_{i-1}\cdot{}^{i-1}\boldsymbol{\omega}_{i-1}+\dot{\theta}_i\cdot{}^i\boldsymbol{z}_i $$

对于运动副 i 为柱形移动副的情况下，因为 $\dot{\theta}_i=0$，则为：

$$ {}^i\boldsymbol{\omega}_i={}^i\boldsymbol{R}_{i-1}\cdot{}^{i-1}\boldsymbol{\omega}_{i-1} $$

（3）关于杆件 i 上与杆件 i 固连的坐标系前置后置的问题

机构系统中除主干末端或分枝末端构件外，其任一构件至少有两个运动副分别与两个或两个以上相邻的其他构件相连。如图 3-56 所示，杆件 i 的两端分别有两个运动副与左右相邻的杆件 i、$i-1$ 相连接，在左右相邻的运动副中，在哪一个运动副上建立与杆件 i 固连的坐标系 $\boldsymbol{o}_i$-$\boldsymbol{x}_i\boldsymbol{y}_i\boldsymbol{z}_i$ 呢？显然，杆件 i 两端皆由回转副连接相邻杆件的情况下，有图 3-56（a_1）所示的将杆件 i 固连坐标系 $\boldsymbol{o}_i$-$\boldsymbol{x}_i\boldsymbol{y}_i\boldsymbol{z}_i$ 前置和（a_2）所示的将杆件 i 固连坐标系 $\boldsymbol{o}_i$-$\boldsymbol{x}_i\boldsymbol{y}_i\boldsymbol{z}_i$ 后置的两种可能（两图中只画出了坐标系的 $\boldsymbol{z}_i$ 轴）；对于杆件 i 两端分别由移动副、回转副连接相邻杆件的情况下，有图 3-56（b_1）所示的将杆件 i 固连坐标系 $\boldsymbol{o}_i$-$\boldsymbol{x}_i\boldsymbol{y}_i\boldsymbol{z}_i$ 前置和（b_2）所示的将杆件 i 固连坐标系 $\boldsymbol{o}_i$-$\boldsymbol{x}_i\boldsymbol{y}_i\boldsymbol{z}_i$ 后置的两种可能（两图中只画出了坐标系的 $\boldsymbol{z}_i$ 轴）。需要注意的是：当建立机构系统各运动副上的坐标系时，若采用与杆件 i 固连坐标系 $\boldsymbol{o}_i$-$\boldsymbol{x}_i\boldsymbol{y}_i\boldsymbol{z}_i$ 前置（或后置）方法则所有均前置（或后置），必须统一。否则，前置、后置混用不可能得到正确结果。图 3-57（a_1）、（a_2）分别给出了两端为回转副的杆件 i 上固连坐标系的前置、后置以及 D-H 参数图示；图 3-57（b_1）、（b_2）分别给出了左端为移动副、右端为回转副的杆件 i 上固连坐标系的前置、后置以及 D-H 参数图示。

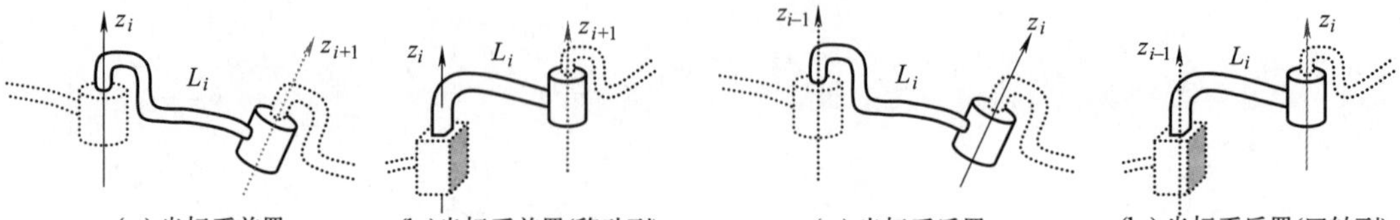

(a_1) 坐标系前置　(b_1)坐标系前置(移动副)　(a_2) 坐标系后置　(b_2) 坐标系后置(回转副)

图 3-56　杆件 i 固连坐标系的前置后置

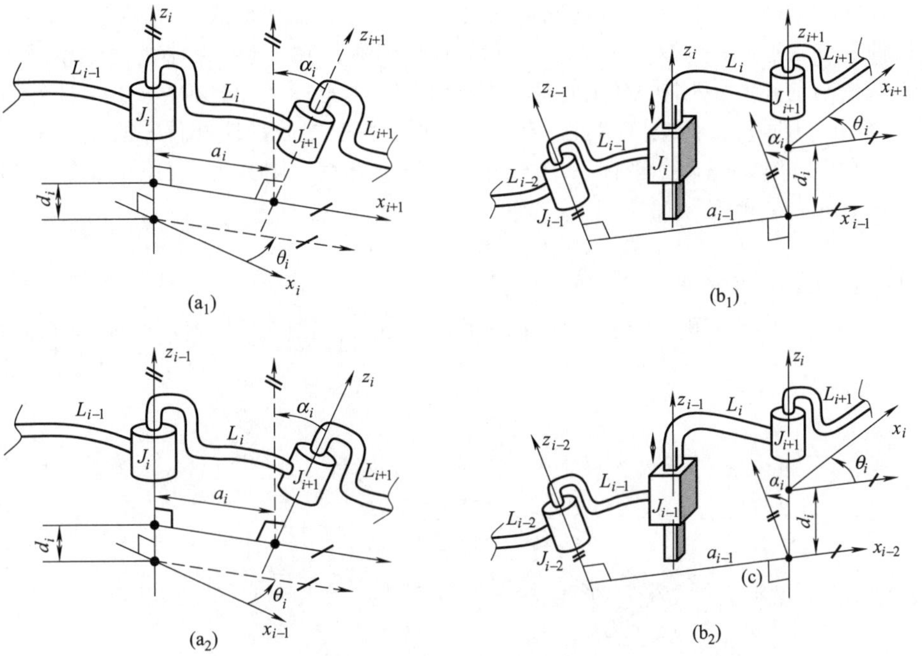

图 3-57　运动副坐标系建立的前置后置及 D-H 参数

这里所谓的前置、后置的“前”与“后”的方向性是指按从基坐标系到机构末端构件的顺序，依次编排杆件序号、坐标系序号、运动副序号。序号小的一侧为前，序号大的一侧为后。对于杆件 i 而言，杆件 $i-1$ 相对杆件 i 为前，杆件 $i+1$ 相对杆件 i 为后；运动副 i 相对运动副 $i-1$ 为前，运动副 $i+1$ 相对运动副 i 为后；i 坐标系 $\boldsymbol{o}_i$-$\boldsymbol{x}_i\boldsymbol{y}_i\boldsymbol{z}_i$ 相对 $i-1$ 坐标系 $\boldsymbol{o}_{i-1}$-$\boldsymbol{x}_{i-1}\boldsymbol{y}_{i-1}\boldsymbol{z}_{i-1}$ 为前，$i+1$ 坐标系 $\boldsymbol{o}_{i+1}$-$\boldsymbol{x}_{i+1}\boldsymbol{y}_{i+1}\boldsymbol{z}_{i+1}$ 相对 i 坐标系 $\boldsymbol{o}_i$-$\boldsymbol{x}_i\boldsymbol{y}_i\boldsymbol{z}_i$ 为后。

无论各运动副上坐标系前置还是后置，只要对于所有的杆件 i 上固连坐标系（也即运动副坐标系）建立都统一为前置（或统一为后置），则前置、后置并不改变机构运动学、动力学方程的最终形式以及分析结果，只是中间过程不同而已。

图 3-58（a）和（b）分别给出了用前置、后置方法建立同一台 6 自由度机器人操作臂关节坐标系的结果。

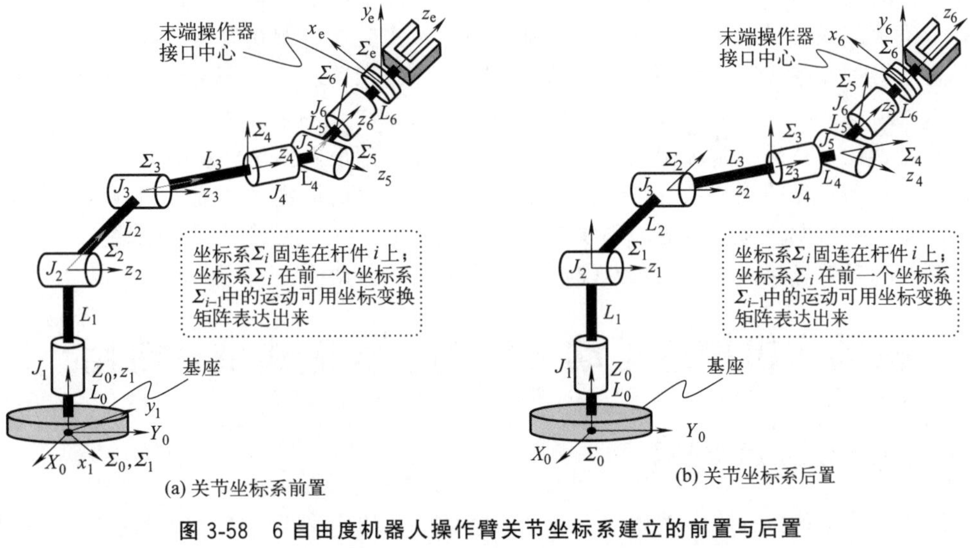

图 3-58　6 自由度机器人操作臂关节坐标系建立的前置与后置

（4）杆件 i 上固连坐标系后置情况下的牛顿-欧拉方程描述形式

当杆件 i 上固连的 i 坐标系 $\boldsymbol{o}_i\text{-}\boldsymbol{x}_i\boldsymbol{y}_i\boldsymbol{z}_i$ 后置时，杆件 i 在 i 坐标系中的力学模型如图 3-59 所示。则，按与前述（2）中同样的原理，需要将 $i-1$ 坐标系中杆件 $i-1$ 给杆件 i 的作用力 $\boldsymbol{f}_i$ 和力矩 $\boldsymbol{n}_i$ 用回转变换矩阵 ${}^i\boldsymbol{R}_{i-1}$ 转换到 i 坐标系中之后，使杆件 i 所受的所有力、力矩矢量表示在同一坐标系即 i 坐标系中才能列写矢量方程。则其力/力矩平衡方程的描述形式，即杆件 i 的力平衡方程式为：

$$ {}^i\boldsymbol{R}_{i-1}\cdot\boldsymbol{f}_i-\boldsymbol{f}_{i+1}+m_i\boldsymbol{g}_i=m_i\boldsymbol{a}_i \tag{3-69}$$

杆件 i 的力矩平衡方程式（绕质心回转）：

$$ {}^i\boldsymbol{R}_{i-1}\cdot\boldsymbol{n}_i-\boldsymbol{n}_{i+1}+({}^i\boldsymbol{R}_{i-1}\cdot\boldsymbol{f}_i)\times(\boldsymbol{p}_i-\boldsymbol{r}_{gci})-\boldsymbol{f}_{i+1}\times\boldsymbol{r}_{gci}=\boldsymbol{I}_i\cdot\boldsymbol{\varepsilon}_i+\boldsymbol{\omega}_i\times(\boldsymbol{I}_i\cdot\boldsymbol{\omega}_i) \tag{3-70}$$

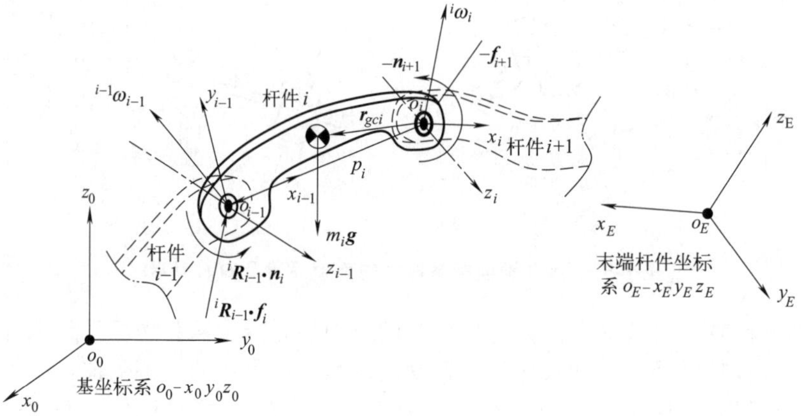

图 3-59　坐标系后置时第 i 杆件的力学模型

（5）动力学方程应用的实际问题

至此，分别将多刚体系统动力学模型建模方法以及推导动力学方程的拉格朗日法、牛顿-欧拉法讲解完毕。但是，这只是理论模型和方程，而对于实际的机械系统的动力学分析以及控制问题，仅有理论模型与方程是不够的！当机械系统或机械装置经设计、加工制造、装配而成为存在于现实物理世界中的实物时，其实际的机构参数、物理参数以及运动参数都是真实存在的实际值，自然其运动学方程、动力学方程中的前述参数已经不能只停留在设计时的理论值，应该通过测试实验或参数识别实验以及实验之后所获数据的数据处理算法等方法，尽可能得到与现实物理世界中的原型样机系统或成品真实参数相近的、尽可能准确的值，代入到运动方程中才能实际运用。如实际机构参数、质量、惯性参数、质心位置等等。不仅如此，理论上，机械系统中回转副的摩擦、弹性等都被看作是理想的无摩擦、绝对刚体不变形等等，但实际的机械系统中即使轴承也存在摩擦，机械传动系统传动刚度、材料本身也都不能当作绝对刚体看待，机械系统精确运动控制时需要确定用来表征系统摩擦、阻尼、刚度等等实际参数。建立实际被控对象的尽可能准确的运动方程。

3.7　机器人机构的运动方程的一般形式及其应用

3.7.1　多刚体系统运动方程

多刚体系统运动方程：多刚体运动的动力学分析中的广义坐标 $\boldsymbol{\theta}$、广义速度 $\dot{\boldsymbol{\theta}}$、广义加

速度 $\ddot{\boldsymbol{\theta}}$、广义力（或广义驱动力矩）$\boldsymbol{\tau}$ 都是时间 t 的函数，通常将系统运动方程写为：

$$\boldsymbol{\tau}(t)=\boldsymbol{D}(\boldsymbol{\theta}(t))\ddot{\boldsymbol{\theta}}(t)+\boldsymbol{h}(\boldsymbol{\theta}(t),\dot{\boldsymbol{\theta}}(t))+\boldsymbol{c}(\boldsymbol{\theta}(t)) \tag{3-71}$$

其中，等号右侧的第 1 项 $\boldsymbol{D}(\boldsymbol{\theta}(t))\ddot{\boldsymbol{\theta}}(t)$ 为时间的二阶导数项，是惯性力、惯性力矩项，$\boldsymbol{D}(\boldsymbol{\theta}(t))$ 为惯性系数矩阵；等号右侧的第 2 项 $\boldsymbol{h}(\boldsymbol{\theta}(t),\dot{\boldsymbol{\theta}}(t))$ 也为二阶项，是离心力、柯氏力、摩擦力、阻尼力或力矩项，其中含有不同的两个广义速度的乘积形成牵连运动产生的力、力矩项，以及分别由黏性摩擦、动摩擦等一阶项产生的力、力矩项等等；等号右侧的最后一项 $\boldsymbol{c}(\boldsymbol{\theta}(t))$ 是在不同的力学环境（如地球上的重力场力学环境下的重力加速度、太空深空环境下的微重力加速度、失重环境，其它星球等）里产生的重力或重力矩、位移产生的弹性力等力要素项。需要注意的是：前述的拉格朗日法、牛顿-欧拉法推导的动力学方程都是忽略了各运动副上的摩擦力、摩擦力矩的条件下得到的。

显然，上式是以广义坐标、广义速度、广义加速度表示的矢量和矩阵表达形式的微分运动方程式，即逆动力学方程的解析式，而且是各广义坐标、广义速度、广义加速度分量之间有强耦合性的非线性微分方程。但是，对于复杂的机械系统而言，若给定系统的广义力（力矩），要想由上式求出广义坐标、广义速度、广义加速度一般很难得到解析解。因此，往往需要通过数值计算的方法求得广义坐标下系统的运动。计算多体系统动力学是一门综合运用理论力学、计算结构力学、线性代数、数值计算方法、算法语言、软件工程等多学科知识来求解多体系统动力学问题的学问。

3.7.2　多刚体机器人系统的运动方程的一般形式

对于多刚体机器人系统，无论是机器人操作臂，还是腿足式机器人，不管应用拉格朗日法，还是牛顿-欧拉法，最后推导出来的机器人系统运动方程都可以表示成方程（3-71）的形式。因此，从方程（3-71）所表达的多刚体系统运动方程的通用的一般形式而言，不管任何类型的多刚体机器人系统及其机构构成，其动力学方程也即微分运动方程式的通式只有一个。但是，需要注意的是：式（3-71）只是将刚体运动（位移）对时间 t 仅取二阶微分，而忽略了三阶以上至无穷维数的高阶项才近似成立的。

由（3-71）式给出的机器人运动方程是将离心力、柯氏力、摩擦力或力矩统统在 $\boldsymbol{h}(\boldsymbol{\theta}(t),\dot{\boldsymbol{\theta}}(t))$ 项中考虑并表达的一般形式。由于它是用拉格朗日法或牛顿-欧拉法等方法对多刚体系统动力学方程具体推导过程中，将多项式中各个项按着含有 $\ddot{\theta}_i$ 项、$\dot{\theta}_i\dot{\theta}_j$ 项、$\dot{\theta}^2$ 项、$\dot{\theta}$ 项以及只含有 θ 项等标量方程（相当将矢量、矩阵形式表达的式（3-71）展开成的标量方程）合并同类项并以矢量、矩阵的形式来表达得到的通用化的一般形式。当把合并同类项之前的标量方程中的单独含有 $\dot{\theta}$ 的线性项（黏性摩擦项）和动摩擦项从 $\boldsymbol{h}(\boldsymbol{\theta}(t),\dot{\boldsymbol{\theta}}(t))$ 对应的同类项中分隔出来分别作为运动方程中的独立项，$\boldsymbol{h}(\boldsymbol{\theta}(t),\dot{\boldsymbol{\theta}}(t))$ 中其余的同类项仅剩离心力、科氏力（力矩）项，则又可得到式（3-72）所示的运动方程一般形式。

$$\boldsymbol{M}(\boldsymbol{\theta})\ddot{\boldsymbol{\theta}}+\boldsymbol{C}(\boldsymbol{\theta},\dot{\boldsymbol{\theta}})+\boldsymbol{B}_{\mathrm{d}}(\dot{\boldsymbol{\theta}})+\boldsymbol{D}(\dot{\boldsymbol{\theta}})+\boldsymbol{G}(\boldsymbol{\theta})=\boldsymbol{\tau} \tag{3-72}$$

其中　$\boldsymbol{\theta}$——前述定义的广义坐标；

$\boldsymbol{\tau}$——前述定义的广义力；

$\boldsymbol{M}(.)$——前述定义的惯性系数矩阵；

$\boldsymbol{C}(.)$——离心力、科氏力等力或力矩项，对于 $n=2$ 的本书中 2-DOF 操作臂的实例为 2×1 的矢量；

$\boldsymbol{B}_{\mathrm{d}}(.)$——关节相对运动时内部摩擦项中的黏性摩擦项，即是由关节相对运动产生的黏性摩擦引起的摩擦力或力矩项系数矩阵，对于 $n=2$ 的本书中 2-DOF 操作臂的实例为 2×2 的矩阵；

$\boldsymbol{D}(.)$——关节相对运动时内部摩擦项中的动摩擦项，为 $n\times1$ 的矢量；

$\boldsymbol{G}(.)$——前述定义的重力、重力矩项，即是由质量在重力场中引起的重力或重力矩项。

从机器人动力学方面的文章或书籍中经常会看到多刚体系统运动方程一般形式的不同表达，尽管各物理量符号表示不同（但物理意义不变），各项的组成也有所不同，但由矢量、矩阵或标量形式表达的系统完整的运动方程在理论上只有一个，只是在实际应用时根据系统具体情况会对运动方程的一般式进行合理地合并或分解、忽略或简化某项，以便减少计算量或问题求解的复杂程度。例如，在机器人关节的轴系由高精度润滑良好的滚动轴承支撑的情况下，通常会忽略轴系摩擦项，(3-72) 式中含有 $\boldsymbol{B}_{\mathrm{d}}(.)$、$\boldsymbol{D}(.)$ 项会被忽略，则方程变为：$\boldsymbol{M}(\boldsymbol{\theta})\ddot{\boldsymbol{\theta}}+\boldsymbol{C}(\boldsymbol{\theta},\dot{\boldsymbol{\theta}})+\boldsymbol{G}(\boldsymbol{\theta})=\boldsymbol{\tau}$，从而得到简化。当机器人操作臂为关节轴线皆互相平行的串联连杆机构且只在水平面内运动，驱动各关节的电动机为直接驱动式伺服电动机，轴系摩擦力可以忽略，则式 (3-72) 变为：$\boldsymbol{M}(\boldsymbol{\theta})\ddot{\boldsymbol{\theta}}+\boldsymbol{C}(\boldsymbol{\theta},\dot{\boldsymbol{\theta}})=\boldsymbol{\tau}$，等等。

3.8 腿足式步行机器人机构及其运动学

3.8.1 关于腿足式步行机器人机构与运动学问题

基于机构运动学、动力学模型的腿足式移动机器人步行移动控制，首先需要步行样本作为控制器的参考输入。所谓的步行样本则是按照能够正常行走起来的各腿迈腿、落地的时序即步态规律，通过解析和规划乃至优化的方法求得的机器人步行下的各个关节随时间变化的轨迹集合，即关节空间内的关节轨迹集合，也可以是现实物理世界中移动作业空间内特征点的轨迹集合；步行的步态即是步行时迈脚的顺序节拍或者是运脚的规律性节奏。人类的双足步行，自然界中的乌龟、蜥蜴、猫、狗、羊、马、豹等四足动物、水中八足螃蟹等足式动物为腿足式机器人的步行步态提供了最好的参照，动物学家、仿生学专家以及机器人学者前辈们早已通过人体、各种足式动物的运动测量实验开展研究，总结得到了双足步行、四足步行、六足步行、八足乃至更多足步行的运动规律即各种步行方式的步态，然后用于理论指导腿足式机器人步行样本的生成和步行。再者，足式动物自身的生理结构（相当于机构的运动构成）也在为腿足式步行机器人的机构设计、结构设计以及控制提供实际参考。

分析、研究步行机器人机构运动学的步骤和目的：选择合适的步态或找出新的步态步行规律，然后进行该步态下步行的运动轨迹规划（通常为用曲线插补、样条曲线或直接定义可以用数学函数表达的曲线的方法来得到机器人躯干、游脚即抬离地面在空中向前迈进或后退的脚的运动轨迹），按照步态所描述的步行规律、所规划的轨迹和机构运动学方程（或动力学方程，或者通过外部传感器测量其他可参照、可学习的数据集或轨迹曲线集）以及需要满足的约束条件来求解得到可以实现该机器人机构构型和步态下腿足式步行的各个关节轨迹计算公式或轨迹曲线。关于步行样本的各种具体生成方法将在 3.8.3 节进行讲解。这里还是先具体给出不同腿足数步行机器人的最简机构运动简图，才好具体说清楚和理解运动规划以及一般较为常用的步行样本生成方法。如图 3-60 所示，图 (a)～(c) 分别为单腿跳跃、仿人双足步行及四足爬行步态步行等常见腿足式机器人机构的运动简图及其步行运动分析。

单腿足跳跃移动的机器人运动包含了从初始的单腿站立状态至为起跳做准备的下蹲蓄积爆发力的蓄能运动阶段、起跳成为无根力学结构的飞行相的腾空并向前飞行阶段、落地减缓着地冲击力的落地阶段、恢复至初始状态的站立阶段等构成一个完整的跳跃移动周期，以重复周期性跳跃运动实现不断地移动。但如果能够控制好着地冲击力，同时也能保持有足够的

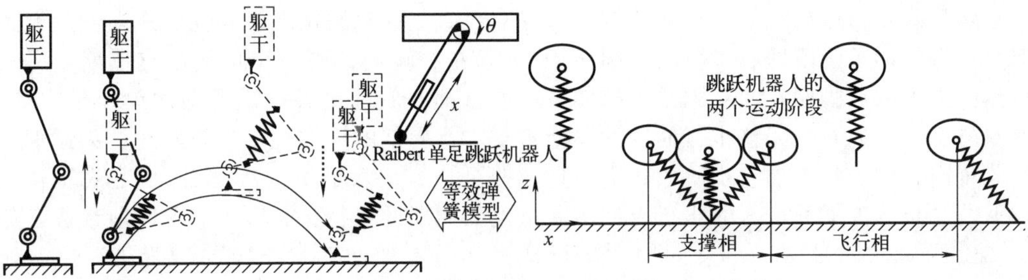

(a) 单腿(足)跳跃步行机器人机构运动简图与运动分析

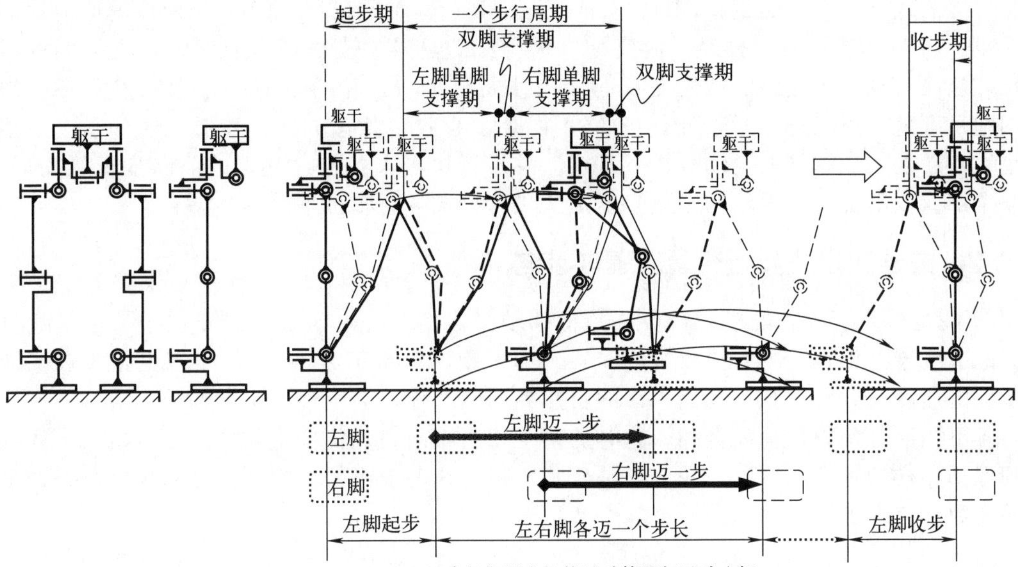

(b) 双足步行机器人机构运动简图与运动分析

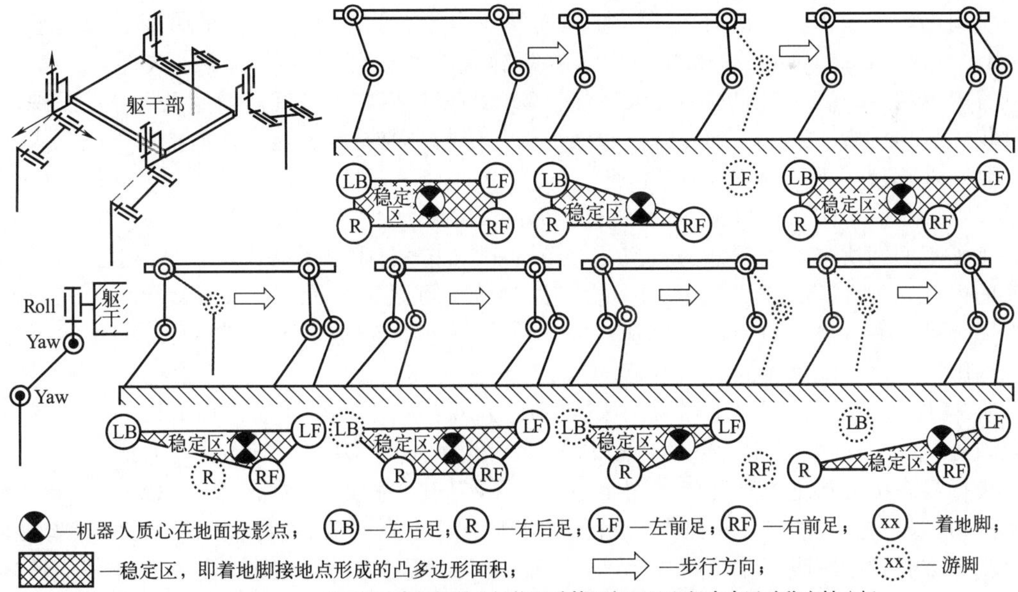

(c) 四足步行机器人机构运动简图与四足爬行步态运动稳定性分析

图 3-60　常见腿足式机器人机构运动简图及步行运动分析

落地过程中重新蓄积爆发力所需的能量则可以不恢复至初始状态而继续起跳，直至停止跳跃移动才进行恢复至初始状态的站立运动。

双腿足式步行运动包括为从初始构形（即双足直立或双腿微屈膝站立状态）开始至为开始双足步行的准备阶段即起步阶段（起步期）、以左右腿足分别经历单腿足支撑期（另一腿足自然为空中的迈脚期）和双腿足支撑期各一次（即左右腿足各一次共两次单腿足支撑期、两次双腿足支撑期）为完整步行周期的不断重复步行周期的周期性步行阶段、结束周期性步行的收步回到初始状态的收步阶段；类似地，四足步行、六足步行乃至 $2n$ 腿足式步行也是由类似的起步、以某种步态的步行周期不断重复的周期性步行、收步等三个阶段组成，如图 3-60（c）所示的四足爬行步态周期性步行即为四足着地站立状态至起步阶段，左前腿足（LF）迈步而其他三腿足保持着地支撑状态，左前腿足着地呈四足着地状态并四腿足继续驱动躯干向前运动，右后腿足（RB）、右前腿足（RF）、左后腿足（LB）分别按类似前述的左前腿足（LF）迈脚过程一样经历游脚期和另外三腿足着地支撑期以及四腿足支撑期的运动过程，从而实现一个完整的四腿足爬行步态步行周期（图中分别省略了 RF、LB 各着地时的四腿足着地支撑状态分图），图中省略了四足步行收步状态分图。需要说明的是：上述单腿足、双腿足、四腿足的运动分析只是这三种步行机器人各自最基本的前向步行运动形式，并非全部。双腿足、四腿足乃至更多腿足式步行方式各有多种不同的步态。

3.8.2 关于腿足式步行机器人基本步态

① 腿足式步行步态的概念：步态是指移动脚步的一种特定的方式或样子，也是通过用不同的节奏（节拍）抬脚向前行进的步法（如慢跑、快步走或行走），步态也指步调，即行进步伐的速度或方式。观察我们生活的自然界周围，你就会发现四足动物的步行方式有多样性，各不相同。例如：马慢走和奔跑时的情况相当不同；现代技术制作的步行机器人还远达不到像马那样的速度。所以，我们还是着眼于步行速度较慢的动物。四足动物中步行速度最慢的要数乌龟。

② 乌龟的四足爬行步态：乌龟爬行时，按着左前（LF）、右后（RB）、右前（RF）、左后（LB）的顺序把脚分别抬起向前迈出，把抬起、悬空的脚称为游脚。将乌龟四次游脚作为一个周期，就像合着四拍的曲子一样周期性地步行。此时把一个步行周期设为无量纲的 1，用 1、小于 1 的小数或 0 来分别表示各脚的着地时刻，可以绘制步态线图，如图 3-61（a）右图所示。把表示着地时刻的数字称为各脚的相对相位。再者详细地观察可以发现乌龟通常仅一脚为游脚，其余三脚此时都着地。即一定在当前游脚着地后才能抬起下一只脚。例如：紧跟着相位为 0 时着地的左前脚（LF）立即将右后脚（RB）游脚化，于是右后脚（RB）从相位 0 到相位 0.25 期间为游脚，从 0.25 到 1 接触地面成为支撑脚。在 1 个周期中，支撑脚期间所占的比例称为占空比（duty-ratio）。上述右后脚（RB）从相位 0.25 到 1 期间的占空比为 0.75。其步行中的平均支撑脚数也可以计算为 4（总的脚数）×0.75＝3。通常完全可以通过前述的相对相位和占空比将在一个步行周期中各脚 1 次游脚化的步行方式、抬脚顺序、抬脚落脚的时刻给定。

③ 蜥蜴的四足小跑步态与扩展小跑步态、间歇小跑步态：蜥蜴比乌龟快一些。特别是体长超过 3m、体重超过 100kg 的大型恐龙捕捉猎物时时速可达 20km。此时蜥蜴、恐龙的四足步行步态都与乌龟的爬行步态完全不同，两脚同时为游脚。如图 3-61（b）所示，对角线上的两脚相对相位相同，恰好是 2 拍步法，即对角线上的两只脚同时成为游脚或着地脚，将此步态称为“小跑步态”，也称“对角小跑步态”。鳄鱼也有小跑步态。马在啪嗒啪嗒慢行时也是接近 2 拍，几乎与爬行步态相同，但占空比小于 0.75，再快一些嗒嗒地走时为完整的 2 拍，此时为小跑步态；前面所提到的爬行步态和小跑步态其实都属于波动步态类型之内。波动步态是指对于一般左右对称 $2n$ 只腿的步行，脚的上下动作是从后脚向前脚行进的步态，后脚着地的同时前脚变成游脚。而且相对的左右脚位相差为 0.5。爬行步态是占空比

为 0.75 的波动步态；小跑步态是占空比为 0.5 的波动步态；于是，占空比在两者之间的也可以被认为是波动步态。将图 3-61（a）、（b）分别所示的爬行步态、小跑步态脚着地时刻相对相位图对照联系起来，可以作出如图 3-61（c）所示的处于两者之间占空比的步态相对位相图，将其称为扩展的小跑步态。因为占空比很大程度上影响步态高速性的变化，所以在这个步态中，可以通过低速情况下加大占空比、高速情况下减小占空比来适应于速度变化。以占空比为 0.5 的小跑步态为基准，取更大的占空比为 0.5～1 的步态，各脚的相对相位与小跑步态完全相同，来考虑只让占空比变化的步态。即为对角线上的两脚总是同时抬起同时落脚、其游脚时间对应的占空比将变短的步态。如图 3-61（d）所示，两对脚间的相位差没有改变，还是 0.5，小跑步态的 2 拍节奏变成了间歇式进行。所以，将其称为"间歇小跑步态"。该步态具有容易控制的优点（这是因为四足间歇小跑步态中有四足同时着地的四足支撑相，稳定性好，容易保持持续的步行状态，且四足同时着地可以"齐心协力"一致向后蹬腿而推动躯干加速前进，使躯干获得更大的前行惯性，所以容易控制）。另外，对比分析四足爬行步态、小跑步态这一慢一快两种四足步态可知：占空比小的步态更适合于快速步行，而且当占空比小于 0.75 时支撑脚相对于躯干的速度要比游脚速度大，步行速度取决于支撑脚以多快的速度向后蹬腿以推动躯干快速前移。

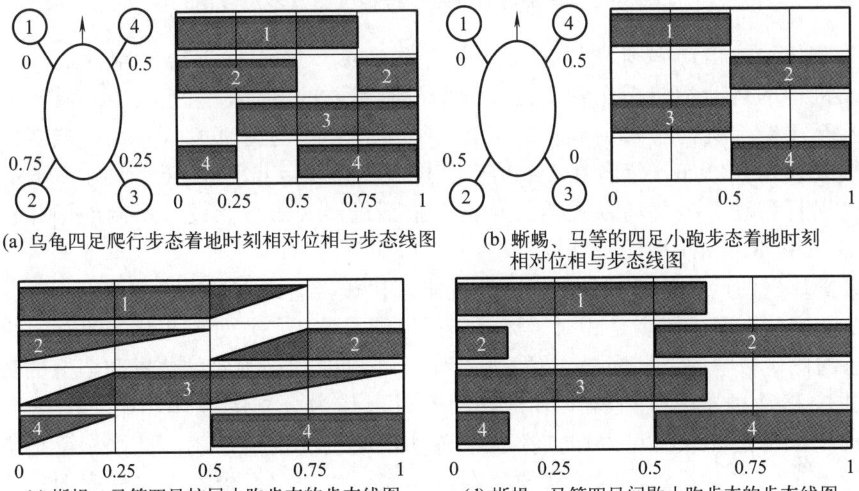

(a) 乌龟四足爬行步态着地时刻相对位相与步态线图　(b) 蜥蜴、马等的四足小跑步态着地时刻相对位相与步态线图

(c) 蜥蜴、马等四足扩展小跑步态的步态线图　(d) 蜥蜴、马等四足间歇小跑步态的步态线图

图 3-61　乌龟、蜥蜴的四足步行相位图及步态线图

④ 马快跑时的四足快速步行步态：马快跑时，步态变为 Canter（跑）和 Galop（跳）步态，当马车拉载时常常是溜蹄步态（pace），这些步态分别如图 3-62（a）～（c）所示。其中，包含着自然的力学原理，马拉车采用溜蹄步态时，同侧两只脚位于平行或近于平行于行进方向的同一条直线上使得同侧两条腿出力的合力可达最大最有效，即效率尽可能最高也最省力，完全是在保持前向持续步行的状态下拉力最大和最有效的行进方式。这种自然合理的力学现象与纤夫拉纤时采用双腿脚尽可能位于一条直线上拉曳纤绳使得有效拉力最大属于同一力学原理。另外，马还有如转弯跑、跳跃、腾空等多种步态，如图 3-62（d）～（f）所示。

3.8.3　腿足式步行机器人机构的运动学及步行样本生成方法

前述以机器人操作臂机构为例说明了机构初始构形（即机构初始位置）、末端操作器的姿态表示方法及其姿态坐标系的定义等内容，那么，对于腿足式机器人机构的运动学分析又该如何进行呢？腿足式机器人是指运动仿生于人类双下肢步行，动物四肢步行的腿式、足式机器人的总称，由于腿足式机器人的机构也多为由前述的单自由度关节或双自由度、三自由

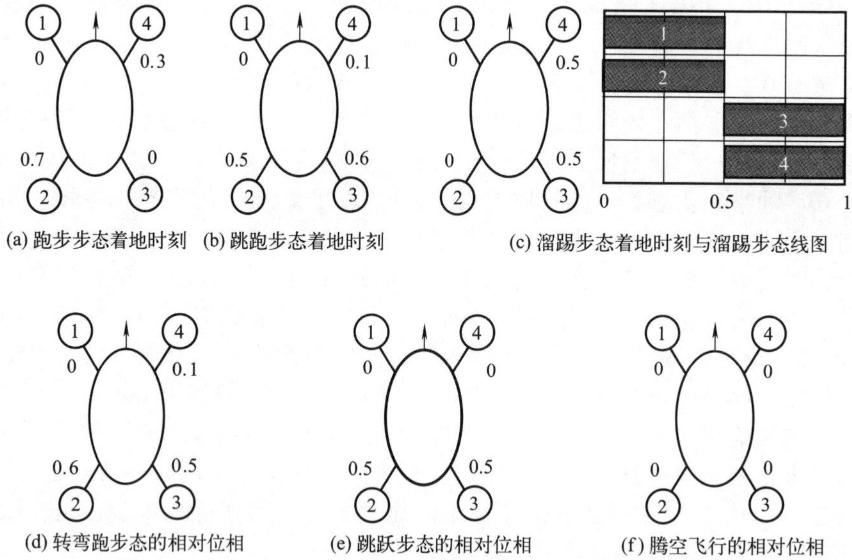

(a) 跑步步态着地时刻 (b) 跳跑步态着地时刻 (c) 溜蹄步态着地时刻与溜蹄步态线图

(d) 转弯跑步态的相对位相 (e) 跳跃步态的相对位相 (f) 腾空飞行的相对位相

图 3-62 马快跑的四足步行相位图及步态线图

度关节等关节机构或运动副与杆件连接成串联或并联、并-串联混合的刚性机构，因此，腿足式机器人机构的运动学与操作臂机构运动学没有本质的区别，对于具有多移动方式的机器人机构，甚至于臂部机构在四足或多足步行方式下还要作为腿部机构使用，或者腿部机构作为臂部机构来使用。例如，笔者在 1999 年提出的具有双足步行、四足步行、步行移动方式转换、摆荡抓杆移动等多移动方式类人及类人猿型机器人概念和设计研制的国际首台类人猿型机器人 Gorilla Robot I 型便是如此。

机器人操作臂的运动学研究的是操作臂的末端机械接口或末端操作器相对于操作臂基座安装中心点及其安装平面（或者是相对于离基座最近的关节中心点处基坐标系平面）之间的相对位置和姿态的确定数学关系，当操作臂的基座固定不动时则是绝对的位置和姿态的数学关系。

腿足式的移动机器人在机构上多是有两个以上作为分支的肢体和躯干的仿生移动机器人，在移动中肢体运动状态可以用支撑相、游动相或飞跃相来描述，支撑相是指支撑腿足支撑在支撑面上不动或有不确定的滑移的状态或期间；游动相是指抬离支撑面向前或向后运腿足的状态或期间；飞跃相则是指所有腿足均不与支撑面接触的状态或期间。

与操作臂不同之处在于：躯干相对于地面或移动介质移动，处于支撑相的肢体末端（臂末端的手或爪、无脚腿的末端或有脚腿的脚）相对支撑面不动（或有滑移，则成为非完整约束系统，基于模型的控制理论、方法与技术是在假设脚与支撑面间不产生滑移的条件下来讨论问题，或者假设滑移的运动学或力学遵从某种假设条件或规律的情况下来讨论问题的），而处于支撑相的肢体与躯干连接的一端则相对于支撑相肢体末端运动，同时也相对支撑面运动；处于游动相的肢体则是肢体末端（臂末端的手或爪、无脚腿的末端或有脚腿的脚）在空中相对支撑面运动（其运动轨迹一般需要进行规划或按照某种原理进行解析得到），而处于游动相的肢体与躯干连接的一端则相对于游动相的肢体末端运动，同时也与躯干一起相对支撑面作相对运动。以上对于躯干相对支撑面、处于支撑相肢体相对支撑面、处于游动相肢体分别相对支撑面、相对于躯干等的相对运动的解说可以用图 3-63（a）（b）所示的单腿足分别在游脚期、支撑期的机构运动分析图以及游脚轨迹规划来表达、反映清楚。

① 多腿足式步行机器人机构的运动分解：为了简化机构的运动分析和步行样本生成问题，通常将以躯干纵向中线左右对称分布 $2n$ 条腿的腿足式步行机器人的步行运动分别投影、分解在身体左右对称的前后向垂向中间平面（Sagittal 平面）和左右侧向垂向平面上

（Laterall 平面）这两个互相正交且皆垂直于地面（或支撑面）（如同图 3-63（c）所示的将双足步行分解在前后向垂面和左右向垂面上一样）。以图 3-53（e）（f）为例来说明这样分解的好处：就是使得双足步行运动在这两个平面上各自的机构运动分析变得非常简单，以至于用平面解析几何原理即可进行逆运动学求解（结合髋、脚轨迹规划即可以进一步生成步行样本）。其道理在于：髋关节至脚之间的 2×5-DOF 双足步行机构在前后向平面（垂直于地面或支撑面）上可被简化为由髋、膝、踝关节中的俯仰（pitch）关节和大小腿、脚串联而成的 2×3-DOF 的平面 6 杆机构（不含地面机架），且每条腿都是 3-DOF 的 3 杆平面机构；双腿足步行机构在左右侧向平面（垂直于地面或支撑面）上可被简化为由髋、踝关节中的侧偏（yaw）关节和髋关节中心与踝关节中心连线的“杆件”串联而成的 2×2-DOF 的平面 5 杆机构（不含地面机架），且当双足着地时，此 5 杆机构退化成平面四连杆机构，两髋关节间距与两脚踝关节间距相等即双腿平行时则为平行四连杆机构，这对于步行起步时通过该四连杆机构向支撑脚一侧侧偏从而将重心移至单脚支撑区稳定起步的关节轨迹生成和控制都变得简单且极为方便。

② 腿足式步行机器人游腿/足的运动样本生成的解析几何方法：如图 3-63（a）所示，①首先进行躯干和游腿/足的运动轨迹规划，如躯干相对于地面按着速度矢量 $\boldsymbol{V}_{\mathrm{t}}$ 匀速运动，则躯干相对地面基坐标系 $X_0Y_0Z_0$ 的位移矢量即为 $\boldsymbol{S}_{\mathrm{t}}^0=\boldsymbol{V}_{\mathrm{t}}t$ 或者变速步行时用插补多个躯干轨迹点的样条曲线作为躯干移动规划曲线或方程，则按着机器人机构参数和坐标变换可以得到髋关节中心点 T 在地面基坐标系中的位移矢量 $\boldsymbol{X}_{\mathrm{t}}^0(x_{\mathrm{t}}^0,\ y_{\mathrm{t}}^0,\ z_{\mathrm{t}}^0)$；用插补多个脚点的样条曲线或根据需要迈过障碍物高度、宽度设定多段线、曲线作为脚在基坐标系中的轨迹，则在基坐标系中，游脚上 F 点相对于髋关节中心点 T 的位移矢量为 $\boldsymbol{X}_{\mathrm{fd}}^0-\boldsymbol{X}_{\mathrm{t}}^0$，在躯干上髋关节处的坐标系 $\boldsymbol{X}_{\mathrm{t}}\boldsymbol{Y}_{\mathrm{t}}\boldsymbol{Z}_{\mathrm{t}}$ 中，游脚上 F 点相对于髋关节中心点 T 的位移矢量为 $\boldsymbol{X}_{\mathrm{fd}}^{\mathrm{t}}-\boldsymbol{X}_{\mathrm{t}}^{\mathrm{t}}$。②列写运动学方程以及约束条件，解方程组得游腿足机构逆运动学解公式，设坐标系 $\boldsymbol{X}_{\mathrm{t}}\boldsymbol{Y}_{\mathrm{t}}\boldsymbol{Z}_{\mathrm{t}}$ 与基坐标系 $\boldsymbol{X}_0\boldsymbol{Y}_0\boldsymbol{Z}_0$ 之间的坐标变换矩阵为 ${}^0\boldsymbol{A}_{\mathrm{t}}$，则有：

$$\boldsymbol{X}_{\mathrm{fd}}^0-\boldsymbol{X}_{\mathrm{t}}^0={}^0\boldsymbol{A}_t(\boldsymbol{X}_{\mathrm{fd}}^t-\boldsymbol{X}_{\mathrm{t}}^{\mathrm{t}}) \tag{3-73}$$

则按图 3-63（a）平面解析几何位置分析，在基坐标系 $\boldsymbol{X}_0\boldsymbol{Y}_0\boldsymbol{Z}_0$ 中有：

$$x_{\mathrm{fd}}^0-x_{\mathrm{t}}^0={}^0\boldsymbol{A}_{t1}(\boldsymbol{X}_{\mathrm{fd}}^t-\boldsymbol{X}_{\mathrm{t}}^{\mathrm{t}})=0\ \text{或常数} \tag{3-74}$$

$$y_{\mathrm{fd}}^0-y_{\mathrm{t}}^0={}^0\boldsymbol{A}_{t2}(\boldsymbol{X}_{\mathrm{fd}}^t-\boldsymbol{X}_{\mathrm{t}}^{\mathrm{t}})=l_1\cos\boldsymbol{\theta}_1+l_2\sin(\boldsymbol{\theta}_2+\boldsymbol{\theta}_3)+l_3\sin\boldsymbol{\theta}_{\mathrm{fd}} \tag{3-75}$$

$$z_{\mathrm{fd}}^0-z_{\mathrm{t}}^0={}^0\boldsymbol{A}_{t3}(\boldsymbol{X}_{\mathrm{fd}}^t-\boldsymbol{X}_{\mathrm{t}}^{\mathrm{t}})=l_1\sin\boldsymbol{\theta}_1+l_2\cos(\boldsymbol{\theta}_2+\boldsymbol{\theta}_3)+l_3\cos\boldsymbol{\theta}_{\mathrm{fd}} \tag{3-76}$$

$$\boldsymbol{\theta}_1+\boldsymbol{\theta}_2+\boldsymbol{\theta}_3=\boldsymbol{\theta}_{\mathrm{fd}} \tag{3-77}$$

其中：${}^0\boldsymbol{A}_{\mathrm{t1}}$、${}^0\boldsymbol{A}_{\mathrm{t2}}$、${}^0\boldsymbol{A}_{\mathrm{t3}}$ 分别为 4×4 齐次坐标变换矩阵 ${}^0\boldsymbol{A}_{\mathrm{t}}$ 的第一、二、三行的 4×1 行矢量；$\boldsymbol{\theta}_1$、$\boldsymbol{\theta}_2$、$\boldsymbol{\theta}_3$ 分别为按绕关节坐标系 z 轴逆时针为正、顺时针为负定义的变量本身带有转向正负符号的关节角；脚的姿态角 $\boldsymbol{\theta}_{\mathrm{fd}}$ 也是本身带有正负号的期望姿态角，脚姿上仰为正、下俯为负，是由脚的位姿轨迹规划确定的已知参数，脚平行于地面时值为 0；上述角度变量、参量自带正负号的图示定义参见图 3-63（a）；若髋关节处的坐标系 $\boldsymbol{X}_{\mathrm{t}}\boldsymbol{Y}_{\mathrm{t}}\boldsymbol{Z}_{\mathrm{t}}$ 即为躯干坐标系，则 $\boldsymbol{X}_{\mathrm{t}}^{\mathrm{t}}=0$；若躯干坐标系不在髋关节处，则 $\boldsymbol{X}_{\mathrm{t}}^{\mathrm{t}}=$ 常数值矢量；则联立式（3-75）～式（4-77）解如下方程组（3-78），并按关节极限位置矢量 $\boldsymbol{\Theta}_{\max}$、$\boldsymbol{\Theta}_{\min}$ 约束条件即可得游腿的逆运动学解的计算公式解析式和运动样本。

$$\begin{cases}y_{\mathrm{fd}}^0-y_{\mathrm{t}}^0={}^0\boldsymbol{A}_{\mathrm{t2}}(\boldsymbol{X}_{\mathrm{fd}}^t-\boldsymbol{X}_{\mathrm{t}}^{\mathrm{t}})=l_1\cos\boldsymbol{\theta}_1+l_2\sin(\boldsymbol{\theta}_2+\boldsymbol{\theta}_3)+l_3\sin\boldsymbol{\theta}_{\mathrm{fd}}\\ z_{\mathrm{fd}}^0-z_{\mathrm{t}}^0={}^0\boldsymbol{A}_{\mathrm{t3}}(\boldsymbol{X}_{\mathrm{fd}}^t-\boldsymbol{X}_{\mathrm{t}}^{\mathrm{t}})=l_1\sin\boldsymbol{\theta}_1+l_2\cos(\boldsymbol{\theta}_2+\boldsymbol{\theta}_3)+l_3\cos\boldsymbol{\theta}_{\mathrm{fd}}\\ \boldsymbol{\theta}_1+\boldsymbol{\theta}_2+\boldsymbol{\theta}_3=\boldsymbol{\theta}_{\mathrm{fd}}\\ \boldsymbol{\Theta}_{\min}\leqslant[\boldsymbol{\theta}_1\quad\boldsymbol{\theta}_2\quad\boldsymbol{\theta}_3]^{\mathrm{T}}\leqslant\boldsymbol{\Theta}_{\max}\end{cases} \tag{3-78}$$

上述方程组有两组通解，其中一组所对应的前行或后退步行时游脚构形是不可用的，则取可用的那组即可。上述游腿足的逆运动学求解是在基坐标系 $\boldsymbol{X}_0\boldsymbol{Y}_0\boldsymbol{Z}_0$ 之中进行的，需要预先把在躯干坐标系（图中在髋关节处的坐标系 $\boldsymbol{X}_t\boldsymbol{Y}_t\boldsymbol{Z}_t$）中表示的脚相对髋关节的位置矢量经坐标变换矩阵变换到基坐标系才能运算。也可在躯干坐标系（位于髋关节处坐标系 $\boldsymbol{X}_t\boldsymbol{Y}_t\boldsymbol{Z}_t$）中进行游腿逆运动学求解，但是需将在基坐标系中所规划的游脚轨迹经齐次坐标变换矩阵变换到髋关节处坐标系 $\boldsymbol{X}_t\boldsymbol{Y}_t\boldsymbol{Z}_t$ 中才能列写机构运动学方程，如下所示：

$$\begin{cases} x_{\mathrm{fd}}^{t}=[{}^{0}\boldsymbol{A}_{t}]_{1}^{-1}\boldsymbol{X}_{\mathrm{fd}}^{0}=l_1\cos\boldsymbol{\theta}_1+l_2\sin(\boldsymbol{\theta}_2+\boldsymbol{\theta}_3)+l_3\sin\boldsymbol{\theta}_{\mathrm{fd}} \\ y_{\mathrm{fd}}^{\mathrm{t}}=[{}^{0}\boldsymbol{A}_{t}]_{2}^{-1}\boldsymbol{X}_{\mathrm{fd}}^{0}=l_1\sin\boldsymbol{\theta}_1+l_2\cos(\boldsymbol{\theta}_2+\boldsymbol{\theta}_3)+l_3\cos\boldsymbol{\theta}_{\mathrm{fd}} \\ \boldsymbol{\theta}_1+\boldsymbol{\theta}_2+\boldsymbol{\theta}_3=\boldsymbol{\theta}_{\mathrm{fd}} \\ \boldsymbol{\Theta}_{\min}\leqslant[\boldsymbol{\theta}_1\quad\boldsymbol{\theta}_2\quad\boldsymbol{\theta}_3]^{\mathrm{T}}\leqslant\boldsymbol{\Theta}_{\max} \end{cases} \tag{3-79}$$

其中，$[{}^{0}\boldsymbol{A}]_{1}^{-1}$、$[{}^{0}\boldsymbol{A}]_{2}^{-1}$ 中的右下标 1、2 表示分别取 $[{}^{0}\boldsymbol{A}]^{-1}$ 的第 1、2 行矢量。显然，由式(3-78)、式 (3-70) 分别得到的游腿逆运动学解是完全等价的，只是参考坐标系不同。

③ 腿足式步行机器人支撑腿/足的运动样本生成的解析几何方法：如图 3-63 (b) 所示，与前述的游腿/足运动学样本生成的解析法相同，需要用到前述的躯干或髋关节中心点 T 在地面基坐标系中的位移矢量 $\boldsymbol{X}_{\mathrm{t}}^{0}(x_{\mathrm{t}}^{0},\ y_{\mathrm{t}}^{0},\ z_{\mathrm{t}}^{0})$，这里假设已按前述规划好，为已知量。假设支撑脚与地面无滑移，则着地支撑脚可看作在地面上的基坐标系 $\boldsymbol{X}_0\boldsymbol{Y}_0\boldsymbol{Z}_0$ 中固定不动且姿态角为 $\mathbf{0}$，则按图 3-63 (b) 所示的平面解析几何关系可得：

$$\begin{cases} y_{\mathrm{fd}}^{0}-y_{t}^{0}=l_1\sin\boldsymbol{\theta}_1+l_2\sin(\boldsymbol{\theta}_2+\boldsymbol{\theta}_3) \\ z_{t}^{0}-z_{\mathrm{fd}}^{0}=l_1\cos\boldsymbol{\theta}_1+l_2\cos(\boldsymbol{\theta}_2+\boldsymbol{\theta}_3)+l_3 \\ \boldsymbol{\theta}_1+\boldsymbol{\theta}_2+\boldsymbol{\theta}_3=0 \\ \boldsymbol{\Theta}_{\min}\leqslant[\boldsymbol{\theta}_1\quad\boldsymbol{\theta}_2\quad\boldsymbol{\theta}_3]^{\mathrm{T}}\leqslant\boldsymbol{\Theta}_{\max} \end{cases} \tag{3-80}$$

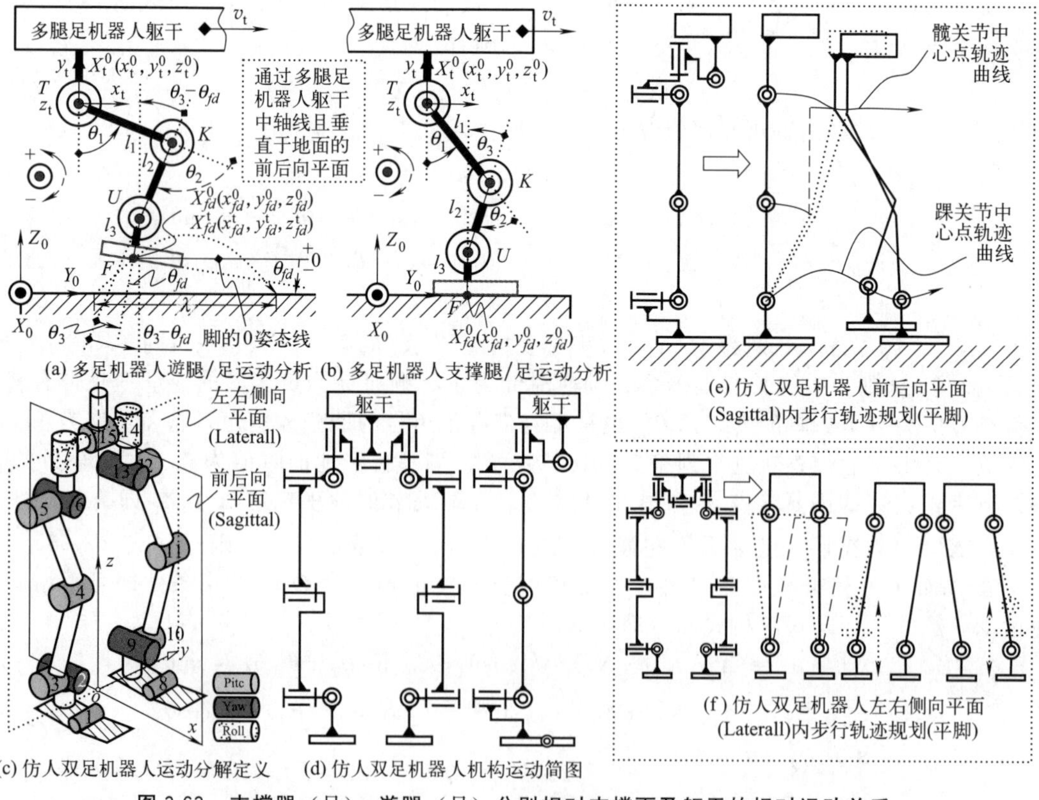

图 3-63　支撑腿（足）、遊腿（足）分别相对支撑面及躯干的相对运动关系

有关关节角变量本身内含的正负号、关节极限约束等的定义一概如同前述定义，同样可参见图 3-63（b）所示定义的关节角正负。则求解方程组（3-80）即可得支撑腿机构逆运动学解析解用于步行样本生成。若躯干不是垂直或平行于地面，而是躯干与髋关节之间的杆件有倾斜角度 $\boldsymbol{\varphi}$（根据需要预先规划好的躯干姿态角），则上述方程组中的 $\boldsymbol{\theta}_1+\boldsymbol{\theta}_2+\boldsymbol{\theta}_3=\boldsymbol{\varphi}$。同样，由方程组（3-80）推得的两组解中只有一组解可用。

上述关于游腿足、支撑腿足的机构运动学逆解求解的解析几何方法适用于 $2n$ 条腿足的腿足式步行机器人。有了游腿足、支撑腿足机构运动学逆解，接下来就可以继续对双足步行、四足步行乃至 $2n$ 足步行机器人步行样本的生成方法加以完整地讨论。

④ 轨迹规划与机构逆运动学解析解相结合的双足步行机器人步行样本生成方法：a. 步态与轨迹规划：首先根据步行周期 T（时间单位 s）及占空比 γ（游脚支撑期占步行周期 T 的比例）、左右脚双脚支撑期、左（右）脚单脚支撑期、左右脚双脚支撑期、右（左）脚单脚支撑期这四个步行阶段顺序确定各阶段分界时间点的时刻，按各分界点时刻、时间段分别规划躯干的移动轨迹、游脚的运脚轨迹并保证满足分段曲线连接处光滑的边界条件，同时建立地面参考坐标系、与躯干固连的动坐标系，并根据机器人机构构型和机构参数推导躯干坐标系与地面上参考坐标系之间的坐标变换矩阵。b. 前后向平面内的单腿 3-DOF 平面机构、双腿 2×3-DOF 平面机构的逆运动学求解：按着前述的游腿足单腿机构逆运动学、支撑腿足单腿机构逆运动学的解析解法分别推导游腿足、单腿足支撑期腿足、双腿足支撑期腿足机构分别在前后向平面内的逆运动学解计算公式。其中，双腿足支撑期的机构相当于左、右脚皆为机架的两个 3-DOF 单腿机构同时由髋关节连接在一起的 2×3-DOF 平面 6 连杆机构，并且已由 a 中轨迹规划确定了髋关节运动轨迹，因此按前述的单腿足支撑下支撑腿足的机构逆运动学方法同样可将此平面 6 连杆机构逆运动学求解，即得双足支撑期的机构逆运动学解计算公式，这部分的解析几何关系如图 3-63（e）所示。c. 左右侧向平面内的四连杆机构逆运动学求解：按左右侧向平面内的 4-DOF 四连杆机构、平行四连杆机构分别在单腿支撑期、双脚支撑期求解逆运动学解析解。其中，单脚足支撑器时，4-DOF 四连杆机构为开链的结构，支撑腿连接地面机架，游腿足侧开链，按照单脚支撑期游脚轨迹规划的轨迹在左右侧向平面内的投影得到的游脚位姿和平面四连杆机构的解析几何关系推导左右侧向平面内侧向偏摆关节的逆运动学解计算公式，若始终保持此平面内 4-DOF 为左右腿杆件平行则逆运动学解公式极为简单，即刻得出为各侧向偏摆关节角大小相等，同侧腿髋关节转向与踝关节转向相反；互为对侧的即左右对称的两个关节转向相同；若非为平行连杆机构则引入四边形内角和为 360°的条件，与游脚轨迹规划和机构逆运动解析式联立可求得非为平行连杆机构的游脚支撑期逆运动学逆解公式；对于双脚支撑期，左右侧向平面内此 4-DOF 四连杆机构在假设脚与地面间无滑移的条件下，双脚成为机架，机构退化为 1-DOF 的平面四连杆机构，只要给定连接两髋关节的连杆（或躯干）相对于地面的位姿以及两着地脚间宽，还有平面四连杆机构内角和为 360°作为几何条件，即可简单地求得侧偏关节角计算公式，若为平行四连杆机构，则如同前述游脚支撑期有平行连杆机构构形时一样，可极其简单地得到各关节的逆运动学解公式。这部分的解析几何关系如图 3-63（f）所示。d. 在线步行样本生成的情况下，按着步行控制周期 τ 将步行周期 T 离散成按时间序列顺序排列的离散点（即时刻点），分别对各离散点下对应的躯干位姿、游脚位姿从躯干轨迹、游脚轨迹中离散出来，应用前述得到的逆运动学解公式计算当前控制周期下的各关节角作为关节轨迹追踪控制的期望的参考输入相应地发送给各关节位置/速度伺服驱动和控制单元进行关节轨迹追踪控制。

四足、六足步行机器人步行样本生成的轨迹规划与逆运动解析解法与上述双足步行的方法类似，此处不再赘述。需要说明的是：只按上述方法生成的步行样本无法保证一定能控制机器人实现稳定的步行。因为这个方法没有考虑机器人动力学层面上的力学作用效果，因此，还需要借助脚底或脚踝上设置力、力矩传感器的方法与技术进行为了保证稳定步行的力反射控制。参见本书 12.6.3 节。此外，腿足式步行机器人步行样本的生成方法还有其他更有效的方法，如按照倒立摆原理和力学模型的基于动力学平衡方程的步行样本生成方法、考虑步行动态稳定的全局优化进化算法的步行样本生成方法、基于神经网络训练学习、基于遗传算法的方法等。比较而言，基于轨迹规划和逆运动学解析解的方法相对简单、计算速度快，实时性好，与力反射控制结合可得到稳定步行的控制结果。

3.9 轮式移动机器人机构及其运动学与力学

3.9.1 轮式移动机器人概述

如本书第 2 章中所述的 GOROBOT-II 型多移动方式类人及类人猿机器人的脚用轮式移动机构驱动与足式步行对比结果那样，轮式移动机器人与腿式步行移动机器人相比，具有加速快，且以同样速度移动运行起来的话，一般只需相对较小的驱动力，省能。

轮式移动机器人的设计与制作基本类似于车辆，涉及到轮数目及配置、行走在路面上方向的操纵与控制、轮子的驱动与动力传递、如何知道自身所在的位置、驱动电动机或引擎如何使用、如何控制等问题是需要搞清楚的首要问题。

在路面上行走的基本条件：①轮子的配置问题——轮式移动机器人在路面上行走时，电动机产生的运动和驱动力需要传送给驱动轮；通常为使支撑车体不倒至少需要三个轮。车轮又分为主动轮和被动轮。主动轮指由原动机经传动系统驱动的轮；从动轮是指没有原动机驱动的轮；主动轮动作后从动轮被动转动。操纵轮是指受转向（方向）操纵机构操纵的轮，既可以是驱动轮，也可以是从动轮。那么，是否至少三个轮子都是驱动轮？或者其中设有不带主驱动的车轮（即从动轮）？是否需要更多轮？等等，是需要考虑的轮的配置问题以及稳定移动能力的控制问题。一般而言，三轮着地形成地面上（或移动支撑面上）的三接触点构成稳定三角形结构，所以通常至少需要三个轮子支撑车体，那是期望在进行稳定移动控制之前就具有良好的稳定性；也有以单轮或单个球体移动的单轮移动机器人、圆盘型移动机器人以及两轮移动机器人，虽然移动的稳定性差，但期望在更好的稳定控制技术上加以弥补，同样也可以获得稳定的轮式移动能力。因此，只要是移动的物体或机器人，要想得到稳定移动能力则都需要有稳定移动控制能力。②方向操纵——同汽车一样，轮式移动机器人要走直线行驶，也需要按曲线行驶。让汽车、移动机器人行走轨迹发生改变就需要方向操纵；实现方向操纵功能的机构被称为操纵机构（或称为操纵舵）。汽车一般不能横向移动，但是，与汽车不同，通过全方位移动机构是可以实现移动机器人朝着任一行进方向移动的。但全方位移动机构较复杂，本书只讨论三轮、四轮情况下车轮的配置关系以及操纵机构原理。三轮、四轮移动机器人操纵机构与轮的配置关系如图 3-64 所示。

图 3-64 中，(a)～(c) 是常用的四轮型；(e)（f）是三轮型；(d) 是在工程现场、采石场等地方常见的轮式装载机上常用转向操纵机构；(g)～(i) 都是驱动轮各自独立变换转速的转向机构，从动轮将受其作用被动地自由改变方向。这些都是在转向操纵机构与轮的配置关系上应该考虑的方案。由此可知：操纵车轮改变转向的转向操纵机构与通过各自独立改变转速的转向方法互相比较，在原理与机构上都有很大区别。前者称为转向操纵型车轮；后者称为独立驱动型车轮。

3.9.2 转向操纵型车轮的转向操纵原理

转向操纵型车轮的操纵机构与自动三轮车/汽车的原理相同，是机构与轮的配置关系上

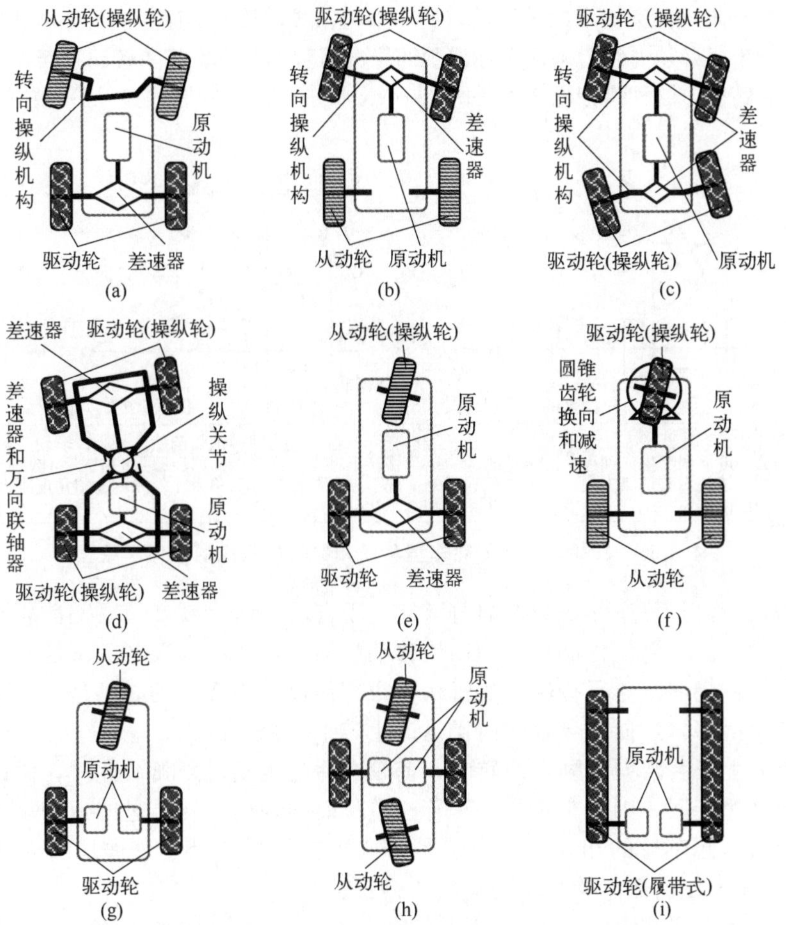

图 3-64　三轮、四轮移动机器人操纵机构与轮的配置关系

应该考虑的方案，但是其中也有不是驱动轮兼作转向轮的。

图 3-64（a）所示就是驱动轮为后轮，但用操纵前轮进行转向的 FR 机构；

图 3-64（b）是众所周知的前轮兼做驱动轮和操纵轮的 FF 机构；

图 3-64（c）是被称为 4WD/4WS 的四轮驱动/四轮转向操纵机构。前后轮相对倾斜左右平行则可平移车体。

当车轮垂直立在地面上且车轴与地面平行的情况下，当车轴转动时，车轮在车轮所在垂面（与车轴垂直平面）内相对地面滚动，此时是前后向行进效果最佳状态，但相反也是车轮沿着车轴线方向最难行进的状态。如果沿着车轴线方向也有行进，则车轮不是纯滚动而是有滑动成分，如图 3-65 中的车轮运动模型所示。

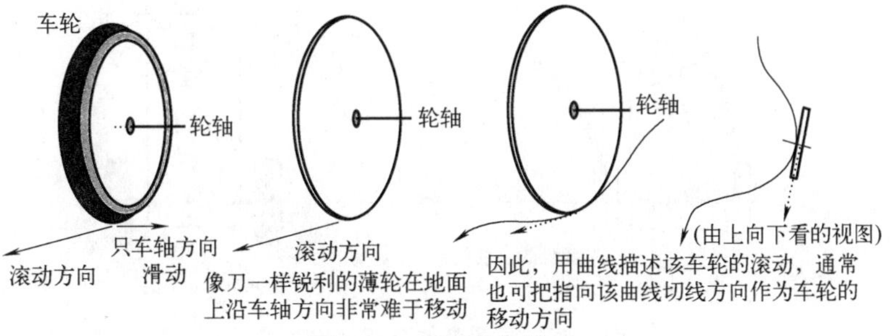

图 3-65　薄形车轮模型

为实现车轮与地面间无滑动的纯滚动，所有车轮轴线延长线都应如图 3-66 所示交于一点。即各轮圆弧轨迹的中心必须一致。即使实际驾驶四轮汽车时，司机也需要转动方向盘按如图 3-66 所示那样操控车轮转向。这种操控机构就是 Ackerman 机构，其机构原理参见第 2 章的图 2-59（d）。

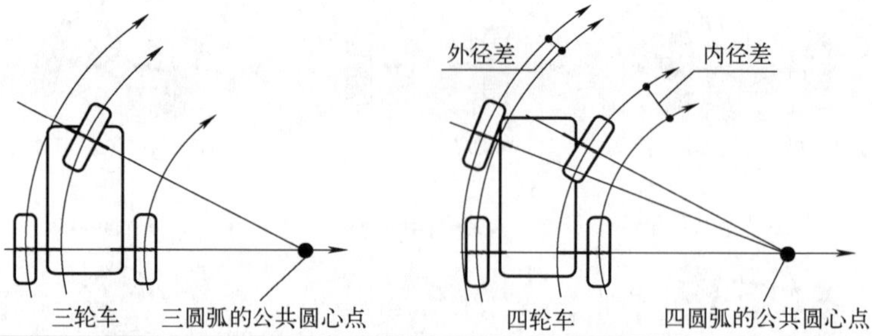

无论三轮车、四轮车，各车轮的车轴延长线都交于一点，此为回转圆弧条件。否则，车轮与车轮之间会与地面间产生“别劲”的蹭地的内力或滑移。车轴延长线交点为回转圆弧的中心点(圆心点)，车轮朝向该圆弧的切线方向。结果在四轮车的情况下，内侧轮转过的角度比外侧转过的角度要大。因为内侧圆弧半径小，滚过同样的弧长轨迹则需要转过更大的角度

图 3-66　三轮车型、四轮车型移动体的转向操纵的几何学原理

实际驾驶汽车时，停车右向或左向打满舵后下车看一看，就知道右侧前轮与左侧前轮所成的角度是不同的。如果设计制作这种四轮移动机器人，也必须装备类似这样的转向操纵机构。一定要牢记：操纵车轮平行转向的机构是很容易设计与实现的，但是，使车体转向时操纵轮必然会产生滑移，进而会导致转向操纵产生若干不稳定因素。

移动机器人上安装转向舵划弧回转时，前轮、后轮也随之划弧。此时，假设移动机器人一边向左转向一边旋回，则右车轮与左车轮在单位时间内的自转转过的角度是不同的。外侧车轮划弧半径与内侧车轮的相比较，当然是内侧车轮划弧半径小，这是因为外侧车轮划弧（轨迹）转过的弧长比内侧车轮划轨迹周向长度长。

如图 3-67 所示，设相同时间内内外侧车轮在地面上滚过相同圆周角度 θ，则内侧车辙的圆周向长度（弧长）为 $(R-T/2)\theta$，外侧车辙的圆周向长度（弧长）为 $(R+T/2)\theta$，T 为左右车轮间距。因此，相同时间内左右车轮在地面上滚过相同的圆周角 θ，但所对应的外侧轮轨迹弧长大于内侧，所以外侧轮的转速应大于内侧。用一个原动机来同时驱动左右车轮，内外侧轮会出现转速差的问题，需通过“差动减速器”（简称差速器）来解决，且放在左右两轮间轴线中间。车辆行进方向速度为 v（m/s），左右车轮转速分别为 N_l、N_r，车轮半径为 R_w，N_p 为原动机输出转速。则有：

$$v=kN_p=\frac{R_w}{2}(2\pi N_r+2\pi N_l)=\frac{R_w}{2}(\omega_r+\omega_l) \tag{3-81}$$

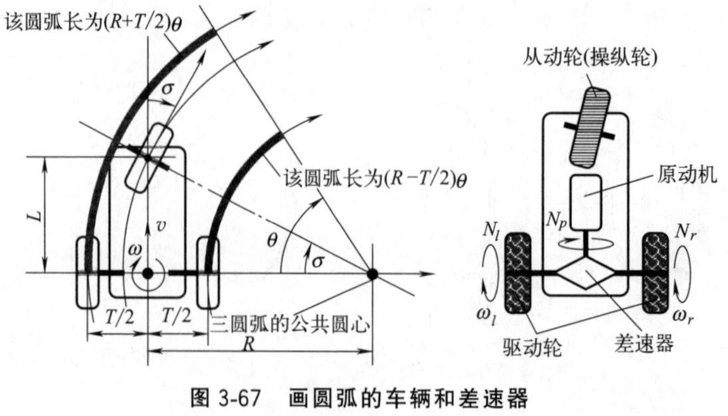

图 3-67　画圆弧的车辆和差速器

3.9.3　独立驱动型车轮的转向操纵原理

车体划弧时，左右车轮转速应不同；若为使左右驱动轮转速能够独立控制，根据需要，改变左右轮转速车体是否划弧呢？答案是肯定的。因此，若为独立驱动型车轮，则应以车体中央为对称左右设置独立驱动型车轮。工程现场所用的挖掘机、推土机、压路机等都是采用独立驱动型转向操纵机构的代表性实例。如图 3-64（i）所示，将小平板用铰链连在一起呈环状结构履带并在左右设置各一，驱动回转。履带与地面接触面积大，单位面积上的压力较轮接触地面的要小，因此可以用在挖掘机、推土机等对路面或地面状况影响不大或适应性好的工况下。但是，这种履带接触地面多半不能实现无滑移地转向，所以如轮式移动所示的模型很难应用于这种履带式移动的车辆。

同汽车转向操纵机构模型相比，轮式移动机器人大都采用独立二轮驱动型转向操纵机构。理由有三：

① 移动机器人大都用电动机作为动力源，车轮转速易于直接控制；

② 不需要像 Ackerman 机构那样转向操纵机构，各轮通过减速器与电动机独立相连、在控制上满足转向画弧的差速条件即可；

③ 产生走行所需动力的电动机同时起到转向操纵作用，不需要安装驱动转向操纵机构所需的电动机。

3.9.4　带有转向操纵机构的移动机器人小车转向角、转弯半径及曲率

移动机器人小车基本动作是直行或转弯。

首先以简单的三轮小车为例，如图 3-68 所示，分析一下转向操纵机构操控转向操纵型车轮的回转半径 R 如何计算求得的问题。

图 3-68 所示，操纵轮（即前轮）位于车体左右方向中间位置，转向操纵机构转向轴与操纵轮的车轴轴线相垂直，且垂直纸面。由后轮车轴轴线中点向前轮引一条与后轮轴线垂直的垂线。该垂线与操纵轮轮向线所成夹角定义为转向角 σ。其垂足与转向操纵机构转向轴间的距离为 L，称为前后轮轮轴距。设转弯半径 R 为转弯弧线圆心到后轮轴中点的距离，则转弯半径 R 由转向角 σ 与轮轴距 L 确定为：

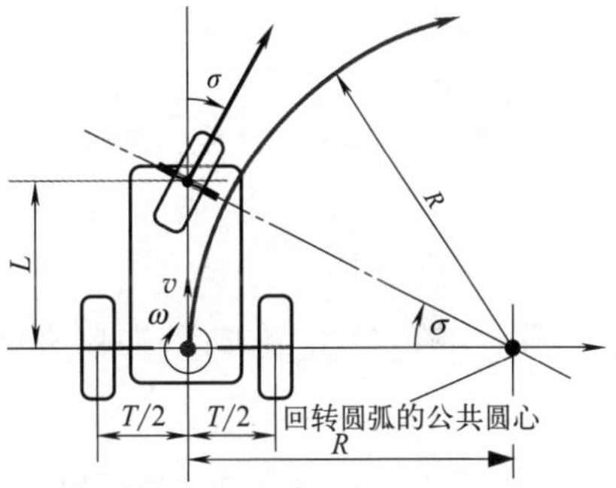

图 3-68　转向角和回转半径

$$R=\frac{L}{\tan\sigma} \tag{3-82}$$

其中，σ 与取车体向左转弯打操纵舵时为正。

显然，当转向角趋近于 0 时，由公式（3-82）可知，R 则趋近于∞。直线行走时可以看作是转弯半径 R 为无穷大的圆的特殊情况。向左转弯定义转向角为正，则向右转向角为负；直线行走也可以看作是转弯半径为$-\infty$的圆的情况。设转弯曲率用 $\kappa=1/R$ 表示。则有：

$$\kappa=\frac{\tan\sigma}{L} \tag{3-83}$$

即用转弯半径的倒数表示转弯急缓的程度。直行时曲率 κ 为转向角 $\sigma=0$ 时的 0。转弯半径越小，即转向角越大则曲率 κ 越大。且当 σ 很小时，$\tan\sigma$ 也很小，则 $\tan\sigma\approx\sigma$（注意：这里 σ 是以弧度为单位的）；则曲率 κ 与 σ 近似成比例。

但是，需要注意：如图 3-69 所示，转向角 $\sigma=\pm90°$时的转向操纵机构也是可以制作出来的。如果是差动减速器设在后轮轴且后轮为驱动轮的情况下，要想在静止状态下从转向角

为 90°的情况下行走出来是非常难的，成为奇异点状态。即即使左右后轮同向回转以产生回转推力，前轮只能滑移而不会使车体回转。

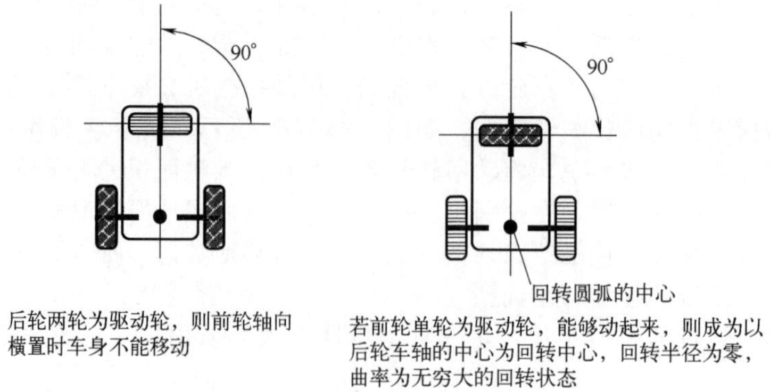
90°
90°
回转圆弧的中心
后轮两轮为驱动轮，则前轮轴向横置时车身不能移动
若前轮单轮为驱动轮，能够动起来，则成为以后轮车轴的中心为回转中心，回转半径为零，曲率为无穷大的回转状态

图 3-69　转向角为 90°时的奇异性情况

由式（3-81）可知：左右车轮转速相等但转向相反时 N_{p} 不得不为 0，此时来自引擎的动力也是不可能使车体产生转弯的。若前轮为驱动轮则与这种情况不同，是可以使车体开始转弯的。

最后，就具有转向操纵型车轮操纵机构的移动小车机器人速度进行分析论述。一般的移动小车可以看作是在二维平面上移动，则其速度可以分解为行进方向速度 v 和回转方向角速度 ω。则有：

$$v=R\omega \quad \text{或者} \quad \kappa v=\omega \tag{3-84}$$

因此，根据行进方向上的速度 v 与转向角 σ，可以确定小车回转角速度 ω 为：

$$\omega=\frac{\tan\sigma}{L}v \tag{3-85}$$

当 σ 很小时，$\tan\sigma\approx\sigma$，所以有下式成立：

$$\omega=\frac{\sigma}{L}v \tag{3-86}$$

3.9.5　带有独立转向型车轮的移动机器人小车转向角、转弯半径及曲率

下面分析独立二轮驱动型移动机器人转弯时的回转半径。此时，给定左右车轮的转速，求移动机器人行进方向速度 v 和回转角速度 ω，然后求转弯半径或曲率。

如图 3-70 所示，设左、右两轮转动角速度分别为 ω_{l}、ω_{r}。左右驱动轮间隔为 T，驱动轮半径为 R_{w}。则有式（3-87）和式（3-88）成立：

$$v=\frac{R_{\mathrm{w}}}{2}(\omega_{\mathrm{r}}+\omega_{\mathrm{l}}) \tag{3-87}$$

$$\omega=\frac{R_{\mathrm{w}}}{T}(\omega_{\mathrm{r}}-\omega_{\mathrm{l}}) \tag{3-88}$$

写成式（3-89）形式：

$$\begin{pmatrix} v \\ \omega \end{pmatrix}=\begin{bmatrix} \dfrac{R_{\mathrm{w}}}{2} & \dfrac{R_{\mathrm{w}}}{2} \\ \dfrac{R_{\mathrm{w}}}{T} & -\dfrac{R_{\mathrm{w}}}{T} \end{bmatrix}\begin{pmatrix} \omega_{\mathrm{r}} \\ \omega_{\mathrm{l}} \end{pmatrix} \tag{3-89}$$

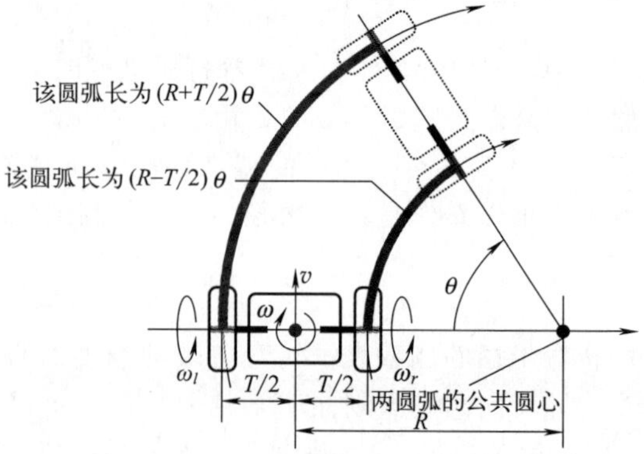
该圆弧长为 (R+T/2) θ
该圆弧长为 (R−T/2) θ
v
ω
θ
ωl
ωr
T/2
T/2
两圆弧的公共圆心
R

图 3-70　独立两轮驱动方式的移动机器人转弯运动分析图

进一步可以推得：

$$\begin{bmatrix}\omega_r\\ \omega_l\end{bmatrix}=\begin{pmatrix}\dfrac{1}{R_w} & \dfrac{T}{2R_w}\\ \dfrac{1}{R_w} & -\dfrac{T}{2R_w}\end{pmatrix}\begin{bmatrix}v\\ \omega\end{bmatrix} \tag{3-90}$$

如此若 v、ω 确定，则回转半径 R 与曲率 κ、v、ω 间的关系由下式给出：

$$R=\frac{v}{\omega}\quad 或\quad \kappa=\frac{\omega}{v} \tag{3-91}$$

3.9.6　轮式移动机器人走行所需的驱动力

足式机器人的脚底板、轮式移动机器人的主动驱动轮、履带式移动机器人的主动驱动履带等与地面（或其他质地的支撑面）之间都是靠所形成的摩擦副进而产生的摩擦力或者是嵌合力来形成相应移动方式的机器人的移动驱动力的。但是摩擦力有着不可靠、不稳定的一面（通常所说的摩擦系数是在一定条件下的统计平均值），因此，从理论分析上精确地计算此类驱动力是很困难的，且是不够准确的，因此，仅能估算。首先估算移动机器人走行所需要的力，按如下步骤来加以分析：①由电动机所产生的并施加给驱动轮轴上的转矩与驱动轮蹭地的力之间的关系；②移动机器人以一定速度走行时摩擦力与驱动轮蹭地的力之间的力平衡方程；③机器人加速时所需要的力的估算。

（1）电动机产生的转矩与驱动轮的蹭地摩擦力

如图 3-71 所示，首先分析一台电动机产生转矩 τ 通过减速器传递给驱动轮时驱动轮蹭地摩擦力 F 的求法。假设驱动轮的半径为 R_w，减速器速比为 γ，减速器传动效率为 η，且假设驱动轮做无滑移的纯滚动。驱动轮蹭地摩擦力大小 F 乘以驱动轮半径 R_w 即为驱动转矩大小 $\eta\gamma\tau$，其与驱动轮轴上转矩大小相等。即：

$$R_wF=\eta\gamma\tau \tag{3-92}$$

此处，F 与产生移动机器人加速度的力（即惯性力）相等（作用力与反作用力的关系）。则有：

$$F=\eta\gamma\tau/R_w \tag{3-93}$$

假设独立二轮驱动型移动机器人直线行走时，2 个主驱动电动机驱动各自的驱动轮同向转动，则有：

$$F=2\eta\gamma\tau/R_w \tag{3-94}$$

注意：τ 相同情况下，γ/R_w 越小则 F 也越小；R_w 越大，F 越小。例如，同样的机器人使用相同的电动机和减速器，只改变驱动轮半径 R_w 进行实验，驱动轮半径大的 F 变小、加速度变小。可是 R_w 大的驱动轮周长长，所以电动机转速相同的情况下，单位时间内前进

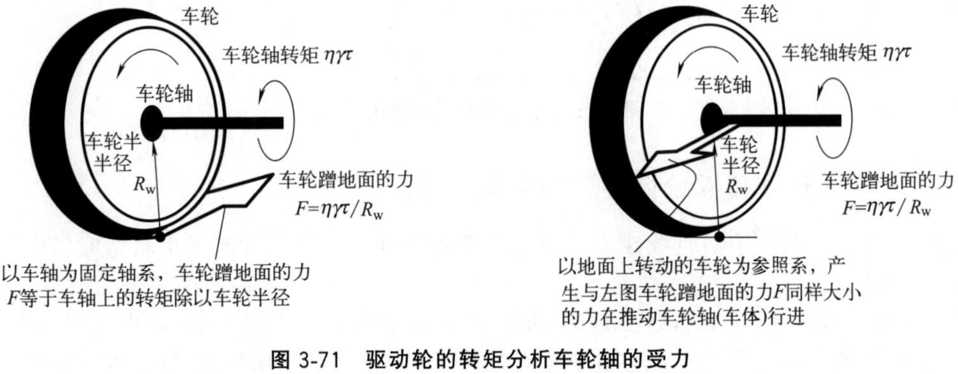

图 3-71　驱动轮的转矩分析车轮轴的受力

的距离长。即能走得越远。相同电动机、相同减速器的条件下，如果想得到更大的加速度或者牵引力，则驱动轮半径不太大为好。反之，驱动轮半径越大越好。同样，使用相同的电动机和减速器，只改变减速器的减速比进行实验表明，减速比越小，F 越小，加速度越小。加大、减小驱动轮半径产生的效果相同。

（2）以一定速度走行中力的平衡

一方面，移动机器人静止不动，或者以一恒定的速度直线走行时，机器人的加速度 a 为零。如此，电动机产生的转矩为零吗？确切讲，如果现实物理世界没有摩擦阻力的话，应该是成立的。但实际上电动机输出的力 F 与机器人走行时所需的力 f 大小上是平衡的。如图 3-72 所示，f 包括机器人走行时空气阻力 $f_{air}(v)$ 大小、路面与车轮滚动摩擦力 $f_w(v)$ 大小、车轴轴承、减速器的摩擦大小之和 $f_g(v)$ 等。它们都与移动机器人速度 v 有关，是 v 的函数。当机器人速度较慢或匀速时，$f_{air}(v)$ 可以忽略。于是，稳定走行状态下，力平衡方程可写为：

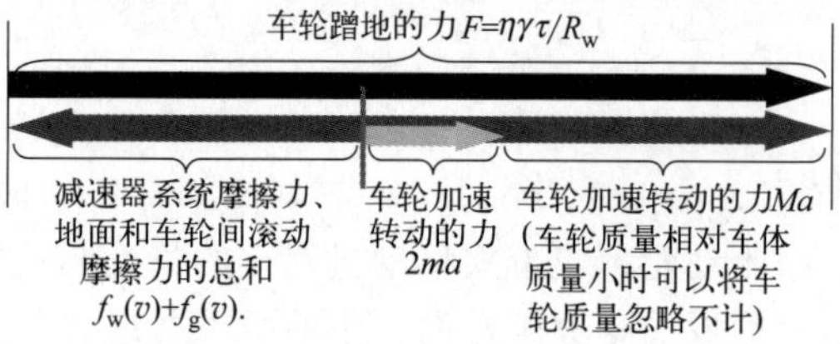

图 3-72　力的功效与损失的分析

$$F=f_w(v)+f_g(v) \tag{3-95}$$

$$F-[f_w(v)+f_g(v)]=0 \tag{3-96}$$

加速的情况下：

$$F-[f_w(v)+f_g(v)]=Ma \tag{3-97}$$

考虑轮式移动机器人在如图 3-73 所示的斜坡上时的情况：轮式机器人走行在有斜面的环境情况下，需要研究爬坡时所需要的转矩是否足够。设斜面倾斜角为 θ_{slp}，机器人处于斜坡途中时，平行于斜坡向下的重力分量为 $Mg\sin\theta_{slp}$，则有：

$$\frac{2\eta\gamma\tau}{R_w}-[f_w(v)+f_g(v)]-Mg\sin\theta_{slp}=(M+2m)a \tag{3-98}$$

式中，M 为车体总质量；m 为车轮质量；g 为重力加速度。

在机器人走行环境下，用所能期待的 θ_{slp} 最大值可以计算在斜面上走行时所需要的转矩，验算在斜面上走行所需要的最高速度及电动机应该输出的转矩。

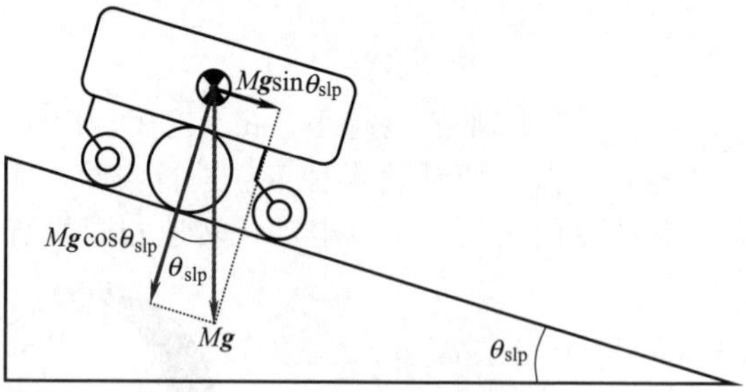

图 3-73　移动机器人爬坡的受力

3.9.7　考虑含有回转部分惯性矩的驱动力情况

驱动轮不仅在路面上沿直线滚动，也会有转弯运动，必须进一步考虑转弯时转矩与回转角加速度间的关系。

首先，设驱动轮回转角加速度为 β，驱动轮惯性矩为 I。为简化起见，电动机轴惯性矩、车轴、减速器轴惯性矩都等效地包含在车轮惯性矩中。于是，因驱动轮转速增加而引起的转

矩可写为 $I\beta$，其为由电动机经减速器传递工作转矩 $\eta\gamma\tau$ 中的一部分。因此，用以供机器人加速的转矩 τ' 为二者差。即：

$$\tau'=\eta\gamma\tau-I\beta \tag{3-99}$$

此处，考虑独立二轮驱动型移动机器人的情况。电动机、减速器以及驱动轮为 1 套驱动系统，则式（3-94）可用；若是独立二轮驱动型有 2 套独立驱动系统驱动，则驱动力 F 应是式（3-94）的 2 倍，替代式（3-94）的 $\eta\gamma\tau$ 有：

$$F=\frac{2(\eta\gamma\tau-I\beta)}{R_{\mathrm{w}}} \tag{3-100}$$

其中，假设车轮质量为 m，则被看作是均质的圆盘式车轮的转动惯量为 $I=mR_{\mathrm{w}}^2/2$。另外，有 $R_{\mathrm{w}}\beta=a$。将其代入式（3-100）中，于是有：

$$F=\frac{2\eta\gamma\tau}{R_{\mathrm{w}}}-ma \tag{3-101}$$

将上式代入到式（3-97）中整理得：

$$F=\frac{2\eta\gamma\tau}{R_{\mathrm{w}}}-[f_{\mathrm{w}}(v)+f_{g}(v)]=(M+2m)a \tag{3-102}$$

说明：此式左边第 1 项是电动机产生的转矩 τ，驱动两个驱动轮蹬地的力；第 2 项 $[f_{\mathrm{w}}(v)+f_{g}(v)]$ 表示由摩擦产生的全部阻力；等号右边是加速项。如图 3-74 所示。

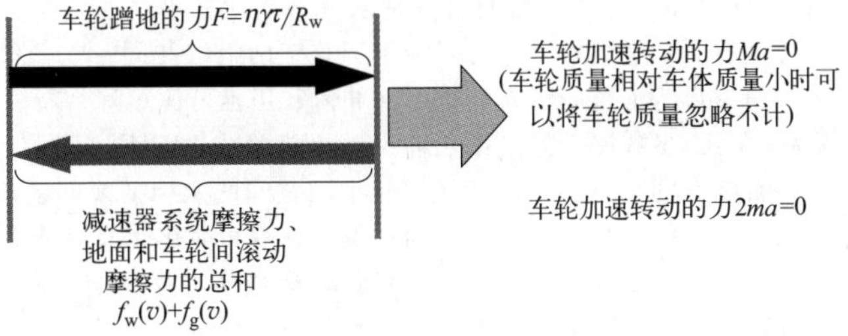

图 3-74　驱动轮蹬地的力与摩擦力的均衡

3.10　本章小结

本章详细讲述了基于模型的机器人控制理论与方法中必备的机构学基础理论及其应用中的一些重要问题。主要包括：①各类机器人操作臂与并联平台、腿足式机器人、履带式机器人、轮式移动机器人等机构构型与机构构成原理，以及机器人关节机构类型、原理和机构设计，旨在帮助从事机器人控制理论与技术的研究生以及其他研究人员提升从作为被控对象的机器人机械系统实体具象上升到机构原理的抽象认知能力；②在前述的机器人机构原理基础上，介绍了求解机器人机构运动学问题所需的解析法、齐次矩阵坐标变换法、D-H 参数法以及 MDH 参数法、雅可比矩阵及其用途等数学基础理论；③推导机器人动力学方程的拉格朗日法、牛顿-欧拉法，给出了机器人运动方程的一般式和详细的物理意义说明，以及关于运动方程式的使用问题；④最后，给出了腿足式步行移动机器人、轮式移动机器人的机构学基本理论。本章内容是为机器人操作臂，轮式、腿足式移动机器人的运动控制奠定理论基础的重要内容。

【思考题与习题】

3.1　什么是齐次坐标、广义坐标、广义力？齐次坐标变换矩阵的各行、各列、各元素的几何意义、物理意义各是什么？

3.2　机器人机构微分运动学中的雅可比矩阵的物理意义是什么？雅可比矩阵的用途或作用是什么？雅可比矩阵各行、各列、各元素的物理意义又是什么？雅可比矩阵可以具体被用来评价机器人在某一给定构形下的哪些运动性能和力学性能？怎样使用雅可比矩阵来评价机器人机构在其工作空间内的运动性能和力学性能（机器人操作臂的运动灵活性、可操作性可用雅可比矩阵来定义和评价）？

3.3　什么是机构的奇异构形？机构构形奇异的本质是什么？机构构形奇异意味着机构在运动和控制时会发生什么样的问题？如何去解决呢？试举出机构构形存在奇异的例子。

3.4　PUMA 机器人的初始构形一般选在腰转轴线与大臂臂杆、大臂臂杆与小臂臂杆两两之间分别成 90°的垂直状态，试问这样做的目的是什么？

3.5　构成机器人机构的运动副都有哪些？各种运动副所对应的关节机械设计又应考虑哪些主要因素？都可用什么样的机械传动原理实现？各自有何特点（优、缺点）？

3.6　按照机器人机构由运动副和构件所构成机构的形态来分类都有哪些机构类型？按照机构的功能又可分为哪些种类？其机构设计与分析、制造与控制方面有哪些难点？

3.7　6 自由度及以内的工业机器人操作臂逆运动学皆有能将各个关节角单独表示成代数方程的解析解，并且除机构构型仅有 1 个自由度的摆杆式“操作臂”之外，均有至少两组或多组有限组解。试问：这些两组乃至五组的多组有限组解（提示：所有多组解仅是数学意义上存在的，并非所有的各组解对于具体机构构型、构形而言都存在机构理论与实际意义，机构上不可能实现的需要剔除掉）在控制机器人操作臂时如何使用？在同一次连续作业运动控制中各组解中可以同时或交替使用两组或多组解吗？什么情况下可以切换使用不同组解？此时可能存在的问题是什么？又如何解决？

3.8　试自行利用解析几何法和矩阵齐次变换法分别求解平面两杆串联的两自由度回转关节型操作臂的正、逆运动学解析解、速度解及加速度解，并且讨论一下关于两组解在同一次操作臂的连续作业运动控制中如何使用的问题？关节角矢量为何值时为奇异构形？如何利用雅可比矩阵判断机构构形是否奇异？

3.9　什么是 D-H 参数？D-H 参数法是如何用来解决两相邻关节坐标系之间的坐标变换问题的？D-H 参数法解决了三维空间中各自绕空间相错的两根轴线回转运动之间的坐标变换问题，简单而言，这一解决办法利用了坐标系与坐标系之间的什么特征使得复杂问题得以分解和简化而变得易于解决？

3.10　已知：一两自由度串联杆件回转关节型机器人操作臂，两关节轴线互相平行，杆长均为 500mm，臂展长为 1m，各关节的减速器输出轴直接用法兰结构连接各自杆件，减速器的传动精度皆为 1 弧分即 1′，各臂杆件皆为刚体，初始构形为两杆件伸直成一条线的状态。试分析计算：①该平面内运动的操作臂末端杆件的末端最大的位置误差、姿态误差各是多少？②从初始构形开始，当关节 1（离基座最近的关节）、关节 2 分别回转＋30°、－45°时，末端杆件的末端位置误差、姿态误差各是多少？

3.11　试用拉格朗日法、牛顿-欧拉法分别推导两关节轴线互相平行的两自由度回转关节串联杆件操作臂的动力学方程。要求推导出具体的微分运动方程形式，并指出表达式各项的物理意义以及该项力、力矩是如何形成的。

3.12　常用于现代机器人机械传动系统的传动形式与减速器有：同步齿形带传动与传动件（同步齿形带、同步齿形带轮主动轮与从动轮）、圆锥齿轮传动、谐波齿轮减速器、RV 摆线针轮减速器、精密滚珠丝杠等，试问：它们各适用于什么应用场合？为什么？

3.13　为便于运动学分析与控制，仿人双足步行机器人腿部机构构型应如何设计？为什么？

3.14　为实现仿人双足步行机器人快速双足步行与爬楼梯、台阶等运动功能，腿足部机构设计应尽可能满足质量小、转动惯量小、关节运动范围大等要求，试从机构构型设计上结合上述要求分析具体如何实现？请给出论证得到的方案。

3.15　试结合双足步行的步态和机构构型、游脚轨迹规划、机构运动学阐述双足步行样本的生成方法。

3.16　试结合四足步行的步态和机构构型、游脚轨迹规划、机构运动学阐述双足步行样本的生成方法。

3.17　按照车轮数量和主从动轮配置、转向操纵方式等的不同，三轮、四轮轮式移动机器人各有哪些轮式移动机构构型？各自的特点是什么？

3.18　试推导独立两轮驱动（其他轮皆为从动轮的脚轮）的两轮或三轮、四轮轮式移动机器人的车体行进速度、转弯角速度与两驱动轮各自做纯滚动角速度之间的关系式。

3.19　试从机构运动学的角度对比分析仿人双足步行机一块平板脚掌脚和分前后脚掌脚在爬楼梯、快速步行时的优缺点。

3.20　已知：一平面内运动的两自由度回转关节型机器人操作臂在某一构形下的雅可比矩阵 $\boldsymbol{J}$ 为：$\boldsymbol{J}_1=[-0.273 \quad 0.273]^{\mathrm{T}}$，$\boldsymbol{J}_2=[-1.273 \quad 0.1]^{\mathrm{T}}$；各关节驱动力矩 τ_1、τ_2 的最大有效负载驱动力矩值皆为 $\pm 2\mathrm{N \cdot m}$。试计算分析：在作业平面内，该机器人操作臂的末端作用负载 $\boldsymbol{f}=[2 \quad 1]^{\mathrm{T}}$（N・m）时能否正常工作？

3.21　已知：相对于坐标系 Σa 沿 x、y、z 方向分别平移 1、2、1，然后绕 z 轴旋转 45°，再绕 y 轴回转 30°，绕 x 轴回转 60°得到坐标系 Σb。试求：①坐标系 Σb 对 Σa 的齐次变换矩阵 ${}^{\mathrm{a}}\boldsymbol{A}_{\mathrm{b}}$；②坐标系 $\Sigma \boldsymbol{b}$ 中有一点 U 的矢量（齐次坐标）为 ${}^{\mathrm{b}}\boldsymbol{U}=[\mathbf{2} \quad \mathbf{2} \quad \mathbf{1} \quad \mathbf{1}]^{\mathrm{T}}$，求该点 U 在坐标系 $\Sigma \boldsymbol{a}$ 中的矢量 ${}^{\mathrm{a}}\boldsymbol{U}$。

3.22　已知一在垂直面内运动的平面 2 自由度串联杆件/回转关节型机器人操作臂，从固定的基座侧起，杆件 1、杆件 2 的长度、质量分别为 l_1、m_1、l_1、m_2，各杆件质心位于距离其关节回转中心 1/3 杆长处，重力加速度为 g，试用拉格朗日方程法推导运动方程。

3.23　已知：一摆长为 $2l$、质量为 m 的 1 自由度的均质刚体摆在与重力加速度方向平行的竖直面内摆动，试推导该摆的运动方程式。

3.24　已知：一回转关节型两杆串联机器人操作臂，基坐标系 z 轴正向与重力方向相反。杆长 $l_1=l_2=0.2\mathrm{m}$。两根杆件伸展开位于 x 轴为初始构形即两关节位置皆为 0°，各关节逆时针回转为正向。

① 推导出该机器人操作臂的雅可比矩阵 $\boldsymbol{J}$，并计算 $\theta_1=30°$、$\theta_2=30°$情况下，$\dot{\theta}_1=\dot{\theta}_2=0.1\mathrm{rad/s}$ 时臂末端速度 $\dot{x}_P$、$\dot{y}_P$ 各为多少（m/s）？

② 在 $\theta_1=30°$、$\theta_2=30°$构形下，现需要在臂末端 P 点产生 $\boldsymbol{f}=[f_x \quad f_y]^{\mathrm{T}}=[2 \quad -4]^{\mathrm{T}}$ 的力（单位：N），试求为产生力 $\boldsymbol{f}$ 的关节驱动力矩 τ_1、τ_2（N・m）。

第4章

机器人参数识别

4.1 为什么要进行机器人参数识别?

第3章论述了机器人机构以及运动学、动力学等机构学基础理论，这些理论是基于机器人机构数学、力学模型进行机器人运动控制的理论基础。机器人学与机器人技术是一个对象（即机器人）的两个不同层次和属性的范畴，分别是从现实物理世界中实际存在的机器人物理系统上升到以机械原理、数学、力学、电磁学、电机学、流体力学、电子学、计算机科学等为理论基础和指导来解决机器人设计、驱动、控制、感知等方面学术问题的科学（即机器人学）和在机器人学为理论指导下研究机器人机械设计与制造、机器人驱动与控制、机器人传感、机器人应用等方面工程实现与应用的技术（即机器人技术）。第3章所讲述的内容属于机器人学中的机构学理论，是以现实物理世界中经过设计、制造、装配的实际机器人系统经过相对理想化、适当简化和理论化抽象成为对象进行运动学、动力学理论分析，来求解机器人在给定作业要求下运动和动力的输入与输出，是为机器人系统设计、制造、控制的实际实施提供理论和可行性验证的依据。由于现实物理世界中的机器人系统及其应用环境、工况是十分复杂的系统，很难用数学、力学等理论模型将其完全地、误差为零地以数学公式、方程或不等式等形式表达出来和求解误差为零的完全精确解。前面讲到了机器人的动力学问题以及用拉格朗日法、牛顿-欧拉法推导机器人操作臂运动方程的具体方法，并且给出了作为被控对象的机器人运动方程的一般式，即：$\boldsymbol{M}(\boldsymbol{q})\ddot{\boldsymbol{q}}+\boldsymbol{C}(\boldsymbol{q},\dot{\boldsymbol{q}})+\boldsymbol{B}(\dot{\boldsymbol{q}})+\boldsymbol{G}(\boldsymbol{q})=\boldsymbol{Q}$。这个运动方程式只是在机器人动力学理论上用数学符号、变量符号等来表达的等式，各个变量符号都有其物理定义，是一个通用的二阶微分运动方程。它不能被直接用来进行控制系统设计或控制器设计。即便按照给定机器人机构设计参数给出其中的物理参数，但这些参数是如何确定的？是否精确？精确到什么程度？等都是很实际的问题。一台实际设计制造出来的机器人系统的所有物理参数都有其误差为零的完全精确值，但仅存在于这台实际机器人系统的物理本体之上，很显然，要想误差为零地得到这些存在于实际机器人物理本体上的所有物理参数几乎是不可能的！假如我们能够误差为零地获得这些物理参数，并且机器人的微分运动方程也能够误差为零地完全准确地反映出实际机器人运动时的运动学和动力学效果，那么，机器人的控制问题将毫无疑问地变得非常简单，这就等于是实际机器人运动时需要给各个关节输入什么样的运动和动力，机器人本身就能做出完全精确的作业运动和输出操作力，如果能这样，也就不存在控制理论与控制技术问题了，或者换言之：理想的误差为零完全精确的机器人系统模型下理想的控制就是无需控制。但是，理论与实际终究是有差别的，甚至于受这些差别的影响机器人的应用难以达到预期的控制目标，所以才需要研究控制问题。因此，基于模型的控制理论和技术涉及两个很重要的问题：一是理论上描述的机器人系统的运动方程是否能够完全准确地反映出实际机器人的运动学和动力学？二是有关理论上定义和表征机器人本体系统物理构成的物理参数的问题。这些物理参数是否足够？是否精确？精确到什么程度？机器人应用上需要精确到什么程度？或者说这些参数是否能够满足作业技术指标的要求？是否能够尽可能准确地获得这些有实际意义的参数？采用基于模型的机器人控制方法从准备上需要从机器人操作臂的实际机械系统去充分认识这个方程的每一部分、每一项的物理意义以及影响因素。需要从实际机器人被抽象地简化为机构的理论当中再次返回到实际机器人机械系统的实际问题上来。需要将该方程与实际机器人本体机械系统结合起来，才能更准确地认识和理解机器人操作臂的控制理论与技术。即控制方法与技术根本离不开对被控对象的深刻认识和深入的分析。如果实际机器人操作臂的机械本体所有的物理参数都能够误差为零地绝对精确地得到，驱动系统也能相应于操作臂的运动，误差为零地绝对精确地提供运动所需的驱动力或驱动力矩，则机器人操作臂无需控制。换句话说，理想情况下的机器人控制就是不控制，或者说无需控制。因此，既然需要控制，就要尽可能准确地获得与实际机器人接近的参数、力学模型以及运动方程。或者说，控制的目的是采取合适的理论、方法与手段尽可能地减少控制目标的误差，以达到期望的控制目标。

4.2　机器人运动方程与物理参数

如图 4-1 所示，首先还是从机器人运动方程来看一下其所涉及的物理参数以及这些参数对机器人的动力学影响。

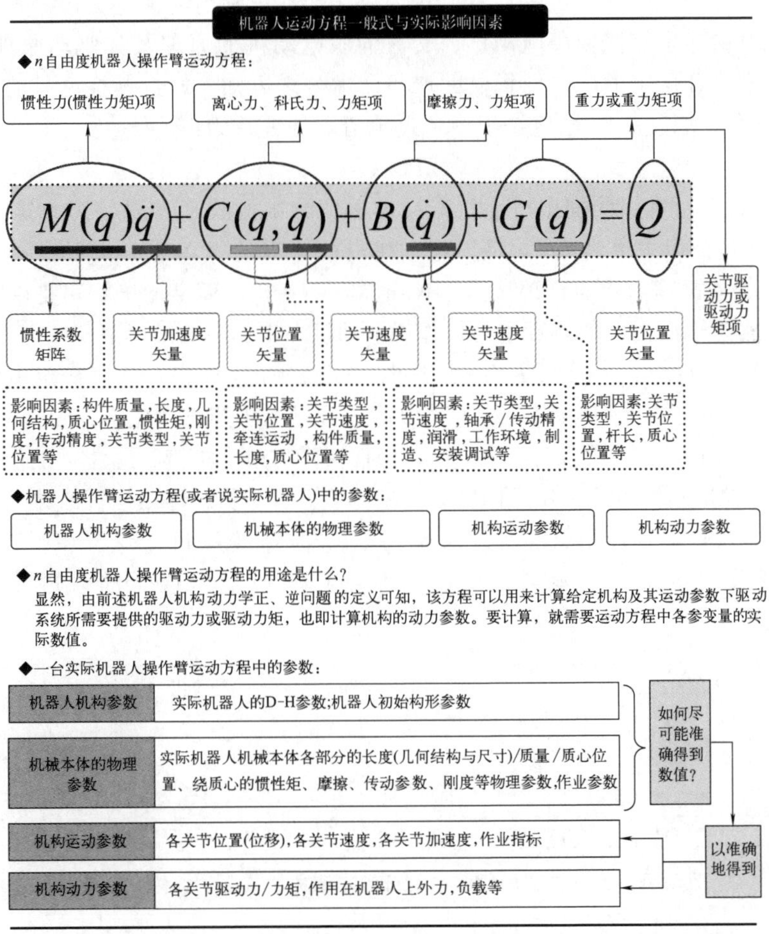

图 4-1　机器人运动方程中的物理参数以及影响动力学计算准确性的因素

要获得机器人操作臂准确的机构参数、机械本体物理参数，就需要考虑用什么样的理论、方法和手段。如直接测量或间接测量后计算，或者是测试实验。在实际控制一台中高精度要求的机器人时，一般都不能不经实测或实验而直接使用设计机器人时的杆件参数、零部件物理参数的理论设计值。因为，加工、制造、装配与调试之后的实际机器人本体相比设计时都有一定的误差甚至是量级较大的误差。另外，通过测量仪器或设备进行实际测量时得到的往往是单一因素的、系统处于静态时的参数，带有误差的诸多参数耦合在一起对机器人系统的综合影响无法确定。采用部分测量和参数识别相结合的方法或完全采用参数识别的方法是通常获得机器人物理参数的最有效的方法。

4.3 机器人运动的限幅随机驱动与参数识别的基本思想

4.3.1 机器人运动的限幅随机驱动

机器人的参数识别是在作为被识别对象的机器人系统已经被制作成形基础之上的方法。也就是说机器人系统的物理参数已经存在于现实物理世界中的实际机器人物理实体之上了。驱动机器人各个关节的原动机以及机械传动系统均已经正常驱动各个关节。原动机通常为电动机、液压缸、气缸或者其他驱动方式的部件。这里以伺服电动机作为原动机为例，讲述伺服电动机的驱动原理与限幅随机驱动，以作为讲述参数识别前的铺垫。

本书第 2 章简述了直流伺服电动机、交流伺服电动机的原理及其驱动原理，由电机学、伺服电动机选型设计所需的制造商提供的产品样本分别可知：所选规格型号的伺服电动机的输出转矩 T 与力矩常数 k_T、电枢绕组中流过电流 i 的关系为：

$$T=k_T i$$

式中，k_T 是在所选用的伺服电动机产品样本中给出的技术参数，为力矩常数，N·m/A，其物理意义是绕组中通过 1A 电流时电动机所能输出的以 N·m 或 mN·m 为单位的转矩数值；T 是电动机输出转矩，单位为 N·m 或 mN·m，额定输出转矩是由电动机制造商在产品样本中明确给出的数值，此值可以作为电动机在工作中的上下限即 T_{max} 和 T_{min}，则许用的输出转矩范围为：$T_{min} \leqslant T \leqslant T_{max}$；$i$ 是电动机绕组电流，A，连续额定电流、瞬时电流也在产品样本中由电动机制造商明确给出其数值，可以选用连续额定电流（或瞬时最大电流）作为电动机在工作中的上下限即 i_{max} 和 i_{min}，但使用瞬时最大电流时应注意工作时间应为短时或间歇性工作。瞬时最大电流可用于回转关节型机器人且非长时连续运行的情况下。

根据上式，可以这样使用驱动机器人各个关节的伺服电动机：

① 由连续额定电流或额定转矩的上下限随机生成电流或驱动力矩曲线（如图 4-2 所示）。

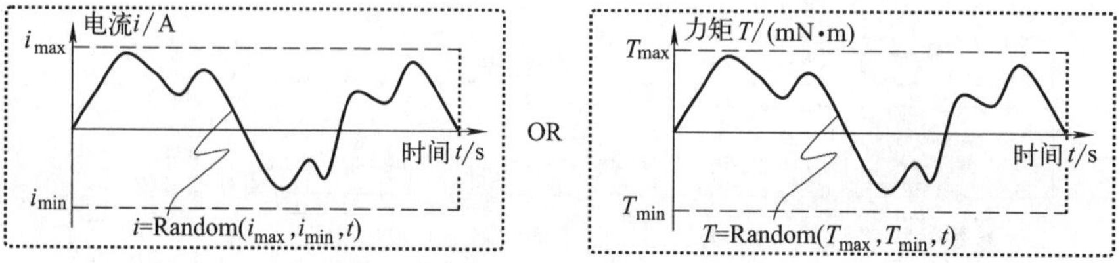

图 4-2 驱动机器人各关节的伺服电动机的电流曲线或驱动力矩曲线的随机生成

② 针对驱动机器人关节的每台伺服电动机，用限幅随机生成的电流或驱动力矩曲线或

数据作为控制输入，驱动伺服电动机带动相应关节动作，则机器人操作臂动作。

③ 利用伺服电动机或关节上的位置/速度传感器测得电动机或关节的位置、速度等运动参数，并且用差分方法间接得到关节角速度的估计值（如果仅为位置传感器）。

④ 已知电动机电流即驱动力矩（也可换算为关节驱动力矩）及上述测得电动机或关节运动参数，将它们代入机器人关节运动方程，想办法求解基底参数 $\boldsymbol{\rho}$。

以上四个步骤中，①～③是通过给伺服电动机施加限幅随机运动的驱动力矩或电流指令让电动机带动关节和关节连接着的杆件转动并通过位置/速度传感器测得关节的运动数据。①～④则构成了限幅随机驱动下的关节及其所连接杆件系统的参数识别的基本思想和原理。

计算机作为主控制器的情况下，可用图 4-3 表示限幅随机驱动获得关节运动数据的基本原理。

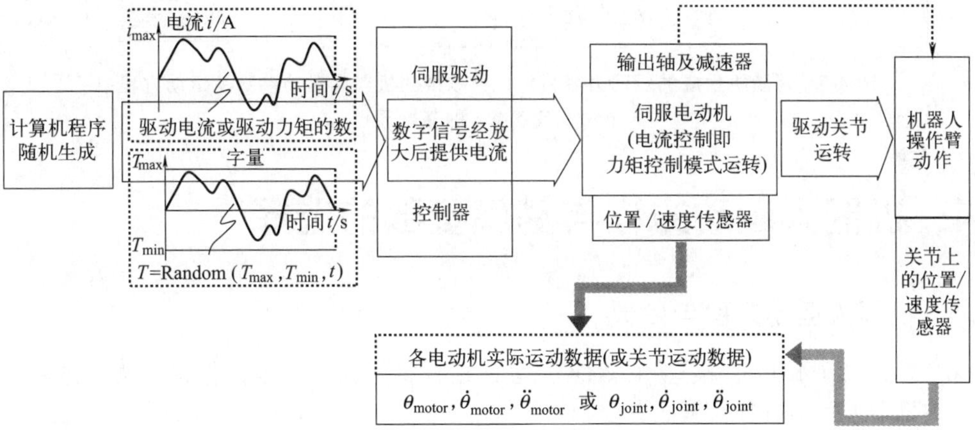

图 4-3　用随机生成的驱动信号驱动关节伺服电动机让机器人运动并且测得运动参数

4.3.2　机器人参数识别的基本思想和原理

机器人参数识别的基本思想是通过限幅随机驱动运动测试实验测得的关节运动数据、实际施加给伺服电动机的已知转矩指令或电流指令（限幅随机生成的力或力矩曲线数据）代入到机器人运动方程中，并通过适当的解析或数值计算方法将运动方程中的物理参数或含有几个物理参数的组合参数求解出来。基于这个基本思想，宏观设计的参数识别的基本思想和原理如图 4-4、图 4-5 所示。

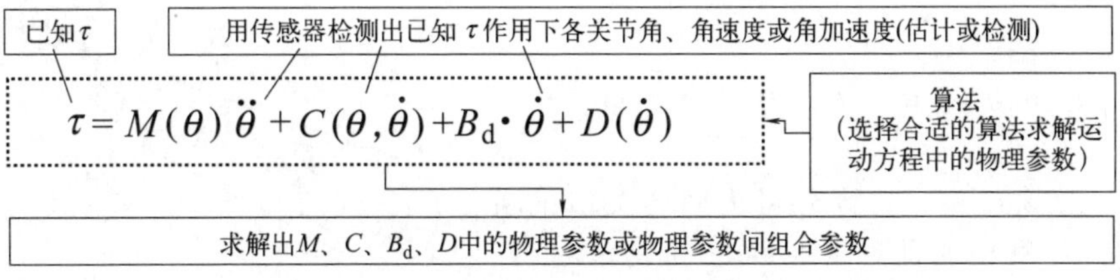

图 4-4　用随机生成的驱动力（力矩）和测得的机器人运动参数从运动方程中求解基底参数 ρ 的基本思想

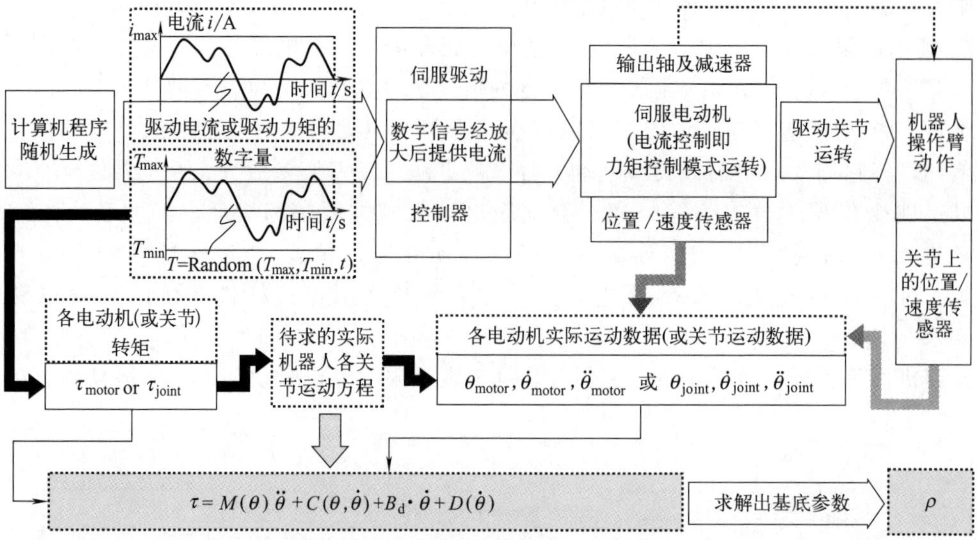

图 4-5 用随机生成的驱动力（力矩）和测得的机器人运动参数从运动方程中求解基底参数ρ的基本原理

4.4 机器人运动方程与基底参数的选择

4.4.1 机器人运动方程与参数

这里首先以在水平面内运动的 2-DOF 平面连杆机构的机器人操作臂为例来讲述用于参数识别的机器人运动方程及基底参数。

2-DOF 机器人操作臂机构模型与参数：

如图 4-6 所示的 2-DOF 机器人操作臂，第一关节中心为坐标系 O-xy 原点，机器人在水平面内运动。机器人机构的物理参数如下：

m_i，I_i——杆件 i 的质量和绕质心的惯性矩；

l_i，r_i——杆件 i 的长度和关节 i 到杆件 i 质心的距离；

θ_i——关节 i 的角度；

τ_i——施加在关节 i 上的驱动力矩。

其中，下标 $i=1$，2 且表示关节序号。垂直于纸面向里的方向为 z 轴负方向，即重力加速度 $\boldsymbol{g}$ 的方向。则该 2-DOF 机器人操作臂的动力学方程可由 n 自由度机器人运动方程的一般化形式表达为：

$$\boldsymbol{M}(\boldsymbol{\theta})\ddot{\boldsymbol{\theta}} + \boldsymbol{C}(\boldsymbol{\theta},\dot{\boldsymbol{\theta}}) + \boldsymbol{B}_{\mathrm{d}} \cdot \dot{\boldsymbol{\theta}} + \boldsymbol{D}(\dot{\boldsymbol{\theta}}) + \boldsymbol{G}(\boldsymbol{\theta}) = \boldsymbol{\tau}$$

式中：

$\boldsymbol{\theta}$——广义坐标，其各分量为回转关节的关节角 θ_i，且对于 2-DOF 机构，$n=2$，$i=1$，2，$\boldsymbol{\theta}=[\theta_1 \quad \theta_2]^{\mathrm{T}}$；

$\boldsymbol{\tau}$——广义力，为关节驱动力矢量，其各分量为回转关节驱动力矩 τ_i，对于 $n=2$

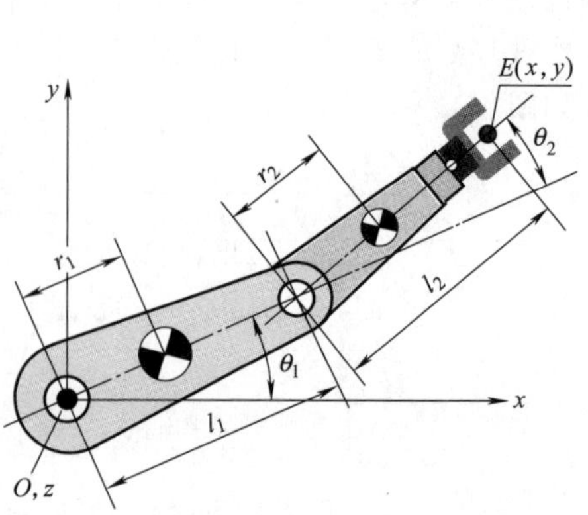

图 4-6 平面内 2-DOF 机器人操作臂的机构模型与机构参数

的本例，$i=1$，2，$\boldsymbol{\tau}=[\tau_1, \tau_2]^{\mathrm{T}}$；

$\boldsymbol{M}(.)$——惯性系数矩阵，是由机器人构件加减速运动时有质量构件惯性引起的力或力矩项系数矩阵，对于 2-DOF 机构，为 2×2 的矩阵；

$\boldsymbol{C}(.)$——离心力、科氏力等力或力矩项，对于 $n=2$ 的本例为 2×1 的矢量；

$\boldsymbol{B}_{\mathrm{d}}(.)$——关节相对运动时内部摩擦项中的黏性摩擦项，即是由关节相对运动产生的黏性摩擦引起的摩擦力或力矩项系数矩阵，对于 $n=2$ 的本例为 2×2 的矩阵；

$\boldsymbol{D}(.)$——关节相对运动时内部摩擦项中的动摩擦项，为 2×1 的矢量；

$\boldsymbol{G}(.)$——重力、重力矩项，即由质量在重力场中引起的重力或重力矩项。对于本例中的水平面内运动的 2-DOF 机器人操作臂机构，为 2×1 的矢量，$\boldsymbol{G}(.)=0=[0\ \ 0]^{\mathrm{T}}$（单位：N 或 N・m）。重力、重力矩对于 2-DOF 的机器人操作臂机构的动力学没有直接影响，则 2-DOF 水平面内运动的机器人操作臂的运动方程可进一步表示为：

$$\boldsymbol{M}(\boldsymbol{\theta})\ddot{\boldsymbol{\theta}}+\boldsymbol{C}(\boldsymbol{\theta},\dot{\boldsymbol{\theta}})+\boldsymbol{B}_{\mathrm{d}}\cdot\dot{\boldsymbol{\theta}}+\boldsymbol{D}(\dot{\boldsymbol{\theta}})=\boldsymbol{\tau}$$

这个运动方程是由对于任何机构都通用的运动方程一般式得到的，只有理论意义，并不能直接作为实际计算的运动方程来使用。若用于参数识别，需要具体推导出该方程中 $\boldsymbol{M}(.)$、$\boldsymbol{C}(.)$、$\boldsymbol{B}_{\mathrm{d}}(.)$、$\boldsymbol{D}(.)$ 的具体表达式。因此，利用拉格朗日法对图 4-6 所示的 2-DOF 机器人操作臂机构推导运动方程并整理可得：

$$\boldsymbol{M}(\boldsymbol{\theta})=\begin{bmatrix} M_1+2R\cos\theta_2 & M_2+2R\cos\theta_2 \\ M_2+R\cos\theta_2 & M_2 \end{bmatrix};$$

$$\boldsymbol{C}(\boldsymbol{\theta},\dot{\boldsymbol{\theta}})=\begin{bmatrix} -2R\dot{\theta}_1\dot{\theta}_2\sin\theta_2-R\dot{\theta}_2^2\sin\theta_2 \\ R\dot{\theta}_1^2\sin\theta_2 \end{bmatrix};$$

$$\boldsymbol{B}_{\mathrm{d}}=\begin{bmatrix} B_{\mathrm{d1}} & 0 \\ 0 & B_{\mathrm{d2}} \end{bmatrix};$$

$$\boldsymbol{D}(\dot{\boldsymbol{\theta}})=\begin{bmatrix} D_1\mathrm{sgn}(\dot{\theta}_1) \\ D_2\sin(\dot{\theta}_2) \end{bmatrix};$$

$\boldsymbol{G}(\boldsymbol{\theta})=\boldsymbol{0}$；

$M_1=I_1+I_2+m_1r_1^2+m_2(l_1^2+r_2^2)$；

$M_2=I_2+m_2r_1^2$；

$R=m_2r_2l_1$。

上述公式中，对于给定的（即已经设计或研制出来的实际的）机器人操作臂，其中的 m_i、I_{i}、l_i、$r_i(i=1, 2, \cdots, n)$（本例中 $n=2$）等物理参数已经由实际存在的机器人（可为产品、原型样机、详细完整的机械设计或虚拟样机）在其自身上给出或确定出来，通常是作为确定的物理参数常量来看待的。但此处，我们讨论的是通过参数识别实验和算法来确定其值，所以，此处可将其作为待定的变量来看待。则由上述公式可以看出 $\boldsymbol{M}(.)$、$\boldsymbol{C}(.)$、$\boldsymbol{B}_{\mathrm{d}}(.)$、$\boldsymbol{D}(.)$ 分别是 m_i、I_{i}、l_i、$r_i(i=1, 2)$ 等物理参数或它们部分组合出来的组合参数，如 M_1、M_2 的函数关系。则可以分别用下式表达它们的函数关系：

$\boldsymbol{M}(\boldsymbol{\theta})=\boldsymbol{M}(\boldsymbol{\theta},R,M_1,M_2)$；$\boldsymbol{C}(\boldsymbol{\theta},\dot{\boldsymbol{\theta}})=\boldsymbol{C}(\boldsymbol{\theta},\dot{\boldsymbol{\theta}},R)$；$\boldsymbol{B}_{\mathrm{d}}=\boldsymbol{B}_{\mathrm{d}}(B_{\mathrm{d1}},B_{\mathrm{d2}})$；$\boldsymbol{D}(\dot{\boldsymbol{\theta}})=\boldsymbol{D}(\dot{\boldsymbol{\theta}},D_1,D_2)$。

式中，$M_1=I_1+I_2+m_1r_1^2+m_2(l_1^2+r_2^2)$；$M_2=I_2+m_2r_1^2$；$R=m_2r_2l_1$。

显然，为得到实际机器人操作臂运动方程，并且可用来计算给定关节运动参数下各关节驱动力矩，需要确定以下参数集合 $\boldsymbol{P}$ 或 $\boldsymbol{\rho}$ 中的各参数：

$\boldsymbol{P}=\{I_1,I_2,m_1,m_2,r_1,r_2,B_{d1},B_{d2},D_1,D_2\}\in\boldsymbol{R}^{10}$；

$\boldsymbol{\rho}=\{M_1,M_2,R,B_{d1},B_{d2},D_1,D_2\}\in\boldsymbol{R}^{7}$。

为得到能够用来计算关节驱动力矩的运动方程，需要明确的充分必要条件是：除了根据末端操作器作业位姿，用逆运动学解出包括关节角、角速度、角加速度等具体运动参数之外，还需要确定作为各个杆件参数集合 $\boldsymbol{P}$ 中的 10 个物理参数或者含有组合参数集合 $\boldsymbol{\rho}$ 中的 7 个参数。那么，到底是用 $\boldsymbol{P}$ 还是 $\boldsymbol{\rho}$ 呢？选择两者其中的哪一个？显然参数越少越相对容易求解，所以选择 $\boldsymbol{\rho}$ 作为参数识别的基底参数集。

4.4.2 基底参数的定义及其选择

基底参数的定义：把为获得能够用于逆动力学计算的机器人操作臂运动方程式所需而且是足够的参数的集合定义为基底参数。

基底参数选择的说明如下：

① 基底参数的定义不是唯一的！如前述的 $\boldsymbol{P}\in\mathbf{R}^{10}$ 和 $\boldsymbol{\rho}\in\mathbf{R}^{7}$。只要 $\boldsymbol{P}$ 或 $\boldsymbol{\rho}$ 两个集合之一中的参数被识别确定出来，将这些参数回代到运动方程式，或者是改变写法形式的运动方程，都可得到用来进行逆动力学计算的具体方程式。

② 参数识别不一定必须识别独立的物理参数。几个参数组合而成的组合参数也可。前提是以方便运动方程表达的需要和减少参数个数便于参数识别中的计算为根本。

③ 尽可能选择带有组合参数的参数集合作为基底参数。因为这样可以减少参数识别的个数。

4.5 参数识别的原理和算法

机器人参数识别的方法可分为逐次识别法和同时识别法。

4.5.1 逐次识别法

这里仍以水平面内运动的 2-DOF 两杆机器人为例说明其识别原理。

逐次识别法是对多自由度操作臂的 1 自由度（最多 2 个自由度）各轴逐次进行识别试验运动的识别方法。

对于水平面内运动的 2-DOF 两杆机器人，其要识别的参数集合为：

$$\boldsymbol{\rho}=\{M_1,M_2,R,B_1,B_2,D_1,D_2\}\in\mathbf{R}^{7}$$

识别顺序为：第一步识别，$\boldsymbol{\rho}_1=\{M_2,\ B_2,\ D_2\}^{\mathrm{T}}$，第二步识别，$\boldsymbol{\rho}_2=\{M_1,\ B_1,\ D_1\}^{\mathrm{T}}$

（1）第一步识别：$\boldsymbol{\rho}_1=\{M_2,\ B_2,\ D_2\}^{\mathrm{T}}$

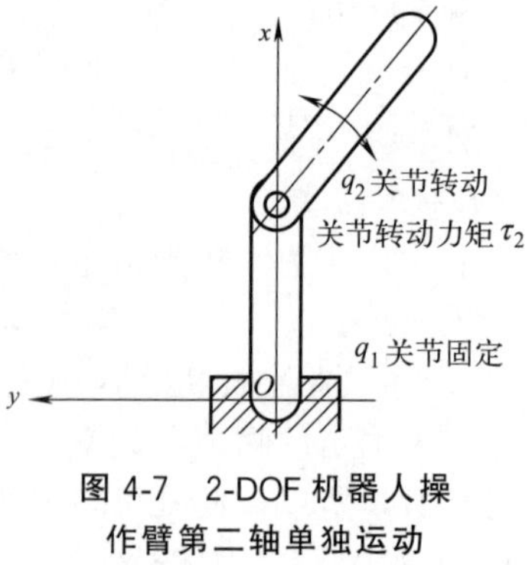

图 4-7 2-DOF 机器人操作臂第二轴单独运动

作法：如图 4-7 所示，先固定（电动机停止、保持力矩状态）第一轴，让第二轴单独运动（尽可能为一般运动），将q_1、$\dot{q}_1$、$\ddot{q}_1$皆为 0 代入到 4.4.1 节的运动方程中，此时关节 2 的运动方程式为：

$$M_2\ddot{q}_2(t)+B_2\dot{q}_2(t)+D_2\mathrm{sgn}(\dot{q}_2(t))=\begin{bmatrix}\ddot{q}_2(t) & \dot{q}_2(t) & \mathrm{sgn}(\dot{q}_2(t))\end{bmatrix}\cdot\begin{bmatrix}M_2\\B_2\\D_2\end{bmatrix}=\tau_2(t)\tag{4-1}$$

数据获得及处理：数据处理框图如图 4-8 所示。

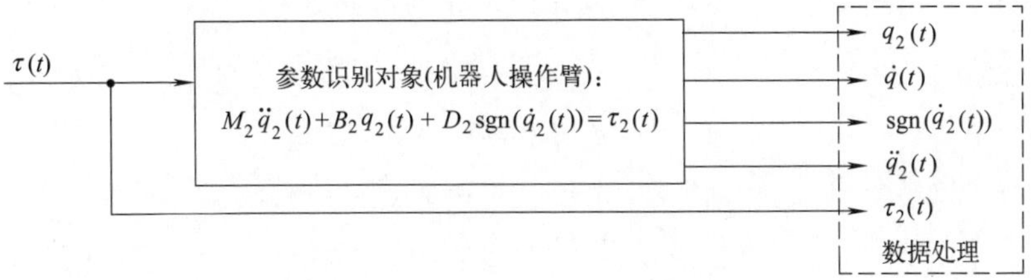

图 4-8　数据处理框图

测定在时刻 $t=t_1$，t_2，…，t_N 时的下述所有值（$N\geqslant 3$）：$\{q_2(t)$，$\dot{q}_2(t)$，$\ddot{q}_2(t)$，$\tau_2(t)\}$

由式（4-1）得下式：

$$\boldsymbol{A}_N\boldsymbol{\rho}_1=\boldsymbol{y}_N \tag{4-2}$$

其中：

$$\boldsymbol{A}_N=\begin{bmatrix}\ddot{q}_2(t_1) & \dot{q}_2(t_1) & \mathrm{sgn}(\dot{q}_2(t_1))\\ \vdots & \vdots & \vdots\\ \ddot{q}_2(t_N) & \dot{q}_2(t_N) & \mathrm{sgn}(\dot{q}_2(t_N))\end{bmatrix},\boldsymbol{\rho}_1=\begin{bmatrix}M_2\\ B_2\\ D_2\end{bmatrix},\boldsymbol{y}_N=\begin{bmatrix}\tau_2(t_1)\\ \vdots\\ \tau_2(t_N)\end{bmatrix} \tag{4-3}$$

由最小二乘法计算 $\boldsymbol{\rho}_1$ 的解 $\hat{\boldsymbol{\rho}}_1$：

$$\boldsymbol{\rho}_1=(\boldsymbol{A}_N^{\mathrm{T}}\cdot\boldsymbol{A}_N)^{-1}\boldsymbol{A}_N^{\mathrm{T}}\cdot\boldsymbol{y}_N \tag{4-4}$$

（2）第二步识别：$\boldsymbol{\rho}_2=\{M_1,\ B_1,\ D_1\}^{\mathrm{T}}$

作法：固定第二轴在适当的姿势（两种情况），让第一轴单独运动。

① 第一种情况：如图 4-9（a）所示，让第二轴固定在 0°，让第一轴运动，其运动方程式为：

$$\begin{aligned}&(M_1+R)\ddot{q}_{a1}(t)+B_1\dot{q}_{a1}(t)+D_1\mathrm{sgn}(\dot{q}_{a1}(t))\\ &=\begin{bmatrix}\ddot{q}_{a1}(\mathrm{t}) & \dot{q}_{a1}(t) & \mathrm{sgn}(\dot{q}_{a1}(t))\end{bmatrix}\begin{bmatrix}M_1+2R\\ B_1\\ D_1\end{bmatrix}=\tau_{a1}(t)\end{aligned} \tag{4-5}$$

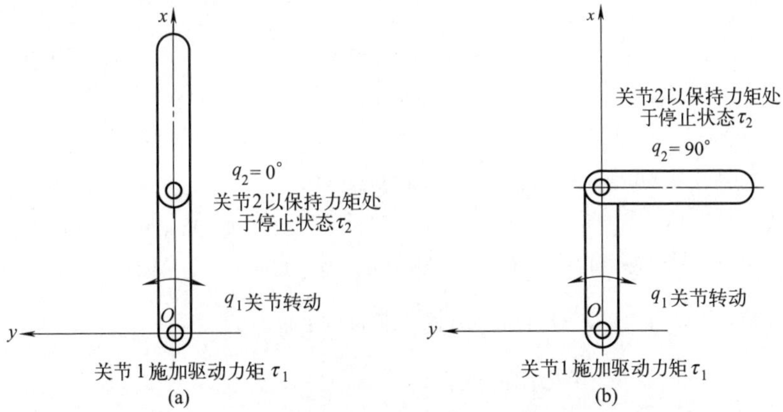

图 4-9　2-DOF 机器人操作臂第二轴固定，并在不同臂形下让第一轴单独运动

数据获得及处理：

测定在时刻 $t=t_1$，t_2，…，t_N 时的下述所有值（$N\geqslant 3$）：$\{q_{a1}(t),\dot{q}_{a1}(t),\ddot{q}_{a1}(t),\tau_{a1}(t)\}$

由式（4-5）得下式：

$$\boldsymbol{A}_{aN}\begin{bmatrix}M_1+2R\\B_1\\D_1\end{bmatrix}=\boldsymbol{y}_{aN} \tag{4-6}$$

其中：

$$\boldsymbol{A}_{aN}=\begin{bmatrix}\ddot{q}_{a1}(t_1) & \dot{q}_{a1}(t_1) & \mathrm{sgn}(\dot{q}_{a1}(t_1))\\ \vdots & \vdots & \vdots\\ \ddot{q}_{a1}(t_N) & \dot{q}_{a1}(t_N) & \mathrm{sgn}(\dot{q}_{a1}(t_N))\end{bmatrix},\ \boldsymbol{y}_{aN}=\begin{bmatrix}\tau_{a1}(t_1)\\ \vdots\\ \tau_{a1}(t_N)\end{bmatrix} \tag{4-7}$$

由式（4-6），$\{M_1+2R，B_1，D_1\}$ 的最小二乘解为：

$$\begin{bmatrix}\hat{M}_1+2\hat{R}\\\hat{B}_1\\\hat{D}_1\end{bmatrix}=(\boldsymbol{A}_{aN}^{\mathrm{T}}\cdot\boldsymbol{A}_{aN})^{-1}\boldsymbol{A}_{aN}^{\mathrm{T}}\cdot\boldsymbol{y}_{aN} \tag{4-8}$$

② 第二种情况：如图 4-9（b）所示，让第二轴固定在 90°（控制驱动该关节的伺服电动机使关节转动到 90°位置后处于停止、保持力矩状态），让第一轴运动［也是一般性的运动，办法是可以用随机生成的限幅随机电流（与驱动力矩曲线的关系是伺服电动机的力矩常数倒数）作为操作量输出并施加给电动机，让其驱动关节做一般性的、非特定的随机运动］，将 $q_2=90°$、$\dot{q}_2=0$、$\ddot{q}_2=0$ 代入到 4.4.1 节的运动方程中，得关节 1 的运动方程式为：

$$M_1\ddot{q}_{b1}(t)+B_1\dot{q}_{b1}(t)+D_1\mathrm{sgn}(\dot{q}_{b1}(t))=\begin{bmatrix}\ddot{q}_{b1}(t) & \dot{q}_{b1}(t) & \mathrm{sgn}(\dot{q}_{b1}(t))\end{bmatrix}\begin{bmatrix}M_{b1}\\B_{b1}\\D_{b1}\end{bmatrix}=\tau_{b1}(t) \tag{4-9}$$

数据获得及处理：

测定在时刻 $t=t_1$，t_2，…，t_N 时的下述所有值（$N\geqslant 3$）：$\{q_{b1}(t),\dot{q}_{b1}(t),\ddot{q}_{b1}(t),\tau_{b1}(t)\}$。

由式（4-9）得下式：

$$\boldsymbol{A}_{bN}\begin{bmatrix}M_1\\B_1\\D_1\end{bmatrix}=\boldsymbol{y}_{bN} \tag{4-10}$$

其中：

$$\boldsymbol{A}_{bN}=\begin{bmatrix}\ddot{q}_{b1}(t_1) & \dot{q}_{b1}(t_1) & \mathrm{sgn}(\dot{q}_{b1}(t_1))\\ \vdots & \vdots & \vdots\\ \ddot{q}_{b1}(t_N) & \dot{q}_{b1}(t_N) & \mathrm{sgn}(\dot{q}_{b1}(t_N))\end{bmatrix},\ \boldsymbol{y}_{bN}=\begin{bmatrix}\tau_{b1}(t_1)\\ \vdots\\ \tau_{b1}(t_N)\end{bmatrix} \tag{4-11}$$

由式（4-10），$\{M_1，B_1，D_1\}$ 的最小二乘解为：

$$\begin{bmatrix}\hat{M}_1\\\hat{B}_1\\\hat{D}_1\end{bmatrix}=(\boldsymbol{A}_{bN}^{\mathrm{T}}\cdot\boldsymbol{A}_{bN})^{-1}\boldsymbol{A}_{bN}^{\mathrm{T}}\cdot\boldsymbol{y}_{bN} \tag{4-12}$$

由第二步的式（4-8）和式（4-10），$\hat{B}_1$、$\hat{D}_1$ 可直接得到 $\hat{R}_1$：

$$\hat{R}=\frac{(\hat{M}_2+2\hat{R})-\hat{M}_2}{2} \tag{4-13}$$

所有参数识别完毕！

4.5.2　同时识别法

同时识别法就是让机器人操作臂的所有关节同时运动，并识别所有基底参数的参数识别方法。其基本方法是将机器人操作臂运动方程式 $\boldsymbol{M}(\boldsymbol{q})\ddot{\boldsymbol{q}}+\boldsymbol{C}(\boldsymbol{q},\dot{\boldsymbol{q}})+\boldsymbol{B}\dot{\boldsymbol{q}}+\boldsymbol{D}(\dot{\boldsymbol{q}})=\boldsymbol{\tau}$ 写成：将机器人操作臂运动参数部分与操作臂机械本体物理参数部分分解开显现的线性化表示的诸如 $\boldsymbol{F}'(\boldsymbol{q},\ \dot{\boldsymbol{q}},\ \ddot{\boldsymbol{q}})\cdot\boldsymbol{f}'(\boldsymbol{P})=\boldsymbol{\tau}$ 形式，进而利用伪逆阵及最小二乘法可得到为求解出物理参数的 $\boldsymbol{f}'(\boldsymbol{P})=\boldsymbol{F}'^{+}(\boldsymbol{q},\ \dot{\boldsymbol{q}},\ \ddot{\boldsymbol{q}})\cdot\boldsymbol{\tau}$ 形式，对于 2-DOF 操作臂具体如下：

$$\begin{aligned}
&\boldsymbol{M}(\boldsymbol{q})\ddot{\boldsymbol{q}}+\boldsymbol{C}(\boldsymbol{q},\dot{\boldsymbol{q}})+\boldsymbol{B}\dot{\boldsymbol{q}}+\boldsymbol{D}(\dot{\boldsymbol{q}})\\
&=\begin{bmatrix}\ddot{q}_1 & \ddot{q}_2 & 2\ddot{q}_1\cos q_2+\ddot{q}_2\cos q_2-2R\dot{q}_1\dot{q}_2-\dot{q}_2^2\sin q_2 & \dot{q}_1 & 0 & \mathrm{sgn}\dot{q}_1 & 0\\ 0 & \ddot{q}_1+\ddot{q}_2 & \ddot{q}_1\cos q_2+\dot{q}_1^2\sin q_2 & 0 & \dot{q}_2 & 0 & \mathrm{sgn}\dot{q}_2\end{bmatrix}\\
&\quad\cdot\begin{bmatrix}M_1 & M_2 & R & B_1 & B_2 & D_1 & D_2\end{bmatrix}^{\mathrm{T}}\\
&=\boldsymbol{\tau}=\begin{bmatrix}\tau_1 & \tau_2\end{bmatrix}^{\mathrm{T}}
\end{aligned} \tag{4-14}$$

与前述的逐次识别法同理，如果能够通过位置/速度传感器甚至角加速度传感器检测（或者参数识别精度要求不高的情况下由位置/速度传感器的速度信号差分估算角加速度）得到各关节（或各关节驱动电动机）在 $t=t_1$，t_2，…，t_N 时刻下所有的运动参数集合：$\{q_i(t),\dot{q}_i(t),\ddot{q}_i(t)\}$，$(i=1,\ 2,\ \cdots,\ n)$，其中，$n$ 为机器人操作臂自由度数或主动驱动关节数。对于 2-DOF 平面运动操作臂，$n=2$。

对于机器人操作臂参数识别而言，各主驱动关节的驱动力矩由伺服电动机提供，而且一般是通过给电动机绕组施加随时间变化的限幅随机电流或指定随时间变化曲线关系的电流的力矩控制方式，是参数识别实验前设计好的，因此，参数识别实验过程中机器人操作臂各关节的驱动力矩 τ_i（或严格地说是电动机输出的驱动力矩 $\tau_{motor\text{-}i}$）可当作已知量。因此，参数识别下已知的机器人操作臂运动和动力参数的集合为：$\{q_i(t),\dot{q}_i(t),\ddot{q}_i(t),\tau_i\}$，$(i=1,\ 2,\ \cdots,\ n)$，因此，由式（4-14）可得：

$$\boldsymbol{A}_N\cdot\boldsymbol{\rho}=\boldsymbol{y}_N \tag{4-15}$$

其中：

$$\boldsymbol{A}_N=\left[\begin{matrix}\ddot{q}_1(t_1) & \ddot{q}_2(t_1)\\ 0 & \ddot{q}_1(t_1)+\ddot{q}_2(t_1)\\ \vdots & \vdots\\ \ddot{q}_1(t_N) & \ddot{q}_2(t_N)\\ 0 & \ddot{q}_1(t_N)+\ddot{q}_2(t_N)\end{matrix}\right.$$

$$\begin{matrix}2\ddot{q}_1(t_1)\cos q_2(t_1)+\ddot{q}_2(t_1)\cos q_2(t_1)-2R\dot{q}_1(t_1)\dot{q}_2(t_1)-\dot{q}_2^2(t_1)\sin\dot{q}_2(t_1)\\ \ddot{q}_1(t_1)\cos q_2(t_1)+\dot{q}_1^2(t_1)\sin\dot{q}_2(t_1)\\ \vdots\end{matrix} \tag{4-16}$$

$$2\ddot{q}_1(t_N)\cos q_2(t_N)+\ddot{q}_2(t_N)\cos q_2(t_N)-2R\dot{q}_1(t_N)\dot{q}_2(t_N)-\dot{q}_2^2(t_N)\sin\dot{q}_2(t_N)$$
$$\ddot{q}_1(t_N)\cos q_2(t_N)+\dot{q}_1^2(t_N)\sin\dot{q}_2(t_N)$$

$$\left.\begin{matrix} \dot{q}_1(t_1) & 0 & \operatorname{sgn}\dot{q}_1(t_1) & 0 \\ 0 & \dot{q}_2(t_1) & 0 & \operatorname{sgn}\dot{q}_2(t_1) \\ \vdots & \vdots & \vdots & \vdots \\ \dot{q}_1(t_N) & 0 & \operatorname{sgn}\dot{q}_1(t_N) & 0 \\ 0 & \dot{q}_2(t_N) & 0 & \operatorname{sgn}\dot{q}_2(t_N) \end{matrix}\right]_{2N\times 7}$$

$$\boldsymbol{y}_N=\begin{bmatrix}\tau_1(t_1)\\ \tau_2(t_1)\\ \vdots \\ \tau_1(t_N)\\ \tau_2(t_N)\end{bmatrix}_{2N\times 1} \tag{4-17}$$

$\boldsymbol{\rho}=\{M_1,M_2,R,B_1,B_2,D_1,D_2\}\in\mathbf{R}^7$ 即 $\boldsymbol{\rho}=[M_1\quad M_2\quad R\quad B_1\quad B_2\quad D_1\quad D_2]^{\mathrm{T}}$。则利用最小二乘法可解得，机器人操作臂基底参数 $\boldsymbol{\rho}$ 的最小二乘解为：

$$\boldsymbol{\rho}\approx\hat{\boldsymbol{\rho}}=(\boldsymbol{A}_N^{\mathrm{T}}\cdot\boldsymbol{A}_N)^{-1}\boldsymbol{A}_N^{\mathrm{T}}\cdot\boldsymbol{y}_N \tag{4-18}$$

4.5.3 逐次识别法与同时识别法的优缺点讨论

对比逐次识别法与同时识别法可知：

① 逐次识别法所用运动数据是每次仅让一个关节运动而其他关节不动下得到的，显然，所得运动数据对各关节同时运动下物理参数对各关节运动耦合影响的反映不如同时识别法充分，参数识别的误差累积成分相对较大，往往需要多次识别。但是逐次识别法每次仅单一关节运动，每次计算量相对少且简单。

② 同时识别法是所有关节同时运动下获得运动数据，物理参数对所有关节运动耦合的影响体现相对充分，但是，由参数识别下的运动控制的实时性要求、运动的光滑连续性以及采样周期所决定，参数识别开始到结束的时间 t 被离散化成 N 份，N 的整数值较大，由公式（4-16）可以看出，$\boldsymbol{A}_N$ 一般为 $2N\times7$ 矩阵，而且对于机器人操作臂自由度数为 n、基底参数的个数为 m 时，$\boldsymbol{A}_N$ 将为行数（$n\times N$）$\times$列数 m 的大规模矩阵。因此，机器人操作臂自由度数、基底参数越多、采样周期越短，则数据处理中的矩阵运算规模越大。

根据上述分析，实际进行参数识别时，需要综合考虑机器人操作臂控制精度要求、速度高低以及是否需要进行在线或离线参数识别等因素来选择逐次识别法还是同时识别法。

4.6 参数识别实验前需考虑的实际问题

由前述可知，机器人操作臂参数识别是在利用理论力学中拉格朗日方程法或者牛顿-欧拉方程法获得运动方程理论基础上，结合参数识别实验获得运动数据和运用参数识别算法（如最小二乘法）对运动数据进行处理后获得基底参数的。其中，实验是不可缺少的，而且要想尽可能准确地获得实际机器人机械本体的物理参数或基底参数，成功地进行参数识别实验，就必须考虑机器人的实际情况：

① 参数识别实验中，逐次识别法、同时识别法一般都需要机器人关节的运动不是事先完全确定好的运动，最好是一般的、带有随机性的运动。为的是尽可能避免识别出的物理参

数或基底参数解陷入局部最优（次优）解而降低甚至于失去一般性。因此，为得到具有一般性的关节运动，需要对驱动各关节的伺服电动机施加限幅随机变化的电流信号即对电动机进行力矩控制，让电动机驱动关节运动，然后由关节或电动机上的位置/速度传感器甚至角加速度传感器获得各关节位置、速度、加速度运动参数。

② 由于对驱动各关节的伺服电动机采用限幅随机生成的电流指令进行力矩控制，事先并不能预知各关节运动的实际情况，这对于机器人操作臂本身或者参数识别实验现场机器人操作臂周围的环境以及人员都是一件危险的事情。因此，为安全起见，对于非整周回转的关节而言，有必要设置限位行程开关或者根据回转位置传感器测量是否将接近关节回转极限位置而对关节执行制动控制，以确保机器人不发生机械碰撞；而且在参数识别实验进行过程中，周围环境中的物体以及人员应该处于机器人操作臂工作空间之外。

③ 参数识别实验之前需要做好参数识别方法的选择以及充分的实验设计。将关节运动分成几种情况并不是唯一的分法，分得越细，参数识别越精确，而且不同情况下的参数识别结果还可以存成数表的形式，用到时通过“查表”检索或区间插值的办法来使用不同构形下最接近的物理参数，如此得到的运动方程式计算结果就越准确。

④ 以上给出的是所需要的运动数据（角度、角速度、角加速度、力矩）都能得到的情况下参数识别的原理。但机器人参数识别实际中并非所有的数据都能测得或计算出来。角度和力矩分别能由位置传感器和力矩传感测得（或者如本例中直接施加电流即可知驱动力矩)。当不能直接测得角速度、角加速度时，可采用对角度、角速度差分得到，但识别精度会变差。

4.7 双足机器人参数识别与实验

4.7.1 基于足底力和关节位置/速度数据的机器人参数识别

前述的是关节限幅随机运动指令控制与驱动下，利用关节位置/速度传感器得到的数据和最小二乘法对机器人进行参数识别的原理、算法与实验设计等内容。但是，参数识别的原理、方法并不是唯一的，对于不同类型的机器人还需要具体分析。这里以仿人双足步行机器人为例，同样对关节采用限幅随机驱动机器人运动，并且通过足底接触力传感器和关节位置/速度传感器获得状态数据，来进行双足机器人参数识别。与前述的参数识别不同的是：采用了足底接触力传感器来获得单脚站立情况下的支撑脚 ZMP 位置并且对机器人的杆件质心位置尺寸、质量等参数进行了参数识别实验。有关 ZMP 即零力矩点的概念及计算公式参见本书第 12 章 12.6.3 节及 12.6.2 节内容。

4.7.2 参数识别的通用模型与求解算法

参数识别的目的是确定系统运动方程中参数的真值，从而使基于模型的控制器能够准确求解逆动力学计算用方程。这里把由待识别参数组成的矢量表示为 $\boldsymbol{p}=[p_1,p_2,\cdots,p_n]^{\mathrm{T}}$，进行参数识别前需构建以下函数关系：

$$\boldsymbol{y}=\boldsymbol{f}(\boldsymbol{x},\boldsymbol{p}) \tag{4-19}$$

其中，$\boldsymbol{x}$、$\boldsymbol{y}$ 分别是由输入变量和输出变量组成的矢量，$\boldsymbol{y}$ 是 $\boldsymbol{x}$ 和 $\boldsymbol{p}$ 的函数。

参数识别实验中需使系统进行限幅随机运动，测量不同时刻的多组 $\boldsymbol{x}$、$\boldsymbol{y}$ 变量的值（分别记作 $\boldsymbol{x}_i$ 和 $\boldsymbol{y}_i$，$i=1,2,\cdots,N$）。参数 $\boldsymbol{p}$ 对应的误差函数可按下式定义：

$$e(\boldsymbol{p})=\sum_{i=1}^{N}[\boldsymbol{f}(\boldsymbol{x}_i,\boldsymbol{p})-\boldsymbol{y}_i]^{\mathrm{T}}[\boldsymbol{f}(\boldsymbol{x}_i,\boldsymbol{p})-\boldsymbol{y}_i] \tag{4-20}$$

根据上述误差函数，可将参数识别问题转化为以下优化问题：

$$\boldsymbol{p}*=\operatorname{argmin} e(\boldsymbol{p})=\sum_{i=1}^{N}[\boldsymbol{f}(\boldsymbol{x}_i,\boldsymbol{p})-\boldsymbol{y}_i]^{\mathrm{T}}[\boldsymbol{f}(\boldsymbol{x}_i,\boldsymbol{p})-\boldsymbol{y}_i]$$

$$\text{s.t.} \quad \boldsymbol{p}_{\min}\leqslant\boldsymbol{p}\leqslant\boldsymbol{p}_{\max} \tag{4-21}$$

其中，$\boldsymbol{p}*$ 是优化得到的最优参数矢量，$\boldsymbol{p}_{\min}$ 和 $\boldsymbol{p}_{\max}$ 分别是参数的下界和上界。对上述优化模型进行求解时，若函数 $\boldsymbol{f}(\boldsymbol{x},\boldsymbol{p})$ 可被写作以下线性关系，则可使用最小二乘法直接得到最优解。

$$\boldsymbol{f}(\boldsymbol{x},\boldsymbol{p})=\boldsymbol{a}^{\mathrm{T}}\boldsymbol{p} \tag{4-22}$$

其中，$\boldsymbol{a}$ 是完全由 $\boldsymbol{x}$ 确定的矩阵，即 $\boldsymbol{a}=\boldsymbol{a}(\boldsymbol{x})$。根据实验数据 $\boldsymbol{x}_i$ 和 $\boldsymbol{y}_i$，可构造矩阵 $\boldsymbol{A}=[\boldsymbol{a}(\boldsymbol{x}_1),\boldsymbol{a}(\boldsymbol{x}_2),\cdots,\boldsymbol{a}(\boldsymbol{x}_N)]$ 和矢量 $\boldsymbol{Y}=[\boldsymbol{y}_1^{\mathrm{T}},\boldsymbol{y}_2^{\mathrm{T}},\cdots,\boldsymbol{y}_n^{\mathrm{T}}]^{\mathrm{T}}$，由最小二乘法得到的最优解为：

$$\boldsymbol{p}*=(\boldsymbol{A}\boldsymbol{A}^{\mathrm{T}})^{-1}\boldsymbol{A}\boldsymbol{Y} \tag{4-23}$$

当需要考虑优化模型中的约束条件 $\boldsymbol{p}_{\min}\leqslant\boldsymbol{p}\leqslant\boldsymbol{p}_{\max}$ 时，可使用线性规划的方法求解上述优化模型。但对于复杂的系统，函数 $\boldsymbol{f}(\boldsymbol{x},\boldsymbol{p})$ 有时无法被写成式（4-22）中的线性关系，此时可使用式（4-24）中的最速下降法或式（4-25）中的牛顿法进行求解。

$$\boldsymbol{p}^{(k)}=\boldsymbol{p}^{(k-1)}-\alpha\boldsymbol{G} \tag{4-24}$$

$$\boldsymbol{p}^{(k)}=\boldsymbol{p}^{(k-1)}-\boldsymbol{H}^{-1}\boldsymbol{G} \tag{4-25}$$

其中，上标$^{(k)}$ 表示迭代的步数；α 为学习率（$\alpha>0$）；$\boldsymbol{G}$ 和 $\boldsymbol{H}$ 分别为误差函数 e 的梯度矢量和海塞矩阵，分别按式（4-26）、式（4-27）计算。

$$\boldsymbol{G}=\frac{\partial e}{\partial\boldsymbol{p}}=\sum_{i=1}^{N}\left[\frac{\partial\boldsymbol{f}(\boldsymbol{x}_i,\boldsymbol{p})}{\partial\boldsymbol{p}}\right]^{\mathrm{T}}[\boldsymbol{f}(\boldsymbol{x}_i,\boldsymbol{p})-\boldsymbol{y}_i] \tag{4-26}$$

$$\boldsymbol{H}=\frac{\partial^2 e}{\partial\boldsymbol{p}^2}=\sum_{i=1}^{N}\left\{\left[\frac{\partial\boldsymbol{f}(\boldsymbol{x}_i,\boldsymbol{p})}{\partial\boldsymbol{p}}\right]^{\mathrm{T}}\left[\frac{\partial\boldsymbol{f}(\boldsymbol{x}_i,\boldsymbol{p})}{\partial\boldsymbol{p}}\right]+\sum_{j=1}^{m}<\left[\frac{\partial^2 f_j(\boldsymbol{x}_i,\boldsymbol{p})}{\partial\boldsymbol{p}^2}\right]^{\mathrm{T}}[f_j(\boldsymbol{x}_i,\boldsymbol{p})-y_{ij}]>\right\} \tag{4-27}$$

其中，y_{ij} 为矢量 $\boldsymbol{y}_i$ 的第 j 个元素，$f_j(\cdot)$ 是矢量函数 $\boldsymbol{f}(\cdot)$ 的第 j 个分量（$j=1,2,\cdots,m$），上述迭代过程的收敛条件可表示为：

$$\|\boldsymbol{p}^{(k)}-\boldsymbol{p}^{(k-1)}\|\leqslant\varepsilon \tag{4-28}$$

其中，ε 是预设的误差限，$\varepsilon>0$。在下面进行的双足机器人参数识别实验中将交替使用最速下降法［式（4-25）］和牛顿法［式（4-26）］求解待识别参数的最优值，这两种方法的原理基本相同，但牛顿法的收敛速度高于最速下降法，因此当海塞矩阵 $\boldsymbol{H}$ 非奇异时使用牛顿法，当 $\boldsymbol{H}$ 为奇异矩阵时使用最速下降法过渡。

4.7.3 双足机器人的参数识别问题建模

进行参数识别的双足机器人为哈工大仿生仿人机器人及其智能运动控制研究室自主研制的 GoRoBoT-Ⅱ型类人猿机器人的双足部分，图 4-10 中给出了此机器人的原型样机实物照片和机构简图。

上述机器人的每条腿均有 6 个自由度，机器人共有 7 个杆件，图 4-10（b）中标出了机器人的参数，其中待识别的参数为 $\boldsymbol{p}=[l_{c0},l_{c1},l_{c2},l_{c3},m_0,m_1,m_2,m_3]^{\mathrm{T}}$，其余参数均通过测量得到，取值由表 4-1 给出。

表 4-1 GoRoBoT-II 双足机器人的机构参数 mm

参数名称	参数符号	参数取值	参数名称	参数符号	参数取值
两髋间距	L_f	125.0	大腿长	L_1	220.0
脚宽	L_w	100.0	小腿长	L_2	189.0
前脚掌长	l_1	120.0	踝高	L_3	104.0
脚跟长	l_2	60.0			

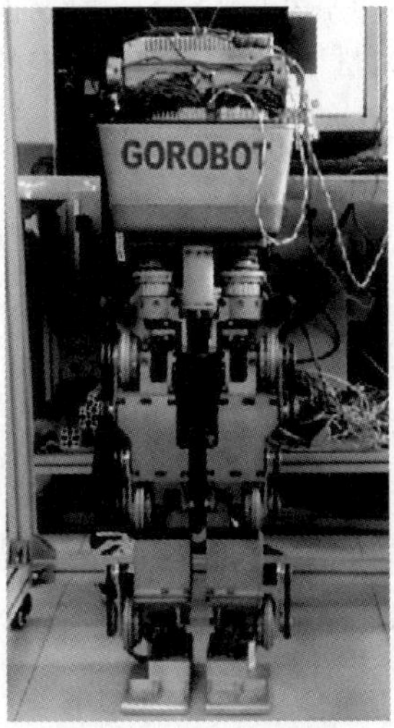

(a) GoRoBoT-Ⅱ机器人双足部分的照片

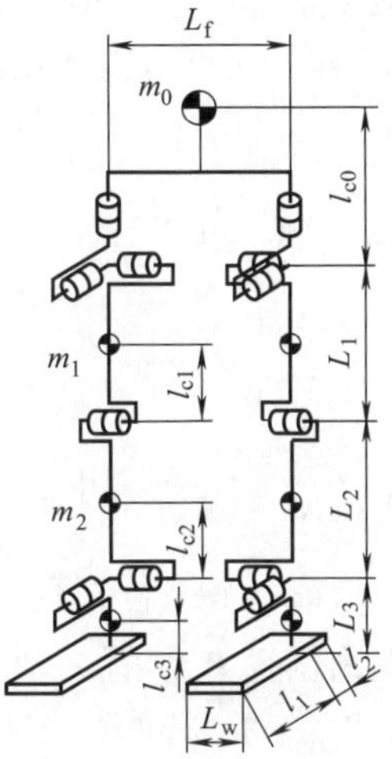

(b) GoRoBoT - Ⅱ机器人双足部分的机构简图

图 4-10　GoRoBoT-Ⅱ机器人双足部分的照片和机构简图

考虑到机器人关节的减速比较大，且减速机具有一定的回差，直接以电动机的力矩估计关节力矩将产生较大误差，这里使用由足底力传感器反馈得到的 ZMP 点位置作为式（4-21）所示模型中的变量 $\boldsymbol{y}$（即 $\boldsymbol{y}=\boldsymbol{P}_{\text{zmp}}$），以机器人的关节角、角速度、角加速度组成变量 $\boldsymbol{x}$（即 $\boldsymbol{x}=[\boldsymbol{\theta}^{\text{T}} \quad \dot{\boldsymbol{\theta}}^{\text{T}} \quad \ddot{\boldsymbol{\theta}}^{\text{T}}]^{\text{T}}$），则式（4-21）中参数辨识的模型可被表示为：

$$\boldsymbol{p}^* = \operatorname{argmin} e(\boldsymbol{p}) = \sum_{i=1}^{N} [\boldsymbol{P}'_{\text{zmp}} - \boldsymbol{P}_{\text{zmp}}]^{\text{T}} [\boldsymbol{P}'_{\text{zmp}} - \boldsymbol{P}_{\text{zmp}}]$$
$$\text{s. t.} \quad \boldsymbol{p}_{\min} \leqslant \boldsymbol{p} \leqslant \boldsymbol{p}_{\max} \tag{4-29}$$

其中，$\boldsymbol{P}'_{\text{zmp}}$是根据机器人的系统动力学模型按式（4-30）计算得到的 ZMP 点位置。

$$\boldsymbol{P}'_{\text{zmp}} = \begin{bmatrix} x'_{\text{ZMP}} \\ y'_{\text{ZMP}} \\ 0 \end{bmatrix} = \begin{bmatrix} x_{\text{C}} - (F_{\text{X}} z_{\text{C}} + M_{\text{Y}})/F_{\text{Z}} \\ y_{\text{C}} - (F_{\text{Y}} z_{\text{C}} - M_{\text{X}})/F_{\text{Z}} \\ 0 \end{bmatrix} \tag{4-30}$$

其中，x_{C}、y_{C} 分别是质心位置矢量 $\boldsymbol{P}_{\text{C}}$ 的 x 轴、y 轴分量；F_{X}、F_{Y}、F_{Z} 分别是质心处惯性力矢量 F 的三轴分量；M_{X}、M_{Y} 分别是质心处惯性力矩矢量 M 的 x 轴、y 轴分量。P_{C}、F 和 M 分别按式（4-31）～式（4-33）计算。

$$\boldsymbol{P}_{\text{C}} = \frac{\sum_{i=1}^{n} m_i \boldsymbol{P}_{\text{C}i}}{m} = \frac{\sum_{i=1}^{n} m_i (\boldsymbol{P}_i + \boldsymbol{R}_i \boldsymbol{p}_{\text{C}i})}{m} \tag{4-31}$$

$$\boldsymbol{F} = \sum_{i=1}^{n} m_i (\boldsymbol{g} - \boldsymbol{a}_{\text{C}i}) \tag{4-32}$$

$$\boldsymbol{M} = -\sum_{j=1}^{n} m_j (\boldsymbol{P}_{\text{C}j} - \boldsymbol{P}_{\text{C}}) \times \boldsymbol{a}_{\text{C}j} \tag{4-33}$$

其中，n 表示杆件数；m 为机器人的总质量（由电子秤测得，参数识别过程中认为总质量是常量）；$\boldsymbol{P}_{\text{C}i}$ 和 $\boldsymbol{a}_{\text{C}i}$ 分别是第 i 个杆件在基坐标系内的位置矢量和加速度矢量；$\boldsymbol{P}_i$ 和 $\boldsymbol{R}_i$ 分别是第 i 个杆件坐标系在基坐标内的位置矢量和旋转变换矩阵；$\boldsymbol{p}_{\text{C}i}$ 是第 i 个杆件质心在杆件坐标系内的位置矢量；$\boldsymbol{g}$ 是重力加速度矢量。

由式（4-31）～式（4-33）可以看出，参数矢量 $\boldsymbol{p}$ 中的参数无法在式（4-30）中写成类似式（4-22）的线性形式，因此使用式（4-24）和式（4-25）中给出的数值迭代方法对参数识别的优化模型进行求解，这里对需要用到的梯度矢量 $\boldsymbol{G}$ 和海塞矩阵 $\boldsymbol{H}$ 的表达式进行了推导，结果分别如式（4-34）、式（4-35）所示。

$$\boldsymbol{G}=\frac{\partial e}{\partial \boldsymbol{p}}=\sum_{i=1}^{N}\left\{(x'^{(i)}_{\mathrm{ZMP}}-x^{(i)}_{\mathrm{ZMP}})\left[\frac{\partial x'^{(i)}_{\mathrm{ZMP}}}{\partial \boldsymbol{p}}\right]+(y'^{(i)}_{\mathrm{ZMP}}-y^{(i)}_{\mathrm{ZMP}})\left[\frac{\partial y'^{(i)}_{\mathrm{ZMP}}}{\partial \boldsymbol{p}}\right]\right\} \tag{4-34}$$

$$\begin{aligned}\boldsymbol{H}=\frac{\partial^2 e}{\partial \boldsymbol{p}^2}=\sum_{i=1}^{N}\Bigg\{&(x'^{(i)}_{\mathrm{ZMP}}-x^{(i)}_{\mathrm{ZMP}})\left[\frac{\partial^2 x'^{(i)}_{\mathrm{ZMP}}}{\partial \boldsymbol{p}^2}\right]+\left[\frac{\partial x'^{(i)}_{\mathrm{ZMP}}}{\partial \boldsymbol{p}}\right]\left[\frac{\partial x'^{(i)}_{\mathrm{ZMP}}}{\partial \boldsymbol{p}}\right]^{\mathrm{T}}\\&+(y'^{(i)}_{\mathrm{ZMP}}-y^{(i)}_{\mathrm{ZMP}})\left[\frac{\partial^2 y'^{(i)}_{\mathrm{ZMP}}}{\partial \boldsymbol{p}^2}\right]+\left[\frac{\partial y'^{(i)}_{\mathrm{ZMP}}}{\partial \boldsymbol{p}}\right]\left[\frac{\partial y'^{(i)}_{\mathrm{ZMP}}}{\partial \boldsymbol{p}}\right]^{\mathrm{T}}\Bigg\}\end{aligned} \tag{4-35}$$

其中，上标 $^{(i)}$ 表示第 i 个采样周期得到的数据；$x'^{(i)}_{\mathrm{ZMP}}$ 和 $y'^{(i)}_{\mathrm{ZMP}}$ 分别是根据第 i 个采样数据算得的 ZMP 理论位置 $\boldsymbol{P}'_{\mathrm{zmp}}$ 的 x 轴和 y 轴分量；$x^{(i)}_{\mathrm{ZMP}}$ 和 $y^{(i)}_{\mathrm{ZMP}}$ 是第 i 个采样周期测得的 ZMP 实际位置矢量 $\boldsymbol{P}_{\mathrm{zmp}}$ 的 x 轴和 y 轴分量。ZMP 的理论位置关于参数矢量 $\boldsymbol{p}$ 的一阶偏导数和二阶偏导数分别由式（4-36）、式（4-37）给出。

$$\begin{cases}\dfrac{\partial x'_{\mathrm{ZMP}}}{\partial \boldsymbol{p}}=\dot{x}_{\mathrm{C}}-\dfrac{\dot{F}_{\mathrm{X}}z_{\mathrm{C}}+F_{\mathrm{X}}\dot{z}_{\mathrm{C}}+\dot{M}_{\mathrm{Y}}}{F_{\mathrm{Z}}}+\dfrac{F_{\mathrm{X}}z_{\mathrm{C}}+M_{\mathrm{Y}}}{F_{\mathrm{Z}}^2}\dot{F}_{\mathrm{Z}}\\[2ex]\dfrac{\partial y'_{\mathrm{ZMP}}}{\partial \boldsymbol{p}}=\dot{y}_{\mathrm{C}}-\dfrac{\dot{F}_{\mathrm{Y}}z_{\mathrm{C}}+F_{\mathrm{Y}}\dot{z}_{\mathrm{C}}-\dot{M}_{\mathrm{X}}}{F_{\mathrm{Z}}}+\dfrac{F_{\mathrm{Y}}z_{\mathrm{C}}-M_{\mathrm{X}}}{F_{\mathrm{Z}}^2}\dot{F}_{\mathrm{Z}}\end{cases} \tag{4-36}$$

$$\begin{cases}\dfrac{\partial^2 x'_{\mathrm{ZMP}}}{\partial \boldsymbol{p}^2}=\ddot{x}_{\mathrm{C}}-\dfrac{\ddot{F}_{\mathrm{X}}z_{\mathrm{C}}+\dot{F}_{\mathrm{X}}\dot{z}_{\mathrm{C}}^{\mathrm{T}}+\dot{z}_{\mathrm{C}}\dot{F}_{\mathrm{X}}^{\mathrm{T}}+F_{\mathrm{X}}\ddot{z}_{\mathrm{C}}+\ddot{M}_{\mathrm{Y}}}{F_{\mathrm{Z}}}+\left(\ddot{F}_{\mathrm{Z}}-\dfrac{2}{F^{\mathrm{Z}}}\dot{F}_{\mathrm{Z}}\dot{F}_{\mathrm{Z}}^{\mathrm{T}}\right)\dfrac{F_{\mathrm{X}}z_{\mathrm{C}}+M_{\mathrm{Y}}}{F_{\mathrm{Z}}^2}\\[2ex]\qquad+\dfrac{(\dot{F}_{\mathrm{X}}z_{\mathrm{C}}+F_{\mathrm{X}}\dot{z}_{\mathrm{C}}+\dot{M}_{\mathrm{Y}})\dot{F}_{\mathrm{Z}}^{\mathrm{T}}}{F_{\mathrm{Z}}^2}+\dfrac{\dot{F}_{\mathrm{Z}}(\dot{F}_{\mathrm{X}}z_{\mathrm{C}}+F_{\mathrm{X}}\dot{z}_{\mathrm{C}}+\dot{M}_{\mathrm{Y}})}{F_{\mathrm{Z}}^2}\\[2ex]\dfrac{\partial^2 y'_{\mathrm{ZMP}}}{\partial \boldsymbol{p}^2}=\ddot{y}_{\mathrm{C}}-\dfrac{\ddot{F}_{\mathrm{Y}}z_{\mathrm{C}}+\dot{F}_{\mathrm{Y}}\dot{z}_{\mathrm{C}}^{\mathrm{T}}+\dot{z}_{\mathrm{C}}\dot{F}_{\mathrm{Y}}^{\mathrm{T}}+F_{\mathrm{Y}}\ddot{z}_{\mathrm{C}}-\ddot{M}_{\mathrm{X}}}{F_{\mathrm{Z}}}+\left(\ddot{F}_{\mathrm{Z}}-\dfrac{2}{F^{\mathrm{Z}}}\dot{F}_{\mathrm{Z}}\dot{F}_{\mathrm{Z}}^{\mathrm{T}}\right)\dfrac{F_{\mathrm{Y}}z_{\mathrm{C}}-M_{\mathrm{X}}}{F_{\mathrm{Z}}^2}\\[2ex]\qquad+\dfrac{(\dot{F}_{\mathrm{Y}}z_{\mathrm{C}}+F_{\mathrm{Y}}\dot{z}_{\mathrm{C}}-\dot{M}_{\mathrm{X}})\dot{F}_{\mathrm{Z}}^{\mathrm{T}}}{F_{\mathrm{Z}}^2}+\dfrac{\dot{F}_{\mathrm{Z}}(\dot{F}_{\mathrm{Y}}z_{\mathrm{C}}+F_{\mathrm{Y}}\dot{z}_{\mathrm{C}}-\dot{M}_{\mathrm{X}})}{F_{\mathrm{Z}}^2}\end{cases} \tag{4-37}$$

其中，$\dot{x}_{\mathrm{C}}$、$\dot{y}_{\mathrm{C}}$、$\dot{F}_{\mathrm{X}}$、$\dot{F}_{\mathrm{Y}}$、$\dot{F}_{\mathrm{Z}}$、$\dot{M}_{\mathrm{X}}$、$\dot{M}_{\mathrm{Y}}$ 分别表示 x_{C}、y_{C}、F_{X}、F_{Y}、F_{Z}、M_{X}、M_{Y} 关于参数矢量 $\boldsymbol{p}$ 的一阶偏导数，$\ddot{x}_{\mathrm{C}}$、$\ddot{y}_{\mathrm{C}}$、$\ddot{F}_{\mathrm{X}}$、$\ddot{F}_{\mathrm{Y}}$、$\ddot{F}_{\mathrm{Z}}$、$\ddot{M}_{\mathrm{X}}$、$\ddot{M}_{\mathrm{Y}}$ 分别表示 x_{C}、y_{C}、F_{X}、F_{Y}、F_{Z}、M_{X}、M_{Y} 关于参数矢量 $\boldsymbol{p}$ 的二阶偏导数，这些偏导数的公式由系统的动力学模型推得，受限于篇幅这里不详细给出。

4.7.4 双足机器人的参数识别实验与结果分析

对图 4-10 中所示的双足机器人进行参数识别实验时，首先令机器人在单脚站立状态下做限幅随机运动，实验录像的时间序列截图如图 4-11 所示，实验过程中以 50ms 为周期实时采集电动机转动位置和足底力传感器数据，参数识别所需的关节角由电动机转动位置按关节传动比算得，关节角速度和角加速度由关节角差分算得，足底 ZMP 位置由力传感器的反馈算得。

图 4-12（a）（b）分别给出了机器人运动过程中支撑腿和游腿的关节角曲线，由于实验过程中机器人的髋关节立转自由度始终处于保持力矩状态，静止不动，因此如图 4-12 中没

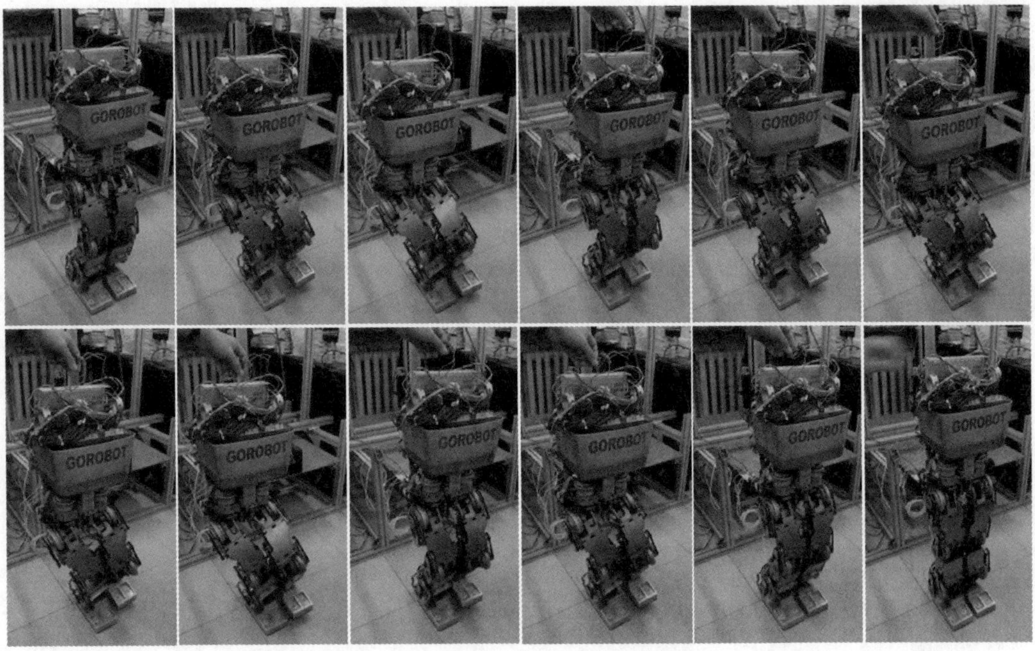

图 4-11　参数识别实验的视频截图

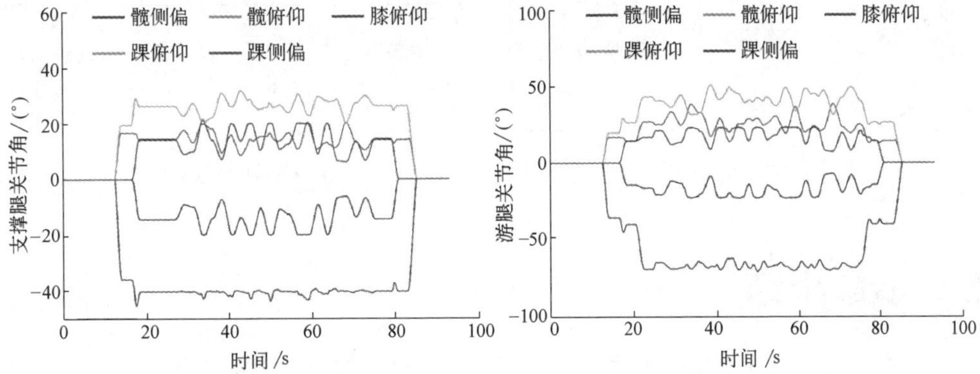

(a) 支撑腿的关节角曲线　　(b) 游腿的关节角曲线

图 4-12　参数识别实验中的机器人关节角曲线

有给出髋关节立转角的曲线。

图 4-13（a）（b）分别给出了 x 轴（前后向）和 y 轴（侧向）方向上的 ZMP 坐标曲线，

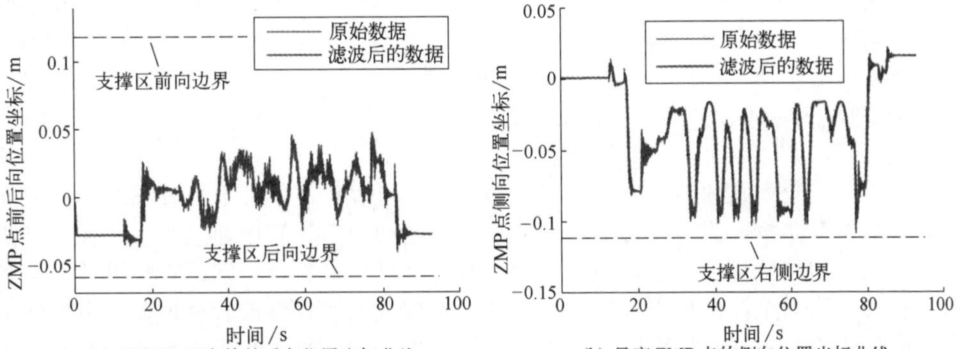

(a) 足底 ZMP 点的前后向位置坐标曲线　　(b) 足底 ZMP 点的侧向位置坐标曲线

图 4-13　参数识别实验得到的足底 ZMP 位置坐标曲线

可以看到滤波前的 ZMP 曲线十分不平滑，经惯性滤波后的 ZMP 坐标的高频波动显著减小，且曲线滞后不明显，因此后续在参数识别计算中将使用滤波后的 ZMP 位置数据。

使用前面给出的求解算法对所建立的参数识别优化模型进行了求解，图 4-14 给出了求解过程中误差函数［见式（4-29）］和收敛指标［见式（4-28）］随迭代次数变化的曲线，算法于第 121 次迭代收敛，参数识别的结果由表 4-2 给出。

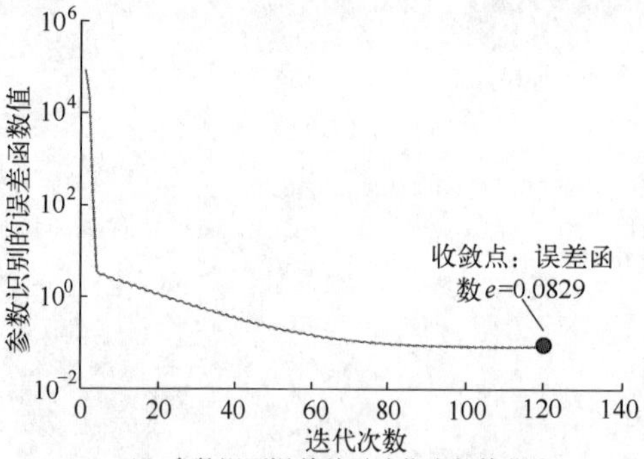

(a) 参数识别误差关于迭代次数的曲线

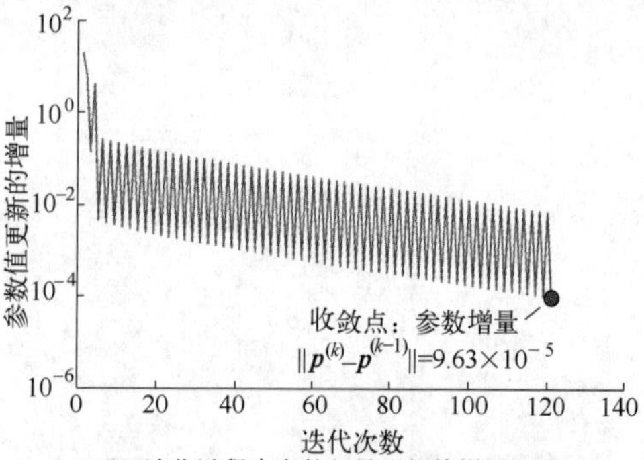

(b) 迭代过程中参数矢量更新的增量曲线

图 4-14　参数识别优化模型求解的迭代计算过程中得到的误差函数曲线和参数调整增量曲线

表 4-2　GoRoBoT-II 双足机器人的参数识别结果

参数名称	参数符号	参数取值/mm	参数名称	参数符号	参数取值/kg
躯干质心高	L_{c0}	214.3	躯干质量	m_0	15.29
大腿质心高	L_{c1}	187.8	大腿质量	m_1	3.33
小腿质心高	L_{c2}	57.1	小腿质量	m_2	2.70
脚掌质心高	L_{c3}	74.5	脚掌质量	m_3	2.32

上述参数识别结果对应的误差函数 $e=0.0829$，表示理论 ZMP 与实际 ZMP 的平均误差为 4.6mm，误差值在可接受范围内。

4.8　本章小结

为使用机器人系统的动力学方程进行控制系统中所需的逆动力学计算，需要获得实际机器人的尽可能准确的实际物理参数或者多参数复合型的参数值（实际只能获得近似值），本章讲述了机器人参数识别的最基本的方法，即参数识别实验与参数识别最小二乘法算法相结合的逐次识别法和同时识别法。结合 2-DOF 的操作臂给出了详细的参数识别方法和过程，同时给出了参数识别的这两种方法的优缺点以及参数识别实验需要注意的安全事项。这一章的方法虽然是以 2-DOF 操作臂为例讲述的，但是，对于 n 自由度机器人操作臂或其他类型的机器人参数识别同样有效。但需在参数识别之前做好参数识别的实验设计，如 3-DOF 平面操作臂可以采用类似于 2-DOF 平面操作臂的方法，将 3-DOF 操作臂当作一个 2-DOF 操作臂和一个 1-DOF 臂杆。另外，参数识别过程中，各个固定的关节的角度位置可以采用更细的划分，如 30°、60°、90°、120°、150°、180°、210°、240°、270°、300°等，当然需要的实验次数越多，参数识别的结果就越准确。另外，还可以将不同关节位置和机构构形下的参数识别结果数据存储成数据表的形式，然后可以在逆动力学计算中通过查表和插值方法来使用最接近参数识别实验位置和机构构形下的参数值。显然，参数识别的实验设计并不是一成不变的，有多种不同机构构形组合的实验设计。参数识别实验设计者也可以从中找到相对而言更有效的机构构形设计和构形组合。本章的参数识别理论与方法为后续各章中基于模型的各种控制理论与方法提供了理论基础。另外，本章还提出并研究了通过足底接触力传感器和电动机（关节）位置/速度传感器得到运动与力数据来对双足步行机器人杆件质心位置和质量等参数进行识别的方法以及实验结果。

【思考题与习题】

4.1　何谓参数识别的基底参数？如何选择合适的基底参数？

4.2　机器人动力学方程中，惯性力项、科氏力与离心力项、黏性摩擦力项、动摩擦力项、重力项等力/力矩项分别由机器人机械系统的哪些物理参数、运动参数决定？又各受机械系统的哪些影响因素影响？这些参数和影响因素对低速、中高速运动的机器人影响大小有何不同？

4.3　机器人参数识别实验为什么要采取限幅随机运动？如何实现对机器人关节的限幅随机运动控制？

4.4　可通过哪些办法相结合以达到尽可能减少基底参数个数并提高参数识别精确性（提示：参数识别的方法不是唯一的，可以根据具体情况合理设计。各杆件质量、质心位置、惯性参数也可以通过测量仪器测试实验获得，但实际机器人关节的摩擦、阻尼力项不易精确测量，而且这些项本身就有不确定性，作业精度要求高的操作臂往往需要在线实时参数识别，校正、调节控制器参数即自适应控制）？

4.5　试分别用逐次识别法、同时识别法给出 SCARA 型机器人操作臂的参数识别的完整实验设计和参数识别步骤。

4.6　本章以 2 自由度的 SICE-DD 机器人操作臂为例分别讲述了逐次识别法和参数识别法的原理，试进一步考虑如何进行各关节轴线平行且做水平面内运动的三串联杆件的三自由度回转关节型操作臂的参数识别方法、实验设计？并给出具体、完整的实验步骤和内容（提示：三自由度机器人操作臂可分解为两自由度操作臂和单自由度操作臂，但需对原操作臂的参数识别考虑周全而采取相应的参数识别办法）。

4.7　双足、多足步行机器人的腿足如何进行参数识别？试根据机器人腿部的动力学方程合理确定基底参数，给出具体的参数识别方法与步骤（提示：腿足式机器人机构运动可分解在前后向、左右侧向两个垂直于地面支撑面的平面上，可按这两个平面分别进行参数识别，然后再按合成方向进一步进行参数识别和计算；支撑腿参数识别需要力传感器、陀螺仪或加速度传感器）。

4.8　参数识别实验设计以及实验时应该注意的实际问题有哪些？试以机器人操作臂、腿足式机器人腿部的参数识别为例分别加以说明。

4.9　利用加速度传感器、陀螺仪、速度传感器等传感器通过积分来求得速度、位置量，或者由位置传感器、速度传感器分别进行差分来得到速度、加速度量能否准确地量值？为什么？

4.10　试分析回答作业环境相对固定、重复作业的工业机器人操作臂的参数识别与面向未知不确定环境的腿足式步行机器人腿足部参数识别有何不同？

第 5 章

机器人位置/轨迹追踪控制

5.1 机器人机构学与位置/轨迹追踪控制的总论

有了前四章关于机器人系统组成、机械、驱动与控制系统组成，机构运动学、动力学、运动方程参数识别等作为最基本的机器人控制理论与方法，接下来就可以去研究机器人各种控制理论、方法与技术。其中，位置/轨迹追踪控制是机器人控制中的最为基本的控制目的和任务，也是常用的方法。为从总体上把握机器人位置/轨迹追踪控制与前四章内容的逻辑关系，将前四章内容“串”在一起，本节首先归纳整理机器人运动学、动力学之间的关系以及机器人位置/轨迹追踪控制的总论图。

5.1.1 机器人运动学与动力学之间的关系

机器人是一种在驱动系统驱动和控制系统控制下通过机器人机构将驱动系统的运动输入量（关节位移和驱动力或力矩）转换为机器人执行机构的运动输出量（执行机构作业位姿和操作力或力矩）的自动化机器。在第 3 章开头已经交代过，机器人机构在数学上相当于将输入变量转变成输出变量的运动转换函数。这种转换不仅是关节位置空间到末端操作器作业位姿空间的相互转换，还包括关节速度、加速度、关节驱动力分别相应地与末端操作器作业空间内的速度、加速度、操作力（与被作业对象物施加给末端操作器的力是作用力与反作用力的关系）存在的转换关系。这些转换关系是由雅可比矩阵 $\boldsymbol{J}$、$\boldsymbol{J}^{\mathrm{T}}$、$\boldsymbol{J}^{-1}$ 或 $\boldsymbol{J}^{+}$（$\boldsymbol{J}$ 为非方阵时 $\boldsymbol{J}$ 的＋号伪逆阵）来决定的。这里定义如下参数：

① 机器人机构的运动参数：关节位置矢量 $\boldsymbol{q}=[q_1 \quad q_2 \quad \cdots \quad q_n]^{\mathrm{T}}$、关节速度矢量 $\dot{\boldsymbol{q}}=[\dot{q}_1 \quad \dot{q}_2 \quad \cdots \quad \dot{q}_n]^{\mathrm{T}}$、加速度矢量 $\ddot{\boldsymbol{q}}=[\ddot{q}_1 \quad \ddot{q}_2 \quad \cdots \quad \ddot{q}_n]^{\mathrm{T}}$。各矢量中的下标表示关节号，回转关节对应关节角、角速度、角加速度，线位移关节对应关节线位移、线速度、线加速度。

② 机器人作业运动参数：作业空间内的作业位姿矢量 $\boldsymbol{X}=[x \quad y \quad z \quad \alpha \quad \beta \quad \gamma]^{\mathrm{T}}$、作业速度矢量 $\dot{\boldsymbol{X}}=[\dot{x} \quad \dot{y} \quad \dot{z} \quad \dot{\alpha} \quad \dot{\beta} \quad \dot{\gamma}]^{\mathrm{T}}$、作业加速度矢量 $\ddot{\boldsymbol{X}}=[\ddot{x} \quad \ddot{y} \quad \ddot{z} \quad \ddot{\alpha} \quad \ddot{\beta} \quad \ddot{\gamma}]^{\mathrm{T}}$。各 6×1 的列矢量中前三个分量分别对应位置分量、相应的线速度分量和线加速度分量，后三个分量分别对应姿态、姿态角速度、角加速度分量。

③ 机器人机构的动力参数：$\boldsymbol{\tau}=[\tau_1 \quad \tau_2 \quad \cdots \quad \tau_n]^{\mathrm{T}}$ 为 6×1 的列矢量，下标对应关节号，各分量分别对应各关节号下的关节驱动力（直线驱动下的关节）或驱动力矩（回转驱动下的关节）。

④ 机器人作业所受的外力参数：$\boldsymbol{f}=[f_1\quad f_2\quad \cdots\quad f_k]^{\mathrm{T}}$、$\boldsymbol{T}=[T_1\quad T_2\quad \cdots\quad T_k]^{\mathrm{T}}$，分别为机器人作业所受到的来自作业对象物或作业环境的力、力矩矢量。下标分别表示所受力、力矩的作用点的序号。

根据第 3 章的雅可比矩阵的内容可知，通过雅可比矩阵 $\boldsymbol{J}$ 的转置 $\boldsymbol{J}^{\mathrm{T}}$ 可以将机器人上所受的外力转换为平衡此外力各个关节所需要输出的力或力矩；通过雅可比矩阵 $\boldsymbol{J}$、$\dot{\boldsymbol{J}}$、$\ddot{\boldsymbol{J}}$ 可以将机器人运动参数转换成作业空间内的运动参数；通过雅可比矩阵 $\boldsymbol{J}$ 及其逆矩阵 $\boldsymbol{J}^{-1}$ 或伪逆阵 $\boldsymbol{J}^{+}$ 可以将机器人作业空间内的运动参数转换到关节空间内的运动参数，等等。

机器人在作业空间内的运动参数和所受的外力参数能够分别通过运动规划确定、离线检测或在线用传感器检测得到，则从可以通过由机器人作业空间向关节空间即广义坐标空间的方向进行的运动参数变换，并且将机器人机构运动参数代入到经过参数识别或者虚拟样机仿真建模得到的动力学方程，即运动方程中计算出为实现机器人作业运动所需的机器人机构动力参数，即各个关节所需的驱动力或力矩参数，从而为作为被控对象的机器人生成控制输入即操作量。这是基于动力学模型的机器人控制的基本出发点。以上论述以图示的形式完整的表达出来，如图 5-1 所示。

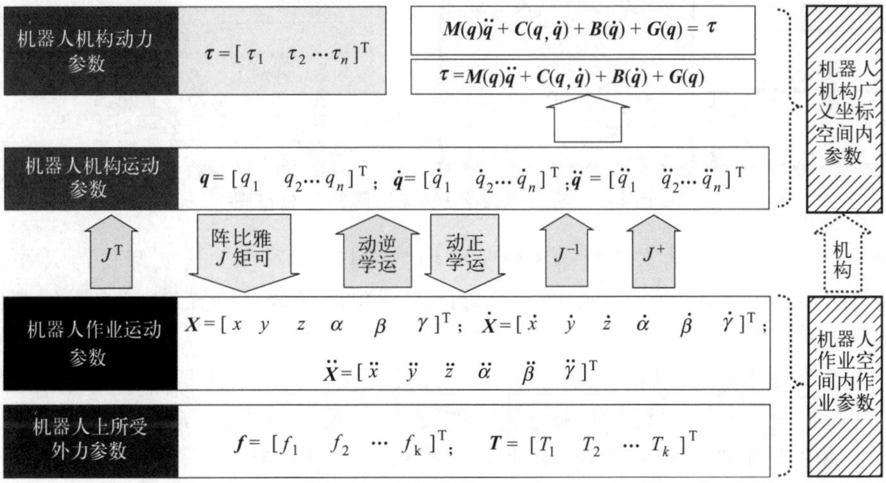

图 5-1　机器人机构运动学、动力学之间的关系

5.1.2　机器人位置/轨迹追踪控制的总论

无论被控对象是工业机器人操作臂，还是腿足式、轮式、履带式移动机器人，机器人位置/轨迹追踪控制都是它们最基本的控制方式，它们所采用的位置/轨迹追踪控制的基本原理和方法都是相同且相通的。本书作者在梳理基于机构学理论建立运动学、动力学模型的位置/轨迹追踪的控制理论的基础上，给出了如图 5-2 所示的总论图。

图 5-2 中关于各种机器人与作业对象物或外部环境之间的相互运动和作用力统统归结为机器人所受到的外部作用力、力矩，即外力/外力矩，可以通过力传感器直接或间接地检测得到；图中带双端箭头虚线所围的内容（即虚线以上的部分）反映了本书第 2 章～第 4 章机器人机构、运动学、动力学以及轨迹规划、运动样本生成、传感器（机器人系统组成中的传感系统部分）以及参数识别等理论基础以及它们之间的相互逻辑关系在位置/轨迹追踪控制方法中的应用，其应用上的具体结果是为基于模型的控制提供用于实现机器人作业或运动行为的关节空间内的运动样本和经参数识别实验和算法确定的可用于逆动力学计算的运动方程（或者直接称为逆动力学计算方程），或者是与作为实际被控对象的机器人“近似”或“非常

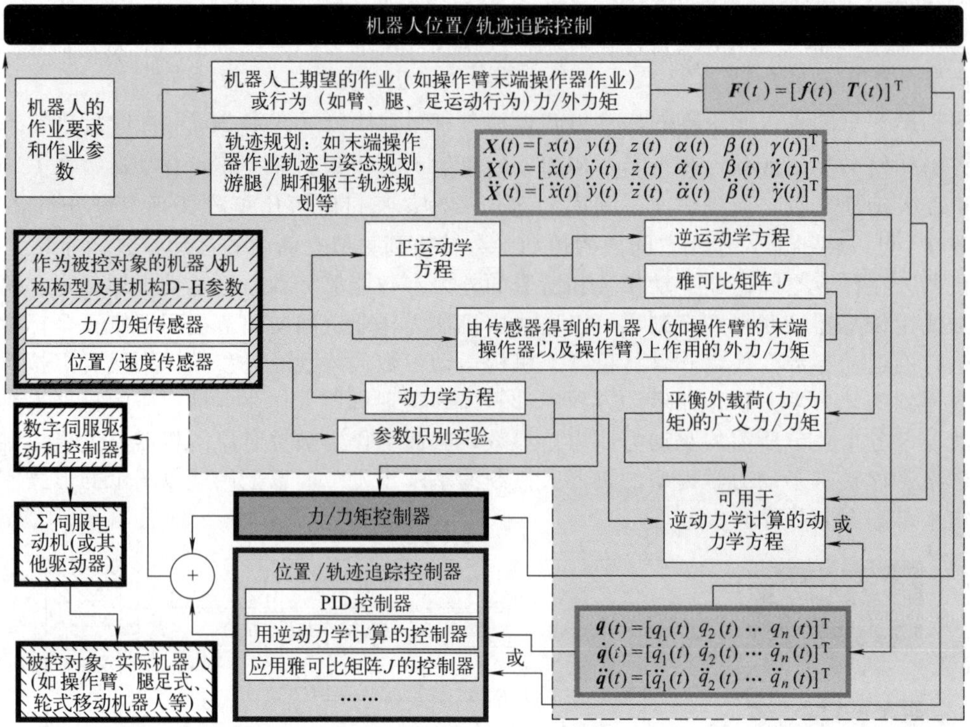

图 5-2　机器人位置/轨迹追踪控制总论图

近似”的可用于计算的“动态的机器人数学模型”（可以“看作”与实际机器人在运动学和力学上等效的动态数学模型）；图中虚线以外的左下角部分则是位置/轨迹追踪控制器设计和控制系统的技术实现。

通常的工业机器人操作臂的喷漆、搬运、焊接等常规作业在工厂的结构化作业环境中不需要作力反馈控制，所以，基本上采用通常的位置/轨迹追踪控制方法即可。但如果工业机器人操作臂是用于机械零部件的装配作业，则不仅需要末端操作器位置/轨迹追踪控制，还需要进行实际装配时在线实时装配力反馈控制，这时虽然被称为装配作业的力反馈控制，但在控制方法和技术实现上仍然离不开位置/轨迹追踪控制。因为许多情况下，机器人力反馈控制的基本原理是通过由力传感器直接或间接获得的实际操作力与期望的操作力进行比较后获得操作力的偏差，但此操作力的偏差并不能像位置/速度反馈控制那样直接生成力的操作量来发送给被控对象的机器人驱动器。而是通过将力的偏差经“力反馈控制器”转变成关节空间内的关节位置/速度的补偿量补偿给高增益的机器人关节位置/速度反馈控制器并生成操作量来控制实际的机器人。因此，笔者给出的图 5-2 所示的机器人位置/轨迹跟踪控制总论图中也将机器人的力/力矩控制纳入进来。一句话言之，机器人操作（如零部件装配、零件毛刺打磨、多臂协调搬运等操作作业）和运动行为（如需要系统力平衡控制的稳定移动行为）的力控制是通过力反馈之后的关节运动调节控制来实现的。离开了机器人关节运动调节控制（即在位置/轨迹追踪控制基础上的关节运动调节控制）是无法实现的。在这一点上，无论是工业机器人操作臂操作力控制，还是腿足式步行移动机器人，还是轮式移动机器人、履带式移动机器人，力反射控制的基本原理都是共通的。后面的章节中还将详细、具体地论述机器人力控制的理论和方法。

关于腿足式机器人在确定步态和规划好游脚、躯干的轨迹之后，利用解析几何法、矢量分析法或者齐次矩阵变换法生成步行样本的运动学、动力学方法在理论上与机器人操作臂没有本质区别，方法大体相同。但腿足式机器人以及轮式移动机器人、履带式移动机器人与地面环境构成的运动学、力学系统的本质区别在于它们是非完整约束系统，即腿足、履带、车轮与地面的接触都是非完整约束（注意：此处所言的非完整约束是实际物理意义上的约束，而非线性控制理论中将实际物理意义上的非完整约束当作完整的物理约束处理所定义、假定意义上的可积性的非完整约束，可积的约束为有确定函数关系的约束），具有不确定性，因此，它们与基座固定在安装基础或移动平台上的工业机器人操作臂、冗余自由度机器人操作臂等机器人在基座位置、姿态完全被确定且不变的完整约束系统不同，有着本质的区别。非完整约束系统的运动控制是基于模型的机器人控制理论与方法所无法完全解决的。

以上是关于基于模型的机器人位置/轨迹追踪控制理论与方法的总体论述，下面将针对什么是位置/轨迹追踪控制，以及各种位置/轨迹追踪控制理论、方法与技术加以详细地讲解和论述，主要包括 PID 反馈控制、前馈控制、动态控制、前馈＋反馈控制、逆动力学计算法、加速度分解法等。

5.2　机器人位置/轨迹追踪控制的基本概念与分类

5.2.1　机器人位置/轨迹追踪控制的一些基本概念

机器人操作臂末端操作器的位置与姿态控制（简称位姿控制）：是指为使末端操作器实际作业位姿与期望作业位姿保持在一定误差范围之内的机器人控制。也就是使机器人操作臂的末端操作器达到位姿精度指标要求的位置和姿态的控制。

机器人操作臂的位姿精度：是指理论上期望机器人末端（无末端操作器的机器人操作臂指其腕部末端机械接口法兰中心点处或者机器人操作臂腕部末端安装的末端操作器的中心点，机构学理论在此中心点固连有三维坐标系）的原点位置精度和腕部末端或末端操作器的姿态分别与实际机器人腕部末端机械接口法兰或末端操作器的中心点实际到达的位置和姿态的相应差值。实际上机器人操作臂的位姿偏差是由机械系统设计精度、制造精度、控制系统控制精度综合产生和确定的。机器人的位姿精度还有静态位姿精度、重复定位精度和连续轨迹精度之分。静态位姿精度是指机器人操作臂在其运动系统控制下由作为初始构形下臂末端或末端操作器基准位姿运动到被预先期望的某一指定位姿后，在该位姿下测量得到的实际位姿测量值与期望位姿值（理论值）比较后得到的偏差值；重复定位精度是指机器人操作臂腕部末端机械接口法兰或末端操作器中心（中心点及姿态平面）多次重复运动到达同一期望位姿值（位姿值为位置坐标和姿态角分量或位姿矢量，或位姿矩阵）的实际测量值与理论值比较后的偏差值。通常所说的重复定位精度往往只是指机器人操作臂腕部末端机械接口法兰中心点的位置偏差值（即±位置偏差值），可以这样理解：如果将机器人操作臂末端重复到达同一期望的位置，假设总共重复 100 次，可通过测量得到在参考坐标系（或基坐标系、绝对坐标系）内 100 个离散的点的位姿坐标，如果用一个最小半径的球将这 100 个点都能包含进去，则这个球的最小半径 r 就是机器人操作臂的重复定位精度，其值表示为 $\pm r$。机器人的设计精度是指在机器人机械系统设计时，考虑所选用和设计的机械零部件本身从材料、加工制造、装配、测量等方面对机器人精度的影响，对零部件进行精度设计后得到的机械系统总体设计的理论精度，通常可由机械系统主要尺寸链的尺寸、尺寸偏差、形位公差、材料的变形等计算出来（其中包含传动系统的回差），机器人的设计精度最后以腕部末端机械接口或末端操作器的位姿偏差值给出，应小于机器人成型产品技术指标中的位姿精度要求。机器人的制造精度是指经对选用以及设计加工出的成品机械零部件测量后装配而成的机器人进行测量得到的腕部末端机械接口法兰或末端操作器的实际位姿量与理论位姿量之间的偏差值，其中不含控制系统的控制精度。机器人的连续轨迹精度是指在预定的期望轨迹下对机器人进行运动控制并测量腕部末端机械接口或末端操作器的实际连续位姿轨迹曲线（或数据）与期望的连续轨迹曲线（或数据）之间的差值曲线（或数据）。上述精度都应是经过足够多次数的测量和数据处理算法得到的精度值。

末端操作器的轨迹追踪控制：是指为使末端操作器实际作业位姿轨迹与期望的作业位姿轨迹保持在一定误差范围之内的机器人控制。对于计算机数字控制而言，轨迹追踪控制是将连续的轨迹离散化成多数个位姿点，按序进行这些点下的位置和姿态控制。

末端操作器的位置/轨迹追踪控制：是在末端操作器作业空间内进行的机器人控制。如后面讲到的加速度分解法即是这种控制。

关节位置控制：是指为使关节实际位置与期望的位置保持在一定误差范围内的机器人控制。

关节轨迹追踪控制：是指为使关节实际位置轨迹与期望的位置轨迹之间保持在一定误差范围之内的机器人控制。后面讲到的 PID 控制、逆动力学计算法、前馈控制法、前馈＋PID 反馈控制法等都属于这种控制。对于计算机数字控制而言，是将连续的轨迹离散化成多数个关节位置点，按序进行这些点的位置控制。

关节位置/轨迹追踪控制：是在关节空间即广义坐标空间内进行的机器人位置/轨迹追踪控制。

5.2.2 以焊接机器人操作臂为例对实际的位置/轨迹追踪控制中的轨迹进行说明

如图 5-3 所示为焊接机器人焊接焊缝作业的示意图。该图是将现实物理世界中的机器人焊接作业以三维空间内的末端操作器、操作臂、安装操作臂的基座、作为作业对象物的被焊接工件、被焊接工件卡具、安装操作臂的基座与安装被焊接工件卡具两者的公共基准平面等几何模型以及它们之间的几何位姿关系进行数学描述。显然，机器人的基坐标系 O_0-$X_0Y_0Z_0$（位于机器人基座地面的机械接口法兰中心点）、被焊工件卡具与被焊工件两者共同的基坐标系 O_P-$X_PY_PZ_P$ 必须经过位姿测量设备的校正和标定，才能得到这两个坐标系之间的精确的坐标变换矩阵 ${}^0\boldsymbol{T}_P$，被焊接工件上的焊缝轨迹也必须在其基坐标系 O_P-$X_PY_PZ_P$ 内精确测量出来（应为足够多的有序离散点的位姿分量数据集合或有序的位姿矩阵数据集），然后可以通过坐标变换矩阵 ${}^0\boldsymbol{T}_P$ 换算成焊缝轨迹在机器人基坐标系 O_0-$X_0Y_0Z_0$ 中依然同序的位姿矩阵数据集或位姿矢量数据集，即焊枪上焊丝末端点 P 在机器人基坐标系 O_0-$X_0Y_0Z_0$ 中的位置矢量 $\boldsymbol{OP}_0$ 同序数据集和焊丝末端上固连坐标系 O_T-$X_TY_TZ_T$ 坐标系在 O_0-$X_0Y_0Z_0$ 中的姿态矩阵同序数据集。机器人操作臂的腕部末端机械接口中心上与腕部末端固连的坐标系为 O_e-$X_eY_eZ_e$，作为末端操作器的焊枪与腕部末端机械接口法兰连接的机械接口中心点处的坐标系为 O'_e-$X'_eY'_eZ'_e$（图中未画出，与腕部末端机械接口法兰对接后与 O_e-$X_eY_eZ_e$ 坐标系完全重合），则根据焊枪的规格尺寸和焊枪吐出焊丝部分相对其安装轴线的角度值可以确定出焊丝末端点上固连的坐标系 O_T-$X_TY_TZ_T$ 与焊枪 O'_e-$X'_eY'_eZ'_e$ 坐标系之间的齐次变换矩阵常值。则按照第 3 章的机器人操作臂运动学和齐次坐标变换矩阵的位姿变换的原理将焊枪焊丝末端的位姿矩阵变换成其在机器人基坐标系 O_0-$X_0Y_0Z_0$ 中的位姿矩阵数据。如此，通过上述坐标系的建立、标定以及坐标变换法就可以把作为末端操作器的焊枪焊丝末端上固连的坐标系在焊接作业期间连续的移动轨迹和姿态离散成了按时间序列排序的在机器人基坐标系 O_0-$X_0Y_0Z_0$ 中表示的一系列位姿数据，依次作为在末端操作器作业空间内控制机器人操作臂焊接作业的位置轨迹追踪控制器的期望输入。若在关节空间内进行位置/轨迹追踪控制，则需要利用第 3 章中机器人逆运动学理论求解出对应焊枪焊丝末端位姿矩阵的各个关节轨迹数据集（依然为对应时间序列下的关节位置、速度数据集），并依次作为在关节空间内进行位置轨迹追踪控制器的期望的控制输入。

需要注意的是：计算机在硬件上是以 0 和 1 二进制逻辑运算为基础进行所有数学计算的，而不是像模拟量计算那样光滑连续地计算。计算机控制实际上是离散的数字控制。光滑性、连续性的体现好比一个光滑连续的圆在计算机中的表达是以正 n 边形拼接而成的圆而没有圆弧构成的圆，n 越大越近似于圆。前述将原本连续的轨迹曲线按时间序列进行离散化取轨迹曲线上的点，点的密集程度取决于机器人作为的位姿精度要求，有序离散点越密集则位姿越精确，轨迹曲线越光滑，但数据量越大，因此，末端操作器的轨迹规划往往是通过有限数量的实测有序数据点生成二阶导数连续的光滑样条轨迹曲线，然后再根据计算机控制下的运动控制周期进行更为精细的有序离散点处理得到用来作为控制器的控制输入（在末端操作器作业空间内控制），或者进一步经逆运动学计算出相应的关节轨迹离散点（即关节角位置或关节角位置增量）作为关节空间内位置轨迹追踪控制器的期望目标输入；另外，离线控制是在控制前预先计算好所有的轨迹，控制时直接按控制周期依次将预先已离散和计算好的末端轨迹点位姿或关节数据作为各控制周期下的控制器参考输入；在线控制是每个控制周期内在线实时地计算末端轨迹点位姿或关节数据作为该控制周期下的控制器参考输入。因此，在线控制对计算速度的实时性要求较高。

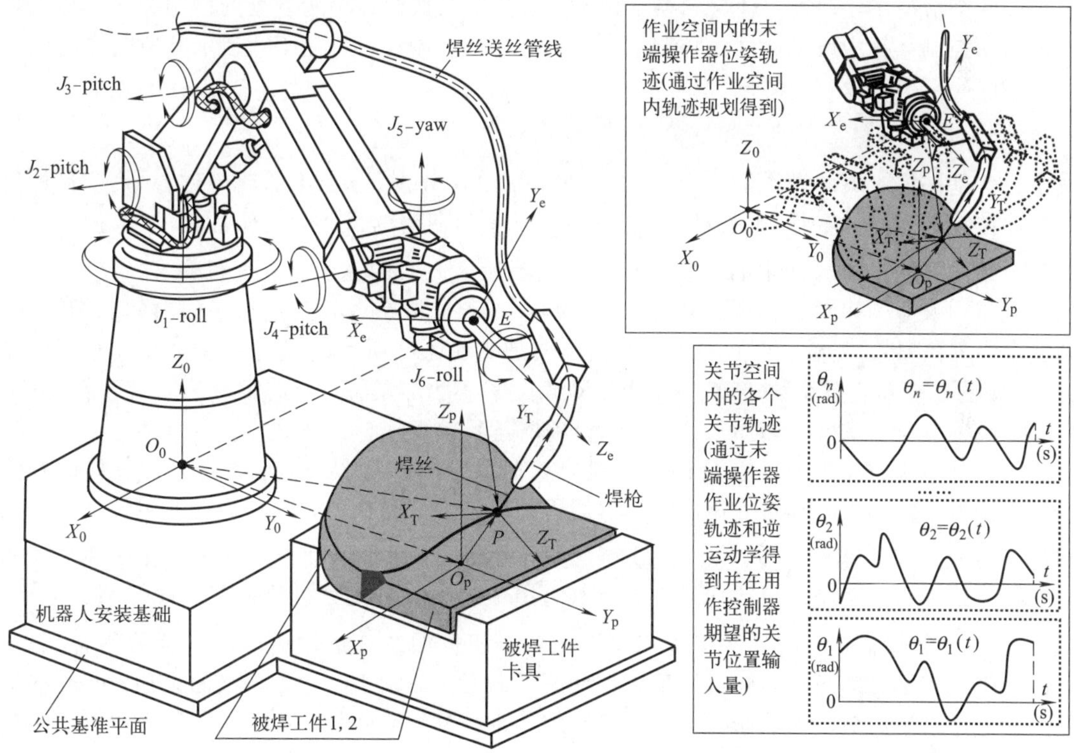

图 5-3　工业机器人操作臂焊接工件作业系统在三维作业空间内的几何模型及轨迹示例

5.2.3　机器人位置/轨迹追踪控制方法的分类

按照是在作业空间还是在关节空间进行控制的不同，可将机器人位置/轨迹追踪控制分为：关节空间内关节位置/轨迹追踪控制和作业空间内末端操作器位置/轨迹追踪控两类。

按控制原理及控制律的不同，可将机器人位置/轨迹追踪控制方法分为：关节位置/轨迹追踪的 PID 反馈控制法、前馈控制法、前馈＋PID 反馈控制法、计算力矩法、加速度分解法，如图 5-4 所示。那么，这五种位置/轨迹追踪控制方法都是什么？究竟如何选择呢？选哪一种呢？各有何优缺点呢？接下来的内容将对这五种基本的轨迹追踪控制方法分别加以详细讲授。

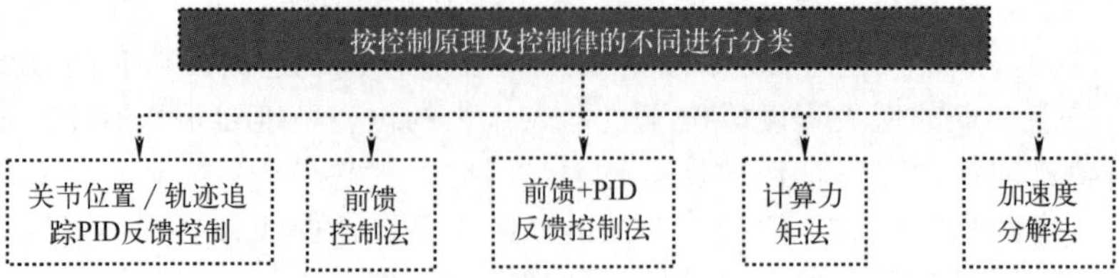

图 5-4　机器人位置/轨迹追踪控制方法的分类

5.3　机器人位置/轨迹追踪控制的 PID 控制

5.3.1　PID 控制的数学与力学基本原理

PID 控制是在自动控制理论和控制技术中应用最为广泛、最为基础的控制方法，也是机器人运动控制系统中属于底层的控制。一般地，PID 控制律可以用下式表示其原理和组成。

$$\boldsymbol{Q} \approx \boldsymbol{G}(\boldsymbol{q}) + \boldsymbol{k}_{\mathrm{p}}(\boldsymbol{q}_{\mathrm{d}} - \boldsymbol{q}) + \boldsymbol{k}_{\mathrm{d}}(\dot{\boldsymbol{q}}_{\mathrm{d}} - \dot{\boldsymbol{q}}) + \boldsymbol{k}_{\mathrm{i}}\int_{0}^{t}(\boldsymbol{q}_{\mathrm{d}} - \boldsymbol{q})\mathrm{d}t \tag{5-1}$$

式中，$\boldsymbol{Q}$ 是被控对象的操作量，为 $n\times1$ 矢量；$\boldsymbol{q}_{\mathrm{d}}$、$\boldsymbol{q}$ 分别是 $n\times1$ 的期望位置/轨迹目标值矢量和被控下实际位置/轨迹矢量，且令 $\boldsymbol{e}=\boldsymbol{q}_{d}-\boldsymbol{q}$ 为期望的目标值与实际值的位置/轨迹偏差量，则 $\dot{\boldsymbol{e}}=\dot{\boldsymbol{q}}_{\mathrm{d}}-\dot{\boldsymbol{q}}$ 为期望的速度目标值与实际速度之间的速度偏差，也为 $n\times1$ 矢量；$\boldsymbol{G}(\boldsymbol{q})$ 是重力及重力矩项或其他的外力、外力矩项，若机械系统只是在水平面内的二维运动，则此项为零矢量；显然公式（5-1）中的第 2 项是线性比例项，$\boldsymbol{k}_{\mathrm{p}}$ 为只有主对角元素不为零的 $n\times n$ 的比例项增益系数矩阵；$\boldsymbol{k}_{\mathrm{d}}$ 为主对角元素不为零的 $n\times n$ 的微分项增益系数矩阵；$\boldsymbol{k}_{\mathrm{i}}$ 为只有主对角元素不为零的 $n\times n$ 的积分项增益系数矩阵。

在机械系统的控制中，应用 PID 控制的基本思想：首先平衡掉重力场（或其他的有势场）中机械系统的重力和重力矩部分，然后再把离心力、科氏力、惯性力等非线性项线性化并近似为 $\boldsymbol{k}_{\mathrm{p}}(\boldsymbol{q}_{\mathrm{d}}-\boldsymbol{q})+\boldsymbol{k}_{\mathrm{d}}(\dot{\boldsymbol{q}}_{\mathrm{d}}-\dot{\boldsymbol{q}})$。显然，多自由度机械系统的动力学方程是非线性很强的多变量非线性力学系统，用前述的重力及重力矩项 $\boldsymbol{G}(\boldsymbol{q})$ 和用线性化近似非线性力（力矩）的 $\boldsymbol{k}_{\mathrm{p}}(\boldsymbol{q}_{\mathrm{d}}-\boldsymbol{q})+\boldsymbol{k}_{\mathrm{d}}(\dot{\boldsymbol{q}}_{\mathrm{d}}-\dot{\boldsymbol{q}})$ 并不能完全平衡整个机械系统在运动中产生的合力与合力矩，必然会带来广义驱动力与实际机械系统运动所需的实际驱动力（包括狭义的力和力矩）的偏差。为此，最后用对当前控制时刻之前累积的运动位置/轨迹偏差进行积分来拟补前述非线性项的线性化近似产生的累积误差，将该累积误差乘以积分项增益系数矩阵作为平衡二阶及以上非线性力学项线性化误差对广义驱动力的影响。以上是以机械系统作为被控对象为例，对 PID 控制法在动力学上的合理性给出了解释。下面将从机械系统的动力学方程和纯数学推演的角度推导出 PID 公式，即 PID 控制律方程。

一般地，n 自由度机械系统通用的动力学方程（即运动方程式）可表示为式（5-2）：

$$\boldsymbol{M}(\boldsymbol{q})\ddot{\boldsymbol{q}} + \boldsymbol{C}(\boldsymbol{q},\dot{\boldsymbol{q}}) + \boldsymbol{B}\dot{\boldsymbol{q}} + \boldsymbol{D}(\dot{\boldsymbol{q}}) + \boldsymbol{G}(\boldsymbol{q}) = \boldsymbol{Q} \tag{5-2}$$

式中，$\boldsymbol{q}$、$\boldsymbol{Q}$ 分别为 $n\times1$ 的广义坐标、广义力矢量，分别定义如下：

$$\boldsymbol{q}=[q_1 \quad q_2 \quad \cdots \quad q_i \quad \cdots \quad q_n]^{\mathrm{T}}$$

$$\boldsymbol{Q}=[Q_1 \quad Q_2 \quad \cdots \quad Q_i \quad \cdots \quad Q_n]^{\mathrm{T}}$$

式中　$\boldsymbol{M}(.)$——惯性系数矩阵，是由机械系统加减速运动时有质量构件的惯性引起的力或力矩项系数矩阵；

$\boldsymbol{C}(.)$——离心力、科氏力等力或力矩项；

$\boldsymbol{B}(.)$——构件相对运动时运动副内部摩擦项中的黏性摩擦项，即是由构件间相对运动产生的黏性摩擦引起的摩擦力或力矩项；

$\boldsymbol{D}(.)$——构件间相对运动时运动副内部摩擦项中的动摩擦项（摩擦力或摩擦力矩）；

$\boldsymbol{G}(.)$——重力、重力矩项。

对于描述机器人运动而言，其运动方程为式（5-2）；而对于控制机器人运动达到控制目标而言，其理想的运动控制方程应为式（5-3）

$$\boldsymbol{Q}=\boldsymbol{M}(\boldsymbol{q})\ddot{\boldsymbol{q}}+\boldsymbol{C}(\boldsymbol{q},\dot{\boldsymbol{q}})+\boldsymbol{B}\dot{\boldsymbol{q}}+\boldsymbol{D}(\dot{\boldsymbol{q}})+\boldsymbol{G}(\boldsymbol{q}) \tag{5-3}$$

即相应于期望的机器人运动，驱动机器人各个关节运动的广义力 $\boldsymbol{Q}$ 应该由式（5-3）确定。

理论上，在额定功率范围内，只要各个关节驱动力为实现该关节运动所需的驱动力，即可达到运动控制目的。因此，只要计算出期望运动参数下机器人运动所需驱动力，然后由驱动部件的驱动系统完全产生这样大的力来驱动各关节即可，而且轨迹误差为零。

实际上，由于现实物理世界中的实际机器人本体物理参数以及运动参数都很难误差为零地得到，所以很难通过计算得到完全精确的、误差为零的驱动力，因而也就很难得到完全精确、误差为零的理想运动及作业。而只能退而求其次，将运动及作业误差通过控制方法限制在一定范围之内，在该误差范围即作业精度要求之下完成机器人操作臂的作业。

按照机器人作业精度要求的高低不同，可以不同程度地用近似于式（5-3）的方法计算各关节驱动力。因而也就出现了不同的轨迹追踪控制方法。

需要注意的是：虽然式（5-2）和式（5-3）只是等号左右颠倒了一下，但意义不同！

由高等数学可知：任何函数 $f(x)$ 在其变量 x 在任意一点 x_0 的附近时，函数 $f(x)$ 都可以线性化近似，对于式（5-3）表达的机器人关节广义驱动力 $\boldsymbol{Q}$ 也可以在 $\boldsymbol{q}_{\mathrm{d}}$ 附近作线性化近似为：

$$\boldsymbol{Q}\approx\boldsymbol{G}(\boldsymbol{q})+\boldsymbol{k}_{\mathrm{p}}(\boldsymbol{q}_d-\boldsymbol{q})+\boldsymbol{k}_{\mathrm{d}}(\dot{\boldsymbol{q}}_{\mathrm{d}}-\dot{\boldsymbol{q}})+\sum_{j=2}^{N}\left[\boldsymbol{k}_j\left(\frac{\mathrm{d}^{(j)}\boldsymbol{q}_{\mathrm{d}}}{\mathrm{d}t^{(j)}}-\frac{\mathrm{d}^{(j)}\boldsymbol{q}}{\mathrm{d}t^{(j)}}\right)\right]$$

式中，$\boldsymbol{q}_{\mathrm{d}}$ 为期望的位置矢量，$\boldsymbol{q}_d=[q_{\mathrm{d}1} \quad q_{\mathrm{d}2} \quad \cdots \quad q_{\mathrm{d}i} \quad \cdots \quad q_{\mathrm{d}n}]^{\mathrm{T}}$；$\boldsymbol{q}$ 为实际的位置矢量，$\boldsymbol{q}=[q_1 \quad q_2 \quad \cdots \quad q_i \quad \cdots \quad q_n]^{\mathrm{T}}$，其中 q_i 为第 i 个关节的位置分量，对于回转关节为关节角，对于移动关节为线位移，需要注意的是：机器人呈任意构形下的关节位置矢量是相对于该机器人的初始构形（即零位构形）时的关节位置而言的，实际机器人的关节运动控制是关节位移的增量运动控制；$\boldsymbol{Q}=[Q_1 \quad Q_2 \quad \cdots \quad Q_i \quad \cdots \quad Q_n]^{\mathrm{T}}$ 为广义坐标，在机器人控制中为关节广义驱动力、力矩矢量。

上述线性化之后的方程仍然有二阶及以上的导数，计算起来还是相当麻烦甚至难以计算！因此，可以进一步通过对误差累积进行近似计算加以补偿。所以，通常情况用积分项加以近似，则有作近似计算的如下 PID 控制律公式：

$$\boldsymbol{Q}\approx\boldsymbol{G}(\boldsymbol{q})+\boldsymbol{k}_{\mathrm{p}}(\boldsymbol{q}_{\mathrm{d}}-\boldsymbol{q})+\boldsymbol{k}_{\mathrm{d}}(\dot{\boldsymbol{q}}_{\mathrm{d}}-\dot{\boldsymbol{q}})+\boldsymbol{k}_{\mathrm{i}}\int_0^t(\boldsymbol{q}_{\mathrm{d}}-\boldsymbol{q})\mathrm{d}t$$

可以这样理解上式：除重力补偿以及线性化以外的所有误差全部由重力补偿项和线性化部分补偿掉！

5.3.2 机器人位置轨迹追踪控制的 PID 控制器

前述的式（5-1）为通用的 PID 控制法的控制律，基于模型的控制器是基于理论推导得到的控制律而设计的。因此，控制律与控制器在本质上是等同的，知道了控制器的结构就可以推定出控制律，反过来知道了控制律，则可以画出控制器、控制系统的结构组成框图。

对于关节类型皆为回转关节的机器人操作臂，$\boldsymbol{\theta}$、$\boldsymbol{\tau}_{\mathbf{d}}$ 分别表示关节角矢量和关节驱动力矩矢量，则机器人关节的驱动力矩 $\boldsymbol{\tau}_{\mathbf{d}}$ 为：

$$\boldsymbol{\tau}_{\mathbf{d}} \approx \boldsymbol{G}(\boldsymbol{\theta}) + \boldsymbol{k}_{\mathbf{p}}(\boldsymbol{\theta}_{\mathbf{d}} - \boldsymbol{\theta}) + \boldsymbol{k}_{\mathbf{d}}(\dot{\boldsymbol{\theta}}_{\mathbf{d}} - \dot{\boldsymbol{\theta}}) + \boldsymbol{K}_i\int_0^t(\boldsymbol{\theta}_{\mathrm{d}} - \boldsymbol{\theta})\mathrm{d}t$$

上式中，由于期望的关节角 $\boldsymbol{\theta}_{\mathbf{d}}$ 可以作为已知常数看待，而且，$\boldsymbol{\tau}_{\mathbf{d}}$ 是理论上的关节驱动力矩，实际上，对于多自由度的复杂机器人系统，由于摩擦、零部件质心位置及其分布、系统整体刚度等不确定性因素和测量或计算误差的影响，$\boldsymbol{\tau}_{\mathbf{d}}$ 很难精确地得到。所以，才退而求其次，求其近似值 $\boldsymbol{\tau}$ 用作操作量，也即控制器的输出，对于计算机控制而言，也就是操作量的数字量值。

对于关节类型皆为回转关节的机器人，常用的 PID 控制律如下：

① PID（比例-微分-积分）控制律：

$$\boldsymbol{\tau} = -\boldsymbol{k}_{\mathbf{p}}(\boldsymbol{\theta} - \boldsymbol{\theta}_{\mathbf{d}}) - \boldsymbol{k}_{\mathbf{d}}(\dot{\boldsymbol{\theta}} - \dot{\boldsymbol{\theta}}_{\mathbf{d}}) - \boldsymbol{K}_i\int_0^t(\boldsymbol{\theta} - \boldsymbol{\theta}_{\mathbf{d}})\mathrm{d}t + \boldsymbol{G}(\boldsymbol{\theta}) \tag{5-4}$$

② PD（比例-微分）控制律（也称位置/速度反馈控制或控制律）：

$$\boldsymbol{\tau} = -\boldsymbol{k}_{\mathbf{p}}(\boldsymbol{\theta} - \boldsymbol{\theta}_{\mathbf{d}}) - \boldsymbol{k}_{\mathbf{d}}(\dot{\boldsymbol{\theta}} - \dot{\boldsymbol{\theta}}_{\mathbf{d}}) + \boldsymbol{G}(\boldsymbol{\theta}) \tag{5-4$'$}$$

③ PD（比例-微分）控制律：

$$\boldsymbol{\tau} = -\boldsymbol{k}_{\mathbf{p}}(\boldsymbol{\theta} - \boldsymbol{\theta}_{\mathbf{d}}) - \boldsymbol{k}_{\mathbf{d}}\dot{\boldsymbol{\theta}} + \boldsymbol{G}(\boldsymbol{\theta}) \tag{5-4$''$}$$

式中，关节角矢量 $\boldsymbol{\theta}$、关节角矢量的目标值也即关节角矢量的期望值 $\boldsymbol{\theta}_{\mathbf{d}}$、关节位置反馈增益矩阵 $\boldsymbol{k}_{\mathbf{p}}$、关节速度反馈增益矩阵 $\boldsymbol{k}_{\mathbf{d}}$ 分别为：

$\boldsymbol{\theta} = [\theta_1 \quad \theta_2 \quad \cdots \quad \theta_i \quad \cdots \quad \theta_n]^{\mathrm{T}}$；

$\boldsymbol{\theta}_{\mathrm{d}} = [\theta_{\mathrm{d}1} \quad \theta_{\mathrm{d}2} \quad \cdots \quad \theta_{\mathrm{d}i} \quad \cdots \quad \theta_{\mathrm{d}n}]^{\mathrm{T}}$；

$\boldsymbol{k}_{\mathrm{p}} = \mathrm{diag}(k_{\mathrm{p}1} \quad k_{\mathrm{p}2} \quad \cdots \quad k_{\mathrm{p}i} \quad \cdots \quad k_{\mathrm{p}n})$；

$\boldsymbol{k}_{\mathrm{d}} = \mathrm{diag}(k_{\mathrm{d}1} \quad k_{\mathrm{d}2} \quad \cdots \quad k_{\mathrm{d}i} \quad \cdots \quad k_{\mathrm{d}n})$；

$i = 1, 2, 3, \cdots, n$。

尽管式（5-4）、式（5-4′）、式（5-4″）等号左侧的操作量 $\boldsymbol{\tau}$ 都是同一个，三个公式中等号右侧的表达式之间并不相等，看似是矛盾的，在数学上是不成立的，但是，这恰恰说明将一个各关节间运动耦合非常强的非线性系统近似简化为一个线性系统，在表达形式上不是唯一的，既然是近似就会存在不同的近似程度，控制结果得到的位置/轨迹追踪的精度也不同，而且等号右侧各自表达式中虽然系数矩阵的变量符号相同，但实际上在对系数参数整定时其数值或者数值范围也会不同。

5.3.3 机器人位置轨迹追踪控制的 PD 控制系统与控制技术

机器人位置轨迹追踪控制的 PD 控制法是机器人操作臂、腿足式移动机器人等常用的控制方法，根据式（5-4″）的 PD 控制律设计的控制器为 PD 控制系统的控制器，按关节或驱动关节的电动机上安装的是位置传感器还是位置/速度传感器的不同，可将 PD 控制系统分为位置反馈的 PD 控制系统和位置/速度反馈的 PD 控制系统，其系统构成分别如图 5-5（a）和（b）所示。

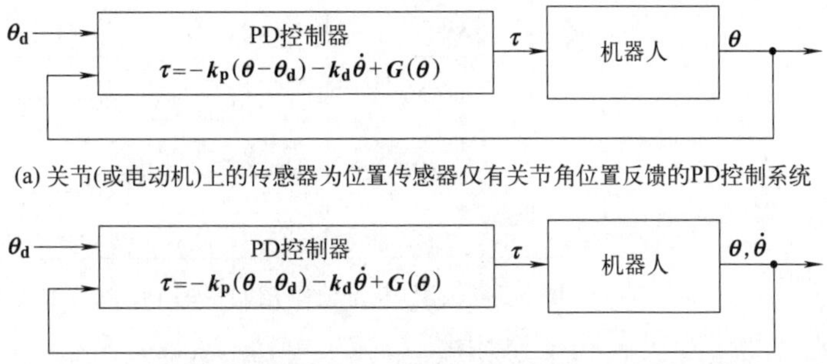

(a) 关节(或电动机)上的传感器为位置传感器仅有关节角位置反馈的PD控制系统

(b) 关节(或电动机)上的传感器为位置/速度传感器有关节角、角速度反馈的PD控制系统

图 5-5　机器人 PD（位置/速度反馈）控制系统

按照机器人关节部位是否安装检测关节位置/速度的传感器，机器人 PD 控制系统可分为：驱动关节的电动机及关节处皆分别设置有检测各自输出运动的位置/速度传感器的全闭环 PD 控制系统和只有驱动关节的电动机上设置有检测电动机输出运动的位置/速度传感器的半闭环 PD 控制系统两类，全闭环控制系统构成及技术实现原理分别如图 5-6（a）和（b）所示。图 5-6（a）中，伺服电动机的伺服驱动 & 控制器上的计数器只有一路并且只能用于伺服电动机底层 PID 控制器的位置/速度反馈控制，关节轴线上的位置/速度传感器的计数器需要额外配置；图 5-6（b）中，当伺服电动机的驱动 & 控制器上带有两路位置/速度传感器计数用的计数器的情况下，一路用于伺服电动机位置伺服系统的底层 PID 控制器的位置/速度反馈控制，另外一路则用于机器人关节轴线上安装的位置/速度传感器的计数，从而实现关节位置/速度全闭环反馈控制。

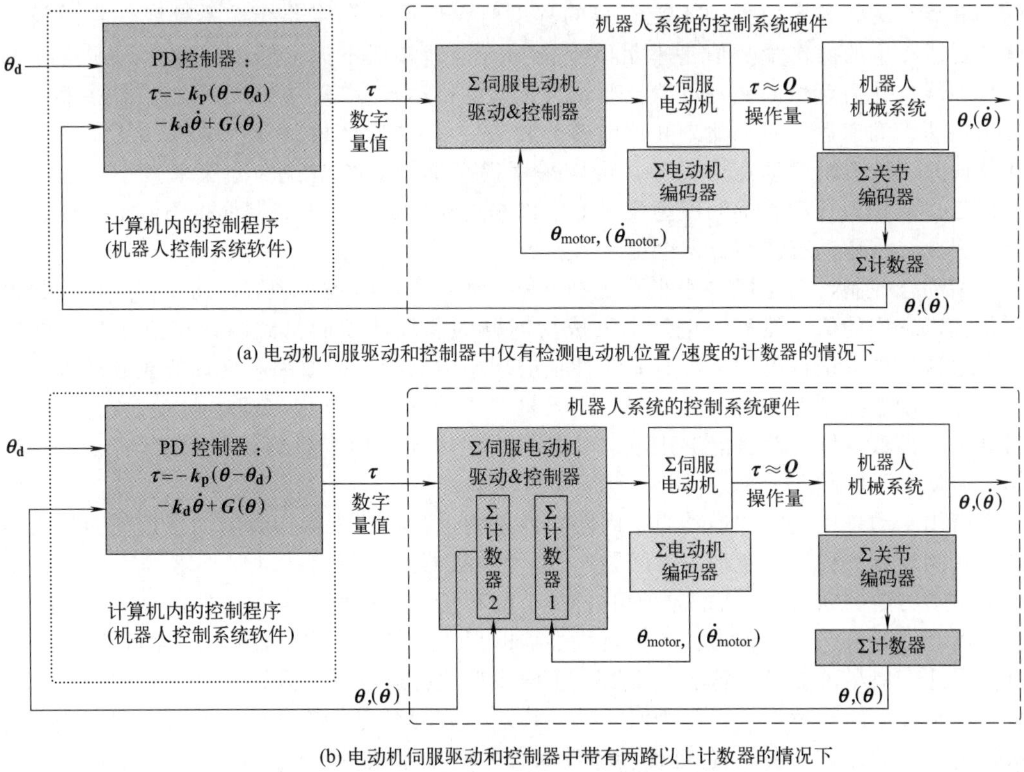

(a) 电动机伺服驱动和控制器中仅有检测电动机位置/速度的计数器的情况下

(b) 电动机伺服驱动和控制器中带有两路以上计数器的情况下

图 5-6　全闭环 PD 控制系统及其实际控制技术实现

图 5-5 和图 5-6 所示的控制系统的原理及组成分别是将 PD 控制器以计算机上位计算程序控制和底层 PID 控制的形式来表达的控制原理和技术实现图。以控制系统框图形式给出控制理论上 PD 控制系统如图 5-7 所示。注意：图中由曲线箭头引出的涂灰公式是给出各个节点处前后的计算关系和内容的补充说明，不属于控制系统框图的组成部分。

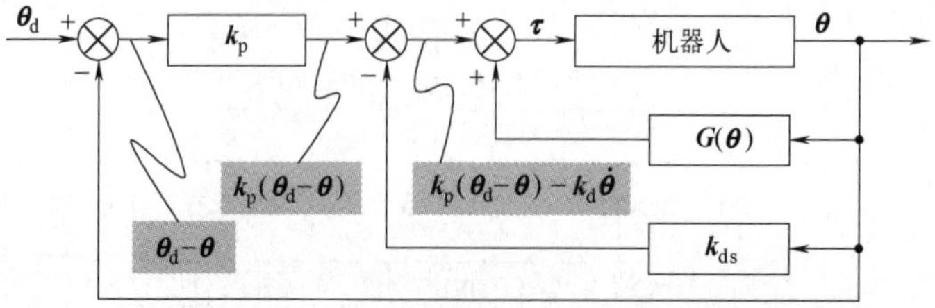

图 5-7　位置/轨迹追踪控制中的 PD 控制系统框图

5.4 动态控制

5.4.1 何谓机器人的动态控制

仍然从机器人通用的运动方程 $M(q)\ddot{q}+C(q,\dot{q})+B\dot{q}+D(\dot{q})+G(q)=Q$ 来看待控制问题。该方程等号左边含有离心力、科氏力等非线性项。当机器人动作速度较慢时，这些非线性项为速度的平方项，同其他力学要素相比非常小。因此，仅在动力学模型被线性化的系统上添加重力补偿项，即可以控制被控对象。也即对于运动速度较慢的机器人臂而言，其控制系统设计即使忽略离心力和科氏力也不会产生大的问题。但是，当机器人速度较快或高速运动，其离心力、科氏力大到不能忽视的程度时，仅用一个将非线性系统线性化后设计的 PID 控制器产生的操作量数值是不足以平衡掉（也即补偿不掉）模型线性化后所产生的误差。模型线性化后产生的误差可以全部作为未知的扰动来看待，而且必须由反馈控制来平衡掉。当快速、高速运动时，此未知扰动难以由一个 PID 反馈控制器平衡掉，从而产生较大的轨迹误差。若系统驱动能力足够，可以采用提高伺服系统增益的办法来减小轨迹跟踪误差，但是，被作为扰动看待的模型化误差也被作为非白噪声放大。同样得不到好的轨迹跟踪效果。因此，采用动态控制方法会更有效。

所谓动态控制，不是把这些非线性项作为扰动看待，而是通过对运动方程式进行数值计算直接推定它们的值。然后，把为消去成为问题的非线性项而得到的计算值作为前馈或反馈。通过这种方法期待得到与没有非线性项的理想情况相同的效果和良好的控制结果。

显然，动态控制方法的实际运用离不开机器人的动力学方程（即运动方程式），而且还要对其进行参数识别，获得能够用于运动参数给定情况下操作量值计算的运动方程。如此，引出“逆动力学问题”。

所谓用于动态控制的“逆动力学问题”就是为进行机器人操作臂的动态控制而采用的力学方程式的计算被称为“逆动力学问题”。即为某机器人被给定运动时，求解实现该运动所需要的驱动力矩的问题。其输入为瞬时各关节的转角、角速度、角加速度，计算结果能由不只含有离心力、科氏力、重力，还含有线性项的形式来得到，并且驱动力矩的计算误差越小越好。因此，应尽可能采用将实际机器人正确模型化的运动方程式，知道正确的参数（这些参数可以是独立的物理参数，也可以是独立物理参数的组合参数，可以用第 4 章参数识别的方法得到，运动参数则由位置/速度传感器获得）是最重要的。此外，要求采样时间尽可能短，以接近连续性系统。依靠控制算法，寻求实时地计算运动方程式的数值解，快速求解逆动力学问题的方法。

5.4.2 机器人的前馈动态控制

所谓的前馈动态控制是以如前所述的逆动力学计算问题为理论依据，基于参数识别方法推定可用于逆动力学计算的具体的逆动力学方程，用该方程计算出给定机器人运动要求下各个关节所需要的驱动力或驱动力矩并由机器人驱动和控制系统施加给实际机器人驱动系统的控制方法。

驱动机器人运动的各关节驱动力矩矢量 $\boldsymbol{Q}$ 为：$\boldsymbol{Q}=\boldsymbol{M}(\boldsymbol{q})\ddot{\boldsymbol{q}}+\boldsymbol{C}(\boldsymbol{q},\dot{\boldsymbol{q}})+\boldsymbol{B}\dot{\boldsymbol{q}}+\boldsymbol{D}(\dot{\boldsymbol{q}})+\boldsymbol{g}(\boldsymbol{q})$，逆动力学问题是基于参数推定值推定实现给定运动所需的力矩 $\boldsymbol{\tau}_{\mathrm{ID}}$。其解方程可以表示为式（5-5），是可以用来进行逆动力学计算的实际机器人操作臂关节驱动力矩方程

$$\boldsymbol{\tau}_{\mathbf{ID}}(\boldsymbol{q},\dot{\boldsymbol{q}},\ddot{\boldsymbol{q}})=\hat{\boldsymbol{M}}(\boldsymbol{q})\ddot{\boldsymbol{q}}+\hat{\boldsymbol{C}}(\boldsymbol{q},\dot{\boldsymbol{q}})+\hat{\boldsymbol{B}}\dot{\boldsymbol{q}}+\hat{\boldsymbol{D}}(\dot{\boldsymbol{q}})+\hat{\boldsymbol{g}}(\boldsymbol{q}) \tag{5-5}$$

式中，头顶“Λ”号的参数分别为实际机器人经参数识别实验和参数识别算法计算确定的惯性力、离心力和科氏力、黏性摩擦项、动摩擦项等项或系数的推定值；$\boldsymbol{\tau}_{\mathrm{ID}}$ 的下标 ID 表示参数识别之意，为“识别”的英文词缩写。

前馈动态控制的控制律：当操作臂轨迹追踪控制的所有轨迹用关节变量 $\boldsymbol{q}_{\mathrm{d}}(t)$ 即期望的关节轨迹给定时，通过求解逆动力学问题可以计算出各关节的驱动力矩 $\boldsymbol{\tau}$。则前馈动态控制的控制律为式（5-6）：

$$\boldsymbol{\tau}=\boldsymbol{\tau}_{\mathbf{ID}}(\boldsymbol{q}_{\mathrm{d}},\dot{\boldsymbol{q}}_{\mathrm{d}},\ddot{\boldsymbol{q}}_{\mathrm{d}}) \tag{5-6}$$

式中，$\boldsymbol{\tau}_{\mathrm{ID}}$ 为将期望的关节位置、速度、加速度矢量代入到式（5-5）中计算得到的关节驱动力或力矩矢量，即 $\boldsymbol{\tau}_{\mathbf{ID}}(\boldsymbol{q}_{\mathrm{d}},\dot{\boldsymbol{q}}_{\mathrm{d}},\ddot{\boldsymbol{q}}_{\mathrm{d}})=\hat{\boldsymbol{M}}(\boldsymbol{q}_{\mathrm{d}})\ddot{\boldsymbol{q}}_{\mathrm{d}}+\hat{\boldsymbol{C}}(\boldsymbol{q}_{\mathrm{d}},\dot{\boldsymbol{q}}_{\mathrm{d}})+\hat{\boldsymbol{B}}\dot{\boldsymbol{q}}_{\mathrm{d}}+\hat{\boldsymbol{D}}(\dot{\boldsymbol{q}}_{\mathrm{d}})+\hat{\boldsymbol{g}}(\boldsymbol{q}_{\mathrm{d}})$。

前馈动态控制的控制器及其控制系统构成：按前馈动态控制律设计的控制器即为前馈动态控制器。把计算得到的期望关节轨迹 $\boldsymbol{q}_{\mathrm{d}}(t)$ 情况下的各关节驱动力矩 $\boldsymbol{\tau}_{\mathrm{ID}}$ 施加给实际的机器人，期望实现无误差的理想状态下的各关节轨迹。因此，前馈动态控制系统框图如图 5-8 所示，很明显，仅有前馈的动态控制系统是开环控制。实际机器人操作臂一旦制造出来之后，其实际的物理参数即误差为零地存在于其机械本体之上，但是我们无论是通过测量还是参数识别实验都无法误差为零地将其得到。假设（注意：只是假设而已，实际上永远不可能误差为零）机器人的力学模型没有误差也没有外部扰动，即满足如下条件：

$$\boldsymbol{M}=\hat{\boldsymbol{M}},\boldsymbol{C}=\hat{\boldsymbol{C}},\boldsymbol{B}=\hat{\boldsymbol{B}},\boldsymbol{D}=\hat{\boldsymbol{D}},\boldsymbol{g}=\hat{\boldsymbol{g}},\boldsymbol{q}=\boldsymbol{q}_{\mathbf{d}},\dot{\boldsymbol{q}}=\dot{\boldsymbol{q}}_{\mathbf{d}},\ddot{\boldsymbol{q}}=\ddot{\boldsymbol{q}}_{\mathbf{d}}$$

则机器人操作臂末端在作业空间内实际的轨迹与给定的也即期望的轨迹完全一致，轨迹跟踪的误差也为零。这只是一种完全理想化的假设。

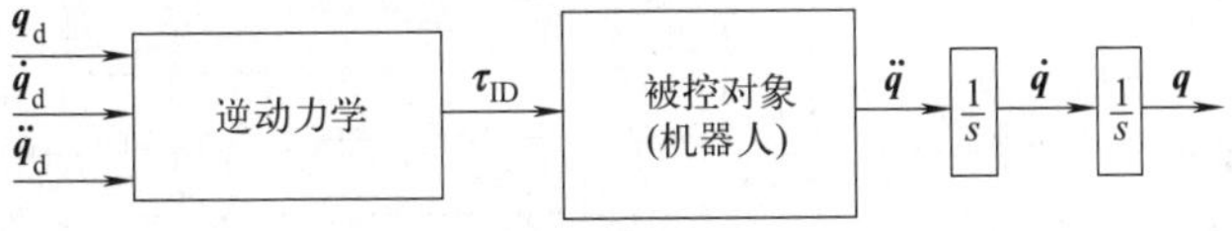

图 5-8　前馈动态控制系统框图

实际上，由于模型误差、扰动的存在，用这样的控制器是得不到好结果的。机器人对外界进行作业时会受到不希望的扰动、因把持的物体质量的不同而导致的力学特性变化，而且，一旦轨迹稍有偏差，就会导致计算力矩与实际需要的力矩间产生偏差，从而产生更大的轨迹误差。因此，除非机器人动力学模型足够精确，或者能够满足实际控制目标的要求，否则，仅有前馈的动态控制方法一般是得不到良好的控制结果的！这就引出了下一节的前馈＋PD 反馈的动态控制方法。

如果机器人机械系统设计制造精良，并借助参数识别或可以进行精细的虚拟样机设计与仿真的工具软件（如 ADAMS、DADS 等机构设计与动力分析软件），可以得到物理参数较为精确的机器人系统动力学方程（可以进行逆动力学计算）作为前馈控制律，对于控制精度要求不高的机器人这也是一种控制成本较低且有效的位置/速度轨迹追踪控制实现方法。

5.5 前馈+ PD 反馈的动态控制

5.5.1 何谓机器人的前馈+ PD 反馈的动态控制?

如前一节所述，仅用前馈动态控制器控制被控对象一般是得不到良好的控制结果的，因此，自然而然地会考虑到在前馈基础之上施加 PD 反馈的控制方法并设计控制器。

前馈＋PD 反馈控制法的基本思想是用 PD 控制器控制由前馈得到的线性化近似系统。期望仅有前馈控制法带来的轨迹误差和模型误差并引起的扰动，可以通过关节位置和关节速度的反馈被抑制住。而且，因为各关节的轨迹误差不大，所以计算得出的关节力或力矩可以有效地平衡掉非线性项。

前馈＋PD 反馈控制律：

$$\boldsymbol{\tau}=\boldsymbol{\tau}_{ID}(\boldsymbol{q}_{\mathrm{d}},\dot{\boldsymbol{q}}_{\mathrm{d}},\ddot{\boldsymbol{q}}_{\mathrm{d}})-\boldsymbol{K}_{\mathrm{v}}\dot{\boldsymbol{e}}-\boldsymbol{K}_{\mathrm{p}}\boldsymbol{e} \tag{5-7}$$

式中，$\boldsymbol{K}_{\mathrm{p}}$、$\boldsymbol{K}_{\mathrm{v}}$ 分别为比例增益系数阵、微分增益系数阵；$\boldsymbol{e}$、$\dot{\boldsymbol{e}}$ 分别是关节位置、速度的偏差矢量，即 $\boldsymbol{e}=\boldsymbol{q}-\boldsymbol{q}_{\mathrm{d}}$，$\dot{\boldsymbol{e}}=\dot{\boldsymbol{q}}-\dot{\boldsymbol{q}}_{\mathrm{d}}$，$\boldsymbol{q}$、$\dot{\boldsymbol{q}}$ 分别为由位置/速度传感器检测到的实际关节位置、速度矢量；$\boldsymbol{q}_{\mathrm{d}}$、$\dot{\boldsymbol{q}}_{\mathrm{d}}$、$\ddot{\boldsymbol{q}}_{\mathrm{d}}$ 分别为期望的关节位置、速度、加速度矢量；$\boldsymbol{\tau}_{\mathrm{ID}}(\boldsymbol{q}_{\mathrm{d}},\dot{\boldsymbol{q}}_{\mathrm{d}},\ddot{\boldsymbol{q}}_{\mathrm{d}})=\hat{\boldsymbol{M}}(\boldsymbol{q}_{\mathrm{d}})\ddot{\boldsymbol{q}}_{\mathrm{d}}+\hat{\boldsymbol{C}}(\boldsymbol{q}_{\mathrm{d}},\dot{\boldsymbol{q}}_{\mathrm{d}})+\hat{\boldsymbol{B}}\dot{\boldsymbol{q}}_{\mathrm{d}}+\hat{\boldsymbol{D}}(\dot{\boldsymbol{q}}_{\mathrm{d}})+\hat{\boldsymbol{g}}(\boldsymbol{q}_{\mathrm{d}})$。

显然，前馈＋PD 反馈的动态控制离不开机器人参数识别以及参数识别后的逆动力学计算方程式。

5.5.2 前馈+ PD 反馈的动态控制器及其控制系统构成

按照式（5-7）给出的前馈＋PD 反馈控制律可以绘制出如图 5-9 所示的控制系统框图。反之，由此控制系统框图也可以写出该控制方法的控制律。

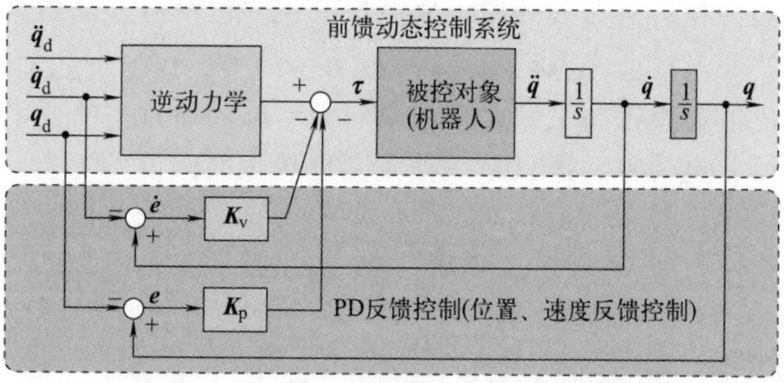

图 5-9 前馈＋PD 反馈动态控制系统框图

由图 5-9 可以看出：前馈＋PD 反馈控制是将按参数识别之后的逆动力学方程计算出期望运动输入（期望关节位置、速度、加速度）下的各个关节驱动力（对于线位移关节）或驱动力矩（对于角位移关节）并与位置、速度反馈控制计算出的为调节各个关节运动所需的额外的驱动力（对于线位移关节）或驱动力矩（对于角位移关节）之和作为被控对象的操作量。注意：期望的关节加速度并没有参加反馈控制的计算，也没有通过关节位置/速度反馈对实际的加速度进行估计。因此，前馈＋PD 反馈控制中实际上并未考虑实际的关节加速度与期望关节加速度之间的偏差对机器人动态控制效果的影响，而是期望通过位置、速度反馈的线性控制器将实际关节速度偏差产生的动态效果补偿掉。

5.6 计算力矩控制法

5.6.1 何谓机器人动态控制的计算力矩控制法?

所谓的“计算力矩控制法”是在关节空间内所进行的动态控制方法，给机器人操作臂施加的控制指令是各关节的运动参数（关节位置、速度、加速度指令），然后用关节位置、速度的反馈值和期望的指令值去估算关节加速度值，进而将关节位置、速度反馈值和估算的加速度值代入到逆动力学方程中计算驱动关节运动的力或力矩的操作量数值。

计算力矩法也是建立在机器人参数识别和所获得的逆动力学计算方程基础之上的动态控制方法，似乎与前述的前馈与 PD 反馈的动态控制方法类似。但实际上是有着本质区别的，所以它不属于单纯的前馈＋PD 反馈控制法，反而更近似于一种基于加速度参数估计的前馈动态控制方法。

计算力矩控制法的控制律：当操作臂轨迹追踪控制的所有轨迹用关节运动变量 $\boldsymbol{q}_{\mathrm{d}}(t)$、$\dot{\boldsymbol{q}}_{\mathrm{d}}(t)$、$\ddot{\boldsymbol{q}}_{\mathrm{d}}(t)$ 即期望的关节运动轨迹给定时，通过求解逆动力学问题可以计算出各关节的驱动力矩 $\boldsymbol{\tau}$。即有计算力矩法动态控制的控制律：

$$\boldsymbol{\tau}=\boldsymbol{\tau}_{\mathrm{ID}}(\boldsymbol{q},\dot{\boldsymbol{q}},\ddot{\boldsymbol{q}}^{*}) \tag{5-8}$$

式中，$\boldsymbol{\tau}_{\mathrm{ID}}(\boldsymbol{q},\dot{\boldsymbol{q}},\ddot{\boldsymbol{q}})=\hat{\boldsymbol{M}}(\boldsymbol{q})\ddot{\boldsymbol{q}}+\hat{\boldsymbol{C}}(\boldsymbol{q},\dot{\boldsymbol{q}})+\hat{\boldsymbol{B}}\dot{\boldsymbol{q}}+\hat{\boldsymbol{D}}(\dot{\boldsymbol{q}})+\hat{\boldsymbol{g}}(\boldsymbol{q})$，是经参数识别后确定的逆动力学计算方程；$\ddot{\boldsymbol{q}}^{*}=\ddot{\boldsymbol{q}}_{\mathrm{d}}-\boldsymbol{K}_{\mathrm{v}}\dot{\boldsymbol{e}}-\boldsymbol{K}_{\mathrm{p}}\boldsymbol{e}$，为由位置/速度反馈（PD 反馈）进行加速度估计的计算式；$\boldsymbol{K}_{\mathrm{p}}$、$\boldsymbol{K}_{\mathrm{v}}$ 分别为比例增益系数阵、微分增益系数阵。

5.6.2 计算力矩控制法的控制器及其控制系统构成

按照计算力矩控制法的控制律式（5-8）设计的控制器即为计算力矩法控制器。基于计算力矩控制法设计的控制系统如图 5-10 所示。

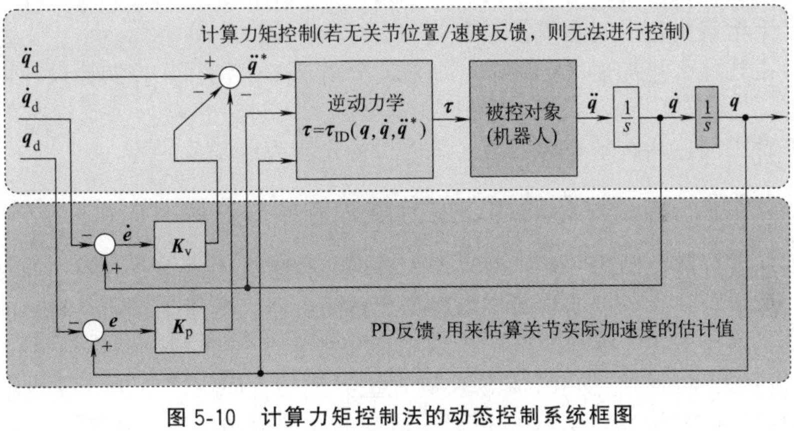

图 5-10 计算力矩控制法的动态控制系统框图

计算力矩控制法需注意的问题：由位置/速度传感器测得的关节位置、速度反馈量和期望的关节位置、速度即关节运动指令值估算出的关节加速度不是关节加速度的观测值，只是估计值。即下式只是估计计算式：$\ddot{\boldsymbol{q}}^{*}=\ddot{\boldsymbol{q}}_{\mathrm{d}}-\boldsymbol{K}_{\mathrm{v}}\dot{\boldsymbol{e}}-\boldsymbol{K}_{\mathrm{p}}\boldsymbol{e}$。因此，这里是 $\ddot{\boldsymbol{q}}^{*}$ 而不是 $\ddot{\boldsymbol{q}}_{\mathrm{d}}$ 和 $\ddot{\boldsymbol{q}}$。另外，代入到参数识别之后确定的逆动力学计算方程中的参考输入也不是期望的目标值，而是由位置、速度传感器反馈回来的实际位置、速度值和关节加速度估计值。

计算力矩控制法与前馈＋PD 反馈控制法的比较：对比图 5-9 和图 5-10 可知，前馈＋PD 反馈控制法是期望的关节运动参数（即控制指令）参与逆动力学计算，反馈量不参与逆动力学计算，操作量由逆动力学计算和 PD 反馈叠加生成；计算力矩控制法则是期望的关节运动参数不参与逆动力学计算；操作量由位置/速度反馈及其估算的加速度进行逆动力学计算。

计算力矩控制法在实际控制应用上需考虑如下问题：

① 逆动力学计算需要实时进行，一个控制周期内的逆动力学计算必须在比采样周期更短的时间内完成；

② 如逆动力学计算难以满足实时控制要求，可以适当地对逆动力学方程进行简化，进行近似计算，以提高计算效率；

③ 若计算周期长于伺服周期，则最好按采样周期整数倍完成逆动力学计算；

④ 计算力矩控制法具有普适性，不仅适用于机器人操作臂的轨迹追踪控制，也适用于其他机械系统的控制。

5.7 加速度分解控制法

5.7.1 为什么需要加速度分解控制？

前述的 PID 控制、逆动力学计算、前馈控制、前馈+PD 反馈控制、计算力矩法等关节轨迹追踪控制方法都是在关节空间内进行的控制，即给控制器输入的指令是期望的关节运动。而经过前述的机器人用途、作业、机构、运动学与控制的讲述可知，机器人操作臂的作业实际上是由末端操作器在其作业空间内完成的，也即末端操作器在其作业空间内的轨迹追踪控制才是实际作业的控制目标。由前述的关节空间内的关节轨迹追踪控制实现末端操作器作业空间内末端操作器的作业轨迹本身是没有任何问题的，但需要机器人的使用者精通机器人机构学、运动学、动力学、作业的数学描述以及控制方法才能进行控制器设计和控制器实际应用。那么，能不能按末端操作器作业空间来给出作业轨迹要求，将控制器设计组入到控制系统中，然后机器人的使用者只去关注末端操作器作业的数学描述和使用呢？加速度分解法在一定程度上为解决这一问题提供了有效方法。

下面主要讲述什么是加速度分解法，加速度分解法的控制律、控制器设计以及控制系统的构成等内容。“加速度分解控制”方法是在基坐标系内进行机器人动态控制的方法，是以让机器人操作臂末端追从在基坐标系内给定的目标轨迹为控制目的的。

5.7.2 何谓机器人动态控制的加速度分解控制法

所谓“加速度分解控制法”就是对机器人在现实物理世界的作业空间（如机器人操作臂的末端操作器作业空间）或运动空间（如腿足式移动机器人的腿足运动空间）内进行动态控制的方法，给机器操作臂人施加的控制指令是期望的末端操作器运动参数（位置和姿态指令），给移动机器人施加的控制指令是现实物理世界运动空间内的躯干（或腿足）移动运动参数（位置和姿态指令），然后用关节位置、速度的反馈值和末端操作器（或者移动机器人躯干质心、腿足末端）运动期望的指令值去估算末端操作器的加速度值，进而将关节位置、速度反馈值、估算后变换到关节空间的关节加速度值代入到逆动力学方程去计算驱动关节运动的力或力矩的操作量数值来完成动态控制。

加速度分解法控制律的推导：由加速度分解控制法中末端操作器加速度的末端轨迹位置和速度 PD 反馈，可用下式估算末端操作器实际加速度：

$$\ddot{\boldsymbol{X}}^{*}=\ddot{\boldsymbol{X}}_{\mathrm{d}}+\boldsymbol{K}_{\mathrm{v}}(\dot{\boldsymbol{X}}_{\mathrm{d}}-\dot{\boldsymbol{X}})+\boldsymbol{K}_{\mathrm{p}}(\boldsymbol{X}_{\mathrm{d}}-\boldsymbol{X})\approx\ddot{\boldsymbol{X}} \tag{5-9}$$

由机器人运动学可知 $\dot{\boldsymbol{X}}=\boldsymbol{J}\dot{\boldsymbol{q}}$，则有：

$$\ddot{\boldsymbol{X}}=\boldsymbol{J}\ddot{\boldsymbol{q}}+\dot{\boldsymbol{J}}\dot{\boldsymbol{q}} \tag{5-10}$$

将式（5-9）代入到式（5-10）整理得：

$$\ddot{\boldsymbol{q}}=\boldsymbol{J}^{-1}\{\ddot{\boldsymbol{X}}_{\mathrm{d}}+\boldsymbol{K}_{\mathrm{v}}(\dot{\boldsymbol{X}}_{\mathrm{d}}-\dot{\boldsymbol{X}})+\boldsymbol{K}_{\mathrm{p}}(\boldsymbol{X}_{\mathrm{d}}-\boldsymbol{X})-\dot{\boldsymbol{J}}\dot{\boldsymbol{q}}\}=-\boldsymbol{K}_{\mathrm{v}}\dot{\boldsymbol{q}}+\boldsymbol{J}^{-1}[\ddot{\boldsymbol{X}}_{\mathrm{d}}+\boldsymbol{K}_{\mathrm{v}}\dot{\boldsymbol{X}}_{\mathrm{d}}+\boldsymbol{K}_{\mathrm{p}}\boldsymbol{e}-\dot{\boldsymbol{J}}\dot{\boldsymbol{q}}]=\ddot{\boldsymbol{q}}^{*}$$

得加速度分解法控制律为：

$$\begin{cases}\ddot{\boldsymbol{q}}^{*}=-\boldsymbol{K}_{\mathrm{v}}\dot{\boldsymbol{q}}+\boldsymbol{J}^{-1}[\ddot{\boldsymbol{X}}_{\mathrm{d}}+\boldsymbol{K}_{\mathrm{v}}\dot{\boldsymbol{X}}_{\mathrm{d}}+\boldsymbol{K}_{\mathrm{p}}\boldsymbol{e}-\dot{\boldsymbol{J}}\dot{\boldsymbol{q}}]\\ \boldsymbol{\tau}=\boldsymbol{\tau}_{\mathrm{ID}}(\boldsymbol{q},\dot{\boldsymbol{q}},\ddot{\boldsymbol{q}}^{*})\end{cases}\tag{5-11}$$

式中，$\boldsymbol{K}_{\mathrm{p}}$、$\boldsymbol{K}_{\mathrm{v}}$ 分别为比例增益系数阵、微分增益系数阵；$\boldsymbol{e}=\boldsymbol{X}_{\mathrm{d}}-\boldsymbol{X}$ 为机器人在作业空间或现实物理世界的运动空间的位姿偏差矢量；$\boldsymbol{X}_{\mathrm{d}}$、$\dot{\boldsymbol{X}}_{\mathrm{d}}$、$\ddot{\boldsymbol{X}}_{\mathrm{d}}$ 分别为机器人操作臂末端操作器（或其他类型机器人在现实物理世界作业空间或运动空间）的期望位置、速度、加速度矢量；$\boldsymbol{X}=\boldsymbol{f}(\boldsymbol{q})$ 为机器人的正运动学解，其中，$\boldsymbol{f}$ 为由机器人机构确定的正运动学函数，$\boldsymbol{X}$ 为机器人在现实物理世界作业或运动空间内的位置和姿态构成的位姿矩阵或位姿矢量；$\dot{\boldsymbol{X}}=\boldsymbol{J}\dot{\boldsymbol{q}}$ 为机器人在现实物理世界作业空间或运动空间内的正运动学速度解方程。$\boldsymbol{\tau}_{\mathrm{ID}}(\boldsymbol{q},\dot{\boldsymbol{q}},\ddot{\boldsymbol{q}}^{*})=\hat{\boldsymbol{M}}(\boldsymbol{q})\ddot{\boldsymbol{q}}^{*}+\hat{\boldsymbol{C}}(\boldsymbol{q},\dot{\boldsymbol{q}})+\hat{\boldsymbol{B}}\dot{\boldsymbol{q}}+\hat{\boldsymbol{D}}(\dot{\boldsymbol{q}})+\hat{\boldsymbol{g}}(\boldsymbol{q})$，其中，$\boldsymbol{q}$、$\dot{\boldsymbol{q}}$、$\ddot{\boldsymbol{q}}^{*}$ 分别为机器人在关节空间内的关节位置矢量、关节速度矢量和加速度分解法控制律式（5-11）中的关节加速度估计值矢量。

5.7.3　加速度分解控制法的控制器及其控制系统构成

加速度分解控制法的控制器就是按式（5-11）给出的加速度分解控制律设计的控制器。其控制系统的构成如图 5-11 所示，是以机器人运动或作业空间内的期望的运动参数作为参考输入（即控制指令）和由关节空间内关节位置/速度反馈来估算关节角加速度的逆动力学计算生成被控对象操作量的控制方法。前面所讲的各种位置轨迹追踪控制方法中均未使用过机器人的正运动学方程，但在加速度分解控制法中用到了机器人机构的正运动学。另外，尽管控制指令是在机器人运动或作业的现实物理世界空间内的位姿、速度、加速度矢量（或矩阵）指令，但是逆动力学计算所用的方程仍然是关节空间内的逆动力学方程。因此，除却根据位置/速度反馈轨迹关节加速度矢量值之外，关节空间内进行逆动力学计算所用的关节位置、速度矢量值可分为两种情况：

① 将机器人运动或作业的现实物理世界空间内的期望的位姿 $\boldsymbol{X}_{\mathrm{d}}$、速度 $\dot{\boldsymbol{X}}_{\mathrm{d}}$、加速度 $\ddot{\boldsymbol{X}}_{\mathrm{d}}$，根据逆运动学分别计算出关节空间内关节位置矢量 $\boldsymbol{q}$、速度矢量 $\dot{\boldsymbol{q}}$ 值以及关节加速度估计值 $\ddot{\boldsymbol{q}}^{*}$ 代入到加速度分解控制律式（5-11）的第 2 个方程中计算操作量 $\boldsymbol{\tau}_{\mathrm{ID}}$（$\boldsymbol{q}$，$\dot{\boldsymbol{q}}$，$\ddot{\boldsymbol{q}}^{*}$）；

② 将关节空间内由位置/速度传感器反馈回来的关节位置矢量 $\boldsymbol{q}$、速度矢量 $\dot{\boldsymbol{q}}$ 值以及关节加速度估计值 $\ddot{\boldsymbol{q}}^{*}$ 代入到加速度分解控制律式（5-11）的第 2 个方程中计算操作量 $\boldsymbol{\tau}_{\mathrm{ID}}$（$\boldsymbol{q}$，$\dot{\boldsymbol{q}}$，$\ddot{\boldsymbol{q}}^{*}$）。

以上这两种情况下的加速度分解控制系统构成框图分别如图 5-11（a）和（b）所示。

5.7.4　机器人作业空间内有位姿轨迹外部测量系统的加速度分解控制系统

通常，工业机器人操作臂只靠驱动系统上的位置/速度传感器即可实现前述的半闭环的位置/轨迹追踪控制。但是，在作业环境或作业对象物自动识别和作为导引的机器人系统中，往往在机器人作业周边环境中设置用于测量机器人位姿轨迹、机器人末端操作器位姿轨迹或者机器人各个关节或杆件位姿的传感器，如单眼视觉传感系统、双眼立体视觉传感系统或其他原理的三维运动捕捉系统等外部传感系统。通过这些传感系统获得诸如机器人操作臂末端操作器在作业空间内相对于外部测量系统基坐标系的位姿与轨迹，同时根据机器人基坐标系和外部测量系统的基坐标系之间确定的坐标变换矩阵，将该位姿轨迹变换到相对于机器人系统的基坐标系中，然后直接反馈给加速度分解控制系统的 PD 反馈控制部分，则机器人作业空间内有位姿轨迹在线测量作为 PD 反馈的加速度分解控制系统如图 5-12 所示。

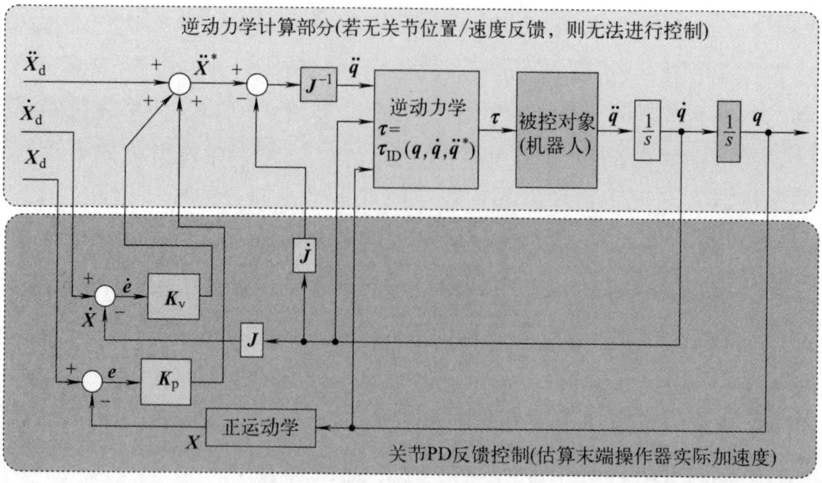

(a)

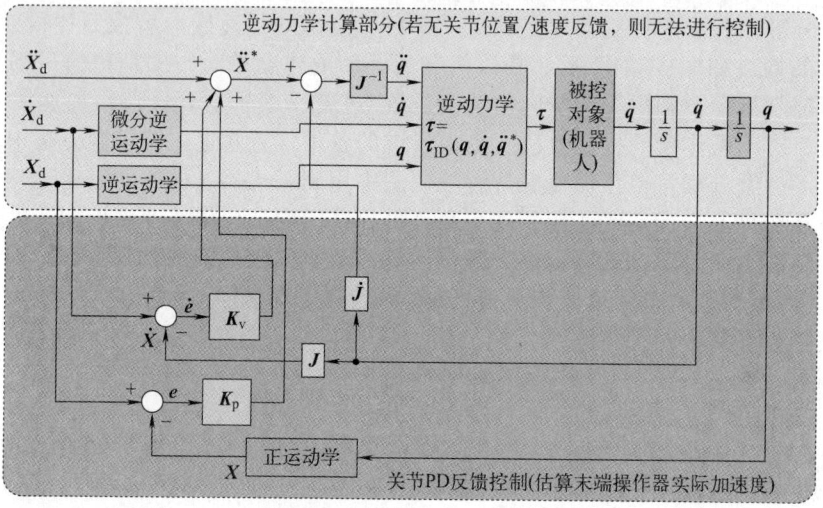

(b)

图 5-11 加速度分解控制法的动态控制系统框图

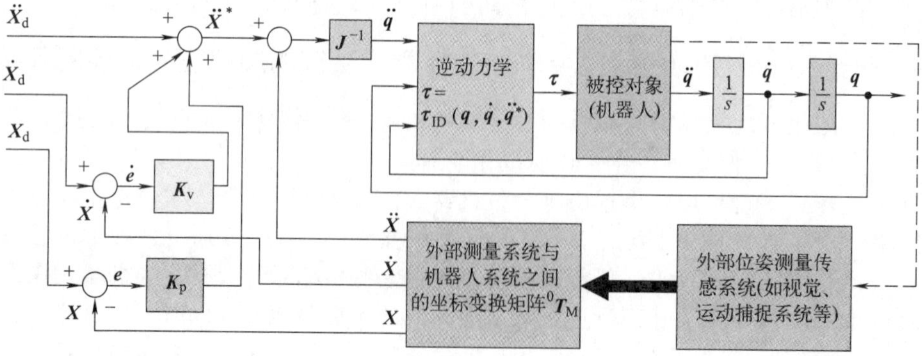

(a)

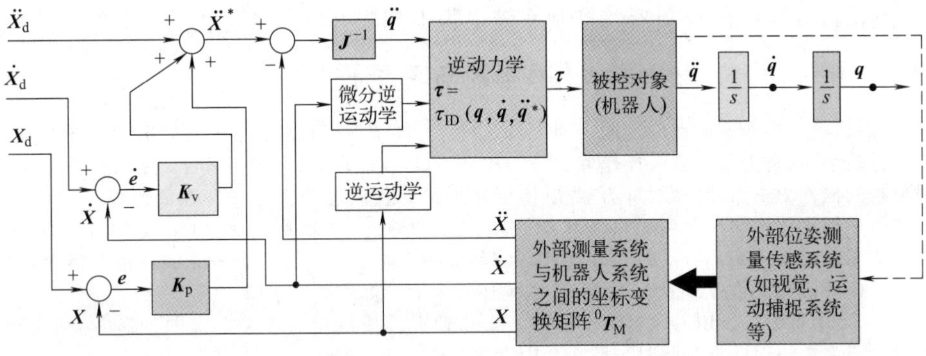

(b)

图 5-12　机器人作业空间内有位姿轨迹外部测量系统的加速度分解控制系统框图

5.8　本章小结

本章讲述了机器人控制最为基础的部分，即轨迹追踪控制，主要包括 PID 控制、逆动力学计算、前馈控制、前馈＋PD 反馈控制、计算力矩法等关节空间内轨迹追踪控制和加速度分解法这一末端操作器作业空间内轨迹追踪控制方法。其中 PID 控制法属于静态的线性控制法，其余的轨迹追踪控制法为非线性的动态控制法。这些控制方法能够满足机器人操作臂在自由空间内一般作业的轨迹追踪控制实际应用需求。最后对于机器人轨迹追踪控制理论与方法总结如下：

① 本章讲述的各种轨迹追踪控制法的选用并不是绝对的。归根结底取决于控制目标即机器人操作臂末端操作器作业精度要求、关节驱动能力以及用于逆动力学计算的动力学模型相对于实际机器人操作臂物理实体的精确程度等。

② 机械本体的设计制造是根本，控制是实现其作业功能和目的的理论、方法和手段。机器人操作臂控制的实际应用必须从机器人操作臂这一被控对象的机械本体、传动系统等机械特性、末端操作器作业要求等实际问题出发，加以深刻认识才能达到应有的实际控制效果。

③ 需要将理论与机器人实际的物理本体密切、准确结合起来才有效。以上所述的轨迹追踪控制理论、方法并不难理解，为基于模型的控制，其所需的基础知识源于机构学、机械传动、动力学和控制理论基础和伺服技术。

④ 实际的问题也即实际与理论的差别：机器人臂本身质量分布并不均匀；理论上关节轴线间垂直或平行，但实际上并不存在绝对的垂直或平行关系；实际尺寸也不可能为理论设计尺寸；电动机、机械传动系统中的轴承运转时存在摩擦，而且摩擦并非稳定，构件也并非绝对刚体等等。

⑤ 考虑到前述机器人物理本体实际问题对控制系统有效性的影响，可能到此为止所讲述的控制方法未必一定有效，因此，才会引出本书后续所讲的鲁棒控制、自适应控制、最优控制、柔性臂控制等内容。但是，不管如何，对于机器人这一被控对象而言，首要的问题是机器人设计、制造精度和力学性能稳定可靠的问题。如果机械本体设计制造不够精确、机械性能不够稳定可靠，再好的控制理论、方法与技术也是枉然或者更费周折。这一点特别值得加以强调和指出！

⑥ 机器人机械系统中的连接刚度和定位连接精度、传动系统的传动精度和刚度、关节轴系支撑刚度和回转精度、臂杆的刚度与各轴线之间的相对位姿精度等都决定了机器人本体的机械精度，这些决定因素都是靠控制系统所无法弥补和提高的，是机械系统本身特有的，由设计、制造、测量、装配与调试、试运行、运行环境等来决定的。只有在高精密的机器人本体机械系统基础上，合理选择或设计控制系统，才能有效发挥高精度的控制系统优势。离

开了这一点，设计再好的控制器、控制系统也得不到应有的性能优良的控制结果。

【思考题与习题】

5.1 何谓机器人操作臂的点位控制（即 PTP 控制）？何谓轨迹追踪控制？两者有何不同？

5.2 已知：一六自由度机器人操作臂的机构构型、机构参数和雅可比矩阵 $\boldsymbol{J}$，末端操作器与作业环境中作业对象物的操作力 $\boldsymbol{F}$ 由腕部六维力-力矩传感器测得，且该机器人操作臂在此操作过程中速度不高。试回答：如何根据力传感器检测到的六维力、力矩分量计算操作力 $\boldsymbol{F}$ 在关节 i 上产生的力、力矩？如何计算该操作力 $\boldsymbol{F}$ 在杆件 i 上距离杆件绕关节回转轴线距离为 l 处产生的力、力矩？或者换句话说，前述两个位置处需要平衡外载荷 F 的力（力、力矩）。试阐述具体的计算方法、步骤。

5.3 若 5.2 题目中，所用的六自由度机器人操作臂臂杆质量相对较大且操作过程中关节回转速度较高，此种情况下又该如何计算？此时与题 5.2 中方法是否完全一样？不一样又是为什么？

5.4 计算力矩控制法在实际控制应用上需考虑哪些具体问题？针对各问题应该采取什么样的措施？

5.5 在正式使用一台工业机器人操作臂系统进行生产作业之前，应当在机器人操作臂安装基础、被操作作业对象物或环境方面做好哪些准备工作，才能发挥好机器人操作臂的作业性能，尤其是其重复定位精度？

5.6 按控制原理、控制律的不同，机器人位置/轨迹追踪控制可分为哪些不同的方法和类型？其中，哪些控制方法是在关节空间内进行的控制？哪种是在末端操作器作业空间内进行的控制？各种控制方法控制器的输入量都是什么？

5.7 什么是机器人关节运动的半闭环控制和全闭环控制？试分别从控制系统软硬件构成和技术实现上阐述两者的控制原理，并绘制两者的控制系统原理框图。

5.8 在位置/轨迹追踪控制方法中，在开环的前馈动态控制基础上可以施加 PD 反馈进行动态控制的力学依据是什么？换句话说，为什么可以将基于逆动力学的动态控制计算得到的操作量与 PD 反馈计算得到的操作量进行叠加？

5.9 试述前馈＋PD 反馈动态控制与计算力矩法动态控制两种控制方法的异同，并分析来自位置、速度传感器的状态反馈量对两种控制方法的影响。

5.10 计算力矩控制法中根据位置、速度反馈计算的关节角加速度是观测量还是估计量？观测量与估计量有何不同？

5.11 同关节空间内进行的位置/轨迹追踪控制法相比，加速度分解控制法所具有的与之不同的特殊的现实意义是什么？

5.12 基于模型的机器人控制中一般都会应用到逆运动学，而机器人机构正运动学在机器人的何种控制方法中用到了？是如何使用的？

5.13 试述分别利用机器人系统内部传感器、系统外部环境中的外部传感器各自进行机器人位置/轨迹追踪控制的区别以及所需额外进行的准备工作都是什么？优缺点？各适合于什么情况下？

5.14 加速度分解控制法中用到了雅可比矩阵求逆矩阵，前提条件是机器人操作过程中，每个控制周期计算给被控对象的控制输入（即控制器的输出）必须是在雅可比矩阵逆矩阵存在的条件下才成立的，否则无法正常控制机器人操作臂。那么，如何才能确保雅可比矩阵的逆矩阵存在？雅可比矩阵逆矩阵不存在意味着此时机器人机构构形存在什么问题？如何回避此问题？

5.15 已知：现有一台六自由度机器人操作臂系统，其机构构型、机构参数等一切机械系统、电控系统、驱动系统硬件参数、伺服驱动系统位置、速度传感器等硬件条件均已完备，现在要使用该机器人操作臂进行汽车零部件喷漆、焊接之类实际作业，并需要为其设计位置/轨迹追踪控制器。试论述：用该机器人操作臂进行喷漆、焊接作业所需完成运动控制的所有工作任务，包括具体步骤、内容、方法等。

（提示：该工业机器人在生产工位上相关的系统安装、定位、坐标系的建立；作业参数；作业轨迹规划；正、逆运动学、微分运动学；奇异构形回避；关节极限回避；动力学方程；参数识别；控制器及控制系统设计；程序设计与调试；实装机器人系统；运动控制测试等）

5.16 为了在机器人装配后更准确地得到机器人操作臂的机构参数，让参数识别实验和参数识别计算也相对易于进行，进而使得机器人位置/轨迹追踪控制问题变得更易于进行，位姿轨迹精度更易于实现，应该在机器人机械结构设计、精度设计与测量、装配等机械系统设计问题上如何考虑？

（提示：这是一个从开始设计机器人时就要考虑的机器人控制问题，是一种设计思维开放性问题）

5.17 从机构自由度与机构构型选择、系统构成、运动学、控制方法与控制律等方面详细论述用一台六自由度工业机器人操作臂完成三维空间曲线焊缝焊接作业所应包括的理论、方法与技术。

5.18 从机构自由度与机构构型选择、运动学、控制方法与控制律等方面完整地详细论述用一台工业机器人操作臂完成平面表面喷漆作业所应包括的理论、方法与技术。

第6章

机器人力控制

6.1 机器人作业的分类与力控制基本概念

按机器人与作业对象物或环境之间有无约束可分为两大类，即自由空间内作业和约束空间内作业。而约束又可分为机器人的位姿/轨迹约束（对位置和姿态以及轨迹的约束）和力的约束两类。其中，机器人的位置约束包括机器人作业时某些部位期望运动的位姿/轨迹约束（如机器人操作臂的末端操作器作业时在作业空间内的位姿/轨迹约束，步行机器人步行时期望的运动轨迹与姿势的约束、游脚的迈脚位置轨迹与姿态约束，轮式移动机器人路径规划生成的移动轨迹约束，等等）和来自环境或作业对象物的位姿/轨迹约束（如机器人周围环境中的障碍物的位置、姿态以及障碍物本身的几何形状；机器人操作臂打磨零件毛刺作业的情况下，被打磨零件外廓的几何形状即成为末端操作器的位姿/轨迹约束；步行机器人步行时腿跨越其脚下的障碍物时，障碍物前后尺寸、高度、几何形状将成为游脚的位姿/轨迹约束条件等）。机器人所受到的力约束则是来自作业环境或被操作的作业对象物的力和力矩作用的约束，如前述的机器人操作臂打磨零件毛刺作业的情况下，被打磨零件反作用于作为末端操作器的砂轮上的打磨力和力矩。这里所说的力约束的“力”和力控制的“力”都是泛指狭义上的力和力矩。

自由空间内的作业是指诸如焊接、喷漆、搬运等作业用的机器人操作臂末端操作器在自由空间内的作业。也即末端操作器与作业环境之间没有额外的位置约束、力约束。注意：末端操作器位置轨迹虽然是由作业规划确定出来的，但并非与环境构成位置、力约束。

约束空间内的作业是指诸如钣金、研磨、打磨、装配等用机器人末端操作器与作业对象物或环境之间不仅有位姿/轨迹约束，还受到操作力或者来自环境的力学作用的约束的机器人作业。

机器人在自由空间、约束空间内作业性质不同，其基于模型的控制原理与方法也不同，分别如图 6-1 所示。机器人在自由空间内作业的控制问题属于关节空间或末端操作器作业空间内的位置轨迹追踪控制，用本书第 5 章的内容即可解决，而约束空间内作业的控制问题既需要位置轨迹追踪控制，同时还要进行力控制才能达到控制目的。

(1) 兼顾位置轨迹控制精度与合适操作力的广义力控制（柔顺控制）的概念

自由空间内的作业焦点在于如何快速、准确地控制末端操作器的位置和姿态的位姿控制特性，而约束空间内的作业不仅有末端操作器位姿控制，还要考虑末端操作器与作业对象物或环境之间的相互作用力的控制问题，并且期望实现一定的机械柔顺性。所谓的机械柔顺性是指在约束作业空间内，既要保持位姿控制精度，同时还要保证末端操作器、作业对象物或环境不至于因为操作力过大而发生作业失效甚至于破坏。这种控制技术又叫做柔顺控制，也称广义力控制。

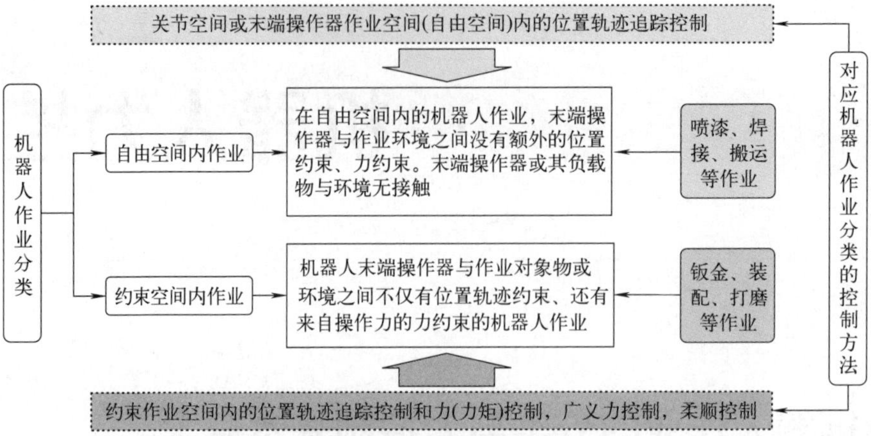

图 6-1 机器人作业分类与相应的控制方法

(2) 机器人力控制的分类及各类力控制的定义

机器人力控制技术研究始于 1960 年代，是伴随着计算机控制技术和力传感器技术的发展而发展起来的。1970 年代后期到 1980 年代前半期，伴随着机器人控制技术的发展，一些重要的力控制方法被提出和应用。已有的力控制方法的特点是一种方法中含有其他方法的力控制，以及多种控制方法组合使用的力控制。从分类的观点来看，可以分为阻抗控制和混合控制；从操作量的不同来看，可以分为以位置/速度为指令的力控制和以力矩为指令的力控制。对于基于模型的控制系统设计而言，需要离线或在线检测作业对象物或环境受到力（或力矩）作用的刚度、阻尼等力学特性参数，目的是用于力控制时通过检测到的作业力或力矩值、刚度、阻尼参数值来确定作业位移量，从而进行末端操作器位置/速度轨迹补偿（也即轨迹修正）。按力控制中的力是实际的操作力还是虚拟的（虚拟的也即假想的、不存在的）“力”，可以将力控制分为虚拟的力控制和实际的力控制。虚拟的力控制。主要是指诸如在自由空间内机器人操作臂回避障碍的位置/速度轨迹追踪控制。其原理是通过在末端操作器或臂构形与环境也即障碍物之间假想设有虚拟的弹簧、阻尼等力学模型，当末端操作器或臂形越接近障碍物，则虚拟弹簧或阻尼器“产生”的反向推力或阻尼力阻止机器人操作臂接近障碍物的力就越大，从而通过该力来修正末端操作器或臂形的位移，以达到回避障碍的目的。而实际的力控制则是指：在约束空间内，对机器人操作臂进行位置/速度轨迹追踪控制和实际物理约束下有实际操作力的力控制。这种力控制需要离线或在线检测环境或作业对象的力学特性参数，自然需要力传感器。所以下一节将要讲述用于机器人实际力控制的力传感器的原理和主流力传感器产品。

(3) 机器人力/位混合控制

在工业生产中，如零件去毛刺、打磨，往轴上装配轴承、往车轮轴上装配车轮轮毂或车轮、往伺服阀上装阀芯、往减速器轴承座孔里装轴承、焊缝打磨、卸拧螺钉等作业，如果用机器人操作臂来代替人工进行自动化作业，机器人操作臂末端操作器除了实现如前所述的位置轨迹追踪控制之外，还必须控制末端操作器施加给作业对象物上的力、力矩以实现所要求的作业质量。因此，对机器人操作臂作业时既进行末端操作器的位置控制，同时还要进行末端操作器操作力的控制，这种控制即为力/位混合控制。这只是从作业和字面上给出的定义。下面将详细从作业位置约束和力约束的角度讲述机器人作业类型、力控制的类型以及操作臂与作业对象物或环境所构成的系统模型，以及控制理论与方法。需要特别指出的是：如果装配件与被装配件之间配合尺寸的公差带（实际加工完的装配件与被装配件则为配合后两者之间的间隙）已经大于机器人重复定位精度即可通过单纯的机器人位置/轨迹追踪控制完成“装配”，则此类不能算作也无需力/位混合控制或力控制，自然无需在本章讨论。

6.2　用于机器人力控制的力传感器及其应用

6.2.1　六维力与六维力传感器

六维力：机器人力控制所需作业力检测维数、自由度不同，所用传感器的维数也不同。力传感器可以从一维到最多六维，这里的六维维数指的是三维物理空间内力、力矩总共 6 个分力，即 $\boldsymbol{F}_x$、$\boldsymbol{F}_y$、$\boldsymbol{F}_z$ 三个分力和 $\boldsymbol{M}_x$、$\boldsymbol{M}_y$、$\boldsymbol{M}_z$ 三个分力矩，总共 6 个分量，也即六维。一维到六维力传感器所检测的 1～6 个力、力矩分量是在力传感器本体上的 O-xyz 坐标系中定义的。首先介绍六维力传感器，六维力传感器又称为六维力-力矩传感器，也记为六维力/力矩传感器。

① 六维力传感器的结构和原理：这里给出的是在机器人操作臂的操作力控制、腿足式移动机器人稳定步行移动的力反射控制中常用的十字梁式六维力传感器的结构和原理，它由机器人侧的传感器检测部、工具侧（即末端操作器侧或者腿足式机器人的足底一侧）接口法兰，以及连接这二者并兼起过载保护作用的安全销等部分组成。传感器的检测部为采用铝合金整体材料精密制作而成的十字梁，十字梁的各个侧面上粘贴应变片用来检测梁受力后产生的应变，并转化为电信号，电信号经放大器放大后由 A/D 转换器转换成数字信号并经数字信号处理和六维力的解算，输出可用于力控制的六维力值。

JR3 六维力/力矩传感器是在机器人领域广泛应用的力觉传感器产品之一，此外还有 ATI 六维力/力矩传感器。它们都是带有机器人力控制、力/位混合控制的自动化作业系统中典型力觉传感器产品。

② JR3 六维力/力矩传感器的原理、结构：JR3 六维力/力矩传感器采用了前述的四根梁式（即十字梁式）结构＋电阻式应变片的结构，如图 6-2 所示。断面为矩形的四根梁的每一根在力检测部位四周都贴有应变片，传感器的力检测部机械零件结构为：与机器人末端机械接口法兰连接的机械接口圆盘与最外侧圆环之间为十字交叉的四根梁，机器人侧机械接口圆盘、最外侧圆环、十字梁三部分结构为一个整体的零件，即一块材料加工而成。在外侧圆环的侧面与十字梁同轴线的 X、Y 轴部位开有条形窗，并且在 X、Y 轴线的两个角分线上加工有对称的四个圆柱销孔，工具侧接口法兰零件与力检测部零件（即有十字梁的零件）通过这四对圆柱销和圆柱销孔连接在一起，如此，当工具侧（也即末端操作器侧）受到外部力、力矩作用时，通过四个圆柱销和销孔将外力、外力矩传给力检测部零件上的十字梁，十字梁受力、力矩作用后产生微小变形量，相应地贴在十字梁各个部位上的应变片产生应变，进而各个应变片上的阻值发生变化，当将这些应变片按前述的应变式检测电路原理连接成有源检测电路，各应变片有微电流流过时，就能从应变式检测电路的输出端拾取各路电压信号，从而经过解算后得到六维力/力矩传感器的六个力和力矩分量。这就是十字梁结构＋电阻式应变片结构形式下的六维力/力矩传感器检测力、力矩分量的原理。

③ 关于安全销是否总是能够保证安全的问题：前述的六维力/力矩传感器中均布的四个圆柱销将传感器的检测部与工具侧负载件连接在一起，起到定位与连接作用，但是不仅如此，这四个销轴是经过过载校准的安全销，当工具侧法兰上外载荷在安全销上产生的剪切力超过了安全销的公称负载能力时，安全销自动剪断，从而使工具侧法兰连接件与力检测部之间的机械硬连接断开，过载的载荷传不到检测部，从而保护了作为力觉传感器功能主体的力

检测部，特别是其上的弹性十字梁，不至于过载而产生过大的弹性变形甚至超过弹性变形范围而失去一定的弹性。这种过载保护在该类传感器用于工业机器人操作臂时是有效的。但是，如果将带有这种过载保护措施的力觉传感器应用在足式或腿式步行机器人的腿、足部（踝关节）时，是无法保证该力觉传感器和机器人安全的。因为，当过载使安全销剪断，靠近足一侧的接口法兰与力检测部的硬连接将完全脱开，作为腿或足的一部分的力传感器的两侧构件也会脱开，这无异于腿或足折断了，即相当于突然断腿或断足，机器人将失去平衡甚至可能会摔倒。此时，无论是机器人还是力传感器都不可能保证是安全的。

由此而引出了用于腿式、足式机器人且具有过载保护能力的新型六维力/力矩传感器的设计与研制的新课题。日本东京大学、本书著者都曾经设计、研究了这种带有过载后机器人与传感器本身都能得到安全保护作用的六维力/力矩传感器（详见本书著者的发明专利文献）。

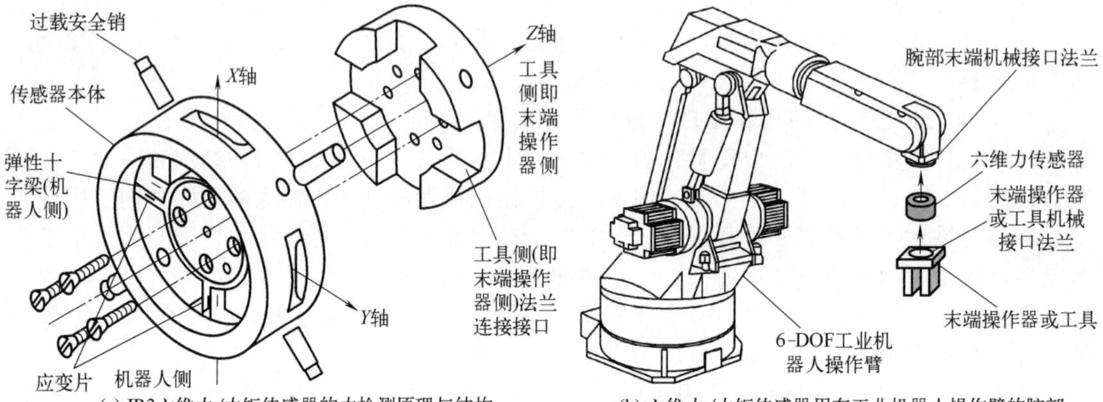

(a) JR3六维力/力矩传感器的力检测原理与结构　　(b) 六维力/力矩传感器用在工业机器人操作臂的腕部

图 6-2　六维力/力矩传感器原理及其在机器人腕部的应用

6.2.2　JR3六维力/力矩传感器系统及其在力控制系统的应用

JR3 六维力/力矩传感器通常用于工业机器人操作臂末端操作器对作业对象物或作业环境的操作力或者轴/孔零件装配的力/位混合控制作业中。而在腿、足式移动机器人的移动控制中，通常用六维力/力矩传感器作为足底力反射控制以维持步行过程中的稳定与平衡。因此，六维力/力矩传感器检测到的力信号需要经过调整及 A/D 转换器转换后变成数字信号经主控计算机计算出反射力位置与大小，并与期望的反射力作用位置进行比较，然后折算成关节位置/速度补偿量，通过高增益的局部位置/速度反馈控制来控制机器人的稳定步行。

JR3 六维力/力矩传感器的制造商提供传感器本体、电缆线、DSP 板卡以及可编程调用其作为传感器使用功能函数（C 语言动态链接库 *.lib 中各项功能函数）的 App 应用软件系统。其中 PCI 总线的 DSP 板卡可插在 PC 计算机的 PCI 扩展槽中，并通过专用的电缆线连接传感器本体与 DSP 板卡，如图 6-3 所示。将随带的软件初始化安装在 PC 计算机上，用户在 C 语言编程软件环境下利用传感器专用的动态链接库（*.lib）中库函数进行程序设计、编译、连接形成执行文件后，即可使用力传感器。

硬件使用：传感器本体用专用的电缆线连接到 DSP 数字信号处理板卡或模块，然后再将 PCI 总线版 DSP 卡插入计算机的 PCI 扩展槽，或 USB 版 DSP 卡（模块）通过 USB 线连接到计算机的 USB 口。初始化安装制造商提供的专用软件即可使用其测力，并且具有将力信号以图形方式可视化表示的功能。若用于机器人力控制系统中，则需要用户编写使用力传感器进行力控制的程序。

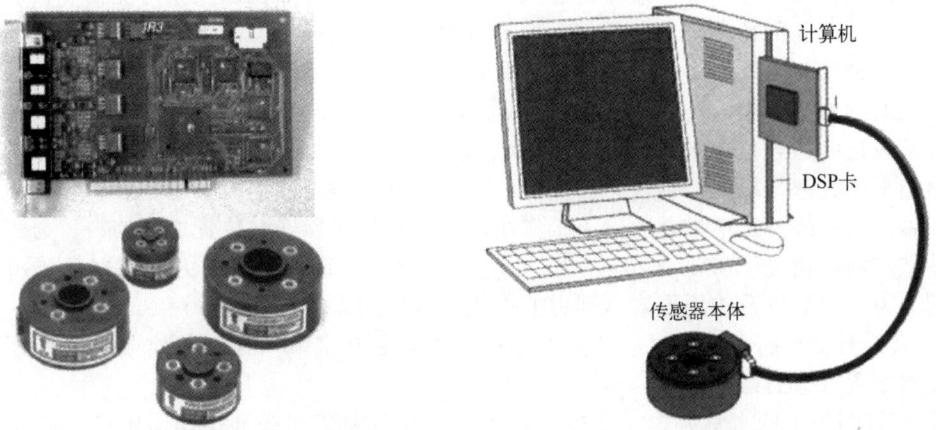

图 6-3　JR3 六维力/力矩传感器本体、DSP 卡实物及其与 PC 计算机的连接

传感器控制器的组成：在外力作用下，四根梁式（又称十字梁式）力觉传感器的各个梁上粘贴的各应变片产生的应变信号经放大器放大后送入力觉传感器本身的控制器，经 A/D 转换，再根据传感器的常数矩阵计算各个分力、分力矩，最后经串行或并行信号的输出形式输出给计算机，用来进行力机器人操作或移动机器人稳定移动的力反馈控制。力觉传感器系统本身的控制器的详细组成如图 6-4 所示。

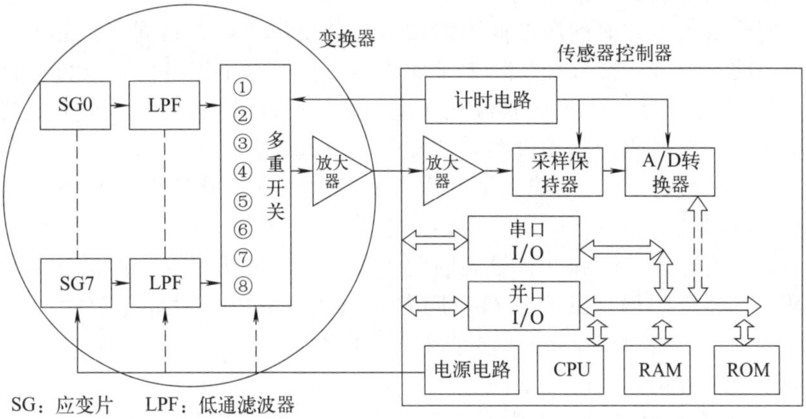

图 6-4　六维力/力矩传感器（力觉传感器）系统中的控制器

6.2.3　六维力/力矩传感器测得的力/力矩数据的转换和力学原理

（1）直接测力与间接测力的问题

工业机器人操作臂操作力控制、移动机器人稳定移动的力反射控制等一般都不是直接测得操作器对作业对象物、移动机器人移动端与地面（或支撑物）之间的作用力或力矩。为什么会这样呢？难道不能像人手操持物体时手指、手掌与被操持物之间通过皮肤和肌肉的感知来直接得到作用力？通常的如仿人多指手手指、手掌表面不乏贴覆柔性的、分布式检测接触力的传感器，即人工皮肤力觉薄片以感知抓取物体、操作对象物时的感知力。但是，这种多指手操作的对象物通常都为连续曲面表面物体或者重量较轻、没有尖棱尖角或者棱边、尖角经过倒棱倒圆的物体，作用力也小的轻载或超轻载物体。否则，柔性薄膜或者分布式接触力柔性薄片式力觉传感器会受到来自被操作物或环境的尖棱、尖角的尖锐的作用力而导致超量程以及柔性传感器感知部的破损。另外，即便这些问题可以忽略，力传感器本身也会因与被

操作物体经常直接接触，不可避免地导致不同程度的磨损，而机器人用力觉传感器属于用于运动控制、力控制的精密部件，磨损后会导致测量精度、灵敏度的下降甚至于难以满足位置精度、力觉精度、灵敏度等作业指标。因此，通常力觉传感器并不是直接测得操作器与作业对象物之间的力（力矩），而是将力觉传感器安装在距离末端操作器或者移动机器人移动肢体的末端较近的适当位置来间接地测量，测量得到的力、力矩需要按照力学原理（力平衡方程、力矩平衡方程，根据力觉传感器安装的位置不同，也可能还需要机构运动学中诸如坐标变换和雅可比矩阵等）来推导力的直接作用端到力觉传感器安装位置之间的力、力矩平衡方程（动态控制的情况下需要动力学方程），然后由力觉传感器测得的力的数据解算出外力直接作用的力、力矩以及作用位置（即力的作用点或作用面的位置）。

① 直接测量力的力觉方式：是指力觉传感器安装在末端操作器与作业对象物直接接触部位并直接测得力的力觉方式。

② 间接测量力的力觉方式：是指力觉传感器没有安装在末端操作器末端（或抓持时与被操作物直接接触的表面）或移动机器人移动肢体末端（与支撑面直接接触的脚底或腿末端），也就无法直接测得实际接触部位的作用力，而是通过力学原理间接解算出力的力觉方式。

③ 两种力觉测量方式比较：以上两种力觉测量方式比较而言，直接测量时，力觉传感器如果能正常工作，则直接测量得到的数据要比间接测量得到的结果更准确，也省略了间接测量力觉方式下的解算环节，但是这种直接测量力觉方式会导致力觉传感器侧头部直接磨损，而且一般量程都不会太大，力觉传感器的应用会受到被操作对象物或作业环境表面形貌、材质、几何形状等多方面的限制而不能发挥与被测作业对象物间直接的力、力矩测量功能；间接测量力的力觉方式恰好相反，如工业机器人操作臂上安装的力觉传感器一般有人工皮肤、六维力/力矩传感器。人工皮肤覆盖在操作臂的臂部外周，六维力/力矩传感器一般安装在机器人操作臂的腕部或者移动机器人的踝部（或脚底板之上、脚靠近踝关节一侧并与传感器上接口连接的脚板之下）。间接力觉方式需要经过由力传感器上的测量基准坐标系坐标原点与末端操作器末端中心点之间力、力矩的换算关系（力、力矩平衡方程），这不单单是间接换算需要额外的方程求解和计算量的问题，两点之间的机械部分的尺寸偏差、形位公差等都会影响测量、换算后得到的力的精度问题。因此，需要从设计、装配、测试以及标定上，以精度设计、加工/装配/调试/测量精度来加以保证。

（2）间接测量的力觉方式的力学模型以及换算解算

① 动态运动下动力学方程及力觉转换解算：取力觉传感器上测量基准坐标系 $O\text{-}XYZ$ 与外力、外力矩作用中心点之间的部分作为分离体，建立分离体的力学模型，如图 6-5 所示。需要注意的是，如果末端操作器是在动态运动下进行操作，则是动态平衡的力学模型，即必须考虑速度、加速度、转动惯量的力学影响；如果是匀速运动或静态下的操作，则不考虑速度、加速度以及惯性力的力学影响，为静力学平衡方程。设分离体（力矩传感器、末端操作器）总的质量、绕质心 C 的惯性矩分别为 m、$\boldsymbol{I}$（$\boldsymbol{I}$ 为惯性矩阵）；在极坐标系 $O_0\text{-}X_0Y_0Z_0$ 中，各坐标原点 O、o 以及质心 C 的位置矢量 $\boldsymbol{r}_O$、$\boldsymbol{r}_o$、$\boldsymbol{r}_C$ 以及它们对时间 t 的一阶、二阶导数即线速度、线加速度矢量 $\dot{\boldsymbol{r}}_O$、$\dot{\boldsymbol{r}}_o$、$\dot{\boldsymbol{r}}_C$、$\ddot{\boldsymbol{r}}_O$、$\ddot{\boldsymbol{r}}_o$、$\ddot{\boldsymbol{r}}_C$和分离体的角速度、角加速度矢量 $\boldsymbol{\omega}$、$\dot{\boldsymbol{\omega}}$，都可通过机器人机构运动学的解析几何法或矢量分析法、齐次坐标矩阵变换（简称齐次变换）法来求得。则可由牛顿-欧拉法列写分离体的力、力矩平衡方程：

$$\boldsymbol{F}_O-{}^O\boldsymbol{R}_o\cdot\boldsymbol{f}+m\boldsymbol{g}=m\ddot{\boldsymbol{r}}_C \tag{6-1}$$

$$\boldsymbol{M}_O-{}^O\boldsymbol{R}_o\cdot\boldsymbol{M}+\boldsymbol{F}_O\times(\boldsymbol{r}_C-\boldsymbol{r}_O)-({}^O\boldsymbol{R}_o\cdot\boldsymbol{f})\times(\boldsymbol{r}_C-\boldsymbol{r}_o)=\boldsymbol{I}\cdot\ddot{\boldsymbol{\omega}}+\boldsymbol{\omega}\times(\boldsymbol{I}\cdot\boldsymbol{\omega}) \tag{6-2}$$

式中，m、$\boldsymbol{I}$、$\boldsymbol{r}_C$ 分别为分离体的质量、绕其质心的惯性参数矩阵、质心位置矢量；

$\boldsymbol{F}_O$、$\boldsymbol{f}$ 分别为力觉传感器检测到的力矢量、分离体（末端操作器）所受到的外力矢量，$\boldsymbol{F}_O=[F_X \quad F_Y \quad F_Z]^{\mathrm{T}}$，$\boldsymbol{f}=[f_x \quad f_y \quad f_z]^{\mathrm{T}}$；$\boldsymbol{M}_O$、$\boldsymbol{M}$ 分别为力觉传感器检测到的力矩矢量、分离体（末端操作器）所受到的外力矩矢量，$\boldsymbol{M}_O=[M_X \quad M_Y \quad M_Z]^{\mathrm{T}}$，$\boldsymbol{M}=[M_x \quad M_y \quad M_z]^{\mathrm{T}}$；${}^O\boldsymbol{R}_o$ 为将在末端操作器坐标系中表示的力 $\boldsymbol{f}$、力矩 $\boldsymbol{M}$ 分别转换为力觉传感器本体上基准坐标系表示的力和力矩的变换矩阵；$\boldsymbol{\omega}$、$\ddot{\boldsymbol{r}}_C$、$\dot{\boldsymbol{\omega}}$ 分别为分离体质心 C 点处的角速度矢量、质心线加速度矢量和角加速度矢量；$\boldsymbol{g}$ 为重力加速度矢量 $\boldsymbol{g}=[0 \quad 0 \quad -g]^{\mathrm{T}}$。

则已知力觉传感器测得 $\boldsymbol{F}_O=[F_X \quad F_Y \quad F_Z]^{\mathrm{T}}$、$\boldsymbol{M}_O=[M_X \quad M_Y \quad M_Z]^{\mathrm{T}}$ 六个分力、分力矩已知量，由矢量和矩阵表示的方程（6-1）、(6-2) 可以从这六个标量方程中求解出末端操作器上作用的外力 $\boldsymbol{f}=[f_x \quad f_y \quad f_z]^{\mathrm{T}}$、外力矩 $\boldsymbol{M}=[M_x \quad M_y \quad M_z]^{\mathrm{T}}$ 一共六个未知分力、分力矩量值。

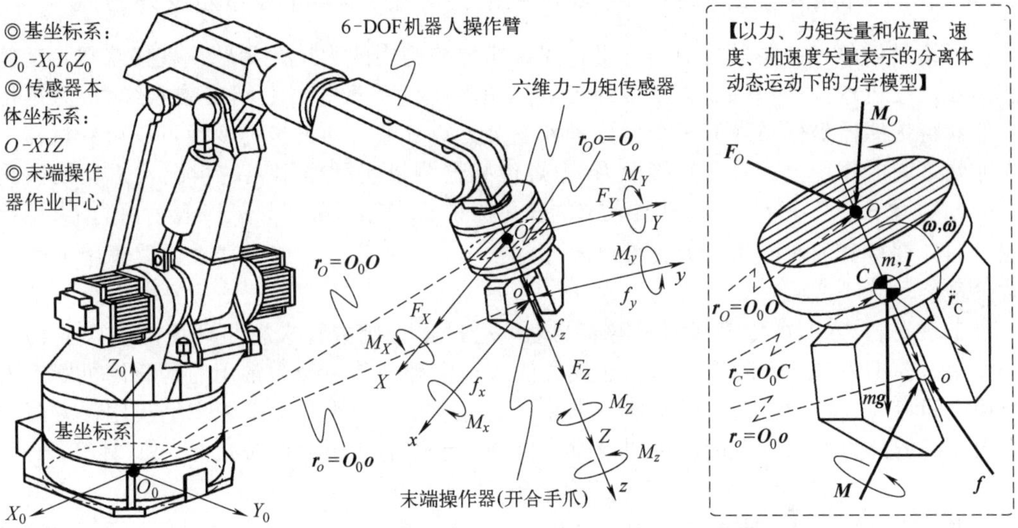

图 6-5　六维力/力矩传感器检测的力、力矩与末端操作器作业实际受到的外力、外力矩

② 用静力学方程的力觉转换与解算：式（6-1）、式（6-2）是动力学方程，用于分离体的运动为带有加减速以及惯性力、离心力、科氏力等动态运动下的方程。如果为静力平衡下的运动，则可用从力觉传感器测力基准坐标系至末端操作器操作力作用中心点（末端操作器上固连坐标系的坐标原点，或任意杆件、关节坐标系）之间的雅可比矩阵 $\boldsymbol{J}$ 的转置来转换，即有：

$$\begin{bmatrix}\boldsymbol{f}\\ \boldsymbol{M}\end{bmatrix}=\boldsymbol{J}^{\mathrm{T}}\begin{bmatrix}\boldsymbol{F}_O\\ \boldsymbol{M}_O\end{bmatrix} \tag{6-3}$$

有关机器人机构运动学、牛顿-欧拉法动力学以及将力觉传感器测得的力、力矩转换成末端操作力（力矩）的雅可比矩阵 $\boldsymbol{J}$ 的具体内容请见本书第 3 章。

（3）关于间接测量的力觉方式的力学模型以及换算解算原理与方法的实际应用问题

间接测量的力觉方式下，力觉传感器不一定非得像机器人操作臂那样安装在腕部末端机械接口与末端操作器腕部末端一侧机械接口之间，也可能根据需要安装在机器人机构某个关节与杆件之间用来检测除了末端操作器与作业对象物直接操作力以外的力、力矩，譬如某个杆件受到外部作用力、力矩的检测。这种情况下，力矩转换与解算的原理与方法与前述相同。取力觉传感器检测基准坐标系位置处与被测量杆件所受外力作用点位置之间的部分作为分离体，建立分离体的静力学模型或动力学模型，用牛顿-欧拉法列形如式（6-1）、式（6-2）

或式（6-3）的力、力矩平衡方程。为了由力觉传感器测得的三个分力、三个分力矩量值解算出杆件上外力作用位置处的三个分力、三个分力矩量值（带有正负号“+”或“−”的数值，正负号表示力、力矩方向），同样需要具备机器人机构运动学、牛顿-欧拉法动力学以及将力觉传感器测得的力、力矩转换成末端操作力（力矩）的雅可比矩阵 $\boldsymbol{J}$ 等知识。需要注意的是：这时的雅可比矩阵 $\boldsymbol{J}$ 是前述取分离体的两端之间的雅可比矩阵，而不是整个机器人机构的雅可比矩阵；当然分离体的动力学平衡方程也是在机器人基坐标系中的分离体前后两端之间所有构件部分的动力学平衡方程，而不是机器人整体的动力学平衡方程。

六维力/力矩传感器本体上的测量基准与末端操作器上固连的坐标系两者间的几何方位关系是在机器人设计与安装时决定的，为简化力、力矩的转换与解算计算，最好在初始化安装时将两个坐标系的坐标轴置成相互平行或垂直的关系。

6.2.4 关于机器人受到来自于环境作用的外力的处理方法与力反馈方式

在介绍具体的力控制器之前，这里首先说明力控制中的力反馈问题，直接获得力反馈的方法是在末端机械接口与机器人使用的工具（角磨机、手爪等）之间安装六维力/力矩传感器，能获得传感器坐标系内的三个力分量和三个力矩分量，通过坐标变换可以得到机器人与被作业物之间的作用力。对于直接由力/力矩传感器测量实际作用力的情况，力反馈回路如图 6-6（a）所示，其中 $\boldsymbol{f}^{\mathrm{d}}$ 表示机器人末端作用力的参考输入矢量，$\boldsymbol{f}_{\mathrm{ext}}$ 表示由力/力矩传感器测量和计算得到的实际作用力矢量，$\boldsymbol{e}_{\mathrm{f}}$ 是 $\boldsymbol{f}^{\mathrm{d}}$ 与 $\boldsymbol{f}_{\mathrm{ext}}$ 的差值，即机器人末端作用力的控制误差矢量。

对于不安装力/力矩传感器的机器人，也可通过建立机械臂末端与环境（被作业物）之间的作用力模型来估计实际作用力，建模方法有很多种，其中最为常用的是假设机器人末端与环境之间存在一定的弹性，即机器人末端运动时会受到大小与运动距离呈正比、方向与运动方向相反的外力作用，应用此种假设时，机器人末端的作用力可按式（6-4）计算。

$$\hat{\boldsymbol{f}}_{\mathrm{ext}}=-\boldsymbol{K}_{\mathrm{e}}(\boldsymbol{X}-\boldsymbol{X}_0) \tag{6-4}$$

式中，$\hat{\boldsymbol{f}}_{\mathrm{ext}}$ 是机器人末端作用力的估计矢量；$\boldsymbol{K}_{\mathrm{e}}$ 是机器人末端与环境间的刚度系数阵；$\boldsymbol{X}_0$ 是刚度模型的作用力 0 点。对于通过环境模型估计作用力的情况，力反馈回路如图 6-6（b）所示。

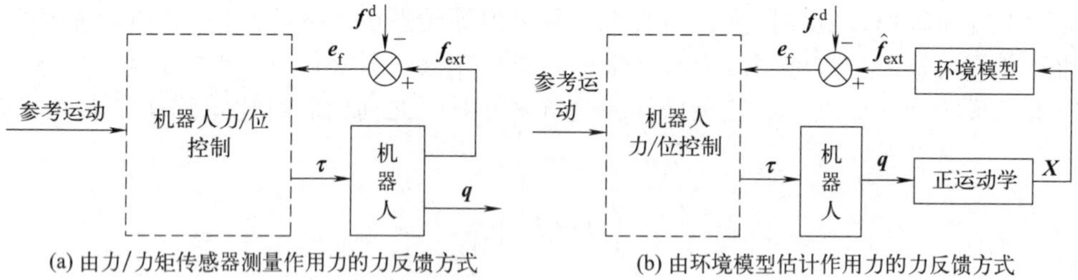

图 6-6 力/位控制系统的两种力反馈方式

由图 6-6 可以看出，无论使用哪种力反馈方式，在机器人的力控制器看来，力反馈回路得到的均是作用力的误差矢量 $\boldsymbol{e}_{\mathrm{f}}$，因此在后面将要介绍的具体控制器中，将不对具体的力反馈获得方式进行区分，统一将机器人末端作用力的测量值或估计值记作 $\boldsymbol{f}_{\mathrm{ext}}$，控制系统框图中的力反馈回路画法也将统一采用图 6-6（a）中传感器直接测量的方式。

在本书中，机器人末端作用力 $\boldsymbol{f}_{\mathrm{ext}}$ 和作用力参考输入 $\boldsymbol{f}^{\mathrm{d}}$ 均被定义为机器人末端受到的力，按此定义 $\boldsymbol{f}_{\mathrm{ext}}$ 与 $\boldsymbol{f}^{\mathrm{d}}$ 的方向与机器人末端的运动方向相反，因此图 6-6 中的作用力偏差 $\boldsymbol{e}_{\mathrm{f}}=\boldsymbol{f}_{\mathrm{ext}}-\boldsymbol{f}^{\mathrm{d}}$，这样偏差 $\boldsymbol{e}_{\mathrm{f}}$ 的方向将与之后机器人需要进行的调整运动相同。在实际的控制

器中，上述这些变量的方向均可视情况任意定义，但当与这里的定义不同时，使用后续介绍的控制律需改变相应变量的符号。

6.3 机器人操作臂与作业环境的数学和力学建模

6.3.1 平面内机器人与作业环境或作业对象物的建模

这里，首先以平面 2-DOF 机械臂与作业环境之间的相对位移、相互作用力模型为例，讨论系统数学与力学建模问题。为简化问题，通常将臂末端与作业环境之间相互作用的力学模型简化为简单的弹簧模型。也即假设臂末端与作业环境之间的作用力是由两者之间假想存在的弹簧产生的。则，对于图 6-7（a）所示的 2-DOF 机器人操作臂末端与作业环境中作业对象物之间，在两个正交方向上的作用力分别为 $K_{ey} \times y_e$，$K_{ex} \times x_e$。臂末端所受到来自环境的反作用力分别为 $F_{ey} = -K_{ey} \times y_e$，$F_{ex} = -K_{ex} \times x_e$，这是简化成弹簧力的最简力学模型。

如果考虑接触面之间的黏性摩擦或动摩擦的力学作用效果，还需引入如图 6-7（b）或（c）所示的阻力或阻尼力矩模型。即机器人末端与作业对象物或环境之间的弹簧-阻尼力模型或扭簧-阻尼力矩模型。图 6-7（b）和（c）是常用于建立机械零部件或系统之间、机械系统与环境之间相互作用的力学模型的简化模型，也即线性化模型。

前述给出的为 2-DOF 机器人操作臂在平面二维作业空间内与环境的力学模型，类似地，也可以扩展到臂末端作业三维空间内的虚拟弹簧力学模型以及弹簧-阻尼力学模型。当然，这些模型都是为使力学问题简化而采用的线性模型。

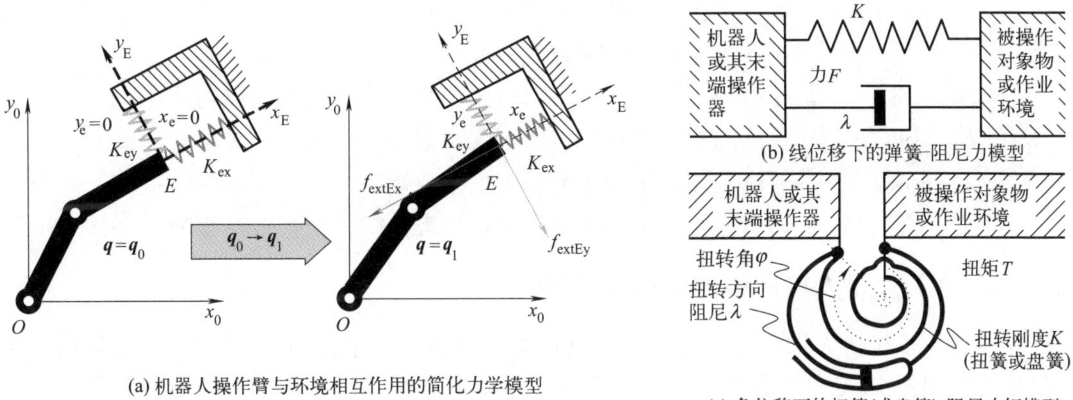

(a) 机器人操作臂与环境相互作用的简化力学模型

(b) 线位移下的弹簧-阻尼力模型

(c) 角位移下的扭簧(或盘簧)-阻尼力矩模型

图 6-7　机器人与作业对象物或环境的力学模型

6.3.2 n 自由度机器人与作业环境或作业对象物的通用模型

有了前述这些简化的力学模型和第 3 章的机器人机构运动学、动力学方程，对于 n-DOF 机器人操作臂末端（或机器人肢体、移动驱动机构近地端）与作业环境中作业对象物所构成系统就可用机器人机构运动学、动力学以及作业环境力学模型来描述。

多刚体杆件构成的 n 自由度机器人与环境构成的系统的建模问题可用如下数学模型即矢量方程式（6-5）～式（6-7）描述出来：

（1）机器人操作臂运动学方程（arm kinematics）：

$$\begin{cases} \boldsymbol{X}=DK(\boldsymbol{q}) \\ \boldsymbol{q}=IK(\boldsymbol{X}) \\ \dot{\boldsymbol{X}}=\boldsymbol{J}\dot{\boldsymbol{q}} \\ \ddot{\boldsymbol{X}}=\dot{\boldsymbol{J}}\dot{\boldsymbol{q}}+\boldsymbol{J}\ddot{\boldsymbol{q}} \end{cases} \tag{6-5}$$

（2）机器人操作臂动力学方程（arm dynamics）：

$$\boldsymbol{\tau}=\boldsymbol{M}(\boldsymbol{q})\ddot{\boldsymbol{q}}+\boldsymbol{h}(\boldsymbol{q},\dot{\boldsymbol{q}})+\boldsymbol{g}(\boldsymbol{q})-\boldsymbol{J}^{\mathrm{T}}\boldsymbol{f}_{\mathrm{ext}} \tag{6-6}$$

$$\text{或}\ \boldsymbol{\tau}=\boldsymbol{M}(\boldsymbol{q})\ddot{\boldsymbol{q}}+\boldsymbol{h}(\boldsymbol{q},\dot{\boldsymbol{q}})+\boldsymbol{g}(\boldsymbol{q})-\begin{bmatrix} \boldsymbol{J}_{\mathrm{f}}^{\mathrm{T}} & \boldsymbol{0} \\ \boldsymbol{0} & \boldsymbol{J}_{\mathrm{T}}^{\mathrm{T}} \end{bmatrix}\cdot\begin{bmatrix} \boldsymbol{f}_{\mathrm{ext}} & \boldsymbol{T}_{\mathrm{ext}} \end{bmatrix}^{\mathrm{T}} \tag{6-6'}$$

（3）环境动力学方程（environment dynamics）：

$$\boldsymbol{K}_{\mathrm{e}}\boldsymbol{X}=-\boldsymbol{f}_{\mathrm{ext}}\text{（弹簧力学模型）} \tag{6-7}$$

$$\text{或}\ \begin{cases} \boldsymbol{K}_{\mathrm{e}}\boldsymbol{X}+\boldsymbol{\lambda}_{\mathrm{e}}\dot{\boldsymbol{X}}=-\boldsymbol{f}_{\mathrm{ext}} \\ \boldsymbol{K}_{\mathrm{eT}}\boldsymbol{\varphi}+\boldsymbol{\lambda}_{\mathrm{eT}}\dot{\boldsymbol{\varphi}}=-\boldsymbol{T}_{\mathrm{ext}} \end{cases}\text{（弹簧-阻尼力学模型）} \tag{6-7'}$$

式中　$\boldsymbol{X}$，$\boldsymbol{\varphi}\in\mathbf{R}^{n\times1}$——臂末端（或机器人肢体、移动驱动机构近地端）的线位移、角位移矢量；

$\boldsymbol{q}\in\mathbf{R}^{n\times1}$——关节角矢量；

$\boldsymbol{\tau}\in\mathbf{R}^{n\times1}$——关节驱动力或驱动力矩矢量；

$\boldsymbol{h}\in\mathbf{R}^{n\times1}$——科氏力、离心力、摩擦力或力矩矢量；

$\boldsymbol{M}\in\mathbf{R}^{n\times n}$——惯性矩阵，为正定对称阵；

$\boldsymbol{f}_{\mathrm{ext}}$，$\boldsymbol{T}_{\mathrm{ext}}\in\mathbf{R}^{n\times1}$——环境反作用给机器人的外力、外力矩矢量；

DK——机器人正运动学函数；

IK——机器人逆运动学函数；

$\boldsymbol{K}_{\mathrm{e}}\in\mathbf{R}^{n\times n}$——环境的相应于线位移的刚度系数矩阵，为正定对称阵；

$\boldsymbol{K}_{\mathrm{eT}}\in\mathbf{R}^{n\times n}$——环境的相应于角位移的刚度系数矩阵，为正定对称阵；

$\boldsymbol{\lambda}_{\mathrm{e}}\in\mathbf{R}^{n\times n}$——环境的相应于线速度的阻尼系数矩阵，为正定对称阵；

$\boldsymbol{\lambda}_{\mathrm{eT}}\in\mathbf{R}^{n\times n}$——环境的相应于角速度的阻尼系数矩阵，为正定对称阵。

6.3.3 关于机器人与环境力学模型的使用

前述给出了机器人末端与作业对象物或环境之间线位移下的弹簧-阻尼力的力学模型和角位移下的扭簧-阻尼力矩的力学模型。这些力学模型有其实际意义和虚拟意义两层意义上的应用。

弹簧-阻尼模型在实际意义上的应用：对于实际的力控制，弹簧-阻尼模型实际上对应于实际的物理作用效果，即机器人、机器人末端操作器与作业对象物或环境之间相互作用的力学效果取决于它们自身的刚度、综合刚度以及它们之间存在的黏性摩擦、动摩擦等力学作用随着运动位移及速度的变化情况。这种实际物理意义上的力学模型在应用时，需要通过实验来识别、整定弹簧-阻尼力学模型的物理参数，即刚度系数和阻尼系数。

弹簧-阻尼模型在虚拟意义上的应用：对于不存在实际物理作用的情况，即自由空间内的机器人作业中，虽然机器人末端或机器人操作臂臂部没有受到来自作业环境的力学作用，但是可以假想与环境（如作业环境周围的障碍物等）之间有虚拟的、假想的“弹簧”和“阻尼”，也即假设机器人受到假想弹簧和阻尼力的作用，利用这种假想的力学作用可以进行回避障碍的运动控制，当机器人接近障碍物时，随着假想弹簧被接近的机器人“压缩”而产生反作用于机器人的“排斥力”，在这种假想的“排斥力”的虚拟力控制下，机器人会产生远离障碍物的避障运动。当然，如果是需要“吸引”而非排斥的情况下，假想弹簧则设为“拉簧”即可。

6.4　基于位置控制的力控制系统

6.4.1　基于位置控制的力控制的概念和力控制方法的分类

基于位置控制的力控制是指通过调整机器人末端位置来间接调节其作用力的控制方式，其控制过程是根据末端作用力偏差由力控制器计算机器人末端的位置调整量，之后将此调整量叠加到机器人参考运动上，并将叠加后的结果作为机器人位置控制的输入，由机器人的位置控制器计算并输出各关节的驱动力/力矩。

有关位置控制的方式有多种，已在第 5 章讲述的 PD 控制、PID 控制、前馈控制、前馈控制＋PD 反馈控制、逆动力学计算控制、计算力矩法、加速度分解法等都是常用的位置控制方法，这些位置/轨迹追踪控制法（或控制律、控制器、控制系统）都可以成为力控制系统中的位置控制部分。因此，对于用来实现力控制功能的位置控制器部分，将不再详细展开，在本书的力控制（或称力/位混合控制）系统框图中简记为“位置控制器”或“位置控制系统”。

位置控制后的机器人动力学近似：以位置控制作为内环、力控制为外环的基于位置控制的力控制系统，要想达到末端操作器位姿参考输入与实际作业的位姿完全相等只是理想情况。所以，可以将位置控制后的机器人动力学作如下近似，使 $\boldsymbol{x}=\boldsymbol{x}_{\text{ref}}$ 完全模型化只是理想情况，所以，此处将位置控制之后的机器人动力学的近似方程表示为下式：

$$\boldsymbol{M}_0\ddot{\boldsymbol{x}}+\boldsymbol{D}_0\dot{\boldsymbol{x}}+\boldsymbol{K}_0(\boldsymbol{x}-\boldsymbol{x}_{\text{ref}})=\boldsymbol{0} \tag{6-8}$$

式中，$\boldsymbol{M}_0$、$\boldsymbol{D}_0$、$\boldsymbol{K}_0$ 分别为正定对称常数矩阵，且为以末端操作器作业空间内末端位姿量表达的机器人运动方程情况下的惯性系数矩阵、摩擦系数矩阵以及刚度系数矩阵。

式（6-8）是以作业空间内位姿矢量为运动参量表达的动力学方程的近似方程，其重要意义是：系统会因不存在外力 $\boldsymbol{f}_{\text{ext}}$（即 $\boldsymbol{f}_{\text{ext}}=\boldsymbol{0}$）而变得不敏感，即保持原封不动的状态下，机器人运动刚度大，非常“硬”（非柔顺），难以实现柔顺控制。因此，通过安装在机器人上的力传感器直接来测定力，将测得的力信号输入位置控制系统，可实现柔顺运动（compliant motion）；如果利用好补偿器的自由度，则即使没有力传感器，也能同时实现高带宽位置控制特性和高柔顺特性。但这是以位置控制系统采用通常使用的 PID 控制为前提的。此外，式（6-8）是与式（6-6）的非线性机器人动力学方程相对应的，但分别是在作业空间内、关节空间的表示。可以认为：通过扩展位置控制系统带宽来进行局部线性化。按照作业环境的力学模型中作用力与末端操作器位移、速度间的关系，可将基于位置控制的力控制方法分为刚度控制法、阻尼控制法、阻抗控制法和假想柔顺控制法这四种常用的力控制方法，如图 6-8 所示。

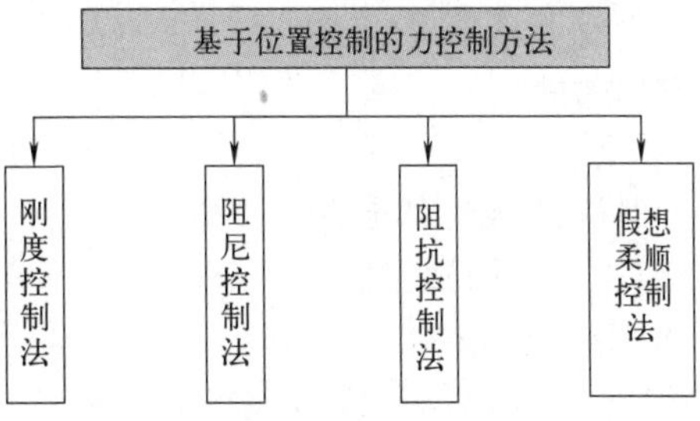

图 6-8　基于位置控制的力控制常用方法

但其基本的前提都是在尽可能宽的带宽范围内使末端操作器实际的作业位姿矢量 $\boldsymbol{x}$（或关节角位置矢量 $\boldsymbol{q}$）与位姿的参考输入（即期望的位姿）$\boldsymbol{x}_{\text{ref}}$（或期望的关节角矢量 $\boldsymbol{q}_{\text{ref}}$）一致，一致的程度即是位姿精度（或关节位置精度）。末端操作器在作业空间内的位置控制与末端操作器位移下所受作业环境的力，通过末端操作器与环境的接触或虚拟接触时的刚度、位移联系在一起。下面将分别对这四种常用的力控制方法进行讲解。

以位置/速度为指令值的力控制系统如图 6-9 所示，内环为位置/速度控制环，外环为力控制环。图中，$\boldsymbol{G}_{\mathrm{p}}$ 为位置/速度控制器；$\boldsymbol{G}_{\mathrm{f}}$ 为力控制器；DK 代表正运动学。

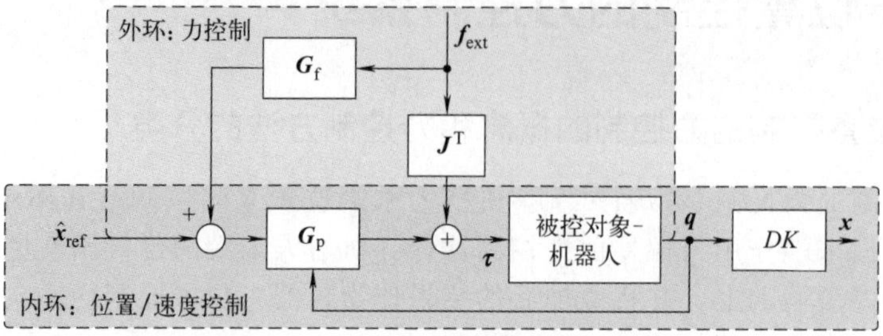

图 6-9 基于位置控制的力控制系统

基于位置控制的力控制系统的简化模型如图 6-10 所示。该简化的控制系统中，机器人位置/速度控制系统可根据实际被控对象系统采用第 5 章中所讲述的位置轨迹追踪控制方法之一来设计控制器。

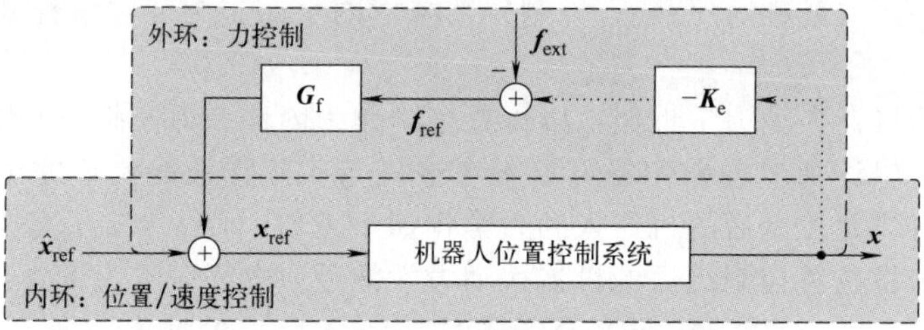

图 6-10 简化的基于位置控制的力控制系统

6.4.2 刚度控制（stiffness control）的力控制系统

6.4.2.1 刚度控制律

刚度控制的控制思想认为机器人末端与环境间存在假想的弹簧，因此使机器人末端位置的调整量与作用力偏差成正比，其控制系统框图如图 6-11 所示。刚度控制法的基本原理是基于作用力等于刚度与位移乘积的力学关系。当然，你可以把机器人末端操作器所受到的外力与其位移之间的关系看作弹簧受力与弹簧变形之间的关系。

单从理论力学的理论角度看问题，设：

$\boldsymbol{f}_{\mathrm{ext}}$：末端操作器受到来自作业环境（作业对象物）的外部作用力；

$\boldsymbol{x}$：末端操作器位移矢量；

$\boldsymbol{K}$：环境刚度矩阵。

则有严格精确、误差为零的理想力学关系（但工程实际上是不可能完全精确地得到，总会有偏差的）：

$$\boldsymbol{K} \cdot \boldsymbol{x} = -\boldsymbol{f}_{\mathrm{ext}} \tag{6-9}$$

但从控制理论的角度来看，设：

$\boldsymbol{f}_{\mathrm{ref}}$：末端操作器受到来自作业环境（作业对象物）的外部作用力矢量参考值；

$\boldsymbol{x}_{\mathrm{ref}}$：末端操作器位移矢量参考值；

$\boldsymbol{K}$：环境刚度矩阵的理论实际值，也即假设可以误差为零地得到的实际环境下理想值（该值存在于实际环境中）。

则有控制理论中作为参考（参照）的力学关系（也并非为实际控制过程中实际的关系）：

$$\boldsymbol{K}\cdot\boldsymbol{x}_{\mathrm{ref}}=-\boldsymbol{f}_{\mathrm{ref}} \tag{6-10}$$

从控制理论、控制实际角度来看的两个力学关系式（6-9）和式（6-10），理想情况下，两式完全相同，但实际上是近似而不会完全相同。因为，机械系统设计与制造、控制、测量与传感都会存在误差。姑且不论近似程度如何。令 $\boldsymbol{K}=\hat{\boldsymbol{K}}$，则由式（6-9）和式（6-10）相减并整理可得刚度控制的控制律：

$$\boldsymbol{x}_{\mathrm{ref}}=\hat{\boldsymbol{x}}_{\mathrm{ref}}+\hat{\boldsymbol{K}}^{-1}(\boldsymbol{f}_{\mathrm{ext}}-\boldsymbol{f}_{\mathrm{ref}}) \tag{6-11}$$

根据刚度控制律式（6-11）可以设计刚度控制器及刚度控制的力控制系统，如图 6-11 所示。

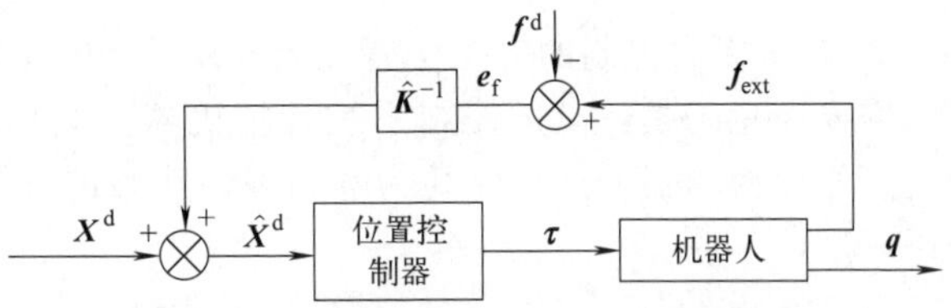

图 6-11　刚度控制的力/位控制系统

图 6-11 中 $\hat{\boldsymbol{K}}$ 为机器人与环境的标称刚度矩阵，$\hat{\boldsymbol{X}}^{\mathrm{d}}$ 为经过力控制部分调整后的机器人位置参考输入，按式（6-12）计算。

$$\hat{\boldsymbol{X}}^{\mathrm{d}}=\boldsymbol{X}^{\mathrm{d}}+\hat{\boldsymbol{K}}^{-1}\boldsymbol{e}_{\mathrm{f}} \tag{6-12}$$

若将位置控制部分的控制律写作 $\boldsymbol{\tau}=\boldsymbol{G}_{\mathrm{P}}(\hat{\boldsymbol{X}}^{\mathrm{d}},\boldsymbol{X})$ [其中 $\boldsymbol{G}_{\mathrm{P}}(\cdot)$ 是位置控制律关于给定位置和当前位置的函数]，则将式（6-12）代入其中就得到了上述力控制器的总体控制律。后面为了简化表示，对涉及修正机器人的参考运动输入并最终以位置控制来实现整体控制目标的控制器，就将式（6-12）这样的参考输入修正作为其控制律。

6.4.2.2　自由空间内作业在刚度控制下的系统方程及刚度控制法特性分析

自由空间内作业即为位置控制（可看做来自环境的外力为 0），将前述给出的刚度控制律式（6-11）$\boldsymbol{x}_{\mathrm{ref}}=\hat{\boldsymbol{x}}_{\mathrm{ref}}+\hat{\boldsymbol{K}}^{-1}(\boldsymbol{f}_{\mathrm{ext}}-\boldsymbol{f}_{\mathrm{ref}})$ 代入到自由空间内的动力学方程的近似方程式（6-8）$\boldsymbol{M}_0\ddot{\boldsymbol{x}}+\boldsymbol{D}_0\dot{\boldsymbol{x}}+\boldsymbol{K}_0(\boldsymbol{x}-\boldsymbol{x}_{\mathrm{ref}})=\boldsymbol{0}$ 中得自由空间内作业刚度控制下的实际被控对象系统运动方程：

$$\boldsymbol{M}_0\ddot{\boldsymbol{x}}+\boldsymbol{D}_0\dot{\boldsymbol{x}}+\boldsymbol{K}_0(\boldsymbol{x}-\hat{\boldsymbol{x}}_{\mathrm{ref}})=\boldsymbol{K}_0\hat{\boldsymbol{K}}^{-1}(\boldsymbol{f}_{\mathrm{ext}}-\boldsymbol{f}_{\mathrm{ref}}) \tag{6-13}$$

刚度控制下被控对象系统运动方程式（6-13）的稳定性及“力控制”特性的分析：

① 当 $\boldsymbol{f}_{\mathrm{ref}}=\boldsymbol{0}$，$\boldsymbol{f}_{\mathrm{ext}}=0$ 时，$\boldsymbol{x}$ 追踪 $\hat{\boldsymbol{x}}_{\mathrm{ref}}$，即为位置轨迹追踪控制；

② 当给机器人施加外力 $\boldsymbol{f}_{\mathrm{ext}}$ 时作业位置目标值被修正。而且对于任意的 $\hat{\boldsymbol{K}}^{-1}$，刚度控制下的系统式（6-13）都是稳定的。因为 $\boldsymbol{K}_0$、$\hat{\boldsymbol{K}}$ 及 $\hat{\boldsymbol{K}}^{-1}$ 都是正定对称的矩常。

③ 特别地，就系统式（6-13）而言，任取 $\hat{\boldsymbol{K}}^{-1}$ 该系统都是稳定的，甚至于可取 $\hat{\boldsymbol{K}}^{-1}<0$，该系统也是稳定的。显然，此刚度控制与通常的只能取 $\hat{\boldsymbol{K}}^{-1}\geqslant 0$ 的机械弹簧或电气弹簧有着本质的区别，具有一般化的广义柔顺性。

对于式（6-11）表示的刚度控制律 $\boldsymbol{x}_{\mathrm{ref}}=\hat{\boldsymbol{x}}_{\mathrm{ref}}+\hat{\boldsymbol{K}}^{-1}(\boldsymbol{f}_{\mathrm{ext}}-\boldsymbol{f}_{\mathrm{ref}})$：

① 当 $\boldsymbol{x}$ 与 $\boldsymbol{x}_{\mathrm{ref}}$ 一致的静态情况下，若 $\hat{\boldsymbol{x}}_{\mathrm{ref}}=\boldsymbol{0}$ 时，有：

$$\hat{\boldsymbol{K}}\cdot\boldsymbol{x}=\boldsymbol{f}_{\mathrm{ext}}-\boldsymbol{f}_{\mathrm{ref}} \tag{6-14}$$

此时，由式（6-14）可实现一般化的柔顺。一般化柔顺下的刚度 $\hat{\boldsymbol{K}}$ 值越小越柔顺。即 $\hat{\boldsymbol{K}}^{-1}>\boldsymbol{0}$（因为 $\hat{\boldsymbol{K}}>\boldsymbol{0}$），位置控制系统的带宽越宽（$\boldsymbol{K}_0$ 越大），接近于纯粹机械“弹簧”的力学响应越容易实现。

② $\hat{\boldsymbol{K}}^{-1}$ 作为比例控制力控制器的情况下，力目标值 $\boldsymbol{f}_{\mathrm{ref}}$ 的阶跃响应有稳态误差，而且 $\hat{\boldsymbol{K}}^{-1}$ 越大，其偏差越小。

6.4.2.3　约束空间内作业在刚度控制下的系统方程及刚度控制法特性分析

将前述的自由空间内作业刚度控制下的实际被控对象系统运动方程式（6-13）中 $\boldsymbol{f}_{\mathrm{ext}}$、

$\boldsymbol{K}$ 皆为实际约束空间内环境外力和力控制器“刚度”，则对于约束空间内作业在刚度控制下的系统方程为式（6-13）；环境动力学方程为环境刚度 $\boldsymbol{K}_e$ 情况下的式（6-9）。则将式（6-9）代入到式（6-13）中，整理得考虑环境刚度 $\boldsymbol{K}_e$ 情况下刚度控制下的系统方程为：

$$\boldsymbol{M}_0\ddot{\boldsymbol{x}}+\boldsymbol{D}_0\dot{\boldsymbol{x}}+\boldsymbol{K}_0(\boldsymbol{I}+\hat{\boldsymbol{K}}^{-1}\boldsymbol{K}_e)\boldsymbol{x}=\boldsymbol{K}_0(\hat{\boldsymbol{x}}_{ref}-\hat{\boldsymbol{K}}^{-1}\boldsymbol{f}_{ref}) \tag{6-15}$$

下面针对由式（6-15）所表达的系统进行约束空间内作业下的刚度控制稳定性分析。

设 $\hat{\boldsymbol{x}}_{ref}=\boldsymbol{0}$，$\boldsymbol{f}_{ref}=\boldsymbol{0}$，则由系统式（6-15）可得：

$$\boldsymbol{M}_0\ddot{\boldsymbol{x}}+\boldsymbol{D}_0\dot{\boldsymbol{x}}+\boldsymbol{K}_0(\boldsymbol{I}+\hat{\boldsymbol{K}}^{-1}\boldsymbol{K}_e)\boldsymbol{x}=\boldsymbol{0} \tag{6-16}$$

① 若 $\boldsymbol{K}_0\hat{\boldsymbol{K}}^{-1}\boldsymbol{K}_e>\boldsymbol{0}$，则系统式（6-16）是广域渐进稳定的。但是，即使 $\boldsymbol{K}_e>\boldsymbol{0}$ 且 $\hat{\boldsymbol{K}}^{-1}>0$ 也无法保证 $\boldsymbol{K}_0\hat{\boldsymbol{K}}^{-1}\boldsymbol{K}_e>\boldsymbol{0}$。

② 对于无力控制的完全位置控制，$\hat{\boldsymbol{K}}^{-1}>\boldsymbol{0}$ 时为常时稳定。

需要注意的是：上述控制系统是把机器人当作刚体看待，没有考虑力传感器的动态特性，并假设控制器的运算时间为 0 的理想状态进行分析的。实际系统稳定性必须更加保守地加以考虑。

6.4.3 阻尼控制（damping control）的力控制系统

6.4.3.1 阻尼控制的概念与阻尼控制律

阻尼控制的控制思想认为机器人末端与环境间存在假想的阻尼，因此按与作用力偏差成正比的方式调整机器人末端的速度，其控制系统框图如图 6-12 所示。阻尼控制法的基本原理是基于阻尼作用力等于阻尼系数与阻尼速度乘积的力学关系。当然，你可以把机器人末端操作器所受到的外力与速度之间的关系看作阻尼器的阻尼力与阻尼器运动速度之间的关系。

单从理论力学的理论角度看问题，设：

① $\boldsymbol{f}_{ext}$：末端操作器受到来自作业环境（作业对象物）的外部作用力；

② $d\boldsymbol{x}/dt=\boldsymbol{v}$：末端操作器速度矢量；

③ $\boldsymbol{D}$：将末端操作器与环境相互作用的力学关系看作阻尼器，则 $\boldsymbol{D}$ 为阻尼系数矩阵。

则，有严格精确、误差为零的理想力学关系（但工程实际上是不可能完全精确地得到，总会有偏差的）：

$$\boldsymbol{D}\cdot\dot{\boldsymbol{x}}=\boldsymbol{D}\cdot\boldsymbol{v}=-\boldsymbol{f}_{ext} \tag{6-17}$$

从控制理论的纯理论角度来看，设：

① $\boldsymbol{f}_{ref}$：末端操作器受到来自作业环境（作业对象物）的外部作用力矢量参考值；

② $d\boldsymbol{x}_{ref}/\mathbf{d}t=\boldsymbol{v}_{ref}$；末端操作器速度矢量参考值；

③ $\boldsymbol{D}$：环境阻尼系数矩阵的理论实际值，也即假设可以误差为零地得到的实际环境下理想值（该值存在于实际环境中）。

则，有控制理论中作为参考（参照）的力学关系（也并非为实际控制过程中实际的关系）：

$$\boldsymbol{D}\cdot\dot{\boldsymbol{x}}_{ref}=\boldsymbol{D}\cdot\boldsymbol{v}=-\boldsymbol{f}_{ref} \tag{6-18}$$

从控制理论的工程实际角度来看，设：

① $\boldsymbol{f}_{ext}$：　末端操作器受到来自作业环境（作业对象物）的外部作用力矢量实际值；

② $\hat{\dot{\boldsymbol{x}}}_{ref}=\hat{\boldsymbol{v}}_{ref}$：位置控制＋力控制混合控制下端操作器速度矢量的目标值，即速度指令值；

③ $\hat{\boldsymbol{D}}$：环境阻尼系数矩阵的实际值（可通过离线或在线测量得到，与实际环境中存在的值近似，但不可能误差为零地得到）。

则有控制实际中近似于前两种情况下的力学关系：

$$\hat{\boldsymbol{D}} \cdot \hat{\dot{\boldsymbol{x}}}_{\text{ref}} = \hat{\boldsymbol{D}} \cdot \hat{\boldsymbol{v}}_{\text{ref}} = -\boldsymbol{f}_{\text{ext}} \tag{6-19}$$

从控制理论、控制实际角度来看这两个力学关系：式（6-18）与式（6-19），理想情况下，两者完全相同，但实际上是近似而不会完全相同。因为，机械系统设计与制造、控制、测量与传感都会存在误差。姑且不论近似程度如何。令：$\boldsymbol{D}=\hat{\boldsymbol{D}}$，则由式（6-18）和式（6-19）相减并整理可得：

$$\dot{\boldsymbol{x}}_{\text{ref}} = \hat{\dot{\boldsymbol{x}}}_{\text{ref}} + \hat{\boldsymbol{D}}^{-1}(\boldsymbol{f}_{\text{ext}} - \boldsymbol{f}_{\text{ref}}) \tag{6-20}$$

对式（6-20）等号两侧同时积分可得：

$$\boldsymbol{x}_{\text{ref}} = \int \{\hat{\dot{\boldsymbol{x}}}_{\text{ref}} + \hat{\boldsymbol{D}}^{-1}(\boldsymbol{f}_{\text{ext}} - \boldsymbol{f}_{\text{ref}})\}\mathrm{d}t \tag{6-21}$$

式（6-21）可以写成如下形式，即得阻尼控制法的控制律方程。

阻尼控制法的控制律：

$$\boldsymbol{x}_{\text{ref}} = \frac{1}{s}\{\hat{\boldsymbol{v}}_{\text{ref}} + \hat{\boldsymbol{D}}^{-1}(\boldsymbol{f}_{\text{ext}} - \boldsymbol{f}_{\text{ref}})\} \tag{6-22}$$

按照阻尼控制律设计的阻尼控制器及阻尼控制系统如图 6-12 所示。

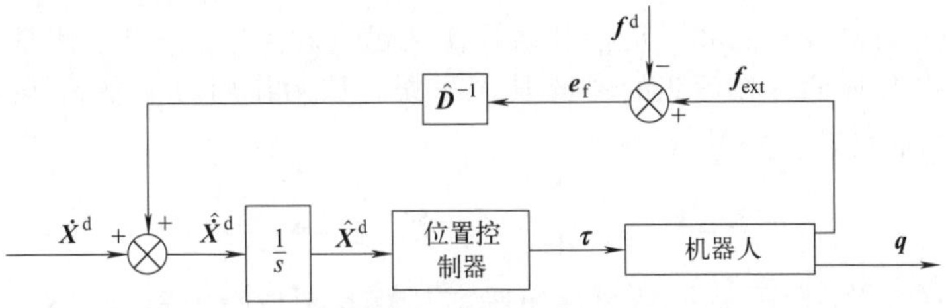

图 6-12　阻尼控制的力/位控制系统

图 6-12 中，$\hat{\boldsymbol{D}}$ 为机器人与环境的标称阻尼矩阵，$\hat{\dot{\boldsymbol{X}}}^{\text{d}}$ 为经过力控制部分调整后的机器人速度参考输入，积分后得到机器人位置的参考输入，控制律如式（6-23）计算。

$$\hat{\boldsymbol{x}}^{\text{d}} = \int (\dot{\boldsymbol{X}}^{\text{d}} + \hat{\boldsymbol{D}}^{-1}\boldsymbol{e}_{\text{f}})\mathrm{d}t \tag{6-23}$$

6.4.3.2　自由空间内作业在阻尼控制下的系统方程及稳定性与阻尼控制特性分析

自由空间内作业即为位置控制（可看作来自环境的外力为 0），将前述给出的阻尼控制法的控制律式（6-22）代入到自由空间内动力学方程的近似方程式（6-8），并整理可得自由空间内作业阻尼控制下的实际被控对象系统运动方程为：

$$\boldsymbol{M}_0\ddot{\boldsymbol{x}} + \boldsymbol{D}_0\dot{\boldsymbol{x}} + \boldsymbol{K}_0\boldsymbol{x} = \boldsymbol{K}_0\int\{\hat{\boldsymbol{v}}_{\text{ref}} + \hat{\boldsymbol{D}}^{-1}(\boldsymbol{f}_{\text{ext}} - \boldsymbol{f}_{\text{ref}})\}\mathrm{d}t \tag{6-24}$$

阻尼控制下被控对象系统运动方程式（6-24）的系统稳定性分析及其“力控制”特性分析：

1）当 $\boldsymbol{f}_{\text{ref}}=\boldsymbol{0}$ 时，对于任意的 $\hat{\boldsymbol{D}}^{-1}$，系统是临界稳定的，系统受力 f_{ext} 作用时，$\dot{\boldsymbol{x}}$ 追踪 $\hat{\boldsymbol{v}}_{\text{ref}}$。

2）当机器人操作臂作业加速度 $\ddot{\boldsymbol{x}}=0$ 时，若 $\boldsymbol{x}=\boldsymbol{x}_{\text{ref}}$，$\hat{\boldsymbol{v}}_{\text{ref}}=\boldsymbol{0}$，则由系统方程（6-24）可得：

$$\hat{\boldsymbol{D}}\dot{\boldsymbol{x}} = \boldsymbol{f}_{\text{ext}} - \boldsymbol{f}_{\text{ref}} \tag{6-25}$$

显然，由式（6-25）可知，此时可实现纯粹的完全一般化的阻尼控制效果。

6.4.3.3　约束空间内作业在阻尼控制下的系统方程及稳定性与阻尼控制特性分析

前述给出的约束空间内作业环境的动力学方程、系统动力学方程的近似方程、阻尼控制法的控制律分别为式（6-7）、式（6-8）、式（6-22）、式（6-24），继续对式（6-24）等号两侧求对时间 t 的一阶导数，得：

$$\boldsymbol{M}_0\dddot{\boldsymbol{x}}+\boldsymbol{D}_0\ddot{\boldsymbol{x}}+\boldsymbol{K}_0\dot{\boldsymbol{x}}=\boldsymbol{K}_0\{\hat{\boldsymbol{v}}_{\text{ref}}+\hat{\boldsymbol{D}}^{-1}(\boldsymbol{f}_{\text{ext}}-\boldsymbol{f}_{\text{ref}})\} \tag{6-26}$$

将式（6-7）代入到式（6-26）中并整理得约束空间内阻尼控制下的实际被控对象系统运动方程为：

$$\boldsymbol{M}_0\dddot{\boldsymbol{x}}+\boldsymbol{D}_0\ddot{\boldsymbol{x}}+\boldsymbol{K}_0\dot{\boldsymbol{x}}+\boldsymbol{K}_0\hat{\boldsymbol{D}}^{-1}\boldsymbol{K}_{\text{e}}\boldsymbol{x}=\boldsymbol{K}_0(\hat{\boldsymbol{v}}_{\text{ref}}+\hat{\boldsymbol{D}}^{-1}\boldsymbol{f}_{\text{ref}}) \tag{6-27}$$

式（6-27）的系统特性分析：

1）当 $\hat{\boldsymbol{v}}_{\text{ref}}=\boldsymbol{0}$，$\boldsymbol{f}_{\text{ref}}=\boldsymbol{0}$ 时，由式（6-27）得：

$$\boldsymbol{M}_0\dddot{\boldsymbol{x}}+\boldsymbol{D}_0\ddot{\boldsymbol{x}}+\boldsymbol{K}_0\dot{\boldsymbol{x}}+\boldsymbol{K}_0\hat{\boldsymbol{D}}^{-1}\boldsymbol{K}_{\text{e}}\boldsymbol{x}=\boldsymbol{0} \tag{6-28}$$

则 $\hat{\boldsymbol{D}}^{-1}>\boldsymbol{0}$ 是系统稳定的充分条件。

2）当机器人操作臂完全处于位置控制，即 $\boldsymbol{M}_0$、$\boldsymbol{D}_0$ 皆为 $\boldsymbol{0}$ 的情况下，若 $\hat{\boldsymbol{D}}^{-1}>\boldsymbol{0}$，则系统是稳定的。

6.4.4 阻抗控制（impedance control）的力控制系统

6.4.4.1 阻抗控制法的控制律

阻抗控制法是将刚度控制和阻尼控制结合在一起的组合控制方法。阻抗控制的控制思想认为机器人末端与环境间存在假想的弹簧-阻尼系统，认为作用力偏差 $\boldsymbol{e}_{\text{f}}$ 与参考位置的调整量 $\Delta\boldsymbol{X}^{\text{d}}$ 之间应有如下关系：

$$\hat{\boldsymbol{K}}\Delta\boldsymbol{X}^{\text{d}}+\hat{\boldsymbol{D}}\frac{\text{d}}{\text{d}t}\Delta\boldsymbol{X}^{\text{d}}+\hat{\boldsymbol{M}}\frac{\text{d}^2}{\text{d}t^2}\Delta\boldsymbol{X}^{\text{d}}=\boldsymbol{e}_{\text{f}} \tag{6-29}$$

式中，$\hat{\boldsymbol{M}}$ 是假想的弹簧-阻尼系统的惯性矩阵。计算参考位置调整量 $\Delta\boldsymbol{X}^{\text{d}}$ 时需求解式（6-29）中的微分方程，这里对式（6-29）进行拉普拉斯变换，整理后可得如下传递函数形式的控制律方程：

$$\hat{\boldsymbol{X}}^{\text{d}}=\boldsymbol{X}^{\text{d}}+(\hat{\boldsymbol{M}}s^2+\hat{\boldsymbol{D}}s+\hat{\boldsymbol{K}})^{-1}\boldsymbol{e}_{\text{f}} \tag{6-30}$$

按式（6-30）中的控制律，阻抗控制的力/位控制系统框图如图 6-13 所示。

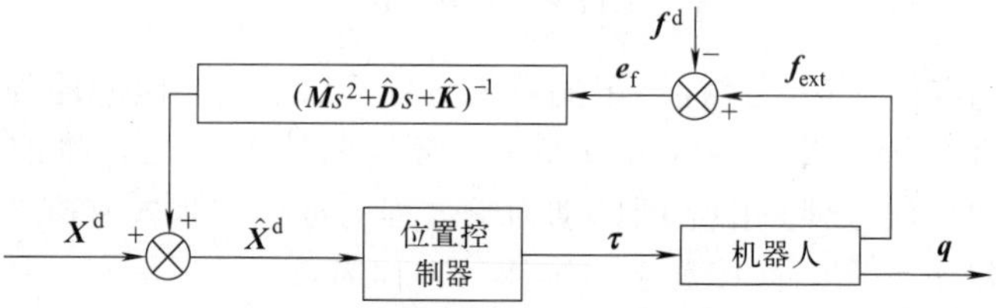

图 6-13 阻抗控制的力/位控制系统

当 $\boldsymbol{f}_{\text{ref}}=0$ 时，阻抗控制的控制律为：

$$\boldsymbol{x}_{\text{ref}}=(\hat{\boldsymbol{M}}s^2+\hat{\boldsymbol{D}}s+\hat{\boldsymbol{K}})^{-1}\boldsymbol{f}_{\text{ext}} \tag{6-31}$$

则按式（6-31）控制律设计的阻抗控制系统为如图 6-14 所示的基于位置控制的阻抗控制力控制系统。

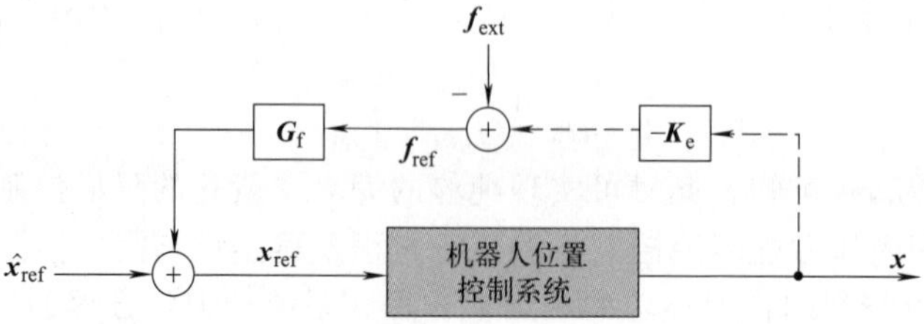

图 6-14 基于位置控制的阻抗控制力控制系统框图

6.4.4.2 阻抗控制法的特性分析

根据阻抗控制律 $\boldsymbol{x}_{\mathrm{ref}}=(\hat{\boldsymbol{M}}s^2+\hat{\boldsymbol{D}}s+\hat{\boldsymbol{K}})^{-1}\boldsymbol{f}_{\mathrm{ext}}$ 和实际被控对象系统方程的近似方程式（6-8）$\boldsymbol{M}_0\ddot{\boldsymbol{x}}+\boldsymbol{D}_0\dot{\boldsymbol{x}}+\boldsymbol{K}_0(\boldsymbol{x}-\boldsymbol{x}_{\mathrm{ref}})=\boldsymbol{0}$，在加大刚度系数阵 $\boldsymbol{K}_0$ 的情况下，有：

$$\hat{\boldsymbol{M}}\ddot{\boldsymbol{x}}+\hat{\boldsymbol{D}}\dot{\boldsymbol{x}}+\hat{\boldsymbol{K}}\boldsymbol{x}=\boldsymbol{f}_{\mathrm{ext}} \tag{6-32}$$

则表明系统的 $\hat{\boldsymbol{M}}$、$\hat{\boldsymbol{D}}$、$\hat{\boldsymbol{K}}$ 等阻抗特性可被实现。

阻抗控制法的特点是：

① 可实现（获得）任意一般化的阻抗特性；

② 就 1 自由度而言，可同时实现高带宽位置控制和低阻抗特性。

6.4.5 假想柔顺控制（compliance control）的力控制系统

假想柔顺控制：是实施关节独立的速度控制系统，利用力传感器为实现期望的刚度、黏性、惯性，给出速度目标值的方法。

假想柔顺控制法的控制律为：

$$\dot{\boldsymbol{q}}_{\mathrm{ref}}=\boldsymbol{J}^{-1}\boldsymbol{M}^{-1}\int(\boldsymbol{f}_{\mathrm{ext}}-\boldsymbol{K}\boldsymbol{x}-\boldsymbol{D}\dot{\boldsymbol{x}})\mathrm{d}t \tag{6-33}$$

假设实际的关节速度与目标值一致，则低频下有：

$$\boldsymbol{M}\boldsymbol{J}\dot{\boldsymbol{q}}=\int(\boldsymbol{f}_{\mathrm{ext}}-\boldsymbol{K}\boldsymbol{x}-\boldsymbol{D}\dot{\boldsymbol{x}})\mathrm{d}t \tag{6-34}$$

由式（6-34）可有：

$$\boldsymbol{M}\dot{\boldsymbol{x}}=\int(\boldsymbol{f}_{\mathrm{ext}}-\boldsymbol{K}\boldsymbol{x}-\boldsymbol{D}\dot{\boldsymbol{x}})\mathrm{d}t \tag{6-35}$$

对式（6-35）等号两侧同时求对时间 t 的微分，则有：

$$\boldsymbol{M}\ddot{\boldsymbol{x}}+\boldsymbol{K}\boldsymbol{x}+\boldsymbol{D}\dot{\boldsymbol{x}}=\boldsymbol{f}_{\mathrm{ext}} \tag{6-36}$$

显然由式（6-36）往回推导，则可推导出假想柔顺控制的控制律，即式（6-33）。

假想柔顺控制方法的特点：

① 控制律简单；

② 因为假想柔顺控制法控制律式（6-33）中含有雅可比矩阵 $\boldsymbol{J}$ 的逆矩阵 $\boldsymbol{J}^{-1}$ 的计算，所以，计算时应特别注意在奇异及近奇异点附近的速度指令是否激增超限且应回避的问题。

6.4.6 基于位置控制的力控制小结及自然思考

以上分别论述了内环为位置控制环，外环为力控制环的刚度控制、阻尼控制、阻抗控制，以及基于关节速度目标值的假想柔顺控制这四种基于位置、速度控制的力控制方法。可能读者对于力、力位混合控制的理解不如前 5 章所讲内容那样容易理解。这并不奇怪！这就如同物体的位移，我们能用自己眼睛看见物体在动，容易理解和想象！而力、扭矩的控制等只能靠我们的皮肤和肌肉感知一样，而难以靠眼观和想象来直观地感知和理解。因此，抽象知识的学习需要想象力、联想力和逻辑思维能力，以及相关基础知识。

就本章所讲的力/位混合控制而言，实际上机器人操作臂力/位混合控制系统在现实物理世界中，末端操作器的位置（或更准确地说是位移）与力的作用物理效果是混在一起的，现在打个比方，一个人 A 站在一个人 B 的面前，注意：即已知 A 的位置，如果 A 坚持站在这个位置即相当于位置控制，而无外力扰动；当 B 用手推了 A 一下，给了 A 一个外力，如果 A 坚持站在原位，则位置控制占主导，A 必须加强身体位置和姿态的控制力；如此，B 推 A 时 B 感觉到阻力大，即刚度或阻力大，不柔顺，感觉这个“弹簧”很硬；而 A 受到扰动力后可能会有些许的位移量，但并没有更多地影响 A 的位置和姿态。可是，当 A 站在那里，看到B来推A并且推到了A，即A受到了B的推力，但A没有像之前那样，坚持刚度很“硬”地站在原位位置控制，而是顺着B推A的方向使身体偏移了一下，这个位移并没有影响到A站在原地的位置，而只是偏了一下身体，在B，则感觉不到像之前那样受到一个很“硬”的反作用力，即感觉到A柔顺了！当然，B也感觉到被“柔顺”了。当B不再推A，外力消失，则A又恢复了原来站在那个位置时的身体姿态，可以一直保持位置控制模式。由于本节所讲的控制理论比较抽象，所以特意为读者举了这么个小例子帮助、引导读者理解本章所讲的内容。读者可以结合此例去理解基于位置控制的力控制系统及其控制方法。

6.5 基于力矩控制的力控制系统

6.5.1 基于力矩控制的力控制系统的概念及分类

基于力矩控制的力/位控制是在控制过程中的力控制部分将直接计算关节驱动力/力矩的调整量，并将此调整量叠加到由位置控制部分输出的关节驱动力/力矩上，来实现对机器人的力位混合控制。

基于力矩控制的力控制系统是指直接以作业力会同作业位置一起作为控制器参考输入、以关节力矩作为操作量的力/位混合控制系统。

基于力矩控制的力控制法的分类，可分为无动力学补偿的控制法、有动力学补偿的控制法两种。

无动力学补偿的控制法又可以分为末端操作器作业空间（也即直角坐标系）内利用雅可比矩阵转置 $\boldsymbol{J}^{\mathrm{T}}$ 的PD控制法和混合控制法；

有动力学补偿的控制法又可分为由力传感器直接测得外力的控制和动态混合控制方法两种。力传感器直接测得外力控制法按照关节空间和末端操作器作业空间不同，又可分为关节坐标控制法和作业坐标控制法。

基于力矩的力控制常用方法的汇总分类如图6-15所示。

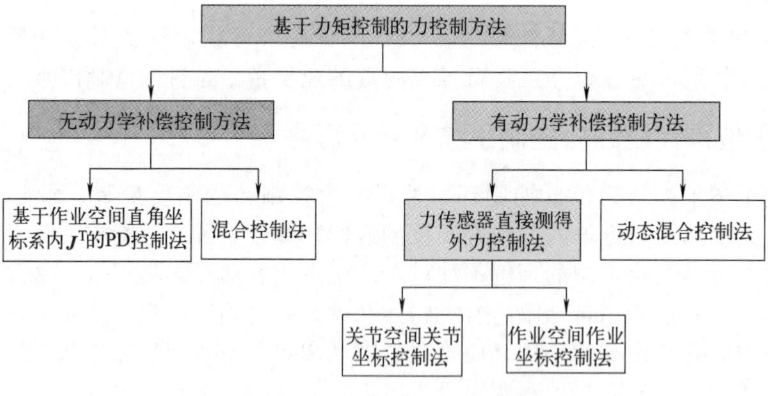

图6-15 基于力矩控制的力控制常用方法分类图

相对于基于位置控制的力/位控制器，基于力控制的力/位控制器的力控制部分与位置控制部分相互独立，因此性能不会相互影响，比较容易获得稳定的控制结果，但相对来说控制系统更加复杂。

这里将介绍采用 $\boldsymbol{J}^{\mathrm{T}}$ 的直角坐标系力/位控制器和力位混合控制器两种基于力控制的力/位控制器。

6.5.2 无动力学补偿的直角坐标系内基于 J^T 和 PD 控制的力控制系统及稳定性分析

6.5.2.1 基于 J^T 和 PD 控制的力控制系统及控制律

根据机器人的微分运动学，当机器人末端受到外力 $\boldsymbol{f}_{ext}$ 作用时，机器人的动力学方程式（6-6）将变为式（6-37）的形式。

$$\boldsymbol{\tau}+\boldsymbol{J}^{T}\boldsymbol{f}_{ext}=\boldsymbol{M}(\boldsymbol{q})\ddot{\boldsymbol{q}}+\boldsymbol{C}(\boldsymbol{q},\dot{\boldsymbol{q}})+\boldsymbol{B}\dot{\boldsymbol{q}}+\boldsymbol{D}(\dot{\boldsymbol{q}})+\boldsymbol{g}(\boldsymbol{q}) \tag{6-37}$$

因此对于机器人末端的作用力偏差为 $\boldsymbol{e}_f$ 的情况，为使 $\boldsymbol{e}_f$ 减小到 0，应在当前关节驱动力/力矩的基础上增加 $\boldsymbol{J}^T\boldsymbol{e}_f$。按以上分析的结果，力/位控制器的控制系统框图可按图 6-16 形式画出，应注意图 6-16（b）中省略了位置控制部分的位置反馈回路而未画出，实际是含位置或位置/速度。

无动力学补偿的直角坐标系内基于 $\boldsymbol{J}^T$ 和 PD 控制的力/位控制系统中，直角坐标系内基于 $\boldsymbol{J}^T$ 的 PD 控制法是通过末端操作器的位置、速度反馈控制得到相当于弹簧-阻尼力后将此力再通过 $\boldsymbol{J}^T$ 转换成关节空间内的关节驱动力矩的控制方法。也即是由末端操作器位置速度 PD 反馈控制＋由力到力矩的 $\boldsymbol{J}^T$ 转换两者联合使用的力控制方法。

基于 $\boldsymbol{J}^T$ 和 PD 控制的力控制系统控制律为式（6-38）：

$$\boldsymbol{\tau}=-\boldsymbol{J}^{T}\{\hat{\boldsymbol{K}}(\boldsymbol{x}-\boldsymbol{x}_{ref})+\hat{\boldsymbol{D}}(\dot{\boldsymbol{x}}-\dot{\boldsymbol{x}}_{ref})\} \tag{6-38}$$

图 6-16 中 $\boldsymbol{\tau}_P$ 为机器人位置控制器输出的关节驱动力/力矩，上述采用 $\boldsymbol{J}^T$ 的直角坐标系力/位控制器的控制律如式（6-39）所示。

$$\boldsymbol{\tau}=\boldsymbol{\tau}_P+\boldsymbol{J}^{T}\boldsymbol{e}_f \tag{6-39}$$

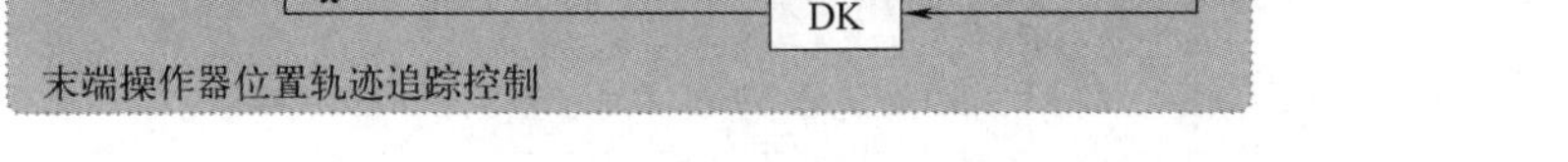

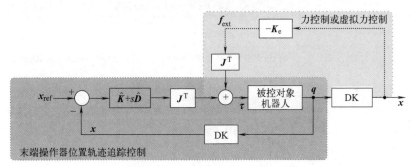

(a) 采用正运动学DK、J^T和PD控制法的力/位控制系统框图(详细表示)

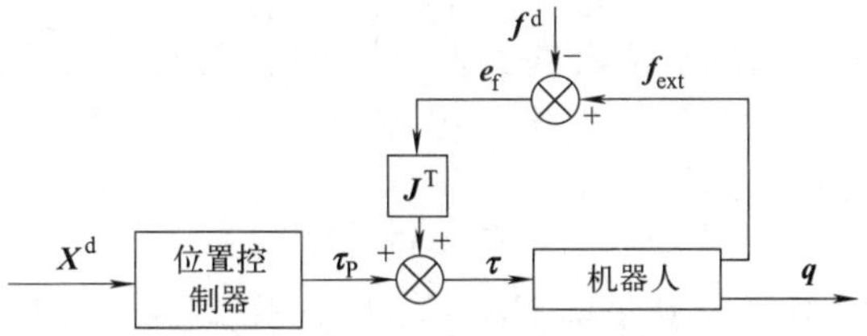

(b) 采用J^T(雅可比矩阵转置)的力/位控制系统框图(简化表示)

图 6-16　采用 J^T（雅可比矩阵转置）的力/位控制系统框图

6.5.2.2 无动力学补偿下基于 J^T 和 PD 控制法力控制系统稳定性分析

（1）在自由度空间内的系统稳定性分析

在自由空间内，由式（6-6）、式（6-38）相等可得：

$$\boldsymbol{\tau}=\boldsymbol{M}(\boldsymbol{q})\ddot{\boldsymbol{q}}+\boldsymbol{h}(\boldsymbol{q},\dot{\boldsymbol{q}})+\boldsymbol{J}^{T}\hat{\boldsymbol{K}}(\boldsymbol{x}-\boldsymbol{x}_{ref})+\boldsymbol{J}^{T}\hat{\boldsymbol{D}}(\dot{\boldsymbol{x}}-\dot{\boldsymbol{x}}_{ref})+\boldsymbol{g}(\boldsymbol{q})=\boldsymbol{J}^{T}\boldsymbol{f}_{ext} \tag{6-40}$$

当机器人的低速运动在平衡点（$\boldsymbol{x}=\boldsymbol{0}$，$\boldsymbol{x}_{ref}=\boldsymbol{0}$）附近，由于：$\boldsymbol{h}(\boldsymbol{q},\dot{\boldsymbol{q}})\approx\boldsymbol{0},\boldsymbol{x}=\boldsymbol{DK}(\boldsymbol{q})\approx\boldsymbol{Jq}$，

将此关系式代入到式（6-40）中，可得：

$$\boldsymbol{M}(\boldsymbol{q})\ddot{\boldsymbol{q}}+\boldsymbol{J}^{\mathrm{T}}\hat{\boldsymbol{D}}\boldsymbol{J}\dot{\boldsymbol{q}}+\boldsymbol{J}^{\mathrm{T}}\hat{\boldsymbol{K}}\boldsymbol{J}\boldsymbol{q}+\boldsymbol{g}(\boldsymbol{q})=\boldsymbol{J}^{\mathrm{T}}\boldsymbol{f}_{\mathrm{ext}} \tag{6-41}$$

当机器人的低速运动在平衡点（$\boldsymbol{x}=\boldsymbol{0}$，$\boldsymbol{x}_{\mathrm{ref}}=\boldsymbol{0}$）附近，由于：$\boldsymbol{h}(\boldsymbol{q},\dot{\boldsymbol{q}})\approx\boldsymbol{0};\boldsymbol{x}=\boldsymbol{DK}(\boldsymbol{q})\approx\boldsymbol{Jq}$；$\ddot{\boldsymbol{x}}=\dot{\boldsymbol{J}}\dot{\boldsymbol{q}}+\boldsymbol{J}\ddot{\boldsymbol{q}}\approx\boldsymbol{J}\ddot{\boldsymbol{q}}$，将这些关系式代入到式（6-40）中，可得在手部末端的阻抗除奇异位姿 $|\boldsymbol{J}|=0$ 之外皆满足式（6-42）：

$$\boldsymbol{J}^{-\mathrm{T}}\boldsymbol{M}(\boldsymbol{q})\boldsymbol{J}^{-1}\ddot{\boldsymbol{x}}+\hat{\boldsymbol{D}}\dot{\boldsymbol{x}}+\hat{\boldsymbol{K}}\boldsymbol{x}+\boldsymbol{g}(\boldsymbol{q})=\boldsymbol{f}_{\mathrm{ext}} \tag{6-42}$$

式中，$\boldsymbol{q}\approx\boldsymbol{J}^{-1}\boldsymbol{x}$；式（6-42）中刚度矩阵 $\hat{\boldsymbol{K}}$ 和黏性矩阵 $\hat{\boldsymbol{D}}$ 即使末端位姿改变，它们也是一定的。$\hat{\boldsymbol{K}}$、$\hat{\boldsymbol{D}}$ 分别对应于位置控制系统的位置增益系数矩阵、速度增益系数矩阵。

（2）在约束空间内的系统稳定性分析

在约束空间内，由环境动力学方程式（6-9）和机器人操作手（或腿足）部末端阻抗方程式（6-42）可得：

$$\boldsymbol{J}^{-\mathrm{T}}\boldsymbol{M}(\boldsymbol{q})\boldsymbol{J}^{-1}\ddot{\boldsymbol{x}}+\hat{\boldsymbol{D}}\dot{\boldsymbol{x}}+(\hat{\boldsymbol{K}}+\boldsymbol{K}_{\mathrm{e}})\boldsymbol{x}+\boldsymbol{g}(\boldsymbol{q})=\boldsymbol{0} \tag{6-43}$$

且可知：系统在平衡点（$\boldsymbol{x}=\boldsymbol{0}$，$\boldsymbol{x}_{\mathrm{ref}}=\boldsymbol{0}$）附近为渐进稳定。

前述的刚度控制法中，当 $\hat{\boldsymbol{x}}_{\mathrm{ref}}=\boldsymbol{0}$、$\boldsymbol{f}_{\mathrm{ref}}=\boldsymbol{0}$ 时考虑环境刚度 $\boldsymbol{K}_{\mathrm{e}}$ 的系统方程为式（6-16）即 $\boldsymbol{M}_0\ddot{\boldsymbol{x}}+\boldsymbol{D}_0\dot{\boldsymbol{x}}+\boldsymbol{K}_0(\boldsymbol{I}+\hat{\boldsymbol{K}}^{-1}\boldsymbol{K}_{\mathrm{e}})\boldsymbol{x}=\boldsymbol{0}$。下面比较式（6-16）与式（6-43）中的刚度项，如图 6-17 所示。

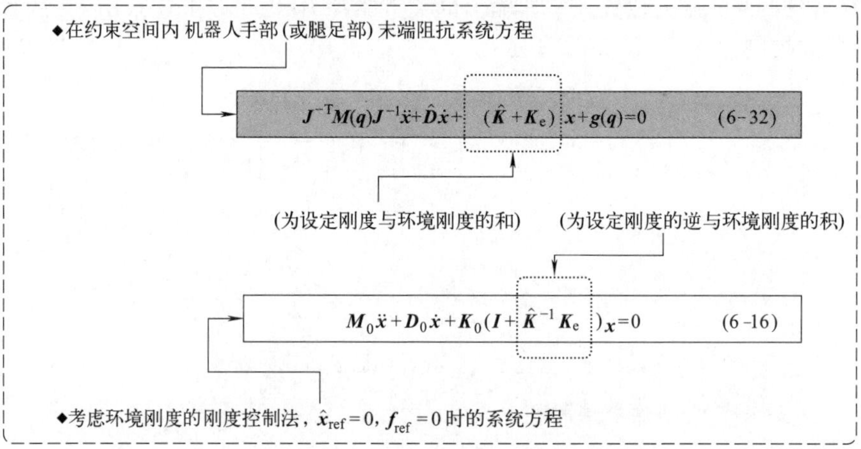

图 6-17　约束空间内末端阻抗方程与考虑环境刚度的刚度控制法方程中刚度项的比较图

（3）无动力学补偿的直角坐标系内基于 $\boldsymbol{J}^{\mathrm{T}}$ 和 PD 控制的力控制法特点

由上述分析可知，基于位置控制的力控制系统与基于力矩控制的力控制系统有很大的不同点，本节讲述的控制法特点具体体现在：

① 在平衡点附近，对任意受动环境都能保持稳定；

② 手部指尖或末端操作器、腿足部末端柔顺性、阻尼特性不因姿态而变化；

③ 对于 1 自由度而言，高带宽位置控制特性和高柔顺性不可兼得；

④ 机器人操作臂的姿态（或构形）未必一定。

6.5.3 无动力学补偿的混合控制方法与力控制系统

混合控制是用作业坐标（工作空间坐标系）把控制力的方向和控制位置的方向分离开来，分别实施各自控制环路的方法，其控制系统框图如图 6-18 所示。

图 6-18 中 S 为控制模式选择用的对角线矩阵，其主对角线元素的取值在［0，1］的闭区间范围内，取 0 表示只使用位置控制，取 1 表示只使用力控制；$\boldsymbol{I}$ 为单位阵；$\boldsymbol{K}_{\mathrm{P}}$ 和 $\boldsymbol{K}_{\mathrm{f}}$ 分

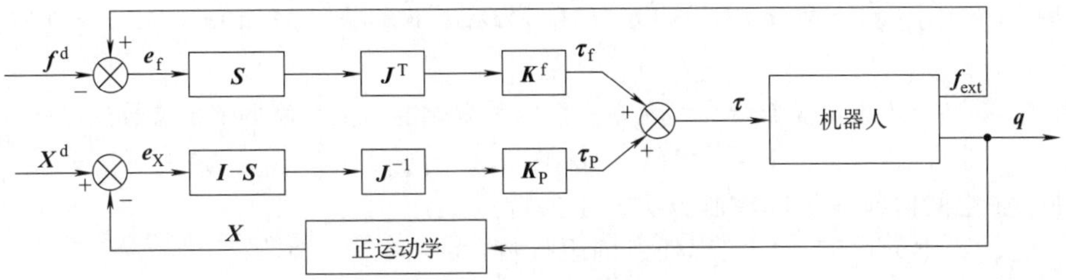

图6-18　力/位混合控制系统

别为位置控制和力控制的增益矩阵。根据上述控制系统框图，力/位混合控制器的控制律如式（6-44）所示。

$$\boldsymbol{\tau}=\boldsymbol{S}\boldsymbol{J}^{\mathrm{T}}\boldsymbol{K}_{\mathrm{f}}(\boldsymbol{f}_{\mathrm{ext}}-\boldsymbol{f}^{\mathrm{d}})+(\boldsymbol{I}-\boldsymbol{S})\boldsymbol{J}^{\mathrm{T}}\boldsymbol{K}_{\mathrm{p}}(\boldsymbol{X}^{\mathrm{d}}-\boldsymbol{X}) \tag{6-44}$$

6.5.4　有动力学补偿的力控制方法

分类：按线性化时所需要的外力 $\boldsymbol{f}_{\mathrm{ext}}$ 是直接用传感器测得，还是由环境约束的几何信息来得到，可将有动力学补偿的力控制分为直接由力传感器测得外力控制法和动态混合控制法。由力传感器直接测得外力的有动力学补偿力控制法分为关节空间内关节坐标控制法和末端操作器作业空间内的作业坐标控制法两种。

由力传感器直接测得外力的有动力学补偿力制方法的基本思想：由力传感器直接测得外力的有动力学补偿力控制法的基本原理是把机器人操作臂所受到的外力经雅可比矩阵 $\boldsymbol{J}$ 的转置变换成相应的关节驱动力矩，然后再与动力学方程中的离心力、科氏力项 $\boldsymbol{h}$、惯性力项 $\boldsymbol{M}$ 等动力学补偿项综合在一起作为总驱动力矩，即作为操作量给被控对象。

6.5.4.1　关节空间内关节坐标有动力学补偿力控制法

引入关节空间内作业下新的操作量 $\boldsymbol{u}_{\mathrm{q}}$，用式（6-45）对关节空间内表示的机器人操作臂运动方程式（6-6）进行非线性补偿。

$$\boldsymbol{\tau}=\boldsymbol{h}(\boldsymbol{q},\dot{\boldsymbol{q}})+\boldsymbol{g}(\boldsymbol{q})-\boldsymbol{J}^{\mathrm{T}}\boldsymbol{f}_{\mathrm{ext}}+\boldsymbol{M}(\boldsymbol{q})(\boldsymbol{u}_{\mathrm{q}}+\boldsymbol{J}^{\mathrm{T}}\boldsymbol{f}_{\mathrm{ext}}) \tag{6-45}$$

式中，只 $\boldsymbol{u}_{\mathrm{q}}$ 为新定义，其他各变量符号如之前定义和符号说明。

则由式（6-6）、式（6-45）可得相应于关节坐标的二阶线性系统，如式（6-46）所示。

$$\ddot{\boldsymbol{q}}=\boldsymbol{u}_{\mathrm{q}}+\boldsymbol{J}^{\mathrm{T}}\boldsymbol{f}_{\mathrm{ext}}=\boldsymbol{u}_{\mathrm{q}}+\boldsymbol{\tau}_{\mathrm{ext}} \tag{6-46}$$

关节空间内关节坐标控制法的特点是：因为没有相应姿势的动态变化，采用固定增益的各种反馈方法将会因此存在各种各样的差异。注意：$\ddot{\boldsymbol{q}}$ 应理解为单位惯性参数下角加速度引起的惯性力矩。

6.5.4.2　作业空间内关节坐标有动力学补偿力控制法

引入作业空间内作业下新的操作量 $\boldsymbol{u}_x$，用式（6-47）对作业空间内表示的机器人操作臂运动方程式（6-6）进行非线性补偿。

$$\boldsymbol{\tau}=\boldsymbol{h}(\boldsymbol{q},\dot{\boldsymbol{q}})+\boldsymbol{g}(\boldsymbol{q})-\boldsymbol{J}^{\mathrm{T}}\boldsymbol{f}_{\mathrm{ext}}+\boldsymbol{M}(\boldsymbol{q})\boldsymbol{J}^{-1}(\boldsymbol{u}_x+\boldsymbol{f}_{\mathrm{ext}}-\dot{\boldsymbol{J}}\boldsymbol{J}^{-1}\dot{\boldsymbol{x}}) \tag{6-47}$$

式中：只 $\boldsymbol{u}_x$ 为新定义，其他各变量符号如之前定义和符号说明。

则由式（6-6）、式（6-47）可得相应于作业坐标的二阶线性系统，如式（6-48）所示。

$$\ddot{\boldsymbol{x}}=\boldsymbol{u}_x+\boldsymbol{f}_{\mathrm{ext}} \tag{6-48}$$

Hogan的阻抗控制方法（impedance control）与这种作业空间内作业坐标控制法基本上都是出于同样考虑的方法。注意：$\ddot{\boldsymbol{x}}$ 应理解为单位质量参数下线加速度引起的惯性力。

Hogan阻抗控制法控制律为式（6-49）：

$$\tau=h(q,\dot{q})+g(q)-M(q)J^{-1}\{\dot{J}\dot{q}+M^{-1}(\hat{D}\dot{x}+\hat{K}x)\}+\{M(q)J^{-1}\hat{M}^{-1}-J^{T}\}f_{ext} \tag{6-49}$$

可由式（6-49）来设定操作臂在作业坐标系内手末端的阻抗，使得阻抗参数满足式（6-50）：

$$\hat{M}\ddot{x}+\hat{D}\dot{x}+\hat{K}x=f_{ext} \tag{6-50}$$

这种作业空间内作业坐标控制方法的主要特点是：

① 不受动力学的影响，可实现任意的阻抗特性；

② 控制律极其复杂。

6.5.5 有动力学补偿的动态混合力控制方法

动态混合控制的有偿动力学补偿控制方法是以约束坐标的明确化和非线性动力学补偿为基本思想发展起来的方法。这种方法以环境的几何学信息和机器人操作臂的动力学完全给出为基本出发点，动力学补偿时所需要的接触力不是由力传感器测得的，而是由臂施加给环境的力的作用与反作用间的关系预测的。实际控制系统中，末端操作器的末端与作业对象物接触时的约束用超曲面方程表示，由此严格地规定位置控制与力控制的方向；然后基于给定的机器人操作臂动力学方程式进行位置控制与力控制非干涉化的线性化处理，对每个简化后的线性系统按每个关节组入通常的 feedback 控制系统。这种方法的局限性是：当接触形态与实际不同时，系统的响应难以预测。

6.6 基于位置控制的力控制与基于力矩控制的力控制系统和方法的比较

以上从不同种类操作量、是否进行非线性动力学补偿的观点上对力控制系统进行了分类解说。很难对“哪种方法最好?”的问题给出一个明确的结论。

一般机器人的运动控制系统是由三个基本要素构成：

（1）有关正、逆运动学，微分运动学，雅可比矩阵等运动学；

（2）有关惯性项、离心力、科氏力项等动力学；

（3）伺服补偿器（狭义控制系统）。

伺服补偿器不在本书内容范围之内，下面就运动学、动力学总结基于位置控制的力控制系统与基于力矩控制的力控制系统优劣。

首先，基于位置控制的力控制系统一般用于解决面向工业机器人大减速比操作臂的力控制问题。

优点是：

（1）与已有的位置控制系统整合性好；

（2）与位置控制系统相对独立的阻抗特性可较容易地通过参数设定来得到；

（3）无动力学补偿，相对而言，控制系统一般比较简单。

缺点是：

（1）力控制系统的广义力控制性能受到稳定的位置控制系统内环频带、环境刚度所支配；

（2）若扩展位置控制系统带宽，受力传感器动态特性等影响，固定环境下容易造成不稳定。

而基于力矩控制的力控制系统往往用于低减速比或直接驱动型机器人操作臂的力控制。

6.7 本章小结

本章在第 3 章～第 5 章讲述的机器人机构学、参数识别和位置轨迹追踪控制等理论与方法基础上，全面具体地讲述了自由空间作业、约束空间作业内的力/位控制理论与方法。主要包括：机器人与作业环境或作业对象物构成机器人作业或运动系统的建模、带有力感知机能的机器人力控制系统所不可缺的六维力/力矩传感器原理及其在力控制上的应用、基于位置控制的机器人力控制和基于力矩控制的机器人力控制（主要包括各种力控制方法下的控制律公式推导、力控制系统构成、系统稳定性特性分析等）等主要内容。另外，从假想的“虚拟力传感器”和“虚拟力控制”的角度，本章的力控制内容也可以作为机器人回避作业环境的障碍物、机器人之间避碰等附加作业、机器人装配作业等以“虚拟”力实现避障行为控制的理论与方法。

本章内容也为本书后续讲到的机器人主从控制、多机器人的协调控制提供了力控制方面的理论基础和方法支撑，同时在机器人应用的工程技术领域，也为工业机器人操作臂作业的力控制以及各种腿足式移动机器人作业或运动行为的力控制技术实现提供了重要的、较充分的理论基础。

【思考题与习题】

6.1　何谓广义力控制（也称柔顺控制）？试举例说明需要广义力柔顺控制的实际例子。

6.2　在常见的工业机器人作业中，分别列举出自由空间内作业、约束空间内作业的具体实例，并分别说明其控制方法。

6.3　何谓力/位混合控制？试举例说明需要进行力/位混合控制作业的工业机器人应用对象。

6.4　试述 JR3 品牌六维力-力矩传感器产品的结构组成、传感器检测部检测的原理及其应用方法。

6.5　JR3、ATI 等国际品牌以及国内合肥智能所等生产的工业机器人用十字梁结构式的六维力-力矩传感器是通过十字梁上应变片应变检测与解耦计算得到的六维力、力矩分量的，并非独立检测出这六个力、力矩分量。你能否给出检测部各分力无耦合独立检测且过载保护的六维力-力矩传感器的检测机构与结构设计方案？并说明研发这种无耦合六维力-力矩传感器的必要性。

6.6　试述由安装在工业机器人操作臂腕部机械接口上或者腿足式机器人腿踝关节脚掌侧机械接口处的六维力-力矩传感器检测到的六维力、力矩分量换算出末端操作器操作力或足底总反力的力学原理，要求分静态作业静态力控制、动态作业动态力控制两种情况分别阐述。

6.7　为进行机器人力控制，通常将机器人操作臂与被操作作业对象物或环境、机器人腿足与支撑面之间的力学模型简化成什么样的力学模型？如何考虑操作器与被操作对象物、脚与地面支撑面间摩擦的问题？

6.8　为进行机器人操作臂在约束空间内的作业控制，需要建立机器人操作臂与被操作作业对象物或环境及两者之间的数学、力学模型都包括哪些？各是什么样的模型？为实际应用这些模型进行力控制、力/位混合控制，如何处理这些模型才能有可以实际应用的具体模型（参数如何整定）？例如，操作手抓起鸡蛋、操作手擦玻璃等作业的情况下。

6.9　自由空间、约束空间内作业下刚度控制法力控制系统的控制律、特性各是什么？系统稳定的条件？

6.10　自由空间、约束空间内作业下阻尼控制法力控制系统的控制律、特性各是什么？系统稳定的条件？

6.11　何谓阻抗控制？阻抗控制法力控制系统的控制律、特点是什么？

6.12　何谓假想柔顺控制？其控制律及控制方法的特点各是什么？

6.13　何谓基于位置控制的力控制系统？其常用的力控制方法有哪些类型？各是什么？

6.14　何谓基于力矩控制的力控制系统？其常用的力控制方法都有哪些类型？各是什么？

6.15　试述雅可比矩阵在机器人运动学分析与控制中的应用（提示：机构运动学、位置/轨迹追踪控制、力控制、力/位混合控制等）。

6.16　试述基于位置控制的力控制系统与基于力矩控制的力控制系统的区别、各自的优缺点。

6.17　试述有、无动力学补偿的力控制方法各自的基本原理。

6.18　试详细论述如何利用虚拟（假想）的力控制方法来实现自由空间内机器人操作臂主作业位置轨迹追踪控制下的回避障碍、回避关节极限等附加作业。如何整定这些附加作业控制器中的虚拟阻抗参数？

6.19　已知一 6 自由度关节型串联机构通用工业机器人操作臂系统，试论述：

1）用该操作臂实现喷漆作业控制的基本理论与方法；

2）要想用该机器人实现对一圆柱形零件棱边去除毛刺并倒角作业，试述该操作臂系统软硬件配置，并论述实现打毛刺作业的控制方法。

第 7 章

机器人模型参数不确定下的动态控制——鲁棒控制和自适应控制

7.1 机器人模型的不确定性与动态控制问题

7.1.1 机器人模型及模型参数的不确定性

前面 6 章内容讲述了机器人机构、运动学、动力学、轨迹追踪控制以及力/位混合控制等机器人控制的基础理论。这些理论都是建立在机构学、数学以及力学等理论性数学模型和理想化的假设基础上的。为了便于讨论机器人模型的不确定性以及不确定性因素对机器人动态控制的影响，首先，还是回顾一下机器人机构模型、运动学模型、动力学模型等将机器人模型化之后带来的实际问题。在回顾前述的这些模型之前，笔者需要阐述一下关于“模型”和建立模型即“建模”的问题。

机器人模型化之后涉及以机构运动简图表达的机构模型（即机构构型的几何表达形式，机构的几何模型）、建立在机构模型之上的运动学模型和动力学模型。其中，机构运动学模型、动力学模型除了以解析几何图形的形式表达构件、质点、运动副的位移、速度、加速度、力、力矩等运动要素、力要素之间相互关系和用于解析的几何图形模型（运动分析图、静力或动力分析图）之外，剩下的就是以各运动要素变量符号、力要素变量符号和运算符等组成要素构成的表达式、不等式、方程、方程组等表达的数学模型。无论是几何模型，还是力学模型、电磁学模型、热力学模型等等原理性模型，只要涉及到量化计算问题的模型，最终都需要归结到其数学表示下的模型，即用于计算的数学模型。而且需要利用所建的数学模型（方程或不等式等数学公式）进行量化计算的情况下，自然涉及到计算结果的确定性和精确性的问题。直接影响计算结果的主要因素有两个：其一是所建的数学模型是否真实、准确地反映了被建模对象的实际“模型”和实际量化关系（理想化的误差为零的绝对精确“模型”和精确的量值都客观地存在于实际被建模对象本身即被设计制造出来的、存在于现实物理世界中的实际物理本体之上）；其二是所建的数学模型的计算模型或求解方法（或称算法）本身的精确程度。

机器人机构模型是指机器人关节与关节之间、关节与杆件之间、杆件与杆件之间的连接关系（也即机构构型）以及几何学意义上的相对位置关系，具体涉及机构参数是否确定？参数值是否唯一地确定下来？还是在一定范围内变动而不能准确地确定下来，具有一定的变动量？

机器人的机械设计通常是理论上的。比如我们通常说两个关节轴线相互平行或互相垂直，但实际上是不存在绝对平行或绝对垂直的。我们说由轴承支撑的轴系可以使轴上的传动件绕着轴线回转，通常就认为这个轴系的轴线是确定的、唯一的轴线。但工程实际上并非如此。

支撑轴系的轴承产品从轴承厂出厂之后是有游隙的，也就是轴承内圈、外圈的滚道、滚动体三者之间是有一定的间隙的，当然这个间隙比较微小。而在使用时，滚动轴承实际安装在轴系部件上，需要通过轴承端盖和垫片对轴承的轴向游隙进行调整，或者配磨，或者确定好游隙值由机械加工保证，也就是尽可能在运转灵活的前提下减小轴承游隙到适当的程度，这一般要由有实际经验的设计者给出，有实际装配经验的装配工人调整好后实际得到。显然，从设计到装配与调试，不同技术经验的人，得到的结果很可能会不一样。而且，一旦轴承游隙的调整过度或不足，实际运转时轴承支撑的轴系要么不会绕固定的轴线转动，要么轴承过紧使摩擦阻力过大，运转不灵活。而且摩擦受润滑状态影响比较大，摩擦力、摩擦力矩本身就不是一个确定的量，而处于变化之中。摩擦的影响甚至可以达到总功率的 1/10 甚至更大，而且是动态变化的，不容忽视。而通常我们为了简化问题，把它忽略了，但是，实际的系统中它却在起作用。

在机构设计上，我们通常设计机械系统所给出的尺寸、精度都是理论上的，比如，机构的杆长也即运动副之间的杆件长度为 0.5m，但实际的关节零部件和杆件加工、装配完毕之后，实际的运动副之间的距离还是 0.5m 吗？几乎不可能！由于设计、制造误差，装配上之后，“实际”的杆长可能是 0.5005m 或 0.4997m。注意：这还只是装配完之后，我们能够找到可以测量两个运动副比如轴线“平行”的回转副也即关节上可以作为测量基准的轴线，才能得到较高的测量精度，否则，实际的杆件长度误差还会更大！有的人可能要说误差已经很小了，能对机器人有多大影响？其实不然！请不要忘记：中高档机器人操作臂的重复定位精度的许用误差范围是多少。杆件偏差已经与重复定位精度处于同一个量级了！另外，回转关节还会将机器人末端的位置误差放大！

以上只是从机构模型去分析机构参数（也即实际机器人的 D-H 参数）具有一定的不确定性的问题。显然，机器人自身的机械制造、装配误差会导致机器人参数的不确定性。下面我们从运动传递的角度再去分析一下机器人运动中机械传动系统受不确定量的影响。

通常我们把齿轮、摆线齿轮、针齿轮以及滚珠丝杠等部件看作是刚体，然而齿轮轮齿啮合时理论上是线接触，而实际上因为不是绝对刚体而存在弹性变形，沿着齿向呈很窄小的面接触。一旦有弹性变形就会影响理论上的啮合关系以及运动传递的准确性和均匀性，从而产生一定的运动不确定性。这是齿轮之类靠啮合原理实现传动的传动件本身的刚度问题，如前所述的轴承支撑轴系本身也会存在因刚度问题而引起的不确定量。轴承不能过度调整，过紧支撑刚度高，但摩擦阻力大，摩擦引起的功率损失过大，轴承磨损加剧，寿命会降低。而轴承一旦有径向游隙，运转虽灵活，但轴承对轴系支撑刚度会下降，轴线会在一定范围内晃动，运动相对而言不够精确，从而引起一定的不确定量。我们再来看齿轮传动的回差，齿轮啮合、摆线齿轮与针齿啮合等机械传动也即减速器需要润滑，但是如果没有齿侧间隙也即啮合侧隙为 0 的情况下，就不会有润滑油膜，啮合传动的润滑状态不良，传动时摩擦阻力或阻力矩增大到不容忽视的程度，因此，只能提高制造精度，终究会有传动误差，从而引起齿轮正反转时的回差，进而造成运动的不确定量。

不仅机械传动系统会存在如上所述的运动不确定性，机器人操作臂杆件本身也不可能是绝对的刚体，刚度变化的影响也会引起运动的不确定量和微量振幅下的振动，齿轮等回差、传动系统的刚度等也会导致频繁正反转时不确定的加速度，从而引起整个机械传动系统、机器人臂机构系统的附加动载荷等不确定的力或力矩。这些都将反映在机器人操作臂的振动现象中，往往是微振幅下的低频乃至高频振动。此外，还有一个很重要的原因，就是一台机器人操作臂用于不同作业时，末端负载的变化。当把机器人末端负载看作是末端杆件的部分质量或转动惯量的一部分时，末端负载的变化就是末端杆件质量或惯性参数的变化，也可以当作机器人操作臂本身物理参数的不确定量。再有一种情况就是，机器人在操作过程中受到不可预知的外部扰动时，该扰动力或力矩也是不确定的、不可预知的量。如此等等。

熟悉上述机械系统的人自然会从中得知：要想完全精确地描绘出现实物理世界中的实际机器人精确的机构模型、运动学模型、动力学模型永远是不可能的。有的人可能会说：之前所讲的轨迹追踪控制、参数识别、力控制等理论和控制方法中不是已经都考虑了实际因素吗？难道那些控制理论与实际技术还不能达到控制目标吗？控制方法与技术就是这样，控制系统设计、控制律的给出等不是单从理论上像求解数学方程解析解那样给出一个完全确定的或者是唯一的答案。控制理论和方法的有效性既取决于所设计的控制系统本身，同时还取决于被控对象和实际的控制目标。当简单的线性的PD控制器能够满足低速动力学被控对象系统的控制目标时，那用PD控制器就够了！可是当各种轨迹追踪控制不能满足被控对象的控制目标要求时，又该怎样设计其控制系统呢？前面所说的控制目标要求可以认为是在机械系统的机械精度前提下，加上控制精度两者综合起来的总的精度，比如，重复定位精度是否足够。

机器人及其模型存在不确定性主要体现在几个方面：

1）机器人机械系统自身的机械制造、装配误差导致参数的不确定性；

2）传动系统的刚度、轴系的支承刚度、杆件刚度等；

3）齿轮传动、螺旋传动等机械传动的回差；

4）啮合齿面间的摩擦、轴承摩擦；

5）各种传感器测量误差；

6）机器人在操作过程中所受不可预知的外部扰动；

7）机器人设计本身是否是在许用的工作空间全域范围内得到可行性验证；

8）机器人在设计上是否有自我检测与维护、进化的能力；等等。

因此，当之前我们所讲授的那些控制理论与方法不能满足实际的控制精度要求时，就需要继续结合被控对象和所处环境的实际情况，去寻求更有效的控制理论与方法。以上说的还只是机械系统中参数的不确性影响因素。传感系统、控制系统也有不确定性的影响因素。如传感器的测量精度、噪声的影响等等。因此，机器人控制方面的专家学者们从鲁棒控制理论、自适应控制理论中汲取营养，针对机器人模型的不确定性问题展开研究。

7.1.2 机器人动态控制问题

首先回顾 n 自由度机器人操作臂动力学方程。

不考虑机器人各关节机械传动系统的摩擦和外部扰动的情况下，机器人动力学方程为式（7-1）：

$$\boldsymbol{M}(\boldsymbol{q})\ddot{\boldsymbol{q}}+\boldsymbol{C}(\boldsymbol{q},\dot{\boldsymbol{q}})\dot{\boldsymbol{q}}+\boldsymbol{g}(\boldsymbol{q})=\boldsymbol{\tau} \tag{7-1}$$

式中，$\boldsymbol{q}=[q_1,\cdots,q_n]^{\mathrm{T}}$——$n\times1$ 的关节位置（回转关节的关节角或移动关节的线位移）矢量；

$\boldsymbol{\tau}=[\tau_1,\ \cdots,\ \tau_n]^{\mathrm{T}}$——$n\times1$ 的关节驱动力或力矩（回转关节的驱动力矩或移动关节的驱动力）矢量。对于主动驱动的关节为由原动机直接驱动或经传动系统提供给该关节的驱动力或驱动力矩；对于欠驱动自由度的关节（即无原动机驱动自由回转的关节），其驱动力（或力矩）为 0 或关节运动摩擦力（或摩擦力矩）阻力；当欠驱动关节支撑整个机器人本体时，欠驱动关节的摩擦力、力矩将成为主动力；

$\boldsymbol{M}(\boldsymbol{q})$ ——$n\times n$ 的对称且正定的惯性系数矩阵。该矩阵中主对角线上的元素为相应各个关节的主惯性矩，其他元素为各个关节间相互耦合的惯性矩；$\boldsymbol{M}(\boldsymbol{q})\neq\boldsymbol{0}$（矩阵），且大于 $\boldsymbol{0}$（矩阵）和小于某一常值矩阵 $\boldsymbol{M}_{\max}$，即惯性系数矩阵的有界性；

$\boldsymbol{C}(\boldsymbol{q},\dot{\boldsymbol{q}})\dot{\boldsymbol{q}}$——$n\times 1$ 的离心力和科氏力矢量（力或力矩矢量）；

$\boldsymbol{g}(\boldsymbol{q})$ ——$n\times 1$ 重力项（重力或重力矩项）矢量。空间环境下为微重力或无重力环境，为近似于 $\boldsymbol{0}$ 或等于 $\boldsymbol{0}$ 矩阵。

考虑摩擦和外部扰动情况下，机器人的动力学方程为式（7-2）：

$$\boldsymbol{M}(\boldsymbol{q})\ddot{\boldsymbol{q}}+\boldsymbol{C}(\boldsymbol{q},\dot{\boldsymbol{q}})\dot{\boldsymbol{q}}+\boldsymbol{g}(\boldsymbol{q})+\boldsymbol{F}_{\mathrm{v}}\dot{\boldsymbol{q}}+\boldsymbol{f}_{\mathrm{d}}(\dot{\boldsymbol{q}})+\boldsymbol{\tau}_{\mathrm{d}}=\boldsymbol{\tau} \tag{7-2}$$

式中，$\boldsymbol{q}$、$\boldsymbol{\tau}$、$\boldsymbol{M}(\boldsymbol{q})$、$\boldsymbol{C}(\boldsymbol{q},\dot{\boldsymbol{q}})\dot{\boldsymbol{q}}$、$\boldsymbol{g}(\boldsymbol{q})$ 同式（7-1）中的定义和说明；

$\boldsymbol{F}_{\mathrm{v}}$ 为黏性摩擦项系数矩阵，为 $n\times n$ 的对角矩阵（即主对角线上元素不为零，其他元素为零）；$\boldsymbol{f}_{\mathrm{d}}(\dot{\boldsymbol{q}})$ 为动摩擦项，为 $n\times 1$ 矢量；$\boldsymbol{\tau}_{\mathrm{d}}$ 为 $n\times 1$ 的外部扰动（外部扰动力或力矩）矢量。

本书第 4 章 4.2 机器人运动方程与物理参数一节详细地讨论了动力学方程中机器人机构参数、机械本体物理参数、机构运动参数、机构动力参数的用途以及机构参数、机械本体物理参数不确定性对逆动力学计算的影响。一般而言，当机器人运动速度较慢、质量较轻、惯性较小、无外部扰动或外部扰动影响较小、负载小、机械刚度高、关节驱动力矩（或力矩）相对于机器人自身的重力（或重力矩）、惯性力（或惯性力矩）之和都较大时，机器人模型和参数的不确定性对机器人运动的动态特性影响不明显，相对于控制目标或可接受（机器人能被基于模型的控制器控制得住）。但是，当机器人高速运动、惯性大、刚度相对低、关节额定驱动力（或力矩）相对机器人自身的重力项余量小等情况下，机器人模型和参数的不确定性对机器人运动的动态特性影响开始变得明显，以致于达到不能忽视的程度。即便按式（7-2）将黏性摩擦项、动摩擦项等不确定性影响计入到动力学方程中并进行逆动力学计算得到控制被控对象的操作量，但所用的摩擦力的计算模型是经过简化的简单模型，而实际的摩擦力的产生是非常复杂的问题，与形成摩擦副的表面材料、表面形貌、表面的润滑状态（即便空气也是一种润滑剂）、环境温度、湿度等均有密切的关系。摩擦学研究中就有关于摩擦形成机理的不同假说和观点。一台工业机器人操作臂中摩擦力至少占其驱动能力的几分之几（意味着至少 1/9），除装配、打磨等约束空间内作业之外，工业机器人在自由空间内作业中摩擦力的影响仅是机器人驱动系统中的机械传动环节产生，而对于腿足式移动机器人，除此之外，腿的末端或脚与支撑面或地面之间的摩擦状况则因支撑面、地面的不同而产生很大的差别，致使行走期间产生不确定性的滑移甚至摔倒而导致失控。因此，考虑机器人系统与模型的不确定性因素研究机器人的动态控制问题实际上对于各类机器人都有普遍的理论意义与实际意义。

7.1.3　何谓机器人的鲁棒控制

鲁棒控制（robust control）：鲁棒实际上是由英文“Robust”音译过来的，Robust 这一英文词的本意是指事物的顽健性，也即即使在不利的情况下也能保持住自己期望的目标和自身期望的状态。那么鲁棒控制在控制理论里自然也就是为合理解决被控对象模型所具有的不确定性问题的一种控制方法，即使模型存在一定的不确定性，也能在所设计的控制器的控制下，保证系统整体稳定性，达到所期望的控制目标。类似地，可以给出机器人鲁棒控制的如下定义。

机器人的鲁棒控制（robust control for robot）也就是即使机器人系统模型存在不确定性的量或外部扰动的情况下，在鲁棒控制器的控制下也能够保证机器人控制系统的整体稳定性，达到机器人作业的控制目标。

注意：机器人鲁棒控制同样是以机器人动力学方程为理论和实际依据，而且要充分运用机器人动力学方程的特征。因此，在具体讲述机器人鲁棒控制理论之前，需要首先阐明机器人动力学特征及动力学方程的不确定量的问题。

7.1.4 何谓机器人的自适应控制

通常的控制系统都是以被控对象的特性不随时间变化为前提而设计的。而机器人操作臂系统是随着有效负载质量而动态变化的。因此，需要为其设计即使机器人操作臂系统工作时内部参数、外部负载及其他作业参数随时间变化的情况下，也能达到预期控制目标和作业目标的控制系统。

自适应控制（adaptive control）：是指在线检测被控对象参数的变化，随时修正控制系统参数的控制方法。

机器人的自适应控制（adaptive control for robot）是通过其传感系统、参数识别算法在线检测作为被控对象的机器人系统参数的变化，根据机器人系统参数的变化去实时地修正控制系统参数并控制被控对象实现控制目标的机器人控制方法。

机器人的鲁棒控制与自适应控制的异同：被控对象为随时间变化的时变系统情况下，作为有效的控制手法常用的有鲁棒控制和自适应控制等。鲁棒控制和自适应控制都是针对被控对象参数有不确定性或随着时间变化的系统所进行的控制方法，如前面讲授的机器人操作臂系统内部参数有一定的不确定情况下的鲁棒控制方法。但这两种控制方法是有本质区别的，鲁棒控制是针对被控对象参数变化感度低的控制系统而设计的；而自适应控制则恰好与鲁棒控制相反，是在线检测出被控对象参数变化，从而随时修正控制系统参数的一种方法。

7.2 机器人动力学特征及动力学方程的不确定量

7.2.1 动力学特征

动力学特征是指动力学方程中惯性系数矩阵 $\boldsymbol{M}(\boldsymbol{q})$ 及其与离心力科氏力项 $\boldsymbol{C}(\boldsymbol{q},\dot{\boldsymbol{q}})\dot{\boldsymbol{q}}$ 的 2 倍的差 $[\dot{\boldsymbol{M}}(\boldsymbol{q})-2\boldsymbol{C}(\boldsymbol{q},\dot{\boldsymbol{q}})]$、运动参数（$\boldsymbol{q}$，$\dot{\boldsymbol{q}}$，$\ddot{\boldsymbol{q}}$）与机械本体的物理参数之间表现出的线性关系，以及惯性系数矩阵 $\boldsymbol{M}(\boldsymbol{q})$、离心力科氏力项 $\boldsymbol{C}(\boldsymbol{q},\dot{\boldsymbol{q}})\dot{\boldsymbol{q}}$、重力与重力矩项 $\boldsymbol{g}(\boldsymbol{q})$ 等所表现出矩阵性质和数值范围特征。作为机器人鲁棒控制法基本的动力学特征有：

1）$\boldsymbol{M}(\boldsymbol{q})$ 的正定性：是指 $\boldsymbol{M}(\boldsymbol{q})$ 是对称且正定的矩阵；

2）$\dot{\boldsymbol{M}}(\boldsymbol{q})-2\boldsymbol{C}(\boldsymbol{q},\dot{\boldsymbol{q}})$ 的反对称性：是指适当地给定 $\boldsymbol{C}(\boldsymbol{q},\dot{\boldsymbol{q}})\dot{\boldsymbol{q}}$，$\dot{\boldsymbol{M}}(\boldsymbol{q})-2\boldsymbol{C}(\boldsymbol{q},\dot{\boldsymbol{q}})$ 为反对称矩阵；

3）参数显现的线性：是指动力学方程可以表示成运动参数矩阵 $\boldsymbol{Y}(\boldsymbol{q},\dot{\boldsymbol{q}},\ddot{\boldsymbol{q}})$ 与物理参数矢量 $\boldsymbol{\theta}$ 乘积的形式，如式（7-3）：

$$\boldsymbol{M}(\boldsymbol{q})\ddot{\boldsymbol{q}}+\boldsymbol{C}(\boldsymbol{q},\dot{\boldsymbol{q}})\dot{\boldsymbol{q}}+\boldsymbol{g}(\boldsymbol{q})=\boldsymbol{Y}(\boldsymbol{q},\dot{\boldsymbol{q}},\ddot{\boldsymbol{q}})\boldsymbol{\theta}=\boldsymbol{\tau} \tag{7-3}$$

4）有界性：是指存在适当的 M_m、M_M、C_M、G_M，对于所有的 $\boldsymbol{q}$、$\dot{\boldsymbol{q}}$ 有：

$$0<M_m\leqslant\|\boldsymbol{M}(\boldsymbol{q})\|\leqslant M_M \tag{7-4}$$

$$\|\boldsymbol{C}(\boldsymbol{q},\dot{\boldsymbol{q}})\| \leqslant C_M \|\dot{\boldsymbol{q}}\| \tag{7-5}$$

$$\|\boldsymbol{g}(\boldsymbol{q})\| \leqslant G_M \tag{7-6}$$

7.2.2　机器人模型存在的不确定量表示

模型存在的不确定性是机器人操作臂动力学建模中所不可避免的。

设存在于实际机器人物理实体上的理想的误差为 0 的动力学方程为：

$$\boldsymbol{M}(\boldsymbol{q})\ddot{\boldsymbol{q}}+\boldsymbol{C}(\boldsymbol{q},\dot{\boldsymbol{q}})\dot{\boldsymbol{q}}+\boldsymbol{g}(\boldsymbol{q})=\boldsymbol{\tau}$$

设实际机器人公称的数学模型为：

$$\hat{\boldsymbol{M}}(\boldsymbol{q})\ddot{\boldsymbol{q}}+\hat{\boldsymbol{C}}(\boldsymbol{q},\dot{\boldsymbol{q}})\dot{\boldsymbol{q}}+\hat{\boldsymbol{g}}(\boldsymbol{q})=\boldsymbol{\tau} \tag{7-7}$$

由上述两个模型方程可定义表示不确定性的量为：

$$\begin{cases}\widetilde{\boldsymbol{M}}(\boldsymbol{q})=\hat{\boldsymbol{M}}(\boldsymbol{q})-\boldsymbol{M}(\boldsymbol{q})\\ \widetilde{\boldsymbol{C}}(\boldsymbol{q},\dot{\boldsymbol{q}})=\hat{\boldsymbol{C}}(\boldsymbol{q},\dot{\boldsymbol{q}})-C(\boldsymbol{q},\dot{\boldsymbol{q}})\\ \widetilde{\boldsymbol{g}}(\boldsymbol{q})=\hat{\boldsymbol{g}}(\boldsymbol{q})-\boldsymbol{g}(\boldsymbol{q})\end{cases} \tag{7-8}$$

则由动力学特征中的有界性式（7-4）～式（7-6）可知：对公称模型式（7-7）可以考虑模型不确定性三个方程［式（7-8）］的机器人鲁棒控制系统的设计问题。

7.3　基于逆动力学的基本控制方式和不确定性的影响

7.3.1　基于逆动力学的基本控制方式——公称控制

由前述可知，以动力学方程的公称数学模型作为控制律，根据期望的关节运动和关节加速度的估计值计算关节驱动力或驱动力矩，从而进行动态控制，与在轨迹追踪控制法中所讲的逆动力学计算的控制没有什么本质区别。但是对于鲁棒控制而言，需要引入新的控制输入，从新的控制输入去考虑如何平衡掉不确定量所引起的力学作用效果对控制目标的影响。当然，方法不是唯一的，但对于采用 PD 或 PID 反馈控制的方法去估算关节加速度得到其估计值，显然可以作为基本控制方式，尽管与计算力矩方法相同。

机器人动力学方程［式（7-1）］：$\boldsymbol{M}(\boldsymbol{q})\ddot{\boldsymbol{q}}+\boldsymbol{C}(\boldsymbol{q},\dot{\boldsymbol{q}})\dot{\boldsymbol{q}}+\boldsymbol{g}(\boldsymbol{q})=\boldsymbol{\tau}$，为使符号简洁，令 $\boldsymbol{h}(\boldsymbol{q},\dot{\boldsymbol{q}})=\boldsymbol{C}(\boldsymbol{q},\dot{\boldsymbol{q}})\dot{\boldsymbol{q}}+\boldsymbol{g}(\boldsymbol{q})$，即将动力学方程中所有与 $\boldsymbol{q}$、$\dot{\boldsymbol{q}}$ 有关的力学项（包括离心力与科氏力项、重力项，有时甚至于与 $\dot{\boldsymbol{q}}$ 有关的黏性摩擦项、动摩擦项也在其内）放在一起作为总的一项 $\boldsymbol{h}(\boldsymbol{q},\dot{\boldsymbol{q}})$ 来考虑。则有简洁的动力学方程式（7-9）：

$$\boldsymbol{M}(\boldsymbol{q})\ddot{\boldsymbol{q}}+\boldsymbol{h}(\boldsymbol{q},\dot{\boldsymbol{q}})=\boldsymbol{\tau} \tag{7-9}$$

则相应于式（7-9）的简洁的公称模型为式（7-10）。

公称模型：
$$\hat{\boldsymbol{M}}(\boldsymbol{q})\ddot{\boldsymbol{q}}+\hat{\boldsymbol{h}}(\boldsymbol{q},\dot{\boldsymbol{q}})=\boldsymbol{\tau} \tag{7-10}$$

为了将模型中所有的不确定量的影响集中到公称模型中的某一个运动参数进行调节和补偿来综合考虑各个不确定量对动态控制的影响，这里引入一个新的控制输入 $\boldsymbol{u}$ 且 $\boldsymbol{u}=[u_1\ \cdots\ u_n]^{\mathrm{T}}$ 的 $n\times1$ 矢量。另外，从简洁的公称模型式（7-10）表达的方程式结构还可以看出，最合适的选择便是 $\hat{\boldsymbol{M}}(\boldsymbol{q})\ddot{\boldsymbol{q}}$ 这一项的 $\ddot{\boldsymbol{q}}$，用新的控制输入 $\boldsymbol{u}$ 去替代 $\ddot{\boldsymbol{q}}$，实际的物理意义是通过惯性力的调节去补偿所有的不确定量对动态控制产生的控制目标偏差的影响。其根本原理仍然是力学上的力可以分解和叠加的基本原理。因为动力学方程也好，公称模型也好，不管是惯性力、离心力和科氏力、摩擦力、重力等力学项，哪项多哪项少，最终的计算结果都归结到关节驱动力一项中去，只要保证合力（或合力矩）与驱动力（或驱动力矩）平衡即可达到控制目的。因此，引入新的控制输入 $\boldsymbol{u}$ 之后，与公称模型（7-10）相应的基于逆动力学计算的控制律为方程式（7-11）。

相应于公称模型的基于逆动力学计算的控制律：

$$\boldsymbol{\tau}=\hat{\boldsymbol{M}}(\boldsymbol{q})\boldsymbol{u}+\hat{\boldsymbol{h}}(\boldsymbol{q},\dot{\boldsymbol{q}}) \tag{7-11}$$

则控制律式（7-11）被称为考虑不确定量影响的鲁棒控制的“计算力矩法”。

将式（7-11）代入到式（7-10）中可得：

$$\hat{\boldsymbol{M}}(\boldsymbol{q})(\ddot{\boldsymbol{q}}-\boldsymbol{u})=0 \tag{7-12}$$

由于 $\hat{\boldsymbol{M}}(\boldsymbol{q})$ 也是对称且正定的矩阵，并且 $\hat{\boldsymbol{M}}$（$\boldsymbol{q}$）不可能为 0 矩阵（那意味着机器人是无质量、无惯性的系统，根本没有实际意义），则有（$\ddot{\boldsymbol{q}}-\boldsymbol{u}$）$=0$，即：

$$\ddot{\boldsymbol{q}}=\boldsymbol{u} \tag{7-13}$$

以 $\boldsymbol{u}$ 为输入量，决定选择的 PD 控制律为式（7-14）：

$$\boldsymbol{u}=\ddot{\boldsymbol{q}}^{\mathrm{d}}-\boldsymbol{K}_{\mathrm{v}}(\dot{\boldsymbol{q}}-\dot{\boldsymbol{q}}^{\mathrm{d}})-\boldsymbol{K}_{\mathrm{p}}(\boldsymbol{q}-\boldsymbol{q}^{\mathrm{d}})=\ddot{\boldsymbol{q}}^{\mathrm{d}}-\boldsymbol{K}_{\mathrm{v}}\dot{\tilde{\boldsymbol{q}}}-\boldsymbol{K}_{\mathrm{p}}\tilde{\boldsymbol{q}} \tag{7-14}$$

式中，$n\times n$ 的位置反馈增益矩阵 $\boldsymbol{K}_{\mathrm{p}}$ 和速度反馈增益矩阵 $\boldsymbol{K}_{\mathrm{v}}$ 为式（7-15）。

$$\begin{cases}\boldsymbol{K}_{\mathrm{p}}=\mathrm{diag}\{\omega_1^2,\omega_2^2,\cdots,\omega_n^2\}\\ \boldsymbol{K}_{\mathrm{v}}=\mathrm{diag}\{2\xi_1\omega_1,2\xi_2\omega_2,\cdots,2\xi_n\omega_n\}\end{cases} \tag{7-15}$$

$\tilde{\boldsymbol{q}}=\boldsymbol{q}-\boldsymbol{q}^{\mathrm{d}}$；$\dot{\tilde{\boldsymbol{q}}}=\dot{\boldsymbol{q}}-\dot{\boldsymbol{q}}^{\mathrm{d}}$；$\ddot{\tilde{\boldsymbol{q}}}=\ddot{\boldsymbol{q}}-\ddot{\boldsymbol{q}}^{\mathrm{d}}$ 分别为关节位置、速度、加速度的各自偏差量矢量。则，可得到基于逆动力学的公称控制的基本控制方法及控制律为式（7-16）。

基于逆动力学的公称控制的基本控制法控制律：

$$\boldsymbol{\tau}=\hat{\boldsymbol{M}}(\boldsymbol{q})(\ddot{\boldsymbol{q}}^{\mathrm{d}}-\boldsymbol{K}_{v}\dot{\tilde{\boldsymbol{q}}}-\boldsymbol{K}_{p}\tilde{\boldsymbol{q}})+\hat{\boldsymbol{h}}(\boldsymbol{q},\dot{\boldsymbol{q}}) \tag{7-16}$$

式中，$n\times n$ 的位置反馈增益矩阵 $\boldsymbol{K}_{\mathrm{p}}$ 和速度反馈增益矩阵 $\boldsymbol{K}_{\mathrm{v}}$ 由式（7-15）给出。

7.3.2 基于逆动力学的公称控制的增益矩阵 K_{p}、K_{v} 及闭环系统的稳定响应

将式（7-14）回代到式（7-13）得：$(\ddot{\boldsymbol{q}}-\ddot{\boldsymbol{q}}^{\mathrm{d}})+\boldsymbol{K}_{\mathrm{v}}\dot{\tilde{\boldsymbol{q}}}+\boldsymbol{K}_{\mathrm{p}}\tilde{\boldsymbol{q}}=0$，则有闭环系统方程式（7-17）。

闭环系统方程：

$$\ddot{\tilde{\boldsymbol{q}}}+\boldsymbol{K}_{\mathrm{v}}\dot{\tilde{\boldsymbol{q}}}+\boldsymbol{K}_{\mathrm{p}}\tilde{\boldsymbol{q}}=0 \tag{7-17}$$

式中，$n\times n$ 的位置反馈增益矩阵 $\boldsymbol{K}_{\mathrm{p}}$ 和速度反馈增益矩阵 $\boldsymbol{K}_{\mathrm{v}}$ 由式（7-15）给出。

特别地若按式（7-15）选择增益矩阵，闭环系统式（7-17）的行为受各个关节的线性 2 阶系统下式（7-18）支配：

$$\ddot{\tilde{q}}_i+2\xi_i\omega_i\dot{\tilde{q}}_i+\omega_i^2\tilde{q}_i=0,i=1,2,\cdots,n \tag{7-18}$$

因此，复杂的机器人控制系统的响应可基于熟知的控制理论基础中二阶线性系统的响应特性很容易地确定。根据二阶系统的响应知识，若分别合理地选择衰减比 ξ_i 和固有角频率 ω_i，可得到闭环系统式（7-17）期望的稳定响应。

以上讲述了利用公称动力学方程，通过引入新的输入量 $\boldsymbol{u}$ 来实施基于逆动力学的基本公称控制方法。并进一步将 PD 反馈控制律作为新的输入量 $\boldsymbol{u}$，实际上也就是通过估算关节加速度矢量来平衡模型不确定量的影响，形式上与之前在轨迹追踪控制中讲述的计算力矩法相同。但各自的意义有所不同。下面接着讲述这种方法中模型不确定量对以关节位置、速度、加速度偏差形式表示的闭环系统稳定性影响的理论分析。

7.3.3　不确定量对闭环系统稳定性影响的分析

上一节以关节位置、速度、加速度偏差形式表示的闭环系统方程式（7-17）为 $\ddot{\tilde{\boldsymbol{q}}}+\boldsymbol{K}_v\dot{\tilde{\boldsymbol{q}}}+\boldsymbol{K}_p\tilde{\boldsymbol{q}}=0$。

由动力学方程简写式（7-9）$\boldsymbol{M}(\boldsymbol{q})\ddot{\boldsymbol{q}}+\boldsymbol{h}(\boldsymbol{q},\dot{\boldsymbol{q}})=\boldsymbol{\tau}$ 及其公称模型（简写）式（7-10）$\hat{\boldsymbol{M}}(\boldsymbol{q})\ddot{\boldsymbol{q}}+\hat{\boldsymbol{h}}(\boldsymbol{q},\dot{\boldsymbol{q}})=\boldsymbol{\tau}$ 两式相减可得不确定量分别为：

$$\begin{cases}\tilde{\boldsymbol{M}}(\boldsymbol{q})=\hat{\boldsymbol{M}}(\boldsymbol{q})-\boldsymbol{M}(\boldsymbol{q});\\ \tilde{\boldsymbol{h}}(\boldsymbol{q},\dot{\boldsymbol{q}})=\hat{\boldsymbol{h}}(\boldsymbol{q},\dot{\boldsymbol{q}})-\boldsymbol{h}(\boldsymbol{q},\dot{\boldsymbol{q}})\end{cases}\tag{7-19}$$

由动力学方程简写式（7-9）和基于逆动力学计算的控制律式（7-11）可得：

$$\boldsymbol{M}(\boldsymbol{q})\ddot{\boldsymbol{q}}+\boldsymbol{h}(\boldsymbol{q},\dot{\boldsymbol{q}})=\hat{\boldsymbol{M}}(\boldsymbol{q})\boldsymbol{u}+\hat{\boldsymbol{h}}(\boldsymbol{q},\dot{\boldsymbol{q}})\tag{7-20}$$

由式（7-20）整理出关节加速度矢量 $\ddot{\boldsymbol{q}}$ 可得式（7-21）：

$$\begin{aligned}\ddot{\boldsymbol{q}}&=\boldsymbol{M}^{-1}(\boldsymbol{q})\hat{\boldsymbol{M}}(\boldsymbol{q})\boldsymbol{u}+\boldsymbol{M}^{-1}(\boldsymbol{q})[\hat{\boldsymbol{h}}(\boldsymbol{q},\dot{\boldsymbol{q}})-\boldsymbol{h}(\boldsymbol{q},\dot{\boldsymbol{q}})]\\&=\boldsymbol{u}+[(\boldsymbol{M}^{-1}(\boldsymbol{q})\hat{\boldsymbol{M}}(\boldsymbol{q})-\boldsymbol{I})\boldsymbol{u}+\boldsymbol{M}^{-1}(\boldsymbol{q})\tilde{\boldsymbol{h}}(\boldsymbol{q},\dot{\boldsymbol{q}})]\end{aligned}\tag{7-21}$$

则由于 $\boldsymbol{M}(\boldsymbol{q})$ 是对称且正定的矩阵，再且 $\boldsymbol{M}(\boldsymbol{q})\approx\hat{\boldsymbol{M}}(\boldsymbol{q})$，令 $\boldsymbol{M}^{-1}(\boldsymbol{q})\hat{\boldsymbol{M}}(\boldsymbol{q})-\boldsymbol{I}=\boldsymbol{E}(\boldsymbol{q})$，则（7-21）式中且 $\boldsymbol{M}^{-1}(\boldsymbol{q})\hat{\boldsymbol{M}}(\boldsymbol{q})-\boldsymbol{I}=\boldsymbol{E}(\boldsymbol{q})\neq\boldsymbol{0}$ 但 $\approx\boldsymbol{0}$。有：

$$\ddot{\boldsymbol{q}}=\boldsymbol{u}+[\boldsymbol{E}(\boldsymbol{q})\boldsymbol{u}+\boldsymbol{M}^{-1}(\boldsymbol{q})\tilde{\boldsymbol{h}}(\boldsymbol{q},\dot{\boldsymbol{q}})]\tag{7-22}$$

再令 $[(\boldsymbol{M}^{-1}(\boldsymbol{q})\hat{\boldsymbol{M}}(\boldsymbol{q})-\boldsymbol{I})\boldsymbol{u}+\boldsymbol{M}^{-1}(\boldsymbol{q})\tilde{\boldsymbol{h}}(\boldsymbol{q},\dot{\boldsymbol{q}})]=\boldsymbol{\mu}$，则式（7-22）变为：

$$\ddot{\boldsymbol{q}}=\boldsymbol{u}+\boldsymbol{\mu}\tag{7-23}$$

将式（7-14）$\boldsymbol{u}=\ddot{\boldsymbol{q}}^{\mathrm{d}}-\boldsymbol{K}_v\dot{\tilde{\boldsymbol{q}}}-\boldsymbol{K}_p\tilde{\boldsymbol{q}}$ 代入到式（7-23）中有：$\ddot{\boldsymbol{q}}=\ddot{\boldsymbol{q}}^{\mathrm{d}}-\boldsymbol{K}_v\dot{\tilde{\boldsymbol{q}}}-\boldsymbol{K}_p\tilde{\boldsymbol{q}}+\boldsymbol{\eta}$，则进一步得到：

$$\ddot{\tilde{\boldsymbol{q}}}+\boldsymbol{K}_v\dot{\tilde{\boldsymbol{q}}}+\boldsymbol{K}_p\tilde{\boldsymbol{q}}=[\boldsymbol{E}(\boldsymbol{q})\boldsymbol{u}+\boldsymbol{M}^{-1}(\boldsymbol{q})\tilde{\boldsymbol{h}}(\boldsymbol{q},\dot{\boldsymbol{q}})]=\boldsymbol{\eta}\tag{7-24}$$

显然，得到的式（7-24）为由位置、速度、加速度的各自偏差量矢量构成的系统误差方程式，现在由此方程来讨论系统的稳定性问题。

【讨论】 如果 $\boldsymbol{E}(\boldsymbol{q})=\boldsymbol{0}$，$\tilde{\boldsymbol{h}}(\boldsymbol{q},\dot{\boldsymbol{q}})=\boldsymbol{0}$，则 $\boldsymbol{\eta}=\boldsymbol{0}\Rightarrow$闭环系统式（7-24）$=\boldsymbol{0}$（其中 $\boldsymbol{0}$ 为零矢量）；为达到即使 $\boldsymbol{\eta}\neq0$，也即：即使系统存在不确定量 $\boldsymbol{\eta}$，也能使其不影响闭环系统的稳定性和响应特性，需要进一步研究机器人操作臂的鲁棒控制。这也回答了为什么要进行鲁棒控制的问题。

7.4　基于李雅普诺夫方法的鲁棒控制

通过前述所讲的基于逆动力学的基本控制方式即公称控制和闭环系统的稳定性分析可知，由于 $\boldsymbol{M}^{-1}(\boldsymbol{q})\hat{\boldsymbol{M}}(\boldsymbol{q})-\boldsymbol{I}=\boldsymbol{E}(\boldsymbol{q})\neq\boldsymbol{0}$ 但 $\approx\boldsymbol{0}$，也即惯性参数不确定量 $\boldsymbol{E}(\boldsymbol{q})$、离心力科氏力项的不确定量 $\tilde{\boldsymbol{h}}(\boldsymbol{q},\dot{\boldsymbol{q}})$ 基本上不可能为 $\boldsymbol{0}$，则 $\boldsymbol{\eta}\neq\boldsymbol{0}$。因此，需要以基本的公称控制方式为基础，继续求出，即使 $\boldsymbol{\eta}\neq\boldsymbol{0}$（$\boldsymbol{\eta}\neq\boldsymbol{0}$ 即意味着系统存在不确定量），也能使闭环系统保持稳定性的控制方法。这一节将考虑用李雅普诺夫方法设计非线性输入项 $\tilde{\boldsymbol{u}}$ 加到上一节中给出的线性输入 $\boldsymbol{u}$ 中，以期得到基于逆动力学的鲁棒控制方法。

公称控制方法中，由控制律式（7-14）$\boldsymbol{u}=\ddot{\boldsymbol{q}}^{\mathrm{d}}-\boldsymbol{K}_v(\dot{\boldsymbol{q}}-\dot{\boldsymbol{q}}^{\mathrm{d}})-\boldsymbol{K}_p(\boldsymbol{q}-\boldsymbol{q}^{\mathrm{d}})=\ddot{\boldsymbol{q}}^{\mathrm{d}}-\boldsymbol{K}_v\dot{\tilde{\boldsymbol{q}}}-\boldsymbol{K}_p\tilde{\boldsymbol{q}}$ 表示的外环为单纯的 PD 控制器，引入新的非线性输入项 $\tilde{\boldsymbol{u}}$ 加到式（7-14）中，则将外环置为式（7-25）：

$$\boldsymbol{u}=[\ddot{\boldsymbol{q}}^{\mathrm{d}}-\boldsymbol{K}_v\dot{\tilde{\boldsymbol{q}}}-\boldsymbol{K}_p\tilde{\boldsymbol{q}}]+\tilde{\boldsymbol{u}} \tag{7-25}$$

显然，为获得鲁棒特性的附加非线性输入项 $\tilde{\boldsymbol{u}}$ 的确定方法成为问题所在。考虑用李雅普诺夫方法设计附加非线性输入 $\tilde{\boldsymbol{u}}$，来获得基于逆动力学的鲁棒控制方法。

将式（7-25）代入到相应于公称模型的基于逆动力学计算的控制律式（7-11）$\boldsymbol{\tau}=\hat{\boldsymbol{M}}(\boldsymbol{q})\boldsymbol{u}+\hat{\boldsymbol{h}}(\boldsymbol{q},\dot{\boldsymbol{q}})$ 中，并由李雅普诺夫方法设计附加非线性输入 $\tilde{\boldsymbol{u}}$，得到基于李雅普诺夫方法的鲁棒控制的控制律式（7-26）、式（7-27）。

基于李雅普诺夫方法的鲁棒控制：

$$\boldsymbol{\tau}=\hat{\boldsymbol{M}}(\boldsymbol{q})[\ddot{\boldsymbol{q}}^{\mathrm{d}}-\boldsymbol{K}_{\mathrm{v}}\dot{\tilde{\boldsymbol{q}}}-\boldsymbol{K}_{\mathrm{p}}\tilde{\boldsymbol{q}}+\tilde{\boldsymbol{u}}]+\hat{\boldsymbol{h}}(\boldsymbol{q},\dot{\boldsymbol{q}}) \tag{7-26}$$

$$\tilde{\boldsymbol{u}}=\begin{cases}-\rho(\boldsymbol{x},t)\dfrac{\boldsymbol{B}^{\mathrm{T}}\boldsymbol{P}\boldsymbol{x}}{\|\boldsymbol{B}^{\mathrm{T}}\boldsymbol{P}\boldsymbol{x}\|}, & \|\boldsymbol{B}^{\mathrm{T}}\boldsymbol{P}\boldsymbol{x}\|>\varepsilon\text{ 时}\\ -\dfrac{\rho(\boldsymbol{x},t)}{\varepsilon}\boldsymbol{B}^{\mathrm{T}}\boldsymbol{P}\boldsymbol{x}, & \|\boldsymbol{B}^{\mathrm{T}}\boldsymbol{P}\boldsymbol{x}\|\leqslant\varepsilon\text{ 时}\end{cases} \tag{7-27}$$

式中，$\boldsymbol{B}=\begin{bmatrix}\boldsymbol{0}\\ \boldsymbol{I}\end{bmatrix}$；

$\boldsymbol{P}$——李雅普诺夫方程的正定唯一解；

$\rho(\boldsymbol{x},t)$——给出不确定性量的上限；

ε——大于 0 且充分小的常数。

7.5 基于被动特性的鲁棒控制

7.5.1 基于被动特性的鲁棒控制的基本控制方式——公称控制

基于被动特性的鲁棒控制方法是在公称控制作为基本控制方式的基础上，将关节位置偏差和速度偏差线性合成并定义成一个新变量，该新变量矢量为具有滑模控制作用的变量，进一步引入两个辅助变量后，得到由关节速度、关节加速度和两个辅助变量表示的新变量的状态变量表达形式，然后用辅助变量、新变量给出公称控制方式的控制方法。基于被动特性的鲁棒控制方法实际上借鉴了轨迹追踪控制法里的位置速度 PD 反馈控制的思想。

基本控制方式：采用公称控制方式。

准备工作：选择、定义辅助变量。

第 5 章中关节轨迹追踪控制法的 PD 控制律：$\boldsymbol{\tau}=-\boldsymbol{K}_p(\boldsymbol{q}-\boldsymbol{q}^{\mathrm{d}})-\boldsymbol{K}_v\dot{\boldsymbol{q}}+\boldsymbol{g}(\boldsymbol{q})$

考虑与轨迹追踪控制同样的问题：$\boldsymbol{\tau}=-\boldsymbol{K}_p(\boldsymbol{q}-\boldsymbol{q}^{\mathrm{d}})-\boldsymbol{K}_v(\dot{\boldsymbol{q}}-\dot{\boldsymbol{q}}^{\mathrm{d}})+\boldsymbol{g}(\boldsymbol{q})$，即让关节变量 $\boldsymbol{q}$、关节速度变量 $\dot{\boldsymbol{q}}$ 分别追从关节目标轨迹 $\boldsymbol{q}^d$ 和目标速度 $\dot{\boldsymbol{q}}^d$，由关节位置偏差 $\tilde{\boldsymbol{q}}$、速度偏差 $\dot{\tilde{\boldsymbol{q}}}$ 定义新变量 $\boldsymbol{r}$。

由 $\tilde{\boldsymbol{q}}=\boldsymbol{q}-\boldsymbol{q}^{\mathrm{d}}$、$\dot{\tilde{\boldsymbol{q}}}=\dot{\boldsymbol{q}}-\dot{\boldsymbol{q}}^{\mathrm{d}}$ 定义新的变量 $\boldsymbol{r}$ 为：

$$\boldsymbol{r}=\dot{\tilde{\boldsymbol{q}}}+\Lambda\tilde{\boldsymbol{q}} \tag{7-28}$$

式中，$\boldsymbol{\Lambda}=\mathrm{diag}\{\boldsymbol{\lambda}_1,\cdots,\boldsymbol{\lambda}_2\}$（$\boldsymbol{\lambda}_i>0$，$i=1,\cdots,n$）为 $n\times n$ 的对角且正定矩阵；

$\boldsymbol{r}=[r_1,\cdots,r_n]^{\mathrm{T}}$，其中 $r_i=\dot{\tilde{q}}_i+\lambda_i\tilde{q}_i$，$i=1,\cdots,n$。

则此处定义的新变量矢量 $\boldsymbol{r}$ 是起到滑模控制重要作用的变量，为各关节位置偏差及其对时间 t 的微分，即是各关节速度偏差的线性关系。

进一步定义两个分别由期望的关节速度矢量 $\dot{\boldsymbol{q}}^{\mathrm{d}}$、关节位置偏差矢量 $\tilde{\boldsymbol{q}}$ 和期望的关节加速度矢量 $\ddot{\boldsymbol{q}}^{\mathrm{d}}$、关节速度偏差矢量 $\dot{\tilde{\boldsymbol{q}}}$ 以及对角且正定矩阵 $\boldsymbol{\Lambda}=\mathrm{diag}\{\boldsymbol{\lambda}_1,\cdots,\boldsymbol{\lambda}_n\}$（$\boldsymbol{\lambda}_i>0$，$i=1,\cdots,n$）确定的辅助变量 $\boldsymbol{v}$ 和 $\boldsymbol{a}$，如式（7-29）：

$$\begin{cases}\boldsymbol{v}=\dot{\boldsymbol{q}}^{\mathrm{d}}-\boldsymbol{\Lambda}\tilde{\boldsymbol{q}}\\ \boldsymbol{a}=\dot{\boldsymbol{v}}=\ddot{\boldsymbol{q}}^{\mathrm{d}}-\boldsymbol{\Lambda}\dot{\tilde{\boldsymbol{q}}}\end{cases}\tag{7-29}$$

则由式（7-28）、式（7-29）两式联立，可得将关节速度 $\dot{\boldsymbol{q}}$、关节加速度 $\ddot{\boldsymbol{q}}$ 以及相应的两个辅助变量 $\boldsymbol{v}$ 和 $\boldsymbol{a}$ 分别合成在一个变量 $\boldsymbol{r}$ 及其对时间 t 的一阶导数 $\dot{\boldsymbol{r}}$ 中，即有式（7-30）。

$$\begin{cases}\boldsymbol{r}=\dot{\boldsymbol{q}}-\boldsymbol{v}\\ \dot{\boldsymbol{r}}=\ddot{\boldsymbol{q}}-\boldsymbol{a}\end{cases}\tag{7-30}$$

定义好上述辅助变量之后，就可以进一步研究本节中作为基本控制方式的“基于被动特性的公称控制”问题。并且有基于被动特性的公称控制的控制律式（7-31）。

基于被动特性的公称控制的控制律：

$$\boldsymbol{\tau}=\hat{\boldsymbol{M}}(\boldsymbol{q})\boldsymbol{a}+\hat{\boldsymbol{C}}(\boldsymbol{q},\dot{\boldsymbol{q}})\boldsymbol{v}+\hat{\boldsymbol{g}}(\boldsymbol{q})-\boldsymbol{K}\boldsymbol{r}\tag{7-31}$$

式中，$\boldsymbol{K}=\mathrm{diag}\{k_1,\cdots,k_{\mathrm{n}}\},k_i>0,i=1,\cdots,n$，为 $n\times n$ 正定对角矩阵；

式（7-31）等号右边的前三项为公称模型中含 $\ddot{\boldsymbol{q}}$、$\dot{\boldsymbol{q}}$ 项中的 $\ddot{\boldsymbol{q}}$、$\dot{\boldsymbol{q}}$ 分别用辅助变量 $\boldsymbol{a}$ 和 $\boldsymbol{v}$，替代得到的；

式（7-31）等号右边的最后一项 $-\boldsymbol{K}\boldsymbol{r}=-\boldsymbol{K}\boldsymbol{\Lambda}\tilde{\boldsymbol{q}}-\boldsymbol{K}\dot{\tilde{\boldsymbol{q}}}$ 实际上相当于 PD 控制器，并且是以关节位置偏差矢量和速度偏差矢量表示的 PD 控制器。

前述的机器人公称数学模型方程式（7-7）为 $\hat{\boldsymbol{M}}(\boldsymbol{q})\ddot{\boldsymbol{q}}+\hat{\boldsymbol{C}}(\boldsymbol{q},\dot{\boldsymbol{q}})\dot{\boldsymbol{q}}+\hat{\boldsymbol{g}}(\boldsymbol{q})=\boldsymbol{\tau}$，则将式（7-31）代入到式（7-7）表示的公称数学模型中，得：

$$\hat{\boldsymbol{M}}(\boldsymbol{q})\ddot{\boldsymbol{q}}+\hat{\boldsymbol{C}}(\boldsymbol{q},\dot{\boldsymbol{q}})\dot{\boldsymbol{q}}+\hat{\boldsymbol{g}}(\boldsymbol{q})=\boldsymbol{\tau}=\hat{\boldsymbol{M}}(\boldsymbol{q})\boldsymbol{a}+\hat{\boldsymbol{C}}(\boldsymbol{q},\dot{\boldsymbol{q}})\boldsymbol{v}+\hat{\boldsymbol{g}}(\boldsymbol{q})-\boldsymbol{K}\boldsymbol{r}\tag{7-32}$$

由式（7-30）和式（7-32）可得闭环系统动力学方程式（7-33）。

引入新的变量 $\boldsymbol{r}$ 之后闭环系统的动力学方程：

$$\hat{\boldsymbol{M}}(\boldsymbol{q})\dot{\boldsymbol{r}}+\hat{\boldsymbol{C}}(\boldsymbol{q},\dot{\boldsymbol{q}})\boldsymbol{r}+\boldsymbol{K}\boldsymbol{r}=\boldsymbol{0}\tag{7-33}$$

且可以证明该闭环系统具有稳定性。

关于基于被动特性的公称控制的控制律式（7-31）$\boldsymbol{\tau}=\hat{\boldsymbol{M}}(\boldsymbol{q})\boldsymbol{a}+\hat{\boldsymbol{C}}(\boldsymbol{q},\dot{\boldsymbol{q}})\boldsymbol{v}+\hat{\boldsymbol{g}}(\boldsymbol{q})-\boldsymbol{K}\boldsymbol{r}$ 的说明：

【说明 1】 关于“被动特性”的解释：稳定性证明表明该控制方法是有效的，且其有效性的根源在于 $[\dot{\boldsymbol{M}}(\boldsymbol{q})-2\boldsymbol{C}(\boldsymbol{q},\dot{\boldsymbol{q}})]$ 的反对称性，即适当地给定 $\boldsymbol{C}(\boldsymbol{q},\dot{\boldsymbol{q}})$ 则其为反对称矩阵。$[\dot{\boldsymbol{M}}(\boldsymbol{q})-2\boldsymbol{C}(\boldsymbol{q},\dot{\boldsymbol{q}})]$ 的反对称性在基于被动特性的公称控制律式（7-31）的有效性方面起着重要作用。动力学方程的该性质特征与机器人动力学的被动特性有着密切关系。所以，在该意义上将这种控制方法称为“基于被动特性”的控制。

【说明 2】“基于被动性的控制”的线性化表示：参数显现的线性，即动力学方程显现的线性化表示形式为前述的式（7-3）：$\boldsymbol{M}(\boldsymbol{q})\ddot{\boldsymbol{q}}+\boldsymbol{C}(\boldsymbol{q},\dot{\boldsymbol{q}})\dot{\boldsymbol{q}}+\boldsymbol{g}(\boldsymbol{q})=\boldsymbol{Y}(\boldsymbol{q},\dot{\boldsymbol{q}},\ddot{\boldsymbol{q}})\boldsymbol{\theta}=\boldsymbol{\tau}$。则，

用线性项参量$\boldsymbol{Y}(\boldsymbol{q},\dot{\boldsymbol{q}},\boldsymbol{v},\boldsymbol{a})$和公称参数矢量$\hat{\boldsymbol{\theta}}$来表示基于被动特性的公称控制法的控制律式（7-31），有下式成立：

$$\boldsymbol{\tau}=\hat{\boldsymbol{M}}(\boldsymbol{q})\boldsymbol{a}+\hat{\boldsymbol{C}}(\boldsymbol{q},\dot{\boldsymbol{q}})\boldsymbol{v}+\hat{\boldsymbol{g}}(\boldsymbol{q})-\boldsymbol{K}\boldsymbol{r}=\boldsymbol{Y}(\boldsymbol{q},\dot{\boldsymbol{q}},\boldsymbol{v},\boldsymbol{a})\hat{\boldsymbol{\theta}}-\boldsymbol{K}\boldsymbol{r} \tag{7-34}$$

因此，得到的以动力学方程显现的线性表示的基于被动特性的公称控制法的控制律为式（7-35）。

动力学方程线性化表示下基于被动特性的公称控制法的控制律：

$$\boldsymbol{\tau}=\boldsymbol{Y}(\boldsymbol{q},\dot{\boldsymbol{q}},\boldsymbol{v},\boldsymbol{a})\hat{\boldsymbol{\theta}}-\boldsymbol{K}\boldsymbol{r} \tag{7-35}$$

7.5.2 基于被动特性的鲁棒控制——基本控制方式下的不确定性影响

前面给出了基于被动特性的公称控制的控制方法、稳定性以及说明，并且所用的公称模型都是以理论上忽略了不确定性为前提的。现在需要考虑的问题和目的是：公称模型是否恰好是真正被控制对象（真正被控制对象物理实体系统上存在绝对精确的各种物理参数和运动参数的误差皆为零的动力学方程，就像绝对精确的物理参数存在于现实物理世界中存在的物体之内一样，它们都是客观存在的）的问题，以及考虑实际上存在的不确定量，研究基于被动特性的公称控制用于实际动力学方程式情况下存在的问题。

下面来考虑机器人的公称数学模型式（7-7）和基于被动特性的公称控制的控制律公式（7-31），显然这两个方程都忽略了不确定性，也即没有考虑不确定量对系统影响的问题，仍然是纯理论上的方程。下面分析采用公称控制的情况下不确定量对系统影响的问题。

首先，来看用显现的线性来表示的公称数学模型方程式（7-35）：$\boldsymbol{\tau}=\boldsymbol{Y}(\boldsymbol{q},\dot{\boldsymbol{q}},\boldsymbol{v},\boldsymbol{a})\hat{\boldsymbol{\theta}}-\boldsymbol{K}\boldsymbol{r}$。式中$\boldsymbol{Y}(\boldsymbol{q},\dot{\boldsymbol{q}},\boldsymbol{v},\boldsymbol{a})$为仅含有关节位置、速度、加速度等运动参量的线性项参量，尽管表达形式上还有两个辅助变量$\boldsymbol{v}$和$\boldsymbol{a}$，但是由前述的式（7-29）可知，这两个辅助变量实际上也分别是由相应的关节目标轨迹$\boldsymbol{q}^{\mathrm{d}}$、目标速度$\dot{\boldsymbol{q}}^{\mathrm{d}}$及关相应节位置偏差$\tilde{\boldsymbol{q}}$、速度偏差$\tilde{\dot{\boldsymbol{q}}}$各自之间的线性函数；$\hat{\boldsymbol{\theta}}$为仅含有机器人操作臂各杆件质量、质心位置、杆件长度、惯性参数、摩擦等机器人实体物理参量，而不含有机器人关节的运动参量。

用显现的线性来表示的公称数学模型式（7-7）$\hat{\boldsymbol{M}}(\boldsymbol{q})\ddot{\boldsymbol{q}}+\hat{\boldsymbol{C}}(\boldsymbol{q},\dot{\boldsymbol{q}})\dot{\boldsymbol{q}}+\hat{\boldsymbol{g}}(\boldsymbol{q})=\boldsymbol{\tau}$得到的新形式的公称数学模型方程式（7-36）：

$$\hat{\boldsymbol{M}}(\boldsymbol{q})\ddot{\boldsymbol{q}}+\hat{\boldsymbol{C}}(\boldsymbol{q},\dot{\boldsymbol{q}})\dot{\boldsymbol{q}}+\hat{\boldsymbol{g}}(\boldsymbol{q})=\boldsymbol{Y}(\boldsymbol{q},\dot{\boldsymbol{q}},\boldsymbol{v},\boldsymbol{a})\hat{\boldsymbol{\theta}}=\boldsymbol{\tau} \tag{7-36}$$

由式（7-3）式与式（7-36）对应项相减，且令$\tilde{\boldsymbol{\theta}}=\hat{\boldsymbol{\theta}}-\boldsymbol{\theta}$，整理可得以偏差形式表示的方程（7-37）：

$$\tilde{\boldsymbol{M}}(\boldsymbol{q})\ddot{\boldsymbol{q}}+\tilde{\boldsymbol{C}}(\boldsymbol{q},\dot{\boldsymbol{q}})\dot{\boldsymbol{q}}+\tilde{\boldsymbol{g}}(\boldsymbol{q})=\boldsymbol{Y}(\boldsymbol{q},\dot{\boldsymbol{q}},\ddot{\boldsymbol{q}})\tilde{\boldsymbol{\theta}} \tag{7-37}$$

式中，$\tilde{\boldsymbol{M}}(\boldsymbol{q})=\hat{\boldsymbol{M}}(\boldsymbol{q})-\boldsymbol{M}(\boldsymbol{q})$；$\tilde{\boldsymbol{C}}(\boldsymbol{q},\dot{\boldsymbol{q}})=\hat{\boldsymbol{C}}(\boldsymbol{q},\dot{\boldsymbol{q}})-\boldsymbol{C}(\boldsymbol{q},\dot{\boldsymbol{q}})$；$\tilde{\boldsymbol{M}}(\boldsymbol{q})=\hat{\boldsymbol{M}}(\boldsymbol{q})-\boldsymbol{M}(\boldsymbol{q})$。

由机器人动力学方程式（7-1）$\boldsymbol{M}(\boldsymbol{q})\ddot{\boldsymbol{q}}+\boldsymbol{C}(\boldsymbol{q},\dot{\boldsymbol{q}})\dot{\boldsymbol{q}}+\boldsymbol{g}(\boldsymbol{q})=\boldsymbol{\tau}$和基于被动特性的公称控制的控制律式（7-31）$\boldsymbol{\tau}=\hat{\boldsymbol{M}}(\boldsymbol{q})\boldsymbol{a}+\hat{\boldsymbol{C}}(\boldsymbol{q},\dot{\boldsymbol{q}})\boldsymbol{v}+\hat{\boldsymbol{g}}(\boldsymbol{q})-\boldsymbol{K}\boldsymbol{r}$可得：

$$\boldsymbol{M}(\boldsymbol{q})\ddot{\boldsymbol{q}}+\boldsymbol{C}(\boldsymbol{q},\dot{\boldsymbol{q}})\dot{\boldsymbol{q}}+\boldsymbol{g}(\boldsymbol{q})=\boldsymbol{\tau}=\hat{\boldsymbol{M}}(\boldsymbol{q})\boldsymbol{a}+\hat{\boldsymbol{C}}(\boldsymbol{q},\dot{\boldsymbol{q}})\boldsymbol{v}+\hat{\boldsymbol{g}}(\boldsymbol{q})-\boldsymbol{K}\boldsymbol{r} \tag{7-38}$$

由前述的新变量公式（7-30）和式（7-38）推导可得：

$$\boldsymbol{M}(\boldsymbol{q})\dot{\boldsymbol{r}}+\boldsymbol{C}(\boldsymbol{q},\dot{\boldsymbol{q}})\boldsymbol{r}+\boldsymbol{K}\boldsymbol{r}=\tilde{\boldsymbol{M}}(\boldsymbol{q})\boldsymbol{a}+\tilde{\boldsymbol{C}}(\boldsymbol{q},\dot{\boldsymbol{q}})\boldsymbol{v}+\tilde{\boldsymbol{g}}(\boldsymbol{q}) \tag{7-39}$$

对于式（7-39），可参照式（7-37）的结构形式写出式（7-40）：

$$\tilde{\boldsymbol{M}}(\boldsymbol{q})\boldsymbol{a}+\tilde{\boldsymbol{C}}(\boldsymbol{q},\dot{\boldsymbol{q}})\boldsymbol{v}+\tilde{\boldsymbol{g}}(\boldsymbol{q})=\boldsymbol{Y}(\boldsymbol{q},\dot{\boldsymbol{q}},\boldsymbol{v},\boldsymbol{a})\tilde{\boldsymbol{\theta}} \tag{7-40}$$

则由式（7-39）和式（7-40）可以推导出以新变量 $\boldsymbol{r}$ 来表达的闭环系统动力学方程式（7-41）。

新变量 $\boldsymbol{r}$ 表达的闭环系统动力学方程：

$$\boldsymbol{M}(\boldsymbol{q})\dot{\boldsymbol{r}}+\boldsymbol{C}(\boldsymbol{q},\dot{\boldsymbol{q}})\boldsymbol{r}+\boldsymbol{K}\boldsymbol{r}=\boldsymbol{Y}(\boldsymbol{q},\dot{\boldsymbol{q}},\boldsymbol{v},\boldsymbol{a})\tilde{\boldsymbol{\theta}} \tag{7-41}$$

用新变量 $\boldsymbol{r}$ 表达的闭环系统动力学方程（7-41）讨论不确定量对控制系统的影响：

① 若机器人本体物理参数矢量 $\tilde{\boldsymbol{\theta}}=\boldsymbol{0}$，则式（7-41）就变成了式（7-33）的形式：$\hat{\boldsymbol{M}}(\boldsymbol{q})\dot{\boldsymbol{r}}+\hat{\boldsymbol{C}}(\boldsymbol{q},\dot{\boldsymbol{q}})\boldsymbol{r}+\boldsymbol{K}\boldsymbol{r}=\boldsymbol{0}$，而该式已被证明是稳定的；

② 不确定量的影响显然表现为线性项参量 $\boldsymbol{Y}(\boldsymbol{q},\dot{\boldsymbol{q}},\boldsymbol{v},\boldsymbol{a})$ 与误差参数矢量 $\tilde{\boldsymbol{\theta}}$ 的乘积的形式；

③ $\tilde{\boldsymbol{\theta}}\neq\boldsymbol{0}$ 时，只用前述的基于被动特性的公称控制律式（7-31）显然不能得到期望的追从特性即轨迹跟踪特性。需要进一步适当地扩展基于被动特性的公称控制式（7-31），需要在抑制此不确定量的影响［即 $\boldsymbol{Y}(\boldsymbol{q},\dot{\boldsymbol{q}},\boldsymbol{v},\boldsymbol{a})\tilde{\boldsymbol{\theta}}$］上想办法。这就引出了接下来一节，即采用李雅普诺夫方法的鲁棒控制方法。

7.5.3 采用李雅普诺夫方法的鲁棒控制——基于被动特性的鲁棒控制及其改进版

本节通过将参数的不确定性的大小用一个适当的大于零的常量来表示，在基于被动特性的公称控制方法基础上，将不确定量的影响施加到公称模型中，通过动力学方程的线性化参数表示和引入新的输入附加项，用李雅普诺夫方法确定新输入的附加项，讲解基于被动特性的鲁棒控制及其改进版。

根据动力学方程特征的有界性，设机器人操作臂除了运动参数以外的物理参数不确定量的大小上限为 $\boldsymbol{\rho}$，则有：

$$\|\tilde{\boldsymbol{\theta}}\|=\|\hat{\boldsymbol{\theta}}-\boldsymbol{\theta}\|\leqslant\boldsymbol{\rho} \tag{7-42}$$

只采用公称控制，则控制律为前述的式（7-31），即 $\boldsymbol{\tau}=\hat{\boldsymbol{M}}(\boldsymbol{q})\boldsymbol{a}+\hat{\boldsymbol{C}}(\boldsymbol{q},\dot{\boldsymbol{q}})\boldsymbol{v}+\hat{\boldsymbol{g}}(\boldsymbol{q})-\boldsymbol{K}\boldsymbol{r}$

闭环控制系统方程为前述的式（7-41），即 $\boldsymbol{M}(\boldsymbol{q})\dot{\boldsymbol{r}}+\boldsymbol{C}(\boldsymbol{q},\dot{\boldsymbol{q}})\boldsymbol{r}+\boldsymbol{K}\boldsymbol{r}=\boldsymbol{Y}(\boldsymbol{q},\dot{\boldsymbol{q}},\boldsymbol{v},\boldsymbol{a})\tilde{\boldsymbol{\theta}}$

不确定量的影响为：$\boldsymbol{Y}(\boldsymbol{q},\dot{\boldsymbol{q}},\boldsymbol{v},\boldsymbol{a})\tilde{\boldsymbol{\theta}}$。为将不确定量的影响施加到公称模型中，引入采用线性化参数项表示的、新的输入附加项：$\boldsymbol{Y}(\boldsymbol{q},\dot{\boldsymbol{q}},\boldsymbol{v},\boldsymbol{a})\tilde{\boldsymbol{u}}$，并将该附加项添加到公称控制的控制律方程式（7-31）的等号右侧，有：

$$\boldsymbol{\tau}=[\boldsymbol{Y}(\boldsymbol{q},\dot{\boldsymbol{q}},\boldsymbol{v},\boldsymbol{a})\hat{\boldsymbol{\theta}}-\boldsymbol{K}\boldsymbol{r}]+\boldsymbol{Y}(\boldsymbol{q},\dot{\boldsymbol{q}},\boldsymbol{v},\boldsymbol{a})\tilde{\boldsymbol{u}}=\boldsymbol{Y}(\boldsymbol{q},\dot{\boldsymbol{q}},\boldsymbol{v},\boldsymbol{a})(\hat{\boldsymbol{\theta}}+\tilde{\boldsymbol{u}})-\boldsymbol{K}\boldsymbol{r} \tag{7-43}$$

由机器人动力学方程式（7-1）和式（7-43）做进一步推导，

$$\begin{aligned}\boldsymbol{\tau}&=[\hat{\boldsymbol{M}}(\boldsymbol{q})\boldsymbol{a}+\hat{\boldsymbol{C}}(\boldsymbol{q},\dot{\boldsymbol{q}})\boldsymbol{v}+\hat{\boldsymbol{g}}(\boldsymbol{q})-\boldsymbol{K}\boldsymbol{r}]+\boldsymbol{Y}(\boldsymbol{q},\dot{\boldsymbol{q}},\boldsymbol{v},\boldsymbol{a})\tilde{\boldsymbol{u}}\\&=[\boldsymbol{Y}(\boldsymbol{q},\dot{\boldsymbol{q}},\boldsymbol{v},\boldsymbol{a})\hat{\boldsymbol{\theta}}-\boldsymbol{K}\boldsymbol{r}]+\boldsymbol{Y}(\boldsymbol{q},\dot{\boldsymbol{q}},\boldsymbol{v},\boldsymbol{a})\tilde{\boldsymbol{u}}\\&=\boldsymbol{Y}(\boldsymbol{q},\dot{\boldsymbol{q}},\boldsymbol{v},\boldsymbol{a})(\hat{\boldsymbol{\theta}}+\tilde{\boldsymbol{u}})-\boldsymbol{K}\boldsymbol{r}\\&=\boldsymbol{M}(\boldsymbol{q})\ddot{\boldsymbol{q}}+\boldsymbol{C}(\boldsymbol{q},\dot{\boldsymbol{q}})\dot{\boldsymbol{q}}+\boldsymbol{g}(\boldsymbol{q})\end{aligned}$$

将上述推导与式（7-30）$\boldsymbol{r}=\dot{\boldsymbol{q}}-\boldsymbol{v}$ 和 $\dot{\boldsymbol{r}}=\ddot{\boldsymbol{q}}-\boldsymbol{a}$ 联立，推导得出式（7-44）。

引入不确定量影响到公称模型后的闭环系统动力学方程式为：

$$\boldsymbol{M}(\boldsymbol{q})\dot{\boldsymbol{r}}+\boldsymbol{C}(\boldsymbol{q},\dot{\boldsymbol{q}})\boldsymbol{r}+\boldsymbol{K}\boldsymbol{r}=\boldsymbol{Y}(\boldsymbol{q},\dot{\boldsymbol{q}},\boldsymbol{v},\boldsymbol{a})(\hat{\boldsymbol{\theta}}+\tilde{\boldsymbol{u}}) \tag{7-44}$$

【问题】 将不确定量引入到模型后进行鲁棒控制，那么 $\tilde{\boldsymbol{u}}$ 到底如何确定？

【方法】 为实现“基于被动特性的鲁棒控制”，做如下处理：引入一个大于零且充分小的常数 ε，且 $\boldsymbol{\xi}=\boldsymbol{Y}^{\mathrm{T}}(\boldsymbol{q},\dot{\boldsymbol{q}},\boldsymbol{v},\boldsymbol{a})\boldsymbol{r}\in R^{p}$。

采用李雅普诺夫方法的基于被动特性的鲁棒控制的控制律为式（7-45）：

$$\boldsymbol{\tau}=[\hat{\boldsymbol{M}}(\boldsymbol{q})\boldsymbol{a}+\hat{\boldsymbol{C}}(\boldsymbol{q},\dot{\boldsymbol{q}})\boldsymbol{v}+\hat{\boldsymbol{g}}(\boldsymbol{q})-\boldsymbol{K}\boldsymbol{r}]+\boldsymbol{Y}(\boldsymbol{q},\dot{\boldsymbol{q}},\boldsymbol{v},\boldsymbol{a})\widetilde{\boldsymbol{u}}=\boldsymbol{Y}(\boldsymbol{q},\dot{\boldsymbol{q}},\boldsymbol{v},\boldsymbol{a})(\hat{\boldsymbol{\theta}}+\widetilde{\boldsymbol{u}})-\boldsymbol{K}\boldsymbol{r} \tag{7-45}$$

式中

$$\widetilde{\boldsymbol{u}}=\begin{cases}-\rho\dfrac{\boldsymbol{\xi}}{\|\boldsymbol{\xi}\|} & (\|\boldsymbol{\xi}\|>\varepsilon\ 时)\\ -\dfrac{\rho}{\varepsilon}\boldsymbol{\xi} & (\|\boldsymbol{\xi}\|\leqslant\varepsilon\ 时)\end{cases} \tag{7-46}$$

采用李雅普诺夫方法的基于被动特性的鲁棒控制（改进版）的控制律为式（7-47）：

$$\boldsymbol{\tau}=\boldsymbol{Y}(\boldsymbol{q},\dot{\boldsymbol{q}},\boldsymbol{v},\boldsymbol{a})(\hat{\boldsymbol{\theta}}+\widetilde{\boldsymbol{u}})-\boldsymbol{K}\boldsymbol{r} \tag{7-47}$$

式中 $\widetilde{\boldsymbol{u}}=(\widetilde{u}_1,\cdots,\widetilde{u}_p)^{\mathrm{T}}$，其中的 $\widetilde{u}_i$ 按式（7-48）确定：

$$\widetilde{\boldsymbol{u}}_i=\begin{cases}-\rho_i\dfrac{\xi_i}{|\xi_i|} & (|\xi_i|>\varepsilon_i\ 时)\\ -\dfrac{\rho_i}{\varepsilon_i}\xi_i & (|\xi_i|\leqslant\varepsilon_i\ 时)\end{cases} \tag{7-48}$$

7.6 机器人的自适应控制

7.6.1 自适应控制及其控制系统类型

自适应控制是指在线检测被控对象参数的变化，随时修正控制系统参数的控制方法。

自适应控制系统主要针对线性系统进行研究，代表性的自适应控制系统设计方法有自调整控制器（self-tuning controller）（也称自校正控制器）和模型参照型自适应控制（model-reference adaptive control）。

自调整控制器（自校正控制器）：是指被控对象的参数识别、控制系统的参数修正都是各自独立进行的自适应控制器。自调整控制器（自校正控制器）原理和控制系统组成如图 7-1 所示，“参数识别算法”模块通过机器人上的传感器在线获得机器人状态数据，并用参数识别算法在线识别得到被控对象模型（如动力学模型）的参数以及用此参数更新的被控对象的模型，“控制器参数调整设计算法”模块根据“参数识别算法”模块输出的更新后的被控对象参数或模型计算新的控制器参数或控制器参数的调整量并对“控制器”模块的控制参数进行在线更新或在线校正，从而完成一个控制周期内的控制参数自适应调整或校正。

模型参照型自适应控制：是指与自校正控制器相反，采用由参考模型计算的响应与被控对象的实际响应的差值，然后进行控制系统的参数修正的自适应控制。模型参照型自适应控制系统的原理和组成如图 7-2 所示，这种自适应控制方法需要事先为其提供一个作为被控对象参照的“参考模型”，参考模型的输入为控制系统的参考输入（即目标值），其输出为由“参考模型”计算输出的、作为“自适应算法”模块参考并与“被控对象”的控制输出（即被控对象的实际响应）进行比较的“基准”。“自适应算法”模块则接收“控制器”的输出（即被控对象的控制输入）、“被控对象”的控制输出、“参考模型”的计算输出，并用“参考模型”的计算响应与“被控对象”的实际响应（即控制输出）的差值来对“控制器”的控制参数进行在线修正。

当被控对象为线性系统的情况下，自调整控制（器）与模型参照型自适应控制两者在数学上是等价的，两类控制中，使自适应控制系统稳定的条件都是明确的。

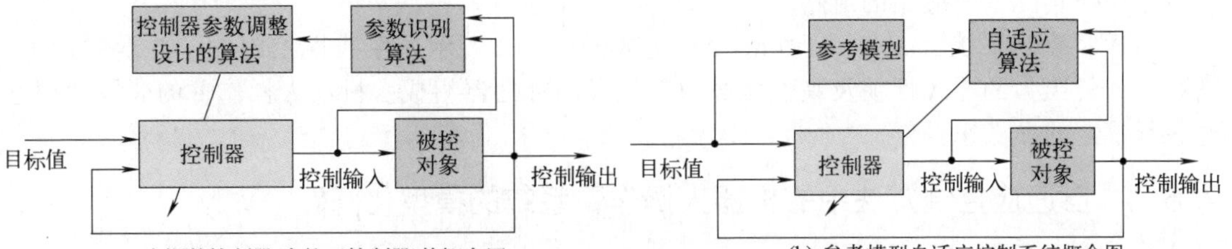

(a) 自调整控制器(自校正控制器)的概念图　　(b) 参考模型自适应控制系统概念图

图 7-1　自适应控制系统原理与组成

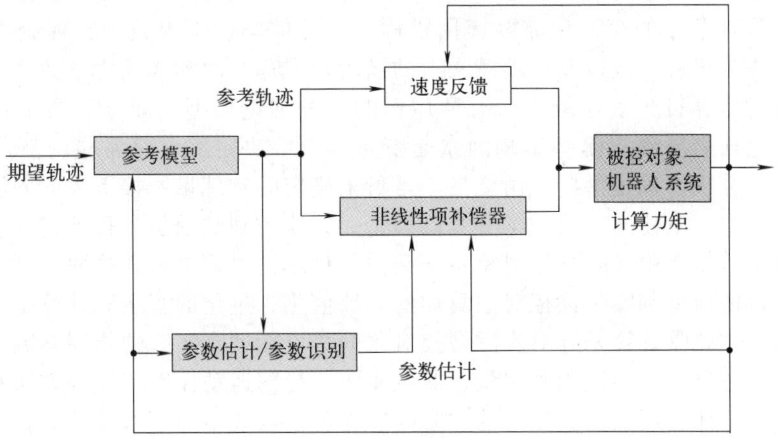

图 7-2　自适应控制系统的构成

7.6.2　机器人操作臂系统线性化的自适应控制应用问题

机器人操作臂系统是因末端操作器所带有效负载质量而变化的动态系统。因此，对这种时变系统多尝试进行自适应控制。机器人操作臂系统除末端所带有效负载之外，还因其自身姿态变化而导致系统动态变化；而且还有离心力、科氏力等非线性项的力学作用，对系统使用自适应控制时，如何处理前述这些非线性项是问题所在。

早期研究中，对于近似线性化的机器人系统，适用于参考模型自适应控制；对于姿态变化引起的动态变化，研究结果表明：自适应很快会被充分进行了。但是，要求机器人操作臂更加高速、高精度地动作的情况下，由于自适应动作被延迟产生，所以一般不能准确地得到期望的动作。正因如此，才需要进一步针对机器人操作臂本身情况和实际作业要求设计其自适应控制系统。所以，接下来讲授考虑机器人操作臂构造的自适应控制理论和方法。

7.6.3　考虑机器人操作臂构造的自适应控制系统构成

机器人操作臂是运动耦合非常强的非线性系统。动力学方程中二阶以上的更高阶非线性项难于处理。但在高速、高精度作业要求的机器人操作臂物理本体运动时，高阶项形成的力、力矩对运动的影响无论你如何看待它，它都在实实在在地发挥其物理作用。因此，在线性近似的方法中，把机器人操作臂系统的非线性项作为外部扰动处理。相应地，积极地考虑机器人操作臂的非线性问题的自适应控制方法也被提出来了。在 20 世纪 90 年代及以前的一些文献中，机器人操作臂系统的运动方程式采用动力学方程特征中显现的线性表示，以基底参数为线性化参数表示，构筑不用线性近似的自适应控制系统。惯性力、科氏力、离心力等非线性项用参数识别算法来进行补偿。特别地，一些系统不对关节角加速度进行计测，开启了一条面向实际系统应用的道路。

自适应控制系统（adaptive control）构成如图 7-2 所示，由线性控制器、补偿惯性力、离心力、科氏力的非线性项及黏性摩擦力等组成的补偿器组成。机器人操作臂的非线性项通过在线推定的参数来补偿。

7.6.4 自适应控制方法中的机器人操作臂系统的模型化问题

基于模型的控制方法离不开被控对象机械系统的运动学、动力学方程！而运动学、动力学方程不仅是单纯的理论上用符号表达的数学公式，而是实际被控对象物理实体系统这一具体对象的运动学、动力学方程。而且只有实际的物理参数、运动参数才更有实际意义。显然，机器人操作臂系统的模型化需要运用机构学、几何学、工程数学、理论力学等基础理论，去建立其作为机构构成以及运动意义上的运动学方程、驱动与动力学意义上的运动方程等用变量符号和运算符号表达的、具有通用性的数学理论模型，即方程乃至不等式约束条件。并且在此之前需要确立哪些影响因素是变量？哪些决定因素是常量？然后通过数学关系、物理关系，分析、确定哪些是由变量、常量来确定的物理量？接下来的问题是如何处理那些用数学、力学、电磁学、机械学等基础理论、方法得到的数学方程即建立起来的数学模型、变量与常量，使之由实际被控对象系统到抽象化理论建模之后，再回归到由抽象的理论和建模方法获得的模型到实际被控对象具体的、数值化、量化的算法和计算中来，并且为达到实用化目的，也就是计算是针对实际被控对象的尽可能“真实”的物理参数和实际运动情况而进行的，不可避免地会运用到测量、测试实验、局部运动控制实验等方法和手段，以获得被控对象物理实体尽可能“真实”的“实际”物理参数或多物理参数的组合参数值，然后再将已经被”赋予过“实际”值而非单纯理论公式的运动方程，用于实际的控制系统设计，并在应用过程中取得控制实效，达到所期望的控制目标。有了上述对于被控对象系统的模型化，再回归到实际被控对象的具象化、实际物理参数“真实”量化的认知基础，就可以回到“机器人操作臂系统的模型化和基底参数”这个题目上来。实际上，在第 4 章里已经交代过机器人参数识别以及参数识别之后可用于逆动力学计算的运动方程，但不同的是，之前所见的参数识别是在离线状态下进行的，这里所谓的离线是指在进行控制系统设计和机器人作业运动控制之前先进行参数识别实验并用算法计算所识别的参数，然后将识别的参数用于动力学方程，得到可以用于逆动力学计算的实用的动力学方程，然后进行控制系统和控制器设计。而自适应控制法与之前所讲的离线参数识别法不同的是，需要在线检测被控对象系统的变化，也即需要在线参数识别或参数估计。在线参数识别或参数估计与离线的最大不同是：需要实时地进行，要求参数识别算法计算速度和收敛速度快。显然，这一在线实时性要求受到计算机运算速度、被控对象运动方程即动力学方程的复杂程度和计算量大小、在线检测用传感器检测精度和采样时间、运动控制周期等诸多因素的制约。因此，机器人操作臂系统的模型化和在线参数识别往往受实时性所限，需要在动力学方程中某项加以取舍以简化计算，降低计算成本，提高计算效率。或者利用动力学方程的本质特征，如显现的线性，即有 $\boldsymbol{\tau}=\boldsymbol{Y}\cdot\boldsymbol{\theta}$，将运动参数 $\boldsymbol{Y}$ 与物理实体参数 $\boldsymbol{\theta}$ 完全分开。但困难的是：尽管动力学方程具有显现的线性表示特征，但对于 3 自由度及更多自由度的机器人操作臂而言，要想找到这种显现的 $\boldsymbol{Y}$ 和 $\boldsymbol{\theta}$ 线性相乘的积等于驱动力矩 $\boldsymbol{\tau}$ 的方程具体数学表达形式并不是简单的事，或可谓相当困难。2 自由度机器人操作臂 $\boldsymbol{\tau}=\boldsymbol{Y}\cdot\boldsymbol{\theta}$ 的形式已有。假设 n 自由度机器人操作臂 $\boldsymbol{\tau}=\boldsymbol{Y}\cdot\boldsymbol{\theta}$ 形式的具体运动方程已有，下面来具体讲授 n 自由度机器人操作臂系统模型化、基底参数和自适应控制律。

7.6.5 机器人系统模型化、基底参数和自适应控制控制律（控制算法）

7.6.5.1 机器人系统模型化与基底参数

考虑摩擦项的 n 自由度机器人操作臂系统的动力学方程为：

$$\boldsymbol{M}(\boldsymbol{q})\ddot{\boldsymbol{q}}+\boldsymbol{C}(\boldsymbol{q},\dot{\boldsymbol{q}})+\boldsymbol{B}_d\cdot\dot{\boldsymbol{q}}+\boldsymbol{D}(\dot{\boldsymbol{q}})+\boldsymbol{g}(\boldsymbol{q})=\boldsymbol{\tau} \tag{7-49}$$

式中，等号左边第 1～5 项分别为惯性力项、离心力和科氏力项、黏性摩擦力项、动摩擦项、当机器人处于地球重力场中的重力项［对于空间机器人则为微重力项或零重力项（即没有这一项）］。注意：这里所说的 xx 力项的力是指力和力矩的总称；$\boldsymbol{q}$、$\dot{\boldsymbol{q}}$、$\ddot{\boldsymbol{q}}$ 分别是广义坐标（即机器人关节位置矢量）、广义速度（即关节速度矢量）、广义加速度（即关节加速度矢量）；$\boldsymbol{\tau}$ 为广义力即关节驱动力（或力矩）矢量。

需要值得注意的是：式（7-49）中是所有的运动参数（参变量）、物理实体参数（参变量）混在一起表达的方程式，而且是运动参数、物理参数耦合在一起的强耦合非线性方程。

按本章 7.2 节所讲的动力学方程的特征之显现的线性，假设式（7-49）已有其显现的线性表示形式且可以表示为：

$$\boldsymbol{Y}(\boldsymbol{q},\dot{\boldsymbol{q}},\ddot{\boldsymbol{q}})\cdot\boldsymbol{\theta}(\boldsymbol{l},\boldsymbol{m},\boldsymbol{h},\boldsymbol{I},\boldsymbol{f}_{\mathrm{d}},\boldsymbol{f}_{\mathrm{b}},\cdots)=\boldsymbol{\tau} \tag{7-50}$$

或者是：

$$\boldsymbol{Y}(\boldsymbol{q},\dot{\boldsymbol{q}},\ddot{\boldsymbol{q}})\cdot\boldsymbol{\theta}(\boldsymbol{x}_1,\boldsymbol{x}_2,\boldsymbol{x}_3,\cdots,\boldsymbol{x}_n)=\boldsymbol{\tau} \tag{7-51}$$

上两式中，$\boldsymbol{l}$，$\boldsymbol{m}$，$\boldsymbol{h}$，$\boldsymbol{I}$，$\boldsymbol{f}_d$，$\boldsymbol{f}_b$，…分别为机器人机构中各个构件（杆件）的长度参变量集（矢量）、质量参变量集（矢量）、质心至关节中心的距离参变量集（矢量）、惯性参变量集（矢量）以及各运动副处的黏性摩擦参变量集（矢量）、动摩擦参变量集（矢量），这些是机器人机构构成的基本物理参变量集（或以矢量表示的基本参变量集）；式（7-51）则不是仅以各自独立的基本物理参量作为 $\boldsymbol{\theta}$ 的线性表达形式，$\boldsymbol{\theta}$ 中还含有各基本物理参量之间复合在一起的组合参变量（即由两个以上不同类型的基本物理参变量的代数表达式命名而成的参变量）。则 $\boldsymbol{Y}(\boldsymbol{q},\dot{\boldsymbol{q}},\ddot{\boldsymbol{q}})$ 仅是以机器人关节运动参量 $\boldsymbol{q}$，$\dot{\boldsymbol{q}}$，$\ddot{\boldsymbol{q}}$ 为变量的函数（矩阵），而再无其他变量；$\boldsymbol{\theta}$（$\boldsymbol{l}$，$\boldsymbol{m}$，$\boldsymbol{h}$，$\boldsymbol{I}$，$\boldsymbol{f}_{\mathrm{d}}$，$\boldsymbol{f}_{\mathrm{b}}$，……）为除关节位置矢量 $\boldsymbol{q}$ 及与 $\boldsymbol{q}$ 有关的所有运动参数以外，机器人其他所有的物理参量，如杆件质量 m、长度 l、惯性参数 I、摩擦系数 f_{d}、阻尼系数 f_{b} 等独立参量标量或矢量表示的集合；$\boldsymbol{\theta}(\boldsymbol{x}_1,\boldsymbol{x}_2,\boldsymbol{x}_3,\cdots,\boldsymbol{x}_n)$ 为对立的参变量、复合参变量的集合或矢量。显然，$\boldsymbol{\theta}$ 的选择不是唯一的，可以有多种不同形式和定义。另外，式（7-50）或式（7-51）都是一般化的线性方程式表示，适用于所有类型的机器人，所以这里用的是参变量称谓。当确定为某一台机器人时，$\boldsymbol{\theta}$ 即为参数集合或参数矢量。另外，在本书第 4 章机器人参数识别中已经交代：为减少基底参数数量，尽可能选择组合参量为基底参数。

这里对于考虑摩擦项的 n 自由度机器人操作臂系统的动力学方程式（7-49），假设选择其线性化表示的基底参数矢量为 $\boldsymbol{a}$，且 $\boldsymbol{a}=[a_1a_2\cdots a_m]^{\mathrm{T}}$ 为 $m\times1$ 的列矢量。则方程式（7-49）的显现的线性化表示为式（7-52）。

$$\boldsymbol{Y}(\boldsymbol{q},\dot{\boldsymbol{q}},\ddot{\boldsymbol{q}})\cdot\boldsymbol{\theta}=\boldsymbol{Y}(\boldsymbol{q},\dot{\boldsymbol{q}},\ddot{\boldsymbol{q}})\cdot\boldsymbol{a}=\boldsymbol{\tau} \tag{7-52}$$

图 7-3 则给出了式（7-52）的展开形式以及运动参数与物理参数完全分开的线性表示说明。

7.6.5.2 平面内运动的 2 自由度机器人系统的模型化和基底参数

这里以水平面内运动的 2 自由度回转关节型串联杆件机器人操作臂为例说明机器人系统动力学方程的显现线性表示及其基底参数。由拉格朗日法可以推导出 2-DOF 机器人操作臂在水平面内的运动方程：$\boldsymbol{M}(\boldsymbol{q})\ddot{\boldsymbol{q}}+\boldsymbol{C}(\boldsymbol{q},\dot{\boldsymbol{q}})+\boldsymbol{D}\dot{\boldsymbol{q}}=\boldsymbol{\tau}$，然后将该方程中的物理参数和运动参

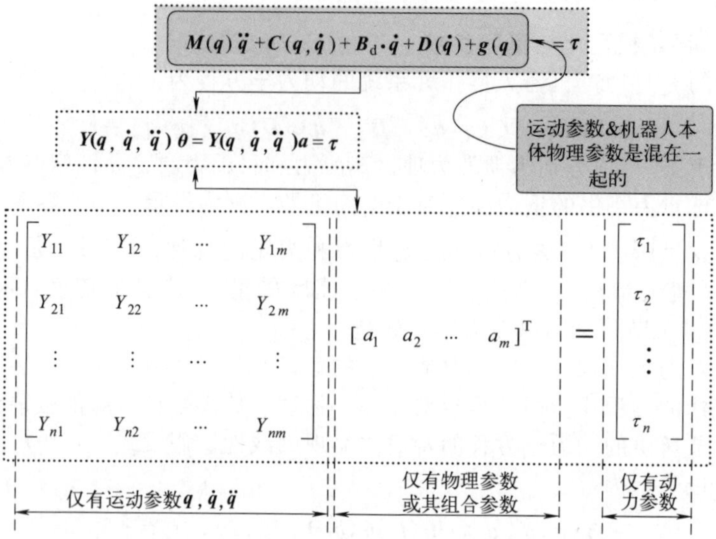

图 7-3　n 自由度机器人系统动力学方程的显现线性化表示

数从惯性力项、离心力和科氏力项、黏性摩擦项中完全独立地分离出来，然后再把运动参数项放在一起、物理参数项放在一起，形成显现的线性化表示 $\boldsymbol{Y}(\boldsymbol{q},\dot{\boldsymbol{q}},\ddot{\boldsymbol{q}})\boldsymbol{a}=\boldsymbol{\tau}$，其中：$\boldsymbol{a}$ 是机器人操作臂的基底参数；机器人运动方程式是关于 $\boldsymbol{a}$ 的线性代数方程式。因此，在 $\boldsymbol{Ya}=\tau$ 式中，由线性自适应系统，参数 $\boldsymbol{a}$ 是可以在线识别出来的。具体的展开形式如下：

$$\boldsymbol{Y}(\boldsymbol{q},\dot{\boldsymbol{q}},\ddot{\boldsymbol{q}})\boldsymbol{a}=\begin{bmatrix}Y_{11} & Y_{12} & Y_{13} & Y_{14} & Y_{15}\\ Y_{21} & Y_{22} & Y_{23} & Y_{24} & Y_{25}\end{bmatrix}\cdot\begin{bmatrix}a_1 & a_2 & a_3 & a_4\end{bmatrix}^{\mathrm{T}}=\begin{bmatrix}\tau_1\\ \tau_2\end{bmatrix}=\boldsymbol{\tau}$$

式中，$q_3=q_1+q_2$；$Y_{14}=\dot{q}_1$；$Y_{15}=0$；$Y_{11}=\ddot{q}_1$；$Y_{12}=\ddot{q}_1+\ddot{q}_2$；$Y_{13}=(2\ddot{q}_1+\ddot{q}_2)\cos q_2+(\dot{q}_1^2-\dot{q}_3^2)\sin q_2$；$Y_{21}=0$；$Y_{22}=\ddot{q}_1+\ddot{q}_2$；$Y_{23}=\ddot{q}_1\cos q_2+\dot{q}_1^2\sin q_2$；$Y_{24}=0$；$Y_{25}=\dot{q}_2$；$a_1=I_1+h_1^2m_1+l_1^2m_2$；$a_2=l_2+h_2^2m_2$；$a_3=h_2l_1m_2$；$a_4=d_1$；$a_5=d_2$。

其中，l、m、h、I、d 分别表示机器人机构中各个构件（杆件）的长度、质量、质心至其所连接关节中心的距离、杆件绕其自己质心转动惯量、摩擦系数；下标 1、2 分别表示杆件序号、关节序号。

7.6.5.3　机器人自适应控制的控制律（算法）

n 自由度机器人系统的动力学方程为 $\boldsymbol{M}(\boldsymbol{q})\ddot{\boldsymbol{q}}+\boldsymbol{C}(\boldsymbol{q},\dot{\boldsymbol{q}})\dot{\boldsymbol{q}}+\boldsymbol{D}\dot{\boldsymbol{q}}+\boldsymbol{g}(\boldsymbol{q})=\boldsymbol{Y}(\boldsymbol{q},\dot{\boldsymbol{q}},\ddot{\boldsymbol{q}})\boldsymbol{a}=\boldsymbol{\tau}$，这里给出对机器人系统进行自适应控制的三个不同控制律，也即为控制其设计的算法。

控制律分别为：

控制律 1：$\boldsymbol{\tau}=\hat{\boldsymbol{M}}(\boldsymbol{q})\ddot{\boldsymbol{q}}_{\mathrm{r}}+\hat{\boldsymbol{C}}(\boldsymbol{q},\dot{\boldsymbol{q}})\dot{\boldsymbol{q}}_{\mathrm{r}}+\hat{\boldsymbol{D}}\dot{\boldsymbol{q}}_{\mathrm{r}}+\hat{\boldsymbol{g}}(\boldsymbol{q})-\boldsymbol{K}_{\mathrm{D}}\boldsymbol{s}$

控制律 2：$\boldsymbol{\tau}=\boldsymbol{Y}\hat{\boldsymbol{a}}-\boldsymbol{K}_{\mathrm{D}}\boldsymbol{s}$

控制律 3：$\boldsymbol{\tau}=\boldsymbol{Y}\hat{\boldsymbol{a}}-\boldsymbol{K}_{\mathrm{D}}\boldsymbol{s}+\boldsymbol{K}_{\mathrm{f}}\mathrm{sgn}(\dot{\boldsymbol{q}})$

式中，$\dot{\hat{\boldsymbol{a}}}=-\boldsymbol{G}\boldsymbol{Y}^{\mathrm{T}}\boldsymbol{s}$。

自适应控制算法 1：

$$\dot{\boldsymbol{q}}_{\mathrm{r}}=\ddot{\boldsymbol{q}}_{\mathrm{d}}-\boldsymbol{L}(\boldsymbol{q}-\boldsymbol{q}_{\mathrm{d}})$$

$$\boldsymbol{s}=\dot{\boldsymbol{q}}-\dot{\boldsymbol{q}}_{\mathrm{r}}$$

$$\boldsymbol{\tau}=\hat{\boldsymbol{M}}(\boldsymbol{q})\ddot{\boldsymbol{q}}_{\mathrm{r}}+\hat{\boldsymbol{C}}(\boldsymbol{q},\dot{\boldsymbol{q}})\dot{\boldsymbol{q}}_{\mathrm{r}}+\hat{\boldsymbol{D}}\dot{\boldsymbol{q}}_{\mathrm{r}}+\hat{\boldsymbol{g}}(\boldsymbol{q})-\boldsymbol{K}_{\mathrm{D}}\boldsymbol{s}$$

$$\dot{\hat{\boldsymbol{a}}}=-\boldsymbol{G}\boldsymbol{Y}^{\mathrm{T}}\boldsymbol{s}$$

自适应控制算法 2：

$$\dot{\boldsymbol{q}}_{\mathrm{r}}=\ddot{\boldsymbol{q}}_{\mathrm{d}}-\boldsymbol{L}(\boldsymbol{q}-\boldsymbol{q}_{\mathrm{d}})$$

$$\boldsymbol{s}=\dot{\boldsymbol{q}}-\dot{\boldsymbol{q}}_{\mathrm{r}}$$

$$\boldsymbol{\tau}=\boldsymbol{Y}\hat{\boldsymbol{a}}-\boldsymbol{K}_{\mathrm{D}}\boldsymbol{s}$$

$$\dot{\hat{\boldsymbol{a}}}=-\boldsymbol{G}\boldsymbol{Y}^{\mathrm{T}}\boldsymbol{s}$$

自适应控制算法 3：考虑不能忽略的动摩擦项的自适应控制

$$\dot{\boldsymbol{q}}_{r}=\ddot{\boldsymbol{q}}_{\mathrm{d}}-\boldsymbol{L}(\boldsymbol{q}-\boldsymbol{q}_{\mathrm{d}})$$

$$\boldsymbol{s}=\dot{\boldsymbol{q}}-\dot{\boldsymbol{q}}_{\mathrm{r}}$$

$$\boldsymbol{\tau}=\boldsymbol{Y}\hat{\boldsymbol{a}}-\boldsymbol{K}_{\mathrm{D}}\boldsymbol{s}+\boldsymbol{K}_{\mathrm{f}}\,\mathrm{sgn}(\dot{\boldsymbol{q}})$$

$$\dot{\hat{\boldsymbol{a}}}=-\boldsymbol{G}\boldsymbol{Y}^{\mathrm{T}}\boldsymbol{s}$$

上述三个自适应控制算法中，$\boldsymbol{q}_{\mathrm{d}}$ 为关节目标轨迹；$\dot{\boldsymbol{q}}_{\mathrm{r}}$ 为由 $\boldsymbol{q}_{\mathrm{d}}$ 计算出来的，机器人接受追从 $\dot{\boldsymbol{q}}_{\mathrm{r}}$ 的速度反馈；$\boldsymbol{G}$ 为决定自适应速度的对角矩阵；$\boldsymbol{K}_{\mathrm{D}}$ 为反馈增益对角矩阵，也即相当于黏性摩擦项系数矩阵；$\boldsymbol{K}_{\mathrm{f}}$ 为动摩擦项系数矩阵。

对 n 自由度机器人操作臂系统采用自适应控制算法公式中的说明：

$$\boldsymbol{Y}=\begin{bmatrix}Y_{11} & Y_{12} & \cdots & Y_{1m}\\ Y_{21} & Y_{22} & \cdots & Y_{2m}\\ \vdots & \vdots & \cdots & \vdots\\ Y_{n1} & Y_{n2} & \cdots & Y_{nm}\end{bmatrix};\hat{\boldsymbol{a}}=\begin{bmatrix}\hat{a}_1\\ \hat{a}_2\\ \vdots\\ \hat{a}_n\end{bmatrix};\boldsymbol{\tau}=\begin{bmatrix}\tau_1\\ \tau_2\\ \vdots\\ \tau_n\end{bmatrix}$$

式中，$\hat{\boldsymbol{a}}$ 为用参数识别或参数估计得到推定值，一般不直接推定机器人的杆件长度、质量、惯性参数等物理参数。

7.6.5.4　关于机器人动力学方程物理参数的获得方法

对于基于模型的机器人控制而言，建立动力学模型，获得与实际被控对象机器人系统本体精确度高的动力学方程是很重要的，其中以尽可能获得精确的物理参数或随时间变化的曲线数据为根本。除了前面所讲过的参数识别等方法之外，还可以利用机构设计与动力分析之类的商业化工具软件（如 Adams、DADS），进行与实际设计制造的机器人在几何造型、材料、结构尺寸参数、精度等完全相同的三维虚拟样机设计，带有动力学分析和非线性系统建模等功能的软件还具有根据建立的虚拟样机几何模型自动生成并可提取非线性运动方程或线性化的运动方程。这些方程中已经根据所建虚拟样机得到了其具体的物理参数、组合参数。也可以提取各个构件的物理参数代入到动力学方程中从而得到具体的用于控制系统设计和计算的运动方程。

运用机构设计与动力学分析软件和数学工具软件 Matlab/Simulink 也可以进行位置轨迹追踪控制、力控制或自适应控制的仿真，将仿真得到的控制器移植给机器人控制系统作为控制器使用，同时再进行在线自适应控制可以期望得到更好的控制结果。

7.7 本章小结

本章结合实际机器人机械系统构成中可能导致不确定性的因素，对机器人模型中带有不确定性的物理参量及其影响进行了详细的分析，给出了鲁棒控制、自适应控制的基本概念以及这两种控制方法的本质区别，进一步讨论了机器人的动态控制问题；介绍了机器人系统动力学的特征及动力学方程中的不确定量表示，进而论述了基于逆动力学的基本控制方式（基本的公称控制）和不确定性的影响，通过引入新的控制输入给出了公称控制的控制律，分析了闭环系统的稳定性以及不确定量对稳定性的影响；通过引入辅助变量，推导给出了基于李雅普诺夫方法的鲁棒控制律、基于被动特性的鲁棒控制律及其改进版；最后给出了自适应控制的类型、模型化、自校正控制器原理和控制系统构成、基于模型参照自适应控制原理和控制系统构成，以及三种不同的自适应控制律，讨论了机器人动力学物理参数的获得方法。

本章内容为工业机器人操作臂以及各种腿足式移动机器人等各类机器人的自适应控制提供了基本的理论、方法与技术基础。

【思考题与习题】

7.1 试分别以工业机器人操作臂，轮式、腿足式移动机器人为例，说明机器人系统及其模型存在的不确定性具体都体现在哪些方面？试结合机器人运动方程式举例说明。

7.2 何谓机器人鲁棒控制？何谓机器人自适应控制？两者之间的区别和共同点、联系各有哪些？

7.3 机器人的动力学特征有哪些？试结合工业机器人操作臂来说明有界性都取决于机器人的哪些物理参数（量）、运动参数（量）？

7.4 何谓机器人动力学方程（即运动方程）显现的线性？这一动力学特征有何特殊的意义？

7.5 何谓基于逆动力学的公称控制？其公称控制的控制律是什么？如何对机器人操作臂实施具体的公称控制？

7.6 基于逆动力学的公称控制法的控制器参数（位置反馈增益矩阵 $\boldsymbol{K}_{\mathrm{p}}$、速度反馈增益矩阵 $\boldsymbol{K}_{\mathrm{v}}$）如何选取？

7.7 基于逆动力学的公称控制是通过什么方法来平衡掉机器人系统存在的不确定量的影响的？

7.8 基于李雅普诺夫方法的鲁棒控制的基本思想（原理）是什么？其控制律是什么？如何确定所引入的新的操作量 $\widetilde{\boldsymbol{u}}$？

7.9 机器人自适应控制可分为哪几种类型？各是什么？并分别简要说明其控制原理。

7.10 现有一台6自由度工业机器人操作臂系统用在生产线上，已知该机器人操作臂在一次作业周期中需分别完成末端负载5kg、8kg、10kg、12kg物料给定轨迹下的搬运作业，且轨迹误差最大容许量为0.1mm。试详细论述实现该机器人操作臂作业的有效控制方法。

7.11 试论述机器人操作臂运动方程式中显现的线性及其在机器人操作臂控制中的应用。

7.12 已知：一水平面内运动的两自由度两杆串联回转关节型机器人操作臂的机构参数定义：m_i、I_i 分别为杆件 i 的质量和绕质心的惯性矩；l_i、r_i 分别为杆件 i 的长度和关节 i 到杆件 i 质心的长度；q_i 为关节 i 的角度；且 $m_1=12.27\mathrm{kg}$、$m_2=2.083\mathrm{kg}$、$l_1=0.2\mathrm{m}$、$l_2=0.2\mathrm{m}$、$r_1=0.063\mathrm{m}$、$r_2=0.080\mathrm{m}$、$I_1=0.1149\mathrm{kg\cdot m^2}$、$I_2=0.014\mathrm{kg\cdot m^2}$。$\tau_i$ 为施加在关节 i 上的驱动力矩（$i=1$，2）。第一关节中心为坐标系 Oxy 原点。且其参数 $\theta=[m_1r_1^2+m_2l_1^2+I_1 \quad m_2r_2^2+I_2 \quad m_2l_1r_2]^{\mathrm{T}}$，参数矢量 $\theta_{\min}=[\theta_{\min.1} \quad \theta_{\min.2} \quad \theta_{\min.3}]^{\mathrm{T}}=[0.2469 \quad 0.0277 \quad 0.0333]^{\mathrm{T}}\mathrm{kg\cdot m^2}$；$\theta_{\max}=[\theta_{\max.1} \quad \theta_{\max.2} \quad \theta_{\max.3}]^{\mathrm{T}}=[0.4869 \quad 0.1078 \quad 0.1293]^{\mathrm{T}}\mathrm{kg\cdot m^2}$。

要求：试分别用公称控制法、基于李雅普诺夫方法的鲁棒控制法设计该机器人操作臂在杆件2末端加载0～6kg负载的搬运作业的控制器与控制系统，并用Matlab/Simulink软件进行控制系统仿真并对比分析两种控制方法下关节1、2的位置/轨迹追踪偏差。

（提示：由于第2杆件末端负载是在0～6kg范围变动的，可以将该变动的负载当作杆件2的不确定的变动量，从而计入杆件 2 的质量和惯性参数的不确定量，且可确定惯性参数的上下界，从而采用鲁棒控制法设计控制器与控制系统。）

7.13　已知：一水平面内运动的两自由度两杆串联回转关节型机器人操作臂的机构参数定义分别为：m_i、I_i 分别为杆件 i 的质量和绕质心的惯性矩；l_i、r_i 分别为杆件 i 的长度和关节 i 到杆件 i 质心的长度；q_i 为关节 i 的角度；τ_i 为施加在关节 i 上的驱动力矩（$i=1$，2）。第一关节中心为坐标系 Oxy 原点。且已知 $m_1=12.27\text{kg}$、$m_2=2.083\text{kg}$、$l_1=0.2\text{m}$、$l_2=0.2\text{m}$、$r_1=0.063\text{m}$、$r_2=0.080\text{m}$、$I_1=0.1149\text{kg}\cdot\text{m}^2$、$I_2=0.014\text{kg}\cdot\text{m}^2$。$\tau_i$ 为施加在关节 i 上的驱动力矩（$i=1$，2）。关节 1、2 期望的目标轨迹分别为：$q_{1\text{d}}=0.9\sin(4t)$、$q_{2\text{d}}=-1.8\sin(4t)$。

要求：利用本章 7.6.5 节自适应控制算法和 Matlab/Simulink 工具软件进行该机器人操作臂的自适应控制系统设计和仿真，并进行参数自适应结果、关节轨迹偏差结果分析与评价。

（提示：被控对象机器人操作臂仿真模型（运动方程或虚拟样机模型，可用题中已知条件和参数建立，也可自行给定被控对象模型）中添加限幅随机生成的动摩擦扰动，而在自适应控制律上施加动摩擦补偿项计算控制输出，控制周期可以设置为 3～5ms，从虚拟位置、速度传感器反馈到控制器计算输出操作量时间约在 1～2ms 或者更快。）

第 8 章

机器人最优控制与最短时间控制

8.1 最优控制的基本概念和形式化

8.1.1 变分法的基本问题、概念及其发展

最优控制是控制科学中的控制理论和方法之一。最优控制是讨论具有动态系统约束条件的积分型泛函的极值问题。变分法中的极大值原理解决了最优控制问题的最优性必要条件和线性系统的最优控制问题。但对于机器人操作臂这一强非线性动态系统而言，虽然用变分法有些难于求解，但却可以通过软件大幅改善机器人作业性能。因此，机器人最优控制理论与方法有其独到的应用魅力和潜力。作为机器人控制中代表性理论与方法之一，本章将讲述其基本的概念、理论与数值解求解方法。

变分法问题的提出：变分法是产生于 17 世纪末的研究积分型泛函极值问题的方法。历史上遇到的第一个变分法问题就是 1696 年由约翰·伯努利向他的哥哥雅可比·伯努利提出的挑战性数学问题：在重力场内，寻找连接任意给定的两点 A 和 B 曲线，并且需满足使质量为 m 的质点 M 在该曲线上从 A 点滑行到 B 点所需要时间最短的条件，而且假设不考虑质点 M 在 A、B 两点之间曲线上滑行时的摩擦。雅可比·伯努利利用逐次逼近法解决了这个问题，得到的最快滑行曲线就是旋轮线。这个例子的求解首先定义曲线为 $y=f(x)$，并在曲线上取任意一点 $M(x,y)$（y 轴的正向与重力加速度 g 方向同向），由能量守恒定律可写出质点 M 的运动方程，并在初始速度 $v_0=0$ 的条件下解得质点 M 滑行的速度 v 的解为 $v=\sqrt{2gy}$。设质点 M 通过曲线的微弧长元素 $\mathrm{d}s$ 的时间为 $\mathrm{d}t$，则 $\mathrm{d}t=\mathrm{d}s/v$，则有质点 M 沿曲线 $y=f(x)$ 从起始点 $A(0,0)$ 滑行到终点 $B(x_B,y_B)$ 所用的总的时间 T 为：$T=\int_0^{x_B}\sqrt{1+\dot{y}^2}/\sqrt{2gy}\,\mathrm{d}x$。则求最快滑行曲线的问题就变成了求一函数 $y=f(x)$ 使 $T=\int_0^{x_B}\sqrt{1+\dot{y}^2}/\sqrt{2gy}\,\mathrm{d}x$ 达到极小值。上述例子中需要求这样一类“函数”的极值，即它的自变量也是函数，这不同于高等数学中的函数，所以把它称为泛函。

泛函的定义：设 M 是一个集合，如果对于 M 的每一个元素 y，都对应有一个数 J，则就说在集合 M 上确定了一个泛函，记为 $J=J[y]$。集合 M 被称为泛函 J 的定义域。

积分型泛函：一般地将形式如 $J=\int_0^{x_1}F(x,\ y,\ \dot{y})\mathrm{d}x$ 的泛函视为最简单的积分型泛函；

对于 $J=\int_0^{x_1} F(x, \vec{y}, \dot{\vec{y}})\mathrm{d}x$ 通常称为空间曲线泛函，其中 $\vec{y}$ 为 n 元（或 n 维）向量函数。

变分法的发展与内涵：变分法产生的初期，它与可微函数（或可微向量函数）的极值理论都有相同的形式，且不依赖于积分型泛函的特性，因而没有构成变分法的基本内容。后来发现变分法的基本内容本质上依赖于积分型泛函的特性。具体表现为可把积分型泛函 $J=\int_0^{x_1} F(x, y, \dot{y})\mathrm{d}x$ 或 $J=\int_0^{x_1} F(x, \vec{y}, \dot{\vec{y}})\mathrm{d}x$ 的驻点解释成欧拉方程 $F_y=\frac{\mathrm{d}}{\mathrm{d}x}F_{\dot{y}}=0$（或欧拉方程组）的某个边界值问题的解。欧拉方程组远非一般的微分方程组，其理论在形式与几何方面非常之丰富。由于欧拉和拉格朗日在变分法方面的研究贡献，变分法发展到 18 世纪中叶已经成为一个独立的数学分支。变分法发展起来后阐明了泛函极值点与欧拉方程之间的联系，这种思想导致了最简泛函极值充分条件的提出。哈密尔顿最先研究了欧拉方程解的某些集合即所谓的极值曲线场，建立了哈密尔顿-雅可比偏微分方程；哈密尔顿还同雅可比同时阐述了力学变分原理，利用力学变分原理可把力学系统运动微分方程解释成某个系统的积分型泛函的欧拉方程。变分法为力学提供了通用描述语言，可用同样的结论来描述不同性质的物理动力系统。19 世纪中叶，利用变分法证明了微分方程（常微分方程、偏微分方程）边值问题的可解性的可能性，1900 年，希尔伯特采用了令人满意并且适应于拉普拉斯方程的狄里赫来问题的形式，实现了这个思想，从而为变分法的直接方法打下了理论基础。自 20 世纪七八十年代起，变分法已经成为现代控制理论的数学基本理论之一和必不可少的应用数学分支。

关于泛函极值问题与机器人最优控制问题的联系：前述最快滑行曲线的泛函问题（即求一函数 $y=f(x)$ 使 $T=\int_0^{x_B}\sqrt{1+\dot{y}^2}/\sqrt{2gy}\,\mathrm{d}x$ 达到极小值。上述例子中需要求这样一类“函数”的极值，即它的自变量也是函数）及其积分型泛函问题，不仅作为数学和物理学中带有函数作为约束条件和积分变量的最佳运动指标要求下轨迹曲线求解问题，即便在机器人运动控制中，也存在着类似的问题。如工业机器人操作臂的运动学、动力学都是以数学解析式或一阶、二阶运动微分方程的形式来表达的，对于给定机构构型的机器人运动学、动力学约束条件下求最优的作业运动轨迹（随时间变化的关节轨迹或末端操作器作业轨迹）是一般性的作业任务要求。而且对于将物体从起点搬运到终点（Point To Point，简称 PTP）的搬运作业机器人、冗余自由度机器人的每一个关节都可以有无穷多条轨迹曲线实现同样的搬运作业要求。这必然涉及到作业全程期间路径最短、作业时间最短、能量消耗最小等最优运动或作业指标的求解与控制问题，其中，这些最优运动或作业指标在全程作业或运动时间范围内各自累积，也必然涉及到与积分型泛函极值同样的问题需要求解。因此，机器人作业或运动的最优指标要求下的控制问题也自然需要积分型泛函极值问题以及最优控制理论作为机器人最优控制的理论应用基础。

8.1.2　最优控制的基本概念

最优控制是讨论具有动态系统约束条件的积分型泛函的极值问题。在用数学语言给出最优控制的定义之前首先需要如下准备：

1）非线性动态系统方程的一般化描述：假设动态系统的微分方程已经转化成一阶方程的形式，即系统的状态方程为：

$$\dot{x}_i=f_i(t, x_1, x_2, \cdots, x_n, u_1, u_2, \cdots, u_m)\quad i=1,2,\cdots,n$$

或它的矢量形式：

$$\dot{\boldsymbol{x}}=\boldsymbol{f}(\boldsymbol{x},\boldsymbol{u})[\text{当然也可以写成 } \dot{\boldsymbol{x}}=\boldsymbol{f}(t,\boldsymbol{x},\boldsymbol{u})]$$

式中 $\boldsymbol{x}$——n 维非线性系统状态变量向量，且 $\boldsymbol{x}=[x_1\quad x_2\quad\cdots\quad x_n]^{\mathrm{T}}$，$\boldsymbol{x}(0)=\boldsymbol{x}_0$；

$\boldsymbol{u}$——控制输入，是被包含在 r 维允许控制集合 $\boldsymbol{\Omega}$ 的函数，$\boldsymbol{u}=[u_1\quad u_2\quad\cdots\quad u_m]^{\mathrm{T}}$；

$\boldsymbol{f}$——状态变量 $\boldsymbol{x}$ 和控制输入 $\boldsymbol{u}$ 的连续函数。

2）目标集 $\boldsymbol{M}$：方程的初始状态已知，为 $\boldsymbol{x}(t_0)=\boldsymbol{x}(0)=\boldsymbol{x}_0\in\mathbf{R}^n$，终值状态 $\boldsymbol{x}(t_f)=\boldsymbol{x}_{tf}$ 称为目标点，当 $\boldsymbol{x}$ (t_{f}) 被给定时称为固定端点问题，当不给定时称为自由端点问题，或者终值状态受几何约束：$\varphi[t_{\mathrm{f}},\boldsymbol{x}(t_{\mathrm{f}})]=0$ $(t_{\mathrm{f}}>t_0)$，这些都称为目标集 M。

3）控制输入 $\boldsymbol{u}$（也称控制向量 $\boldsymbol{u}$）：是被包含在 r 维允许控制集合 $\boldsymbol{\Omega}$ 内的时间 t 的向量函数。

4）最优性能指标项 $\boldsymbol{J}$ $[\boldsymbol{u}(\cdot)]$（一般简略地记为 $\boldsymbol{J}$）：一般由积分项和依赖于终值状态的项组成，即：$\boldsymbol{J}(\boldsymbol{u}(\cdot))=\psi[t_{\mathrm{f}},\boldsymbol{x}(t_{\mathrm{f}})]+\int_{t_0}^{t_{\mathrm{f}}}f_0[t,\boldsymbol{x}(t),\boldsymbol{u}(t)]\mathrm{d}t$ 。为简便起见，一般记为：$J=\psi[\boldsymbol{x}(t_{\mathrm{f}})]+\int_{t_0}^{t_{\mathrm{f}}}f_0(\boldsymbol{x},\boldsymbol{u})\mathrm{d}t$ 。

5）连续性要求：设 $f_i(t,\boldsymbol{x},\boldsymbol{u})$、$\partial f_i/\partial x_i$、$f_0(t,\boldsymbol{x},\boldsymbol{u})$、$\partial f_0/\partial x_i$、$\varphi$、$\psi$、$\partial\varphi/\partial x_{\mathrm{i}}$、$\partial\psi/\partial x_i$ 都在其定义的区域上连续。但不要求对 u_i 的导数存在。

最优控制问题的数学描述：在上述 1）～5）项前提下，求 $\boldsymbol{u}\in\boldsymbol{\Omega}$ 使得系统从初始状态 $\boldsymbol{x}(t_0)=\boldsymbol{x}_0$ 出发，在某一大于 t_0 的时刻 t_{f}（有的问题 t_{f} 是给定的定值，有的问题 t_f 是可变的）达到目标集 M，并使得系统性能指标泛函 $\boldsymbol{J}[\boldsymbol{u}(\cdot)]$ 达到极值（通常为极小值，若性能指标要求实现极大值，则使 $-\boldsymbol{J}[\boldsymbol{u}(\cdot)]$ 达到极小即可）。

最优控制：若上述数学描述的问题有解且为 $\boldsymbol{u}^*(t)$，$t\in[t_0,t_{\mathrm{f}}]$，则此 $\boldsymbol{u}^*(t)$ 被称为最优控制（或最优控制输入）。

最优轨线：若最优控制问题有最优控制解，则相应的状态方程的解 $\boldsymbol{x}^*(t)$ 被称为最优轨线。

最优控制问题实质上就是一种具有特定区域限制和微分方程约束及其他约束条件的泛函的条件极值问题。

8.1.3 定常系统与非定常系统的最优控制问题及问题的转换

定常系统的最优控制问题是指前述的 $f(\boldsymbol{x},\boldsymbol{u})$、$f_0(\boldsymbol{x},\boldsymbol{u})$、$\varphi[\boldsymbol{x}(t_{\mathrm{f}})]$、$\psi[\boldsymbol{x}$ $(t_{\mathrm{f}})]$ 中均不含时间 t 及 t_f 的最优控制问题。

非定常系统的最优控制问题是指前述的 $f(\boldsymbol{x},\boldsymbol{u})$、$f_0(\boldsymbol{x},\boldsymbol{u})$、$\varphi[\boldsymbol{x}(t_{\mathrm{f}})]$、$\psi[\boldsymbol{x}$ $(t_{\mathrm{f}})]$ 中显含时间 t 及 t_f 的最优控制问题。非定常系统最优控制与定常系统最优控制在结论上没有本质差别，而且非定常系统最优控制可以通过引入新状态变量的方法将其转换成定常系统最优控制问题。

定常系统与非定常系统的最优控制问题的转换：对于 n 维非线性系统状态变量向量 $\boldsymbol{x}=[x_1\quad x_2\quad\cdots\quad x_{\mathrm{n}}]^{\mathrm{T}}$，$\boldsymbol{x}(0)=\boldsymbol{x}_0$，现在引入新的状态变量即第 $n+1$ 维 x_{n+1} 且假设 $\dot{x}_{n+1}=1$，$x_{n+1}(t_0)=0$，则有：$x_{n+1}(t)=t-t_0$，$x_{n+1}(t_{\mathrm{f}})=t_{\mathrm{f}}-t_0$。重新标记引入新状态变量之后的系统状态变量、最优性能指标以及目标约束，分别为：$\overline{\boldsymbol{x}}=[x_1\quad x_2\quad\cdots\quad x_n\quad x_{n+1}]^{\mathrm{T}}$，$\overline{\boldsymbol{f}}=[\boldsymbol{f}\quad 1]^{\mathrm{T}}$，$\overline{\boldsymbol{x}}_0=[\boldsymbol{x}_0\quad 0]^{\mathrm{T}}$，则系统状态变量、最优性能指标以及目标约束等条件均已转换成 $n+1$ 维定常系统的形式。非定常系统的最优控制问题已经转换成了 $n+1$ 维定常系统的最优控制问题。也即非定常系统最优控制与定常系统最优控制没有本质上的区别。

8.2 变分法在最优控制问题的应用

8.2.1 乘子向量 $\boldsymbol{\lambda}(t)$、哈密尔顿（Hamilton）函数 $H(\boldsymbol{x},\boldsymbol{u},\boldsymbol{\lambda})$ 与欧拉（Euler）方程组

设系统方程（即状态方程）为 $\dot{\boldsymbol{x}}=f(\boldsymbol{x}(t),\boldsymbol{u}(t))$，边界条件为：$\boldsymbol{x}(t_0)=\boldsymbol{x}_0,\boldsymbol{x}(t_f)=\boldsymbol{x}_f$。若 $\boldsymbol{u}^*(t)\in\boldsymbol{U}_{ad}$ 满足如前述的方程和边界条件，并使：

$J(\boldsymbol{u}(\cdot))=\int_{t_0}^{t_f}f_0(\boldsymbol{x}(t),\boldsymbol{u}(t))\mathrm{d}t=\min\{J[\boldsymbol{u}(t)]\}$（或 $J[\boldsymbol{u}(\cdot)]=\int_{t_0}^{t_f}f_0(\boldsymbol{x}(t),\boldsymbol{u}(t))\mathrm{d}t=\max\{J[\boldsymbol{u}(t)]\}$）则由变分法关于动态约束的拉格朗日(Lagrange)乘子法可知，存在乘子向量函数 $\boldsymbol{\lambda}(t)=[\lambda_1(t)\quad\lambda_2(t)\quad\cdots\quad\lambda_n(t)]^{\mathrm{T}}$，使得 $\boldsymbol{u}^*(t)$、$\boldsymbol{x}^*(t)$ 成为泛函：

$$I=\int_{t_0}^{t_f}\{f_0(\boldsymbol{x},\boldsymbol{u})+\boldsymbol{\lambda}^{\mathrm{T}}[f(\boldsymbol{x},\boldsymbol{u})-\dot{\boldsymbol{x}}]\}\mathrm{d}t=\int_{t_0}^{t_f}\overline{H}(\boldsymbol{x},\boldsymbol{u},\boldsymbol{\lambda},\dot{\boldsymbol{x}})\mathrm{d}t$$

的无约束极值函数，即沿 $\boldsymbol{u}^*(t)$、$\boldsymbol{x}^*(t)$ 成立欧拉方程组：

$$\begin{cases}\dfrac{\partial f_0}{\partial \boldsymbol{x}}+\dfrac{\partial f}{\partial \boldsymbol{x}}^{\mathrm{T}}\boldsymbol{\lambda}(t)+\dot{\boldsymbol{\lambda}}(t)=0\\ \dot{\boldsymbol{x}}=f(\boldsymbol{x}(t),\boldsymbol{u}(t))\\ \dfrac{\partial f_0}{\partial \boldsymbol{u}}+\dfrac{\partial f}{\partial \boldsymbol{u}}^{\mathrm{T}}\boldsymbol{\lambda}(t)=0\\ \boldsymbol{x}(t_0)=\boldsymbol{x}_0\\ \boldsymbol{x}(t_f)=\boldsymbol{x}_f\end{cases}$$

其中 $\boldsymbol{x}(t_0)=\boldsymbol{x}_0$、$\boldsymbol{x}(t_f)=\boldsymbol{x}_f$ 为边界条件。

令 $H(\boldsymbol{x},\boldsymbol{u},\boldsymbol{\lambda})=f_0(\boldsymbol{x},\boldsymbol{u})+\boldsymbol{\lambda}^{\mathrm{T}}(t)f(\boldsymbol{x},\boldsymbol{u})$ 并且称 H 为哈密尔顿函数时，可将上述欧拉方程组化为：

$$\begin{cases}\dfrac{\partial H}{\partial \boldsymbol{u}}=\boldsymbol{0}\\ \dot{\boldsymbol{x}}=f(\boldsymbol{x}(t),\boldsymbol{u}(t))\\ \dot{\boldsymbol{\lambda}}=-\dfrac{\partial H}{\partial \boldsymbol{x}}\\ \boldsymbol{x}(t_0)=x_0\\ \boldsymbol{x}(t_f)=\boldsymbol{x}_f\end{cases}\tag{8-1}$$

由上述可见，当将 $\boldsymbol{\lambda}$ 和 H 函数引入到最优控制问题之后，求解最优控制问题的必要条件已经被简化和规范化了。

欧拉方程组中各方程的名称：

① 控制方程：$\dfrac{\partial H}{\partial \boldsymbol{u}}=\boldsymbol{0}$；　(8-1-1)

② 状态方程：$\dot{\boldsymbol{x}}=f(\boldsymbol{x}(t),\boldsymbol{u}(t))$；　(8-1-2)

③ 协态方程：即乘子向量函数的微分方程 $\dot{\boldsymbol{\lambda}}=-\dfrac{\partial H}{\partial \boldsymbol{x}}$　(8-1-3)

其中，乘子向量函数 $\boldsymbol{\lambda}(t)=[\lambda_1(t)\quad\lambda_2(t)\quad\cdots\quad\lambda_n(t)]^{\mathrm{T}}$ 也称协态变量、伴随变量；

④ 正则方程：是乘子向量函数的微分方程（8-1-3）与状态方程（8-1-2）的并称，即正

则方程为：

$$\begin{cases}\dot{\boldsymbol{x}}=f(\boldsymbol{x}(t),\boldsymbol{u}(t))\\ \dot{\boldsymbol{\lambda}}=-\dfrac{\partial H}{\partial \boldsymbol{x}}\end{cases}$$

⑤ 边界条件：$\boldsymbol{x}(t_0)=\boldsymbol{x}_0,\boldsymbol{x}(t_f)=\boldsymbol{x}_f$。 (8-1-4)

求解最优控制问题（必要条件）的步骤：

① 解控制方程（8-1-1）得解 $\boldsymbol{u}^*(t)=\boldsymbol{u}$ （$\boldsymbol{x}$，$\boldsymbol{\lambda}$）；

② 将上述解方程 $\boldsymbol{u}^*(t)$ 代入到状态方程（8-1-2）和乘子向量函数的微分方程（8-1-3）并解正则方程，再考虑边界条件（8-1-4），$\boldsymbol{x}(t_0)=\boldsymbol{x}_0$、$\boldsymbol{x}(t_f)=\boldsymbol{x}_f$，可求得 $\boldsymbol{x}^*(t)$和 $\boldsymbol{\lambda}(t)$；

③ 将第②步求得的 $\boldsymbol{x}^*(t)$ 和 $\boldsymbol{\lambda}(t)$ 回代到第①步即得 $\boldsymbol{u}^*(t)$，即得最优控制问题解。

乘子向量函数（或简称乘子）$\boldsymbol{\lambda}(t)$ 与最优控制中的协态变量（伴随变量）$\boldsymbol{P}$：如前所述，变分法中的乘子向量函数 $\boldsymbol{\lambda}(t)$ 在最优控制中称为协态变量并用 $\boldsymbol{P}(t)=[P_1(t)\quad P_2(t)\quad \cdots\quad P_n(t)]^{\mathrm{T}}$ 取而代之。

最大值原理中哈密尔顿函数 H 常取为：$H(\boldsymbol{x},\boldsymbol{u},\boldsymbol{P})=-f_0(\boldsymbol{x},\boldsymbol{u})+\boldsymbol{P}^{\mathrm{T}}(t)f(\boldsymbol{x},\boldsymbol{u})$。

按照上述由变分法中 $\boldsymbol{\lambda}(t)$ 到取而代之的伴随变量 $\boldsymbol{P}$，再到最大值原理中哈密尔顿函数 H，此时，相当于求 $\boldsymbol{u}^*(t)\in\boldsymbol{U}_{\mathrm{ad}}$，使 $\boldsymbol{J}[\boldsymbol{u}(\cdot)]=\int_{t_0}^{t_f}-f_0(\boldsymbol{x}(t),\boldsymbol{u}(t))\mathrm{d}t=\max\{J[\boldsymbol{u}(t)]\}$（或 $J[\boldsymbol{u}(\cdot)]=\int_{t_0}^{t_f}-f_0(\boldsymbol{x}(t),\boldsymbol{u}(t))\mathrm{d}t=\min\{J[\boldsymbol{u}(t)]\}$）。

考虑如下无约束泛函极值问题：

$$\begin{aligned}\overline{J}[\boldsymbol{u}(\cdot)]&=\int_{t_0}^{t_f}\{-f_0(\boldsymbol{x}(t),\boldsymbol{u}(t))+\boldsymbol{P}^{\mathrm{T}}f(\boldsymbol{x}(t),\boldsymbol{u}(t))-\boldsymbol{P}^{\mathrm{T}}\dot{\boldsymbol{x}}(t)\}\mathrm{d}t=\int_{t_0}^{t_f}\overline{H}(\boldsymbol{x},\boldsymbol{u},\boldsymbol{P})\mathrm{d}t\\&=\int_{t_0}^{t_f}[H(\boldsymbol{x},\boldsymbol{u},\boldsymbol{P})-\boldsymbol{P}^{\mathrm{T}}\boldsymbol{x}(t)]\mathrm{d}t\end{aligned}$$

沿着 $\boldsymbol{x}^*(t)$及 $\boldsymbol{u}^*(t)$有：$\dfrac{\partial H}{\partial \boldsymbol{u}}=\boldsymbol{0}$，$\dot{\boldsymbol{x}}=f(\boldsymbol{x}(t),\boldsymbol{u}(t))$，$\dot{\boldsymbol{P}}=-\dfrac{\partial H}{\partial \boldsymbol{x}}$。这三个方程分别与前述的式（8-1-1）～式（8-1-3）完全相同。

8.2.2 变分法用于最优控制问题时边界条件的规范化形式

边界条件是由两个端点（n 维空间内的端点）确定的区域，按这两个端点是被固定还是自由可变以及两个端点类型的组合的不同，可将由两个端点形成的边界条件问题分为自由端点问题、可动边界问题、终端点处有约束函数的边界问题、混合型泛函（Bolza）问题，下面分别加以讲述。

（1）自由端点问题

即 $\boldsymbol{x}(t_0)=\boldsymbol{x}_0$、$t_f$ 给定，但 $\boldsymbol{x}(t_f)$ 自由的边界条件下的规范化问题。由变分法的自然边界：$[\overline{H}_{\dot{\boldsymbol{x}}}]_{t_f}=[(H-\boldsymbol{P}^{\mathrm{T}}\dot{\boldsymbol{x}})_{\dot{\boldsymbol{x}}}]_{t_f}=0$ 不难得到：

$$\boldsymbol{P}(t_f)=0 \tag{8-2}$$

则式（8-2）的 $\boldsymbol{P}(t_f)=0$ 成为自由端点问题的自然边界条件的规范化形式。

（2）可动边界问题

即 $\boldsymbol{x}(t_0)=\boldsymbol{x}_0$、$t_f$ 及 $\boldsymbol{x}(t_f)$ 均为自由的边界条件下的规范化问题。边界条件包括式（8-2）在内，再加上一个确定 t_f 的条件式（8-3），另外，需要注意前述的包括式（8-2）在内，是指边界条件除 $\boldsymbol{x}(t_0)=\boldsymbol{x}_0$ 外还有 $[H]_{t_f}=0$，$\boldsymbol{P}(t_f)=\boldsymbol{0}$。即边界条件为：

$$[\overline{H}_{\dot{\boldsymbol{x}}}]_{t_f}=[H-\boldsymbol{P}^{\mathrm{T}}(t)\dot{\boldsymbol{x}}]_{t_f} \tag{8-3}$$

$$[H]_{t_f}=0, \boldsymbol{P}(t_f)=\mathbf{0} \tag{8-4}$$

(3) 终端 t_f 处有约束 $\varphi[\boldsymbol{x}(t_f)]=0$ 时的横截条件

边界条件式 (8-2) 应写为：

$$[(H-\boldsymbol{P}^{\mathrm{T}}(t)\dot{\boldsymbol{x}}-\boldsymbol{v}^{\mathrm{T}}\mathrm{d}\varphi/\mathrm{d}t)_{\dot{x}}]_{t_f}=0$$

$$[H-\boldsymbol{P}^{\mathrm{T}}(t)\dot{\boldsymbol{x}}-\boldsymbol{v}^{\mathrm{T}}\mathrm{d}\varphi/\mathrm{d}t]_{t_f}=0$$

$$\boldsymbol{x}(t_0)=\boldsymbol{x}_0, \varphi[\boldsymbol{x}(t_f)]=0$$

或者

$$\boldsymbol{P}(t_f)=-\left[\frac{\partial\varphi}{\partial\boldsymbol{x}}\boldsymbol{v}\right]_{t_f} \tag{8-5}$$

$$[H]_{t_f}=\left[\boldsymbol{P}^{\mathrm{T}}(t)\dot{\boldsymbol{x}}+\boldsymbol{v}^{\mathrm{T}}\frac{\partial\varphi^{\mathrm{T}}}{\partial\boldsymbol{x}}\dot{\boldsymbol{x}}\right]_{t_f}=0 \tag{8-6}$$

$$\boldsymbol{x}(t_0)=\boldsymbol{x}_0, \varphi[\boldsymbol{x}(t_f)]=0$$

式 (8-6) 中的 $\boldsymbol{v}$ 为与 $\varphi[\boldsymbol{x}(t)]$同维数的常数向量（乘子向量）。需要注意的是，当 t_f 给定时，边界条件不应有 $[H]_{t_f}=0$。对于非定常系统，当 $\varphi[t_f, \boldsymbol{x}(t_f)]=0$ 终端约束时，式 (8-5) 不变，但式 (8-6) 应改变，边界条件规范为：

$$\boldsymbol{P}(t_f)=-\left[\frac{\partial\varphi}{\partial\boldsymbol{x}}\boldsymbol{v}\right]_{t_f}$$

$$[H]_{t_f}=\boldsymbol{v}^{\mathrm{T}}\left[\frac{\partial\varphi^{\mathrm{T}}}{\partial t}\right]_{t_f} \tag{8-7}$$

$$\boldsymbol{x}(t_0)=\boldsymbol{x}_0, \varphi[\boldsymbol{x}(t_f)]=0$$

【推论 1】 当 t_f 可动而 $\boldsymbol{x}(t_f)=\boldsymbol{x}_f$ 给定时，视 $\varphi[\boldsymbol{x}(t)]=\boldsymbol{x}(t)-\boldsymbol{x}(t_f)$ 并代入到式 (8-6) 中有：

$[H]_{t_f}=0$，$\boldsymbol{P}(t_f)=-\boldsymbol{v}$（可认为此式无用）。

【推论 2】 当 t_f 处有约束 $\boldsymbol{x}(t)=\boldsymbol{s}(t)$时，视 $\varphi[\boldsymbol{x}(t)]=\boldsymbol{x}(t)-\boldsymbol{s}(t)$（此即非定常系统的情形），并代入到式 (8-5) 和式 (8-7) 中有：$\boldsymbol{P}(t_f)=-\boldsymbol{v}$，$[H]_{t_f}=-\boldsymbol{v}^{\mathrm{T}}[\dot{\boldsymbol{s}}(t)]_{t_f}$。即：

$$[H]_{t_f}=+\boldsymbol{P}(t_f)^{\mathrm{T}}\dot{\boldsymbol{s}}(t_f), \boldsymbol{x}(t_f)=\boldsymbol{s}(t_f) \tag{8-8}$$

(4) 混合型泛函 (Bolza) 问题

考虑如下泛函极值问题：

$J[\boldsymbol{u}(\cdot)]=\int_{t_0}^{t_f} f_0(\boldsymbol{x}, \boldsymbol{u})\mathrm{d}t+\psi[\boldsymbol{x}(t_f)]$，$\boldsymbol{x}(t_0)=\boldsymbol{x}_0$，$\boldsymbol{x}(t_f)$自由且 t_f 可动。

由于 $\int_{t_0}^{t_f}\frac{\mathrm{d}\psi[\boldsymbol{x}(t)]}{\mathrm{d}t}\mathrm{d}t=\psi[\boldsymbol{x}(t_f)]-\psi[\boldsymbol{x}(t_0)]=\psi[\boldsymbol{x}(t_f)]-\psi(\boldsymbol{x}_0)$（其中等号右侧的第 2 项为常数），所以可以考虑泛函：

$$\widetilde{J}=\int_{t_0}^{t_f}\left[-f_0+\boldsymbol{P}^{\mathrm{T}}f-\boldsymbol{P}^{\mathrm{T}}\dot{\boldsymbol{x}}-\frac{\mathrm{d}\psi}{\mathrm{d}t}\right]\mathrm{d}t=\int_{t_0}^{t_f}\left[H-\boldsymbol{P}^{\mathrm{T}}\dot{\boldsymbol{x}}-\frac{\mathrm{d}\psi}{\mathrm{d}t}\right]\mathrm{d}t \tag{8-9}$$

的可动边界的极值必要条件。与前述 (3) 的不同之处在于仅差一个常数因子 $\boldsymbol{v}$，故有边界条件：

$$\boldsymbol{P}(t_f)=-\left[\frac{\partial\varphi}{\partial\boldsymbol{x}}\boldsymbol{v}\right]_{t_f}, [H]_{t_f}=0 \tag{8-10}$$

需要注意的是：当 t_f 给定时，边界条件不应有 $[H]_{t_f}=0$。对于非定常系统，当 $\psi=\psi[t, \boldsymbol{x}(t)]$ 时前述 (3) 中的式 (8-5)、式 (8-7) 应改为如下边界条件规范式：

$$\boldsymbol{P}(t_f)=-\left[\frac{\partial\varphi}{\partial\boldsymbol{x}}\right]_{t_f}$$

$$[H]_{t_f}=\left[\frac{\partial \psi^{\mathrm{T}}}{\partial t}\right]_{t_f} \tag{8-11}$$

$$\boldsymbol{x}(t_0)=\boldsymbol{x}_0,\ t_f \text{ 给定且 } \boldsymbol{x}(t_f)=\boldsymbol{x}_f$$

8.3 最优控制中自由端点问题的最大值原理

8.3.1 自由端点问题的提法

本节目的是阐述求解最优控制问题的必要条件，与 8.2 节的不同之处主要在于$\partial f_0/\partial u_j$，$\partial f_0/\partial u_j$ 可以不存在，特别是$\boldsymbol{u}(t)$（有时为简便标记起见，简写为$\boldsymbol{u}$）的值域U可以限制在$\mathbf{R}^m$内的闭子集上。则自由端点问题的数学描述为：设

$$\dot{\boldsymbol{x}}=f(\boldsymbol{x},\boldsymbol{u}),\boldsymbol{x}(t_0)=\boldsymbol{x}_0 \tag{8-12}$$

已知t_f给定，$\boldsymbol{x}(t_f)$自由，求$\boldsymbol{u}^*(t)\in \boldsymbol{U}_{ad}$使得

$$J[\boldsymbol{u}(\cdot)]=\int_{t_0}^{t_f} f_0(\boldsymbol{x},\boldsymbol{u})\mathrm{d}t+\psi[\boldsymbol{x}(t_f)]=\min\{J[\boldsymbol{u}(t)]\} \tag{8-13}$$

其中，$\boldsymbol{x}\in\mathbf{R}^n$，$\boldsymbol{u}\in\mathbf{R}^m$ 可为闭集，$\boldsymbol{U}_{ad}=\{\boldsymbol{u}(\cdot)\mid \boldsymbol{u}\subset\mathbf{R}^m,\ \boldsymbol{u}(t)$ 分段连续于 $[t_0,t_f]\}$。

另外，8.1.2 节的 5）连续可微性要求：设$f_i(t,\boldsymbol{x},\boldsymbol{u})$、$\partial f_i/\partial x_i$、$f_0(t,\boldsymbol{x},\boldsymbol{u})$、$\partial f_0/\partial x_i$、$\varphi$、$\psi$、$\partial\varphi/\partial x_i$、$\partial\psi/\partial x_i$都在其定义的区域上连续。即要求这些函数的连续可微性成立。

8.3.2 最大值原理

当令哈密尔顿函数为：

$$H(\boldsymbol{x},\boldsymbol{u},\boldsymbol{P})=-f_0(\boldsymbol{x},\boldsymbol{u})+\boldsymbol{P}^{\mathrm{T}}(t)f(\boldsymbol{x},\boldsymbol{u}) \tag{8-14}$$

时，最优控制$\boldsymbol{u}^*(t)$及轨线$\boldsymbol{x}^*(t)$必定满足

控制方程：

$$H(\boldsymbol{x}^*(t),\boldsymbol{u}^*(t),\boldsymbol{P}(t))=\max_{\boldsymbol{u}}H(\boldsymbol{x}^*(t),\boldsymbol{u},\boldsymbol{P}(t)) \tag{8-15}$$

控制方程（8-15）式说明哈密尔顿函数作为$\boldsymbol{u}$的函数在$\boldsymbol{u}^*(t)$处达到最大值。则此处，沿着最优控制$\boldsymbol{u}^*(t)$及轨线$\boldsymbol{x}^*(t)$满足如下状态方程、协态方程以及边界条件：

$$\dot{\boldsymbol{x}}^*=f(\boldsymbol{x}^*(t),\boldsymbol{u}^*(t)),\ \boldsymbol{x}^*(t_0)=\boldsymbol{x}_0 \tag{8-16}$$

$$\dot{\boldsymbol{P}}(t)=-\frac{\partial}{\partial \boldsymbol{x}}H(\boldsymbol{x}^*(t),\boldsymbol{u}^*(t),\ \boldsymbol{P}(t)) \tag{8-17}$$

$$\boldsymbol{P}(t_f)=-\frac{\partial}{\partial \boldsymbol{x}(t_f)}\psi[\boldsymbol{x}^*(t_f)] \tag{8-18}$$

需要注意的是：式（8-13）表达的泛函极值问题要求$J[\boldsymbol{u}(\cdot)]=\min\{J[\boldsymbol{u}(t)]\}$即求为最小值。若要求$J[\boldsymbol{u}(\cdot)]=\max\{J[\boldsymbol{u}(t)]\}$（即求$J[\boldsymbol{u}(\cdot)]$的最大值），则需要变成$-J[\boldsymbol{u}(\cdot)]=\min$，然后再应用前述的最大值原理。这与变分法用于最优控制问题的情况稍有不同。

8.4 最优控制中 t_f 可动时的自由端点问题的最大值原理

① t_f可动时自由端点问题的提法：设$\dot{\boldsymbol{x}}=f(\boldsymbol{x},\boldsymbol{u})$，$\boldsymbol{x}(t_0)=\boldsymbol{x}_0$，$t_f$可动，$\boldsymbol{x}(t_f)$自由，求$\boldsymbol{u}^*(t)\in\boldsymbol{U}_{ad}$，$\boldsymbol{x}^*(t)\in\mathbf{R}^n$及$t_f=t^*$使得$J[\boldsymbol{u}(\cdot)]=\int_{t_0}^{t_f}f_0(\boldsymbol{x},\boldsymbol{u})\mathrm{d}t+\psi[\boldsymbol{x}(t_f)]=\min\{J[\boldsymbol{u}(t)]\}$。

② t_f 可动时自由端点问题的最大值原理

设哈密尔顿函数为：$H(\boldsymbol{x},\boldsymbol{u},\boldsymbol{P})=-f_0(\boldsymbol{x},\boldsymbol{u})+\boldsymbol{P}^T(t)f(\boldsymbol{x},\boldsymbol{u})$ 时，最优控制 $\boldsymbol{u}^*(t)$ 及轨线 $\boldsymbol{x}^*(t)$ 必定满足控制方程、状态方程、协态方程以及边界条件：

$$H(\boldsymbol{x}^*(t),\boldsymbol{u}^*(t),\boldsymbol{P}(t))=\max_{\boldsymbol{u}} H(\boldsymbol{x}^*(t),\boldsymbol{u},\boldsymbol{P}(t))$$

$$\dot{\boldsymbol{x}}^*=f(\boldsymbol{x}^*(t),\boldsymbol{u}^*(t)),\boldsymbol{x}^*(t_0)=\boldsymbol{x}_0$$

$$\dot{\boldsymbol{P}}(t)=-\frac{\partial}{\partial \boldsymbol{x}}H(\boldsymbol{x}^*(t),\boldsymbol{u}^*(t),\boldsymbol{P}(t))$$

$$\boldsymbol{P}(t_f)=-\frac{\partial}{\partial \boldsymbol{x}(t_f)}\psi(\boldsymbol{x}^*(t_f))$$

$$H(\boldsymbol{x}^*(t_f),\boldsymbol{u}^*(t_f),\boldsymbol{P}(t_f))=0 \tag{8-19}$$

t_f 可动时自由端点问题的最大值原理与自由端点问题的最大值原理对比，只是多了式（8-19），其他（控制方程、状态方程、协态方程以及边界条件）条件完全相同。

8.5　最优控制中终端状态带有约束的最大值原理

①终端带有约束问题的提法：设 $\dot{\boldsymbol{x}}=f(\boldsymbol{x},\boldsymbol{u})$，$\boldsymbol{x}(t_0)=\boldsymbol{x}_0$，$t_f$ 可动，$\boldsymbol{x}(t_f)$ 自由，求 $\boldsymbol{u}^*(t)\in\boldsymbol{U}_{ad}$，$\boldsymbol{x}^*(t)\in\mathbf{R}^n$ 及 $t_f=t^*$ 使得 $J[\boldsymbol{u}(\cdot)]=\int_{t_0}^{t_f}f_0(\boldsymbol{x}(t),\ \boldsymbol{u}(t))\mathrm{d}t+\psi[\boldsymbol{x}(t_f)]=\min\{J[\boldsymbol{u}(t)]\}$，并使轨线在终端时刻到达目标集 $\boldsymbol{M}:\varphi[\boldsymbol{x}(t_f)]=0$。此处，$\boldsymbol{\varphi}[\boldsymbol{x}(t)]=[\varphi_1\boldsymbol{x}(t)\quad \varphi_2\boldsymbol{x}(t)\quad \cdots\quad \varphi_l\boldsymbol{x}(t)]^T$（为简便起见可记为 $\boldsymbol{\varphi}=[\varphi_1\quad \varphi_2\quad \cdots\quad \varphi_l]^T$，$l=1,\ 2,\ 3,\ \cdots$）。此目标集就是终端时刻 t_f 的状态 $\boldsymbol{x}(t_f)$ 应满足的约束条件。

② t_f 可动时自由端点问题的最大值原理

设哈密尔顿函数为：$H(\boldsymbol{x},\boldsymbol{u},\boldsymbol{P})=-f_0(\boldsymbol{x},\boldsymbol{u})+\boldsymbol{P}^T(t)f(\boldsymbol{x},\boldsymbol{u})$ 时，最优控制 $\boldsymbol{u}^*(t)$ 及轨线 $\boldsymbol{x}^*(t)$ 必定满足控制方程、状态方程、协态方程以及边界条件：

$$H(\boldsymbol{x}^*(t),\boldsymbol{u}^*(t),\boldsymbol{P}(t))=\max_{u} H(\boldsymbol{x}^*(t),\boldsymbol{u},\boldsymbol{P}(t))$$

$$\dot{\boldsymbol{x}}^*=f(\boldsymbol{x}^*(t),\boldsymbol{u}^*(t)),\ \boldsymbol{x}^*(t_0)=\boldsymbol{x}_0$$

$$\dot{\boldsymbol{P}}(t)=-\frac{\partial}{\partial \boldsymbol{x}}H(\boldsymbol{x}^*(t),\boldsymbol{u}^*(t),\boldsymbol{P}(t))$$

$$\boldsymbol{P}(t_f)=-\frac{\partial\psi[\boldsymbol{x}^*(t_f)]}{\partial \boldsymbol{x}(t_f)}-\frac{\partial\varphi[\boldsymbol{x}^*(t_f)]}{\partial \boldsymbol{x}(t_f)}\boldsymbol{v} \tag{8-20}$$

$$\varphi[\boldsymbol{x}^*(t_f)]=0 \tag{8-21}$$

$$H(\boldsymbol{x}^*(t_f),\boldsymbol{u}^*(t_f),\boldsymbol{P}(t_f))=0$$

终端状态带有约束条件问题的最大值原理与自由端点问题的最大值原理对比，只是多了一些限制，这些限制在最大值原理的必要条件中主要体现在协态方程的边界条件上，该协态方程应满足的边界条件同变分法中称谓一样，被称为横截条件。

8.6 机器人最优控制及其最优控制输入求解问题的最优化表达

8.6.1 机器人最优控制的实际问题

前述的8.1节～8.6节主要讲述了最优控制的基础理论，这些基础理论是解决诸如如下工程实际问题中的最优控制建模与最优控制输入求解的基础理论。

① 电梯快速升降问题：如何开动电梯才能以最快的速度到达顶层并且到达顶层时电梯的速度为零；

② 机械振动的快速消振问题；

③ 卫星快速会合问题；

④ 登月问题：如何确定控制输入（即作为时间 t 的函数的发动机的推进力）才能使航天器消耗最少的燃料并在月球上安全登陆，等等。

可以用前述的最优控制理论来建模（都属于积分型泛函极值问题的数学建模）和求解上述这些工程实际问题。当然，这也为解决机器人最优控制问题提供了同样的控制理论基础。如从工程实际意义来看待机器人最优控制问题，是指追求机器人运动或作业性能指标达到最优目标的要求下为求得最优控制输入而进行的最优控制建模与求解算法研究的问题。尤其是对于有在线实时控制要求下的最优控制问题，最优控制输入的求解是相当困难的一件事。

对于工业机器人而言，作为最优控制的运动或作业评价函数可有多种定义，如：

① 能量消耗最小；

② 驱动力矩最小；

③ 运动或作业速度最快；

④ 回避奇异构形；

⑤ 回避障碍；

⑥ 运动或作业时间最短；

⑦ 操作力最大化或限界最小化；

等等单项评价函数或它们之间多个单项指标组合评价函数。

对于摆荡抓杆移动的Brachaiate机器人也同样存在上述①～⑥项单项评价函数。

最优控制在其为求解泛函极值问题所建数学模型的表达上，是以应用数学中最优化理论与方法中的最优化一般表达形式来表达的。但是，最优控制理论与方法同最优化理论与方法是有本质区别的。最优方法与优化设计一般是指在可行域（或称解空间）内寻求一个使最优目标值最大（或最小）的最优解“点”即 $[\boldsymbol{x}^*, f(\boldsymbol{x}^*)]$，是确定的最优解值，显然，最优解是非时变的，而最优控制则是在解空间内寻求一个随时间 t 变化的最优解函数 $\boldsymbol{u}(t)$、$\boldsymbol{x}(t)$（或曲线、曲面，乃至多维时变函数）作为最优控制 $\boldsymbol{u}^*(t)$ 及轨线 $\boldsymbol{x}^*(t)$。

8.6.2 机器人最优控制输入求解问题的最优化表达

已知机器人非线性系统的通用方程（即可由拉格朗日法或牛顿-欧拉法推导出的机器人

微分运动方程式）为：

$$\dot{\boldsymbol{x}}=\boldsymbol{f}(\boldsymbol{x},\boldsymbol{u})$$

式中　$\boldsymbol{x}$——n 维非线性系统状态变量矢量，且 $\boldsymbol{x}(0)=\boldsymbol{x}_0$；

$\boldsymbol{u}$——控制输入，是被包含在 r 维容许控制集合 $\boldsymbol{\Omega}$ 的函数；

$\boldsymbol{f}$——状态变量 $\boldsymbol{x}$、控制输入 $\boldsymbol{u}$、时间 t 的连续函数。

$\boldsymbol{x}$，$\boldsymbol{u}$——时间 t 的隐性函数，即 $\boldsymbol{x}=\boldsymbol{x}(t)$、$\boldsymbol{u}=\boldsymbol{u}(t)$，在最优控制中，只是为了表达简便略写了时间 t。机器人非线性系统 $\dot{\boldsymbol{x}}=\boldsymbol{f}(\boldsymbol{x},\boldsymbol{u})$ 的性能评价函数（或称评价函数）$\boldsymbol{J}$ 为：

$$J=N[\boldsymbol{x}(t_{\mathrm{f}})]+\int_0^{t_{\mathrm{f}}}L(\boldsymbol{x},\boldsymbol{u})\mathrm{d}t \tag{8-22}$$

式中　t_{f}——最优控制从开始到结束的终了时间。

则机器人的最优控制问题的一般化通用形式描述为：

$$\dot{\boldsymbol{x}}=\boldsymbol{f}(\boldsymbol{x},\boldsymbol{u})$$

$$\boldsymbol{J}=N[x(t_{\mathrm{f}})]+\int_0^{t_{\mathrm{f}}}L(\boldsymbol{x},\boldsymbol{u})\mathrm{d}t$$

最优控制的定义：就是对于由非线性系统方程 $\dot{\boldsymbol{x}}=\boldsymbol{f}(\boldsymbol{x},\boldsymbol{u})$ 及其评价函数式（8-22）给出的系统，求解使评价函数 J 为最小值时的控制输入 $\boldsymbol{u}(t)$（$0\leqslant t\leqslant t_{\mathrm{f}}^{\mathrm{d}}$），其中：$t_{\mathrm{f}}^{\mathrm{d}}$ 为最优控制从开始到结束的期望的终了时间。

最优控制输入求解问题本质上为非线性最优化问题求解方法。若给定控制输入 $\boldsymbol{u}(t)\in\boldsymbol{\Omega}$，则由系统方程在时间域 $[0,\ t_{\mathrm{f}}^{\mathrm{d}}]$ 内求状态变量 $\boldsymbol{x}(t)$，然后将其带入到评价函数中可求得评价值。如此迭代计算，可认为评价函数 J 是从集合 $\boldsymbol{\Omega}$ 到 $\mathbf{R}$ 的映射函数。也即可将评价函数表示为 $J(\boldsymbol{u})$。最终找到使评价函数 J 值最小的最优控制输入 $\boldsymbol{u}^*(t)$ 即可。

说明：

① 最优控制是对应于评价函数的，若评价函数不同，则其他的控制输入将成为其控制输入。

② 对于解析地求解最优控制问题，除二次形以外，用系统线性化的方法是无法求解的。

③ 最大值（或称极大值）原理也适用于最优控制问题的求解，但是，需要解决两点边界值问题，这不是一件容易的事。

④ 最现实的方法是用梯度法数值计算求解最优控制问题，也即本书后续内容中采用的方法。

⑤ $\dot{\boldsymbol{x}}=\boldsymbol{f}(\boldsymbol{x},\boldsymbol{u})$ 及 $J=N[\boldsymbol{x}(t_{\mathrm{f}})]+\int_0^{t_{\mathrm{f}}}L(\boldsymbol{x},\ \boldsymbol{u})\mathrm{d}t$ 都是为了简写而给出的隐含时间 t 的表达形式，完整的显式时间 t 的表达形式分别为 $\dot{\boldsymbol{x}}(t)=\boldsymbol{f}(\boldsymbol{x}(t),\boldsymbol{u}(t),t)$、$J(\boldsymbol{u})=N[\boldsymbol{x}(t_{\mathrm{f}})]+\int_0^{t_{\mathrm{f}}}L[\boldsymbol{x}(t),\boldsymbol{u}(t),t]\mathrm{d}t$ 。

⑥ 对于机器人的最优控制而言，评价函数 J 可以通过 8.3.1 节中给出的机器人运动或作业优化目标①～⑦项单项或单项加权组合的函数形式被定义或构建出来。

最优控制求解问题的最优化形式：

$$\text{Find}\quad \boldsymbol{u}\in\boldsymbol{\Omega}$$

$$\text{s.t.}\ \min J(\boldsymbol{u}) \tag{8-23}$$

求解式（8-23）给出的最优控制输入问题的约束条件式为：

① $\dot{\boldsymbol{x}}=\boldsymbol{f}(\boldsymbol{x},\boldsymbol{u}),\boldsymbol{x}(0)=x_0$，$t\in[0,t_f^d]$ 分别为非线性系统的状态方程和初始状态（初始条件）；

② $J=N[\boldsymbol{x}(t_f)]+\int_0^{t_f}L(\boldsymbol{x},\boldsymbol{u})\mathrm{d}t$ 为最优目标下的评价函数。

8.7 机器人最优控制问题的最优控制输入求解方法

8.7.1 求解机器人最优控制输入问题的梯度法

机器人最优控制问题的数学模型：式（8-23）及其约束条件（系统方程与初始条件、评价函数）。

要想求解式（8-23）给出的使评价函数 $J(\boldsymbol{u})$ 最小化的最优控制输入 $\boldsymbol{u}(t)$ 的问题，可以用梯度法进行数值计算求解。但是，却与通常的静态优化问题不同，控制输入 $\boldsymbol{u}$ 是在时间域［0，t_f^d］内定义的时间的函数 $\boldsymbol{u}(t)$，所以其求解问题有多方面复杂性。从接下来所讲的梯度法求解内容中感受到最优控制问题求解的复杂性。

梯度法求解最优控制输入问题的方法：

（1）定义梯度函数

为应用梯度法，首先需要解析地确定好合适的梯度函数，可定义为如下梯度函数：

$$\frac{\partial J(\boldsymbol{u})}{\partial \boldsymbol{u}}=-\frac{\partial H}{\partial \boldsymbol{u}} \tag{8-24}$$

式中，该梯度函数与在时间域［0，t_f^d］内定义的控制输入 $\boldsymbol{u}(t)$ 具有同维数。

H 是哈密尔顿函数。采用 n 维伴随变量 $\boldsymbol{p}$ 的哈密尔顿函数 H 定义如下：

$$H=\boldsymbol{p}^{\mathrm{T}}\boldsymbol{f}(\boldsymbol{x},\boldsymbol{u})-L(\boldsymbol{x},\boldsymbol{u}) \tag{8-25}$$

下面导入 n 维伴随变量 $\boldsymbol{p}$：

$$\frac{\partial \boldsymbol{p}}{\partial t}=-\left\{\frac{\partial}{\partial \boldsymbol{x}}([\boldsymbol{p}^{\mathrm{T}}\boldsymbol{f}(\boldsymbol{x},\boldsymbol{u})-L(\boldsymbol{x},\boldsymbol{u})])\right\}^{\mathrm{T}} \tag{8-26}$$

$$\boldsymbol{p}(t_f)=-\left\{\frac{\partial N[\boldsymbol{x}(t_f)]}{\partial \boldsymbol{x}(t_f)}\right\}^{\mathrm{T}} \tag{8-27}$$

（2）求控制输入 $\boldsymbol{u}$ 的微小变动量 $\delta\boldsymbol{u}$ 下评价函数 $\boldsymbol{J}$ 的变动量$[\boldsymbol{J}(\boldsymbol{u}+\delta\boldsymbol{u})-\boldsymbol{J}(\boldsymbol{u})]$

$$J(\boldsymbol{u}+\delta\boldsymbol{u})-J(\boldsymbol{u})=\int_0^{t_f}\left[\frac{\partial L(\boldsymbol{x}(t),\boldsymbol{u}(t))}{\partial \boldsymbol{x}}\delta\boldsymbol{x}(t)+\frac{\partial L(\boldsymbol{x}(t),\boldsymbol{u}(t))}{\partial \boldsymbol{u}}\delta\boldsymbol{u}(t)\right]\mathrm{d}t+\frac{\partial N[\boldsymbol{x}(t_f)]}{\partial \boldsymbol{x}(t_f)}\delta\boldsymbol{x}(t_f) \tag{8-28}$$

式（8-28）右侧函数 L 和 N 中的 $\boldsymbol{x}(t)$ 为采用控制输入 $\boldsymbol{u}(t)$ 时系统的解轨迹。$\boldsymbol{x}(t)$ 是如下变分方程式的解：

$$\frac{\mathrm{d}}{\mathrm{d}t}\delta\boldsymbol{x}(t)=\frac{\partial \boldsymbol{f}(\boldsymbol{x}(t),\boldsymbol{u}(t))}{\partial \boldsymbol{x}}\delta\boldsymbol{x}(t)+\frac{\partial \boldsymbol{f}(\boldsymbol{x}(t),\boldsymbol{u}(t))}{\partial \boldsymbol{u}}\delta\boldsymbol{u}(t) \tag{8-29}$$

$$\delta\boldsymbol{x}(0)=0 \tag{8-30}$$

式（8-29）等号右侧函数 $\boldsymbol{f}$ 偏微分中的 $\boldsymbol{x}(t)$ 仍然是采用控制输入 $\boldsymbol{u}(t)$ 时系统的解轨迹。

由伴随变量 $\boldsymbol{p}(t)$ 的微分方程式（8-26）可得如下方程式（8-31）：

$$[\boldsymbol{p}(t)^{\mathrm{T}}\delta\boldsymbol{x}(t)]_0^{t_f}=\int_0^{t_f}\frac{\mathrm{d}}{\mathrm{d}t}[\boldsymbol{p}(t)]^{\mathrm{T}}\delta\boldsymbol{x}(t)\mathrm{d}t=\int_0^{t_f}[\dot{\boldsymbol{p}}(t)^{\mathrm{T}}\delta\boldsymbol{x}(t)+\boldsymbol{p}(t)^{\mathrm{T}}\delta\dot{\boldsymbol{x}}(t)]\mathrm{d}t \tag{8-31}$$

由（8-27）式和（8-30）、（8-31）式可得：

$$[\boldsymbol{p}(t)^{\mathrm{T}}\delta\boldsymbol{x}(t)]_0^{t_f}=\boldsymbol{p}(t_f)^{\mathrm{T}}\delta\boldsymbol{x}(t_f)-\boldsymbol{p}(0)^{\mathrm{T}}\delta\boldsymbol{x}(0)=-\frac{\partial N[\boldsymbol{x}(t_f)]}{\partial\boldsymbol{x}(t_f)}\delta\boldsymbol{x}(t_f) \tag{8-32}$$

由式（8-31）、式（8-32）两式等号右侧相等并分别代入式（8-26）、式（8-29）得：

$$\int_0^{t_f}\left[\frac{\partial L(\boldsymbol{x}(t),\boldsymbol{u}(t))}{\partial\boldsymbol{x}}\delta\boldsymbol{x}(t)+\boldsymbol{p}(t)^{\mathrm{T}}\frac{\partial\boldsymbol{f}(\boldsymbol{x}(t),\boldsymbol{u}(t))}{\partial\boldsymbol{u}}\delta\boldsymbol{u}(t)\right]\mathrm{d}t+\frac{\partial N[\boldsymbol{x}(t_f)]}{\partial\boldsymbol{x}(t_f)}\delta\boldsymbol{x}(t_f)=0 \tag{8-33}$$

联立式（8-28）与式（8-33），可得下列评价函数的变分式：

$$\begin{aligned}J(\boldsymbol{u}+\delta\boldsymbol{u})-J(\boldsymbol{u})&=\int_0^{t_f}\left[-\boldsymbol{p}(t)^{\mathrm{T}}\frac{\partial\boldsymbol{f}(\boldsymbol{x}(t),\boldsymbol{u}(t))}{\partial\boldsymbol{u}}\delta\boldsymbol{u}(t)+\frac{\partial L(\boldsymbol{x}(t),\boldsymbol{u}(t))}{\partial\boldsymbol{u}}\delta\boldsymbol{u}(t)\right]\mathrm{d}t\\&=\int_0^{t_f}-\left\{\frac{\partial H}{\partial\boldsymbol{u}}\right\}\delta\boldsymbol{u}(t)\mathrm{d}t\end{aligned}$$

$$J(\boldsymbol{u}+\delta\boldsymbol{u})-J(\boldsymbol{u})=\int_0^{t_f}-\left\{\frac{\partial H}{\partial\boldsymbol{u}}\right\}\delta\boldsymbol{u}(t)\mathrm{d}t \tag{8-34}$$

至此，通过梯度函数可以求解最优控制问题。但是，为求得最优解，函数 $J(\boldsymbol{u})$ 须是单峰的，或者控制输入 $\boldsymbol{u}(t)$ 的初值（初始函数）需要充分接近最优值。

8.7.2　梯度法求解机器人最优控制输入的数值解法算法与流程

以上讲述了求解最优控制输入问题的梯度法理论与方法。下面接着给出这种求解方法的数值解算法与计算流程图。由于最优控制理论与算法涉及“变分法与最优控制理论”的基础知识较多，所以整个这一章的内容供有相应基础的读者参考。

1）梯度法求解机器人最优控制输入的数值解法算法：如下所述各步骤。

① 求控制输入 $\boldsymbol{u}(t)$，$t\in[0,t_f]$ 的初值；

② 由龙格库塔法等数值积分等方法求解系统方程式，求 $\boldsymbol{x}(t)$，$t\in[0,t_f]$；

③ 利用②所求得的 $\boldsymbol{x}(t)$，同样地用数值积分法求伴随系统微分方程式（8-26）$\frac{\partial\boldsymbol{p}}{\partial t}=-\left\{\frac{\partial}{\partial\boldsymbol{x}}([\boldsymbol{p}^{\mathrm{T}}\boldsymbol{f}(\boldsymbol{x},\boldsymbol{u})-L(\boldsymbol{x},\boldsymbol{u})])\right\}^{\mathrm{T}}$（其中：伴随变量的终了时刻值为 $\boldsymbol{p}(t_f)=-\left\{\frac{\partial N(\boldsymbol{x}(t_f))}{\partial\boldsymbol{x}(t_f)}\right\}^{\mathrm{T}}$）的解 $\boldsymbol{p}(t)$，$t\in[0,t_f]$。但此时是用逆序时间即从 t_f 到 0 去求解；

④ 把求得的 $\boldsymbol{x}(t)$ 和 $\boldsymbol{p}(t)$ 代入到梯度函数中求得梯度函数 $\boldsymbol{g}(t)$，$t\in[0,t_f]$；

⑤ 若 $\boldsymbol{g}(t)\cong\boldsymbol{0}$，则此时的 $\boldsymbol{u}(t)$ 即为最优控制，得解，否则进入下一步；

⑥ 用最速下降法或共轭梯度法由 $\boldsymbol{g}(t)=-\partial H/\partial\boldsymbol{u}$ 求得 $\boldsymbol{h}(t)$；

⑦ 设 $\hat{\boldsymbol{u}}(t)=\boldsymbol{u}(t)+\alpha\boldsymbol{h}(t)$，用此控制输入解系统方程式，求评价函数 $J(\hat{\boldsymbol{u}})$ 值。改变步长 α 的值重复迭代计算，确定使 $J(\hat{\boldsymbol{u}})$ 值最小的 α 值；

⑧ 置 $\boldsymbol{u}(t)\leftarrow\hat{\boldsymbol{u}}(t)$，$\hat{\boldsymbol{g}}(t)\leftarrow\boldsymbol{g}(t)$，$\hat{\boldsymbol{h}}(t)\leftarrow\boldsymbol{h}(t)$，返回②。

2）梯度法求解机器人最优控制输入的数值解法算法：如图 8-1 所示。

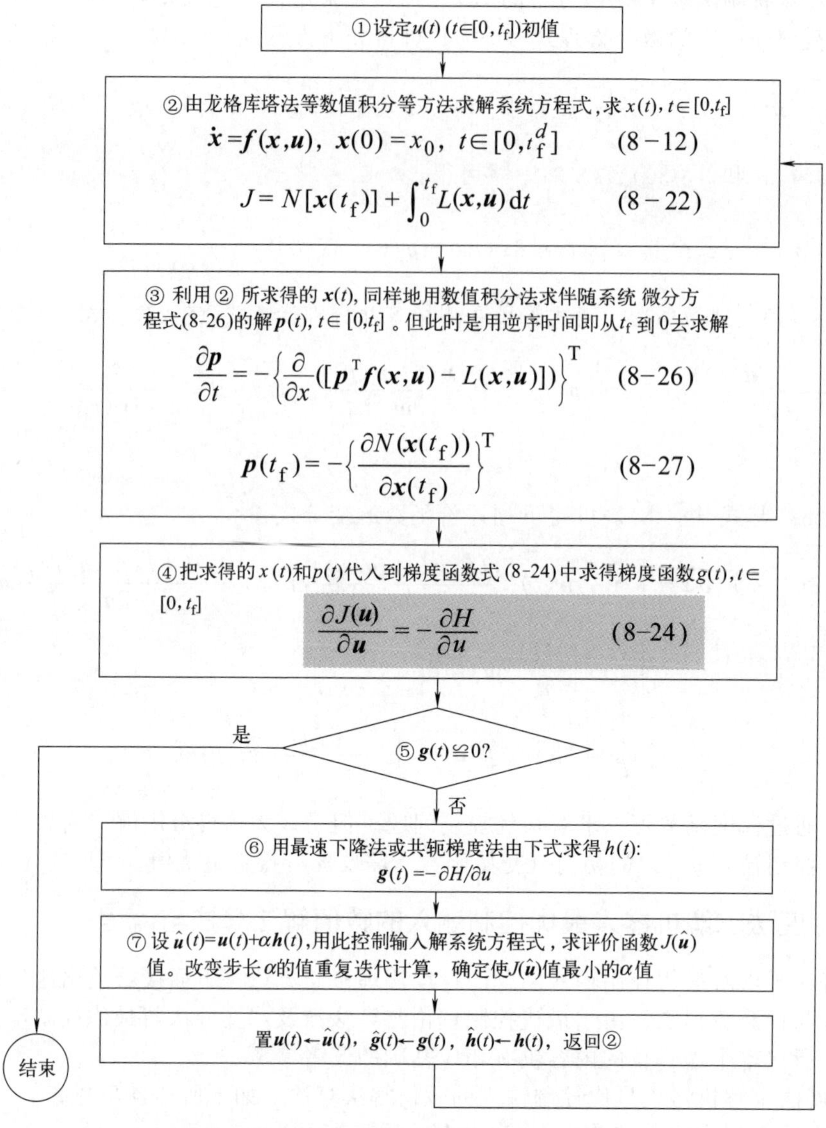

图 8-1 最优控制问题的数值解法算法流程图

8.8 机器人最短时间控制

8.8.1 机器人最短时间控制的形式化

作为机器人最优控制应用问题之一，这里以机器人最短时间控制为例，讲解其最优控制的形式化问题。对于工业机器人而言，其作业时间是一项极其重要的性能指标。如果一台工业机器人作业时间缩短一半，就相当于比原来多了一台工业机器人工作。因此，应努力开发作业时间最短的机器人。为缩短机器人的作业时间，不只改善系统硬件，还需尝试使机器人作业时间最短的最优控制方法。实验已经证实：这种控制方法比通常的 PTP 控制，用相同的硬件条件可以缩短定位时间。下面讲解机器人操作臂的最短时间控制形式化建模问题。

(1) n 自由度机器人操作臂的状态方程描述

设关节位置矢量 $\boldsymbol{q}$ 为 $n\times1$ 矢量，$\boldsymbol{q}=[q_1 \quad q_2 \quad \cdots \quad q_n]^{\mathrm{T}}$；关节驱动力矩矢量 $\boldsymbol{\tau}$ 为 $n\times1$ 矢量，$\boldsymbol{\tau}=[\tau_1 \quad \tau_2 \quad \cdots \quad \tau_n]^{\mathrm{T}}$；控制输入量 $\boldsymbol{u}$ 同为 $n\times1$ 维矢量，$\boldsymbol{u}=[u_1 \quad u_2 \quad \cdots \quad u_n]^{\mathrm{T}}=\boldsymbol{\tau}$；机器人系统状态变量分别为 $\boldsymbol{x}=[\boldsymbol{x}_1 \quad \boldsymbol{x}_2]^{\mathrm{T}}$，则：$\boldsymbol{x}_2=\dot{\boldsymbol{x}}_1$；$\boldsymbol{x}_1=\boldsymbol{q}$；$\boldsymbol{x}=[\boldsymbol{x}_1 \quad \boldsymbol{x}_2]^{\mathrm{T}}$。

对于给定的机器人操作臂通过其运动方程可写出具体状态方程 $\dot{\boldsymbol{x}}(t)=\boldsymbol{A}\boldsymbol{x}(t)+\boldsymbol{B}\boldsymbol{u}(t)$，并简写为：

$$\dot{\boldsymbol{x}}=\boldsymbol{A}\boldsymbol{x}+\boldsymbol{B}\boldsymbol{u} \tag{8-35}$$

(2) n 自由度机器人操作臂最短时间控制问题的评价函数

设关节位置矢量 $\boldsymbol{q}$ 的目标值为 $\boldsymbol{q}^*=[q_1{}^* \quad q_2{}^* \quad \cdots \quad q_n{}^*]^{\mathrm{T}}$，最优控制作业终了时间为 t_{f}，则通用的最优控制评价函数 J 为：

$$J=N[\boldsymbol{x}(t_{\mathrm{f}})]+\int_0^{t_{\mathrm{f}}} L(\boldsymbol{x},\boldsymbol{u})\mathrm{d}t \tag{8-36}$$

对机器人操作臂最短时间控制，分别定义 $N[\boldsymbol{x}(t_{\mathrm{f}})]$ 和 $L(\boldsymbol{x},\boldsymbol{u})$。

定义终了状态约束评价函数 $N[\boldsymbol{x}(t_{\mathrm{f}})]$ 为：

$$N[\boldsymbol{x}(t_{\mathrm{f}})]=[\boldsymbol{x}_1(t_{\mathrm{f}})-\boldsymbol{q}^*]^{\mathrm{T}}\boldsymbol{\gamma}_1[\boldsymbol{x}_1(t_{\mathrm{f}})-\boldsymbol{q}^*]+[\boldsymbol{x}_2(t_{\mathrm{f}})]^{\mathrm{T}}\boldsymbol{\gamma}_2[\boldsymbol{x}_2(t_{\mathrm{f}})] \tag{8-37}$$

式中，$\boldsymbol{\gamma}_1$ 和 $\boldsymbol{\gamma}_2$ 分别为对角矩阵，且主对角线上元素皆为适当且为正的常数，相当于加权系数；$\boldsymbol{q}^*$ 为关节角矢量的期望目标值；式 (8-37) 等号右边第一项为终了时刻关节角矢量位置偏差项，第二项为终了时刻关节速度平方项，期望两项皆为最小、两项加权后的和也最小即达最优控制目标，从而求得最优目标下的最优控制输入。

将机器人操作臂最短时间控制评价函数项中 $L(\boldsymbol{x},\boldsymbol{u})$ 定义为常数 1，即：

$$L(\boldsymbol{x},\boldsymbol{u})=1 \tag{8-38}$$

则有：

$$\int_0^{t_{\mathrm{f}}} L(\boldsymbol{x},\boldsymbol{u})\mathrm{d}t=\int_0^{t_{\mathrm{f}}} 1\mathrm{d}t=t_{\mathrm{f}} \tag{8-39}$$

之所以将 $L(\boldsymbol{x},\boldsymbol{u})$ 定义为常数 1，是因为其对时间积分恰好如式 (8-40) 所示，积分结果为 t_{f}。这正好意味着总的评价函数 J 中含有：$\min J=\min(N+t_{\mathrm{f}})\rightarrow\min t_{\mathrm{f}}$。则得 n 自由度机器人操作臂最短时间控制问题的评价函数为：

$$J=N[\boldsymbol{x}(t_{\mathrm{f}})]+\int_0^{t_{\mathrm{f}}} 1\mathrm{d}t \tag{8-40}$$

式中，$N[\boldsymbol{x}(t_{\mathrm{f}})]=[\boldsymbol{x}_1(t_{\mathrm{f}})-\boldsymbol{q}^*]^{\mathrm{T}}\boldsymbol{\gamma}_1[\boldsymbol{x}_1(t_{\mathrm{f}})-\boldsymbol{q}^*]+[\boldsymbol{x}_2(t_{\mathrm{f}})]^{\mathrm{T}}\boldsymbol{\gamma}_2[\boldsymbol{x}_2(t_{\mathrm{f}})]$，其中：$\boldsymbol{\gamma}_1$ 和 $\boldsymbol{\gamma}_2$ 分别为对角矩阵，且主对角线上元素皆为适当且为正的常数；$\boldsymbol{x}(0)=x_0$；$t\in[0,t_{\mathrm{f}}^d]$。

至此，汇总得到的 n 自由度机器人操作臂最短时间控制形式化的完整数学模型为：

① 求解最优化问题：Find $\boldsymbol{u}(t)\in\Omega$　s. t. $\min J[\boldsymbol{u}(t)]$

② 系统方程与状态方程：$\dot{\boldsymbol{x}}(t)=\boldsymbol{f}(\boldsymbol{x}(t))$

$\dot{\boldsymbol{x}}(t)=\boldsymbol{A}\boldsymbol{x}(t)+\boldsymbol{B}\boldsymbol{u}(t)$

③ 评价函数：$J=N[\boldsymbol{x}(t_{\mathrm{f}})]+\int_0^{t_{\mathrm{f}}} 1\mathrm{d}t$，式中：$N[\boldsymbol{x}(t_{\mathrm{f}})]=[\boldsymbol{x}_1(t_{\mathrm{f}})-\boldsymbol{q}^*]^{\mathrm{T}}\boldsymbol{\gamma}_1[\boldsymbol{x}_1(t_{\mathrm{f}})-\boldsymbol{q}^*]+[\boldsymbol{x}_2(t_{\mathrm{f}})]^{\mathrm{T}}\boldsymbol{\gamma}_2[\boldsymbol{x}_2(t_{\mathrm{f}})]$；$\boldsymbol{x}(0)=x_0$；$t\in[0,t_{\mathrm{f}}^d]$。

以上已完成机器人操作臂的最短时间控制形式化建模问题。剩下的工作就是用前述的梯度法去求解作业时间最短下的最优控制输入 $\boldsymbol{u}(t)$ 的解的数值计算问题了。

8.8.2 2-DOF 平面机器人最短时间控制的实验及结果

作为机器人操作臂最优控制实例，本节仅限于结合 SICE-DD 机器人操作臂说明以作业时间最短为最优目标的最优控制问题。而且，讨论让 SICE-DD 操作臂从停止在某一姿态下开始以 PTP 控制方式移动末端操作器到目标点的时间最优控制。

（1）2-DOF 回转关节平面串联机构的机器人操作臂系统及其机构运动学、动力学方程

如图 8-2 所示为 2-DOF 的 SICE-DD 机器人操作臂系统实物照片。SICE 为日本计测与自动控制学会出品之意，DD 为直接驱动（directed drive）的英文缩写。SICE-DD 是日本计测与自动控制学会为普及机器人控制理论与技术教育而制作的直接驱动式平面两自由度回转关节型机器人系统。机器人机械系统本身对末端精度影响因素少的情况下，更能反映控制系统的控制精度的高低与优劣。对于 SICE-DD 机器人来说，除了两个轴线平行的回转关节之间的机构参数误差对机械本体精度有影响，基本上由控制系统的控制精度来决定机器人末端的定位精度，更能真实地反映出所用控制理论和方法的有效性。因此，选择低速大扭矩的力矩电动机作为直接驱动 SICE-DD 机器人关节的原动机部件，适于用来研究基于模型的控制理论与方法的实验用机器人对象。

直接驱动式机器人 SICE-DD 本体：如图 8-3 所示，2-DOF 水平面内回转关节串联杆件机器人操作臂系统由力矩电动机 1、2 各自独立直接驱动机器人关节 1、关节 2 转动，关节与力矩电动机之间没有任何机械传动系统或减速器，即力矩电动 i 的输出轴直接连接杆件 i（$i=1$，2）；测量所受外部环境（即作业对象物）的力并用于力反馈控制的 6 维力/力矩传感器安装在 SICE-DD 机器人操作臂的末端。

SICE-DD 的规格与性能参数：

两根臂杆杆长 L_1、L_2 均为 200mm；

关节 1、2 最大驱动力矩分别为 70、15（N·m）；

关节 1、2 最大转速分别为 720、864（°/s）；

关节 1、2 回转角度范围分别为±90°、±120°；

末端最大合成速度（无负载时）为 8m/s。

特点：小型 2 自由度直接驱动操作臂；速度/力矩指令；控制器 I/O 开放；易于使用计算机控制；安装力传感器进行力控制。

图 8-2 2-DOF 的 SICE-DD 机器人操作臂系统实物照片

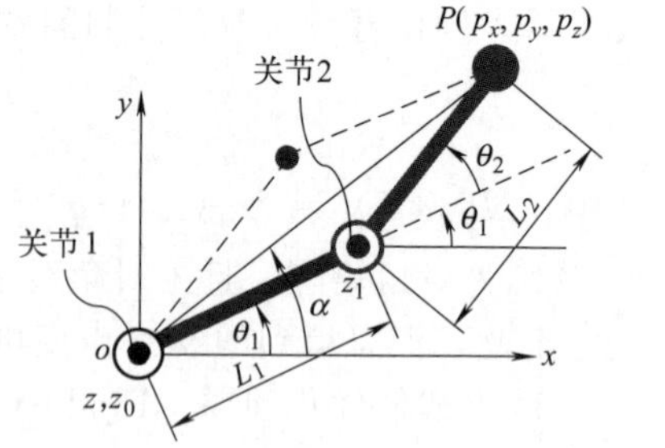

图 8-3 2-DOF 平面机器人机械臂机构

SICE-DD 的机构运动学、动力学：水平面内运动的 2-DOF 机器人操作臂通用的运动学分析（正、逆运动学解方程、雅可比矩阵）已经在本书第 3 章的 3.3.3.2、3.4.2.1、3.5.2 节分别给出，可以直接使用，此处不再赘述；水平面内运动的 2-DOF 机器人操作臂的通用的动力学分析（正、逆动力学方程）在本书的第 4 章 4.4.1 节已经给出，这里只给出其动力学方程的推导结果如下。

SICE-DD 机器人动力学方程：设 m_i、I_i 分别为杆件 i 的质量和绕质心的惯性矩；l_i、r_i 分别为杆件 i 的长度和关节 i 到杆件 i 质心的距离；θ_i 为关节 i 的角度；τ_i 为施加在关节 i 上的驱动力矩。第一关节中心为坐标系 Oxy 原点，机器人在水平面内运动。则：

$$\boldsymbol{M}(\boldsymbol{\theta})\ddot{\boldsymbol{\theta}}+\boldsymbol{C}(\boldsymbol{\theta},\dot{\boldsymbol{\theta}})+\boldsymbol{B}\dot{\boldsymbol{\theta}}+\boldsymbol{D}(\dot{\boldsymbol{\theta}})=\boldsymbol{\tau} \tag{8-41}$$

式中，$\boldsymbol{\theta}=[\theta_1 \quad \theta_2]^{\mathrm{T}}$；$\boldsymbol{\tau}=[\tau_1 \quad \tau_2]^{\mathrm{T}}$；$\boldsymbol{M}(\boldsymbol{\theta})\ddot{\boldsymbol{\theta}}$ 是惯性力矩项；$\boldsymbol{C}(\boldsymbol{\theta},\dot{\boldsymbol{\theta}})$ 是离心力、科氏力（力矩）项；$\boldsymbol{B}\dot{\boldsymbol{\theta}}$ 为黏性摩擦力（力矩）项；$\boldsymbol{D}(\dot{\boldsymbol{\theta}})$ 是动摩擦力（力矩）项。且各项或系数矩阵或向量分别为：

$$\boldsymbol{M}(\boldsymbol{\theta})=\begin{bmatrix} M_1+2R\cos\theta_2 & M_2+2R\cos\theta_2 \\ M_2+2R\cos\theta_2 & M_2 \end{bmatrix}$$

$$\boldsymbol{C}(\boldsymbol{\theta},\dot{\boldsymbol{\theta}})=\begin{bmatrix} -2R\dot{\theta}_1\dot{\theta}_2\sin\theta_2-\mathrm{R}\dot{\theta}_2^2\sin\theta_2 \\ R\dot{\theta}_1^2\sin\theta_2 \end{bmatrix}$$

$$\boldsymbol{B}=\begin{bmatrix} B_1 & 0 \\ 0 & B_2 \end{bmatrix}$$

$$\boldsymbol{D}(\dot{\boldsymbol{\theta}})=\begin{bmatrix} D_1\sin\dot{\theta}_1 \\ D_2\sin\dot{\theta}_2 \end{bmatrix}$$

$$M_1=I_1+I_2+m_1r_1^2+m_2(l_1^2+r_2^2)$$

$$M_2=I_2+m_2r_1^2$$

$$R=m_2r_2l_1$$

SICE-DD 机器人动力学方程式（8-41）的半展开式为：

$$\begin{bmatrix} M_1+2R\cos\theta_2 & M_2+2R\cos\theta_2 \\ M_2+2R\cos\theta_2 & M_2 \end{bmatrix}\cdot\begin{bmatrix} \ddot{\theta}_1 \\ \ddot{\theta}_2 \end{bmatrix}+\begin{bmatrix} -m_2l_1r_2(\dot{\theta}_2^2+2\dot{\theta}_1\dot{\theta}_2)\sin\theta_2 \\ m_2l_1r_2\dot{\theta}_1^2\sin\theta_2 \end{bmatrix}=\begin{bmatrix} \tau_1 \\ \tau_2 \end{bmatrix} \tag{8-42}$$

SICE-DD 机器人动力学方程式（8-41）显现的线性化参数形式下的表示为：

$$\boldsymbol{Ya}=\boldsymbol{\tau} \tag{8-43}$$

式中，$\boldsymbol{a}$ 是机器人操作臂的基底参数列矢量；机器人运动方程式是关于 $\boldsymbol{a}$ 的线性代数方程式。由线性自适应系统或参数识别方法，参数 $\boldsymbol{a}$ 是可以识别出来的。

$$\boldsymbol{Y}=\begin{bmatrix} Y_{11} & Y_{12} & Y_{13} & Y_{14} & Y_{15} \\ Y_{21} & Y_{22} & Y_{23} & Y_{24} & Y_{25} \end{bmatrix};\ \boldsymbol{a}=[a_1 \quad a_2 \quad a_3 \quad a_4 \quad a_5]^{\mathrm{T}};\ \boldsymbol{\tau}=[\tau_1 \quad \tau_2]^{\mathrm{T}};$$

$Y_{11}=\ddot{\theta}_1$；$Y_{12}=\ddot{\theta}_1+\ddot{\theta}_2$；$Y_{13}=(2\ddot{\theta}_1+\ddot{\theta}_2)\cos\theta_2+(\dot{\theta}_1^2-\dot{\theta}_3^2)\sin\theta_2$；$\theta_3=\theta_1+\theta_2$；$Y_{14}=\dot{\theta}_1$；$Y_{15}=0$；

$Y_{21}=0$；$Y_{22}=\ddot{\theta}_1+\ddot{\theta}_2$；$Y_{23}=\ddot{\theta}_1\cos\theta_2+\dot{\theta}_1^2\sin\theta_2$；$Y_{24}=0$；$Y_{25}=\dot{\theta}_2$；$a_1=I_1+r_1^2m_1+l_1^2m_2$；$a_2=I_2+r_2^2m_2$；$a_3=r_2l_1m_2$；$a_4=d_1$；$a_5=d_2$。

SICE-DD 机器人动力学方程式（8-41）完全展开成解方程的形式为：

$$\begin{cases} \ddot{\theta}_1(I_1+r_1^2m_1+l_1{}^2m_2+r_2l_1m_2\cos\theta_2)+(\ddot{\theta}_1+\ddot{\theta}_2)(I_2+r_2^2m_2+r_2l_1m_2\cos\theta_2) \\ +\dot{\theta}_1^2(r_2l_1m_2\sin\theta_2)-(\dot{\theta}_1+\dot{\theta}_2)^2(r_2l_1m_2\sin\theta_2)+\dot{\theta}_1d_1=\tau_1 \\ (\ddot{\theta}_1+\ddot{\theta}_2)(I_2+r_2^2m_2)+\ddot{\theta}_1(r_2l_1m_2\sin\theta_2)+\dot{\theta}_1^2(r_2l_1m_2\sin\theta_2)+\dot{\theta}_2d_2=\tau_2 \end{cases} \tag{8-44}$$

（2）SICE-DD 机器人操作臂系统的状态方程和评价函数

把 SICE-DD 操作臂的各关节角度 θ_1、θ_2 及其角速度设为状态变量，把关节驱动力矩 τ_1、τ_2 设为控制输入，且定义：$x_1=\theta_1$；$x_2=\theta_2$；$x_3=\dot{x}_1=\dot{\theta}_1$；$x_4=\dot{x}_2=\dot{\theta}_2$，$\boldsymbol{x}=[x_1\quad x_2]^{\mathrm{T}}$；$\dot{\boldsymbol{x}}=[x_3\quad x_4]^{\mathrm{T}}=[\dot{x}_1\quad \dot{x}_2]^{\mathrm{T}}$；$u_1=\tau_1$；$u_2=\tau_2$；$\boldsymbol{u}=[u_1\quad u_2]^{\mathrm{T}}$，则机器人的状态方程可表达成式（8-45）。

SICE-DD 机器人操作臂系统的状态方程：

$$\frac{\mathrm{d}}{\mathrm{d}t}\begin{bmatrix}x_1\\x_2\\x_3\\x_4\end{bmatrix}=\begin{bmatrix}x_3\\x_4\\\phi_1(x_2,x_3,x_4)\\\phi_2(x_2,x_3,x_4)\end{bmatrix}+\begin{bmatrix}0&0\\0&0\\\psi_{11}(x_2)&\psi_{12}(x_2)\\\psi_{21}(x_2)&\psi_{22}(x_2)\end{bmatrix}\cdot\begin{bmatrix}u_1\\u_2\end{bmatrix}\tag{8-45}$$

式中，函数 ϕ 和函数 ψ 是由前述 SICE-DD 机器人操作臂的运动方程式（8-44）得到的，并且省略了动摩擦项 $\boldsymbol{D}$（$\dot{\boldsymbol{\theta}}$）。函数 ϕ 和函数 ψ 分别为：

$$\begin{bmatrix}\psi_{11}(x_2)&\psi_{12}(x_2)\\\psi_{21}(x_2)&\psi_{22}(x_2)\end{bmatrix}=\begin{bmatrix}M_1+2R\cos x_2&M_2+R\cos x_2\\M_2+R\cos x_2&M_2\end{bmatrix}^{-1}=\begin{bmatrix}\dfrac{M_2}{\xi_1}&\dfrac{\xi_2}{\xi_1}\\\dfrac{\xi_2}{\xi_1}&\dfrac{\xi_6}{\xi_1}\end{bmatrix}\tag{8-46}$$

$$\begin{bmatrix}\phi_1(x_2,x_3,x_4)\\\phi_2(x_2,x_3,x_4)\end{bmatrix}=\begin{bmatrix}\psi_{11}(x_2)&\psi_{12}(x_2)\\\psi_{21}(x_2)&\psi_{22}(x_2)\end{bmatrix}\cdot\begin{bmatrix}2Rx_3x_4\sin x_2+Rx_4^2\sin x_2-B_1x_3\\-Rx_3^2\sin x_2-B_2x_4\end{bmatrix}=\begin{bmatrix}\dfrac{\xi_2\xi_3+M_2\xi_5}{\xi_1}\\\dfrac{\xi_2\xi_5+M_3\xi_6}{\xi_1}\end{bmatrix}\tag{8-47}$$

式中，M_1、M_2、B_1、B_2、R 分别是前述 SICE-DD 机器人操作臂的参数；ξ_1、ξ_2、…、ξ_6 为后述的式（8-56）定义的函数。

SICE-DD 机器人操作臂系统的评价函数：最短时间控制问题是控制时间最小，评价函数 J 可写成如下形式：

$$J=N[\boldsymbol{x}(t_{\mathrm{f}})]+\int_0^{t_{\mathrm{f}}}1\mathrm{d}t\tag{8-48}$$

式中，$N[\boldsymbol{x}(t_{\mathrm{f}})]$ 表示终了状态的约束，为形如式（8-49）的二次函数：

$$N[\boldsymbol{x}(t_{\mathrm{f}})]=\gamma_1[x_1(t_{\mathrm{f}})-\theta_1^*]^2+\gamma_2[x_2(t_{\mathrm{f}})-\theta_2^*]^2+\gamma_3x_3^2(t_{\mathrm{f}})+\gamma_4x_4^2(t_{\mathrm{f}})\tag{8-49}$$

式中，初始状态为 $x_1(0)=x_{10}$，$x_2(0)=x_{20}$，时间域为 $t\in[0,t_{\mathrm{f}}^{\mathrm{d}}]$；$\theta_1^*$、$\theta_2^*$ 分别为关节 1、关节 2 的目标值；γ_1、γ_2、γ_3 皆为适当的正常数。

评价函数的选择方法不是唯一的，控制时间 t_{f} 是未确定的。但是：

① 当时间长短在 t_{f} 以上时，J 的最小值取为：$\min J=t_{\mathrm{f}}$；

② 当 t_{f} 过短时，即 $\min J>t_{\mathrm{f}}$，可反复由试行错误的方法确定控制时间 t_{f}。此处选择如下评价函数来实现采用哈密尔顿函数的最优控制：

$$\begin{aligned}H=&-1+p_1(t)x_3(t)+p_2(t)x_4(t)+p_3(t)\phi_1(x_2,x_3,x_4)+p_3(t)[\psi_{11}x_2u_1(t)\\&+\psi_{12}x_2u_2(t)]+p_4(t)\phi_2(x_2,x_3,x_4)+p_4(t)[\psi_{21}x_2u_1(t)+\psi_{22}x_2u_2(t)]\end{aligned}\tag{8-50}$$

伴随方程式（8-51）～式（8-54）及其终止条件式（8-55）如下：

$$\frac{\mathrm{d}}{\mathrm{d}t}p_1(t)=0\tag{8-51}$$

$$\begin{aligned}\frac{\mathrm{d}}{\mathrm{d}t}p_2(t)=&-\frac{\partial\phi_1}{\partial x_2}p_3(t)-\frac{\partial\phi_2}{\partial x_2}p_4(t)-\frac{\partial\psi_{11}}{\partial x_2}p_3(t)u_1(t)-\frac{\partial\psi_{12}}{\partial x_2}p_3(t)u_2(t)\\&-\frac{\partial\psi_{21}}{\partial x_2}p_4(t)u_1(t)-\frac{\partial\psi_{22}}{\partial x_2}p_4(t)u_2(t)\\=&-\left\{\frac{M_2\xi_4+\xi_3\xi_8-2\xi_2\xi_{11}}{\xi_1}-\frac{2(M_2\xi_5+\xi_2\xi_3)\xi_8\xi_9}{\xi_1^2}\right\}p_3(t)\\&-\left\{\frac{\xi_2\xi_4+\xi_5\xi_8-2\xi_3\xi_8-\xi_6\xi_{11}}{\xi_1}-\frac{2(\xi_2\xi_5+\xi_3\xi_6)\xi_8\xi_9}{\xi_1^2}\right\}p_4(t)\\&-\left\{-\frac{2M_2\xi_8\xi_9}{\xi_1^2}\right\}p_3(t)u_1(t)-\left\{\frac{\xi_8}{\xi_1}-\frac{2\xi_2\xi_8\xi_9}{\xi_1^2}\right\}p_3(t)u_2(t)\\&-\left\{\frac{\xi_8}{\xi_1}-\frac{2\xi_2\xi_8\xi_9}{\xi_1^2}\right\}p_4(t)u_1(t)\\&-\left\{-\frac{\xi_8}{\xi_1}-\frac{2\xi_6\xi_8\xi_9}{\xi_1^2}\right\}p_4(t)u_2(t)\end{aligned}\tag{8-52}$$

$$\begin{aligned}\frac{\mathrm{d}}{\mathrm{d}t}p_3(t)&=-p_1(t)-\frac{\partial\phi_1}{\partial x_3}p_3(t)-\frac{\partial\phi_2}{\partial x_3}p_4(t)\\&=-p_1(t)-\frac{M_2\xi_7-2\xi_2\xi_{10}}{\xi_1}p_3(t)-\frac{\xi_2\xi_7-2\xi_6\xi_{10}}{\xi_1}p_4(t)\end{aligned}\tag{8-53}$$

$$\begin{aligned}\frac{\mathrm{d}}{\mathrm{d}t}p_4(t)&=-p_2(t)-\frac{\partial\phi_1}{\partial x_4}p_3(t)-\frac{\partial\phi_2}{\partial x_4}p_4(t)\\&=-p_2(t)-\frac{M_2\xi_{12}-B_2\xi_2}{\xi_1}p_3(t)-\frac{\xi_2\xi_{12}-B_2\xi_6}{\xi_1}p_4(t)\end{aligned}\tag{8-54}$$

$$\begin{cases}p_1(t_{\mathrm{f}})=-2\gamma_1[x_1(t_{\mathrm{f}})-\theta_1^*]\\p_2(t_{\mathrm{f}})=-2\gamma_2[x_2(t_{\mathrm{f}})-\theta_2^*]\\p_3(t_{\mathrm{f}})=-2\gamma_3x_3(t_{\mathrm{f}})\\p_4(t_{\mathrm{f}})=-2\gamma_4x_4(t_{\mathrm{f}})\end{cases}\tag{8-55}$$

式中，ξ_1，ξ_2，…，ξ_{12} 设为以下函数：

$$\begin{aligned}&\xi_1=M_1M_2-M_2^2-R^2\cos^2x_2;\ \xi_2=-M_2-R\cos x_2;\ \xi_3=B_2x_4-Rx_3^2\sin x_2;\\&\xi_4=2Rx_3x_4\cos x_2+Rx_4^2\cos x_2;\ \xi_5=-B_1x_3+2Rx_3x_4\sin x_2+Rx_4^2\sin x_2;\\&\xi_6=M_1+2R\cos x_2;\ \xi_7=-B_1+2Rx_4\sin x_2;\ \xi_8=R\sin x_2;\ \xi_9=R\cos x_2;\\&\xi_{10}=Rx_3\sin x_2;\ \xi_{11}=Rx_3^2\cos x_2;\ \xi_{12}=2R(x_3+x_4)\sin x_2。\end{aligned}\tag{8-56}$$

由梯度函数表示的哈密尔顿函数式（8-50）可有式（8-57），即由：

$$\begin{aligned}H=&-1+p_1(t)x_3(t)+p_2(t)x_4(t)+p_3(t)\phi_1(x_2,x_3,x_4)+p_3(t)[\psi_{11}x_2u_1(t)\\&+\psi_{12}x_2u_2(t)]+p_4(t)\phi_2(x_2,x_3,x_4)+p_4(t)[\psi_{21}x_2u_1(t)+\psi_{22}x_2u_2(t)]\end{aligned}$$

可推得：
$$-\begin{bmatrix}\dfrac{\partial H}{\partial u_1}\\\dfrac{\partial H}{\partial u_2}\end{bmatrix}=-\begin{bmatrix}p_3(t)\psi_{11}+p_4(t)\psi_{12}\\p_3(t)\psi_{12}+p_4(t)\psi_{22}\end{bmatrix}=-\begin{bmatrix}p_3(t)M_2/\xi_1+p_4(t)\xi_2/\xi_1\\p_3(t)\xi_2/\xi_1+p_4(t)\xi_6/\xi_1\end{bmatrix}\tag{8-57}$$

即将按时间正序求解的状态变量 $x_2(t)$ 和时间逆序求解的伴随变量 $p_3(t)$、$p_4(t)$ 代入式（8-57）可求得各时刻下的梯度值。

（3）SICE-DD 机器人操作臂 PTP 最短时间控制实验

让 SICE-DD 操作臂从初始位置 $\theta_1=1\mathrm{rad}$、$\theta_2=0\mathrm{rad}$ 开始到目标位置 $\theta_1=\theta_2=0\mathrm{rad}$ 的最短时间定位控制。

讨论：这种 PTP 定位控制用通常的反馈控制即可实现控制目标。如此可把执行此控制得到的控制时间作为 t_f 的初始值，将该控制作为初始函数来进行获得最优控制的计算。当然，因为用该控制时间可以到达目标位置，所以评价函数的第 1 项 N 为零、积分项为 t_f。

此处，把得到的控制律作为如下反复迭代的初始控制输入函数，重复如下步骤：

① SET　$T_L=0$，$T_H=t_f$；

② IF　$J(u)=t_f$ THEN $T_H=t_f$；

③ IF　$J(u)>t_f$ THEN $T_L=t_f$；

④ IF　$T_H-T_L<\varepsilon$ THEN END；

⑤ SET　$t_f=(T_H+T_L)/2$；

⑥ 实现控制目标；

⑦ 返回②。

如此为了求得最短时间，重复几次迭代过程就可求解通常的最优控制问题。

1）无黏性摩擦下最短时间最优控制实验结果：用上述算法计算结果得到的最优轨迹如图 8-4 所示。

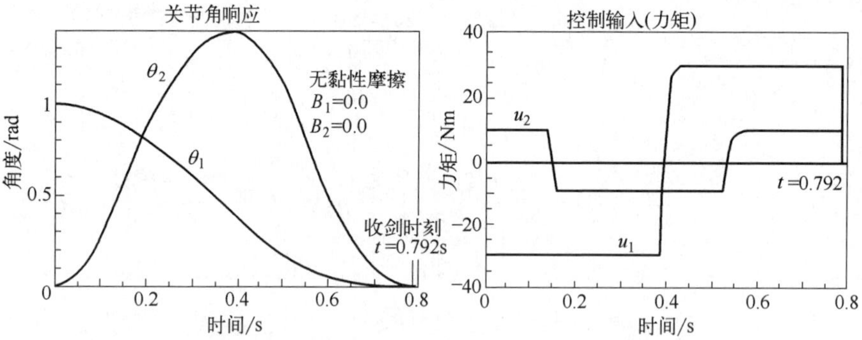

(a) 关节轨迹　　(b) 控制输入(关节力矩)

图 8-4　无黏性摩擦下最短时间最优控制曲线

2）有黏性摩擦下最短时间最优控制实验结果：用上述算法计算结果得到的最优轨迹如图 8-5 所示。

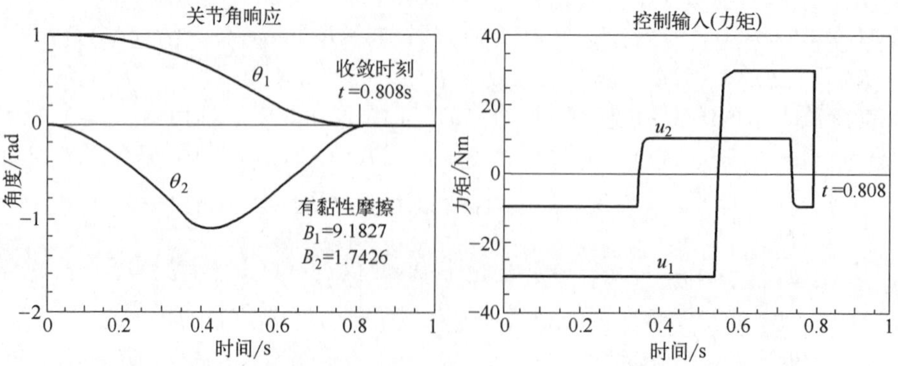

(a) 关节轨迹　　(b) 控制输入(关节力矩)

图 8-5　有黏性摩擦下最短时间最优控制曲线

3）由计算结果得到的结论：

① 从最优控制输入力矩曲线可知：计算得到的关节力矩随时间变化呈梯形波不够光滑。

② 将最优控制输入作为力矩指令驱动实际的机器人操作臂可实现最短时间控制，但是，为实现轨迹稳定的时变线性系统的开环控制必须施加线性反馈。

③ 如前所述，用简易的方法也可实现最短时间控制。即对于实际的机器人操作臂，构成速度控制系统，作为速度指令，应使用最短时间控制计算求得的速度。如此通过给定速度指令，能够近似地再现作为稳定闭环系统的最短时间控制。

④ 为完全收敛于目标点，在到达目标点附近阶段需要切换位置控制系统。

⑤ 查看最优轨迹曲线可知：无黏性摩擦的情况下巧妙地利用了第 2 杆件与初期相反方向振荡产生的惯性力反作用效果；考虑黏性摩擦的情况下通过第 2 杆件同向振荡以及摩擦力引起的反作用力使第 1 杆件加速。

8.9　本章小结

本章首先介绍了作为最优控制理论基础的变分法和最优控制的基本概念、形式化问题、最优控制问题的规范化类型、自由端点问题下的最大值原理、终了时刻（时间）可变动情况下的最大值原理。做好这些铺垫之后，作者结合机器人这一非线性系统，首先分析了机器人最优控制的实际问题，然后论述了机器人最优控制输入求解问题的最优化表达、求解机器人最优控制输入问题的梯度法、梯度法求解机器人最优控制输入的数值解法算法与流程，较为完整地给出了机器人最优控制的理论与方法。最后，通过 2-DOF 平面运动的机器人操作臂的最短时间控制实验实例讲述了最优控制理论与方法在机器人上的应用，并对不考虑摩擦和考虑摩擦两种情况下的最后控制计算结果进行了对比分析，给出了分析结果。

【思考题与习题】

8.1　何谓积分型泛函？试列举机器人运动控制中属于积分型泛函问题的具体例子，并用数学形式加以具体描述。

8.2　何谓最优控制问题？试用数学语言描述最优控制问题。

8.3　如何将 n 维的非定常系统问题转换成定常系统问题？

8.4　积分型泛函极值问题的欧拉方程组中都包含哪几类方程和条件？各是什么？求解最优控制问题的步骤分为哪几步？

8.5　何谓系统状态方程下的哈密尔顿函数？何谓最优控制中的协态变量（伴随变量）？最大值原理中哈密尔顿函数通常为什么样的形式？伴随变量与哈密尔顿函数是何数学关系？

8.6　何谓最优控制问题中的自由端点问题？可动边界问题？终端时刻的横截条件？

8.7　何谓最大值原理？最优控制输入 $\boldsymbol{u}$ 使哈密尔顿函数达到最大值时必须满足的状态方程、协态方程以及边界条件各是什么？

8.8　尝试用最优控制原理描述机器人分别在：①能量消耗最小；②驱动力矩最小；③运动或作业速度最快；④运动或作业时间最短；⑤操作力出力最大（或限界出力最小）时的作业问题。

8.9　试用最优控制的数学语言描述机器人最优控制输入求解问题的最优化表达形式（即机器人最优控制问题的数学模型）。

8.10　试简述用梯度法求解最优控制输入的方法。

8.11　求解机器人作业最短时间控制问题的数学模型都包含哪几项内容？各是什么？其各自的数学描述？

8.12　试以水平面内运动的两自由度串联杆件回转关节型机器人操作臂为例，从机器人机构运动学、动力学到最优控制建模、求解方法完整地论述解决机器人最短作业时间最优控制问题的主要内容。

8.13 已知：一水平面内运动的2自由度两杆串联回转关节型机器人操作臂的机构参数定义：m_i、I_i分别为杆件i的质量和绕质心的惯性矩；l_i、r_i分别为杆件i的长度和关节i到杆件i质心的长度；q_i为关节i的角度；τ_i为施加在关节i上的驱动力矩（$i=1$，2）。第一关节中心为坐标系Oxy原点。且已知$m_1=12.27\text{kg}$、$m_2=2.083\text{kg}$、$l_1=0.2\text{m}$、$l_2=0.2\text{m}$、$r_1=0.063\text{m}$、$r_2=0.080\text{m}$、$I_1=0.1149\text{kg}\cdot\text{m}^2$、$I_2=0.014\text{kg}\cdot\text{m}^2$。$\tau_i$为施加在关节$i$上的驱动力矩（$i=1$，2）。关节1、2期望的目标轨迹分别为：$q_{1\text{d}}=0.9\sin(4t)$、$q_{2\text{d}}=-1.8\sin(4t)$。

要求：利用本章最短时间控制的理论与算法，使用Matlab/Simulink或Matlab/Simulink与Adams工具软件进行操作臂从关节初始位置$[45° \quad 0°]^{\text{T}}$开始运动到目标位置$[0° \quad 0°]^{\text{T}}$的最短时间控制系统仿真模型“搭建”，以及忽略关节摩擦和考虑关节摩擦下的最短时间控制仿真，并对比分析最优控制下的关节轨迹、控制输入（关节力矩）的仿真结果。

第9章

机器人柔性臂的建模与控制

9.1 柔性臂建模基础

9.1.1 从刚性的工业机器人操作臂到机器人柔性臂

本书第 3 章到第 8 章所讲的机器人控制的机构学理论以及各种基于模型的控制理论与方法都是建立在构成机器人机械本体的构件为刚体的前提条件下的单台套机器人的控制理论与方法。其中，基于模型的控制也是以力学中的多刚体系统运动学、多刚体系统动力学为理论基础建立机器人运动学模型、动力学模型，以参数识别的理论和方法来获得机器人正运动学、逆运动学解和运动方程并用于机器人控制。本章之前的内容基本上把工业机器人操作臂控制的理论、方法与应用技术给大家较为全面、系统地讲解了！这些知识基本上汇总了1997 年以前由机器人控制理论与技术专家学者研究的成果，也可以说是在美、日、德等发达国家于 1980 年代走完的工业机器人产业化与普及应用的成熟技术之路过程中不断积累起来的知识财富。所讲所学的机器人控制理论、方法是建立在线性代数、刚体动力学、刚体机构学等理论基础上的，多数情况下，机器人操作臂控制问题都是把操作臂本身当作绝对刚体来处理的，即使是工业机器人，为了能够把操作臂看作刚体来处理，也尽量从设计、制造、控制等环节提高机械传动系统、驱动系统、机械本体杆件的刚度或控制器的增益，目的是使机器人操作臂在作业时不至于发生变形和振动。另外，在重力场中，机器人驱动系统必须首先克服机械本体自身的重力、重力矩，机器人运动部分质量越大，需要克服的重力、重力矩就越大，相对而言，末端负载能力就越小。因此，都希望设计、制造系统刚度高而质量轻的工业机器人操作臂，这样末端负载能力会相对得到提高。但臂的轻量化与由此而引起的臂刚度下降、振动问题显然是相互矛盾的。这也可以解释：为什么工业机器人制造商生产的工业机器人操作臂成品的技术指标中末端负载与自重的比值一般在 1∶10（注意：随着设计技术、材料科学与技术的不断发展与进步，该比值在不断地得到改进和提高，目前有的轻型机器人负载与自重比可以达到 1∶6）的原因之一。也就是说末端负载为 5kg 的工业机器人产品的自重一般为 50kg。设计、制造得如此厚重并不意味着轻量化的机器人本身会由于强度不足而导致带载后零部件产生疲劳、断裂性明显的机械损伤失效，一般来讲，工业机器人操作臂的失效并不是说零部件发生明显的断裂或疲劳破坏，而是指其末端定位精度已经超过了产品的技术指标，无法满足作业精度要求或者性能不稳定而退役，或者转而继续被用于精度要求不高的作业任务中去。二手机器人市场的存在恰恰说明了这一点。因此，设计制造轻量化的机器人主要受到机械本体刚度要求的限制。一般的机器人关节运动控制都采用机械本体高刚度前提下的高增益局部位置/速度反馈控制器。如果机器人机械本体刚度上不去或者传动系统回差较大，即使加大位置/速度反馈的增益也无济于事！有的人可能无法理解，说的这些与刚体动力学好像也没什么关系呀！其实不然，高刚度的机器人操作臂机械系统本身就是一个近似于绝对刚体系统动力学模型的系统，只不过存在于实际的机器人本体之上，也即被控对象实际模型。因此，工业机器人存在着两条主要的技术前进之路！一个是忍受自重过重而负载能力相对小前提下追求高精度技术；另一条则是轻量化设计制造相对提高末端负载能力，然后力求解决轻量化刚度相对下降带来的柔性、振动等问题，如同难于保证控制精度和性能长期稳定问题的柔性臂设计与制造、柔性机器人控制技术。

自 20 世纪 80 年代以后，低刚度的柔性机器人操作臂的研究开始盛行起来，初期研究以该类柔性臂的建模以及臂的振动控制为主题，直至 20 世纪 90 年代，面向实用化的柔性臂力控制和轨迹控制等研究逐渐广泛。柔性臂的研究主要分为两种情况，但仍然值得推敲：有的专家学者将机械系统刚度不足的工业机器人振动问题也归结为柔性臂研究的范畴，但其本身并不是柔性材料变形问题，而是刚性材料或者传动系统刚度不足或回差而导致的不确定的小“变形”，但相对于作业精度要求却并不小。而真正的柔性臂实际上是指靠柔性材料弹性变形来产生位移的机器人操作臂，或者是靠多节刚性体间相对运动而形成的“柔性”运动的操作臂。

与刚性机器人操作臂相比，机器人柔性臂的特点：

1）可以以整臂或整机包围抓取、捕获对象物。如空间技术领域的卫星捕获、回收可以用冗余、超冗余自由度的机器人操作臂来完成。这类机器人柔性臂可以是串联机构的操作臂，也可以是多个并联机构单元串联而成的串并联机构柔性臂。此外，地面上的应用可以是像蛇捕获、拖动猎物一样的仿生蛇形机器人。

2）柔性材质的柔性臂可以适应被操作对象物本身的几何形状并以本身的柔性保护被操作对象物不受损伤。如以气动人工肌肉兼作驱动器和机器人柔性本体的蛇形机器人、仿象鼻子柔性臂等可以靠柔性材料本身的弹性变形和变形的恢复来被动适应被操作对象物的几何形体并实现包围抓取、操作，这样的柔性机器人适用于操作中不破坏被操作物表面、脆性易碎物质等有安全可靠作业要求的情况下。

3）减缓冲击力或振动。柔性臂可以以弹性变形或冗余自由度的自运动特性和主动柔顺运动的控制方式，来达到减缓与作业对象物之间的冲击力或振动的目的。

4）柔性臂不易控制，尤其是中高速运动和中高位置精度要求下的运动目标难于控制，难于实时。

5）模型复杂、用于控制的计算量大。基于模型的机器人柔性臂的运动学、动力学模型以及计算量比同等条件下的刚性机器人操作臂复杂、计算量大。

6）主要应用于被操作对象物本身几何形状相对复杂、不规则的情况下，或者是要求被操作物表面不能受损伤、中低速运动的场合。通常定位精度、重复定位精度、轨迹精度都不高。

9.1.2 机器人柔性臂的类型及基本原理

首先从机构的角度来认识一下机器人柔性臂机构是如何获得柔性的。机器人柔性臂获得柔性大体有三种方式：

① 弹性材料的弹性变形方式：构成柔性臂的材质本身是由弹性材料制作而成并且通过弹性变形来获得柔性运动，如弹性杆件作为操作臂臂杆、气动人工肌肉原理的柔性臂、绳索与弹簧伺服驱动原理的仿生象鼻子柔性臂。

② 绳索驱动式：由绳索驱动的串联或串并联的多自由度刚性机构。

③ 多节刚体串联（或串并联混合）式：构成柔性臂的构件本身是刚体，由多个刚体构件通过运动副连接而成，并且各个构件之间联动或者独立驱动各个运动副而形成柔性运动。后者好比自行车、摩托车上链传动的链条，构成链条的链节、销轴等零件都是刚体，但是链节与链节之间可以相对转动，从而可以使链条任意弯曲而形成柔性（但不是弹性），不同的是机器人柔性臂的各个关节可能是有主动驱动的而不是自由状态下可以任意自由转动的“链节”。

机器人柔性臂柔性运动形成的基本原理主要有两大类，一是靠材料的弹性变形；二是靠多节式的刚体构件之间的相对运动。因此，本章将这两类机器人操作臂统称为机器人柔性臂，另外，蛇形机器人、冗余或超冗余自由度的机器人操作臂也可归为柔性臂之列。

本章主要讨论通过刚性主驱动下的关节连接柔性杆件的机器人柔性臂的建模与控制问题。

刚性关节-弹性杆件类柔性臂柔性运动产生的基本原理：刚性关节运动部分与通常的工业机器人操作臂关节运动完全相同，此处不再重复，而弹性杆件的柔性运动的形成可以分为主动驱动柔性、被动驱动柔性和主被动混合驱动柔性三种柔性运动方式，三者的基本原理分别为：

1）主动驱动柔性：是通过在与杆件根部连接的关节刚性运动输出部分和该弹性杆件之间设置对杆件施加能使其产生期望弹性变形的独立的主动驱动系统的驱动方式。

2）被动驱动柔性：是在刚性驱动的关节与柔性臂杆之间没有设置额外的主动驱动使杆件产生弹性变形，臂杆柔性运动（即弹性变形及其变化）是靠刚性关节加减速运动在与关节相连的有质量、惯性矩等惯性物理参数的弹性杆件上产生惯性力的作用下变形产生的，通过驱动、控制作为刚柔混合运动的刚性关节-弹性臂杆串联系统来实现机器人柔性臂的柔性运动目标（机器人柔性臂末端在参考坐标系中期望的位置和姿态乃至运动轨迹）。这种柔性驱动方式是三种柔性产生方式中最难控制柔性运动的一种，其最大的难点就在于柔性臂弹性运动产生振动成分中中高频振动难以得到有效抑制，从而导致运动不稳定甚至难以得到期望的位姿控制目标；再者即便是期望的柔性臂低速运动也伴随着弹性振动带来的振动衰减、抑制上的“速应性”差的问题。

3）主被动混合驱动柔性：即在与杆件根部连接的关节刚性运动输出部分和该弹性杆件之间对杆件施加能使其产生期望弹性变形的独立的主动驱动系统，又有刚性关节上的主动驱动系统对刚性关节-弹性杆件构成的刚柔混合系统进行驱动与被动控制弹性杆件上产生的惯性力、力矩，实现柔性臂期望柔性运动的运动方式。这种机器人柔性臂的特点是：除了因需要增加柔性主驱动系统而增加了臂部运动部分的质量、惯性等力学影响因素和成本等不足之处外，同前述相比，最大的优点是可以提高抑制振动的能力以及相对更好地解决运动不稳定问题。

9.1.3　刚性关节-弹性杆件串联机器人柔性臂的坐标系与坐标变换

同刚性结构的操作臂一样，为描述柔性机器人臂的运动需要定义坐标系，自然会想到第 3 章中描述机器人臂的运动所用方法之一：Denavit-Hartenbeg 方法（简称 D-H 参数法，即矩阵齐次坐标变换法）。但 D-H 参数法是以假设机器人操作臂为刚体为前提的，D-H 参数法中，各杆件的坐标系原点是设在臂前端部的关节回转中心位置处。因此，不适于用来描述臂杆有弹性变形的柔性机器人臂的运动。为此，需要将柔性臂臂杆的坐标系原点设置在与关节连接的臂杆的根部即臂杆与关节连接点处。

臂杆为刚体情况下，杆件间的坐标变换矩阵可用式（9-1）表示。同时，为了对应于机器人柔性臂的关节运动和弹性变形运动，定义 $\boldsymbol{R}_f$、$\boldsymbol{E}_f$ 两个齐次坐标变换矩阵分别表示刚性关节的回转变换和弹性臂杆在产生微小回转角位移分量 $\delta\theta_x$、$\delta\theta_y$、$\delta\theta_z$ 情况下的回转变换矩阵，皆为 4×4 的齐次矩阵。则有：

$$
\begin{aligned}
\boldsymbol{R}_f &= \begin{bmatrix} 1 & 0 & 0 & 0 \\ 0 & \cos\alpha & -\sin\alpha & 0 \\ 0 & \sin\alpha & \cos\alpha & 0 \\ 0 & 0 & 0 & 1 \end{bmatrix} \begin{bmatrix} \cos\theta & -\sin\theta & 0 & 0 \\ \sin\theta & \cos\theta & 0 & 0 \\ 0 & 0 & 1 & 0 \\ 0 & 0 & 0 & 1 \end{bmatrix} \\
&= \begin{bmatrix} \cos\theta & -\sin\theta & 1 & 0 \\ \cos\alpha\sin\theta & \cos\alpha\cos\theta & -\sin\alpha & 0 \\ \sin\alpha\sin\theta & \sin\alpha\cos\theta & \cos\alpha & 0 \\ 0 & 0 & 0 & 1 \end{bmatrix}
\end{aligned} \tag{9-1}
$$

$$
\boldsymbol{E}_f = \begin{bmatrix} 1 & -\delta\theta_z & \delta\theta_y & l \\ \delta\theta_z & 1 & -\delta\theta_z & \delta y \\ -\delta\theta_y & \delta\theta_x & 1 & \delta z \\ 0 & 0 & 0 & 1 \end{bmatrix} \tag{9-2}
$$

式中，$\boldsymbol{R}_f$ 表示 4×4 的关节在机构初始构形参数 α 下相对初始构形位置转 θ 角运动的齐次坐标变换矩阵；$\boldsymbol{E}_f$ 表示坐标原点的变换；$\delta\theta_x$、$\delta\theta_y$、$\delta\theta_z$ 分别表示臂杆变形产生的微小回转角位移；δy、δz 分别表示微小形变，且假定沿着臂杆纵向轴线方向上不产生振动，即假设沿臂杆杆长 x 方向无变形或将该变形忽略不加以考虑。且在 $\boldsymbol{E}_f$ 的推导过程中使用了 $\sin\delta\theta \approx \delta\theta$、$\cos\delta\theta \approx 1$ 的近似计算式。

为描述臂的运动，现将臂杆与关节相连的连接点作为坐标原点，建立与刚性关节回转运动输出端固连的臂杆坐标系，此坐标系固连在臂杆的根部，在位于关节回转中心轴线上且关节回转运动输出侧固连的关节坐标系到臂杆坐标系之间的坐标变换关系为按关节半径平行移动的平移坐标变换 $\boldsymbol{A}_f$，则刚性关节回转 θ 角运动到柔性杆件坐标系之间的坐标变换矩阵应在前述的关节回转变换矩阵 $\boldsymbol{R}_f$ 基础上再乘以 $\boldsymbol{A}_f$，将得到的矩阵记为 $\boldsymbol{R}_{fa}$，有：

$$
\boldsymbol{R}_{fa} = \boldsymbol{R}_f \boldsymbol{A}_f \tag{9-3}
$$

式中，$\boldsymbol{A}_f$ 为沿着关节径向即关节坐标系 x 轴方向平移关节半径 r_h 的平移变换矩阵，为：

$$
\boldsymbol{A}_f = \begin{bmatrix} 1 & 0 & 0 & r_h \\ 0 & 1 & 0 & 0 \\ 0 & 0 & 1 & 0 \\ 0 & 0 & 0 & 1 \end{bmatrix}
$$

注意：式（9-3）是在杆件未产生弹性变形情况下的坐标变换矩阵。

由式（9-1）～式（9-3）联立可得刚性关节-弹性臂杆式串联机构的机器人柔性臂的通用的坐标变换矩阵，即第 i 节刚性关节回转运动和与其所串连的弹性杆件产生弹性变形合在一起的、相对于连接第 $i-1$ 弹性杆件的第 $i-1$ 节刚性关节运动的齐次坐标变换矩阵为：${}^{i-1}\boldsymbol{T}_i = {}^{i-1}(\boldsymbol{R}_f\boldsymbol{A}_f\boldsymbol{E}_f)_i = {}^{i-1}(\boldsymbol{R}_{fa}\boldsymbol{E}_f)_i$。

9.1.4 刚性关节-弹性杆件串联机器人柔性臂的正运动学方程

基于上述坐标系建立以及相对运动的齐次坐标变换矩阵计算方法，下面继续讨论关于刚性关节-弹性杆件串联机器人柔性臂的运动学建模方法，为下一节的机器人柔性臂的动力学建模奠定基础。

刚性关节-弹性杆件串联机器人柔性臂的机构示意如图 9-1 所示，为一系列的弹性杆件通过一系列的刚性驱动的关节首尾相连的串联机构。下面求图 9-1 给出的机器人柔性臂刚性关节-弹性杆件各节的齐次坐标变换矩阵。

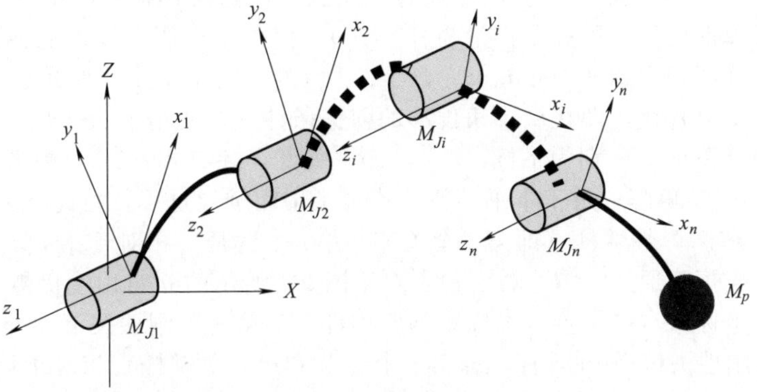

图 9-1　柔性机器人操作臂的坐标系

从基坐标系 xyz 到第 1 臂杆件坐标系 $\boldsymbol{x}_1\boldsymbol{y}_1\boldsymbol{z}_1$ 的坐标变换矩阵 ${}^0\boldsymbol{T}_1$，如式（9-4）。

$$
\begin{aligned}
{}^0\boldsymbol{T}_1 &= \begin{bmatrix} C_0 & -S_0 & 0 & 0 \\ S_0 & C_0 & 0 & 0 \\ 0 & 0 & 1 & 0 \\ 0 & 0 & 0 & 1 \end{bmatrix} \begin{bmatrix} 1 & 0 & 0 & 0 \\ 0 & 0 & -1 & 0 \\ 0 & 1 & 0 & 0 \\ 0 & 0 & 0 & 1 \end{bmatrix} \begin{bmatrix} C_1 & -S_1 & 0 \\ S_1 & C_1 & 0 \\ 0 & 0 & 1 \\ 0 & 0 & 0 \end{bmatrix} \begin{bmatrix} 1 & 0 & 0 & r_1 \\ 0 & 1 & 0 & 0 \\ 0 & 0 & 1 & 0 \\ 0 & 0 & 0 & 1 \end{bmatrix} \\
&= \begin{bmatrix} C_0C_1 & C_0S_1 & S_0 & r_1C_0C_1 \\ S_0C_1 & S_0S_1 & C_0 & r_1S_0C_1 \\ S_1 & C_1 & 0 & r_1S_1 \\ 0 & 0 & 0 & 1 \end{bmatrix}
\end{aligned} \tag{9-4}
$$

从第 1 臂杆坐标系 $x_1y_1z_1$ 至第 2 臂杆坐标系 $x_2y_2z_2$ 的齐次坐标变换矩阵 ${}^1\boldsymbol{T}_2$，用式（9-1）、式（9-2）可得式（9-5）：

$$
\begin{aligned}
{}^1\boldsymbol{T}_2 &= \begin{bmatrix} 1 & -\theta_{1z}(l_1) & \theta_{1y}(l_1) & l_1 \\ \theta_{1z}(l_1) & 1 & -\theta_{1z}(l_1) & Y_J \\ -\theta_{1y}(l_1) & \theta_{1x}(l_1) & 1 & Z_J \\ 0 & 0 & 0 & 1 \end{bmatrix} \begin{bmatrix} C_2 & -S_2 & 0 & 0 \\ S_2 & C_2 & 0 & 0 \\ 0 & 0 & 1 & 0 \\ 0 & 0 & 0 & 1 \end{bmatrix} \begin{bmatrix} 1 & 0 & 0 & r_2 \\ 0 & 1 & 0 & 0 \\ 0 & 0 & 1 & 0 \\ 0 & 0 & 0 & 1 \end{bmatrix} \\
&= \begin{bmatrix} C_2-\theta_{1z}(l_1)S_2 & -S_2-\theta_{1z}(l_1)C_2 & \theta_{1y}(l_1) & r_2[C_2-\theta_{1z}(l_1)S_2]+l_1+r_2 \\ S_2+\theta_{1z}(l_1)C_2 & C_2-\theta_{1z}(l_1)S_2 & -\theta_{1x}(l_1) & r_2[S_2+\theta_{1z}(l_1)C_2]+Y_J \\ -\theta_{1y}(l_1)C_2+\theta_{1x}(l_1)S_2 & \theta_{1y}(l_1)S_2+\theta_{1x}(l_1)C_2 & 1 & r_2[-\theta_{1y}(l_1)C_2+\theta_{1x}(l_1)S_2]+Z_J \\ 0 & 0 & 0 & 1 \end{bmatrix}
\end{aligned} \tag{9-5}
$$

式中，$S_i=\sin\theta_i$，$C_i=\cos\theta_i$（$i=0$，1，2，…，n）；r_1、r_2 分别是关节 1、2 的半径；θ_{1x}（l_1）、θ_{1y}（l_1）、θ_{1z}（l_1）分别是第 1 臂杆弹性变形引起的相应地绕臂杆坐标系 x_1、y_1、z_1 轴的微小回转角位移；Y_J、Z_J 分别为关节 2 的微小振动引起的线位移（严格地说应该是第 1 臂杆弹性振动体现在其臂杆末端同时也是该振动带给第 2 个刚性关节的微小线位移）。

关于式（9-5）中第一个等号右边的第一个齐次坐标变换矩阵的说明：该矩阵实际上是第一个臂杆坐标系中第一个弹性臂杆（严格地说应该是臂杆的中性轴线）分别绕其各坐标轴

回转微小角位移 $\theta_{1x}(l_1)$、$\theta_{1y}(l_1)$、$\theta_{1z}(l_1)$ 的回转变换矩阵与分别沿其坐标轴产生微小的弹性变形线位移的平移变换矩阵相乘得来的（注意：如前所述，臂杆沿其杆长的纵向即 x 坐标轴方向没有弹性变形，平移变换量为杆长 l_1），但是由于假设杆件的弹性变形为微小变形，所以对该矩阵原型中的 $\theta_{1x}(l_1)$、$\theta_{1y}(l_1)$、$\theta_{1z}(l_1)$ 三个微小回转角位移的正弦、余弦值分别进行了近似值替代，即在微小角位移的前提条件下，使用了 $\sin[\theta_{1j}(l_1)]\approx\theta_{1j}(l_1)$ 和 $\cos[\theta_{1j}(l_1)]\approx 1$（下标 j 分别为下标 x，y，z）。如此，才有式（9-5）中第一个等号右边的第一个回转-平移变换矩阵。限于本书篇幅，略去了中间推导过程，特此加以说明。

第 i 节刚性关节-弹性臂杆（即第 i 个关节和第 i 个臂杆）相对于第 $i-1$ 节刚性关节-弹性臂杆的坐标变换矩阵通式 ${}^{i-1}\boldsymbol{T}_i$（$i\neq 1$）：对于图 9-1 所示的 n 自由度机器人柔性臂机构而言，除去连接基坐标系（或机器人柔性臂基座构件）的第一节刚性关节以外，参照式（9-5）可以写出第 i 节刚性关节-弹性臂杆（即第 i 个关节和第 i 个臂杆）相对于第 $i-1$ 节刚性关节-弹性臂杆运动（包括宏观的刚性关节转动和弹性变形微位移运动）的齐次坐标变换矩阵通式为：

$$
{}^{i-1}\boldsymbol{T}_i=\begin{bmatrix}
C_i-\theta_{(i-1)z}(l_{i-1})S_i & -S_i-\theta_{(i-1)z}(l_{i-1})C_i & \theta_{(i-1)y}(l_{i-1}) & r_i[C_i-\theta_{(i-1)z}(l_{(i-1)})S_i]+l_{i-1}+r_i\\
S_i+\theta_{(i-1)z}(l_{i-1})C_i & C_i-\theta_{(i-1)z}(l_{i-1})S_i & -\theta_{(i-1)x}(l_{i-1}) & r_i[S_i+\theta_{(i-1)z}(l_{i-1})C_i]+Y_{(i-1)J}\\
-\theta_{(i-1)y}(l_{i-1})C_i+\theta_{(i-1)x}(l_{i-1})S_i & \theta_{(i-1)y}(l_{i-1})S_i+\theta_{(i-1)x}(l_{i-1})C_i & 1 & r_i[-\theta_{(i-1)y}(l_{i-1})C_i+\theta_{(i-1)x}(l_{i-1})S_i]+Z_{(i-1)J}\\
0 & 0 & 0 & 1
\end{bmatrix}
$$

上式中，注意：$i-1\neq 0$，$i=1$ 时表示的是连接基坐标系的关节和杆件，应按式(9-4)计算 ${}^0\boldsymbol{T}_1$；$S_i=\sin\theta_i$，$C_i=\cos\theta_i$（$i=2,\cdots,n$），且 θ_i 为刚性关节 i 的转角，另外，需注意式(9-1)～式(9-4) 中，当 $i=1$ 时，$\theta_{i-1}=\theta_0$ 为基坐标系 xyz 到第 1 臂杆件坐标系 $x_1y_1z_1$ 的 D-H 参数中臂杆 1 坐标系平移之前绕基坐标系 z 轴的转角，也即相应的初始构形参数，而非关节 1 的关节角，刚性关节 1 的转角为 θ_1，如前所述，是关节角变量；r_{i-1}、r_i 分别是关节 $i-1$、i 的半径；$\theta_{(i-1)x}(l_{(i-1)})$、$\theta_{(i-1)y}(l_{(i-1)})$、$\theta_{(i\text{-}1)z}(l_{(i-1)})$ 分别是第 $i-1$ 臂杆弹性变形引起的相应地绕臂杆坐标系 $x_{(i-1)}$、$y_{(i-1)}$、$z_{(i-1)}$ 轴的微小回转角位移；$Y_{(i-1)J}$、$Z_{(i-1)J}$ 分别为关节 i 的微小振动引起的线位移（严格地说应该是第 $i-1$ 臂杆弹性振动体现在其臂杆末端同时也是该振动带给第 i 个刚性关节的微小线位移）。

从 n 杆件机器人柔性臂的基坐标系到第 i 臂杆坐标系的坐标变换矩阵 ${}^0\boldsymbol{T}_i$：根据上述变换，很容易得到如下通式（9-6）。

$$
\begin{aligned}
{}^0\boldsymbol{T}_n &={}^0\boldsymbol{T}_1{}^1\boldsymbol{T}_n\\
&=\boldsymbol{R}_{fa1}\boldsymbol{E}_{f1}\boldsymbol{R}_{fa2}\boldsymbol{E}_{f2}\cdots\boldsymbol{R}_{fan}\boldsymbol{E}_{fn}\\
&=\boldsymbol{R}_{fa1}(\boldsymbol{E}_{f1}\boldsymbol{R}_{fa2})(\boldsymbol{E}_{f2}\cdot\boldsymbol{R}_{fa3})\cdots{}^{i-1}[\boldsymbol{E}_{f(i-1)}\cdot\boldsymbol{R}_{fai}]_i\cdots\boldsymbol{R}_{fan}\boldsymbol{E}_{fn}\\
&={}^0\boldsymbol{T}_1{}^1\boldsymbol{T}_2\cdots{}^{i-1}\boldsymbol{T}_i\cdots{}^{n-1}\boldsymbol{T}_n
\end{aligned}
\tag{9-6}
$$

9.2 柔性臂动力学建模及其运动方程式

9.2.1 机器人柔性臂动力学建模的拉格朗日法

用本书第 3 章机器人动力学中的拉格朗日法对柔性臂进行动力学建模。

(1) 首先求动能

取第 i 臂杆上任意微元体，其微小量 $\mathrm{d}m_{ai}$ 在基坐标系中位置矢量为 $\boldsymbol{x}_{ai}$ 时的动能可写为下式：

$$\mathrm{d}K_{ai}=\frac{1}{2}\mathrm{d}m_{ai}\,\mathbf{tarce}(\dot{\boldsymbol{x}}_{ai}\cdot\dot{\boldsymbol{x}}_{ai}{}^{\mathrm{T}}) \tag{9-7}$$

式中的 $\boldsymbol{x}_{ai}$ 可用由式 (9-6) 得到的变换矩阵 ${}^{0}\boldsymbol{T}_i$ 相乘得到，则有式 (9-8)：

$$\boldsymbol{x}_{ai}={}^{0}\boldsymbol{T}_i\begin{bmatrix}x_i\\y_i(x_i,t)\\z_i(x_i,t)\\1\end{bmatrix}={}^{0}\boldsymbol{T}_i\cdot\boldsymbol{x}_{ai}^{i} \tag{9-8}$$

式中，$y_i(x_i,t)$、$z_i(x_i,t)$ 分别表示第 i 臂杆上距离没有变形时的中性轴线的距离（即变形的微位移），则第 i 臂杆整体的总动能 K_{ai} 可由杆长从 0 到 l_i 对 K_{ai} 进行积分得到，有下式：

$$K_{ai}=\int_0^{l_1}\mathrm{d}K_{ai} \tag{9-9}$$

接下来求各关节的动量 K_{Ji}：关节 i 的位置矢量 $\boldsymbol{x}_{Ji}$ 可表示为

$$\begin{cases}\boldsymbol{x}_{Ji}={}^{0}\boldsymbol{T}_{i-1}\begin{bmatrix}l_{i-1}\\Y_J\\Z_J\\1\end{bmatrix}\\[2ex] Y_J=y_{i-1}(l_{i-1},t)+r_{Ji}\left.\dfrac{\partial y_{i-1}(l_{i-1},t)}{\partial x_{i-1}}\right|_{x_{i-1}=l_{i-1}}\\[2ex] Z_J=z_{i-1}(l_{i-1},t)+r_{Ji}\left.\dfrac{\partial z_{i-1}(l_{i-1},t)}{\partial x_{i-1}}\right|_{x_{i-1}=l_{i-1}}\end{cases} \tag{9-10}$$

式 (9-10) 中，Y_J、Z_J 分别为臂杆相对于其中性轴线产生的变形（微位移）。所谓的臂杆中性轴线是指在沿纵向杆长不变的前提条件下，臂杆无论产生什么样的弹性弯曲变形其臂杆内各截面上既不受拉应力也不受压应力的点所在的线。则有关节 i 的线速度矢量 $\boldsymbol{v}_{ij}$、角速度矢量 $\boldsymbol{\omega}_{ij}$ 的计算公式分别为式 (9-11) 和式 (9-12)：

$$\boldsymbol{v}_{Ji}=\dot{\boldsymbol{x}}_{Ji} \tag{9-11}$$

$$\boldsymbol{\omega}_{Ji}^{i}=\Big(\sum_{K=1}^{i}C_i\Big)^{-1}\dot{\psi}_0+\Big(\sum_{K=2}^{i}C_i\Big)^{-1}\dot{\psi}_1+\cdots+C_i^{-1}\dot{\psi}_i \tag{9-12}$$

式中，$\dot{\psi}_0$，$\dot{\psi}_1$，…，$\dot{\psi}_i$ 分别表示各刚性关节的角速度标量；C_i 则表示从 ${}^{i-1}\boldsymbol{T}_i$ 矩阵中取出的 3×3 回转变换的姿态矩阵。

设质量为 M_{Ji} 的关节 i 的角动量为 $\boldsymbol{L}_i$，则关节 i 的动能 K_{Ji} 为：

$$K_{Ji}=\frac{1}{2}[M_{Ji}\,\mathbf{trace}(\boldsymbol{v}_{Ji}\cdot\boldsymbol{v}_{Ji}^{\mathrm{T}})+\boldsymbol{L}_i\cdot\boldsymbol{\omega}_{Ji}^{i}] \tag{9-13}$$

同理，有效负载为 M_p 的动能 K_p 为：

$$K_p=\frac{1}{2}[M_p\,\mathbf{trace}(\boldsymbol{v}_p\cdot\boldsymbol{v}_p^{T})+\boldsymbol{L}_p\cdot\boldsymbol{\omega}_p^{i}] \tag{9-14}$$

则可得机器人柔性臂的总的动能 K_E 为：

$$K_E=\sum_{i=1}^{n}K_{ai}+\sum_{i=1}^{n}K_{Ji}+K_p \tag{9-15}$$

（2）求机器人柔性臂的总势能

包括臂在重力场中的重力势能和臂的弹性杆件弹性变形引起的弹性势能两部分。

1）臂杆弹性变形引起的势能即弹性变形势能：第 i 臂杆微小变形 $\mathrm{d}x_i$ 引起的微势能 $\mathrm{d}P_{Ei}$ 如下，

$$\mathrm{d}P_{Ei}=\frac{1}{2}\mathrm{d}x_i\left\{E_iI_{iz}\left[\frac{\partial^2 y_i(x_i,t)}{\partial x_i^2}\right]^2+E_iI_{iy}\left[\frac{\partial^2 z_i(x_i,t)}{\partial x_i^2}\right]^2+G_iJ_{pi}\left[\frac{\partial^2\theta_{ix}(x_i,t)}{\partial x_i^2}\right]^2\right\} \tag{9-16}$$

式中，E_i、G_i 分别是第 i 臂杆的纵向弹性系数和横向弹性系数；I_{iz}、I_{iy} 分别是第 i 杆断面绕 z 轴、y 轴的二维惯性矩；J_{pi} 为第 i 杆断面的二维极惯性矩。

则第 i 臂杆的弹性变形势能 P_{Ei} 为沿杆长方向从 0 到 l_i 对 P_{Ei} 的定积分，为下式：

$$P_{Ei}=\int_0^{l_i}\mathrm{d}P_{Ei} \tag{9-17}$$

2）臂杆 i 在重力场内臂杆重力引起的重力势能：

重力加速度矢量 $\boldsymbol{g}$ 为 $\boldsymbol{g}=[0\quad 0\quad -g\quad 0]$（其中，$g=9.8\mathrm{m/s^2}$）　(9-18)

设第 i 臂杆的密度和断面积分别为 ρ_i、A_i，则第 i 臂杆的微元体 $\mathrm{d}\boldsymbol{x}_i$ 的重力微势能 $\mathrm{d}P_{gai}$ 为：

$$\mathrm{d}P_{gai}=-\rho_iA_i\mathrm{d}x_i\boldsymbol{g}\cdot\boldsymbol{x}_{ai} \tag{9-19}$$

则对式（9-19）进行积分可得第 i 臂杆总的重力势能 P_{gai} 为：

$$P_{gai}=\int_0^{l_i}\mathrm{d}P_{gai} \tag{9-20}$$

同样，可求得关节 i、有效负载在重力场中的势能 P_{GJi}、P_{Gp} 分别为：

$$P_{GJi}=-M_{Ji}\boldsymbol{g}\cdot\boldsymbol{x}_{gi} \tag{9-21}$$

$$P_{Gp}=-M_p\boldsymbol{g}\cdot\boldsymbol{x}_p \tag{9-22}$$

上两式中，M_{Ji}、M_p、$\boldsymbol{x}_{gi}$、$\boldsymbol{x}_p$ 分别为第 i 关节质量、机器人柔性臂末端的有效负载、第 i 关节质心在基坐标系中的位置矢量、机器人柔性臂末端的有效负载在基坐标系中的位置矢量。后两个可以利用齐次坐标变换矩阵求得。

3）机器人柔性臂总的势能 P_E：为所有臂杆的弹性势能与所有杆件、关节和有效负载的重力势能的和。即：

$$P_E=\sum_{i=1}^{n}P_{gai}+\sum_{i=1}^{n}P_{GJi}+P_{Gp} \tag{9-23}$$

（3）拉格朗日函数 L

$$L=K_E-P_E \tag{9-24}$$

（4）利用拉格朗日法求机器人柔性臂的运动方程

设第 i 臂杆弹性变形产生的线位移、角位移分量分别用 $y_i(x_i,t)$、$z_i(x_i,t)$、$\theta_{ix}(x_i,t)$ 表示，它们分别是按图 9-1 中定义的第 i 臂杆坐标系 $x_iy_iz_i$ 表达的、任意时间 t 时 x_i 坐标处臂杆 i 中轴线上点的线位移分量 y_i、z_i 和臂杆 i 绕 x_i 坐标轴扭转角位移分量 θ_{ix}，如前述表示，它们都是时间 t 和 x_i 坐标变量的函数。显然，类似图 9-1 所示的 n 自由度（或 n 个臂杆）机器人柔性臂系统在臂杆弹性变形下的运动学方程、运动方程（即动力学方程）是多变量之间高度耦合的非常复杂的非线性系统。为了简化问题，将受时间 t 和 x_i 坐标变量耦合产生复杂非线性变化的线位移函数 $y_i(x_i,t)$、$z_i(x_i,t)$ 和角位移函数 $\theta_{ix}(x_i,t)$ 进行线性化分解，即将带有两个（或两个以上）自变量的函数线性化分解为由多个原自变量数目与单自变量函数的乘积再求和的线性形式。即将多自变量函数进行线性化变量分解为原自变量数目与单自变量子函数积的线性和的变量分解形式，如式（9-25）所示。

$$\begin{cases} y_i(x_i,t)=\sum_{j=1}^{k}\phi_{iyj}(x_i)q_{iyj}(t) \\ z_i(x_i,t)=\sum_{j=1}^{k}\phi_{izj}(x_i)q_{izj}(t) \\ \theta_i(x_i,t)=\sum_{j=1}^{k}\phi_{ixj}(x_i)q_{ixj}(t) \end{cases} \tag{9-25}$$

拉格朗日方程一般式为：$\frac{\mathrm{d}}{\mathrm{d}t}\left(\frac{\partial L}{\partial \dot{\boldsymbol{q}}}\right)-\frac{\partial L}{\partial \boldsymbol{q}}=\boldsymbol{Q}$，其中 L 为拉格朗日函数；$\boldsymbol{q}$、$\dot{\boldsymbol{q}}$ 分别为广义坐标矢量、广义速度矢量；$\boldsymbol{Q}$ 为广义力矢量。

在未对第 i 臂杆弹性变形产生的线位移 $y_i(x_i,t)$、$z_i(x_i,t)$ 和角位移分量 $\theta_{ix}(x_i,t)$ 做线性化分解之前，拉格朗日函数 L 是以 $y_i(x_i,t)$、$z_i(x_i,t)$、$\theta_{ix}(x_i,t)$ 为广义坐标的[实际隐含形式上是以 x_i、t 为变量的函数，但问题是 $y_i(x_i,t)$、$z_i(x_i,t)$、$\theta_{ix}(x_i,t)$ 本身的非线性及自变量耦合问题十分复杂且难于直接求解，所以才寻求了近似的线性化分解]；在进行线性化变量分解之后，则朗格朗日函数 L 是以式（9-25）中的 ϕ_{iyj}，ϕ_{izj}，ϕ_{ixj}，q_{iyj}，q_{izj}，q_{ixj} 为广义坐标的，而线性化变量分解的目的就是利用边界条件、约束条件以及一切可以利用的其他条件来确定、求解线性化分解后的某个或某几个单自变量函数（即使其满足各种条件变未知为已知），则减少了广义坐标数量。对于式（9-25）就是通过约束条件对微分方程求解确定 ϕ_{iyj}、ϕ_{izj}、ϕ_{ixj}，则可将这些变量看作已知的系数，此时式（9-25）等号左边的原广义坐标（实为函数）$y_i(x_i,t)$、$z_i(x_i,t)$、$\theta_{ix}(x_i,t)$ 与等号右边的 q_{iyj}、q_{izj}、q_{ixj} 即为线性变换关系，则拉格朗日函数 L 和拉格朗日方程中的广义坐标可以线性变换为 q_{iyj}，q_{izj}，q_{ixj}。即 L 是 q_{iyj}，q_{izj}，q_{ixj}、$\dot{q}_{iyj}$，$\dot{q}_{izj}$，$\dot{q}_{ixj}$ 的函数，$L=L(q_{iyj}$，q_{izj}，q_{ixj}，$\dot{q}_{iyj}$，$\dot{q}_{izj}$，$\dot{q}_{ixj})$。

至此，利用式（9-7）～式（9-23）并将式（9-25）代入到式（9-24）中可以得到拉格朗日法求得的机器人柔性臂的运动方程，为：

$$\begin{cases} \frac{\mathrm{d}}{\mathrm{d}t}\left(\frac{\partial L}{\partial \dot{q}_{iyj}}\right)-\frac{\partial L}{\partial q_{iyj}}=Q_{iyj} \\ \frac{\mathrm{d}}{\mathrm{d}t}\left(\frac{\partial L}{\partial \dot{q}_{izj}}\right)-\frac{\partial L}{\partial q_{izj}}=Q_{izj} \\ \frac{\mathrm{d}}{\mathrm{d}t}\left(\frac{\partial L}{\partial \dot{q}_{ixj}}\right)-\frac{\partial L}{\partial q_{ixj}}=Q_{ixj} \end{cases} \tag{9-26}$$

式中，Q_{iyj}、Q_{izj}、Q_{ixj} 分别为广义力，可用虚功原理求得。

值得一提的是，n 自由度 n 臂杆的机器人柔性臂的运动学、动力学（运动方程）求解是十分复杂的，由于臂杆的弹性使得各个杆件运动之间的非线性耦合以及系统的频响特性，使得柔性臂末端的位姿、轨迹控制难度远高于刚性关节与杆件传动的工业机器人操作臂，另外，末端负载本身的特性也会反作用于柔性臂的特性，同比刚体机器人操作臂会更强，从柔性臂的运动方程来看，其中的高阶非线性项难于在控制器中补偿，因此，弹性杆件串联而成的柔性臂往往被局限于低速、低精度和低负载能力的范畴，中、高速时由于驱动与控制响应跟不上，会导致系统失去稳定性。下面以 1 杆机器人柔性臂为例来讲解柔性臂动力学建模，并从中体验弹性杆件柔性臂运动学、运动方程的复杂性以及高度耦合的非线性问题。

9.2.2　1 杆机器人柔性臂的动力学建模

n 杆柔性操作臂的运动方程式非常复杂，很难求解。因此，本节以如图 9-2 所示的只在平面内运动的 1 杆柔性操作臂为例求其运动方程。即便仅有 1 根弹性臂杆这样看似简单的柔性臂运动方程的力学和数学问题，也需要给出几个假设条件以便对其力学模型进行一些必要的简化，方能求解得到 1 杆柔性臂的运动方程。为此，所做的假设条件如下：

① 臂杆是均质的，其横断面的几何形状和尺寸都是均一、相同的，且臂杆的变形为较小的弹性变形；

② 臂杆是充分细长的，即臂杆的纵向长度远大于臂杆断面的尺寸，且忽略臂杆回转惯性矩和剪切力的影响；

③ 臂杆只发生横向振动，而沿臂杆的长度方向即纵向没有振动；

④ 臂杆是在垂直于重力加速度方向的水平面内运动，Z 向无运动，重力对臂杆的影响忽略不计。

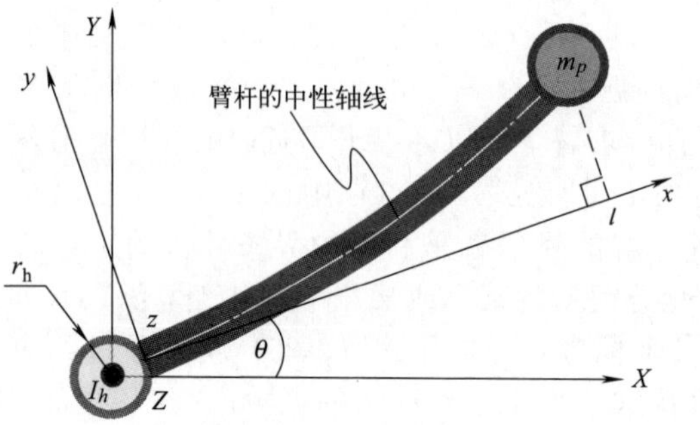

图 9-2　1 自由度 1 杆机器人柔性臂示意图

已知：如图 9-2 所示，臂杆的纵向长度为 l，横断面面积为 A，臂杆密度为 ρ，关节的半径为 r_h，关节绕其回转中心的转动惯量为 I_h，臂杆末端的负载为 m_p。要求：建立该机器人柔性臂的动力学模型，即推导该 1 自由度 1 弹性杆的机器人柔性臂的运动方程。

假设条件④中不考虑柔性臂杆在 z 方向的变位，所以变换矩阵也简单。从基坐标系 XYZ 到臂杆坐标系 xyz 的坐标变换矩阵 ${}^{XY}\boldsymbol{T}_{xy}$ 为：

$$ {}^{XY}\boldsymbol{T}_{xy}=\boldsymbol{T}=\begin{bmatrix}\cos\theta & -\sin\theta & r_h\cos\theta \\ \sin\theta & \cos\theta & r_h\sin\theta \\ 0 & 0 & 1\end{bmatrix} \tag{9-27} $$

弹性臂杆中性轴线上任意一点 $(x, y(x,t))$ 在基坐标系 XY 中的坐标 (X, Y) 可用齐次坐标表示为：

$$ \begin{bmatrix}X \\ Y \\ 1\end{bmatrix}=\boldsymbol{T}\cdot\begin{bmatrix}x \\ y \\ 1\end{bmatrix}=\begin{bmatrix}x\cos\theta-y\sin\theta+r_h\cos\theta \\ x\sin\theta+y\cos\theta+r_h\sin\theta \\ 1\end{bmatrix} \tag{9-28} $$

对位置方程式 (9-28) 分别求其对时间 t 的一阶、二阶导数，得到速度、加速度方程，则有速度方程如下式：

$$ \begin{bmatrix}\dot{X} \\ \dot{Y} \\ 0\end{bmatrix}=\mathrm{d}\begin{bmatrix}x\cos\theta-y\sin\theta+r_h\cos\theta \\ x\sin\theta+y\cos\theta+r_h\sin\theta \\ 1\end{bmatrix}/\mathrm{d}t=\begin{bmatrix}-x\dot{\theta}\sin\theta+\dot{x}\cos\theta-y\dot{\theta}\cos\theta-\dot{y}\sin\theta-r_h\dot{\theta}\sin\theta \\ x\dot{\theta}\cos\theta+\dot{x}\sin\theta-y\dot{\theta}\sin\theta+\dot{y}\cos\theta+r_h\dot{\theta}\cos\theta \\ 0\end{bmatrix} $$

当 θ 较小的情况下，利用 $\sin\theta\approx\theta$（或 $\sin\theta\approx\theta\approx 0$）和 $\cos\theta\approx 1$ 可对上述方程进行简化，得：

$$ \begin{bmatrix}\dot{X} \\ \dot{Y} \\ 0\end{bmatrix}\approx\begin{bmatrix}-x\dot{\theta}\theta+\dot{x}-y\dot{\theta}-\dot{y}\theta-r_h\dot{\theta}\theta \\ x\dot{\theta}+\dot{x}\theta-y\dot{\theta}\theta+\dot{y}+r_h\dot{\theta} \\ 0\end{bmatrix}=\begin{bmatrix}\dot{x}-y\dot{\theta}-\dot{y}\theta-(x+r_h)\theta\dot{\theta} \\ \dot{y}+(\dot{x}-y\dot{\theta})\theta+(x+r_h)\dot{\theta} \\ 0\end{bmatrix}\approx\begin{bmatrix}\dot{x}-y\dot{\theta} \\ \dot{y}+(x+r_h)\dot{\theta} \\ 0\end{bmatrix} $$

(1) 系统总动能

臂杆的动能 K_a 为：

$$\begin{aligned} K_a &= \frac{1}{2}\rho A\int_0^l (\dot{X}^2+\dot{Y}^2)\mathrm{d}x \\ &= \frac{1}{2}\rho A\int_0^l [(x+r_h)^2\dot{\theta}^2+2(x+r_h)\dot{\theta}\dot{y}+\dot{x}^2+\dot{y}^2-2\dot{x}y\dot{\theta}+y^2\dot{\theta}^2]\mathrm{d}x \end{aligned} \tag{9-29}$$

关节动能 K_J 及有效负载的动能 K_p 分别为：

$$K_f=\frac{1}{2}I_h\dot{\theta}^2 \tag{9-30}$$

$$K_p=\frac{1}{2}\left\{m_p(\dot{X}_p^2+\dot{Y}_p^2)+I_p(\frac{\partial^2 y}{\partial x\partial t}\bigg|_{x=l}+\dot{\theta})^2\right\} \tag{9-31}$$

式中，X_p、Y_p 分别为由式（9-28）求得的末端有效负载作用位置在 X、Y 方向上的坐标分量。

则，系统总的动能 K_E 为：

$$\begin{aligned} K_E &= K_a+K_f+K_p \\ &= \frac{1}{2}\left\{\rho A\int_0^l [(x+r_h)^2\dot{\theta}^2+2(x+r_h)\dot{\theta}\dot{y}+\dot{x}^2+\dot{y}^2-2\dot{x}y\dot{\theta}+y^2\dot{\theta}^2]\mathrm{d}x+I_h\dot{\theta}^2 \right. \\ &\quad \left. +m_p(\dot{X}_p^2+\dot{Y}_p^2)+I_p\left(\frac{\partial^2 y}{\partial x\partial t}\bigg|_{x=l}+\dot{\theta}\right)^2\right\} \end{aligned} \tag{9-32}$$

(2) 系统总势能

该1杆单自由度机器人柔性臂只在垂直于重力加速度方向的水平面内运动，则可认为其重力势能为零，系统只有弹性杆件变形产生的弹性势能。该弹性势能 P_E 为：

$$P_E=\frac{1}{2}\int_0^l E_1 I_1[\frac{\partial^2 y(x,t)}{\partial x^2}]^2\mathrm{d}x \tag{9-33}$$

则拉格朗日函数 L 为：

$$L=K_E-P_E \tag{9-34}$$

假设此柔性臂发生弹性变形后其中性轴线上任意一点的位置坐标（也即变形或位移）$y(x,t)$ 可按下式分解成由无穷多个分别以时间坐标 t、空间坐标 x 为变量的函数 $q_i(t)$、$\phi_i(x)$ 乘积和（即将非线性函数进行线性化分解成各个单变量函数乘积再求和）的形式，或者说可以用下式去近似弹性变形曲线方程，则有：

$$y(x,t)=\sum_{i=0}^{\infty}\phi_i(x)q_i(t) \tag{9-35}$$

式中，q_i 为广义坐标且为时间 t 的函数（$i=0$，1，2，…）；$\phi_i(x)$ 为满足式（9-36）～式（9-40）等微分方程和边界条件的函数。

对多变量间有耦合关系的非线性函数 $y(x,t)$ 进行如式（9-35）所示线性化变量分解一般有两种方法：约束模式法和非约束模式法。

① 约束模式法（constranined mode method）：是一种假设关节不回转时令柔性臂的一端固定来求解 $\phi_i(x)$ 的方法；

② 非约束模式法（unconstranined mode method）：是柔性臂的一端不固定，与关节一同回转来求解 $\phi_i(x)$ 的方法。

本章采用约束模式法给出 $\phi_i(x)$ 应满足的微分方程以及边界条件等如下：

$$E_1 I_1 \phi^{(4)}(x) - \rho_1 A_1 \Omega^2 \phi(x) = 0 \tag{9-36}$$

$$\phi(0) = 0 \tag{9-37}$$

$$\phi'(0) = 0 \tag{9-38}$$

$$E_1 I_1 \phi'''(l) + \Omega^2 m_p [\phi(x) + r_p \phi'(l)] = 0 \tag{9-39}$$

$$E_1 I_1 \phi''(l) + r_p E_1 I_1 \phi'''(l) - \Omega^2 I_p \phi'(l) = 0 \tag{9-40}$$

上述式中，Ω^2 为固有值；$\phi^{(4)}$（x）为函数 $\phi(x)$ 对变量 x 的 4 次微分（即对 x 的四阶导数）。

关于式（9-36）～式（9-40）的说明：

式（9-36）是由柔性臂的振动方程式推导出来的微分方程式；

式（9-37）、式（9-38）分别是柔性臂根部被固定的情况下约束模式法中所需满足的条件式；

式（9-39）、式（9-40）分别是柔性臂臂杆末端在有效负载下运动所需满足的条件；

式（9-37）～式（9-40）都是由边界条件推导得到的条件式。

一般情况下，对于满足式（9-36）的 $\phi(x)$，设 $k^4 = \rho A \Omega^2 / (EI)$，则有下式成立：

$$\phi(x) = p_1 \cos kx + p_2 \sin kx + p_3 \cosh kx + p_4 \sinh kx \tag{9-41}$$

式中，系数 p_1～p_4 满足式（9-37）～式（9-40）；系数 k 由满足如下特征方程式来确定：

$$\begin{bmatrix} 1 & 0 & -1 & 0 \\ 0 & 1 & 0 & -1 \\ t_{31} & t_{32} & t_{33} & t_{34} \\ t_{41} & t_{42} & t_{43} & t_{44} \end{bmatrix} = 0 \tag{9-42}$$

式中 $t_{31} = E_1 I_1 k^3 \sin kl + \Omega^2 m_p (\cos kl - r_p k \sin kl)$；

$t_{32} = -E_1 I_1 k^3 \cos kl + \Omega^2 m_p (\sin kl + r_p k \cos kl)$；

$t_{33} = E_1 I_1 k^3 \sin kl + \Omega^2 m_p (\cosh kl + r_p k \sinh kl)$；

$t_{34} = E_1 I_1 k^3 \cosh kl + \Omega^2 m_p (\sinh kl + r_p k \cosh kl)$；

$t_{41} = E_1 I_1 k^2 (-\cos kl + r_p k \sin kl) + \Omega^2 I_p k \sin kl$；

$t_{42} = E_1 I_1 k^2 (-\sin kl - r_p k \cos kl) - \Omega^2 I_p k \cos kl$；

$t_{43} = E_1 I_1 k^2 (-\cosh kl + r_p k \sinh kl) - \Omega^2 I_p k \sinh kl$；

$t_{44} = E_1 I_1 k^2 (\sinh kl + r_p k \cosh kl) - \Omega^2 I_p k \cosh kl$。

但是，满足式（9-42）的系数 k 有无数个解。

函数 $\phi(x)$ 的系数 p_1、p_2、p_3、p_4 满足如下等式：

$$\begin{cases} p_1 = \dfrac{\beta_n}{\beta_d} p_2 \\ p_3 = -\dfrac{\beta_n}{\beta_d} p_2 \\ p_4 = -p_2 \\ \beta_n = E_1 I_1 k^2 (\sin kl + \sinh kl) + r_p E_1 I_1 k^3 (\cos kl + \cosh kl) + \Omega^2 I_p k (\cos kl - \cosh kl) \\ \beta_d = -E_1 I_1 k^2 (\cos kl + \cosh kl) + r_p E_1 I_1 k^3 (\sin kl - \sinh kl) + \Omega^2 I_p k (\sin kl - \sinh kl) \end{cases} \tag{9-43}$$

且由 $\phi(x)$ 的正交条件满足式（9-44），则可确定出系数 p_1、p_2、p_3、p_4。

$$\rho_1 A_1 \int_0^l \phi_i(x)\phi_j(x)\mathrm{d}x + I_h \phi'_i(0)\phi'_j(0) + m_p \phi_i(l)\phi_j(l) + m_p r_p [\phi_i(l)\phi'_j(l) + \phi'_i(l)\phi_j(l)] + I_p \phi'_i(l)\phi'_j(l) = \delta_{ij} \tag{9-44}$$

式中，δ_{ij} 当下标 $i=j$ 时为 1；当下标 $i \neq j$ 时为 0。

将式（9-34）代入到式（9-35）中，由拉格朗日法即可求得系统运动方程式。此处给出把末端有效负载简化成一质点，且假定 θ，$y(x,t)$ 为微小量情况下的运动方程式（9-45）、式（9-46）为：

$$\left[\rho_1 A_1 \left(\frac{1}{3}l^2 + r_h l + r_h^2\right) + I_h + m_p (l + r_h)^2\right]\ddot{\theta} + \sum_{n=1}^{\infty}\left[\rho_1 A_1 \int_0^l (x + r_h)\phi_i(x)\mathrm{d}x + m_p (l + r_h)\phi_i(l)\right]\ddot{q}_i(t) = u \tag{9-45}$$

$$\ddot{q}_i(t) + [\rho_1 A_1 \textstyle\int_0^l (x + r_h)\phi_i(x)\mathrm{d}x + m_p (l + r_h)\phi_i(l)] \times \ddot{\theta} + \Omega_i^2 q_i(t) = 0 \tag{9-46}$$

9.3 机器人柔性臂的控制理论与方法

9.3.1 状态方程式和输出方程式

柔性臂的位置控制中，定位时的振动是个大问题。前述的 9.2 节中建立了考虑臂杆弹性变形的关节刚性和臂杆柔性的动力学模型，并给出了用拉格朗日法推导运动方程的方法和 1 杆柔性臂的运动方程。基于该模型若能进行适当的控制，则可期望抑制柔性臂定位时的振动。本节主要针对 9.2.2 节讨论的 1 杆机器人柔性臂模型的微分运动方程式（9-45）和式（9-46）研究抑制柔性臂振动问题的方法。该方法对于多个刚性回转关节串联多弹性杆的多杆系柔性臂也同样有参考作用。

由于由方程（9-46）给出的振动模型有无限多个，想要完全基于该模型构建控制系统是很困难的。通常弹性系统的振动模型多为高阶非线性系统，振动模型所含高阶成分越是高阶对振动衰减的影响越大，加之受驱动器、传感器的响应等问题所限，一般对于非线性振动系统振动方程的处理方法是：截取在某一阶数 N，留取振动模型中的前 N 阶次项，而将 $N+1$ 阶次及所有高于 $N+1$ 阶次以后的所有高阶项去除掉，将这一处理办法称为“截断”。

对于前述振动模型方程式（9-46），具体地是将该方程中引入黏性摩擦项即施加阻尼作用以期抑制柔性臂臂杆的振动，实际控制时期望施加黏性摩擦项后能够使振动快速衰减，直至达到柔性臂臂杆系的末端稳定在期望的目标位置。在式（9-46）中施加黏性摩擦项，则可将式（9-46）改写成如下形式：

$$\ddot{q}_i(t) + [\rho_1 A_1 \int_0^l (x + r_h)\phi_i(x)\mathrm{d}x + m_p (l + r_h)\phi_i(l)] \times \ddot{\theta} + 2\xi_i \Omega_i \dot{q}_i(t) + \Omega_i^2 q_i(t) = 0 \tag{9-46$'$}$$

整理式（9-45）和式（9-46′）可得下式：

$$\begin{bmatrix} M_1 & M_2 & \cdots & M_{N+1} \\ M_2 & 1 & \cdots & 0 \\ \vdots & \vdots & \ddots & \vdots \\ M_{N+1} & 0 & \cdots & 1 \end{bmatrix} \begin{bmatrix} \ddot{\theta} \\ \ddot{q}_1 \\ \vdots \\ \ddot{q}_{N+1} \end{bmatrix} + \begin{bmatrix} 0 & 0 & \cdots & 0 \\ 0 & 2\xi_1\Omega_1 & \cdots & 0 \\ \vdots & \vdots & \ddots & \vdots \\ 0 & 0 & \cdots & 2\xi_N\Omega_N \end{bmatrix} \begin{bmatrix} \dot{\theta} \\ \dot{q}_1 \\ \vdots \\ \dot{q}_N \end{bmatrix}$$

$$+\begin{bmatrix}0 & 0 & \cdots & 0\\ 0 & \Omega_1^2 & \cdots & 0\\ \vdots & \vdots & \ddots & \vdots\\ 0 & 0 & \cdots & \Omega_N^2\end{bmatrix}\begin{bmatrix}\theta\\ q_1\\ \vdots\\ q_N\end{bmatrix}=\begin{bmatrix}1\\ 0\\ \vdots\\ 0\end{bmatrix}u \tag{9-47}$$

其中：

$$M_1=\rho_1 A_1\left(\frac{1}{3}l^2+r_h+r_h^2\right)+I_k+m_p\ (l+r_h)^2$$

$$M_{i+1}=\rho_1 A_1\int_0^l (x+r_h)\phi_i(x)\mathrm{d}x+m_p(l+r_h)\phi_i(x)，i=1，2，\cdots，N$$

令式（9-47）中，

$$\boldsymbol{M}=\begin{bmatrix}M_1 & M_2 & \cdots & M_{N+1}\\ M_2 & 1 & \cdots & 0\\ \vdots & \vdots & \ddots & \vdots\\ M_{N+1} & 0 & \cdots & 1\end{bmatrix}；\boldsymbol{D}=\begin{bmatrix}0 & 0 & \cdots & 0\\ 0 & 2\xi_1\Omega_1 & \cdots & 0\\ \vdots & \vdots & \ddots & \vdots\\ 0 & 0 & \cdots & 2\xi_N\Omega_N\end{bmatrix}$$

$$\boldsymbol{K}=\begin{bmatrix}0 & 0 & \cdots & 0\\ 0 & \Omega_1^2 & \cdots & 0\\ \vdots & \vdots & \ddots & \vdots\\ 0 & 0 & \cdots & \Omega_N^2\end{bmatrix}；\boldsymbol{q}=\begin{bmatrix}\theta\\ q_1\\ \vdots\\ q_N\end{bmatrix}；\boldsymbol{f}=\begin{bmatrix}1\\ 0\\ \vdots\\ 0\end{bmatrix}$$

则有以矩阵与矢量形式表示的方程式（9-47′）：

$$\boldsymbol{M}\ddot{\boldsymbol{q}}+\boldsymbol{D}\dot{\boldsymbol{q}}+\boldsymbol{K}\boldsymbol{q}=\boldsymbol{f}u \tag{9-47′}$$

令状态变量 $\boldsymbol{x}$ 为：

$$\boldsymbol{x}=[\boldsymbol{q}\quad \dot{\boldsymbol{q}}]^{\mathrm{T}} \tag{9-48}$$

则有柔性臂系统的状态方程如下：

$$\dot{\boldsymbol{x}}=\begin{bmatrix}\boldsymbol{0} & \boldsymbol{I}\\ -\boldsymbol{M}^{-1}\boldsymbol{K} & -\boldsymbol{M}^{-1}\boldsymbol{D}\end{bmatrix}\boldsymbol{x}+\begin{bmatrix}\boldsymbol{0}\\ \boldsymbol{M}^{-1}\boldsymbol{f}\end{bmatrix}u=\boldsymbol{A}\boldsymbol{x}+\boldsymbol{b}u \tag{9-49}$$

其中，$\boldsymbol{A}=\begin{bmatrix}\boldsymbol{0} & \boldsymbol{I}\\ -\boldsymbol{M}^{-1}\boldsymbol{K} & -\boldsymbol{M}^{-1}\boldsymbol{D}\end{bmatrix}$；$\boldsymbol{b}=\begin{bmatrix}0\\ \boldsymbol{M}^{-1}\boldsymbol{f}\end{bmatrix}$；$\boldsymbol{I}$ 为单位矩阵。

下面继续讨论系统的输出方程的问题。

首先是状态量检测的问题。为解决柔性臂定位控制中的振动抑制问题，作为系统的输出量，一般可以通过传感器在线检测出来。对于柔性臂而言，一般情况下可以通过：①应变仪(strain gauge)（在柔性臂表面沿臂横向、纵向不同间隔处粘贴应变片）；②加速度计（传感器）（在柔性臂的适当位置上增设加速度计）；③力传感器（在柔性臂结构设计上增设力传感器检测柔性臂变形产生的力、力矩分量）；④柔性臂末端位移检测传感器（可以是臂末端上安装的位移检测传感器，也可以是外部传感器检测柔性臂末端的运动获得位移量，如外部视觉传感器，超声波测距传感器等）等传感器和检测方法之一直接或间接检测到系统输出的物理量作为输出量。本节仅针对以应变计的输出作为系统输出量的情况，继续讨论柔性臂控制系统输出以及定位振动抑制的控制问题。

设柔性臂位置 x_k 处臂的变形为 ε_k，则当臂杆厚度为 h 时，有：

$$\varepsilon_k=\frac{h}{2}\left.\frac{\partial^2 y(x,t)}{\partial x^2}\right|_{x=x_0}\approx\frac{h}{2}\sum_{i=0}^{\infty}\phi''_i(x)q_i(t) \tag{9-50}$$

作为传感器的输出，由 M 个应变计输出 $\varepsilon_1\sim\varepsilon_M$ 和回转角 θ 表示的系统输出方程为：

$$y = Cx \tag{9-51}$$

式中　$y = [\theta \quad \varepsilon_1 \quad \cdots \quad \varepsilon_M]^T$

$$C = \begin{bmatrix} 1 & 0 & \cdots & 0 & \\ 0 & \frac{h}{2}\phi''_1(x_1) & \cdots & \frac{h}{2}\phi''_N(x_1) & \\ \vdots & \vdots & \vdots & \vdots & \mathbf{0}_{M\times N} \\ 0 & \frac{h}{2}\phi''_1(x_M) & \cdots & \frac{h}{2}\phi''_N(x_M) & \end{bmatrix}$$

以上得到了系统状态方程和输出方程，下面继续讨论柔性臂定位控制的振动抑制问题。

9. 3. 2　机器人柔性臂的鲁棒稳定控制

柔性臂运动方程式（9-45）、式（9-46）中含有无限阶次的振动模式（振型），很难直接用这两个方程去设计柔性臂的控制系统，如前所述，通常将含有高阶项和多变量非线性耦合运动系统的运动方程的 N 阶次以上高阶项从方程中剔除（即前述所谓的“截断”），所以通常都是采用如式（9-49）所示的状态方程，截断 N 阶次以上的振动模式部分，然后用 N 阶次及 N 阶次以前的模型进行控制系统设计。理论上，在控制系统设计上确保被截断 N 阶次及其以前的模型闭环系统的稳定性。但是，将按理论上设计的闭环稳定的控制系统应用于作为实际被控对象的柔性臂时，也未必能保证闭环系统的稳定性。这就是被简化或理想化了的“理论”与无法简化或忽略无法理想化看待的现实物理世界当中的实际被控对象的“实际”之间的差别，因为对于现实物理世界中客观存在的实际被控对象而言，不管你是否简化、是否理论化、是否理想化，它都是客观存在的，被简化掉和被“截断”掉的那些影响因素、那些物理量仍然存在于现实物理世界中的被控对象之上，被控对象运动过程中它们依然会发生它们的物理作用。但在基于模型的控制系统设计、控制器设计上，因为它们的存在难于进行系统的解析和控制设计，不得不被人为地忽略掉、简化掉、“截断”了！下面介绍与“截断”相关的几个基本概念。

“溢出”：前述的这些被“截断”、被忽略了的高阶次项给忽略了高阶次模式的系统带来的不良影响称作系统“溢出（spillover）”。

“观测溢出”：把被忽略掉的 $N+1$ 次以上模式的影响称为“观测溢出（observation spillover）”。如前所述，采用把柔性臂用 N 阶次模式截断模型的做法，虽然观测出仅影响到 N 阶次及以前的模式，但是由于实际的输出中含有无限阶次的振动模式，实际上不可避免地要受到没有计及（即被忽略、被“截断”）$N+1$ 次及以上的高阶模式所遗留的影响。

“控制溢出（control spillover）”：由于受到 $N+1$ 次及以上的高阶模式所遗留的影响，把控制输入励起的高阶次模式称为“控制溢出”。

解决“溢出”现象的两个对策：一般是在给驱动器的输入之前加上一个低通滤波器，采用将没有考虑的高阶次模式去除掉的方法。在这里需要强调一下，在基于模型的控制系统、控制器设计上，为简化问题通常也是采取 N 阶次以上“截断”的方法（如同非线性系统运动方程的线性化），而用传感器检测系统输出量时，由于实际被控对象的运动中很可能会激励起含有高阶项模式的振动，这些不良的振动量同样会与正常的系统输出量一起被传感器输出，譬如状态反馈控制，系统输出量经传感器输出反馈给控制器输入侧，如果不采取措施，传感器中检测出的被截断的高阶项成分会反馈给控制器，从而激励起所不期望的柔性臂振动尤其是中高频振动。为避免此问题，通常对传感器的输出采用低通滤波器将高阶项振动成分滤掉。还有一种解决“溢出”问题的办法就是在 20 世纪 90 年代发展起来的、采用加入模型化误差的控制系统设计来规避溢出的办法。

模型化误差（plant uncertainty）：原本控制系统设计与分析所用的被控对象的数学模型和在客观物理世界现实存在的、作为实际被控对象的装置系统之间永远会产生不一致，两者的差异即为模型化误差，而且要想将存在于现实物理世界中的实际被控对象误差为零（即完全精确化地用数学模型、力学模型等理论模型）地表达出来几乎是不可能的。

不确定量（uncertainty）：作为被控对象的装置参数不准确产生的结构不确定量（structured uncertainty）和模型低阶次化（降阶）以及模型线性化产生的非结构不确定量（unstructured uncertainty）。

溢出问题产生的根源就在于上述非结构不确定量导致溢出。因此，针对“溢出”问题，需要对非结构不确定量的控制对象采用鲁棒稳定控制法，简称鲁棒稳定法。下面介绍鲁棒稳定法。

鲁棒稳定法：如图 9-3 所示的存在不确定量的系统，设被控对象传递函数、公称模型、模型误差分别为 $G(s)$、$G_0(s)$、$\Delta G(s)$，且模型化误差 $\Delta G(s)$ 满足如下条件式：

① $|\Delta G(j\omega)| < |r(j\omega)|$；

② $\Delta G(s)$：稳定。$r(s)$ 为已知的稳定函数。

则控制系统鲁棒稳定。

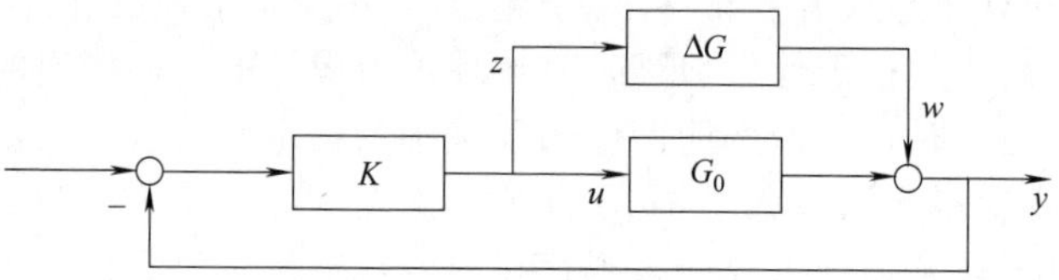

图 9-3　存在不确定量的系统

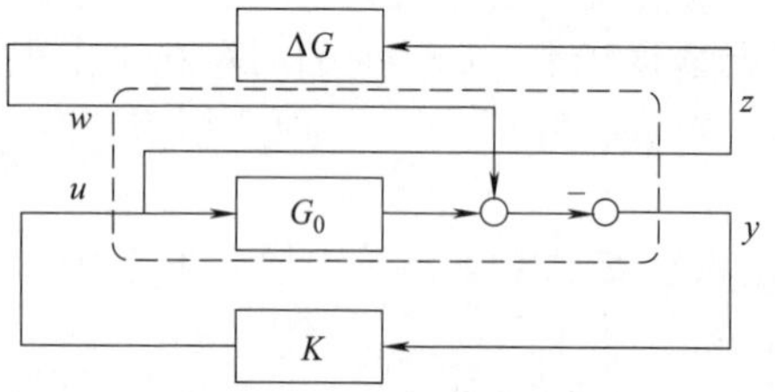

图 9-4　H_∞ 控制的稳定化

鲁棒稳定化补偿器（robust stabilizer）：设 $A(G_0, r)$ 为用 $\Delta G(s)$ 表示的被控对象 $G(s)$ 的全部集合，则对于用该 $A(G_0, r)$ 表示的所有传递函数 G，当存在如图 9-4 所示的使闭环系统稳定的线性常数 $K(s)$ 时，可以认为 $A(G_0, r)$ 是鲁棒稳定的，并将该 $K(s)$ 称为鲁棒稳定化补偿器。

作为数学模型，把到 N 阶次及以前的柔性臂的传递函数设为 $G_0(s)$，把忽略 $N+1$ 次以后的模型传递函数设为 $\Delta G(s)$；把实际被控对象的装置传递函数设为 $G(s)$，则有下式成立：

$$G(s) = G_0(s) + \Delta G(s) \tag{9-52}$$

式中，从式（9-46′）可知 $\Delta G(s)$ 满足前述鲁棒稳定法条件①和条件②。

现在假定稳定的函数 $r_1(\mathrm{j}\omega)$，则：

$$|\Delta G(\mathrm{j}\omega)| \leqslant |r_a(\mathrm{j}\omega)| \tag{9-53}$$

图 9-3 所表示的闭环系统可变成图 9-4，此时，从 z 到 w 的传递函数 T_{zw} 为：

$$T_{zw} = (I - KG)^{-1} K \tag{9-54}$$

为使机器人柔性臂鲁棒稳定的充分必要条件为式（9-55）：

$$\| r_a T_{zw} \|_\infty < 1 \tag{9-55}$$

被控装置的一般化通用表示如下式所示，从 z 到 w 的闭环系统的传递函数可以表示出来：

$$\begin{bmatrix} z \\ y \end{bmatrix} = \begin{bmatrix} 0 & -r_a \\ I & -G \end{bmatrix} \begin{bmatrix} w \\ u \end{bmatrix} = \boldsymbol{P} \begin{bmatrix} w \\ u \end{bmatrix} \tag{9-56}$$

由此，求解为进行鲁棒稳定控制的控制器问题就归结为 H_∞ 控制问题，利用由 H_∞ 控制方法得到的解可求得满足条件式（9-55）的控制器 $K(s)$。

对于属于 A 类的所有传递函数 $G(s)$，图 9-3 所示的闭环系统极点的实部小于 $-\beta$ 时，将 $K(s)$ 称为具有 A 类稳定度 β 的鲁棒稳定化补偿器。如图 9-5 所示那样，可以避开闭环系统极点靠近虚轴，至少仅从 β 值大小上远离虚轴。具体设计步骤如下：

第 1 步：对于 $G(s)$，选择为使 $\Delta G(s-\beta)$ 稳定的 $\beta>0$ 的 β 值；

第 2 步：选择为使 $|\Delta G(j\omega)|<|\tilde{r}(j\omega)|$ 的最小位相传递函数 $\tilde{r}(s)$；

第 3 步：求 $A[\Delta G_0(s-\beta), \tilde{r}(s)]$ 的鲁棒稳定化补偿器 $K(s)$。条件式（9-55）作为 H_∞ 控制问题可以定式化，用 Matlab 工具软件可以计算出 $K(s)$；

第 4 步：$K(s+\beta)$ 就是得到稳定度 β 的鲁棒稳定化补偿器。

9.4 机器人柔性臂控制仿真结果

9.4.1 机器人柔性臂模型及物理参数

本节对如图 9-2 所示的只在平面内运动的 1 杆机器人柔性臂设计其控制系统，并给出进行振动控制的结果。其控制目标是臂的关节角 θ 从某一初始位置返回到零位。用于仿真的柔性臂物理参数如表 9-1 所示。

表 9-1　1 杆机器人柔性臂的物理参数

物理量	参数值	物理量	参数值
臂杆长度	0.7m	断面积	7.5×10^{-5} m^2
弹性模量	2.0×10^{11} N/m^2	有效负载	5.0 kg
断面二次矩	6.0×10^{-12} kg/m^4	关节惯性矩	6.3×10^{-4} kg·m^2
密度	3.0×10^3 kg/m^3		

9.4.2 机器人柔性臂控制仿真结果与分析

首先把柔性机器人操作臂看作刚体设计控制系统的情况下，控制结果如图 9-6 所示。这里对刚体模型所用控制方法是 LQG（linear quadratic regulator，线性二次高斯控制）控制，求反馈增益。由图 9-6 可知：该闭环系统不稳定引起了“溢出”现象。

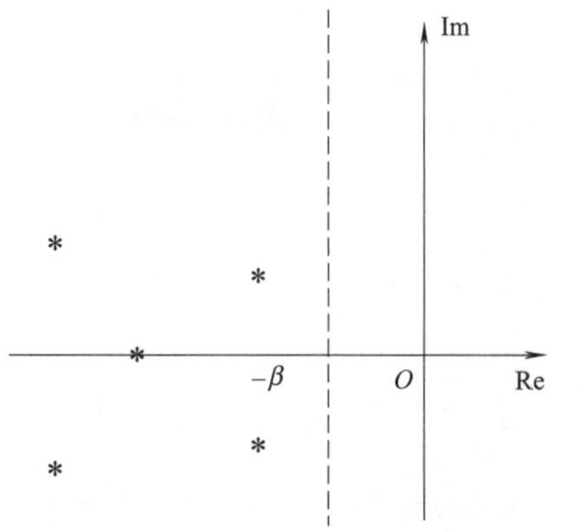

图 9-5　稳定度 β 的极点配置

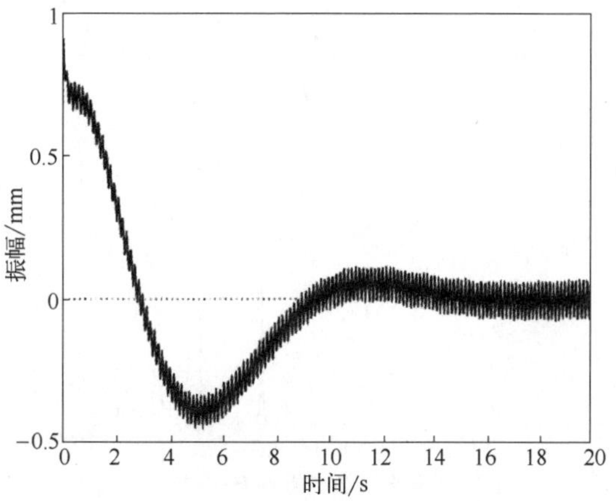

图 9-6　只看作刚体模型下的控制结果

然后，给出用鲁棒稳定度指定法控制结果。用仿真的方法不能进行所有的振动模式计算，所以为方便起见，把柔性机器人操作臂看作到五阶为止的振动模式，假定为柔性机器人臂的实际被控对象装置。图 9-7 给出了实际柔性机器人臂（到五阶振动模式）和柔性机器人臂数学模型（到二阶模式）的波德图。为进行控制系统的设计，首先能由式（9-45）、式（9-46）计算 $\Delta G(s)$，$\Delta G(s)$ 的主要极点的实部为 $-\xi_3\omega_3$，为使 $\Delta G(s-\beta)$ 变得稳定，可选择 $\beta<\xi_3\omega_3$。在本仿真中为满足此条件取 $\beta=0.2$。用该 β 值计算 $\Delta G(s-\beta)$，包含 $\Delta G(s-\beta)$ 的稳定函数 r_a 选择如下：

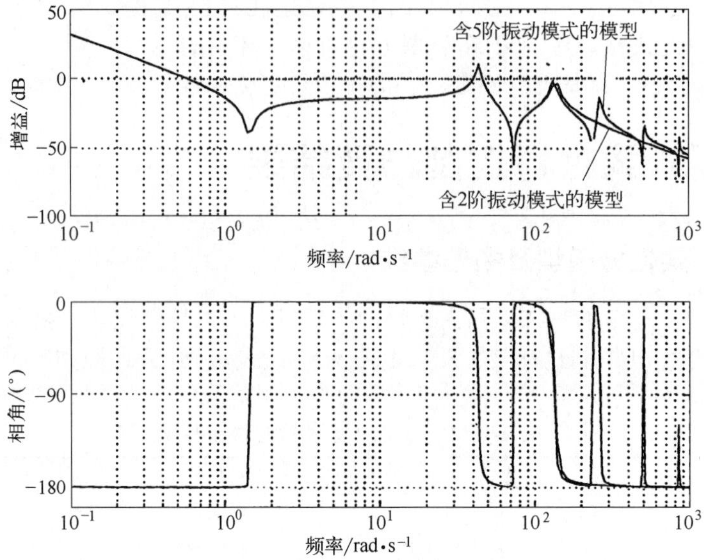

图 9-7　柔性机器人操作臂波德图

$$\widetilde{r}_a=0.001+\frac{20000}{s^2+200s+200^2}$$

由图 9-8 给出了 $\Delta G(s-\beta)$ 和 $\widetilde{r}_a(s)$ 的关系，由图可知 $\widetilde{r}_a(s)$ 包含了 $\Delta G(s-\beta)$。

基于以上设定，求得鲁棒稳定补偿器进行控制得到了图 9-9 所示的结果。由该控制结果可知，与采用 LQG 控制相比，关节角的振动明显得到了抑制。

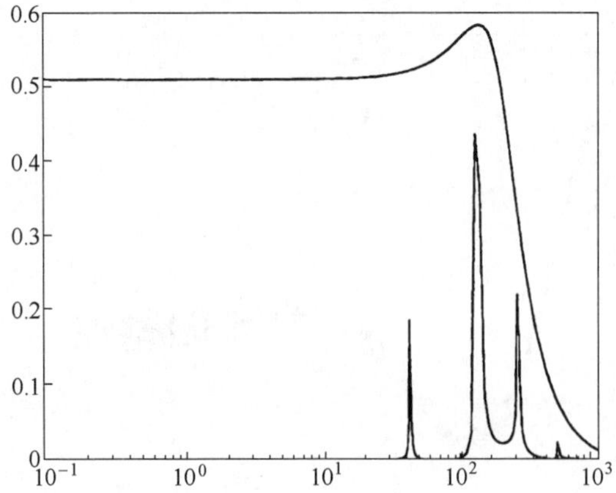

图 9-8　模型化误差和 $\Delta G(s-\beta)$ 和 $\widetilde{r}_a(s)$

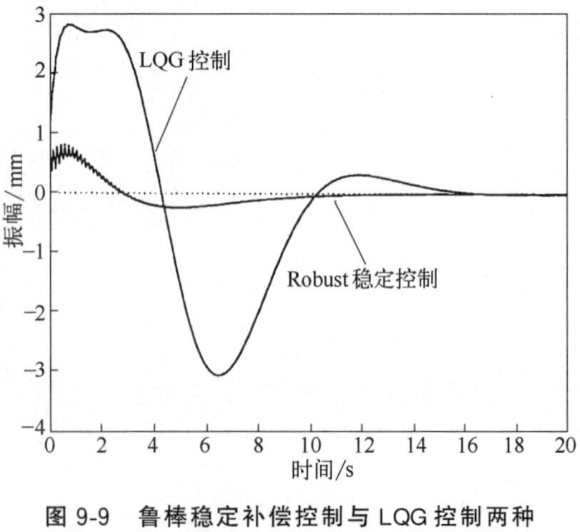

图 9-9　鲁棒稳定补偿控制与 LQG 控制两种方法控制结果比较

9.5　本章小结

本章主要介绍了由刚性传动的回转关节与弹性臂杆串联而成的柔性臂的运动学建模方法以及动力学建模的拉格朗日法，并阐述了为了控制器设计与求解对运动方程所做多变量函数线性化分解，并以结构最简单的 1 弹性杆 1 刚性回转关节的柔性臂为例给出了动力学建模过程，采用约束模式法给出了线性化变量分解函数应满足的微分方程以及边界条件等条件式，给出了柔性臂系统的状态方程与输出方程以及鲁棒稳定控制器设计的方法，最后对 1 弹性杆 1 刚性回转关节的柔性臂鲁棒稳定控制法和 LQG 控制法进行了仿真和结果分析。通过最简单的柔性臂振动抑制控制来说明柔性臂控制问题的复杂性以及应用不同控制方法的结果对比。

【思考题与习题】

9.1　按构成柔性臂关节和杆件材料的刚性、弹性类型不同，柔性臂主要分为哪几类？相比较而言，哪类柔性臂相对易于控制，如何控制？哪类不易于控制？为什么？其中，柔性臂位置控制问题中主要解决的问题是什么？

9.2　已知：一半径为 r 的刚性关节连接一长度为 l 的弹性臂杆，假设该臂杆无侧向运动，且该臂杆无沿中轴线纵向伸缩位移。试建立该刚性关节-弹性杆件的 1 自由度柔性臂系统的关节坐标系、杆件坐标系、末端位姿坐标系，并推导末端位姿坐标系相对于关节坐标系的坐标变换矩阵。

9.3　利用 Matlab 工具软件编程计算两刚性关节串联两弹性杆件的柔性臂的正运动学计算程序，并计算两刚性关节外半径 $r_1=r_2=50\text{mm}$、两杆长 $l_1=l_2=0.45\text{m}$ 的柔性臂在关节由初始位置 $\theta_1=\theta_2=0°$匀速运动到 $\theta_{1\text{end}}=30°$、$\theta_{2\text{end}}=45°$时臂末端的位置和姿态。已知：臂杆弹性材料的弹性模量为 $2.0\times10^{11}\text{N/m}^2$，断面二次矩为 $6.0\times10^{-12}\text{kg/m}^4$，密度为 $3.0\times10^3\text{kg/m}^3$，断面积为 $7.5\times10^{-5}\text{m}^2$，末端有效负载 3.0kg，关节惯性矩为 $6.3\times10^{-4}\text{kg}\cdot\text{m}^2$。

9.4　利用 Matlab/Simulink 工具软件和本章单自由度刚性关节-单弹性杆件柔性臂控制理论与方法进行建模与控制仿真。已知：刚性关节外半径 $r_1=50\text{mm}$、弹性杆长 $l_1=0.65\text{m}$ 的柔性臂在关节由初始位置 $\theta_1=0°$运动到 $\theta_{1\text{end}}=30°$。已知：臂杆弹性材料的弹性模量为 $2.0\times10^{11}\text{N/m}^2$，断面二次矩为 $6.0\times10^{-12}\text{kg/m}^4$，密度为 $3.0\times10^3\text{kg/m}^3$，断面积为 $7.5\times10^{-5}\text{m}^2$，末端有效负载 3.0kg，关节惯性矩为 $6.3\times10^{-4}\text{kg}\cdot\text{m}^2$，模型截断取到五阶。

第10章 机器人协调控制

10.1 引言——单台机器人与多机器人协调问题

10.1.1 如何看待多机器人协调问题？

机器人已广泛地应用于工业生产乃至家庭生活中的各个领域，有时需要多台机器人同时作业。多台机器人的协调控制成为机器人应用领域中的重要课题之一。机器人技术发展到今天，已用于工业生产和生活当中的机器人主要有机器人操作臂、轮式移动机器人、履带式移动机器人以及装备有操作臂的轮式/履带式移动机器人等等。面向工业生产和社会生活方向，多机器人协调主要涉及到：①多机器人操作臂的协调；②多台移动机器人协调；③多台带有操作臂的移动机器人的移动/操作的协调。若从相对运动的角度来看待问题，无论是生产线上各自固定在基座上的多台机器人操作臂的协调，还是多台移动机器人间的协调，亦或多台带有操作能力的移动机器人边移动边操作的协调，本质上多机器人协调的运动学、动力学原理即机器人学理论基础都是相同或相通的。但是，在机器人协调方法与技术实现上却有着本质的差别。

① 工业机器人操作臂多臂协调问题：对于工业机器人操作臂而言，多臂协调控制所需的运动学、动力学以及协调控制理论、方法与技术是以单台机器人操作臂的机构学、轨迹追踪控制、力控制、鲁棒控制、自适应控制、最优控制等理论、方法和技术为基础的（即本书前 8 章内容），多臂协调控制的主要问题是以理论力学、多刚体系统动力学为力学基础，根据各机器人操作臂运动与操作能力将被操作对象物施加给多台协同作业机器人上的有效负载以及其他作业参数合理分配给各个机器人操作臂，然后按单台机器人操作臂的控制方法与技术控制各机器人。工业机器人操作臂多臂协调控制问题一般为完整约束系统的控制，相对容易且已属于成熟的理论、方法与技术。

② 多台轮式（或履带式）移动机器人协调问题：应用于结构化工业生产环境的轮式或履带式移动机器人与基座相对固定的工业机器人操作臂不同，作为行走机构中的轮、履带与地面的接触状态带有不确定性，车轮与地面之间是靠摩擦力来传递驱动力的，而摩擦是受摩擦面的表面形貌、构成摩擦副表面材质、摩擦面间是否有“润滑剂”等多因素影响具有不确定性，轮与地面间的约束状态属于非完整约束，轮式移动机器人在“地面”（或“支撑面”）上移动控制为非完整约束系统控制问题，相对工业机器人的完整约束系统控制而言，难于精确控制甚至高速情况下会失控，控制系统设计也相对更难。除非多个轮式移动机器人之间发生本体接触或者协同带载（如多台轮式移动机器人协同搬运物体作业），否则其协调控制问

题仅是运动学意义上的协调（一般多借助于定位通信系统和传感系统实现协调）。应用于结构化工业生产环境中的履带式移动机器人与轮式机器人类似，履带与“地面”之间如果是靠两者接触区形成的摩擦传力，则构成的约束同样为非完整约束，只不过同等条件下履带与地面接触面积同比车轮的大则传力能力（确切地说移动机器人在地面上的驱动能力）相对大、相对不易滑动、相对容易控制。

③ 多台带有操作臂的轮式或履带式移动机器人协调问题：明确了前述的两类机器人协调性质问题，就不难得出多台“移动＋操作”机器人协调控制的性质了，这类协调控制问题是在非完整约束移动系统间运动协调基础上进行“完整约束”系统间操作运动与操作力的协调问题，较前两者更为复杂，一般需要借助于定位通信系统、位置/速度以及力/力矩传感系统来完成协调控制。

④ 多台机器人协调作业可以完成单台机器人不能完成的工作：多台机器人协调作业的优点是显而易见的，如同人类社会生产和生活中一样，只要协调、配合得好，多人合作能完成单人所无法完成的工作，一般情况下，即便单人能够完成多人合作同样的工作任务，但在完成时间和效率上也是无法与多人合作相比的。如图 10-1 所示，机器人与对象物构成闭链的多杆件机构，系统的刚度得到提高。人双手完成的作业可由 2 台机器人协作完成等。

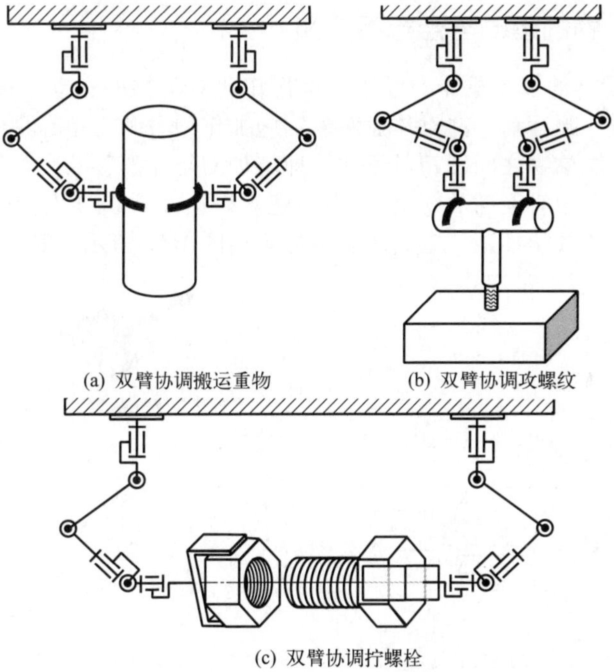

(a) 双臂协调搬运重物　　(b) 双臂协调攻螺纹

(c) 双臂协调拧螺栓

图 10-1　机器人操作臂协调控制作业的应用实例示意图

10.1.2　关于多机器人协调控制的根本问题

多台机器人操作臂操作单一对象物的机器人协调控制问题过去已有过研究，特别地，中野和黑泽等人早在 1974 年、1975 年在日本机器人学会志上发表的研究文献中指出：机器人的协调控制与其他的控制问题不同的是：需要研究操作对象物体的力学问题。但是，该问题本质上又不单单是控制理论所能解决的。多机器人操作臂及其末端操作器、被操作对象物以及它们所处的物理环境共同构成了一个复杂的力封闭的闭链力学系统，被操作对象物与多机器人所处的支撑面（“地面”）之间构成了带有多个并行分支并联、如同并联机构一样的系统，但又不同于并联机构之处在于：相当于“动平台”的被操作对象物可能是高刚度甚至可被看作绝对刚体的物体，也可能是脆性物或者塑性物、弹性体、柔软物体等不同物理特性的材质；被操作对象物的表面可能是光滑的或者是粗糙的、凸凹不平的，等等；也可能表面是干燥的或者是潮湿的、有润滑剂的等，所有种种物理特性、状态都在影响着多机器人协调操作性能和协调控制系统的设计与执行；各机器人操作臂上的末端操作器与被操作对象物之间的约束状态又可分为完整约束状态和非完整约束状态。如果各操作臂协调得不好，则整个系统内部会形成“内耗”即后面所讲的“内力”，内力过大则不能有效地利用操作臂的作业能力，甚至严重时会发生损坏机器人的零部件或者被操作对象物的破坏、损毁。因此，与力学特性有关的系统参数、被操作对象物参数的辨识和实验变得很重要。

本章主要以多机器人操作臂的协调操作理论、方法与技术来讲述协调控制的问题，主要包括：介于对象物之间存在机械干涉的多台机器人协调控制问题及其代表性的控制算法；多机器人操作单一物体：用 SICE-DD 机器人操作臂末端加 1 个自由度成为平面 3-DOF 的协调控制等内容。

10.2 多机器人操作的作业对象物的运动和内力

10.2.1 作业对象物的运动与坐标系定义

考虑如图 10-2 所示的多台机器人操作臂操作作业对象物的运动，设有 n 台操作臂的末端操作器把持对象物一起运动，并对作业对象物施加作用力和力矩，且假设把持作业对象物时末端操作器与作业对象物之间无相对运动（即施加的是无滑移的完整约束，包括已知的或者可在线检测的有确定相对运动的约束）。则为建立表达 n 台机器人操作臂把持作业对象物系统的运动学与力学的数学模型，定义所有坐标系如图 10-3 所示。其中：

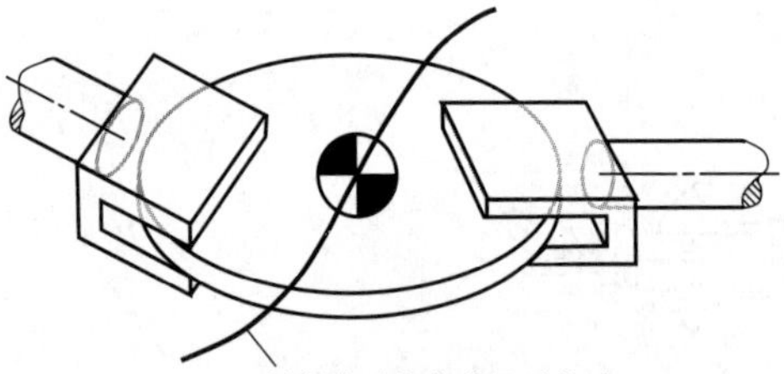

图 10-2 单体物体的操作

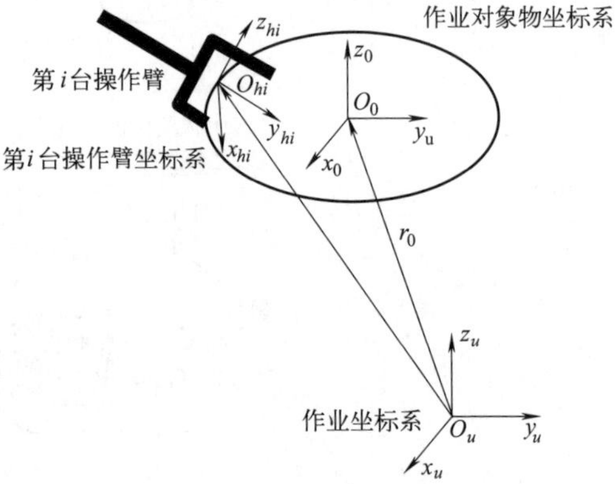

图 10-3 坐标系的定义

O_u-$x_u y_u z_u$：作业坐标系，即公共坐标系；

O_0-$x_0 y_0 z_0$：固连在作业对象物质心上的作业对象物坐标系；

O_{hi}-$x_{hi} y_{hi} z_{hi}$：固连在第 i 个机器人末端操作器（如手爪）上的第 i 台机器人末端操作器坐标系；

$\boldsymbol{r}_0 \in \mathbf{R}^3$：作业对象物质心在作业坐标系 O_u-$x_u y_u z_u$ 中的 3×1 位置矢量；

$\boldsymbol{v}_0 \in \mathbf{R}^3$：作业对象物质心在作业坐标系 O_u-$x_u y_u z_u$ 中的 3×1 线速度矢量；

$\boldsymbol{\omega}_0 \in \mathbf{R}^3$：作业对象物质心在作业坐标系 O_u-$x_u y_u z_u$ 中的 3×1 角速度矢量；

m：作业对象物的质量；

$\boldsymbol{M} \in \mathbf{R}^3$：作业对象物的惯性矩阵；

$\boldsymbol{g} \in \mathbf{R}^3$：重力加速度矢量，为 $[0 \quad 0 \quad -9.8]^{\mathrm{T}}$（$\mathrm{m}^2/\mathrm{s}$）；

$I_N \in \mathbf{R}^{N \times N}$：$N \times N$ 的单位阵。

类似这种 n 台机器人操作臂通过各自末端操作器共同把持作业对象物，并按照期望的作业运动轨迹、期望的把持力作用效果以及带载要求的多臂协调运动控制问题就转化为：

① 在公共作业空间的作业坐标系 O_u-$x_u y_u z_u$ 内对作业对象物这一总的负载（主要包括重力、重力矩负载以及加减速移动惯性力负载、加减速转动惯性负载）按某种或某些原则（如各操作臂运动、驱动能力限界原则、整个系统总能量消耗最小原则、作业时间最短原则、回避作业环境中障碍物原则等）合理分配给共同协作的每台机器人操作臂的负载分配问题；

② 根据作业对象物在公共坐标系 O_u-$x_u y_u z_u$ 内期望运动轨迹的要求以及第 i 台机器人操作臂上末端操作器在作业对象物坐标系 O_0-$x_0 y_0 z_0$ 内把持作业对象物的位置矢量与姿态矩阵（或姿态角矢量）表示的齐次坐标变换矩阵、第 i 台机器人末端操作器坐标系 O_{hi}-$x_{hi} y_{hi} z_{hi}$、第 i 台操作臂坐标系 O_i-$x_i y_i z_i$ 进行齐次坐标变换的第 i 台机器人操作臂单台机器人运动学及轨迹追踪控制问题，按照第 5 章轨迹跟踪控制理论、方法与技术可以在关节空间内进行轨迹控制，也可在末端操作器作业空间 O_i-$x_i y_i z_i$ 即第 i 台机器人操作臂基坐标系内进行轨迹控制；

③ 在①②的基础上，利用第 6 章单台机器人操作臂力/位混合控制的理论、方法与技术进行第 i 台机器人操作臂末端操作器把持作业对象物运动和所分担的那部分载荷力的力/位混合作业控制。

作业对象物的运动方程：按图 10-3 所定义的坐标系，被机器人操作的作业对象物的运动方程可以用牛顿-欧拉动力学方程表示为：

$$m \ddot{\boldsymbol{r}}_0 = \boldsymbol{F}_0 + m\boldsymbol{g} \tag{10-1}$$

$$\boldsymbol{M}\dot{\boldsymbol{\omega}}_0 + \boldsymbol{\omega}_0 \times (\boldsymbol{M}\boldsymbol{\omega}_0) = \boldsymbol{N}_0 \tag{10-2}$$

式中，$\boldsymbol{F}_0$、$\boldsymbol{N}_0$ 分别为被操作的作业对象物所受到的来自各末端操作器的把持力（力 $\boldsymbol{F}_i$、力矩 $\boldsymbol{N}_i$）的合力、合力矩，即分别为各力 $\boldsymbol{F}_i$ 的矢量和、各力矩 $\boldsymbol{N}_i$ 的矢量和（$i=1$，2，…，n），则有如下两式，

$$\boldsymbol{F}_0 = \sum_{i=1}^{n} \boldsymbol{F}_i \tag{10-3}$$

$$\boldsymbol{N}_0 = \sum_{i=1}^{n} \boldsymbol{N}_i \tag{10-4}$$

上两式中，注意：

$\boldsymbol{F}_i$ 应是把第 i 操作臂末端操作器施加在被操作对象物上的力等效变换到作业对象物质心处的合力（注意：这里所说的合力是指第 i 操作臂末端操作器施加在被操作对象物上各分力的合力 $\boldsymbol{F}_i$）；

$\boldsymbol{N}_i$ 应是把第 i 操作臂末端操作器施加在被操作对象物上的力矩等效变换到作业对象物质心处的合力矩（注意：这里所说的合力是指第 i 操作臂末端操作器施加在被操作对象物上各分力矩的合力矩 $\boldsymbol{N}_i$）。M 则为被操作对象物绕其质心转动的惯性矩阵。

被操作的对象物的运动是由合力、合力矩即 $\boldsymbol{F}_0$、$\boldsymbol{N}_0$ 确定的。将 $\boldsymbol{F}_0$、$\boldsymbol{N}_0$ 合写成一个列矢量 $\boldsymbol{L}$（注意：这里的 $\boldsymbol{F}_0$、$\boldsymbol{N}_0$ 也都是 3×1 的列矢量表示形式，因此，$\boldsymbol{L}$ 是 6×1 的列矢量），则整理式（10-1）、式（10-2）两式有：

$$\begin{bmatrix} \boldsymbol{F}_0 \\ \boldsymbol{N}_0 \end{bmatrix} = \begin{bmatrix} m\boldsymbol{I}_3 & 0 \\ 0 & \boldsymbol{M} \end{bmatrix} \begin{bmatrix} \ddot{\boldsymbol{r}}_0 \\ \dot{\boldsymbol{\omega}}_0 \end{bmatrix} + \begin{bmatrix} -m\boldsymbol{g} \\ \boldsymbol{\omega}_0 \times (\boldsymbol{M}\boldsymbol{\omega}_0) \end{bmatrix}$$

则由，

$$\boldsymbol{L}=\begin{bmatrix}\boldsymbol{F}_0\\\boldsymbol{N}_0\end{bmatrix} \tag{10-5}$$

有：

$$\boldsymbol{L}=\begin{bmatrix}m\boldsymbol{I}_3 & 0\\0 & \boldsymbol{M}\end{bmatrix}\begin{bmatrix}\ddot{\boldsymbol{r}}_0\\\dot{\boldsymbol{\omega}}_0\end{bmatrix}+\begin{bmatrix}-m\boldsymbol{g}\\\boldsymbol{\omega}_0\times(\boldsymbol{M}\boldsymbol{\omega}_0)\end{bmatrix} \tag{10-6}$$

为分析各机器人操作臂对物体的力和力矩，将各机器人操作臂施加给被操作的作业对象物上的力、力矩列矢量 $\boldsymbol{F}_i$、$\boldsymbol{N}_i$（$i=1$，2，…，n）合写成一个 $6\times6n$ 的列矢量 $\boldsymbol{F}$，则可将作用在物体质心上的合力 $\boldsymbol{F}_0$ 和 $\boldsymbol{N}_0$ 表示成下式：

$$\boldsymbol{L}=\begin{bmatrix}\boldsymbol{F}_0\\\boldsymbol{N}_0\end{bmatrix}=\boldsymbol{K}\boldsymbol{F} \tag{10-7}$$

其中：

$$\boldsymbol{K}=[\boldsymbol{I}_6 \quad \boldsymbol{I}_6 \quad \cdots \quad \boldsymbol{I}_6]\in\mathbf{R}^{6\times6n}, (\boldsymbol{I}_6\text{ 为 }6\times6\text{ 的单位矩阵}) \tag{10-8}$$

$$\boldsymbol{F}=[\boldsymbol{F}_1^{\mathrm{T}} \quad \boldsymbol{N}_1^{\mathrm{T}} \quad \cdots \quad \boldsymbol{F}_n^{\mathrm{T}} \quad \boldsymbol{N}_n^{\mathrm{T}}]^{\mathrm{T}}\in\mathbf{R}^{6n} \tag{10-9}$$

相应于各机器人操作臂施加给被操作的作业对象物上的力和力矩，由式（10-6）、式（10-7）两式可唯一地确定被操作的作业对象物的运动。因此，它们可被作为基于模型控制多机器人操作臂协调操作的控制系统、控制器设计依据。机器人操作臂的运动控制一般是先按作业运动要求规划末端操作器在作业空间内的运动轨迹（即作业轨迹规划），然后根据轨迹规划的结果，利用机构逆运动学求关节轨迹作为轨迹追踪控制的运动参考输入；当需要操作力控制时或由多机器人共同协调承担总的负载载荷需要每台机器人协调分担载荷时，就需要将总的载荷合理分配给各机器人操作臂，控制机器人操作臂输出给作业对象物所被分配的负载能力。显然，在给定作业对象物的运动要求（即相当于作业对象物在作业空间内的运动轨迹、速度、加速度已知）以及质量、惯性参数和机器人机构参数等条件下，如果能够由式（10-6）、式（10-7）两式理论上求解出为平衡来自被操作的作业对象物上总的载荷 $\boldsymbol{L}$（即 $\boldsymbol{F}_0$、$\boldsymbol{N}_0$）所需每台机器人操作臂的作业输出力 $\boldsymbol{F}_i$、$\boldsymbol{N}_i$，则可将求得的 $\boldsymbol{F}_i$、$\boldsymbol{N}_i$ 作为第 i 台机器人操作臂的力控制的目标，按本书第 6 章的理论与方法进行机器人操作臂力/位混合控制系统设计，实施控制。如此，期望由式（10-6）、式（10-7）两式可做如下推导：

$$\boldsymbol{L}=\begin{bmatrix}\boldsymbol{F}_0\\\boldsymbol{N}_0\end{bmatrix}=\boldsymbol{K}\boldsymbol{F}=\begin{bmatrix}m\boldsymbol{I}_3 & 0\\0 & \boldsymbol{M}\end{bmatrix}\begin{bmatrix}\ddot{\boldsymbol{r}}_0\\\dot{\boldsymbol{\omega}}_0\end{bmatrix}+\begin{bmatrix}-m\boldsymbol{g}\\\boldsymbol{\omega}_0\times(\boldsymbol{M}\boldsymbol{\omega}_0)\end{bmatrix}\Rightarrow\boldsymbol{K}\boldsymbol{F}=\begin{bmatrix}m\boldsymbol{I}_3 & 0\\0 & \boldsymbol{M}\end{bmatrix}\begin{bmatrix}\ddot{\boldsymbol{r}}_0\\\dot{\boldsymbol{\omega}}_0\end{bmatrix}+$$

$$\begin{bmatrix}-m\boldsymbol{g}\\\boldsymbol{\omega}_0\times(\boldsymbol{M}\boldsymbol{\omega}_0)\end{bmatrix}\Rightarrow\boldsymbol{F}=\boldsymbol{K}^{-1}\left\{\begin{bmatrix}m\boldsymbol{I}_3 & 0\\0 & \boldsymbol{M}\end{bmatrix}\begin{bmatrix}\ddot{\boldsymbol{r}}_0\\\dot{\boldsymbol{\omega}}_0\end{bmatrix}+\begin{bmatrix}-m\boldsymbol{g}\\\boldsymbol{\omega}_0\times(\boldsymbol{M}\boldsymbol{\omega}_0)\end{bmatrix}\right\}$$

但这一推导过程得到的最后结果只有在 $\boldsymbol{K}$ 为方阵的特殊情况时才成立，否则无法求 $\boldsymbol{K}^{-1}$。显然按照前述式（10-8）的定义，这里的 $\boldsymbol{K}$ 为 $6\times6n$ 的非方阵，不能直接求其逆矩阵 $\boldsymbol{K}^{-1}$（除非 $n=1$，而 $n=1$ 时为单台机器人操作臂又非多机器人协调作业控制问题）。

【问题及讨论 1】为实现给以物体的运动要从式（10-6）求出所需要的合力及合力矩，但是 K 不是方阵，各机器人操作臂施加在物体上的力也不能唯一地由式（10-7）确定。为此，利用数学上的广义伪逆矩阵理论可以求解带有需要非方阵求逆的应用问题。

广义伪逆矩阵：关于广义伪逆矩阵理论与计算方法可参见本书参考文献［51，52］。这里仅就本节所需的 Morre-Penrose 广义伪逆矩阵的定义以及计算进行简介。按伪逆矩阵理论对于形如 $\boldsymbol{Ax}=\boldsymbol{b}$ 的线性方程组，其中 $\boldsymbol{A}$ 为 $m\times n$ 阶矩阵，$\boldsymbol{x}$、$\boldsymbol{b}$ 分别为 $n\times1$、$m\times1$ 阶的列向量。若 $m>n$ 且 $\mathrm{rank}(\boldsymbol{A})=n$，则 $\boldsymbol{A}$ 的 Morre-Penrose 广义伪逆矩阵（简称 M-P 伪逆阵）$\boldsymbol{A}^{+}$ 为：$\boldsymbol{A}^{+}=(\boldsymbol{A}^{\mathrm{T}}\boldsymbol{A})^{-1}\boldsymbol{A}^{\mathrm{T}}$；若 $m<n$ 且 $\mathrm{rank}(\boldsymbol{A})=m$，则 $\boldsymbol{A}$ 的 M-P 伪逆阵 $\boldsymbol{A}^{+}$ 为：$\boldsymbol{A}^{+}=\boldsymbol{A}^{\mathrm{T}}(\boldsymbol{A}\boldsymbol{A}^{\mathrm{T}})^{-1}$；当 $m=n=\mathrm{rank}\,\boldsymbol{A}$ 时，$\boldsymbol{A}^{+}=\boldsymbol{A}^{-1}$；且 $\boldsymbol{x}=\boldsymbol{A}^{+}\boldsymbol{b}$ 是线性方程组 $\boldsymbol{A}\boldsymbol{x}=\boldsymbol{b}$ 的极小最小二乘解，通常在其数学应用中将该解作为特解；进一步地，线性方程组 $\boldsymbol{A}\boldsymbol{x}=\boldsymbol{b}$ 的通解为：$\boldsymbol{x}=\boldsymbol{A}^{+}\boldsymbol{b}+(\boldsymbol{I}-\boldsymbol{A}^{+}\boldsymbol{A})\boldsymbol{z}$，其中 $\boldsymbol{z}$ 为任意的 $n\times 1$ 常值矢量；$\boldsymbol{I}$ 为 $n\times n$ 单位矩阵；通解第二项中（$\boldsymbol{I}-\boldsymbol{A}^{+}\boldsymbol{A}$）被称作 $\boldsymbol{A}$ 的零空间，计作 $Z(\boldsymbol{A})$，对于零空间 $Z(\boldsymbol{A})$ 内的任意 $\boldsymbol{x}$，都有 $\boldsymbol{A}\boldsymbol{x}=0$；第二项（$\boldsymbol{I}-\boldsymbol{A}^{+}\boldsymbol{A}$）$\boldsymbol{z}$ 被称作任意矢量 $\boldsymbol{z}$ 在零空间上的投影，这一项不影响线性方程组中的 $\boldsymbol{b}$ 值。

有了广义伪逆矩阵这一数学基础，就可以应用 M-P 广义伪逆矩阵来求解由式（10-7）所表示的线性方程组 $\boldsymbol{K}\boldsymbol{F}=\boldsymbol{L}$ 中 $\boldsymbol{F}$ 的解，即假设已知被操作对象物运动及 n 台机器人操作臂把持作业对象物的合力、合力矩矢量 $\boldsymbol{L}$ 及其在 n 台机器人操作臂末端操作器把持作业对象物的力的分配矩阵 $\boldsymbol{K}$，则按照 $\boldsymbol{K}$ 的 M-P 伪逆阵 $\boldsymbol{K}^{+}$ 及其零空间投影在形式上即可求 $\boldsymbol{F}$，计算公式为：$\boldsymbol{F}=\boldsymbol{K}^{+}\boldsymbol{L}+(\boldsymbol{I}-\boldsymbol{K}^{+}\boldsymbol{K})\boldsymbol{z}$，但需要预先定义或构建其中的任意矢量 $\boldsymbol{z}$，可以根据多机器人操作臂协调作业主作业任务以外其他诸如能量消耗最小、总体驱动能力最优等附加作业定义、构建附加作业函数 $H(\boldsymbol{F})$，然后将附加作业函数对 $\boldsymbol{F}$ 的梯度 $\nabla H(\boldsymbol{F})=\partial H(\boldsymbol{F})/\partial \boldsymbol{F}$ 作为 $\boldsymbol{z}$。

【问题及讨论 2】由理论力学可知，多刚体质点系统中当各质点上的力、力矩以及质点位置矢量在参考坐标系中给定时，这个力系可以合成一个合力或合力、合力矩，并且能够确定其作用位置；但是，前面这个过程反过来的情况下，多刚体质点系统总的等效质点和合力、合力矩已知的情况下，要想把这个总的等效质点上的合力、合力矩等效分解在多质点系统的各个质点上，则有无穷多种分解方法和等效的力系。因此，式（10-8）中由 6×6 的单位阵 $\boldsymbol{I}_6$ 作为各个子阵所表达的 $\boldsymbol{K}$，除了满足数学表达形式的严密性、正确性（即必须满足力系总的力、力矩平衡方程要求）以外，并没有更合理地反映和考虑力在力系内可以相互转换的所有内涵，可以看作只是无穷多的 $\boldsymbol{K}$ 中的一个外在的特例。因此，关于 n 台机器人操作臂协调控制中力的合理分配问题，即 $\boldsymbol{K}$ 的实际力学意义和作用仍然需要进一步探讨和研究。

10.2.2　被操作的作业对象物所受的“内力”

什么是操作中的“内力”？首先，本书中所说的“内力”是指多机器人把持操作作业时施加给对象物的力（力、力矩）的一部分，但这部分力在有效操作作业力（力、力矩）方向上不直接起作用，也即它们产生的有效操作力为零或者说它们作用在作业对象物上，以作业对象物为“中介”被以作用力与反作用力的关系互相抵消掉了。“内力”不仅存在于多机器人协调操作作业中，也存在于单台机器人操作臂机构内部。这里仅以一个最简单、最容易理解的“内力”的实际例子来说明：建筑工地上工人用搬砖工具搬砖的例子，如图 10-4 所示。

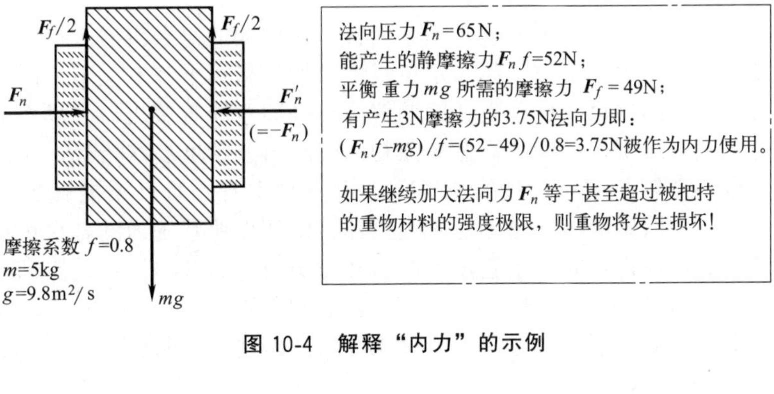

图 10-4　解释“内力”的示例

把持重物时适当的内力可提供保证操作可靠性的安全裕度，内力越大消耗机器人操作臂的能量、作业效率越多，过大的内力（当内力产生的应力超过最弱材料的强度极限时）可能导致机器人操作臂或作业对象物发生损坏！

多机器人协调操作作业力分配变换矩阵 $\boldsymbol{K}$ 的零空间与内力的关系：由前述公式（10-7）中的矩阵 $\boldsymbol{K}$ 零空间的各元素所构成的各力、力矩被称为“内力”。实际上，式（10-7）的解依存于如何把把持操作作业对象物所需的力和力矩分派给各机器人操作臂，而且也依存于机器人施加给物体的内力。

1989 年，由内山等人给出了 $n=2$ 即双臂协调操作力的解，是用广义伪逆阵求解式（10-7）得到的如下所示公式：

$$\boldsymbol{F}=\boldsymbol{W}^{-}\boldsymbol{L}+[\boldsymbol{I}_6 \quad -\boldsymbol{I}_6]^{\mathrm{T}}\boldsymbol{\xi} \tag{10-10}$$

$$\boldsymbol{W}^{-}=[\boldsymbol{R} \quad \boldsymbol{I}_6-\boldsymbol{R}]^{\mathrm{T}} \tag{10-11}$$

式中，$\boldsymbol{W}^{-}$ 为右上标是“－”号的广义伪逆阵；$\boldsymbol{\xi}$ 为任意矢量。由式（10-10）等号右侧第一项 $\boldsymbol{W}^{-}\boldsymbol{L}$ 可知：操作物体所需的负载能力 $\boldsymbol{L}$ 以 $\boldsymbol{R}$：（$\boldsymbol{I}_6-\boldsymbol{R}$）的比例被分配给两台机器人操作臂；$\boldsymbol{R}$ 为确定负载分配比例的系数阵。

负载被均等地分配给各机器人操作臂的情况下，式（10-7）的解为：

$$\boldsymbol{F}=\frac{1}{2}[\boldsymbol{I}_6 \quad -\boldsymbol{I}_6]^{\mathrm{T}}\boldsymbol{L}+[\boldsymbol{I}_6 \quad -\boldsymbol{I}_6]^{\mathrm{T}}\boldsymbol{\xi} \tag{10-12}$$

一般情况下（$n\geqslant 2$），采用 $\boldsymbol{K}$ 的伪逆阵 $\boldsymbol{K}^{+}$，则式（10-7）的解为：

$$\boldsymbol{F}=\boldsymbol{K}^{+}\boldsymbol{L}+(\boldsymbol{I}_{6n}-\boldsymbol{K}^{+}\boldsymbol{K})\boldsymbol{\xi} \tag{10-13}$$

说明：式（10-10）及式（10-13）等号右侧第 2 项对于被操作的作业对象物体所受合力和合力矩没有影响，即为不影响物体运动的成分，相当于施加给物体的内力。

10.3 多机器人操作作业对象物的协调控制问题与方法

10.3.1 引言——多机器人操作臂操作物体需要考虑的问题

两台及两台以上机器人操作臂操作物体的情况下，作业空间内为各台机器人操作臂提供基坐标系的安装基础与环境、各台操作臂及其上的末端操作器、被操作的作业对象物等构成了一个现实物理世界中复杂的实际系统，显然，首先遇到且需要考虑以下问题：

① 各台机器人操作臂及其末端操作器以什么样的位姿构形、怎样把持物体？

② 怎样控制物体的运动？

③ 怎样控制多台机器人操作臂施加给所把持的或者被操作的作业对象物的力（当然包括内力）？

④ 将负载怎样分派给各机器人操作臂？

对于实际的机器人操作臂系统而言，用于多臂协调作业的每台机器人操作臂在诸如关节位移、速度、加速度、出力、工作空间、定位精度等性能指标上都有上下界限制即性能参数的有界性作为协调控制的约束条件，上述问题解决得好即意味着多机器人操作臂协调控制的效果好，既能达到被多臂协调操作的作业对象物的运动轨迹精度要求指标，又能发挥每台操作臂的操作能力且不超限，同时，被操作的作业对象物本身物理性质能够保持不变（如弹性、塑性变形受操作力的影响等）更不能发生损坏；协调作业系统内的各台机器人也不至于受到驱动更强劲的其他操作臂施加给它过大的力和力矩而成为被迫的被动驱动导致“拖整个多臂协调作业的后腿”，即内力的分配、使用和控制也同样重要。如此可见，可把多臂协调作业系统看作各分支协调作业的一台更大的并联机器人系统，并且用本书第 6 章力-位混合控制的观点来看待这一系统的运动控制问题。本书仅定位于机器人控制基础理论和基本方法，本节不做过多地展开。

本节主要内容：考虑问题②～④，如何牢固地把持住物体，给物体施加任意的力和力矩；当机器人操作臂与物体呈点接触，不能给物体施加任意的力矩的情况等内容。

10.3.2　物体的运动与内力的控制

两台及两台以上机器人操作臂协调控制问题中首先需要解决：在以操作单个物体的约束条件下，存在如何使各机器人操作臂的运动不发生矛盾的控制问题。当各机器人操作臂因机构构型、性能参数所限或者作业对象物运动轨迹要求所限，亦或运动轨迹规划不够合理，可能会发生各机器人操作臂在操作作业对象物运动过程中“互相掣肘”的矛盾问题，如果在协调控制系统设计上没有解决好，必将导致被操作对象物实际运动轨迹偏离目标轨迹，若被操作对象物运动于自由约束空间则仅此偏离而已，但若运动于物理约束空间内则可能会导致与环境碰撞或过大的接触力、力矩甚至发生物体损坏。

以各臂运动不发生矛盾的控制目标进行分类，多臂协调控制算法与方法大致可以分为主从型、混合控制型、柔顺控制型三种基本类型，下面分别加以介绍。

（1）主从型协调控制

主从型协调控制方法最早是由 E. Nakano 等人于 1974 年提出的方法。如图 10-5 所示，这种方法是将一台机器人操作臂作为主臂对被操作的作业对象物进行位置轨迹控制，而将另外的机器人操作臂作为从臂给作业对象物施加操作力的主从协调控制方法。其最大的优点就是控制方法简单，的确能够分别由不同的操作臂实现位置轨迹控制和操作力控制，但是，理论上，进行位置控制的机器人操作臂承受着除内力以外的所有负载，存在各臂间不能分散载荷的问题。主臂被动地承受从臂施加在作业对象物上的力，对于多臂协调作业而言，这样分工极为明确的控制方法在一定程度上限制了多机器人协调充分发挥各自操作能力共同分担负载的优点。适用于各机器人操作臂位置控制、力控制系统已单独设计好并实装，不需进一步整合，且在单台机器人操作臂完全有能力负担作业载荷相对简单的情况下。

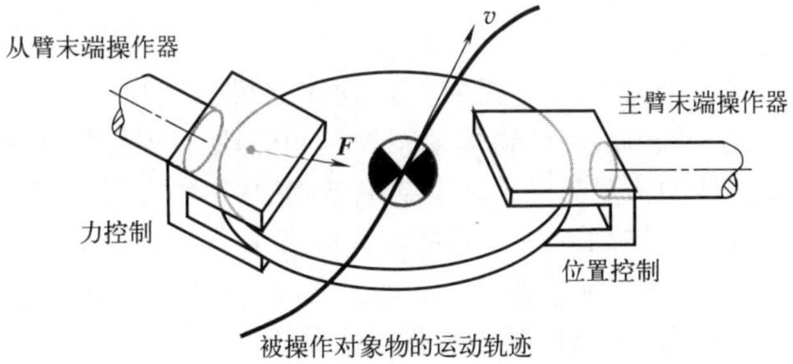

图 10-5　双机器人操作臂操作单个物体的主从型协调控制

（2）混合控制型协调控制

作业对象物在无约束自由空间内运动，控制物体的三维空间运动需要 6 个自由度，因此，多台（n 台）机器人操作臂拥有 $6n$ 个自由度可供使用，混合控制型协调控制方法恰好是由位置控制和力控制即力/位混合控制构成的系统，来控制物体运动 6 自由度和内力 6 自由度的方法，因而也是一种将前述的主从型协调控制方法加以扩展，可作为一般化的方法通用化。但是，实际上在采用多台机器人操作臂的情况下，各机器人操作臂坐标系间的相对误差很难消除，加之机器人操作臂自身的几何参数误差、被操作物体的形状误差等因素的影响，使得应用这种混合型协调控制方法难于进行严密、精确的控制，往往因情况不同，会有过大的内力作用在被操作对象物上以及各操作臂内。例如：高濑等人从约束物体运动的观点推导出的理论和方法基本上就是这种类型的控制系统。

（3）柔顺控制型协调控制

如图 10-6 所示，是由硬件和软件来实现柔顺或阻抗控制把持物体的方法，是对于系统

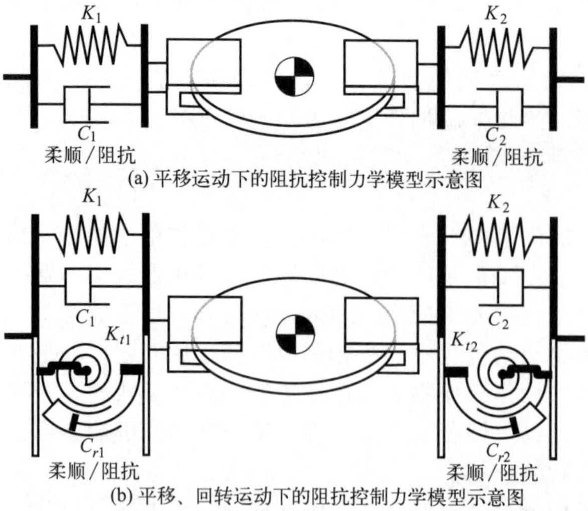

图 10-6　双机器人操作臂操作单个物体进行柔顺/阻抗控制的二维空间内平移-回转阻抗力学模型

存在的几何误差有强适应性的控制方法。系统存在几何误差的情况下，虽然内力和物体的位置/姿态不能精准地控制，但是，几何误差对协调操作产生的影响可用系统的柔顺性（柔性）来吸收，可以防止在物体上作用过大的内力。

关于混合控制型方法的实际应用问题：通常情况下，混合控制型方法中，由于系统存在几何误差，为了不导致物体上有过大的作用力，位置控制不能有高的伺服刚度。实际上是在无意识地进行柔顺控制——即靠降低伺服系统的刚度，减小由于系统几何误差造成的物体上过大作用力。

（4）作业对象物的动态控制型协调控制

如图 10-7 所示，是将把持物体的机器人操作臂看作产生驱动物体的力/力矩的驱动器，基于式（10-6）进行物体动态控制的方法，是在力学上最不矛盾（这里所谓的力学上的矛盾是指系统中产生任何几何误差都会使得各臂之间、臂与被操作对象物之间在内部存在“力”的内耗）的控制方法。但是，物体质量小的情况下，因为各机器人操作臂应施加在物体上的力/力矩也小，所以需要较高精度地控制机器人操作臂的操作力/力矩，但是，现实中的机器人操作臂力/力矩控制精度都不太高。

（5）增广目标模型（augmented object model）动态控制型协调控制

也称扩展目标模型动态协调控制，是用与“作业对象物的动态控制型”等价的控制律，如图 10-8 所示，将面向各机器人操作臂各关节的驱动力矩作为输入，建立包括机器人操作臂在内的系统整体运动方程，表示作业对象物的运动，对物体进行动态控制的方法。与方法（4）一样，也是在力学上最少矛盾的控制方法。

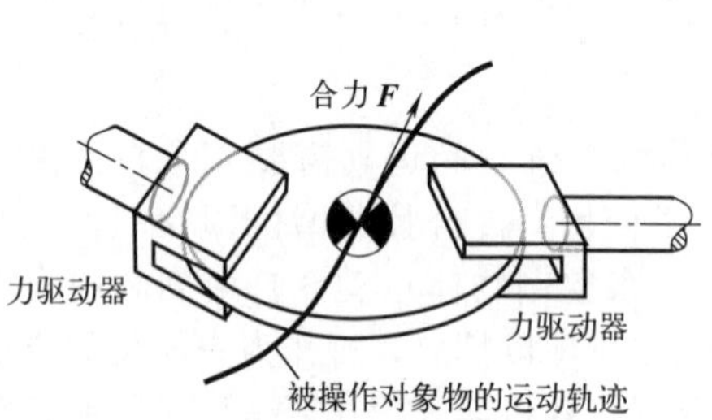

图 10-7　双机器人操作臂操作单个物体的动态控制

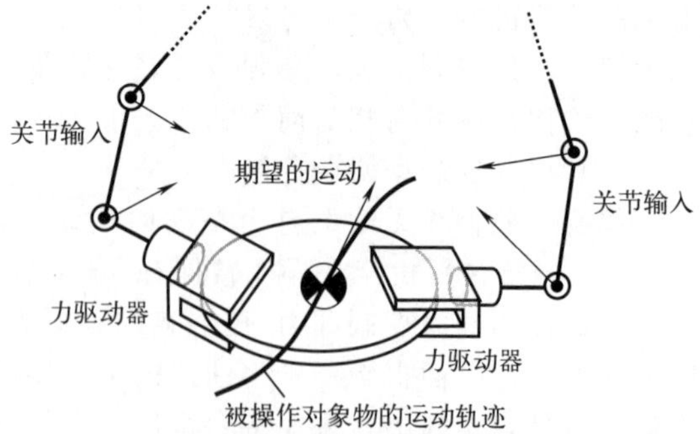

图 10-8　双机器人操作臂操作单个物体的系统整体动态控制

10.3.3　关于负载的分配问题

前一节提到了各机器人操作臂间如何分配负载——协调控制的负载分配（load sharing）问题。双机器人操作臂的情况下，负载分配可按式（10-11）调节。

负载分配有各种方法，如：

① 带关节力矩加权自乘和为最小的方法；

② 能量消耗最小的负载分配方法；

③ 为了维持物体位置/姿态的负载分配调节方法，等等。

10.4　基于阻抗控制的协调控制

10.4.1　引言

有关机器人操作臂协调控制的研究几乎都是考虑多台机器人操作臂只对单个物体的操持问题，关于多台机器人操作臂对物体的装配问题研究较少。即使对于多台机器人操作臂对单个物体的操持，实际物体操持或作业如何进行，对作用在操持物体的外力及其与物体速度的关系的问题也几乎没有考虑。

本节以 2 台机器人操作臂的协调控制算法为例，介绍阻抗控制法（impedance control）控制各机器人操作臂，可进行单个物体操持、物体简单装配作业以及基于阻抗控制的机器人操作臂协调控制算法。

10.4.2　操持单个物体的柔顺控制问题与虚拟阻抗

前述章节中讨论了通常的多机器人操作臂的协调控制问题，下面考虑如何控制被操作对象物的虚拟阻抗（也称虚阻抗，virtual inpdence）问题。这里所谓的虚拟阻抗不是电路中的概念，而是指在机器人操作臂与被操作的作业对象物之间引入假想的弹簧、阻尼模型，设法通过协调控制在作业对象物上得到合适的、相当于弹簧和阻尼器力学作用效果的操作力以获得柔顺运动的效果。

双臂操持单个物体的柔顺控制示意图如图 10-6 所示，用阻抗控制法控制各操作臂绕把持作业对象物的把持点回转，在给作业对象物施加外力情况下是难于控制作业对象物的虚拟阻抗的。因此，期望各操作臂具有与想要实现作业对象物阻抗（即作业对象物柔顺特性）同样力学结构的阻抗特性，基于这一思想来控制各操作臂，以实现把持单个物体的柔顺控制。理论上，对于协调作业的多机器人操作臂系统而言，无论是从多操作臂的运动学，还是动力学角度来看待解决问题的方法，即：将难于控制作业对象物虚拟阻抗的问题“转嫁”于多操作臂构成的“冗余自由度”机器人系统，利用多机器人系统的“冗余自由度”首先在理论上是完全可以实现多机器人协调作业控制中的阻抗控制以获得操作的柔顺性的，即用冗余自由度（即多机器人系统中的冗余自由度关节）乃至冗余的机器人（即指多机器人系统中除了满足协调作业任务所需最低数量、种类的多机器人操作臂以外其余的机器人操作臂）来解决协调作业系统中力学上的矛盾问题（具体来说是约束或作业要求过多，亦或主作业与附加作业相对孤立成分过多不能有效综合利用多机器人系统的各轴运动“资源”，则方程组难于得解甚至无解）。

在上述解决问题思想的基础上，接下来首先进一步考虑作业对象物期望阻抗特性的问题。对作业对象物的阻抗控制是基于作业对象物上的柔顺中心点的，所谓的柔顺中心（点）（compliance center（point））是指作业对象物在其运动空间内在转矩的作用下可以绕该点回转、在侧向力的作用下可以平移的点，它是以能够独立实现各单维运动的自由度条件来满足回转和平移的柔顺运动要求的。

作业对象物基于柔顺中心的阻抗特性可以由下式表示：

$$\boldsymbol{M}\Delta\ddot{\boldsymbol{x}}+\boldsymbol{D}\Delta\dot{\boldsymbol{x}}+\boldsymbol{K}\Delta\boldsymbol{x}=\boldsymbol{F}_{\mathrm{ext}} \tag{10-14}$$

式中，$\boldsymbol{F}_{\text{ext}}$ 为作业对象物所受的外力，即来自 n 台机器人操作臂对作业对象物施加的力、力矩的合力（包括狭义上的合力和合力矩）；$\boldsymbol{x}$ 表示作业坐标系内作业对象物上柔顺中心点位置坐标分量和表示其绕该点回转姿势的姿态角分量构成的 6×1 位姿矢量；$\boldsymbol{x}_{\text{d}}$ 表示作业坐标系内表示作业对象物上柔顺中心点位置和绕该点回转的姿态构成的 6×1 位姿矢量的期望值，则作业对象物柔顺运动量 $\Delta\boldsymbol{x}$ 为位姿矢量 $\boldsymbol{x}$ 与其期望值 $\boldsymbol{x}_{\text{d}}$ 的偏差，即：

$$\Delta\boldsymbol{x}=\boldsymbol{x}-\boldsymbol{x}_{\text{d}} \tag{10-15}$$

作业对象物的柔顺运动方程式（10-14）中：$\boldsymbol{M}$ 为作业对象物的惯性参数矩阵（由被操作物物理参数中作为线位移惯性参数的质量、作为角位移的惯性矩参数构成）；$\boldsymbol{D}$ 为在作业对象物与所有机器人操作臂之间假想有一个总的虚拟阻尼器的 6×6 阻尼系数矩阵；$\boldsymbol{K}$ 为在作业对象物与所有机器人操作臂之间假想有一个总的虚拟弹簧的 6×6 刚度系数矩阵。注意：式（10-14）中的 $\boldsymbol{D}$、$\boldsymbol{K}$ 分别是假设把参与协调操作作业对象物的所有的 n 台操作臂“并联”在一起作为一个总的操作臂系统，在这个总的操作臂系统与作业对象物之间假设设置一个阻尼参数为 $\boldsymbol{D}$ 的总的虚拟阻尼器和一个刚度参数为 $\boldsymbol{K}$ 的总的虚拟弹簧。

因此，对作业对象物的柔顺控制就转化为以方程式（10-14）所表示的虚拟阻抗控制，对于期望作业对象物在多臂协调操作运动中获得柔顺效果的柔顺控制器设计问题，首先需要根据被操作的作业对象物的几何形状、物理性质（如刚性、弹性、脆性、塑性、软体等）以及物理参数，通过合理设计、选择、确定期望的阻抗参数 $\boldsymbol{D}$ 和 $\boldsymbol{K}$ 以及柔顺运动量 $\Delta\boldsymbol{x}$ 的上下界 $\pm\|\Delta\boldsymbol{x}\|$。对于实际被操作的作业对象物物理性质以及认知经验不足的，可以通过阻抗参数“整定”试验或实验来合理确定，也可以通过作为“虚拟实验”的仿真来确定并加以实验验证。

10.4.3 操持单个物体的各机器人操作臂的阻抗控制

上一节中讨论了作业对象物的虚拟阻抗控制问题，并给出了其运动方程以及虚拟阻抗参数的确定方法，则期望作业对象物虚拟阻抗控制的运动完全由方程（10-14）来决定，其等号右侧的外力 $\boldsymbol{F}_{\text{ext}}$ 由协调操作其运动的 n 台机器人操作臂来提供，因此，接下来的问题就是如何控制各机器人操作臂协调运动一起提供给被操作的作业对象物所需的合外力 $\boldsymbol{F}_{\text{ext}}$ 的力控制了，即如何将总的操作力 $\boldsymbol{F}_{\text{ext}}$ 合理分配给各台机器人操作臂，各机器人操作臂用什么方法进行阻抗控制。与本书第 6 章所讲述的力控制一章中的阻抗控制原理、方法同样，在同一坐标系内，对于物体的位置/姿态及其柔顺运动量由式（10-16）和式（10-17）给出。

n 臂协调操作单个物体协调控制中第 i 台机器人操作臂的阻抗控制：

$$\boldsymbol{M}_i\Delta\ddot{\boldsymbol{x}}_i+\boldsymbol{D}_i\Delta\dot{\boldsymbol{x}}_i+\boldsymbol{K}_i\Delta\boldsymbol{x}_i=\boldsymbol{f}_{\text{ext}i} \tag{10-16}$$

$$\Delta\boldsymbol{x}_i=\boldsymbol{x}_i-\boldsymbol{x}_{di} \tag{10-17}$$

式中，下标 i 表示第 i 台机器人操作臂，带有下标 i 的变量表示与第 i 台机器人操作臂对应的相应变量，$i=1$，2，…，n；$\boldsymbol{f}_{\text{ext}i}$ 为作用在第 i 台机器人操作臂上的外力即作业对象物反作用给第 i 台操作臂上力矢量，按作用力与反作用力的关系，第 i 台机器人操作臂上所受的外力与其施加给作业对象物的操作力大小相等方向相反。

作用在作业对象物上的外力 $\boldsymbol{F}_{\text{ext}}$ 由各机器人操作臂分担，则有下式成立：

$$\sum_{i=1}^{n}\boldsymbol{f}_{\text{ext}i}=\boldsymbol{F}_{\text{ext}} \tag{10-18}$$

式中，$\boldsymbol{F}_{\text{ext}}$ 表示施加在作业对象物物体上的合外力（包括狭义上的合外力和合外力矩）；双臂协调操持单个作业对象物时，$n=2$。

加在各机器人操作臂上的外力 $\boldsymbol{f}_{\text{ext}i}$ 可由下式指定：

$$\boldsymbol{f}_{\text{ext}i}=\rho_i\boldsymbol{F}_{\text{ext}} \tag{10-19}$$

式中，ρ_i 是将作业对象物受 n 臂协调操作被施加的合外力分配给各机器人操作臂的分配系数。满足下式：

$$\sum_{i=1}^{n}\rho_i = 1\ (0 < \rho_i < 1) \tag{10-20}$$

若为双臂协调操作，则为 $\rho_1+\rho_2=1$，且若各臂与其把持的物体间不产生相对运动，则有 $\Delta\boldsymbol{x}_1=\Delta\boldsymbol{x}_2=\Delta\boldsymbol{x}$ 的关系式成立。由式（10-14）、式（10-16）、式（10-18）、式（10-19），各臂的阻抗控制参数 $\boldsymbol{M}_i$、$\boldsymbol{D}_i$、$\boldsymbol{K}_i$ 按式（10-21）～式（10-23）将作业对象物虚拟阻抗参数以第 i 臂同样的惯性、阻尼、刚度分配系数分配给各臂进行简单的设计，则加在各臂上的力由式（10-19）指定，物体的阻抗控制可由式（10-14）得以实现。

$$\boldsymbol{M}_i=\rho_i\boldsymbol{M} \tag{10-21}$$

$$\boldsymbol{D}_i=\rho_i\boldsymbol{D} \tag{10-22}$$

$$\boldsymbol{K}_i=\rho_i\boldsymbol{K} \tag{10-23}$$

实际进行 n 台机器人操作臂协调操作单个作业对象物的协调控制方法：

首先，按照实际的多臂协调作业任务参数及要求，合理规划作业对象物的运动轨迹、各操作臂把持作业对象物的把持点、根据作业对象物材料力学特性合理确定作用在该物体上的内力以及虚拟阻抗参数等准备工作。

其次，建立 n 臂协调操作单个物体的各坐标系，进行各臂以及作业对象物之间的坐标变换的运动学、动力学几何模型、力学模型及它们的数学模型（即数学方程、不等式等）。

然后，对被给予对象物的柔顺中心点的轨迹、作用在物体上的内力、希望实现对象物的外力的阻抗，计算考虑内力以及负载分配情况下各臂应施加给对象物的力。$\boldsymbol{f}_{\text{ext}i}$ 由实际施加在臂上的力和各臂必须施加给对象物的力的差求得；

然后，基于面向各臂的外力分配率 ρ_i 求各臂的阻抗。为使各臂具有阻抗特性，按照本书第 6 章及以前的单台机器人操作臂的轨迹追踪控制、力控制的理论与方法，设计好各臂的控制系统。利用计算机程序设计语言编写控制程序并调试，测试后实装于多臂协调机器人主控计算机系统。

10.4.4　两台机器人操作臂协调进行装配作业的阻抗控制

机器人装配技术发展的简介：1957 年美国吉尔曼工程制造公司开发出的圆珠笔尖自动装配生产机械标志着自动装配机械的诞生；1977 年美国的 Unimation 公司研制出了世界上第一台由计算机控制的通用装配机器人 PUMA，此后，PUMA 机器人一直被国内外高校和科研机构用于研究机器人操作理论与控制技术，直至 1990 年代后期；同在 1977 年，美国西屋电气公司研发出了由多台机器人兼有力觉、触觉、视觉等多传感系统和 RCC 柔顺手腕构成的自适应可编程装配系统 APAS（adaptable programmable assembly system）；此后，日本日立、松下、东芝、三菱等多家公司争相开发、生产包括 APAS 在内的装配机器人，1981 年日本山梨大学开发出平面内运动的 2-DOF 关节型装配用机器人 SCARA（selective compliance assembly robot arm）并得到了广泛的工业自动装配应用；20 世纪 80 年代至 90 年代，主动柔顺、被动柔顺、主被动柔顺等适应控制方法、末端操作器等机器人装配理论与技术在美日德等发达国家取得到了长足的技术发展和广泛的工业生产应用。但是，由于机械零部件的自动装配技术除了依赖于工业机器人操作臂技术以外，很大程度上取决于作为被操作对象的零部件的几何特征、材料材质和力学特性以及机械加工公差、表面粗糙度、摩擦、装配环境、工况等实际条件和要求，技术难度差异性很大。因此，被广为研究的机器人装配技术多集中在断面为圆柱形、长方形、三角形等几何形状规则和结构简单的轴/孔类零部件作为机器人装配操作对象上，并以圆柱销/孔类零件的机器人装配技术为代表。复杂几何结构零部件的机器人装配理论、方法与技术的研究远未被解决。本书作者于2014年开始原创性研究诸如键连接、花键连接等具有多圆-长方形复合几何特征的间隙配合轴/孔类零部件的机器人装配理论、方法与技术，取得了复杂接触状态分析、分类、判别条件、卡阻分析与卡阻图、柔顺控制、基于SDT理论的装配分析等理论以及装配控制策略、主被动柔顺控制技术等。

机器人装配的主动适应法：也称为主动柔顺法，是指借助于可编程的末端操作器或作为被装配零部件装配基础的工作台，利用装配过程中传感器系统实时采集力、位置、速度等信息进行反馈控制，并驱动末端操作器或工作台进行精密的操作运动以矫正装配零件或被装配零件的位姿，使零部件装配能够顺利进行下去直至完成装配任务的柔顺控制方法。如1981年比利时研制的可编程力控制手腕AACW。

机器人装配的被动适应法：也称为被动柔顺法，是指通过装配过程中可使装配零部件与被装配零部件之间相对位姿误差得以矫正调整的柔顺机构来完成装配任务的柔顺控制方法。柔顺机构补偿零部件装配位姿误差的原理是：柔顺机构受装配力作用时会产生弹性变形或平移与回转运动，使得装配零件相对于被装配零件产生被动柔顺所需的装配位姿误差补偿运动，装配顺利进行下去的位姿得以准确调整。被动适应法中代表性的柔顺装置如RCC（remote center compliance，远心柔顺）柔顺机构。

机器人装配的主被动适应法：也称为主被动柔顺法，是指将主动适应法、被动适应法结合在一起的、具有速度顺应性高、工况适应能力强、可靠性和适用性好的一种较为理想的装配控制方法。

综上所述，无论哪种装配适应控制法都是建立在设法补偿装配零部件与被装配零部件之间相对运动位姿误差这一原则基础之上的。

RCC机构与柔顺工作原理：RCC装置用于工业机器人操作臂末端接口与末端操作器之间，因此也被称为RCC手腕，主要被用来实现装配作业被动柔顺。它是已被研发出来的各种柔顺装置、柔顺装配系统当中最具代表性的、也是应用最为成功的柔顺装置。其机构简图如图10-9（a）所示，RCC柔顺机构通常安装在机器人操作臂腕部末端机械接口法兰上并通过止口与周向定位销精确定位；RCC柔顺机构的构件1与构件2之间由互相平行且等长度的杆件4、杆件5通过回转副铰接在一起构成平行四连杆机构以实现柔顺机构的平移运动；构件2又与构件3通过等长度杆件6、杆件7通过回转副铰接构成等腰梯形（中位时）四连杆机构，用以实现绕杆件6与杆件7延长线交点即柔顺中心的转动；构件3上的机械接口法兰通过止口、周向定位销、螺栓组连接与末端操作器机械接口法兰连接且实现精确定位。如前所述，RCC柔顺机构是通过图10-9（a）中所示的构件1、2、4、5构成的平行四连杆机构的平移运动和构件2、3、6、7构成的等腰四边形四连杆机构的回转运动来补偿机器人腕部末端机械接口与被装配零件几何结构（图10-9（b）中的圆柱销孔）的装配位姿误差的，其装配位姿误差补偿的柔顺工作原理如下。

① 当只有位移误差时，装配零部件与轴孔接触产生的装配力通过RCC机构中的平移机构使装配零部件向着对中位置平移。

② 当有角度误差也即姿态误差时，装配零部件与孔接触所产生的装配力矩将通过RCC机构中的回转机构使装配零部件向着消除角度误差的方向偏转。

③ 当既有平移误差又有角度误差时，由于RCC柔顺机构中的平移运动与回转（偏转）运动是相互独立的，两者之间没有互相牵制的耦合关系，因此，装配过程中同时需要补偿平移与回转误差的情况下，其平移误差的校正与角度误差的校正是分别由RCC柔顺机构中的平移机构、回转机构相互独立地实现的，即平移误差的校正不会因此而产生附加的角度误差，反之，角度误差的校正也不会因此而产生附加的平移误差。为此，产生的装配力应通过

RCC 柔顺机构的柔顺中心点，产生的装配力矩应是绕 RCC 机构的柔顺中心点的转矩。

RCC 柔顺机构属于前述的被动柔顺也即被动适应法，是在平面内实现平移和回转的 2-DOF 被动柔顺机构（俗称 RCC 柔性手腕）。图 10-9 所示的 RCC 柔顺机构的原理在实际机械设计中，可以采用通常的结构设计方法，也可以采用弹性铰链机构设计方法来实现。

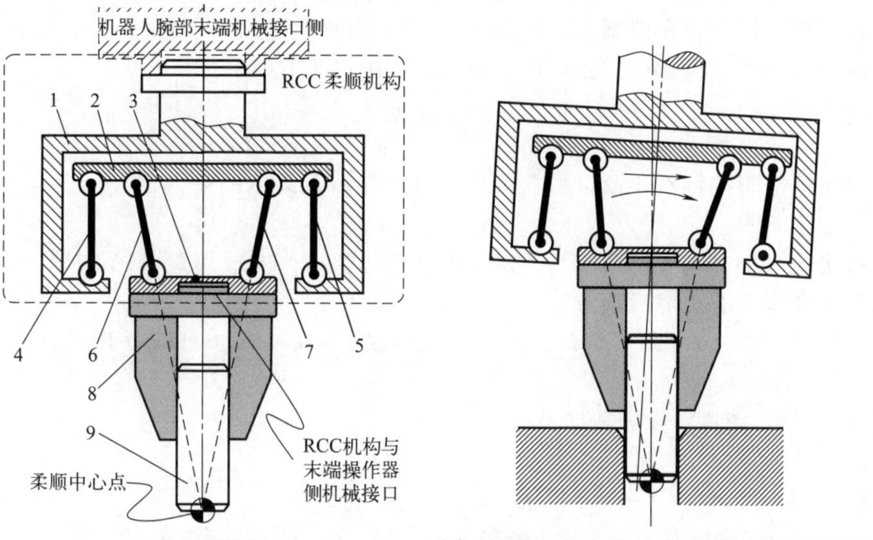

(a) RCC柔顺机构简图　(b) RCC柔顺机构平移和回转运动补偿装配位姿误差

图 10-9　RCC 柔顺机构与柔顺装配原理

双机器人操作臂装配操作问题：以上简述了柔顺装配的一些基础知识，现在考虑如图 10-10 所示用两台机器人操作臂进行简单的装配作业问题。一般地，在插销入销孔（peg-in-hole）问题等装配作业中，如图 10-11 所示，多利用 RCC 等装置（remote center compliance device）通过在销的末端定义柔顺中心来控制将销插入销孔。所谓的“柔顺中心”（compliance center）如前所述，就是对于被施加的外力，可绕该中心点进行回转和平移运动的点。

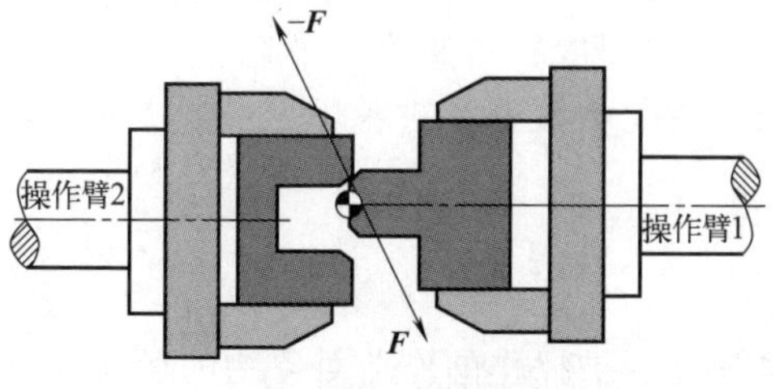

图 10-10　双机器人操作臂协调装配凸凹结构零件的操作示意图

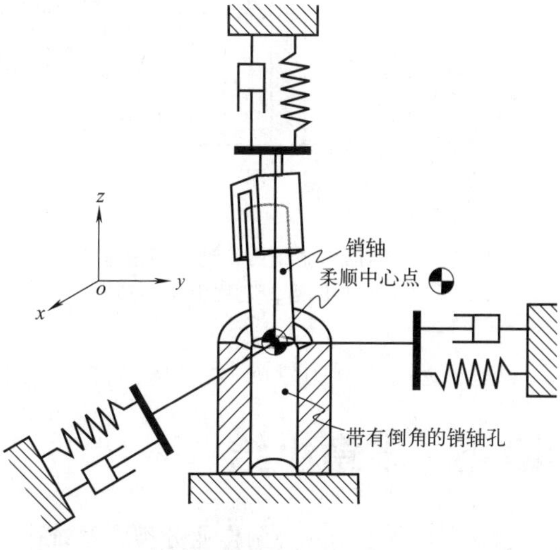

图 10-11　末端操作器作业三维空间内远心柔顺控制的平移阻抗力学模型

用两台机器人操作臂进行上述装配作业的阻抗控制：两台机器人操作臂把持物体期间的相对运动，例如为与 RCC 装置具有同样运动特性，可以对各机器人操作臂采用阻抗控制。此时，适于装配的零件间的相对运动与作用在零件间的力可用下式表示：

$$\boldsymbol{M}_{RCC}\Delta\ddot{\boldsymbol{x}}+\boldsymbol{D}_{RCC}\Delta\dot{\boldsymbol{x}}+\boldsymbol{K}_{RCC}\Delta\boldsymbol{x}=\boldsymbol{F} \tag{10-24}$$

式中，$\boldsymbol{M}_{RCC}$、$\boldsymbol{D}_{RCC}$、$\boldsymbol{K}_{RCC}$ 分别为 6×6 的惯性矩阵、阻尼系数阵、刚度矩阵。

为使各机器人操作臂在控制上具有零件装配所需阻抗特性和同样的构造，各机器人操作臂的阻抗控制采用式（10-16）。装配时施加给各操作臂的力如下：

$$\boldsymbol{f}_{\mathrm{ext1}}=\boldsymbol{F} \tag{10-25}$$

$$\boldsymbol{f}_{\mathrm{ext2}}=-\boldsymbol{F} \tag{10-26}$$

为实现装配所需的阻抗特性，两台机器人操作臂的相对运动 $\Delta\boldsymbol{x}$ 为：

$$\Delta\boldsymbol{x}=\boldsymbol{x}_1-\boldsymbol{x}_2 \tag{10-27}$$

需要确定满足式（10-24）的参数 $\boldsymbol{M}_i$、$\boldsymbol{D}_i$、$\boldsymbol{K}_i$。由式（10-16）和式（10-27），可得如下关于两台机器人操作臂的相对运动方程式：

$$\boldsymbol{M}_2\Delta\ddot{\boldsymbol{x}}+\boldsymbol{D}_2\Delta\dot{\boldsymbol{x}}+\boldsymbol{K}_2\Delta\boldsymbol{x}+(\boldsymbol{M}_1-\boldsymbol{M}_2)\Delta\ddot{\boldsymbol{x}}_1+(\boldsymbol{D}_1-\boldsymbol{D}_2)\Delta\dot{\boldsymbol{x}}_1+(\boldsymbol{K}_1-\boldsymbol{K}_2)\Delta\boldsymbol{x}_1=2\boldsymbol{F} \tag{10-28}$$

该式与式（10-24）具有同样的特性，即：

$$\boldsymbol{M}_1=\boldsymbol{M}_2=2\boldsymbol{M}_{RCC} \tag{10-29}$$

$$\boldsymbol{D}_1=\boldsymbol{D}_2=2\boldsymbol{D}_{RCC} \tag{10-30}$$

$$\boldsymbol{K}_1=\boldsymbol{K}_2=2\boldsymbol{K}_{RCC} \tag{10-31}$$

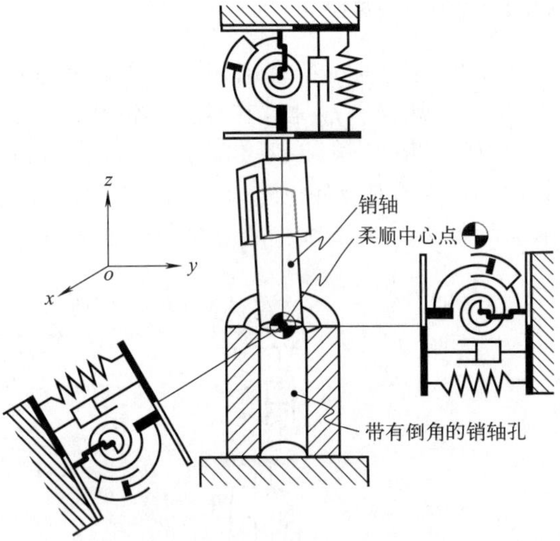

图 10-12　末端操作器作业三维空间内远心柔顺控制的平移-回转阻抗力学模型

物体装配时，用两台机器人操作臂把持的零件用式（10-24）表示的阻抗控制特性可被实现，所以如果用式（10-24）设计出适于零件装配作业的阻抗控制器，则可实现零件的装配作业。

考虑三维作业空间内平移、回转运动情况的柔顺阻抗控制力学模型如图 10-12 所示，除了前述的三维空间内 x、y、z 三个方向移动的 K-C（弹簧-阻尼）模型外，还考虑了分别绕 x、y、z 三个坐标轴回转的 K_{t}-C_{r}（回转弹簧-回转阻尼）模型。该模型是考虑柔顺力、力矩的完整模型。通常的机器人操作力控制、多机器人协调控制中为使问题得到简化，所用的阻抗控制模型是图 10-11 给出的线位移、线速度下的阻抗力模型，图 10-12 是线位移、角位移、线速度、角速度下的阻抗力模型，因此，基于远心柔顺的阻抗力、力矩的控制更为复杂。在此不做更多的展开。

10.5　本章小结

本章对多机器人协调作业分类、系统中坐标系建立、被操作的作业对象物的运动以及内力、协调操作力的分配方法、基本的协调控制原理与方法、被动柔顺 RCC 机构及柔顺工作原理、柔顺中心（远心柔顺点）、基于柔顺中心的阻抗控制的力学模型以及力学方程等基本理论与方法从机构与力学的角度进行了较为系统、深入的解说，并给出了多台机器人协调作业中各机器人操作力的解所需的广义伪逆矩阵基本理论及解方程中有关最小二乘解项和伪逆阵的零空间项在力学上的物理意义、多臂协调控制的平移-回转阻抗控制的完整力学模型。深入理解、掌握了本章的内容和多机器人操作臂协调作业控制的力学本质，再以本书前六章内容即单台机器人操作臂操作控制的基本理论、方法与技术作为基础，则基本上可以解决多机器人操作臂协调控制的工程实际问题；再有一部分实际问题的解决需要实验设计与数据，由于多机器人操作臂协调操作的作业对象物涉及任何几何结构、材料和不同用途与工况，尤其是其与机器人末端操作器操作工作表面之间的摩擦副更是涉及摩擦学理论与实验方面的实际问题，因此，需要从多方面进行具体问题具体分析和充足的实验，以确定平移-回转阻抗控制中的刚度、阻尼系数的上下界参数，以确保在虚拟阻抗控制或基于力-力矩传感器的力反馈阻抗控制中，机器人、末端操作器、被操作的作业对象物以及力-力矩传感器等不发生任何的力学上的损伤乃至损毁。

【思考题与习题】

10.1　按照构成协调作业系统中机器人类型的不同，多机器人协调问题可分为哪些类型？各适用于哪些具体作业场合？

10.2　试述 n 台 m 自由度的机器人操作臂协调操作控制三维作业空间内，单个作业对象物体的位置/轨迹与操作力作业任务的建模都包括哪些主要内容？

10.3　何谓多机器人协调操作下的内力？何谓单台机器人操作臂作业下的内力？双臂手或多臂手操持单个物体时内力过小或内力过大会造成什么样的作业问题？实际多臂协调控制中合理留取操作力中的内力的具体措施是什么？

10.4　何谓广义伪逆矩阵？由非方阵求其广义伪逆阵的条件是什么？

10.5　如何通过雅可比矩阵的零空间合理确定多机器人协调时内力的分配？如何以数学形式描述合理分配有效内力的问题（即内力分配的数学建模）？

（提示：1. 雅可比矩阵零空间梯度投影项中只是在数学上任意矢量都能使操作力方程成立，但任何多臂协调作业中的各机器人操作臂操作能力、各主动驱动关节的输出驱动力（力矩）的能力都是有限的，不可能在实际多臂协调系统中以无限制的任意矢量在零空间上的投影去获得内力，因为每台机器人操作臂的驱动能力、操作能力都是有界的，这些有界的能力被分别用来负担机器人自身运动和操作作业对象物负载运动；2. 操持作业对象物测试设计与测试实验）

10.6　多臂协调控制按各臂运动不发生力学上矛盾的控制目标进行分类可分为哪几类控制方法（算法）？各自的基本原理是什么？各自适合于何种协调作业情况下？

10.7　简述 n 台机器人操作臂协调操作单个物体的阻抗控制方法。

10.8　按主、被动适应的不同，两台操作手协调装配的方法都有哪些？简述各种机器人装配作业方法的基本原理。

10.9　何谓远心柔顺机构？远心柔顺的原理是什么？何谓远心柔顺的远心点？简述利用远心柔顺机构进行销与销孔件的机器人被动自适应装配作业的原理。

10.10　试判断单纯利用腕部六维力-力矩传感器、单纯利用 RCC 机构、联合使用腕部六维力-力矩传感器与 RCC 机构这三种机器人装配作业属于机器人装配的主动适应、被动适应、主被动适应中的哪类方法？相应地，如何在双臂手之间配置六维力-力矩传感器、RCC 机构？试述其配置方案及装配控制原理。

10.11　试从双操作手进行零件装配的阻抗控制、双操作手各自单操作手的力控制、力-位混合控制的角度，完整地论述两台机器人操作手进行销与销孔件装配的阻抗控制原理、方法与技术。

（提示：综合运用本书前六章与本章内容解决此问题）

10.12　如何看待“多机器人协调控制与其他控制不同，本质上不仅仅是控制理论所能解决的，更需要研究协调控制的力学问题”这句话？

第11章

主从机器人系统的主从控制

11.1 引言——主从机器人概念与发展概况

11.1.1 何谓主从机器人系统和主从机器人操作臂系统

主从机器人系统：是指如同“主人”与“仆人”的关系一样，由向从动机器人发送指令的主动机器人（master robot，简称“主机器人”）系统和接收并受控于“主动”机器人系统而进行运动和操作的“从动”机器人（slave robot，简称“从机器人”）组成的两台或两台以上的机器人系统，这一系统构建了复杂的从属关系和协调关系。主从机器人系统中的主从控制关系可分为：单纯由主机器人发送指令给从机器人并由从机器人接收和执行指令而无从机器人向主机器人回馈信息的单向主从控制和主从之间进行主机器人发送指令给从机器人和从机器人反馈信息给主机器人的双向主从控制两大类。单向主从机器人控制相对简单，一般适用于主从机器人作业对象和作业环境比较简单、易于结构化或者作业性能要求不高、完整约束的作业系统，主机器人相当于从机器人的上位机控制器，其成本也相对较低；双向主从控制则往往用于作业对象物和环境较复杂、难于将作业环境系统完全结构化的非完整约束系统，主机器人对从机器人及其所处作业环境以及作业对象物的状态量的获得更多地依赖于“从”机器人及其作业环境中的各类传感系统，对“从”机器人的作业性能要求也更高，整个系统的成本也高，具体工程应用中需要研究的问题也更多。

主从机器人系统的分类：按照主从机器人系统是用于移动还是操作，或是“移动＋操作”，可以将其分为主从机器人操作臂系统、主从移动机器人系统、主从移动操作机器人系统。其中，主从移动机器人系统按移动方式的不同又可以分为主从轮式移动机器人系统、主从履带式移动机器人系统、主从腿足式移动机器人系统、主从飞行机器人系统、主从水下/水中机器人系统，以及主从复合式移动机器人系统；主从移动＋操作机器人系统是指主从移动机器人系统中含有搭载带有末端操作器的操作臂的移动机器人的系统，可分为：搭载带有末端操作器的操作臂的轮式、履带式、腿足式、飞行式、水下/水中式等移动机器人构成的各类主从移动操作机器人系统；按主从机器人系统所在的环境又可分为：地面上主从机器人系统和空间主从机器人系统；按专业领域不同又可分为：工业用主从机器人系统、医疗用主从机器人系统、科学研究用主从机器人系统、空间技术领域主从机器人系统、海洋开发主从机器人系统等。在学习、研究和工程实际应用当中，无论什么样的主从机器人系统都是首先以单台机器人系统的机器人学与机器人技术为基础的；按主从机器人系统中的主机器人机构与从机器人机构的构型是否相同，又可分为主从同构机器人系统和主从异构机器人系统，其中：主从同构系统中主从机器人拥有相同的机器人学、机器人技术基础，因而可以共用同一台机器人机构学模型、控制器与控制系统、传感系统等技术，否则主从机器人必须应用机器人学与机器人技术构建各自的机构学模型、控制器与控制系统、传感系统等技术。主从机器人系统的分类如图 11-1 所示。在所有的主从机器人系统当中，主从机器人操作臂系统是最早被提出、被研究和应用的主从机器人系统。

主从机器人操作臂系统：在其所归属的主从机器人这一大概念的定义基础上，是指主机器人、从机器人皆为机器人操作臂的主从机器人系统；而在工业机器人这一概念的起源和定义基础上，是指由远离作业现场的、由人类操纵者或智能体控制与操纵的主管、主控整个系统的主动机器人向位于现实物理世界作业现场的从动机器人发送作业和运动指令并执行现场作业的复杂机器人系统。

主从机器人操作臂系统的分类：按与主从机器人系统中“主从”信息流向是单向还是双向，同样可将主从机器人操作臂系统分为主从单向机器人操作臂系统和主从双向机器人操作臂系统；按主从机器人操作臂各自机构构型是否相同又可分为主从同构机器人操作臂系统（可简称为“主从同构操作臂系统”）和主从异构机器人操作臂系统（可简称为“主从异构操作臂系统”）；按应用领域、作业环境的不同可分为主从工业机器人操作臂系统（或工业机器人主从操作臂系统）、主从空间机器人操作臂系统（或空间机器人主从操作臂系统）、主从医疗机器人操作臂系统（或医疗机器人主从操作臂系统）等。主从机器人操作臂系统还有另外一个意义交叉的概念就是“主从机器人遥操作系统”。

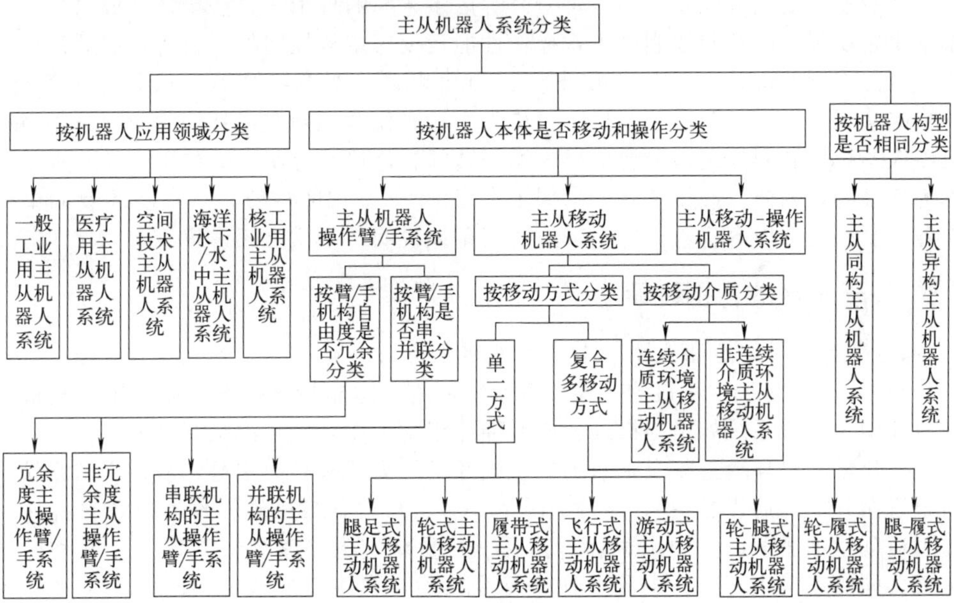

图 11-1　主从机器人系统的分类图

11.1.2　主从机器人发展概况

主从机器人概念最早源于工业机器人的兴起，与工业机器人概念有着“孪生”的关系。一般认为，1947 年美国橡树岭国家实验室、阿尔贡国家实验室为解决核废料搬运作业现场无人化的问题而研究的主从型远程遥控机器人操作手为现代工业机器人起点的标志。核设施内维护作业等人类不宜接近的作业环境（非定型作业：unstructured task）下，因为不能预先确定作业内容，所以必须由人在安全的环境内远程控制机器人操作臂进行作业。因此，把由人操纵的机械手称为主手；把进行现场作业的机器人操作手称为从手；把这样的系统称为主从操作手系统。操纵时，从手不仅追从主臂的动作，从手的反力还将传递给主手，以使操纵者能够感知到操作力，因此能够进行更加精细的作业，把主从操作的控制称为双向控制。因此，可以认为“工业机器人”与“主从机器人”的概念是“孪生”于1947年美国核废料处理自动化这一标志性技术兴起的过程当中的。此后，随着计算机CPU芯片技术的快速发展和不断应用与更新、伺服驱动系统与计算机控制、传感器技术、精密机械传动（减速器）技术产品等机器人所需的工业基础元部件的不断发展与应用，20世纪80年代、90年代，面向工业、医疗、空间技术应用，随着单台工业机器人操作臂运动控制、力控制、力-位混合控制理论、方法与技术的不断推进，各种工业主从机器人操作臂系统，主从控制方法，面向航天、医疗、核工业以及水下等作业环境的遥操作系统不断被研发出来并且相继取得应用，如1981年航天飞机机载遥控系统SRMS首次使用了机器人操作臂，2001年由美国“奋进号”航天飞机携带至国际空间站并服役的站内站外空间机器人操作臂遥控系统SSRM，20世纪80年代末斯坦福研究院开始研发的达·芬奇外科手术机器人，后1996年由美国直觉外科公司推出的第一代、2006年第二代、2009年第三代、2014年第四代，直至目前的第五代达·芬奇手术机器人，都是由手术技术熟练的医生操纵主手来控制从机器人进行外科手术的医疗机器人系统。此外，美国NASA实验室研发的眼科手术机器人、日本东京大学研制的显微血管缝合遥操作机器人等均为主从同构的医疗手术机器人。目前，主从机器人技术在核工业、空间技术、医疗等领域已取得了飞速发展和实际应用。主从机器人技术研究中涵盖了主从同构、主从异构机器人的机构设计、力觉传感器、力控制、主从控制、通信、遥操作以及微系统、专业应用领域以及科学试验研究等诸多方面的理论、方法与技术成果。

本章主要从基本的双向控制的主臂操作性能角度对主从控制加以讲解，然后论述各种主从异构的双向控制的理论、方法与技术。为简化表述，本章将主臂、从臂分别简称为主、从，并将主从机器人操作臂系统的控制简称为主从操作臂控制或主从控制。同第10章一样，主从机器人系统控制同样是以单台机器人操作臂的轨迹追踪控制、力控制等控制理论、方法和技术为基础的，因此，假设读者已掌握了本书第2～7章的内容，本章所涉及的单台机器人操作臂控制问题的内容将直接一笔带过或简单地说明，不做展开讲解。

11.1.3 关于本章的特别说明

1）部分变量符号约定和说明：本章中变量下标m、s分别表示主臂（master arm）和从臂（slave arm）。对于主从机器人操作臂系统而言，除非特殊情况［如应用主从机器人科学试验研究中，主臂系统处于与操纵者或智能体正常工作环境，而从臂被置于与前者完全不同的物理、化学试验环境且完全被与主臂所处环境隔离开来，但主臂、从臂实体系统物理距离相对很近而并非“远程遥控”，此种情况下，主、从臂各自末端操作器以各自杆件上任意点位置、速度、加速度以及力可以通过选择、测量标定各自基坐标系以及公共坐标系（主臂、从臂共同的参考坐标系）进行齐次坐标变换后，在主臂、从臂共同的参考坐标系中表示］，一般都是主、从臂实体系统分别处于相距甚远的“远程”两地，因此，本书中主、从臂各自的末端操作器作业中心点乃至臂上任意一点处的位置（位移）（$\boldsymbol{X}_{\mathrm{m}}$、$\boldsymbol{X}_{\mathrm{s}}$）、速度（$\dot{\boldsymbol{X}}_{\mathrm{m}}$、$\dot{\boldsymbol{X}}_{\mathrm{s}}$）、加速度（$\ddot{\boldsymbol{X}}_{\mathrm{m}}$、$\ddot{\boldsymbol{X}}_{\mathrm{s}}$）、力（$\boldsymbol{F}_{\mathrm{m}}$、$\boldsymbol{F}_{\mathrm{s}}$）、力矩（$\boldsymbol{N}_{\mathrm{m}}$、$\boldsymbol{N}_{\mathrm{s}}$）等矢量都是分别相对主、从臂各自所处其安装基础的基坐标系或各自作业空间内参考坐标系的，当然，主臂、从臂各自关节角位置、角位移、角速度、角加速度等是属于主、从臂各自关节坐标系或各自关节空间的（当关节角、角速度、角加速度矢量表示时）。总之一句话：主臂、从臂各自的机构运动学、变量、参量都是相对其各自所处作业空间中的参考坐标系而言的，

2）关于“主从同构”与“主从异构”的说明：这里所言的“构”字是指构成主从机器人系统的主臂、从臂各自机构构型的“构”字。“同构”指主臂机构构型与从臂机构构型也

即它们的机构构成的原理完全相同（“异构”则是指只要在机构构成原理至少有任意一处不同即视为构型不同即为“异构”），注意“同构”是机构原理完全相同（而未言机构参数也相同，“同构”的机构参数可以相同也可以不同），主从同构时，主臂、从臂在其各自所处物理空间参考坐标系中可以拥有和使用共通的机构学理论推导得到的公式和计算程序，然后代入主臂、从臂各自的机构参数进行机构学计算，但是对于主从异构则必须各自拥有、使用各自的。

以上两点特此加以强调和说明。

11.2　基本的双向控制

11.2.1　基本的双向控制系统的结构

单向主从操作臂控制系统是指从主臂向从臂发送位置指令的位置伺服系统，从臂接受并执行主臂的位置指令但不向主臂传递从臂位置以及从臂操作力信息的主从臂间单向传递信息系统，如图 11-2 所示。之所以将单向主从控制系统称为伺服系统是因为：从臂在追从主臂给出的指令轨迹，即主臂输出给从臂的位置 $\boldsymbol{X}_{\mathrm{m}}$ 相当于作为从臂控制器的位置参考输入，从臂运动的位置 $\boldsymbol{X}_{\mathrm{s}}$ 被反馈回来与主臂位置 $\boldsymbol{X}_{\mathrm{m}}$ 相比较之后的位置偏差 $\Delta\boldsymbol{X}(=\boldsymbol{X}_{\mathrm{m}}-\boldsymbol{X}_{\mathrm{s}})$ 作为从臂控制器的输入，显然是从臂追从主臂位置的位置/轨迹追踪控制，即位置伺服系统。

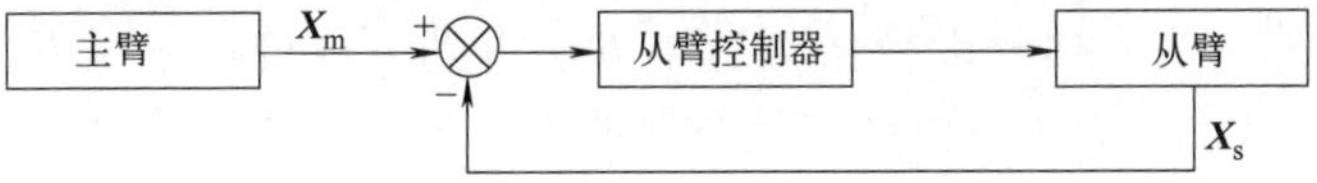

图 11-2　位置伺服系统（单向控制）

双向主从控制系统则是主臂向从臂发送位置指令，从臂除接受并执行来自主臂的位置指令外，还将从臂的位置或力的信息反向传递给主臂的主从臂间双向传递指令和信息的主从机器人控制系统。

被机器人技术领域广为熟知的基本的双向主从控制系统结构有对称型、力反射型和力归还型三种，分别如图 11-3 所示。图中的“主（从）臂控制器”仅以一个“方框”表示的控制器模块笼统地表示，并没有像前 7 章那样具体给出控制器的表达或者控制律，本章中所有有关“主（从）臂控制器”都可以在具体设计时根据具体情况选择本书前 7 章中任何一种单机器人操作臂的控制系统、控制器设计方法或控制律（如单臂轨迹追踪控制中的任何一种控制方法、力控制、力位混合控制、自适应控制、鲁棒控制等），因此，本章中没有给出主（从）臂单臂控制器具体是什么控制器。因为首先要解决主、从机器人操作臂系统本身的力学模型与方程的表达问题，即接下来的 1 自由度系统的模型化方法问题，然后再继续回到各种双向主从控制方法上来。

11.2.2　1-自由度系统的模型化

为了用力学模型和方程去描述主从机器人操作臂系统的主从控制问题，将主从操作臂系统简化为如图 11-3 所示的 1 自由度力学系统模型，即以惯性力、阻尼力、弹性力等力学要素表示的单臂力学模型来表达主从操作臂系统力学模型以及相应的动力学方程。

主从机器人操作臂在各自的作业空间内，主臂受操纵者或智能体操纵，然后将操纵主臂得到的主臂机构关节空间（或者其末端操作器作业空间）内的运动（位置、轨迹）或还有被操纵主臂作业的力、力矩传递给从臂，从臂将主臂传递过来的位置、力映射到从臂机构关节

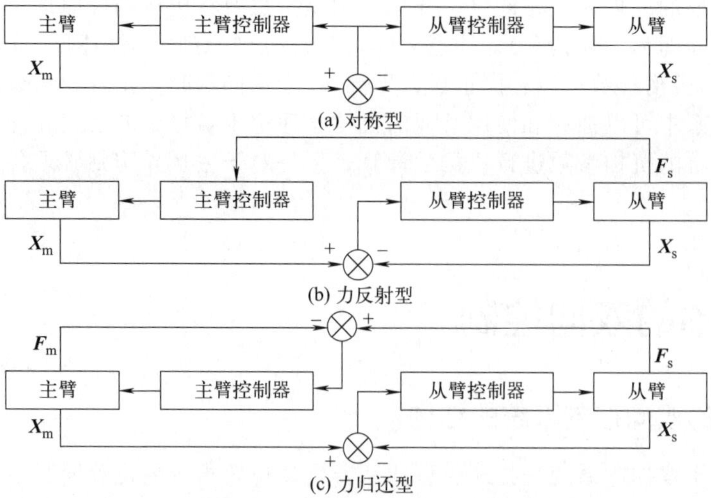

图 11-3　基本的双向主从控制

空间（或者从臂作业空间）进行从臂现场作业空间内现场作业，作业过程中再实时地将从臂作业位置（轨迹）或还有操作力传回到主臂控制系统。另外，在第 3 章机构学基础中的动力学（其中机器人操作臂动力学方程的通用表示）、第 6 章轨迹追踪控制中已经交代过：机器人既可在关节空间内控制，也可在末端操作器作业空间内控制，而且机器人运动方程既可在关节空间内用拉格朗日法或牛顿欧拉法等力学方法得到，也可在末端操作器作业空间内得到。按图 11-4（a）被简化的 1 自由度主从系统的力学模型，主、从臂在各自作业空间内的动力学方程式可由（11-1）、（11-2）两式给出。多自由度的情况下各关节构成伺服系统或如后续 11.4 节所述在作业坐标系内构成伺服系统。

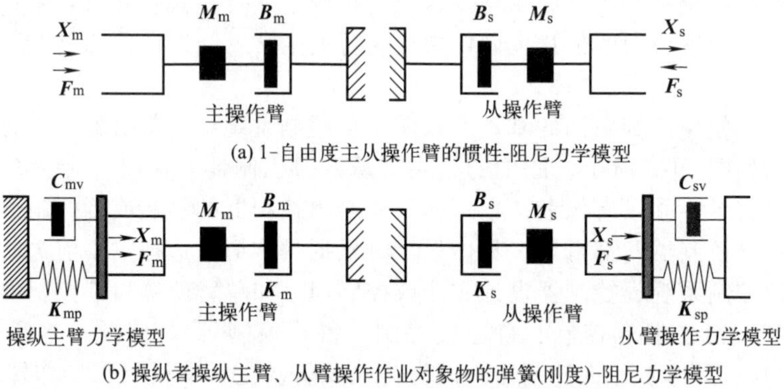

图 11-4　1-自由度主从操作臂系统简化的力学模型

$$\boldsymbol{\tau}_m + \boldsymbol{F}_m = \boldsymbol{M}_m \ddot{\boldsymbol{X}}_m + \boldsymbol{B}_m \dot{\boldsymbol{X}}_m \tag{11-1}$$

$$\boldsymbol{\tau}_s - \boldsymbol{F}_s = \boldsymbol{M}_s \ddot{\boldsymbol{X}}_s + \boldsymbol{B}_s \dot{\boldsymbol{X}}_s \tag{11-2}$$

式中　$\boldsymbol{X}_m$、$\boldsymbol{X}_s$——主、从臂的位移（或位移矢量）；

$\boldsymbol{M}_m$、$\boldsymbol{M}_s$——主、从臂的质量（或惯性矩阵）；

$\boldsymbol{B}_m$、$\boldsymbol{B}_s$——主、从臂的黏性摩擦系数（或黏性摩擦系数矩阵）；

$\boldsymbol{F}_m$——主从操作系统施加在主臂上的力（或力、力矩矢量）；

$\boldsymbol{F}_s$——从臂施加给作业对象物上的力（或力、力矩矢量）；

$\boldsymbol{\tau}_{\mathrm{m}}$、$\boldsymbol{\tau}_{\mathrm{s}}$——主、从臂的关节驱动部的驱动力（或驱动力、力矩矢量）。

以上各变量、参量符号说明之后“（）”中的内容为机器人操作臂为多自由度系统时的矢量或矩阵形式说明。

11.2.3　对称型双向主从控制

对称型（symmetric position servo type）双向主从控制系统的原理：主臂控制器控制主臂运动并将主臂末端操作器位移（位置）$\boldsymbol{X}_{\mathrm{m}}$ 分别传递给主臂控制器作为主臂位置反馈进行位置反馈控制、传递给从臂控制器作为从臂控制器的参考输入控制从臂运动，从臂末端操作器的位移（位置）$\boldsymbol{X}_{\mathrm{s}}$ 被同时反向分别传回给主臂控制器、从臂控制器，主臂、从臂分别进行主从位置反馈控制，即主臂与从臂的位移（位置）间偏差 $-\Delta\boldsymbol{X}(=\boldsymbol{X}_{\mathrm{s}}-\boldsymbol{X}_{\mathrm{m}})$、$\Delta\boldsymbol{X}(=\boldsymbol{X}_{\mathrm{m}}-\boldsymbol{X}_{\mathrm{s}})$ 分别作为主臂控制器、从臂控制器的输入，主臂控制器、从臂控制器按减小 $\Delta\boldsymbol{X}$ 的运动方向分别对主臂、从臂施加驱动力矩。从图 11-2（a）所示的主从控制系统框图中可以显见：该图以中间位置偏差（+、−运算）为中线的左右结构对称性，顾名对称型。注意：进入主从控制后，从臂运动位置输出 $\boldsymbol{X}_{\mathrm{s}}$ 反过来又作为主臂的参考输入和从臂的位置反馈，主臂运动位置输出 $\boldsymbol{X}_{\mathrm{m}}$ 分别作为从臂的参考输入和主臂的位置反馈，体现了主从控制结构的对称性。

对称型双向主从控制的特点：由主臂运动位置（位移）输出 $\boldsymbol{X}_{\mathrm{m}}$ 和从臂位置（位移）输出 $\boldsymbol{X}_{\mathrm{s}}$ 计算主、从臂位置输出的偏差 $\Delta\boldsymbol{X}$，面向修正该偏差的方向对主臂、从臂施加驱动力矩，不需要力传感器，主从控制系统构成简单，成本也相对较低。但是，易受主从系统惯性力和摩擦力的影响。

对称型双向主从控制的应用：适用于主从臂质量都轻、低摩擦或者液压驱动系统等情况。

主臂、从臂的驱动力：由式（11-3）、式（11-4）给出，由式（11-1）～式（11-3）可求出 $\boldsymbol{F}_{\mathrm{m}}$，如式（11-5）所示。

$$\boldsymbol{\tau}_{\mathrm{m}}=\boldsymbol{k}_{\mathrm{p}}(\boldsymbol{X}_{\mathrm{s}}-\boldsymbol{X}_{\mathrm{m}}) \tag{11-3}$$

$$\boldsymbol{\tau}_{\mathrm{s}}=\boldsymbol{k}_{\mathrm{p}}(\boldsymbol{X}_{\mathrm{m}}-\boldsymbol{X}_{\mathrm{s}}) \tag{11-4}$$

式中，$\boldsymbol{k}_{\mathrm{p}}$ 为主从控制的位置增益。

$$\boldsymbol{F}_{\mathrm{m}}=(\boldsymbol{M}_{\mathrm{m}}\ddot{\boldsymbol{X}}_{\mathrm{m}}+\boldsymbol{B}_{\mathrm{m}}\dot{\boldsymbol{X}}_{\mathrm{m}})+(\boldsymbol{M}_{\mathrm{s}}\ddot{\boldsymbol{X}}_{\mathrm{s}}+\boldsymbol{B}_{\mathrm{s}}\dot{\boldsymbol{X}}_{\mathrm{s}})+\boldsymbol{F}_{\mathrm{s}} \tag{11-5}$$

主从系统施加在主臂上的操作力 $\boldsymbol{F}_{\mathrm{m}}$ 计算公式（11-5）中，等号右侧出现了从臂操作力 $\boldsymbol{F}_{\mathrm{s}}$ 以及从臂运动惯性力项和黏性摩擦项（$\boldsymbol{M}_{\mathrm{s}}\ddot{\boldsymbol{X}}_{\mathrm{s}}+\boldsymbol{B}_{\mathrm{s}}\dot{\boldsymbol{X}}_{\mathrm{s}}$），也就是说，从臂施加给作业对象物操作力 $\boldsymbol{F}_{\mathrm{s}}$ 时，主臂操作力 $\boldsymbol{F}_{\mathrm{m}}$ 也应随着从臂操作力 $\boldsymbol{F}_{\mathrm{s}}$ 而改变，也即从臂操作作业对象物时操作力、从臂机械系统的惯性参数、摩擦等也同时给主臂、从臂都施加了动态影响，且在稳定状态下有 $\boldsymbol{F}_{\mathrm{m}}=\boldsymbol{F}_{\mathrm{s}}$。

关于对称型主从控制系统适用性问题的分析：由上述分析得到的——从臂操作力已作为主从系统施加主臂上的操作力的一部分，操纵主臂受到从臂操作作业对象物的操作力的影响这一点不容忽视。对于主从机器人系统而言，如果从臂系统是应用在负载不轻、中载甚至重载作业的情况下，对主臂的设计、主臂尺寸大小、驱动能力、操纵主臂的操纵力（也即主从系统施加给主臂上的力）以及操纵主臂的灵活性、主臂系统使用的条件等等都因前述的这一点而带来不便、操纵/操控主臂的操纵力过大甚至难于设计、难于操纵/操控（例如，主臂由人来操纵的情况下负担不可过重，否则操纵困难）。因此，对称型双向主从控制适用于主从臂都较轻、低摩擦或者主从臂采用驱动力较电动驱动更强劲的液压驱动系统。

11.2.4 力反射型双向主从控制

力反射型（force reflection type）双向主从控制系统原理：如图 11-2（b）所示，主臂控制器控制主臂运动并将主臂末端操作器位移（位置）$\boldsymbol{X}_{\mathrm{m}}$ 传递给从臂控制器作为从臂控制器的参考输入控制从臂运动，从臂末端操作器的位移（位置）$\boldsymbol{X}_{\mathrm{s}}$ 被反向传回给从臂控制器作为从臂的位置反馈，从臂进行位置反馈控制即主臂与从臂的位移（位置）偏差 $\Delta\boldsymbol{X}(=\boldsymbol{X}_{\mathrm{m}}-\boldsymbol{X}_{\mathrm{s}})$ 作为从臂控制器的输入；与从臂将其末端操作器位置（位移）输出 $\boldsymbol{X}_{\mathrm{s}}$ 反馈给从臂控制器的同时，从臂将从臂操作作业对象物的操作力 $\boldsymbol{F}_{\mathrm{s}}$ 的反力反向传递（即反射）给主臂控制器并作为其参考输入控制主臂运动输出 $\boldsymbol{X}_{\mathrm{m}}$。如此周而复始地进行主臂接受反射力的控制和从臂位置反馈控制的力反射型双向主从控制。

力反射型双向主从控制的特点：从臂由位置伺服系统构成，主臂是由从臂侧用力传感器检测出来并反射给主臂的力来进行力的传递。来自从臂侧的反射力（即从臂操作力的反力）易于通过从臂末端机械接口与末端操作器接口之间安装的多维力-力矩传感器获得，如果被操作作业对象物或环境是光滑平整、没有棱角的规则结构，而且操作力适度的情况下，也可通过末端操作器的操作工作面安置薄膜力传感器或接触力传感器等检测从臂操作力以获得反射给主臂的反射力，但是，通常情况下的机器人操作臂中，主臂的操作负担加重。

对称型双向主从控制的应用：适用于主臂重量轻、低摩擦情况。

主从臂的驱动力：由式（11-6）、式（11-7）给出，并将式（11-6）代入式（11-1）可求出主从系统施加在主臂上的力 $\boldsymbol{F}_{\mathrm{m}}$，如式（11-8）所示。

$$\boldsymbol{\tau}_{\mathrm{m}}=-\boldsymbol{k}_{\mathrm{f}}\boldsymbol{F}_{\mathrm{s}} \tag{11-6}$$

$$\boldsymbol{\tau}_{\mathrm{s}}=\boldsymbol{k}_{\mathrm{p}}(\boldsymbol{X}_{\mathrm{m}}-\boldsymbol{X}_{\mathrm{s}}) \tag{11-7}$$

式中，$\boldsymbol{k}_{\mathrm{p}}$ 为主从控制的位置增益（多自由度主从系统的情况下为位置增益矩阵）；$\boldsymbol{k}_{\mathrm{f}}$ 为主从控制的力增益（多自由度主从系统的情况下为力增益矩阵）。

$$\boldsymbol{F}_{\mathrm{m}}=(\boldsymbol{M}_{\mathrm{m}}\ddot{\boldsymbol{X}}_{\mathrm{m}}+\boldsymbol{B}_{\mathrm{m}}\dot{\boldsymbol{X}}_{\mathrm{m}})+\boldsymbol{k}_{\mathrm{f}}\boldsymbol{F}_{\mathrm{s}} \tag{11-8}$$

由式（11-6）～式（11-8）可知：主从系统施加在主臂上的操纵力受主臂的动态影响。力增益系数 $\boldsymbol{k}_{\mathrm{f}}$ 可以根据主臂操纵灵活性和操纵能力要求加以调节，而且，若 $\boldsymbol{k}_{\mathrm{f}}=1$（对于 n 自由度的操作臂，$\boldsymbol{k}_{\mathrm{f}}=\boldsymbol{I}$ 为单位阵），则稳定状态下 $\boldsymbol{F}_{\mathrm{m}}=\boldsymbol{F}_{\mathrm{s}}$。

11.2.5 力归还型双向主从控制

力归还型（force reflection servo type）双向主从控制系统原理：如图 11-2（c）所示，主臂控制器控制主臂运动并将主臂末端操作器位移（位置）$\boldsymbol{X}_{\mathrm{m}}$ 传递给从臂控制器作为从臂控制器的参考输入控制从臂运动，从臂末端操作器的位移（位置）$\boldsymbol{X}_{\mathrm{s}}$ 被反向传回给从臂控制器作为从臂的位置反馈，从臂进行位置反馈控制即主臂与从臂的位移（位置）偏差 $\Delta\boldsymbol{X}$（$=\boldsymbol{X}_{\mathrm{m}}-\boldsymbol{X}_{\mathrm{s}}$）作为从臂控制器的输入；在从臂将其末端操作器位置（位移）输出 $\boldsymbol{X}_{\mathrm{s}}$ 反馈给从臂控制器的同时，从臂将从臂操作作业对象物的操作力 $\boldsymbol{F}_{\mathrm{s}}$ 的反力反向传递（即反射）给主臂控制器并作为其参考输入，同时主从系统施加在主臂上的操作力 $\boldsymbol{F}_{\mathrm{m}}$ 也被反馈给主臂控制器，主臂控制器以主臂上反馈来的操纵力（或操控力）与来自从臂的反射力之间的偏差 $\Delta\boldsymbol{F}(=\boldsymbol{F}_{\mathrm{m}}-\boldsymbol{F}_{\mathrm{s}})$ 作为主臂控制器的输入，进行主臂力控制。如此周而复始地进行主臂力伺服控制与从臂位置伺服控制相结合的力归还型双向主从控制。

力归还型双向主从控制特点与应用：力归还型主从控制是力反射型主从控制的补充形式，主臂是由力伺服系统构成，主臂操作更容易实现，更常用。

主从臂的驱动力：由式（11-9）、式（11-10）给出，并将式（11-9）代入到式（11-1）可求出 $\boldsymbol{F}_{\mathrm{m}}$，如式（11-11）所示。

$$\boldsymbol{\tau}_m = \boldsymbol{k}_f(\boldsymbol{F}_m - \boldsymbol{F}_s) \tag{11-9}$$

$$\boldsymbol{\tau}_s = \boldsymbol{k}_p(\boldsymbol{X}_m - \boldsymbol{X}_s) \tag{11-10}$$

其中，$\boldsymbol{k}_p$ 为主从控制的位置增益（多自由度主从系统的情况下为位置增益矩阵）；$\boldsymbol{k}_f$ 为主从控制的力增益（多自由度主从系统的情况下为力增益矩阵）。

$$\boldsymbol{F}_m = (1+\boldsymbol{k}_f)^{-1}(\boldsymbol{M}_m\ddot{\boldsymbol{X}}_m + \boldsymbol{B}_m\dot{\boldsymbol{X}}_m) + (1+\boldsymbol{k}_f)^{-1}\boldsymbol{k}_f\boldsymbol{F}_s \tag{11-11}$$

由式（11-9）～式（11-12）可知：$\boldsymbol{k}_f$ 趋近于无穷大时，$(1+\boldsymbol{k}_f)^{-1}$ 趋近于 0，则在系统稳定状态下有 $\boldsymbol{F}_m = \boldsymbol{F}_s$。此时主臂的动态特性完全消失。但是，实际上容易产生振动，但振动程度不大。而且从臂不受环境约束时，$\boldsymbol{F}_s = 0$，则有：

$$\boldsymbol{\tau}_m = \boldsymbol{k}_f\boldsymbol{F}_m \tag{11-12}$$

由此可知：为使主臂沿着主从系统施加在主臂上的力（也即操纵/操控主臂的力）的方向而动作，驱动器产生驱动力而成为被动力辅助的助力系统。因此，从主臂的操纵性上来看，力归还型双向主从也较其他两种双向主从控制类型更好！

11.2.6　双向控制系统的统一表示

首先需要明确定义运动传递比、力传递比这两个基本概念。

主从臂的运动传递比：是指在双向主从控制下，从臂的运动 $\boldsymbol{X}_s$ 与主臂运动 $\boldsymbol{X}_m$ 的比例 $\boldsymbol{s}_p$，或者说就是主臂的运动输出传递给从臂后在从臂控制器控制下以多大的比例在从臂运动上被放大或被缩小地实现，即 $\boldsymbol{s}_p = \boldsymbol{X}_s : \boldsymbol{X}_m$ 或 $\boldsymbol{X}_s = \boldsymbol{s}_p\boldsymbol{X}_m$。

主从臂的力传递比：是指在双向主从控制下，从臂的操作力 $\boldsymbol{F}_s$ 以多大的比例被反射回主臂控制器与主从系统施加在主臂上的操纵力 $\boldsymbol{F}_m$ 去比较，这个将从臂操作力 $\boldsymbol{F}_s$ 被反射给主臂控制器的比例即是力传动比。即 $\boldsymbol{s}_f = \boldsymbol{F}_m : \boldsymbol{F}_s$ 或 $\boldsymbol{F}_m = \boldsymbol{s}_f\boldsymbol{F}_s$。

主从臂的大小及运动、动力传递比问题：本章至此所谈的主从双向控制的主从臂的运动传递比、力传递比都是按 1∶1 考虑的。但是，主臂通常由操纵技能熟练人员来操纵，如果主臂笨重且过大则操纵者操纵主臂费劲甚至无法正常操纵，为了便于操纵者操纵且尽可能提高操纵的灵巧性和感度，主臂在设计制造上应尽可能轻质、惯性低、摩擦阻力小、运动灵活，主臂尺寸大小一般与人类手臂相当；从臂则是为满足现场实际作业任务指标（如所需带载能力或操作力大小、速度、角速度指标、作业精度等）和技术要求而设计制造，因作业不同而异。重载作业情况下，通常多使用大的机器人操作臂，改变运动传动比和力传递比则更易于操作。

主从臂的驱动力：若假设从从臂到主臂的力的传递比为 $\boldsymbol{s}_f$，从主臂到从臂的运动变换的传递比为 $\boldsymbol{s}_p$，则对于式（11-1）～式（11-12），可用式（11-13）、式（11-14）去替换式（11-1）～式（11-12）以及图 11-2（c）中的 $\boldsymbol{F}_s$、$\boldsymbol{X}_m$，则可得用力归还型表示的、含有运动传递比和力传递比的双向控制统一表示即图 11-4 给出的双向主从控制结构。

$$\boldsymbol{F}_s = \boldsymbol{s}_f\boldsymbol{F}_s \tag{11-13}$$

$$\boldsymbol{X}_m = \boldsymbol{s}_p\boldsymbol{X}_m \tag{11-14}$$

式中，$\boldsymbol{s}_p$ 被称为运动传递比，或位移放大缩小比、位置增益等；$\boldsymbol{s}_f$ 被称为力传递比，或力反射率、力反射比、力归还率、力反馈增益等。注意：对于 1 自由度主从臂系统，$\boldsymbol{s}_p$、$\boldsymbol{s}_f$ 皆为系数；但对于多自由度的主、从臂系统，则皆为系数矩阵，通常为对角线上元素不为零的矩阵。

用式（11-13）、式（11-14）替代的式（11-1）～式（11-12），可得主臂、从臂驱动力的一般化通用表示形式，如式（11-15）、式（11/16）所示：

$$\boldsymbol{\tau}_m = [\boldsymbol{k}_{m1} \quad \boldsymbol{k}_{m2}] \cdot \begin{bmatrix} \boldsymbol{s}_p\boldsymbol{X}_m \\ \boldsymbol{F}_m \end{bmatrix} - [\boldsymbol{k}_{s1} \quad \boldsymbol{k}_{s2}] \cdot \begin{bmatrix} \boldsymbol{X}_s \\ \boldsymbol{s}_f\boldsymbol{F}_s \end{bmatrix} \tag{11-15}$$

$$\boldsymbol{\tau}_{\mathrm{s}}=[\boldsymbol{k}_{\mathrm{m3}} \quad \boldsymbol{k}_{\mathrm{m4}}]\cdot\begin{bmatrix}s_{\mathrm{p}}\boldsymbol{X}_{\mathrm{m}}\\ \boldsymbol{F}_{\mathrm{m}}\end{bmatrix}-[\boldsymbol{k}_{\mathrm{s3}} \quad \boldsymbol{k}_{\mathrm{s4}}]\cdot\begin{bmatrix}\boldsymbol{X}_{\mathrm{s}}\\ s_{\mathrm{f}}\boldsymbol{F}_{\mathrm{s}}\end{bmatrix} \tag{11-16}$$

式中，当 $\boldsymbol{k}_{\mathrm{m2}}=\boldsymbol{k}_{\mathrm{s2}}=\boldsymbol{k}_{\mathrm{m4}}=\boldsymbol{k}_{\mathrm{s4}}=0$ 时，为对称型双向主从控制；当 $\boldsymbol{k}_{\mathrm{m1}}=\boldsymbol{k}_{\mathrm{m2}}=\boldsymbol{k}_{\mathrm{s1}}=\boldsymbol{k}_{\mathrm{m4}}=\boldsymbol{k}_{\mathrm{s4}}=0$ 时，为力反射型双向主从控制；当 $\boldsymbol{k}_{\mathrm{m1}}=\boldsymbol{k}_{\mathrm{s1}}=\boldsymbol{k}_{\mathrm{m4}}=\boldsymbol{k}_{\mathrm{s4}}=0$ 时，为力归还型双向主从控制。

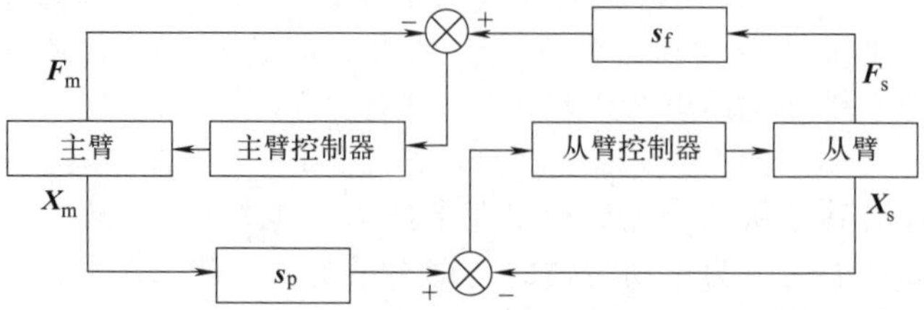

图 11-5　含力反射率、运动传递比的力归还型主从控制系统结构

则用主、从臂驱动力方程式（11-15）、式（11-16）以及图 11-5 对含有运动传递比、力传递比的对称型、力反射型、力归还型三种基本的主从控制进行了统一表示。因此，可以对主从机器人系统的主从控制系统进行统一的程序设计，通过不同的系数条件选择不同的主从控制方式。

11.3　主从机器人操作臂系统控制的稳定性

常用的力归还型主从操作中，从臂是由来自主臂的位置指令控制的，主臂是由来自从臂的力指令控制的，是由位置控制系统和力控制系统串联在一起构成的控制系统。因此，这样的系统整体上同单独的控制系统相比，稳定性会变得更差。

研究表明：这样的系统会因为作业对象物的刚性、力传递比、运动传递比的原因使系统变得不稳定。而且，主从操作臂系统的主从操作中，作为操纵者的人存在于系统中可能反而会使得控制系统稳定性的解析变得更为复杂。特别是人类的手臂在操纵/操控主臂时具有能够适时地、任意地变更阻抗等特性。理论上，人们虽然能够对被操作的作业对象物和环境等建立模型并进行解析，但是，对于多自由度系统，有关稳定性的设计理论还没有被充分地确立起来。

力归还型双向主从控制方式历来被较多地采用，但是，因为主从控制系统是由位置控制系统和力控制系统串联而成的，所以，存在容易变得不稳定的缺点。为解决这个问题，提高操作性能，并联型、假想内部模型追从型、阻抗控制等主从操作控制方法相继被提出来了。进一步地，机构异构的主从操作装置也被开发出来了。所以，从下一节开始讲述解决主从操作控制的稳定性问题的主从控制理论与方法，并探讨实际问题。

11.4　以系统稳定为目标的主从控制

11.4.1　并联（并行）型控制法（parallel control method）主从控制

如上一节所述，即便是较为常用的力归还型主从控制系统，也是由主臂力伺服系统（即力控制系统）和从臂位置伺服系统（即位置轨迹追踪控制系统）串联在一起的，是分别以主臂驱动力方程、从臂驱动力方程以及主臂操纵力方程作为主从控制系统设计依据的两台机器人操作臂仅在各自输出运动和力联系在一起的，并未将主从机器人系统作为一个整体上的动力学系统来看待的主从控制方式，如同把一台 n 自由度的机器人操作臂分解成 n 台由单个关节及其所连接的任意一个杆件构成的机器人，这 n 台仅有 1 个关节和杆件的机器人相互之间仅通过位置信息、力信息联系起来进行控制，要想达到与 1 台 n 自由度机器人基于其 n 自由度运动方程（即整体动力学方程）的逆动力学计算的控制，两者比较起来，显然前者“碎片”式“串联”在一起的 n 台单关节操作臂控制系统的稳定性问题在于：该系统缺失了作为后者各个回转关节之间在速度、加速度等运动参数以及系统物理参数间通过拉格朗日法或牛顿-欧拉法等完整、充分地耦合在一起的各种动力学成分。换句话说，用前述的简单的位置伺服系统和力伺服系统的串联去近似操纵者及操纵环境、主臂、从臂、从臂操作的作业对象物以及从臂作业环境所构成的总的非线性动力学系统的力学行为是不完备的。

并联型控制法的主从控制系统结构与原理：基于上述思想，重新考虑力归还型主从控制的串联构成，如图 11-5 所示，把主臂控制系统、从臂控制系统并联在一起构成主从操作系统的整体控制结构，相当于把主臂、从臂两台机器人当作一台机器人操作臂，期望位相延迟变小，以提高稳定性。

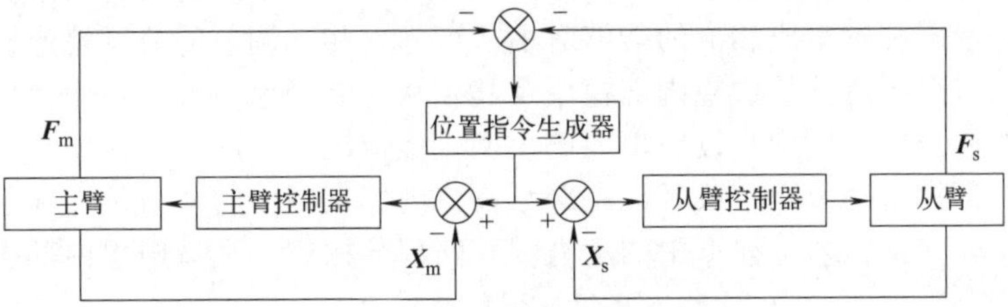

图 11-6　并联型控制法主从控制

并联型控制法的主从臂驱动力：结合如图 11-6 所示的并联型主从控制系统结构，可由 (11-17)、(11-18) 两个方程确定主臂、从臂的驱动力，

$$\boldsymbol{\tau}_m=\boldsymbol{K}_p(\boldsymbol{X}_d-\boldsymbol{X}_m) \tag{11-17}$$

$$\boldsymbol{\tau}_s=\boldsymbol{K}_p(\boldsymbol{X}_d-\boldsymbol{X}_s) \tag{11-18}$$

式中，$\boldsymbol{X}_d$ 为由主从操作系统施加给主臂的力 $\boldsymbol{F}_m$ 与从臂操作力 $\boldsymbol{F}_s$ 的偏差来确定的主从臂期望的位移量，即有，

$$\boldsymbol{X}_d=\boldsymbol{K}_f(\boldsymbol{F}_m-\boldsymbol{F}_s) \tag{11-19}$$

将式 (11-17)、式 (11-19) 代入到式 (11-1) 可求出 $\boldsymbol{F}_m$，

$$\boldsymbol{F}_m=(1+\boldsymbol{K}_p\boldsymbol{K}_f)^{-1}(\boldsymbol{M}_m\ddot{\boldsymbol{X}}_m+\boldsymbol{B}_m\dot{\boldsymbol{X}}_m+\boldsymbol{K}_p\boldsymbol{X}_m)+(1+\boldsymbol{K}_p\boldsymbol{K}_f)^{-1}\boldsymbol{K}_p\boldsymbol{K}_f\boldsymbol{F}_s \tag{11-20}$$

上述各式中，$\boldsymbol{K}_p$、$\boldsymbol{K}_f$ 分别为并联型主从控制系统中主、从臂位置控制的增益和力控制增益（主臂操纵力与从臂操作力偏差 $\Delta\boldsymbol{F}$ 与期望的位移 $\boldsymbol{X}_d$ 的比例系数，即刚度系数或系数矩阵）。

当 $\boldsymbol{K}_p\cdot\boldsymbol{K}_f$ 趋近于无穷大时，$(1+\boldsymbol{K}_p\boldsymbol{K}_f)^{-1}=0$，$(1+\boldsymbol{K}_p\boldsymbol{K}_f)^{-1}\boldsymbol{K}_p\boldsymbol{K}_f=1$（或单位阵 $\boldsymbol{I}$），系统稳定且 $\boldsymbol{F}_m=\boldsymbol{F}_s$。

将并联型主从控制方式中主臂操纵力 $\boldsymbol{F}_m$ 的公式 (11-20) 与前述 11.2.5 节中力归还型主从控制方式的主臂操纵力公式 (11-11) $\boldsymbol{F}_m=(1+\boldsymbol{k}_f)^{-1}(\boldsymbol{M}_m\ddot{\boldsymbol{X}}_m+\boldsymbol{B}_m\dot{\boldsymbol{X}}_m)+(1+\boldsymbol{k}_f)^{-1}\boldsymbol{k}_f\boldsymbol{F}_s$ 对比可知：并联型主从控制方式的主臂操纵力与力归还型主从控制的主臂操纵力在计算公式上具有力学意义上相同的结构形式，即由主从系统力控制增益＋1 后的倒数分别乘以主臂机械系统合力项和从臂操作臂力的力归还项。

11.4.2　基于假想（虚拟）内部模型的主从控制

基于假想（虚拟）内部模型的主从控制系统结构与原理：系统结构如图 11-7 所示，主从操作由所谓基于外力等外部信息的假想（虚拟）内部模型（virtual internal model）生成主、从操作臂的轨迹，控制主、从操作臂分别追从其所生成的轨迹。通过虚拟的假想内部模型可以任意地调节、控制主从操作臂之间的关系。

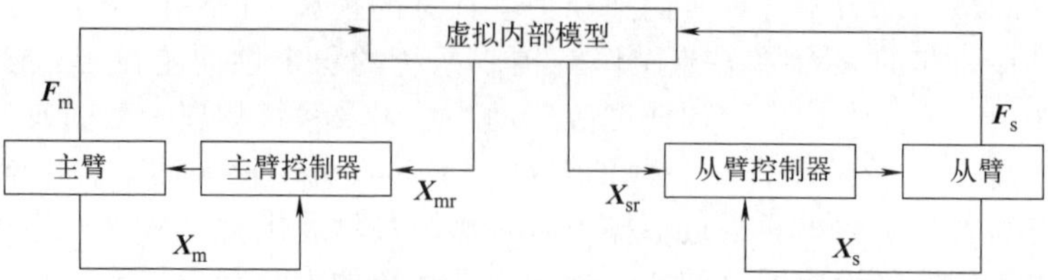

图 11-7 假想内部模型追从型控制法的主从控制系统结构

假想内部模型的主从控制的基本思想是希望在主从机器人系统的主臂和从臂之间找到一个理想的虚拟机器人动力学系统（当然也可以将主从臂假设为一台虚拟的机器人动力学系统）模型，该虚拟内部模型能够根据主臂操纵力和从臂操作力、主从臂位移偏差等外部信息进行虚拟内部模型的内部调节、融合主从臂的力控制、位置控制之间的动态关系，并为主臂控制器、从臂控制器分别生成相应的能够对主从臂起到相互调节的位置轨迹参考输入。

主从臂间具有阻抗特性的假想内部模型及其主从控制理论与方法：作为使主从操作臂间具有阻抗特性的假想内部模型，设虚拟内部模型（虚拟机器人动力学模型）的动力学由兼容于主臂的虚拟内部模型动力学（或者说主臂在虚拟内部模型中的动力学）和兼容于从臂的动力学（或者说从臂在虚拟内部模型中的动力学）两部分构成，且该假想内部模型中主臂、从臂的动力学方程分别如式（11-21）、式（11-22）所示，

$$\boldsymbol{M}_{vm}\ddot{\boldsymbol{X}}_{mr}+\boldsymbol{B}_{vm}\dot{\boldsymbol{X}}_{mr}+\boldsymbol{K}_{vm}\boldsymbol{X}_{mr}=\boldsymbol{F}_{m}+\boldsymbol{S}_{f}\boldsymbol{F}_{s} \tag{11-21}$$

$$\boldsymbol{M}_{vs}\ddot{\boldsymbol{e}}+\boldsymbol{B}_{vs}\dot{\boldsymbol{e}}+\boldsymbol{K}_{vs}\boldsymbol{e}=\boldsymbol{F}_{s} \tag{11-22}$$

$$\boldsymbol{e}=\boldsymbol{X}_{sr}-\boldsymbol{S}_{p}\boldsymbol{X}_{mr} \tag{11-23}$$

式中　$\boldsymbol{e}$——经过位移传递比传递后的主臂、从臂位置偏差量（1 自由度主从系统中为标量；多自由度主从系统中为位置偏差矢量）；

$\boldsymbol{X}_{mr}$、$\boldsymbol{X}_{sr}$——主臂、从臂的目标位置，即虚拟内部模型生成的期望的目标位置（轨迹）；

$\boldsymbol{M}_{vm}$、$\boldsymbol{M}_{vs}$——主臂、从臂在假想内部模型中的惯性参数［对于 1 自由度主从线位移（角位移）系统分别为主从臂在虚拟内部模型中的质量（转动惯量）；对于多自由度主从机器人系统则分别为主从臂在虚拟内部模型中的惯性系数矩阵）］；

$\boldsymbol{B}_{vm}$、$\boldsymbol{B}_{vs}$——主臂、从臂在假想内部模型中的黏性摩擦系数（对于 1 自由度主从系统分别为主从臂在虚拟内部模型中的黏性摩擦系数；对于多自由度主从机器人系统则分别为主从臂在虚拟内部模型中的黏性摩擦系数矩阵）；

$\boldsymbol{K}_{vm}$、$\boldsymbol{K}_{vs}$——主臂、从臂在假想内部模型中的刚度系数［对于 1 自由度主从线位移（角位移）系统分别为主从臂在虚拟内部模型中的线位移刚度系数（转动刚度系数）；对于多自由度主从机器人系统则分别为主从臂在虚拟内部模型中的刚度系数矩阵）］；

$\boldsymbol{S}_{p}$、$\boldsymbol{S}_{f}$——主臂、从臂之间的位移传递比和力传递比。

则由式（11-21）～式（11-23）可以继续推导得出分别为主臂控制器和从臂控制器的设计式，由虚拟内部模型根据外部力信息所提供的主臂、从臂期望的目标位置（轨迹）的加速度估计式（11-24）、式（11-25）如下：

$$\ddot{\boldsymbol{X}}_{mr}=\boldsymbol{M}_{vm}^{-1}(\boldsymbol{F}_{m}+\boldsymbol{S}_{f}\boldsymbol{F}_{s})-\boldsymbol{M}_{vm}^{-1}(\boldsymbol{B}_{vm}\dot{\boldsymbol{X}}_{mr}+\boldsymbol{K}_{vm}\boldsymbol{X}_{mr}) \tag{11-24}$$

$$\ddot{\boldsymbol{X}}_{sr}=\boldsymbol{S}_{p}\ddot{\boldsymbol{X}}_{mr}-\boldsymbol{M}_{vs}^{-1}(\boldsymbol{B}_{vs}\dot{\boldsymbol{e}}+\boldsymbol{K}_{vs}\boldsymbol{e}-\boldsymbol{F}_{s}) \tag{11-25}$$

因而，主臂、从臂控制器可以对主臂、从臂进行追踪虚拟内部模型生成的目标位置（轨迹）的轨迹追踪控制。由式（11-24）、式（11-25）可知：从臂对外力变得有机械阻抗特性，对于主臂的轨迹而言，位置的目标值被修正。在主、从臂间信息传递和控制期间有需要花费时间的串行过渡阶段，因为不是瞬间把从臂的反力实时、准确地传递给主臂，所以，这种主从控制方法就不能算是真正的并联（并行）双向控制型主从控制（尽管从图 11-6 的系统结构上看与图 11-5 所示的“并联”型控制类似，具有明显的左右对称“并列”“并联”“并行”结构特征）。但是，因从臂具有阻抗特性，系统在受诸如冲击力等影响下也会是稳定的。

本节仅就假想内部模型主从控制方法之一的主从臂间有阻抗特性的主从控制进行了详细的论述，并非该类方法的所有，假想内部模型的建立尚有其他各种方法，限于篇幅不做更多展开。

11.4.3 主从操作的动态控制

力归还型主从操作控制是由高增益反馈来消除臂的动态特性的，但是，本节方法则是采用加速度信息，通过正确计算驱动器的驱动力来补偿动态特性的。

主从操作的动态控制方法的控制律：采用如式（11-26）、式（11-27）给出的控制律，即：

$$\boldsymbol{\tau}_{\mathrm{m}}=\boldsymbol{M}_{\mathrm{m}}\ddot{\boldsymbol{X}}_{\mathrm{s}}+\boldsymbol{M}_{\mathrm{m}}\boldsymbol{K}_1(\dot{\boldsymbol{X}}_{\mathrm{s}}-\dot{\boldsymbol{X}}_{\mathrm{m}})+\boldsymbol{M}_{\mathrm{m}}\boldsymbol{K}_2(\boldsymbol{X}_{\mathrm{s}}-\boldsymbol{X}_{\mathrm{m}})+\boldsymbol{B}_{\mathrm{m}}\dot{\boldsymbol{X}}_{\mathrm{m}}-\boldsymbol{F}_{\mathrm{s}} \tag{11-26}$$

$$\boldsymbol{\tau}_{\mathrm{s}}=\boldsymbol{M}_{\mathrm{s}}\ddot{\boldsymbol{X}}_{\mathrm{m}}+\boldsymbol{M}_{\mathrm{s}}\boldsymbol{K}_1(\dot{\boldsymbol{X}}_{\mathrm{m}}-\dot{\boldsymbol{X}}_{\mathrm{s}})+\boldsymbol{M}_{\mathrm{s}}\boldsymbol{K}_2(\boldsymbol{X}_{\mathrm{m}}-\boldsymbol{X}_{\mathrm{s}})+\boldsymbol{B}_{\mathrm{s}}\dot{\boldsymbol{X}}_{\mathrm{s}}+\boldsymbol{F}_{\mathrm{m}} \tag{11-27}$$

将式（11-26）、式（11-27）分别代入到式（11-1）、式（11-2）中，得：

$$\boldsymbol{M}_{\mathrm{m}}\ddot{\boldsymbol{e}}+\boldsymbol{M}_{\mathrm{m}}\boldsymbol{K}_1\dot{\boldsymbol{e}}+\boldsymbol{M}_{\mathrm{m}}\boldsymbol{K}_2\boldsymbol{e}+\boldsymbol{F}_{\mathrm{s}}-\boldsymbol{F}_{\mathrm{m}}=\boldsymbol{0} \tag{11-28}$$

$$\boldsymbol{M}_{\mathrm{s}}\ddot{\boldsymbol{e}}+\boldsymbol{M}_{\mathrm{s}}\boldsymbol{K}_1\dot{\boldsymbol{e}}+\boldsymbol{M}_{\mathrm{s}}\boldsymbol{K}_2\boldsymbol{e}-\boldsymbol{F}_{\mathrm{s}}+\boldsymbol{F}_{\mathrm{m}}=\boldsymbol{0} \tag{11-29}$$

式中，$\boldsymbol{K}_1$、$\boldsymbol{K}_2$ 分别为适当的位置增益、速度增益；再者主从臂运动的位置偏差 $\boldsymbol{e}$ 为式（11-30）。

$$\boldsymbol{e}=\boldsymbol{X}_{\mathrm{m}}-\boldsymbol{X}_{\mathrm{s}} \tag{11-30}$$

则将（11-28）、（11-29）两式等号左右两侧对应相加得式（11-31）如下：

$$(\boldsymbol{M}_{\mathrm{m}}+\boldsymbol{M}_{\mathrm{s}})(\ddot{\boldsymbol{e}}+\boldsymbol{K}_1\dot{\boldsymbol{e}}+\boldsymbol{K}_2\boldsymbol{e})=0 \tag{11-31}$$

显然，$\boldsymbol{M}_{\mathrm{m}}$、$\boldsymbol{M}_{\mathrm{s}}$ 对于主从机器人系统而言皆为参数值不为零的机械系统惯性参数，由式（11-31）可得主从臂系统的误差方程式：$\ddot{\boldsymbol{e}}+\boldsymbol{K}_1\dot{\boldsymbol{e}}+\boldsymbol{K}_2\boldsymbol{e}=0$。若选择适当的增益 $\boldsymbol{K}_1$、$\boldsymbol{K}_2$，可使主从臂运动的位置偏差 $\boldsymbol{e}$ 趋近于 0，系统是渐进稳定的，且将 $\ddot{\boldsymbol{e}}+\boldsymbol{K}_1\dot{\boldsymbol{e}}+\boldsymbol{K}_2\boldsymbol{e}=0$ 代入到式（11-28）中有：

$$\boldsymbol{F}_{\mathrm{m}}=\boldsymbol{F}_{\mathrm{s}} \tag{11-32}$$

此处，把主从臂的位置响应、力响应与作业对象物无关的、完全一致的响应称为理想的响应（ideal responce）。

11.4.4 主从操作的阻抗控制

主从操作的阻抗控制系统结构与原理：如图 11-8 所示，主从操作的阻抗控制系统具有与基于假想内部模型的主从控制同样的结构，并选择为使主、从操作臂具有相同的阻抗特性的模型进行控制，以实现理想响应。阻抗控制器控制下主臂被操纵、从臂操作作业对象物情况下主臂系统、从臂系统的动力学方程分别为式（11-33）、式（11-34）。

$$\boldsymbol{F}_{\mathrm{m}}-\boldsymbol{F}_{\mathrm{s}}=\boldsymbol{M}_{\mathrm{d}}\ddot{\boldsymbol{X}}_{\mathrm{m}}+\boldsymbol{B}_{\mathrm{d}}\dot{\boldsymbol{X}}_{\mathrm{m}}+\boldsymbol{K}_{\mathrm{d}}\boldsymbol{X}_{\mathrm{m}} \tag{11-33}$$

$$\boldsymbol{F}_{\mathrm{m}}-\boldsymbol{F}_{\mathrm{s}}=\boldsymbol{M}_{\mathrm{d}}\ddot{\boldsymbol{X}}_{\mathrm{s}}+\boldsymbol{B}_{\mathrm{d}}\dot{\boldsymbol{X}}_{\mathrm{s}}+\boldsymbol{K}_{\mathrm{d}}\boldsymbol{X}_{\mathrm{s}} \tag{11-34}$$

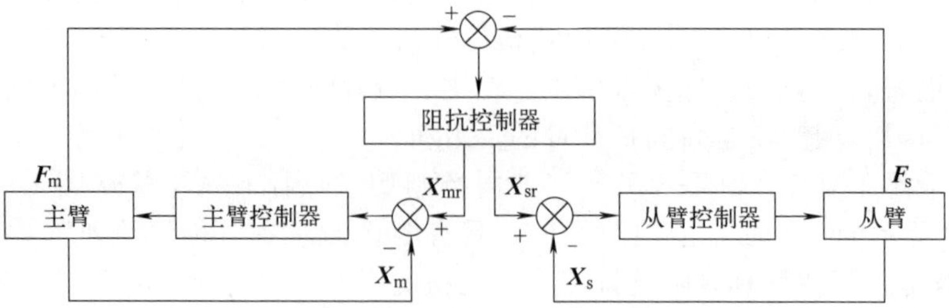

图 11-8　阻抗控制型主从双向控制系统

式中，M_d、B_d、K_d 分别为介在阻抗部分的质量、黏性摩擦系数、弹簧刚度系数（1 自由度主从系统情况下）（当为多自由度主从操作臂系统的情况时，分别为介在阻抗的惯性系数矩阵、黏性摩擦系数矩阵、弹簧刚度系数矩阵）。

由式（11-33）、式（11-34）两式有：$F_m - F_s = M_d\ddot{X}_m + B_d\dot{X}_m + K_d X_m = M_d\ddot{X}_s + B_d\dot{X}_s + K_d X_s$，则得阻抗控制下系统的误差方程为式（11-35）：

$$M_d\ddot{e} + B_d\dot{e} + K_d e = 0 \tag{11-35}$$

式中，$e = X_m - X_s$。

选择适当的 M_d、B_d、K_d 值可使 e 趋近于 0。即使主、从操作臂间有误差，X_m 也收敛于 X_s，即：X_m 趋近于 X_s，则有下式成立：

$$F_m = F_s \tag{11-36}$$

（M_d、B_d，K_d）被称作介在阻抗（intervenient impedence），同作业对象物的阻抗相比，若充分小则接近理想响应。而且驱动器的驱动力也得到了抑制。

11.5　主从机器人异构的主从控制

11.5.1　主从机器人系统操作存在的问题与主从异构的概念

主从机器人系统的操作作业问题：历来主从机器人操作的系统中，从臂因作业环境、负载大小、作业内容而不同，主臂、从臂在机械本体大小、机构构型、机械结构等方面也不相同，从臂的设计、选用等要相应于作业要求的不同而改变。主从机器人操作作业通常可认为是人作为操纵主臂的操纵者能够操纵的前提下主从控制系统控制从臂、由从臂完成的作业，并可面向通用化智能化。而且，空间技术领域中，从宇宙飞船舱内到舱外操纵机器人操作臂的空间机器人作业场合、从配电作业车中到高空作业必须通过操纵机器人操作臂完成配电作业等诸多情况下，往往都需要在主从控制系统控制下完成作业任务。此类种种用途下，由人类操纵者操纵主臂的主从机器人系统中，需要便于操纵人员操纵的主臂轻量化和小型化，主臂与从臂的结构也不一定相同。

主从操作臂的异构：鉴于上述分析，期望主臂适合于人类操纵、从臂适合于作业，从而组合在一起构成主、从操作臂系统。并进一步期待通过设计人类易于操纵的主臂来提高主从操作系统的操作性能。像这样的主从操作臂被称为异构的主从操作臂（asymmetrical master slave manipulator）。这样定义主从异构或异构主从操作臂只是笼统地从用于操纵和作业的操作臂的不同要求上给出的，主从（操作臂）异构的内涵实质性定义是指主臂与从臂在机构原理构成即构型上，构型不同的机构称为主从（操作臂）异构。只要主臂、从臂的机构构型相同，不管其机构参数是否相同，都属于主从（操作臂）同构；对机构构型是否相同的判断如图 11-9 所示。按主从操作臂异构所需进行的坐标变换（coordinate transformation）的不同，可将主从操作臂异构的双向主从控制分为两类：①在公共坐标系（common coordinates）内进行双向控制；②在各臂的坐标系内进行双向控制。

有了上述关于主从操作臂异构必要性以及主从操作臂机构构型异构的本质区别的充分认识，下面就可以开始探讨主从异构机器人系统分别在公共坐标系、在各操作臂自己坐标系内如何进行主从双向控制的理论与方法等问题了。

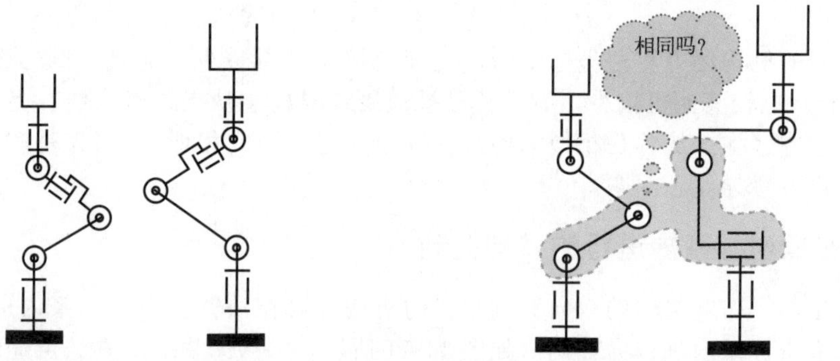

(a) 两台6自由度机器人操作臂机构同构示意图　　(b) 两台5自由度机器人操作臂机构异构示意图

图 11-9　两台 6 自由度机器人操作臂机构同构与异构示例图

11.5.2　在公共坐标系内进行的主从双向控制

主、从操作臂公共坐标系内进行力、力矩、关节角度、角速度的坐标变换，进行双向控制。坐标变换一般在如图 11-10 所示的虚线框内进行。臂自重的影响也包含在力检测装置（力传感器）内进行补偿。此时，需要如下坐标变换：

$\boldsymbol{T}_{\mathrm{fmc}}$ 是把主臂力矩变换到公共坐标系的矩阵；

$\boldsymbol{T}_{\mathrm{fsc}}$ 是把从臂力矩变换到公共坐标系的矩阵；

$\boldsymbol{T}_{\mathrm{fcm}}$ 是把在公共坐标系内的力和力矩变换到主臂关节坐标系的矩阵；

$\boldsymbol{T}_{\mathrm{pmc}}$ 是把主臂关节角变换到公共坐标系的矩阵；

$\boldsymbol{T}_{\mathrm{psc}}$ 是把从臂关节角变换到公共坐标系的矩阵；

$\boldsymbol{T}_{\mathrm{pcs}}$ 是把公共坐标系内的位置变换到从臂关节坐标系的矩阵；

通常情况下，作为公共坐标系一般使用直角坐标系。

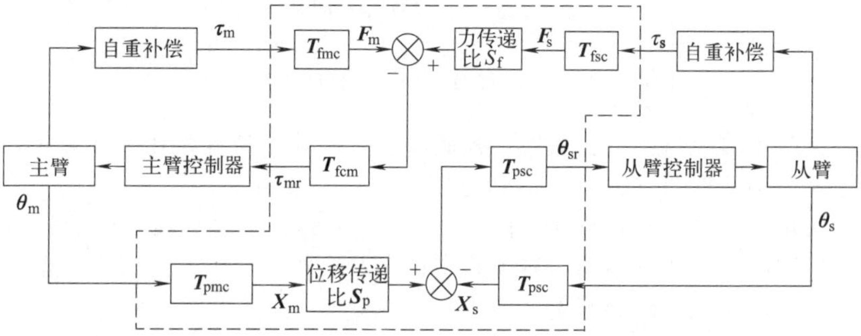

图 11-10　公共坐标系内的力归还型双向控制

用式（11-37）和式（11-38）表示借助于坐标变换的力归还型主从操作控制，但省略了位置和力增益。

$$\boldsymbol{\tau}_{\mathrm{mr}}=\boldsymbol{T}_{\mathrm{fcm}}[\boldsymbol{T}_{\mathrm{fmc}}(\boldsymbol{\tau}_{\mathrm{m}})-\boldsymbol{S}_{\mathrm{f}}\boldsymbol{T}_{\mathrm{fsc}}(\boldsymbol{\tau}_{\mathrm{s}})] \tag{11-37}$$

$$\boldsymbol{\tau}_{\mathrm{sr}}=\boldsymbol{T}_{\mathrm{pcs}}[\boldsymbol{S}_{\mathrm{p}}\boldsymbol{T}_{\mathrm{pmc}}(\boldsymbol{\theta}_{\mathrm{m}})-\boldsymbol{T}_{\mathrm{psc}}(\boldsymbol{\theta}_{\mathrm{s}})] \tag{11-38}$$

通常情况下，臂的关节力矩和末端力的关系可用雅可比（Jacobian）矩阵表示：

$$\boldsymbol{\tau}=\boldsymbol{J}^{\mathrm{T}}\boldsymbol{F} \tag{11-39}$$

关节角速度和末端速度的关系：

$$\dot{\boldsymbol{X}}=\boldsymbol{J}\dot{\boldsymbol{\theta}} \tag{11-40}$$

用上述式（11-39）和式（11-40）可以将式（11-37）和式（11-38）表示成如下式形式：

$$\boldsymbol{\tau}_{\mathrm{mr}}=\boldsymbol{J}_{\mathrm{m}}^{\mathrm{T}}\boldsymbol{F}=\boldsymbol{J}_{\mathrm{m}}^{\mathrm{T}}(\boldsymbol{F}_{\mathrm{m}}-\boldsymbol{S}_{\mathrm{f}}\boldsymbol{F}_{\mathrm{s}}) \tag{11-41}$$

$$\boldsymbol{\tau}_{\mathrm{sr}}=\boldsymbol{J}_{\mathrm{s}}^{-1}\boldsymbol{X}=\boldsymbol{J}_{\mathrm{s}}^{-1}(\boldsymbol{S}_{\mathrm{p}}\boldsymbol{X}_{\mathrm{m}}-\boldsymbol{X}_{\mathrm{s}}) \tag{11-42}$$

作为主臂的机构设为直角坐标型的，坐标变换运算量最少。而且，奇异姿态（singular configuration）也较其他机构少，有几种已被适用在异构主从操作臂系统。另外，以往的主从操作臂系统中，主、从臂是相似的构造（机构构型相同或相似），因为是按各个关节进行控制，所以没有奇异姿态问题。

11.5.3 在臂坐标系内进行的双向控制

根据特定的操作臂之间的双向控制和臂的机构，可在从臂关节坐标系内进行位置控制，可在主臂关节坐标系内进行力控制。如图 11-11 所示，一般来讲，同在公共坐标系内进行的控制相比，在臂坐标系内进行控制只需较少的坐标变换计算量即可完成。但每次换臂都需要重新作变换矩阵。这种情况下，需要如下坐标变换：

$\boldsymbol{T}_{\mathrm{fsm}}$ 是把从臂关节力矩变换到主臂坐标系的矩阵；

$\boldsymbol{T}_{\mathrm{pms}}$ 是把主臂关节角变换到从臂坐标系的矩阵。

此时的主臂、从臂的关节驱动力矩可分别表示如下：

$$\boldsymbol{\tau}_{\mathrm{mr}}=\boldsymbol{S}_{\mathrm{f}}\boldsymbol{T}_{\mathrm{fsm}}(\boldsymbol{\tau}_{\mathrm{s}})-\boldsymbol{\tau}_{\mathrm{m}} \tag{11-43}$$

$$\boldsymbol{\tau}_{\mathrm{sr}}=\boldsymbol{S}_{\mathrm{p}}\boldsymbol{T}_{\mathrm{pms}}(\boldsymbol{X}_{\mathrm{m}})-\boldsymbol{X}_{\mathrm{s}} \tag{11-44}$$

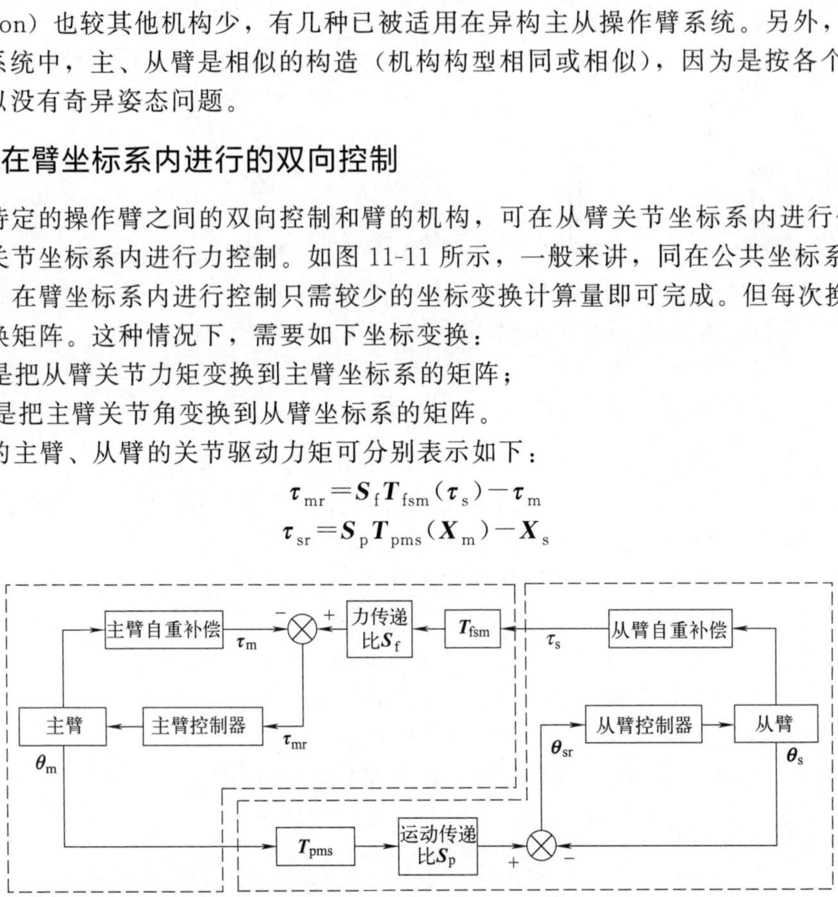

图 11-11 臂坐标系内的力归还型双向控制

现在，已实用化的力归还型主从操作控制较多，尽管主从异构化被研究了，可作为需要动态控制等复杂控制计算的方法很少得到应用。但是，随着高性能 CPU 和 DSP 等的普及，将可望得以实用化。自动化或者自律化困难的 3K（狭小、脏、危险）作业机器人和服务机器人都需要主从控制。本章讲述的内容也将有助于含有视觉系统、移动系统的作业性能、操作性能良好的主从操作臂系统的开发。

11.6 本章小结

本章在介绍了主从机器人系统的基本概念、发展简史以及主要应用背景的基础上，以主从机器人操作臂的主从控制系统结构的对称型、力反射型和力归还型三种基本类型及其控制理论与方法、特点以及适用场合，在此基础上，进一步从主从操作控制稳定性以及力传递、运动传递等方面讲述了一些代表性的主从机器人控制的结构、原理以及控制方法等内容，最后面向操纵与作业的实际问题，讲述了主从异构机器人系统的主从控制系统结构、原理、控制理论与方法。本章内容是从事主从机器人操作系统设计与研发、主从控制系统以及控制器设计等方面工作必备的理论基础，主从机器人系统的主从控制方面更深入的内容主要涉及运动传递、力传递的时间延迟对主从控制性能的影响、实际主从系统在操纵、操作作业方面如何与机构学、力学、传感技术等知识融合来解决实际问题等。主从机器人作业系统的控制问题的难易很大程度上取决于具体的应用和作业要求，限于篇幅以及本书定位，更深入的内容不予展开，将在后续的著作中再加以交代和深入论述。

【思考题与习题】

11.1　按照应用领域的不同，主从机器人系统有哪些类型？各自的特点是什么？

11.2　按照是否移动或操作，主从机器人系统有哪些类型？

11.3　按照构型异同，主从机器人系统有哪些类型？

11.4　何谓主从机器人同构、主从机器人异构？同构、异构的主从机器人系统各适用于什么场合下的主从作业系统？

11.5　按照构成主从控制系统结构的不同，主从机器人控制系统可分为哪几类基本的双向主从控制结构？各是什么样的主从双向控制结构？

11.6　试画出对称型主从控制系统结构原理图，并简要说明其主从双向控制的基本原理与主、从操作臂系统的基本配置和各自的控制方法与技术。

11.7　试画出力反射型主从控制系统结构原理图，并简要说明其主从双向控制的基本原理与主、从操作臂系统的基本配置和各自的控制方法与技术。

11.8　试画出力归还型主从控制系统结构原理图，并简要说明其主从双向控制的基本原理与主从操作臂系统的基本配置和各自的控制方法与技术。

11.9　试给出三种基本双向主从控制统一表示的原理图，并给出其分别为对称型、力反射型、力归还型双向主从控制时的条件。

11.10　何谓主从机器人系统的力传递比、运动传递比？

11.11　试分别简述对称型、力反射型、力归还型主从控制与系统的特点和应用场合。

11.12　试分别给出对称型、力反射型、力归还型主从控制系统的主从臂驱动力计算公式并分别说明主从控制的稳定性。

11.13　以系统稳定为目标的主从控制有哪些类型？各自的主从控制系统的结构、主从控制原理以及特点都是什么？

11.14　试推导并联（并行）型主从控制系统的主从臂驱动力公式，并简要分析其系统稳定性及特点。

11.15　试推导假想内部模型主从控制系统的主从臂驱动力公式，并简要分析其系统稳定性及特点。

11.16　试推导主从操作动态控制系统的主从臂驱动力公式，并简要分析其系统稳定性及特点。

11.17　试推导主从操作阻抗控制系统的主从臂驱动力公式，并简要分析其系统稳定性及特点。

11.18　按照控制所在坐标系的不同，主从异构的主从机器人控制系统有哪些类型？其各自的基本控制原理又是什么？各自都需要哪些具体的坐标变换？

11.19　试给出在公共坐标系内进行力归还型主从异构双向主从控制系统的结构，并写出主从臂驱动力矩公式。

11.20　试给出在臂坐标系内进行力归还型主从异构双向主从控制系统的结构，并写出主从臂驱动力矩公式。

11.21　在臂坐标系内进行的力归还型主从异构双向主从控制系统中，对主臂、从臂分别相应地进行何种单臂控制？同在公共坐标系内进行的主从异构双向主从控制相比，这种主从控制方法在计算上的特点是什么？

11.22　试述医疗手术用主从机器人系统与工业操作用主从机器人系统在主从机器人构型、主从控制结构、系统技术等方面的不同点。

第12章

移动机器人控制的基础理论、方法与技术

12.1 移动机器人控制概论

12.1.1 移动和移动方式及移动机器人分类

物体的“移动”是一个在自然界和人类社会生活与生产中常见的物理现象和广泛的运动方式，自然界的生物依存于其所生存的环境，为了适应各种环境不断进化形成了多种多样的移动方式，陆地生物的走、跑、跳、爬行、攀援、摆荡，飞禽在空中的飞翔、滑翔，河流与海洋中的潜水、游动，为了适应不同的环境，许多生物能够水陆两栖、地空两栖、水陆空三栖生存，兼具走、跑、跳、爬、游、攀援、飞行移动方式中的两种、三种、多种等多移动方式，这些多“移动”方式的生物在自然界重力场、寒暖温热气候、野外地面、山川、河流、海洋等复杂多变的环境中进化出了天然合理的身体和技能，对诸般移动生物及其所处的环境、行为的研究为机器人领域提供了丰富的仿生参照和仿生学与仿生技术研究所需的“营养”，有着仿生系统设计、仿生感知、柔性和精确性兼顾的运动控制等多重意义上的仿生理论研究与技术开发价值；人类自身也在不断地“进化”，早期为了摆脱繁重的体力劳动发明了各种机械工具和技术手段，各种原理的轮子、履带的发明推进了作为移动和交通工具的车辆技术的成熟和广泛的应用；蒸汽、电气、核动力、喷气动力等动力技术使人类的足迹遍布陆地、森林、山川、河流、海洋的每一个角落，并已走出地球飞向了太空，登上了月球。诸般种种，无不是通过“移动”在缩短星际旅行的时间和距离，远古的“妄想”今天的平常，今天的“梦想”“明天”的现实。移动机器人技术经过全世界范围内专家学者在创新研究上的不懈努力，现已成为涉及陆地、水上/水中/水下、空中、星球环境下的自动化智能化移动技术，归纳整理现有的各类移动机器人研究文献，将移动机器人按照移动场所环境、移动介质是否连续、应用领域、移动方式等方面的不同进行分类，如图 12-1 所示。

12.1.2 移动机器人技术发展概论

如同谈、写机器人控制必先从机器人机构学开始一样，在机器人诞生之前已被发明、广泛使用的各种车轮、履带、汽车等车辆工程技术是移动机器人技术发展不可绕过的。下面主要以轮、履带的发明，轮式、履带式、腿足式移动方式的移动机器人以及复合式移动机器人等技术发展中最具代表性的原始创新研究加以简述。

(1) 轮、履带的发明与创新

① 轮子的发明和创新：人类发明并使用轮子大约是在公元前 3500 年，美索不达米亚地

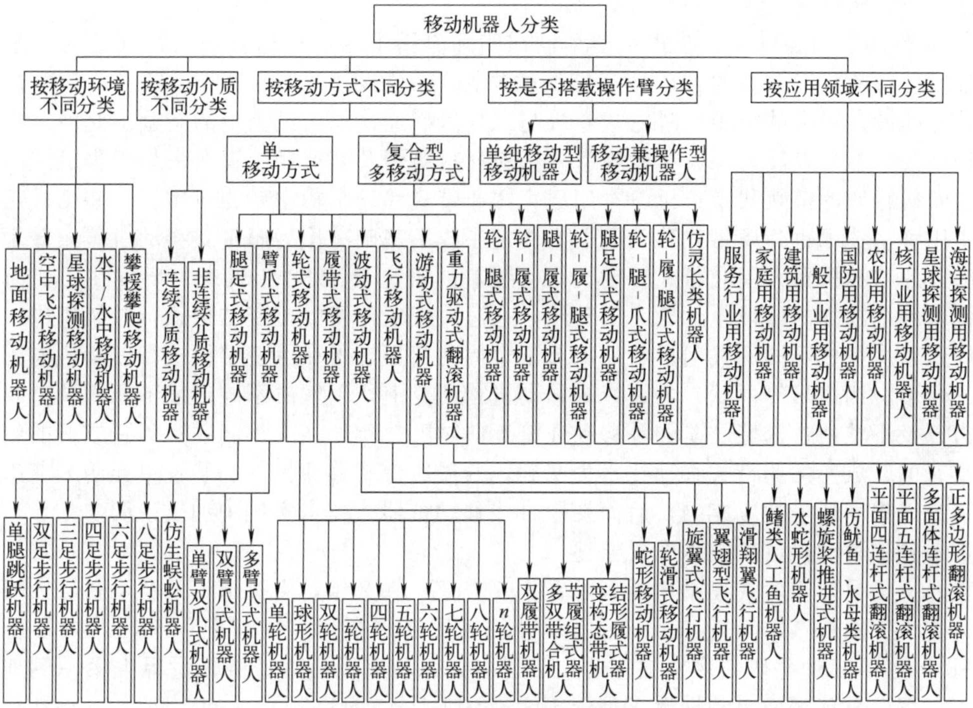

图 12-1　移动机器人分类图

域的苏美尔人发明了世界上最早的“木车”，我国古代木车的发明者是夏朝的奚仲；公元 1845 年苏格兰人罗伯特·汤姆森（Robert Thomson）发明了充气轮胎，但实用化的充气轮胎是 1887 年苏格兰人约翰·邓禄普发明的；1915 年美国圣地亚哥轮胎制造商亚瑟·萨维奇（Arthur Savage）获得了首个子午线轮胎专利权；1946 年米其林公司加以改进并大规模生产子午线轮胎，1946 年正式投入市场，目前汽车轮胎主流便是子午线轮胎；莱奥纳德·惠特克（Leounard E. Whitaker）1959 年申请、1962 年获得美国发明专利权的三星轮（即现在市民家中用于买菜购物的三星轮小车上常用的车轮），是为了解决轮式车辆难以爬台阶、楼梯等问题而发明的，后来被用于爬台阶、爬楼梯一类的轮式移动机器人上；此外，还有为了增大抓地能力的圆柱形轮，为了适应地面形状的鼓形轮、锥形轮等也被提出和研究了，轮式移动机器人可以运用现已成熟和广泛应用的汽车轮胎技术，但是对于星球探测类轮式移动机器人技术则需要进一步创新研发新的车轮技术，如本书前面章节中介绍过的阿波罗登月月球车的轮胎是面向月球陆地从材料、结构上专门设计研发的；用于车辆的车轮本身是无法实现全方位运动的，为此，1966 年美国人 W. W. Dalrymple、1968 年美国人 P. E. Hotchkiss 分别发明了轮周上均布有与轮轴线空间相错垂直成 90°轴线的 n 个滚轮（辊轮）的滚轮式全方位轮和辊轮式全方位轮并分别同年取得美国发明专利权；1975 年瑞典工程师本特·伊隆（Bengt Ilon）发明了一种全方位移动轮，就是著名的麦克纳姆轮（Mecanum Wheel），也称瑞典轮；1995 年美国 MIT 发明提出了全方位球轮，并与日本的 TIT（东京工业大学，Tokyo Institute of Technology）、美国的哈佛大学合作设计研发了新型的全方位球轮；2011 年 Lan Zheng 等人提出了可折叠可变轮径的翅形轮及其四轮机器人等。这些麦克纳姆轮、全方位球轮等各有其特点的车轮皆可面向轮式移动机器人而设计，以解决轮式移动机器人与各种车辆的不同之一即各轮独立驱动时移动转向控制对各轮移动的全方位要求这一问题（如第 3 章 3.9.3 节所述，轮式移动机器人在驱动机器人移动的各主动驱动轮独立的情况下，不需要安装驱动转向操纵机构所需的电机，转向与移动的驱动和操控皆可以由各自独立的主动驱动轮的驱动与控制系统实现）。

② 履带的发明和创新：轮式移动车辆在实际应用中遇到车轮会陷入野外松软、泥泞地带而难以前行的状况，为此，1904年美国的本杰明·霍尔特（Benjamin Holt）首次在车轮与车轮之间铺设履带解决了当时轮式农机与工程机械经常陷入泥土里的问题。此后，履带式实用移动技术不断发展，橡胶材料履带、金属材料履带及其移动装置在诸如工程机械中的挖掘机、农机行业的链轨式拖拉机、军用坦克等履带式移动车辆中广为应用。这些已成熟的履带式实用移动技术也为履带式移动机器人奠定了技术基础。作为履带式移动机器人最主要的组成部分，移动机器人用履带式移动机构、装置的研究自1982年以来主要集在：如何通过在履带包围范围之内增设主动轮、从动轮，通过改变轮位置的可变结构式行驶架机构，来改变整周履带所张成不同的几何形状（如履带整周几何形态可在可变结构式行驶架机构驱动下张成三角形、四边形等形状）的履带式移动机构研究上，以解决不同环境下所需调整履带抓地能力以及不整地、沟壕、阶梯等移动环境下的越障、爬坡能力等问题；另一方面的研究则是以已有的、成熟的履带式移动技术为基础，开展履带式移动机构、装置单元的多节串联组合式设计以提高环境适应能力，后面在履带式移动机器人技术实例中加以说明。

（2）轮式移动机器人技术发展概述

世界上最早研究轮式移动机器人是在1956年至1972年，由提出轮式移动机器人概念和构想的查理·罗森（Charlie Rosen）所领导的美国斯坦福研究所（现称SRI国际）研制出了“Shakey”，目的是研究多感知移动人工智能技术和完成侦查任务。世界上第一辆地面遥控的无人驾驶月球表面自动探测车是于1970年11月17日登陆月球的苏联“Lunokhod”一号，为八轮轮式移动月球探测车。1971年美国“阿波罗工程（Project Apollo）”（又名阿波罗计划）的Apollo15号载人登月月球探测车为四轮独立驱动（即每个车轮都由带有制动器的伺服电动机驱动谐波齿轮减速器并配有里程计），每个车轮与车体间为并联三角形悬架结构，前后配置了两个Ackeman转向机构。1983年日本TIT的高野政晴等人面向原子力发电格纳容器内的安保作业研发了主驱动轮皆为三星轮的四轮移动机器人“TO-ROVER”并进行了上下台阶的爬台阶实验，为了降低上下台阶颠簸、提高“TO-ROVER”爬台阶的移动平稳性，1994年研制了主驱动轮为六星轮的四轮移动机器人“TO-ROVER-III”型。1991年日本电气通信大学的越山笃、山滕和男首次提出了球形机器人的概念并面向工厂、家庭、街道等场所的巡查与操作作业研制了世界上第一台球形机器人，其后，球形机器人一度成为国际上轮式移动机器人研究热点之一。所有球形机器人移动原理皆为通过位于球形体内部或外上部的重心调控机构自动调整重心相对球体与地面接触点（面）的位置来实现停止移动[重力与惯性力的合力位于支撑点（面）内] 和滚动移动 [调控重力与惯性力的合力与地面交点位于支撑点（面）之外且通过改变两点（或点与接触面几何形心）的相对位姿来控制球形机器人的移动方位]，球形机器人的控制需要用里程计、陀螺仪等传感器、定位系统等来进行姿势稳定、定位和导航。1996年卡耐基梅隆大学机器人学的H. Benjamin Brown Jr. 与Yangshen XU基于陀螺进动原理研制了一种新型的单轮陀螺稳定机器人（single-wheel gyroscopicaly stabilized robot）Gyrover-I型，2000年研制了Gyrover-II型，其结构组成和原理为：由轴断面为长椭圆形的轮壳（垂直轮轴线为圆形轮壳）、轮壳内搭载悬挂于轮轴上的摆、侧向偏斜调整机构、陀螺仪、传感器和测量仪器、主控计算机、无线通信系统、电池等组成全自立自治集成化系统。轮式移动机器人的研究主要集中在新型轮、悬架机构与车体结构两个方面的研究上，20世纪70年代至今，在传统车辆车轮、全方位轮、球形轮、柱形轮、圆锥形轮、可变径翅形轮、三星轮等研究的轮式移动技术基础上，已提出并研制原型样机的代表性轮式移动机构与车体结构，列举如下：

最早的轮式移动蛇形机器人是1972年日本的广赖茂男教授研制的ACM（active cord

mechanism）蛇形机器人，它像一列多节车厢的列车一样，不同的是每节车厢都有独立的电动机驱动主动轮，并先后研制出 ACM-I、II、III、R3、R5 等多个型号（日本东京工业大学，1972～1993）；气动人工肌肉 FMA（flexible microactuator）驱动的管内作业微小型轮式移动机器人机构（日本，铃森康一等人，1990～1992，1997）；摇臂-转向悬架式 6 轮移动机器人机构（美国，NASA，1995 年～1997 年，即美国 1996 年 12 月发送的探路者号搭载 6 轮火星探测车机构构型）；主动轮与被动关节组合多体节式圆柱-圆锥型轮 8 轮移动机器人 "Genbu" 1、2、3 型的前后相邻两对单元轮之间皆以俯仰（pitch）、滚动（roll）和侧偏摆（yaw）3-DOF 串联机构连接的 8 轮车体悬架机构与结构（日本东京工业大学，1995～2002）；五轮移动机器人 "Micro5" 的带有摇臂-转向悬架系统 PEGASUS（在带有摇臂的 4 轮移动机器人的左右两前轮臂之间加上一个连杆，连杆中间位置垂直连杆铰接一单臂轮）（美国，NASA，1999 年）；月球采样探测车 SRR 的双侧摇臂四驱轮式移动机构（MIT，1999 年）；基于全方位智能轮的模块化组合式 3 轮、4 轮、6 轮全方位自治移动机器人 ODV、ODV T1&ODV T2，T3 等的车体机构与结构（美国，犹他州立大学，1999～2000 年）；可扩展爬行能力的 6 轮空间探测车的两轮悬架机构与四轮悬架机构并连在一起的 6 轮悬架机构与结构［瑞士，EPFL（Swiss Federal Institute of Technology Lausann，Switzerland），2000 年］；四轮移动机器人 "OMR-SOW" 的连续可变操纵全方位轮机构 CVT 车体机构与结构（韩国大学，2002～2009）；分别将 3 轮、4 轮的两台轮式移动机器人用杆件和回转副连接在一起的有被动连杆机构的 7 轮全方位轮式移动机构（日本东京大学，2005 年）；适于崎岖地形的三节六圆柱-圆锥轮式自动漫游车的相邻两节之间均由俯仰、扭转侧偏、前后摆动三自由度串联连杆机构连接的车体悬架结构（哈工大，2006）；五轮移动机器人 "HANZO"（四轮驱动+1 个脚轮）可变结构车体（日本电气通信大学，2006 年）；可适应管径变化的行星齿轮式车轮行走机构驱动原理的小口径管内轮式移动机器人机构（日本，2006 年）；前两轮连在两被动关节型摇臂的六轮驱动兼垂直轴转向驱动的轮式移动车体机构与结构（日本，2007 年）；带有被动连杆的 6 轮移动机构［韩国尖端科学技术研究院（KAIST），2007 年］；前轮轴线相对后轮轴线可以横向扭转以适应地面形状的四轮驱动移动机器人 "RT-Mover" 车体机构与结构（日本千叶工业大学，2009 年）；基于正六棱柱体车身底面安装主动车轮的单轮模块化轮式移动单元的模块化组合分布式可重构、自重构轮式移动机器人（澳大利亚，UMIT，2012 年），等等。

（3）履带式移动机器人技术发展概述

履带式移动机器人本体主要是履带机构及悬挂机构构成的各种履带式移动机构。农机、工程机械、军用车辆的履带式移动机构基本采用以尽量增大着地面积，适于爬坡、越障的倒梯形（倒梯形前端的倾角为冲角）结构，其履带的主动轮与从动轮、辅助支撑轮之间位置相对固定（除了减振弹簧弹性变形）而没有设计主动改变履带整周几何形状的调整机构。一般情况下，小型履带式移动机构都采用车体与左右履带位置相对固定的结构（即前后轮轴、两侧支撑履带的行驶框架、车体的相对位置是固定的）；为了避免行驶在不平整地面时单侧履带着地或小面积着地而导致构件受力过大或姿势不稳定的问题，大型履带式移动机构一般都采用悬挂机构，悬挂机构则是轴支撑左右履带行驶框架的一端（前后向的一端），平衡梁则支撑履带行驶框架前后向的另一端。

1976～1987 年的 12 年间，国际上以日本、德国为主的专家学者们提出并研究、应用的履带式移动机构有：①可变形状履带方式［即通过在通常的履带机构行驶框架上增设带有链轮的摇臂来改变、调整整周履带的几何形状（如平行环形变成三角形）并可以改变履带着地长度、调整冲角］；②半月形履带方式（即整周履带的朝上面部分平整、朝向地面的大部分呈半月形、相当于少半部分大直径车轮的方式，可以改善爬台阶的越障性能、通过调整轴距提高其在斜面上的稳定性，还可以利用半月形履带着地面较平行环形履带着地面小更易于调整转向的优点增设转向机构)；③辅助履带方式（即在通常的左右侧履带机构中间或左右两侧再串联一节用来可增加抓地能力、调整冲角可提高爬越台阶能力、改变履带式移动机器人车体姿态的辅助履带的方式)；④4 履带方式（即在车体的前后两端各端左右侧设置通常的履带机构单元而成前后、左右皆分别对称布置且各单元独立驱动与控制的四履带式移动机构，这种机构可以调整车体姿态、当控制各履带机构单元呈大角度倾斜或立起时相当于双足、三足或四足履带腿式移动机器人，提高了对凸凹不平地貌或障碍环境的适应能力)；⑤6 履带方式（在通常的左右侧履带式移动机构的前后两端各端左右测再各增设一节通常的履带式机构，或者换种说法，在前述的 4 履带方式移动机构的前后两端之间左右侧各增设一通常的履带机构单元，分别与四履带方式下左右侧前后两履带机构单元串联在一起而成 6 履带方式，与 4 履带方式一样，具有可以作为腿足式机器人使用，可以调整车体姿态、可增大爬台阶越障能力等特点，整体上既可以呈倒梯形也可以呈正梯形形态)；⑥中间折叠方式（即将两个独立驱动的普通履带机构单元的一端用一个公共回转轴连在一起而成可以张开和闭合的剪刀形、公共轴线上设置作为车体的平台的方式。具有除了作为一字形的履带式移动机构之外，还可以爬台阶，也可以作为“履带腿式双足”步行移动机构使用等特点)；⑦带转向的 4 履带方式（在前述的 4 履带方式下的各履带机构单元与车体连接的主动轮同轴并列设置一个比履带主动轮半径和履带径向厚度的和更大的半径的同轴共驱的主动车轮，则当所有的履带机构单元都抬离地面或竖起时则成为四轮驱动的轮式移动机器人，可以高速轮式行驶）等多种方式。应用对象主要是面向地震、火灾等救灾、救援、核工业等极限环境移动与操作作业，如日本东京消防厅、横滨消防厅分别于 1987 年、1996 年装备了带有操作臂的履带式喷水机器人并投入使用。

(4) 腿足式移动及复合型移动机器人技术发展概述

腿足式步行机器人的研究是从 1960 年代美、英、日、俄等专家学者们对非动力假肢、人以及动物型人工机械步行的研究兴趣开始的。1962 年，美国通用电气公司的 R. S. Mosher 与美国陆军移动系统实验室的 R. A. Liston 开始合作研究四足动物步行和四足步行机器人，于 1968 年研制出了液压驱动的 12 自由度四足步行机器人“Walking Truck”。1963 年，美国康奈尔大学航空研究室 N.J. 迈曾（Mizen）教授研制的为测量、记录除了头、手、手指、脚尖以外人体所有动作的穿戴式非动力型外骨骼机械装置，严格来说，这个非动力型测量装置还不能算作机器人。1966～1967 年间，R. 麦吉（McGhee）和 A. 弗兰克（Frank）在南加利福尼亚大学设计、制作了闻名世界的电动机驱动的四足步行机，名为“加利福尼亚马”，该机器人既为世界上第一台腿足式步行机器人，同时也为世界上第一台四足步行机器人。它每条腿有髋关节和膝关节，髋关节的横向各有一个被动自由度，每只脚皆为一横杆。根据有限状态控制法，它可有四足小跑和四足爬行两种步态。1971 年，日本早稻田大学加藤一郎教授研制出了气动 9 自由度仿人双足静态自动步行机器人“WAP-3”，为世界上第一台静步行双足机器人。同在 1971 年，英国牛津大学的 J. I. 霍尔（Hall）和 D. C. 威特（Witt）提出了具有直动型促动器伸缩腿足的自动保持稳定动力型双足步行机“威特（Witt)”，它是世界上第一台双足动步行机器人。它采用液压驱动，控制系统分为上（前后向、横向控制)、中（腿伸缩、步幅控制)、下（左、右脚驱动控制）三个位置控制环节的三级模式，通过髋关节位置传感器、姿势传感器、地面反力传感器分别进行位置反馈、左右前后姿势反馈、地面力反射等控制，其伸缩腿双足步行机器人概念图以及控制系统基本结构如图 12-2 所示，该项研究为后续的仿人双足步行控制系统设计、控制方法奠定了重要基础和参考。1972 年，日本早稻田大学的加藤一郎（Kato Ichiro）教授等人制作了由程序控制、采用液压驱动且所有液压回路元件都搭载在本体上的 11-DOF 关节型双足步行机器人“WL-5”，重约 130kg，液压驱动系统的工作压力为 70kg/cm^2，能运送 30kg 负载，“WL-5”仿人双足步行机器人的机构自由度配置示意图、步行实验及其控制系统框图分别如图 12-3（a）～（d）所示。“WL-5”为世界上第一台仿人双足步行机器人，同年又进一步在“WL-5”基础上配置了仿人双臂手和人工眼（电视摄像机），它能接受操纵人员发出的日语指令，并能以合成音回答，能完成低速静态稳定步行，1973 年成为自律型机器人“WABOT-1”（WAseda roBOT-1 的缩写），为世界上第一台仿人型机器人。1973 年，苏联国立莫斯科大学应用数学研究所的 D. E. 奥克霍特西姆斯基（Okhotsimskii）和 A. K. 普拉顿诺夫（Platonov）研制了五级环节操纵六足步行机的特殊控制装置，并用数字计算机对六足步行模型进行诸如越过凹坑等各种步行模拟，研究其稳定性。E. A. 德米亚宁（Demyanin）、A. V. 莱恩斯基（Lenskii）等针对上述模拟步行，进一步制作了对六足步行机模型进行模型简化的两轮-两腿的轮-腿复合式“步行”机，进行了爬越台阶障碍等试验。列宁格勒航空装备学院的 M. 伊格内塔也夫

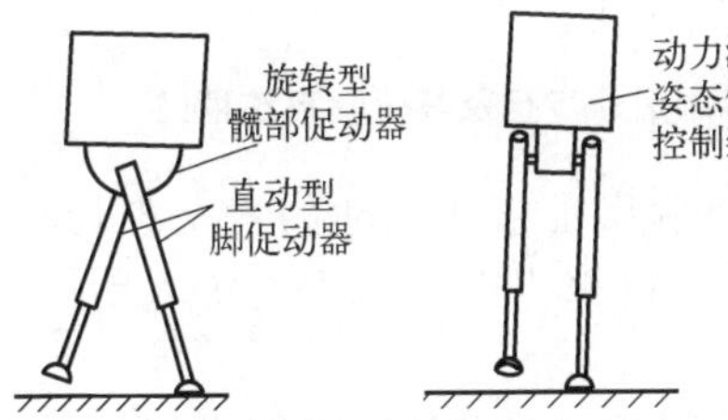

(a) 伸缩腿双足步行机器人概念图

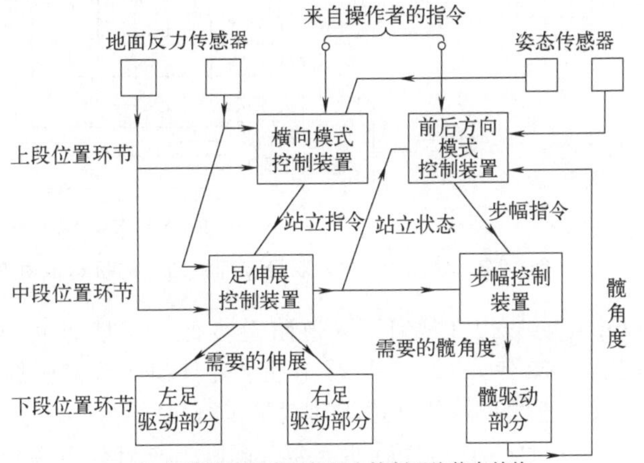

(b) 伸缩腿双足步行机器人控制系统基本结构

图 12-2 “威特（Witt）”伸缩腿双足步行机器人概念图以及控制系统基本结构

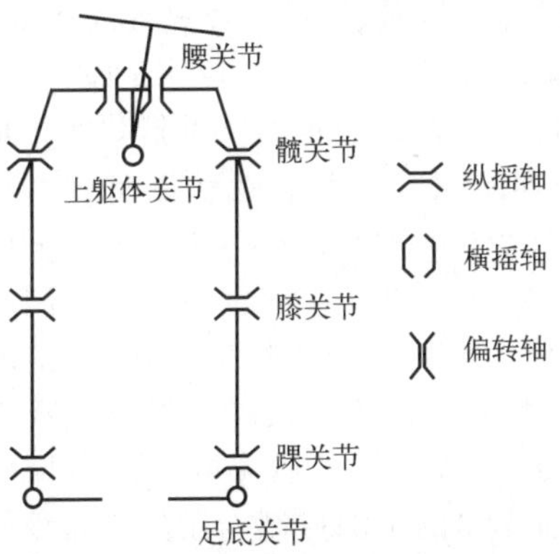

(a)“WL-5”仿人双足步行机器人机构

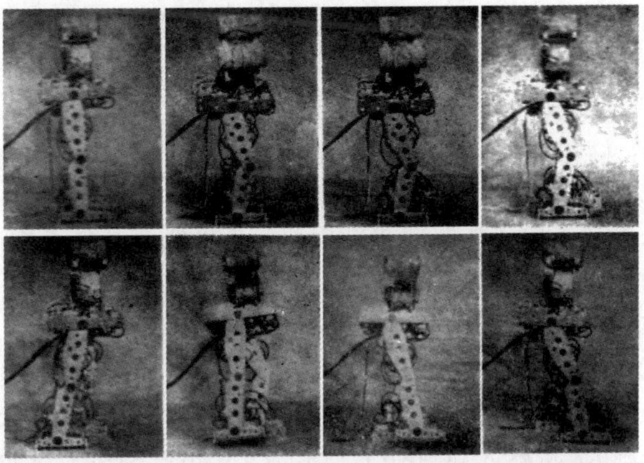
(b)“WL- 5”仿人双足步行机器人原型样机照片及步行实验场景

(c)“WL-5”仿人双足步行机器人的方向变换步行实验场景

图 12-3

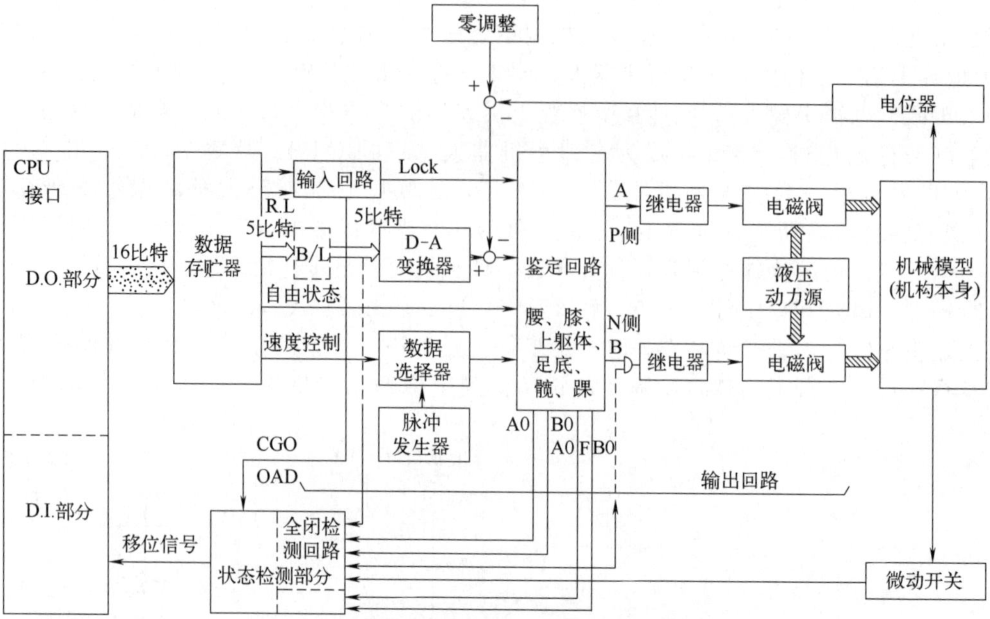

(d)"WL-5"仿人双足步行机器人控制系统框图

图 12-3 "WL-5"仿人双足步行机器人的机构自由度配置示意图、步行及其控制系统框图

(Ignatyev) 以在坎坷不平道路上步行实验性研究为目的研制出了液压驱动的六足步行机。同在 1973 年，意大利罗马工程学院自动化研究所的 M. 彼得内拉 (Peternella) 等人制作出了只能直线步行的马达驱动六足步行机。

20 世纪 70 年代后期至今，国际上具有代表性、原创性腿足式移动机器人技术研究机构有：日本 TIT、美国 MIT 以及波士顿动力、日本本田技研、早稻田大学、东京大学、日本通产省工业技术研究院 JAIST、韩国 KAIST 等。其中：日本 TIT 的广赖茂男教授自 1979～2010 年间持续研发了 TITAN-III～XI 系列四足步行机器人以及轮-腿复合式移动机器人、履-腿复合式移动机器人，并实现技术产业化应用；美国 MIT 自 1980～2012 年间研发了单腿跳跃移动机器人、双足跑步机器人、仿生猎豹腿以及跨栏跳跃、跑步的仿生猎豹四足步行机器人"猎豹-I"和"猎豹-II"、六足机器人等，并在高速腿机构设计、运动控制技术与实验研究等方面取得了许多前沿性创新研究成果；1986～1996 年间，日本本田公司 (HONDA) 的本田技研秘密研发仿人双足机器人及仿人型机器人，于 1996 年向世界发布研制成功全自立型仿人机器人 P2 型，1997 年、2000 年分别推出 P3 型和小型化的 ASIMO 并实现跑步运动，本田技研的 P2 型是世界上第一台全自立仿人机器人，是仿人机器人集成化技术研发的一个划时代的里程碑，本田技研借助于世界上仿人双足步行技术研究取得的力反射控制、着地脚位置控制、姿势控制理论和技术，并融入其所提出的预测控制，在其产品级的全自立仿人机器人 ASIMO 上实现了"i-WALK"实时自律 (自在) 步行控制技术；1980～2000 年，日本早稻田大学除了最早实现并奠定了仿人双足机器人稳定步行运动控制技术基础之外，还最早提出并研发了并联机构腿的双足步行机器人以及轮式移动机构搭载仿人双臂、仿人多指手的轮式移动-臂手操作的移动机器人等；自 20 世纪 90 年代开始，日本一些机构开展"智能脑工程"研究计划，日本东京大学、通产省工业技术研究院、川田工业等产学研合作研发 HRP 系列的仿人双足机器人和仿人型机器人，通过 H 系列、HRP 系列机器人进行了包括机器人与人协作、跑步、操作、人与仿人机器人的脑机接口实验等大量的应用基础性实验研究和应用研究，并与 1991 年由日本东京大学的 SASAKI Tachii 教授原创性提出并研究的“虚拟现实技术”结合在一起开展“阿凡达”机器人系统研究；美国波士顿动力公司在其 2004 年公开发布液压驱动“BigDog”四足机器人抵抗外部冲击力扰动仍稳定步行的实验视频之后，于 2016～2018 年间相继公开了其研发的液压驱动全自立仿人型机器人“Atlas”第三版、第四版在野外雪地稳定步行、立定跳远、跳高、跑步、跳跑越障以及 360°空翻、在箱体上三连跳等体育技能性运动控制等的实验视频，展现了其在液压驱动系统微小型化与控制技术突破性的研究方面成果以及在仿生仿人机器人研发方面的国际前沿技术实力。最近这 30 年是仿生、仿人型腿足式移动机器人作为移动与操作应用基础研究、应用研究的综合性系统平台竞相研发和技术飞跃的时代。

综上所述，经过 20 世纪 60 年代至今 60 年的移动机器人理论与技术研究成果的积累，基于模型的移动机器人运动控制已经基本完善，但移动机器人与地面构成的是非完整约束的系统，模型化的理论和控制技术只能解决移动环境和作业对象物确定并且移动速度、定位精度、操作力、稳定性等技术指标相对低的性能要求下的运动控制实现问题，更深层次的则是智能学习运动控制以及机器人如何获得智能等问题。鉴于本书定位于大学本科高年级学生、研究生学习机器人控制和教学用书，本章主要讲述和讨论基于模型的移动机器人控制理论、方法与技术，为后续的非基于模型的智能学习运动控制打好基础，也为结构化作业环境和作业对象物确定的工程实际中的移动机器人应用控制奠定理论与技术基础。

12.1.3　移动机器人控制的理论与实际问题

1）完整约束假定条件下的移动机器人系统控制与非完整约束系统的非线性控制实际问题：基于机构运动学、动力学模型进行移动机器人控制系统的控制器设计时，为使问题简化，通常都有一定的假设条件，即：假设脚、履带式移动机器人的履带与地面接触时为无滑移的相对静止状态或纯滚动状态。但实际上，轮、脚、履带与其所接触的地面分别构成摩擦副，当移动机器人运动时整个机器人可以看作为多刚体质点运动系统，理论上该多质点力学系统的合力、合力矩将与地面给该系统的支反力合力、合力矩分别平衡，而平衡的条件则是所有支撑轮（脚或履带）与地面形成的摩擦副上的静摩擦力、静摩擦力矩必须足以平衡（即≥）机器人质点系统合力、合力矩在摩擦力作用线上的分量才能保持静止不动或匀速运动或无滑动的纯滚动状态，一旦摩擦力、摩擦力矩不足时则摩擦副就会由静摩擦变成动摩擦，出现相对滑移（线位移或角位移）。如果机器人控制系统的鲁棒性不强，就会失去控制，移动机器人失去移动稳定性而开始倾倒或移动轨迹误差超调，如果移动机器人本身各主驱动的驱动能力余量（开始失稳后用于恢复稳定转态的额外所需的驱动能力）不足则移动机器人无法恢复到期望的移动轨迹路径上来甚至摔倒，移动控制失败。因此，如同车辆不好控制一样，高速步行的腿足式移动机器人、高速移动的轮式移动机器人控制起来是一件很困难的事情，相对而言，履带式移动机器人因履带与地面接触面积大、摩擦力大且履带“啮”入地面抓地能力更强，相对轮式、腿足式机器人易于控制。再者，靠摩擦传力有着不可靠的一面，摩擦力、力矩取决于摩擦副材料、表面几何形貌、有效接触面积以及有无润滑状态、温度等决定因素且存在不稳定、不确定性。因此，移动机器人在地面上移动控制的实际问题属于非完整约束系统（nonholonomics system）的非线性控制问题。诸如地面移动的车辆、移动机器人、水中螺旋桨推进的船只、空间飞行机器人、双臂手靠摩擦把持搬运被操作物、手爪抓杆摆荡运动的机器人等均属于非完整约束系统。移动机器人的非完整约束系统的非线性控制问题也是自 2000 年以来非线性控制理论研究中的重要对象与课题之一。

2）关于非完整约束与完整约束的定义问题：在非线性控制理论中，把非线性系统中含有不可积分的约束条件这类约束称为非完整约束；相应地，把能够积分的约束称为完整约束。例如：当一台工业机器人操作臂的机械本体用法兰连接固定在基础上，则该机器人操作臂在安装基础上的参考坐标系中，所有的运动副、铰接都是完整约束。轮式移动机器人的车轮沿着轮轴方向无横向滑动即有不可积分的速度约束，则车轮在与其接触的地面之间无横向滑移条件下构成了非完整约束。但是，按照机构学中的自由度与约束的概念，确定的约束（自由度确定）即是完整的约束，而不完整的约束就是运动副的运动不能定性（即运动副的类型）和定量（即运动关系式）地完全确定下来的约束，它不仅是理论意义上的约束，更是实际上的不完整约束（用非完整约束一词再合适不过）。比如，脚与地面之间构成的约束是构成接触副的表面形貌、材质（地砖、土壤、松软沙地、岩石地面等）、“润滑”状态（干燥空气、潮湿地面、柏油马路等）诸多因素影响的摩擦状态变化的非完整约束，而不仅仅是约束条件是否可积的问题，若一定要论可积与否的话，这种连摩擦状态都不能完全确定的约束别说可积，就连实际的约束表达式都尚且难以用数学形式准确描述。因此，本书作者认为：非完整约束的概念有非线性控制理论上的简化、假设条件下的定义和从实际物理接触状态出发的上述定义两类，而且这两类目前尚难以调和，理由是接触面间的摩擦学、力学问题尚未完全解决。作为后者的实际物理状态的非完整约束控制问题目前是靠传感系统的状态反馈控制来解决的。换句话说：理论上的非完整约束是物理实际接触状态意义上的非完整约束的理想化、简化、假设条件下的“非完整约束”，是把非限定问题当作限定问题来看待的。这样处理在方法论上存在是否能够解决实际控制、是否全域实际有效的这些值得商榷的问题。目前非完整约束控制中全域稳定有效的控制结论是建立在假设条件下的，只在理论计算和仿真上成立，但一旦放到实际变化的环境中假设条件不再成立，换句话说，假设条件已经不存在的情况下则会失效。腿足式移动机器人尤其是双足步行机器人至今尚未解决行走地面环境变化情况下系统仍然保持稳定可控的问题，究其根源在于脚与地面之间的实际接触物理状态带有不确定性的约束问题。

3）移动机器人的控制远比工业机器人操作臂的控制复杂，单纯的轨迹追踪控制往往难以奏效，除基本的位置/轨迹追踪控制外，还需要稳定移动力反射控制、姿势控制以及定位导航控制等。如期望按速走行则需进行移动机器人的走行速度控制、按直线走行则进行直线走行的轨迹控制等。

12.2 轮式移动机器人轨迹追踪控制

12.2.1 由与位移成比例的操纵机构操纵的直线移动轨迹控制

首先，如图 12-4 所示，设期望的直线轨迹与机器人行进方向之间相对角度为 θ，则通过车载传感器系统或移动环境中的传感系统再或者通过测程法都可以得到机器人相对期望的直线轨迹的方向角。在机器人走行之前，设置好期望沿着直线行走的方向，将该方向初始值置为 $\theta(t_0)=0$，然后开始走行。本节中假设由传感器在线检测出轮式移动机器人与期望走行直线的相对角度 θ，则转向操纵机构操纵下的直线移动轨迹控制问题就是利用该 θ 角度，为

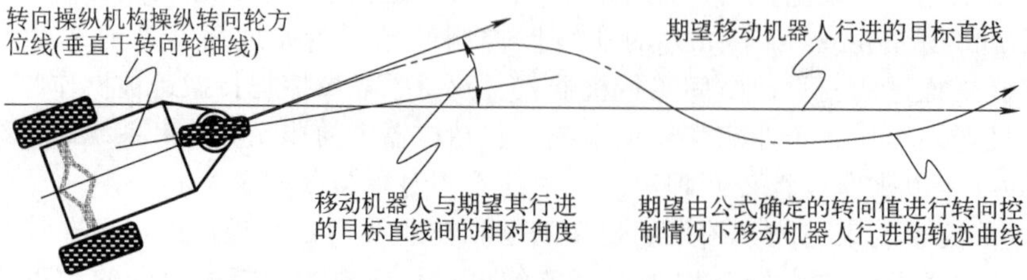

图 12-4　只靠位移变化来进行操纵

使 θ 值保持在理想移动控制情况下绝对直线移动即 $\theta=0$，该如何去操纵转向操纵机构的问题。下面以转向操纵车轮型三轮移动机器人为对象进行讨论！

假设：当前状态下 θ 值因移动环境地面凸凹不平、摩擦力变化或某种外部扰动等影响使得 θ 并不为 0。此时，最好是朝着使 θ 值为 0 的方向打舵。因此，试用一个大于零的比例系数 k_θ，由式（12-1）确定转向角 σ（如图 3-68 中定义的转向角所示）的角速度目标值 $(\mathrm{d}\sigma/\mathrm{d}t)^{\mathrm{ref}}$。

$$(\mathrm{d}\sigma/\mathrm{d}t)^{\mathrm{ref}}=-k_\theta\theta \tag{12-1}$$

即转向角速度目标值 $(\mathrm{d}\sigma/\mathrm{d}t)^{\mathrm{ref}}$ 为与相对于期望目标直线的角位移 θ 成正比例的值，由该角位移 θ 确定反向操纵转向操纵机构（即转向舵）速度的快慢。设某时刻 t 的转向角 σ 为 $\sigma(t)$，经 Δt 时间后转向角为 $\sigma(t+\Delta t)$，则该转向角度可用下式对转向操纵机构进行角度调节即可得到。

$$\sigma(t+\Delta t)^{\mathrm{ref}}=\sigma(t)-k_\theta\theta\Delta t \tag{12-2}$$

即在当前转向角 $\sigma(t)$ 的基础上再加一个较小的增量 $k_\theta\theta\Delta t$ 作为下一个瞬时即 $(t+\Delta t)$ 时刻的转向角目标值，如此控制转向操纵机构的转向角度。每隔 Δt 重复此过程。如此，只要车体纵向中线与期望行走直线呈一相对角度，就按（12-1）（12-2）两式使该角度减小，式（12-1）左侧是转向角速度的目标值，如该目标值能够实现，则可实现实际转向操纵机构转向角速度与该目标值相等的状态。即 $\mathrm{d}\sigma/\mathrm{d}t=(\mathrm{d}\sigma/\mathrm{d}t)^{\mathrm{ref}}$。于是式（12-1）可以写成下式：

$$\mathrm{d}\sigma/\mathrm{d}t=(\mathrm{d}\sigma/\mathrm{d}t)^{\mathrm{ref}}=-k_\theta\theta \tag{12-3}$$

由第 3 章式（3-86）可知：$\sigma=\omega L/v$，将 σ 代入到式（12-3），则有下式：

$$\frac{L}{v}\times\frac{\mathrm{d}\omega}{\mathrm{d}t}=-k_\theta\theta \tag{12-4}$$

式中，v 是车体行进方向上的线速度；ω 是车体回转角速度，等于车体转向角对时间的微分，即 $\omega=\mathrm{d}\theta/\mathrm{d}t$。将其代入式（12-4）中有下式成立：

$$\frac{\mathrm{d}\omega}{\mathrm{d}t}=\frac{\mathrm{d}}{\mathrm{d}t}\left(\frac{\mathrm{d}\theta}{\mathrm{d}t}\right)=\frac{\mathrm{d}^2\theta}{\mathrm{d}t^2}=-\frac{v}{L}k_\theta\theta \tag{12-5}$$

对微分方程（12-5）积分，可得通解为：

$$\theta=A\sin\left(\sqrt{\frac{v}{L}k_\theta t}+C\right) \tag{12-6}$$

【小结】仅使用与目标值直线相对角度 θ 确定转向操纵机构转向角和式（12-2）的方法控制车轮转向操纵型三轮移动机器人，其结果为三轮式移动机器人沿着期望直线的大方向左右蛇形走行。如式（12-6）可见：轮式移动机器人行走的轨迹曲线与目标直线所成角度 θ 并且实际移动轨迹曲线呈正弦波式“波动”，车体在期望目标直线的上下来回“摇摆”的运动形态。因此，移动机器人走行轨迹也呈蛇行状态。另外，当在 $t=t_0$ 初始时刻时，若 $\theta(t_0)=0$，则由式（12-6）有：$C=-\sqrt{\frac{v}{L}k_\theta t}$。

【问题】有何方法能够防止移动机器人直线走行时的蛇行现象呢？即如何使振动衰减的问题。

12.2.2　由与位移、速度成比例的操纵方法操纵的直线行走

回顾物理课程中学过的衰减振动！为式（12-5）增加与 θ 对时间 t 的微分 $\mathrm{d}\theta/\mathrm{d}t$（即角速度 ω）成 k_ω 比例的 $-k_\omega\mathrm{d}\theta/\mathrm{d}t$ 项，求其振动解。其中，k_ω 为正的常数。则有：

$$\frac{\mathrm{d}}{\mathrm{d}t}\left(\frac{\mathrm{d}\theta}{\mathrm{d}t}\right)=-k_\omega\frac{\mathrm{d}\theta}{\mathrm{d}t}-\frac{v}{L}k_\theta\theta \tag{12-7}$$

假设初始时刻给予 θ 一个不为零的外部扰动作为初始值，则上述微分方程的解如式（12-8）所示，式中，若 $k_\omega>0$，$(v/L)k_\theta>0$，则经过一段时间后，能够保证 θ 趋近于 0。

$$\theta(t)=A\mathrm{e}^{\lambda_1 t}+B\mathrm{e}^{\lambda_2 t} \tag{12-8}$$

式中，$\lambda_1=\dfrac{1}{2}\left(-k_\omega+\sqrt{k_\omega^2-4\dfrac{v}{L}k_\theta}\right)$；

$\lambda_2=\dfrac{1}{2}\left(-k_\omega-\sqrt{k_\omega^2-4\dfrac{v}{L}k_\theta}\right)$；

A、B 是根据初始条件确定的常数。

【讨论】若 $k_\omega^2-4(v/L)k_\theta<0$，则轮式移动机器人一边相对期望的目标直线上下（左右）“振荡”走行，一边使 θ 趋近于 0，即机器人方位偏离期望直线轨迹的程度越小直至为 0；若 $k_\omega^2-4(v/L)k_\theta\geqslant0$ 则不振动，θ 趋近于 0。如此，即使有一些外部扰动使机器人的方位偏离期望直线，即 θ 不为 0，但经过一段时间后 θ 也能趋近于 0，仍能继续沿着期望的直线方向轮式移动。式（12-7）中添加的 $-k_\omega\mathrm{d}\theta/\mathrm{d}t$ 这一项是与 θ 的角速度成比例的项，该项起到了像制动器一样抑制振动的作用，因而称之为阻尼项。

再者，利用机器人回转角速度 ω 与操纵机构转向角 σ 之间的关系式（3-68），改写式（12-7），有下式成立：

$$\frac{\mathrm{d}\sigma}{\mathrm{d}t}=-k_\omega\omega-\frac{v}{L}k_\theta\theta \tag{12-9}$$

$$\left(\frac{\mathrm{d}\sigma}{\mathrm{d}t}\right)^{\mathrm{ref}}=-k_\omega\omega-\frac{v}{L}k_\theta\theta \tag{12-10}$$

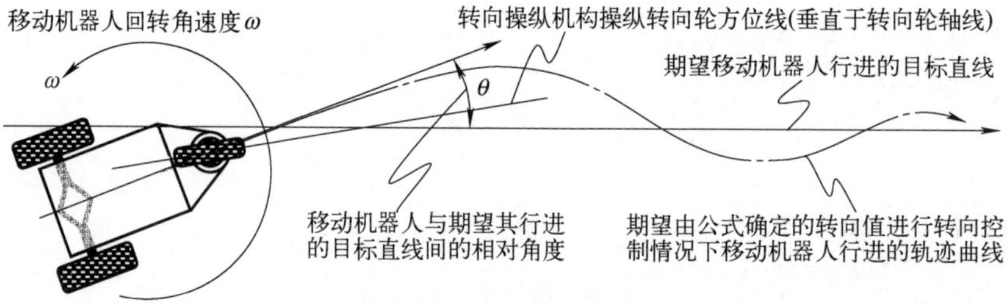

图 12-5　轮式移动机器人直线移动时蛇行“振动”轨迹的衰减

若预置 $k_\omega>0$、$k_\theta>0$，则移动机器人走行过程中，测定机器人回转角速度 ω 和与期望直线所成角度 θ，通过公式（12-10）的等号右侧，可以确定转向操纵机构角速度目标值。将其用式（12-2）的写法写成式（12-11）：

$$[\sigma(t+\Delta t)]^{\mathrm{ref}}=\sigma(t)-\left(k_\omega\omega-\frac{v}{L}k_\theta\theta\right)\Delta t \tag{12-11}$$

由式（12-11）可以实现如下控制方法：测定机器人回转角速度 ω 和与期望直线所呈角度 θ，根据它们的值用式（12-11）计算求得转向角作为 $\sigma(t+\Delta t)^{\mathrm{ref}}$，进行转向操纵电动机的位置控制。进一步地，设移动机器人与期望直线走行轨迹的距离为 η（即 η 为机器人偏离了期望的直线轨迹的距离），则按照式（12-12）进行控制，与期望直线走行轨迹偏离的距离 η 也将趋近于零。

$$\left(\frac{\mathrm{d}\sigma}{\mathrm{d}t}\right)^{\mathrm{ref}}=-k_\omega\omega-\frac{v}{L}k_\theta\theta-k_\eta\eta \tag{12-12}$$

式（12-12）中，k_ω、k_θ、k_η 有其具体确定条件，此处从略。但是，其选取条件为：必须满足下列方程的所有解 s（包括复数解在内）的实部均为负的要求。

$$s^2+k_\omega s+\frac{v}{L}k_\theta s+vk_\eta=0 \tag{12-13}$$

对式（12-12）进行与前述由式（12-9）到式（12-11）同样的代换，可得下式：

$$[\sigma(t+\Delta t)]^{\mathrm{ref}}=\sigma(t)-\left(k_\omega\omega+\frac{v}{L}k_\theta\theta+k_\eta\eta\right)\Delta t \tag{12-14}$$

则使用当前转向角 $\sigma(t)$ 和测定得到的 ω、θ、η 可以计算目标转向角 $\sigma(t+\Delta t)^{\mathrm{ref}}$ 了。

【补充说明】注意！以上所讨论的问题都是在 θ 和 η 不太大这一条件下才成立的。使用公式（12-11）或者公式（12-14）计算时，如果 θ 和 η 过大则饱和，需要在不使转向角计算结果过大上下功夫。再者，用式（12-11）或者式（12-14）等公式计算转向角，并在为达到转向角而控制转向轴角度时，是在忽略其控制延迟等假设条件下所做的讨论。

12.2.3　独立二轮驱动型移动机器人的直线行走控制

独立二轮驱动型的转向操纵情况下，没有非独立二轮驱动型轮式移动机器人上的转向操纵机构，而是通过各自独立驱动的两个主动轮绕其公共回转中心（即两者画圆弧的圆心）转向时形成的圆周速度差来实现转向控制的。同前述，相应于式（12-12）、式（12-14）有下式成立：

$$\left(\frac{\mathrm{d}\omega}{\mathrm{d}t}\right)^{\mathrm{ref}}=-k_\omega\omega-k_\theta\theta-k_\eta\eta \tag{12-15}$$

其中的各项系数 k_ω、k_θ、k_η 应满足如下条件：

$$s^2+k_\omega s^2+k_\theta s+vk_\eta=0 \tag{12-16}$$

方程（12-16）的所有解 s（包括复数解）的实部皆应为负。此外要注意与前述 12.2.2 节所述相同的其他条件。参照上一节照例改写式（12-15），得式（12-17）：

$$[\omega(t+\Delta t)]^{\mathrm{ref}}=\omega(t)-(k_\omega\omega+k_\theta\theta+k_\eta\eta)\Delta t \tag{12-17}$$

由式（12-17）通过计算，取代前述的求转向角，转而可以确定移动机器人回转角速度的目标值，并在该回转角速度下控制左右驱动轮的转速（进而形成实现转向角所需的差速）；同时，确定当前行进速度的目标值 v^{ref}，将它和式（12-17）算得的回转角速度目标值改写为 ω^{ref}，利用第 3 章的式（3-90），左右驱动轮目标回转角速度 $\omega_{\mathrm{r}}^{\mathrm{ref}}$、$\omega_{\mathrm{l}}^{\mathrm{ref}}$ 可以写为下式：

$$\begin{bmatrix}\omega_{\mathrm{r}}^{\mathrm{ref}}\\ \omega_{\mathrm{l}}^{\mathrm{ref}}\end{bmatrix}=\begin{pmatrix}\dfrac{1}{R_{\mathrm{w}}} & \dfrac{T}{2R_{\mathrm{w}}}\\ \dfrac{1}{R_{\mathrm{w}}} & -\dfrac{T}{2R_{\mathrm{w}}}\end{pmatrix}\begin{bmatrix}v^{\mathrm{ref}}\\ \omega^{\mathrm{ref}}\end{bmatrix} \tag{12-18}$$

则利用公式（12-18）对左右驱动轮系统的伺服电动机分别进行速度控制，即可实现独立两驱动轮型轮式移动机器人的直线行进移动控制。当然，使用式（12-18）还需要考虑传动系统的传动比的运动学转换。

12.2.4　轮式移动机器人直线行走控制方法的总结

归纳 12.2.1 节～12.2.3 节所述的不同构型轮式移动机器人的轨迹追踪控制方法，总结为如图 12-6 所示的控制方法及控制系统原理图。

其控制系统构成要点如下：

① 测量偏离期望行走直线的方向偏角 θ 和位置偏距 η，以及移动机器人的回转角速度 ω；

② 若为转向操纵车轮型移动机器人，用式（12-14）计算转向角的目标值 σ^{ref}。在该目标值下控制转向角，并以实现行进速度目标值 v^{ref} 进行速度控制。

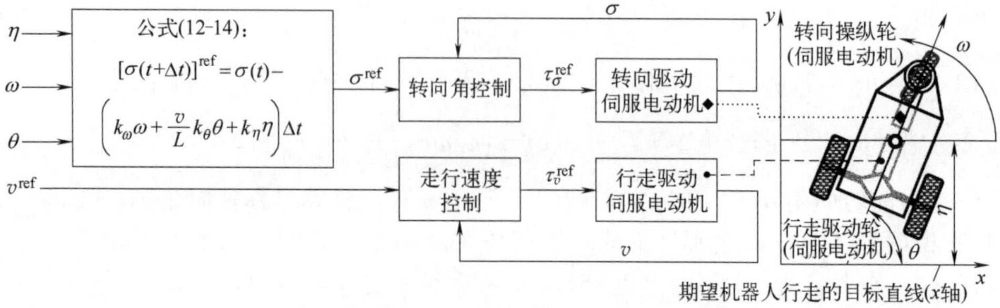

(a) 操纵方向车轮型轮式移动机器人的转向及行走控制

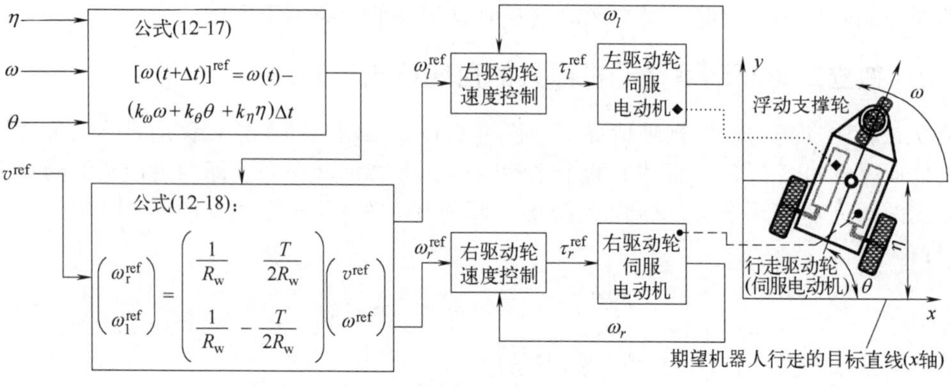

(b) 独立二轮驱动型轮式移动机器人的转向及行走控制

图 12-6　沿直线移动的控制方法与原理

③ 若为独立二轮驱动型移动机器人，用式（12-17）计算机器人的目标回转角速度 $\omega^{\rm ref}$。进一步地，由行进速度目标值 $v^{\rm ref}$ 和 $\omega^{\rm ref}$，用式（12-18）求得左右驱动轮的回转角速度，控制左右驱动轮的回转角速度。

这里给出的并不是追踪目标轨迹方法的全部，已经提出的各种各样的方法及应用实例有很多。而且，若用于机器人的传感器是有限的，则应用本节所述的方法也会有难以操纵的情况发生。这里给出的方法可分解为两部分，这样更容易看懂：

① 偏离目标走行轨迹（本节为直线）的偏差量（位移）应如何操纵转向舵呢？（用式（12-14）或者式（12-17）计算）；

② 实现操纵转向舵的控制（图 12-6 中的操纵舵转向角控制、走行速度控制、左右驱动轮速度控制）。

前述①中，用所谓的状态反馈控制法，生成移动机器人的回转速度目标值。为使回转角速度收敛于 0，反馈控制应稳定。可是含有机器人的惯性矩、质量等方程并没有加在这一部分。如此，生成的目标值用②来实现。它是为使实际机器人运动考虑了含有机器人惯性和质量的控制。可是，例如用移动机器人进行诸如角力竞技运动或者想要立即停止等情况下实现控制，本节所述的方法不适用，必须相应地考虑其他方法。有关轮式移动机器人非线性系统的非完整约束控制（欠驱动控制）理论与方法参见本书 12.3 节内容。

12.2.5　轮式移动机器人轨迹追踪控制与电机电流控制

前述图 12-6 是为实现转向角目标值 $\sigma^{\rm ref}$ 和 $\omega^{\rm ref}$、行进速度目标值 $v^{\rm ref}$，或者左右驱动轮目标回转角速度 $\omega_{\rm r}^{\rm ref}$、$\omega_{\rm l}^{\rm ref}$ 的控制系统框图，为单纯的 PI 反馈控制法。

转向角目标值 $\sigma^{\rm ref}$ 和行进速度目标值 $v^{\rm ref}$ 或者左右驱动轮目标回转角速度 $\omega_{\rm r}^{\rm ref}$、$\omega_{\rm l}^{\rm ref}$ 无

论哪个都作为当前的 z^{ref}。对应于作为当前目标值 z^{ref} 的物理量，当前物理量的实现值设为 z。此时，如图 12-7 所示，计算（$z-z^{\text{ref}}$），然后将与其差值成比例的值 k_P（$z-z^{\text{ref}}$）及与其积分值成比例的值 $k_I\int(z-z^{\text{ref}})\mathrm{d}t$ 的和用来计算电动机应该输出转矩的目标值 τ^{ref}，为得到该力矩目标值控制电动机电流的大小。该控制部分写在力矩控制器中，如图 12-7 所示。

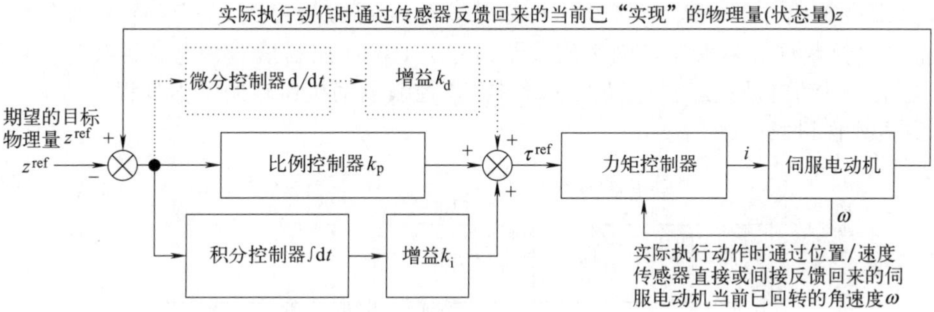

图 12-7　PI（D）控制系统框图

电动机的 PWM 控制原理：力矩控制方法各种各样，这里仅作为一个例子，给出 DC 电动机的 PWM 控制法。现在，在机器人控制上采用内藏 CPU、计数器以及 PWM（pulse width modulation，脉冲宽度调制）信号生成器等机能的中高档单片机作为底层伺服驱动控制器已经很普遍了。PWM 信号生成器是每隔一定的时间反复不断生成 on/off 信号（如图 12-8 所示）。on 状态期间时间 T_0 与周期 T 的比为 $\delta=T_0/T$，被定义为占空比或 PWM 比。PWM 周期 T 的倒数被称为 PWM 频率，选值范围为数 kHz 至数十 kHz。用 PWM 信号控制 DC 电机的 on/off。PWM 信号为 on 期间电动机上加电压、off 期间电动机两端子间短路（连接），如此，由功率管形成实现控制、驱动电动机转动的 H 桥电路，有如下关系式：

$$\delta=\frac{1}{V_0}RI^{\text{ref}}+\kappa_e\omega=\frac{1}{V_0}R\frac{\tau^{\text{ref}}}{\kappa_\tau}+\kappa_e\omega \tag{12-19}$$

式中，R、V_0、κ_e、κ_τ、ω 分别为电动机的绕组电阻、电压、电压常数、力矩常数、回转角速度。

由式（12-19）可知：给电动机施加的 PWM 比与流过电动机的平均电流成正比。同时也显示出与电动机回转角速度成比例。由式（12-19）可知，设电动机回转方向 ω 为正时作正向，电动机按与该方向相同方向转动产生力矩时，设此力矩为正向。此时，电动机转矩的正负与 PWM 比的正负是一致的。如此定义，意味着当按式（12-19）计算 PWM 比 δ 为负时，用此 PWM 比给电动机施加电压的方向与 δ 为正时的方向相反。即期望图 12-7 的左半部分是由 PWM 比为正的 PWM 信号给电机施加电压；右半部分是由 PWM 比为负的 PWM 信号给电动机施加电压。注意：对于通过有占空比的 PWM 信号施加给电动机的电压的理解！PWM 信号提供的电压有 ±5V、0～10V，而电动机绕组上需要施加的电压低则几伏，高则上百、上千伏，因此，PWM 控制电动机施加给电动机绕组上的电压并不是直接施加的，而是 PWM 通过占空比和周期性的信号控制驱动电动机的功率放大器上功率管的通断，由功率放大器将电源电压在 PWM 信号控制下施加到电动机绕组上的，PWM 信号的作用是控制功率放大器 H 桥桥臂上构成正反转回路上的功率管通断（开关时间）和电流的正反流向的控制信号作用。无论是单片机、DSP，还是 PC 计算机扩展槽中的运动控制卡等控制器，其上提供的 PWM 信号或者带有 PWM 控制功能的伺服驱动与控制单元的 PWM 信号的使用都是与电动机控制模式有关的通用用法，伺服电动机的控制模式有位置控制、速度控制、力或力矩（直线电动机则为力；回转电动机则为力矩，确切地说应该是转矩）控制、速度-力矩控制、位置-速度控制、位置-力矩控制等不同的模式，用PWM信号进行不同模式的控制时，PWM控制信号用法皆相同，但被电动机不同控制模式赋予了不同物理量上的不同含义，具体需要按占空比和控制模式下对应的电压（电动机转速控制模式下）、电流（电动机输出力或转矩控制模式下）进行不同的换算，即由期望电动机输出转速或力、力矩值，PWM信号的电压水平，电动机的速度常数、力矩常数以及电动机转向等相应于所选择电动机控制模式换算出作为PWM信号的占空比，然后通过程序设定PWM控制参数，生成PWM信号去控制伺服放大器，伺服放大器相应于PWM控制信号为电动机绕组提供相应的电压或电流，驱动电动机运转。以上是对PWM控制电动机运转的基本过程、基本原理和驱动技术的概要性讲解。

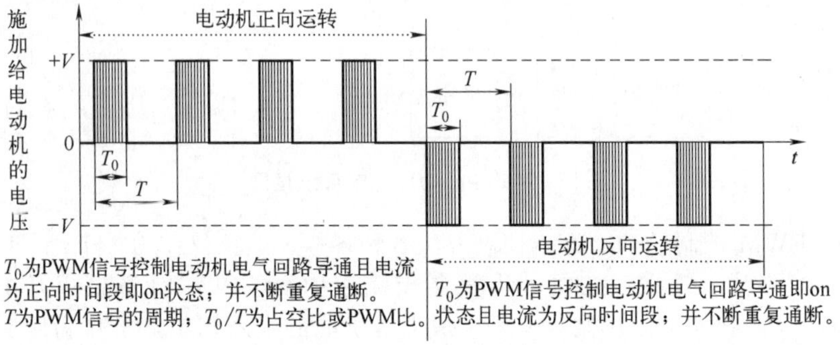

施加给电动机的电压
电动机正向运转
+V
0
−V
T
T0
t
电动机反向运转
T0为PWM信号控制电动机电气回路导通且电流为正向时间段即on状态；并不断重复通断。
T为PWM信号的周期；T0/T为占空比或PWM比。
T0为PWM信号控制电动机电气回路导通即on状态且电流为反向时间段；并不断重复通断。

图 12-8　PWM（脉宽调制）信号及电动机正反向运转控制原理

【小结】本节分别以转向操纵型、非两轮独立驱动型和独立两轮驱动型的轮式移动机器人及其直线移动为例，讲解了轮式移动机器人控制的基本问题、控制方法以及控制系统原理和电动机的PWM控制与驱动技术问题。之所以以直线移动控制为例，是通过微分方程可积性得到转向角方程能够方便地进行控制并易于理解轮式移动机器人控制理论基础知识。这些理论、方法和技术只适用于对轮式移动效果要求不高或移动技术指标要求不高的情况下，实际上轮式移动机器人移动控制并非这样简单，接下来适当讨论一下关于轮与地面构成非完整约束情况下的非线性系统控制问题。

12.3　轮式机器人非完整约束系统与非线性控制

【本节节前说明】本节中所言的两轮、三轮、四轮车辆或机器人与前述章节以及通常只按轮式车辆或轮式移动机器人所拥有的车轮总个数（对是否为驱动轮类型不加区分的一概而论的轮数）定义轮数的称谓不同，是不计被动轮数只按主驱动轮数定义轮式车辆和轮式移动机器人的轮数的，例如，两轮车辆是指只有两个驱动轮（包括非独立驱动两轮和独立驱动两轮）的车辆，而两轮车辆上的前或后或前后脚轮则不计在两轮车辆的两轮之中，三轮、四轮车辆亦然。因为轮式机器人非完整约束系统非线性控制的建模与控制系统设计、分析在理论上与非驱动轮无关。

12.3.1　非线性控制与可积性

长久以来，在非线性控制理论方面，基于李亚普诺夫稳定理论的控制系统设计论为众所熟知熟用，且尚有另一个重要支柱则是基于将被控对象线性化为近似系统后设计控制系统的构造论。构造论也常被用来解决线性控制问题，有非干涉控制、输出零化、逆系统等设计，还有在其延长线上的完全线性化和面向链式系统（chained system）的变换。完全线性化则是通过非线性变量和反馈把非线性系统变换成线性系统，然后利用现有线性控制理论来解决非线性控制问题。

面向链式系统的变换是将非线性系统变换成有耦合输入（u_1，u_2）的两个子系统（Σ_1，Σ_2）构成的正则系统的变换（正则系统是函数在复平面内任意一点都可导即导数存在的系统）。但是变换后的正则系统一旦将输入 u_1 固定在某一非零值时，Σ_2 就完全变成了线性的。无论如何，作为被控对象，都可作为在数个非线性系统中输入且难以由状态变量分开的如式（12-20）所示的仿射系统（affine system）或式（12-21）所示的对称仿射系统的形式处理：

$$\dot{\boldsymbol{x}}(t)=f(\boldsymbol{x}(t))+G(\boldsymbol{x}(t))\boldsymbol{u}(t) \tag{12-20}$$

$$\dot{\boldsymbol{x}}(t)=G(\boldsymbol{x}(t))\boldsymbol{u}(t) \tag{12-21}$$

下面以非常简单的例子，用对称仿射系统来说明上述变换中可积性的重要性。

对于方程式（12-21），存在满足式（12-22）关系的变量 y 且 $y\in R^1$，下面探讨 y 是否能不受系统输入 u 影响的问题。这里所谓的 $\boldsymbol{y}$ 不受 $\boldsymbol{u}$ 影响，可以用 $y^{(i)}=0$（其中，$i=0$，1，2，…）反映出来。这个问题可以用以状态方程为式（12-23）、输出方程为式（12-24）所表示的线性系统，在作为必要条件之一的式（12-25）并被施加式（12-26）条件下来清楚地说明。

$$\boldsymbol{y}(t)=\boldsymbol{h}(\boldsymbol{x}(t)) \tag{12-22}$$

系统的状态方程和输入输出方程：

$$\dot{\boldsymbol{x}}(t)=\boldsymbol{B}\boldsymbol{u}(t) \tag{12-23}$$

$$\boldsymbol{y}(t)=\boldsymbol{c} \tag{12-24}$$

必要条件之一为：

$$\dot{\boldsymbol{y}}(t)=\boldsymbol{c}\dot{\boldsymbol{x}}(t)=\boldsymbol{c}\boldsymbol{B}\boldsymbol{u}(t) \tag{12-25}$$

且

$$\boldsymbol{c}\boldsymbol{B}=0 \tag{12-26}$$

那么，上述方程中的行矢量 $\boldsymbol{c}$ 只要矩阵 $\boldsymbol{B}$ 不是列满秩，$\boldsymbol{B}$ 的列空间就一定存在双对正交基底。

非线性的情况下，相应的条件为：

$$\dot{\boldsymbol{y}}(t)=\frac{\partial\boldsymbol{h}(\boldsymbol{x}(t))}{\partial\boldsymbol{x}(t)}\dot{\boldsymbol{x}}(t)=\frac{\partial\boldsymbol{h}(\boldsymbol{x}(t))}{\partial\boldsymbol{x}(t)}\boldsymbol{G}(\boldsymbol{x}(t))\boldsymbol{u}(t)=0 \tag{12-27}$$

则由式（12-27）有：

$$\frac{\partial\boldsymbol{h}(\boldsymbol{x}(t))}{\partial\boldsymbol{x}(t)}\boldsymbol{G}(\boldsymbol{x}(t))=0 \tag{12-28}$$

若 $\boldsymbol{G}(\boldsymbol{x}(t))$不是列满秩的，则有$\partial\boldsymbol{h}(\boldsymbol{x}(t))/\partial\boldsymbol{x}(t)$ 存在。但并不知道它是否是可积的、光滑的比例函数 $\boldsymbol{h}(\boldsymbol{x}(t))$。关于其是否可积的问题，如果 $\boldsymbol{G}(\boldsymbol{x}(t))$的列空间是对合的（involution)，则必须将可用光滑函数的偏微分所张成空间的定理应用于 $\boldsymbol{G}(\boldsymbol{x}(t))$的双对正交空间方能判定其可积性。这个定理便是弗罗贝尼乌斯定理（Frobenius theorem）。用这一定理判断可积性的过程是从构造论角度探讨控制问题时必不可缺的。这里仍以简单的二维空间的微分方程可积性问题为例来说明如何应用该定理判断可积性。作为例子，这里给出的微分方程如式（12-29）所示。

$$\mathrm{a}(\boldsymbol{x})\dot{x}_1+b(\boldsymbol{x})\dot{x}_2=0 \tag{12-29}$$

微分方程式（12-29）的等号两边可以同时乘以一个比例函数 $w(\boldsymbol{x})$ 而等式不变，即有：

$$w(\boldsymbol{x})a(\boldsymbol{x})\dot{x}_1+w(\boldsymbol{x})b(\boldsymbol{x})\dot{x}_2=0 \tag{12-30}$$

则可选择合适的比例函数 $w(\boldsymbol{x})$ 使得式（12-29）的等号左边存在某个函数 $h(\boldsymbol{x})$ 使得如下全微分式成立：

$$\dot{h}(\boldsymbol{x})=\frac{\partial h(\boldsymbol{x})}{\partial x_1}\dot{x}_1+\frac{\partial h(\boldsymbol{x})}{\partial x_2}\dot{x}_2 \tag{12-31}$$

式中
$$\frac{\partial h(\boldsymbol{x})}{\partial x_1}=w(\boldsymbol{x})a(\boldsymbol{x})；\frac{\partial h(\boldsymbol{x})}{\partial x_2}=w(\boldsymbol{x})b(\boldsymbol{x}) \tag{12-32}$$

满足（12-31）、（12-32）两个条件式的前提下，将式（12-30）称为完全的（exact）；称式（12-33）为式（12-29）的积分（且为第一积分）；为保证存在这样的函数 $h(\boldsymbol{x})$、比例函数 $w(\boldsymbol{x})$，必须满足应使式（12-34）成立这一必要且充分条件称为连续性条件；比例函数 $w(\boldsymbol{x})$ 则称为积分因子；上述内容中，重要的是积分因子 $w(\boldsymbol{x})$ 的存在。对于本例中有两个变量的微分方程式（12-29），根据弗罗贝尼乌斯定理，只要能找到积分因子就一定是可积的。

$$h(\boldsymbol{x})=\boldsymbol{c}\quad(\boldsymbol{c}\text{ 为积分常数}) \tag{12-33}$$

$$\frac{\partial[w(\boldsymbol{x})a(\boldsymbol{x})]}{\partial x_2}=\frac{\partial[w(\boldsymbol{x})b(\boldsymbol{x})]}{\partial x_1} \tag{12-34}$$

12.3.2 什么是非完整约束和非完整约束系统

对合的定义：设 $\boldsymbol{f}_1$，$\boldsymbol{f}_2$，…，$\boldsymbol{f}_m$ 为一组线性无关的向量场集合，对于任意 i，$j\in 1$，2，…，m 有：$[\boldsymbol{f}_i,\boldsymbol{f}_j]=\sum_{k=1}^{m}a_k\boldsymbol{f}_k$（其中，$a_k$ 为标量），则称该向量场是对合的。对合常被用来判断偏微分方程是否有解。

弗罗贝尼乌斯定理（Frobenius theorem）：设 $\boldsymbol{f}_1$，$\boldsymbol{f}_2$，…，$\boldsymbol{f}_m$ 为一组线性无关的向量场集合，当且仅当该集合是对合的，则它是完全可积的。

对于 n 自由度机械系统，设 $\boldsymbol{q}(t)$、$\dot{\boldsymbol{q}}(t)$ 分别为 $\boldsymbol{q}(t)\in\mathbf{R}^n$ 的广义坐标和 $\dot{\boldsymbol{q}}(t)\in\mathbf{R}^n$ 的广义速度，则该机械系统所受到的 m 个速度约束、m 个去掉 $\mathrm{d}t$ 的位置全微分约束分别为：

$$\boldsymbol{D}(\boldsymbol{q})\dot{\boldsymbol{q}}=\boldsymbol{0} \tag{12-35}$$

$$\boldsymbol{D}(\boldsymbol{q})\mathrm{d}\boldsymbol{q}=\boldsymbol{0} \tag{12-36}$$

式中，$\boldsymbol{D}(\boldsymbol{q})\in\mathbf{R}^{m\times n}$。若在 $\boldsymbol{q}$ 的领域内 $\boldsymbol{D}(\boldsymbol{q})$ 为满秩的，即 $\mathrm{rank}\boldsymbol{D}(\boldsymbol{q})=m$，则式（12-35）或式（12-36）称作普法夫式（Pfaffian form）；进一步地，$\boldsymbol{D}(\boldsymbol{q})$ 有 $n-m$ 维零空间，设该零空间的线性独立基底为 $\boldsymbol{G}(\boldsymbol{q})$，且 $\boldsymbol{G}(\boldsymbol{q})\in\boldsymbol{G}^{n\times(n-m)}$（或 $\mathbf{R}^{n\times(n-m)}$），则有：

$$\boldsymbol{D}(\boldsymbol{q})\boldsymbol{G}(\boldsymbol{q})=\boldsymbol{0} \tag{12-37}$$

此时，$\mathrm{span}\boldsymbol{G}(\boldsymbol{q})$［即 $\boldsymbol{G}(\boldsymbol{q})$ 张成的空间］是正则分配（或正则分布）的，若其为对合的（involutive），则根据弗罗贝尼乌斯（Frobenius）定理，则有满足 $\boldsymbol{D}(\boldsymbol{q})=\partial\boldsymbol{H}(\boldsymbol{q})/\partial\boldsymbol{q}$ 的 m 维矢量函数 $\boldsymbol{H}(\boldsymbol{q})$ 使得式（12-35）变成下式：

$$\boldsymbol{H}(\boldsymbol{q})=\boldsymbol{c} \tag{12-38}$$

则按照弗罗贝尼乌斯定理，速度约束式（12-35）成为可积分的位置约束。只是式（12-38）中的 $\boldsymbol{c}$ 为积分常数矢量。将这样的约束称为完整约束（holonomic constraint）。

通常我们所处理的约束都是演变成 m 个广义坐标被固定的问题，则力学系统的自由度就变成了 $n-m$ 个。那么，当 $\mathrm{span}\boldsymbol{G}(\boldsymbol{q})$ 即 $\boldsymbol{G}(\boldsymbol{q})$ 张成的空间为非对合的情况时该如何处理呢？此时，速度约束中的部分约束存在无法再以式（12-38）的形式来表示的问题，继而与这些约束相对应的位置不能被固定，自由度也不能被降减。像这样的约束就称为非完整约束（nonholonomic constraint）。特别地，不仅 $\mathrm{span}\boldsymbol{G}(\boldsymbol{q})$ 即 $\boldsymbol{G}(\boldsymbol{q})$ 张成的空间非对合，而且由各矢量场所构成的可达分布（accessible distribution）张成 $\mathbf{R}^n$ 空间的情况下，为完全非完整约束（complete nonholonomic constraint）。此时，$\boldsymbol{D}(\boldsymbol{q})\dot{\boldsymbol{q}}=\boldsymbol{0}$ 整体上完全不可积分，自由度完全不能被降减；相反，把完整约束或非完整约束施加给完全非完整约束上，可以将约束全部变成完整约束。

12.3.3 非完整约束控制和欠驱动机械系统控制

前面两节从非线性控制理论的数学基础上介绍了微分方程可积性、完整约束与非完整约束问题的数学描述和概念定义。本节以常用的车辆及其运行等日常生活、工作中实际对象为例，进一步具体阐明非完整约束控制和常见的欠驱动机械系统与控制问题。

平面上两轮车辆行走的数学模型：如图 12-9（a）所示的两轮车辆行驶的平面几何模型，平面坐标系 xy 内，车辆的位置和方位可以用车体中心位置坐标（x，y）、车体纵向中心对称线（即车体中轴线）与平面坐标系 xy 的 x 轴所呈的夹角 θ 总共三个变量来描述。但是操控车辆行驶的控制输入（即控制系统输出给被控对象的操作量）只有执行踩油门和制动器控制下的车体行进速度 $\boldsymbol{v}$、操纵方向盘执行的操舵角 α 这两个量。驾车技能熟练的驾驶员可以通过操控这两个控制输入量实现任意行驶目的（到达期望的目标位置和方位角或实现它们连续变化的期望目标轨迹）的整定控制，但要注意：驾驶员是一边通过自己的眼睛获得状态量和评价当前状态与目标的偏差，一边操纵方向盘和控制油门的，这是必须的前提条件。从外在的、粗浅的感性认识和描述来看，类似这样能够以少于目标运动所需自由度数的控制输入来实现控制目标的机械系统被称为欠驱动机械。地面上行走的各种车辆属于欠驱动机械、欠驱动机械系统，车轮与地面间的约束构成非完整约束，也属于非完整约束系统。下面继续从两轮车辆行驶运动的理论分析上再深入认识欠驱动机械。

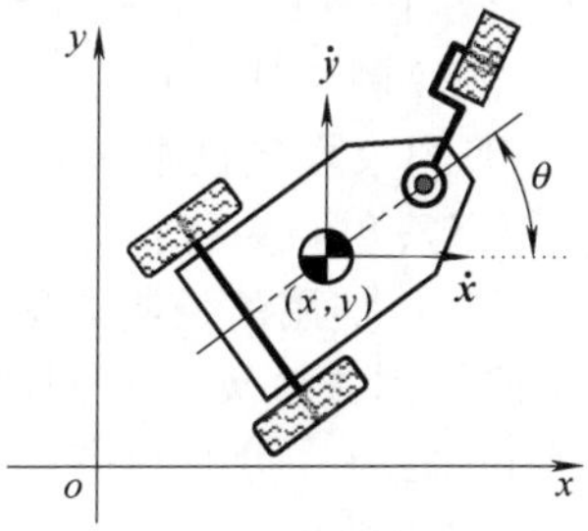

(a) 两轮车模型

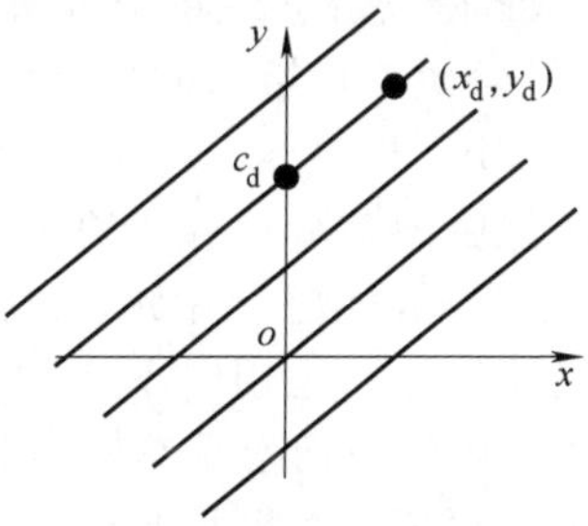

(b) 不变流形

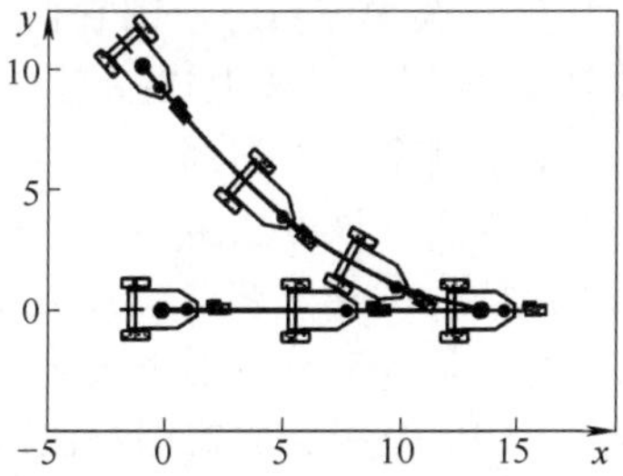

(c) 控制仿真例

图 12-9　两轮车辆的平面运动模型与控制（图中前轮为脚轮，脚轮为非驱动轮，不计入车辆总轮数；后两轮为驱动轮）

平面上两轮车辆行走的无侧滑速度约束条件及非完整约束定义：如图 12-9（a）所示，假设车轮相对于地面沿着垂直于行进方向即侧向无滑移运动，则车体沿着与车轮垂直方向的速度分量为零，即有假设车轮无侧向滑移条件下模型化的方程式（12-39）成立：

$$\dot{x}\sin\theta-\dot{y}\cos\theta=0 \tag{12-39}$$

式（12-39）表示的含有 3 个变量的速度约束方程是无法进行积分的，即为不可积，自然无法变换得到关于 x、y、θ 的代数方程。类似前述的不可积的速度约束，把非线性系统中含有不可积分的约束条件这类约束称为非完整约束；相应地，把能够积分的约束称为完整约束。假设由前述的不可积的速度约束微分方程可以变换出 x、y、θ 的代数方程（例如类似于 $x+y+\sin\theta=0$ 或常数这样的不含微分项的代数方程），也不可能通过前述的两个控制输入来独立地控制 x、y、θ 这三个变量值。因此，可以将不可积理解为将控制系统留有了控制余地。

非完整约束下非线性系统的可变约束控制法：仍如前所述，以两个控制输入去控制本应由不可积的非完整约束下的三个变量才能决定的期望的目标位姿或轨迹，非完整约束使控制系统有了控制余地。下面看一下更有直观之感的控制方法。

设（x_d，y_d，θ_d）为车体位姿变量（x，y，θ）的期望目标值，并将车体的姿态角变量θ的初始值设定为θ_d，即期望的姿态角保持在θ_d。则将期望值代入到（12-39）式有：

$$\dot{x}\sin\theta_d-\dot{y}\cos\theta_d=0\Rightarrow\frac{\partial y}{\partial x}=\tan\theta_d \tag{12-40}$$

则作为非完整约束的速度约束方程变成了（12-40）式表达的完整约束，自然是可积的。不难推得其积分的结果为代数方程（12-41）式，式中c为积分常数，得到的代数方程是随着积分常数c的不同而改变的，但是，不管c如何改变，代数方程对应的轨迹曲线在理论上都是如图12-9（b）所示的互相平行的直线族，当c取c_d时，理论上行驶的轨迹是图中通过（x_d，y_d）和（0，c_d）两点的直线，即该直线应满足条件式（12-42）。

$$y=x\tan\theta_d+c \tag{12-41}$$

$$y_d=x_d\tan\theta_d+c_d \tag{12-42}$$

接下来，这次的控制目标是假设在保持$\theta=\theta_d$、$c=c_d$的情况下，让车体位置坐标x、y分别到达$x=x_d$、$y=y_d$的位置处的控制方法：

第1步：令$H=\theta-\theta_d=0$、$F-c_d=0$（$F=y-x\tan\theta$），并实施控制；

第2步：令$H=\theta\text{-}\theta_d=0$、$N-c_d=0$（$N=x$），并实施控制；

通过第2步中保持积分常数为c_d，如果就连$\theta=\theta_d$也能保持的话，则由式（12-40）空心箭头左侧方程可有式（12-43）成立：

$$\dot{F}=\dot{y}-\dot{x}\tan\theta_d=0 \tag{12-43}$$

因为F再次为$F=c_d$，则它们分别都能得以成立。将微分值为零的比例函数称为不变流形。图12-9（c）则是按上述控制方法进行运动控制给出的仿真结果。以上控制手法是由东京工业大学控制系统工学部教授美多勉（Mita Tsutomu）提出的基于可变约束控制的非完整约束控制方法。该方法虽然看似简单，但由图12-43（c）的仿真结果可以看出：为将积分常数c设定为c_d的第1步收敛点处也产生了奇异问题。除此之外还提出了其他实用的控制方法。

特别是以对称仿射系统表示的被控对象，是用时不变的连续反馈控制方法无法控制的，因此，PID控制类的控制方法是不能使用的。切换是车辆控制类的特征之一，可变约束控制是类似于不连续反馈控制的控制方法。再者，车辆控制中车速提升情况下的可变约束控制也不是问题，但静止、低速情况下的方向转换却成为问题。

何谓非完整约束控制、欠驱动控制？与冗余自由度控制的区别和联系是什么？一般将所受非完整约束的机械系统的控制称为非完整约束控制。含有非完整约束的机械系统中，希望控制多于控制输入个数的广义坐标的情况下，则称为欠驱动控制；只控制少于控制输入个数的广义坐标的情况下，是不能称为欠驱动控制的。特别需要加以区分的是非完整约束系统与冗余自由度系统、非完整约束控制和冗余自由度控制以及欠驱动控制之间的区别与联系。这里以机器人操作臂为例加以彻底的解说：

冗余自由度机器人操作臂是指其最简机构原理构成中作为主驱动运动副的原动机驱动系统数目（或主驱动单自由度运动副数目）多于该操作臂末端在作业空间中为确定其位姿所需自由度数目的机器人操作臂。例如，7-DOF的串联杆件回转关节型操作臂每个关节都有原动机驱动即有7个原动机驱动系统，而在三维作业空间中，操作臂末端位姿只需要确定x、y、z、α、β、γ这6个位姿坐标分量，即需要6自由度即可（但需要考虑这6自由度机构的构型是否能实现该位姿问题），7-DOF中剩余的1个为冗余自由度，若该7-DOF操作臂中某个关节原动机在传动系统非自锁的前提条件下被置成自由状态，则仅由其余六个关节原动机驱动含有一个自由状态关节和六个主驱动关节的7-DOF操作臂系统就成为了非完整约束系统，也是欠驱动系统，当然其控制为非完整约束控制，也是欠驱动控制。

常见的非完整约束控制系统大致有如下几种：①车辆、拖车（牵引式公共汽车）、蛇形机器人之类的受无横向滑移速度约束的系统；②潜水艇等水中移动体、船舶等水面移动体、人工鱼形机器人之类的体侧方向没有推进力或者受横向无滑移约束的系统；③圆盘位置与姿势控制、把持物体、操作技能之类的受滚动约束的系统；④空间机器人、体操运动员、大回环与鞍马等各种体育技能竞技类与机器人（arc robot）之类的受遵循角动量守恒原理回转速度约束的空中漂游、漂浮机械系统；⑤欠驱动机器人操作臂、向上摆荡的摆、倒立（摆）控制、跳跃（hopping）动作及跳跃机器人（hopping robot）等系统。

非完整约束控制研究的发展趋势：波士顿动力 Atlas 仿人机器人三连跳跃与跃起空中后连续翻转、MIT 单腿机器人跳跃、名古屋大学仿猴子摆荡抓杆移动机器人的摆荡抓杆移动，以及本书作者提出并研究的仿猿双臂手大阻尼欠驱动连续摆荡渡越移动等同属于非完整约束控制或欠驱动控制；诸如空间机器人之类尽可能减少驱动系统驱动器数量的尖端机器人技术和欠驱动特性技能的使用以及仿生仿人机器人的运动与作业的实现都离不开非完整约束控制技术，因此，非完整约束控制、技能控制（skill control）已经成为现代非线性控制理论研究中的重要对象和分支之一，随着理论研究的不断深入和技术推进，其正在朝着不断系统化的一门独立理论体系学问方向发展。但是，目前有关非完整约束控制、欠驱动控制等仍主要集中在理论研究且被控对象系统相对简单，诸如前述的仿生仿人机器人、多轮轮式移动机器人、蛇形机器人等都属于强非线性、强非完整约束特性的系统，单纯的理论研究和相对粗浅的技术是难以承接复杂的，尤其是高度技能型控制技术需求的，理论、技术、更高要求的实验系统设计与实验三方面的密切结合是非完整约束系统控制走向可靠的实用化的唯一途径，其中的难题是带有摩擦副非完整约束的控制问题，目前摩擦学理论与实验研究的成果还没有为诸如仿生仿人机器人的非完整约束控制提供更宽广范围的充分的理论基础与实验数据支撑。另外，通过多传感器多感知系统实时地获得足够的状态量，也是非完整约束系统非线性控制实用化必不可缺的前提条件。

12.3.4　非完整约束控制系统和欠驱动机械的几何模型

12.3.2 节已给出了有 m 个速度约束的 n 自由度机械系统的定义：即设 $\boldsymbol{q}(t)$、$\dot{\boldsymbol{q}}(t)$ 分别为 $\boldsymbol{q}(t)\in\mathbf{R}^n$ 的广义坐标和 $\dot{\boldsymbol{q}}(t)\in\mathbf{R}^n$ 的广义速度。则该机械系统所受到的 m 个速度约束方程为式（12-35），即 $\boldsymbol{D}(\boldsymbol{q})\dot{\boldsymbol{q}}=\mathbf{0}$。现在对该速度约束方程进行坐标变换。首先将其记为：

$$[\boldsymbol{D}(\boldsymbol{q})_1 \quad \boldsymbol{D}(\boldsymbol{q})_2]\dot{\boldsymbol{q}}=0 \tag{12-44}$$

若 $||\boldsymbol{D}(\boldsymbol{q})_2|\neq 0$，则式（12-44）两端同乘 $\boldsymbol{D}(\boldsymbol{q})_2^{-1}$，有：$[\boldsymbol{D}(\boldsymbol{q})_2^{-1}\boldsymbol{D}(\boldsymbol{q})_1 \quad \mathbf{I}_{m\times m}]\dot{\boldsymbol{q}}=0$，令 $\boldsymbol{R}(\boldsymbol{q})=-\boldsymbol{D}(\boldsymbol{q})_2^{-1}\boldsymbol{D}(\boldsymbol{q})_1$，$\dot{\boldsymbol{q}}=[\dot{\boldsymbol{q}}_1 \quad \dot{\boldsymbol{q}}_2]^{\mathrm{T}}$，则有：

$$\boldsymbol{D}(\boldsymbol{q})=[-\boldsymbol{R}(\boldsymbol{q}) \quad \mathbf{I}_{m\times m}] \tag{12-45}$$

$$[-\boldsymbol{R}(\boldsymbol{q}) \quad \mathbf{I}_{m\times m}][\dot{\boldsymbol{q}}_1 \quad \dot{\boldsymbol{q}}_2]^{\mathrm{T}}=\mathbf{0} \tag{12-46}$$

由上述可得：

$$\dot{\boldsymbol{q}}_2=\boldsymbol{R}(\boldsymbol{q})\dot{\boldsymbol{q}}_1 \tag{12-47}$$

则可将式（12-47）写成矩阵形式：

$$\begin{bmatrix}\dot{\boldsymbol{q}}_1\\ \dot{\boldsymbol{q}}_2\end{bmatrix}=\begin{bmatrix}\mathbf{I}_{m\times m}\\ \boldsymbol{R}(\boldsymbol{q})\end{bmatrix}\dot{\boldsymbol{q}}_1 \tag{12-48}$$

令 $\dot{\boldsymbol{q}}_1$ 作为系统的控制输入 $\boldsymbol{u}$，即：

$$\boldsymbol{u}=\dot{\boldsymbol{q}}_1 \tag{12-49}$$

则有：

$$\begin{bmatrix}\dot{\boldsymbol{q}}_1\\ \dot{\boldsymbol{q}}_2\end{bmatrix}=\begin{bmatrix}\mathbf{I}_{m\times m}\\ \boldsymbol{R}(\boldsymbol{q})\end{bmatrix}\boldsymbol{u} \tag{12-50}$$

令 $G(q)=\begin{bmatrix}\mathbf{I}_{m\times m}\\ R(q)\end{bmatrix}$，则有：

$$\begin{cases}\dot{q}=G(q)u\\ G(q)=\begin{bmatrix}\mathbf{I}_{m\times m}\\ R(q)\end{bmatrix}\end{cases} \tag{12-51}$$

再者，由式（12-45）和式（12-51）中的第 2 个式子可得：

$$D(q)G(q)=\begin{bmatrix}-R(q) & \mathbf{I}_{m\times m}\end{bmatrix}\cdot\begin{bmatrix}\mathbf{I}_{m\times m}\\ R(q)\end{bmatrix}=0\Rightarrow D(q)G(q)=0 \tag{12-52}$$

关于完整约束、非完整约束以及非线性控制问题的讨论：

1）$D(q)\dot{q}=0$ 为完整约束的情况下：式（12-52）成立说明，若非线性约束方程 $D(q)\dot{q}=0$ 是完整约束，则 span[$G(q)$]［即由 $G(q)$ 所张成的空间］与其是对合的（所谓对合或对合函数就是其逆函数等于自身函数即是双射），存在任意矢量 q 的李括号（Lie bracket）运动，即 $\dot{q}$ 被留在由 span[$G(q)$]所张成的接平面（与超平面相接）上。具体的几何表示如图 12-10（a）所示。

2）当 $D(q)\dot{q}=0$ 为完全非完整约束时：当 span[$G(q)$]不对合时，则跳出接平面的李括号运动。且当 $D(q)\dot{q}=0$ 为完全非完整约束时，则由 $G(q)$ 引导的可达空间分布张成全空间 $\mathbf{R}^n$，则式（12-51）为局部可控，即 q 在运动空间任意位置时被控对象均可移动，如图 12-10（b）所示。

3）当 $D(q)\dot{q}=0$ 为完全非完整约束时的欠驱动控制问题：若 $D(q)\dot{q}=0$ 为完全非完整约束，则 n 个广义坐标的 n 自由度机械系统可通过选择 n-m 个速度输入来控制，把具有这样控制机制的机械系统称为欠驱动机械（underactuated mechanism）或欠驱动机构。但是，即便是局部可控制的对称仿射系统，也是无法用时不变的连续状态反馈控制实现稳定控制的（即控制的稳定性不能得以保证），因而依赖于非连续反馈和时变反馈控制。若系统存在奇异点，则为非广域可控，可控的运动范围可能会受到限制。

4）零空间、不变流形与不可观测流形：当 $D(q)\dot{q}=0$ 为完整约束以及对其积分得到的式（12-38）$H(q)=c$ 也给定的情况下，所有的运动都被留在了 $D(q)=\partial H(q)/\partial q$ 的零空间内，该零空间即 D^{T} 是超平面 $H(q)=c$ 的梯度投影，则如图 12-10（c）所示，其积分 $H(q)=c$ 变成其自身。将这种现象称为不变流形（invariant manifold）。

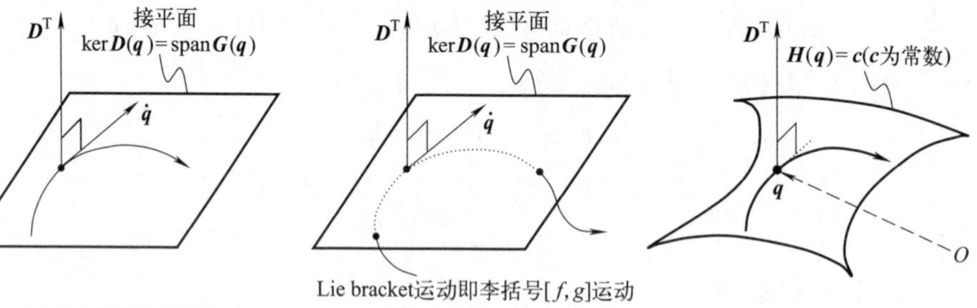

(a) 受完整约束的运动　(b) 受非完整约束的运动　(c) 不变的流形

图 12-10　不同约束（完整约束、非完整约束）及接平面与运动

考虑式（12-51）表示系统的输出方程，为：

$$y=H(q) \tag{12-53}$$

则由 $D(q)G(q)=0$ 可得式（12-54）成立，这意味着存在 t，使得 $y(t)=c$（常数）。特别地，当 $c=0$ 时输出也为 $\mathbf{0}$，此时的不变流形被称为对于输出 $y=H(q)$ 的不可观测流形（unobservable manifold）。

$$\dot{\boldsymbol{y}}=\frac{\partial \boldsymbol{H}(\boldsymbol{q})}{\partial \boldsymbol{q}}\dot{\boldsymbol{q}}=\boldsymbol{D}(\boldsymbol{q})\boldsymbol{G}(\boldsymbol{q})\boldsymbol{u}=\boldsymbol{0} \tag{12-54}$$

12.3.5 速度约束为非完整约束的车辆模型

车轮无横向滑移条件下，速度约束为非完整约束的轮式车辆为欠驱动机械系统，前述章节里讲述了用速度变量表达的车辆几何模型，也即运动学模型，但并没有考虑到车辆自身的质量、惯性参数等物理量对系统运动的影响，在匀速或低速行驶的情况下，单纯使用几何模型设计控制系统尚可能满足控制目标要求，但是，当速度较快甚至高速或外界扰动的情况下可能难以达到控制目标。下面分别就两轮、三轮、四轮车辆这类欠驱动机械系统的几何模型、动态模型的建模问题加以讲解。

（1）两轮车辆的建模

如图 12-11（a）所示的两轮车辆，其前后轮为只起支撑作用的被动小脚轮（caster），尽管在实际控制时没有这些两脚轮不一定能正常行驶，但是它的存在与否对于车辆的欠驱动建模没有影响，只是为了从直观感觉上体现脚轮存在的必要性，仍在图中将其画了出来。另外，尽管车体上共有四个轮，但主驱动轮（非独立驱动或独立驱动）只有两个，因此，将其称为两轮车辆而非四轮车辆，下同。两轮车辆的参数如图 12-11（b）所示，车体中心点在参考坐标系 oxy 中的位置坐标为（x，y），车体纵向中轴线与 x 轴夹角 θ 为车辆的姿态角，车体中心点在参考坐标系 oxy 中的速度为（$\dot{\boldsymbol{x}}$，$\dot{\boldsymbol{y}}$），车轮半径、两车轮车轴中点与车轮中点之间的轴向距离分别为 r、R，则两车轮轴向间距为 $2R$。按照车轮无横向滑移条件有作为非完整约束的速度约束方程为式（12-55），即：

$$\dot{\boldsymbol{x}}\sin\theta-\dot{\boldsymbol{y}}\cos\theta=\boldsymbol{0} \tag{12-55}$$

车体行进的速度方程为式（12-56），即：

$$\dot{\boldsymbol{x}}\cos\theta+\dot{\boldsymbol{y}}\sin\theta=\boldsymbol{v} \tag{12-56}$$

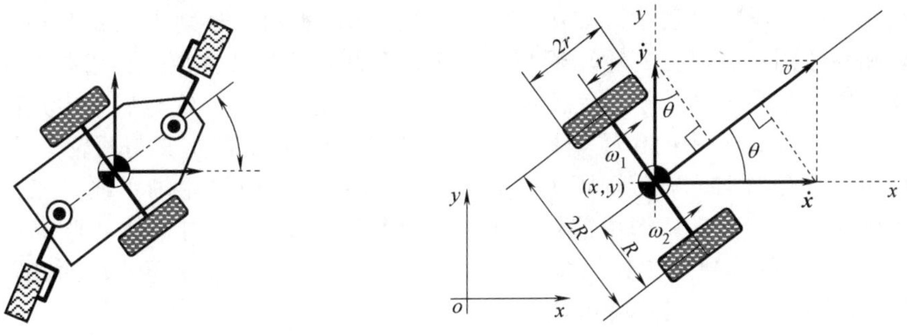

(a) 两轮车模型　　　　(b) 参数及速度约束

图 12-11　两轮车辆模型与速度约束（图中前后轮皆为脚轮，中间两轮为驱动轮）

现在，将产生速度 $\boldsymbol{v}$ 的力作为推进力，设 $\boldsymbol{v}=\boldsymbol{u}_1$ 来控制车辆速度，设操纵舵操纵转向角速度 $\dot{\boldsymbol{\theta}}=\boldsymbol{u}_2$ 能控制车体在平面内的姿势（即方向角），并将式（12-55）、式（12-46）的等号两边分别乘以 $\cos\theta$ 或 $\sin\theta$，然后等式联立后相加或相减，可分别得到式（12-57）中的两个方程：

$$\begin{cases}\dot{\boldsymbol{x}}=\boldsymbol{u}_1\cos\theta\\ \dot{\boldsymbol{y}}=\boldsymbol{u}_1\sin\theta\end{cases} \tag{12-57}$$

则可以列写出作为对称仿射系统的车辆模型为式（12-58）：

$$\begin{bmatrix}\dot{x}\\\dot{y}\\\dot{\theta}\end{bmatrix}=\begin{bmatrix}\cos\theta & 0\\\sin\theta & 0\\0 & 1\end{bmatrix}\begin{bmatrix}\boldsymbol{u}_1\\\boldsymbol{u}_2\end{bmatrix} \tag{12-58}$$

式（12-58）中，设 $\boldsymbol{D}(\boldsymbol{q})=(\sin\theta,\ -\cos\theta,\ 0)$，则满足 $\boldsymbol{D}(\boldsymbol{q})\boldsymbol{G}(\boldsymbol{q})=\boldsymbol{0}$。

若令该系统为 $\dot{\boldsymbol{q}}=g_1(\boldsymbol{q})\boldsymbol{u}_1+g_2(\boldsymbol{q})\boldsymbol{u}_2$，则以下李括号式（12-59）对于所有的 $\boldsymbol{q}(\boldsymbol{q}\in\mathbf{R}^3)$ g_1 和 g_2 都是线性独立的，是完全非完整约束系统，而且是广域可控制的。

$$[g_1,g_2]=-\begin{bmatrix}0 & 0 & -\sin\theta\\0 & 0 & \cos\theta\\0 & 0 & 0\end{bmatrix}\begin{bmatrix}0\\0\\1\end{bmatrix}=\begin{bmatrix}-\sin\theta\\\cos\theta\\0\end{bmatrix} \tag{12-59}$$

此处虽然没有明确两轮车的姿势是由非独立两轮驱动的操纵型车辆的操纵舵机构操控（即非独立驱动两车轮靠差速器差速转向），还是由两轮独立驱动各自转速的差来控制转向。但无论是哪种驱动类型，两轮车辆只要在车轮之间形成转速差即可转向。

两独立驱动车轮的情况下，两车轮回转角速度 $\boldsymbol{\omega}_1$、$\boldsymbol{\omega}_2$ 都能独立控制，则有式（12-60）成立：

$$\begin{cases}(\boldsymbol{\omega}_1+\boldsymbol{\omega}_2)r/2=\boldsymbol{v}\\(\boldsymbol{\omega}_1-\boldsymbol{\omega}_2)r/(2R)=\dot{\boldsymbol{\theta}}\end{cases} \tag{12-60}$$

则进一步可得式（12-61）：

$$\begin{bmatrix}\boldsymbol{u}_1\\\boldsymbol{u}_2\end{bmatrix}=\begin{bmatrix}r/2 & r/2\\r/(2R) & -r/(2R)\end{bmatrix}\begin{bmatrix}\boldsymbol{\omega}_1\\\boldsymbol{\omega}_2\end{bmatrix}\Rightarrow\begin{bmatrix}\boldsymbol{u}_1\\\boldsymbol{u}_2\end{bmatrix}=\frac{r}{2}\begin{bmatrix}1 & 1\\1/R & -1/R\end{bmatrix}\begin{bmatrix}\boldsymbol{\omega}_1\\\boldsymbol{\omega}_2\end{bmatrix} \tag{12-61}$$

由式（12-61）的变换，即可由两车轮回转的角速度 $\boldsymbol{\omega}_1$、$\boldsymbol{\omega}_2$ 得到 $\boldsymbol{u}_1$、$\boldsymbol{u}_2$，进行车速和转向控制。

（2）三轮车辆、四轮车辆的建模

三轮车辆、四轮车辆的情况下，尽管增加了车轮约束，但仍然用与两轮车辆同样的方法来得到车辆系统的数学模型表示。如图 12-12（a）、（b）所示，分别为三轮车辆、四轮车辆的几何模型和参数图示，可见三轮车辆与四轮车辆两几何模型的主要几何参数基本相同，因而两者的非完整约束系统的数学也完全相同。图中，车轮半径 r、轮与后轴中点间距 R、车体基点在参考坐标系 oxy 中的位置坐标（x，y）以及姿态角 θ 的定义与两轮车的完全相同，不再加以说明；只是增加了前后轴距 L、在 oxy 坐标系平面内前轮轴垂线与车体中轴线的夹角 φ 两个独立的几何参数；图中前轮轴中心点坐标（x_1，y_1）与车体基点位置坐标（x，y）、L、θ 是相关联的非独立参数（即可由参数 x、y、L、θ 通过推导简单的几何方程解算出来），几何关系如式（12-62）所示：

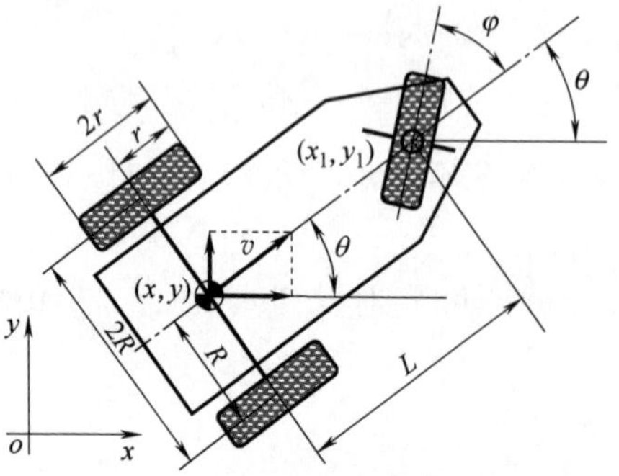

(a) 三轮车辆模型

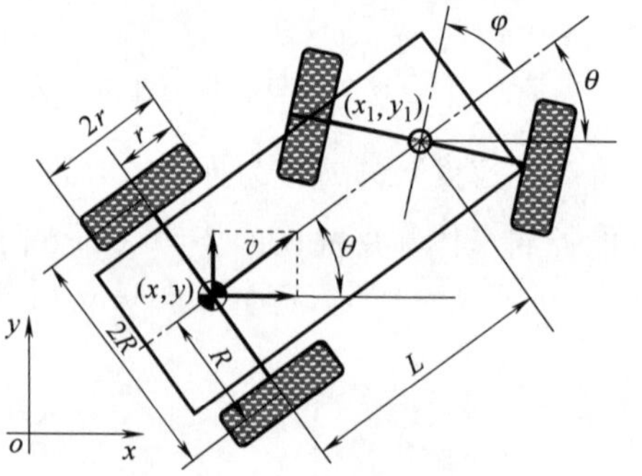

(b) 四轮车辆模型

图 12-12　三轮车辆、四轮车辆模型与参数

$$\begin{cases}\boldsymbol{x}_1=\boldsymbol{x}+L\cos\theta\\ \boldsymbol{y}_1=\boldsymbol{y}+L\sin\theta\end{cases}\tag{12-62}$$

按照车轮无横向滑移这一条件可以列出前、后轮作为非完整约束的速度约束方程：

$$\begin{cases}\dot{\boldsymbol{x}}\sin\theta-\dot{\boldsymbol{y}}\cos\theta=0\\ \dot{\boldsymbol{x}}_1\sin(\theta+\varphi)-\dot{\boldsymbol{y}}_1\cos(\theta+\varphi)=0\end{cases}\tag{12-63}$$

车体行进速度方程为式（12-64）：

$$\dot{\boldsymbol{x}}\cos\theta+\dot{\boldsymbol{y}}\sin\theta=\boldsymbol{v}\tag{12-64}$$

将式（12-62）的 $\boldsymbol{x}_1$、$\boldsymbol{y}_1$ 代入式（12-63）中前轮速度约束式（即第 2 个方程），整理得式（12-65）：

$$\begin{aligned}&(\dot{\boldsymbol{x}}-L\dot{\theta}\sin\theta)\sin(\theta+\varphi)-(\dot{\boldsymbol{y}}+L\dot{\theta}\cos\theta)\cos(\theta+\varphi)=\\ &\qquad\dot{\boldsymbol{x}}\sin(\theta+\varphi)-\dot{\boldsymbol{y}}\cos(\theta+\varphi)-L\dot{\theta}\cos\varphi=0\end{aligned}\tag{12-65}$$

上式中，第 3 项 $L\dot{\theta}\cos\varphi$ 是车体回转角速度对前轮车轴方向的影响项，进一步整理式（12-65）可得式（12-66）：

$$(\dot{\boldsymbol{x}}\sin\theta-\dot{\boldsymbol{y}}\cos\theta)\cos\varphi+(\dot{\boldsymbol{x}}\cos\theta+\dot{\boldsymbol{y}}\sin\theta)\sin\varphi-L\dot{\theta}\cos\varphi=\boldsymbol{v}\sin\varphi-L\dot{\theta}\cos\varphi=0\tag{12-66}$$

由式（12-66）：$\boldsymbol{v}\sin\varphi-L\dot{\theta}\cos\varphi=0\Rightarrow\dot{\theta}=(v/L)\tan\varphi$，则对车体角速度的约束方程为式（12-67）：

$$\dot{\boldsymbol{\theta}}=(\boldsymbol{v}/L)\tan\varphi\tag{12-67}$$

与前述的两轮车辆一样，将产生速度 $\boldsymbol{v}$ 的力作为推进力，设 $\boldsymbol{v}=\boldsymbol{u}_1$ 来控制车辆速度，设前轮转向角速度 $\dot{\varphi}=\boldsymbol{u}_2$ 能控制车体姿势。则可得车辆的四维模型数学方程式（12-68）。

$$\begin{bmatrix}\dot{\boldsymbol{x}}\\ \dot{\boldsymbol{y}}\\ \dot{\boldsymbol{\theta}}\\ \dot{\varphi}\end{bmatrix}=\begin{bmatrix}\cos\theta & \\ \sin\theta & \\ (\tan\varphi)/L & \\ 0 & \end{bmatrix}\cdot\begin{bmatrix}\boldsymbol{u}_1\\ \boldsymbol{u}_2\end{bmatrix}\tag{12-68}$$

图 12-12（a）、（b）两图所示的三轮车辆、四轮车辆的数学模型完全相同，同为式（12-68）。

（3）由动力学模型回到运动学模型（也即由动态模型回到几何模型）

设前端固定或自由的 n 连杆系统的广义坐标为 $\boldsymbol{q}(\boldsymbol{q}\in\mathbf{R}^n)$，其物理参数、运动参数为：质量和转动惯量参数构成的惯性矩阵 $\boldsymbol{M}_{\mathrm{MJ}}(\boldsymbol{q})$，由角速度、牵连运动形成的离心力与科氏力项为 $\boldsymbol{C}(\boldsymbol{q},\dot{\boldsymbol{q}})$，重力、重力矩项 $\boldsymbol{G}_{\mathrm{g}}(\boldsymbol{q})$，$\boldsymbol{T}_{\mathrm{q}}$ 为系统输入的广义力，$\boldsymbol{A}(\boldsymbol{q})$ 为系统输入广义力的变换矩阵，则其运动方程可表示为：

$$\boldsymbol{M}_{\mathrm{MJ}}(\boldsymbol{q})\ddot{\boldsymbol{q}}+\boldsymbol{C}(\boldsymbol{q},\dot{\boldsymbol{q}})+\boldsymbol{G}_{\mathrm{g}}(\boldsymbol{q})=\boldsymbol{A}(\boldsymbol{q})\cdot\boldsymbol{T}_{\mathrm{q}}\tag{12-69}$$

在该前端固定或自由的 n 连杆系统中施加 m 维速度约束，则将 n 维广义坐标分成了 m 维速度约束下的 $\boldsymbol{q}_2(\boldsymbol{q}_2\in\mathbf{R}^m)$ 和 n-m 维非速度约束下的 $\boldsymbol{q}_1(\boldsymbol{q}_1\in\mathbf{R}^{n-m})$ 两部分，经广义坐标替代和变换后，该速度约束方程为式（12-70）：

$$\dot{\boldsymbol{q}}_2=\boldsymbol{R}(\boldsymbol{q})\dot{\boldsymbol{q}}_1\Rightarrow\begin{bmatrix}-\boldsymbol{R}(\boldsymbol{q}) & \mathbf{I}_{m\times m}\end{bmatrix}\cdot\dot{\boldsymbol{q}}=0\tag{12-70}$$

即

$$-\boldsymbol{R}(\boldsymbol{q})\dot{\boldsymbol{q}}_1+\dot{\boldsymbol{q}}_2=\boldsymbol{0}\tag{12-71}$$

则系统运动方程式（12-69）在前述引入的这 m 维速度约束不工作（即不起作用，相当于无速度约束）的情况下，可以蜕变成式（12-72）所描述的 m 维非完整约束下的分解形式：

$$\boldsymbol{M}_{\mathrm{MJ}}(\boldsymbol{q})\ddot{\boldsymbol{q}}+\boldsymbol{C}(\boldsymbol{q},\dot{\boldsymbol{q}})+\boldsymbol{G}_{\mathrm{g}}(\boldsymbol{q})=\boldsymbol{A}(\boldsymbol{q})\cdot\boldsymbol{T}_{\mathrm{q}}+\begin{bmatrix}-\boldsymbol{R}^{\mathrm{T}}(\boldsymbol{q})\\ \mathbf{I}_{m\times m}\end{bmatrix}\cdot\boldsymbol{\lambda}\tag{12-72}$$

式中，$\boldsymbol{\lambda}$ 为拉格朗日待定系数或称为拉格朗日乘子（Lagrange’s multiplier），其物理意义是为了确保 m 维速度约束存在所必须产生的那部分广义力；$\boldsymbol{\lambda}$ 前面的矩阵为普法夫式的式(12-70)的系数矩阵，正因为前述假设所施加的 m 维速度约束不工作（也即不起作用），所以才需要这种表示形式。这样处理也是为了与作为完整约束的位置约束有相同的形式。至此，有两个问题需要解决：其一是拉格朗日乘子 $\boldsymbol{\lambda}$ 的计算方法问题；二是用施加、去除速度约束进行运动方程的降维分解问题。况且当速度约束为非完整约束的情况下，这两个问题不是相互独立的。先来处理第二个问题。

由式（12-70）$\dot{\boldsymbol{q}}_2=\boldsymbol{R}(\boldsymbol{q})\dot{\boldsymbol{q}}_1$ 继续求对时间 t 的导数，得加速度间的变换方程式（12-73）：

$$\ddot{\boldsymbol{q}}_2=\dot{\boldsymbol{R}}(\boldsymbol{q})\dot{\boldsymbol{q}}_1+\boldsymbol{R}(\boldsymbol{q})\ddot{\boldsymbol{q}}_1 \tag{12-73}$$

将（12-70）和（12-73）两式分别写成矩阵形式，有（12-74）、（12-75）两式：

$$\dot{\boldsymbol{q}}=\begin{bmatrix}\mathbf{I}_{(n-m)\times(n-m)}\\ \boldsymbol{R}(\boldsymbol{q})\end{bmatrix}\cdot\dot{\boldsymbol{q}}_1 \tag{12-74}$$

$$\ddot{\boldsymbol{q}}=\begin{bmatrix}\mathbf{I}_{(n-m)\times(n-m)}\\ \boldsymbol{R}(\boldsymbol{q})\end{bmatrix}\cdot\ddot{\boldsymbol{q}}_1+\begin{bmatrix}\boldsymbol{0}\\ \dot{\boldsymbol{R}}(\boldsymbol{q})\end{bmatrix}\cdot\dot{\boldsymbol{q}}_1 \tag{12-75}$$

将式（12-74）和式（12-75）与系统运动方程式（12-72）联立，并将式（12-72）等号两边同时左乘 $\left[\mathbf{I}_{(n-m)\times(n-m)}\quad \boldsymbol{R}^{\mathrm{T}}(q)\right]$ 消去 $\boldsymbol{\lambda}$，整理得式（12-76）：

$$\begin{aligned}&[\mathbf{I}_{(n-m)\times(n-m)}\quad \boldsymbol{R}^{\mathrm{T}}(\boldsymbol{q})]\cdot\boldsymbol{M}_{\mathrm{MJ}}(\boldsymbol{q})\cdot\left\{\begin{bmatrix}\mathbf{I}_{(n-m)\times(n-m)}\\ \boldsymbol{R}(\boldsymbol{q})\end{bmatrix}\cdot\ddot{\boldsymbol{q}}_1+\begin{bmatrix}\boldsymbol{0}\\ \dot{\boldsymbol{R}}(\boldsymbol{q})\end{bmatrix}\cdot\dot{\boldsymbol{q}}_1\right\}\\&+[\mathbf{I}_{(n-m)\times(n-m)}\quad \boldsymbol{R}^{\mathrm{T}}(\boldsymbol{q})]\cdot\boldsymbol{C}(\boldsymbol{q},\dot{\boldsymbol{q}})+[\mathbf{I}_{(n-m)\times(n-m)}\quad \boldsymbol{R}^{\mathrm{T}}(\boldsymbol{q})]\cdot\boldsymbol{G}_{\mathrm{g}}(\boldsymbol{q})\\&=[\mathbf{I}_{(n-m)\times(n-m)}\quad \boldsymbol{R}^{\mathrm{T}}(\boldsymbol{q})]\cdot\boldsymbol{A}(\boldsymbol{q})\boldsymbol{T}_{\mathrm{q}}\end{aligned} \tag{12-76}$$

$$\text{令：}\begin{cases}\widetilde{\boldsymbol{M}}_{\mathrm{MJ}}(\boldsymbol{q})=[\mathbf{I}_{(n-m)\times(n-m)}\quad \boldsymbol{R}^{\mathrm{T}}(\boldsymbol{q})]\cdot\boldsymbol{M}_{\mathrm{MJ}}(\boldsymbol{q})\cdot\begin{bmatrix}\mathbf{I}_{(n-m)\times(n-m)}\\ \boldsymbol{R}(\boldsymbol{q})\end{bmatrix};\\ \widetilde{\boldsymbol{C}}(\boldsymbol{q},\dot{\boldsymbol{q}})=[\mathbf{I}_{(n-m)\times(n-m)}\quad \boldsymbol{R}^{\mathrm{T}}(\boldsymbol{q})]\cdot\left\{\boldsymbol{M}_{\mathrm{MJ}}(\boldsymbol{q})\cdot\begin{bmatrix}\boldsymbol{0}\\ \dot{\boldsymbol{R}}(\boldsymbol{q})\end{bmatrix}\cdot\dot{\boldsymbol{q}}_1+\boldsymbol{C}(\boldsymbol{q},\dot{\boldsymbol{q}})\right\};\\ \widetilde{\boldsymbol{G}}_{\mathrm{g}}(\boldsymbol{q})=[\mathbf{I}_{(n-m)\times(n-m)}\quad \boldsymbol{R}^{\mathrm{T}}(\boldsymbol{q})]\cdot\boldsymbol{G}_{\mathrm{g}}(\boldsymbol{q});\\ \widetilde{\boldsymbol{A}}(\boldsymbol{q})=[\mathbf{I}_{(n-m)\times(n-m)}\quad \boldsymbol{R}^{\mathrm{T}}(\boldsymbol{q})]\cdot\boldsymbol{A}(\boldsymbol{q}).\end{cases} \tag{12-77}$$

则有式（12-78）：

$$\widetilde{\boldsymbol{M}}_{\mathrm{MJ}}(\boldsymbol{q})\ddot{\boldsymbol{q}}_1+\widetilde{\boldsymbol{C}}(\boldsymbol{q},\dot{\boldsymbol{q}})+\widetilde{\boldsymbol{G}}_{\mathrm{g}}(\boldsymbol{q})=\widetilde{\boldsymbol{A}}(\boldsymbol{q})\cdot\boldsymbol{T}_{\mathrm{q}} \tag{12-78}$$

式（12-78）即为关于 $\boldsymbol{q}_1(\boldsymbol{q}_1\in\boldsymbol{R}^{n-m})$ 的降维之后的系统运动方程式，但是式（12-77）的各项式中还含有广义坐标 $\boldsymbol{q}_2$、广义速度 $\dot{\boldsymbol{q}}_2$，所以也需要控制 $\boldsymbol{q}_2$，必须联立 m 维的速度约束方程（12-70）（即 $\dot{\boldsymbol{q}}_2=\boldsymbol{R}(\boldsymbol{q})\ \dot{\boldsymbol{q}}_1$）才能解决问题。如果 $\dot{\boldsymbol{q}}_2=\boldsymbol{R}(\boldsymbol{q})\dot{\boldsymbol{q}}_1$ 可积，则 $\boldsymbol{q}_2$ 可用 $\boldsymbol{q}_1$ 的代数函数式表示，即 $\boldsymbol{q}_2$ 是 $\boldsymbol{q}_1$ 的函数并存在解析解，再若只凭借 $\boldsymbol{q}_1$ 的运动就可以实现控制的话，系统就可以降维了。

对于经过变换之后的运动方程（12-78），如果 $|\widetilde{\boldsymbol{A}}(\boldsymbol{q})|\neq0$，则式（12-78）的等号两侧同时左乘 $\widetilde{\boldsymbol{A}}^{-1}(\boldsymbol{q})$，有式（12-79）成立：

$$\widetilde{\boldsymbol{A}}^{-1}(\boldsymbol{q})\{\widetilde{\boldsymbol{M}}_{\mathrm{MJ}}(\boldsymbol{q})\ddot{\boldsymbol{q}}_1+\widetilde{\boldsymbol{C}}(\boldsymbol{q},\dot{\boldsymbol{q}})+\widetilde{\boldsymbol{G}}_{\mathrm{g}}(\boldsymbol{q})\}=\boldsymbol{T}_{\mathrm{q}} \tag{12-79}$$

上述方程同为 n 自由度机械系统的运动方程，把其等号两侧左右颠倒，有：

$$\boldsymbol{T}_{\mathrm{q}}=\widetilde{\boldsymbol{A}}^{-1}(\boldsymbol{q})\{\widetilde{\boldsymbol{M}}_{\mathrm{MJ}}(\boldsymbol{q})\ddot{\boldsymbol{q}}_{1}+\widetilde{\boldsymbol{C}}(\boldsymbol{q},\dot{\boldsymbol{q}})+\widetilde{\boldsymbol{G}}_{\mathrm{g}}(\boldsymbol{q})\} \tag{12-80}$$

虽然等号左右颠倒后等式关系不变，但物理意义不一样（等号左右颠倒后的方程意味着用于控制），方程（12-80）在 $|\widetilde{\boldsymbol{A}}(\boldsymbol{q})|\neq 0$ 的情况下，常用来计算广义驱动力 $\boldsymbol{T}_{\mathrm{q}}$ 并作为前馈控制、前馈＋反馈控制系统中的逆动力学计算，但需要说明的是，如同本书第 3 章、第 4 章中所述，方程（12-80）一般不会直接按照纯理论上的物理参数的式（12-80）方程直接用于实际的控制系统，需要对被控对象系统进行参数识别，参数识别之后得到的形如式（12-81）的方程才被用于实际的控制系统进行逆动力学计算。

$$\boldsymbol{T}_{\mathrm{q}}=\hat{\boldsymbol{A}}^{-1}(\boldsymbol{q})\{\hat{\boldsymbol{M}}_{\mathrm{MJ}}(\boldsymbol{q})\ddot{\boldsymbol{q}}_{1}+\hat{\boldsymbol{C}}(\boldsymbol{q},\dot{\boldsymbol{q}})+\hat{\boldsymbol{G}}_{\mathrm{g}}(\boldsymbol{q})\} \tag{12-81}$$

式中，$\hat{\boldsymbol{A}}^{-1}(\boldsymbol{q})$、$\hat{\boldsymbol{M}}_{\mathrm{MJ}}(\boldsymbol{q})$、$\hat{\boldsymbol{C}}(\boldsymbol{q},\dot{\boldsymbol{q}})$、$\hat{\boldsymbol{G}}_{\mathrm{g}}(\boldsymbol{q})$ 等头顶尖号“ˆ”的各参数项均为经过参数识别实验得到实验数据和用参数识别算法处理实验数据之后的参数项，或者采用诸如精确测量、“虚拟样机实验”运动仿真等其他方法得到参数项。这是实际应用问题，现在还是回到式（12-80）继续讨论非线性控制理论上的问题。方程（12-80）在 $|\widetilde{\boldsymbol{A}}(\boldsymbol{q})|\neq 0$ 的情况下，对式（12-80）中 $\boldsymbol{T}_{\mathrm{q}}$ 做如下反馈控制：

$$\boldsymbol{T}_{\mathrm{q}}=\widetilde{\boldsymbol{A}}^{-1}(\boldsymbol{q})\{\widetilde{\boldsymbol{M}}_{\mathrm{MJ}}(\boldsymbol{q})\boldsymbol{v}+\widetilde{\boldsymbol{C}}(\boldsymbol{q},\dot{\boldsymbol{q}})+\widetilde{\boldsymbol{G}}_{\mathrm{g}}(\boldsymbol{q})\} \tag{12-82}$$

显然，任何机械系统都是有质量、惯性参数的，即机械系统的质量、惯性参数不可能为 0，因此，惯性系数矩阵的行列式 $|\widetilde{\boldsymbol{M}}_{\mathrm{MJ}}(\boldsymbol{q})|\neq 0$ 总是成立的，则由（12-80）和（12-82）两式有式（12-83）成立：

$$\ddot{\boldsymbol{q}}_{1}=\boldsymbol{v} \tag{12-83}$$

再施加以 $\boldsymbol{u}(t)$ 为目标速度的，由如式（12-84）给出的速度反馈控制，

$$\boldsymbol{v}=\boldsymbol{k}\cdot[\boldsymbol{u}(t)-\dot{\boldsymbol{q}}_{1}] \tag{12-84}$$

若 $\boldsymbol{k}$ 选值充分大，则足以使式（12-85）近似成立（所以，$\boldsymbol{v}=\boldsymbol{k}\cdot[\boldsymbol{u}(t)-\dot{\boldsymbol{q}}_{1}]\Rightarrow\boldsymbol{u}(t)-\dot{\boldsymbol{q}}_{1}=\boldsymbol{k}^{-1}\cdot\boldsymbol{v}$，显然 $\ddot{\boldsymbol{q}}_{1}=\boldsymbol{v}$ 是有界的，任何机械系统的广义加速度受驱动系统驱动能力的限制都是有界的，而 $\boldsymbol{k}\rightarrow\infty$，则 $\boldsymbol{k}^{-1}\rightarrow 0\Rightarrow\boldsymbol{u}(t)-\dot{\boldsymbol{q}}_{1}\rightarrow 0\Rightarrow\boldsymbol{u}(t)\approx\dot{\boldsymbol{q}}_{1}$）：

$$\dot{\boldsymbol{q}}_{1}\approx\boldsymbol{u}(t) \tag{12-85}$$

则由式（12-85）、式（12-70）和式（12-78）有：

$$\begin{bmatrix}\dot{\boldsymbol{q}}_{1}\\ \dot{\boldsymbol{q}}_{2}\end{bmatrix}=\begin{bmatrix}\mathbf{I}_{(n-m)\times(n-m)}\\ \boldsymbol{R}(\boldsymbol{q})\end{bmatrix}\cdot\boldsymbol{u}(t)=\boldsymbol{G}(\boldsymbol{q})\boldsymbol{u}(t) \tag{12-86}$$

【本小节总结】综上所述，（12-70）、（12-78）两式表示的是系统运动方程，即 n 自由度机械系统的动态模型或称为系统动力学模型（Dynamic model）：

$$\begin{cases}\dot{\boldsymbol{q}}_{2}=\boldsymbol{R}(\boldsymbol{q})\dot{\boldsymbol{q}}_{1}\\ \widetilde{\boldsymbol{M}}_{\mathrm{MJ}}(\boldsymbol{q})\ddot{\boldsymbol{q}}_{1}+\widetilde{\boldsymbol{C}}(\boldsymbol{q},\dot{\boldsymbol{q}})+\widetilde{\boldsymbol{G}}_{\mathrm{g}}(\boldsymbol{q})=\widetilde{\boldsymbol{A}}(\boldsymbol{q})\cdot\boldsymbol{T}_{\mathrm{q}}\end{cases}$$

而将式（12-86）称为 n 自由度机械系统的运动学模型（Kinematics model）或称之为其几何模型：

$$\begin{bmatrix}\dot{\boldsymbol{q}}_{1}\\ \dot{\boldsymbol{q}}_{2}\end{bmatrix}=\begin{bmatrix}\mathbf{I}_{(n-m)\times(n-m)}\\ \boldsymbol{R}(\boldsymbol{q})\end{bmatrix}\cdot\boldsymbol{u}(t)=\boldsymbol{G}(\boldsymbol{q})\boldsymbol{u}(t)$$

实际的机器人控制中，常需使用（12-82）、（12-84）两式的速度控制来构建控制系统：

$$\boldsymbol{T}_{\mathrm{q}}=\widetilde{\boldsymbol{A}}^{-1}(\boldsymbol{q})\{\widetilde{\boldsymbol{M}}_{\mathrm{MJ}}(\boldsymbol{q})\boldsymbol{v}+\widetilde{\boldsymbol{C}}(\boldsymbol{q},\dot{\boldsymbol{q}})+\widetilde{\boldsymbol{G}}_{\mathrm{g}}(\boldsymbol{q})\}$$

$$\boldsymbol{v}=\boldsymbol{k}\cdot[\boldsymbol{u}(t)-\dot{\boldsymbol{q}}_1]$$

（4）两轮车辆的动力学模型

前述的车辆几何模型是在假设速度能直接控制的前提下所建的，当车辆行进速度、转向角速度皆为低速或者车辆质量轻、回转惯性小的情况下，仅用速度直接控制可能有效（但不一定保证有效），但是在速度快、惯性大的情况下，由速度直接控制所用的操作量不足以平衡车辆加速度水平的惯性力、力矩，或者外界扰动较大、亦或者虽然平衡力足够但延迟大使得系统响应时间不够快等情况下，都难以达到控制目标要求。而机械上的力、加速度水平上的惯性力等皆需要被控制的，因此，必须解决将速度约束加到动态模型中的问题。下面仅以如图 12-13 所示的简单的两轮车辆为例讲述车辆的动态模型（动力学模型）。车辆物理参数：总质量 M、绕质心的转动惯量 $\boldsymbol{J}$、前进牵引力（推进力）$\boldsymbol{F}$、车体转向舵驱动力矩 τ_θ、转向角速度 $\dot{\theta}$、角加速度 $\ddot{\theta}$，其余几何参数同前述两轮车辆几何建模部分的定义。则该两轮车辆系统的运动方程为式（12-87）：

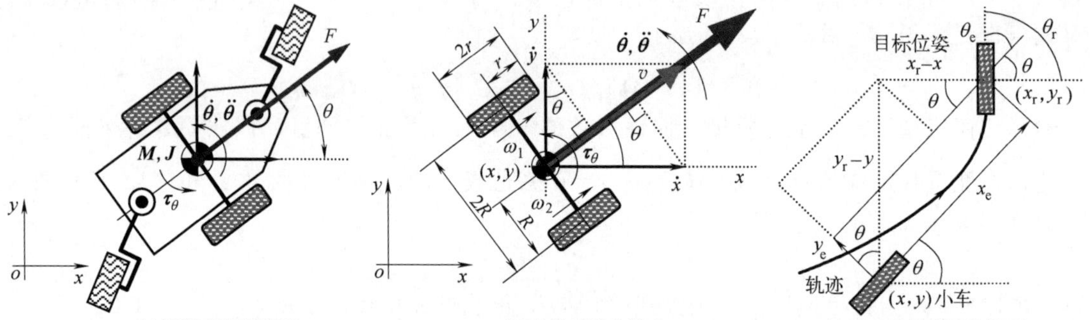

图 12-13　两轮车辆物理模型与动力学参数、速度约束（图中前后轮皆为脚轮，中间两轮为驱动轮）**及轨迹追踪模型**

$$\begin{cases}M\cdot\ddot{x}=\boldsymbol{F}\cos\theta\\M\cdot\ddot{y}=\boldsymbol{F}\sin\theta\\\boldsymbol{J}\ddot{\theta}=\boldsymbol{\tau}_\theta\end{cases}\tag{12-87}$$

$\boldsymbol{F}$、$\boldsymbol{\tau}_\theta$ 可以看作如图 12-13（b）所示那样，是由两个驱动车轮回转力间接产生的，而且车轮的质量一般较车体的质量小得多，为整理方便起见（将定义广义坐标的顺序设为 $\boldsymbol{x}$、$\boldsymbol{\theta}$、$\boldsymbol{y}$，而不是像前面那样的 $\boldsymbol{x}$、$\boldsymbol{y}$、$\boldsymbol{\theta}$），设广义坐标为（$\boldsymbol{x}$，$\boldsymbol{\theta}$，$\boldsymbol{y}$），则车辆系统的运动方程可以将式（12-87）列写为矩阵与矢量的形式，即得式（12-88）：

$$\begin{bmatrix}M&0&0\\0&\boldsymbol{J}&0\\0&0&M\end{bmatrix}\cdot\begin{bmatrix}\ddot{x}\\\ddot{\theta}\\\ddot{y}\end{bmatrix}=\begin{bmatrix}\cos\theta&0\\0&1\\\sin\theta&0\end{bmatrix}\cdot\begin{bmatrix}\boldsymbol{F}\\\boldsymbol{\tau}_\theta\end{bmatrix}\tag{12-88}$$

令：

$$\boldsymbol{q}=\begin{bmatrix}\boldsymbol{x}\\\theta\\\boldsymbol{y}\end{bmatrix};\boldsymbol{M}_{\mathrm{MJ}}(\boldsymbol{q})=\begin{bmatrix}M&0&0\\0&\boldsymbol{J}&0\\0&0&M\end{bmatrix};\boldsymbol{A}(\boldsymbol{q})=\begin{bmatrix}\cos\theta&0\\0&1\\\sin\theta&0\end{bmatrix};\boldsymbol{T}=\begin{bmatrix}\boldsymbol{F}\\\boldsymbol{\tau}_\theta\end{bmatrix}\tag{12-89}$$

则有：

$$\boldsymbol{M}_{\mathrm{MJ}}\cdot\ddot{\boldsymbol{q}}=\boldsymbol{A}(\boldsymbol{q})\cdot\boldsymbol{T}\tag{12-90}$$

另外，由速度约束方程（12-55）可推出：

$$-\dot{\boldsymbol{x}}\tan\theta+\dot{\boldsymbol{y}}=\boldsymbol{0} \tag{12-91}$$

令 $\boldsymbol{R}(\boldsymbol{q})=[\tan\theta\quad 0]$;$\boldsymbol{q}_1=[\boldsymbol{x}\quad \theta]^{\mathrm{T}}$；$\boldsymbol{q}_2=\boldsymbol{y}$，则有：

$$[-\boldsymbol{R}(\boldsymbol{q})\quad 1]\cdot\dot{\boldsymbol{q}}=\boldsymbol{0} \tag{12-92}$$

则按式（12-77）有：

$$\widetilde{\boldsymbol{M}}_{\mathrm{MJ}}(\boldsymbol{q})=\begin{bmatrix}1 & 0 & \tan\theta\\ 0 & 1 & 0\end{bmatrix}\cdot\boldsymbol{M}_{\mathrm{MJ}}(\boldsymbol{q})\cdot\begin{bmatrix}1 & 0\\ 0 & 1\\ \tan\theta & 0\end{bmatrix}=\begin{bmatrix}M(1+\tan^2\theta) & 0\\ 0 & J\end{bmatrix}$$

$$\widetilde{\boldsymbol{C}}(\boldsymbol{q},\dot{\boldsymbol{q}})=\begin{bmatrix}1 & 0 & \tan\theta\\ 0 & 1 & 0\end{bmatrix}\cdot\boldsymbol{M}_{\mathrm{MJ}}(\boldsymbol{q})\cdot\begin{bmatrix}0 & 0\\ 0 & 0\\ \dot{\theta}\sec\theta & 0\end{bmatrix}\cdot\begin{bmatrix}\dot{\boldsymbol{x}}\\ \dot{\theta}\end{bmatrix}=\begin{bmatrix}M\dot{\boldsymbol{x}}\dot{\theta}\sec\theta\tan\theta & 0\\ 0 & 0\end{bmatrix}$$

$$\widetilde{\boldsymbol{A}}(\boldsymbol{q})=\begin{bmatrix}1 & 0 & \tan\theta\\ 0 & 1 & 0\end{bmatrix}\cdot\boldsymbol{A}(\boldsymbol{q})=\begin{bmatrix}(1+\tan^2\theta)\cos\theta & 0\\ 0 & 1\end{bmatrix}$$

则两轮车辆的动态模型可以分解成如下两式：

$$\dot{\boldsymbol{y}}=\dot{\boldsymbol{x}}\cos\theta \tag{12-93}$$

$$\begin{cases}M\cdot\ddot{\boldsymbol{x}}+[M\tan\theta\sec\theta/(1+\tan^2\theta)]\cdot\dot{\theta}\cdot\dot{\boldsymbol{x}}=\boldsymbol{F}\cos\theta\\ \boldsymbol{J}\ddot{\theta}=\boldsymbol{T}_{\mathrm{q}}\end{cases} \tag{12-94}$$

则对式（12-94）可施加如下反馈：

$$\begin{cases}\boldsymbol{F}=[M\tan\theta\sec^2\theta/(1+\tan^2\theta)]\cdot\dot{\theta}\cdot\dot{\boldsymbol{x}}-M\cdot\boldsymbol{k}_1(\dot{\boldsymbol{x}}-\boldsymbol{u}_1)/\cos\theta\\ \boldsymbol{T}_{\mathrm{q}}=-\boldsymbol{J}\cdot\boldsymbol{k}_2(\dot{\theta}-\boldsymbol{u}_2)\end{cases} \tag{12-95}$$

可得式（12-96）所示速度反馈控制系统：

$$\begin{cases}\ddot{\boldsymbol{x}}+\boldsymbol{k}_1\cdot\dot{\boldsymbol{x}}=\boldsymbol{u}_1\\ \ddot{\boldsymbol{\theta}}+\boldsymbol{k}_2\cdot\dot{\boldsymbol{\theta}}=\boldsymbol{u}_2\end{cases} \tag{12-96}$$

当 $\boldsymbol{k}_1$、$\boldsymbol{k}_2$ 选择充分大时，由式（12-95）可知：$\dot{\boldsymbol{x}}=\boldsymbol{u}_1$，$\dot{\boldsymbol{\theta}}=\boldsymbol{u}_2$，则由式（13-93）和 $\dot{\boldsymbol{x}}=\boldsymbol{u}_1$，$\dot{\boldsymbol{\theta}}=\boldsymbol{u}_2$ 可得系统的几何模型为：

$$\begin{bmatrix}\dot{\boldsymbol{x}}\\ \dot{\boldsymbol{\theta}}\\ \dot{\boldsymbol{y}}\end{bmatrix}=\begin{bmatrix}1 & 0\\ 0 & 1\\ \tan\theta & 0\end{bmatrix}\cdot\begin{bmatrix}\boldsymbol{u}_1\\ \boldsymbol{u}_2\end{bmatrix} \tag{12-97}$$

若将上式中的状态变量 $\dot{\boldsymbol{x}}$、$\dot{\boldsymbol{\theta}}$、$\dot{\boldsymbol{y}}$ 的顺序进行对调而成 $\dot{\boldsymbol{x}}$、$\dot{\boldsymbol{y}}$、$\dot{\boldsymbol{\theta}}$，并且将 $\boldsymbol{u}_1$ 替换成 $\boldsymbol{u}_1\cos\theta$，当然，矩阵中的行、列也相应调整后有：

$$\begin{bmatrix}\dot{\boldsymbol{x}}\\ \dot{\boldsymbol{y}}\\ \dot{\boldsymbol{\theta}}\end{bmatrix}=\begin{bmatrix}\cos\theta & 0\\ \sin\theta & 0\\ 0 & 1\end{bmatrix}\cdot\begin{bmatrix}\boldsymbol{u}_1\\ \boldsymbol{u}_2\end{bmatrix} \tag{12-98}$$

式（12-98）与前述的两轮车辆建模一节得到的式（12-58）完全一样。

【本节小结】本节对非完整约束、非完整约束系统、欠驱动机械等概念，车辆类轮式移动机器人系统的非完整约束系统速度约束、几何模型、动态模型建模、位置控制、姿势控制等内容进行了详尽的讲解和问题讨论，这些内容仅是轮式移动机器人非线性控制理论、方法中的基础知识。

12.4 轮式移动机器人的欠驱动控制与奇异点问题

12.4.1 引言

非线性控制理论中的重要课题就是为进行坐标变换而需要对非线性微分方程积分和可积性问题，以及坐标变换的局限性问题、如何回避由于控制律的非连续性而引起的奇异点问题。此类问题一般都很难解决并且还很特殊。

本节主要针对可用对称仿射系统描述的非完整约束系统中车辆型轮式移动机器人的反馈控制、轨迹追踪控制以及是否能让解轨迹不通过奇异点等加以具体讲解。主要包括两轮移动机器人、四轮移动机器人的控制与奇异点问题、轨迹追踪控制，特别是关于非线性变换和链式系统（chained system）所采用的控制手法中奇异点问题的讨论。

12.4.2 车辆控制和奇异点问题

本节继续讨论在 12.3 节里所述的两轮车辆、四轮车辆的姿势和位置控制问题，特别是纵列停车问题，链式系统变换的奇异点问题和控制律滋生奇异点的问题。

链式系统中所用坐标变换的控制律通常能用式（12-99）所示的形式得到，计算由实际状态变量变换过来的系统状态变量 $\boldsymbol{z}$，取控制律为 $f(\boldsymbol{z})$，则由式（12-100）变换后的系统的输入 $\boldsymbol{v}$ 可被确定下来。

$$\begin{cases}\boldsymbol{z}=\Phi(\boldsymbol{q})\\ \boldsymbol{v}=\Xi(\boldsymbol{q})\cdot\boldsymbol{u}\end{cases} \tag{12-99}$$

$$\boldsymbol{v}=f(\boldsymbol{z}) \tag{12-100}$$

最后，需要执行将 $\boldsymbol{v}$ 变换回实际控制输入 $\boldsymbol{u}$ 的逆变换的程序。上述过程中，在雅可比矩阵 $\partial\Phi(\boldsymbol{q})/\partial\boldsymbol{q}$ 缺秩点处，$\boldsymbol{q}$ 的微小变化难以在 $\boldsymbol{z}$ 的变化中被反映出来，在变成无穷大的点处，$\boldsymbol{z}$ 的微小变化也难以在 $\boldsymbol{q}$ 的变化中被反映出来，如此，全都体现出对抗外部扰动变弱的问题。特别是 $\Xi(\boldsymbol{q})$ 函数在缺秩点处，无法进行由 $\boldsymbol{v}$ 到 $\boldsymbol{u}$ 逆推运算，将这样的 $\boldsymbol{q}$ 点称为伴随在变换中的奇异点（即伴随变换奇异点）；另外，控制律实际执行时，往往也会导致 $\boldsymbol{z}$ 一旦到达或趋近于某一特定的点时，$f(\boldsymbol{z})$ 也不收敛，将这样的 $\boldsymbol{q}$ 点称为控制律滋生的奇异点。下面分别通过两轮车辆、四轮车辆控制来探讨上述两类奇异点的问题。

（1）两轮车辆的控制与奇异点问题

在 12.3.5 节给出了图 12-11（a）中所示的两轮车辆的几何模型的数学公式（12-58），即下式：

$$\begin{bmatrix}\dot{\boldsymbol{x}}\\ \dot{\boldsymbol{y}}\\ \dot{\boldsymbol{\theta}}\end{bmatrix}=\begin{bmatrix}\cos\theta & 0\\ \sin\theta & 0\\ 0 & 1\end{bmatrix}\cdot\begin{bmatrix}\boldsymbol{u}_1\\ \boldsymbol{u}_2\end{bmatrix}$$

下面针对此式通过下述两种变换方法导出其链式系统（Chained System），下述表述中，$\boldsymbol{q}=[\boldsymbol{x}\quad\boldsymbol{y}\quad\theta]^{\mathrm{T}}$。

变换方法 1：第一次变换，首先通过式（12-101）和输入变换，将式（12-58）向式（12-102）的链式系统进行变换。此时，在满足 $\cos\theta=0$ 的 $\theta=\pm\pi/2$ 点处，式（12-103）的雅可比矩阵 $\partial\Phi(\boldsymbol{q})/\partial\boldsymbol{q}$ 为无穷大（因为 $\sec\theta$ 在 $\theta=\pm\pi/2$ 时为无穷大），且 $\Xi(\boldsymbol{q})$ 缺秩，想要

通过式（12-104）由 $\boldsymbol{v}$ 将 $\boldsymbol{u}_1$ 反推出来是不可能的。

$$\boldsymbol{z}=\begin{bmatrix}\boldsymbol{x}\\ \tan\theta\\ \boldsymbol{y}\end{bmatrix};\boldsymbol{v}=\begin{bmatrix}\cos\theta & 0\\ 0 & \sec 2\theta\end{bmatrix}\cdot\boldsymbol{u} \tag{12-101}$$

$$\begin{cases}\dot{z}_1=\boldsymbol{v}_1\\ \dot{z}_2=\boldsymbol{v}_2\\ \dot{z}_3=\boldsymbol{v}_1\boldsymbol{v}_2\end{cases} \tag{12-102}$$

$$\frac{\partial\boldsymbol{\Phi}}{\partial\boldsymbol{q}}=\begin{bmatrix}1 & 0 & 0\\ 0 & 0 & \sec^2\theta\\ 0 & 1 & 0\end{bmatrix}\Rightarrow\dot{\boldsymbol{z}}=\frac{\partial\boldsymbol{\Phi}}{\partial\boldsymbol{q}}\dot{\boldsymbol{q}}=\begin{bmatrix}\mu_1\\ \mu_2\sec^2\theta\\ \mu_1\tan\theta\end{bmatrix}=\begin{bmatrix}\boldsymbol{v}_1\\ \boldsymbol{v}_2\\ \boldsymbol{v}_1\boldsymbol{v}_2\end{bmatrix} \tag{12-103}$$

式中，$\boldsymbol{v}=\boldsymbol{\Xi}\cdot\boldsymbol{\mu}=\begin{bmatrix}\mu_1\\ \mu_2\sec^2\theta\end{bmatrix}$。

$$\boldsymbol{u}_1=\sec\theta\cdot\boldsymbol{v}_1;\boldsymbol{u}_1=\cos^2\theta\cdot\boldsymbol{v}_1 \tag{12-104}$$

变换方法 2：接着上述变换，进入第 2 次变换，通过式（12-105）的坐标变换以及输入变换，将式（12-58）变换为式（12-102）的链式系统。该变换的式（12-106）的雅可比矩阵是广域正则的，而且由 $\boldsymbol{v}$ 向 $\boldsymbol{u}$ 的反向推算也没有奇异点。用式（12-107）可以逆推（即反向推算）输入 $\boldsymbol{u}$。

通过上述变换和链式系统与非完整约束控制律去解决从任意初始值将车辆整定在原点的问题。将目标着眼于回避奇异点的可能性和解轨迹的考量与评价。

$$\boldsymbol{z}=\begin{bmatrix}\theta\\ -\boldsymbol{x}\cos\theta-\boldsymbol{y}\sin\theta\\ -\boldsymbol{x}\sin\theta+\boldsymbol{y}\cos\theta\end{bmatrix};\boldsymbol{v}=\begin{bmatrix}0 & 1\\ -1 & \boldsymbol{x}\sin\theta-\boldsymbol{y}\cos\theta\end{bmatrix} \tag{12-105}$$

$$\frac{\partial\boldsymbol{\Phi}}{\partial\boldsymbol{q}}=\begin{bmatrix}0 & 0 & 0\\ -\cos\theta & -\sin\theta & \boldsymbol{x}\sin\theta-\boldsymbol{y}\cos\theta\\ -\sin\theta & \cos\theta & -\boldsymbol{x}\cos\theta-\boldsymbol{y}\sin\theta\end{bmatrix} \tag{12-106}$$

1）Khennouf 等人的方法（拟似连续指数稳定化控制法）。Khennouf 等人的方法是对于链式系统，设：

$$S(\boldsymbol{z})=z_3-z_1z_2/2;W(z)=z_1^2+z_2^2 \tag{12-107}$$

控制律置为：

$$\begin{bmatrix}v_1\\ v_2\end{bmatrix}=2f\,\frac{S(\boldsymbol{z})}{W(\boldsymbol{z})}\begin{bmatrix}z_2\\ z_1\end{bmatrix}-k\begin{bmatrix}z_1\\ z_2\end{bmatrix} \tag{12-108}$$

但需满足 $f>2k$，以及进一步的，初值应满足 $W(\boldsymbol{z}(0))=z_1^2(0)+z_2^2(0)\neq 0$ 的条件。

2）可变约束控制。适于链式系统的情况下，最简单的控制约束为：

$$H(\boldsymbol{z})=z_2 \tag{12-109}$$

（但应注意 $z_r=0$）。于是，可积的原来的约束为：

$$F(\boldsymbol{z})=z_3;F_0=0 \tag{12-110}$$

在 $t<T_s$ 阶段的第 1 步的控制律为：

$$\boldsymbol{v}=-\begin{bmatrix}\lambda_2\dfrac{F}{H}\\ \lambda_1 H\end{bmatrix} \tag{12-111}$$

在 $t \geqslant T_s$ 阶段的第 2 步控制律是在取 $N=z_3$ 的情况下，为：

$$v=-\begin{bmatrix}\lambda_3 N\\ \lambda_1 H\end{bmatrix} \tag{12-112}$$

但需要满足 $\lambda_1>\lambda_2$ 以及初值应满足 $H(z(0))=z_2(0)\neq 0$ 等条件。

3）使用 σ 过程（σ Process）的控制。例如，对于 $n=4$ 的 4 次系统链式系统：$[\dot{z}_1 \quad \dot{z}_2 \quad \dot{z}_3 \quad \dot{z}_4]^{\mathrm{T}}=\boldsymbol{A}(z)\ [v_1 \quad v_2]^{\mathrm{T}}$，其中，$\boldsymbol{A}(z)=\begin{bmatrix}1 & 0\\ 0 & 1\\ z_2 & 0\\ z_3 & 0\end{bmatrix}$。在 3 次链式系统的情况下，控制律为：

$$v=\begin{bmatrix}-kz_1\\ -f_2z_2-f_3z_3/z_1\end{bmatrix} \tag{12-113}$$

但是，需要满足 f_2、f_3 必须使 $\begin{bmatrix}-f_2 & -f_3\\ -k & k\end{bmatrix}$ 为稳定的矩阵，且初值应满足 $z_1(0)\neq 0$ 等条件。

4）Multirate 数字控制。这种方法是置 3 次链式系统为：

$$\begin{aligned}&\Sigma_1: \dot{z}_1=v_1\\ &\Sigma_2: \begin{bmatrix}\dot{z}_3\\ \dot{z}_2\end{bmatrix}=\begin{bmatrix}0 & v_1\\ 0 & 0\end{bmatrix}\cdot\begin{bmatrix}z_3\\ z_2\end{bmatrix}+\begin{bmatrix}0\\ 1\end{bmatrix}v_2\end{aligned} \tag{12-114}$$

把 Σ_1 用采样周期有限整定，在 v_1 一定的 $t\in[0,\ T]$ 区间，用采样周期 $T/2$ 将 Σ_2 用有限整定控制。这种情况下，令 $\boldsymbol{Z}_2=[z_2 \quad z_3]^{\mathrm{T}}$，则控制输入可用式（12-115）给出：

$$\begin{aligned}&v_1(t)=-z_1(0)/T\ (0\leqslant t<T)\\ &v_2(t)=-\boldsymbol{f}_{\mathrm{D}}\boldsymbol{Z}_2(0)\ (0\leqslant t<T/2)\\ &\quad\ =-\boldsymbol{f}_{\mathrm{D}}\boldsymbol{Z}_2(T/2)\ (T/2\leqslant t<T)\end{aligned} \tag{12-115}$$

但是，需要满足 $\boldsymbol{f}_{\mathrm{D}}=[4/(v_1T^2) \quad 3/T]$，且初值应满足 $z_1(0)\neq 0$ 等条件。

将以上 4 种控制方法中有关奇异点的条件汇总在表 12-1 和表 12-2 中。

表 12-1 伴随变换的奇异点

变换方法	奇异点
变换法 1	$\theta=\pm\pi/2$
变换法 2	无

表 12-2 控制律滋生的奇异点

控制方法	奇异点
Khennouf	${z_1}^2(0)+{z_1}^2(0)=0$
可变约束控制	$z_2(0)=0$
σ 过程控制	$z_1(0)=0$
Multirate 数字控制	$z_1(0)=0$

实际控制时，尽可能初值不要落在控制律滋生的奇异点（平面）上，但是，需要注意的是：应尽可能不要横跨因响应超调（overshoot）而引起的伴随变换奇异点（平面）。但不幸的是，当初值位于奇异点的情况下，最初需要施加辅助控制，应使状态变量远离奇异点。

（2）四轮车辆的控制与奇异点问题

如图 12-12（b）的四轮车辆模型图所示，其几何模型为前述已经得到的式（12-68），为：

$$\begin{bmatrix}\dot{x}\\ \dot{y}\\ \dot{\theta}\\ \dot{\varphi}\end{bmatrix}=\begin{bmatrix}\cos\theta & 0\\ \sin\theta & 0\\ (\tan\varphi)/L & 0\\ 0 & 1\end{bmatrix}\cdot\begin{bmatrix}\boldsymbol{u}_1\\ \boldsymbol{u}_2\end{bmatrix}$$

由式（12-116）的坐标变换和输入变换可得用式（12-117）描述的 4 次链式系统。

$$\boldsymbol{z}=[\boldsymbol{x}\quad \sec^3\theta(\tan\varphi)/L\quad \tan\theta\quad \boldsymbol{y}]^{\mathrm{T}}$$

$$\boldsymbol{v}=\begin{bmatrix}\cos\theta & 0\\ 3\tan\theta\sec^3\theta\tan^2\varphi/L^2 & \sec^3\theta\sec^2\varphi/L\end{bmatrix}\cdot\boldsymbol{u} \tag{12-116}$$

$$\dot{z}_1=v_1;\dot{z}_2=v_2;\dot{z}_3=z_2v_1;\dot{z}_4=z_3v_1 \tag{12-117}$$

在这个变换中，雅可比矩阵$\partial\Phi/\partial\boldsymbol{x}$ 在 $\cos\theta=0$ 或者 $\cos\varphi=0$ 时会变成无穷大。而且，在 $\cos\theta=0$ 时无法进行输入的逆变换。进而，$\cos\theta=0\Rightarrow\theta=\pm\pi/2$；$\cos\varphi=0\Rightarrow\varphi=\pm\pi/2$，也就是说：前述的雅可比矩阵$\partial\Phi/\partial\boldsymbol{x}$ 在 $\theta=\pm\pi/2$、$\varphi=\pm\pi/2$ 时变成无穷大，在 $\theta=\pm\pi/2$ 时也不能进行输入的逆变换。因此，$\theta=\pm\pi/2$、$\varphi=\pm\pi/2$ 成为伴随变换的奇异点。

下面用前述的 σ 过程控制法来解决纵列驻车的控制问题，具体控制方法和奇异点回避方法如下：

纵列驻车情况下的控制律滋生出来的奇异点是 $z_1(0)=0$。初值欲取为 $[0\quad 10\quad 0\quad 0]^{\mathrm{T}}$，因为所取初值成为奇异点的问题，所以预先让车辆稍稍向前移动了一小段距离而成为：

$$\boldsymbol{x}(0)=1;\boldsymbol{y}(0)=10;\theta(0)=0;\varphi(0)=0$$

则变换后的坐标为：$z_1(0)=1;z_2(0)=0;z_3(0)=0;z_4(0)=10$

控制滋生的奇异点 $z_1(0)=0$ 就能回避了。这时，采用 σ 过程控制法的控制律为：

$$v_1=-kz_1;v_2=-f_2z_2-f_3z_3/z_1-f_4z_4/z_1^2 \tag{12-118}$$

12.4.3　车辆的轨迹追踪问题

仍然以仅有两轮联合驱动或两轮独立驱动的两轮车辆为对象，探讨让其追踪给定目标轨迹的轨迹追踪问题。但目标轨迹并不是随意给定的，因为本节讨论的是非完整约束下的车辆轨迹追踪问题，作为目标轨迹自身也必须满足非完整约束。注意：这里是探讨车辆的非线性控制理论问题，如果用不满足非完整约束的目标轨迹则失去了理论探讨的意义，但并非实际轮式移动机器人移动轨迹追踪控制情况下移动目标轨迹一定要满足非完整约束。因此，本节讨论两轮车辆追踪作为满足非完整约束目标轨迹情况下的轨迹追踪问题。并且，目标轨迹还是用含有车辆方位姿态的其他车辆车辙给出的，其必要性在于为了导出偏差模型。这里用的是由日本研究者金山（Y. Kanayama）和木村（Y. Kimura）等人于 1990 年提出的偏差模型。

首先，在目标轨迹上选取一目标点，其在参考坐标系中位置矢量为：$\boldsymbol{q}_{\mathrm{r}}=[x_{\mathrm{r}}\quad y_{\mathrm{r}}\quad \theta_{\mathrm{r}}]^{\mathrm{T}}$；两轮车辆上的基准点（该点固定在车体上）在同一参考坐标系中的位姿矢量为：$\boldsymbol{q}=[x\quad y\quad \theta]^{\mathrm{T}}$。则如图 12-13（c）所示的金山轨迹追踪模型，e_x、e_y、e_θ 分别为车辆上基准点与目标轨迹上目标点间的位置偏差矢量在行进方向上的追踪偏差、在垂直于行进方向即横向上的追踪偏差、姿势追踪偏差，则由图 12-14 所示的平面解析几何关系，有式（12-119）成立。

$$\begin{cases}e_{\mathrm{x}}=(x_{\mathrm{r}}-x)\cos\theta+(y_{\mathrm{r}}-y)\sin\theta\\ e_{\mathrm{y}}=-(x_{\mathrm{r}}-x)\sin\theta+(y_{\mathrm{r}}-y)\cos\theta\\ e_\theta=\theta_{\mathrm{r}}-\theta\end{cases} \tag{12-119}$$

被控对象两轮车应满足的速度约束式为：

$$\dot{x}\sin\theta-\dot{y}\cos\theta=0;\dot{x}\cos\theta+\dot{y}\sin\theta=v$$

目标轨迹上的目标点也是无横向滑移条件下假想车辆车辙上的点，假设也是在满足速度约束式（12-120）下产生的。

$$\dot{x}_{r}\sin\theta_{r}-\dot{y}_{r}\cos\theta_{r}=0;\dot{x}_{r}\cos\theta_{r}+\dot{y}_{r}\sin\theta_{r}=v_{r} \tag{12-120}$$

式中，v_r 是假想车辆的行进速度。对式（12-119）进行微分并联立上述约束方程，整理得：

$$\begin{aligned}\dot{e}_{x}&=(\dot{x}_{r}-\dot{x})\cos\theta-\dot{\theta}(x_{r}-x)\sin\theta+(\dot{y}_{r}-\dot{y})\sin\theta+\dot{\theta}(y_{r}-y)\cos\theta\\&=\dot{x}_{r}\cos\theta+\dot{y}_{r}\sin\theta-v+\dot{\theta}e_{y}\\&=\dot{x}_{r}\cos(\theta_{r}-e_{\theta})+\dot{y}_{r}\sin(\theta_{r}-e_{\theta})-v+\dot{\theta}e_{y}\\&=\dot{x}_{r}(\cos\theta_{r}\cos e_{\theta}-\sin\theta_{r}\sin e_{\theta})+\dot{y}_{r}(\sin\theta_{r}\cos e_{\theta}+\cos\theta_{r}\sin e_{\theta})-v+\dot{\theta}e_{y}\\&=\cos e_{\theta}(\dot{x}_{r}\cos\theta_{r}+\dot{y}_{r}\sin\theta_{r})+\sin e_{\theta}(\dot{x}_{r}\sin\theta_{r}-\dot{y}_{r}\cos\theta_{r})-v+\dot{\theta}e_{y}\\&=v_{r}\cos e_{\theta}-v+\dot{\theta}e_{y}\end{aligned} \tag{12-121}$$

$$\begin{aligned}\dot{e}_{y}&=-(\dot{x}_{r}-\dot{x})\sin\theta-\dot{\theta}(x_{r}-x)\cos\theta+(\dot{y}_{r}-\dot{y})\cos\theta-\dot{\theta}(y_{r}-y)\sin\theta\\&=-\dot{x}_{r}\sin\theta+\dot{y}_{r}\cos\theta-\dot{\theta}e_{x}\\&=-\dot{x}_{r}\sin(\theta_{r}-e_{\theta})+\dot{y}_{r}\cos(\theta_{r}-e_{\theta})-\dot{\theta}e_{x}\\&=-\dot{x}_{r}(\sin\theta_{r}\cos e_{\theta}-\cos\theta_{r}\sin e_{\theta})+\dot{y}_{r}(\cos\theta_{r}\cos e_{\theta}+\sin\theta_{r}\sin e_{\theta})-\dot{\theta}e_{x}\\&=\cos e_{\theta}(-\dot{x}_{r}\sin\theta_{r}+\dot{y}_{r}\cos\theta_{r})+\sin e_{\theta}(\dot{x}_{r}\cos\theta_{r}+\dot{y}_{r}\sin\theta_{r})-\dot{\theta}e_{x}\\&=v_{r}\sin e_{\theta}-\dot{\theta}e_{x}\end{aligned} \tag{12-122}$$

且令 $\omega_{r}=\dot{\theta}_{r}$（即用角速度 ω_r 去替代角位移 θ_r 对时间 t 的一阶导数 $\dot{\theta}_{r}$），则有：

$$\dot{e}_{\theta}=\dot{\theta}_{r}-\dot{\theta}=\omega_{r}-\dot{\theta} \tag{12-123}$$

原来的控制输入为 $u_1=v$、$u_2=\dot{\theta}$，现在引入新的控制输入 μ_1、μ_2 并分别定义为：

$$\begin{cases}\mu_{1}=v_{r}\cos e_{\theta}-v\\\mu_{2}=\omega_{r}-\dot{\theta}\end{cases} \tag{12-124}$$

将式（12-121）～式(12-124）整理可得：

$$\begin{bmatrix}\dot{e}_{x}\\\dot{e}_{y}\\\dot{e}_{\theta}\end{bmatrix}=\begin{bmatrix}\omega_{r}e_{y}\\v_{r}\sin e_{\theta}-\omega_{r}e_{x}\\0\end{bmatrix}+\begin{bmatrix}1&-e_{y}\\0&e_{x}\\0&1\end{bmatrix}\cdot\begin{bmatrix}\mu_{1}\\\mu_{2}\end{bmatrix} \tag{12-125}$$

且为含有偏差项（drift）的仿射系统。

若将该系统的状态变量设为 $\boldsymbol{e}_{q}=\boldsymbol{q}_{r}-\boldsymbol{q}=[e_{x}\quad e_{y}\quad e_{\theta}]^{T}$，则该系统具有满足 $f(0)=0$、$\boldsymbol{e}_{q}=\boldsymbol{0}$ 的平衡点。进一步可知：对于 $\boldsymbol{e}_{q}\in\mathbf{R}^{3}$，（$g_1$，$g_2$，$[g_1，g_2]$）的秩为 3。则，当假设系统为 v_r、ω_r 一定的时不变系统的情况下，应用局部可控定理可以判定该系统为可控的。则可由控制目标 $\boldsymbol{e}_{q}=\boldsymbol{0}$，用式（12-125）推导出新的控制输入 μ_1、μ_2。

12.4.4　车辆的目标轨迹追踪控制

本小节介绍前述的金山、木村等人在 1990 年的研究：$v_r \neq 0$ 情况下推导的稳定轨迹追踪控制律。

首先，作为李亚普诺夫函数，引入系数 $K_y>0$ 的如下函数和条件：

$$V=(e_x^2+e_y^2)/2+(1-\cos e_\theta)/K_y>0 \tag{12-126}$$

则求其对时间 t 的微分，得下式：

$$\begin{aligned}\dot{V} &= e_x(\omega_r e_y+\mu_1-\mu_2 e_y)+e_y(v_r \sin e_\theta-\omega_r e_x+\mu_2 e_x)+(\mu_2 \sin e_\theta)/K_y \\ &= e_x\mu_1+v_r e_y \sin e_\theta+(\mu_2 \sin e_\theta)/K_y\end{aligned} \tag{12-127}$$

则由 $K_x>0$、$K_\theta>0$，可选用如下控制律：

$$\begin{cases}\mu_1=-K_x e_x \\ \mu_2=-K_y e_y v_r-K_\theta \sin e_\theta\end{cases} \tag{12-128}$$

则有：$\dot{V}=-K_x e_x^2-\dfrac{K_\theta}{K_y}\sin^2 e_\theta \leqslant 0$。但是，$\dot{V}$ 只是半负定的，因而可能为 $e_y\neq 0$ 的平衡流形。因此，为简单起见，假定 v_r 一定，则 LaSalle 定理可适用。首先由 $\dot{V}\equiv 0$ 引出 $e_x=e_\theta\equiv 0$，将其代入闭环系统得：

$$\dot{e}_\theta=\mu_2=-K_y e_y v_r-K_\theta \sin e_\theta=-K_y e_y v_r \equiv 0 \tag{12-129}$$

则根据上式，若 $v_r\neq 0$，则必有 $e_y=0$。即原点成为渐进稳定的平衡点。此外，金山和木村等人的研究结果还表明：当 v_r、ω_r 充分缓慢变化的情况下，在原点近旁也同样是渐进稳定的。

12.5　轮式移动机器人的移动稳定性与稳定移动控制

12.5.1　轮式移动机器人的移动稳定性问题

何谓轮式移动机器人的稳定性和移动稳定性？本节所言的轮式移动机器人的稳定性和移动稳定性是指在其行进，停靠在平地、斜坡或凸凹不平的路面上的情况下，是否能够保持车轮着地支撑车体不倾覆或不产生倾覆的趋势意义上的稳定性。轮式移动机器人的稳定性或移动稳定性所指不是移动控制系统设计的稳定性，移动控制系统的稳定性是指控制器控制下系统的输出响应是否收敛的问题，而移动稳定性是移动机器人在静止、匀速、变速移动过程中整个力学系统的静态平衡、动态平衡的平衡性问题，但需要通过力反射控制或虚拟的力反射控制来获得稳定移动的效果，即车体不发生倾覆，换言之轮式移动机器人不陷入不能移动的状态。移动稳定性可以分为静态稳定性和动态稳定性；能够满足和保持稳定性力学条件的状态即是稳定状态，满足静力学条件、动力学条件的分别称为静态稳定和动态稳定。

12.2 节、12.3 节中分别讨论了两轮、三轮、四轮等轮式移动机器人的运动学、动力学模型，及基于运动学即几何模型的移动控制、作为非完整约束系统基于动态模型和几何模型的移动控制理论问题，这些控制理论和方法都是只针对轮式移动机器人的行进速度和转向的控制，是建立在车体重心距离地面或行走面相对较低、多轮稳定支撑保持车体不倒的前提条件下的，即便是两轮驱动型、转向操纵型轮式移动机器人也都有一个或两个脚轮起支撑兼起三轮、四轮着地增大支撑区域使车体稳定的作用。因此，一般情况下，无需考虑其行进过程中的车体是否倾覆的稳定性控制问题，而只侧重研究其行进移动控制问题。但是，现代工业机器人中的轮式移动机器人不仅仅是在作业场所行走，更多的是搭载操作臂进行移动兼操作的双重作业功能，其本体质心位置较单纯车轮与车体平台构成的轮式移动机器人的质心距离地面高，另外，即便是质心位置相对低的单纯轮式移动作业的轮式移动机器人在平地上行进速度越高或位于斜坡上时，其静态稳定性、动态稳定性也是需要考虑和加以控制的，以确保机器人的安全和正常作业。

搭载操作臂的移动机器人的稳定性：搭载机器人操作臂的移动平台的稳定性是指包含操作臂在内平台移动时 ZMP（zero moment point，零力矩点）在着地支撑区内外变化时系统的稳定性。ZMP 是机器人在支撑面上的一个点，当 ZMP 位于着地支撑区或在斜坡上移动、着地支撑区在水平面的投影区之内时，移动机器人系统是稳定的；当 ZMP 超出着地支撑区时，如果系统质心与支撑区形成的倒立摆固有周期时间内能及时将 ZMP 返回到支撑区内，则系统仍能继续稳定移动，否则，将陷入倾覆而不能继续正常移动。与只有移动方式的移动平台相比，搭载机器人操作臂的移动平台的移动稳定性除了移动平台自身调节获得稳定能力之外，还可以通过所搭载的机器人操作臂来辅助调节稳定性。因此，搭载在移动平台上的机器人操作臂兼有操作和移动稳定性调节两项功能。移动机器人的地面支撑区如图 12-14 所示。

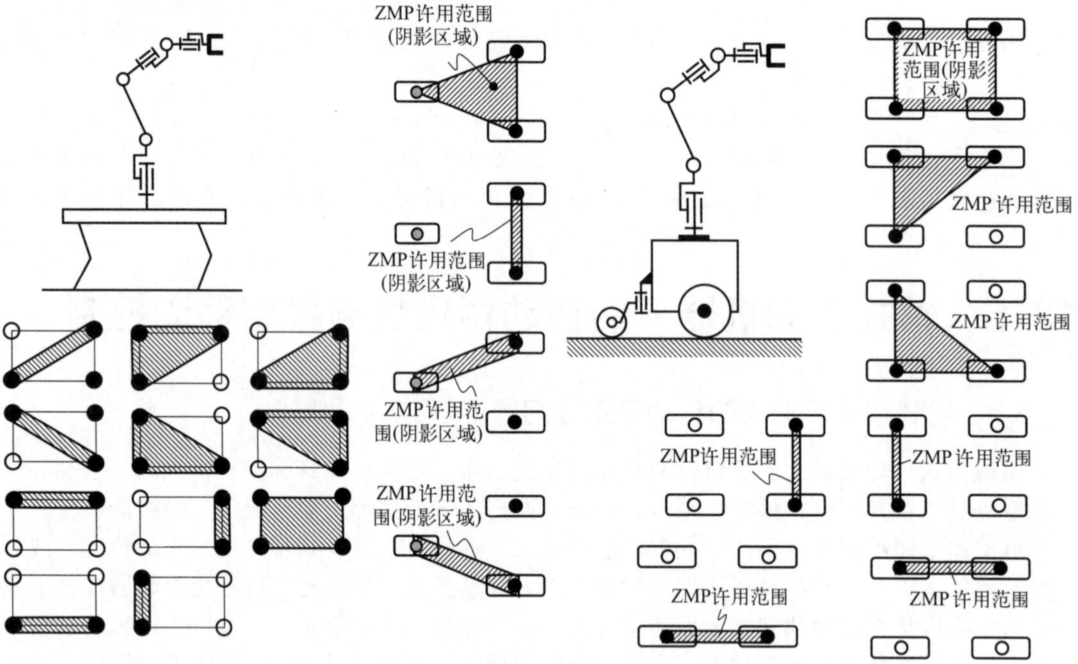

图 12-14 四腿/足机器人，三轮、四轮移动机器人的各种着地状态下的着地支撑区

移动操作的机器人操作臂的运动控制与工厂车间内固定作业环境下的机器人操作臂运动控制没有本质区别，可将移动平台拥有的自由度数及其运动看作机器人操作臂基座下连接的同样自由度数的移动副和回转副的“操作臂”来建立等效的机构运动学模型，进而简化成更多自由度的机器人操作臂进行处理。如同机器人操作臂基座串联一台兼有移动副和回转副的三坐标机构一样。但这只是理论上的简化模型，实际上不管是轮式移动方式，还是腿足式移动方式的移动平台都是与地面构成的非完整约束系统，都有移动量的不确定性和不可预知性，尤其在中高速运动时，非完整约束系统（非线性系统）是难于控制的，需要借助于系统内部或外部的多传感器系统来获得机器人系统与环境的状态来实现高可靠性的控制。

若四足机器人躯干上没有操作臂，只有四条腿和躯干平台，则无法像狗摇尾巴、鸡点头、恐龙摆尾等那样通过这些平衡行为来获得行走的动态稳定效果，只好通过摇动躯干平台的摇动步态来获得动态效果。而搭载机器人操作臂的四足步行机器人、轮式移动机器人则可以通过控制所搭载的机器人操作臂的运动来获得动态稳定的平衡效果。如图 12-15 所示，若搭载操作臂的移动机器人系统的总的质心在地面投影点落在带阴影的支撑区域内，则为静态稳定的；若系统的 ZMP 点落在带阴影的支撑区域内，即便质心在阴影支撑区之外，则也是稳定的，且为动态稳定；若 ZMP 点恰好落在阴影支撑区边界或支撑区边界近旁，则为临界动态稳定。

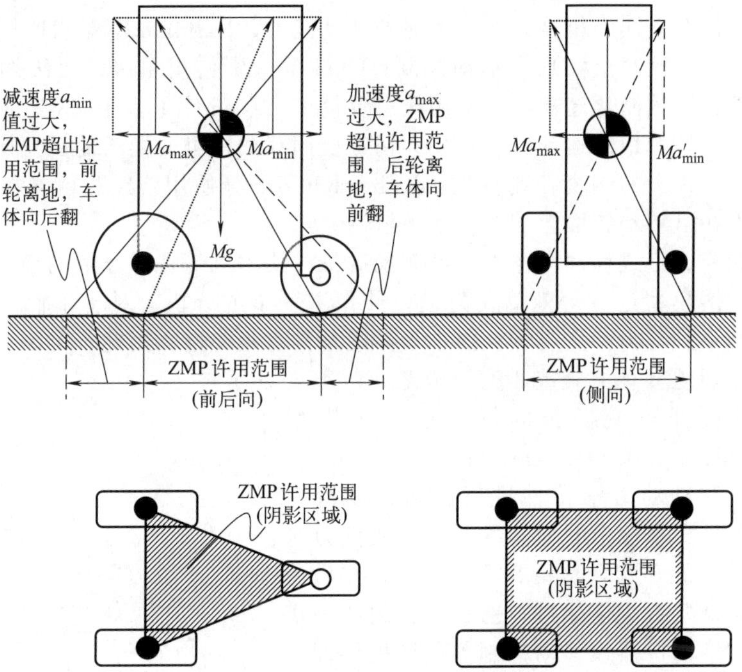

图 12-15　三轮、四轮移动机器人的移动稳定性

各类轮合计三轮以上的轮式移动机器人具有较大的着地支撑区，如果能够保证机器人的 ZMP 位于着地轮形成的凸多边形之内，则机器人可保持动态稳定移动。正常行驶时，轮式移动机器人车轮轮轴的加速度与车体质心处的加速度是相同的，所以，一般不会发生 ZMP 超出支撑区的现象，只有在高速转弯、突然减速急停或由静止状态突然加速的状态下，可能会出现失稳。如图 12-15 所示。

关于移动机器人动态稳定移动的力反射控制共通技术：无论是腿足式步行移动机器人，还是轮式、轮腿式移动机器人，履带式移动机器人，由移动方式决定的移动机构的位置速度

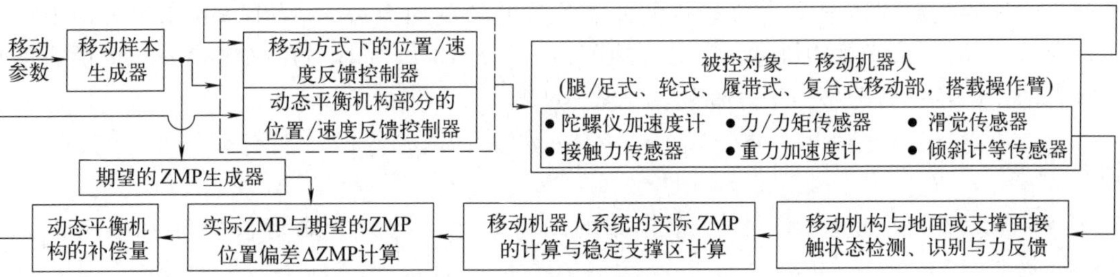

图 12-16　移动机器人的动态稳定移动控制原理框图

控制原理各有不同，但是在动态稳定移动的力反射控制上具有共通的力学原理和控制技术，归纳汇总如图 12-16 所示。

12.5.2 双摆杆可变摆长倒立摆小车模型的动力学运动行为特性分析

倒立摆模型及其衍生模型，例如两级、多级摆杆的倒立摆模型，常被用作各种复杂系统的等效简化与模型分析。例如，Kajita 等分别使用了二维线性倒立摆模型、三维线性倒立摆模型来设计双足机器人步行样本生成算法；Jong H. Park 等提出了重力补偿的倒立摆模型（GCIPM）用于双足机器人步行运动的规划；Sung-Hee Lee 等提出了可变惯量的倒立摆模型（RMP）用于描述移动机器人的状态；Almeshal 等提出了双摆杆可变摆长的两轮倒立摆模型，以提高两轮倒立摆类机器人在斜面上的移动能力；Rahman 等对双摆杆可变摆长的两轮倒立摆模型用质心控制法实现了运动控制；Choi 等分别使用单级、二级倒立摆小车模型对移动操作臂进行等效简化建模，并使用状态反馈的方法设计了基于 ZMP 的轨迹追踪控制器并用于移动操作臂的稳定运动控制；高力扬等使用双摆杆可变摆长的倒立摆模型设计了用于双足机器人抵抗冲击的平衡控制算法；Kohei Kimura 等使用跷跷板倒立摆小车模型，实现了仿人机器人在可转动斜面上的姿态平衡控制。

对于各类轮式、足式移动机器人，诸如挖掘机、伐木机等特种车辆的稳定移动问题，均可以使用类倒立摆模型进行等效简化建模，并作进一步的分析。对于车辆、移动机器人来说，其失稳状态下的行为特点与倒立摆小车类模型具有相似性。因此，类倒立摆模型的动力学特性对于上述问题具有十分重要的参考意义。本节将提出一种双摆杆可变摆长的倒立摆小车模型 DLVCIP（double-link length variable cart inverted pendulum），并对其动力学特性进行分析，以探究 DLVCIP 的不同广义坐标中的加速度产生的惯性力对其一级摆杆所产生的影响，总结其行为规律；然后通过动力学仿真对这些行为规律进行验证，目的是为搭载操作臂的轮式移动机器人移动控制器设计提供即便处于临界稳定、失稳状态，但也致力于通过加减速运动获得动态稳定效果（即从临界稳定状态甚至于失稳状态控制机器人返回动态稳定状态）的设计理论依据。

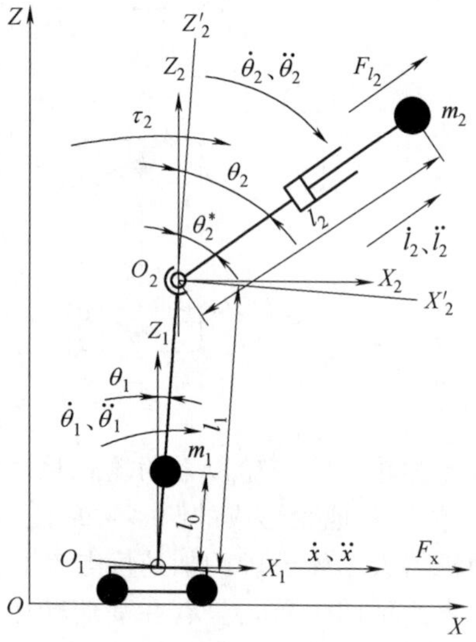

图 12-17 双摆杆可变摆长倒立摆小车模型 DLVCIP

（1）双摆杆可变摆长倒立摆小车模型 DLVCIP

双摆杆可变摆长倒立摆小车模型如图 12-17 所示，是在传统的倒立摆小车模型的基础上，于一级倒立摆的摆杆末端增加了一个变摆长的摆杆。正常状态下，DLVCIP 中的小车始终与地面平行且保持接触；一级摆杆与小车的连接处为欠驱动关节；二级摆杆的转动关节处的驱动力矩 τ_2；二级摆杆的伸缩关节处的驱动力为 F_l；小车在水平方向上的驱动力为 F_x，取广义坐标矩阵 $\boldsymbol{q}$、广义力矩阵为 τ。图 12-17 中以各广义坐标所对应箭头的指向为正向，DLVCIP 的动力学方程如式（12-130）。

$$\boldsymbol{M}(\boldsymbol{q},\dot{\boldsymbol{q}})\ddot{\boldsymbol{q}}+\boldsymbol{C}(\boldsymbol{q},\dot{\boldsymbol{q}})\dot{\boldsymbol{q}}+\boldsymbol{G}(\boldsymbol{q})=\boldsymbol{\tau} \tag{12-130}$$

式中，$\boldsymbol{q}=[x \quad l_2 \quad \theta_1 \quad \theta_2]^{\mathrm{T}}$；$\boldsymbol{\tau}=[F_x \quad F_l \quad -\tau_2 \quad \tau_2]^{\mathrm{T}}$；$\theta_2=\theta_2^*+\theta_1$。

（2）双摆杆可变摆长倒立摆小车模型的动力学运动行为（即动态行为，dynamics actions）特性分析

DLVCIP 模型较通常的单摆杆倒立摆小车模型，增加了一个带驱动的、可变摆长的摆

杆，共有三个驱动力、力矩对一级摆杆产生惯性力的影响。由动量作用效果可预知：当二级摆杆或者小车沿着（或绕着）某一方向加速移动（或者加速旋转）时，一级摆杆将会沿着（或绕着）反向加速移动（或加速旋转），这可通过动力学方程对各个广义坐标与广义坐标 θ_1 的运动关系做如下具体分析。

将 DLVCIP 的动力学表达式（12-130）按照广义坐标 θ_1 展开如式（12-131）。为书写方便，如式（12-131）～式（12-133）所示，已分别将离心力与科氏力项、重力项、θ_1 回转惯性系数（角加速度 $\ddot{\theta}_1$ 的系数）、移动惯性系数（加速度$\ddot{x}$ 的系数）、θ_2 回转惯性系数（角加速度 $\ddot{\theta}_1$ 的系数）分别简写为 C、G、E、X_r、B。

$$0=E\ddot{\theta}_1+X_r\ddot{x}+B\ddot{\theta}_2+m_2l_1\ddot{l}_2\sin\theta_2^*+C-G \tag{12-131}$$

$$\begin{cases}E=I_1+I_2+m_1l_0^2+m_2l_1^2+m_2l_2^2+2m_2l_1l_2\cos\theta_2^*\\X_r=m_1l_0\cos\theta_1+m_2l_1\cos\theta_1+m_2l_2\cos\theta_2\end{cases} \tag{12-132}$$

$$\begin{cases}B=I_2+m_2l_2^2+m_2l_1l_2\cos\theta_2^*\\C=2m_2l_1\dot{l}_2(\dot{\theta}_1+\dot{\theta}_2^*)\cos\theta_2^*-m_2l_1l_2\dot{\theta}_2^{*2}\sin\theta_2^*-2m_2l_1l_2\dot{\theta}_2^*\dot{\theta}_1\sin\theta_2^*+2m_2l_2\dot{l}_2\dot{\theta}_2\\G=m_2g(l_2\sin\theta_2+l_1\sin\theta_1)+m_1gl_0\sin\theta\end{cases} \tag{12-133}$$

1）广义坐标 l_2 的动态行为特性分析

将 DLVCIP 中的小车、二级摆杆的回转关节固定，令其对应广义坐标的速度、加速度全部为零，即如式（12-134）所表达的条件。

$$\begin{cases}\ddot{x}=0\ ,\dot{x}=0\\\ddot{\theta}_2=0\ ,\dot{\theta}_2=0\end{cases} \tag{12-134}$$

将式（12-134）代入式（12-133）中，整理可得关于广义坐标 θ_1 与广义坐标 l_2 的加速度关系式（12-135）：

$$\ddot{\theta}_1=\frac{-m_2l_1\ddot{l}_2\sin\theta_2^*-2m_2l_1\dot{l}_2\dot{\theta}_1\cos\theta_2^*+G}{E} \tag{12-135}$$

依据前述 DLVCIP 中各个广义坐标正向的定义，若 DLVCIP 中的一级摆杆有向左侧摆动的趋势，即表示 DLVCIP 的一级摆杆绕广义坐标 θ_1 的加速度小于零。以此为例，讨论 DLVCIP 中二级摆杆伸缩关节（对应广义坐标 l_2）的加速度与一级摆杆回转关节（对应广义坐标 θ_1）的角加速度之间的关系。

式（12-135）的分母 E 为惯性参数，由式（12-136）可知 E 恒为正实数：

$$E=I_1+I_2+m_1l_0^2+m_2l_1^2+m_2l_2^2+2m_2l_1l_2\cos\theta_2^*\geqslant I_1+I_2+m_1l_0^2+m_2(l_1-l_2)^2>0 \tag{12-136}$$

令 $\ddot{\theta}_1<0$，由式（12-135）可得：

$$\begin{cases}\ddot{l}_2>L\ ,\theta_2^*\in(0^\circ,180^\circ)\\\ddot{l}_2<L\ ,\theta_2^*\in(180^\circ,360^\circ)\end{cases} \tag{12-137}$$

式中
$$L=\frac{-2m_2l_1\dot{l}_2\dot{\theta}_1\cos\theta_2^*+G}{m_2l_1\sin\theta_2^*} \tag{12-138}$$

$$\begin{cases} L \in [L_-, L_+] \\ L_+ > 0 \\ L_- < 0 \end{cases} \tag{12-139}$$

在 DLVCIP 的小车和二级摆杆上的回转关节皆为固定的情况下，式（12-137）即为欲使 DLVCIP 的一级摆杆在广义坐标 θ_1 中的角加速度 $\ddot{\theta}_1<0$，二级摆杆上移动关节伸缩加速度（方向同广义坐标 l_2）应满足的条件。其中 L 为当前瞬时下基于系统动力学参数的计算值，计算公式如（12-138），它表示了由离心力、科氏力以及重力产生的影响；同时，L 是一个临界条件，若 DLVCIP 二级摆杆的伸缩关节在广义坐标 l_2 中的加速度等于 L，则 DLVCIP 一级摆杆在广义坐标 θ_1 中的角加速度将等于零。

将满足 $\ddot{\theta}_1<0$ 的二级摆杆的伸缩关节的加速度条件使用其对应的驱动力 F_{l2} 进行表达。将 DLVCIP 动力学方程中按照广义坐标 l_2 展开如式（12-140），然后将式（12-134）、式（12-135）代入式（12-140），整理后可得当前瞬态下 F_{l2} 的计算式（12-141）。

$$F_{l2}=m_2\ddot{l}_2+m_2\ddot{x}\sin\theta_2+m_2l_1\ddot{\theta}_1\sin\theta_2^*-m_2l_1\dot{\theta}_1^2\cos\theta_2^*-m_2l_2\dot{\theta}_2^2+m_2g\cos\theta_2 \tag{12-140}$$

$$F_{l2}=\left[m_2-\frac{(m_2l_1\sin\theta_2^*)^2}{E}\right]\ddot{l}_2+W_1 \tag{12-141}$$

式中 $$W_1=m_2l_1\sin\theta_2^*\frac{G-2m_2l_1\dot{l}_2\dot{\theta}_1\cos\theta_2^*}{E}+m_2g\cos\theta_2-m_2l_1\dot{\theta}_1^2\cos\theta_2^*-m_2l_2\dot{\theta}_2^2 \tag{12-142}$$

对于式（12-137）中的第一种情况 $\ddot{l}_2>L$，$\theta_2^*\in(0°，180°)$，欲使 DLVCIP 的一级摆杆具有沿着广义坐标 θ_1 的负方向摆动的趋势，其二级摆杆的伸缩关节应存在大于 L 的加速度。关于 L 值意义，当 L 大于零时，L 代表了满足使 DLVCIP 中一级摆杆具有绕广义坐标 θ_1 关节的负向摆动趋势时，对其二级摆杆移动关节伸缩加速度的最低要求；若 L 小于零，则说明 DLVCIP 中二级摆杆上移动关节的伸缩加速度在当前瞬时下存在裕量，表明可以根据需要对 DLVCIP 二级摆杆的摆长进行调整。上述规律示意图如图 12-18 所示。

对于式（12-137）中的第二种情况 $\ddot{l}_2<L$，$\theta_2^*\in$（180°，360°），欲使 DLVCIP 的一级摆杆有朝着广义坐标 θ_1 的负向的摆动趋势，其二级摆杆的伸缩关节应有小于 L 的加速度。当 L 小于零时，L 代表了为使 DLVCIP 中一级摆杆有朝着广义坐标 θ_1 负向摆动趋势，对其二级摆杆伸缩关节加速度的最低要求；若 L 大于零，则说明 DLVCIP 中二级摆杆的伸缩关节的加速度在当前瞬时下存在裕量，即表明可根据需要对 DLVCIP 二级摆杆的摆长进行调整。上述规律示意图如图 12-19 所示。

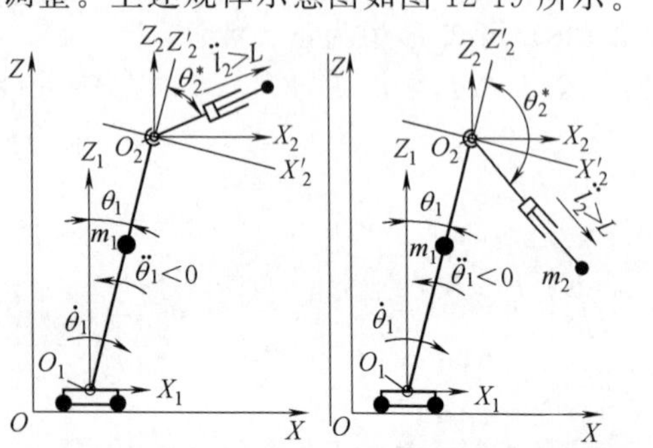

图 12-18 DLVCIP 的一级摆杆摆动趋势与二级摆杆伸缩关节的加速度规律示意图 1

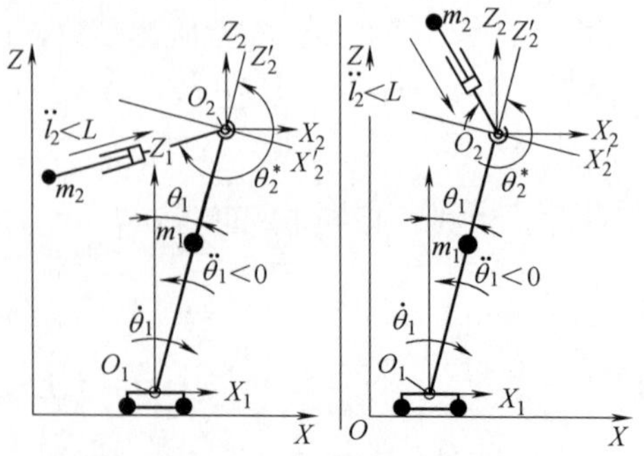

图 12-19 DLVCIP 的一级摆杆摆动趋势与二级摆杆伸缩关节的加速度规律示意图 2

同理，对于 DLVCIP 的一级摆杆具有沿着广义坐标 θ_1 的正向摆动趋势的情况，其二级摆杆伸缩关节的加速度变化应遵循的规律恰与前述规律相反。此外，若 DLVCIP 的二级摆杆和一级摆杆处在一条直线上，即 $\theta_2^*=0°$、$\theta_2^*=180°$时，此时为奇异状态，不能够直接通过其二级摆杆伸缩关节的加速或者减速行为来对一级摆杆沿着广义坐标 θ_1 的回转运动的加速度产生影响，但仍可通过科氏力来间接地产生影响。

2）广义坐标 θ_2 的动态行为特性分析

借鉴文献中有关动量轮倒立摆动力学特性分析结果，可对 DLVCIP 的二级摆杆旋转运动所产生的动力学效果部分等效利用：DLVCIP 的二级摆杆在旋转过程中，可产生类似动量轮旋转所产生的效果，对一级摆杆施加与其转向相反的力矩。但又不同于动量轮，DLVCIP 的二级摆杆旋转时回转中心并不在二级摆杆的质心，因此，DLVCIP 的二级摆杆在转动过程中，还会产生离心力和科氏力的效果，两者通过旋转运动所产生的惯性力对系统的动力学效果并不完全相同。此外，由牛顿第三定律可知：欲使一级摆杆向左侧倾倒，则二级摆杆应将自己的质心向右侧伸展甩出。基于上述分析，下面对 DLVCIP 二级摆杆回转关节（对应广义坐标 θ_2）的角加速度与一级摆杆回转关节（对应广义坐标 θ_1）的角加速度之间的关系进行分析。

同前述 1）中的处理方式，将 DLVCIP 模型的小车、二级摆杆的伸缩关节固定，有相应广义坐标的速度、加速度全部为零，即前提条件如式（12-143）。

$$\begin{cases}\ddot{x}=0、\dot{x}=0\\ \ddot{l}_2=0、\dot{l}_2=0\end{cases}\tag{12-143}$$

将式（12-143）代入式（12-131）中整理可得关于广义坐标 θ_1 的加速度与广义坐标 θ_2 的加速度关系式（12-144）：

$$\ddot{\theta}_1=\frac{-B\ddot{\theta}_2^*+F_c+G}{E}\tag{12-144}$$

式中
$$\begin{cases}B=I_2+m_2l_2^2+m_2l_1l_2\cos\theta_2^*\\ F_c=m_2l_1l_2\dot{\theta}_2^{*2}\sin\theta_2^*+2m_2l_1l_2\dot{\theta}_1\dot{\theta}_2^*\sin\theta_2^*\end{cases}\tag{12-145}$$

由 1）中可知 E 为正实数，下面继续讨论 DLVCIP 二级摆杆旋转关节的加速度系数 B。首先，令 B 等于 0，则可由式（12-145）推得式（12-146）。为简便起见，将式（12-146）第一个等号右侧用 K 表示，K 为大于 0 的常数。

$$\cos\theta_2^*=-\left(\frac{I_2+m_2l_2^2}{m_2l_1l_2}\right)=-K\tag{12-146}$$

若存在 $K<1$，说明在一个 cos 函数的标准周期内，式（12-146）存在 θ_{s1}、θ_{s2} 两个互异的实数解，θ_{s1} 和 θ_{s2} 这两个实数解的存在分别为：为使 DLVCIP 一级摆杆在平面内具有向一侧摆动趋势，DLVCIP 二级摆杆回转关节的运动应在广义坐标 θ_2 中的行为分界点；如果 $K=1$，则说明式（12-146）在一个 cos 函数的标准周期内，仅存在一个实数解，且 B 不小于 0；若 $K>0$，则意味着式（12-146）无实数解，即 $K>0$ 时，B 一定是正实数。

再者，DLVCIP 的一级、二级摆杆摆长之间的关系对 θ_{s1} 和 θ_{s2} 的取值存在影响。由式（12-146）可知：假设 l_1 之外的系统固有参数保持不变，有且只有 l_1 在无限增大时，K 的取值将无限趋近于 0，如式（12-147）所示。

$$\lim_{l_1\to+\infty}K=\lim_{l_1\to+\infty}\left(\frac{I_2+m_2l_2^2}{m_2l_1l_2}\right)=0\tag{12-147}$$

即 l_1 与 l_2 的比值逐渐趋近于无限大时，DLVCIP 二级摆杆回转关节的行为分界点 θ_{s1}

和 θ_{s2} 的取值将分别无限趋近于 90°、270°。

同 1)，以 DLVCIP 的一级摆杆有向左侧摆动的趋势的情况（即 $\ddot{\theta}_1<0$）为例，对广义坐标 θ_1 的角加速度与广义坐标 θ_2 的角加速度的关系进行讨论。令 $\ddot{\theta}_1<0$，由式（12-144）可以得到：

$$\begin{cases}\ddot{\theta}_2^*>H\ ,K>1\cup[K<1\cap\theta_2^*\in(0°,\theta_{s1})\cup(\theta_{s1},360°)]\\ \ddot{\theta}_2^*<H\ ,K<1\cap\theta_2^*\in(\theta_{s1},\theta_{s2})\end{cases} \tag{12-148}$$

$$H=(F_c+G)/B \tag{12-149}$$

$$\begin{cases}H\in[H_-,\ H_+]\\ H_+>0\\ H_-<0\end{cases} \tag{12-150}$$

式（12-148）表示了固定 DLVCIP 的小车和二级摆杆伸缩关节的情况下，欲使 DLVCIP 的一级摆杆在广义坐标 θ_1 中的角加速度小于零（即 $\ddot{\theta}_1<0$），其二级摆杆的回转关节角加速度（方向同广义坐标 θ_2）应满足的条件。其中 H 为当前瞬时下基于系统动力学参数的计算值，计算公式如式（12-149），其物理意义为由二级摆杆运动产生的离心力、科氏力以及其自身重力对 DLVCIP 一级摆杆在广义坐标 θ_1 中的角加速度的影响；同时，作为临界条件，若 DLVCIP 二级摆杆的伸缩关节在广义坐标 θ_2 中的加速度等于 H，则 DLVCIP 一级摆杆在广义坐标 θ_1 中的角加速度将等于零。

将满足使 DLVCIP 一级摆杆在广义坐标 θ_1 的角加速度小于零的 DLVCIP 二级摆杆的回转关节加速度条件用其相应的驱动力矩 τ_2 表达。首先将 DLVCIP 的动力学表达式按照广义坐标 θ_2 展开如式（12-151），然后将式（12-143）、式（12-144）代入式（12-151），整理可得当前瞬态下 τ_2 的计算式（12-152）。

$$\begin{aligned}\tau_2=&(I_2+m_2l_2^2+m_2l_1l_2\cos\theta_2^*)\ddot{\theta}_1+m_2l_2\cos\theta_2\ddot{x}+(I_2+m_2l_2^2)\ddot{\theta}_2^*+2m_2l_2\dot{l}_2\dot{\theta}_2\\&+m_2l_1l_2\dot{\theta}_1^2\sin\theta_2^*-m_2gl_2\sin\theta_2\end{aligned} \tag{12-151}$$

$$\begin{cases}\tau_2=(D-B^2/E)\ddot{\theta}_2^*+B(F_c+G)/E+W_2\\ D=I_2+m_2l_2^2\\ W_2=m_2l_1l_2\dot{\theta}_1^2\sin\theta_2^*-m_2gl_2\sin\theta_2\end{cases} \tag{12-152}$$

如图 12-20 所示，当 DLVCIP 的二级摆杆处于区域 1 中时（对应式（12-148）中的第一种情况，即 $\ddot{\theta}_2^*>H\ ,\ K>1\cup\ [K<1\cap\theta_2^*\in(0°,\ \theta_{s1})\cup\ (\theta_{s1},\ 360°)]$），为使 DLVCIP 的一级摆杆具有沿着广义坐标 θ_1 的负向摆动的趋势，其二级摆杆的回转关节应存在大于 H 的角加速度。H 的取值意义与 L 相似。当 H 大于零时，H 代表了为使 DLVCIP 中一级摆杆具有绕广义坐标 θ_1 的负向摆动趋势，对其二级摆杆回转关节角加速度的最低要求；若 H 小于零，则说明 DLVCIP 的二级摆杆回转关节的角加速度在当前瞬时下存在裕量，可以根据需要对 DLVCIP 二级摆杆的摆角进行调整。

当 DLVCIP 的二级摆杆处于图 12-20 中区域 2 时［对应式（12-148）中的第二种情况，即 $\ddot{\theta}_2^*<H\ ,\ K<1\cap\theta_2^*\in(\theta_{s1},\ \theta_{s2})$］，欲使 DLVCIP 的一级摆杆具有沿着广义坐标 θ_1 的负向摆动的趋势，其二级摆杆的回转关节应有小于 H 的角加速度；当 H 小于零时，H

代表了为使 DLVCIP 中一级摆杆具有绕广义坐标 θ_1 负向的摆动趋势，对其二级摆杆伸缩关节伸缩运动加速度的最低要求；若 H 大于零，则说明 DLVCIP 中二级摆杆回转关节的角加速度在当前瞬时下存在裕量，可以根据需要对 DLVCIP 二级摆杆的摆角进行调整。

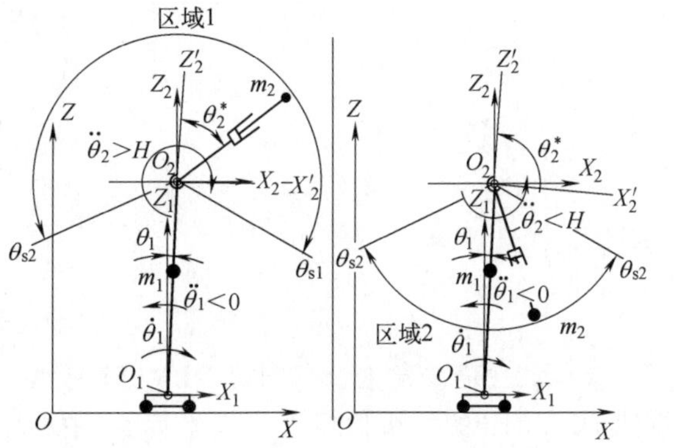

图 12-20　DLVCIP 的一级摆杆摆动趋势与二级摆杆回转关节的角加速度规律示意图

同理，对于欲使 DLVCIP 的一级摆杆具有沿着广义坐标 θ_1 正向摆动趋势的情况，DLVCIP 二级摆杆回转关节的角加速度变化应遵循的规律恰与前述规律相反。

3）广义坐标 X 的动态行为特性分析

广义坐标 X 的动力学运动行为特性分析即是关于 DLVCIP 中一级摆杆回转关节（对应广义坐标 θ_1）的角加速度与小车（对应广义坐标 X）的加速度之间的关系的分析。同 1）的处理方法，将 DLVCIP 中二级摆杆的伸缩关节和回转关节固定，令其对应的广义坐标的速度、加速度全部为零，即后续分析的前提条件为式（12-155）。

$$\begin{cases}\ddot{l}_2=0\ 、\dot{l}_2=0\\ \ddot{\theta}_2^*=0\ 、\dot{\theta}_2^*=0\end{cases}\tag{12-153}$$

将式（12-153）代入式（12-131）中并进行整理，可以得到关于广义坐标 θ_1 的加速度与广义坐标 x 的加速度关系式，如式（12-154）。

$$\ddot{\theta}_1=\frac{-X_r\ddot{x}+G}{E}\tag{12-154}$$

$$X_r=m_1l_0\cos\theta_1+m_2l_1\cos\theta_1+m_2l_2\cos\theta_2\tag{12-155}$$

对式（12-154）中广义坐标 X 的加速度的系数 X_r 进行讨论。由式（12-155）可见：表示 X_r 的多项式中的每一项都包含了 cos 函数，且各 cos 函数的自变量都不相同，表明 X_r 的值与系统的固有参数和系统在当前瞬时内的状态都存在关联，不利于对 X_r 的性质进行讨论。在没有指定具体的系统参数的情况下，难以单纯地通过数学的方法对其正负性质进行分类判断。但是，X_r 的多项式在构造上与 DLVCIP 的系统总质心位置的表达式相似。因此，列写 DLVCIP 的总质心在坐标系 ΣXOZ 中沿 OZ 方向的总质心位置坐标分量 y_{sum} 计算公式，如式（12-156）所示。

$$y_{sum}=m_2(l_1\cos\theta_1+l_2\cos\theta_2)/(m_1+m_2)+m_1l_0\cos\theta_1/(m_1+m_2)+y_{O1}\tag{12-156}$$

并将式（12-156）变形为式（12-157）的形式。

$$(m_1+m_2)(y_{sum}-y_{O1})=m_1l_0\cos\theta_1+m_2l_1\cos\theta_1+m_2l_2\cos\theta_2=X_r\tag{12-157}$$

由式（12-157）可见：X_r 的值等于 DLVCIP 的总质量乘以其总质心在坐标系 ΣXOZ 中相对于 O_1 点的垂直坐标 $y_{sum\text{-}O1}$。这也就意味着当 DLVCIP 的总质心在坐标系 ΣXOZ 的垂直方向上高于 O_1 点（即 DLVCIP 一级摆杆的回转关节旋转点）时，X_r 一定为正实数；反之，X_r 一定为负实数。

上述处理之后，同 1）的处理方法，以期望 DLVCIP 的一级摆杆有在平面内向左倾倒的趋势（即一级摆杆在广义坐标 θ_1 中的角加速度为负值）的情况为例，对 DLVCIP 中一级摆杆的摆动与小车运动之间的关系进行讨论。令 DLVCIP 一级摆杆的旋转关节的角加速度小于零，由式（12-154）可以得到：

$$\begin{cases}\ddot{x} > A \ , y_{\text{sum}} > y_{\text{O1}} \\ \ddot{x} < A \ , y_{\text{sum}} < y_{\text{O1}}\end{cases} \tag{12-158}$$

$$A = \frac{G}{X_{\text{r}}} \tag{12-159}$$

$$\begin{cases}A \in [A_{-}, A_{+}] \\ A_{+} > 0 \\ A_{-} < 0\end{cases} \tag{12-160}$$

式（12-158）表达了在固定 DLVCIP 模型的二级摆杆的伸缩关节和回转关节的情况下，欲使 DLVCIP 的一级摆杆在广义坐标 θ_1 中的角加速度小于零，其小车的加速度（方向同广义坐标 X）需要满足的条件。A 为当前瞬时下由系统动力学参数代入式（12-158）的计算值，代表了重力对 DLVCIP 一级摆杆在广义坐标 θ_1 中的角加速度的影响；同时，作为临界条件，若 DLVCIP 的小车在广义坐标 θ_1 中的加速度等于 A，那么 DLVCIP 的一级摆杆在广义坐标 θ_1 中的角加速度将会等于零。A 的取值与系统在当前瞬时下的状态有关，可能为正实数，也有可能是负实数，其取值范围如式（12-160）。

考虑到在实际应用过程中，DLVCIP 的总质心在坐标系 ΣXOZ 的竖直方向上低于 O_1 点的情况比较少见，因此以式（12-158）中的第一种情况为例，详细介绍 DLVCIP 中一级摆杆回转关节的角加速度与小车的加速度之间的关系。当 $y_{\text{sum-O1}} > 0$ 时，欲使一级摆杆有向平面左侧摆动的趋势，小车的加速度（方向同广义坐标 X）应大于 A；反之，若欲使一级摆杆具有向平面右侧摆动的趋势，则小车的加速度应小于 A。当 A 大于零时，A 代表了为使 DLVCIP 的一级摆杆绕广义坐标 θ_1 关节的角加速度小于零，对小车沿广义坐标 X 的加速度的最低要求；若 A 大于零，则说明在当前瞬时下 DLVCIP 中小车的角加速度存在裕量，可以根据需要对小车的位置或者速度进行调整。相反，当 $y_{\text{sum-O1}} < 0$ 时，DLVCIP 一级摆杆摆动趋势与小车加速度之间的运动规律与上述相反。

将式（12-158）所表达的小车加速度条件变换为用小车对应的驱动力 F_{x} 来描述。将 DLVCIP 的动力学表达式按广义坐标 X 展开如式（12-161）。然后，将式（12-153）、式（12-154）代入式（12-161）并整理得到当前瞬态下，F_{x} 的表达式（12-162）。

$$\begin{aligned}F_x = &(m_1+m_2)\ddot{x} + X_{\text{r}}\ddot{\theta}_1 + m_2 l_2 \cos\theta_2 \ddot{\theta}_2 + m_2 \ddot{l}_2 \sin\theta_2 + 2m_2 \dot{l}_2 \dot{\theta}_2 \cos\theta_2 - m_2 l_2 \dot{\theta}_2^2 \sin\theta_2 \\ &- m_1 l_0 \dot{\theta}_1^2 \sin\theta_1 - m_2 l_1 \dot{\theta}_1^2 \sin\theta_2\end{aligned} \tag{12-161}$$

$$\begin{cases}F_x = \left[(m_1+m_2) - \dfrac{X_{\text{r}}^2}{E}\right]\ddot{x} + X_{\text{r}}\dfrac{G}{E} - W_3 \\ W_3 = m_1 l_0 \dot{\theta}_1^2 \sin\theta_1 + m_2 l_1 \dot{\theta}_1^2 \sin\theta_2 + m_2 l_2 \dot{\theta}_1^2 \sin\theta_2\end{cases} \tag{12-162}$$

4）DLVCIP 动力学特性行为规律的总结

对前述的 DLVCIP 动力学特性规律进行总结，由于 DLVCIP 中的一级摆杆具备沿着广义坐标 θ_1 的负方向摆动的趋势和沿着广义坐标 θ_1 的正方向摆动的趋势对应的各个广义坐标加速度取值情况相反，这里仅对前者进行总结。总结了前述 DLVCIP 中的二级摆杆的伸缩关节、二级摆杆的回转关节以及小车与一级摆杆的回转关节之间的动力学特性运动行为规律，汇总如表 12-3 所示。其中 L、H、A 为对应瞬时代入具体的系统参数进行计算得到的常数值。该常数值表达了在系统运动过程的一个瞬时内，使一级摆杆回转关节的角加速度 $\ddot{\theta}_1$ 为零的各个广义坐标中的加速度临界值。

表 12-3　使 DLVCIP 一级摆杆回转关节角加速度 $\ddot{\theta}_1<0$ 对应的系统行为规律表

广义坐标	对应的系统状态	对应的系统行为	加速度条件
l_2	$\theta_2^* \in (0°, 180°)$	二级摆杆伸缩关节沿正方向加速伸出或者沿负方向减速缩回	$\ddot{l}_2>L$
l_2	$\theta_2^* \in (180°, 360°)$	二级摆杆伸缩关节沿正方向减速伸出或者沿负方向加速缩回	$\ddot{l}_2<L$
θ_2	$\theta_2^* \in (0°, \theta_{s1}) \cap (\theta_{s2}, 360°)$ 且 $K<1$ 或 $K \geqslant 1$	二级摆杆回转关节绕顺时针方向加速或者逆时针方向减速旋转	$\ddot{\theta}_2^*>H$
θ_2	$\theta_2^* \in (\theta_{s1}, \theta_{s2})$ 且 $K<1$	二级摆杆回转关节绕逆时针方向加速或者顺时针方向减速旋转	$\ddot{\theta}_2^*<H$
X	$y_{sum}>y_{o1}$	小车沿 X 轴正方向加速或者沿 X 轴负方向减速	$\ddot{x}>A$
X	$y_{sum}<y_{o1}$	小车沿 X 轴负方向加速或者沿 X 轴正方向减速	$\ddot{x}<A$

(3) DLVCIP 动力学特性行为规律的仿真验证

1) DLVCIP 的仿真模型

按照图 12-17 所示的双摆杆可变摆长倒立摆小车模型，建立如图 12-21 所示的倒立摆系统虚拟样机，其系统参数如表 12-4 所示。

表 12-4　移动操作臂虚拟样机的具体参数

参数名	参数值	参数名	参数值
l_0	524.754mm	m_1	2.538kg
l_1	1000mm	m_2	5.520kg
l_2	688.387～862.093mm		

该虚拟样机的二级摆杆回转关节、伸缩关节以及小车带有驱动，通过加速运动，产生惯性力对一级摆杆产生影响。该虚拟样机一级摆杆回转关节的驱动可以依据仿真的时间进度，在计划的时间内失能，使该虚拟样机的一级摆杆回转关节变为欠驱动状态。

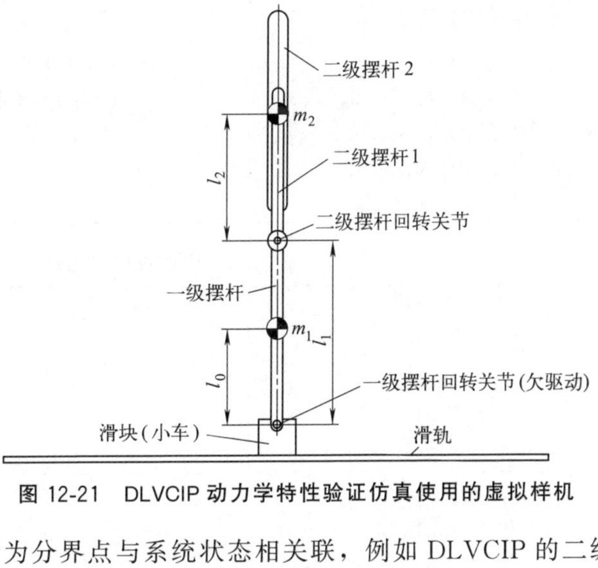

图 12-21　DLVCIP 动力学特性验证仿真使用的虚拟样机

2) DLVCIP 力学特性的仿真验证

为对 DLVCIP 里广义坐标 l_2、θ_2、X 与广义坐标 θ_1 所对应的动力学特性规律进行验证，需分别对广义坐标 l_2、θ_2、X 进行两组仿真。由于前述 DLVCIP 的动力学特性的一部分行为分界点与系统状态相关联，例如 DLVCIP 的二级摆杆在坐标系 $\Sigma X_2' O_2 Z_2'$ 中的角度位置，因此需要让虚拟样机在不同的初始构型下执行预设动作，以验证 DLVCIP 的动力学规律。

单次仿真过程概要：首先让虚拟样机的各部件运动至本次仿真预设的初始位置，使其达到本次仿真期望的初始构形；然后，施加外力使虚拟样机的一级摆杆向平面的右侧倾倒；施加外力结束后，让虚拟样机执行预先设定好的动作。单次仿真结束后，取广义坐标 θ_1 的角加速度在两个不同时刻的数据，计算 θ_1 的角加速度的变化率 ε_1。同一组别中的仿真，虚拟样机执行的预设动作相同。同时，考虑到虚拟样机的二级摆杆在运动的过程中，若其回转关节的角速度、伸缩关节的速度较大，则将会产生较大的离心力、科氏力，这些惯性力将会对加速运动关系的评估产生比较大的影响，即不利于对 DLVCIP 某个广义坐标的加速度（角加速度）对广义坐标 θ_1 角加速度的影响进行准确的判断。为尽可能避免上述影响，当每次仿真结束后分别取预设动作开始时刻和预设动作开始 0.002s 时的 θ_1 角加速度数据计算其变化率 ε_1。这两个时刻二级摆杆运动的速度、角速度非常小，离心力和科氏力产生的影响可以被忽略。单次仿真的流程如图 12-22 所示。

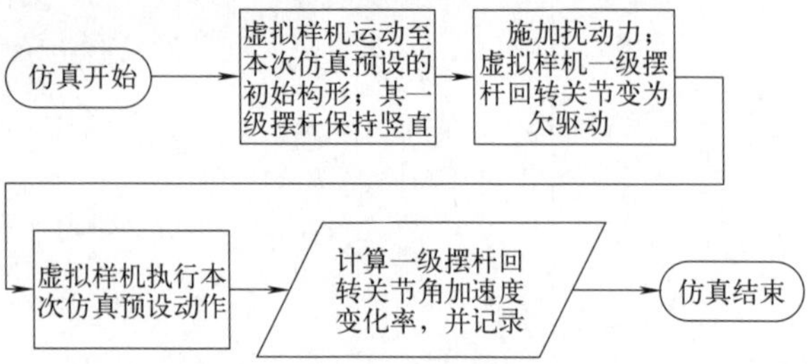

图 12-22 单次仿真的流程

取 0.001s 为每次仿真的步长。各组仿真的预设动作如表 12-5。在广义坐标 l_2 的第二组仿真中，虚拟样机二级摆杆的初始摆长状态为最大摆长；其余组别的仿真中，虚拟样机二级摆杆的初始摆长状态都为最小摆长；小车无对应输入时保持原位；在施加外力之前，一级摆杆保持在竖直状态；施加外力时，一级摆杆即刻变为欠驱动状态。将系统物理参数代入式(12-146) 中，得到虚拟样机的二级摆杆回转关节在广义坐标 θ_2 中的行为临界点：$\theta_{s1}=154.4675°$、$\theta_{s2}=205.5324°$。虚拟样机在各个广义坐标仿真组别中单次仿真初始构型的主要区别为二级摆杆于坐标系 $\sum X_2'O_2Z_2'$ 中的转角位置，通过遍历其工作空间以验证二级摆杆转角位置与系统行为之间的关系。其步长取值如表 12-6，在行为临界点附近采用较小的步长。

表 12-5 各组别的预设动作

仿真组别	虚拟样机执行的预设动作	计划完成时长
广义坐标 l_2 第一组	二级摆杆伸缩关节伸出 300mm	0.1s
广义坐标 l_2 第二组	二级摆杆伸缩关节回缩 300mm	0.1s
广义坐标 θ_2 第一组	二级摆杆顺时针旋转 60°	0.2s
广义坐标 θ_2 第二组	二级摆杆逆时针旋转 60°	0.2s
广义坐标 X 第一组	小车沿 X 轴正方向移动 300mm	0.2s
广义坐标 X 第二组	小车沿 X 轴负方向移动 300mm	0.2s

表 12-6 虚拟样机二级摆杆初始位置取值表

仿真组别	二级摆杆初始角度 θ_2^*	步长
广义坐标 l_2	$\theta_2^*\in[-2°,2°]$	0.1°
广义坐标 l_2	$\theta_2^*\in[-3°,178°]$	1°
广义坐标 l_2	$\theta_2^*\in[178.1°,182°]$	0.1°
广义坐标 l_2	$\theta_2^*\in[183°,360°]$	1°
广义坐标 θ_2	$\theta_2^*\in[0°,152°]$	1°
广义坐标 θ_2	$\theta_2^*\in[152.1°,156°]$	0.1°
广义坐标 θ_2	$\theta_2^*\in[157°,204°]$	1°
广义坐标 θ_2	$\theta_2^*\in[204.1°,208°]$	0.1°
广义坐标 θ_2	$\theta_2^*\in[209°,365°]$	1°
广义坐标 X	$\theta_2^*\in[-10°,370°]$	5°

3）仿真结果分析与结论

广义坐标 l_2 组、广义坐标 θ_2 组、广义坐标 X 组的仿真结果分别如图 12-23、图 12-24、

图 12-25 所示。其中纵坐标为单次仿真对应的 θ_1 角加速度变化率 ε_1，横坐标为单次仿真中虚拟样机二级摆杆的初始角度。由图 12-23、图 12-24、图 12-25，广义坐标 l_2 组、广义坐标 θ_2 组、广义坐标 X 组的 θ_1 角加速度变化率 ε_1 的分布情况总体上符合表 12-3 的行为规律。对于广义坐标 l_2、广义坐标 θ_2 的行为分界点，取 $\varepsilon_1=0$ 附近的 7 个数据点，使用线性回归方程对其进行线性拟合，然后通过计算分别得到广义坐标 l_2、广义坐标 θ_2 的行为分界点的仿真测量值。

两个广义坐标行为分界点的理论值与仿真测量值的对比如表 12-7。虽然已经采取措施尽可能减小科氏力和离心力带来的影响，但是无法完全消除这两个因素产生的影响。广义坐标 l_2 的行为分界点预测误差在 $\pm0.1°$ 范围内；广义坐标 θ_2 的行为分界点预测误差在 $\pm0.65°$ 内。总体来说，通过所总结的规律对系统广义坐标 l_2、广义坐标 θ_2 的行为分界点的预测误差处在合理范围内。

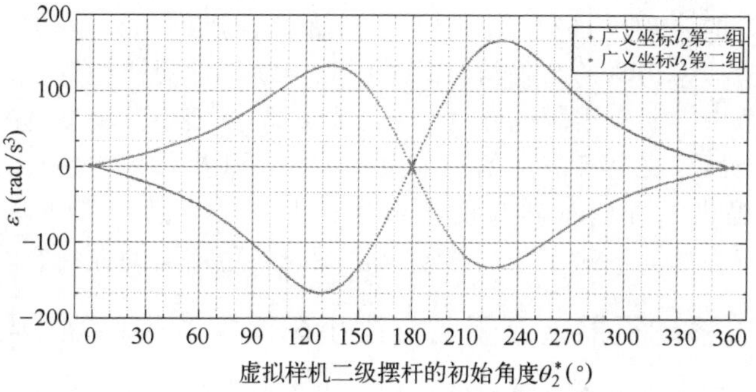

图 12-23　DLVCIP 动力学特性验证仿真-广义坐标 l_2 组结果

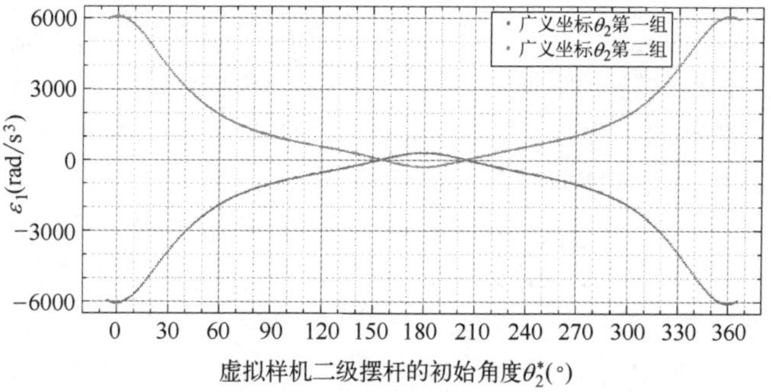

图 12-24　DLVCIP 动力学特性验证仿真-广义坐标 θ_2 组结果

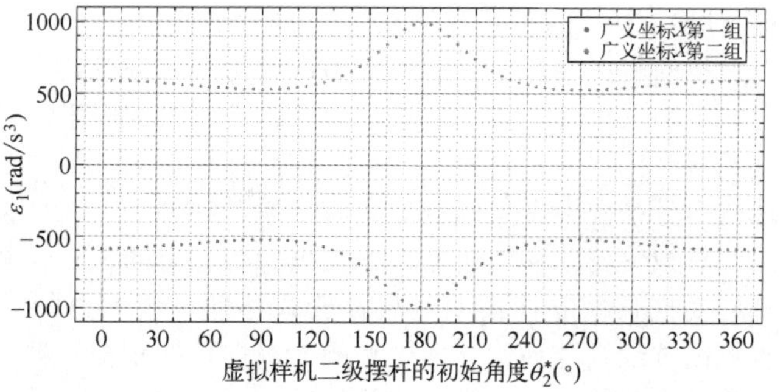

图 12-25　DLVCIP 动力学特性验证仿真-广义坐标 X 组结果

表 12-7　理论行为分界点与仿真测量值的对比

仿真组别	理论临界点	仿真测量临界点	误差绝对值
广义坐标 l_2 第一组	$\theta_{s1}=0°$	$\theta_{s1-sim}=-0.0355°$	0.0355°
广义坐标 l_2 第一组	$\theta_{s2}=180°$	$\theta_{s2-sim}=180.0192°$	0.0192°
广义坐标 l_2 第二组	$\theta_{s1}=0°$	$\theta_{s1-sim}=0.0286°$	0.0286°
广义坐标 l_2 第二组	$\theta_{s2}=180°$	$\theta_{s2-sim}=179.9918°$	0.0082°
广义坐标 θ_2 第一组	$\theta_{s1}=154.4675°$	$\theta_{s1-sim}=155.0800°$	0.6125°
广义坐标 θ_2 第一组	$\theta_{s2}=205.5324°$	$\theta_{s2-sim}=205.0442°$	0.4882°
广义坐标 θ_2 第二组	$\theta_{s1}=154.4675°$	$\theta_{s1-sim}=154.9562°$	0.4887°
广义坐标 θ_2 第二组	$\theta_{s2}=205.5324°$	$\theta_{s2-sim}=204.9347°$	0.5977°

本节对双摆杆可变摆长倒立摆小车模型 DLVCIP 的动力学特性进行了分析，总结了各个广义坐标与广义坐标 θ_1 之间通过惯性力相互影响的行为规律。同时，通过动力学方程在数学层面对这些行为的合理性进行了证明；通过虚拟样机的动力学仿真对所总结 DLVCIP 的行为规律进行了验证，仿真的结果与所总结的动力学特性规律相符合，且各个行为临界点的预测误差在合理范围。研究得到的双摆杆可变摆长倒立摆小车模型稳定运动、失稳后恢复稳定行为的规律以及以广义坐标表达的行为条件，为搭载操作机构的移动原型机械系统的稳定运动控制器设计提供了理论基础与设计依据。本节对双摆杆可变摆长倒立摆小车模型 DLVCIP 的动力学特性的证明对于此类移动机械系统的稳定运动控制有普适性。

12.5.3　载臂轮式移动机器人基于倒立摆小车模型的失稳恢复与稳定移动控制

载臂轮式移动机器人在本书中是搭载机器人操作臂的轮式移动机器人的简称。运动稳定性对载臂轮式移动机器人而言是一项非常重要的性能指标，能够保证稳定运动是载臂轮式移动机器人能够正常运行的前提条件之一。目前已有几项移动机器人运动稳定性判断准则被相继提出，例如 ZMP（零力矩点）、F-A、MHS、TOM。其中，ZMP 被广泛应用于各类足式、轮式移动机器人的运动稳定性判别，而 F-A、MHS 和 TOM 主要面向轮式移动机器人、特种车辆的运动稳定性判别。此外，Ghasempoor 等提出了从能量的角度对移动操作臂的运动稳定性进行分析的方法。在移动机器人稳定运动控制方面，已存在较多实用算法。例如福田敏男等提出的 CGC 算法；黄强、Sugano 等率先将 ZMP 用于移动操作臂的运动稳定性，并提出了引入 ZMP 限制的离线作业轨迹规划方法；Jinhyun Kim 等使用 null motion 和 ZMP 稳定性判据实现了移动操作臂的在线稳定性补偿；Sohee Lee 等基于 J. wolf 等提出的不变控制方法提出了基于 ZMP 的移动操作臂的稳定运动控制方法；Leah Kelley 等基于 F-A 运动稳定性判据，通过轮-地之间的作用力设计了移动小车的稳定运动控制器；Dine K 等设计了 ZMP 扰动观测器用于估计 ZMP 的计算误差，并将其用于移动操作臂稳定移动控制；Chang Joo Lee 等基于 TOM 对移动操作臂的最大减速能力进行了研究。上述方法都是基于载臂轮式移动机器人未发生失稳的前提条件下提出的。当载臂轮式移动机器人处于失稳状态且其系统总质心在支撑面上的投影点仍处于支撑区域内时，由于重力的因素，采用运动稳定性判断准则仍能得到载臂轮式移动机器人不会发生倾覆的判断结果，只有当质心在支撑面上投影点越过支撑边界时，才能得到系统会发生倾覆的判断结果，这种观点在理论和实际上存在一定的局限性。因此，本节对载臂轮式移动机器人处在失稳状态时的失稳恢复控制方法进行了研究。首先使用双摆杆可变摆长倒立摆模型对载臂轮式移动机器人进行了等效简化建模；然后，基于滑模变结构控制方法设计该倒立摆模型的一级摆杆摆角控制器，通过建立载臂轮式移动机器人关节运动空间与其等效简化模型之间运动学参数的映射关系，设计载臂轮式移动机器人的失稳恢复行为控制器；最后，通过动力学仿真评价该控制器对载臂轮式移动机器人的失稳恢复控制效果。

（1）载臂轮式移动机器人的等效简化模型

1）载臂轮式移动机器人等效简化建模的思路

载臂移动机器人是具有移动兼操作两项功能的移动操作臂，可被分为机器人操作臂和移动机器人两部分。不同类型的移动操作臂之间的主要差异在于采用的移动机器人的移动方式、移动机器人是否具备全向移动的能力、移动机器人支撑区域的形状、所搭载机械臂的自由度和类型等方面。此外，从轮式移动车的角度来看，任何形式的机械臂以及其末端负载，作为多刚体质点系统的机械系统都可以被等效为一个有支点且摆长可变的摆杆模型，如图 12-26 所示。机械臂的总质心位于摆杆的末端，杆的质量忽略不计。当载臂轮式移动机器人处于非平衡状态时（即非稳定的状态），载臂轮式移动机器人的轮式移动车也可被看做一个单级倒立摆，摆杆的长度取决于机器人翘起所绕的支撑边界、支撑点，如图 12-26。代表机械臂的变摆长摆杆与该单级倒立摆的末端相连接。多数情况下，此类机器人发生失稳的方式是绕着其支撑区域的某一支撑边界翘起。此状态下，可以对机器人的等效力学模型作进一步的简化，将其退化为平面内的双摆杆可变摆长倒立摆小车模型。因此，建立移动机器人的三维等效简化模型用于其运动稳定状态的判别分析；建立其二维等效简化模型用于描述载臂轮式移动机器人绕支撑边界失稳状态下的运动。

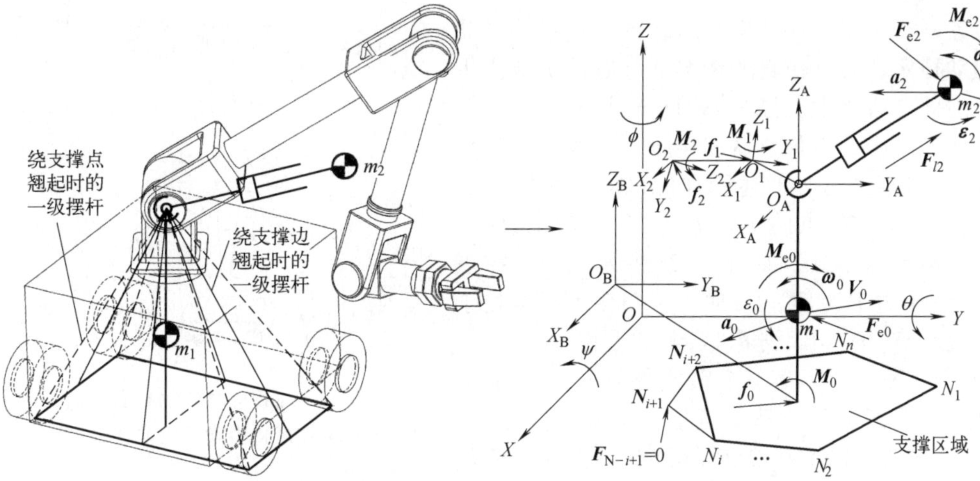

图 12-26　载臂轮式移动机器人的三维等效简化模型 3D-DLVIP

2）双摆杆变摆长倒立摆模型 3D-DLVIP

依照前述内容，如图 12-26 所示，将载臂轮式移动机器人等效为三维双摆杆可变摆长倒立摆模型 3D-DLVIP（3D double-link length variable inverted pendulum）。该模型主要用于判断移动操作臂的运动稳定状态。假设机器人运行的地面环境为平地，且移动操作臂的轮式机器人与地面接触的车轮相对地面不发生相对滑动，即轮与地面的接触状态为纯滚动或静止状态。图 12-26 中，ΣXYZ 为世界坐标系；$\Sigma X_B Y_B Z_B$ 为轮式移动车的坐标系；机械臂对应 3D-DLVIP 模型中的二级摆杆，其坐标系为 $\Sigma X_A Y_A Z_A$，该坐标系与 $\Sigma X_B Y_B Z_B$ 的姿态相同，仅位置不同。$\Sigma X_A Y_A Z_A$ 的坐标原点位于 3D-DLVIP 一级摆杆的末端且与其固定。N_i 代表轮式移动车第 i 个车轮与地面的第 i 个接触点，即支撑区域的各个顶点。

3）双摆杆可变摆长倒立摆小车模型 DLVCIP

如图 12-27 所示，当载臂轮式移动机器人绕支撑边发生失稳时，使用双摆杆可变摆长倒立摆小车模型 DLVCIP（double-link length variable cart inverted pendulum）对其进行等效简化建模。DLVCIP 主要用于描述载臂轮式移动机器人在非稳定状态下的运动。假设移动操作臂运行的地面为平地，且其车轮与地面不发生相对滑动；DLVCIP 的小车始终与地面平行且保持接触。载臂轮式移动机器人的机械臂对应 DLVCIP 的二级摆杆；轮式移动车对应 DLVCIP 的一级摆杆；小车仅代表轮式移动车沿着该平面中 X 轴方向的移动能力，不代表实际的机构或者实体。DLVCIP 中，仅一级摆杆的回转关节为欠驱动关节。

DLVCIP 的二级摆杆伸缩关节、二级摆杆回转关节、一级摆杆回转关节和小车分别对应广义坐标 l_2、θ_2、θ_1、X。各广义坐标的正方向定义如图 12-27 所示，建立 DLVCIP 模型的动力学方程为：

$$\boldsymbol{M}(\boldsymbol{q},\dot{\boldsymbol{q}})\ddot{\boldsymbol{q}}+\boldsymbol{C}(\boldsymbol{q},\dot{\boldsymbol{q}})\dot{\boldsymbol{q}}+\boldsymbol{G}(\boldsymbol{q})=\boldsymbol{\tau} \tag{12-163}$$

式中，$\boldsymbol{q}=[x \quad l_2 \quad \theta_1 \quad \theta_2]^{\mathrm{T}}$，$\boldsymbol{\tau}=[F_x \quad F_1 \quad -\tau_2 \quad \tau_2]^{\mathrm{T}}$，$\theta_2=\theta_2^*+\theta_1$，$\theta_{\mathrm{mega1}}=\theta_1+\alpha_1-90°$，$\theta_{\mathrm{mega2}}=\theta_1+\alpha_2-90°$。

（2）运动稳定状态的判断

实际的载臂轮式移动机器人的各个车轮单元上，可以设置接触力传感器或更高级的多维力/力矩传感器来检测机器人各个支撑点的压力（或多维力），并通过地面总的反力（即各力传感器检测出的合力即为反力中心点即实际的 ZMP）的位置，用此位置是否位于支撑区来判断载臂轮式移动机器人的运动稳定状态（仿真的情况下可通过虚拟样机上设置地面与各着地支撑车体的车轮与地面的接触要素来作为虚拟的力传感器和实时“检测”与计算来得到 ZMP 点进行与前述同样的机器人稳定状态的判断）。若某支撑点的压力 $\boldsymbol{F}_{\mathrm{N}\text{-}i}$ 等于零，说明该支撑点未与地面接触。如图 12-26 所示，当支撑点 N_{i+1} 处的压力 $\boldsymbol{F}_{N-i+1}=0$ 时，说明该支撑点处于离地状态，新的实际支撑区域变为由 N_1、…、N_i、N_{i+2}、…、N_n 等 n-1 个支撑点连线构成的凸多边形。当载臂轮式移动机器人未发生失稳时，由式（12-164）计算其 ZMP 的位置。依据载臂轮式移动机器人的 ZMP 点与支撑区域的相对位置关系，判断载臂轮式移动机器人的运动状态是否稳定。

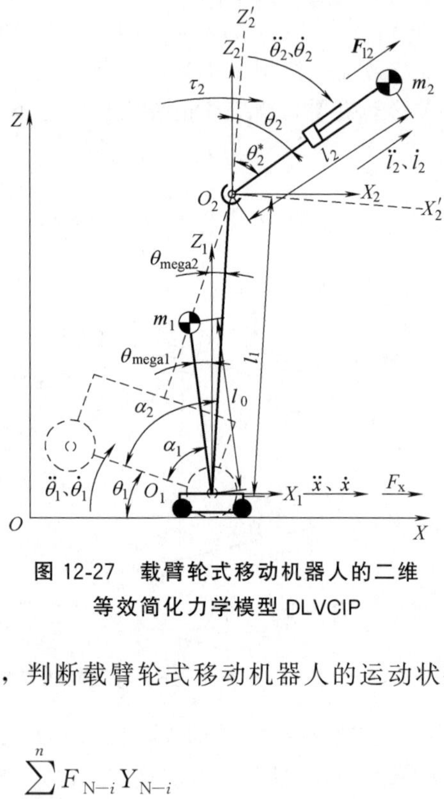

图 12-27　载臂轮式移动机器人的二维等效简化力学模型 DLVCIP

$$X_{\mathrm{zmp}}=\frac{\sum_1^n F_{\mathrm{N}-i}X_{\mathrm{N}-i}}{\sum_1^n F_{\mathrm{N}-i}};Y_{\mathrm{zmp}}=\frac{\sum_1^n F_{\mathrm{N}-i}Y_{\mathrm{N}-i}}{\sum_1^n F_{\mathrm{N}-i}} \tag{12-164}$$

当载臂轮式移动机器人处于失稳状态时，若存在有且只有两个支撑点与地面接触的情况，说明载臂轮式移动机器人正以这两个支撑点连线为轴线即将翻转失稳或仍处于倾覆运动中的失稳状态。同理，若存在有且只有一个支撑点与地面接触的情况，则说明移动操作臂绕着该支撑点失稳。

（3）DLVCIP 的一级摆杆摆角控制的滑模变结构控制器

使用滑模变结构控制方法，分别依照各个广义坐标与广义坐标 θ_1 之间的动力学方程式设计 DLVCIP 的一级摆杆摆角控制器。以广义坐标 θ_2（对应 DLVCIP 二级摆杆的回转关节）

与广义坐标 θ_1 为例进行说明。令 DLVCIP 二级摆杆伸缩关节和 DLVCIP 的小车锁止，如式（12-164）条件式。将 DLVCIP 的动力学方程按广义坐标 θ_1 展开，并将式（12-164）所表示的各个条件代入其中，得到广义坐标 θ_2 与广义坐标 θ_1 的微分关系式（12-165）。

$$\ddot{x}=0\ ;\dot{x}=0;\ddot{l}_2=0\ ;\dot{l}_2=0$$

$$E\ddot{\theta}_1+B\ddot{\theta}_2^*-F_c-G=0 \tag{12-165}$$

式中：$\begin{cases}E=I_1+I_2+m_1l_0^2+m_2l_1^2+m_2l_2^2+2m_2l_1l_2\cos\theta_2^* \\ B=I_2+m_2l_2^2+m_2l_1l_2\cos\theta_2^* \\ F_c=m_2l_1l_2\dot{\theta}_2^*\dot{\theta}_2^*\sin\theta_2^*+2m_2l_1l_2\dot{\theta}_2^*\dot{\theta}_1\sin\theta_2^* \\ G=m_2g(l_2\sin\theta_2+l_1\sin\theta_{\text{mega2}})+m_1gl_0\sin\theta_{\text{mega1}}\end{cases}$

将式（12-165）化为带不确定项的形式，如式（12-166）。其中 $\Delta f(\boldsymbol{q},\dot{\boldsymbol{q}})$ 与 $\Delta g(\boldsymbol{q},\dot{\boldsymbol{q}})$ 分别为由系统物理参数误差、动力学建模过程中被简化的诸如关节摩擦等因素所造成的影响，$d_0(t)$ 为外部扰动。取 $u_0=\ddot{\theta}_2^*$。

$$\begin{aligned}\ddot{\theta}_1=&f(\boldsymbol{q},\dot{\boldsymbol{q}})+\Delta f(\boldsymbol{q},\dot{\boldsymbol{q}})\\&+[g(\boldsymbol{q},\dot{\boldsymbol{q}})+\Delta g(\boldsymbol{q},\dot{\boldsymbol{q}})]u_0+d_0(t)\end{aligned} \tag{12-166}$$

将式（12-166）的三个不确定项合并为 $d_{\text{merge0}}(\boldsymbol{q},\dot{\boldsymbol{q}},t)$，并假设该项存在上界 D_{0_U} 和下界 D_{0_L}，则有式（12-167）：

$$\begin{cases}\ddot{\theta}_1=f(\boldsymbol{q},\dot{\boldsymbol{q}})+\mathrm{g}(\boldsymbol{q},\dot{\boldsymbol{q}})u_0+d_{\text{merge0}}(\boldsymbol{q},\dot{\boldsymbol{q}},t)\\ d_{\text{merge0}}(\boldsymbol{q},\dot{\boldsymbol{q}},t)=\Delta f(\boldsymbol{q},\dot{\boldsymbol{q}})+\Delta\mathrm{g}(\boldsymbol{q},\dot{\boldsymbol{q}})u_0+d_0(t)\end{cases} \tag{12-167}$$

选取滑模面函数 s_0、误差函数 e 为式（12-168），控制目标为 DLVCIP 一级摆杆的摆角 θ_1。

$$\begin{cases}s_0=c_0e+\dot{e}\\ e=\theta_{1d}-\theta_1\end{cases} \tag{12-168}$$

对滑模面 s_0 求导，然后将式（12-167）代入 $\dot{s}_0$ 中有：

$$\dot{s}_0=c_0\dot{e}+\ddot{e}=c_0\dot{e}+\ddot{\theta}_{1d}-\frac{F_c+G}{E}+\frac{B}{E}u_0+d_{\text{merge0}}(\boldsymbol{q},\dot{\boldsymbol{q}},t) \tag{12-169}$$

则可得到使用 DLVCIP 二级摆杆回转关节（对应广义坐标 θ_2）对其一级摆杆摆角进行控制的控制律 u_0，即式（12-170）：

$$u_0=u_{0\_eq}+u_{0\_sw} \tag{12-170}$$

式中，$u_{0\_eq}=\dfrac{E}{B}\left[\dfrac{F_c+G}{E}-\ddot{\theta}_{1d}-c_0\dot{e}-d_{c\_0}\right]$；$u_{0\_sw}=\dfrac{E}{B}[-k_0s_0-\eta_0\operatorname{sgn}(s_0)]$。

u_{0_eq} 为等效控制项；u_{0_sw} 为切换控制项。d_{c_0} 为抵消不确定项影响的项，取值如式（12-171）。

$$d_{c\_0}=\frac{D_{U\_0}+D_{L\_0}}{2}-\frac{D_{U\_0}-D_{L\_0}}{2}\operatorname{sgn}(s_0) \tag{12-171}$$

利用李雅普诺夫方法的稳定性证明如下：

设计如式（12-172）所示的 Lyapunov 函数 V_0，并对其求导得式（12-173）。

$$V_0=0.5s_0^2 \tag{12-172}$$

$$\dot{V}_0 = s_0 \dot{s}_0 = s_0 \left[c_0 \dot{e} + \ddot{\theta}_{1d} - \frac{F_c + G + B u_0}{E} + d_{merge0}(\boldsymbol{q}, \dot{\boldsymbol{q}}, t) \right] \quad (12\text{-}173)$$

将 u_0 代入式（12-173）有：

$$\begin{cases} \dot{V}_0 = s_0 [-k_0 s_0 - \eta_0 \operatorname{sgn}(s_0) - D] = -k_0 s_0^2 - \eta_0 |s_0| - s_0 D \\ D = d_{c\_0} - d_{merge0}(\boldsymbol{q}, \dot{\boldsymbol{q}}, t) \end{cases} \quad (12\text{-}174)$$

d_{c_0} 的取值为：

$$\begin{cases} d_{c\_0} = D_{U\_0}, s_0 > 0 \\ d_{c\_0} = D_{L\_0}, s_0 < 0 \end{cases} \quad (12\text{-}175)$$

则由式（12-174）可得：

$$\dot{V}_0 = -k_0 s_0^2 - \eta_0 |s_0| - s_0 D \leqslant -k_0 s_0^2 - \eta_0 |s_0| < 0 \quad (12\text{-}176)$$

证得所设计的控制律是稳定的。

同理，可得使用 DLVCIP 的小车（对应广义坐标 X）控制 DLVCIP 一级摆杆摆角 θ_1（对应广义坐标 θ_1）的控制律 u_1 为：

$$u_1 = u_{1\_eq} + u_{1\_sw} \quad (12\text{-}177)$$

式中

$$u_{1\_eq} = \frac{E}{X_r} \left[\frac{G}{E} - \ddot{\theta}_{1d} - c_1 \dot{e} - d_{c\_1} \right]; u_{1\_sw} = \frac{E}{X_r} [-k_1 s_1 - \eta_1 \operatorname{sgn}(s_1)];$$

$$X_r = m_1 l_0 \cos\theta_{mega1} + m_2 l_1 \cos\theta_{mega2} + m_2 l_2 \cos\theta_2 \quad (12\text{-}178)$$

使用 DLVCIP 二级摆杆伸缩关节（对应广义坐标 l_2）控制 DLVCIP 一级摆杆摆角 θ_1 的控制律 u_2 为：

$$u_2 = u_{2\_eq} + u_{2\_sw}$$

$$u_{2\_eq} = \frac{E}{L_{con}} \left[\frac{G - W_{con}}{E} - \ddot{\theta}_{1d} - c_2 \dot{e} - d_{c\_2} \right] \quad (12\text{-}179)$$

$$u_{2\_sw} = \frac{E}{L_{con}} [-k_2 s_2 - \eta_2 \operatorname{sgn}(s_2)]$$

$$L_{con} = m_2 l_1 \sin\theta_2^*; W_{con} = 2 m_2 l_1 \dot{l}_2 \dot{\theta}_1 \cos\theta_2^* \quad (12\text{-}180)$$

综上所述，DLVCIP 一级摆杆摆角控制器 DLVCIP-SLMC 的控制律如下：

$$\begin{cases} u_0 = u_{0\_eq} + u_{0\_sw} \\ u_1 = u_{1\_eq} + u_{1\_sw} \\ u_2 = u_{2\_eq} + u_{2\_sw} \end{cases} \quad (12\text{-}181)$$

（4）载臂轮式移动机器人与 DLVCIP 的运动学映射（运动参数变换器）

1）机械臂与 3D-DLVIP 二级摆杆的运动学映射

首先建立机械臂与 3D-DLVIP 二级摆杆的映射关系。对于具有 n 个杆件的机械臂，其质心位置计算方法如式（12-182），$\boldsymbol{r}_{gc-i}$ 为机械臂第 i 杆件质心在其杆件坐标系内的位置矢量。$_i^A\boldsymbol{R}$ 为机械臂基坐标系 $\sum X_A Y_A Z_A$ 到机械臂第 i 杆件坐标系的旋转变换矩阵，$_i^A\boldsymbol{P}_O$ 中的 0 和 i 所代表的意义同 $_i^0\boldsymbol{R}$。

$$\boldsymbol{P}_{gc} = \frac{\sum_{i=1}^{n} (_i^A\boldsymbol{R} \cdot \boldsymbol{r}_{gc-i} + _i^A\boldsymbol{P}_O) m_i}{\sum_{i=1}^{n} m_i} \quad (12\text{-}182)$$

由式（12-183）可以分别得到机械臂质心在其基坐标系 $\sum X_A Y_A Z_A$ 中的线速度矢量 $\boldsymbol{v}_{gc}$ 和角速度矢量 $\boldsymbol{\omega}_{gc}$。$\boldsymbol{J}_{gc\_v}$ 为机械臂质心的线速度雅可比矩阵；$\boldsymbol{J}_{gc\_\omega}$ 为机械臂质心的角速度

雅可比矩阵。

$$\begin{cases} \boldsymbol{v}_{gc} = \boldsymbol{J}_{gc\_v} \cdot \dot{\boldsymbol{q}} \\ \boldsymbol{\omega}_{gc} = \boldsymbol{J}_{gc\_\omega} \cdot \dot{\boldsymbol{q}} \end{cases} \tag{12-183}$$

此外，机械臂质心在$\sum X_A Y_A Z_A$中的等效转动惯量$\boldsymbol{I}_{gc\text{-}Arm}$可由式（12-184）求得。

$$\begin{cases} \boldsymbol{I}_{gc-Arm} = [\boldsymbol{\omega}_{gc}^T]^+ \cdot [\dot{\boldsymbol{q}}^T \cdot \boldsymbol{M}_{gc-Arm} \cdot \dot{\boldsymbol{q}} - m_{gc} \cdot \boldsymbol{v}_{gc}^T \cdot \boldsymbol{v}_{gc}] \cdot \boldsymbol{\omega}_{gc}^+ \\ \boldsymbol{M}_{gc-Arm} = \sum_{i=1}^{n} (m_i \boldsymbol{J}_{i-v}^T \cdot \boldsymbol{J}_{i-v} + {}^c\boldsymbol{J}_{i-\omega}^T \cdot {}^c\boldsymbol{I}_i \cdot {}^c\boldsymbol{J}_{i-\omega}) \end{cases} \tag{12-184}$$

2）载臂轮式移动机器人绕支撑边失稳时的运动学映射方法

绕其支撑边翘起发生失稳的载臂轮式移动机器人可以被进一步等效简化为垂直于该支撑边的平面上 DLVCIP 模型。为便于描述，将 DLVCIP 所在平面称为非稳定状态平面，如图 12-28 所示。对应移动操作臂支撑区域的支撑边 $N_i N_{i+1}$ 上的非稳定状态平面为 $\sum X_{c\text{-}ii+1} Y_{c\text{-}ii+1} Z_{c\text{-}ii+1}$ 坐标系中的 $X_{c\text{-}ii+1} O_{c\text{-}ii+1} Z_{c\text{-}ii+1}$ 平面。向量 $\boldsymbol{O}_{c\text{-}ii+1}\boldsymbol{D}_{ii+1}$ 表示了 $\sum X_{c\text{-}ii+1} Y_{c\text{-}ii+1} Z_{c\text{-}ii+1}$ 坐标系的 X 轴正方向。$\boldsymbol{O}_{c\text{-}ii+1}\boldsymbol{D}_{ii+1}$ 与 $\boldsymbol{O}_B\boldsymbol{X}_B$ 的夹角为 $\theta_{c\text{-}ii+1}$。$\sum X_{c\text{-}ii+1} Y_{c\text{-}ii+1} Z_{c\text{-}ii+1}$ 坐标系可由 $\sum X_B Y_B Z_B$ 坐标系绕 Z_B 轴逆时针旋转角度 $\theta_{c\text{-}ii+1}$ 后得到。

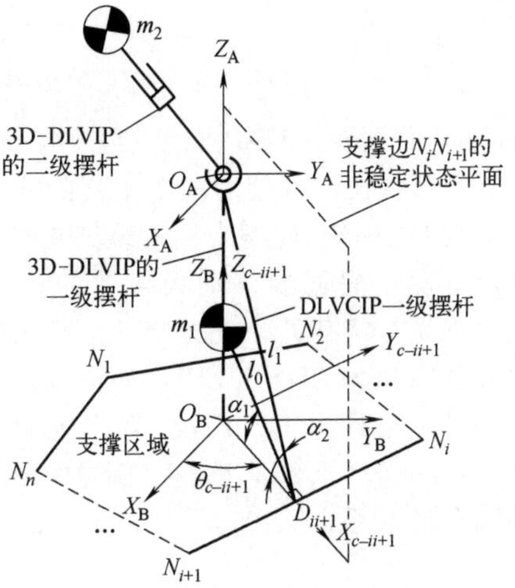

图 12-28　绕支撑边翘起的 3D-DLVIP

由 $\boldsymbol{O}_{c\text{-}ii+1}\boldsymbol{D}_{ii+1}$ 与 $\boldsymbol{O}_B\boldsymbol{X}_B$ 即可解算得到 $\theta_{c\text{-}ii+1}$，向量 $\boldsymbol{O}_{c\text{-}ii+1}\boldsymbol{D}_{ii+1}$ 的求解方法如下：

$$\begin{aligned} &|\boldsymbol{O}_B\boldsymbol{D}_{ii+1}| = \frac{|\boldsymbol{n}_{ii+1} \times \boldsymbol{O}_B\boldsymbol{N}_i|}{|\boldsymbol{n}_{ii+1}|}; \\ &\boldsymbol{N}_i\boldsymbol{D}_{ii+1} = |\boldsymbol{N}_i\boldsymbol{D}_{ii+1}| \cdot \boldsymbol{n}_{ii+1} = \boldsymbol{n}_{ii+1} \cdot \sqrt{|\boldsymbol{O}_B\boldsymbol{N}_i|^2 - |\boldsymbol{O}_B\boldsymbol{D}_{ii+1}|^2}; \\ &\boldsymbol{O}_B\boldsymbol{D}_{ii+1} = \boldsymbol{O}_B\boldsymbol{N}_i - \boldsymbol{N}_i\boldsymbol{D}_{ii+1} \end{aligned} \tag{12-185}$$

由图 12-28 中的机械臂总质心在$\sum X_B Y_B Z_B$中的位置矢量 $\boldsymbol{r}_{gc\text{-}B}$、$\boldsymbol{O}_B\boldsymbol{D}_{ii+1}$ 与 $\boldsymbol{O}_B\boldsymbol{O}_A$ 可以依次解算出该非稳定状态平面对应 DLVCIP-SLMC 需要的部分一级摆杆运动参数 l_{0-p}、l_{1-p}、α_{1-p}、α_{2-p}、${}^{c-ii+1}\boldsymbol{I}_{gc-B}$。此外，若移动操作臂底盘的质心无法与 3D-DLVIP 的一级摆杆重合时，则需先将向量 $\boldsymbol{r}_{gc\text{-}B}$、$\boldsymbol{O}_B\boldsymbol{D}_{ii+1}$ 与 $\boldsymbol{O}_B\boldsymbol{O}_A$ 投影至非稳定状态平面上，再对上述参数进行解算。3D-DLVIP 绕支撑边 $\boldsymbol{N}_i\boldsymbol{N}_{i+1}$ 的角度 $\theta_{1\text{-}p}$（支撑边 $\boldsymbol{N}_i\boldsymbol{N}_{i+1}$ 对应的 DLVCIP 一级摆杆的摆角）可以由其角速度 $\dot{\theta}_{1-p}$ 积分得到。$\dot{\theta}_{1-p}$ 可由轮式移动车相对于世界坐标系$\sum XYZ$的角速度矢量 $\boldsymbol{\omega}_B$ 通过坐标变换求得。

依照 1）中的方法将机械臂的运动学参数映射至 3D-DLVIP 二级摆杆后，还需要将 3D-DLVIP 的二级摆杆的运动学参数由机械臂坐标系$\sum X_A Y_A Z_A$变换至便于进行投影的坐标

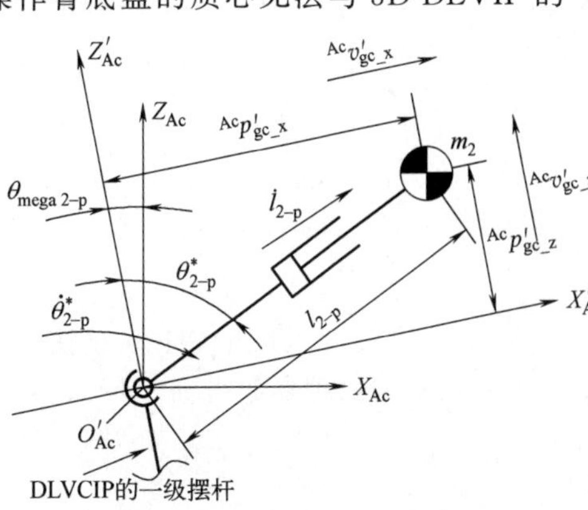

图 12-29　DLVCIP 二级摆杆于 $\sum X'_{Ac} Y'_{Ac} Z'_{Ac}$ 中的运动学参数

系$\Sigma X_{\mathrm{Ac}}Y_{\mathrm{Ac}}Z_{\mathrm{Ac}}$，坐标系$\Sigma X_{\mathrm{Ac}}Y_{\mathrm{Ac}}Z_{\mathrm{Ac}}$与坐标系$\Sigma X_{\text{c-}ii+1}Y_{\text{c-}ii+1}Z_{\text{c-}ii+1}$平行。由于在DLVCIP中对其二级摆杆的运动行为描述是在与其一级摆杆相固定的坐标系中进行，因此还需要对3D-DLVIP的二级摆杆进行一次坐标变换，如图12-29所示。

综上，由式（12-186）、（12-187），可得DLVCIP-SLMC所需二级摆杆的运动学参数$\theta^*_{2-\mathrm{p}}$、$l_{2-\mathrm{p}}$、$\dot{\theta}^*_{2-\mathrm{p}}$、$\dot{l}_{2-\mathrm{p}}$。

$$\begin{cases} l_{2-\mathrm{p}}=\sqrt{({}^{\mathrm{Ac}}p'_{\mathrm{gc\_x}})^2+({}^{\mathrm{Ac}}p'_{\mathrm{gc\_z}})^2} \\ \theta^*_{2-\mathrm{p}}=\arctan2({}^{\mathrm{Ac}}p'_{\mathrm{gc\_x}},{}^{\mathrm{Ac}}p'_{\mathrm{gc\_z}}) \end{cases} \tag{12-186}$$

$$\begin{bmatrix} \dot{l}_{2-\mathrm{p}} \\ \dot{\theta}^*_{2-\mathrm{p}} \end{bmatrix}=\begin{bmatrix} \sin\theta^*_{2-\mathrm{p}} & l_{2-\mathrm{p}}\cos\theta^*_{2-\mathrm{p}} \\ \cos\theta^*_{2-\mathrm{p}} & -l_{2-\mathrm{p}}\sin\theta^*_{2-\mathrm{p}} \end{bmatrix}^{-1}\begin{bmatrix} {}^{\mathrm{Ac}}v'_{\mathrm{gc\_x}} \\ {}^{\mathrm{Ac}}v'_{\mathrm{gc\_z}} \end{bmatrix} \tag{12-187}$$

3）载臂轮式移动机器人绕支撑点失稳时的运动学映射方法

本节提出一种使用两个正交的非稳定状态平面上的DLVCIP模型来描述绕其支撑区域某一边界点上发生失稳的移动操作臂的运动状态的方法。首先将绕其某一支撑点N_i翘起的移动操作臂等效简化为3D-DLVIP，如图12-30所示，然后将世界坐标系ΣXYZ绕其Z轴旋转$\theta_{\text{B-yaw}}$角度，得到坐标系$\Sigma X'Y'Z'$。其中，$\theta_{\text{B-yaw}}$为轮式移动车坐标系$\Sigma X_\mathrm{B}Y_\mathrm{B}Z_\mathrm{B}$与世界坐标系的$Z$轴夹角。

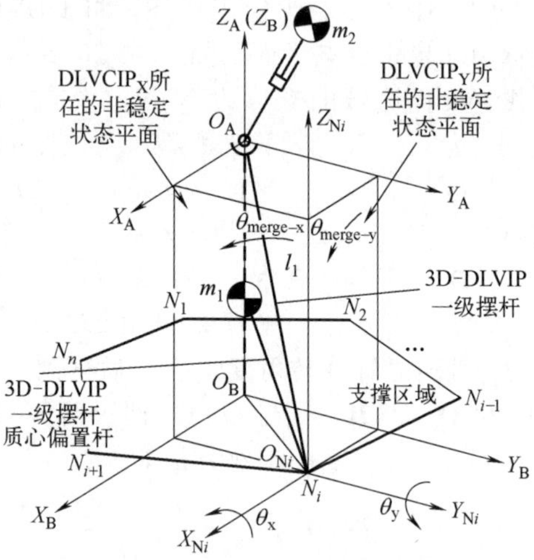

图12-30　绕支撑点N_i翘起的3D-DLVIP

建立坐标轴姿态与坐标系$\Sigma X'Y'Z'$保持一致且其原点与支撑区域的支撑点N_i重合的坐标系$\Sigma X_{\mathrm{N}i}Y_{\mathrm{N}i}Z_{\mathrm{N}i}$。分别以该坐标系的$X_{\mathrm{N}i}O_{\mathrm{N}i}Z_{\mathrm{N}i}$、$Y_{\mathrm{N}i}O_{\mathrm{N}i}Z_{\mathrm{N}i}$平面为非稳定状态平面，建立DLVCIP$_\mathrm{X}$和DLVCIP$_\mathrm{Y}$。在将3D-DLVIP的一级摆杆投影至DLVCIP$_\mathrm{X}$和DLVCIP$_\mathrm{Y}$之前，需解算其在坐标系$\Sigma X_{\mathrm{N}i}Y_{\mathrm{N}i}Z_{\mathrm{N}i}$中的位置。

采用对空间倒立摆位姿的描述方法对3D-DLVIP的一级摆杆在坐标系$\Sigma X_{\mathrm{N}i}Y_{\mathrm{N}i}Z_{\mathrm{N}i}$中的位置进行描述，则3D-DLVIP的一级摆杆$\boldsymbol{N}_i\boldsymbol{O}_\mathrm{A}$的末端点$\boldsymbol{O}_\mathrm{A}$的位置坐标表示如式（12-188）所示。选择$\boldsymbol{N}_i\boldsymbol{O}_\mathrm{B}$作为支撑区域平面的参考向量。

$$\begin{cases} {}^{\mathrm{N}i}X_{\mathrm{OA}}=l_1\sin\theta_{\mathrm{merge-y}} \\ {}^{\mathrm{N}i}Y_{\mathrm{OA}}=l_1\cos\theta_{\mathrm{merge-y}}\sin\theta_{\mathrm{merge-x}} \\ {}^{\mathrm{N}i}Z_{\mathrm{OA}}=l_1\cos\theta_{\mathrm{merge-y}}\cos\theta_{\mathrm{merge-x}} \end{cases} \tag{12-188}$$

$$\begin{cases} \theta_{\mathrm{merge-y}}=\theta_y+\alpha_{l1\mathrm{y}}-90^\circ \\ \theta_{\mathrm{merge-x}}=\theta_x+\alpha_{l1\mathrm{x}}-90^\circ \end{cases} \tag{12-189}$$

$\alpha_{l1\mathrm{x}}$、$\alpha_{l1\mathrm{y}}$代表了3D-DLVIP一级摆杆的初始偏置角度。在稳定状态下时，点$\boldsymbol{O}_\mathrm{A}$的位置坐标可由系统的物理参数得到，$\alpha_{l1\mathrm{x}}$、$\alpha_{l1\mathrm{y}}$可用下式计算。

$$\begin{cases} \alpha_{1\mathrm{x}}=\arctan2({}^{\mathrm{N}i}Y_{\mathrm{l}1},{}^{\mathrm{N}i}Z_{\mathrm{l}1})\times180^\circ/\pi+90^\circ \\ \alpha_{1\mathrm{y}}=\arctan2({}^{\mathrm{N}i}\mathrm{X}_{\mathrm{l}1},\sqrt{{}^{\mathrm{N}i}Y_{\mathrm{l}1}^2+{}^{\mathrm{N}i}Z_{\mathrm{l}1}^2})\times180^\circ/\pi+90^\circ \end{cases} \tag{12-190}$$

除了3D-DLVIP的$\boldsymbol{O}_\mathrm{A}$点的位置坐标，还需解算其质心$m_1$以及向量$\boldsymbol{N}_i\boldsymbol{O}_\mathrm{B}$的末端点$\boldsymbol{O}_\mathrm{B}$

在坐标系中 $\Sigma X_{\mathrm{N}i}Y_{\mathrm{N}i}Z_{\mathrm{N}i}$ 的位置坐标，求解方法同上。得到上述三组位置参数后，将 3D-DLVIP 的一级摆杆分别投影至 $\mathrm{DLVCIP_X}$、$\mathrm{DLVCIP_Y}$。由向量 $\boldsymbol{N}_i\boldsymbol{O}_{\mathrm{A}}$、$\boldsymbol{N}_i\boldsymbol{O}_{\mathrm{B}}$、$\boldsymbol{N}_i\boldsymbol{m}_1$ 可以分别解算出 $\mathrm{DLVCIP\text{-}SLMC_X}$ 和 $\mathrm{DLVCIP\text{-}SLMC_Y}$ 所需 DLVCIP 一级摆杆参数。以 $\mathrm{DLVCIP\text{-}SLMC_X}$ 为例，这些参数包括 $l_{0-\mathrm{x}}$、l_{1-x}、$\alpha_{1-\mathrm{x}}$、$\alpha_{2-\mathrm{x}}$、θ_{1-x}，倾斜角速度 $\dot{\theta}_{1-x}=\dot{\theta}_{\mathrm{y}}$。

依照 1）中的方法将机械臂等效简化为 3D-DLVIP 的二级摆杆。由于机械臂基坐标系 $\Sigma X_{\mathrm{A}}Y_{\mathrm{A}}Z_{\mathrm{A}}$ 与底盘相固定，且由 3D-DLVIP 对移动操作臂进行等效简化建模时也遵循了这一条件。因此在将 3D-DLVIP 的二级摆杆投影至 $\mathrm{DLVCIP_X}$ 和 $\mathrm{DLVCIP_Y}$ 之前，需先将 3D-DLVIP 的二级摆杆在 $\Sigma X_{\mathrm{A}}Y_{\mathrm{A}}Z_{\mathrm{A}}$ 中表示的运动学参数 ${}^{\mathrm{A}}\boldsymbol{P}_2(\boldsymbol{q},\dot{\boldsymbol{q}})$ 变换至与坐标系 $\Sigma X_{\mathrm{N}i}Y_{\mathrm{N}i}Z_{\mathrm{N}i}$ 的各坐标轴姿态相同的坐标系 $\Sigma X_{\mathrm{A\text{-}N}i}Y_{\mathrm{A\text{-}N}i}Z_{\mathrm{A\text{-}N}i}$ 中进行表示，即 ${}^{\mathrm{A\text{-}N}i}\boldsymbol{P}_2(\boldsymbol{q},\dot{\boldsymbol{q}})$。然后再将 3D-DLVIP 的二级摆杆分别投影为 $\mathrm{DLVCIP_X}$ 和 $\mathrm{DLVCIP_Y}$。以 3D-DLVIP 二级摆杆投影至 $\mathrm{DLVCIP_X}$ 的二级摆杆为例进行说明。在得到 ${}^{\mathrm{A\text{-}N}i}\boldsymbol{P}_2(\boldsymbol{q},\dot{\boldsymbol{q}})$ 之后，还需要将其对齐至坐标系 $\Sigma X'_{A-Ni}Y'_{A-Ni}Z'_{A-Ni}$（该坐标系的 Z 轴与 $X_{Ni}O_{Ni}Z_{Ni}$ 平面上的 $\mathrm{DLVCIP_X}$ 一级摆杆平行）。类比图 12-29 和 2）中的方法，由 ${}^{\mathrm{A\text{-}N}i}\boldsymbol{P}'_2(\boldsymbol{q},\dot{\boldsymbol{q}})$ 解算 $\mathrm{DLVCIP_X}$ 对应的 $\mathrm{DLVCIP\text{-}SLMC_X}$ 所需要作为控制输入的 DLVCIP 二级摆杆的运动学参数。

（5）失稳恢复行为控制器的设计

1）绕支撑边失稳时的失稳恢复行为控制器

移动操作臂绕支撑边翘起时的失稳恢复行为控制器 WMM-TRC-SAM 的结构框图如图 12-31。

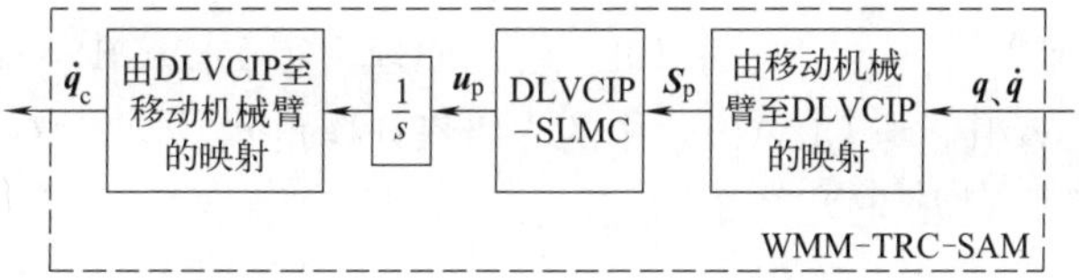

图 12-31　WMM-TRC-SAM 的控制框图

图 12-31 中，“由移动操作臂至 DLVCIP 的映射”可采用前述（4）中 1）、2）的方法。DLVCIP 至移动操作臂的映射过程，其实质与前述（4）的 1）、2）中的逆过程相似。首先对 DLVCIP-SLMC 产生的控制量 $\boldsymbol{u}_{\mathrm{p}}$ 进行积分，将其由加速度信号转变为速度信号，然后将其解算为对应的 3D-DLVIP 的运动学参数。DLVCIP 二级摆杆与 3D-DLVIP 二级摆杆的运动学参数的转换如式（12-191）所示。式中，$\dot{l}_{2-\mathrm{p-c}}$、$\dot{\theta}^{*}_{2-\mathrm{p-c}}$ 为 DLVCIP-SLMC 产生的 DLVCIP 二级摆杆伸缩、回转关节的期望速度。

$$
{}^{\mathrm{Ac}}\boldsymbol{v}'_{\mathrm{gc-c}}=\begin{bmatrix}\cos\theta_{2-\mathrm{p}} & -l_{2-\mathrm{p}}\sin\theta_{2-\mathrm{p}}\\ 0 & 0\\ \sin\theta_{2-\mathrm{p}} & l_{2-\mathrm{p}}\cos\theta_{2-\mathrm{p}}\end{bmatrix}\begin{bmatrix}\dot{l}_{2-\mathrm{p-c}}\\ \dot{\theta}^{*}_{2-\mathrm{p-c}}\end{bmatrix} \tag{12-191}
$$

将 ${}^{\mathrm{Ac}}\boldsymbol{v}'_{\mathrm{gc\text{-}c}}$ 变换至机械臂的基坐标系 $\Sigma X_{\mathrm{A}}Y_{\mathrm{A}}Z_{\mathrm{A}}$ 中进行表示，得到 $\boldsymbol{v}_{\mathrm{gc\text{-}c}}$ 后，由式（12-192）可以进一步将 $\boldsymbol{v}_{\mathrm{gc\text{-}c}}$ 转换为机械臂各关节的角速度 $\dot{\boldsymbol{q}}_{\mathrm{c}}$。

$$
\dot{\boldsymbol{q}}_{\mathrm{c}}=\boldsymbol{J}^{+}_{\mathrm{gc\_v}}\cdot\boldsymbol{v}_{\mathrm{gc-c}} \tag{12-192}
$$

关于 DLVCIP-SLMC 产生的对轮式移动车的控制量 ${}^{\mathrm{c}\text{-}ii+1}u_1$，首先取决于移动操作臂的底盘是否能够产生沿着向量 ${}^{\mathrm{Ground}}\boldsymbol{O}_{\mathrm{B}}\boldsymbol{D}_{ii+1}$（将 $\boldsymbol{O}_{\mathrm{B}}\boldsymbol{D}_{ii+1}$ 投影至坐标系 $\Sigma X'Y'Z'$ 的 $X'O'Z'$ 平面得到的向量）的加速度；然后结合移动操作臂具体的底盘形式将 ${}^{\mathrm{c}\text{-}ii+1}u_1$ 解算为移动操作臂底盘驱动轮的期望加速度。

2）绕支撑点失稳时的失稳恢复行为控制器

载臂轮式移动机器人绕支撑点翘起时的失稳恢复行为控制器 WMM-TRC-SPM 结构框图如图 12-32。

图 12-32 中，DLVCIP-SLMC$_X$ 与 DLVCIP-SLMC$_Y$ 分别为两个正交的非稳定状态平面上的 DLVCIP 模型所对应的一级摆杆摆角控制器；“由移动操作臂至 DLVCIP 的映射”采用前述（4）中 1）、2）的方法。“由 DLVCIP 至移动操作臂的映射”总体思路与 WMM-TRC-SAM 的同功能模块相似，但不同的是，需要将 WMM-TRC-SPM 中分别存在于两个正交的非稳定状态平面上的 DLVCIP-SLMC 产生的控制量耦合成为用于移动操作臂失稳恢复的 3D-DLVIP 二级摆杆质心以及轮式移动车的期望速度。

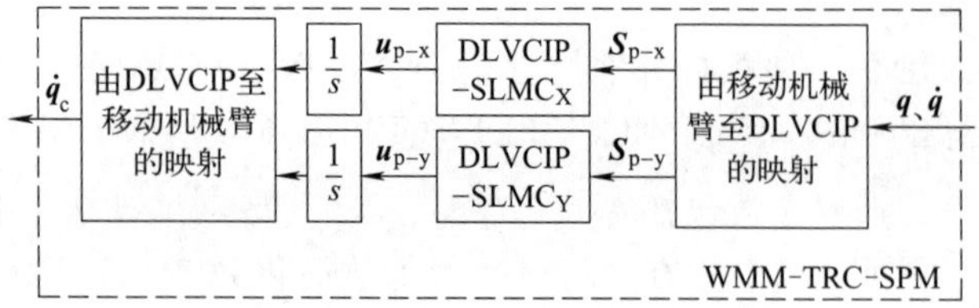

图 12-32　WMM-TRC-SPM 的控制框图

首先按 3D-DLVIP 二级摆杆质心的期望速度的耦合方法来进行设计。以 DLVCIP$_X$ 所在的非稳定状态平面为例，DLVCIP 的二级摆杆沿 $\Sigma X'_{A-Ni}Y'_{A-Ni}Z'_{A-Ni}$ 坐标系 X 轴、Z 轴的正交速度矢量与 DLVCIP 广义坐标的速度关系如式（2-193）。

$$\begin{bmatrix} {}^{A-Ni}v'_{gc\_x-c} \\ {}^{A-Ni}v'_{gc\_xz-c} \end{bmatrix} = \begin{bmatrix} \cos\theta^*_{2-x} & -l_{2-x}\sin\theta^*_{2-x} \\ \sin\theta^*_{2-x} & l_{2-x}\cos\theta^*_{2-x} \end{bmatrix} \begin{bmatrix} \dot{l}_{2-x-c} \\ \dot{\theta}^*_{2-x-c} \end{bmatrix} \tag{12-193}$$

然后按照（4）中 3）的方法，将 ${}^{A-Ni}v'_{gc\_x-c}$、${}^{A-Ni}v'_{gc\_xz-c}$ 对齐至坐标系 $\Sigma X_{A-Ni}Y_{A-Ni}Z_{A-Ni}$，得到 ${}^{A-Ni}v_{gc\_x-c}$ 和 ${}^{A-Ni}v_{gc\_xz-c}$。同理可得 DLVCIP$_Y$-SLMC 所产生的 ${}^{Ac}v_{gc\_y-c}$、${}^{Ac}v_{gc\_yz-c}$。基于 DLVCIP$_X$ 与 DLVCIP$_Y$ 中的一级摆杆摆角 θ_{1-x}、θ_{1-y} 对 ${}^{A-Ni}v_{gc\_xz-c}$、${}^{A-Ni}v_{gc\_yz-c}$ 作加权平均处理，如式（12-194）所示。

$${}^{A-Ni}v'_{gc\_z-c} = \frac{{}^{A-Ni}v'_{gc\_xz-c}\theta_{1-x} + {}^{A-Ni}v'_{gc\_yz-c}\theta_{1-y}}{\theta_{1-x}+\theta_{1-y}} \tag{12-194}$$

综上可得 WMM-TRC-SPM 的控制量映射至 3D-DLVIP 二级摆杆质心在坐标系 $\Sigma X'_{A-Ni}Y'_{A-Ni}Z'_{A-Ni}$ 中的速度期望 ${}^{A-Ni}\boldsymbol{v}'_{gc-c}$，如式（12-195）。按照（4）中 1）、3）中的变换关系，将 ${}^{A-Ni}\boldsymbol{v}'_{gc-c}$ 变换至机械臂的基坐标系 $\Sigma X_A Y_A Z_A$ 中，然后由式（12-192）可得用于失稳恢复的机械臂各关节角速度 $\dot{\boldsymbol{q}}_c$。

$${}^{A-Ni}\boldsymbol{v}'_{gc-c} = \begin{bmatrix} {}^{A-Ni}v'_{gc\_x-c} & {}^{A-Ni}v'_{gc\_y-c} & {}^{A-Ni}v'_{gc\_z-c} \end{bmatrix} \tag{12-195}$$

WMM-TRC-SPM 产生的对底盘的控制量，可直接耦合为坐标系 $\Sigma X_{Ni}Y_{Ni}Z_{Ni}$ 中的加速度矢量，然后依据轮式移动车具体的机构形式解算为移动操作臂所搭载的轮式移动机器人驱动轮的期望加速度。

3）综合 1）2）两种情况的失稳恢复行为控制器

载臂轮式移动机器人发生失稳的过程中，可能出现在绕支撑边翘起与绕支撑点翘起两种失稳状态之间来回切换的情况。虽然 WMM-TRC-SPM 能够应对三维的情况，但该方法在载臂轮式移动机器人绕支撑边翘起的情况下不便于确定 3D-DLVIP 一级摆杆与地面的接触点。因此，需设计一个能够综合两种情况的载臂轮式移动机器人失稳恢复行为控制器 WMM-TRC。使用 WMM-TRC 的载臂轮式移动机器人运动控制框图如图 12-33。

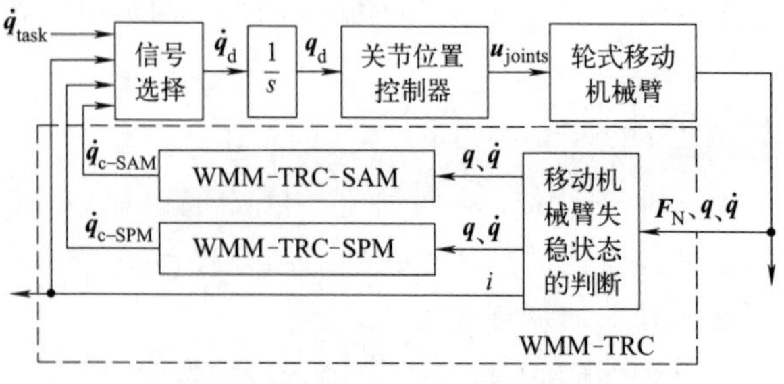

图 12-33　使用 WMM-TRC 的载臂轮式移动机器人运动控制框图

其中，“移动操作臂失稳状态的判断”模块的工作原理如图 12-34，i 为载臂轮式移动机器人的运动稳定状态信号；“信号选择”模块的工作原理如图 12-35。

此外，由于 WMM-TRC 以及前述的 WMM-TRC-SAM、WMM-TRC-SPM 的控制策略均放弃了末端操作器的作业任务，将机械臂的能力完全用于移动操作臂的失稳恢复。因此，对于搭载了具有冗余自由度机械臂的移动操作臂，可以考虑使用机械臂的零空间自运动，以实现在不影响末端作业任务的情况下使移动操作臂失稳恢复的效果。将具备此功能的 WMM-TRC 称为 WMM-TRC-Null。

使用 Nakamura 等人提出的方法实现上述目标。将机械臂末端操作器的运动 $\dot{\boldsymbol{r}}_{\mathrm{d}}$ 设为最高优先级（即任务一），将机械臂质心的运动 $\dot{\boldsymbol{q}}_{\mathrm{c}}$ 设为第二优先级（即任务二）。按照式 (12-196)，对机械臂的末端操作器的两个作业任务的期望速度进行处理。$\boldsymbol{J}_{\mathrm{end}}$ 为机械臂末端操作器在坐标系 $\Sigma X_A Y_A Z_A$ 中的雅可比矩阵；$\boldsymbol{J}_{\mathrm{end}}^{+}$ 为 $\boldsymbol{J}_{\mathrm{end}}$ 的伪逆矩阵。

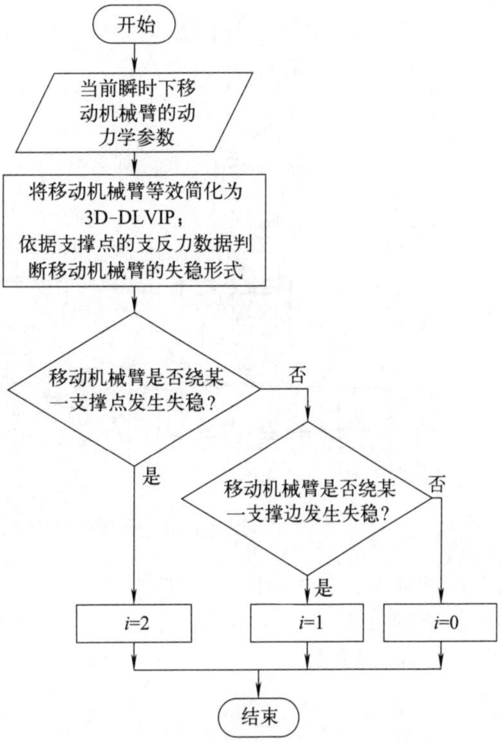

图 12-34　“移动操作臂失稳状态的判断”模块的工作原理

$$\dot{\boldsymbol{q}}_{\mathrm{d}}=\boldsymbol{J}_{\mathrm{end}}^{+}\dot{\boldsymbol{r}}_{\mathrm{d}}+(\boldsymbol{I}-\boldsymbol{J}_{\mathrm{end}}^{+}\boldsymbol{J}_{\mathrm{end}})\dot{\boldsymbol{q}}_{\mathrm{c}} \tag{12-196}$$

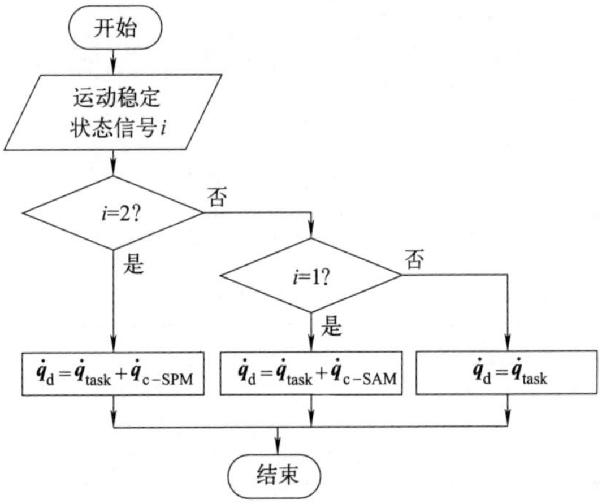

图 12-35　“信号选择”模块的工作原理

（6）仿真

1）虚拟样机介绍与仿真环境配置

虚拟的载臂轮式移动机器人 WMM-VerT 如图 12-36 所示。WMM-VerT 的轮式移动车坐标系 $\Sigma X_B Y_B Z_B$ 的原点设置在其支撑区域地面投影的中心点处；机械臂的基坐标系 $\Sigma X_A Y_A Z_A$ 定在机械臂基座的中心，各坐标轴与 $\Sigma X_B Y_B Z_B$ 的各坐标轴一一对应平行。所搭载的机械臂总质量为 15.206kg；轮式移动车的总质量为 113.097kg。

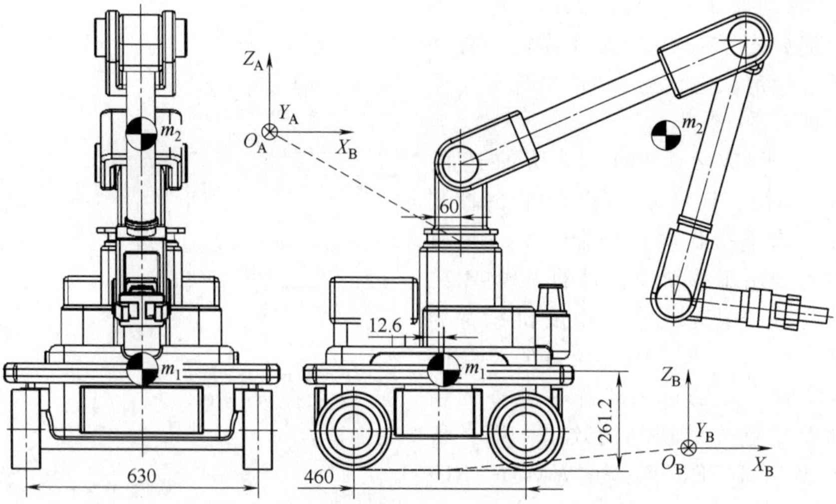

图 12-36 载臂轮式移动机器人虚拟样机 WMM-VerT

WMM-VerT 的控制框图如图 12-37。按照表 12-8 设置 WMM-VerT 车轮与地面的接触参数；分别按照表 12-9、表 12-10 设置 WMM-TRC-SAM 的控制器参数以及 WMM-TRC-SPM 的控制器参数。

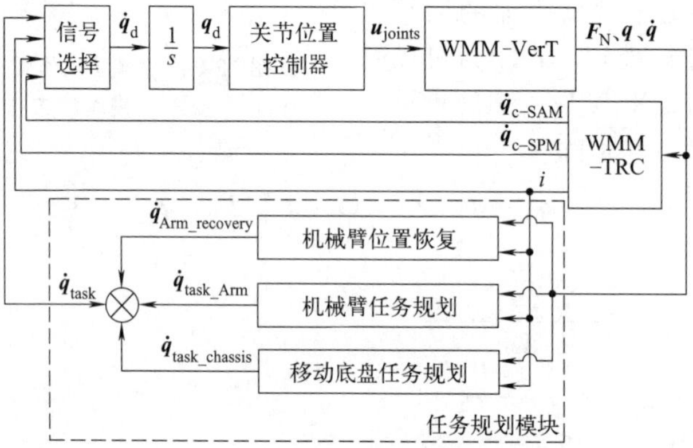

图 12-37 WMM-VerT 的控制框图

表 12-8 WMM-VerT 车轮与地面的接触参数设置

接触参数	参数值	接触参数	参数值
刚度/(N/mm)	1×10^{8}	穿透深度/mm	1×10^{-4}
力贡献指数	2.2	静摩擦系数	0.7
阻尼/(Ns/mm)	1×10^{4}	动摩擦系数	0.4

表 12-9 WMM-TRC-SAM 中 DLVCIP-SLMC 的参数设置

控制器参数	k_0	η_0	c_0	k_1	η_1	c_1	k_2	η_2	c_2
参数值	2	0.1	1	6	0.1	1	9	0.1	1

表 12-10 WMM-TRC-SPM $DLVCIP_X$ 和 $DLVCIP_Y$ 的控制器参数设置

控制器参数	k_0	η_0	c_0	k_1	η_1	c_1	k_2	η_2	c_2
$DLVCIP_X$ 参数值	2	0.1	1	6	0.1	1	9	0.1	1
$DLVCIP_Y$ 参数值	2	0.1	1	6	0.1	1	9	0.1	1

在所有仿真中，取仿真步长为 0.001s。将 WMM-TRC 的 $DLVCIP_X$-SLMC 和 $DLVCIP_Y$-SLMC 于其广义坐标 θ_2 所产生的控制量幅值限制在 2π rad/s^2 内；于其广义坐标 l_2 所产生的控制量幅值限制在 6m/s^2 内。此外，将 WMM-VerT 的车轮最大转速限制为 10rad/s；机械臂各关节最大转速限制为 2π rad/s。按照载臂轮式移动机器人的运动方式（静止、沿直线轨迹移动、沿圆弧轨迹移动）将仿真分为三组，分别评估三种运动状态下失稳恢复控制的效果。

将 WMM-VerT 发生失稳的判定条件设定为绕坐标系 $\Sigma X'Y'Z'$ 的 X 轴或 Y 轴的倾斜角度的幅值大于 2°；同时，将判定 WMM-VerT 已完全恢复至稳定状态的条件设定为保持稳定状态 0.5s 以上，若满足该条件，则移动操作臂稳定状态信号 $i=0$。

2）轮式移动车静止时的仿真

令 WMM-VerT 的车轮全部锁止，仅在 WMM-TRC 产生控制指令时，按照 WMM-TRC 所产生的控制量运动。仿真开始 1s 内，令机械臂的末端操作器由初始位置运动至 $\Sigma X_A Y_A Z_A$ 中的（0.6，0，0.551）位置。然后于仿真的 1.1s 时刻，在 $\Sigma X_A Y_A Z_A$ 的点（0，0，0.123）处施加 $\boldsymbol{F}_D=$（1800，2000，0）的外力，单位为牛顿，持续时间 0.1s。同时，为了对比 WMM-TRC 与 WMM-TRC-Null 的差异，令机械臂的首要作业任务为保持末端操作器位置，使用 WMM-TRC-Null 进行一次条件相同的仿真。WMM-VerT 的车体绕坐标系 $\Sigma X'Y'Z'$ 的 X 轴和 Y 轴的倾斜角度以及倾斜角速度如图 12-38～图 12-40 所示。

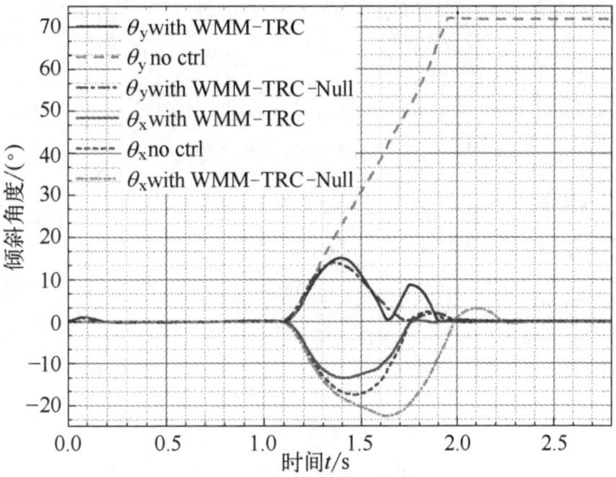

图 12-38 WMM-VerT 车体绕 $\Sigma X'Y'Z'Y$ 轴、X 轴的倾角

在不使用失稳恢复行为控制器的情况下，WMM-VerT 于 1.95s 左右绕坐标系 $\Sigma X'Y'Z'$ 的 Y 轴发生了倾覆。使用 WMM-TRC-Null 时，WMM-VerT 的倾角曲线较为平滑，但恢复稳定的时间比 WMM-TRC 长。图 12-38 中 1.6s 左右，θ_y 突然再次变大，这是由于 WMM-VerT 机械臂的末端操作器已运行至其工作空间的边界位置，触发了虚拟样机 WMM-VerT 的机械臂防止奇异程序所导致。

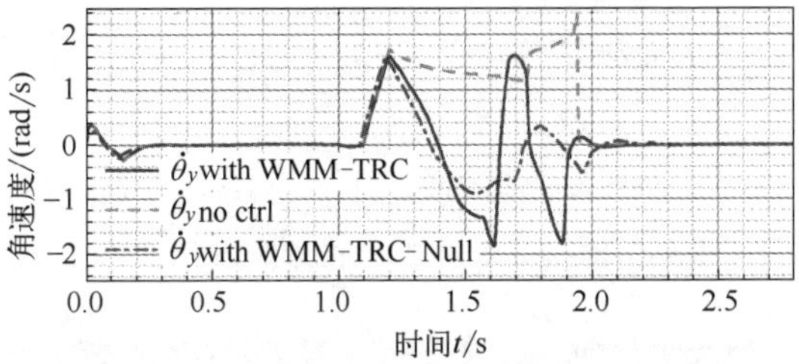

图 12-39 WMM-VerT 车体绕 $\Sigma X'Y'Z'Y$ 轴的角速度

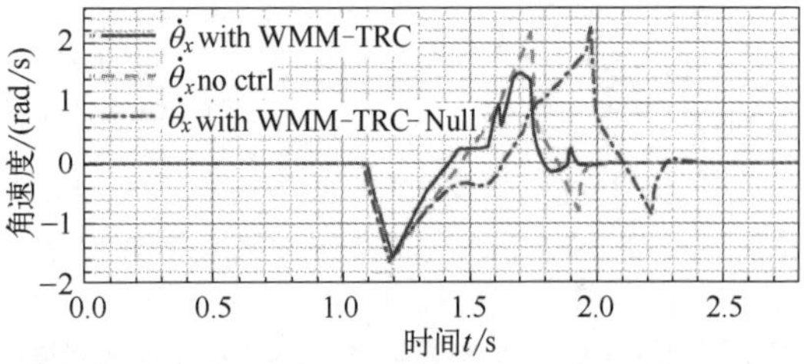

图 12-40 WMM-VerT 车体绕 $\Sigma X'Y'Z'X$ 轴的角速度

WMM-TRC、WMM-TRC-Null 输出的速度调整量分别如图 12-41（a）（b）。V_{cart_adj} 为车轮转速的调整量。图中出现的速度调整量骤降为系统判定 WMM-VerT 处在稳定状态，令 WMM-TRC 的积分器快速清零以应对下一次失稳所导致。

WMM-VerT 机械臂的质心位移、速度曲线如图 12-41（c）（d）（e）（f）。WMM-VerT 的 ZMP 位置曲线如图 12-42，可以发现使用 WMMM-TRC-Null 时，ZMP 位置曲线更平滑一些。使用 WMM-TRC 时的仿真过程截图如图 12-43；使用 WMM-TRC-Null 时的仿真过程截图如图 12-44。

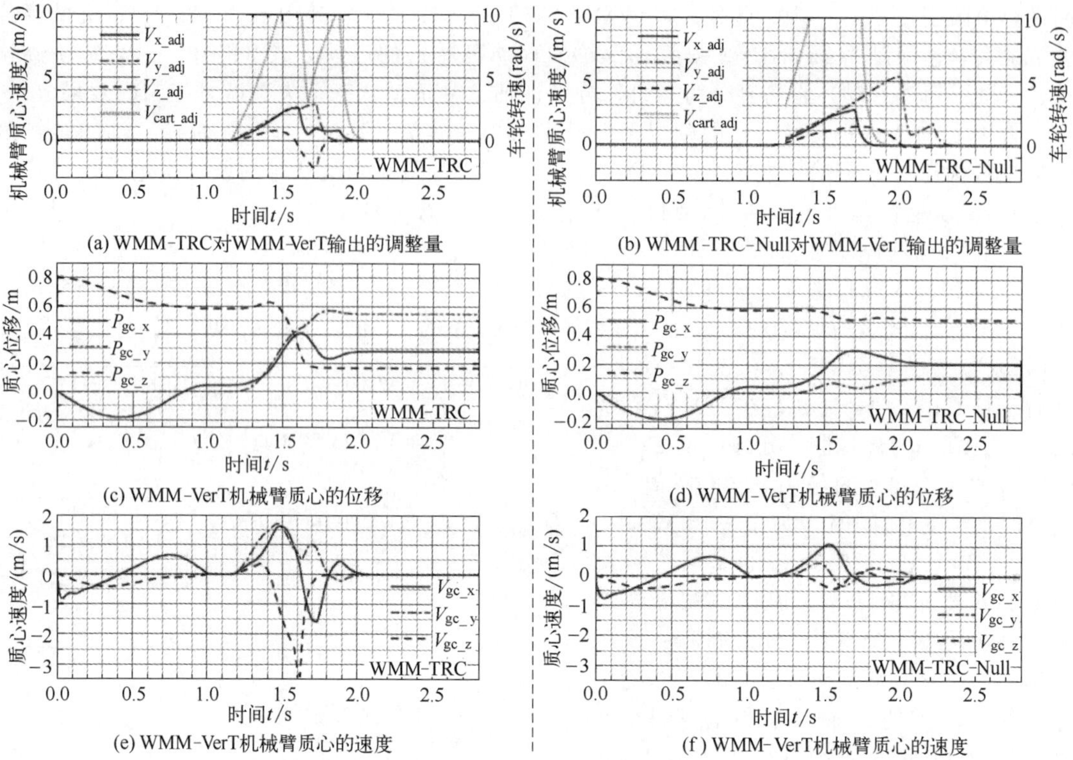

(a) WMM-TRC对WMM-VerT输出的调整量
(b) WMM-TRC-Null对WMM-VerT输出的调整量
(c) WMM-VerT机械臂质心的位移
(d) WMM-VerT机械臂质心的位移
(e) WMM-VerT机械臂质心的速度
(f) WMM-VerT机械臂质心的速度

图 12-41 WMM-TRC、WMM-TRC-Null 对 WMM-VerT 输出的调整量、WMM-VerT 机械臂质心的位移与速度曲线

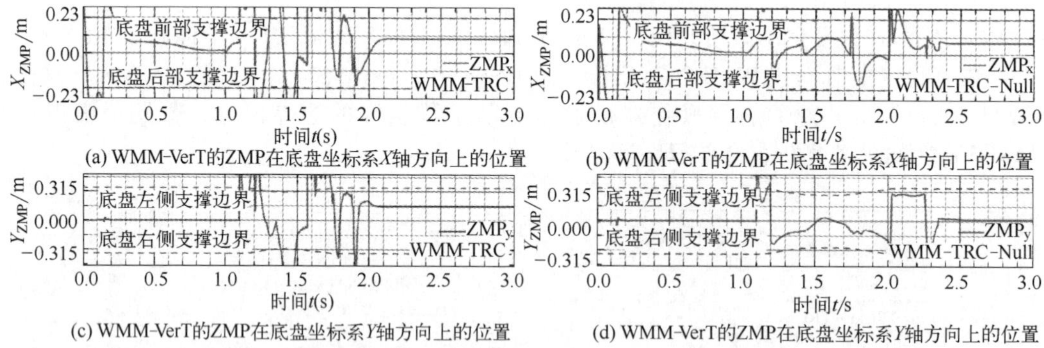

(a) WMM-VerT的ZMP在底盘坐标系X轴方向上的位置
(b) WMM-VerT的ZMP在底盘坐标系X轴方向上的位置
(c) WMM-VerT的ZMP在底盘坐标系Y轴方向上的位置
(d) WMM-VerT的ZMP在底盘坐标系Y轴方向上的位置

图 12-42 WMM-VerT 分别使用 WMM-TRC 和 WMM-TRC-Null 时的 ZMP 位置曲线

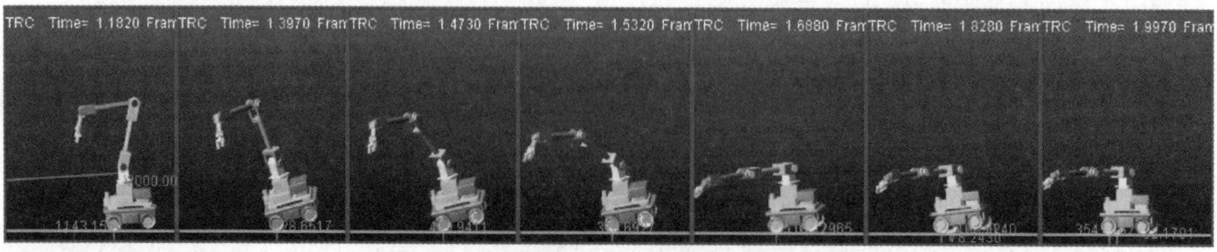

图 12-43 使用 WMM-TRC 时的仿真过程截图

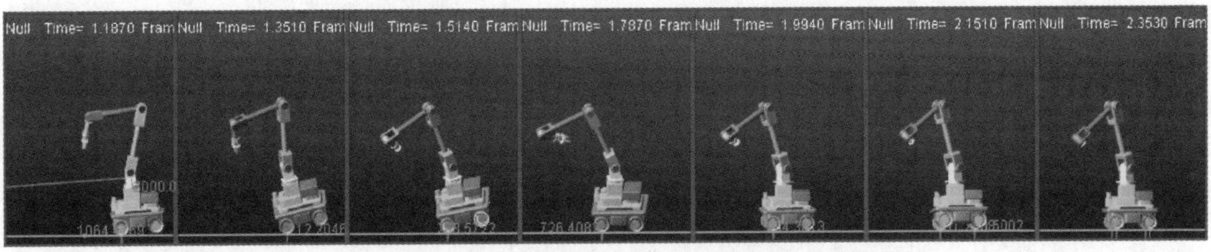

图 12-44　使用 WMM-TRC-Null 时的仿真过程截图

3）沿直线轨迹移动时的仿真

使用 WMM-TRC 作为 WMM-VerT 沿直线轨迹移动仿真时的失稳恢复控制器。在仿真的 3.1s 时刻，在 WMM-VerT 的机械臂基坐标系 $\sum X_A Y_A Z_A$ 的点（0，0，0.123）处施加 $\boldsymbol{F}_{\mathrm{D}}=(1800, 2000, 0)$ 的外力，单位为牛顿，持续时间 0.1s。当 WMM-VerT 恢复稳定状态后，恢复作业任务的具体流程为：稳定状态信号 $i=0$ 时，底盘计时 5s 后继续追踪期望轨迹；机械臂自 $i=0$ 时刻后，于 3s 内恢复至初始构型，再于 2s 内恢复至发生失稳时的构型，然后继续执行期望作业任务（保持末端操作器的位置）。

令 WMM-VerT 的轮式移动车按式（12-197）所示的直线轨迹移动，令 WMM-VerT 机械臂的末端操作器在仿真开始后的 1s 内运动至 WMM-VerT 机械臂基坐标系 $\sum X_A Y_A Z_A$ 中的（0.6，0，0.551）位置。WMM-VerT 的轮式移动车绕坐标系 $\sum X'Y'Z'$ 的 X 轴和 Y 轴的倾斜角度和角速度分别如图 12-45、图 12-46、图 12-47。

$$\begin{cases} X_{\mathrm{d}}=0.1t+0.02 \\ Y_{\mathrm{d}}=0.025t \end{cases} \tag{12-197}$$

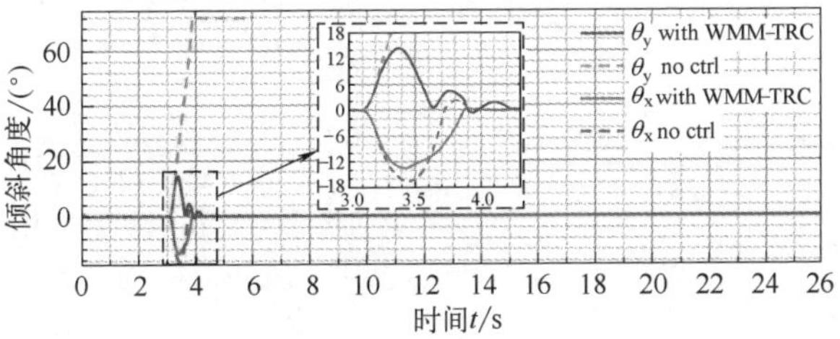

图 12-45　WMM-VerT 车体绕 $\sum X'Y'Z'$ Y 轴、X 轴的倾角

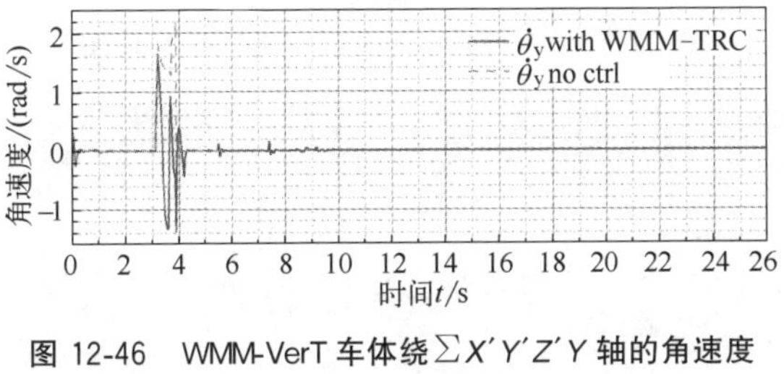

图 12-46　WMM-VerT 车体绕 $\sum X'Y'Z'$ Y 轴的角速度

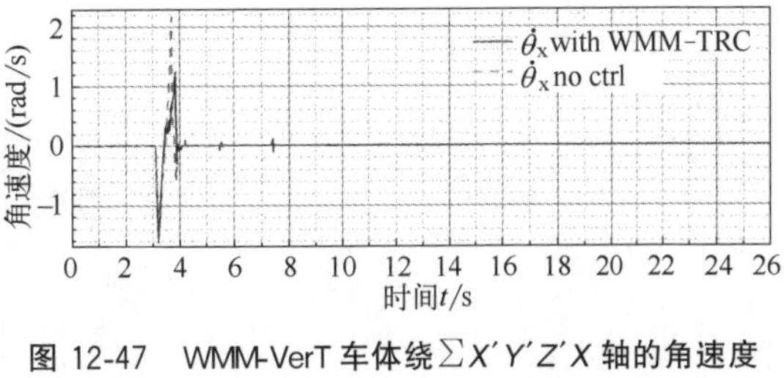

图 12-47　WMM-VerT 车体绕 $\sum X'Y'Z'$ X 轴的角速度

由上述三图可以发现 WMM-VerT 沿着给定的直线轨迹移动过程中，在未使用 WMM-TRC 的情况下，受 3.1s 所施加的外力影响，WMM-VerT 于 3.9s 左右发生了倾覆；相反，在使用了 WMM-TRC 的情况下，WMM-VerT 在仿真的 4s 左右成功恢复至稳定状态。此外，图 12-45 中 θ_{y} 同样出现了突然增大的情况，这里同（6）的 2）对相同情况的解释。

WMM-VerT 发生失稳并恢复至稳定状态的过程中，WMM-VerT 的 ZMP 位置变化曲线如图 12-48；WMM-TRC 对其机械臂质心的速度调整量以及车轮转速的调整量如图 12-49；机械臂质心的位移以及速度变化曲线分别如图 12-50、图 12-51。

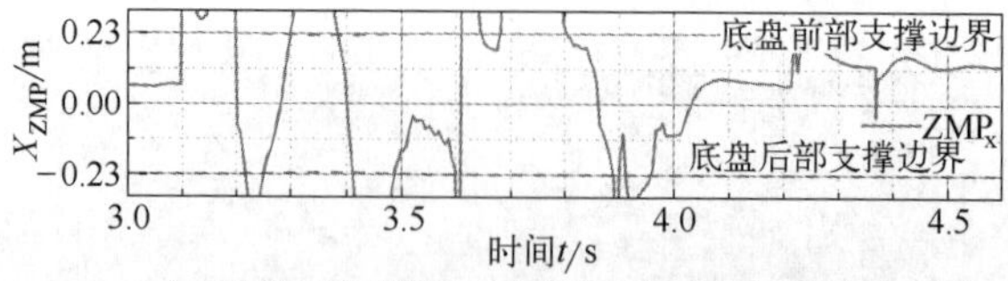

(a) WMM-VerT的ZMP在底盘坐标系X轴方向上的位置

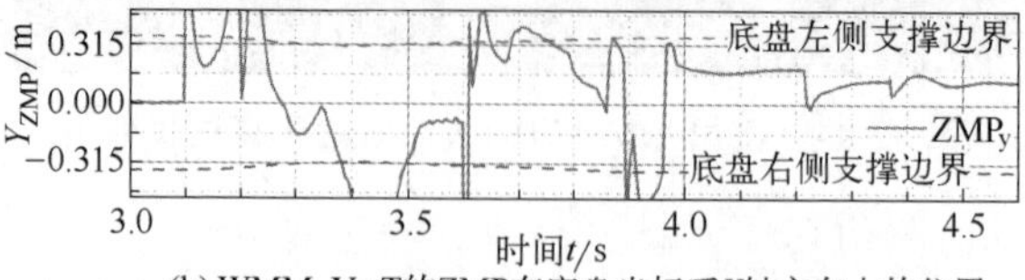

(b) WMM-VerT的ZMP在底盘坐标系Y轴方向上的位置

图 12-48　WMM-VerT 跟踪直线轨迹时失稳恢复过程的 ZMP 位置变化曲线

图 12-49 中出现速度调整量骤降的情况的原因同（6）的 2）节。此外，WMM-VerT 未受干扰和 WMM-VerT 受干扰时，其底盘移动轨迹的对比如图 12-52。由于受外力干扰，WMM-VerT 发生了失稳的情况，不可避免地产生较大的轨迹偏差，但是在经过一定距离的调整后，WMM-VerT 能够重新稳定跟踪给定的轨迹。仿真过程截图如图 12-53。

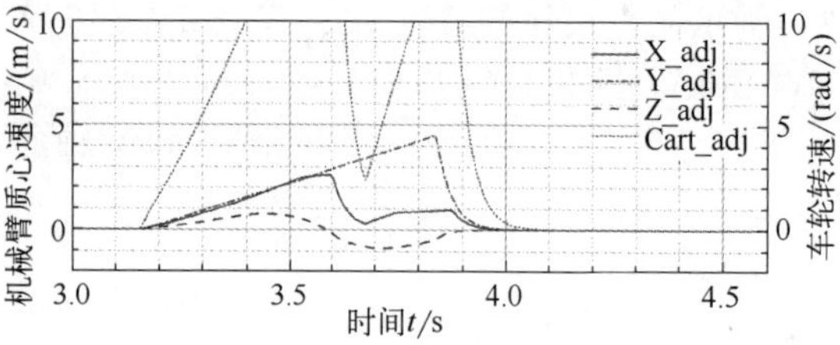

图 12-49　WMM-TRC 对 WMM-VerT 输出的调整量

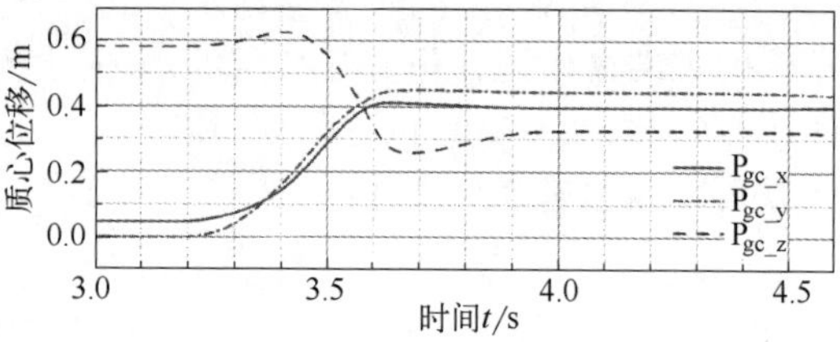

图 12-50　WMM-VerT 机械臂质心的位移曲线

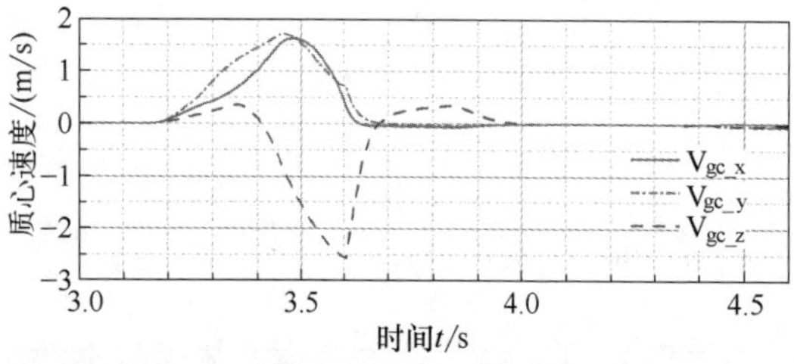

图 12-51　WMM-VerT 机械臂质心的速度曲线

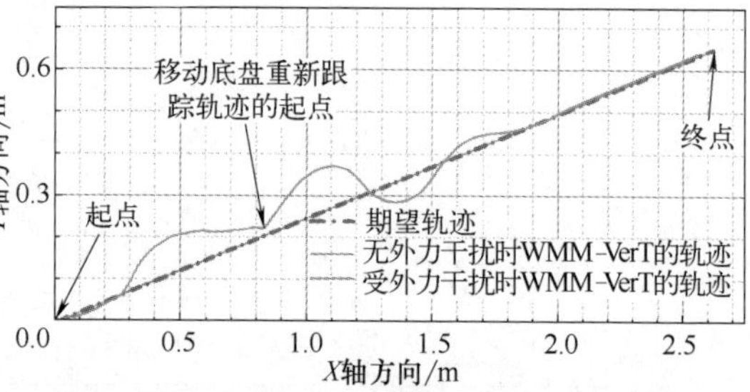

图 12-52　WMM-VerT 直线移动轨迹对比图

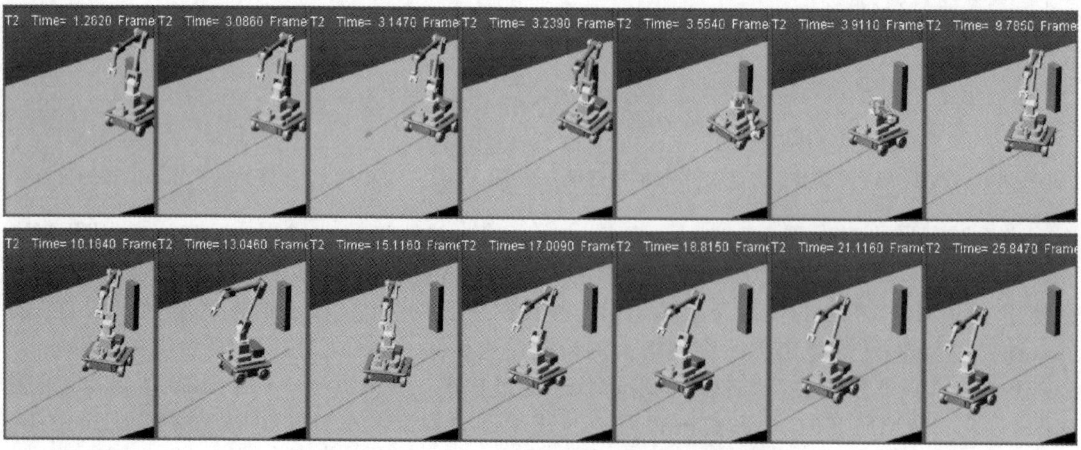

图 12-53　WMM-VerT 沿直线轨迹移动的仿真截图

4）沿圆弧轨迹移动时的仿真

使用 WMM-TRC-Null 作为 WMM-VerT 沿圆弧轨迹移动仿真时的失稳恢复控制器。在仿真的 5.1s 时刻，在 WMM-VerT 的机械臂基坐标系 $\sum X_A Y_A Z_A$ 的点（0，0，0.123）处施加 $\boldsymbol{F}_{\mathrm{D}}=(-1200,\ -2300,\ 0)$ 的外力，单位为牛顿，持续时间为 0.1s。当 WMM-VerT 恢复稳定状态后，恢复作业任务的具体流程为：稳定状态信号 $i=0$ 时，轮式移动车计时 3s 后继续追踪期望轨迹；机械臂自 $i=0$ 时刻后的 5s 内恢复至发生失稳时的构形，然后继续执行期望作业任务（保持其末端操作器的位置）。

令 WMM-VerT 的轮式移动车按照式（12-198）所示的圆弧轨迹移动，且令 WMM-VerT 机械臂的末端操作器在仿真开始后的 1s 内运动至 WMM-VerT 机械臂基坐标系 $\sum X_A Y_A Z_A$ 中的（0.3，−0.05，0.551）位置。WMM-VerT 的轮式移动车绕坐标系 $\sum X'Y'Z'$ 的 X 轴和 Y 轴的倾斜角度和角速度分别如图 12-54、图 12-55、图 12-56。无失稳恢复行为控制器的 WMM-VerT 于 6.783s 倾覆，如图 12-54 竖直点画线的时刻。

$$\begin{cases} X_{\mathrm{d}}=L\sin\dfrac{t\pi}{20} \\ Y_{\mathrm{d}}=L-L\cos\dfrac{t\cdot\pi}{20} \end{cases} \tag{12-198}$$

WMM-VerT 发生失稳并恢复至稳定状态的过程中，WMM-TRC-Null 对其机械臂质心的速度调整量以及车轮转速的调整量如图 12-57；机械臂质心的位移以及速度变化曲线分别如图 12-58、图 12-59；WMM-VerT 的 ZMP 位置变化曲线如图 12-60。

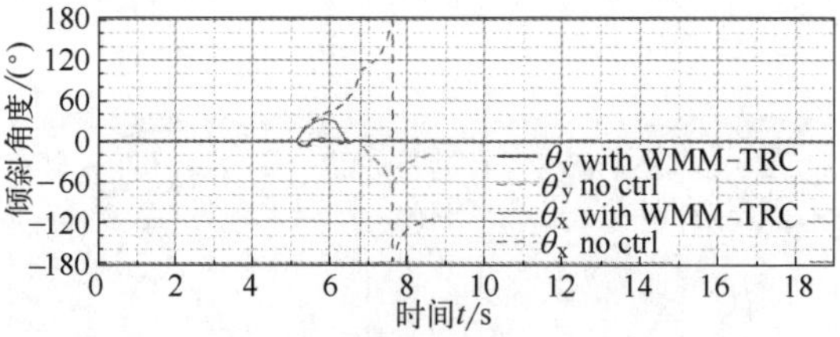

图 12-54　WMM-VerT 车体绕 $\sum X'Y'Z'$ Y 轴、X 轴的倾角

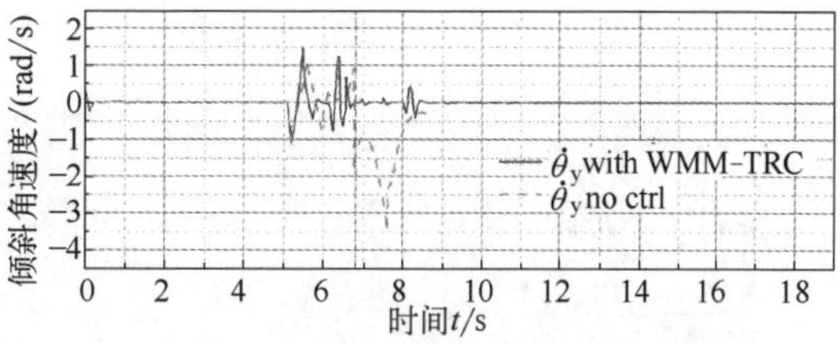

图 12-55　WMM-VerT 车体绕 $\sum X'Y'Z'$ Y 轴的角速度

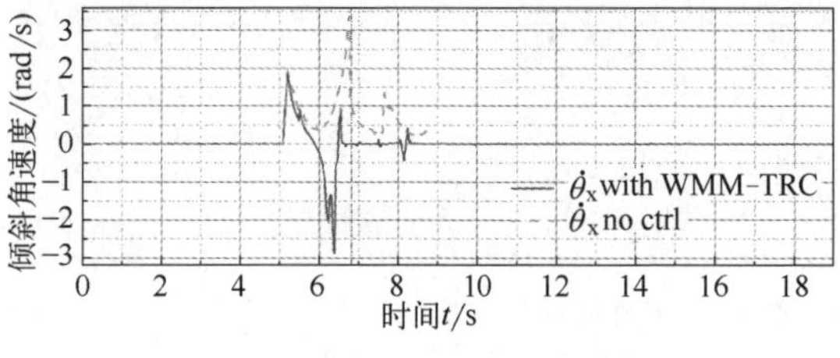

图 12-56　WMM-VerT 车体绕 $\sum X'Y'Z'$ X 轴的角速度

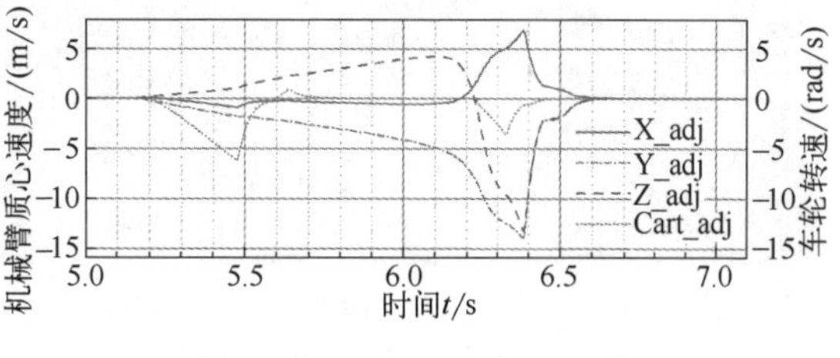

图 12-57　WMM-TRC-Null 对 WMM-VerT 输出的调整量

由于 WMM-VerT 的机械臂为六自由度机械臂，在仅保持末端操作器位置的情况下，具备一定程度的冗余自由度，但是仍然非常有限。

如图 12-59，WMM-VerT 的机械臂质心并不能很好地跟随 WMM-TRC-Null 给出的速度调整量期望。但总体来说，使用 WMM-TRC-Null 仍然能够明显提高 WMM-VerT 的运动稳定性。

此外，WMM-VerT 沿圆弧轨迹移动的情况下，其未受外力干扰和遭受外力干扰的底盘移动轨迹对比如图 12-61。由于受外力 $\boldsymbol{F}_D$ 影响，WMM-VerT 无法稳定地追踪给定的轮式移动车轨迹，使用了较长的距离进行调整，最后抵达终点。仿真截图如图 12-62。

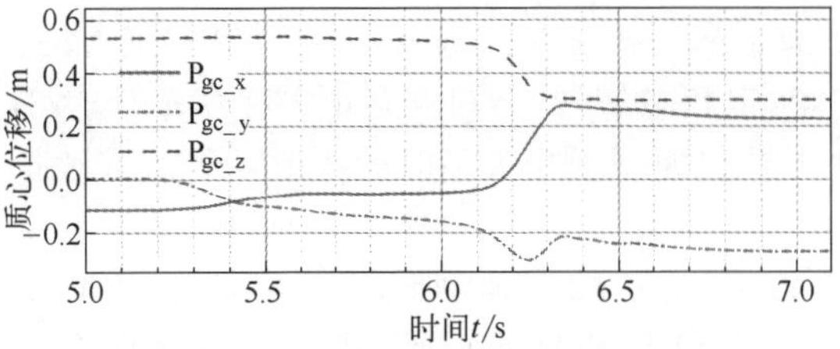

图 12-58 WMM-VerT 机械臂质心的位移曲线

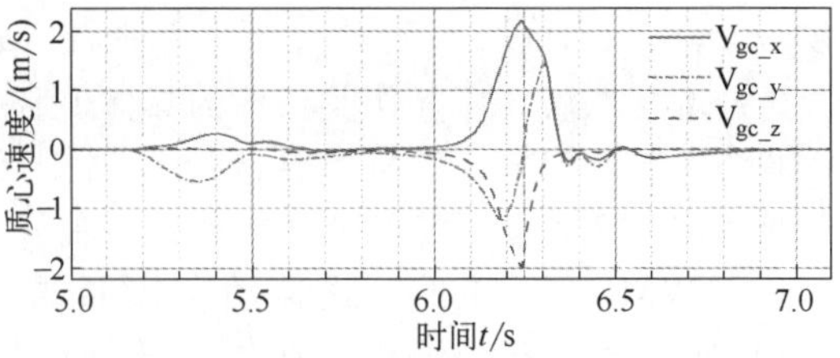

图 12-59 WMM-VerT 机械臂质心的速度曲线

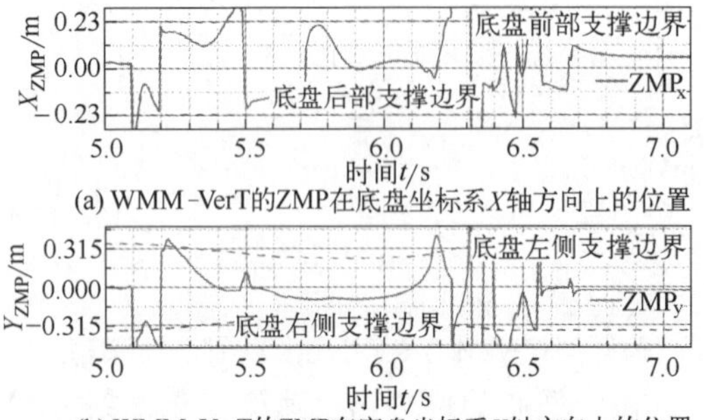

(a) WMM-VerT的ZMP在底盘坐标系X轴方向上的位置

(b) WMM-VerT的ZMP在底盘坐标系Y轴方向上的位置

图 12-60 WMM-VerT 跟踪圆弧轨迹时失稳恢复过程的 ZMP 位置变化曲线

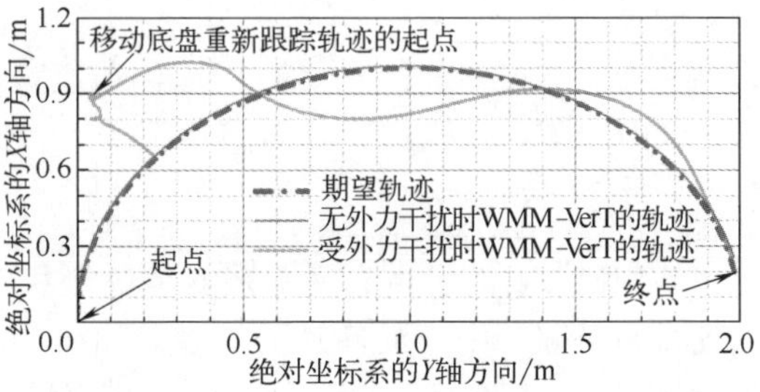

图 12-61 WMM-VerT 圆弧移动轨迹对比图

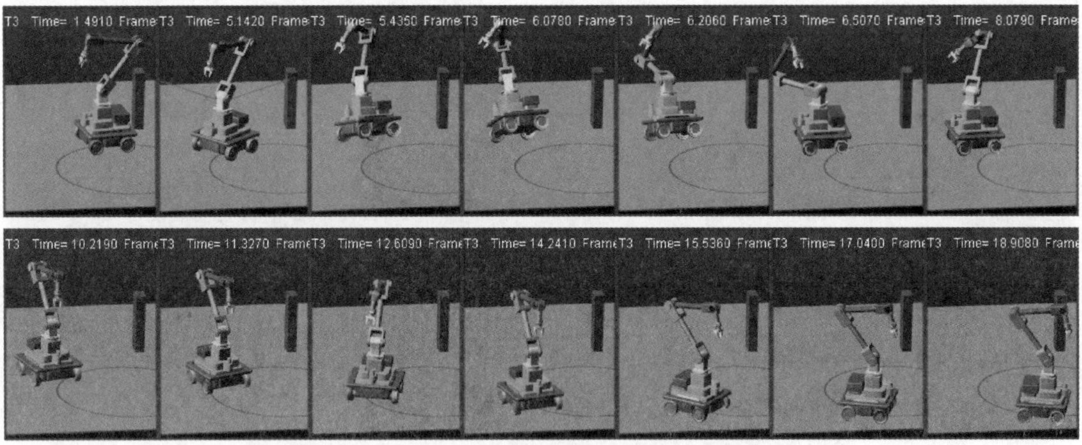

图 12-62 WMM-VerT 沿圆弧轨迹移动的仿真截图

以上针对载臂轮式移动机器人运行过程中发生失稳后的失稳恢复控制方法进行了研究，提出了一种载臂轮式移动机器人失稳恢复控制的方法。搭建了载臂轮式移动机器人的虚拟样机 WMM-VerT，分别对其底盘静止状态下受强外力干扰和跟踪轨迹时遭受强外力干扰的过程进行了动力学仿真。结果表明 WMM-TRC 和 WMM-TRC-Null 能够有效地提高载臂轮式移动机器人在失稳状态下防止倾覆的能力，实现了 WMM-VerT 在两倍自身重力、持续时间 0.1s 的强外力干扰下的失稳恢复控制。提出的载臂轮式移动机器人失稳恢复控制方法在提高载臂轮式移动机器人稳定运动能力的同时，也可以为其他类型的移动机器人的失稳恢复控制器的设计提供一定的参考。

12.6 腿足式步行移动机器人的稳定步行控制与全域自稳定器

12.6.1 关于腿足式步行移动机器人的稳定步行控制理论与方法概论

12.1 节一开始已从国际上 20 世纪 60 年代相继原始创新性研制单腿、双足、四足、六足等步行机开始，直至目前的腿足式步行机器人研发现状进行了代表性、概要性的介绍。其中，最重要的问题之一就是腿足式步行的稳定性与稳定步行控制的问题。期间代表性的稳定步行移动控制相关理论与方法有：1969～1975 年，南斯拉夫贝尔格莱德大学机器人学者麦沃曼夫・伍科布拉托维奇（MiomırVuкobratovıć）陆续提出了仿人双足步行的零力矩点（ZMP，Zero Moment Point）的概念（1969 年）、稳定步行基础理论和步行协调控制的基本方法；1973 年 Hemami 等人提出了双足步行机器人的简化倒立摆模型并基于该模型研究了双足步行机器人的静态平衡和周期性稳定运动控制方法；Vuкobratović 和 Hemami 等人的研究为双足步行机器人的后续研究奠定了重要的理论基础，值得一提的是 ZMP、倒立摆模型及基于 ZMP 和倒立摆模型的稳定步行控制方法对于四足步行乃至多足步行以及诸如轮式、履带式等其他移动方式的移动控制也提供了重要的参考；1986 年日本东北大学的古庄纯次教授提出了以双足步行系统角动量为稳定指标的双足步行控制方法，1987 年提出了驱动关节局部反馈作用下近似降阶控制方法和分层递阶控制方法；1990 年 kajita（梶田秀司）等人提出了双足步行的线性倒立摆模型和轨道能量常数的概念；1991 年日本东京工业大学的广濑茂男教授在伸缩腿式四足步行机器人研究中提出了假想线着地脚的概念以及基于 ZMP 和倒立摆模型下的机器人重心轨迹方程和步态规划的“假想线”双足即四足步行样本生成方法，假想线着地脚概念的提出对于打通双足步行与对称多足（即 $2n$ 足）步行之间的联系具有重要的理论意义，它相当于将 $2n$ 足步行机器人当作 n 足看待并结合步态特征恰当地简化了 $2n$ 足步行机器人的步行样本生成与控制问题；2000 年本田技研的 ASIMO 在当时国际双足步行机器人研究领域已经奠定的力反射控制、姿势控制、着地脚位置控制等稳定双足步行控制理论与方法基础上，提出预测控制，并与前三者结合而实现仿人双足自在步行控制；2003 年美国密歇根大学的 Grizzle 等人提出了虚拟约束和混杂零动态（Hybrid Zero Dynamics，也称“混合零动力学”）等概念。

在以机构运动学、动力学和控制技术为基础的步行控制研究过程中，还有另外一条途径，就是仿生运动控制方法，除了早期（20 世纪 70 年代）体育运动科学领域对人类双足步行运动和步态测试取得的成果以外，尚有动物学家、神经科学界对乌龟、蜥蜴、马、狗等四足，蟑螂、螃蟹六足、八足以及“千足虫”和蜈蚣等进行了有关运动行为、步态、能量消耗、神经系统等方面不同程度的研究，其结论被机器人界用来进行仿生运动控制，例如：由生物最优能耗相同情况下可以实现快慢速度下的多种步态运动得出的生物运动是经内部评价后协调生成的且具有自组织性、1985～1990 年间研究得到的神经系统中的以少数指令对应多样本的“多形态回路”非线性数学模型作为 CPG（中枢样本生成器，central pattern generator）被用于 6 足昆虫机器人的运动控制等等，20 世纪 90 年代以 20 世纪 60 年代发展起来的 CPG 为核心的生物运动控制方法在足式步行机器人中的应用兴盛起来。基于 CPG 的仿生物运动控制方法与前述的基于 ZMP、倒立摆模型以及角动量稳定性等理论模型的步行控制方法不同在于：期望控制步行机器人得到即使在诸如多足中受到外界扰动、受伤、负载与速度变化等情况下，也能像人类或足式动物那样由 CPG 自组织自协调地生成相应的步行样本并正常步行的有效控制效果。

20 世纪 80～90 年代，随着以神经网络、模糊理论、遗传算法、演化计算等智能控制理论与算法在机器人领域应用研究的兴起，腿足式步行机器人步行的智能控制得到快速发展，1965 年由 L. A. Zadeh 提出的模糊集合（Fazzy sets）和模糊理论（Fazzy throry）、1943 年由 W. S. McCullch 和 W. Pitts 等人提出的神经网络等经过多年的积累在 20 世纪 90 年代再度成为智能控制研究的热点，1990 年前后，L. A. Zadeh 提出了软计算（Soft Computing）。这个时期，模糊控制在工程技术中取得应用成效，1985 年日本学者高木（T. Takaki）和菅野（M. Sugeno）提出了高木-菅野模糊规则模型。基于高木-菅野模糊规则模型的机器人模糊控制法取得了广泛的应用，将 ZMP 稳定准则和稳定支撑区进行模糊化处理建立模糊控制规则库，设计模糊控制器通过解模糊来实现对足式机器人步行的模糊控制；用神经网络模型学习成功的步行样本和步行控制参数来获得泛化后收敛的步行样本生成器和控制器则是足式机器人的神经网络控制法；其他还有利用遗传算法对步行样本进行全局优化的足式步行样本生成方法、利用演化计算和遗传算法相结合的阶层型步行样本生成方法等等。

仿人双足步行机器人步行控制理论与方法经过近 60 年的积累，基于运动学、动力学模型的稳定步行控制理论与方法仍然是主流，步行机器人稳定步行控制性能得以大幅提高，这些成效更大程度上得益于足式机器人机构设计、机械本体设计制造技术与传感技术、伺服驱动与控制技术以及计算机计算速度、网络技术的大幅提高。腿足式机器人机械本体的刚度、驱动部的功率密度、转矩密度以及传感与控制的快速响应特性是稳定步行、快速稳定步行的先决条件。无论是基于 ZMP 还是基于倒立摆模型，本质上都是在机器人机构运动学和动力学理论范畴内的稳定性准则和力学模型，而且两者本身也源自于多刚体质点系统的力、力矩平衡方程，即稳定步行控制理论问题本质上是力学问题以及力学的稳定性问题的数学求解。但发展至今双足步行、四足步行等步行机器人稳定步行控制的鲁棒性仍然是一个大问题，其根源并不完全在于机器人本身，甚至更多在于本章 12.1 节中已经谈过的足与地面之间的物理接触状态的力学问题和摩擦学问题。如何应对不同地面环境、不同地面状态、不确定环境等实际条件，以获得步行稳定的强鲁棒性的问题，就如同摩擦学中研究的不同材料、不同表面物理和化学特性等诸多影响因素，甚至是时变的摩擦副力学行为至今也难以得到“放之四海而皆准”的通用的、实用的摩擦力方程一样，因此，以运动学、动力学为理论基础，以机构设计、机械结构设计获得高刚度、局部柔性可控减缓冲击设计等获得精良的机械本体，借助于尽可能状态量检测精确、多类感知、快速响应等特性的多传感系统实时获得足够的状态量，在这些前提条件下设计快速响应的控制系统，来获得各种步行环境即多类别多样条件下的成功步行样本，作为快速启动智能学习系统的初期训练数据，使得采用深度强化学习的稳定步行训练与学习系统具备能够持续进行深度学习的先决条件和基本资源，在这些准备充分的基础上，基于强化学习和机器人全域自稳定训练机构平台限幅随机运动的深度强化训练学习的智能学习运动控制方法是尽最大限度获得腿足式步行机器人全域自稳定能力即强鲁棒稳定性的有效方法。这就是本书作者自 2014 年提出来的腿足式机器人全域自稳定器获得方法的基本思想。注意：这里所谓的全域并不是任何情况下都是万能的，而是从被训练机器人自身最大能力空间范围之内的所有可行的运动行为空间的集合。

本书已经在第 2 章 2.1 节～2.3 节中就有关机器人系统的一般组成、液压驱动、气动驱动系统、腿足式机器人系统、机构与机械结构进行了较为详细的讲解，并给出了双足、四足等具体机器人实例和反映机构原理的机构运动简图与部分机械结构图，为的是首先从机器人总体构成与原理上予以感性认识并从机械专业角度去看待机器人本体，这里不再介绍这些。下面仅对腿足式机器人步行控制必不可少的各种传感器原理与用法，步行控制理论、方法与技术加以讲解。

12.6.2 腿足式步行机器人用传感器原理与使用

(1) 底层伺服系统或关节位置/速度全闭环控制用的位置速度传感器

首先，不管何种类型的机器人，底层伺服驱动与控制系统必不可少的是用来检测伺服电动机的位置/速度传感器，对于直线电动机驱动、液压驱动的液压缸或气动驱动的气缸则是检测其线位移/线速度的位置/速度传感器；对于关节位置/速度控制精度要求较高的机器人，还在各关节上配置位置/速度传感器，目的是通过关节上的位置/速度传感器测得的关节位置/速度与底层伺服驱动系统上的位置速度传感器检测出原动机运行的位置/速度经关节机械传动系统的传动比换算情况下两者的偏差即可检测出关节机械传动系统对关节位置/速度的影响。这种在关节及其原动机上分别配置位置/速度传感器的做法一般用在空间机器人等特殊用途机器人上，而且多用绝对位置/速度传感器。

光电编码器是检测位置/速度最常用的传感器，分为绝对式和增量式两类，一般选用增量式的光电编码器，绝对式光电编码器比增量式贵许多，但关节初始位置和机器人机构初始构形经标定和配有机器人上电自检程序后即在开始使用或结束运动之时可自检测并自动准确复位于初始构形；增量式编码器的情况下，虽然也能复位但一旦运动参数改变或突然掉电的情况下则需要人工重新调整各关节初始位置和机器人初始构形。当然，如果机器人在设计时即考虑各关节和机器人初始位置问题而设计制作有关节机械定位限位、电子开关等功能结构和器件，则也能较为准确地复位于初始构形。

回转光电编码器的工作原理如图 12-63 所示，光电编码器本体主要由发光元件、光敏元件和两者之间与绕编码器输出轴固连并一起转动的主刻度盘三部分组成。主刻度盘的圆周方向整周分布着间隔开来的窄逢，此外，主刻度盘窄逢圆周的里侧还有一个用来作为标志信号用的窄逢（通常称为 Z 相信号窄逢）；而主刻度盘沿圆周方向分布的各个窄逢是用来获取编码器的 A 相、B 相信号。这里所说的 A、B、Z 相信号实际上都是由相应的发光元件发出的光透过主刻度盘上的窄逢或被窄逢之间的遮光部分遮挡住时在光敏元件上形成的光电信号，当光线透过窄逢照射到光敏元件上，就会在光电信号中产生一个上升沿的脉冲，而当被遮挡住无光照射时，便在脉冲的下降沿产生低电平的信号，当下一个窄逢随着主刻度盘的转动来临，光线又透过窄逢照射到与前面同一个光敏元件时，刚才的低电平转变为上升沿形成一个新的脉冲，周而复始地产生一系列的脉冲和低电平间隔开来的信号。发光元件和与之相对应的光敏元件一个发光一个接受对方发来的光或被遮挡，这样形成的电信号被称为一相。如图 12-63 所示，图中有三对发光元件和光敏元件，则形成三相电信号，被称为 A、B、Z 三相。其中：A、B 相电信号是取自对应主刻度盘窄逢所在圆周位置的两对发光元件和光敏元件；而 Z 相电信号则取自与 Z 相信号窄逢所在圆周（半径）位置处，当主刻度盘上的 Z 相信号窄逢（只有一个）随主刻度盘旋转到产生 Z 相信号的第 3 对发光元件和光敏元件之间并且正对着这一对元件时，发光元件的光线透过窄逢照射到光敏元件时，则主刻度盘单向旋转一周只产生一个脉冲的 Z 相电信号（即只有一次上升沿和下降沿，其余则是低电平水平），因此，Z 相电信号又称作索引相（index phase）。当使用索引相且编码器转动角度不超过 360°时，可作绝对位置使用（前提条件时必须在安装时将机械角度的 0 位与编码器的索引相窄逢的位置精确对应上，通过在线调试可以做到）。但是，通常光电编码器是用来作为伺服电动机的位置、速度传感器，与电动机前后同轴线的两个输出轴轴伸之一连接在一起的，电动机的转速每分钟在几十转（直接驱动的力矩电动机）到几千转甚至上万转，单向或双向正反转，因此，通常无法作为绝对编码器使用。

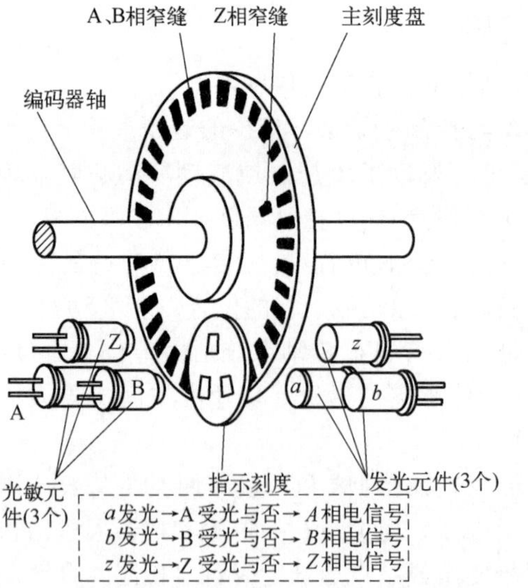

图 12-63 光学旋转编码器（光电编码器）的结构

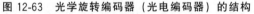

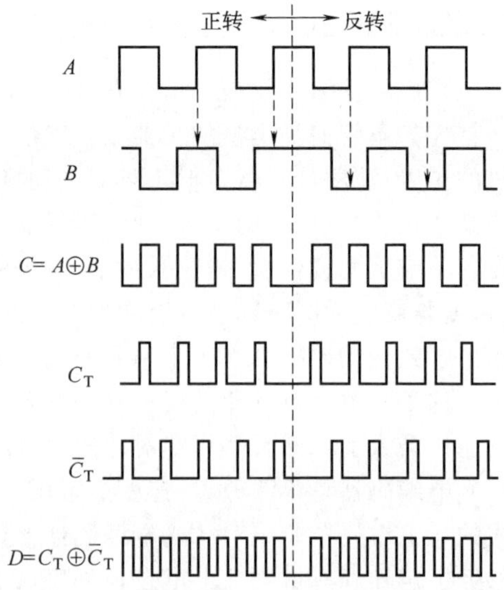

图 12-64 光电编码器 A 相、B 相电信号的处理

光学编码器转向判别原理：A 相、B 相两路输出的电信号有 90°的相位差，利用这个相位差可以判断编码器主刻度盘的转向，也可以利用这个相位差来得到提高编码器分辨率所需的插补信号（即分辨率的细分）。根据 A、B 两相信号判断编码器转向的信号逻辑运算如图 12-64 所示，当 A 相信号为上升沿时，观测 B 相信号的电平，若也为高电平状态，则为正转；若 A 相信号为上升沿，同时刻对应 B 相信号电平为低电平状态，则为反向转向。这里所说的正转、反转只是光电编码器主刻度盘的正向转动、反向转动。转向正、反是相对的概念，定义正反转向中的一个为正向则另一个必为与之相反的反向。转向的判别是根据 A、B 两相信号中哪个信号的相位超前来判断编码器主刻度盘转动方向的。

提高光学编码器的分辨率的原理：将 A、B 两相电信号进行异或（XOR）逻辑运算就可得到频率为原来 A、B 相信号频率两倍的脉冲信号 C。信号 C 可以通过逻辑非门得到与信号 C 高低电平恰好相反的 $\overline{\mathrm{C}}$(C 非）信号；再分别将 C 和 $\overline{\mathrm{C}}$ 上升的触发信号 $\mathrm{C_T}$ 和 $\overline{\mathrm{C}}_\mathrm{T}$ 进行异或（XOR）逻辑运算，又得到频率扩大两倍的脉冲序列信号 D。如此，可以用电学手段来进一步提高光学编码器物理角度的分辨率。这种以通过逻辑门电路的硬件设计对 A、B 相信号进行信号倍频处理的方法与手段称为硬细分。通常购买的光学编码器都带有四倍频的细分功能，就是用上述所讲的原理来实现的。

光学旋转编码器实例与使用：多数伺服电动机已配备光学旋转编码器而成为带有光电编码器的一体化伺服电动机，当然也可以由用户自己单独选配。带有光学编码器的伺服电动机乃至带有光学编码器和减速器的一体化电动机已经被广泛应用于机器人关节的驱动系统。这里给出的 MAXON 光学编码器（其产品样本上称为光电编码器）多种型号产品之一的 HEDL 5540 型 500 线（即主刻度盘上一周有 500 个窄缝也即转一周 A、B 相产生 500 个脉冲电信号）3 通道、带有 RS422 线驱动的光电编码器产品的尺寸、实物照片和线缆各引脚的定义，如图 12-65 所示。

光电编码器一般不能直接使用，需要连接到计数器对计数脉冲进行计数后并换算成角度位置或速度才能作为位置反馈与期望的转动位置或速度进行比较，从而实现伺服电动机位置、速度反馈控制。如果选用成型的伺服驱动 & 控制单元产品构建直流或交流伺服电动机驱动系统，一般伺服驱动 & 控制单元产品本身都带有计数器，可与光学编码器的线缆端部的连接器按各针的定义正确连接在一起即可。如果自行设计伺服驱动 & 控制单元的话，可以选择带有计数器的单片机作为单元的控制器并编写控制程序；如果用 PC 机作为控制器，则可选用 PCI 总线的计数器板卡或者带有计数器的运动控制卡插到 PCI 扩展槽中并初始化板卡即可使用计数器计数并换算成回转角度位置、速度。

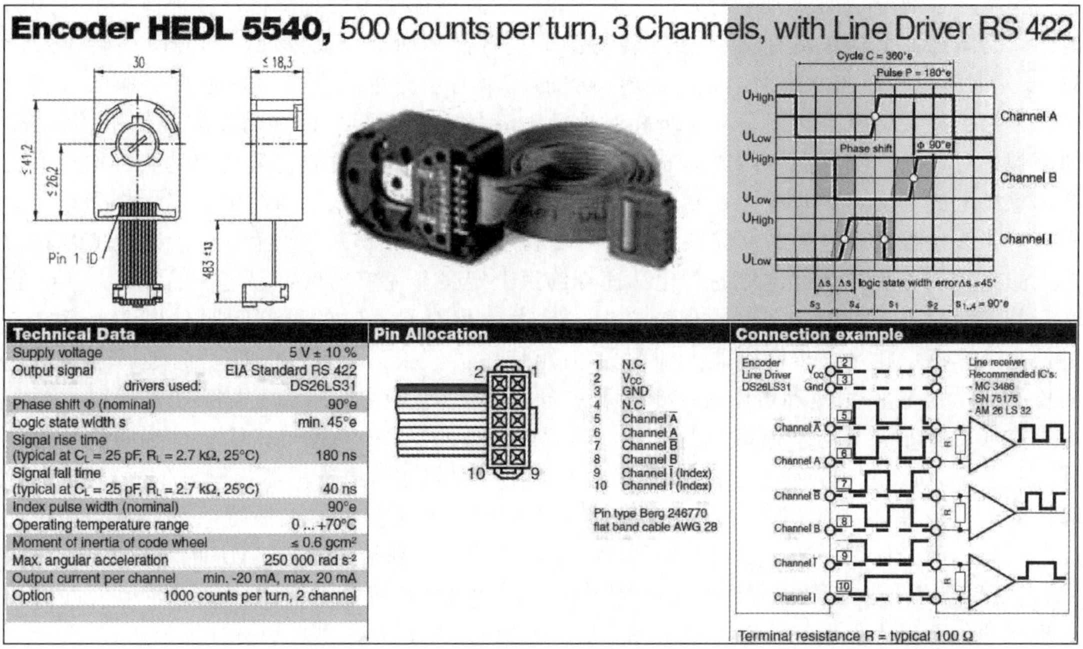

图 12-65　MAXON 的 HEDL5540 型光学旋转编码器（光电编码器）**产品实物及 A、B、Z 信号**（Z 在图中是用 I 表示的，即 Index 的首写字母）**、扁平电缆连接器各针的定义、线驱动电路**

（2）机器人用力传感器及其应用

机器人用力传感器可以分为接触力传感器，两维、三维力～六维力-力矩传感器等。

1）机器人用六维力-力矩传感器及其在腿足式步行机器人上的应用

本书第 6 章 6.2 节用于机器人力控制传感器及其应用一节已经将机器人技术领域广泛应用的力觉传感器之一的 JR3 六维力/力矩传感器的力检测原理、使用方法以及力-力矩的换算公式等详细讲解了，请参见 6.2 节，这里不再赘述。6.2 节中图 6-2（b）、图 6-5 及结合这两个图的正文文字讲解是针对机器人操作臂的，其他讲解无论对机器人操作臂还是腿足式机器人都是通用的。因此，这里仅就腿足式机器人上的实际应用加以继续补充。

六维力-力矩传感器配置于腿足式机器人的情况下，一般安装在踝关节下方与脚板之间，传感器两侧（工具侧即脚底板一侧、机器人侧即脚踝一侧）的法兰连接接口分别于踝关节下方和脚板上方各自的机械接口法兰止口连接。必须注意的是：机械接口法兰连接止口配合尺寸定位是定同轴线的位置精度，但只此是不行的，还必须在接口法兰圆周方向用定位销进行周向定位才能确保圆周方向位置精度，且传感器出厂前已经在传感器本体上定义并标定好了传感器自身坐标系的 XYZ 坐标系（传感器本体上铭牌有标注），机器人上的机械接口设计与传感器安装时应将传感器本体上的 XYZ 坐标系与机器人足上的坐标系或其参考坐标系保持平行或退而求其次为正交关系（需要精确设计和制造与安装才能保证测量准确、精确）才能用好六维力-力矩传感器。此外，由于安装在踝关节和脚板之间，所以，除非直接将力-力矩传感器工具侧加一同心圆板作机器人脚使用，否则皆为非直接检测足底力使用状态，因此，需要对六维力-力矩传感器检测到的三个分力、三个分力矩进行正确的换算才能得到足底力作用点（即 ZMP 点）位置坐标分量和各分力。当安装了六维力-力矩传感器的机器人腿足着地时，取脚板和六维力-力矩传感器本体坐标系之间的部分作为分离体进行受力分析的力学模型如图 12-66 所示。这里分平板脚板和前后脚掌脚板两种情况分别给出了力学模型图 12-66（a）、（b）、（c）；其中，图 12-66（a）、（b）分别为平板脚平脚着地和绕一棱边翘起的状态。下面分别加以力平衡分析。假设脚与地面接触处无相对滑移，各种情况下，脚与地面间的摩擦面上均作用有绕 Z 轴旋转趋势即垂直于地面（或支撑面）的静摩擦转矩矢量 $\boldsymbol{M}_{\text{zfoot}}$，该摩擦转矩与六维力力矩传感器测得的三个力矩分量的合力矩在垂直于地面方向上的投影相平衡，该摩擦转矩是阻止脚相对地面滑转的有用转矩。但在力反射控制上不用它，如果脚相对地面检测到滑转则成为非完整约束问题，注意：此类非完整约束是从机构约束上实际意义上的定义，而非线性控制理论中定义的非完整约束。从机构约束的实际物理意义上来看，非线性控制理论中的非完整约束则是将机构意义上的非完整约束理论上简化或当作机构上的完整约束后，通过这样的简化从速度约束上定义非完整约束，但这样的定义是不符合实际的，解决不了机构、实际物理意义上一旦发生相对滑移时的控制问题。从这个意义上讲，是个悖论。腿足式步行机器人利用力-力矩传感器实施力反射控制的目的是通过力传感器检测到的六维力-力矩和由图 12-66 所示的分离体力学模型力、力矩平衡方程计算得到零力矩点（ZMP）在参考坐标系中的位置，然后由期望的 ZMP 位置与其比较得到的位置偏差计算关节位置偏差，再通过关节位置/轨迹追踪控制使前述的由传感器检测到的力-力矩和换算公式进行计算得到的实际 ZMP 返回到稳定支撑区，使步行机器人保持动态稳定。关于力反射控制后面会详细论述。下面对应图 12-66 各种情况分别给出实际 ZMP 的解算方法。

① 平板脚全脚掌着地［即图（a）状态］：平板脚全脚着地在假设脚底板与地面间无相对滑移的条件下为静平衡状态，可由图（a）力学模型推导力、力矩平衡方程为：

$$
\boldsymbol{F}+\boldsymbol{F}_{\text{FS}}=\begin{bmatrix}F_x\\F_y\\F_z\end{bmatrix}+\begin{bmatrix}1&0&0\\0&-1&0\\0&0&-1\end{bmatrix}\begin{bmatrix}F_{\text{XFS}}\\F_{\text{YFS}}\\F_{\text{ZFS}}\end{bmatrix}+\begin{bmatrix}0\\0\\-mg\end{bmatrix}=\begin{bmatrix}F_x+F_{\text{XFS}}\\F_y-F_{\text{YFS}}\\F_z-F_{\text{ZFS}}-mg\end{bmatrix}=\boldsymbol{0}
$$

$$
\Rightarrow\begin{cases}F_x=-F_{\text{XFS}}\\F_y=F_{\text{YFS}}\\F_z=F_{\text{ZFS}}+mg\end{cases}
\tag{12-199}
$$

$$
\boldsymbol{M}_{\text{F}}+\boldsymbol{M}_{\text{FS}}+\boldsymbol{M}_{\text{FFS}}+\boldsymbol{M}_{\text{grond-foot}}=\begin{bmatrix}1&0&0\\0&-1&0\\0&0&-1\end{bmatrix}\begin{bmatrix}M_{\text{XFS}}\\M_{\text{YFS}}\\M_{\text{ZFS}}\end{bmatrix}+\begin{bmatrix}0&H_{\text{FS-foot}}&0\\H_{\text{FS-foot}}&0&0\\0&0&0\end{bmatrix}\begin{bmatrix}F_{\text{XFS}}\\F_{\text{YFS}}\\F_{\text{ZFS}}\end{bmatrix}
$$

$$
+\begin{bmatrix}0&0&-y_{\text{ZMP}}\\0&0&-x_{\text{ZMP}}\\-y_{\text{ZMP}}&x_{\text{ZMP}}&0\end{bmatrix}\begin{bmatrix}F_x\\F_y\\F_z\end{bmatrix}+\begin{bmatrix}0\\mgL_{\text{C}}\\M_{\text{Zfoot}}\end{bmatrix}=\begin{bmatrix}M_{\text{XFS}}+H_{\text{FS-foot}}F_{\text{YFS}}-y_{\text{ZMP}}F_z\\-M_{\text{YFS}}+H_{\text{FS-foot}}F_{\text{XFS}}-x_{\text{ZMP}}F_z+mgL_{\text{C}}\\-M_{\text{ZFS}}+M_{\text{zfoot}}\end{bmatrix}
$$

$$
=\boldsymbol{0}\Rightarrow\begin{cases}y_{\text{ZMP}}=(M_{\text{XFS}}+H_{\text{FS-foot}}F_{\text{YFS}})/(F_{\text{ZFS}}+mg)\\x_{\text{ZMP}}=(mgL_{\text{C}}-M_{\text{YFS}}+H_{\text{FS-foot}}F_{\text{XFS}})/(F_{\text{ZFS}}+mg)\\M_{\text{zfoot}}=M_{\text{ZFS}}\end{cases}
\tag{12-200}
$$

由（12-201）、（12-202）两式得，地面反力中心 ZMP 点在脚参考坐标系中的位置坐标（x_{ZMP}，y_{ZMP}，z_{ZMP}）和 ZMP 点处地面总的支反力 $\boldsymbol{F}$ 在脚参考坐标系中的三个分力 F_x、F_y、F_z 的计算公式为式（12-203）：

$$\begin{cases} \boldsymbol{F}=\begin{bmatrix}F_x\\F_y\\F_z\end{bmatrix}=\begin{bmatrix}-F_{\mathrm{XFS}}\\F_{\mathrm{YFS}}\\F_{\mathrm{ZFS}}+mg\end{bmatrix} \\ \boldsymbol{ZMP}=\begin{bmatrix}x_{\mathrm{ZMP}}\\y_{\mathrm{ZMP}}\\z_{\mathrm{ZMP}}\end{bmatrix}=\begin{bmatrix}(mg\cdot L_{\mathrm{C}}-M_{\mathrm{YFS}}+H_{\mathrm{FS-foot}}F_{\mathrm{XFS}})/(F_{\mathrm{ZFS}}+mg)\\(M_{\mathrm{XFS}}+H_{\mathrm{FS-foot}}F_{\mathrm{YFS}})/(F_{\mathrm{ZFS}}+mg)\\0\end{bmatrix} \\ \boldsymbol{M}_{\mathrm{ZMP}}=\begin{bmatrix}M_{\mathrm{xZMP}}=0\\M_{\mathrm{yZMP}}=0\\M_{\mathrm{zZMP}}=M_{\mathrm{zfoot}}=M_{\mathrm{ZFS}}\end{bmatrix} \end{cases} \tag{12-201}$$

式中，F_{XFS}、F_{YFS}、F_{ZFS}、M_{XFS}、M_{YFS}、M_{ZFS} 分别为六维力-力矩传感器检测到的在其本体坐标系 O_{FS}-$X_{\mathrm{FS}}Y_{\mathrm{FS}}Z_{\mathrm{FS}}$ 上的三个分力和三个分力矩，各分力、分力矩的正方向分别为传感器本体坐标系的各坐标轴正向和按右手定则定义的力矩正向；$H_{\mathrm{FS\text{-}foot}}$ 为传感器本体坐标系坐标原点至脚底板的垂向距离；M_{ZMP} 为 ZMP 处的力矩；m 为分离体总质量；L_{C} 为分离体总质心点 $C_{\mathrm{FS\text{-}foot}}$ 在参考坐标系（即脚板上的坐标系）中的 x_{foot} 方向坐标分量。注意：ZMP 称为零力矩点，$M_{\mathrm{xZMP}}=M_{\mathrm{yZMP}}=0$ 但 $M_{\mathrm{zZMP}}\neq 0$。

② 脚前棱支撑脚后部抬离地面［即图（b）状态］：此状态下，机器人是非稳定状态，将脚绕前棱翘起的翻转看作虚拟关节的回转，虚拟关节角为 φ_{foot}，图（a）中是以脚踝关节正下方与脚板底面交点为坐标原点的坐标系 O_{foot}-$x_{\mathrm{foot}}y_{\mathrm{foot}}z_{\mathrm{foot}}$ 作为参考坐标系来定义 ZMP 的位置及地面反力、反力矩的，但是，当脚后跟或脚尖翘起的情况下，需要重新定义（b）图中脚的参考坐标系，脚后跟翘起则定义在脚前棱中点上，O_{gf}-$x_{\mathrm{gf}}y_{\mathrm{gf}}z_{\mathrm{gf}}$ 作参考坐标系；若脚尖翘起，则将其定义在脚后棱；若脚翘起而侧棱着地，则处理方法类似。另外，将脚绕着地棱翘起定义为脚板绕以着地棱为轴线的虚拟关节，即相当于把翘起的脚板在着地棱处用一回转关节连接在地面上，同时，假设一端翘起的着地脚脚与地面无相对滑移这个条件也包含在虚拟关节中了。下面根据（b）图分离体力学模型来推导 ZMP 点及该点处地面反力、反力矩在参考坐标系 O_{gf}-$x_{\mathrm{gf}}y_{\mathrm{gf}}z_{\mathrm{gf}}$ 中的计算公式。

设传感器本体上的坐标系 O_{FS}-$X_{\mathrm{FS}}Y_{\mathrm{FS}}Z_{\mathrm{FS}}$ 相对于参考坐标系 $O_{\mathrm{gf}}-x_{\mathrm{gf}}y_{\mathrm{gf}}z_{\mathrm{gf}}$ 之间的坐标变换矩阵为 ${}^{\mathrm{gf}}\boldsymbol{A}_{\mathrm{FS}}$，则：

$${}^{\mathrm{gf}}\boldsymbol{A}_{\mathrm{FS}}=\mathrm{Rot}(y_{\mathrm{gf}},\varphi_{\mathrm{foot}})\cdot\mathrm{Trans}(x''_{\mathrm{gf}},-L_{\mathrm{foot}})\cdot\mathrm{Trans}(z''_{\mathrm{gf}},H_{\mathrm{FS-foot}})\cdot\mathrm{Rot}(x''_{\mathrm{gf}},180^\circ)$$

$$=\begin{bmatrix}\cos\varphi_{\mathrm{foot}}&0&\sin\varphi_{\mathrm{foot}}&0\\0&1&0&0\\-\sin\varphi_{\mathrm{foot}}&0&\cos\varphi_{\mathrm{foot}}&0\\0&0&0&1\end{bmatrix}\begin{bmatrix}1&0&0&-L_{\mathrm{foot}}\\0&1&0&0\\0&0&1&H_{\mathrm{FS-foot}}\\0&0&0&1\end{bmatrix}\begin{bmatrix}1&0&0&0\\0&\cos180^\circ&-\sin180^\circ&0\\0&\sin180^\circ&\cos180^\circ&0\\0&0&0&1\end{bmatrix}$$

$$=\begin{bmatrix}\cos\varphi_{\mathrm{foot}}&0&\sin\varphi_{\mathrm{foot}}&-L_{\mathrm{foot}}\cos\varphi_{\mathrm{foot}}+H_{\mathrm{FS-foot}}\sin\varphi_{\mathrm{foot}}\\0&1&0&0\\-\sin\varphi_{\mathrm{foot}}&0&\cos\varphi_{\mathrm{foot}}&L_{\mathrm{foot}}\sin\varphi_{\mathrm{foot}}+H_{\mathrm{FS-foot}}\cos\varphi_{\mathrm{foot}}\\0&0&0&1\end{bmatrix}\begin{bmatrix}1&0&0&0\\0&-1&0&0\\0&0&-1&0\\0&0&0&1\end{bmatrix}$$

$$=\begin{bmatrix}\cos\varphi_{\mathrm{foot}}&0&-\sin\varphi_{\mathrm{foot}}&-L_{\mathrm{foot}}\cos\varphi_{\mathrm{foot}}+H_{\mathrm{FS-foot}}\sin\varphi_{\mathrm{foot}}\\0&-1&0&0\\-\sin\varphi_{\mathrm{foot}}&0&-\cos\varphi_{\mathrm{foot}}&L_{\mathrm{foot}}\sin\varphi_{\mathrm{foot}}+H_{\mathrm{FS-foot}}\cos\varphi_{\mathrm{foot}}\\0&0&0&1\end{bmatrix}$$

则：
$$^{gf}\boldsymbol{R}_{FS}=\begin{bmatrix}\cos\varphi_{foot} & 0 & -\sin\varphi_{foot}\\ 0 & -1 & 0\\ -\sin\varphi_{foot} & 0 & -\cos\varphi_{foot}\end{bmatrix} \tag{12-202}$$

$$\begin{aligned}\boldsymbol{x}_{gf}&=f(\varphi_{goot})={}^{gf}\boldsymbol{A}_{FS}(\varphi_{goot})\boldsymbol{X}_{FS}=\\ &\begin{bmatrix}\cos\varphi_{foot} & 0 & -\sin\varphi_{foot} & -L_{foot}\cos\varphi_{foot}+H_{FS-foot}\sin\varphi_{foot}\\ 0 & -1 & 0 & 0\\ -\sin\varphi_{foot} & 0 & -\cos\varphi_{foot} & L_{foot}\sin\varphi_{foot}+H_{FS-foot}\cos\varphi_{foot}\\ 0 & 0 & 0 & 1\end{bmatrix}\begin{bmatrix}X_{FS}\\ Y_{FS}\\ Z_{FS}\\ 1\end{bmatrix}\\ &=\begin{bmatrix}X_{FS}\cos\varphi_{foot}-Z_{FS}\sin\varphi_{foot}-L_{foot}\cos\varphi_{foot}+H_{FS-foot}\sin\varphi_{foot}\\ -Y_{FS}\\ -X_{FS}\sin\varphi_{foot}-Z_{FS}\cos\varphi_{foot}+L_{foot}\sin\varphi_{foot}+H_{FS-foot}\cos\varphi_{foot}\\ 1\end{bmatrix}\end{aligned} \tag{12-203}$$

在传感器本体坐标系中坐标原点 O_{FS} 的坐标 $X_{FS}=Y_{FS}=Z_{FS}=0$ 时，O_{FS} 在参考坐标系 o_{gf}-$x_{gf}y_{gf}z_{gf}$ 中的坐标为：

$$^{gf}\boldsymbol{x}_{OFS}=\begin{bmatrix}-L_{foot}\cos\varphi_{foot}+H_{FS-foot}\sin\varphi_{foot}\\ 0\\ L_{foot}\sin\varphi_{foot}+H_{FS-foot}\cos\varphi_{foot}\end{bmatrix} \tag{12-204}$$

根据牛顿-欧拉法得分离体的力平衡方程、力矩平衡方程为：

$$\boldsymbol{F}-{}^{gf}\boldsymbol{A}_{FS}\cdot\boldsymbol{F}_{FS}+m\boldsymbol{g}=m\boldsymbol{a} \tag{12-205}$$

$$\begin{aligned}&\boldsymbol{M}_{F}-{}^{gf}\boldsymbol{R}_{FS}\cdot\boldsymbol{M}_{FS}+\boldsymbol{F}\times(\overrightarrow{o_{gf}C}_{FS-foot}-\overrightarrow{o_{gf}ZMP})-({}^{gf}\boldsymbol{R}_{FS}\cdot\boldsymbol{F}_{FS})\times\\ &\qquad(\overrightarrow{o_{gf}C}_{FS-foot}-\overrightarrow{O_{FS}C}_{FS-foot})=\mathbf{I}\cdot\dot{\boldsymbol{\omega}}+\boldsymbol{\omega}\times(\mathbf{I}\cdot\boldsymbol{\omega})\end{aligned} \tag{2-206}$$

式中：$\boldsymbol{F}=[F_x\quad F_y\quad F_z]^T$；$\boldsymbol{F}_{FS}=[F_{XFS}\quad F_{YFS}\quad F_{ZFS}]^T$；$\boldsymbol{g}=[0\quad 0\quad -9.8]^T$，(m/s^2)；

$\boldsymbol{M_F}=[M_{Fx}\quad M_{Fy}\quad M_{Fz}]^T$；$M_{Fz}=M_{zfoot}$；$\boldsymbol{M}_{FS}=[M_{XFS}\quad M_{YFS}\quad M_{ZFS}]^T$；$\boldsymbol{\omega}=[0\quad \dot{\varphi}_{foot}\quad 0]^T$；$\overrightarrow{o_{gf}ZMP}=[x_{ZMP}\quad y_{ZMP}\quad 0]^T$；$m$ 为分离体总质量；I 为分离体惯性系数阵；$\boldsymbol{a}=\overrightarrow{o_{gf}C}_{FS-foot}\times\dot{\boldsymbol{\omega}}$；$\overrightarrow{o_{gf}C}_{FS-foot}$，$\overrightarrow{O_{FS}C}_{FS-foot}$ 均可根据传感器、机器人脚几何结构尺寸、质心位置尺寸用坐标变换法或解析几何法求得。由式（12-206）推导得到具体的力矩平衡方程后，令 $M_{Fx}=M_{Fy}=0$ 并与式（12-205）联立即可推得 ZMP 的位置坐标 x_{ZMP}、y_{ZMP}($z_{ZMP}=0$）以及总的地面反力矢量 $\boldsymbol{F}$ 的具体计算公式。

③ 有前后脚掌脚板前脚掌着地支撑脚后部抬离地面［即图（c）状态］：此状态下 ZMP 在参考坐标系 o_{gf}-$x_{gf}y_{gf}z_{gf}$ 中的位置坐标 x_{ZMP}、y_{ZMP}（$z_{ZMP}=0$）以及地面支反力矢量 $\boldsymbol{F}$ 的计算公式推导方法以及在参考坐标系内的力、力矩平衡方程［仍然为（12-205）、（12-206）两个方程式］分别与（b）相同，虽然（b）中是将支撑脚脚板绕脚棱边旋转翘起假设为虚拟关节，图（c）中则是连接前后脚掌的实际存在的回转关节，但无论假想的虚拟关节还是实际存在的前后脚掌间关节，在数学、力学方程中理论上都是一样的，所以不影响同为使用（12-205）、（12-206）两式。另外，虚拟关节是绕支撑脚棱边回转，而图（c）中是绕距离地面为半个脚板厚即 $b_{foot}/2$ 距离，这对实际计算是有影响的，不能忽略。

（b）、（c）两种情况下，当 $\varphi_{foot}=0$ 时即全脚掌着地时则与（a）完全相同。

2）接触力传感器及其在测量足底力的测力鞋上的应用

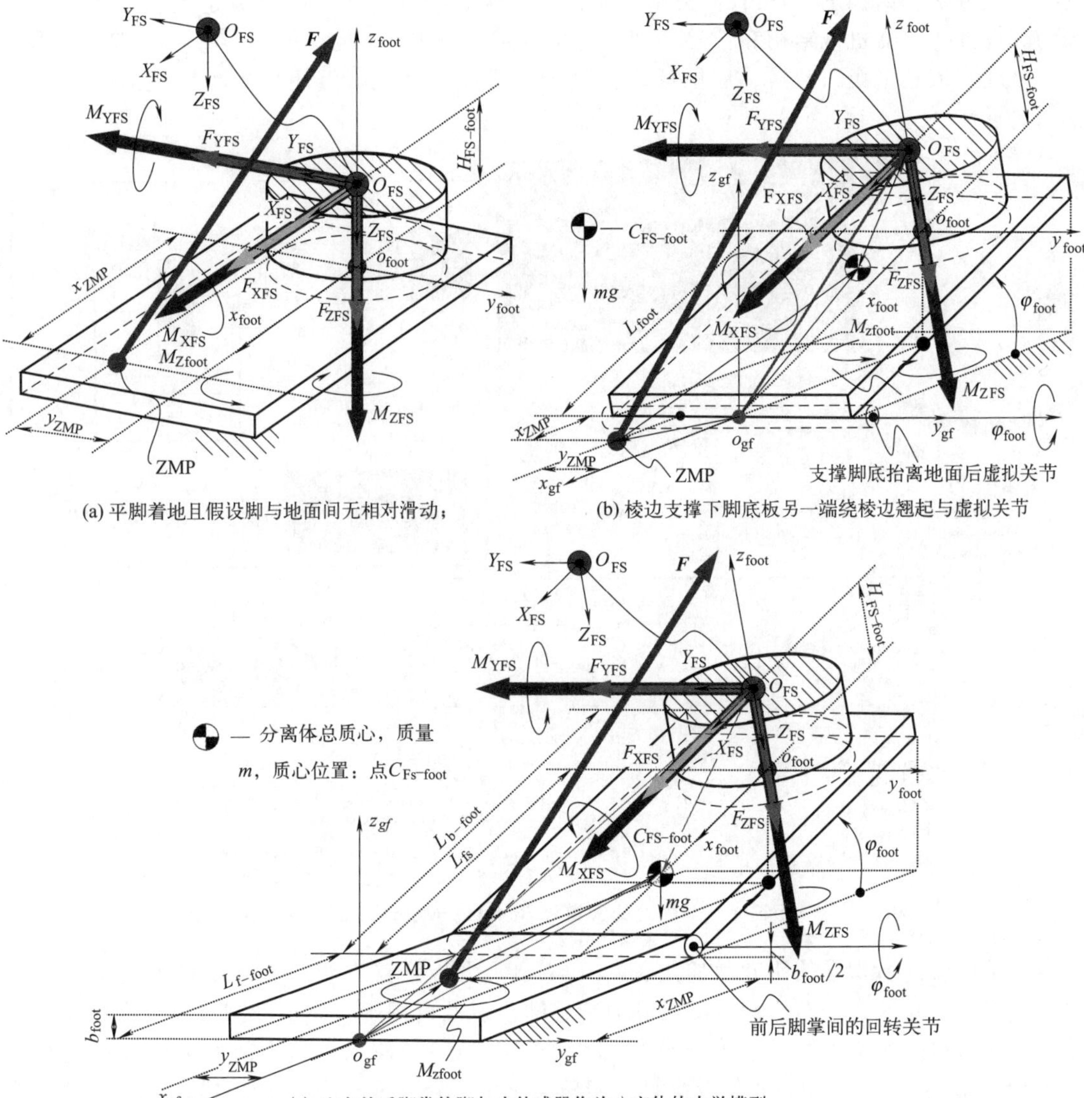

(a) 平脚着地且假设脚与地面间无相对滑动；　(b) 棱边支撑下脚底板另一端绕棱边翘起与虚拟关节

(c) 取有前后脚掌的脚与力传感器作为分离体的力学模型

图 12-66　取六维力-力矩传感器坐标系 $X_{FS}Y_{FS}Z_{FS}$ 的 $X_{FS}Y_{FS}$ 平面至着地支撑脚之间为分离体的力学模型（前提条件：假设脚与地面之间无相对滑动但静摩擦力、力矩仍然存在）

接触力传感器最常用的是如图 12-67 所示的应变片元件和以应变片元件为核心的压力传感器，单个应变片元件作为接触力传感器使用的原理是：应变片受接触压力作用后，在长度或厚度方向产生形变（长度变长或厚度变薄，取决于传感器承压检测的力学结构的设计，如直接承压、将压力负载通过力学结构转换成应变片受拉伸的检测结构等等，如图 12-67 所示的应变片元件是可以直接承压来进行接触力检测的，这样使得接触力传感器机械本体的设计相对简单而且满量程为大负载能力，为 FlexiForce™ 品牌的 Standard Model A201 应变片，它的单片元件可以检测 4480N 的压力）从而阻值发生变化，且阻值的变化与所受接触压力成比例，然后取出电流流过变形后应变片上的压降作为检测出的电压信号，此信号为毫伏级微弱模拟量电信号，经过信号处理、放大、A/D（即由模拟信号到数字信号）转换之后用来作为接触力传感器最终输出的数字信号传给控制器作为状态反馈量；应变片的联合使用检测力学作用结构变形的情况下，涉及应变片配线方法，常用的有：单应变片、双应变片和四应变片配线方法。诸如 FlexiForce™ 等用于测量接触力的应变片产品单独是无法使用的，必须为其设计传感器机械结构和信号处理与转换电路后制作完整的接触力传感器本体和传感器信号处理、数据采集与转换、底层计算机（单片机或 DSP）以及程序等模块之后才能正常使用。

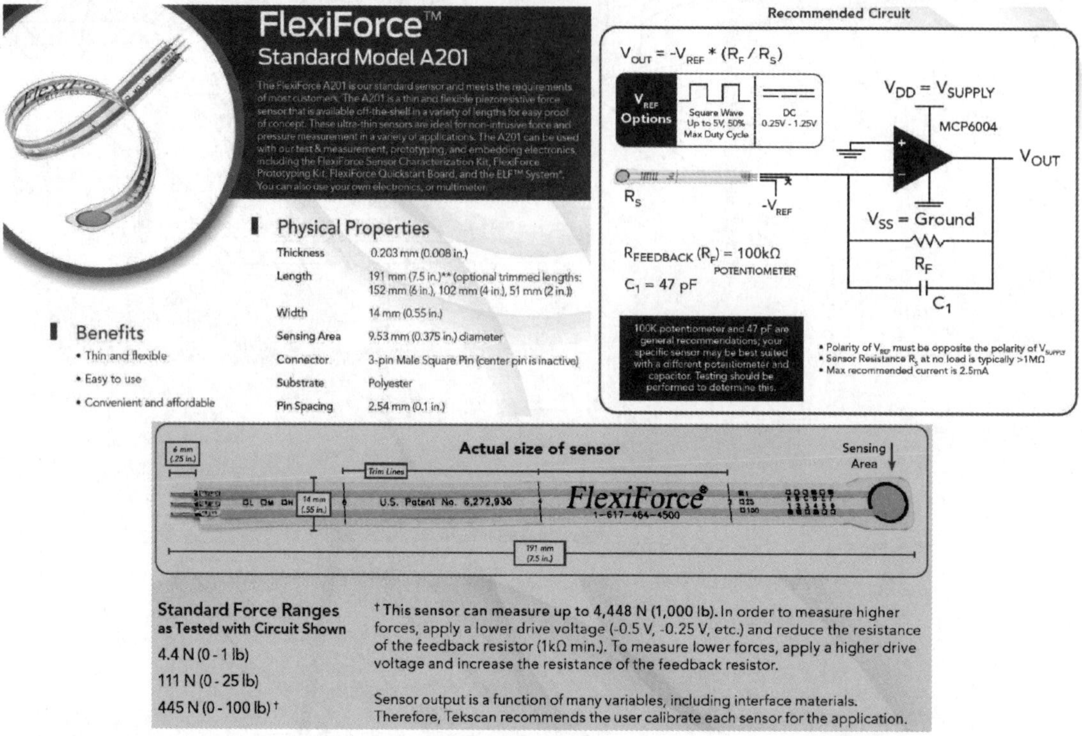

图 12-67 FlexiForce™ 品牌的大量程 Standard Model A201 力传感器本体

本书作者与所指导的研究生应用 FlexiForce™ 力传感器应变片元件研发了用于仿人双足步行机器人足底力分布式检测的足底力传感器，以及可用于人体运动测量或双足机器人步行的足底力检测用测力鞋传感器，分别如图 12-68、12-69 所示，其中前者为用于类人及类人猿型机器人 GOROBOT-Ⅱ的双足足底四角各 1 个 FlexiForce™ 力传感器，用来在脚底无滑移步行情况下检测 ZMP 点位置及地面反力；后者为自主研发的测力鞋系统实物照片及在人体走跑跳等三维运动捕捉与足底力测试实验上的应用场景，测力鞋为可调脚长且按人脚底与地面接触区域分布 FlexiForce™ 力传感器的可穿戴式无线通信集成化系统，可用于人体运动或双足机器人步行时足底力测量。

（3）加速度计

加速度传感器原理与种类：加速度传感器也称加速度计，是利用有质量的物体在其搭载物加速、减速、匀速运动过程中产生的惯性力、力矩的原理来测量其所搭载的物体在运动过程中的加速度的传感器，常被用来测量其所搭载的运动物体或力学结构的振动、航空航天飞行器等装置的位置和姿态，近年来也被用于汽车发生碰撞事故情况下安全气囊弹出前的状态检测。按其用途大致可分为两类：一类是用于高精度检测相对小加速度的加速度传感器；另一类则是用于感知冲击力的加速度传感器。但它们的原理都如前所述，即都是利用有质量物体在惯性参考坐标系中产生的惯性力进而在检测结构上产生相应变形并用应变片或者压电元件受惯性力作用后产生电信号来检测加速度的原理。因此，按检测原理可将加速度传感器分为：①利用梁结构受惯性力后产生变形原理进行检测的加速度传感器；②利用压电元件受惯

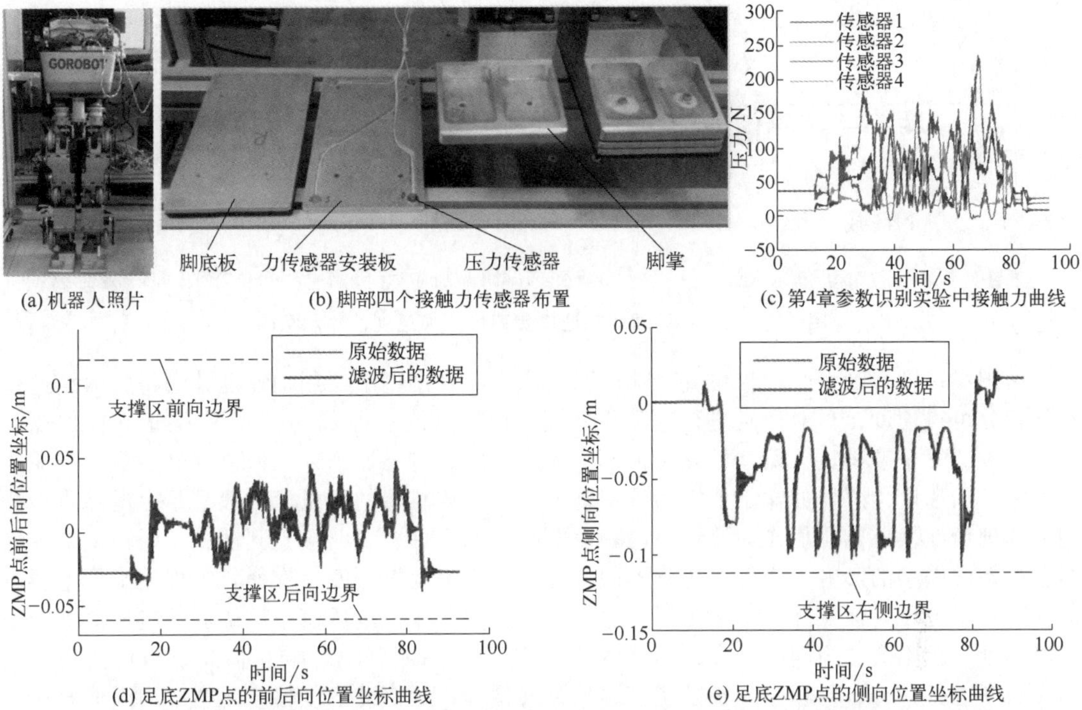

图 12-68　用于检测双足机器人足底接触力的接触力传感器及单脚站立下限幅随机运动情况下右脚单脚支撑足底四个接触力传感器的原始数据曲线与 ZMP 位置曲线

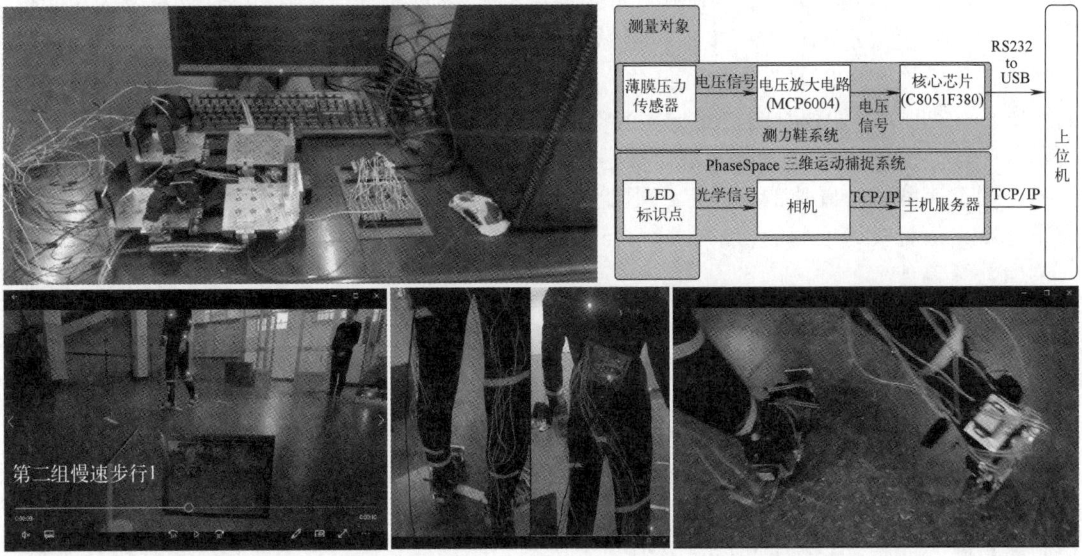

图 12-69　用于人体运动、腿足式机器人步行等足底接触力测量的可穿戴式无线通信集成化测力鞋系统的原理、实物照片及人体运动捕捉与足底力测量实验场景（已取得国家发明专利权）

性压力后产生电信号的检测原理的加速度传感器；③用弹簧支撑重物结构原理的伺服加速度传感器（这种加速度传感器在惯性力作用在重物上的同时，不是测量弹簧的变形，而是为使弹簧的变形为零，系统应控制惯性系统施加给重物的惯性力，实际上当重物质量一定时，就是系统控制使弹簧变形为零的加速度）。按原理分类的这三类加速度传感器的结构原理示意图分别如图 12-70 中（a）～（c）所示。

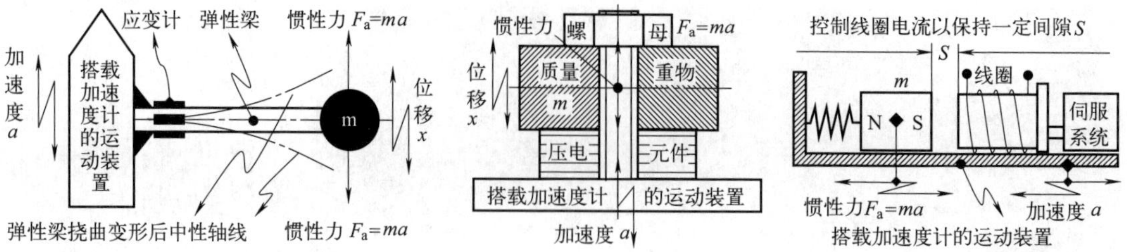

(a) 悬臂梁-质量m力学结构原理加速度计　　(b) 质量m-压电原理加速度计　　(c) 位置伺服原理加速度传感器

图 12-70　三种原理的加速度传感器（加速度计）示意图

使用加速度计测量数据求位置、速度的注意事项：理论上，用加速度计测得的数据进行时间积分可得速度，再对速度进行时间积分可得位置（或位移）。但是，这是建立在加速度计测得数据完全准确、无偏差的理想情况下才成立的。传感器都存在偏差（offset），当加速度为零时加速度传感器的输出值即为该偏差值。由于传感器的测量值一般都是由电路将检测到的物理量变换成电压值作为测量值的，而电路中的元件、线路会受到温度、周边电磁环境等各种条件因素的影响而变化，传感器的特性在一定程度上会发生变化，当理论上传感器应该输出零伏电压，但实际上却输出了微弱的毫伏级的非零伏电压值。该微弱的电压值对于加速度测量一般不会成为问题（在传感器测量误差范围之内属于正常），但是，当对测得的加速度数据进行积分、再积分分别求速度、位置（位移）的情况下该偏差就会成为问题，往往不可忽略其影响。假设加速度、速度、位移的理论值（即误差为零的理想值）分别是 a、v、s，加速度计测得的加速度、积分得到的速度、再积分得到位移的偏差分别为 Δa、Δv、Δs，且理论上，$v=at$，$s=at^2/2$。则由 $v+\Delta v=(a+\Delta a)t$，$s+\Delta s=(a+\Delta a)t^2/2$ 可推得：$\Delta v=\Delta at$；$\Delta s=\Delta at^2/2$。进一步地，由这两个速度偏差、位移偏差公式可知：速度偏差与时间成正比增加、位移偏差（位置偏差）与时间的平方成正比增大。显然，当加速度计测量偏差 Δa 一定时，1 秒钟时的位置偏差与 1 分钟时的位置偏差相比，后者较前者被放大 3600 倍。因此，即便加速度计测量偏差为微小值，但是相对长时间地对加速度计测量值积分、再积分分别求速度、位置值的偏差已经不能被忽略。要想长时间对加速度测得数据积分是难以求得速度、位置较为准确的值的。这一点需要充分的注意！

（4）倾斜计

倾斜计是用来测量其所搭载的装置相对于该装置位于水平面时倾斜了多大角度的传感器，常用于各类移动机器人的躯干或平台之上，当然也可以用来设置在移动机器人本体其他肢体部位以测量局部构件的倾角。常用的倾斜计的原理是类似于悬垂的摆一样，当移动装置位于类似斜坡的支撑面时，原本站在水平面上呈悬垂的摆自然相对于移动机器人本体摆回到保持悬垂状态，从而摆末端与悬挂点之间的连线与倾斜站在斜坡上的机器人本体躯干或平台成一倾角，可以通过摆长和测量摆末端相对于躯干或平台上的原基准线沿水平方向的位移求得倾斜角度。但是，当移动机器人在斜坡上运动为高频变化的情况下，由于移动机器人倾斜地站在斜坡上有水平方向上的加速度分量，倾角也会因高频变化而产生测量误差。

（5）姿势传感器

姿态传感器（posture sensor）：是指能够检测重力方向或姿态角变化（角速度）的传感器。姿态传感器通常用于移动机器人的姿态控制，其中机器人领域常用的是速率陀螺仪（rate gyroscope）。姿态传感器按检测姿态角的原理可分为陀螺式姿态传感器和垂直振子式姿态传感器两类；按检测量的不同又主要分为：速率陀螺仪、位移陀螺仪、方向陀螺仪三种。这里主要介绍常用于机器人中的前者。

陀螺：高速旋转的物体都有一个旋转轴线，该轴线也即该旋转物体的旋转中心轴线，并且在空间中都有一个方位（即该旋转轴线的空间方向和位置），这种特性被称为刚性。当高速旋转的物体受到一个外力 **F** 作用时，其旋转中心轴线会在原来的基准方位上随着 **F** 力作用方向产生偏摆，同时沿着原旋转中心轴线的垂直方向移动（即在原转轴基准线垂直方向上移动一段距离 S），这个移动被称为进动。这种具有的刚性和进动特性的高速旋转物体就被称作陀螺。

陀螺式姿态传感器简称陀螺传感器（gyroscope sensor）（也称陀螺仪）：是以自身为基准，用来检测运动物体摆动方位及偏移基准、角速度的一种传感器装置。其特点是：即使没有被安装在旋转轴上，也能检测物体转动的角速度。通常用于检测移动机器人在移动过程中的姿态并反馈给机器人的姿势控制器，也用于检测转轴不固定的转动物体的角速度。陀螺传感器按具体检测原理和方法的不同，可分为机械转动型陀螺仪、振动型陀螺仪、气体型陀螺仪、光学型陀螺仪四种。其中，机械转动型以及振动型两类价格便宜，尤其是振动型陀螺仪采用微机械加工技术制造，具有小型化、使用方便、价格便宜以及精度高等特点；而精度最高的应属于光学陀螺仪，但价格昂贵。光学型陀螺传感器又分为环形激光陀螺传感器和光纤陀螺传感器。陀螺传感器按自由度数不同，又可分为一自由度陀螺传感器和二自由度陀螺传感器。一自由度陀螺传感器又可分为比例陀螺传感器和比例积分陀螺传感器；二自由度陀螺传感器又可分为：垂直陀螺传感器、定向陀螺传感器、陀螺指南针（俗称螺盘）和电动链式陀螺传感器。其他陀螺传感器还有压电陀螺传感器、静电悬浮陀螺传感器、核磁共振陀螺传感器等。

陀螺传感器的特性：陀螺传感器被用来检测运动物体的方位、角速度等物理量，而运动的物体在三维空间中通常有倾斜（pitch）、摇摆（roll）、偏摆（yaw）三个分别绕各自坐标轴转动的动作。可将这三根轴定义在运动物体中线坐标系的三根轴，也可以是系统基坐标系的三个坐标轴。通常运动物体都是二轴或三轴同时动作。二自由度陀螺传感器和静电陀螺传感器都是以地球坐标系为基准来检测角度的传感器；其他陀螺传感器则是以运动物体的中心坐标系为基准检测角速度。将以物体中心坐标系为基准变为以地球坐标为基准时，必须使两个或三个输出相互解耦和补偿。此外，实际陀螺式陀螺传感器中，由于轴承内存在摩擦、陀螺和万向架存在着不平衡量等影响因素，方向会随时间变化，存在测量偏差，这种现象称为偏移。各类陀螺传感器的主要特性如表 12-11 所示。

表 12-11　各类陀螺传感器的主要特性

类型	陀螺传感器名称	主要特性
二自由度陀螺传感器	垂直陀螺传感器	有经常保持垂直的结构，最适用于倾斜和摇摆角度的测量，不存在偏移。但受立起精度影响，在左旋、右旋时会有偏差
	定向陀螺传感器	方向不同时受地球自转影响不同，用于检测相对方位，被用于短时间检测和方位控制。测量结果有偏移影响
	陀螺指南针	方向自动指北，能够检测绝对方位。但快速动作时产生误差
	电动链式陀螺传感器	一个该传感器即可进行二轴的检测，廉价，使用场合很多。但其控制电路复杂
	比例陀螺传感器	价格便宜，能简单检测角速度，被用于汽车、船等的动特性分析中。但只能用于在极短的时间内用积分输出角度
	比例积分陀螺传感器	为中、高精度陀螺传感器，实用但价格较贵。需要控制电路。在高精度要求的检测中，需要用二三个同时使用以互相补偿
光陀螺传感器	环形激光陀螺传感器	陀螺传感器中的主流。寿命长，可靠性高，启动时间短，动态范围宽，数字输出，无加速度影响。价格高，为尖端技术。一般市场上难寻
	光纤陀螺传感器	仅次于环形激光陀螺传感器，亦为主流。寿命长，可靠性高，启动时间短，动态范围宽，数字输出，无加速度影响。优点同于环形激光陀螺传感器，但价格低廉

续表

类型	陀螺传感器名称	主要特性
其他陀螺传感器	静电悬浮陀螺传感器	精度高，价格非常高，维护费用高。仅用于特殊场合
	核磁共振陀螺传感器	处于研究中，但价格可能较低
	气体比例陀螺传感器	价廉，被用于无人搬运车。但必须注意：它的温度特性容易变化且精度不高
	振动陀螺传感器	为低精度陀螺传感器，比陀螺式陀螺传感器寿命长，价格低

12.6.3 ZMP 概念及基于 ZMP 的稳定步行控制原理与技术

支撑脚着地与支撑面之间接触区意义上定义的 **ZMP**：ZMP（zero moment point，零力矩点）的概念是 1970 年由南斯拉夫贝尔格莱德大学机器人学者麦沃曼夫·伍科布拉托维奇（Miomır Vuкobratović）提出的，为“零力矩点”的意思；Miomır Vuкobratović 在其 1975 年日刊工业新闻社出版的日文著作中给出的 ZMP 的定义原图如图 12-71（a）所示，他认为“地面反力和摩擦力是关系到系统运动的重要数据，而且对于编写协调控制的程序来说也是不可缺少的，对此，我们要详细地加以说明”。图 12-71 中，如果把分布反力集中在足支撑面的中心，那就可以规定力 $\boldsymbol{N}$ 及力矩 $\boldsymbol{M}$，然而，倘若考虑合力 $\boldsymbol{R}$ 的作用点，使绕该点的力矩为零，则可以规定 $\boldsymbol{R}$ 的作用点。该作用点在双足系统的动态分析中是很重要的。为简便起见，把力矩为零的该点简称为 ZMP（即零力矩点）。在单脚支撑时，显然 ZMP 在支撑脚的着地支撑足形内；在两脚支撑时，ZMP 必须在图 12-71（b）所示的斜线区域内。若双足步行时处于这样的支撑区内，那么 ZMP 就可以连续或者不连续地变动，这种变动方式随步行形式而变化。另外，他认为：无论单脚支撑还是双脚支撑，摩擦力都可以汇集成合力和合力矩，分布式的摩擦力也可以看作集中的合力和合力矩的关系，根据不同情况，有时摩擦力作为力偶作用而使合力为零。

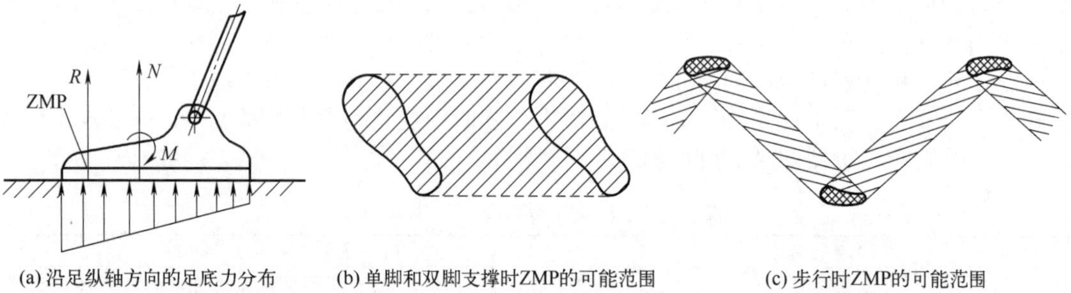

(a) 沿足纵轴方向的足底力分布　(b) 单脚和双脚支撑时ZMP的可能范围　(c) 步行时ZMP的可能范围

图 12-71　麦沃曼夫·伍科布拉托维奇（Miomır Vuкobratović）**1975 年在其著作中定义的 ZMP**

人体或仿人机器人本体作为多质点力学系统合力意义上的 ZMP：Miomır Vuкobratović 给出的上述 ZMP 的定义实际上是将着地脚与地面之间的分布作用力看作等效集中力的作用点（并且假设两者之间的摩擦力为静摩擦力和静摩擦力矩的前提条件下只用支撑面提供给着地脚的支反力为垂向力）。但是，若从把人体或仿人步行机器人总体作为多质点力学系统且可等效为一个总的质心（质点）上来看，该总的质点系统在步行运动下的力学模型如图 12-72 所示。分两种情况讨论：当总的质点 m 绕稳定支撑点（即 ZMP）划弧运动时[图 12-72（a）]，会在垂直向上的方向产生离心力 $m\ddot{a}_z$（其中 $\ddot{a}_z$ 为质点 m 形成离心力的 z 向加速度分量），质点 m 在水平方向（即 x 方向）的加速度分量为 $\ddot{a}_x$，相应的惯性力为 $m\ddot{a}_x$；此外，质点 m 在重力场中的重力为 mg（g 为与 z 轴正向相反方向的重力加速度，为 $-9.8\mathrm{m/s^2}$），支撑面给多质点系统（也即给等效的总质心质点 m）的垂直向上的支撑反力（为系统所受外力）为 $\boldsymbol{F}_z$，则：$\boldsymbol{F}_z = m\ddot{a}_z - m\boldsymbol{g}$；质点 m 水平方向的力为惯性力 $m\ddot{a}_x$，则 $m\ddot{a}_x$ 与 $\boldsymbol{F}_z$ 的合力为 $\boldsymbol{F}_{xz}$，该力的反向延长线与支撑面的交点即为 ZMP 点，因为系统合力 $\boldsymbol{F}_{xz}$ 对在其自身反向延长线上的 ZMP 点的力臂 L 为 0，显然，$\boldsymbol{F}_{xz}$ 对 ZMP 点的力矩为零，即说明 $\boldsymbol{F}_{xz}$ 力反向延长线与支撑面的交点即为 $\boldsymbol{M}_{\mathrm{ZMP}}$ 力矩为零的 ZMP 点。但 $\boldsymbol{M}_{\mathrm{ZMP}}=0$ 是有条件的，只有当 ZMP 点（系统合力 $\boldsymbol{F}_{xz}$ 对反向延长线与支撑面交点）位于着地脚支撑区时才有 $\boldsymbol{M}_{\mathrm{ZMP}}=0$，试想：当 ZMP 点没有位于着地脚支撑区而是在着地脚支撑区之外时，系统将会失去力矩平衡条件而向支撑面侧倾倒，若在力反射控制下 ZMP 点在一定时间能及时返回到着地脚支撑区则不会继续倾倒而恢复稳定，即保持力矩平衡状态而继续正常步行，但如若在一定时间内 ZMP 没有返回到着地脚支撑区则无论给系统施加多大用于使 ZMP 返回支撑区的力矩，系统都会继续向支撑面倾倒直至摔倒（这里所说的“一定时间内”可由倒立摆摆动周期和摆长计算出来）；当总的质点 m 做直线运动时，没有离心力，所以，质点 m 上的合力 $\boldsymbol{F}_{xz}$ 由平衡重力 mg 的支撑面支反力 $\boldsymbol{F}_z(=-\mathrm{mg})$ 与水平方向上的惯性力 $F_x(=m\ddot{a}_x)$ 合成，合力 $\boldsymbol{F}_{xz}$ 的反向延长线或将其沿该合力反向平移与支撑的交点即为 ZMP 点。关于 ZMP 在支撑区之外时同前述划弧运动时的分析完全相同。

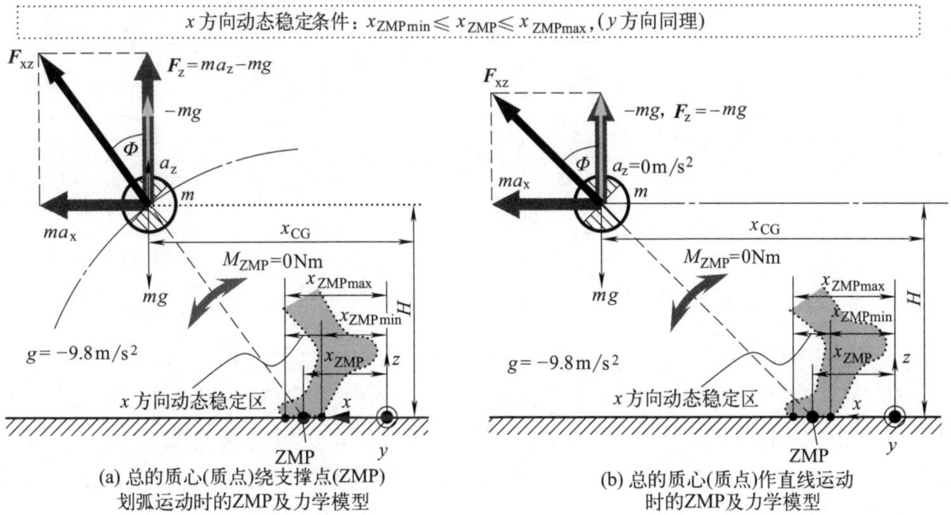

(a) 总的质心(质点)绕支撑点(ZMP)划弧运动时的ZMP及力学模型　　(b) 总的质心(质点)作直线运动时的ZMP及力学模型

图 12-72　把人体或仿人机器人作为多刚体质点系统看待总的质心运动、ZMP 及力学模型

下面按多刚体 n 质点步行系统的每一个质点的质量 $m_i(i=1,2,\cdots,n)$、质心位置矢量 $\boldsymbol{r}_i$ 去推导多质点系统力学意义上的 ZMP 点位置。

多刚体 n 质点步行系统意义上的 ZMP 公式推导：ZMP 由作用在步行机器人的惯性力和重力的合力 $\boldsymbol{F}=\{F_x, F_y, F_z\}^{\mathrm{T}}$ 以及合力矩 $\boldsymbol{T}=\{T_x, T_y, T_z\}^{\mathrm{T}}$ 定义的。当坐标原点在地面上，z 轴垂直时，ZMP 被定义为 $T_x=T_y=0$ 时地面上（z=0）的点（x_{ZMP}，y_{ZMP}，0）。把步行系统看作为质点的集合的合成，可以导出 ZMP 的计算式。如图 12-73 所示，步行系统的第 i 个质点的质量和位置分别用 m_i 和矢量 $r_i=[x_i, y_i, z_i]^{\mathrm{T}}$ 表示。

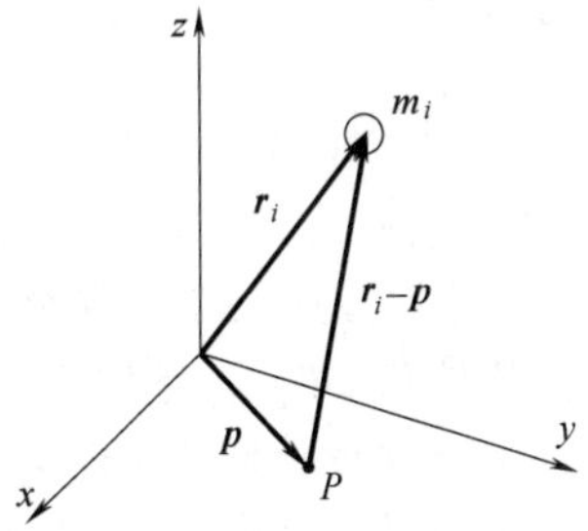

图 12-73　双足机器人的第 i 个质点

地面上任一点 P 的位置矢量 $\boldsymbol{p}$ 为：

$$\boldsymbol{p}=[x_p, y_p, 0]^{\mathrm{T}}$$

对于点 P 的步行系统的全体角动量矢量为 L，则有：

$$L=\sum_{i}(r_i-p)\times m_i\frac{\mathrm{d}}{\mathrm{d}t}(r_i-p) \tag{12-207}$$

第 i 个质点对于点 P 的运动方程可由达朗贝尔原理得出，如下式：

$$\frac{\mathrm{d}\boldsymbol{L}}{\mathrm{d}t}+\sum_{i}(\boldsymbol{r}_i-\boldsymbol{p})\times m_i\boldsymbol{g}+\boldsymbol{T}=0 \tag{12-208}$$

式中，$\boldsymbol{g}=[0,\ 0,\ g\ ]^{\mathrm{T}}$ 为重力矢量；$\boldsymbol{T}=[T_{\mathrm{x}},\ T_{\mathrm{y}},\ T_{\mathrm{z}}]^{\mathrm{T}}$ 为步行系统对地面的作用力矩矢量。由（12-207）、（12-208）与（12-209）三式可得对点 P 的运动方程式为：

$$\sum_{i}(\boldsymbol{r}_i-\boldsymbol{p})\times m_i\left\{\left(\frac{\mathrm{d}^2\boldsymbol{r}_i}{\mathrm{d}t^2}+g\right)-\frac{\mathrm{d}^2\boldsymbol{p}}{\mathrm{d}t^2}\right\}+\boldsymbol{T}=0 \tag{12-209}$$

因为地面是不动的，所以有：$\mathrm{d}^2\boldsymbol{p}/\mathrm{d}t^2=0$。由式（12-209）可分别得以下方程式：

$$T_x=\sum_{i}m_i(\ddot{z}_i+g)y_{\mathrm{p}}-\{\sum_{i}m_i(\ddot{z}_i+g)y_i-\sum_{i}m_i\ddot{y}_iz_i\}$$

$$T_y=\sum_{i}m_i(\ddot{z}_i+g)x_{\mathrm{p}}-\{\sum_{i}m_i\ddot{x}_iz_i-\sum_{i}m_i(\ddot{z}_i+g)x_i\}$$

$$T_z=\sum_{i}m_i\ddot{y}_ix_{\mathrm{p}}-\sum_{i}m_i\ddot{x}_iy_{\mathrm{p}}-(\sum_{i}m_i\ddot{y}_ix_i-\sum_{i}m_i\ddot{x}_iy_i\}$$

根据 ZMP 被定义为 $T_{\mathrm{x}}=T_{\mathrm{y}}=0$ 时地面上（$z=0$）点，有：

$$\begin{cases} x_{\mathrm{ZMP}}=\dfrac{\sum\limits_{i}m_i(\ddot{z}_i+g)x_i-\sum\limits_{i}m_i\ddot{x}_iz_i}{\sum\limits_{i}m_i(\ddot{z}_i+g)} \\ y_{\mathrm{ZMP}}=\dfrac{\sum\limits_{i}m_i(\ddot{z}_i+g)y_i-\sum\limits_{i}m_i\ddot{y}_iz_i}{\sum\limits_{i}m_i(\ddot{z}_i+g)} \end{cases} \tag{12-210}$$

支撑脚与支撑面间支撑区即实际意义上的 ZMP 与人体或仿人机器人多质点力学系统理论意义上的 ZMP 两者在稳定步行意义上的统一：按 ZMP 点的定义和前述 12.6.2 节中通过六维力-力矩传感器测得的六维力或者足底力检测用分布式接触力传感器系统（或测力鞋系统）测得的各接触力传感器测得的支反力与支撑面总的支反力换算公式计算出足底与支撑面间支反力作用点位置 $\boldsymbol{x}_{\mathrm{ZMP}}$、$\boldsymbol{y}_{\mathrm{ZMP}}$，作为步行期间“实际”的地面反力中心作用位置。为实现稳定的步行控制目标，期望 ZMP 点位于支撑脚着地支撑区内，因此，稳定步行的力反射控制方法就是：为满足稳定步行条件，先确定或规划期望的 ZNP 位置或轨迹，然后通过力传感器测得的力和换算公式计算出实际的 ZMP 的位置；再通过力反射控制器的设计和执行让步行过程中测得的实际 ZMP 位置追从期望的 ZMP 位置或轨迹。那么，具体又如何实现呢？我们知道：对于机器人而言，能够直接控制的是各个关节的运动，而无法或者不便通过力传感器将反馈回来的力、力矩与期望的力、力矩比较通过各个关节直接对力偏差进行关节力控制，只好如前所述，通过力传感器测得的力、力矩换算出实际 ZMP 并计算其与期望 ZMP 的偏差 ΔZMP，然后在机器人关节位置轨迹追踪控制的基础上，将 ΔZMP（即 $\Delta\boldsymbol{x}_{\mathrm{ZMP}}$、$\Delta\boldsymbol{y}_{\mathrm{ZMP}}$）换算成关节位置补偿量 $\Delta\boldsymbol{\theta}_{\mathrm{ZMP}}$，将此为了实现实际 ZMP 追从期望 ZMP 所需的关节位置补偿量 $\Delta\boldsymbol{\theta}_{\mathrm{ZMP}}$ 与关节当前位置、速度参考输入计算得到期望的关节位置、速度，进行经过关节位置补偿量 $\Delta\boldsymbol{\theta}_{\mathrm{ZMP}}$ 补偿之后的关节位置轨迹追踪控制来实现稳定的步行。这个控制过程的原理框图如图 12-74 所示。

值得一提的是：回转关节型的多关节机器人是高度非线性、多关节运动耦合非常强的机械系统，由式（12-210）可知，ZMP 的位置 $\boldsymbol{x}_{\mathrm{ZMP}}$、$\boldsymbol{y}_{\mathrm{ZMP}}$ 的多刚体质点系统意义上的理论计算公式是各个质点质心位置坐标及其对时间 t 的二阶导数即质心线加速度的函数。三阶的加加速度及以上的高阶项没有被考虑而被忽略掉了。但实际上，任何回转关节型多关节机器人中的任何一个构件质心 m_i 的加速度分量 $\ddot{x}_i$、$\ddot{y}_i$、$\ddot{z}_i$ 都不是线性的，存在三阶、四阶直至 $\boldsymbol{k}$ 阶乃至无穷阶的高阶导数，也就是说：加速度计算到二阶导数并没有完，其后面还有高阶导数项但被省略了，可是现实物理世界中的实际机器人运动时这些加速度中的高阶项的动力学作用效果不会被省略也无法省略，就会起动力学作用从而在影响运动。为此，本书作者与所指导的博士生于 2010 年推导并发表了带有加加速度的 ZMP 计算公式，但实际使用这个公式只能通过加速度传感器测得的加速度数据差分，且需要过往数据以及误差累积的消除来间接得到加加速度量。

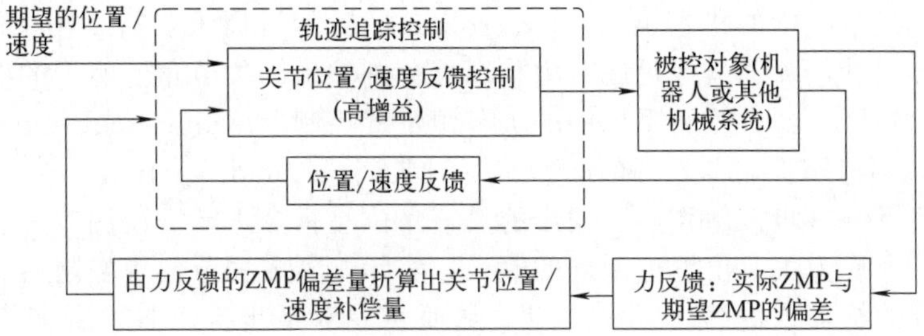

图 12-74 基于 ZMP 的稳定移动力反射控制的原理框图

12.6.4 本田技研 P2、P3 型以及 ASIMO 等全自立仿人机器人的步行控制原理与技术

（1）P2 型控制系统的构成

P2 型的控制系统很值得一提的是，它是将实际机器人的实际步行控制与机器人动力学模型下的虚拟样机模型控制系统仿真紧密结合的最具代表性的案例，如图 12-75 所示。该系统由基于动力学模型的虚拟机器人控制系统仿真部分、实际机器人控制、实际机器人反馈调节仿真控制三部分组成。其中实际机器人控制部分包括实际机器人关节位置控制、地面力反射控制、身体姿势控制三部分；实际机器人反馈调节仿真控制部分则为实际机器人身体姿势控制和模型 ZMP 控制这两部分分别对虚拟机器人模型控制中着地脚位置和期望 ZMP 修正量的反馈控制。

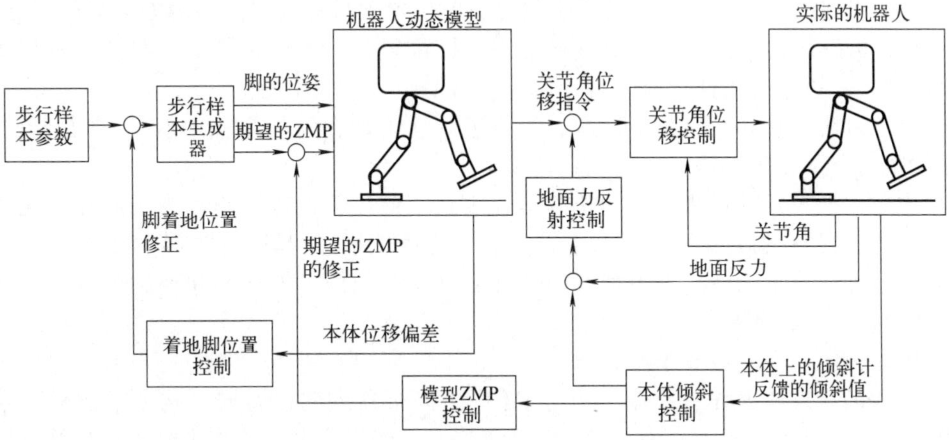

图 12-75 P2 型的控制系统原理框

（2）P2 型系统的具体控制原理

诸如步长、步行周期、游脚抬脚高度等步行样本参数作为控制系统输入量输入给步行样本生成器，步行样本生成器生成游脚的位置和方向轨迹以及期望的 ZMP 位置给虚拟的动力学模型下的虚拟机器人，虚拟机器人在仿真环境下步行同时将虚拟机器人本体的位移偏差量反馈给着地脚位置控制器（foot landing position controller），着地脚位置控制器经运算后输出着地脚位置修正（foot landing position modification）量，并与步行样本参数进行比较运算后再给步行样本生成器进行步行样本调整。这一部分为虚拟机器人步行控制的仿真部分，绝大多数双足步行机器人仿真也都是这样做的。但是，P2 型并未将控制系统仿真验证后的结果就此而止。虚拟机器人在虚拟动力学模型仿真环境下正常行走后的关节位移量被作为控制指令输入给实际机器人关节角位移控制器（joint angles displacement controller），然后该控制器输出操作量给实际的机器人（actual robot）；实际机器人步行中由关节位置传感器、躯干上搭载的倾斜计、踝部（或足底）力传感器分别输出的关节角、躯干的姿态、地面反力等被分别反馈给实际机器人控制系统中的关节角位置控制器（joint angles displacement control）（即关节轨迹追踪控制器）、地面力反射控制器（ground reaction force controller），综合对由步行仿真系统（步行仿真器）输出的关节角位移指令进行反馈调节，然后生成调节后的关节角位移指令作为关节位置控制器的输入，实际机器人关节位置控制器的输出量作为操作量来控制实际的机器人的各个关节运动，从而实现双足步行。前述所言值得一提之处在于：P2 型的实际控制系统将其反馈给实际机器人控制器（系统）的身体姿势控制器的输出经模型 ZMP 控制器（model zmp controller）运算后输出量用来作为虚拟机器人仿真系统控制器输出的期望 ZMP 的修正量。从而将实际机器人的控制与仿真环境下的虚拟机器人控制有机结合在一起，进一步促进了仿真控制系统对实际机器人控制系统所起的有效促进作用。

（3）P3 型的操控平台

P3 型在 1999 年当时的操控平台是由操控者通过外部计算机工作站面对屏幕来操控机器人的。操控者需要拥有高级知识和技能才能操控机器人。当时还没有机器人运动、操作控制的自治机能。

（4）P3 型的日常作业基本机能的研究

截至 2004 年，本田技研利用 P3 型主要进行了如下基本作业机能研究：

1）移动到指定的目标位置：主要包括以下三个步骤：

① 当前状态的识别：通过在地面上设置标识，由直立状态下的 P3 型机器人的视觉相机来识别标识，获得机器人当前所在的位置和方向；

② 步行规划的计算：确定以最短步数由当前位置到目标位置的移动方法并进行计算；

③ 向目标点的移动：以双足步行移动到目标位置。一边由身体上搭载的陀螺仪感知身体倾斜角度，一边进行惯性导航，自动修正步行期间脚底产生的滑移。

2）上下台阶（楼梯）：由六维力/力矩传感器感知着地力，通过推定踏上各台阶的位置，即便是长距离上下台阶踏偏，也能保证持续地上下台阶。

3）推车：推车行进过程中自动检测是否碰到墙壁或其他障碍物，为了避免碰到障碍物或者受到过大的强行通过力，一般以小步幅、一定速度推车行进。

4）开门过门：手抓住门把手推开门并且通过打开的门。如果期间遇到难以行进状况时则会自动调整步态、运脚行走。

5）搬运物体：手一边拿东西一边行走。单手可拿 2kg 物体。

6）主从机器人和远程遥操作：用与 P3 型仿人机器人的手臂同样构造的主臂，在远离 P3 型机器人处用主臂拧螺丝操作遥控 P3 型机器人。操纵主臂的操作人员通过计算机屏幕上的 P3 型机器人现场图像来监视和观察遥操作目标，进行主从控制。

（5）P3 型及其以前各型的步行方式

直进步行和旋回步行两种基本步行方式。直进步行的步行样本为以时间 t 为变量，开始加速步行、等速步行 n 步、减速至停止步行；旋回步行为一边步行，一边改变身体的方向的回转步行。旋回步行像人体原地踏步那样，一边抬起脚一边稍稍改变位置和方向落脚的左右脚交替踏步转动身体的方式。旋回步行的步行样本是由样本库中所存储的处于不同转向角的单抬脚样本“插值”生成。如左脚为支撑脚，右脚为抬起的转向脚，检索样本库中得到右脚转向 20°和 40°的旋回步行样本，则可得转向角为 30°的旋回步行样本。

（6）本田技研的脚式移动机器人的振动抑制控制技术

2000 年日本本田技研（本田技术研究所的简称）吉野龙太郎和高桥英男研究了因脚式移动机器人的轻量化设计使得移动机器人关节和杆件呈现低刚度的振动抑制控制方法问题。他们采用了含有不使模型高阶项成为振源的鲁棒滤波器（robust filter）的 LQ 伺服控制系统设计方法并实现了振动抑制控制。为提高伺服系统响应并且在提高反馈增益时抑制振动的发生，设计了直接施加速度归还的最优伺服控制系统。

（7）本田技研仿人机器人 ASIMO 的技术

1）ASIMO 的基本规格：ASIMO 的命名源于 advanced step in innovative mobility 的英文首字母的缩写，命名包含着向下一代移动技术迈出创新性移动技术的新一步之意，宣告了 21 世纪是与人类共生的机器人时代并预示着这个时代将要到来。ASIMO 身体约为小学生体格大小，为 26 个自由度的回转关节型仿人机器人，其规格为基本姿势（正常立正站立）下高 1200mm×宽 450mm×厚 440mm，总重 52kg，步行速度 0～1.6km（步行周期及步长可变）；单手把持力为 500g；采用伺服电动机＋谐波齿轮减速器＋驱动单元驱动；控制部分由步行/动作控制单元和无线通信单元构成；传感器包括足部六维力/力矩传感器、身体上搭载陀螺仪、加速度传感器；电源为 38.4V10Ah 的 Ni-MH 镍氢电池；操控部分为工作站和便携控制器。头部有上下俯仰和左右回转 2 个自由度，头内为双目视觉相机；单个臂部肩、肘、腕三个关节分别具有前后/上下/回转 3 自由度（肩）、前后运动 1 自由度（肘）、回转运动 1 自由度（腕），双臂总共具有 10 自由度（5 自由度×2 臂＝10 自由度）；单手为 1 自由度的 5 指手；单腿腿部的髋、膝、踝关节分别具有前后/左右/旋回 3 自由度（髋）、前后运动 1 自由度（膝）、前后/左右 2 自由度（踝），双腿总共有 12 自由度（6 自由度×2 腿＝12 自由度）。所有自由度数合计为 26。

2）ASIMO 预设的应用环境：ASIMO 是围绕着人类生活中的居住和办公两类环境而设计的。住宅环境空间模型中考虑了门把手高度（900mm）、门槛高度（180mm）、开关位置（1100mm 高处）、餐桌高度（700mm）、茶几高度（500mm）、洗碗台高度（830mm）等居住空间及生活物品几何参数。办公室空间内则考虑的是台式计算机键盘位置（距离地面高 700mm 处）、手推车扶手位置（距离地面高 840mm 处）、操作台高 800mm、复印机位置（高 960mm 处）。这些参数都是根据实际环境使 ASIMO 机器人能够在住宅居室、办公室内使用日常用具、办公设备或工具完成作业任务而确定的，并将 ASIMO 的身高定为 1200mm。

3）ASIMO 的预测运动控制与 i-WALK（intelligent-realtime flexible walking，智能实时自在步行）技术：ASIMO 在以往的步行技术中导入了预测运动控制新技术，从而实现了自在步行并名为“i-WALK”（即智能实时自在步行的意思）。人体步行时，可以从前进状态，即将拐弯之前，通过让身体向拐弯方向倾斜，将身体重心移动到拐弯内侧。将这种动作引入到机器人步行中，用以实时预测接下来的动作并移动重心，此即为预测运动控制，如图 12-76 所示。i-WALK 自在步行技术可用图 12-77 来反映出来，i-WALK 的优点如下：

① 改变步行方式时不需要将步行停下来；

② 一边步行一边计算后面的动作，可提高快速步行速度；
③ 即便是步行动作瞬间完成，也能连续地变更步行方式；
④ 所用动作没有不自然之感，能实现光滑自然的步行。

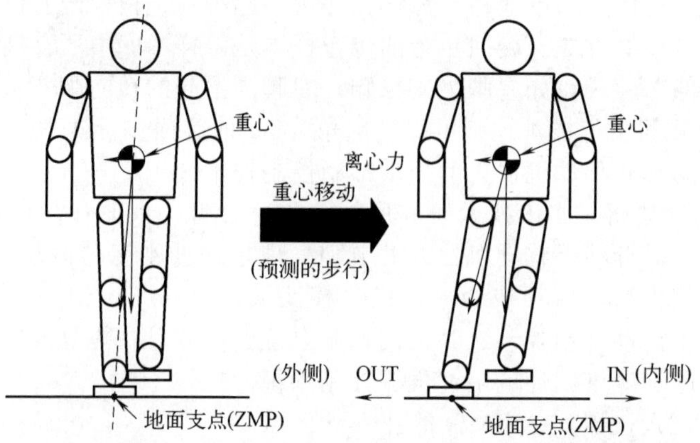

图 12-76　i-WALK 步行技术中预测运动控制的原理

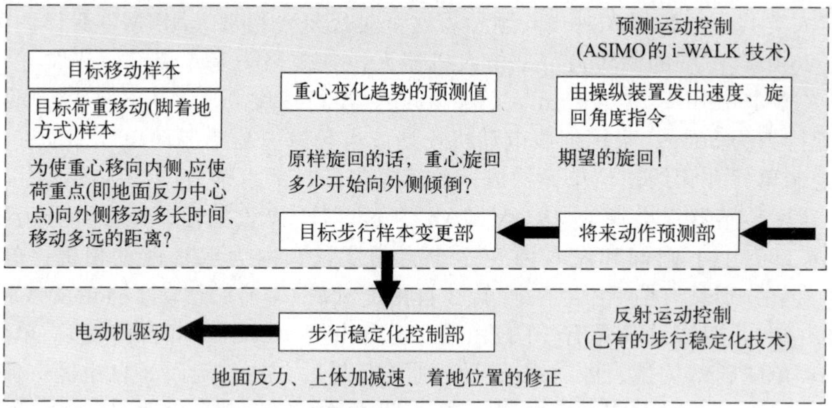

图 12-77　反射运动控制和预测运动控制

4）ASIMO 的感觉器：视觉和听觉传感器。听觉信息是指识别声音得到的信息，包括音声识别和音源识别两类信息。音声识别主要是人类语音指令的理解；音源识别是指检测声源的位置，再者，将语音和其他声音（如噪声）等分割开来。视觉信息反映识别物体的能力，主要包括移动物体的检出（检测动物，特别是人的检测。测定移动物体所在位置的距离、方向）、人的姿势和手势等动作的检测与动作应答、环境状态识别（障碍物位置的检测、停止或迂回）、人脸识别（人的表情的检测、人脸识别）等机能。

5）以 ASIMO 为平台所做的相关研究举例

以人类自身运动构成和运动机能为原型参照的仿人机器人是一种通用的基础平台，在这样的通用基础平台上，可以继续进行各种基础研究和应用研究。因此，高等仿人机器人平台研发的意义不仅仅在于仿人机器人技术本身，而是以这种平台为基础继续衍生新的研究，并且其衍生面非常之广！涉及的应用研究涉及日常生活、工业生产、服务行业、空间技术领域、国防建设等各行各业。因此，自 2000 年以来研发出的全自立仿人机器人已经成为仿人机器人应用基础研究和应用研究的平台。如果说 20 世纪工业机器人操作臂与自动化技术反映了一个国家工业技术水平和实力，那么，可以说 21 世纪一个国家科技实力如何则充分体现在其仿人仿生机器人技术水平高低，也等同于人工智能技术水平的高低。仿人机器人如本田技研 PII、PIII 型、ASIMO、HRP、美国的 Petman、Atlas 以及仿生四足动物的 BigDog、TITAN、猎豹等仿生四足机器人均已成为应用基础、应用研究的基础平台。其中，ASIMO 已经被一些国际研究机构所采用进行进一步的仿人机器人运动控制和应用的研究，下面给出的就是其中的两个研究实例。

① 本田 ASIMO 的足迹规划（2005 年卡耐基梅龙大学）：卡耐基梅龙大学机器人研究所利用 ASIMO 研究了自治导航并且避开障碍物的路径规划问题。他们针对 ASIMO 提出了一种足迹规划器和算法，通过规划足迹位置顺序来实现回避障碍物的前进方向的导航。后续行进位置取决于当前的机器人状态。他们提出的路径规划算法的基本原理是：规划器首先提取环境的初始状态、目标状态以及由状态和环境到行为集的映射 F 作为输入和初始化，并从映射 F 中尽可能多地寻找出可行的行为集合，进而由对环境、行为进行有效性评价的映射关系 T 计算可行行为的有效性。如果规划器找到了路径，则返回一个有先后顺序的行为列表，将此行为列表中的行为作为指令执行则到达目标。在具体实现上，从脚的瞬时位置到下一个瞬时位置的变换 T 是基于运动捕捉数据实现的；通过行为顺序进行搜索的算法中采用了 A＊搜索算法；通过将环境划分成有时间相关性的网格单元化形式，形成可预测的动态环境。卡耐基梅隆大学的研究者将他们设计的规划器算法应用于 ASIMO 进行了轨迹规划实验，如图 12-78 所示，图中，红色标记（矩形块和长方形条块）表示障碍物，可见 ASIMO 在红色标记围成的区域内成功地行走到了圆形标记终点即足迹规划的目标点。

图 12-78　ASIMO 的足迹规划器算法实验

② 本田 ASIMO 上体的作业规格（2010 年俄亥俄州立大学）：俄亥俄州立大学电气与计算机工程系的研究者们从理论计算上研究了动态滤波的修正加速度分解控制算法，并用于相应于 ASIMO 上体作业规格下的全身运动控制。

12.6.5　基于强化学习和并联机构训练平台的腿足式机器人全域自稳定器获得方法与实验

（1）引言

对于足式机器人的平衡控制问题，早期的研究以步行运动的平衡控制为主，大多以 Vukobratovic 等人提出的 ZMP 力反射控制为基础，后续相继提出了身体姿态控制、ZMP 阻尼控制、落脚点调整控制等多种平衡控制方法，以 ASIMO、Petman 等为代表的足式机器人应用上述方法获得了良好的实验结果。此后研究者们开始考虑机器人受到扰动的情况，根据不同的扰动类型提出了相应的控制方法，对地面倾斜、地面不平整、外力冲击等扰动都取得了成功的仿真或实验结果。

在上述平衡控制方法的控制律推导过程中，一般先针对一种具体的扰动规划出机器人系统在理想状态下的响应，然后通过求解机器人的动力学模型（或简化模型），得到使机器人能够追从所规划响应的控制输出，因此将这些控制方法称为基于模型的平衡控制方法。此类平衡控制方法在结构化的实验室环境内已经取得了很多成功的仿真和实验结果，但因其对于机器人的每种运动和可能会遇到的每种扰动，都需要一一设计相应的控制策略并推导控制律，在非结构化的复杂环境内，难以全面考虑可能存在的所有扰动及多种扰动相互复合的情况，因此限制了基于模型的平衡控制方法的应用。

对此，越来越多的研究中开始采用基于学习的方式期望获得足式机器人的自稳定能力，通过学习算法获得系统状态到平衡控制行为的最优映射，此类平衡控制方法不需要或只需要少量关于机器人和环境的先验知识，能够在学习过程中逐步获得抵抗环境中扰动的能力，但基本处于局部自稳定平衡控制能力状态，是以不断地面对不同的未知或不确定的环境“现遇现学习”的控制方式，这种方式很有可能会因之前的“局部稳定控制器”可控的可行域无效而导致稳定行为失败，使得机器人在实际应用环境下无法继续学习下去，即自治性丧失。这里对基于学习的平衡控制方法的相关文献进行了总结，汇总结果如表 12-12 所示。

由表 12-12 可以看出，在这些平衡控制器的学习过程中，有的研究没有添加任何扰动，只对机器人的运动进行学习，添加扰动的研究中扰动也比较单一，一般是单一方向的一种扰动，未见有添加多种类、多方向复合扰动进行学习的研究。另一个问题是，现有基于学习的平衡控制研究中学习算法的状态/行为空间维数均较低，在应用学习算法时也未考虑当状态/行为变量数量增加后所需采取的加速收敛措施，这相当于在整个系统变量空间内取了一个小的局部进行学习，当施加的扰动较单一时系统状态迁移的范围也比较小，因此能够得到成功的结果，但对于实际环境内的复杂扰动，在仅由数个状态变量确定的状态空间内容易发生状态混淆的情况，即同一状态可能对应不同行为的问题，从而导致学习算法的收敛性变弱。

表 12-12 基于学习的平衡控制方法汇总表

研究者	学习算法	状态/行为空间	学习时添加的扰动	进行的实验或仿真
Scesa 等人	CTRNN 神经网络	六维连续状态/三维连续行为空间	人手施加的前后向或侧向(无耦合)外力扰动	站立姿势的外力扰动补偿实验
Shieh	前馈神经网络	十维连续状态/一维连续行为空间	地面倾斜扰动(5°)，±5mm 的地面起伏（二者无耦合）	前向静步行实验
Zhou	模糊-强化学习算法	两个相互独立的二维连续状态/一维连续行为空间	无扰动	平地步行仿真
Joao 等人	SVM 和前馈神经网络	二维连续状态/一维连续行为空间	无扰动	拖拽 1.5kg 重物平地步行和 10°斜坡上的步行实验
Li 等人	模糊控制＋最优化方法	两个相互独立的三维连续状态/三维连续行为空间	无扰动	四足静步行仿真
Hwang 等人	强化学习算法	82 个离散的状态和 24 个离散的行为	倾角为 2.5°的跷跷板（跷跷板不主动运动）	平地前向步行仿真
Hengst 等人	强化学习算法	四维连续状态空间/9 个离散的行为	无扰动	0～7mm 地面高度起伏扰动下的步行实验
Hwang 等人	强化学习＋人体运动重构	8 个离散的状态和 25 个离散的行为	无扰动	平地前向步行实验
Liu 等人	DDPG 强化学习算法	四维连续状态空间/二维连续行为空间	作用于质心的－40～30Ns 前后向的冲击扰动	冲击扰动下的步行仿真
Valle 等人	强化学习算法	66 个离散的状态和 8 个离散的行为	无扰动	静步行仿真

针对现有研究的上述问题，本书作者提出了机器人全域自稳定性训练的基本思想，即以6自由度训练平台的限幅随机运动模拟环境扰动，令机器人在其上进行训练结合学习算法获得自稳定能力，之后在二维或三维空间内随机变化的地面倾斜、移动等扰动下进行稳定性训练获得全域自稳定能力。基于这一思想，首先进行了双足机器人的稳定性训练仿真，初步验证了上述思想的可行性。医学和生物学的相关研究也佐证了稳定性训练这一思想的可行性，例如对运动障碍综合征、中风复健、小鼠的解剖等研究均表明：以运动平台对生物体进行训练可以增强或重建其平衡能力。

为区别于仅在单一扰动情况下学习得到的平衡控制器，这里将在6自由度运动平台上训练得到的机器人自稳定器称之为全域自稳定器，其中的“全域”表示训练过程已对环境扰动的所有不同情况进行了遍历，即通过训练平台的限幅随机运动，模拟一定范围内的不同类型、不同作用方向、不同强度大小的环境扰动，在这样的条件下进行训练的机器人自稳定器能够获得对环境扰动的强鲁棒性，当训练足够充分之后，期望得到的自稳定器能使机器人在其驱动能力容许范围内获得对任意扰动均能保持稳定的能力，也即成为全域自稳定器。

图 12-79 对比了足式机器人一般的平衡控制系统和本书研究的全域自稳定器之间的区别。

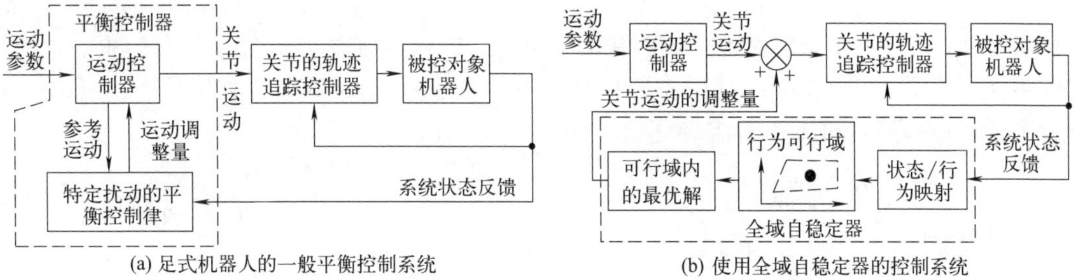

图 12-79　足式机器人的一般平衡控制系统与全域自稳定器的对比

本节将对一般的足式机器人，提出全域自稳定器的一种通用的分层模型，将由系统状态到调整行为的映射分解为行为选择、调整量计算、关节运动映射三个子任务，各子任务分别在不同的状态空间内进行学习，且应用了作者提出的状态空间自律划分和关键特征选择的方法加快学习的收敛速度，使得所提出的全域自稳定器能够在高维连续的系统空间内完成复杂扰动下的稳定性学习任务。

（2）足式机器人稳定性训练的一般化通用模型

由本书作者于2009年提出并研究、2021年实验验证的足式机器人稳定性训练的基本思想如图 12-80 所示，在训练过程中，机器人站立于训练平台之上，训练平台进行空间6自由度的限幅随机运动来模拟真实环境内的扰动，机器人在模型控制器的控制下进行运动，全域自稳定器根据训练时的状态迁移数据进行学习，得到最优的状态/行为映射，学习收敛后的全域自稳定器可被用于不确定环境内，使机器人保持稳定。

下面将从使用运动平台对环境扰动进行模拟的方法入手，建立足式机器人与训练平台的抽象模型，并定义由运动平台和机器人组成的稳定性训练系统的系统空间和行为空间。

1）基于运动平台的环境扰动模拟方法

对于稳定性训练过程中环境扰动的生成问题，本书作者于2014年设计了一种专用的6自由度串并联机构运动平台，其机构简图如图 12-81（a）所示，与一般的并联机构6自由度运动平台相比，所设计的训练平台的动平台高度较低且运动速度更快，更适合进行机器人的稳定性训练。在2019年申请的专利中，作者从模拟环境扰动的一般理论出发，将机构驱动的训练平台运动等效为图 12-81（b）的三个平移和三个转动，其中坐标系 $\Sigma O_B\text{-}x_By_Bz_B$ 和

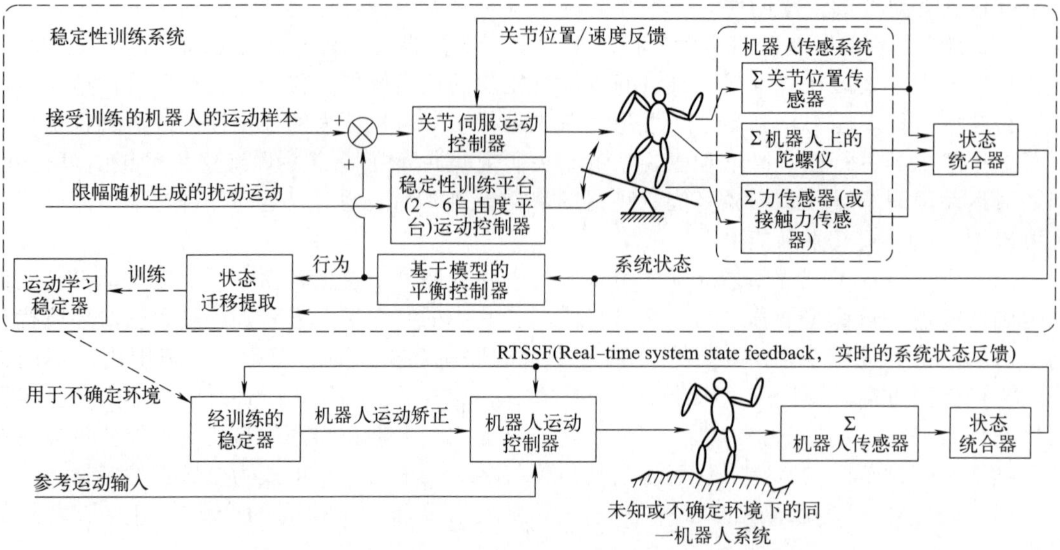

图 12-80　足式机器人稳定性训练的基本思想示意图

坐标系 $\Sigma O_P\text{-}x_P y_P z_P$ 分别固连于地面和动平台上，C 点为接受训练的机器人的质心，动平台的运动可用 ΣO_P 系相对于 ΣO_B 系的位移坐标 x_P，y_P，z_P 和 3-2-1 欧拉角 θ_{P1}，θ_{P2}，θ_{P3} 进行表示，位姿矢量可表示为 $\boldsymbol{X}_P=[x_P, y_P, z_P, \theta_{P1}, \theta_{P2}, \theta_{P3}]^T$。

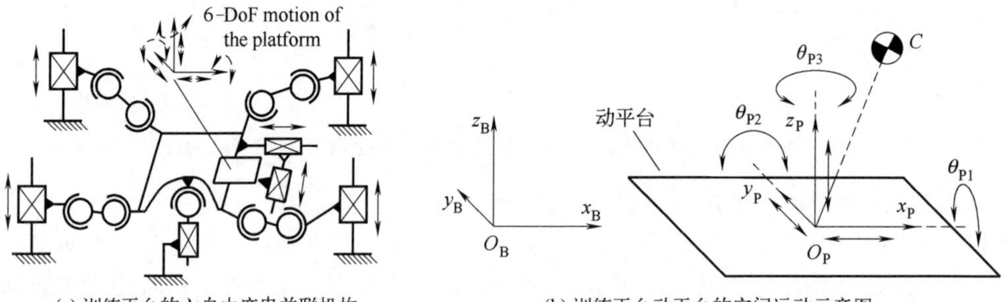

(a) 训练平台的六自由度串并联机构　　(b) 训练平台动平台的空间运动示意图

图 12-81　训练平台的机构简图及其运动示意图

上述平台运动时可以产生两种形式的扰动，即地面倾斜扰动和机器人质心上的惯性力/惯性力矩扰动，其中地面倾斜扰动可用动平台法矢量（z_P 轴）与竖直方向（z_B 轴）的夹角 β 来衡量其强度且可计算。若训练平台进行限幅随机运动，则其产生的倾斜扰动角度 β、惯性力扰动 $\boldsymbol{F}_P$、惯性力矩扰动 $\boldsymbol{M}_P$ 也都将在一定范围内随机分布，从而能够全面地模拟环境内不同方向、不同大小的地形倾斜扰动和力扰动。

2）足式机器人的模型及其系统空间

如图 12-82 所示，对于站在训练平台上的单足、双足、多足等不同机构构型的足式机器人，若不考虑完全腾空的运动，则都可以等效为具有 n_1（$n_1 \geqslant 1$）条支撑腿和 n_2 条游腿（$n_2 \geqslant 0$）的多支链刚体系统。

机器人支撑脚所围成的最小凸多边形是机器人的理论支撑区，其中与训练平台台面实际接触的部分被称为实际支撑区，在理论支撑区的中心建立坐标系 $\Sigma O_S\text{-}x_S y_S z_S$，$\Sigma O_S$ 系相对于 ΣO_P 系的运动可用于表征机器人足底的接触状态变化，由于本书的稳定性训练中，未考虑机器人腾空或支撑脚在训练平台上滑移的情况，因此图 12-82 中对机器人理论支撑面的运动只考虑了 2 自由度的翻转运动，翻转角分别为 θ_{S1} 和 θ_{S2}。机器人的每个游腿可看做是

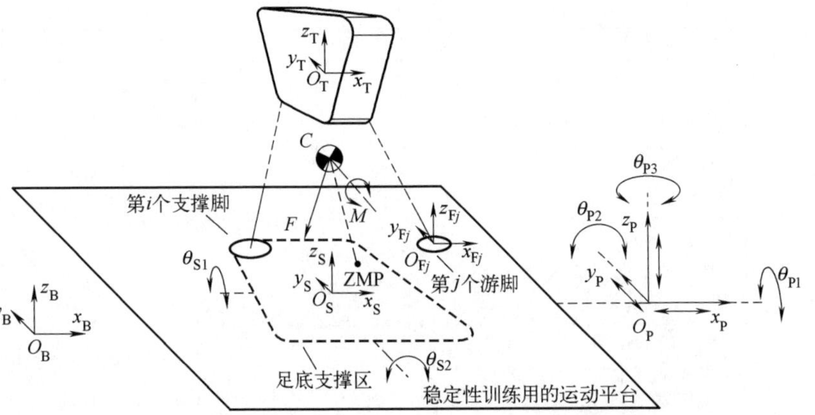

图 12-82　足式机器人稳定性训练的通用模型

一个根部位于躯干的开链机构，游脚坐标系 $\Sigma O_{Fj}\text{-}x_{Fj}y_{Fj}z_{Fj}$ 位于第 j 个游脚（$j=1$，2，…，n_2）的底面中心，游腿的运动可由 ΣO_{Fj} 系相对于躯干坐标系的 $\Sigma O_T\text{-}x_Ty_Tz_T$ 的位姿矢量 X_{Fj} 表示。机器人的总体质心定义为 C 点，其上简化的惯性力和惯性力矩分别定义为 $\boldsymbol{F}$ 和 $\boldsymbol{M}$。

为建立上述模型的系统变量集合，表 12-13 对此模型中能被测量和需要估算的变量进行了汇总，其中 $\boldsymbol{R}_P$ 是 ΣO_P 系到 ΣO_B 系的变换矩阵，ω_S 和 ω_P 分别是 ΣO_S 系和 ΣO_P 系相对于 ΣO_B 系的瞬时角速度矢量，ω_S 可根据机器人躯干的运动由支撑腿的运动学算得，$\boldsymbol{R}_P$ 和 $\boldsymbol{\omega}_P$ 可根据训练平台原动机上的传感器反馈由平台机构的正运动学算得。表 12-13 还给出了各个变量在实际机器人系统中的获得方法，部分变量（如游脚位姿、质心位置等）需由机器人的运动学计算得到。计算过程中需要使用机器人的机构参数和物理参数，其中机构参数包括杆长、关节轴线夹角等参数，这些参数可由设计图样或对实际机器人进行测量得到；机器人的物理参数包括各杆件的质量、质心位置、惯性矩阵等，可由机器人的虚拟样机模型或参数辨识实验得到。

表 12-13　足式机器人稳定性训练通用模型的系统变量

系统变量类别	变量定义	符号表示	实际足式机器人系统中的获得方法
关节运动	机器人各关节的角度位置、角速度和角加速度	$\theta_k,\dot{\theta}_k,\ddot{\theta}_k,k=1,2,\cdots,N_J$	由腿部关节的伺服电机位置反馈得到电机轴转角，综合传动系统速比可算得关节角 θ_k，对应的角速度和角加速度由差分计算得到
躯干运动	躯干坐标系 ΣO_T 相对于基坐标系 ΣO_B 的位姿、速度和加速度	$\boldsymbol{X}_T=[x_T,y_T,z_T,\theta_{T1},\theta_{T2},\theta_{T3}]^T,\dot{\boldsymbol{X}}_T,\ddot{\boldsymbol{X}}_T$	由机器人躯干上安装的惯性测量单元 IMU 测得 $\ddot{x}_T$、$\ddot{y}_T$、$\ddot{z}_T$和 $\dot{\theta}_{T1}$、$\dot{\theta}_{T2}$、$\dot{\theta}_{T3}$，其他变量由积分或差分计算得到。
第 j 个游脚运动	第 j 个游脚坐标系 ΣO_{Fj} 相对于 ΣO_B 系的位姿、速度和加速度	$\boldsymbol{X}_{Fj}=[x_{Fj},y_{Fj},z_{Fj},\theta_{Fj1},\theta_{Fj2},\theta_{Fj3}]^T,\dot{\boldsymbol{X}}_{Ff},\ddot{\boldsymbol{X}}_{Ff}$	根据第 j 条游腿的运动学，由 $\boldsymbol{X}_T$ 和 $\theta_{Fjk}(k=1,2,\cdots,n_{Fi})$计算 $\boldsymbol{X}_{Fj}$ 和 $\dot{\boldsymbol{X}}_{Ff}$，$\ddot{\boldsymbol{X}}_{Ff}$ 由差分计算得到
质心运动	机器人总质心在 ΣO_B 系内的位置、速度、加速度	$\boldsymbol{P}_C=[x_C,y_C,z_C]^T,\dot{\boldsymbol{P}}_C,\ddot{\boldsymbol{P}}_C$	根据机器人各杆件的质心位置和关节角、角速度、角加速度，由机器人的运动学算得

续表

系统变量类别	变量定义	符号表示	实际足式机器人系统中的获得方法
ZMP 位置	支撑面坐标系 ΣO_S 内的 ZMP 点的位置	$\boldsymbol{P}_{ZMP}=[x_{ZMP},y_{ZMP},0]^T$	当机器人的理论支撑面未发生翻转时，由机器人的足底力传感器计算支撑面上的压力中心即为 ZMP 位置；否则按机器人的动力学计算支撑面上的虚拟 ZMP 位置
惯性力和惯性力矩	将机器人各杆件的惯性力和惯性力矩向质心简化得到的合力及合力矩	$\boldsymbol{F}=[F_X,F_Y,F_Z]^T$ $\boldsymbol{M}=[M_X,M_Y,M_Z]^T$	$\boldsymbol{F}$ 为足底力传感器测量的合力矢量，$\boldsymbol{M}$ 按 $\boldsymbol{M}=(\boldsymbol{P}_C-\boldsymbol{P}_{ZMP})\times\boldsymbol{F}$ 计算
支撑面的翻转运动	机器人的支撑面坐标系 ΣO_S 相对于动平台坐标系 ΣO_P 的翻转角、角速度和角加速度	$\theta_{S1},\dot{\theta}_{S1},\ddot{\theta}_{S1},\theta_{S2},\dot{\theta}_{S2},\ddot{\theta}_{S2}$	当 ZMP 位于支撑面内部时，θ_{S1}，$\dot{\theta}_{S1},\ddot{\theta}_{S1},\theta_{S2},\dot{\theta}_{S2},\ddot{\theta}_{S2}$均为 0，$\boldsymbol{X}_P$ 与支撑脚的位姿相同，根据躯干位姿 $\boldsymbol{X}_T$ 由运动学算得，$\dot{\boldsymbol{X}}_p,\ddot{\boldsymbol{X}}_p$ 由差分得到。当 ZMP 位于支撑面边界时，假设 $\ddot{\boldsymbol{X}}_p$ 为 0 估算其他变量
训练平台动平台的运动	动平台坐标系 ΣO_P 相对于 ΣO_B 系的位姿、速度和加速度	$X_P,\dot{\boldsymbol{X}}_p,\ddot{\boldsymbol{X}}_p$	

对于任意腿数、任意构型的足式机器人，均可按照表 12-13 中列出的分类和计算方法构建其系统变量集合，此集合将作为构建机器人行为集合的基础，且在后续的稳定性训练中，每种行为对应的状态变量也将从上述系统变量集合中选出。

3）足式机器人的行为集合

行为集合是全域自稳定器进行行为选择的论域，其中存储着每种行为的行为变量及其调整量的计算式。若将机器人的行为看做是对其系统变量所进行的主动调整，则将表 12-13 最后两行不能主动调节的系统变量排除后，可得到：单关节调整、躯干运动调整、游脚运动调整、质心运动调整、惯性力/力矩调整、ZMP 调整六类行为（分别对应表 12-13 的前六行）。

在足式机器人的稳定性训练中，机器人需要同时完成三项任务，即进行运动样本中既定的运动、抵抗环境（训练平台）扰动、回避关节极限。下面将首先把所列出的六类行为向上述三项任务进行分配，然后针对每种行为所要完成的具体任务设计行为调整量的计算式。

① 单关节调整行为。当机器人的关节运动到达其位置极限、速度极限、加速度极限时，将影响原本的机器人运动或后续的机器人平衡调整运动，因此需要进行关节极限的回避。

在选择行为变量时，考虑到位置和速度量都能通过加速度量积分获得，且由加速度积分得到的运动曲线比直接调整位置和速度得到的运动曲线更加平滑，所以与运动调整相关的行为都将加速度作为行为变量。单关节运动行为中把机器人的 N_J 个关节的角加速度 $\ddot{\theta}_k(k=1，2，\cdots，N_J)$ 作为行为变量且可进行整量计算。

② 躯干运动调整行为。被用于使机器人支撑腿在经历了其他行为的调整后重新回到预设的运动样本上，行为变量选择为 $\ddot{\boldsymbol{X}}_T$，其调整运动的计算采用线性的 PD 控制律。

③ 游脚运动调整行为。与躯干运动行为相似，对于通用模型中的 n_2 个游脚，其行为变量选为 $\ddot{\boldsymbol{X}}_{Fj}(j=1，2，\cdots，n_2)$，调整运动的计算也采用 PD 控制律。

④ 质心运动调整行为。此类行为将直接调整机器人的质心运动来使其在动平台上保持平衡，行为变量选为质心的线加速度 $\ddot{\boldsymbol{P}}_C$。质心运动的调整根据估算得到的动平台位姿进行，使机器人质心始终保持在支撑脚的上方，从而达到保持机器人平衡的目的。

⑤ 惯性力/力矩调整行为。这里将通过肢体杆件的运动影响系统的惯性力和惯性力矩作为机器人应对扰动的一类行为，行为变量选为质心处的惯性力 $\boldsymbol{F}$ 和绕惯性力矩 $\boldsymbol{M}$，考虑其

在 x、y、z 轴上的投影分量，共产生 6 种行为，即 F_X、F_Y、F_Z、M_X、M_Y、M_Z。这里采用由本书作者提出的质心能量衰减方法使机器人保持平衡。

⑥ ZMP 调整行为。作为机器人平衡控制中常用的一种控制策略，通过肢体运动改变支撑区内的 ZMP 位置可以作为机器人应对扰动的一类行为，这里将行为变量选择为 ZMP 点在 ΣO_S 系内沿 x 轴和 y 轴的位置分量，即 x_{ZMP} 和 y_{ZMP}。采用作者在 2017 年研究单自由度扰动下稳定性训练仿真中提出的基于 CP 点的姿势平衡控制方法。

虽然对 $\boldsymbol{Q}$ 中各行为的调整量都可计算，但通过其中含有的 12 个自由参数（K_{11}、K_{12}、K_{13}、K_{21} 等）可以得到不同特性的调整运动，这些参数的确定方法和具体取值将在后面结合仿真算例进行说明。

（3）足式机器人的全域自稳定器

足式机器人行为的执行需由关节运动完成，因此全域自稳定器除建立 $\boldsymbol{X}$ 到 $\boldsymbol{Q}$ 的映射外，还需建立 $\boldsymbol{Q}$ 到关节角加速度增量矢量 $\Delta\ddot{\theta}=[\theta_1, \theta_2, \cdots, \theta_{Nj}]^T$ 的映射关系，由于上一节定义的行为集 $\boldsymbol{Q}$ 中的行为变量均是加速度或力/力矩的调整量，因此通过对系统运动学或动力学方程进行局部线性化，可获得下列关系：

$$q_j=\boldsymbol{b}_j\Delta\ddot{\theta}\ (j=1,2,\cdots,m) \tag{12-211}$$

式中，$\boldsymbol{b}_j$ 为 N_J 维的关节运动映射矢量，表示行为调整量 q_j 在机器人关节空间内的投影。将关节运动映射矢量组合成映射矩阵 $\boldsymbol{B}=[\boldsymbol{b}_1, \boldsymbol{b}_2, \cdots, \boldsymbol{b}_n]^T$，则式（8-56）可以写作：

$$\boldsymbol{q}=\boldsymbol{B}\Delta\ddot{\boldsymbol{\theta}} \tag{12-212}$$

若要根据行为的调整矢量 $\boldsymbol{q}$ 求解唯一的关节运动调整矢量 $\Delta\ddot{\boldsymbol{\theta}}$，则要求行为数量 m 应等于机器人的关节自由度 N_J，且矩阵 $\boldsymbol{B}$ 不奇异。但当使用穷举法构建机器人的行为全集时，一般会有 $m>N_J$，因此需在式（12-212）的映射关系中考虑对行为进行选择。这里构建 $N_J\times m$ 的行为选择矩阵 $\boldsymbol{A}$，其每一行中只有一个元素为 1，其余元素为 0，若 $A_{ij}=1$ 则表示第 i 个被选择的行为是 q_j。将行为选择矩阵 $\boldsymbol{A}$ 添加到式（12-212）中，有：

$$\Delta\ddot{\boldsymbol{\theta}}=(\boldsymbol{AB})^{-1}\boldsymbol{Aq} \tag{12-213}$$

式（12-213）中 $\boldsymbol{AB}$ 为 N_J 阶方阵，此方阵由 $\boldsymbol{A}$ 所选择的行为对应的关节映射矢量组成。为得到唯一解，应有 $\det(\boldsymbol{AB})\neq 0$，等价于被选择出的关节映射矢量之间相互独立。

参考式（12-213）的结构，本书将所设计的全域自稳定器分为三个模块：行为选择模块、行为矢量计算模块、关节运动映射模块，分别用于生成 $\boldsymbol{A}$、$\boldsymbol{q}$、$\boldsymbol{B}$，所设计的全域自稳定器的具体结构如图 12-83 所示。

上述 3 个模块的任务分别是：

① 行为选择模块根据当前状态在行为全集中选出 N_J 个最有利于保持机器人稳定的行为，并生成行为选择矩阵 $\boldsymbol{A}$。

② 行为矢量计算模块。考虑全域自稳定器训练时可能获得多个不同来源（不同的模型控制器、生物体的运动捕捉等）的训练数据，因此对于同一个行为其调整量的计算可能有不同的公式（或不同的计算参数），本书中行为矢量计算模块的任务是在训练数据包含的调整量计算式中进行选择，根据当前 $\boldsymbol{x}$ 对每个行为选出价值最高的调整量计算式，按此计算并输出行为调整量的矢量 $\boldsymbol{q}$。

③ 关节运动映射模块。此模块的任务是根据系统变量反馈 $\boldsymbol{x}$ 给出关节映射矩阵 $\boldsymbol{B}$，考虑到直接由稳定性训练的仿真或实验数据获得形如 $<\boldsymbol{x}, \boldsymbol{B}>$ 的训练数据存在困难，但从机器人状态迁移中总可以提取到 $<\boldsymbol{x}, \boldsymbol{q}, \Delta\ddot{\boldsymbol{\theta}}>$ 形式的训练数据，因此本书将采用径向基函数网络（RBF 网络）对（$\boldsymbol{x}$，$\Delta\ddot{\boldsymbol{\theta}}$）$\rightarrow\boldsymbol{q}$ 的映射关系进行训练，作为对系统运动方程的逼近，之

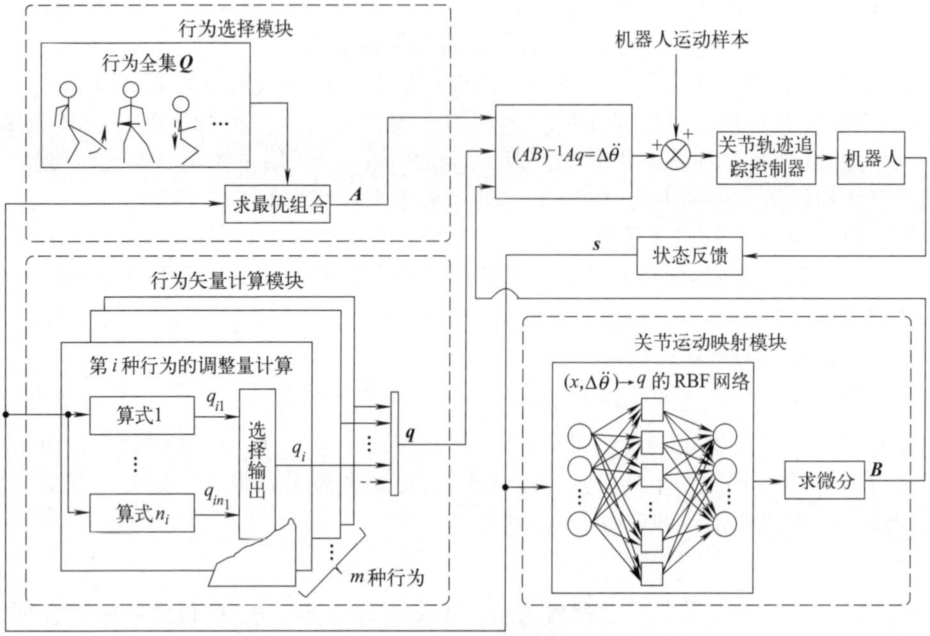

图 12-83　全域自稳定器的结构示意图

后对此 RBF 网络求微分可以得到局部线性化的映射矩阵 $\boldsymbol{B}$。

下面将分别给出这三个模块的决策算法和学习算法。

1）行为选择模块

行为选择模块对行为的组合进行选择时主要考虑两方面评价：行为对当前状态下机器人稳定性的价值、行为组合在一起时互相之间的影响。

行为的价值可定义为 $\boldsymbol{x}$ 的矢量函数 $\boldsymbol{V}_{\mathrm{A}}(\boldsymbol{x})$，该矢量的获得将在任务②模块中与行为矢量计算模块的学习一并给出。行为之间的相互影响表现为对式（12-213）中 $\boldsymbol{AB}$ 奇异性的影响，对于行为变量 q_i 和 q_j，这里以其关节映射矢量 $\boldsymbol{b}_i$ 和 $\boldsymbol{b}_j$ 的相对投影量化上述影响：

$$c_{ij}=|\boldsymbol{b}_i^{\mathrm{T}}\boldsymbol{b}_j|/(\|\boldsymbol{b}_i\|\times\|\boldsymbol{b}_j\|) \tag{12-214}$$

c_{ij} 是 q_i 和 q_j 之间的行为影响系数，其取值范围是［0，1］的闭区间，c_{ij} 取值越大说明 q_i 和 q_j 对应的两种行为在关节空间内会产生相同的调整运动，若 q_i 和 q_j 被同时选择，则会使 $\boldsymbol{AB}$ 趋近奇异，影响关节运动调整量 $\Delta\ddot{\boldsymbol{\theta}}$ 的求解。以 c_{ij} 为第 i 行第 j 列的元素，可以构成影响系数矩阵 $\boldsymbol{C}$。

对任意的行为选择矩阵 $\mathbf{A}$，定义如下行为选择评价函数：

$$E_{\mathrm{A}}(\boldsymbol{A},\boldsymbol{x})=\boldsymbol{V}_{\mathrm{A}}(\boldsymbol{x})\cdot(\boldsymbol{A}^{\mathrm{T}}\mathbf{1})-\omega_{\mathrm{c}}(\boldsymbol{A}^{\mathrm{T}}\mathbf{1})^{\mathrm{T}}\boldsymbol{C}(\boldsymbol{A}^{\mathrm{T}}\mathbf{1}) \tag{12-215}$$

式中 $\mathbf{1}$ 为全 1 矢量，ω_{C} 是平衡行为方式价值与相互影响的权值。行为选择可以通过求解式（12-216）所示的优化模型来实现。

$$\begin{gathered}\boldsymbol{A}=\operatorname{argmax}E_{\mathrm{A}}(\boldsymbol{A},\boldsymbol{x})\\ \text{s. t. rank}(\boldsymbol{A})=N_{\mathrm{J}}\end{gathered} \tag{12-216}$$

式中，rank(·) 为矩阵的秩函数，约束条件 $\operatorname{rank}(\mathbf{A})=N_{\mathrm{J}}$ 表示行为方式选择矩阵 $\mathbf{A}$ 中不能存在相同的行，意味着相同的行为方式不能被重复地选择。若按遍历算法对式（12-216）进行求解，当行为全集 $\boldsymbol{Q}$ 中含有 m 种行为且机器人有 N_{J} 个自由度时，机器人的每个控制周期都需要计算评价的行为组合数量是 $m!/(m-N_J)!N_J!$，其中！表示连乘。按一般的机器人控制系统的计算能力难以实现如此数量的评价计算，因此这里给出了如图 12-84 所示的一种逐次选择方法，其中 $V_{\mathrm{A}j}$ 为 $\boldsymbol{V}_{\mathrm{A}}(\boldsymbol{s})$ 的第 j 个元素。

按照图 12-83 的方式搜索，机器人每个控制周期中行为选择模块需要评价的行为组合数量为 $mN_{\mathrm{J}}-(N_{\mathrm{J}}^{2}-N_{\mathrm{J}})/2$，能够完成实时计算。

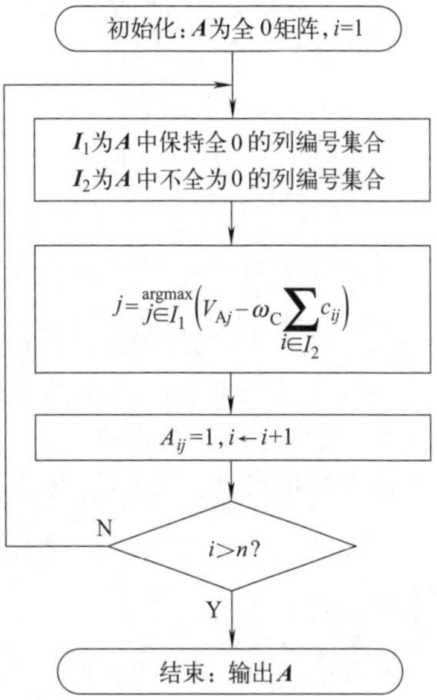

图 12-84　行为选择的搜索算法

2）行为矢量计算模块

此模块的任务是生成各行为的具体调整量，即根据 $\boldsymbol{x}$ 给出各行为变量 q_j 的取值，这里考虑各行为方式都有数个调整量计算式，行为变量最终的取值在这些算式的结果中选择。以第 j 种行为方式为例，设有 $n_j(j=1, 2, \cdots, m)$ 种不同的调整量算式，这些算式的价值函数 $V_{jk}(\boldsymbol{x})$ $(j=1, 2, \cdots, m; k=1, 2, \cdots, n_j)$ 由学习获得，每次生成行为方式的调整量时选择 $V_{jk}(\boldsymbol{x})$ 最大的算式计算 q_j。

行为选择中使用的行为价值函数 $V_{\mathrm{A}j}(\boldsymbol{x})$ 可根据 $V_{jk}(\boldsymbol{x})$ 确定：

$$V_{\mathrm{A}j}(\boldsymbol{x})=\max_{k=1,2,\cdots,n_j} V_{jk}(\boldsymbol{x}) \tag{12-217}$$

由式（12-217）可知，行为选择模块和行为矢量计算模块均需通过学习确定价值函数 $V_{jk}(\boldsymbol{x})$。下面将集中于 $V_{jk}(\boldsymbol{x})$ 的学习问题，训练数据可由使用基于模型控制器的仿真或实验得到，每个时刻的状态迁移可提取为五元组 $<\boldsymbol{x}, \boldsymbol{I}, \Delta\ddot{\boldsymbol{\theta}}, \boldsymbol{r}, \boldsymbol{x}'>$ 的形式，其中 $\boldsymbol{I}$ 为调整量计算式的激活标志矩阵，若调整量 q_j 是由第 k 个算式算得的，则 $\boldsymbol{I}$ 的元素 I_{jk} 取 1，否则 I_{jk} 取 0；$\boldsymbol{x}'$ 是下一时刻的系统变量矢量；r 是即时回报，本书中同时考虑机器人的稳定性和机器人实际运动与参考运动间的差别，回报函数 r 按式（12-218）定义。

$$r=\begin{cases}\dfrac{1}{n}\displaystyle\sum_{i=1}^{N_{\mathrm{J}}}\left(1-\dfrac{|\theta_i^{\mathrm{d}}-\theta_i|}{\theta_{i\max}-\theta_{i\min}}\right), \text{机器人未失稳}\\ -100, \text{机器人失稳}\end{cases} \tag{12-218}$$

式（12-218）中 θ_i^{d} 是运动样本中第 i 个关节的关节角，$\theta_{i\max}$ 和 $\theta_{i\min}$ 分别是机器人第 i 个关节的正、负极限位置。当机器人未失稳时，回报函数 r 按机器人关节角与运动样本的相对偏差计算，此时 r 的取值范围为区间 $(0, 1]$，当机器人失稳时，r 将给出强烈的即时负面回报。

本书中，不完全使用 ZMP 作为稳定性的判别准则，当 ZMP 在机器人的足底支撑区范围内时，认为机器人始终保持稳定；当 ZMP 超出支撑区时，机器人将开始沿着支撑区的一条边界翻转，当翻转角未超过 45°时，仍认为机器人有恢复的可能；只有上述翻转角超过 45°，即超过了机器人在支撑面上不滑移的理论极限后，才认为机器人陷入不可恢复的失稳状态。

在对价值函数 $V_{jk}(\boldsymbol{x})$ 进行学习前需要先进行特征选择和状态空间自律划分，这里将 $V_{jk}(\boldsymbol{x})$ 对应的选择矩阵和状态基函数集合分别记作 $\boldsymbol{W}_{jk}$ 和 $\boldsymbol{\Psi}_{jk}=\{\boldsymbol{\psi}_{ijk} | k=1,2,\cdots,N_{\mathrm{B}ij}\}$，对每个训练数据，$\boldsymbol{\psi}_{ijk}$ 的价值函数 $Q(\boldsymbol{\psi}_{ijk})$ 更新按 Q 学习［式（12-219）］进行。

$$Q(\boldsymbol{\psi}_{ijk}) \leftarrow Q(\boldsymbol{\psi}_{ijk})+I_{ij}\alpha\left[r_{jk}f(\boldsymbol{x},\boldsymbol{\psi}_{ijk})+\gamma\sum_{h=1}^{N_{\mathrm{B}jk}}f(\boldsymbol{x}'\boldsymbol{\psi}_{hjk})Q(\boldsymbol{\psi}_{hjk})-Q(\boldsymbol{\psi}_{ijk})\right] \tag{12-219}$$

式中，r_{jk} 是将即时回报 r 分配至第 j 种行为的第 k 个调整量算式后的回报函数，按式（12-220）计算。

$$\boldsymbol{r}_{jk}=\frac{rI_{jk}\mid \boldsymbol{b}_j\cdot\Delta\ddot{\boldsymbol{\theta}}\mid/\parallel\boldsymbol{b}_j\parallel}{\sum_{j=1}^{m}\sum_{k=1}^{n_j}(I_{jk}\mid \boldsymbol{b}_j\cdot\Delta\ddot{\boldsymbol{\theta}}\mid/\parallel\boldsymbol{b}_j\parallel)} \tag{12-220}$$

此分配过程中，若第 j 种行为的第 k 个调整量算式未被使用，则 I_{jk} 为 0，分配得到的 r_{jk} 也为 0；反之，若此算式在当前训练数据中被使用，则以 $|\boldsymbol{b}_j\cdot\Delta\ddot{\boldsymbol{\theta}}|/\parallel\boldsymbol{b}_j\parallel$ 评价第 j 个行为对最终的关节运动调整量 $\Delta\ddot{\boldsymbol{\theta}}$ 的贡献，按贡献大小归一化后进行分配。

3）关节运动映射模块

此模块的任务是根据当前系统变量矢量 $\boldsymbol{x}$ 给出关节映射矩阵 $\boldsymbol{B}$，矩阵 $\boldsymbol{B}$ 可认为是 $\boldsymbol{x}$ 的函数。关节运动映射模块中的 RBF 网络是对 $\boldsymbol{x}$，$\Delta\ddot{\boldsymbol{\theta}}\rightarrow\boldsymbol{q}$ 映射关系的近似，为减少此网络的复杂度，将其拆分为单个行为变量 q_i 的子网络，即每个子网络都是对 $\boldsymbol{x}$，$\Delta\ddot{\boldsymbol{\theta}}\rightarrow q_i(i=1, 2, \cdots, m)$ 映射关系的近似。在式（12-211）所示的线性关系中，忽略 $\Delta\ddot{\boldsymbol{\theta}}$ 对 $\boldsymbol{b}_i$ 的影响，认为映射矢量 $\boldsymbol{b}_i$ 只是 $\boldsymbol{x}$ 的函数，进行局部线性化后 q_i 可由下式计算：

$$q_i=q_{i0}+\boldsymbol{b}_{i0}^{\mathrm{T}}(\Delta\ddot{\boldsymbol{\theta}}-\Delta\ddot{\boldsymbol{\theta}}_0) \tag{12-221}$$

式中，q_{i0}、$\boldsymbol{b}_{i0}$、$\Delta\ddot{\boldsymbol{\theta}}_0$ 分别是局部线性化的邻域内 q_i、$\boldsymbol{b}_i$、$\Delta\ddot{\boldsymbol{\theta}}$ 的均值。如此可设计如图 12-85 所示的 RBF 网络，其中 $\boldsymbol{B}_i$ 和 $\boldsymbol{v}_i$ 分别是连接输入层与隐层的权值矩阵和偏置矢量，$u_{ij}(i=1, 2, \cdots, m;\ j=1, 2, \cdots, N_i)$ 是线性激活函数，隐层与输出层的连接权值为隶属度函数 f_{ij}[（按 $\hat{f}(\boldsymbol{s}_j, \boldsymbol{\psi}_{jk})=f(\boldsymbol{s}_j, \boldsymbol{\psi}_{jk})/\sum_{i=1}^{N_{Bj}}f(\boldsymbol{s}_j, \boldsymbol{\psi}_{ji})$ 定义的相对隶属度函数]，网络的输出方程如式（12-222）所示，其中 $\boldsymbol{f}_i=[f_{i1}, f_{i2}, \cdots, f_{iNi}]^{\mathrm{T}}$。

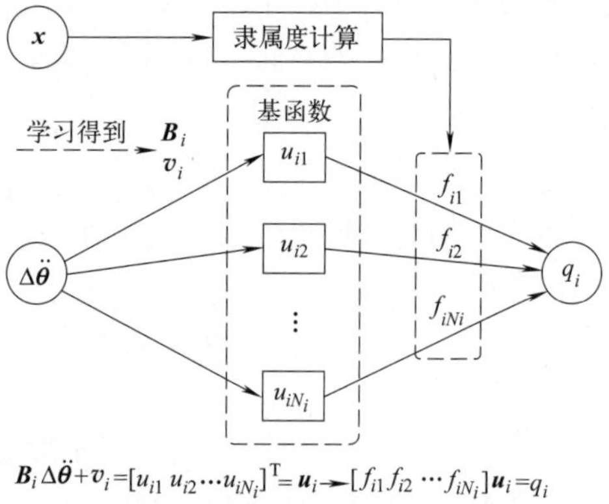

图 12-85 RBF 网络的结构示意图

$$q_i=\boldsymbol{f}_i^{\mathrm{T}}(\boldsymbol{B}_i\Delta\ddot{\theta}+\boldsymbol{v}_i) \tag{12-222}$$

所设计的 RBF 网络与一般 RBF 网络的区别在于，基函数仅在由 $\boldsymbol{x}$ 张成的空间内计算，而非在由 $\boldsymbol{x}$ 和 $\Delta\ddot{\boldsymbol{\theta}}$ 联合张成的空间内计算，减少了基函数计算的维数，也减少了需要的基函数数量。另一点不同在于，一般的 RBF 网络隐层输出是基函数的隶属度，隐层到输出层以学习得到的权值连接，整个网络相当于多维空间内的 0 阶插值；本书设计的 RBF 网络相当于多维空间内的线性（1 阶）插值，能够提高函数拟合的精度。

对式（12-223）求微分，可以得到从 RBF 网络中提取的映射矢量 $\boldsymbol{b}_i$ 的计算式：

$$\boldsymbol{b}_i=\frac{\partial q_i}{\partial\Delta\ddot{\boldsymbol{\theta}}}=\boldsymbol{B}_i^{\mathrm{T}}\boldsymbol{f}_i \tag{12-223}$$

对关节运动映射模块中各行为的 RBF 网络训练完成后，按式（12-223）即可得到每个行为的关节映射矢量 $\boldsymbol{b}_i$，进行组合后即可得到机器人的关节映射矩阵 $\boldsymbol{B}$，下面将给出所设计的 RBF 网络的训练方法，其训练分为两个步骤：①基函数中心位置与边界的确定；②基函数内部的局部训练。

确定基函数的位置和边界可直接使用本书作者提出基于高斯基函数的状态空间自律划分方法（自律划分前也需进行特征选择），对于每个行为变量 $q_i(i=1,2,\cdots,m)$ 的 RBF 网络，经状态空间自律划分后基函数集合可表示为 $\boldsymbol{\Psi}_{Bi}=\{\boldsymbol{\psi}_{Bij} \mid j=1,2,\cdots,N_i\}$。

RBF 网络的基函数确定后，需确定连接权值矩阵 $\boldsymbol{B}_i$ 和偏置矢量 $\boldsymbol{v}_i$，使用的训练数据从迁移中行为 q_i 被选择的时刻提取得到，形式为三元组 $<s, \Delta\ddot{\boldsymbol{\theta}}, q_i>_k$，下标 k 表示训练数据点的序号，$k=1,2,\cdots,N_{qi}$，N_{qi} 是行为 q_i 获得的关节映射训练数据总数。对于行为 q_i 的第 j 个基函数，可定义如下误差函数：

$$e_{ij}=\frac{1}{2}\sum_{k=1}^{N_{qi}} f(\boldsymbol{s}_i^{(k)},\boldsymbol{\psi}_{Bij})(q_i^{(k)}-\boldsymbol{b}_{Rij}\Delta\ddot{\boldsymbol{\theta}}^{(k)}-v_{ij})^2 \tag{12-224}$$

式中，上标（k）表示对应第 k 个训练数据，$\boldsymbol{b}_{Rij}$ 是权值矩阵 $\boldsymbol{B}_i$ 的第 j 行，v_{ij} 是偏置矢量 $\boldsymbol{v}_i$ 的第 j 个元素，在本节的后续公式中将 $f(\boldsymbol{s}_i^{(k)},\boldsymbol{W}_{Bi},\boldsymbol{\psi}_{Bij})$ 简写为 f_{ijk}。为使式（12-224）定义的 e_{ij} 达到最小，需求解以下方程：

$$\frac{\partial e_{ij}}{\partial[\boldsymbol{b}_{Rij}\quad v_{ij}]}=\sum_{k=1}^{N_{qi}}\left\{f_{ijk}(\boldsymbol{b}_{Rij}\Delta\ddot{\boldsymbol{\theta}}^{(k)}+v_{ij}-q_i^{(k)})\begin{bmatrix}\Delta\ddot{\boldsymbol{\theta}}^{(k)}\\1\end{bmatrix}^T\right\}=0 \tag{12-225}$$

对式（12-225）进行求解，可得如式（12-226）所示的解。

$$[\boldsymbol{b}_{Rij}\quad v_{ij}]^{\mathrm{T}}=(\hat{\boldsymbol{U}}\boldsymbol{U}^{\mathrm{T}})^{-1}(\hat{\boldsymbol{U}}\boldsymbol{q}_{Li}) \tag{12-226}$$

其中，U、$\hat{\boldsymbol{U}}$、$\boldsymbol{q}_{Li}$ 的定义分别如式（12-2223）～式（12-229）所示。

$$\boldsymbol{U}=\begin{bmatrix}\Delta\ddot{\boldsymbol{\theta}}^{(1)} & \Delta\ddot{\boldsymbol{\theta}}^{(2)} & \cdots & \Delta\ddot{\boldsymbol{\theta}}^{(N_{qi})}\\ 1 & 1 & \cdots & 1\end{bmatrix} \tag{12-227}$$

$$\hat{\boldsymbol{U}}=\begin{bmatrix}f_{ij1}\Delta\ddot{\boldsymbol{\theta}}^{(1)} & f_{ij2}\Delta\ddot{\boldsymbol{\theta}}^{(2)} & \cdots & f_{ijN_{qi}}\Delta\ddot{\boldsymbol{\theta}}^{(N_{qi})}\\ f_{ij1} & f_{ij2} & \cdots & f_{ij}N_{qi}\end{bmatrix} \tag{12-228}$$

$$\boldsymbol{q}_{Li}=[q_i^{(1)}\quad q_i^{(2)}\quad\cdots\quad q_i^{(N_{qi})}]^{\mathrm{T}} \tag{12-229}$$

对每个基函数按式（12-226）算得其对应的连接权值和偏置后，可以组合成行为 q_i 的权值矩阵 $\boldsymbol{B}_i$ 和偏置矢量 $\boldsymbol{v}_i$，这样就完成了 q_i 对应的 RBF 网络的训练。上述过程中，限于篇幅，略去有关足式机器人稳定性训练的系统空间降维预处理的内容。

（4）双足机器人的稳定性训练仿真与实验及结果

本研究建立了双足机器人稳定性训练的环境，首先建立稳定性训练系统的仿真模型，之后使用了本书作者研究室自行研制的运动平台和双足机器人搭建了稳定性训练的实验系统。用基于模型的平衡控制器生成用于启动稳定性训练用样本的数据集，然后进行稳定性探索性学习和扩展性训练。这里省略了稳定性训练仿真这部分内容，直接给出训练实验系统以及所提出的通过基于强化学习和并联机构训练平台获得全域自稳定器的实验验证结果。

1）训练获得的全域子稳定器在冲击扰动工况下的稳定性验证仿真实例

如图 12-86 所示，上述仿真共持续 40.5s，其中前 4.5s 动平台不动，双足机器人完成下蹲、抬起游腿（左腿）的准备动作，为展现全域自稳定器应对不同方向冲击扰动的能力，在 11.7s、18.9s、26.1s、33.3s 四个时刻分别添加了前后向和侧向的随机冲击扰动。在 18.9s 和 33.3s 的前后向冲击扰动作用后，机器人的支撑脚（右脚）首先向后翻转，为恢复平衡机器人左腿迅速前后踢腿（踢腿方向与支撑脚翻转方向相反），在之后的 2～4s 内机器人支撑脚的翻转角和角速度不断衰减，最终恢复平衡；11.7s 和 26.1s 的侧向冲击扰动作用后，机器人的响应方式相似，只是游腿摆动的方向变为左右方向。整个仿真过程中支撑腿一直随着平台的倾斜角度调整躯干位姿，这是质心运动行为和 ZMP 调整行为综合作用的结果。总结来说，训练后的全域自稳定器使用支撑腿调整躯干运动以适应地面倾斜扰动，使用游腿踢腿运动衰减冲击扰动影响。

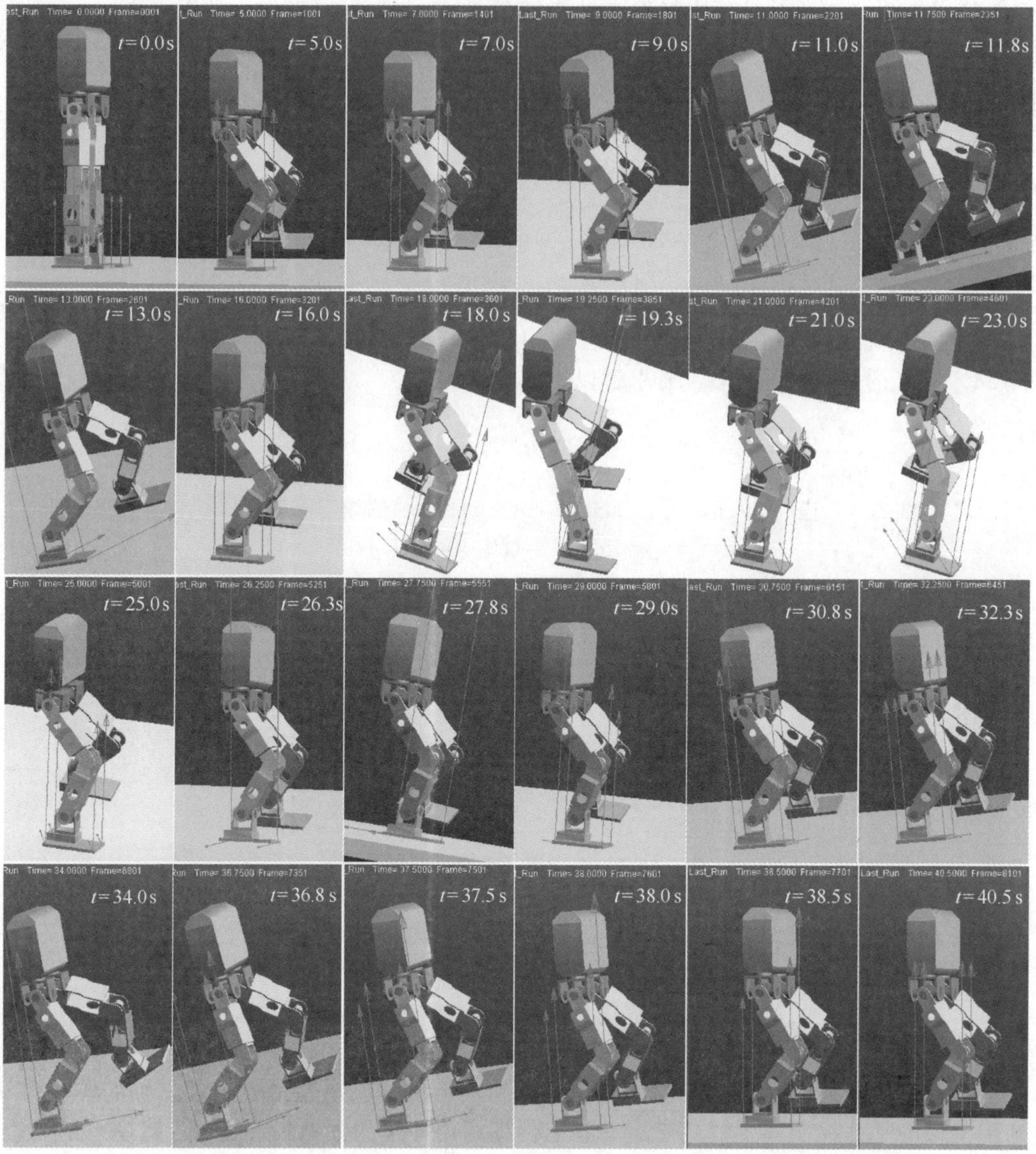

图 12-86　Adams 软件内含冲击扰动的单脚站立稳定性验证仿真的视频截图

2）全域自稳定器的稳定性训练实验

为减少频繁的训练实验对机器人机械零件的磨损，这里将仿真得到的全域自稳定器移植到机器人的控制系统中，作为训练实验中初始的全域自稳定器，被移植的相应参数主要包括基函数的参数集合 $\boldsymbol{\Psi}$、价值函数 $\mathbf{V}$、RBF 网络的连接权值矩阵 $\boldsymbol{H}_i$，之后再使用实验数据进行上述初始全域自稳定器的学习计算。

训练过程中运动平台施加的扰动分为两类，即断续、缓慢变化的静态倾斜扰动和连续变化的动态倾斜扰动。在上述两种扰动下，使用 GoRoBoT-Ⅱ 机器人的双足部分分别进行了双脚站立、单脚站立、随机踏步三种运动的稳定性训练。表 12-14 给出了不同扰动条件下各运动稳定性训练的实验总数和其中成功的次数，其中静态扰动和动态扰动的参数分为 2 挡和 4 挡，低挡位参数对应的运动平台扰动弱，高挡位参数对应的扰动强。从表 12-14 可知，双脚站立、单脚站立、随机踏步三种运动均进行了 18 次静态扰动下的训练实验，其中成功的次数分别是 16 次、15 次、12 次，对应的成功率分别为 88.9%、83.3%、66.7%；三种运动的动态扰动训练次数均为 36 次，其中成功的次数分别是 21 次、17 次、11 次，对应的成功率分别为 58.3%、47.2%、30.6%。

图 12-87 给出了三种运动各一次实验中得到的足底 ZMP 位置和支撑脚翻转角曲线。可以看出，大部分时间 ZMP 都在足底支撑区内，且支撑脚的翻转角始终在较小的角度内波动，说明机器人没有失稳。支撑脚的翻转角不为 0 是由于机器人脚底粘贴了两层橡胶，橡胶变形使机器人脚掌在保持与动平台紧密接触的前提下，产生了微小的倾斜角。

图 12-88 给出了随机踏步运动的一次稳定性验证实验中机器人关节角、关节角速度、关节角加速度曲线。从图 12-88 可见，机器人的关节运动均未超过所用机器人的关节极限，说明全域自稳定器成功完成了回避关节极限的任务。机器人腿部关节的角加速度波动较大且曲线不连续，这是由于不同的行为在切换时会产生不同的加速度调整量，但经过积分后关节的角速度和转角位置均光滑、连续，因此不会产生明显冲击。

双脚站立的稳定性验证实验视频截图如图 12-89 所示，可以看到机器人从直立状态完成下蹲后运动平台开始随机摆动，摆角在 $\pm 20^\circ$ 范围内随机变化，摆动角速度、角加速度分别在 $\pm 25^\circ/s$ 和 $\pm 60^\circ/s^2$ 的范围内随机变化，机器人在全域自稳定器的调整下改变姿势，始终使躯干向平台摆动的反方向移动以保持平衡。

单脚站立的稳定性验证实验视频截图如图 12-90 所示，机器人首先完成下蹲和右移质心的准备动作，之后运动平台开始随机摆动，摆角、角速度、角加速度的限幅范围分别是 $\pm 14^\circ$、$\pm 15^\circ/s$、$\pm 30^\circ/s^2$。

随机踏步的稳定性验证实验视频截图如图 12-91 所示，机器人完成下蹲后运动平台直接开始随机摆动，摆角、角速度、角加速度的限幅范围分别是 $\pm 7^\circ$、$\pm 10^\circ/s$、$\pm 20^\circ/s^2$，机器人进行落脚点随机的踏步运动。可以看到，在全域自稳定器的调整下，机器人进行单脚站立时除了改变支撑腿的姿势外还会调整游脚运动，进行随机踏步时综合应用双脚站立和单脚站立的行为决策，机器人始终保持平衡。

表 12-14　双足机器人稳定性训练实验的参数与结果

实验类型	平台运动参数	成功/总次数		
		双脚站立	单脚站立	随机踏步
静态扰动	$\pm 7^\circ, \pm 5^\circ/s, \pm 10^\circ/s^2$	6/6	6/6	12/18
	$\pm 14^\circ \pm 5^\circ/s, \pm 10^\circ/s^2$	10/12	9/12	—
动态扰动	$\pm 7^\circ\ \pm 10^\circ/s, \pm 20^\circ/s^2$	5/6	11/18	11/36
	$\pm 14^\circ \pm 15^\circ/s, \pm 30^\circ/s^2$	7/12	6/18	—
	$\pm 20^\circ \pm 20^\circ/s, \pm 40^\circ/s^2$	7/12	—	—
	$\pm 20^\circ \pm 25^\circ/s, \pm 60^\circ/s^2$	2/6	—	—

通过图 12-87～图 12-91 所示的结果可知，经过训练后的全域自稳定器对不同的机器人运动具有通用性，能使双足机器人获得应对限幅随机扰动的自稳定能力，且其自稳定能力强于进行训练时使用的基于模型的平衡控制器，说明全域自稳定器的学习过程提取了训练数据中有利于保持机器人平衡的控制策略，并且得到了比训练数据更优的状态行为映射关系。

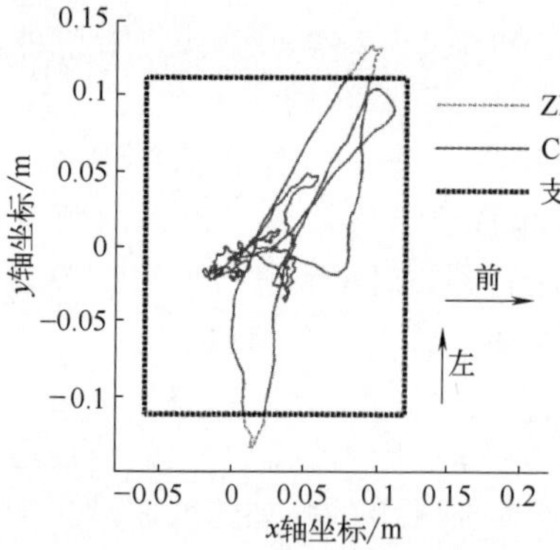

(a) 双脚站立的ZMP和CoP轨迹

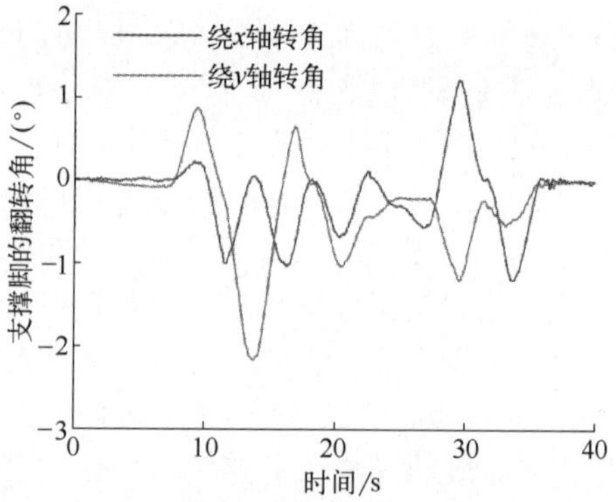

(b) 双脚站立的支撑脚翻转角曲线

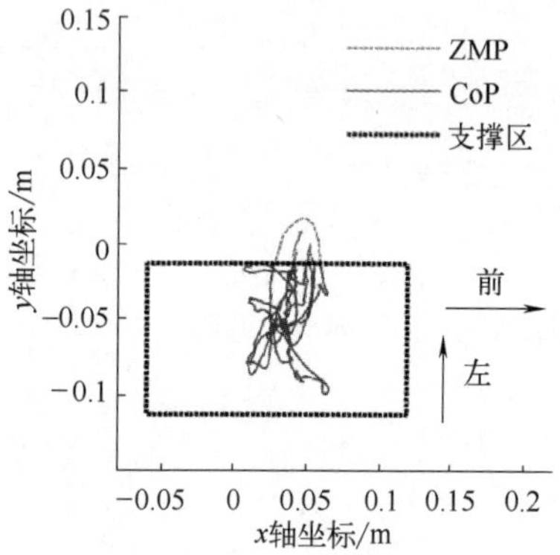

(c) 单脚站立的ZMP和CoP轨迹

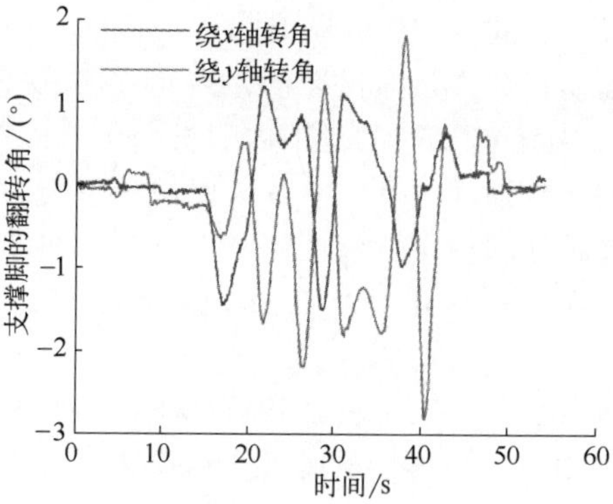

(d) 单脚站立的支撑脚翻转角曲线

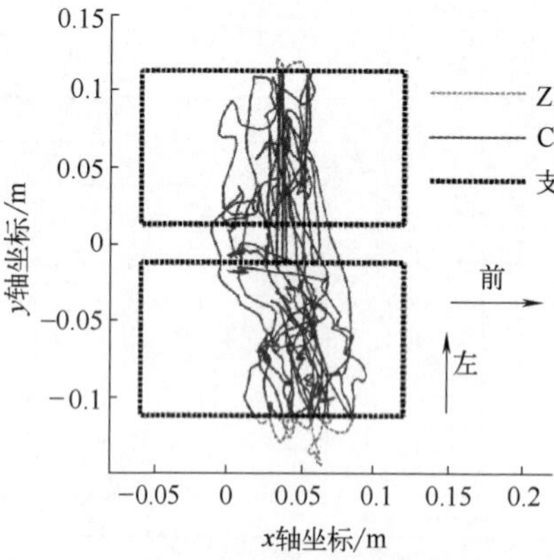

(e) 随机踏步的ZMP和CoP轨迹

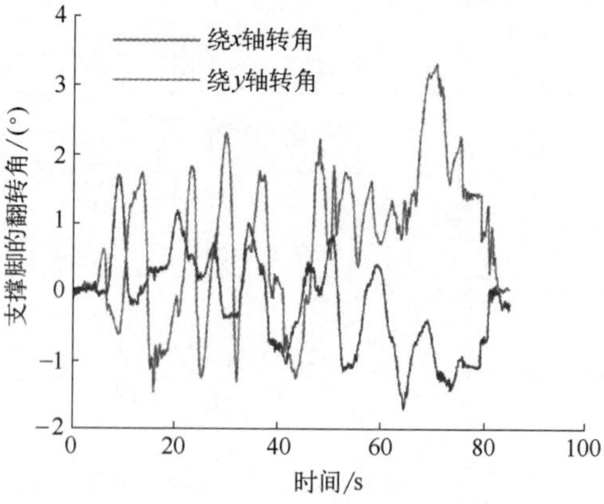

(f) 随机踏步的支撑脚翻转角曲线

图 12-87 稳定性验证实验中的 ZMP 轨迹和支撑脚翻转角曲线

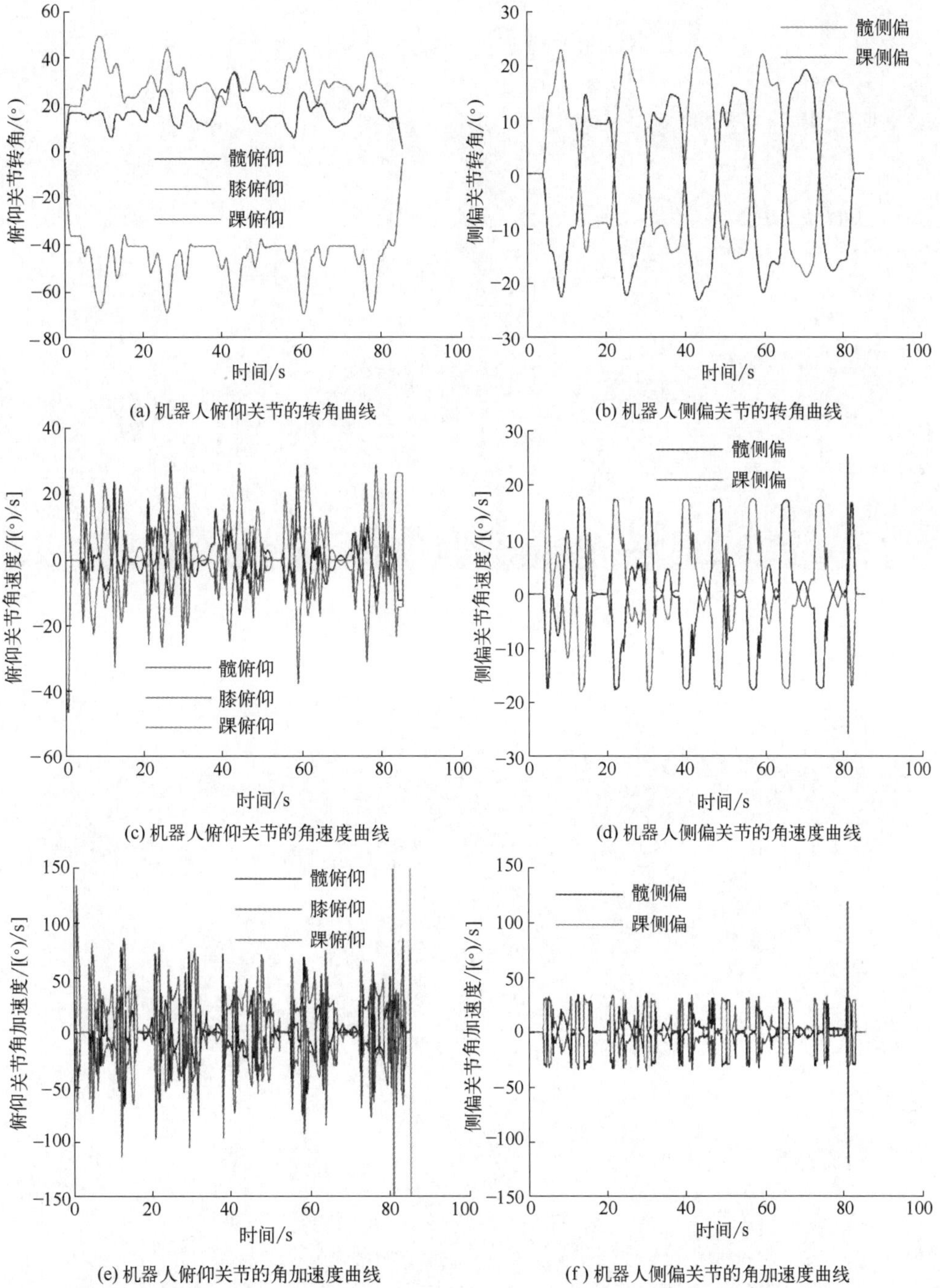

(a) 机器人俯仰关节的转角曲线　(b) 机器人侧偏关节的转角曲线

(c) 机器人俯仰关节的角速度曲线　(d) 机器人侧偏关节的角速度曲线

(e) 机器人俯仰关节的角加速度曲线　(f) 机器人侧偏关节的角加速度曲线

图 12-88　随机踏步稳定性验证实验中的机器人关节角、角速度、角加速度曲线

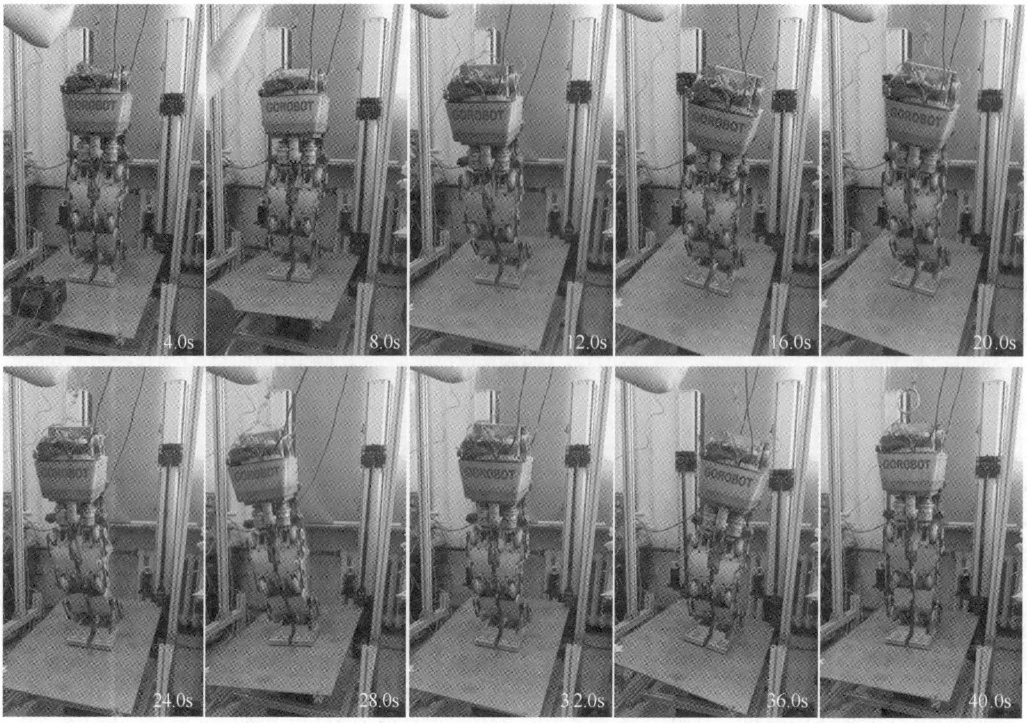

图 12-89 双脚站立稳定性验证实验的实验视频截图

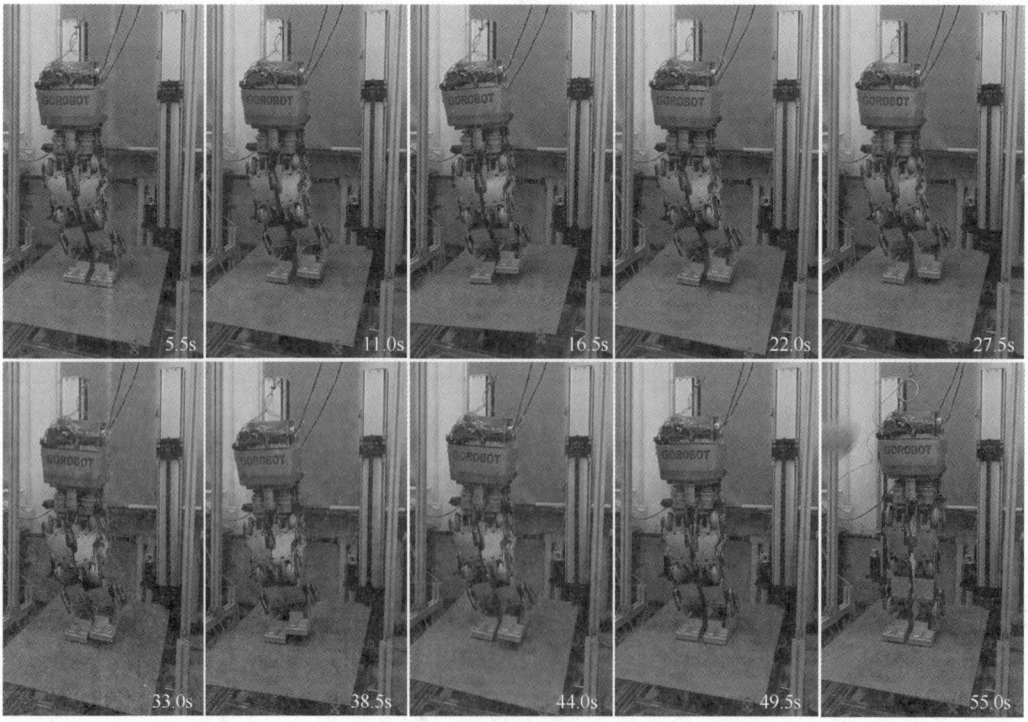

图 12-90 单脚站立稳定性验证实验的实验视频截图

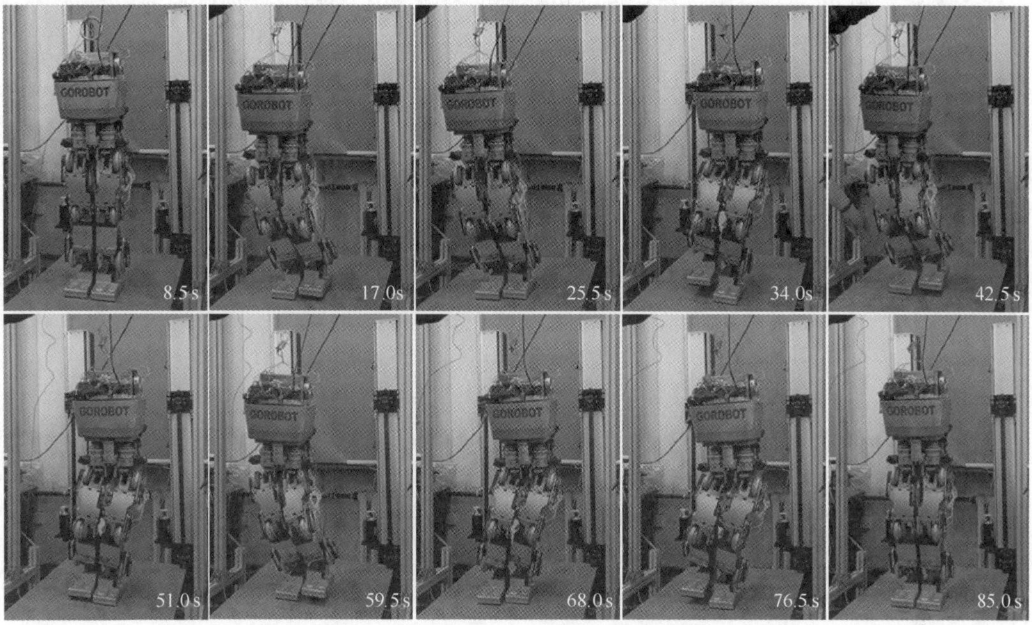

图 12-91　随机踏步稳定性验证实验的实验视频截图

（5）结论

针对足式机器人的稳定性训练问题，将保持机器人稳定的总体任务分解为行为选择、调整量计算、关节运动映射三个子任务，提出了一种能在复合扰动下的高维连续系统空间内对不同来源的训练数据进行学习的全域自稳定器，其中行为选择和调整量计算模块使用基于高斯基函数的 Q 学习算法，关节运动映射模块使用改良后能够实现高维线性插值的 RBF 网络进行学习。对于任意腿数、任意构型的足式机器人建立了通用模型，并从系统变量确定、行为集构建、训练数据生成用的模型控制器设计三个角度，给出了对所提出的学习算法进行应用的方法。以双足机器人为例，进行了全域自稳定器的稳定性训练仿真和实验，训练数据生成时运动平台施加由 2 自由度地面倾斜和外力冲击组成的复合扰动，从 18 种控制律或控制参数不同的平衡控制器产生的系统状态迁移提取得到训练数据，进行了全域自稳定器的学习并达成了收敛。对学习收敛的双足机器人全域自稳定器进行了相同条件下的稳定性验证仿真和实验，可得到如下结论：

① 在不同条件扰动下分别进行了双脚站立、单脚站立、随机踏步三种运动的稳定验证仿真，全域自稳定器取得的成功率均高于训练数据生成用的基于模型的平衡控制器，其中不含冲击扰动的站立运动仿真成功率至少提高了 9.4％，含有冲击扰动的站立运动仿真成功率至少提高了 33.2％，不含冲击扰动的随机踏步运动成功率提高了 32.6％；

② 双脚站立、单脚站立、随机踏步三种运动的稳定性训练实验表明，训练后的全域自稳定器能使机器人在限幅随机的倾斜扰动下保持平衡，稳定性验证实验的成功率分别可达 75％、60％、55％，高于训练数据生成时使用基于模型的平衡控制器得到的成功率（58.3％、47.2％、30.6％）；

③ 对全域自稳定器的行为选择过程进行分析发现，训练后的全域自稳定器使用了与训练数据中不同的行为组合，同时也根据当前状态对行为组合和行为调整量计算中使用的参数不断进行切换，并最终取得了比训练数据生成用的平衡控制器更高的成功率，这说明所设计的全域自稳定器能从现有的训练数据中探索得到更优的状态-行为映射关系，具备自主学习、不断进化的能力。

综上所述，所提出的全域自稳定器能够完成复合扰动下的稳定性训练任务，且能从多种不同来源的训练数据中探索得到更优的行为决策。在下一步的研究中，将主要集中于在真实的不确定环境内对本书提出的全域自稳定器进行应用，进一步验证基于运动平台使足式机器人获得自稳定能力的效果。

12.6.6 本节小结

本节开头首先概括论述了腿足式步行移动机器人的稳定步行控制理论与方法的发展现状，然后针对腿足式机器人稳定步行控制不可缺的常用传感器尤其是六维力-力矩传感器、接触力传感器等原理、具体使用问题与方法进行了较为详细的说明，然后以将步行控制仿真与实际机器人步行控制相结合的具代表性的本田技研 P2、P3、ASIMO 系列全自立仿人机器人的控制方法与技术为例，详细解说了基于模型的步行控制问题，最后则以本书作者已取得的腿足式机器人全域自稳定器获得方法方面的研究成果为例较为详细地解说了以基于模型的步行控制方法获得步行成功样本集，以基于强化学习和稳定性训练机构为训练平台的非基于模型的智能学习运动控制方法作为本节结尾。其目的在于以具体实例告诉读者：基于模型的控制可以为非基于模型的控制提供基础，而不确定环境、未知作业目标等情况下强鲁棒性的步行移动控制理论、方法与技术的未来将是围绕着智能学习运动控制而展开的。

12.7 本章小结

本章主要论述了包括腿足式移动机器人、轮式移动机器人在内各种移动机器人的分类、移动机器人技术研究发展简史及其控制理论与实际问题、轮式移动机器人完整约束下轨迹追踪控制、非完整约束下的轮式移动非线性控制理论、轮式移动机器人欠驱动控制与奇异点问题、移动机器人移动稳定性与控制方法、双摆杆可变摆长倒立摆-小车模型的动力学特性与行为规律、载臂轮式移动机器人的稳定控制与失稳恢复控制、腿足式移动机器人常用传感器原理以及实用问题和具体方法、ZMP 概念及基于 ZMP 的稳定步行控制原理与技术等主要内容，最后分别以本田技研 P2、P3 型以及 ASIMO 等全自立仿人机器人基于模型的控制，和本书作者在国际上提出并创新研究的腿足式机器人全域自稳定器获得方法（非基于模型即基于训练和强化学习）为例，来作为基于模型和非基于模型两大截然不同的具体步行控制原理与技术作为本章的结尾，也预示着本书结束于基于模型的控制理论、方法与技术等内容，同时也意味着以非基于模型的智能学习运动控制具体研究实例作为继本书之后，将继续进入现代机器人控制中本书作者以智能学习运动控制理论、方法与技术为主要内容的下一个新篇章。

【思考题与习题】

12.1　按移动环境的不同移动机器人可分为哪些类型？各类移动机器人控制的运动学与动力力学有何异同？

12.2　按移动介质是否连续可将移动机器人分为那两大类？

12.3　按移动方式、移动方式是否单一与复合的不同可将移动机器人分为哪些类型？

12.4　按着是否搭载操作臂可将移动机器人分为哪两大类？搭载操作臂与否对于移动控制有何有利之处？

12.5　按着应用领域不同可将移动机器人分为哪些类型？相应于所应用的领域与移动环境这些类型的移动机器人在控制方面对比各有何特点？

12.6　假设轮在地面上做无滑动的纯滚动，试从理论上证明：由与位移成比例的转向操纵机构操纵的轮式直线移动轨迹控制下的走行为轨迹为目标直线左右摆荡的正弦曲线轨迹。

12.7　试理论分析与讨论给出：由与位移、速度成比例的转向操纵机构控制（即相当于转向 PD 控制）的轮式直线行走轨迹分别为目标直线左右摆荡曲线轨迹、合于目标直线轨迹的条件式。

12.8　假设轮在地面上做无滑动的纯滚动，试分别给出转向操纵型、独立驱动型两轮移动机器人转向与行进控制下的直线移动轨迹追踪控制系统原理框图。

12.9　假设轮在地面上做无滑动的纯滚动，试述两轮驱动轮式移动机器人 PID 轨迹追踪控制系统的原理，并给出其控制系统构成的原理框图。

12.10　试述 PWM 控制的基本原理，并说明伺服电动机 PWM 控制下的伺服驱动与控制系统的组成。

12.11　何谓彷射系统？何谓对称放射系统？何谓罗贝尼乌斯定理？何谓普法夫式？何谓完整约束、非完整约束和完全非完整约束？

12.12　平面上两轮车无横向侧滑的速度约束条件式即其非完整速度约束方程是什么？

12.13　如何对假设无横向侧滑的两轮车实施非完整速度约束下的非线性系统可变约束控制？

12.14　试举例说明常见的、需作为非完整约束控制系统控制的机械系统都有哪些？它们各属于何类非完整约束系统？

12.15　何谓欠驱动机械（欠驱动机构）？何谓不变流形？何谓不可观测流形？

12.16　试用图示分别表示受完整约束运动、受非完整约束运动、不变流形下广义速度与零空间投影的关系并加以说明。

12.17　假设轮在地面上做无滑动的纯滚动，试理论推导给出：速度约束为非完整约束下两轮车非线性控制的控制律（即控制输入与两车轮纯滚动下回转角速度的关系式，也即由两车轮回转角速度计算控制输入以控制两轮车车速与转向的公式）。

12.18　何谓伴随变换的奇异点？何谓控制律滋生的奇异点？

12.19　试述非完整约束下两轮车的目标轨迹追踪控制方法。

12.20　试述移动机器人动态稳定移动的力反射控制方法基本原理与技术。

12.21　试述如何使用六维力-力矩传感器进行腿足式步行移动机器人的稳定步行移动力反射控制方法。

12.22　试分别从足底受力（即支撑脚与地面支撑面接触力学）、机器人本体多刚体质量力学系统角度说明 ZMP 的定义。

12.23　试通过多刚体质点力学系统、角动量以及达朗贝尔原理理论推导出 ZMP 位置计算公式。

12.24　试述基于 ZMP 的稳定双足步行力反射控制的基本原理并给出其控制系统原理框图。

12.25　已知一台搭载 7-DOF 机器人操作臂的四足步行机器人系统基本配置：全方位四足步行机械系统、所有关节驱动皆为直流电动机及其伺服驱动 & 控制系统（底层）、足部有力/力矩传感器、机器人本体搭载计算机控制系统（上位机）、电源。试详细论述：如何利用该搭载 7-DOF 机器人操作臂的全方位四足步行机器人系统资源实现动态稳定步行移动？

学堂在线“机器人控制的实际应用”MOOC（慕课）课程信息、知识点及与本书相关章节的对应关系

1. 学堂在线“机器人控制的实际应用”MOOC（慕课）课程网址：

https://www.xuetangx.com/course/HIT08021001660/16905832?channel=i.area.related_search

2. 学堂在线“机器人控制的实际应用”MOOC课程的界面

3. 学堂在线“机器人控制的实际应用”MOOC课程知识结构与知识点划分以及与“现代机器人控制理论、方法与技术”本书各章节的对应关系

附表：“机器人控制的实际应用”MOOC课程知识结构与知识点划分以及与“现代机器人控制理论、方法与技术”即本书各章节的对应关系

知识点序号	知识点	知识点要点	对应“现代机器人控制理论、方法与技术”即本书的各章内容	时长（分钟）
专题1：工业机器人操作臂控制基础				257～261

续表

知识点序号	知识点	知识点要点	对应“现代机器人控制理论、方法与技术”即本书的各章内容	时长（分钟）
1	什么是机器人？种类？机器人作业目的？	ISO 的工业机器人定义、其它定义 机器人作业目的(作业指标、直观运动学、动力学)	第 2 章 被控对象—机器人系统的组成与控制问题	8
2	机器人系统的组成	机器人机械系统：杆件、关节、减速器、伺服电动机、光电编码器 控制系统：计算机(顶层)、运动控制卡或驱动与控制器(底层)、通信板卡 驱动系统：电源(交/直流)、伺服电动机及其伺服驱动器		10
3	工业机器人基本参数及作业要求	(1)基本参数 (2)作业类型 (3)作业要求		10
4	什么是控制？机器人控制？	控制的基本概念、控制系统的组成 (1)控制系统框图 (2)状态量 (3)控制目标 (4)操作量 (5)状态反馈 (6)反馈控制 (7)开环控制 (8)半闭环控制 (9)全闭环控制		10
5	被控对象与控制系统的关系？	(1)计算机控制本质：控制算法、数字计算 (2)驱动与控制：将计算机数字计算结果通过数字伺服放大器转变成电流、电压等信号驱动伺服电动机 (3)引出被控对象的数学、力学描述 理论与实际相结合起来理解机器人控制技术		16
6	什么是机器人机构？运动学？正运动学？逆运动学？	(1)机器人机构描述：基座、杆件、关节(运动副)、末端接口及接口中心、末端操作器 (2)正运动学概念的直观理解 (3)逆运动学概念的直观理解	第 3 章 机器人运动控制的机构学基础	16
7	机器人坐标系与坐标变换	(1)坐标系：基坐标系、末端操作器安装接口中心坐标系、末端操作器坐标系 (2)坐标变换矩阵：回转变换、平移变换 (3)齐次坐标变换矩阵(什么是齐次坐标？) (4)机器人机构运动学⇔齐次变换矩阵		16～20
8	机器人运动学及求解方法	(1)机器人关节坐标系建立及其作业的数学描述及方法 (2)解析几何法 (3)矩阵的齐次坐标变换法		16
9	雅可比矩阵	(1)雅可比矩阵 (2)雅可比矩阵的作用 (3)雅可比矩阵对作业空间与关节空间的速度变换 (4)雅可比矩阵对作业空间与关节空间的位置误差变换 (5)雅可比矩阵对外部作用力与关节空间力、力矩的变换		16

续表

知识点序号	知识点	知识点要点	对应“现代机器人控制理论、方法与技术”即本书的各章内容	时长（分钟）
10	机器人动力学(1)	(1)机器人机构的运动参数与动力参数 (2)拉格朗日法建立动力学方程 (3)如何认识与理解机器人运动方程？(实物与力学方程)	第 3 章　机器人运动控制的机构学基础	16
11	机器人动力学(2)	(1)牛顿-欧拉法 (2)拉格朗日法与牛顿-欧拉法的区别及各自的物理意义		10
12	从实际机器人到理论的抽象、再从理论抽象回到实际机器人的机器人控制观	理论与实际的差别： (1)理论上抽象的机构与实际制造出的被控对象实物的差别；即理论公式描述的机器人与实际机器人差别 (2)再次认识什么是控制？ (3)动力学正问题？逆问题？及其实际认识 (4)机器人控制的总体认识及数学、力学基础要求		16 (134～138)
专题 2：机器人操作臂轨迹追踪控制				
13	机器人操作臂的动力学方程实际问题	(1)通式：运动参数、动力参数、各项物理意义 (2)用途	第 4 章　机器人参数识别	8
14	机器人操作臂的参数识别	(1)为什么要进行参数识别？ (2)什么是基底参数？ (3)什么是参数识别？ (4)参数识别的方法？ (5)参数识别的逐次参数识别法		15
15	机器人轨迹追踪控制方法	(1)什么是轨迹追踪控制？ (2)轨迹追踪控制的基本方法与控制器设计	第 5 章　机器人位置/轨迹追踪控制	10
16	关节位置轨迹追踪控制的 PD 控制法	(1)机器人操作臂的运动方程的一般描述及其驱动力(力矩)函数的泰勒展开 (2)PD 控制系统的构成 (3)平面两杆机器人操作臂的 PD 控制结果 (4)PD 控制的局限性		16
17	动态控制	(1)何谓动态控制？ (2)何谓逆动力学问题？		10
18	前馈动态控制法及其控制器	(1)什么是前馈动态控制？ (2)前馈动态控制器的构成 (3)平面两杆机器人操作臂的前馈动态控制结果 (4)前馈动态控制的局限性		15
19	前馈＋PD 反馈控制法	(1)前馈＋PD 反馈控制系统及其控制器设计 (2)平面两杆机器人操作臂的前馈动态控制结果及其与前馈动态控制结果的比较		10
20	计算力矩控制法	(1)计算力矩法控制系统构成及其控制器设计 (2)计算力矩法与前馈＋PD 反馈控制法的对比 (3)计算力矩法在控制实际应用中的讨论与说明 (4)平面两杆机器人操作臂的计算力矩控制法控制结果及其与前馈＋PD 反馈控制法结果的比较		15

续表

知识点序号	知识点	知识点要点	对应“现代机器人控制理论、方法与技术”即本书的各章内容	时长（分钟）
21	加速度分解控制法	(1)关于机器人控制途径与目的：关节空间内控制？作业空间内控制？ (2)何谓加速度分解控制？ (3)加速度分解控制系统的构成及控制器设计 (4)加速度分解控制法在平面两杆机器人操作臂控制上的应用及结果	第5章 机器人位置/轨迹追踪控制	18
22	轨迹追踪控制方法总结	(1)如何选用轨迹追踪控制法 (2)各种方法控制结果比较及讨论		10 (127)
专题3：机器人操作臂的力/位混合控制				145
23	什么是机器人操作臂的力/位混合控制？		第6章 机器人力控制	3
24	机器人操作臂与环境的建模	(1)机器人操作臂运动学模型 (2)机器人操作臂动力学模型 (3)环境动力学方程		5
25	机器人作业分类及力控制的分类	(1)机器人作业种类 (2)自由空间内作业 (3)约束空间内作业及其位置约束、力约束 (4)广义力控制(或柔顺运动控制) (5)力控制的分类：基于位置控制的力控制和基于力矩控制的力控制；虚拟的力控制和实际的力控制		15
26	用于机器人力控制的力传感器	(1)六维力-力矩传感器的原理、结构 (2)力-力矩传感器在机器人力控制中的使用		10
27	基于位置(或速度)的力控制	(1)以位置(或速度)为指令值的力控制系统构成：内环为位置/速度控制；外环为力控制 (2)基于位置控制的力控制系统框图及其简化框图		8
28	基于力矩控制的力控制概念	作为操作量直接以力、力矩为指令值的力控制系统构成及其框图		8
29	采用雅可比矩阵转置的末端操作器作业空间内的PD控制	控制原理及控制系统框图		8
30	基于位置控制的力控制方法	(1)原理 (2)方法分类		8
31	刚度控制	力控制器的控制率		8
32	阻尼控制	(1)阻尼控制率 (2)阻尼控制的控制系统框图		8
33	阻抗控制	(1)阻抗控制率：将刚度控制与阻尼控制相结合的控制 (2)阻抗控制的控制系统框图		8
34	假想柔顺控制	控制率		8
35	基于位置控制的力控制小结及对基于位置控制力控制的自然思考	生活中自然常见的实例进一步讲解！		3

续表

知识点序号	知识点	知识点要点	对应"现代机器人控制理论、方法与技术"即本书的各章内容	时长（分钟）
36	基于力矩控制的力控制方法	(1)原理 (2)方法分类	第6章 机器人力控制	8
37	无动力学补偿控制法-正交坐标系内利用雅可比矩阵转置的PD控制律的力控制法	正交坐标系内利用雅可比矩阵转置的PD控制律及控制系统框图		8
38	无动力学补偿控制法-混合控制	(1)用作业坐标(工作空间坐标系)把控制力的方向和控制位置的方向分离开来，分别实施各自控制loop的方法 (2)控制系统框图		8
39	有动力学补偿的控制方法	(1)原理 (2)分类		8
40	由力传感器直接测得外力的控制方式	(1)关节空间内控制法 (2)作业空间内控制法		8
41	动态混合控制方式	(1)原理：是以约束坐标的明确化和非线性动力学补偿为基本思想发展起来的方法 (2)局限性		8
42	基于位置控制与基于力矩控制的力控制系统的比较	(1)基于位置的力控制 (2)基于力矩控制的力控制		8
专题4：机器人模型参数不确定的动态控制				122～137
43	机器人动力学模型和不确定性	(1)各关节皆是各自独立驱动的且全为回转关节的情况下的动力学方程式及其解说 (2)考虑摩擦和外部扰动的情况下的动力学方程式及其解说 (3)机器人动力学模型的不确定性和实际问题	第7章 机器人模型参数不确定下的动态控制—鲁棒控制和自适应控制	16
44	何谓鲁棒控制？	何谓鲁棒控制？		
45	动力学特征及动力学方程的不确定量	动力学方程的基本特征及其不确定量解说		8
46	基于逆动力学的基本公称控制	何谓基于逆动力学的基本控制方式：基本的公称控制		8
47	由李雅普诺夫方法的鲁棒控制	基于由李雅普诺夫方法设计新的控制输入和逆动力学的鲁棒控制方法		8
48	基于被动特性的鲁棒控制：基本控制方式—公称控制	(1)原理 (2)基于被动特性的公称控制		15
49	基于被动特性的鲁棒控制：基本控制方式下的不确定性影响			
50	采用李雅普诺夫方法的鲁棒控制：基于受动特性的鲁棒控制及其改进版			
51	机器人自适应控制	(1)何谓自适应控制？ (2)自适应控制系统概念图 (3)自适应控制与鲁棒控制的区别		8

续表

知识点序号	知识点	知识点要点	对应“现代机器人控制理论、方法与技术”即本书的各章内容	时长（分钟）
52	机器人操作臂系统线性化的自适应控制应用问题		第7章　机器人模型参数不确定下的动态控制—鲁棒控制和自适应控制	8
53	考虑机器人操作臂构造的自适应控制系统构成	考虑机器人操作臂运动方程式中各项物理参数项补偿的非线性项在线推定的自适应控制系统的组成及其系统框图		
54	自适应控制方法中的机器人操作臂系统的模型化问题			8
55	机器人操作臂系统模型化、基底参数和自适应控制控制律(控制算法)			
专题5：面向机器人操作臂作业性能指标的最优控制				53
56	最优控制的基本概念和形式化	(1)被控制对象的非线性系统 (2)最优控制输入 (3)系统性能评价函数 (4)最优控制的数学描述 (5)关于最优控制问题求解的说明	第8章　机器人最优控制与最短时间控制	
57	最优控制输入问题求解方法			
58	最优控制问题的数值解法算法与流程	数值解法算法步骤、流程图		
59	机器人最优控制问题及最短时间控制	(1)机器人最优控制 (2)何谓最短时间控制？ (3)最短时间控制的物理意义与工程实际意义		8
专题6：多机器人操作臂协调控制的理论基础				142
60	多机器人协调控制问题及实际意义	(1)多机器人协调控制的基本问题： 怎样把持物体？ 怎样控制物体的运动？ 怎样控制多台机器人操作物体时施加的力与内力？ 负载怎样分派给各机器人操作臂？ 等等。 (2)工程实际中多机器人协调的作业列举 (3)多机器人协调控制的工程实际意义	第10章　机器人协调控制	10
61	多机器人操作臂协调操作单一物体时物体运动的数学描述	(1)多机器臂协调作业系统的描述 (2)物体运动与约束：位置约束、力约束		16
62	被机器人操作的对象物物体运动方程	(1)对象物运动的力学方程的数学描述 (2)各机器人操作臂对物体作用力、力矩的合力 (3)什么是内力？		

续表

知识点序号	知识点	知识点要点	对应“现代机器人控制理论、方法与技术”即本书的各章内容	时长（分钟）
63	如何为多机器人操作臂分配负载？也即广义伪逆阵法求解操作力	操作力在各机器人臂上的分配问题 内力对物体运动有无影响及其数学表示		16
64	操作对象物的协调控制问题	（1）怎样把持物体？ （2）怎样控制物体的运动？ （3）怎样控制多台机器人操作臂施加给物体的力？ （4）怎样将负载更合理地分派给各机器人操作臂？		
	物体运动与内力的控制方法	（1）机器人操作臂协调控制的根本问题：在操作单个物体的约束条件下，存在如何使各机器人操作臂的运动不发生矛盾的控制问题 （2）控制方法（算法）分类		8
	（1）主从型协调控制方法	（1）是一台机器人操作臂（主臂）进行物体的位置控制，控制另外一台（从臂）给物体施加的力的方法。方法简单，但确实能够控制位置和施加给物体的力。但是，理论上，进行位置控制的机器人操作臂承受着除内力以外的所有负载，在各臂间存在不能分散载荷的问题 （2）主从型控制方法	第10章　机器人协调控制	10
65	（2）混合型协调控制方法	（1）原理 （2）方法		10
	（3）柔顺型协调控制方法	（1）原理 （2）方法		10
	（4）对象物的动态控制型	（1）原理 （2）方法		10
	（5）广义对象物模型动态控制型	（1）原理 （2）方法		10
66	双臂操持单个物体的柔顺控制方法	（1）原理 （2）阻抗控制律 （3）各机器人臂的阻抗控制 （4）操作力的分担 （5）柔顺控制的所有方程 （6）实际控制时的问题说明		16
67	双臂装配的阻抗控制方法	（1）双臂装配操作的力学模型 （2）柔顺中心 （3）两台机器人臂装配作业的阻抗控制下的方程		16
专题7：主从机器人操作臂系统控制				160
68	主从控制	（1）何谓主从控制系统？主臂？从臂？ （2）主从控制的工程实际意义以及应用领域		8
69	单向控制与双向控制	（1）什么是单向控制？ （2）什么是双向控制？	第11章　主从机器人系统的主从控制	
70	基本的双向控制的类型、原理与控制系统结构	（1）基本结构 （2）结构类型分类：基本双向控制、主从同构、主从异构 （3）何谓单向、双向控制？何谓主从同构？主从异构？ （4）基本双向控制分类：对称型、力反射型、力归还型		8

续表

知识点序号	知识点	知识点要点	对应“现代机器人控制理论、方法与技术”即本书的各章内容	时长（分钟）
71	1自由度主从操作臂系统的模型化	(1)什么是1自由度主从操作臂系统 (2)1-自由度主从操作臂系统的动力学方程及其解说	第11章　主从机器人系统的主从控制	8
72	对称型双向主从控制	(1)系统框图 (2)系统控制原理解说 特点 应用 主从臂驱动力		10
73	力反射型双向主从控制	(1)系统框图 (2)系统控制原理解说 特点 应用 主从臂驱动力		10
74	力归还型双向主从控制	(1)系统框图 (2)系统控制原理解说 特点 应用 主从臂驱动力		10
75	双向主从控制系统的统一表示	(1)主从臂大小及运动、动力传递比的问题及概念 (2)主从臂驱动力 (3)三种双向主从控制模型的统一表示		10
76	主从操作臂系统控制的稳定性问题	常用的力归还型主从操作——“从臂”由来自“主臂”的位置指令控制的，“主臂”是由来自从臂的力指令控制的，是由位置控制系统和力控制系统串联在一起构成的控制系统。因此，这样的系统整体同单独的控制系统相比，稳定性会变得更差。研究表明：这样的系统会因为作业对象物的刚性、力传递比、运动传递比的原因使系统变得不稳定。而且，主从操作系统中，因为人存在于系统中而使得稳定性的解析变得复杂。特别是人类的手臂在操作主臂时具有能够适时地、任意地变更阻抗等特性。理论上，人类虽然能够对象物和环境等建立模型并进行解析，但是，对于多自由度系统，有关稳定性的设计理论还没有被确立		8
77	并联(行)型主从控制	(1)什么是并联(行)型主从控制？ (2)控制系统框图及其解说 (3)主从臂驱动力方程		10
78	基于假想(虚拟)内部模型的主从控制	(1)何谓基于假想(虚拟)内部模型的主从控制？ (2)主从臂间具有阻抗特性的假想内部模型 (3)控制系统原理框图及其解说 (4)方程		15
79	主从操作的动态控制	(1)原理 (2)控制律及其解说		10
80	主从操作的阻抗控制	(1)原理 (2)控制律 (3)控制系统框图及其解说		15

续表

知识点序号	知识点	知识点要点	对应“现代机器人控制理论、方法与技术”即本书的各章内容	时长（分钟）
81	主从臂异构的主从操作臂系统及其控制问题	(1)主从臂同构的主从操作臂系统作业问题 (2)何谓主从臂异构?	第 11 章　主从机器人系统的主从控制	8
82	在公共坐标系内进行的双向控制	(1)原理 (2)控制系统框图及其解说 (3)主从臂驱动力矩		15
83	在臂坐标系内进行的双向控制	(1)原理 (2)控制系统框图及其解说 (3)主从臂驱动力矩		
专题 8:案例教学篇				
84	直接驱动机器人与非直接驱动机器人及其实例列举	(1)什么是直接驱动式机器人? (2)什么是非直接驱动式机器人? (3)驱动机器人关节用的电动机 (4)直接驱动式机器人-SICE DD (5)非直接驱动式即驱动系统含有机械传动装置(减速器)的机器人-ABB、MOTOMAN、KUKA 等		
85	1 个用于机器人控制理论与技术普及教育教学的机器人实例:SICE-DD 机器人操作臂系统及其运动学、动力学方程	(1)SICE-DD 机器人硬件系统 (2)SICE-DD 机器人机构运动学 (3)SICE-DD 机器人动力学方程即运动方程		
86	SICE-DD 机器人操作臂运动方程的线性化参数表示			
87	SICE-DD 机器人操作臂的各种轨迹追踪控制实验及结果	(1)PD 控制实验结果 (2)仅有前馈的控制实验及结果 (3)前馈+PD 反馈控制实验及结果 (4)计算力矩法控制实验及结果 (5)加速度分解法控制实验及结果 (6)各种控制方法的比较		
88	SICE-DD 机器人操作臂的力控制实验及结果	(1)实验装置及条件 (2)基于位置控制的力控制实验——假想柔顺控制 (3)基于力矩控制的力控制实验——阻抗控制 (4)力控制实验结果		
89	SICE-DD 机器人操作臂的鲁棒控制实验及结果	(1)SICE-DD 机器人操作臂的参数不确定性 (2)公称控制 (3)鲁棒控制 (4)实验结果		
90	SICE-DD 机器人操作臂的自适应控制实验及结果	(1)自适应控制算法 (2)实验用的目标轨迹 (3)实验及结果		
91	SICE-DD 机器人操作臂的 PTP 最短时间控制计算实例及结果	(1)最短时间定位控制的目标 (2)PTP(point-to-point)定为控制及数值迭代计算步骤 (3)计算结果		

续表

知识点序号	知识点	知识点要点	对应“现代机器人控制理论、方法与技术”即本书的各章内容	时长（分钟）
92	什么是模块化机器人操作臂？其意义？	(1)什么是模块化？模块化组合式机器人操作臂？ (2)模块化机器人操作臂的模块化实际意义		
93	一个3自由度模块化机器人操作臂运动控制：1-系统构成	(1)机器人操作臂的模块化设计及其模块 (2)3自由度模块化机器人操作臂系统构成：机械系统、驱动系统、控制系统		
94	一个3自由度模块化机器人操作臂运动控制：2-轨迹规划&运动学&动力学	(3)3自由度机器人操作臂的运动学 (4)3自由度机器人操作臂的轨迹规划 (5)3自由度机器人操作臂的动力学		
95	一个3自由度模块化机器人操作臂运动控制：3-写字运动规划与写字运动控制实验	(6)3自由度模块化机器人操作臂写字的运动规划实例 (7)写字运动控制实验		
专题9：柔性机器人操作臂建模与控制(可自选)				
96	从刚体动力学模型到柔性动力学模型	(1)如何看待机器人的刚性与柔性？应用？ (2)柔性机器人操作臂及其代表性实例	第9章 机器人柔性臂的建模与控制	
97	柔性机器人操作臂建模方法	(1)柔性机器人操作臂的坐标系建立 (2)关节刚性运动的齐次坐标变换矩阵 (3)臂杆柔性变形下齐次坐标变换矩阵 (4)关节刚性运动＋臂杆柔性变形下齐次坐标变换矩阵 (5)n自由度柔性机器人操作臂的运动学建模 (6)n自由度柔性机器人操作臂的动力学建模		
98	1杆柔性机器人操作臂建模及其运动方程	(1)只在平面内运动的1个回转关节连接1根柔性臂杆的柔性机器人操作臂的机构模型与参数 (2)用拉格朗日法推导其运动方程		
99	柔性机器人操作臂系统状态方程与输出方程	(1)1杆柔性机器人操作臂的运动方程 (2)1杆柔性机器人操作臂系统状态方程 (3)1杆柔性机器人操作臂系统输出方程		
100	柔性机器人操作臂控制方法	(1)“截断”“溢出”“观测溢出”“控制溢出” (2)柔性机器人操作臂的“鲁棒”稳定控制法 (3)1杆柔性机器人操作臂控制的仿真结果(刚体模型) (4)1杆柔性机器人操作臂控制的仿真结果(柔性模型)		

续表

知识点序号	知识点	知识点要点	对应“现代机器人控制理论、方法与技术”即本书的各章内容	时长（分钟）
课程总结和结束语				73
101	基于机器人操作臂模型的控制理论与方法的总结	基于模型的机器人控制的总结 (1)什么是基于模型的控制？ (2)单臂控制理论与技术基础 (3)自由空间内操作臂控制与约束空间内操作臂控制 (4)力控制、力/位混合控制 (5)多臂协调控制 (6)主从操作臂控制		15
102	机器人的智能控制方法概要	(1)何谓非基于模型的控制？ (2)智能控制理论与方法概述 (3)非基于模型的控制方法有哪些？		15
	结束语			

参 考 文 献

[1] 吴伟国. 工业机器人系统设计（上、下册）[M]. 北京：化学工业出版社，2019.

[2] 付京逊，R. C. 冈萨雷斯，C. S. G. 李. 机器人学：控制・传感技术・视觉・智能 [M]. 杨静宇，李德昌，李根荣，李根深，史万明，尹耀祥，沈嘉伟，译. 北京：中国科学技术出版社，1989.

[3] N. 维纳（Wiener）. 控制论：关于在动物和机器中控制和通讯的科学 [M]. 郝季仁，译. 北京：科学出版社，1963.

[4] Richard C. Dorf，Robert H. Bishop. Modern Control Systems (Ninth Edition) [M]. Prentice Hall，2000.

[5] 水岛章阳. 3D人体解剖百科手册 [M]. 孙越，译. 石家庄：河北科学技术出版社. 2017.

[6] 原文 雄，小林 宏. 颜という知能——颜ロボットによる「人工情感」の創発 [M]. 日本東京：共立出版株式会社，2004.

[7] Ryuichi Hodoshima，Yasuaki Fukumura，Hisanori Amano and Shigeo Hirose. Development of Track-changeable Quadruped Walking Robot TITAN X -Design of Leg Driving Mechanism and Basic Experiment- [C]. The 2010 IEEE/RSJ International Conference on Intelligent Robots and Systems October 18-22，2010，Taipei，Taiwan. P3340-3345.

[8] KAN YONEDA and SHIGEO HIROSE. Dynamic and Static Fusion Gait of a Quadruped Walking Vehicle on a Winding Path [J]. Advanced Robotics. Vol. 9. No. 2. pp. 125-136 (1995).

[9] Shigeo Hirose ，Kan Yoneda ，Kazuhiko Arai & Tomoyoshi Ibe. Design of a Quadruped Walking Vehicle for Dynamic Walking and Stair Climbing [J]. Advanced Robotics. Vol. 9. No. 2. pp. 107-124 (1995).

[10] Shigeo Hirose，Kan Yoneda，Kazuhiko Arai，and Tomoyoshi Ine. Design of Prismatic Quadruped Walking Vehicle TITAN VI [C]. IEEE 1991' Fifth International Conference on Advanced Robotics ' Robots in Unstructured Environments，1991. pp723-728.

[11] Wu Weiguo，Wang Yu，Liang feng，Ren Bingyin. Development of Modular Combinational Gorilla Robot System [C]. Proceedings of the 2004 IEEE International Conference on Robotics and Biomimetics，August 22 - 26，2004，Shenyang，China. pp437-440.

[12] Wu Weiguo，Lang Yuedong，Zhang Fuhai，Ren Bingyin. Design，Simulation and Walking Experiments for a Humanoid and Gorilla Robot with Multiple Locomotion Modes [C]. 2005 IEEE/RSJ International Conference on Intelligent Robots and Systems，pp44-49.

[13] W. G. Wu，Y. Hasegawa，T. Fukuda，"Gorilla Robot Mechanism Design and Basic Research of Standing up Action" [C]，Proceeding of the 18th Annual Conference of the Robotics Society of Japan (RSJ' 2000)，Vol. 3，pp. 1455-1456.

[14] WU WEIGUO，HASEGAWA Y，FUKUDA T. ゴリラ型ロボットの机构设计及び起き上がり动作の基础研究 [C]，RSJ2000，つくば：RSJ，2000.

[15] WU WEIGUO，HASEGAWA Y，FUKUDA T. Standing Up Motion Control of a Gorilla Robot for a Transition from Quadruped Locomotion to Biped Walking [C] // ROBOMEC2001，Kagawa：JSME，2001.

[16] WU WEIGUO，HASEGAWA Y，FUKUDA T. Walking Model Shifting Control from Biped to Quadruped for a Gorilla Robot [C] // Proceedings of the 40th SICE Annual Conference，Nagoya：IEEE，2001：130-135.

[17] Sangok Seok，Albert Wang，David Otten and Sangbae Kim. Actuator Design for High Force Proprioceptive Control in Fast Legged Locomotion [C]. 2012 IEEE/RSJ International Conference on Intelligent Robots and Systems October 7-12，2012. Vilamoura，Algarve，Portugal：1970-1975.

[18] Arvind Ananthanarayanan，Mojtaba Azadi and Sangbae Kim. Towards a Bio-inspired Leg Design for High-speed Running [J]. BIOINSPIRATION & BIOMIMETICS. 7 (2012) 046005 (12pp). doi：10. 1088/1748-3182/7/4/046005.

[19] Dong Jin Hyun, Sangok Seok, Jongwoo Lee and Sangbae Kim. High Speed Trot-running: Implementation of a Hierarchical Controller Using Proprioceptive Impedance Control on the MIT Cheetah [J]. The International Journal of Robotics Research 2014, Vol. 33 (11) 1417 - 1445.

[20] Jennifer Chu. MIT cheetah Robot lands the running jump: Robot See, Clears Hurdles White Bounding at 5mph [OL]. MIT news office. May 29, 2015. https: //news. mit. edu/2015/cheetah-robot-lands-running-jump-0529.

[21] Hae-Won Park, Sangin Park, Sangbae Kim. "Variable-speed Quadrupedal Bounding Using Impulse Planning: Untethered High-speed 3D Running of MIT Cheetah 2" [C]. 2015 IEEE International Conference on Robotics and Automation (ICRA), Washington, May 26-30, 2015.

[22] Wu Weiguo, Wang Yu, Liang Feng. Development, Stability Locomotion Analysis and Experiments of Wheeled-Locomotion Mechanism for a Humanoid and Gorilla Robot [C], Proceedings of the 2006 IEEE International Conference on Robotics and Biomimetics. December 17 - 20, 2006, Kunming, China, pp1390-1395.

[23] Wu Weiguo, Wang Yu, Pan Yunzhong, Liang Feng. Research on the Walking Modes Shifting Based on the Variable ZMP and 3-D. O. F Inverted Pendulum Model for a Humanoid and Gorilla Robot [C]. Proceedings of the 2006 IEEE/RSJ International Conference on Intelligent Robots and Systems October 9- 15, 2006, Beijing, China. pp1978-1983.

[24] Weiguo Wu, Minchang Huang, Xiadong Gu. Underactuated Control of a Bionic-Ape Robot Based on the Energy Pumping Method and Big Damping Condition Turn-Back Angle Feedback [J]. Journal: Robotics and Autonomous Systems. Volume 100C (2018), 119-131.

[25] 吴伟国，李海伟. 仿猿双臂手机器人连续摆荡移动优化与实验 [J]. 哈尔滨工业大学学报（自然科学版），2019，51 (7)：33-41. DIO：10. 11918/j. issn. 0367-6234. 201811086.

[26] 吴伟国，姚世斌. 双臂手移动机器人地面行走的研究 [J]. 机械设计与制造，2010，(1)：159-161.

[27] 吴伟国，侯月阳，姚世斌. 基于弹簧小车模型和预观控制的双足快速步行研究 [J]. 机械设计，2010，27 (4)：84-90.

[28] Wu Peng, Wu Weiguo. Walking Pattern Generation of Dual-arm Mobile Robot [C]. 2011 Inte. Conf. on Information and Industrial Electronics. January 14-15, 2011. Chengdu, China. pp: V1-103-107.

[29] 吴伟国，吴鹏. 基于避障准则的双臂手移动机器人桁架内运动规划 [J]. 机械工程学报，2012，48 (13)：1～7.

[30] NASA Technical Report: Nicbolas C. Costers, Jobn E. Farmer, Edwin B. George. Mobility Performance of the Lunar Roving Vehicle: Terrestrial Studies-Apollo 15 Resulty [R]. NASA TRR-401, N73-16187. Washington, D. C. December, 1972.

[31] Prenared by the Boeing Company LRV Systems Engineering Huntoville, Alabama. Lunar Rouing Vehicle Operations Handbook Contract NASB-25145 [R], LS006-002-2H. April 19, 1971. 1597-1598.

[32] Karld. Iagnemma, Adam Rzepniewski, Steven Dubowsky, Paolo Pirjanian, Terrance L. Huntsberger, Paul S. Schenker. Mobile robot Kinematic reconfigureability for rough terrain [C], Proc. SPIE 4196, Sensor Fusion and Decentralized Control in Robotie Systems Ⅲ, October 16, 2000. doi: 10. 1117/12. 403739.

[33] T. Huntsberger, E. Baumgartner, H. Aghazarian, Y. Cheng, P. Schenker, P. Leger, K. Iagnemnia, and S. Dubowsky. Sensor Fused Autonomous Guidance of a Mobile Robot and Applications to Mars Sample Return Operations [C]. Proceedings of the SPIE symposium. on Sensor Fusion and Decentralized Control in Robotic Systems Ⅱ, 3839, 1999.

[34] 吴伟国，等. 地面移动及空间桁架攀爬两用双臂手移动机器人 [P]：ZL200810209775. 4.

[35] 王旺. 仿灵长类双臂手多移动方式机器人及其运动控制 [D]. 哈尔滨：哈尔滨工业大学，2022.

[36] 吴伟国. 工业机器人操作臂设计——机械设计综合课程设计 [M]. 哈尔滨：哈尔滨工业大学出版社，2020.

［37］ 日本機械学会编．生物型システムのダイナミックスヒ制御［M］．東京：株式会社養賢堂発行．2002：66-70.
［38］ 米田 完，坪内孝司，大隅 久．はじめのロボット創造設計［M］．日本東京：株式会社講談社発行，2001：8-16.
［39］ 小林 尚登，増田 良介，小森谷 清，神德 徹雄，大须賀公一，岩月 正見，田所 論，宮崎 友宏，北垣 高成，岩城 敏，藤田 政之，小野 栄一，熊谷 徹，小菅 一弘，福田 敏男，荒川 淳，松井楽信人．ロボット制御の実際［M］．日本：株式会社コロナ社，1999.
［40］ 吴伟国，高力扬．使用零力矩点反馈的双足机器人惯性参数辨识［J］．哈尔滨：哈尔滨工业大学学报，2021，53（7）：20. DOI：10. 11918/202011027.
［41］ Chae H. An，Christopher G. Atkeson，John M. Hollerbach. Model-Based Control of a Robot Manipulator［M］. The MIT Press，Cambridge，Massachusetts. 1988.
［42］ JR3 六维力-力矩传感器用户手册.
［43］ 林畛．变分法与最优控制［M］．哈尔滨：哈尔滨工业大学出版社，1987：1-6，163-173.
［44］ Wu Wei-guo，Hou Yue-yang. Controller design based on viscoelasticity dynamics model and experiment for flexible drive unit［J］. Journal of Central South University of Technology，Vol. 21，No. 12，December 2014：4468-4477.
［45］ 吴伟国，侯月阳．机器人关节用挠性驱动单元研制与负载特性实验［J］．机械工程学报，2014，50（13）：16～21.
［46］ 侯月阳，吴伟国，高力扬．有挠性驱动单元的双足机器人研制与步行实验［J］．哈尔滨工业大学学报，2015，47（1）：26-32.
［47］ 侯月阳，吴伟国．具有张力反馈和关节位置全闭环的挠性驱动单元性能测试［J］．机械工程学报，2016，52（11）.
［48］ Weiguo WU，Xin CAO. Mechanics Model and Its Equation of Wire Rope Based on Elastic Thin Rod Theory［J］. International Journal of Solids and Structures. Vol. 102-103，15 December 2016，Page21-29.
［49］ Xin Cao，Weiguo Wu. The Establishment of a Mechanics Model of Multi-strand Wire Rope Subjected to Bending Load with Finite Element Simulation and Experimental Verification［J］. International Journal of Mechanical Sciences. Vol. 142-143，July 2018，Page 289-303.
［50］ CAO Xin，WU Weiguo *. Kinetics Modeling Method for Wire Rope Transmission System Based on the Equivalent Mechanics Model and Its Application to the FDU-II Unit［C］. 15th IEEE International Conference on Advanced Robotics and Its SOcial Impacts（ARSO）. HIT，Beijing，China. Oct. 31-Nov. 2，2019：340-345.
［51］ 何旭初．广义伪逆矩阵的基本理论和计算方法［M］．上海：上海科学技术出版社，1985.
［52］ 王国荣．矩阵与算子广义逆［M］．北京：科学出版社，1994.
［53］ 中村，永井，吉川．復数のロボット機構による協調的あやつりの力学［J］，日本ロボット学会誌，5-5，23/32，1986.
［54］ Craig Sayers. Remote Control Robotics［M］. New York：Springer-Verlag New York，Inc.，1998.
［55］ Tetsuo Kotoku，Kazuo Tamie，and Akio Fujikawa. Force-reflecting Bilateral Master-slave Teleopreration System in Environment［C］. In International Symposium on Artificial Intelligence，Robotics and Automation in Space，1990.
［56］ 户田，等．宇宙マスタ・スレブ・マニピュレ-タ・システムの開発［J］．日本航空宇宙学会誌，35-406，546/553，1987.
［57］ 美多 勉．非线形制御入門：劣駆動ロボットの技能制御論［M］．東京：昭晃堂発行，2000. 11.
［58］ M. 伍科布拉托维奇．步行机器人和动力假肢［M］．马培孙，沈乃勳，译．北京：科学出版社，1983.
［59］ 郑元皓．轮式移动机械臂的运动稳定性分析与稳定移动控制［D］．哈尔滨：哈尔滨工业大学，2023.
［60］ Vukobratovic M，Stepanenko Yu. On the Stability of Anthropomorphic System［J］. Mathematical

Biosciences，1972，(15)：1-37.

[61] Vukobratovic M，Branislav Borovac，Veljko Potkonjak. ZMP：A Review of Some Basicmisunderstangding [J]. International Journal of Humanoid Robotics，2006，3 (2)：153-175.

[62] 高力扬. 基于运动平台与训练学习的足式机器人全域自稳定器研究 [D]. 哈尔滨：哈尔滨工业大学，2020.

[63] HIRAI K.，HIROSE M.，MAIKAWA Y.，et al. The Development of Honda Humanoid Robot [C]，Proceedings of 1998 IEEE International Conference on Robotics & Automation，Belgium，May，1998：1321-1326.

[64] 凡平. 解剖！歩くASIMO：二足歩行ロボット・アシモ——歩行システムの秘密. 东京：株式会社技術評論社発行，2004.

[65] Weiguo WU，Liyang GAO，Xiao ZHANG. A Stability Training Method of Legged Robots Based on Training Platforms and Reinforcement Learning with Its Simulation and Experiment [J]. micromachines，Special Issrue：New Advances in Biomimetic Robots，2022，12，1436：1-26. https：//doi.org/10. 3390/mi13091436.

[66] 吴伟国. 面向地面及空间技术的仿生机器人与智能运动控制 [M]. 哈尔滨：哈尔滨工业大学出版社，2020.

[67] Y. Kanayama，Y. Kimura，F. Miyazaki，and T. Noguchi. A Stable Tracking Control Method for Autonomous Mobile Robot [C]，Proceeding of IEEE International of Conference on Robotics and Automation，1990：384-389.

[68] 吴伟国，侯月阳，姚世斌. 基于弹簧小车模型和与预观控制的双足快速步行研究 [J]. 机械设计，2010，27 (4)：84-90.

[69] Boston Dynamics. Petman Information [OL]. http：//www. bostondynamics. com/robot _ petman. html. 2015.

[70] 古田胜久，等. 机械系统控制 [M]. 张福恩，张福德，译. 哈尔滨：哈尔滨工业大学出版社，1986.

[71] 日本机器人学会. 新版机器人技术手册 [M]. 宗光华，程君实，译. 北京：科学出版社，2007.

[72] KAJITA S，HIROKAWA H，HARADA K，et al. Introduction to Humanoid Robotics [M]. Heidelberg：Springer，2014.

[73] 有本卓. ロボットの力学と制御 [M]. 日本東京：朝倉書店，1994.

[74] 有本卓. 新版ロボットの力学と制御 [M]. 日本東京：朝倉書店，2002.

[75] 申铁龙. 机器人鲁棒控制基础 [M]. 北京：清华大学出版社，2000.

[76] 胡跃明. 变结构控制理论与应用 [M]. 北京：科学出版社，2003.

[77] Gang Tao，Jing Sun. Advances in Control Systems Theory and Application [M]. 合肥：中国科学技术大学出版社，2009.

[78] 黄文虎，邵成勋. 多柔体系统动力学 [M]. 北京：科学出版社，1996.

[79] 霍伟. 机器人动力学与控制 [M]. 北京：高等教育出版社，2005.

[80] 夏小华，高为炳. 非线性系统控制及解耦 [M]. 北京：科学出版社，1993.

[81] 吴伟国，等. 步行机器人稳定性训练用六自由度串并联机构平台装置 [P] （发明专利：ZL201310250326. 5).

[82] 吴伟国，等. 三自由度大阻尼欠驱动攀爬桁架机器人及其控制方法 [P] （发明专利号：ZL201310288965. 0).

[83] 吴伟国，等. 能摆荡抓握远距离桁架杆的攀爬桁架机器人及其控制方法 [P] （发明专利号：ZL201811098860. 8).

[84] 吴伟国，等. 稳定性训练用模块化组合式运动平台及其限幅随机运动规划与控制方法 [P]（发明专利号：ZL201910610853).

[85] 吴伟国，等. 机器人操作臂的导引操纵系统及其柔顺操纵控制与示教学习方法 [P].（发明专利号：ZL 2019109403725).

[86] 吴伟国，等. 一种可适应不同脚长的集成化智能足底力测量系统 [P].（发明专利号：ZL 2021 1

0627137. X).
[87] 吴伟国，等. 移动机器人视觉系统防抖装置与抖动补偿控制方法［P］ (发明专利：ZL200910072585. 7).
[88] 吴伟国，等. 一种安全型无力耦合六维力传感器［P］(发明专利：ZL201110142847. X).
[89] 吴伟国，等. 一种无耦合六维力传感器的组合式标定装置［P］(发明专利：ZL201210260652. X).
[90] 吴伟国，等. 用于仿人机器人、多足步行机上的脚用轮式移动机构［P］ (发明专利：ZL200810209738. 3).
[91] 吴伟国，栗华，高力扬. 人体步行捕捉下的双足机器人跟随步行与实验［J］. 哈尔滨工业大学学报. 2017，(1)：21-29.
[92] 侯月阳，吴伟国，高力扬. 有挠性驱动单元的双足机器人研制与步行实验［J］. 哈尔滨工业大学学报，2015，47 (1)：26-32.
[93] 吴伟国，王超. 基于步行单元组合的双足动步行样本生成方法［J］. 机械设计与研究，2010，26 (6)：45-49.
[94] 吴伟国，郎跃东，梁风. 类人猿型机器人“GOROBOT”的可变 ZMP 双足动步行仿真［J］. 系统仿真学报，2007，19 (17)：4000-4003，4064.
[95] 张福海，吴伟国，郎跃东. 类人猿型机器人前向四足步行的研究［J］. 机械设计与制造，2006 (3).
[96] 吴伟国，邓喜君，蔡鹤皋. PITCH-YAW-ROLL 全方位关节机构运动学分析与控制［J］. 哈尔滨工业大学学报，1995，27 (5)：117-122.
[97] Bruno Siciliano，Oussama Khatib. Springer Handbook of Robotics［M］. Springer-Verlag Berlin Heidelberg，2008.
[98] 吴伟国，邓喜君，蔡鹤皋. 回避障碍和关节极限二元准则和冗余度机器人运动学逆解研究［J］. 哈尔滨工业大学学报，1997，29 (1)：103-106.
[99] 蔡鹤皋，张超群，吴伟国. 机器人实际几何参数识别与仿真［J］. 中国机械工程，1998 (10).
[100] 吴伟国，邓喜君，蔡鹤皋. 七自由度仿人手臂双臂一体机器人协调运动学研究［J］. 哈尔滨工业大学学报，1999 (12).
[101] 吴伟国，邓喜君，蔡鹤皋. 基于直齿轮传动和双环解耦的柔性手腕原理与运动学分析［J］. 机器人，1998 (11).